KB245564

DARWIN

에이드리언 데스먼드
제임스 무어 지음
김명주 옮김

고뇌하는
진화론자의
초상

뿌리와
이파리

차례

제7부 1871~1882

"악마의 사제가 아니면 누가, 이런 꼴사납고 소모적이겨

실수를 연발하는, 저속하고 끔찍할 정도로 잔혹한 자연의 소행들에

대한 책을 쓸 수 있겠는가!"

『종의 기원』의 집필을 시작할 무렵인 1856년에 찰스 다윈.

악마의 사제?

때는 1839년. 전국이 불안과 소요에 휩싸인 가운데 영국은 무정부상태로 치닫고 있다. 선정적인 신문들이 활개를 치고, 화염병이 난무한다. 길거리에는 혁명의 외침이 높아지고 있다. 붉은 진화론자들 — 생명은 아래에서 힘을 얻어 위로 가차 없이 전진한다고 생각하는 몽상가들 — 은 정체된 구체제를 떠받치는 성직자의 특권, 임금착취, 구빈원 등을 비난하고 있다. 백만인의 사회주의자들은 결혼제도, 자본주의, 비대하고 부패한 국교회를 호되게 비판한다. 급진적인 기독교도들도, 교회를 국가와 '간통'하는 '매춘부'라고 힐난하는 국교반대자들을 찬양하는 합창에 가담하고 있다.

과학도 정화의 대상이다. 도발적인 무신론자들은 물질적 원자 그것만이 세상에 존재하는 전부이며, 그것은 '사회적 원자'인 인민처럼 스스로 생명을 꾸려나간다고 생각한다. 영혼이나 혼은 일종의 망상으로, 신사계급이 노동자들을 자신들 마음대로 조종하기 위해 만들어낸 잔인한 속임수일 뿐이다. 생명의 과학 — 생물학 — 은 타락하여 성직자들과 내통하면서 창조론자들의 성채로 변하고 있다. 영국은 지금 무너지기 일보 직전이다. 아니, 적어도 자신들의 특권을 보호하기 위해 결속을 강화하는 신사 집단의 눈에는 그렇게 비치고 있다.

이러한 때에 어떻게, 서른 살의 야심찬 신사가 비밀 공책을 펼치고, 아무것도 개의치 않은 채로 인간의 조상은 뇌가 없는 자웅동체의 연체동물이었다고 주장할 수 있었을까? 어쨌든 향사鄕士의 아들이었을 뿐 아니라, 케임브리지 대학에서 교육을 받고 한때 성직에 종사하기로 결정했던 사람이며, "과격하고 부도덕한" 급진파 건달들을 혐오했던 집안 출신인 사람이.

그 신사가 찰스 다윈이었다. 그는 부유했고, 침착하고 냉정한 휘그당원이었으며, 자비를 들여 귀족계급 출신 함장의 식탁 동무로 영국 군함 비글호에 5년 동안 승선하여 세계일주항해를 했던 사람이었다. 물려받을 재산이 있었고, 전도유망한 지질학자로서 평판도 높았다. 또한 "안개 자욱하고 불쾌한" 런던을 탈출하여, 대중으로부터 끔찍한 중상을 받고 있는 목사 친구들처럼 시골 교구에 살고 싶은 오랜 소망도 있었다.

그런데 하필, 성직자가 연체동물에서 비롯되었다니! 그는 어쩌다가 이런 몹쓸 생각에 이르게 되었을까?

게다가 이것이 최악이 아니었다. 그는 오싹한 유물론을 받아들였다. 인간의 마음, 도덕심, 그리고 신앙조차도 뇌 활동의 산물이라는 결론을 비밀 공책에 적어 넣기 몇 달 전, 그는 "신의 사랑은 유기조직의 결과다. 저런, 나는 유물론자로구나!"라고 자신을 책망했다. 그는 이러한 생각의 함의들에 대해 고민한 탓에 편두통에 시달렸으며, 박해에 대한 두려움 때문에 몸져누웠다. 이것이 배신은 아닐까? 오래된 사회질서를 지지하고 있는 최후의 과학의 성채를 위협하는 것은 아닐까? 이 선동적인 생각은 이미 성문 앞까지 와 있는 과격한 무리들에게 완벽한 무기가 되지 않을까? 미래가 눈앞에 보이는 듯했다. "전체 구조가 흔들리고 무너지리라."

그는 낡은 창조론자들의 체계에 대해 이렇게 예견했다.

고통스러웠던 그는, 켄트의 시골 마을에서 목사처럼 살기 위해 마침내 런던의 "더러움, 소음, 악덕, 비참함"에서 도망쳤다. 그는 성역을 찾아, 가장 "존경받고 행복한" 사람인 시골 교구목사의 삶을 열심히 모방했다. 오래된 목사관에서의 생활은 아마 목가적이고 고즈넉했을 것이다. 하지만 일을 하며 보낸 인생의 3분의 1은, 몸의 떨림과 구토, 이를 치료하기 위한 냉수욕에서 벗어나지 못했다. 그는 자신의 진화론을 20년 동안이나 묵혀둔 채로, '원숭이 인간'과 유인원이 도덕심을 진화시켰다는 깊이 감추어둔 생각을 좀처럼 누설하지 않았으며, 자신을 '악마의 사제'라고 책망했다. 『종의 기원』을 출판하지 않을 수 없게 된 1859년에도, 인류의 기원은 거의 내비치지 않은 채로 그것을 세상에 내보냈다.

다윈의 인생에 얽힌 수수께끼는 결코 완전하게 풀린 적이 없다. 그렇기는커녕, 지금까지의 전기들은 기이할 정도로 생기 없는 서술뿐이었다.[1] 그 전기들은 새로운 땅을 거의 개척하지 않았으며, 그가 살았던 시대의 도발적인 쟁점과 사건을 전혀 건드리지 않았다.

우리는 『다윈 평전』에서 다른 접근을 시도하려 한다. 난문을 던지고, 다윈의 관심사와 동기를 캐고, 이 과학의 대가를 그가 살았던 시대의 산물로 그릴 것이다. 즉, 변혁을 이루고 있었던 사회 속에서 막대한 세력과 맞붙어 싸웠던 사람으로 묘사할 것이다.

벽장에서 나와 친구에게 마음을 열어 보일 때, 다윈은 의미심장한 표현을 썼다. 그는 "마치 살인을 고백하는 것과 같습니다"라고 말했다. 빅토리아 시대 초기의 영국에서 진화사상이 일종의 사회적 범죄로 간주되었다는 사실을 이보다 더 잘 포착한 말이 있을지. 국교회는 진화론을 오류, 불법, 프랑스적인 것, 무신론적인 것, 유물론적인 것, 부도덕한 것으로 헐뜯었다. 진화론은 위험한 지식이며, 현혹하는 이론이었다. 그것을 다윈은 죽 알고 있었다. 그래서 그가 고심한 생각들은 비밀 공책 안에만 머물렀다. 그는 사회생활을 끊고, 파티를 피하고, 약속을 거절했다. 심지어는 집 앞 도로로 다가오는 방문객을 감시하기 위해 서재 창문 밖에 거울을 달기도 했다. 위는 하루가 멀다 하고 탈이 났으며, 시골 마을로 피신을 간 뒤로도 몇 년 동안이나 그는 가까운 친척의 안심할 수 있는 집이 아닌 다른 곳에서는 절대로 잠을 자지 않았다. 이것은 불안에 떠는 사람의 모습이다.

그런데 그러한 부유한 휘그당원 신사는 어떻게 하여 궁지에서 헤어나, 세상이 진화를 받아들이도록 만들었을까? 어떻게 하여 진화를 중간 계급의 가치를 떠받치는 이론으로서 제시했을까? 그는 자신 안의 대립을 어떻게 해소했을까? 그는 성직수임 후보자에서 낙오한 사람이자 교구의 중심인물이었고, 자연관의 개혁가이자 개혁에 반대하는 성직자들의 친구였으며, 고결한 시민이자 '원숭이 인간'에 관한 글을 쓴 사람이었다. 다윈의 과학적 지위, 사회적 의무, 비국교도적 유산, 정치적 배경을 이해하면, 이러한 모순들은 저절로 풀리기 시작한다.

이러한 새로운 다윈상像을 세우면서, 우리는 수많은 새로운 자료를 이용했다. 다윈은 수집가였다. 그는 거의 아무것도 파기하지 않았다. 공책, 오래된 초고, 오려낸 페이지들, 주석을 달아놓은 발췌 인쇄물, 편지 등, 모든 것을 차곡차곡 쟁여놓았다. 한 세대에 걸친 전사 작업으로 이 정보의 원천은 조금씩 공표되어왔다.[2] 하지만 그때까지는 찔끔찔끔 나왔던 출판물이 봇물을 이루기 시작한 것은 지난 몇 년 사이의 일이다.

1985년 이후로만 따져도, 방대한 양의 자료가 출판되었다. 그 정점을 이루는 것이 꼼꼼하게 편집된 『찰스 다윈 서간집』(1991년의 시점에 제

7권에 이르렀다)이다. 빅토리아 시대에 출판된 『찰스 다윈의 생애와 편지』
는 검열되고 잘려나가고 기워진 채, 거미줄과 먼지를 뒤집어쓰고 있다.
그것은 한 세기 전에, 다윈을 불후의 존재로 만들고자 했던 목적을 완수
했다. 지금의 필요는 다른 데에 있다. 우리는 그의 인간적인 모습, 생계를
영위하는 혜안, 가정생활, 그의 과학에 대해 알고 싶다. 우리는 그의 이론
과 전략이 휘그당 사회의 개혁에 어떻게 얽혀 들어갔는지를 알고 싶다.

　　일반적으로 말하는 '다윈 산업Darwin Industry'에서 나온 다음 산물
은 1997년에 출판된 『찰스 다윈의 공책』이라는 750쪽짜리 결정판이었
다. 국제적인 연구팀이 다윈의 알아보기 힘든 암호 같은 원고들의 험난한
정글을 헤치며 공들여 조사한 끝에, 상상도 못했던 보물이 모습을 드러냈
다. 지금 우리는 다윈의 진화론이 하루하루 어떻게 조금씩 발달해갔는지,
과학사의 다른 어떤 과학이론보다 잘 알고 있다. 그런데, 우리는 그럴 필
요가 있다. 어떤 과학이론도 이만큼 충격적이지는 않았기 때문이다.

　　우리의 손에는 그가 주고받은 1만 4,000통의 편지를 모아놓은 『찰스
다윈의 서간 Calender』(1985)도 있다. 전기작가가 참조할 수 있는 편지의
양은, 이것으로 단숨에 다섯 배로 늘어났다. 엄청나게 풍요로운 수확이
다. 이 자료는 그가 어떻게 우정을 맺고 끊었는지, 그가 어떻게 치켜세우
고 말끝을 흐리는 표현을 썼는지, 그가 어떻게 변호자의 기분을 맞추었는
지, 어떻게 후원을 베풀었는지, 어떻게 과학적 정보의 단편을 끌어냈는지
를 보여준다. 그리고 그의 사교의 범위, 즉 이웃, 방문객, 친척, 가족, 동
료들이 밝혀짐으로써 새로운 세계가 열렸다.[3]

　　다윈이 자연선택설 — 오늘날의 생물학의 중심축 — 을 향해 꾸준히
걸어갔다는 해석에 맞서 과학사가들이 혁명을 일으킨 것도 지난 몇 년의
일이다. 다윈이 거기에 도착하기까지의 경로는 막다른 곳투성이였고, 반
쪽만의 진리가 사방에 어지럽게 흩어져 있었다. 그는 마치 쥐를 물고 휘

두르는 사냥개처럼 집요하게, 자신이 고안한 진화 메커니즘을 이리저리 돌려가며 모든 측면에서 찔러보고, 새로운 각도에서 살펴보려고 시도했다. 우리는 열쇠가 된 그의 착상이 어떠한 정치적인 뿌리를 갖고 있는가를, 인구 문제, 구빈법, 자선에 관한 그의 독서를 따라가며 추적할 수 있다.[4] 하지만 그가 읽은 책과 글을 아는 것만으로 끝낼 수는 없다. 우리는 또한 적극적인 휘그당원 집단의 일원으로서의 그를 살펴보아야 한다. 그 당시는, 휘그당 정부가 구빈원을 건설하고, 빈민들이 거기에 불을 지르던 시대였다. 구빈원에 대한 다윈의 태도를 이해할 때, 그의 과학의 정치적인 의미가 훨씬 깊어진다.

이러한 넓은 배경을 캐는 노력은 이제까지 거의 행해지지 않았다. 그동안은 텍스트의 독해와, 육체에서 분리된 사상—지성의 유령—을 말하는 역사가가 승리를 거두어왔던 시대였다. 사회사가들은, 다윈을 그가 살았던 시대 속에 놓고 추적하는 데에 줄곧 실패했다.[5] 그 결과, 우리는 다윈의 진화론을 가능하게 한 더 큰 세계를 보지 못했다.

새로운 전기를 쓰기로 한다면, 과학사에 일어난 최근의 큰 변혁과, 지식의 배경을 이루는 문화적 조건을 강조하는 과학사의 새로운 경향을 고려하지 않으면 안 된다. 다윈을 시대를 초월한 선각자, 시대에 구속되지 않는 천재로 그리는 시대는 끝났다. 우리의 전기는 도전적인 사회적 초상이다. 우리는 공적인 사건이나 빅토리아 시대 잉글랜드의 제도와 관련을 짓고, 개혁 법안, 구빈법 폭동, 학자사회, 산업혁신, 급진적 의사, 교회 논쟁과도 관련을 지을 것이다. 또한 개혁적인 자연학자들이 창조론에 관하여 갖고 있던 새로운 견해와, 박물관 관리자들의 낡은 연구관행도 적잖이 다룰 것이다. 우리는 동물원에서 유인원 앞에 앉아 있는 다윈, 선술집에서 비둘기에 관한 구전지식을 수집하는 다윈, 이설이 오가는 만찬 모임에서 친구들과 음모를 꾸미는 다윈, 향사의 삶을 살면서 공장에 투자를 하는 다윈, 종교 문제로 고민을 하고 임박한 죽음을 생각할 무렵의 다윈 등 보통 사람으로서의 다윈을 볼 것이다. 이러한 관점에서 바라볼 때 비로소 그의 두려움과 사소한 약점들이 이해되고, 그의 진화적 성취들이 진정으로 의미를 갖는다.[6]

빅토리아 시대의 어떤 저명한 인물도 다윈만큼 아이러니와 개매모호함으로 점철된 사람은 없었다. 그는 성직자 친구와 함께 사냥을 하는 한편, 급진주의자 불독을 거느리고 다녔다. 그는 귀족으로서의 의무감이 충만한 온정주의자로 예민하고 나약했으며 돈벌이나 경쟁과는 무관한 존재였지만, 피로 물든 생존투쟁 이론을 세상에 내놓았다. 그는 확고한 신념을 지닌 과학자였으면서도, 돌팔이 치료에 몸을 맡겨 복부에 '전기 사슬'을 친친 휘감고, 당시 유행하던 물치료 시설에 몇 주씩 머물렀다. 시계 같은 일상을 영위하며 '쌍둥이 같은' 하루하루를 보내는 사람이었지만, 자연사에 우발성과 우연이라는 개념을 불어넣었다.

지금의 눈으로 보면, 다윈은 선입관을 지닌 사람이었다. 그는 흑인을 열등한 존재로 생각했지만 노예제도를 혐오했으며, 여성을 종속된 존재로 여겼으면서도 존경스러운 아내에게 평생 의지하며 살았다. 성, 인종, 제국에 관한 그의 견해는 빅토리아 시대 후기의 풍조를 어떻게 반영한 것이었을까? 『인간의 유래』(1871)도, 당시의 이미지에 맞추어 세상을 다시 그리려는 시도가 아니었을까? 그는 자연처럼 사회도 적합하지 않은 성원을 솎아냄으로써 진보한다고 보았을까? 흔히 '사회다윈주의'는 순결한 다윈주의에 훗날 덧붙은 보기 흉한 혹이며, 다윈의 이미지를 더럽히고 있다고 여겨진다. 하지만 그의 공책들을 보면, 경쟁, 자유무역주의, 제국주의, 인종의 박멸, 성불평등은 처음부터 그의 도식에 들어간 요소들이었음이 명백하다. '다윈주의'는 일관되게 인간사회를 설명하기 위한 것이었다.

그러면 엄숙한 빅토리아 시대의 사람들은 이 관찰자를 어떻게 관찰했을까? "특정 종의 원숭이가 갖고 있는 선명한 색의 엉덩이에 깊고도 섬세한 관심"을 갖고 있다고 러스킨이 상스럽게 평했던 남자를, 사회는 어떻게 보았을까? 그렇다. 그는 농담의 대상이었고, 풍자화가들에게는 하늘이 내려준 선물이었다. 그래도, 그의 과학은 빅토리아 시대 후기의 자유주의를 지탱하는 기둥이 되었다. 그렇지 않고서야, 글래드스턴 내각의 각료를 맡고 있던 한 명의 백작과 두 명의 공작이 웨스트민스터 대수도원에서 엄수된 그의 장례식에서 관을 들었던 것을 어떻게 설명하겠는가? 아니, 그의 시신이 그 수도원에 묻힌 것 자체를 어떻게 설명하겠는가? 또한 "대수도원은, 그 시신이 대수도원을 필요로 하는 것 이상으로 그 시신을 필요로 하고 있다"는 『타임스』의 논평을 어떻게 설명하겠는가?

뚱하고 찌푸린 얼굴을 한 그의 초상은 누구나 알고 있는 그의 이미지다. 여하튼 그것은 20세기의 토템 가운데 하나가 되었다. 그는 누군가에게는 새로운 생물학의 창시자였지만, 어느 무례한 웨일스인에게는 "털북숭이 얼굴을 한 노쇠한 유인원"에 지나지 않았다. 그러나 다윈의 온화함은 누구에게나 깊은 인상을 주었다. 레슬리 스티븐은 "그의 꾸밈없고 다정다감한 태도에는 사람의 마음을 움직이는 뭔가"가 있다고 느꼈다.[7] 다윈은 누가 뭐래도 역사상 가장 유명한 과학자다. 슈롭셔 지방의 신사계급 출신인 이 상냥한 구세계의 자연학자는, 근현대의 어떤 사상가보다 더—심지어는 프로이트나 마르크스보다 더—지구상에서 인간이 자신을 바라보는 방식을 혁명적으로 뒤바꿔놓았다.

역사의 전환기인 지금, 불안한 표정을 띤 한 남자에 대한 더 풍부한 초상을 그려야 할 때가 무르익었다.

2009년판 서문

"이설로 시작하여 미신으로 끝나는 것이 새로운 진리의 관례적인 운명"이다. 다윈의 불독 토머스 헉슬리는 이렇게 빈정거렸다. 『다윈 평전』의 논제는 아직 후자의 거룩한 위치에는 도달하지 못했지만, 처음에는 확실히 논란을 불러일으키며, 환호만큼이나 많은 격분을 자아냈다. 이 논제가 오늘날 익숙한 것이 되었다는 사실이 믿기지 않을 따름이다. 이 책은, 자신의 평판을 중히 여겼던 보수적이고 흠잡을 데 없는 지위를 지닌 은둔자 신사가 어떻게 인간이 원숭이의 친척이라는 진화론의 위험한 이미지를 자신의 것으로 받아들일 수 있었는지를 보여주기 위한 도전적인 시도였다. 아니 어떻게 보면, 선동적인 견해들에 대한 다윈의 대처방법이 어떻게 출판을 미루게 했는지를 보여주기 위한 시도였다. 다윈은 결연한 태도로, 또한 매우 불안한 마음으로, 자신의 이론을 20년 동안이나 묵혀두었다. 그는 1838년에 자연선택설을 생각해냈지만, 그가 그것을 발표한 것은 1858년의 일이었다. 『종의 기원』은 그 1년 뒤에 출판되었다.

　『다윈 평전』이 세상에 나왔을 때, 일부에서는 우리의 분석방식을 놓고 난리를 떨었다. 상징을 손상하고, '천재'를 해체했다는 이유였다. 다윈의 위업을 역사적 맥락 속에 넣음으로써 창조론과 전쟁하는 진화론 군단의 무기고를 폭파해버린 게 아닌가? (아이러니하게도, 용의주도한 창조론자들은 이 책을 좋아했다. 『다윈 평전』의 분석방식은 예수와 예수의 복음도 역사적 개연성을 갖게 만들 수 있다는 사실을 발견했던 것이다.) 다윈은 '사실들'의 새된 소리에 귀가 따가워 어쩔 수 없이 진화를 받아들였다는 말인가? 게다가 만일 진화가 명백한 '진리'라면, 그는 왜 그 이론을 감추었는가? 어떤 사람은 "이건 배신이다!"라고 외쳤다. 우리가 '천재'를 시대에 구속된 인물로 만듦으로써 다윈과 다윈주의자들의 등에 칼을 꽂았다는 것이다.

『다윈 평전』도 시대에 구속된 책이었다. 어떻게 그러지 않을 수 있겠는가? 영국의 대처주의와 미국의 레이거노믹스 시대의 끝물에 파괴적인 개인주의와 고삐 풀린 자본주의가 판을 칠 때, 우리는 빅토리아 시대의 가치가 다윈의 최적자 생존이라는 생물학 법칙에 어떻게 융합되었는지를 밝혀보자는 생각을 자연스럽게 하게 됐다. (새롭게 대처주의화한 동유럽권 국가들이 번역 판권을 샀지만, 그들은 출판비용을 감당할 수 없었고, 상트페테르부르크에서는 러시아어 해적판이 트럭 뒤에서 팔렸다.) 마르크스 말대로 다윈이 자연에서 "분업, 경쟁, 새로운 시장의 개척, '혁신', 맬서스주의적 '생존경쟁'"이 일어나고 있는 자신의 사회를 보았다면, 우리가 할 일은 그 사회가 애초에 다윈의 이론 속에 어떻게 얽혀 들어갔는지를 캐는 것이었다.

『다윈 평전』은 두 사람의 관심이 모아져 탄생했다. 빅토리아 시대의 거리의 과학에 관심이 있었던 데스먼드는, 당시 선정적인 저급 신문들이 무신론과 체제전복적 사상이 접목된 진화론을 양산했으며, 그것은 급진주의자들이 혐오하는 국교회 사회의 지지물들을 비적출非嫡出로 규정하기 위해서였다는 사실을 알게 되었다. 그 사회의 상층에 관심이 있던 무어는, 다윈이 자신의 케임브리지 대학 동료였던 시골 교구목사들을 열심히 모방했다는 사실을 알았다. 그렇다면 다윈은 다른 누구보다 그곳의 교수들을 조롱하지 말았어야 할 사람이었지만, 그는 진화에 관한 비밀 공책에서 그들을 마음껏 조롱했다. 우리 둘의 관점을 하나로 모았더니, 다음과 같은 역설적인 의문이 떠올랐다. 이 모범생 신사가 어떻게, '악마의 사제'라고 손가락질당할까봐 두려워하면서까지 그런 몹쓸 생각을 할 수 있었을까? 그래서 우리는 1989년에 만나 『다윈 평전』에서 그 질문을 제기했다. (무어는 힘을 합치자고 제안한 것이 자신이었다고 장담하지만, 데스먼드는 자신이 먼저 제안했다고 알고 있다.) 책의 집필에는 약 18개월이 걸렸다.

그건 그때 얘기고, 지금은 사정이 바뀌었다. 국교회 사회의 끈덕진 손가락질은 학자들 사이에 잘 알려져 있으며, 다윈의 21년에 걸친 침묵은 수많은 간략한 전기의 중심축이 되고 있다. 하지만 『다윈 평전』이 출판된 뒤로, 다윈 원전의 출판은 눈에 띄게 줄어들고 있다. 물론 그동안 지질학자 다윈, 비글호에서의 채집, 따개비 연구, 건강과 가족에 대한 사실들이 더 자세히 알려졌다. 하지만 그럼에도 불구하고, 1970년대와 80년대에 '다윈 산업'을 창시했던 텍스트 해석학자들은 60대가 되었다(자유로운 60년대 세대에게는 절대 오지 말았어야 할 일이 일어난 것이다!). 많은 사람들이 다른 곳으로 갔다. 『찰스 다윈 서간집』만이 몇 세대에 걸쳐 영웅적인 작업을 계속해가고 있다. 이것은 2009년에 16권까지 나왔다. 다윈을 연구하는 학자들은 지금 탈산업 시대를 살고 있는 것처럼 보인다. 역사가들은 지금까지 나온 자료들을 통합하여 새로운 캔버스를 만들고 빅토리아 시대의 빅토리아 과학에 대한 더 큰 그림을 그려야 할 때다.

우리가 1991년에 한 이야기는 그 자체로 완결편인 것처럼 보였지만, 우리에게는 한 가지 의심이 계속 남았다. 그것은 제법 커다란 의심이었다. 만일 다윈이 세상의 반응이 두려워 자신의 진화론을 20년 동안이나 묵혀두어야 했다면, 애초에 그것을 왜 고안했을까? 그가 전 세계를 돌며 본 것은 다른 사람들도 본 것이었다. 군함에 승선한 자연학자들은 갈라파고스 같은 군도에서 달팽이가 섬마다 다르다는 사실을 알아챘으면서도 '진화론'을 구상하지 않았다. 많은 동물학자들과 식물학자들이 1830년대의 급진적 격변을 통과했지만, 그들은 과학을 급진적으로 재구축하지 않았다. 무엇이 다윈을 그들과 다르게 만들었을까? 정말이지 무엇이, 잃을 게 너무나도 많은 한 존경받는 신사를, 그 많은 것을 잃을 각오를 해야 하는 연구로 몰아갔을까? 그 무엇은, 위험의 감수를 가치 있게 만드는 강력한 동기, 어떤 뿌리 깊은 추동력이어야만 한다. 그것은 그의 진화 추론들에 앞서 그것을 떠받치는 것이어야만 한다.

다음에 일어난 일을 합리적으로 재구성하면 다음과 같다. 무어는 앞으로 가서 가족에서 원인을 찾았고, 데스먼드는 뒤로 가서 진화적 결과를 탐구했다. 후자를 먼저 말하면, 다윈이 구상한 나무 모양의 진화 구도는 당시에는 이른바 진화론자라는 사람들 사이에서조차 독특한 것이었다. 다윈은 각각의 생물 형태를 같은 종족의 형제들과 결부시켜, 모두가 공통의 조상에서 유래한다고 보았다. 조부모, 증조부모, 그리고 백만 번째 조상으로 거슬러 올라가는 것이 열쇠였다(이것은 지금에 와서 보면 뻔한 이야기처럼 보인다). 인간의 계보 은유는 다윈이 자신의 이론을 세운 진화론 공책의 기초를 이루었다. '공통의 유래'는 진화론에서 가장 다윈적인 형질이었다. 공통의 유래를 거슬러 인간의 가계와 인종에서 다른 유인원으로, 모든 동물과 식물들로 1조 번만큼 올라가면, 모두는 희미한 지질학적 과거에 살았던 하나의 조상 생물에 이르게 된다.

무어가 맡은 부분은 다윈가에서 무엇보다 중요하게 여겼던 도덕적 신념 한 가지를 살펴보는 것이었다. 그것은 삼대에 걸쳐 그 일가의 행동을 추동한 힘으로, 모든 인간은 형제라는 믿음에서 비롯된 노예제 반대운동이었다. 웨지우드사의 유명한 원형 양각 세공품에는, 무릎을 꿇고 애원하는 노예 그림 위에 이런 질문이 새겨져 있다. "나는 인간이 아니고, 형제가 아닌가요?" 다윈의 어머니는 웨지우드가 사람이었고, 다윈의 할머니(그리고 다윈의 아내)도 마찬가지였다. 이들은 신은 "하나의 피로 모든 민족을 만들었다"라는 성서 구절을 행동방침으로 채택했으며, 어머니 대신 다윈을 키웠던 다윈의 누이들도 마찬가지였다. 이들 모두는 노예제도를 혐오했고, 인간에게든 동물에게든 잔인한 처사를 하는 것을 참지 못했다. 그리고 다윈도 케임브리지 대학에서 성직자가 될 준비를 하고 있을 때 비슷한 도덕적 사례들을 접했다. 그는 성년이 되었을 때 흑인 노예와 백인 노예주인은, 수많은 노예제 옹호론자들이 주장하듯 별개의 종이 아니라 공통된 유래에서 비롯된 형제라고 열렬히 믿었다.

우리는 다윈 일가의 노예제 반대운동이 다윈의 '공통 유래' 이론을 떠받치고 있다는 사실을 설명하기 위해 21세기에 다시 만났다. 그것이 『다윈의 신성한 대의*Darwin's Sacred Cause*』(2009)라는 책의 주제다. 다윈이 혼혈인 자메이카인 자연학자에게 말했듯이, '신성한 대의'는 노예 해방이었다. 그 책은 한마디로 『다윈 평전』의 '전편'이다. 그 책은 왜 다윈이 인종들이 모두 형제라고 볼 수밖에 없었는지, 왜 다윈이 공통 조상을 모든 투쟁하고 고통받는 생명에게로 확장했는지를 보여준다. 그 책은 무엇보다도, 인류학이 노예제를 찬성하는 과학적 인종주의로 옮겨가고 있었음에도 불구하고 왜 다윈이 이설적 진화론을 20년 동안이나 붙들고 놓지 않았는지를 보여준다.

따라서 『다윈 평전』과 『다윈의 신성한 대의』는 영화 〈스타워즈〉 시리즈처럼 역순으로 출간된 쌍둥이다. 시골 교구목사가 되려다 만 사람이며, '악마의 사제'라는 손가락질을 각오한 역설적 신사인 찰스 다윈. 그는 일관되게 복잡한 인물이었다. 그를 이해하기 위해서는 저 아래로 내려가 그가 살았던 문화에 발을 푹 담그지 않으면 안 된다. 그것이 우리가 『다윈 평전』에서 한 일이다. 그리하여 이것이 바로, 1992년에 문고판으로 처음 출간된 것을 무엇 하나 손대지 않고 결점조차 그대로 다시 찍은 그 책이다.

에이드리언 데스먼드
제임스 무어

제1부

1809~1831

1장   추락하는 기독교도를 붙잡는 깃털침대

찰스 다윈의 할아버지 이래즈머스는 신랄한 위트를 지니고 있었고 간섭하는 신들을 혐오했다. 통통한 체구 안에 똘똘 뭉친 그의 독설과 기발한 생각은 누구에 대해서도 인정사정을 봐주지 않았다. 머리가 거위 수준인 왕을 혹평하거나 친구의 신앙을 갈기갈기 찢는 일쯤은 아무것도 아니었다. "추락하는 기독교도를 붙잡는 깃털침대." 이래즈머스는 유명한 도기 제조업자인 찰스의 외할아버지 조사이어 웨지우드의 유니테리언파 신앙을 이렇게 불렀다.[1]

조사이어는 신의 거룩함이 완전히 자취를 감추어버릴 정도까지 기독교의 초자연적인 요소를 몽땅 내던져버렸다. 조금만 더 가면 무신론자가 되어 땅바닥과 충돌할 지경이었다. 조사이어의 기독교는 알몸의 기독교였다. 삼위일체의 신은 예수 그리스도의 신성과 함께 폐기되었다.

깃털침대가 조사이어의 추락의 충격을 흡수해주었다면, 이래즈머스의 추락을 받아줄 완충장치는 없었다. 그와 같은 "끔찍한 파렴치한"들은 이미 요란한 충돌음을 내며 땅바닥으로 추락했다.[2] 그러나 "과학의 젖"을 맛볼 수 있는 시대에 기독교가 무슨 필요란 말인가? 자연의 여사제가 모든 것을 설명해주지 않았던가? 심지어 창조까지도.

> 유기체는 파도 밑에서 시작되어……
> 원시동굴에서 따뜻한 태양광선을 받고 자랐다
> 이렇듯 부모 없이 자연발생에 의해
> 생명의 흙덩이가 태어났다.[3]

계몽운동이 꽃을 피운 그 무렵 수많은 사람들이 그랬듯이, 불굴의 자유사상가였던 이래즈머스는 소리 높여 이렇게 읊조렸다. 그는 자연의 사원에서 예배를 보았다. 그에게는 이성이 신이었고, 진보가 선지자였다. 찰스 다윈의 두 할아버지는 많은 면에서 의견이 일치했지만 종교에 관해서는 뜻이 달랐고, 그리하여 자유사상과 급진적인 기독교 신앙의 혼합물을 그 자손들에게 물려주었다.

찰스 다윈은 1879년에 할아버지 이래즈머스의 전기를 퇴고하면서, 이런 이중 유전에 대해 잠시 생각했다. 막 일흔을 넘긴 찰스는 벌써 "죽은 조상들과" 교감하고 있는 듯한 느낌이 들었다. 이제 인생을 되돌아보아야 할 때였다. 자신은 이래즈머스의 기질을 얼마나 물려받았고, 그것을 얼마나 물려주게 될 것인가? 그의 몸에는 조사이어의 피도 흐르고 있으며, 아내 에마는 웨지우드가의 여자였다. 만일 기질이 가족 안에서 전달된다면, 후손들에게는 어떠한 기질이 전달될까?[4] 그들은 어떤 할아버지를 닮을까?

    이래즈머스 다윈은 그 그림자가 수세대 밑까지 미치는 재주 많은 거인이었고, 마음껏 호사스럽게 살았다. 천연두를 앓았고 다리를 절었으며 몸이 비대하여 외모가 형편없었지만, 그는 유명한 의사로서 못 말리게 여자를 좋아했다. 그는 두 부인에게서 자식 열둘을 낳았고, 가정교사에게서 자식 둘을 더 보았다. 그는 우울증에는 섹스를 처방했으며, 관능적이고 호색적인 시를 지었다. 가까운 친구인 조사이어 웨지우드와 함께 이래즈머스 다윈은 18세기 잉글랜드 산업혁명을 일으키는 데에 힘을 보탰다. 그는 잉글랜드의 위대한 발명가 매슈 볼턴과 제임스 와트를 열광적으로 지지했고, 자신도 경이로운 기기를 발명했으며, 진화론에 대한 깊은 관심을 줄곧 놓지 않았다.[5]

찰스는 이 대목에서 자신의 일면을 엿보았다. 이래즈머스는 생명은 자연스러운 상승 과정을 밟고 있으며, 모든 생물이 친척관계라는 것을 인정했다. 또한 그는 "노예제도를 혐오했고", "자선을 찬미했으며", "하등 동물들에게 자비를 베풀어야 한다고 강력하게 주장했다." 그는 저 멀리 어딘가에 있는 신―"막강한 힘, 절대적 위대함, 절대적 선"― 을 믿었으며, 이렇게 기도했다. "창조주여, 가르쳐주소서. 광대한 미지를 어떻게 우러러보아야 하는지를 가르쳐주소서." 그러나 "그는 이단자였고", 이런 이유로 "엄청난 중상모략"을 받았다. 1802년에 세상을 떠나자마자 그는 성서를 의심했다는 공격을 받았다. 심지어는, 그가 죽음에 임박해서는 예수를 불렀다는 헛소문까지 떠돌기 시작했다. "이것이 세기 초 이 나라 기독교도들의 감정상태였다. 적어도 지금은 그런 종류의 감정이 이 나라를 지배하고 있지 않다고 생각해도 좋을 것이다." 찰스는 이렇게 비꼬며 글을 마쳤다.

찰스는 이 전기의 교정지를 딸 헨리에타에게 보냈다. 헨리에타는 가문의 평판에 신경을 쓰는 유능한 비평가로서, 또 아버지의 활기 없는 문장을 손보는 가내 편집자로서 오랫동안 아버지 곁을 맴돌았다. 또한 그녀는 어머니의 파수꾼으로서, 결혼한 지 8년이 지났지만 여전히 어머니의 행복을 위해 헌신했고 에마와 대부분의 문제에 의견이 일치했다. 문

제를 탐지해내는 코를 지닌 헨리에타는 교정지를 구석구석 살폈다. 유니
테리언파 신앙이 "깃털침대"이고, 외증조할아버지인 조사이어와 어머니
에마가 "추락하는 기독교도"라니! 어머니의 웨지우드가 신앙이 이런 식
으로 묘사되어야 한다고? 이래즈머스의 무신론을 언급한 부분은 더 말할
것도 없고, 이래즈머스의 방탕함을 광고한 부분은 또 어떤가! 100년 전
에는 그래도 괜찮았을지 몰라도, 지금의 다윈가에는 온당치 않은 묘사였
다. 이래즈머스의 약점을 언급하는 것은 어리석은 짓이었다. 그것은 가족
에게 큰 타격을 줄 수 있었다. 교정지에 필요한 것은 윤색이 아니라 가지
치기였다.

　헨리에타는 빨간 펜을 휘두르며 일에 몰입했다. 섹스에 대한 부분을
쳐냈다. 혼외관계 이야기도 너무 많고, "와인, 여자, 온정"에 대한 이야기
도 너무 많았다. "빌어먹을"이라는 말이 들어간 이래즈머스의 문장을 인
용한 부분도 솎아냈다. "광대한 미지"에 대한 문장들은 불가지론의 냄새
가 풀풀 났다. 이래즈머스의 이단성에 대한 문단은 통째로 덜어냈다. 이
문단은 기독교를 나쁘게 그리고 있을 뿐 아니라 『종의 기원』으로 "중상모
략을 받는" 저자가 썼다는 티가 너무 많이 났다. 이래즈머스의 임종 이야
기도 빼버려야 했다. 헨리에타는 아버지가 쳐내고 다듬어야 할 곳들을 표
시하며 교정지를 새빨갛게 손보았다.

　헨리에타는 교정지를 돌려보냈고, 그녀의 아버지는 딸의 수정을 받
아들였다. 딸의 손을 거친 전기는 이제 단순한 가족의 역사만이 아니라,
유전의 확고한 증거를 포함하고 있었다. 단언과 삭제는 다윈가의 양 측
면을 대변하는 것이었다. 헨리에타는 어머니를 닮았고, 결국 조사이어를
닮았다. 100년간의 독실한 유니테리언파 신앙이 웨지우드가의 정신을 만
들었던 것이다.[6] 검열은 헨리에타의 뜻대로 되었다. 다시 100년을 기다
리면, 세상 사람들은 찰스의 운명을 만든 가족의 힘의 전모를 읽을 수 있

게 될 것이다.

이 힘들은 철과 증기의 시대에 생겨났다. 18세기 중엽 잉글랜드 중부지역에는 제철의 도시 콜브룩데일의 용광로 소리와 볼턴 증기기관의 쉭쉭거리는 콧소리가 울려퍼졌다. 새 화폐가 만들어지고, 새로운 가문들이 일어서고 있었다. 공구를 손에 든 이 산업자본가들은 진보하는 자연, 민주주의적 지성, 기술에 의한 구제를 믿었다. 구태의연하고 세상일에 무관심한 향사계급과는 구별되는 이 **야심 찬** 상인들은 아직은 변방의 사람들이었지만, 힘을 키워나가고 있었다.

　그 전형이 바로 찰스의 외할아버지 조사이어 웨지우드였다. 스토크온트렌트 근처의 버슬렘에서 도기제조공장을 운영하는 조사이어는 1760년대부터 버밍엄의 엘리트 기업가들의 모임인 '달 학회Lunar Society'에서 활동한 기술 애호가들 가운데 한 사람이었다. 달 학회라는 이름이 붙은 것은, '루나티크Lunatick'라 불리던 회원들이 모임이 끝난 뒤 달빛에 의지해 길을 찾을 수 있도록 달 밝은 밤에 만났기 때문이었다. 그 무렵의 버밍엄은 새로운 산업문화의 중심지였다. 달 학회의 기술 애호가들은 새로운 기술, 화학산업, 공장을 도입했다. 볼턴과 와트는 증기기관을 생산하면서, 버밍엄에 있는 그들의 소호 공장에 1,000명을 고용했다. 이곳에서 두 사람은 "전 세계가 갖고 싶어하는 것―동력"을 팔았다. 달 학회의 다른 장인들은 시계 같은 정밀기계를 전문적으로 취급했다. 웨지우드는 소호 공장을 모델로 삼아 공장조직을 개선했다. 모든 노동자가 엄격하게 관리되고 노동분업이 도입된 그의 도기작업장에서는, "인간 **기계들이** 차질 없이 돌아갔다." 공장의 이름인 '에트루리아'(고대 에트루리아인의 도자기 채색기법에서 따온 이름)는 달 학회에 소속된 의사이자 그가 "가장 좋아하는 아스클레피오스"〔그리스로마 신화에서 의술의 신〕인 찰스의 친할

아버지 이래즈머스 다윈이 지어준 것이었다.

이래즈머스는 시적 감성이 풍부하고 창의력이 뛰어난 의사로서, "동물 기계"를 수리하는 기술자였다. 돈벌이가 잘 되었던 그의 병원은 버밍엄에서 북쪽으로 24킬로미터 거리에 있는 동네인 리치필드에 있었다. 리치필드가 낳은 또 다른 문인 새뮤얼 존슨 박사는 이 동네 사람들을 "잉글랜드에서 가장 분별 있고 예의바르며, 그들이 지닌 부에 걸맞게 매우 품위 있는 사람들"이라고 칭찬했다. 하지만 이래즈머스에 대해서는 같은 말을 할 수 없었을 것이다. 존슨 박사와 이래즈머스는 누가 봐도 서로를 싫어하는 것이 분명했으며, 말을 더듬었던 이래즈머스 다윈은 존슨 박사의 아찔한 위트와 "음량이 큰 폐"를 피했다. 이래즈머스의 진찰솜씨는 놀라워서, 리치필드의 분별 있는 주민들 외에도 멀리서까지 환자들이 병원을 찾아왔다. 그는 빠른 속도에서도 뒤집히지 않고 방향을 틀 수 있는 사륜마차를 설계하여 잉글랜드 중부지방의 신흥 엘리트들을 진료하러 1년에 1만 6,000킬로미터의 거리를 여행했다. 그는 박식한 '루나티크'였고, "증기기관병에 감염된" 의사였으며, 산업에 대한 안목을 지닌 시인이었다. 그는 웨지우드의 공장에서 안료를 가는 수평 풍차를 설계했고, 심지어 "주기도문, 사도신경, 십계명을 영어로 읊을 수 있는 말하는 기계"를 발명하기도 했다. 볼턴은 이 기계에 1,000파운드를 지불하겠다고 약속했다.[8]

"기계로 인한 명성"을 얻은 이런 사람들은 정통파 신앙을 중요하게 생각하지 않았다. 이들 대부분은 자수성가한 비국교도들로서, 국교회에 속한 사람들에게만 정치와 교육의 기회가 주어지던 세상에서 아웃사이더들이었다. 그들은 성장하는 산업도시들에서 번성했던 반국교회 예배당 문화에 속했다. 이래즈머스의 자유사상을 제외하면, 그들의 지적 전위성은 조사이어와 같은 유니테리언파 신앙에 바탕을 두고 있었다.[8] 조지프 프리스틀리가 1780년에 새로운 비국교회파 집회소의 성직자로 버밍엄에 왔을 때, 달 학회는 선구적인 유니테리언파 철학자이자 화학자이자 신학자인 그를 든든한 우군으로 삼았다.

프리스틀리는 공기와 기체를 연구했으며, 이론의 여지가 있지만 산소(그리고 암모니아, 일산화탄소, 이산화황 등등)를 발견했다. 그의 연구에 흥미를 느긴 이래즈머스는 폐병 환자들에게 풍선처럼 생긴 공기주머니로부터 "하루에 6갤런의 순수한 산소"를 들이마시는 요법을 처방했다. 프리스틀리가 천재라고 생각한 조사이어 웨지우드는 이 성직자에게 도기로 된 실험기구를 제공하고 자금을 지원했으며, 그의 연구성과를 도기 제조에 적용해보려고 시도하곤 했다. 그 결과, 조사이어는 프리스틀리의 연구들에서 점토와 색채에 대한 아이디어를 얻어 웨지우드 도자기의 성가를 드높일 수 있었고, 웨지우드 회사는 프리스틀리의 상반신을 얕은 돋을새김으로 새긴 원형돋을새김 장식을 만들어 그에게 경의를 표하기도 했다.[9]

프리스틀리의 신학은 아마도 이보다 훨씬 큰 영향을 미쳤을 것이다. 그것이 다윈가와 웨지우드가가 3대에 걸쳐 혼인관계를 맺는 토대가 된 것을 보면 말이다. 프리스틀리는 기독교를 처음의 순수한 상태로 되돌려, 현세와 내세의 보편적인 행복을 약속하는 종교로 만들고자 노력했다. 신이 계급이나 의례의식과는 무관하게 만인의 행복을 공평하게 정해놓았다고 말하는 이 사상에서 국교회는 위험을 느꼈다. 또한 프리스틀리의 신학은 저주받아 마땅한 것이기도 했다. 그의 신학에 따르면, 화학에 비물질적인 '생기'가 존재하지 않듯이 불멸의 영혼 따위는 존재하지 않았다. 또한 삼위일체 신이나 신의 현현 같은 기적과 신비도 존재하지 않았다. 신의 자비는 전적으로 물질계에서 나타나는데, 이 물질계는 자연 법칙이 지배하며 모든 것에는 물리적 원인이 있었다. 인간의 육체는 미지의 물리법칙에 따라 예수의 경우처럼 다음 생에서 부활한다.

이것은 희망에 찬 굳건한 신앙으로서, 새롭게 나타난 산업 엘리트들의 자신감을 반영하고 있었다. 자동제어 엔진처럼, 즐거움과 고통이 기계적으로 작동하여 인간을 향상시키는 것이다. 기독교의 원리에 따라 행동하는 사람들은 지금의 생을 행복하게 산다. 그리고 내세에는, 방치되어 있던 결함들이 수리되어 모든 사람이 완전한 존재로 회복된다. 웨지우드가는 계속 프리스틀리의 사도들로 남아, 유니테리언파 성직자를 에트루리아 공장 내에 세운 학교의 교사로 임명했다. 이래즈머스가 "웨지우드 피붙이들"이라고 불렀던 아이들 — 조사이어 2세와 수재너(찰스 다윈의 어머니) — 이 이 학교에서 교육을 받았으며, 이래즈머스의 어린 아들 로버트(찰스 다윈의 아버지)도 그랬다.

모든 유니테리언파 교도가 영혼을 부정할 정도로 그렇게 극단적인 것은 아니었다. 그러나 그런 한편 이래즈머스 같은 자유사상가들은 한술 더 떠 성서와 예수마저 버렸고, "지구가 태양 주위를 돌도록 하는 데에 신의 섭리는 필요치 않다"고 주장하기까지 했다.[10] 그래도 1789년에 프랑스 혁명이 발발하기 전 18세기의 긴 번영기에는, 모두가 낙관적인 평등주의를 공유하고 있었다.

이래즈머스의 아내는 진을 마시고 술에 취한 채 다섯 아이를 남기고 죽었다. 그 뒤로 10년간 이 여자 저 여자를 전전하다 마흔아홉이 된 이래즈머스는 어느 날 사랑에 빠졌다. 자신이 뚱뚱하고 절뚝발이라는 사실을 자각한 그는 그 사랑을 얻기 위해 멋진 시를 지어 바쳤다.

아, 저 빛나는 이마, 도톰하고 귀여운 입술, 관능적인 푸른 눈에
어느 누가 마음이 움직이지 않으랴?

그 대상은 아름다운 유부녀 환자였다. 역시 인습에 얽매이지 않는 여자였던 그녀는 어느 백작의 혼외자식이었다. 홀아비로 살던 이래즈머스는 1780년에 그녀의 부자 남편이 죽자 그녀와 재혼했으며, 결혼 후 더비 외곽에 있는 그녀의 대저택으로 이사를 하고 그곳에서 진료를 했다. 자식들은 모두 합쳐 여덟 명이 되었는데, 이 아이들은 부에 따르는 사치를 누리며 살았다(이래즈머스는 하루에 10기니를 썼는데, 이것은 공장노동자의 넉 달 치 임금이었다). 자식들 가운데에는 이래즈머스가 혼외로 낳은 자식 둘과 재혼한 아내가 전 남편에게서 낳은 자식 한 명도 포함되어 있었다. 이런 공공연한 방탕은 그 무렵 자유분방한 풍조가 좋은 집안들에 영향을 미치고 있었다는 증거다. 그러나 당시 상류사회는 간통과 가정이라는 두 바퀴로 굴러갔던 것으로 보이고, 새뮤얼 존슨 박사는 어진 아내들에게 남편의 바람을 눈감아주라고 충고했다.[11] 프리스틀리가 말한 즐거움과 고통의 원리는 이런 것이 아니었지만, 죄와 섹스는 별개였으며, 이래즈머스는 죄의식을 치료하기 위해 섹스를 처방했다.

1783년에 아들 로버트가 나머지 일곱 아이들 가운데 가장 손위의 동생에게 방을 넘겨주고 에든버러 대학으로 떠났다. 로버트는 처음에는 의학을 선택하기를 주저했으며, 에든버러와 관련한 우울한 기억을 지니고 있었다. 그 대학의 학생이었던 그의 형 찰스가 5년 전 어린아이의 뇌를 해부하다가 손가락이 감염되어 전신마비와 의식혼탁에 빠져 죽고 말았던 것이다. 하지만 장남이 죽은 뒤 이래즈머스의 의학에 대한 소망은 로버트에게로 옮겨갔고, 로버트는 그 뜻을 거스를 수 없었다.

이래즈머스는 아들을 배후에서 조종하는 것을 전혀 거리끼지 않았다. 로버트는 레이덴 대학으로 옮겨가서 겨우 2년 만에 의학박사 학위를 받았는데, 그것은 이래즈머스가 박사논문의 일부를 썼거나 이래즈머스의 연구를 토대로 논문을 완성한 덕분이었다. 이래즈머스가 스무 살 난

아들을 위해 개업장소로 선택한 곳은 고풍스러운 정취를 풍기는 상업동네인 슈루즈버리였다. 그곳은 이상적인 장소였는데, 슈롭셔 지방의 주요 가문들이 '무도회와 만찬' 그리고 '굴 축제'를 즐기러 오는 휴양지였기 때문이다. 또한 그곳은 버밍엄과 에트루리아 공장에서 하루면 닿을 수 있는 거리이면서도, 독립이 보장될 만큼 부모의 집으로부터 충분히 떨어진 거리였다. 이래즈머스의 연줄 덕분에 로버트에게는 환자가 꾸준히 찾아왔으며, 달 학회의 회원들은 로버트가 철학을 갖기를 바라는 마음으로 그를 런던의 엘리트 과학자 집단인 왕립학회에 가입시켰다. 로버트는 아버지로부터 돈뿐 아니라 아버지의 명민함과 동정심까지 물려받았으며, 환자의 신뢰를 사는 신비로운 능력을 지니고 있었다. 사업은 잘되었고, 다윈가의 이름은 앞길을 비추어주는 등대였다.[12]

그러나 프랑스 대혁명에 대한 신경증적인 반응이 그 등대의 불빛을 위협하고 있었다. 이래즈머스는 민주주의 정치를 옹호하는 자로서, "국왕에 반기를 든 프랑스인의 성공"을 기뻐했다. 실제로 그는 "거위처럼 멍청한 사람도, 왕다운 분별이라는 것을 갖춘 바보만큼은 왕국을 잘 다스릴 수 있다"고 생각했을 정도였다. 그렇지만 영국에서는 유례없는 탄압이 시작되었다. 급진적인 국교반대자들은 "신이 그르고 인간이 옳다"고 믿는다는 이유로 공격을 받았다. 달 학회의 공화주의는 비웃음을 샀으며, 그들의 평등주의 교의는 비난을 받았다. 이래즈머스가 꿈에도 그렸던 계관시인의 지위는 이제 어떻게 되는 것인가? 궁내부 장관은, 미국과 프랑스의 혁명을 지지하며 "자유라는 행복한 전염병"을 퍼뜨리는 사랑과 기계의 시인에게 왕실의 영예를 줄 마음이 전혀 없었다.

이래즈머스가 프랑스의 새로운 자유를 시로 표현하고 의학적 진화론 책인 『주노미아 *Zoonomia*』를 마무리하고 있었을 때, 프리스틀리는 "버밍엄의 신을 두려워하지 않는 야만인들의 손아귀"에 들어갔다. 프리스틸리의 교회와 집은 "철학자들은 물러가라! 교회와 왕은 영원하리라!"
라고 부르짖는 군중의 손에 파괴되었다. 1791년에 일어난 폭동은 달 학
회의 종말을 불렀다. 프리스틀리는 에트루리아 공장에 은신처를 제공받
았지만, 결국은 미국으로 도망쳤다. 이래즈머스 다윈의 관능적인 식물학
은 자극적인 쓰레기라는 비난을 받았으며, 그의 '무신론'은 프랑스의 공
포정치를 낳은 타락한 철학과 한통속이라는 호된 질타를 받았다. 이런 반
발은 마침내 이래즈머스 시대의 자유분방한 풍조를 끝내고, 다윈가와 웨
지우드가의 젊은 세대를 특징짓게 되는 사회적 체면과 복음주의적인 바
른 생활을 중시하는 시대를 열었다.

　웨지우드는 이제 건강이 아주 나빠졌고, 둘째 아들 톰 — 열렬한 화
학(그리고 아편) 실험가 — 은 신경쇠약을 앓고 있었다. 영국과 프랑스가
전쟁을 하던 1793년, 웨지우드는 사업에서 손을 떼고 유언장을 썼다. 공
장은 향사의 딸 베시 앨런과 결혼한 장남 조사이어 2세에게 물려주었
다.[13)

　다윈가의 결혼은 다른 모든 일과 마찬가지로 이래즈머스가 결정했
다. 로버트의 짝으로는, 달 학회를 중심으로 하는 사교계 최고의 미인인
조사이어의 딸 수재너를 선택했다. 수재너는 어릴 때부터 더비에 있는 다
윈가의 집을 들락거렸으며, 이래즈머스에게 음악교습을 해주기도 했다.
영리하고 재능이 많은 수재너는 아버지의 마음에 쏙 드는 딸이었다. 조
사이어와 이래즈머스는 로버트의 재력이 충분해질 때 로버트와 수재너
를 결혼시키기로 합의했다. 두 사람이 결혼을 한 것은 조사이어가 세상
을 떠난 지 1년 뒤인 1796년 4월이었다. 로버트는 이제 자리를 확고히 잡
았으며, 수재너가 상속받은 지참금 2만 5,000파운드는 가문의 자산을 더
욱 불려주었다.[14)

　로버트는 슈루즈버리 외곽의, 세번 강가를 따라 30미터쯤 이어진 비

탈진 언덕 위의 땅을 사서, 평범하지만 당당한 풍채를 지닌 빨간 벽돌집 마운트(마운트 저택)를 지었다. 2.5층에 정면으로 다섯 개의 창이 나 있고 널찍한 저층짜리 양 날개 건물이 딸린 이 집은 젊은 의사의 지위를 돋보이게 해주었다. 로버트는 모든 면에서 부자였다. 예컨대 키는 188센티미터나 되었고, 허리둘레 또한 꾸준히 늘어나고 있었다. 첫아이는 딸로, 이름은 매리앤이었다. 이어서 태어난 두 아이도 딸이었는데, 1800년에는 캐롤라인이, 이래즈머스가 평화롭게 눈을 감은 지 1년 뒤인 1803년에는 수전이 태어났다. 그 뒤에 첫 번째 아들이 태어났다. 수재너가 그 아이를 낳은 1804년 12월 29일은 부유한 사무변호사였던 로버트의 형이 빚더미에 올라앉아 더웬트 강에 빠져 죽은 날로부터 5년이 지난 때였다.[15] 부부는 형과 세상을 떠난 아기 할아버지의 이름을 따서 아기의 이름을 이래즈머스라고 지었다.

웨지우드가의 2세대는—다원가와 마찬가지로—신사계급을 지향하고 있었다. 조사이어는 도싯 주州의 주지사로, 네 마리 흰 말이 끌고 벨벳 커튼을 단 마차를 타고 "마치 왕족처럼" 돌아다녔다. 전쟁으로 인한 불황 탓에 도기제조업이 침체에 빠지자 조사이어는 회사를 직접 관리하기 위해 스태퍼드셔로 돌아갔지만, 공장주로 사는 것이 행복하지 않자 지겨운 사업으로부터 벗어날 수 있는 주말 도피처로 삼기 위한 제2의 시골집을 물색했다. 로버트 다윈은 조사이어가 스태퍼드셔에 있는 메이어라는 작은 마을 근처에 400헥타르의 땅을 살 수 있도록 3만 파운드를 빌려주었다. 그곳은 에트루리아 공장에서 말을 달려 한 시간이면 닿을 수 있었으며, 슈루즈버리에서는 48킬로미터 거리였다. 호수가 내려다보이는 언덕 위에 (랜슬럿 브라운이 설계한) 드넓은 정원이 조성되어 있고, 그 안에 메이어 홀이라고 불리는 엘리자베스 시대 양식의 대저택이 자리잡고 있었다. 주위는 사냥감으로 가득한 숲으로 둘러싸여 있었다. 조사이어와 베시는 1807년에 여섯 아이를 데리고 그곳으로 이사했다. 그리고 1808년 5월 2일에 그들의 막내딸 에마가 태어났다. 이때 베시의 나이 44세였다. 조사이어의 높아진 사회적 지위는 자식들이 다닐 학교 선택에 반영되었다. 그는 맨 위의 두 아들을 이튼 학교[명문 공립학교들 가운데 가장 큰 학교]에 보냈다.[16)]

수재너 다윈은 오랫동안 의사의 아내, 비서, 손님접대원 느릇을 감내했다. 남편은 환자들에게는 사려 깊었을지 몰라도, 집에서는 "고음의 찍찍대는 목소리"에 어울리지 않게 무뚝뚝했다. 사소한 일에도 화를 내어 수재너도 심심찮게 그 불똥을 맞곤 했다. 그녀는 힘들었던 두 번째 임신 뒤로 "중년의 생기"는 온데간데없어지고 하루가 다르게 늙어갔다. 한번은 마운트에서 "나 빼고는 다들 젊어 보인다"며 조사이어에게 한숨 섞인 하소연을 하기도 했다.[17)]

    1809년 2월 12일에 다시 아이가 태어났다. 이때 수재너의 나이 44세였다. 부부는 이 아이의 이름을, 훗날 촉망받는 직업을 갖기를 바라는 마음으로 가족 중에 의사의 직업을 가졌던 두 사람인 아버지 로버트와 죽은 삼촌 찰스의 이름을 따서 찰스 로버트 다윈이라고 지었다. 그 무렵 위엄 있는 저택에 터전을 잡은 존경받는 신사계급이 되어 있었던 로버트 부부는 11월 17일에 새로 생긴 세인트채드 국교회 교회에서 아기에게 세례를 했다. 이는 지금의 로버트에게 어울리는 신중한 처신이었다. 나라는 프랑스와, 그리고 프랑스와 공모하는 것처럼 보이는 지하조직과 전쟁을 계속하고 있었다. 지금은 가문의 자유주의 깃발을 흔들 때가 아니었다. 정부의 지시를 받은 선전활동 때문에, 다윈의 할아버지 이래즈머스가 쓴 프랑스를 옹호하는 시는 조롱거리가 되어 있었다. 다윈이라는 이름은 이미 불온한 무신론을 연상시켰다.[18)] 로버트 박사 자신도 벽장 속의 자유사상가였기에, 보수적인 시대에는 행동을 조심하는 게 좋았다.

하지만 수재너는 자신의 종교적 유산을 묵묵히 지켜나갔다. 그녀는 일요일이면 아이들을 데리고 유니테리언파 예배당에 갔다. 중심가에서 떨어진 그 교회는 슈루즈버리의 비국교도들을 위한 최초의 집회소가 세워졌던 장소에 있었다. 그 집회소는 100년 전 국교회 폭도들에 의해 파괴되었다. 조지 케이스가 수재너와 그 마을의 유니테리언파 지도자들에게 초청을 받아 설교를 하러 왔는데, 케이스는 돈벌이를 늘리기 위해 클레어몬트 언덕에 있는 자신의 집에서 주간학교를 운영했다.[19]

찰스의 교육은 당시 십대 초반이던 누이 캐롤라인의 지도로 집에서 시작되었다. 캐롤라인의 애정을 독차지하기 위해 찰스는 자기보다 열다섯 달 늦게 태어난 여동생이며 수재너의 막내아이인 캐서린과 경쟁했다. 찰스는 장난을 좋아하는 말썽꾸러기였다. 그의 가장 오래된 기억에는, 벌을 받느라 갇혀 있던 방의 창문을 깨려고 시도했던 일도 있었다. 그것은 주목을 끌기 위한 행동이었다. 찰스는 칭찬을 받고 싶었지만, 그로 인해 잘못했다는 말을 듣기 일쑤였다. 가정교사로서는 아직 미숙했던 캐롤라인은 때때로 지나치게 고압적인 태도를 취했고, 찰스는 누나를 보면 "누나가 또 무슨 일로 혼낼까" 싶어 두려웠다.

혼자 있는 시간은 캐롤라인의 극성에 시달려야 하는 학교로부터 해방되는 순간이었다. 다른 식구들과 나이차가 너무 많이 났던 찰스는 마운트 주변에서 혼자 노는 법을 터득했다. 아버지는 멋진 서재와 이 시절 유행하던 자연사에 대한 안목을 지니고 있었다. 거실에서 가까운 온실은 집안에 있는 이국적인 정글이었다. 찰스의 어머니는 "아름답고 다양하고 순하기"로 유명한 비둘기의 신품종들을 길렀고, 정원에는 과일나무와 희귀한 수목들이 가득했다. 북쪽 테라스 너머, 나무가 우거진 가파른 비탈 아래로는 강이 흘렀다. 이곳에서 찰스는 여러 시간 동안 낚시를 했다. 미끼로는 벌레를 썼는데, 벌레가 낚싯바늘에 찔리는 고통을 겪지 않도록—
누이들이 가르쳐준 대로 — 먼저 소금물에 담가 죽였다.

　　찰스는 조개껍데기, 우편물에 찍힌 도장, 새알, 광물 등을 닥치는 대
로 긁어모으는 타고난 수집가였다. 이런 수집물들은 칭찬을 받기 위해 모
으는 전리품이었다. 찰스는 칭찬을 너무나도 갈망하여 심지어는 사람들
이 자신을 우러러보는 상상을 했을 정도였지만, 결국 이것 때문에 죄책
감을 느꼈다. 어쨌거나 죄를 짓기도 했다. 그는 주목을 끌기 위해 도둑질
을 했는데, 한밤중에 아버지의 복숭아와 자두를 몰래 훔쳐내어 숨겨놓았
다가 다음 날 자신이 '발견'한 것처럼 보고했다. 때때로 이 노획물들을 뇌
물로 쓰기도 했다. 그는 자기보다 나이가 많은 소년들에게, 자신이 얼마
나 빨리 달리는지 경탄을 하면 사과를 주겠다고 했다. 이 악의 없는 장난
은 어쨌든 누나들이 많은 집에서 눈에 띄는 데에 도움이 되었다. 그래서
"일부러 거짓말을 지어내는 것"은 사람들의 주목을 끌기 위한 상습적인
수법이 되었다.[20]

　　수재너는 1817년에 찰스가 만 여덟 살이 되자마자 아이를 케이스 씨
의 학교에 보냈다. 찰스는 매일 아침 세인트채드 교회의 교회묘지가 바라
보이는 3층짜리 건물인 목사관까지, 웨일스 다리를 건너 좁고 구불구불
한 길을 걸어갔다. 그곳에 오는 소년들의 대부분은 찰스보다 나이가 많았
다. 소극적이고 땅딸막한 쪽에 가까웠던 찰스는 남학생들 사이에 의식이
된 레슬링 시합이 하기 싫어서, 오후가 되면 바커가街의 개들을 피해 서
둘러 집으로 돌아갔다. 그렇다 해도 그는 학교에서 "눈길을 끌고 사람들
을 놀래키는 짜릿한 일들이 주는 순수한 즐거움을 위해서라면" 무슨 짓
이든 했고, 그의 세련된 "거짓말들은…… (그에게) 비극과 같은 쾌락을
주었다." 그는 자연사에 대한 허풍을 늘어놓고, 신기한 새들에 대해 이야
기했으며, 자신이 꽃의 색깔을 바꿀 수 있다고 자랑했다. 한번은 자신이

진실을 이야기하는 것을 얼마나 좋아하는지를 보여주기 위해 아주 정교한 이야기를 꾸며내기도 했다. 이것은 소년 나름의 세상을 조작하는 방식이었다.[21]

7월에 수재너가 죽었을 때, 그 충격은 가족에게 커다란 정신적 상처를 남겼다. 찰스의 충격을 가늠할 길은 없지만, 상당한 충격을 받았던 것만은 분명하다. 수재너는 종양을 앓으며 끔찍한 고통에 시달렸고, 마지막 며칠 동안은 간호를 돕던 매리앤과 캐롤라인만이 어머니를 볼 수 있었다. 찰스와 나머지 아이들은 어머니가 숨을 거둔 15일에 병실에 불려가, 침대에 검은 벨벳 가운을 입고 누워 있는 수재너의 시신을 보았다. 캐롤라인은 찰스를 위로했고, 그들은 다 같이 울었다. 하지만 20일에 장례식을 치른 뒤에는, 아이들의 감정은 봉인되었다. 큰 아이들은 어머니의 이름을 입 밖으로 꺼낼 수조차 없었다.

찰스가 케이스 목사의 학교를 다시 다니기 시작했을 무렵, 찰스의 슬픔은 기이한 방식으로 표출되었다. 어머니가 묻힌 지 한 달 뒤, 말 한 마리가 교회묘지에 파놓은 무덤을 향해 이끌려가는 모습을 교실 창밖으로 지켜본 찰스는 공포로 얼어붙었다. 안장은 비어 있었고, 남자의 장화와 카빈총이 말의 옆구리에 매달려 있었다. 어머니를 묻은 지 얼마 지나지 않았던 어린 소년 찰스에게 그 장면이 준 충격은 엄청났다. 군인들의 장례행렬이 집합했고, 관이 내려지는 동안 목사가 추도사를 읽었다. 그런 다음에 군복을 제대로 갖춰 입은 제15기병연대 소속의 기병이 한 발 앞으로 나와 총을 들어올렸다. 총소리가 세번 강 계곡에 메아리칠 때, 억눌렸던 감정이 여덟 살짜리 소년의 몸을 뚫고 솟구쳤다. 훗날 그는 어머니도 어머니의 죽음도 거의 기억하지 못했지만—사실 그는 "이 시기에 대한 행복한 기억도 불행한 기억도 특별히 없었을 것"이다—이 장면을 결코 잊지 못했다. 그 죽은 군인의 일은 찰스의 뇌리에 깊이 각인되었다.[22]

* 　 * 　 *

마운트는 십대 가모장제 치하에 들어갔다. 매리앤이 가사를 돌보고, 캐롤라인은 캐서린을 보살폈으며, 수전이 아버지를 도왔다. 이 삼두정치는 사소하게 보아 넘길 성질의 것이 아니었다. 수재너의 독실한 신앙심을 물려받은 세 자매는 집안의 도덕규범이었다. 찰스와 찰스의 형 이래즈머스는 학교로 도망칠 수 있다는 사실을 위안으로 삼으며 세 자매의 훈육에 복종했다.

로버트 박사가 회진을 마치고 돌아오면, 누구에게도 비상구는 없었다. 그의 육중한 몸집은 마치 거대한 중력장처럼 삶이 그를 중심으로 빙빙 돌도록 만들었다. 이는 현기증 나는 경험이었으며, 누구도 마음 편히 지낼 수가 없었다. 로버트 박사는 환자들에게 자상한 의사로 이름이 높았고, 그의 조언은 언제나 환자들을 안심시켰다. 그러나 수재너가 죽은 뒤로 이러한 기질은 집안에서는 점점 발휘되지 않게 되었다. 아버지의 약한 모습은 아직까지 자식들에게 연민을 불러일으켰지만, 무뚝뚝한 태도는 아버지를 두려운 존재로 만들었다. 그는 점점 까다롭고 독단적인 사람이 되어갔고, 비상한 기억력과 사람의 마음을 읽는 힘—이것은 "거의 초자연적인 능력으로 비쳤다"—으로 자식들을 억눌렀다. 그는 자식들을 번갈아가며 심문하고 다그쳤다. 아버지의 부름을 받는 것은 하느님 앞에 끌려가는 것과 같았다. 가느다란 목소리만이 이런 덩치 큰 대식가도 죽음을 피할 수 없는 인간이라는 사실을 상기시켜주었다.[23]

방문객들은 이 긴장을 눈치챘다. 메이어 홀에서 "무한한 자유와 구속받지 않는 생활"을 누리던 웨지우드가의 자식들은 마운트에서 폐소공포증을 느꼈다. 모두가 로버트 박사의 "질서정연하고 올바른" 기준에 맞추어야 했으니까. 소년들에게는 한층 더 가혹했다. 그들의 망나니 같은 태도가 박사의 심기를 건드렸기 때문이다. 하지만 소녀들도 주눅 들기는 마찬가지였다. 이십대의 엘리자베스와 샬럿은 다윈가 자매들의 좋은 친구들이었다. 이들의 어머니인 베시 웨지우드는 식탁을 쾅쾅 쳐대는 자신의 아버지 밑에서 "벌벌 떨면서" 살았기 때문에, 딸들에게 남자들은 "비위를 잘 맞춰야 하는 위험한 존재"라고 교육시켰다. 확실히 어머니의 이 가르침은 마운트에서는 잘 적용되었다. 웨지우드가의 소녀들은 박사가 집에 없는 동안 웃고 떠들면서도, 곧 닥쳐올 암운을 항상 의식하고 있었다. "일요일에 우리는 1시 30분에 점심을 먹고 옷차림을 단정히 했다. 그리고 어두워지면 몰려올 암운을 예상하며 약 세 시간을 보냈다. 그날 저녁은 몹시 긴장되고 무서웠다." 엘리자베스는 어느 날의 마운트 방문을 이렇게 우울하게 보고했다.[24]

기가 눌린 다윈가의 두 아들은 긴밀한 동맹관계로 뭉쳤다. 1818년 9월, 찰스는 열세 살인 이래즈머스 형을 따라 슈루즈버리 학교의 기숙생이 되었다. 그곳은 강 건너편으로 무너진 성을 마주보고 있는 작은 공립학교였다. 학교건물은 에드워드 6세 때 지어진 수백 년 된 건물이었으며, 시설들도 그에 걸맞게 낡은 상태였다. 기숙사는 어둡고 눅눅했으며, 화장실에는 한기가 돌았다. 두 형제는 이 역경을 꿋꿋하게 견뎠는데, 그것은 집의 온기라는 것이 그저 일순간일 뿐임을 알았기 때문이었다. 아버지와 엄마 노릇을 하는 누나들을 대면할 생각을 하면, 그들은 차라리 새뮤얼 버틀러 목사 치하가 낫다고 생각했을 것이다.

버틀러는 20년 동안이나 그 학교의 교장이었다. 동네에서 그의 지위는 로버트 다윈 박사와 맞먹었으며, 그의 학교는 영국의 명문으로 알려지고 있었다. 이러한 평판은 힘들게 일구어낸 것이었다. 응석받이로 자란 지주의 아들들을 규칙으로 옭아매기란 쉽지만은 않은 일이었기 때문이다. 술에 취해 잡힌 학생은 교장에게 칼을 뽑아들었고, 어떤 녀석은 장전된 총을 들고 다녔다. 한 패거리가 작당을 해서 마을 농가를 습격하여 돼

지들을 죽인 일도 있었다. 버틀러 목사는 채찍을 휘둘렀고, 경우에 따라
서는 소년들이 결투로 다툼을 명예롭게 해결하도록 허락하기도 했다.[25)]
국교회를 중심으로 하는 사회가 가장 필요로 하는 것이 규율이 잘 잡힌
젊은이라고 확신한 그는 줄곧 학생들에게 근면한 생활습관을 강요했다.

　　교과과정의 중심은 고전이었다. 죽은 언어들을 읽고 쓰고 해석하는
능력은 신사의 증표였다. 고대 문화를 잘 알수록 자신을 더 잘 통제할 수
있었다. 하지만 그것은 이론일 뿐이었다. 실제는 찰스에게 끔찍이도 싫은
것이었다. 그는 라틴어와 그리스어만 보면 머리가 멍해졌다. 슈루즈버리
학교의 교육은 주로 기계적인 암기와 암송이었고, 여기에 창의력 배출구
로 시 창작 수업이 들어가 있었다. 찰스는 대체로 수업을 "꼼꼼하게 준비
해서 옳은 대답을 했다." 하지만 이 일에는 어린 남학생들다운 조잡한 수
법이 동원되었다. 찰스와 그의 친구들은 시를 쓰라고 하면 언제든 짜깁
기할 수 있도록 "방대한 분량의 옛 시들"을 모아두었다. 사실 찰스는 호
라티우스의 몇몇 송시들은 좋아했다. 물론 기억이 날 때는. 그러나 다른
시들과 마찬가지로 대부분은 1주일 안에 몽땅 잊어버렸다. 바이런의 시
는 좀 오래 기억이 났고, 셰익스피어의 역사극들도 그랬다. 찰스는 두꺼
운 벽 쪽의 창가자리에 기대어 앉아 셰익스피어를 몇 시간이나 계속하여
탐독하기도 했다.[26)]

　　동급생들은 찰스가 "행동이나 생각이 나이에 비해 조숙"했다고 기
억했다. 마운트 저택의 분위기가 찰스를 그렇게 무겁게 만들었던 탓이다.
그는 다른 사람들을 기쁘게 하려고 노력했지만 고통은 가능한 한 피하려
고 했으며, 과묵함으로 좌절감을 감추었다. 사람들의 마음에 들고 싶었기
때문에 분노는 꾹 참았고(이런 경향은 평생 동안 지속된다), 몸은 허약해도
열심히 공부하는 형을 닮으려고 애썼다. 형제는 둘 다 운동을 좋아하지
않았다. 이래즈머스가 책을 읽거나 식물을 관찰하며 빈둥거리는 동안, 찰

스는 수집을 하거나 "오래 고독한 산책"을 즐겼다. C. C. 클라크의 『세계의 경이』를 읽고 자극을 받은 찰스는 먼 곳으로의 여행을 꿈꾸었고, 열대의 섬과 남아메리카 풍경을 그리며 공상에 잠겼다. 이 모두는 옴짝달싹못하게 하는 어른들에게서 달아날 수 있는 피난처였다.[27]

이 열 살짜리는 엄마 노릇을 하는 누나들에게 골칫덩이였다. 1819년 7월에 누나들이 3주 동안 찰스를 데리고 웨일스 해변에 간 적이 있는데, 그는 걸핏하면 싸우고 짜증을 부렸으며, "기병처럼 욕설을 퍼붓고" 혼자서 훌쩍 나가버렸다. 밖으로 나간 그는 해변을 산책하고 바닷새들을 관찰하며 다른 세상으로 들어갔다. 거기에는 그를 흥분시키는 처음 보는 곤충들—얼룩덜룩한 반점이 있는 커다란 딱정벌레, 화려한 나방들—이 있었다. 그는 다시 수집을 시작했지만, 한 누나가 그런 목적으로 "곤충을 죽이는 것은 옳지 않다"고 지적했다. 죽은 것만을 수집하라는 얘기였다. 1년이 지나 감독관 누나들로부터 벗어났을 때, 찰스는 이래즈머스 형과 함께 웨일스까지 말을 타고 짧은 거리를 달렸다. 열두 살이 되었을 때, 찰스와 이래즈머스는 웨지우드가의 외사촌들인 프랭크와 헨슬레이와 함께 뱅거까지 전속력으로 말을 달렸다. 그들은 웨일스의 산들을 넘고, 원시 황무지처럼 음산한 풍경을 지닌 험준한 봉우리들을 넘었다.

이제 더는 내성적이지 않은 찰스는 자신의 관심을 다른 사람들과 나누기 시작했다. 학교에서 그는 "친구들을 즐겁게 해주려" 애썼다. 학교 정원에 심을 식물들을 가져갔으며, 자신의 어머니가 어떻게 꽃 모양을 보고 식물의 이름을 짓는지를 열심히 설명했다. 그는 자기보다 나이가 많은 형의 친구들을 우러러보았는데, 그중 한 명, 키가 큰 존 프라이스가 "모든 의미에서" 그를 내려다보았다. 어느 날 찰스는 "나이 많은 프라이스"가 이름을 알아맞히는지를 보려고 조개껍데기 한 개를 보여주었다. 물론 "총알고둥"이지, 라고 프라이스가 가볍게 대답하자, 찰스는 너무 놀라 눈이 휘둥그레졌다.[28] 상류계급의 모든 응접실에 골동품을 전시하는 진열장이 있던 그 시대에 동식물의 이름을 외우는 것은 필수였고, 찰스의 수업은 이 놀이터에서 시작되었다.

다섯 살 차이가 나는 두 형제의 간극은 찰스가 십대가 되면서 좁혀졌다. 늘 그래왔듯이 이래즈머스가 앞서서 찰스를 끌어당겼다. 학교의 고전강의에 싫증이 난 이래즈머스는 화학에 폭발적인 관심을 보였고, 1822년에는 찰스를 자신의 조수로 임명했다. 로버트 박사가 두 아들을 유독가스와 함께 집 밖으로 내쫓은 뒤로, '실험실'은 정원의 창고에 차려졌다.

이것은 산업화 시대 신사들의 도락으로 잘 어울리는, 돈이 많이 드는 취미였다. 아마 두 소년은 웨지우드가에서 이것을 알게 되었을 것이다. 실제 경험이 풍부한 웨지우드가 사람들은 가마 속에서 일어나는 화학변화를 잘 알았고, 실험방법을 적은 책들을 갖고 있었다. 이래즈머스와 찰스는 실험기구를 사기 위한 기금을 만들고 식구들의 호주머니(그들은 이것을 "젖 짜는 소"라고 불렀다)를 털어 그것을 충당했다. 50파운드 정도—하인의 1년 치 임금보다 많은 돈—면 큰 도움이 되었다.[29] 그들은 유리 부는 직공에게 시험관을 사고, 런던에 코르크 마개를 주문했으며, 실험대 위에 도가니, 증류기, 증발접시, 버너를 잔뜩 늘어놓았다. 하지만 둘이 함께 실험을 즐길 시간은 많지 않았다. 이래즈머스가 17세가 되자 가업에 따라 의학을 공부하러 떠나야 했기 때문이다. 실험이 시작되었을 무렵부터 로버트 박사는 장남을 진학시킬 곳을 고민하기 시작했다.

이래즈머스를 스코틀랜드로 보내 과학을 바탕으로 하는 자유주의적인 교육을 받게 하면 어떨까. 그렇다면 선택은 로버트 박사 자신이 다녔던 에든버러 대학이 될 것이다. 아니면 런던 최고의 병원들 중 한 곳에 값비싼 수련의 자리를 얻어줄 수도 있다. 500파운드면 최고의 자리를 살 수 있을 것이다.

아니면 잉글랜드에 딱 두 개뿐인 종합대학인 옥스퍼드나 케임브리지 대학에 보낼 수도 있다. 단, 그러려면 국교회의 '39개 신조'에 서명을 해야 하는데, 두 세대에 걸쳐 부를 축적한 다윈가는 겉으로는 국교도로서의 사회적 체면을 갖추고 있었기 때문에 그것은 문제가 되지 않았다. 두 대학은 모두 국교회 대학이라서, 재학생들은 국교회 교의를 따라야 했다. 이래즈머스가 이 대학들로 간다면, 특별한 교육보다는 슈루즈버리 학교와 마찬가지로 고전을 기본으로 하는 정통교육을 받게 될 것이다. 이것은 신사계급에 속하는 환자들과 사회적 수준이 동등한 의사를 양성하기 위한 교육이었다. 이곳에서 미래의 신사, 의사, 성직자들은 서로 긴밀한 관계를 맺어 일반대중과 계급적으로 분명한 선을 긋고, "**잉글랜드 신사라는 귀중한 생득권**"을 지켰다. 옥스퍼드와 케임브리지는 계급과 부를 영예로운 직업과 엮음으로써, "도덕, 예절, 긍정 등" 신사계급 의사의 "완전한 틀"을 만들었다.[30]

로버트 박사의 선택은 케임브리지였다. 이래즈머스는 1822년 10월에 크라이스트 칼리지에 진학했다. 이후 아버지는 "돈을 물 쓰듯 하는 아들"로부터 정기적으로 날아오는 청구서가 첨부된 짧은 편지들을 받았다. 편지에는 와인상인에게 지불해야 할 13기니의 빚에 대한 보고와 "박사께서 그것을 지불해주시면 정말 감사하겠습니다" 같은 내용이 적혀 있었다. 찰스가 받은 편지에는 화학 이야기가 가득했다. 온갖 장면과 냄새들이 편지의 중심이었다. 이래즈머스는 광물학 교수 존 헨슬로가 취관으로 비소를 태워 식욕을 불러일으키는 마늘 냄새를 만들어내는 장면을 묘사했다. 또한 "웃음가스(아산화질소)를 마시고…… 비틀거리는" 학생들의 모습도 보고했다(이 웃음가스 실험은 웨지우드가의 지인인 콜리지가 20년 전에 처음 시도했다). "한 녀석은 마치 날아오를 것 같은 기분이라고 말했어. 그는 웃음가스를 마시면서 펄쩍펄쩍 뛰고, 손가락을 비비 꼬고, 웃음 같기도 하고 비명 같기도 한 소리를 질렀지.”

“내가 이곳에서 보는 대단한 것들을 보면 우리 실험실은 아주 보잘것없게 느껴질 거야.” 이래즈머스는 이렇게 고백했다. 두 소년은 돈을 물 쓰듯 썼다. 아니, 부식시켰다. 실제로 그들은 6펜스짜리 백동화를 녹여 은을 분리해내기도 했다. 이것은 더할 나위 없이 재미있는 오락이어서, 수중에 돈이 붙어 있을 새가 없었다. 찰스는 뽐내듯 걷는 “귀족인지 뭔지”를 감상하고자 1823년 여름방학 때 형을 방문할 계획을 서웠다. 새롭게 빠진 재미에 돈을 물 쓰듯이 쓰다가 파산지경에 처했던 이래즈머스는 찰스에게 보내는 편지에 “돈을 충분히 가져다오. 네가 올 때쯤이면 나는 마차에서 내려 배고픈 네게 수프 한 그릇 사줄 형편도 못 될 것 같다”고 썼다. 찰스는 학기 중에도 주말마다 부지런히 집을 들락거렸다. 고전 대신에 파크스의 『화학 문답서*Chemical Catechism*』나, 브랜드의 『화학 교본*Manual of Chemistry*』을 보기 위해서였다. 그러다 보니 찰스가 약품냄새로 가득한 창고에 틀어박혀 지낸다는 소문이 학교에 퍼졌고, 그에게 ‘가스’라는 별명이 붙었다. 버틀러 목사도 이 소문을 듣고, 급우들 앞에서 찰스를 ‘포코 큐랜티’(철부지)라고 부르며 망신을 주었다. 인격을 형성하는 것은 화학이 아니라 고전이라는 뜻이었다.[31]

그것은 일시적인 취미였지만, ‘가스’ 다윈은 창고에서 홀로 보내는 시간을 즐겼으며, 훗날 화학을 독학했던 이 시절을 늘 그리워했다. 15세 무렵 찰스는 슈롭셔 신사의 아들에게 좀 더 걸맞은 취미를 갖게 되었다. 총을 들고 다닐 수 있는 나이가 되어 사냥에 빠졌던 것이다. 새를 향해 총을 쏘는 것에는 “지극히 신성한 명분”이 있었는데, 곤충보다 메추라기가 훨씬 먹기에 좋았기 때문에 누나들도 트집을 잡지 않았던 것이다. 총을 들고 숲을 뚜벅뚜벅 걸을 때면 강해진 기분이 들었다. 처음으로 도요새를 잡았을 때의 흥분은 가스를 만들 때와는 비교도 할 수 없는 것이어서, 다음 총알을 장전할 수 없을 정도로 격렬하게 몸이 떨렸다.

사냥을 하려면 허가를 받아야 했지만, 로버트 박사가 지역의 향사들과 아주 친한 사이였기 때문에 찰스는 어떤 숲이든 마음대로 드나들 수 있었다. 메이어에서 하는 사냥이 최고였다. 느긋한 웨지우드가 사람들은 사냥을 파티처럼 즐겼는데, 이것은 마운트의 엄격한 분위기로부터 한숨 돌릴 수 있게 해주었다. 조사이어 외삼촌이 동참했으며, 외사촌 조사이어 3세, 해리, 프랭크, 헨슬레이도 항상 동행했다. 그들은 모두 이십대였다. 헨슬레이는 이래즈머스와 같은 나이로, 이래즈머스와 함께 케임브리지 대학에 다니고 있었다. 헨슬레이는 가족 내에서 학자로 통했는데, 찰스의 외삼촌은 그를 보면서 아편에 중독되어 34세의 나이로 일찍 세상을 떠난 자신의 조숙한 형 톰을 떠올렸다. 찰스도 톰을 닮았다. 톰도 화학에 깊이 빠졌기 때문이었다. 조사이어 외삼촌은 찰스와 헨슬레이를 똑같이 아꼈다. 그리고 빼빼 말라서 호감 가는 인상은 아니었지만 장래가 촉망되는 찰스는 조사이어의 딸들과 사이가 좋았다.[32]

웨지우드가의 네 딸들은 무사태평했다. 그들은 모두 안경을 썼으며, 둘씩 붙어다녔다. 큰 딸들 중 샬럿은 훌륭한 신붓감이었지만, 엘리자베스는 척추가 심하게 굽어 왜소했다. 어린 시절부터 어디든지 붙어다녀서 "두 마리 새끼비둘기들"로 불리던 어린 딸 패니와 에마는 가족의 귀여움을 독차지했다. 패니는 몸집이 작고 별로 예쁘지는 않지만 단정했으며, 에마는 이와 정반대였다. 에마는 숱이 많은 갈색 머리카락과 회색 눈, 넓은 이마를 지니고 있었으며, 무질서하면서도 매력적이었고, 사내아이처럼 어지르기를 좋아해서 "천방지축 꼬마 아가씨"라고 불렸다. 패니와 에마는 이미 외국에서 공부를 했고 런던에 있는 학교에서도 1년간 공부한 적이 있었는데, 집에서는 언니들이 그들의 교육을 담당했다. 에마는 마을의 일요학교를 운영하는 엘리자베스를 도왔으며, 교육을 돕는 간단한 교훈적인 이야기들을 쓰기도 했다. 일요학교는 메이어 홀의 세탁실에서 열렸는데, 웨지우드가의 자매들은 60명의 아이들을 이곳에 모아놓고 자신들이 정식으로 받은 유일한 훈련인 세 가지 R, 즉 읽기, 쓰기, 종교를 가르쳤다.

웨지우드가에게 종교는 진지한 문제였지만, 1790년대 이후 이 가문은 차츰 국교도화되어갔다. 안락한 부와 안정된 사업을 갖게 된 유니테리언파의 2세대, 3세대들 대부분이 그랬듯, 그들은 국교도로서의 사회적 지위를 갖추고 있었던 것이다. 조사이어는 교구의 성직수여권자로서, 조카가 교구목사가 될 수 있도록 지원했다. 에마가 안전하게 국교도로 견진성사를 받은 것도 납득할 만한 일이었다. 분명 에마의 어머니는 국교도의 사회적 지위를 원했을 것이다. 아니 적어도 할 수 있는 것은 다 해놓고 싶었을 것이다. 그녀는 에마가 국교회의 "의식을 받는 것이 좋겠다"고 말했는데, 그 까닭은 "의무를 생략해도 죄가 되지 않는다고는 그 누구도 확신할 수 없기 때문"이었다.

그래서 에마는 메이어의 세인트피터 교회에서 정식으로 견진성사를 받았다. 의식은 1824년 9월 17일에 열렸다. 자고새 사냥철이 시작되어, 2주일 뒤에 찰스는 수전, 캐서린과 함께 달려가서 그 의식을 축하했다. 그들은 사냥 말고 가족끼리 『윈저의 즐거운 아낙네들』의 즉석연극도 했다. 이것은 셰익스피어를 좋아했던 찰스에게나, 웨지우드가의 소녀들이 연기하기에나 잘 어울리는 선택이었다. 에마는 일기장에 그들이 "굉장한 시간"을 보냈다고 적었다. "10월 1일: 야단법석. 10월 2일: 야단법석. 10월 4일: 야단법석. …… 10월 6일: 아주 조용한 저녁!"[33] 과연 팔스타프 역은 누가 맡았을까…….

＊　　＊　　＊

슈루즈버리에서는 그러한 야단법석이 일어나지 않았다. 로버트 박사는 갈수록 까다로워졌고, 찰스는 갈수록 골칫덩이가 되어갔다. 그는 버틀러 박사의 학교에서는 두각을 나타내지 못했고, 온 가족이 그 사실을 알았다. 찰스는 다윈가의 일원으로서 너무 평범해 보였다. 심지어 모자란 존재처럼 보이기도 했을 것이다. 자멸한 삼촌들인 톰과 이래즈머스의 망령이 마운트 저택을 떠돌고 있었다. 게다가 찰스는 형이 떠나버린 뒤로 사냥에 지나치게 탐닉했다. 찰스를 정신 차리게 해야겠다고 작정한 로버트 박사는 아들들의 실험처럼, 학기 말 무렵 끝내 폭발을 하고야 말았다. "너는 총사냥, 개경주, 쥐잡기 말고는 좋아하는 것이 아무것도 없구나. 너는 장차 네 자신과 가족의 명예를 더럽힐 것이다!"[34]

로버트 박사는 아들의 자고새 사냥병을 치료할 강력한 약을 처방했다. 1825년 6월에 찰스를 2년 일찍 학교에서 자퇴시켰던 것이다. 찰스에게 직업을 주자. 진로를 제시하자. 엄한 의학훈련이 도움이 될 것이다. 찰스는 형과 아버지의 뒤를 따라 사회적으로 존경받는 직업의 길을 가게 될 것이다.

의사가 되기로 했지만, 아직은 향사의 아들로서 아버지의 신임과 가문의 명성밖에는 가진 게 없는 이 16세 소년은 슈롭셔의 가난한 환자들을 진찰하며 1825년의 여름을 보냈다. 이따금씩은 아버지가 치료를 하는 현장에 참여하기도 했다. 찰스는 아버지의 인정을 받으며 우쭐했고, 수련의 생활을 즐겼다. 몇 주쯤 지나자 그의 환자들도 십여 명쯤 생겼다. "주로 슈루즈버리에 사는 여성과 아이들"이었다. 찰스가 환자의 상태를 써놓으면 아버지가 처방을 내렸다. 환자를 대하는 찰스의 태도를 지켜본 로버트 박사는 전반적으로 가망이 있다고 보았다.[1)]

크라이스트 칼리지에 다니는 이래즈머스의 보고는 찰스에게 그다지 격려가 되지 않았다. 찰스는 형한테서 의대생들이 해부용 시체를 준비하고 해부가 끝난 뒤에 사지를 씻는 것을 비롯해 얼마나 불쾌한 일들을 해야 하는지를 들었다. 이래즈머스는 자신은 해부학 실습장의 피와 악취에 단련이 되어 있지만, 찰스는 시체를 다루는 허드렛일을 이야기로만 들려줘도 메스꺼워할 것이라고 생각했다. "이 일은 아마 네 비위에 안 맞을 거야, 특히 아침식사 전에는."

어쨌든 이래즈머스는 "네가 케임브리지로 오지 않는다면 얼마나 슬플까"라고 생각했지만, 그래도 소용이 없었다. 로버트 박사는 찰스를 '북쪽의 아테네' 에든버러 대학에 보내기로 했다. 그것은 가족의 전통을 고려한 결정이었다. 찰스는 할아버지와 아버지에 이어 3대째 에든버러 대학에서 의학을 공부하게 될 것이다. 에든버러 대학의 교수들과 다윈가의 인연은 오래전으로 거슬러 올라간다. 에든버러 대학의 자연철학 교수로서 "몸집이 엄청나게 크고 매우 호감 가는 사람"인 존 레슬리는 메이어에서 웨지우드가 아들들의 가정교사를 지내기도 했다.[2] 덕분에 찰스는 레슬리 앞으로 된 소개장을 들고 집을 떠나게 될 것이고, 이것은 그를 최고의 지식인들이 모이는 만찬에 끼워줄 것이다.

이 결정에는 의학공부에 대한 고려도 있었다. 에든버러 대학은 세상과는 담쌓은 잉글랜드의 대학들보다 시설과 교수진이 뛰어났으며, 병원 시설도 더 좋았다. 또한 그곳은 옥스퍼드나 케임브리지 대학보다 교육의 질에서만 뛰어난 것이 아니라 더 많은 의사들을 배출하기도 했다.[3] 오랫동안 에든버러 대학은, 39개 신조를 부정하여 옥스브리지〔옥스퍼드 대학과 케임브리지 대학〕에서 문전박대당한 부유한 비국교도들의 천국이었다. 그들은 이곳에서 식물학, 화학, 자연사를 포함한 폭넓은 의학과 과학 과목들을 배웠다. 또한 그들은 대륙의 최신 사상도 접했다. 그러한 사상들은 특히 이 대학 주위에 밀집해 있던 교외 개방학교들에서 소개되었다. 졸업생의 대부분은 마지막 학기를 마치면 파리로 건너가 프랑스의 최신 사상들을 흡수하고 돌아왔다. 이들은 모교의 후배들에게 가장 뛰어나고 가장 이단적이며 가장 혁신적인 새로운 과학들을 전수했는데, 머지않아 찰스도 그 수혜자가 될 것이다.

다행히 이래즈머스가 에든버러에서 외부 임상실습을 하게 되어, 찰스와 함께 지내면서 찰스를 보호하기로 했다. 이래즈머스가 7월에 케임브리지에서 고향으로 돌아왔을 때, 둘은 계획을 짜기 시작했다. 그들은 해부를 하고, 화석을 채집하고, 즐거운 화학실험을 계속할 생각이었다. 이래즈머스는 기다릴 수가 없었다. "우리 둘이 함께 지내면 정말 즐거울 거야. 우린 최대한 안락하게 지내게 될 거다. 너도 이제 어엿한 '대학생'이 되었으니, 이제는 너를 만만하게 보면 안 될 것 같구나."

　찰스와 이래즈머스는 10월 말에 에든버러에 도착했다. 그들은 도시를 둘로 나누는 계곡이 내려다보이는 프린세스가街의 특급호텔에 투숙하고, 하숙집을 구하러 나섰다. 대학 주변에는 폐소공포증을 유발할 정도로 빽빽하게 하숙집들이 들어차 있었기 때문에, 선택권은 무궁무진했다. 하지만 대부분의 방들은 어둡고 눅눅한 "작은 지하감옥"이었다. 그런데 예외인 곳이 하나 있었다. 그곳은 로디언가街 11번지에 있는 맥케이 부인이 운영하는 집으로, 학생들만 전문으로 받았다. 부인은 "깔끔하고 좋은 노인이었고, 매우 예의바르고 상냥했다." (한 세대의 의사들과 자연학자들이 에든버러의 환대를 제일 먼저 맥케이 부인에게서 맛보았다.) 위치상으로도 편리했는데, 그 대로의 끝에 있는 대학이 걸어서 몇 분 거리였기 때문이다. 부인은 형제에게 4층에 있는 밝고 통풍이 잘 되는 침실 두 개와 거실 한 개를 내주었다. 하숙비는 1주일에 26실링이었다. 형제는 짐을 풀고 주변 탐색에 나섰다.

　그들은 경탄을 하면서 마을 구석구석을 돌아다녔다. 계곡은 무척 놀라웠는데, 도시가 마치 벼랑 꼭대기에 걸터앉은 것처럼 보였다. "브리지가街는 지금까지 내가 본 곳들 가운데 가장 놀라운 곳입니다." 찰스는 집에 보낸 편지에 이렇게 썼다. "처음으로 그 거리에서 아래를 내려다보았을 때, 우리는 우리의 눈을 의심했습니다. 눈에 들어온 것은 멋진 강 대신에 사람들의 물결이었기 때문입니다." 그들은 고딕 양식의 건물들이 우뚝 솟은 올드타운, 비즈니스 지구, 학생들로 북적이는 번잡한 대학가 등 모든 장소를 둘러보았다. 이곳의 너저분한 집들과 범죄는 '올드 리키Auld Reekie'(그을고 오래된 거리)라는 에든버러의 별명과 어울렸다. 그리고 고풍스러운 뉴타운은 상인과 지식인들이 좋아하는 구역이었다. 두 형제는 위용을 자랑하는 석조건물들에 감탄하면서 자갈이 깔린 넓은 길을 거닐고 구불구불한 계단을 오르내렸다. 국회의사당에서는, "곧 절멸할 종인 주제에 자신들보다 훨씬 더 바쁘게 일하는 휘그당원들에게 깃털을 뽐내는" 토리당의 법정변호사들을 목격했다.[4] 철저한 휘그당원인 다윈 박사의 아들들은 이 정치적 오산의 한 장면을 놓치지 않았다.

스코틀랜드의 음식도 맛보아야 했다. 굴튀김, 연어스튜, 오트밀을 채워 넣은 대구 머리. 그리고 신선한 채소들이 좁은 판매대에 빽빽하게 진열된 시장도 구경했다. 밤에는 왕립극장에서 베버의 〈마탄의 사수〉와 무용을 보았다.

일요일에는 교회들을 둘러보았다. 에든버러는 스코틀랜드의 종교 중심지여서, 검댕으로 뒤덮인 교회의 첨탑들이 언덕 여기저기에 어지러이 흩어져 있었다. 이러한 거대한 건축물들은 스코틀랜드 장로교회의 척추였으며, 이곳의 엄격한 목사들은 성직수여권을 지닌 귀족들이나 국왕이 임명했다. 부와 교조주의와 엄청난 자기과신, 이것이 스코틀랜드 교회였다. 스코틀랜드 교회의 입법기구인 총회가 에든버러에서 위풍당당하게 열렸다. 찰스와 이래즈머스를 포함한 모두가, 검은 수도복을 입은 대의원들이 국가의 도덕적 건강을 논의하는 것을 보기 위해 총회에 참석했다. 그런데 이 소년들이 경험한 첫 예배는 좀 뜻밖이었다. "가슴을 후벼 파는 것 같은 설교"가 두 시간 내내 이어질 줄 알았던 그들은 도를 지나치지 않는 20분가량의 설교를 듣고 기분 좋게 밖으로 나왔다.

에든버러는 국제도시였다. 이쪽으로 독일인 의사가 스쳐 지나가는가 하면, 저쪽으로는 프랑스인 귀족이 지나갔다. 미국인 존 제임스 오두본도

1826년에, 시골에서 오랜만에 등원한 의원 같은 차림새를 하고서 자신의 저서 『아메리카의 새』의 예약을 받기 위해 이 도시를 다녀갔다. 발간 얼굴을 한 여자들이 거리를 종종걸음 치며 지나갔는데, 그들의 이마 위로 광주리의 가죽끈이 흘러내렸다. 수염을 기른 남자들은 무례하고 조야했다. 이곳은 경이로운 볼거리와 두려운 과학의 도시였다. 사회주의자들은 공동체 생활을 실험하고, 골상학에 빠진 상점주인들은 손님들의 머리를 주의 깊게 살피고, 교수들은 지구의 기원에 대해 논쟁을 벌였으며, 해부학자들은 창조론의 허위를 폭로하고 있었다. 방문자들은 이 대도시의 "낯 두꺼운 자기숭배"에 동화되어 경탄의 눈길을 보내기에 바빴다.[5]

이래즈머스 다윈의 손자들이 만나야 할 사람들은 한둘이 아니었다. 그들은 아버지의 친구들을 방문하고, 교수들과 식사를 했다. 찰스는 이 "잔치 같은 나날들"을 수전에게 계속 보고했다.

> 우리는 매우 방탕한 생활을 하고 있어요. 토요일에는 홀리 박사 댁에서 저녁을 먹고 매우 즐거운 파티를 열었지요. 그런 후 우리는 극장에 갔어요. …… 홀리 박사는 아버지가 궁금해하시는 점들에 대한 정보를 챙겨 두셨더군요. 나는 아버지에게 그것을 짤막하게 써보낼 생각입니다. 다음 주 금요일에는 던컨 박사(80대 노인이지만 아직도 물리학 겸임교수) 댁에 가기로 했어요. 이번에는 즐거운 파티가 되었으면 좋겠어요. 지난번 파티는 정말 따분했거든요. …… 나는 요즘 정말 한심할 정도로 나태하게 살고 있어요. 지금도 두 권의 소설을 동시에 읽고 있답니다. 누나가 따끔하게 야단쳐준다면 정신이 번쩍 들 것 같아요. 누나의 호된 질책을 기대하겠습니다.

이런 파티 생활은 다분히 외교적인 것이었다. 던컨가는 다윈가와 오랫동안 알고 지낸 사이였다. 찰스와 이름이 같은 삼촌—해부를 하다가 사고로 죽은 그 삼촌—은 던컨가의 지하 납골묘에 안치되어 있었다. 이 노교수는 아마 자기 수업을 들으러 온 젊은 찰스에게 부모 같은 심정을 느꼈을 것이다.[6]

두 소년에게는 고귀한 휘그당 사회의 문이 활짝 열려 있었다. 사실 이들은 더 이상 소년들이 아니었을지도 모른다. 로버트 박사가 자신을 아직도 소년이라고 부르는 것에 대한 찰스의 냉소적인 분개는 그의 페르소나가 변화하고 있었다는 증거다. 찰스의 수중에는 친척들이 써준 휘그당의 지도자 레너드 호너 앞으로 된 소개장이 있었다. 호너는 지질학자이자 교육가였고, 새로 문을 여는 런던 대학의 학장이 될 사람이었다. 호너는 찰스를 에든버러의 왕립학회에 데려갔는데, 그곳에는 월터 스콧 경이 있었다. 스콧 경은 오두본이 "우러러보는 별"이었지만, 그날은 파산의 충격으로 기운이 없었다. 그렇다 해도 그는 과연 들은 대로 대단했으며, 찰스는 "그곳에서 벌어지는 모든 장면을 경외와 숭배의 눈길로" 바라보았다.[7]

찰스는 지금까지 부유한 휘그당 세계에서 자랐다. 그것이면 자유분방한 에든버러 사회로 들어가는 데에 충분했다. 그는 그곳의 정치적 환경에 익숙해지려는 노력을 할 필요가 없었다. 온 가족이 선거권 확대, 자유경쟁, 종교의 개방(비국교도, 유대인, 가톨릭교도들도 공직에 진출할 수 있도록 허락하는 것), 노예제 폐지를 주창하는 휘그당의 노선과 철저히 뜻을 같이하고 있었기 때문이다. 1825년에 영국은 국교를 옹호하고 왕권을 비호하는 토리당이 통치하고 있었다. 그들은 지난 50년의 대부분을 통치했으며, 다윈가와 웨지우드가 같은 휘그당원들은 정적들의 부패한 권력을 혐오했다. 하지만 가문의 몸속 깊이 흐르는 확고한 휘그주의도 찰스의 나쁜 장난들을 가로막지는 못했다. 찰스는 악평이 자자한 토리당 잡지 『존 불*John Bull*』을 구독하고 있다고 수전 누나에게 즐겁게 말했다. 그것은 정치적 자극 일색인 잡지였다. 찰스는 그 잡지의 거침없이 극단적인 외래인혐오증, 추문을 대서특필하고 불안을 부추기는 스타일을 즐겼다. 이래즈머스는 한술 더 떴다. 『존 불』은 그의 성에 차지 않았다. 그는 구독하는 신문을 『에이지*The Age*』로 바꾸었는데, 그것이 "열 배는 더 상스럽기" 때문이었다. "그렇지 않아?" 그는 찰스에게 장난스럽게 물었다.

누이들은 생각이 달랐다. 찰스가 어머니 노릇을 하는 누나들에게 악의 없는 반항을 하는 것까지는 그러려니 할 수 있어도, 『존 불』을 우편으로 부치는 것은 그냥 넘어갈 수 없었다. 토리당의 저속한 잡지는 그들의 신경을 건드렸으며, 노예제에 대한 기사는 도저히 읽을 수가 없었다. 이 문제는 다윈가와 웨지우드가에게 신성불가침의 영역이었다. 이 천박한 잡지를 읽은 캐서린은 마치 노예가 행복과 만족을 느끼는 것처럼 묘사하는 잡지의 어조에 경악했다. 수전은 왜 찰스가 개혁성향의 신문을 읽지 않는지 의아해하며 동생을 꾸짖었다. "네가 『모닝 크로니클』을 읽는다는 소식을 듣는다면 더 기쁘겠구나."[8]

학교생활은 어땠을까. 학생들은 늘 그렇듯 공부는 하기 싫고 기운은 펄펄 끓었으며, 윗세대는 예나 지금이나 혀를 끌끌 찼다. 독실한 스코틀랜드 사람들의 눈에 학생들은 망나니들로 비쳤다. 취해서 싸움판을 벌이는 것은 다반사였다. 교사들도 도움이 되지 않았다. 그들은, 시체를 들여다보며 오랫동안 긴장하는 것이 젊은 영혼들을 술집과 매음굴로 내몰고 있다는 이야기나 퍼뜨리며 불안을 조장할 뿐이었다. 심지어는 극장까지도 용의선상에 올랐다. 해부학이 일깨운 욕정을 극장이 더욱 부추긴다는 것이었다. 많은 사람들에게 의과대학은 훔친 시체를 거래하는 납골당과 다름없는, 젊은 영혼들을 타락시키는 곳으로 보였다. 살과 뼈를 해부한다는 것은 영혼의 존재를 믿지 않는다는 뜻이 아닌가? 전혀 모범이 되지 않는 교사들도 있었다. 런던에서는 동네의 허름한 술집에서 학생들에게 노트를 받아 적게 하거나, 학생들을 대상으로 정치선동을 하는 선생을 발견하기란 어렵지 않은 일이었다. 새로 문을 연 대학에서 학생소요가 계획되고 있을 정도로, 런던의 상황은 매우 나빴다. 그러나 이래즈머스는 스코틀랜드의 학생들이 더 심하다고 생각했다.[9]

물론, 상황이 신문이나 잡지가 떠들어대는 것처럼 심각한 것은 아니었다. 신문들은 대중의 분노를 먹고살았다. 흥청거리는 술 취한 학생들은 돈 되는 기사거리였다. 자극을 좋아하는 독자들은 충격적인 기사를 원했다. 실제로 다윈 형제는 옛날에 했던 화학실험을 우습게 여기며 웃음가스에 취해 비틀거리고, 시리아산 코담배에 탐닉하기도 했다. 하지만 도박은 별로 새로울 게 없는 일이었고, 뜨거운 토디(위스키, 럼, 브랜디에 따스한 물과 설탕을 가미한 음료)는 추위를 막기 위한 방편일 뿐이었으며, 극장에 가는 것은 집에 써보내는 편지의 중심축을 차지할 만큼 순수한 일이었다.

사실, 형제는 처음에는 꽤나 부지런했다. 이래즈머스는 "마음껏 책을 읽기 위해" 에든버러에 일찍 도착하려고 했다. 새로운 생활에 적응한 뒤부터 그들은 실제로 그렇게 했다. 두 형제는 탐욕스러운 책벌레가 되었다. 그들은 첫 학기에 대학도서관에서 누구보다 많은 책을 빌렸다. 찰스는 책을 사보기도 했다. 돈은 문제가 되지 않았다. 로버트 박사가 값을 치러주었고, 곤란한 상황에 처하면 언제든지 집에다 10파운드 지폐를 요구할 수 있었다.[10] 급하면 이래즈머스처럼 식물학 책을 사기 위해 채집한 곤충표본들을 팔 수도 있었다.

찰스가 입학하던 해에 의과대학에는 900명의 신입생들이 등록했고, 4분의 1이 넘는 수가 잉글랜드 출신이었다. 에든버러 의과대학은 그때까지 영국에서 가장 훌륭한 의학교육을 제공하고 있었지만, 그 대학이 계몽 시대에 전성기를 누린 이래 서서히 내리막길을 걷고 있다는 사실을 모르는 이는 없었다. 그리고 대부분의 사람들은 그 원인을 알았다. 그것은 토리당이 지배하는 시의회(대학이 아니라)가 교수진의 3분의 2를 임명하고 있었기 때문이었다. 게다가 후보자는 당에 충성하는 사람들 가운데서 선택되고, 반드시 스코틀랜드 교회의 승인을 받아야 했다. 이러한 정치적 영향은 분쟁을 유발했으며, 최고의 교수진을 앉힐 수 없게 만들었다.

일부 교수들은 심지어 교수직을 사유재산처럼 세습하기도 했다. 찰스는 심술궂은 해부학 교수 알렉산더 먼로 3세를 보고 경악했다. 그는 자기 아버지와 할아버지의 직위를 물려받아 교수가 되었을 뿐, 아무것도 아닌 사람이었다. 한 학생은 그 교수의 태도를 한마디로 "열정 없는 무관심"이라고 표현했다. 결국 수업은 난장판이 되었고, 그 교수는 해부학 실습실에서 방금 나온 해부학 강사들처럼 피투성이에 오물범벅이 되어 교실에서 나와야 했다. "나는 그 교수와 그의 수업이 너무 싫어서 고운 말이 한마디도 나오지 않습니다." 분노를 참을 수 없었던 찰스는 누이에게 보낸 편지에 이렇게 썼다. "그는 인품도 행동도 너무 저급해요."[11]

졸음을 부르는 먼로 교수의 강의에 질린 많은 학생들이 길 건너편으로 로버트 녹스의 번득이는 대륙풍 강의를 들으러 갔다. 멋쟁이 녹스는 서전스 스퀘어Surgeons' Square에 있는, 에든버러 의과대학과 어깨를 겨루는 사립 의과대학들 가운데 한 곳에서 가르쳤다. 학생들이 그를 찾는 것은 강의 때문만은 아니었다. 애꾸눈이며 금색 조끼를 입고 다니는 눈에 띄는 스타일인 녹스는 그 도시의 성직자와 장로들을 맹렬히 비난하며 청중을 열광시켰다. 종교에 대한 통렬한 풍자 때문에 그는 스코틀랜드 교회의 눈엣가시였다. 그러나 학생들의 반응은 뜨거웠다. 그의 아찔한 기지는 먼로의 강의를 더더욱 지겹게 만들 뿐이었고, 녹스의 수업을 듣는 학생들은 날이 갈수록 늘어났다. 1826년과 1828년 사이에 그는 다른 사립학교 강사들이 가르친 학생들을 전부 합한 것보다 더 많은 학생들을 가르쳤다. 1828년에 녹스는 버크와 헤어〔영국의 악명 높은 살인자들로, 돈벌이를 위해 사람들을 죽여 그 시체를 해부학자에게 팔았다〕에게 희생된 시체들인 줄 모르고 해부실습용 시체를 받았다가 체포되었다.[12]

이래즈머스는 녹스의 최대 라이벌인 존 리자스의 수업을 들었다. 리자스는 서전스 스퀘어의 반대편에서 가르쳤다. 그는 "매력적"이었으며, 확실히 녹스보다 더 존경스러운 사람이었다. 찰스는 사립학교의 강의는 수강하지 않았다. 그는 수술이 역겹다고 생각했는데, 그 이유는 누구나 쉽게 짐작할 수 있다. 1826년에 오두본은 "수술복 차림에 손이 피투성이가 된" 녹스를 만나서 그의 해부학 실습장을 견학했다. 그것은 뭐라 설명할 수 없는 공포를 불러일으키는 경험이었다. 잘린 팔다리와 해부된 몸통을 보았을 때, 오두본은 너무 놀라 숨을 쉴 수가 없을 정도였다. "눈앞의 장면들은 극도로 불쾌했다. 지금껏 내가 생각했던 것보다 훨씬 충격적이었다. 이 납골당을 떠나 거리의 건강한 공기를 다시 마시게 되었을 때, 나는 정말로 기뻤다." 찰스도 같은 기분을 느꼈다.[13] 먼로 교수는 찰스가 평생토록 해부학을 멀리하게 만들었다. 해부기술을 제대로 배울 기회를 영원히 잃어버린 찰스는 훗날 이것을 후회하게 된다.

찰스가 싫어한 교수는 먼로 교수만이 아니었다. 찰스는 1826년 1월에 캐롤라인 누나에게 쓴 편지에서 의학에 관한 "던컨 교수의 길고 바보 같은 강의"에 대해 불평했다. 앤드루 던컨 2세는 자신의 아버지와 함께 펠로 교수를 지내고 있었는데, 찰스의 눈에 그 교수는 "너무 박식해서 분별이 들어갈 틈새가 없어" 보였다. 그의 강의는 "너무 어처구니없어서 어떠한 말로도 형용할 수 없을 정도"였다. 그러나 그것은 부당한 비판이었을지도 모른다. 견문이 넓고 프랑스 최고의 사상에 정통한 던컨은 "더할 나위 없는 만능 천재"라는 평가를 받고 있었기 때문이다(그는 기나피〔기나수에서 채취한 의약용 나무껍질〕에서 말라리아 특효약 키니네의 대용물질인 신코닌을 채취한 사람이기도 했다). 문제는 찰스에게 있었다 간단히 말해서 그는 의학공부라는 고역을 감내할 준비가 되어 있지 않았다. 찰스도 처음에는, 안개가 자욱한 아침에도 꿋꿋하게 던컨 교수의 강의에 나가 약용식물에 대한 교수의 설명에 귀를 기울였다. 실제로, 교실 맨 앞에 뷔페처럼 차려진 약초들의 "맛을 보고 냄새를 맡는" 실험의 비용으로 0.5크라운을 지불하기도 했다. 하지만 그는 침대에서 억지로 기어나와 "장군풀의 특성을 알기 위해 아침을 거른 채 추위에 떨며 한 시간을 오롯이" 허비하는 일을 끝까지 감수하지는 못했다.[14]

임상실습은 찰스의 환멸에 불을 붙였다. 그는 자신이 다니는 칼리지 바로 옆에 있는 왕립진료소의 병동에서 실습을 했는데, 거기서 본 장면들은 그를 괴롭혔다. 그의 아버지도 피를 보면 두려워했지만, 로버트 박사와 달리 찰스는 메스꺼움을 극복하지 못했다. 두 차례의 수술실 참관 때 그는 속이 울렁거려 견딜 수가 없었고, 이 때문에 출혈에 대한 병적인 공포는 더 심해졌다. 이 당시 수술실에서는 칼질이 피를 튀기며 재빠르게 이루어졌다. 마취법이 나오기 전 목숨을 걸고 외과수술을 행하던 시절이라서, 침상에 묶인 채 비명을 지르는 환자의 정신적 충격을 줄이기 위해서는 빨리 끝내는 것이 무엇보다 중요했다. 의사들은 피투성이 손으로 피투성이 톱을 움켜쥐고 재빨리 베고 잘랐으며, 흐르는 피는 톱밥 양동이에 모였다. 학생들은 긴장되고 열띤 분위기 속에서 서로를 밀치며 시체를 둘러싼 수술 장면을 놓치지 않으려 했다. 특히 끔찍했던 수술은 한 아이의 수술이었는데, 찰스는 이 수술을 결국 다 보지 못하고 수술실에서 도망치고 말았으며, 그 이후로는 다시는 수술실에 들어가지 않겠다고 결심했다.[15] 그 장면은 죽을 때까지 그의 뇌리에서 잊히지 않았다.

찰스가 "따분하다"고 형용하지 않았던 유일한 강의는 토머스 호프 교수의 화학수업이었다. 토미 호프의 "화학 쇼"는 매끄러운 무대공연처럼 행해졌기 때문이다. 그것은 항상 "큰 갈채 속에서" 상연되었고, 그 결과 그 대학에서 가장 많은 수강생을 끌어모았다(찰스는 그해 그 수업을 들은 503명의 학생 가운데 하나였다). 호프 교수는 수업만으로 생계를 유지했기 때문에, 모든 연구를 내팽개치고 완벽한 화학 쇼를 연출하는 데에 온 신경을 쏟았다. 이를 위해 그는 수강생 모두에게 보일 정도로 큰 실험장치를 이용했다. 심지어는 인기강좌 하나를 새로 시작했는데, 그 수업에는 여자들도 참석할 수 있었다. 비록 뒷문을 통해 몰래 들어와야 했지만 말이다. 이 일은 장안의 화젯거리가 되었다. "호프 박사는 베일을 드리우고 깃털을 꽂은 청중을 데려다놓고 완전한 황홀경에 빠졌다." 한 논평가는 이렇게 빈정거렸다. "실험으로 그를 뻥튀길 수 있다면 얼마나 좋을까. 모든 여학생이 그를 조금이라도 나누어 가질 수 있을 테니까." 찰스의 생각은 달랐다. 그는 호프 교수와 식사를 하고 나서, 집에 다음과 같이 보고했다. "나는 그 사람도 그의 강의도 아주 마음에 듭니다."[16] 소년들 누구나가 그랬겠지만, 화학 애호가였던 '가스' 다윈은 암울한 병상으로부터 일탈하는 것이 즐거웠던 모양이다. 호프의 강의는 에든버러에서 보낸 첫해에 그에게 유일한 구원이었다.

물론 기분전환거리는 얼마든지 있었다. 그는 이래즈머스와 함께 해안가를 걸으며 오징어, 고슴도치갯지렁이, 바다 민달팽이류〔후새류〕 등을 수집했다. 그리고 사냥을 즐기는 향사의 아들로서 전리품을 전시할 필요가 있었던 그는 다른 탈선거리를 발견했다.

"나는 한 흑인에게 새를 박제하는 방법을 배울 생각이에요." 그는 누이들에게 이렇게 전했다. 그가 말한 '흑인'은 자유노예였던 존 에드먼스톤이었는데, 괴짜 가톨릭교도에 '향사'이며 여행가인 찰스 워터턴이 남아메리카의 기아나에서 데려온 사람이었다. 존('에드먼스톤'이라는 성은 그의 주인에게서 따온 것이다)은 영국 최고의 박제술 전문가 가운데 한 사람인 그 향사에게 박제술을 배웠다. 존은 로디언가 37번지에 거처를 마련하고, 에든버러 박물관에 가게를 차려 학생들에게 박제기술을 전수했다. 수업료는 쌌다. "그는 1기니만 받고 두 달 동안 매일 한 시간씩 수업을 합니다." 찰스는 이렇게 보고했다. 그 박제술 교사는 "매우 유쾌하고 지적이었으며" 찰스는 그와 자주 어울렸다.[17] 괴짜 워터턴과 함께 여행을 했던 존으로서는 열대지방 여행기를 날마다 기꺼이 들어주는 방청객을 만난 셈이었다. 찰스는 박제업의 비법을 배웠을 뿐 아니라 노어의 삶을 직접 듣고 남아메리카 열대우림의 풍성한 생명에 대한 실감나는 이야기를 들었다.

열정의 장소로의 일탈과 냉랭한 에든버러의 현실은 하늘과 땅 차이였다. 현실은 얼음같이 차가웠고, 그는 비참했다. 낭만적인 숲 이야기는 즐겁기 그지없었지만, 던컨 교수의 따분한 수업을 듣기 위해 일어나는 것은 죽기보다 싫었다. 수전 누나는 3월에 찰스에게 격려편지를 보냈다. "다음 달에는 지혜에 몰두해보렴. 그러면 훨씬 행복해질 거야." 그러나 의학에서는 지혜를 찾을 수가 없었다. 집안 사건들에 대한 여자들의 수다와 슈루즈버리의 봄 무도회에서 있었던 연애놀음에 대한 이야기가 줄기차게 전해졌지만, 이는 찰스의 기분을 더 침울하게 만들지 않으면 다행이었을 것이다.

늘 내세를 걱정하는 캐롤라인은 다른 각도에서 찰스를 독려했다. 그녀는 "이다음에 천국에 가기 위해 필요한 감정과 행동"을 배우기 위해 성서를 읽으라고 권했다. 그러고는 찰스가 좀 더 강한 믿음을 갖기를 바라며 이렇게 덧붙였다. "너는 성찬을 받을 마음의 준비가 아직 되지 않은 것 같구나." 지푸라기라도 잡고 싶은 심정이었던 찰스는 다음과 같이 답했다. "누나는 성서의 어느 대목을 가장 좋아합니까? 나는 복음서입니다. 복음서 가운데 무엇이 최고로 간주되는지 아나요?" 남매는 요한복음이라는 데에 동의했고, 캐롤라인은 이렇게 탄식했다. "나는 지금보다 더 어리고 꿈과 기백이 더 충만했던 시절에 신앙생활을 좀 더 열심히 하지 못한 것이 후회스럽단다. 하지만 그렇게 하기는 늘 어려운 법이지."

찰스는 그동안 너무나도 당연하게 여겨왔던 자신의 삶을 되돌아보았다. 그러자 어머니가 죽고 난 뒤 자신을 헌신적으로 돌봐온 수전과 캐롤라인 누나에게 고마운 생각이 들었다. 누이들의 편지를 읽고 감상적인 기분에 젖은 찰스는 이러한 생각을 글로 표현했다. "어렸을 때 누님들이 내게 베풀어준 친절과 누님들이 나 때문에 겪었던 곤란에 대해 미처 고마운 마음을 느끼지 못했습니다." 그는 캐롤라인에게 자신의 잘못을 인정했다. "사실 내가 그동안 어떻게 그처럼 배은망덕할 수 있었는지 믿어지지가 않는군요."

찰스가 의대생활에 열의를 느끼지 못한다는 사실을 로버트 박사도 알고 있었다. 박사는 3월에 쓴 편지에서, 마음에 드는 강의만 듣는 찰스의 종잡을 수 없는 태도를 엄하게 꾸짖었다. "지금과 같은 제멋대로인 태도를 고치지 않는다면, 네 공부는 전혀 쓸모없는 것이 될 게다."[18] 그리고 박사는 수업을 빼먹고 조퇴해서는 안 된다고 충고했다.

학기가 끝나고 찰스는 마침내 에든버러를 탈출할 수 있었다. 그해 여름은 슈루즈버리 학교 시절의 친구와 웨일스의 언덕들을 걸어서 여행하며 더없이 즐거운 나날을 보냈다. 길버트 화이트 목사의 고전 『셀본의 자연사』는 새를 움직이는 표적이 아닌 살아 있는 생물로 바라보도록 가르쳐주었고, 찰스는 새들의 습성과 서식지를 관찰하며 수첩에 기록하기 시작했다. 웨일스 해안을 보자 어린 시절에 그곳을 산책하며 느꼈던 기쁨이 되살아

나면서, "왜 모든 신사가 조류학자가 되지 않는 걸까" 하는 궁금증마저 일었다. 하지만 그가 이런 평화로운 즐거움으로 완전히 돌아섰던 것은 아니었다. 9월 1일에 사냥철이 시작되자 그는 메이어의 조류 개체수를 줄이는 데에 일조했으며, 수첩의 메모는 새의 행동에 대한 기록에서 잡은 새의 수에 대한 기록으로 바뀌었다. 첫 주의 기록은 자고새 55마리, 산토끼 3마리, 토끼 1마리였다.[19]

찰스는 혼자서 에든버러로 돌아가는 것이 영 내키지가 않았다. 첫 학년 동안은 형과 함께 탐험하고 공부했다. 책을 읽든, 강의를 듣든, 에든버러의 방탕한 밤 생활을 맛보든, 그들은 항상 붙어다녔다. 그러나 이래즈머스는 계획된 1년을 마치고 런던의 해부학교에 등록했다. 찰스는 이제 스스로 알아서 해야 했다.

찰스는 아버지의 강요를 받으며 독서를 계속했다. 그는 할아버지가 쓴 생명과 건강의 법칙에 관한 방대한 의학서인 『주노미아』를 읽어나갔다. 일찍이 로버트 박사는 그 책에 푹 빠져, 거기에 서술되어 있는 유전병에 대한 통찰을 극찬했다. 그런데 그 대작은 훨씬 더 많은 것을 담고 있었다. 바로, 마음과 몸이 연결되어 있으며 생물은 계속해서 변화한다는 사실이었다.[20] 고개를 끄덕여가며 그 책을 읽고 난 찰스는 존경심이 차올랐다. 무슨 까닭인지 알 수 없었다. 어쩌면 자신의 할아버지가 쓴 책이어서 그랬는지도 모른다. 하지만 이 책도 의학에 대한 찰스의 생각을 바꿔놓지는 못했다.

3장　　　　　이끼벌레와 선동적인 과학

1826년 11월, 찰스는 에든버러로 돌아왔다. 집을 떠나 홀로 지내던 그는 미래에 대한 확신 없이 표류하기 시작했다. 아버지의 재산이 안락한 생활을 보장해주리라는 낌새를 채고부터는 의사로 성공하겠다는 남아 있던 결의마저도 꺾였다. 교수들은 찰스와 같은 사례를 익히 보아왔다. 부유한 집안의 자제들이 재산을 상속받아 학교를 떠나는 것은 신사라는 직업이 성립했던 시대에 자주 있는 일이었기 때문이다.[1]

환상도 깨지기 시작했다. 이번 학기에는 도서관조차 가지 않았다. 지적 흥미는 점점 줄어들더니 아예 사라져버렸다. 몰두할 대상이 없어서 시간이 남아돌았던 그는 학생학회에 전념했는데, 정말 생각지도 못한 이곳에서 마음을 들뜨게 하는 대상을 발견했다.

법률가나 의사가 되려는 자들은 이런 떠들썩한 학회에서 여러 가지 현안에 대해 논쟁을 벌이며 재치를 갈고닦았다. 이런 모임들은 동지의식을 가져다주었으며, 논쟁은 대개 치열했다. 일부 기소될 수도 있는 아슬아슬한 화제도 있었지만, 플리니우스학회의 모임들은 짜릿했을 것이다. 플리니우스학회는 1823년에 머리를 부스스하게 하고 다니는 수줍음 많은 자연사 흠정교수 로버트 제임슨이 창립했다.[2] 매주 화요일마다 16세에서부터 오래된 졸업생까지 온갖 부류가 토론을 듣기 위해 지하방으로 몰려들었다. 다윈이 그 모임에 가입한 1826년에, 그곳에는 급진적인 학생들이 있었다. 그들은 과학은 초자연적인 힘이 아니라 물티적인 원인을 바탕으로 삼아야 한다고 주장했던, 과격하고 자유주의적인 사상을 지닌 민주주의자들이었다. 종교적으로 정통파에 속하는 사람들은 이 주장을 반박했으며, 그로부터 이어지는 공방전은 다윈 같은 청자들에게 주류 강의에서는 맛볼 수 없는 전율을 주었다.

다윈을 플리니우스학회로 인도한 사람은 호전적인 윌리엄 브라운이었다(그는 이 학회의 다섯 대표 중 하나였다. 플리니우스학회는 매우 민주적으로 운영되었다). 브라운은 1826년에 졸업한 21세의 총명한 선동가로, 정신이상에 관심이 많았다. 그는 급진적인 과학과 반국교회 정치에 깊이 가담했다. 그에게 영혼이나 성자를 생각할 시간 따위는 없었다. 브라운 같은 급진파는 교회가 지배하는 사회를 개혁하고자 했다. 당시 스코틀랜드와 잉글랜드의 국교회는 정무를 독점하고, 병원과 대학과 사법기관을 통제하고, 탄생과 결혼과 죽음을 둘러싼 의식들을 규정하고, 시민의 자유를 제한하고, 다른 종교집단을 억압하는 등 삶의 구석구석을 지배하고 있었다. 국교회의 부패한 권력은 급진적인 민주주의자들에게 증오의 대상이었다. 브라운도 "성직자의 정치적 계략"을 혐오했다. 나아가 그는 그것을 독특한 방식으로 풍자했다. 그는 수세기 동안 국교회가 성자로 떠받든 광신도들이 실은 미치광이들이었음을 증명하기 위해 몬트로즈 정신병원에 입원한 환자들을 조사했다. 브라운은 그들의 뇌에는 "숭배"기관이 지나치게 발달되어 있었다고 주장했다. 그 광신도들이 문명이 개화된 19세기에 활동했더라면 그들은 정신병자로 취급되어 격리되었을 것이라는 얘기였다.[3]

다윈이 입회를 신청한 1826년 11월 21일에, 브라운은 찰스 벨이 쓴 신앙심으로 가득한 책 『표정의 해부학과 생리학』("해부학의 지도자"임을 자칭하는 사람이 쓴 책으로서, 다윈도 훗날 이 책을 공격했다)을 비판하겠다고 발표했다. 벨은 창조주가 인간에게, 인간만의 독특한 도덕적 본성을 담은 인간만의 독특한 감정을 표현할 수 있도록 특별한 근육을 하사했다고 주장했다. 브라운은 그러한 해부학적 차별을 경멸했으며, 인간과 동물 사이에는 본질적인 차이가 존재하지 않는다고 주장하면서 벨의 의견을 전면적으로 부정했다.

그 다음 주에 다윈은 동년배 학생인 윌리엄 그레그와 함께 회원으로 뽑혔다. 그레그는 브라운만큼이나 이단자였다. 그는 가입하자마자 "하등 동물도 인간의 마음에 존재하는 것과 똑같은 능력과 성향을 지니고 있다는 사실"을 증명하는 발표를 하겠다고 제안했다. 면화공장을 운영하는 맨체스터 면화왕의 아들인 그레그는 유니테리언파 학교에서 교육을 받았고, 그곳에서 자연을 순전히 물리적인 힘으로 설명하는 법을 배웠다(유니테리언파는 국교회 학교에서 가르치는 정통 창조론 과학을 배우지 않았다. 따라서 그들에게는 종이 기적으로 창조되지도 않았고, 인간이 자연과 별도로 존재하지도 않았다). 그의 스승들은 인간의 마음이 물리법칙의 지배를 받는다고 주장하기까지 했다. 도덕이 자연의 산물이 아니라 신의 선물이라고 생각했던 국교도들에게 이것은 혐오스러운 생각이었다. 그레그는 학회 모임에서 동물과 인간의 마음에 관한 자신의 논문을 낭독했다.[4] 웨지우드가의 유니테리언파 사상을 물려받은 다윈은 그 이야기를 귀담아들었으며, 아마 크게 놀라지 않았으리라. 이 모임이 주는 금지된 흥분은 정말이지 짜릿한 것이었다. 그곳에서는 국교회의 교의가 논박을 당하고, 반체제 과학이 옹호를 받았다. 이런 분위기는 감수성이 예민한 열일곱 살짜리 소년에게 커다란 영향을 미쳤을 것이다. 찰스는 곧 적극적인 회원이 되었다. 12월 5일, 브라운이 벨의 책을 형편없는 것으로 깎아내린 날, 다윈은 평의회 의원으로 선출되었다.

다윈의 새로운 친구들의 관심사는 비단 정치만이 아니었다. 브라운과 그레그는 열렬한 골상학자로, 학생들에게 골상학을 열심히 전파했다. 골상학은 더 큰 정치력을 갖고자 했던 에든버러 상인들 사이에서 유행한 반체제 과학이었다. 그 지지자들은 사랑, 도덕, 숭배 같은 사고의 각 기능이 뇌 안의 독자적인 '기관'에 자리잡고 있으며, 각 기관의 크기는 두상의 형태에 반영되어 있다고 주장했다. 골상학이 인기를 끌었던 비밀은 여기에 있었다. 특별한 기술이나 신비를 동원하지 않고도 누구든지 사람의 뒤통수를 보고 그 사람의 재능을 알 수 있었기 때문이다. 자조自助 정신은, 오만한 기득권 부자들에 맞선 신흥부자들에게 큰 호소력을 발휘했다. 누군가의 진정한 재능을 알 수 있다고 생각한 그들은 성직수여권이나 학연을 조롱했다.[5]

물론 지식인의 이단적 견해 표명과 학생들의 급진주의가 그 모임의 전부는 아니었다. 그들은 뻐꾸기의 습성에서부터 동물의 분류, 본능에서부터 큰 바다뱀의 존재에 이르기까지 온갖 주제들을 다 다루었다. 논의된 화제의 대부분은 고래, 적조현상, 희귀식물처럼 그 지역의 자연에 관련되어 있었기 때문에 다양한 청중이 모임에 참여했다. 어린 다윈도 뻐꾸기와 분류에 관한 논의에 자신의 의견을 보태기 위해 발언했다. 그는 플리니우스학회가 대체로 매우 유쾌한 모임이라고 생각했던 것 같다.

다윈은 생물을 채집하기 위해 플리니우스학회 친구들과 포스 만의 해안을 누비고 다니고, 바다 밑바닥을 훑는 쓰레그물배를 따라나서기도 했다. 이따금씩은 멀리 나갈 때도 있었는데, 파이프셔 해안을 따라 걷다가 인치키스 섬의 등대에서 풍랑을 피하기도 하고, 메이 섬으로 건너가기도 했다.[6] 다윈이 노린 것은 바닷물에 밀려온 해양생물, 특히 해면동물이나 대를 바닥에 박고 깃털을 팔랑거리는 바다조름과 그 친척생물들이었다.

이런 다윈의 관심을 함께 나눈 친구들도 있었다. 다윈보다 두 살 위인 근면성실한 존 콜드스트림도 이 지역에 서식하는 산호, 해면동물, 바다조름에 푹 빠져 있었으며, 그러한 생물들을 채집하여 다윈에게 나누어 주었다. 콜드스트림은 플리니우스학회가 창립될 때부터 회원이었는데, 대표들 가운데 한 사람으로서 다윈이 회원으로 선출되도록 힘을 써주었다. 그러나 콜드스트림은 브라운이나 그레그와는 다른 부류였다. 근처의 리스에서 자란 콜드스트림은 성서를 신봉하는 열렬한 복음주의자였다. 그는 영국을 구원하는 것은 브라운이 말하는 반종교적인 정치가 아니라 기독교 정신을 통한 도덕적 쇄신이어야 한다고 생각하는 사람이었다. 콜드스트림은 지역 성서학회에 기고를 하고 있었고, 다윈은 그가 에든버러 대학 같은 곳에서조차 "모범적이고 올바르게, 또 깊은 신앙심과 친절한 마음씨를 갖고 사는" 사람이라는 인상을 받았다.[7]

에든버러에서 다윈이 만난 스승들 가운데 걸출한 인물이 한 사람 있었다. 그는 키가 크고 비꼬기 좋아하는 해면동물 전문가 로버트 에드먼드 그랜트였다. 그랜트는 찰스와 가까운 사이가 되었으며, 이 시기에 찰스에게 누구보다 커다란 영향을 미쳤다.

그랜트는 에든버러 본토박이로 상류계층이 거주하는 아가일 스퀘어에서 태어났다. 다윈보다 열여섯 살 많은 그는 12년차 의사였다. 하지만 해양생물을 연구하기 위해 의사 일을 그만두었으며, 죽은 아버지가 남긴 유산으로 살아갔다(그러나 그 돈도 점점 바닥나고 있었다). 그랜트는 플리니우스학회에서 활동하는 또 한 명의 열성회원이었으며, 냉소적이고 우수를 띠고 있는 매력적인 인물이었다. 그는 누구보다 열성적인 친프랑스

주의자였고, 누구보다 헌신적으로 과학과 사회의 급진적 개혁을 부르짖
는 사람이었다. 두 사람의 만남은 결정적인 만남이었다. 다윈은 타협을
모르는 진화론자의 날개 밑으로 들어서고 있었다.

그랜트에게 신성불가침의 영역은 없었다. 자유사상가였던 그는 자
연의 권좌 뒤에 영적인 힘 따위는 존재하지 않는다고 생각했다. 생명의
기원과 진화는 단지 물리적이고 화학적인 힘들이 작용한 결과이며, 모든
것은 자연 법칙에 따른다. 그가 영웅시하는 프랑스의 진화론자들인 악명
높은 장 바티스트 라마르크와 에티엔 조프루아 생틸레르처럼, 그도 상상
력이 넘치는 새로운 비전이 필요하다고 생각했다. 하지만 진화론은 어딜
가나 교회와 과학의 기득권자들로부터 비난을 받았다. 진화론은 도덕적
으로 타락한 체제전복적인 사상이었다. 인간이 스스로를 짐승으로 간주
한다면, 짐승처럼 행동하게 되지 않겠는가. 신은 아버지 같은 온정이 넘
치는 최고의 존재로서, 고위 성직자들을 통해 영향력을 행사하고, 신의
은혜는 교회를 통해 사회로 흘러간다. 만일 자연과 문화가 스스로 진화한
다면, 그리고 만일 성직자가, 기적에 의해 창조된 종은 천상에서 지상에
영향을 미치고 있는 신의 힘을 보여주는 증거라고 말할 수 없다면, 교회
의 정당성은 무너져버린다. 명쾌하게 설명되는 경우는 좀처럼 없었지만,
이것은 너무나도 자명한 논리였다. 자연과 사회가 자력으로 진화한다는
것을 사람들이 믿는 날, 교회는 무너지고, 사회의 도덕적 조직은 해체되
고, 문명화된 인간은 야만의 상태로 돌아갈 것이다.

소수의 진화론자들은 자세를 낮추고 있었다. 그들은 대개 혁명적인
프랑스인들로부터 자극을 받았으며, 그들 대부분은 열린사회를 실현하려
는 소망을 품은 급진적인 민주주의자들이었다. 그들은 자연에서나 정치
에서나 변혁의 힘은 아래에서 온다고 믿었다(이에 따라 그들은 정치권력은
위에 있는 부유한 온정주의자들로부터 아래로 위임되는 것이 아니라 민중으로

부터 나온다는 민주주의적인 이상을 제창했다). 그랜트는 프랑스의 늙은 라마르크를 입에 침이 마르도록 칭찬했다. 라마르크는 그 무렵 눈이 안 보이는 80대 노인이 되어 파리에서 살고 있었다. 전성기의 라마르크는 이례적인 생물학자였으며(생물학자라는 말은 그가 만든 말이다), 동시대인들은 그를 생물학의 케플러라고 불렀다. 파리에 있는 자연사박물관에서 '곤충과 벌레' 담당 교수로 활동했던 라마르크는 하등 무척추동물 연구에 혁명을 불러왔다. 심지어 영국박물관이 소장한 조가비들도 라마르크의 분류원칙에 따라 배열되어 있었다. 그러나 라마르크의 과학에는 또 하나의 측면—진화론—이 있었는데, 이는 신경증적인 반응을 불러일으켰다. 대부분의 사람들은 그의 과학을 꺼림칙한 이론이라고 불렀다. 영국박물관의 조가비를 재배열한 이튼 학교 출신의 표본관리인도 "라마르크와 그의 제자들이 토해내는 불쾌한 오물"인 진화론적 관념론에 독설을 퍼부으며, "전능한 신의 힘이 쇠약해졌던 시기가 있었다느니 하는 무분별하고 신성모독적인 주장을 해온" 자연학자들을 저주했다.[8]

　　보수적인 영국에서 무신론적인 진화론 논의는 이처럼 혐오의 대상이었다. 18세기의 자유주의적 자유는 프랑스 혁명에 대한 반발에 눌려 사라져버렸다. 나폴레옹 전쟁 이후 토리당이 집권한 긴 시기에, 학자들은 전문분야에 대한 현학적인 지식을 뽐내거나 분류를 하는 안전한 일에 안주했다. 자연이 스스로 진화한다느니 하는 신성모독적인 말을 할 수 있는 시대는 지나갔다.

　　하지만 그랜트는 편협한 애국자가 아니었으며, 비굴하게 머리를 조아릴 사람도 아니었다. 관습을 거부하는 그의 비타협적인 태도는 거의 자멸적인 수준으로 치달았다. 과학적 견해와 노골적인 급진주의뿐 아니라 생활방식에서도, 그는 사사건건 사람들의 신경을 건드렸다(그가 동성애자였다는 소문이 있었지만, 확인된 바는 없다).

　　애국주의 시대의 영국에서 그랜트는 유럽의 지식 흐름을 꿰고 있는 학자였다. 그는 두루 여행을 다녔고, 파리에서는 유명인사가 되어 있었다. 라마르크와 마찬가지로 그랜트는 해면동물을 연구했다. 그랜트가 해면동물에 매료된 까닭은 이 생물에 대해 알려진 사실이 거의 없었기 때문이었다. 그는 이 원시 해양동물은 구조가 지극히 단순해서 조직의 구성을 이해하기가 쉽고, 이를 통해 인간을 포함한 복잡한 고등동물의 좀 더 까다로운 문제를 일부 해결할 수 있으리라고 기대했다. 그랜트는 옥스퍼드와 케임브리지 성직자들의 생각—화석기록에 순차적으로 나타나는 멸종한 동식물들이 신의 순차적인 창조를 입증한다는 것—을 부정했다. 그는 인간과 원숭이의 진화는 환경과 기후가 원인으로 작용하여 일어났을 수도 있다고 생각했다. 자연학자가 할 일은 바로 이 원인을 밝히는 것이었다. 창조의 신비를 폭로하겠다는 그랜트의 불경한 의도는 국경의 남쪽, 즉 잉글랜드를 지배하던 분류학의 안전한 선입관과 충돌했다.

　　이 사람이 바로 다윈의 산책친구였다. 나아가 다윈의 더없이 좋은 동반자였다. 그랜트는 이미 알프스를 일곱 번이나 걸어서 넘으며 프랑스, 독일, 이탈리아, 스위스의 대학들을 방문했다. 두 사람은 멀리 바닷가까지 나가기도 했다. 그들은 우산을 손에 들고 대화의 바다에 흠뻑 빠졌고, 캐묻기 좋아하는 다윈은 어떤 질문들을 제기해야 하는지를 배웠다. 그랜트는 대단한 이야기꾼이었고, 두 사람의 대화는 진귀한 해면동물에서부터 헝가리 촌락의 삶, 왕립극장의 소프라노에까지 미쳤다. 에든버러를 벗어날 때 그들은 "산 같은 구름이 뒤를 웅장하게 에워싸고 있는, 층층이 높아지는 원형극장처럼 솟아 있는 형상의" 도시를 내려다볼 수 있었다.[9] 그들은 리스로 갔다. 철제 부두와 새로운 항구는 네덜란드 선박들과 연어잡이 어부들로 붐볐다. 그들은 그곳에서 종종 귀항하는 굴 채취선을 만나곤 했다. 그랜트는 굴 껍데기 안에 살고 있는 육질의 기묘한 생물에 매료되었으며, 그것을 해면동물에서 극피동물로 진화하고 있는 중간역으로 해석했다. 다윈은 *끄레그물* 어선의 선원들과 친구가 되어, 그들을 따라 바다로 나가서 배가 끌어올리는 해양생물들을 조사하기 시작했다.

그해 겨울에서 1827년의 봄까지 다윈은 그랜트를 아주 잘 알게 되었다. 처음에는 그랜트가 뻣뻣하고 딱딱한 사람이라고 생각했다. 그도 그럴 것이, 그는 늘 연미복과 넥타이를 맨 정장차림을 하고 다녔기 때문이다. 그러나 속은 친절하고 열정적이고 유쾌했으며, 그의 신랄한 유머 앞에 신성불가침의 영역은 없었다. 성서라 해도 마찬가지여서, 그를 거쳐간 학생들 ─ 다윈도 그중 하나였다 ─ 은 신에 대한 그랜트의 농담을 죄책감을 갖고 들었다. 그랜트의 근엄한 껍데기 안에는 작은 미생물에 대한 거대한 열정이 감추어져 있었다. 사람들은 이것을 폴립들을 향한 '불타는 열정'이라고 불렀다. 이렇게 그는 이 연구대상을 다른 문제들과 마찬가지로 사심 없이 열정적으로 탐구했다. 다음은 그가 학생들에게 들려준 일화들 가운데 하나다.

> 2월의 어느 진눈깨비 내리는 날, 추위와 배고픔 속에서 퍼스 만의 얕은 물속을 8~10시간 동안 저벅저벅 걸었는데…… "나는 먹고 마실 것이 아무것도 없었고, 몸이 흠뻑 젖어 손은 반쯤 얼고 뼛속까지 으슬으슬 떨렸다. 하지만 제군들, 나는 충분한 보상을 받았다. 이 작고 아름다운 생물인 갯민숭달팽이〔바다 민달팽이류〕를 세 점이나 얻은 행복한 교수가 되었으니까." 그러면서 그는 주머니처럼 생긴 잘 보이지도 않을 만큼 작은 동물 세 마리가 담긴 유리병을 들어올렸다.[10]

어떤 학생들은 이런 희생을 이해할 수 없었겠지만, 다윈은 아니었다. 그는 바다 민달팽이 같은 생물들에 대한 그랜트의 열정에 순식간에 감염되었다. 10년 뒤 다윈은 이 시기에 그랜트에게 배운 것을 바탕으로 진화론을 세우기 시작한다.

그랜트는 에든버러에서 16킬로미터쯤 떨어진 프레스톤파스의 바위투성이 해안에 집 한 채를 빌렸다. 그는 이곳에서 추운 겨울을 보내며, 바닷가의 바위에 물이 고인 곳으로 밀어닥친 해면동물이나, 바위에 붙어 사는 바다조름류를 채집했다. 그 만은 비록 차갑고 파도가 센 북해에 있었지만 해양생물이 풍부한 곳 가운데 하나였기에, 그랜트는 수백 마리에 이르는 해면동물, 이끼벌레, 바다조름을 채집하여 길렀다. 그는 이 모두를 수정란에서 부화시켜, 작고 연약한 생물들이 성장하는 모습을 여러 주에 걸쳐 관찰했다. 각각의 이끼벌레와 바다조름은 촉수를 지닌 작은 폴립들로 이루어진 군체로 자랐다. 다윈이 에든버러에 있었던 1826년에서 1827년까지 그 지역 학술지에 발표된 20편의 논문이 이 연구의 성과였다. 연구내용의 대부분은 해면동물, 알, 유생에 관련한 것이었고, 이 업적으로 그랜트는 전 유럽에서 유명해졌다. 이 분야의 세계 최고인 프랑스도 그랜트의 해면동물 논문을 높이 평가하면서 그 논문들을 번역하는 넓은 아량을 보였다. 다윈의 비공식적인 스승은 이리하여 해양 무척추동물의 세계적인 권위자가 되었다.

그랜트는 어떤 것을 찾아야 하는지를 가르쳐주었고, 다윈은 1827년 3월과 4월에 연체동물과 이끼벌레, 자루를 바닥에 박고 사는 바다조름의 유생을 관찰한 내용들을 공책에 빼곡히 적어 내려갔다. 다윈은 이 생물들에 푹 빠져들었다. 이들은 아주 원시적인 종류였다. 심지어는 해면동물이 동물이냐 식물이냐에 대한 논쟁까지 벌어졌을 정도였다. 그랜트는 다윈의 도움을 받아 해면동물이 동물계의 뿌리에 가깝다는 사실을 밝혀나갔으며, 해면동물이 모든 생물의 공통조상에 대한 단서를 쥐고 있다고 굳게 믿었다. 그는 이끼벌레 플루스트라*Flustra* ─ 이끼처럼 생긴 원시동물로 촉수를 흔드는 폴립들이 군체를 이룬다 — 에 대해 설명할 때는 학생들이 미세한 구조를 이해하기 쉽도록 확대한 그림을 사용했다.[11] 이 모든 것을 흡수한 다윈은 스스로 관찰을 시작했고, 최초의 결과를 또 다른 학생 기구인 베르너 자연사학회에 발표했다.

베르너 학회는 플리니우스학회보다 역사가 오래된 학회로, 대학 박물관 안에 있는 제임슨 교수의 방에서 2주에 한 번씩 만났다. 처음 그 방에 들어온 신입회원들은 깜짝 놀라곤 했다. 방 안에는 책상 두 개와 벽난로 한 개, 몇 줄로 놓인 긴 의자들밖에는 없었기 때문이다. 장식도 온기도 없었으며, 책상 위에는 박제한 황새치 하나가 전부였다. 하지만 회원들이 가득 차면 방 안에는 즉시 생기가 돌았다. 스코틀랜드 교회의 성직자들은 노아의 홍수에 대해 논의했고, 신입생들은 자신들이 채집한 바다 민달팽이류와 문어를 가지고 왔으며, 상급생들은 오스트레일리아의 식민지에서 보내온 유대류에 대해 보고했다. 이곳에서 그랜트 — 그는 이 학회의 평의원으로 1825년 이후로 15회의 발표를 했다 — 는 살아 있는 해면동물을 보여주면서 그 구조를 설명했다. 그는 해면동물과 폴립의 유생이 체표에 나 있는 섬모를 이용해 유영할 수 있음을 보여주었다. 1826년 후반이 되었을 때, 그랜트는 다윈을 이 학회에 데려가기 시작했다(이 학회는 의학박사만이 가입할 수 있었으며, 학생들은 객원으로만 참가했다). 다윈은 노년이 되어서까지도, 검은 장발의 오두본이 학회에서 말똥가리 그림을 보여주면서 생생한 박제를 만들기 위한 철사 고정법을 설명했던 일을 기억했다. 그랜트는 또한 다윈을 치켜세워 주었다. 1827년 3월 24일에 그는 다윈이 굴 껍데기 안에 있는 검은 후추열매처럼 생긴 알갱이의 비밀을 풀었다고 발표했다. 어부들은 이것이 바닷말의 포자라고 생각해왔다. 그런데 문제의 검은 알갱이는 바다거머리의 알이었다. 그랜트는 이 기생생물에 대한 연구를 공식적으로 발표하면서, "열정이 넘치는 젊은 친구 찰스 다윈 씨"

의 발견을 축하했다.[12]

　다윈은 그랜트의 발자취를 더듬어가고 있었다. 다윈도 끄레그물 어선이 끌어올린 플루스트라 속의 또 다른 종의 유생에서 머리카락 같은 춤추는 섬모를 관찰했다. 다윈은 파리의 전문가들에게 그러한 것을 본 적이 있는지를 알아보았다. 프랑스어가 유창하며 대학자들과 교류하던 그랜트는 다윈에게 라마르크와 그 동료들의 글을 읽으라고 강력히 권했다. 하지만 프랑스어는 다윈에게 걸림돌이었다. 수전은 오래전부터 다윈에게 프랑스어를 배우라고 끈질기게 권하며, "남작부인이나 백작부인의 시시한 편지들 말고 좀 더 흥미로운 것을 읽어보라"고 충고했다. 그러면 "지금보다 프랑스어를 훨씬 더 좋아하게 될 것"이라고. 그럼에도 프랑스어는 변함없는 고역이었다. 그러나 적어도 라마르크만은 폼만 잡는 프랑스인으로 치부할 수 없었다. 다윈은 또한 라마르크의 『무척추동물의 체계』를 손에 넣었으며, 분류도들은 훨씬 번역하기 쉽다는 것을 알았다. 문제의 섬모를 발견한 프랑스인은 없었다. 다윈은 자신의 관찰이, 이 해양동물들의 유생이 자유유영을 할 수 있다는 그랜트의 생각을 확증하는 데에 도움이 될 수 있다고 생각했다.[13]

　다윈은 3일 뒤인 3월 27일에 열린 플리니우스학회의 한 다사다난했던 모임에서 이러한 취지의 발언을 했다. 그는 자리에서 일어나서 자신의 소박한 발견들을 발표했다. 이끼벌레의 유생은 자유유영을 할 수 있으며, 성장한 굴 껍데기 안에 든 검은 알갱이들은 바다거머리의 알이다. 이것은 다윈이 최초로 한 공식 발표였다. 그는 표본을 보여달라는 요청에 자랑스럽게 응했다. 뒤이어 그랜트가, 무정형의 기이한 이끼벌레에 대한 전문적인 이야기를 했다.

　하지만 다음에 일어난 일은 폴립 논의의 순수함을 무색하게 만들었다. 과격한 급진주의자 브라운이 물질과 정신에 관한 선동적인 연설을 했는데, 이것이 불꽃 튀는 논쟁을 불러일으켰던 것이다. 브라운은 마음과 의식은 몸과 분리된 영적인 존재가 아니라는 주장을 하여 학생들을 분개하게 했다. 마음과 의식은 단지 뇌 활동의 부산물이라는 말이었다.[14] 이 생각은 스코틀랜드 교회의 엘리트들을 공포로 몰아넣을 두려운 질문들을 제기했다. 만일 생명이 초자연적인 존재가 준 선물이 아니라면, 만일 정신이 영적인 실체가 아니라면, 그러면 영혼은 어떠한 것이란 말인가? 영혼도 없고, 내세도 없고, 처벌도, 보상도 없다면, 악덕을 막을 억지력을 어디서 찾는단 말인가? 불만족한 현실을 바로잡겠다며 들고일어나는 짓밟힌 하층계급을 무엇으로 막는단 말인가? 다윈의 새로운 친구들 모두가 이 언쟁에 뛰어들었다.

누군가는 격노한 나머지 브라운의 진술을 의사록에서 삭제하기도 했다. 그 사람은 거기에 그치지 않고 일주일 전의 의사록에 기록된 브라운의 논문 제출에 관한 예고까지 지워버렸다. 브라운은 이단이었고, 삭제는 검열이었다. 젊은 학생들은 흥분했다. 다윈은 호전적인 자유사상과 자유사상이 일으킨 후폭풍을 처음으로 접했다.

이런 소동은 전형적인 것이었다. 영국 전역의 보수주의자들은 이 무신론 철학에 새파랗게 질렸다. 늙은 콜리지는 이것이 체제전복적인 생각이라며 비난했다. 그는 이러한 사상이 종교적 권위를 뿌리째 뒤흔들고 정치적 전복을 조장한다고 생각했다. 견실한 『쿼털리 리뷰*Quarterly Review*』는 그러한 생각을 법으로 억누를 것을 요구했다. 그런 야비한 생각은 "사회의 안녕을 해치고…… 도덕적 의무에 대한 가장 훌륭하고 신성한 구속력을 무너뜨리며…… 인간 마음속의 나쁜 열정들을 마구 풀어놓는다"는 것이다. 교회와 국가가 질서수호에 안간힘을 쓰는 비민주적인 시대였기에, 반발은 거세었다. 사실 그런 반발은 뜻밖이라고 할 수도 없었다. 1820년에 내각 각료들을 암살하고 민주주의를 선포하려고 했던 카토가街 음모사건이 권력자들의 뇌리에는 여전히 선명하게 남아 있었을 테니까.

교사들은 젊은 학생들이 이런 해로운 사상에 물들까봐 노심초사했다. 장차 럭비 학교의 교장이 되는 토머스 아널드〔공립학교 교육에 많은 영향을 끼친 영국의 교육자〕는 이런 두려움이 현실로 다가오고 있다고 생각했다. 그는 의대생들이 "온갖 부도덕을 일삼는 유물론자이자 무신자"로 전락하고 있다는 소문을 믿었다.[15] 바로 여기에, 그런 사람들 속에, 십대의 다윈이 있었다. 그는 그 시대의 가장 민감한 쟁점들을 건드리는 논쟁을 지켜보고 있었던 것이다.

다윈이 연구한 작은 폴립들은 그 연구 자체를 뛰어넘는 중요한 의미를 지니고 있었다. 이 폴립들은 진화론적 관점에 입각한 그랜트의 연구를 떠받치는 중요한 근거였다. 그랜트는, 동물들은 각기 저마다를 위해 특별하게 마련된 생태적 지위에 완벽하게 들어맞도록 '설계'되고 창조되었다는 기존의 이론을 부정했다. 이 이론으로는 왜 새의 날개, 인간의 손, 곰의 발이 똑같은 뼈로 이루어져 있는지를 설명할 수 없었기 때문이다. 그랜트는 상이한 동물들이 지니고 있는 같은 기관들이 상동구조라고 생각했다. 예컨대 물고기, 개구리, 가금류의 간은 공통의 설계도에 따라 같은 부품들로 만들어진 것이다. 하나의 근본적인 설계도가 있다는 애기였다.

척추동물이 '몸 설계의 통일성'을 보인다는 생각은 1820년대 초 파리에서 크게 유행했다. 하지만 그랜트는 친구였던 조프루아(파리 박물관의 교수)처럼 그것을 급진적일 정도로 극단까지 밀어붙였다. 그랜트는 사람에서부터 폴립에 이르는 모든 동물이 비슷한 기관을 공유하고 있으며, 동물들은 복잡성의 정도에서만 차이가 날 뿐이라고 주장했다. 처음에는 말이 안 되는 애기 같았다. 해파리는 신경계가 없고, 해면동물은 심장이 없는 것처럼 보였기 때문이다. 그러므로 그랜트는 베르너 학회에서 연체동물이 췌장을 갖고 있는 것을 확인했다고 발표하고 그것을 증명하기 위해 갯민숭달팽이의 표본을 보여줄 때 흥분하지 않을 수 없었다.[16] 그는 연체동물인 바다 민달팽이류에서 포유류와 상동인 기관을 발견했기 때문이다.

이 발견이 말하고 있는 진짜 중요한 사실은, 모든 동물이 구조적으로 관련이 있다면 동물들을 하나의 사슬로 꿸 수 있다는 점이었다. 이것은 이 연쇄의 밑바닥에 위치하는 하등생물에게 근본적인 중요성을 부여하는 일이었다. 하등동물의 조직은 인간 조직을 단순화한 종류인 것이다. 그렇다면 하등동물의 조직을 이용해 인간의 기관을 설명할 수 있었다. 즉, 그 기관의 원시적인 기원과 초기의 기능을 밝힐 수 있었다.

게다가 그랜트는 이런 연쇄로 연결된 동물들이 진짜 혈통으로 연결되어 있다고까지 주장함으로써 논란을 더욱 부추겼다. 그는 다윈과 함께 산책할 때 라마르크를 극찬했다. 처음에 다윈은 적잖이 놀랐다. 각 종은 제각기 따로 창조되었다는 것이 기존의 지배적인 견해였기 때문이다. 그러나 그랜트가 말하는 도발적인 생각은 당시 잘 알려져 있던 것이었다. 그랜트는 강의에서 해면동물이 고등동물의 "부모"라고 말했다. 그리고 그런 생각을 지닌 사람이 그랜트 혼자인 것도 아니었다. 에든버러 박물관에서는 갖가지 추론들이 자유롭게 제기되었다. 심지어 무미건조한 학구파인 제임슨조차도 1826년에 발표한 한 익명의 논문에서, 고등동물이 어떻게 "단순한 벌레"에서 "진화"했는지를 설명한 "라마르크 씨"를 칭찬했다(이것은 '진화evolve'라는 단어가 현대적 의미로 쓰인 최초의 사례였다). 그랜트는 원시지구가 식을 때의 환경변화가 생물을 더 고등한 온혈동물의 형태로 추동했다고 추정했다. 점점 더 진보하는 화석들이 그 증거였다. 그랜트는 다윈과 함께 산책을 하면서 이 사실을 설명했으며, 다윈은 "속으로 조용히 놀라며"[17] 경청했다.

　그랜트는 아마도 이래즈머스 다윈의 『주노미아』를 좋아한다는 이야기도 했을 것이다. 그는 자신의 박사논문에서 『주노미아』를 인용했으며, 그 책이 "'유기체의 법칙들' 가운데 몇몇을 일깨워주었다"고 밝혔다. 그런데 지금 그 이래즈머스 다윈의 손자와 산책을 하고 있었다. 그랜트가 이 좋은 기회를 놓쳤을 리가 없다. 찰스도 『주노미아』를 좋아했기 때문에, 화제는 자연스레 『주노미아』의 저자에게 커다란 기쁨을 주었던 화제인 자연의 "지속적인 변형" 쪽으로 흘러갔으리라.[18]

　그랜트는 한 가지 점에서 라마르크를 앞섰다. 그는 식물계와 동물계의 유래를 찾아 단순한 조류藻類와 폴립까지 되짚어 내려갔으며, 이 둘이 유연관계가 있다는 것, 다시 말해 이들이 진화적 시작점을 공유하고 있다는 사실을 인정했다. 그는 조류와 폴립이라는 매우 단순한 식물과 동물의 서로 흡사한 알이 '모나드', 즉 기본적인 생명입자와 유사한 것이라고 생각했다. 이들은 생명체를 구축하는 기본 단위가 어떠한 것인지를 살짝 보여주었다. 모나드는 무기물에서 자연발생적으로 생겨날 수 있기 때문에, 생명의 궁극적 법칙에 대한 열쇠를 쥐고 있었다. 식물계와 동물계가 수렴하는 이 지점은 자연철학자에게는 무엇보다 비옥한 땅이었다.

　다윈은 비록 본인은 눈치 채지 못했을지라도 자연의 가장 근원적인 비밀을 밝히는 연구에 발을 들여놓고 있었다. 생물학의 가장 심오한 질문에 대해서는 라마르크의 대답이 이미 제시되어 있었다. 훗날 다윈은 그랜트가 이끈 이 길에 다시 들어서게 되지만, 이 무렵 다윈이 그 일을 가치 있게 생각했음을 보여주는 단서는 없다. 그렇다 해도 다윈의 스승들은 자연학자가 "생물계의 기원과 진보 앞에 드리워진 장막"을 들어올리는 시도를 할 수 있다는 것을 가르쳐주었다.[19] 문제는, 장막을 들어올리는 자들이 녹스와 그랜트처럼 대단히 악명 높은 기독교 반대자라는 점이었다.

다윈은 종변형을 이야기하는 것이 금지된 일이 아니라는 사실을 알았지만, 한편 이 일이 결코 존중받는 일이 될 수 없다는 것도 알 수 있었다.

스코틀랜드에는 이런 논의를 확대하여 정치와 과학을 가차 없이 엮는 이들도 있었다. 목재상인인 패트릭 매슈는 세습되는 특권은 경쟁을 통한 진보라는 자연 법칙에 위배된다고 주장했다. 귀족정치는 진화를 거스르며 영국의 힘을 약하게 만들고 있었다. 매슈는 만일 사회가 변하지 않으면 자연이 '복수'를 할 것이라고 경고했다. 자연은 영국 인종을 노예상태로 떨어뜨려 역사의 뒷길로 쫓아낼 것이다. 능력 중심 사회에서의 상업적 투쟁만이 정치지도자를 만들 수 있으며, 진화의 세계에서는 퇴화한 귀족이 발붙일 자리가 없다.[20] 이것이 구속받지 않는 자본주의의 뼈대를 이루는 생각이었다. 훗날 다윈은 이 과학을 논리적 극단으로까지 끌고 간다.

그러나 1827년에 이것은 체제전복적인 과학이었다. 국교도들은 진화론자들이 "위험하고 나쁜 사람이 되고 있다"고 단언했다. 그릇된 철학이 그들을 과격한 민주주의자로 만들고, 교회를 혐오하게 만든다는 것이다. 이런 사람들은 신 대신 하찮은 물질을 믿는다. 영혼에 대한 굳은 믿음이 없는 이들은 도덕적 지지대를 잃고, 내세가 아니라 이생에서 정치적 구원을 찾는다. 순진한 청춘들은 이런 급진적인 물결에 휩쓸려 인생을 망칠 위험에 처해 있었다.

그것이 어떤 것인지를 극명하게 보여주는 예가 콜드스트림이었다. 플리니우스학회에서 있었던 정신과 물질을 둘러싼 논쟁이 그를 위기에 빠뜨렸다. 1826년에서 1827년 모임 내내 그는 의심에 사로잡혀 있었다. 3월 27일 모임 뒤에 졸업을 한 그는 병원에서 임상경험을 쌓고자 프랑스로 건너갔지만, 가자마자 정신이상이 찾아왔다. 그를 진찰한 의사는, 그 젊은이는 "죄 없는 인생"을 살았지만, "종교라는 중대한 문제에 대해 완전히 확신하지 못했으며, 특정 유물론자들의 견해에서 비롯된 의심 때문에 고통받고" 있었다고 보고했다.[21]

그러나 다윈은 이단을 둘러싼 이 모든 논쟁을 냉철하게 헤쳐나갔다. 자유사상가와 유니테리언파의 피를 물려받은 그는 이 모든 소동을 시대에 뒤떨어진 것으로 여겼을지도 모른다. 하지만 그는 이런 과학이 어떤 격정을 부추기는지를 확실히 알게 되었다. 또한 그는 선동가들, 즉 교회의 권위를 뒤흔들어 권력을 상인들에게로 가져오려는 체제전복적인 세력들이 이런 과학을 이용하고 있다는 사실도 알았다.

다윈의 플리니우스학회 친구들은 로버트 제임슨 교수가 운영하는 박물관에서 많은 시간을 보냈다. 아마 그들이 다윈에게 제임슨 교수의 자연사 강좌를 들으라고 권했을 것이다. 제임슨은 '암석수성론'을 주장하는 지질학자로 유명했다. 그는 지층을 이루는 암석은 원시지구를 뒤덮었던 바다의 퇴적물에서 비롯되었다고 가르쳤다. 다윈은 이에 앞서 호프 교수의 강의에서 이와 반대되는 견해를 들었다. 호프는 **자신의** 학생들에게 화강암은 굉장히 뜨거운 용암덩어리가 결정화한 것이라고 가르쳤다. 암석이 용암이 굳어서 생겼느냐 광물이 퇴적되어서 생겼느냐의 문제는 제법 오래 끌었다. 사실 지나치게 오래 끌어 다른 곳에서는 이미 흘러가버린 주제가 되었다. 그러나 에든버러에서 호프와 제임슨은 수업료를 내는 학생들의 구미를 맞추기 위해 그 상투적인 논쟁을 계속하고 있었다. "만일 우리 모두가 같은 생각을 지니고 있다면 불행한 일일 것이다." 제임슨은 이렇게 말했다. "호프 박사는 나와 반대되는 견해를 가지고 있으며, 나 역시 호프 박사의 의견에 동의하지 않는다. 우리 둘의 의견차이가 이 주제를 흥미롭게 만들고 있다."

물론 다윈은 그것으로 충분하지 않았다. 그는 호프의 인품이 좋고,

호프의 스타일이 좋았으며, 호프의 견해에 따라 지질학을 암석이 냉각해 가는 화학적 과정으로 바라보았다. 아마추어 화학자였던 찰스는 이런 종류의 지질학과, 이것이 자신의 할아버지가 "지구기계Earth-machine"라고 부른 것을 어떻게 구동하는지를 잘 이해했다.[22] 반면, 제임슨은 따분했다. 일부 사람들의 눈에는 불후의 업적을 쌓아올린 것처럼 비쳤던 그 흠정교수도 찰스에게는 하품 나게 만드는 대상일 뿐이었다.

그래도 제임슨의 강의는 엄청난 인기를 끌었으며, 다윈도 그의 강의에서 많은 것을 배웠다. 사실 그 인기는 능력이라고는 출석부를 읽는 것밖에는 없는 선생인 제임슨과는 무관한 것이었다. 지질학은 당시 유행하는 학문이었으며, 실용적인 학문으로서 에든버러의 상인들에게 인기가 있었다. 다윈이 수강하던 해에 수강생은 학생에서부터 은 세공사, 측량기사에 이르기까지 200명에 이르렀다. 강의내용은 수강생들만큼이나 다양했다. 주제로는 학생들을 위한 광물학과 기상학, 지질학과 자연사뿐 아니라 보석 세공인과 농장주들을 위한 강의도 있었다. 제임슨이 라마르크를 칭찬한 논문을 썼다는 사실로 미루어 볼 때, 캐보면 다른 내용들이 더 있을 것이다. 예컨대, '동물 종의 기원'에 대한 제임슨의 마지막 강의를 찰스는 어떻게 생각했을까.

제임슨은 학생들을 데리고 일주일에 세 번 박물관에서 실습을 했다. 이곳에서 그는 전시물들, 특히 광물에 대해 설명했다. 다윈은 교과서에 메모를 하고 자기 "진열장" 안의 채집물과 대조를 해가며 열심히 공부했다. 또한 다윈은 스코틀랜드의 구적색사암〔북서부 유럽에서 발견되는 데본기 암석의 두꺼운 연속층〕부터 잉글랜드 남동부의 동에서 서로 뻗은 다운스 구릉의 백악층에 이르는 지층들의 배열에 대해 배웠고, 지층을 책의 페이지처럼 "읽는" 방법도 배웠다.[23]

대부분의 학생이 측량기사와 토목기사가 되기 위한 훈련을 받고 있었기 때문에, 야외실습도 인기가 있었다. 제임슨은 본래의 장소에 있는 "있는 그대로의" 암석을 학생들에게 보여주었고, 다윈은 도시 외곽 솔즈베리의 바위 위에서 제임슨이 경쟁자들을 비웃는 이야기를 들었다. 제임슨은 이 야외실습을 강의의 중요한 부분으로 삼았다. 수강생들 대부분은 동인도회사의 젊은 직원들과 신입 군의관, 기술자들이었다. 군부는 식민지로 떠나는 신병들에게 식물상과 동물상을 기록하는 방법을 가르치기 위해 제임슨의 강의를 권했다. 그 강의는 대영제국 의료관계자들의 원정에 도움을 주기 위한 의도로 마련된 것이었다.[24]

학생들이 제임슨의 강의를 수강하면 얻을 수 있는 특전이 있었다. 그것은 제임슨이 일하는 거대한 박물관에 자유롭게 드나들 수 있는 자격이었다. 다윈은 이곳에서 숱한 시간을 보내며 표본을 마음껏 보고, 박제를 만들고, 메모를 했다. 그 박물관은 "에든버러의 자존심이자 국가의 자랑이었다." 제임슨이 이 건물을 지어 1820년에 넓은 구내로 전시물들을 옮겨왔다. 소장품들은 계속해서 급속히 늘어났는데, 졸업생들이 식민지에서 이국의 종들을 보내왔기 때문이다. 박물관 앞으로 된 짐은 관세를 면제해주는 특혜가 있었기 때문에 더욱 그랬다. 또한 그즈음 영국 해군의 측량선들이 채집한 자연사 보물의 절반이 이 박물관에 맡겨졌다(나머지는 영국박물관으로 갔다). 그 결과 1826년에는 더 많은 보관실을 마련해야 했다. 다윈이 이곳에 있던 시절에 그 박물관은 그러한 종류로서는 세계에서 네 번째로 컸다. 그러나 소장품들은 제임슨의 개인 소유물이나 마찬가지였으며, 그는 독재자처럼 박물관을 운영했다. 그는 골상학자에게 머리뼈를 보여주지 않았으며, 암석들도 경쟁자들의 손이 닿지 않는 곳으로 치웠다. 그래서 다윈의 한 친구는 그를 "절대적인 독재자"라고 불렀다.[25] 그렇다 해도, 그 박물관이 다윈에게 풍성한 환경을 제공했으며 다윈이 그 자료들을 십분 활용했다는 것만큼은 부정할 수 없는 사실이다.

해부를 하고 박제를 만들고 주석을 달고 관찰을 하고 누군가를 편들고 발견을 하고 논쟁에 넋을 잃는 다윈의 모습을 그려본다면, 다윈의 2학년 생활이 허송세월은 아니었음을 알 수 있다. 그에게 지적 훈련이 시작되었던 것이다. 다윈은 영국 최고의 무척추동물 학자로부터 커다란 질문에 답을 하기 위해서는 매우 세밀한 사항들을 연구해야 한다는 것을 배우며 지질학 관찰자로서의 면모를 갖추어나가고 있었다. 그는 암석의 생성을 둘러싼 논쟁을 지켜보는 것뿐 아니라 암석 그 자체를 관찰하는 기량을 갈고닦았다. 의학강의들조차 뜻밖의 방식으로 도움을 주었다. 던컨의 강의는 비록 강의 자체는 실패였지만, 스위스 식물학자 오귀스탱 드 캉돌이 제창한 "자연분류체계"를 장려했다.[26] 다윈은 던컨의 강의에서 캉돌을 처음 알게 되었는데, 경쟁하는 종들 간의 "전쟁"을 강조하는 캉돌의 견해는 훗날 유용하게 쓰이게 된다. 그렇지만 당장 그가 부딪힌 문제는 식물과 동물을 왜 지금과 같은 방식으로 분류해야 하는가 하는 것이었다.

게다가 이보다 더 중대한 문제들이 그를 휘감고 있었다. 물질과 정신, 위험한 라마르크주의, 검열, 권력. 이들은 격정을 부추기는 문제들이었으며, 과학이 객관적인 관찰만은 아니라는 사실을 분명하게 보여주었다. 과학은 정치협상의 복잡한 단편이었다.

물론 다윈은 어렸고, 대부분의 문제들은 그저 그의 머리를 스쳐 지나갔을 뿐이다. 게다가 그가 에든버러에 있는 이유는 의학을 공부하기 위해서였던 데다, 그마저 그가 혐오하는 것이었다. 그는 좀처럼 제자리를 찾지 못하고 있었다. 사실 그의 마음은 다른 데에 가 있었다. 사냥철을 떠올리자 향수병이 점점 커져갔다. 그는 웨지우드가 식구들과 함께 머물고 있는 캐롤라인 누나에게 그 사냥터 관리인 윌콕스가 메이어에서 "아직도 최고 권력자냐"라고 물으며 "그동안 몇 마리의 사냥감을 쏘아 죽였는지" 알고 싶어했다. 엘리자베스 웨지우드는 "찰스와 이래즈머스는 집에서 오는 편지를 너무 좋아해서 탈"이라고 말했다. 찰스는 결국 의학공부를 못 견디고 1827년 4월에 학위를 받지 못한 채 영원히 의대를 떠났다.

이것은 결정적인 갈림길이었다. 그의 친구들 대부분은 자신의 길을 찾아 뿔뿔이 흩어졌다. 그랜트는 새로 문을 연 "무신론 칼리지"인 런던 대학의 동물학 교수 자리를 수락했다. 브라운은 혁명의 땅 파리로 건너갔다. 신경쇠약에서 회복한 콜드스트림은 마침내 "신앙에서 기쁨과 평화"를 발견했으며, 에든버러 의학선교학교를 세웠다. 그레그는 아버지의 여러 공장 가운데 한 곳을 운영하기 위해 불려갔다.[27]

각자 자신의 전문영역에서 다윈에게 영향을 미친 이 변혁의 아들들은 다윈에게 반체제 지식이 의미하는 것이 무엇인지를 가르쳐주었다. 에든버러의 논쟁은, 자연현상에 의거한 설명과 초자연현상에 의거한 설명, 자본주의와 특권 귀족과의 긴장을 똑똑히 드러내보였다. 인간을 물질적 존재로, 자연을 세속적이고 경쟁적인 시장으로 재정의하기 위한 투쟁은 구시대적인 스코틀랜드 교회의 권위에 대한 정면도전이었다. 한동안 다윈은 과학의 사회적 측면을 맛보았던 것이다. 어쩌면 새롭게 형성되고 있는 세계를 엿보았던 것인지도 모른다.

찰스는 곧장 슈루즈버리로 돌아가지 않았다. 때는 봄기운이 물씬 나는 계절이었기에, 그는 달콤한 자유를 만끽하며 에든버러에서 여행을 떠났다. 그는 스코틀랜드를 돌아보고, 그러고 나서 벨파스트와 더블린으로 갔다. 그리고 1827년 5월에, 런던에 있는 캐롤라인 누나를 만나러 갔다. 이것은 영국의 수도를 처음으로 방문하는 것이었다. 런던의 템플 법학원에서 신입 법정변호사로 일하고 있는 외사촌 해리 웨지우드는 런던을 방문한 촌놈 찰스를 만나 도시생활에 지친 도시인 행세를 했다. 찰스는 런던에 대해 "끔찍한 매연에 휩싸인 황무지"라는 주저하는 표현을 썼음에도, 아주 즐거운 시간을 보냈다.[1] 두 사람은 헨리 홀런드 박사의 "가족" 만찬에 집안 대표로 참석했다. 상류사회의 의사이자 먼 친척인 집주인은 고래가 냉혈동물이라고 말하여 찰스를 경악하게 했으며, 나이프를 직접 입 안에 넣어 모든 이를 놀라게 했다.

런던에서 찰스는 파리 여행 계획을 세웠는데, 그로서는 영국 해협을 건너는 최초의 (그리고 유일한) 여행이었다. 로버트 박사는 조사이어 웨지우드에게 그 정보를 귀띔했다. "자네만 허락한다면 찰스가 자네를 따라 바다 건너 프랑스에 머물렀다 돌아올 생각인 것 같네." 조사이어 외삼촌은 제시 이모— 시스몽디 부인— 와 함께 8개월 동안 지내고 있는 두 막내딸 패니와 에마를 데리러 제네바로 떠날 예정이었다. 캐롤라인이 동반하기로 되어 있었기 때문에("그녀는 누구보다 좋은 길동무였다"), 이 일행에 끼면 찰스도 안전하게 여행할 수 있을 터였다. 허락이 덜어졌고, 찰스는 비 내리는 해협을 가까스로 무사히 건넜다. "몸이 좋지 않았음에도" 선상에서 저녁식사로 나온 푸짐한 소고기구이를 게걸스럽게 먹어치웠다. 파리에 도착했을 때 일행은 각기 흩어졌고, 찰스는 혼자 여행을 해야 했다. 파리에 브라운과 콜드스트림이 있었으니, 아마도 그들이 프랑스의 아롱디스망〔주 내의 행정구역〕들과 과학 명승지들 — 자연사박물관과 파리 식물원 — 을 구경시켜주었을 것이다. 어쨌든 몇 주 뒤에 찰스는 조사이어 외삼촌과 사촌누이들과 합류했다. 에마는 "살짝 탔지만" 사랑스러워 보였고, 패니는 전보다 "한층 더 예뻐져" 있었다.[2] 여행은 너무 빨리 끝났고, 7월경 그들 모두는 무사히 영국으로 돌아왔다.

찰스는 작년 여름에 떠났던 장소로 다시 돌아와 슈롭셔의 향사들과 어울리며 가을사냥을 계획했다. 몇몇 친구들은 뿔뿔이 흩어졌지만, 십여 킬로미터쯤 말을 타고 서로의 집을 방문하는 것은 신사에게는 아무런 문제도 아니었다. 대부분은 가족끼리 알고 지내던 친구들이었는데, 그 가운데 하나가 슈루즈버리에서 말을 타고 아침나절을 천천히 달리면 닿을 수 있는 거리에 사는 우드하우스의 오언가家였다. 영국 기병이었던 윌리엄 모스틴 오언은 "성질이 급하고 제멋대로인 전형적인 옛날 신사"였지만, 그에게는 딸들이 있었다. 새라와 패니 오언과 다윈의 누이들은 마운트에서 함께 노래수업을 받던 어린 시절부터 친한 친구 사이였다. 그러니까 이곳에는 좀 더 고상한 사냥이 기다리고 있었다. 찰스는 에든버러에서 오언의 두 딸이 얼마나 "호감이 가는 스타일"이며 "재미있고 엉뚱한지" 여러 차례 들었다. "그들을 추앙하는 남자들이 매우 많단다." 캐서린은 찰스를 놀렸다. "그리고 파티에 가면 서로 파트너가 되려고 안달이지." 그런데 "패니가…… 새라보다 인기가 훨씬 많아. …… 그녀에게는 사람을 사로잡고 유쾌하게 만드는 뭔가가 있지." 그러나 두 소녀의 관심은 오직 프랑스뿐이었으며, 파리에서 방금 돌아온 찰스는 파리에 관해서라면 할 애기가 많았다.[3]

사냥철은 9월 1일에 시작되었다. 향사 오언은 사냥감이 득실대는 굉장한 숲지대를 소유하고 있었는데, 그곳은 찰스의 사랑 사냥터가 되기도 했다. 찰스는 향후 몇 달 동안 우드하우스를 무척 자주 방문했는데, 어느 때부터 소녀들은 그를 "사냥감"—결혼 적령기이며 인간적인 매력이 있는 좋은 신랑감—으로 보기 시작했다. 이따금씩은 누가 누구를 뒤쫓고 있는지 애매했다. 스물셋의 새라는 찰스보다 다섯 살이 많았기에 약간 불리했다. 또한 그녀는 조숙한 여동생과 늘 비교를 당했다. 갓 스물이 된 패니는 검은 눈동자와 작은 몸집에 명랑한 기질을 지닌 매력이 철철 넘치는 아가씨였다. 그녀는 아버지 때문에 억지로 그림수업을 받았지만, 소년들과 당구를 치고 말을 달리며 사냥하는 것을 더 좋아했다. 그럴 때 그녀는 펄펄 날았고, 찰스는 그것을 눈치챘다. 찰스는 패니를 사냥에 데려갔으며, 그들은 함께 전속력으로 숲을 향해 달렸다. 찰스가 사냥을 즐기는 동안 패니는 (그녀의 표현에 따르면) "하녀"가 "마부"의 시중을 들듯 옆에서 구경만 하려 들지 않았다. 그녀는 자신도 총을 쏘겠다고 고집을 부렸고, 찰스는 그녀가 총을 겨누는 것을 도와주었다. 총포의 반동이 매우 거칠어 그녀는 나중에 자신의 가냘픈 어깨가 검푸르게 멍든 것을 알았다. 하지만 패니는 전혀 움츠러들지 않았다. 그녀는 앞으로 더 큰 사냥감을 쏠 날을 꿈꾸고 있었다.

물론 이 모두는 남녀의 고상한 불장난일 뿐이었을 수도 있다. 그러나 어쩌면 그 이상의 것이었을지도 모른다. 찰스는 자신을 애태우고 희롱하는 그 검은 머리 미녀에게 빠졌다. 하지만 그는 위압적인 향사 오언에게 딸을 달라고 말하려면 그 전에 먼저 자신의 거취를 결정해야 한다는 사실을 잘 알았다. 그는 평상시 사냥터인 메이어로 떠나면서 자신의 불확실한 미래에 대해 생각했다. 메이어에 도착했을 때, 그는 거기에 머무르고 있는 제임스 매킨토시 경을 보았다. 존경할 만한 휘그당 의원이며 조사이어 외삼촌의 사돈인 그는 캐닝의 내각에 입각하는 데 실패한 뒤 상처를 다스리며 『잉글랜드사』 집필에 힘쓰고 있었다. 그는 찰스가 되새겨볼 만한 이력을 지닌 사람이었다. 그는 에든버러 의과대학을 겨우 졸업한 뒤에 직업을 바꾸어 성공한 사람이었다. 제임스 경은 당시 영국의 정치평론가들 가운데 제일인자였고, 경제전문가였다. 그는 다윈에게 역사에 대해, 도덕철학에 대해, 세상사에 대해 쉴 새 없이 지껄였다. 이 만남은 두 사람 모두에게 깊은 인상을 남겼다. 다윈은 그렇게 유명한 사람이 자신을 상대로 본인의 관심사를 말한다는 사실에 감격했다. 제임스 경도 이후 "그 젊은 이에게는 흥미를 당기는 뭔가가 있다"라고 신뢰를 표했다.[4] 그로서는 이례적인 칭찬이었다. 그 밖에 메이어 홀의 남성들 가운데 제임스 경이 유일하게 호감을 품은 사람은, 자신의 딸 가운데 한 사람을 마음에 두고 있는 찰스의 외사촌 헨슬레이 웨지우드 정도였으니까.

지금으로서는, 진로에 관한 한 찰스에게는 선택권이 거의 없었다. 그가 아버지의 돈을 쓰며 속 편하게 돌아다니는 동안, 그의 인생계획이 착착 설계되고 있었다. 에든버러의 교육이 실패로 돌아가고 아들이 의학을 업신여기는 것에 낙담한 로버트 박사는 늘 그랬듯이 고압적인 태도로 일을 진행했다. 더는 돈을 낭비해서는 안 되었다. 시간낭비도 마찬가지였다. 만일 찰스가 아버지의 재산에 기댈 생각을 하고 있다면, 다시 생각하는 편이 좋았다. 어떤 직업을 가질지 결정하기 전에는 가족의 재산을 손에 넣을 수 없을 것이다. 남은 문제는, 의학이 아니면 무엇이냐는 것이었다. 다윈의 집안은 여러 명의 법률가와 군인을 배출했지만, 찰스는 그러한 일에 꼭 필요한 자기규율이 부족했다. 하지만 차남이 쓸모없는 사람이 되지 않도록 막아줄 안전망이 하나 있었다. 그것은 영국 국교회였다.

로버트 다윈 박사는 뿌리 깊은 자유사상가지만, 동시에 지각 있고 빈틈없는 사람이었다. 그로서는 단지 주변을 둘러보고, 그동안 방문했던 목사관을 떠올려보고, 집에서 접대했던 교구목사들을 곰곰이 생각해보는 것으로 족했다. 독실한 신자가 아니더라도, 야외 스포츠를 좋아하는 목표 없는 아들에게 성직자가 잘 맞을 것이라는 것은 쉽게 알 수 있었다. 교회는 얼간이와 게으름뱅이들의 천국이요, 방탕아들의 마지막 보루가 아니던가? 직업에 대해 진지하게 생각하지 않는 자에게 성직자만큼 좋은 직업이 또 어디에 있겠는가? 어떤 직업이 그처럼 실패할 위험이 낮으면서도 보답은 클 수 있겠는가?[5]

무사안일주의와 부패에 빠진 비대한 국교회 교회는 지난 100년 동안 그랬듯이 십일조와 기부금으로 사치스럽게 살고 있었다. 조건이 좋은 교구들은 가장 큰 돈을 제시하는 사람에게 팔렸다. 로버트 박사 정도의 재력이 있는 신사에게는 널찍한 목사관, 몇 헥타르의 토지나 농지, 1년에 수백 파운드어치에 이르는 십일조 곡물을 보관하는 헛간을 갖춘 멋진 시골 '생활'을 투자인 셈 치고 사들여 거기에 아들을 앉히는 것쯤이야 쉬운 일이었다. 이 정도면 젊은 청년이 거의 어떤 교리에도 서약할 수 있을 만큼 입맛 다시는 생활이었다. 찰스는 그저 정식 교육을 받고 성직서임을 받은 뒤 그 자리에 가기만 하면 되는 것이다. 그러면 평생 안락하게 살 수 있다. 그는 친분 있는 신사들 속에 둘러싸여 사회적 명성과 안정을 누리다가 훗날 상당한 유산을 상속받을 것이다.[6] 심지어 지금은 장래를 망치고 있는 사냥과 사교활동도 문제 없이 계속할 수 있을 것이다.

게다가 가족의 선례도 있었다. 로버트 박사의 삼촌과 이복형제가 노팅엄셔의 교구목사가 되었으며, 그 2년 전에는 조사이어 외삼촌이 자신의 조카를 메이어의 교구목사로 앉혔다.[7] 또한 다윈의 육촌인 윌리엄 다윈 폭스가 현재 케임브리지 대학의 크라이스트 칼리지 교회에서 목사가 되기 위한 수업을 받고 있었다. 이 점이 결정적이었다. 찰스는 비록 가문의 한 전통은 잇지 못했지만 다른 전통을 따를 수 있을 것이다. 찰스를 폭스에게 보내 함께 공부하게 하자. 폭스는 본보기가 되어줄 것이다. 찰스는 3년 동안 교양 있는 신사가 되기 위한 교육을 받고, 문학사 학위를 따고, 본인만 좋다면 다시 1년 동안 신학강의를 들으며 성직서임을 준비하게 될 것이다. 그 뒤에 목사보로 수련하면서 결혼을 하고, 그런 다음에 슈루즈버리에서 그리 멀지 않은 시골 교구에 유급 성직자로 부임하면 된다. 이것은 골칫덩이 둘째아들에게 어울리는 완벽한 안식처가 될 것이다.

이 계획은 기정사실처럼 들렸지만, 찰스는 생각을 좀 해보고 싶었다. 시골 교구목사는 그에게 완벽하게 잘 맞을 것이다. 단지 즐기는 측면에서만은 아니었다. 시간이 많이 날 터이므로 그랜트의 선례를 따를 수 있을 것이다. 다시 말해, 시골 교구라면 아주 작은 창조물의 연구에 전념할 수 있을 것이다. 그러나 당연하지만 신앙이라는 작은 문제가 있었다. 찰스는 자신이 믿고 있는 것에 대해 약간의 의문을 품었다. 어쨌거나 에든버러에서 온갖 종류의 비정통적인 사상을 접했으니까. 하지만 누이들은 종교를 진지하게 생각하라고 가르쳤고, 아버지도 비록 신앙심이 투철하지는 않았지만, 학문에서나 도덕에서나 모든 면에서 올바르게 행동할 것을 충고했다. 누구에게나 '바른생활의 표준'으로 존경받는 조사이어 외삼촌도 마찬가지였다. 여하튼 한동안 신학 책에 빠져 있다 보면 양심의 짐을 덜 수 있을 것이다. 그래서 찰스는 사냥과 연애를 즐기는 틈틈이 피어슨 주교가 쓴 옛날 책 『사도신경 강해』와 몇 권의 난해한 학술서적들을 읽었다.

그 가운데 한 권은 국교회의 전도유망한 변증가인 존 버드 섬너 목사의 저서 『기독교의 증거』였다. 이 책은 출간된 지 3년밖에 되지 않았으며, 논증은 대단히 설득력이 있었다. 찰스는 펜을 들고 차근차근 섬너의 논증을 따라갔다. 이것은 그가 지금껏 보았던 신앙에 대한 변론 가운데 최고였다. 책은 하나의 긴 논증이었고, 책 안에 들어 있는 그럴듯하게 끼워맞춘 논리, 산더미 같은 증거, 여러 가지 가능성의 대조평가는 기독교를 믿지 않는 회의론자들을 어리석은 자로 만들어버렸다. 섬너는 능숙한 솜씨로 반기독교도들의 회의를 딜레마에 몰아넣고, 회의론자들을 논리적으로 꼼짝 못하게 했다. 만일 기독교의 교의가 사실이 아니라면 "예수가 존재하지 않았거나", 아니면 실제로 살았지만 신의 아들이 아니라 "사기꾼"이었다는 얘기다. 찰스는 예수가 존재하지 않았다는 것은 "증거로 볼 때 말이 안 된다"고 적었다. 따라서 회의론자들은 예수가 "사기꾼"이었다고 주장할 수밖에 없다. 하지만 복음서들을 보면 "그럴 리가 없다." 복음서에는 기적을 일으켜 회의론자들을 믿게 만드는 사람이 나온다. 찰스는 우리가 그러한 사건들을 "부인할 자격"은 없다고 적었다. 그리고 예수의 종교는 "우리가 이 세상과 저세상에서의 행복으로 떠올리는 모습과…… 놀랍도록 잘 맞는다." 그러므로 회의론은 무너지고, 기독교는 입증되었다. 다윈은 "(예수의) 신성이 아니면 우리 눈앞의 일련의 증거와 있음 직한 사건들 설명하는 것은 도저히 불가능하다"고 결론 내렸다.[8]

찰스는 섬너의 책과 다른 책들을 읽으며 반박할 만한 것을 전혀 찾지 못했으며, 믿을 수 없다고 말할 만한 것을 아무것도 발견하지 못했다. 그리하여 10월에 그는 크라이스트 칼리지의 '자비생' ― 학비를 모두 개인이 부담하는 학생 ― 으로 입학허가를 받았다. 그렇지만 그는 그 학기―제1학기(9월부터 12월까지) ― 에는 대학을 다니지 않았다. 양심에 대한 점검은 끝났지만, 먼저 공부를 열심히 해두지 않으면 안 되었기 때문이다.

케임브리지 대학은 에든버러 대학과는 판이하게 달랐다. 학문적으로는 슈루즈버리 학교에 훨씬 가까웠다. 버틀러 목사가 소년들의 머리에 주입한 고전은 그 위대한 국교회 신학교에서 필수교과였다. 그러나 찰스는 그때 배운 것을 대부분 잊었으며, 동사 활용은 고사하고 그리스어 알파벳도 잘 생각나지 않았다. 로버트 박사는 개인교사를 붙여주었고, 찰스는 곧 라틴어의 기원법에 쩔쩔매고 모음축합을 가지고 낑낑댔다. 정말이지 어렵고 지루한 공부였다. 그는 다시 우드하우스로 도망을 쳤지만, 그곳에는 사냥감만 있을 뿐 오언의 딸들은 브라이턴으로 휴가를 떠나고 없었다. 그는 할 수 없이 돌아와 다시 책을 들었다. 크리스마스 즈음, 그는 호메로스의 시와 신약성서를 조금 번역하고 있었다. 이래즈머스도 크리스마스를 보내기 위해 런던에서 돌아와 복습을 하고 있었다. 런던의 그레이트윈드밀가街 해부학교에서 실습을 마친 이래즈머스는 케임브리지 대학에서 의사자격을 취득할 준비를 마쳤다. 그래서 이듬해인 1828년 초에 두 형제는 다시 한 번 함께 떠났다.[9] 이래즈머스는 의학사 시험을 치르고 나면, 그 상으로 유럽 대륙을 여행할 계획이었다. 하지만 찰스가 시골 교구라는 자신에게 약속된 상을 받기까지는 아직 4년간의 공부가 남아 있었다.

케임브리지의 뾰족탑들은 평평한 소택지에 석순처럼 삐죽삐죽 올라와 있었다. 이것은 지난 600년 동안 쌓아올린 봉건시대의 특권을 감싸고 있는 외피였다. 이곳은 저지대였고, 신의 땅이었다. 14개의 고구, 17개의 칼리지, 1만 6,000명의 시민들이 캠 강의 강둑을 따라 사방 1.6킬로미터가 조금 넘는 면적 안에 밀집해 있었다. 땅은 그 소유주들만큼이나 비옥했는데, 강이 하류의 칼리지들 사이사이로 비옥한 토사를 떠내려 보내고, 그곳에서 하수관이 쏟아낸 물은 다시 개방식 하수도를 따라 북으로 흘러 엘리 대성당을 지나 바다로 흘러들었다. 이 수로는 상업의 동맥이었으며, 케임브리지는 배가 내륙으로 들어가는 거점이었다. 바지선의 선장들은 씩씩거리고 욕설을 지껄이며 20톤에 이르는 뱃짐 ― 주로 석탄과 옥수수, 기름과 버터였다 ― 을 칼리지들의 '뒤뜰'을 따라 침전물과 악취를 헤치고 선착장이 있는 상류의 밀 풀Mill Pool로 실어날랐는데, 짐을 내리기 위한 시끌벅적한 배의 행렬이 신성한 대학구내 바로 앞까지 길게 늘어서는 경우도 많았다. 재학생들은 이 소란에 항의를 했지만, 학생들의 욕설은 소음을 가중시켰을 뿐이었다. 시내 중심가에서 800미터쯤 떨어진 곳에는 시장이 있었다. 밀 풀과 주변 농장들에서 짐마차로 물품을 공급받는 이 시장에서는 온갖 종류의 식료품을 살 수 있었다. 물가는 비쌌고, 거미줄처럼 얽힌 좁은 거리들에 빽빽이 들어찬 상점과 하숙집도 마찬가지였다. 이곳에 거주하는 2,000명에 이르는 대학생들은 그들의 집단적인 부에 걸맞은 기호를 자랑했다. 또한 에든버러와 달리, 이 도시의 지배세력은 학생들이었다.

물론 모두 국교도였다. 그들은 39개 신조에 서명했으며, 기독교의 교의를 ― 영국 국교회에 따라 ― 그 고장 법률의 중요한 일부분으로서 받아들였다. 케임브리지와 그 근교는 비록 기독교도들의 사회라고는 할 수 없었을지 몰라도, 적어도 기독교 사회로 간주되었다. 신앙과 행동은 고급 꿩고기와 고급 포트와인처럼 늘 어울려 다녔다. 이곳의 사회조직은 신이 그 대리인인 성직자들을 통해 직접 관리했다. 사실상 칼리지 학장들 모두와, 교수들과 특별연구원들의 대부분이 성직자였고, 학부생의 절반가량이 다윈처럼 성직자가 될 사람들이었다. 이들 대부분은 안락한 생활을 약속받으며 그에 걸맞은 공공의 책임을 짊어졌다. 칼리지들은 케임브리지셔에 있는 교구들 가운데 3분의 1에 대한 성직수여권을 쥐고 있었으며, 치안판사의 거의 절반이 교구 성직자들이었다. 가난한 소작인들이 공정한 임금을 위해 투쟁함에 따라 토지분쟁이 점점 증가하고 있는 상황에서, 케임브리지 대학은 법과 질서의 주춧돌 역할을 했다.[10)

시내에서는 케임브리지 대학의 영향력이 더욱 컸다. 시장市長은 대학의 특권을 유지할 의무가 있었다. 그 특권은 광범위하여 원성을 사기도 했다. 대학의 세금징수원들이 시도 때도 없이 상인들을 방문하여 시장을 감독하고 빵값을 동결했다. 출판업자, 하숙집 주인, 그 밖에 대학생이 사용하는 시설의 주인들은 케임브리지 대학의 부총장이 발급하는 면허를 가지고 있었고, 학생감이 부정행위를 고발하면 면허는 언제든 취소될 수 있었다. 학생감들과 '불독'이라 불리는 체격 좋은 학생감 대리들은 대학의 독자적인 경찰력이었다. 그들은 지역경찰과 임무를 나누어 맡았다. 그들은 '풍기문란'—성적 품행—을 다스리며, 시내에서 졸업생들의 행동을 졸업 후 3년 동안 규제했다. 학생감의 권력은 시내 밖으로 사방 1.6킬로미터까지 미쳤으며, 용의자의 가택에 들어갈 수 있고 규율을 어겼다고 간주되는 사람은 누구든 체포할 수 있는 권한을 포함하고 있었다.[11)

이러한 규율은 복잡하고 완전히 시대에 뒤떨어진 것이어서 대개는 무시되었다. 그 규율을 읽어보는 사람은 거의 없었으며, 그것을 신경 쓰는 사람들은 더더욱 없었다. 단속은 다분히 선별적이었고, 학생감들은 적발한 학생을 본보기로 징계했다. 다윈은 이래즈머스에게 규율위반으로 적발되지 않는 요령을 배웠다. 통금을 지킬 것. 주먹싸움이나 취중난동을 삼갈 것. 공공장소에서 술에 취하지 말 것. 절대 여자와 함께 다니는 모습을 눈에 띄지 말 것. 항상 모자와 가운을 챙겨 입고 다닐 것.

가장 곤란에 처할 가능성이 높은 경우는 가운을 입지 않았을 때였다. 가운을 입지 않았다는 것은 나쁜 짓을 할 준비가 되어 있다는 시인과 같았다. 그게 아니면 무엇 때문에 신분을 숨기겠는가? 모자와 가운은 신분을 말해주었다. 가운을 입은 사람들은 그 수가 세 배인 시딘들 사이에서 금방 눈에 띄었다. 또한 가운의 질, 장식, 모자는 대학 내의 서열을 알려 주었다. 신학박사는 법학박사와 모습이 달랐고, 대학원생은 학부생과 구별되었다. 심지어는 재학생의 사회적 계급까지도 옷차림으로 알 수 있었다.[12]

그런데 학생의 신분은 일일이 구별을 두었던 반면, 학생감들은 시내에 돌아다니는 일반 문학석사들과 똑같이 사각 소매가 달린 검은색의 평범한 긴 가운을 입었다. 이렇게 위장을 하는 데는 이유가 있었다. 이래즈머스는 동생에게 학생감들은 경찰처럼 단속하기보다 스파이처럼 감시한다고 경고했다. 익명성은 법을 집행하는 사람들의 특권이었다. 그리고 학생감들은 스파이들이 그렇듯이 수가 적었다. 학생감장長, 부학생감장, 이들을 돕는 두 명의 학생감 대리가 전부였다. 효율을 높이려면 눈과 귀가 더 필요했기 때문에, 그들은 학생과 교직원이 제공하는 비밀정보에 의존했다. 그들은 첩보를 받으면 신속하게 행동했다. 규율을 위반한 자들은 체포되어 부총장이 주재하는 대학법정에서 재판을 받고 형을 선고받았다.

부총장은 무소불위의 권력을 휘둘렀다. 부총장은 거의 모든 경우가 고위 성직자였고, 때로는 국왕 직속 목사이기도 했다. 부총장은 유일한 재판관으로서 시민과 학생 위에 군림했다. 재판은 간단했다. 시민들에 대한 처벌은 벌금부과나 투옥, 또는 '교류금지'─학생들과의 교류를 금지하는 것으로, 이것은 흔히 경제적 파산을 의미했다─였다. 그러나 학생들에 대한 처벌들 가운데 투옥에 가장 가까운 벌은 단기간의 외출금지였다. 더 심한 벌은, 따지고 보면 자유롭게 풀어주는 꼴이었다. 장기간에 걸쳐 시내에서 추방하는 것, 혹은─최악의 경우─퇴학처분이었으니까.[13]

하지만 케임브리지에 드리운 압제의 장막에도, 이따금씩 반감을 품은 사람들에 의해 구멍이 생겼다. 다윈 형제는 최근에 일어난 사건의 여파가 채 가시지 않았을 때 케임브리지에 도착했다. 화약음모사건—1605년 가이 포크스의 전설적인 의회 폭파 시도—이 실패로 끝난 것을 경축한다는 구실로 11월 5일에 군중들이 거리를 점거하고 화약을 던져 경찰과 학생감들을 날려버리려 했던 사건이 있었다. 처음에는 대학생들이 주도를 했지만, 결국 시민들에게 주도권이 넘어갔다. 학생감들이 몰려와 주동자들을 체포했다. 몇몇 학생들은 훈방처분을 받았을 뿐이지만, 일곱 명의 시민은 부총장 앞으로 끌려가 한 달에서 1년에 이르는 투옥형을 선고받았다.

죄인들은 세인트앤드루스가에 있는 시 교도소에 투옥되었다. 그들은 그곳에서 2분 정도 길을 따라 올라가면 나오는 크라이스트 칼리지에 다윈이 나타난 날에도 그곳에 갇혀 있었다. 교도소 옆에는 케임브리지 대학이 운영하는 감화원이 있었다. 그곳은 이른바 윤락여성 갱생원Spin-ning House이라고 불렸는데, 학생들 사이에서는 시 교도소보다 더 악명 높았다. 그곳은 "주로 학생감들에게 체포된 음란한 여성들을 감금하는 곳"이었다. 다윈은 그곳의 사정을 듣고 무척 놀랐다. 가로세로가 대략 3미터와 2미터밖에 되지 않는 더러운 방 한 개에 열 명을 밀어넣는다는 것이다. 예전에는 시 공무원이 그곳에 들러 "방종한 여성들을 회초리로 벌하고" 그 대가로 회당 1실링을 받았다고 했다. 그 돈을 지불하는 사람은 부총장이었는데, 그는 그 여자들의 재판관이자 배심원이기도 했다. 부총장은 필요할 때마다 윤락여성 갱생원에서 심리를 열었고, 학생감들이 제출하는 증거만으로 판결을 했다. 그러니 유죄판결은 불가피했으며, 형량은 여러 달에 이르렀고, 재범자의 경우에는 시 교도소의 캐슬힐에 한동안 갇히는 것과 같은 더 가혹한 벌이 내려졌다.[14]

새 학기가 시작되는 시기—사순절(에서 부활절까지)—에는 크라이스트 칼리지가 꽉 찼기 때문에, 찰스는 세인트앤드루스가에서부터 캠 강과 캐슬힐까지 곧장 뻗어 있는 큰 도로인 시드니가의 베이컨 담뱃가게 위층에 하숙을 얻었다. 이곳은 중심가로서, 한 블록 거리에 시장이 있었고, 옆 건물이 성 트리니티 교회였으며, 그가 다녀야 하는 칼리지는 바로 길 건너였다. 이래즈머스는 꼭 필요한 정보를 비롯해 이런저런 사항을 간략하게 알려주었다.[15] 권력자들은 지독한 폭군들이었지만, 처신을 똑바로 하는 한 두려워할 일은 별로 없을 것이다. 찰스는 모자와 가운을 챙겨 입고 시내를 탐색하러 나간 첫날, 자신에게 어떤 선택지들이 있는지 알 수 있었다.

모든 거리와 술집에서 다윈은 젊은 신사들이 문학사 자격을 얻기 위해 어떤 식으로 공부하고 있는지 갖가지 사례들을 보았다. 서점에서는 이른바 '해충'과 '책벌레'라는 두 가지 방법을 풍자적으로 묘사한 저급한 안내서를 판매하기도 했다. 해충은 강의를 빼먹고, 채플을 건너뛰고(이로 인해 벌금을 내고), 밤늦게 파티를 즐기고, 시가를 피우고, 대형 사륜마차를 몰고, 흥청망청 술을 퍼마시고, 강박적으로 도박을 하고, '반웰의 한심한 놈'이 되는 자들이다. 반웰은 '호색족'의 거처였다(젊은 여성들로 유명한 강변의 유곽으로, 크라이스트 칼리지 뒤로 1.6킬로미터 거리에 있었다). 이런 사람은 정신이 말짱할 때는 야외 스포츠에만 관심이 있고, 술에 취한 밤이면 '반웰 성병'에 걸리고 학생감에게 적발되어 결국에는 '시골살이'(정학)를 당할 위협에 처하고 만다. 그리고 마지막 학기가 되어서야 학위를 따려면 공부를 해야 한다는 사실을 깨닫고, '벼락치기'로 겨우 시험을 통과한다.

반면 '책벌레'는 근면성실의 대명사였다. 책벌레들은 수업에 꼬박꼬박 출석하고, 채플을 절대 거르지 않으며, 파티를 피하고, 통금을 지키고, 하루에 12시간씩 공부를 하고, 좀처럼 술을 마시거나 담배를 피우지 않으며, 도박에 절대 손대지 않고, 우등생의 명예를 지키기 위해 노력하며, 모든 상을 독차지한다. 이런 학생들이, 비록 수재는 아닐지라도, 나중에 강단에 서고, 특별연구원이나 대학의 지도자가 된다. 이 모두는 "필사적으로 공부에 매달린" 결과다.[16]

찰스가 죽 둘러보니, 부유한 상류층 출신들이 주로 해충의 범주에 속했다. 찰스는 귀족처럼 생활해보고 싶기도 했지만, 그럴 여유가 없었다. 하지만 그는 노는 데는 선수였다. 대신 책벌레 스타일을 적절히 가미해야 할 것이다. 처신을 잘하라는 로버트 박사의 명령이 떨어졌던 터였다. 입학선서도 했다. 입학식은 평의원 회관의 차가운 대리석 바닥 위에서 거행되었으며, 신입생들은 집단으로 선서를 했다. 1828년 1월의 어느 날 아침, 찰스는 학생감장 앞으로 나아가 한 줄로 서서 라틴어르 또랑또랑하게, 모든 규칙과 관습을 지키고 대학의 규정에 철저히 따를 것이며 어떤 상황에서도 그것을 수호하겠노라는 서약을 복창했다. "ita me Deus adjuvet et sancta Dei Evangelia." 번역하면 "신과 신의 복음 앞에 위와 같이 맹세합니다"라는 뜻이다.[17]

학생감장은 애덤 세지윅 목사로, 찰스는 훗날 그와 잘 알고 지내는 사이가 된다. 세지윅은 자기 힘으로 어렵게 지금의 지위에 오른 사람이었다. 요크셔의 가난한 교구목사의 아들로 태어난 그는 트리니티 칼리지에 장학생으로 입학했고, 칼리지 특별연구원의 지위를 얻기 위해 성직에 오르면서 결혼을 포기했으며, 33세의 나이에 지질학의 우드워드좌 교수가 되었고, 그로부터 10년이 흐른 지금은 풍기범죄 단속반과 학내경찰의 우두머리로 활동하고 있었다. 그의 사례는 책벌레가 성취할 수 있는 것이 무엇인지를 보여주었다. 하지만 세지윅은 다른 목사교수들처럼 이름 없는 교수가 아니었다. 그는 유명한 학자였고 — 그는 런던 지질학회의 부회장이었다 — 알려진 것이 거의 없는 아주 오래된 퇴적암층을 열정적으로 연구했다. 그 당시 그는 잉글랜드 북부에서 나오는 산화마그네슘을 함유한 석회암에 대해 연구하고 있었다. 다만, 급한 학생감 임무가 없을 때 그렇게 했다. 학생감 임무에는 지질학 야외연구를 할 때와 똑같은 정밀한 눈과 세밀한 관심이 필요했다. 찰스가 그 도시에 터전을 잡은 그해 겨울에, 세지윅은 요크셔의 산골짜기 대신 케임브리지의 거리들을 샅샅이 훑고 다니며 사회의 낮은 층서를 감시하는 기량을 날카롭게 갈고닦고 있었다. 따라서 그는 몇 주 연속으로 "좀처럼 여유시간이 나지 않았다."[18]

세지윅은 케임브리지의 지하세계를 꿰뚫어보고 있었다. 표토를 벗기면, 그 아래로 방종이 겹겹이 드러났다. 도처에 단서가 되는 노두들이 있었다. 남성으로만 이루어진 대학사회에서 누군들 그것을 눈치채지 못하겠는가? 나이 든 총각이든 피 끓는 청춘이든, 그들은 어디로 가면 즐길 수 있는지를 잘 알고 있었다. 그 지질학자 학생감장의 임무는 그 일대를 자세히 연구하여 지도를 작성한 다음에 원하는 것을 수중에 넣는 것이었다. 그는 유혹이 도처에 도사리고 있다는 것을 개인적인 경험을 통해 잘 알고 있었다(재판 사례들이 보여주듯, '사생아'를 임신시키는 일은 학생들 사이에서 너무도 흔한 일이었다). 그의 목적은 원인을 제거하는 것, 곧 지옥의 여성들을 몰아내는 것이었다. 품행이 나쁜 소녀들이 이스트앵글리아와 링컨셔를 가로질러 케임브리지로 몰려들었다. 수많은 제인, 새라, 엘리자, 메리, 앤들이 이 도시로 왔다. 그녀들은 대개 십대로 어렸으며, 노동자의 딸 또는 누이거나 불쌍한 고아들이었다. 그들은 배가 고팠다. 임신한 소녀들과 아기 엄마들은 특히 그랬다. 케임브리지에는 부수입거리가 많았다. 치워야 할 식탁, 해야 할 빨래, 그리고 무엇보다도 돈을 물 쓰듯 쓰는 젊은 신사들이 있었다. 비록 '에덴의 동산'을 지나 멀리 반웰의 가스공장까지 '메이드 대로Maid's Causeway'를 따라 변두리 생활을 전전해야 한다 해도, 어린 여성들에게 케임브리지의 유혹은 거부하기 힘든 것이었다.

그러나 마음을 단단히 먹어야 했다. 배회하다가 세지윅 목사의 눈에 띄면 끝장이었다. 세지윅은 시장에서, 캠 강변에서, 다윈이 다니는 칼리지 뒤편으로 연결되는 반웰의 보도에서 기다리고 있다가 이 여성들을 체포했고, 법정으로 가서 그녀들이 '매춘'을 했다고 증언했다. 그해 1월 한 달 동안에만도 세지윅은 15명의 소녀를 윤락여성 갱생원에 넣었으며, 그 가운데 일곱은 하루 동안에 체포했다. 학기가 시작될 때는 특별감독이 필요했다. 찰스와 같은 순진한 신입생들을 보호해야 했기 때문이다. 그렇지 않으면 이들의 인생을 망치고 이로 인해 사회의 도덕적 기강이 무너질 수 있기 때문이었다. 이 전략은 성공적인 듯했다. 덕분에 그해의 나머지 기간 동안 갱생원에 투옥되는 여성의 수가 1주일에 2인 미만으로 떨어져, 세지윅은 바쁜 일정을 덜 방해받게 되었다.[19]

찰스가 그것을 입증했다. 그는 새라 오언에게 쓴 편지에서 자신이 집을 떠난 이후로 여자를 한 명도 보지 못했다고 단언했다. "구슨 의미죠?" 그녀는 의심스럽게 추궁했다. "박사, 학생감, 학장은 부인도 없고 딸도 없나요? 아니면 케임브리지의 사냥감들은 쳐다볼 수도 없을 정도로 그렇게 위험한가요? 제발 저의 궁금증을 풀어주세요." 케임브리지의 수렵법을 잘 몰랐던 그녀는 논지를 잘못 짚었다. 이곳에서는 사냥철에도 사냥감이 없었으며, 사냥꾼들은 항상 너무 위험했다. 그러나 찰스는 지켜줄 필요가 없었다. 그의 관심은 오직 패니에게 가 있었기 때문이다. 그녀는 달아나고 있는 것만 같았다.

패니는 새라에게서 찰스가 "의학박사가 아니라 **신학박사가 되려 한다**"는 이야기를 듣고 몹시 놀랐다. "제게 그 사실을 알려주지 않았다니요." 그녀는 브라이턴에서 보낸 편지에서 이렇게 항의했다. 찰스는 그녀의 편지를 읽고 불안한 마음이 들었다. 어쩐지 냉랭한 분위기가 느껴졌기 때문이다. 해변에서의 무도회와 밤마다 열리는 파티, 푸짐한 진짜 사냥감들에 둘러싸인 그녀는 지난 가을의 밀회 따위는 까맣게 잊었던 것일까. 패니는 "하녀가…… 1년 연상"이라며 자신이 훌륭한 신붓감임을 과시했지만, 그들의 로맨스는 끝난 것이나 마찬가지였다. 패니는 "제 편지를 불태우세요!"라고 명령했다. 찰스는 자신의 편지도 불태워질 것이라고 생각하며 무거운 마음으로 답장을 썼다. 그 답장을 받은 패니는 시간을 한참이나 끌고 나서는 그동안 편지를 보내지 않은 것에 대해 궁색한 변명을 내밀었다. 뒷말하길 좋아하는 늙은 부인들이 두 사람이 편지를 주고받은 사실을 알고 질겁할까봐 그랬다는 것이다. "사모님도 아시겠지만, 패니 오언 양이 글쎄 케임브리지 대학의 젊은이와 편지를 주고받고 있다지 뭐예요." 이렇게들 수근거린다면, 당신이라도 그냥 듣고 있을 수는 없지 않겠는가? 남의 입방아에 오르내릴 생각을 하니 "별의별 상상이 다 들어서, 저는 깊이 고심한 끝에 당분간 잠자코 있는 게 좋겠다고 생각했어요. 만일 마부께서 제 배은망덕함에 화가 많이 나셨다면, 나중에 숲속에서 다시 만날 때 자초지종을 전부 말씀드릴게요."

부활절 방학이 두 달이나 남은 한겨울에, 이것은 조금도 위안이 되지 않는 위로였다. 그 정도 시간이면 그녀의 검은 눈동자를 다시 보기 전에 무슨 일이든 일어날 수 있었다. 그래도 그녀의 편지로 그에게는 다시 희망이 생겼다. 찰스는 다정한 답장을 보냈다. 하지만 패니는 또다시 학기가 끝나기 직전까지 찰스의 "긴 고백"에 아무런 답장을 하지 않은 채 잠자코 있었다. 그리고 나서 활기에 넘치고 수다스러운 편지가 도착했다. 편지에는 목사관에서 열린 파티와 순회재판 따위의 흥미로운 이야기들이 가득했다. 그러면서 그녀는 행간에서 슬쩍 유혹의 손짓을 보냈다. "저는 아직 당구 치는 법을 배우지 못했어요. …… 말을 타는 것도 원하는 만큼 하지 못했어요. …… 제발 언제쯤 다녀가실지 알려주세요." 그녀는 "나의 친애하는 마부"가 "충실한 하녀"를 만나러 우드하우스로 긴 방문을 하리라고 짐작했다. 하지만 또다시 "부디 이 편지를 불태워주기를" 고집했다. 그리고 이번에는 자신의 편지가 "젊은 **남자들** 가운데 누군가의 손으로" 들어갈 경우 일어날지도 모르는 소동을 상상했다.

이 답장이 온 것은 봄이 시작될 무렵이었다. 우드하우스어는 꽃이 피어나고, 순회재판이 개정했으며, 오언가의 딸들은 렉섬 축제에서 쇼핑과 오락을 즐길 계획을 세우고 있었다. 그때쯤 패니는 병에서 완전히 회복한 상태였다. 사실 그녀는 자신의 비밀스럽고 암호 같은 편지에서 "천국의 거리"라고 표현한 2층 침실에 여러 날을 앓아누워 있었다. 찰스는 이번 방학을 케임브리지에서 보낼 생각이었다. 그리고 "**사냥철이 아니기는 하지만**" "혹시라도 갈 기회가 생기면" 오언가의 딸들과 함께 렉섬 축제에 갈 수 있을 것이라고 생각했다.[20] 그러나 그것은 결국 불가능했다. 패니는 몹시 실망했다.

베이컨 담뱃가게 위층에서 보낸 첫 학기에 다윈은 사교활동으로 정신없는 나날을 보냈다. 케임브리지 대학은 엄격한 규율에도 불구하고 신나는 곳이었다. 가까이서 여러 달 연속으로 폐쇄된 생활을 하는 청년들은 순식간에 친해졌으며 새로운 시야를 서로 나누었다. 1828년 부활절 무렵, 찰스의 우선순위는 바뀌어 있었다. 패니는, 그녀 쪽에서의 온갖 희롱에도 불구하고, 찰스의 뇌리에서 잊히진 않았더라도 우선순위에서 밀려났다. 따지고 보면 패니의 잘못만도 아니었다.

필수과목들을 챙겨 듣고 날마다 채플에 참석했음에도, 대학의 일상은 충분히 흥미진진했다. 그러나 케임브리지 대학의 독특한 점은 무한히 널려 있는 과외활동이었다. 찰스와 같은 신입생들은 어디에서든 공통의 관심사를 지닌 사람들을 찾아 함께 즐길 수 있었다. 다른 욕구가 억제되어 있었기 때문에, 그들은 고기와 술만큼은 마음껏 먹고 마셔도 된다고 생각했다. 저녁식사클럽들이 수없이 생겨나 저마다 회원들의 식욕을 만족시켜주었다. 물론 술만 있으면 되는 불량한 자들은 꼭 있었다. 야외 스포츠도 비슷하게 둘로 나뉘었다. 책벌레들에게 인기 있는 여가활동이 있었던 반면, 해충들을 위한 무모한 일탈도 있었다. 사격, 야외 횡단경마, 마차경주가 시내에서 멀리 떨어진 곳에서 열려 시민들의 눈총을 받았다. 하지만 크리켓은 큰 인기를 끌었고, 캠 강에서의 보트경주는 대학 보트 클럽이 결성됨에 따라 공식 허가를 받았다(자연히 대학생들과 바지선 선장들 사이의 조잡한 싸움은 불필요해졌다). 또한 학생들은 돈이 남아돌았으므로 내기도 흔했다. 크리켓 타자에게 돈을 거는 것에서부터 술마시기 내기에 이르기까지 모든 것이 내기의 대상이었다. 선수 도박꾼들은 정기적으로 만나 새벽까지 '반 존(블랙잭)'을 하거나, 뉴마켓의 경마에 큰돈을 걸기도 했다.

여가시간에 단지 놀이만 한 것은 아니었다. 모든 학생은 토론 클럽에 가입했으며, 담배연기가 자욱한 방들마다 뜨거운 쟁점들이 맞부딪쳤다. 유니언 토론학회는 변호사나 정치인이 되려는 학생들에게 인기가 있었는데, 1년에 1파운드 금화 한 개만 내면 누구나 가입할 수 있었다. 이 모임은 매주 화요일 저녁에 "다윈이 사는 곳에서 엎어지면 코 닿을 거리인 페티 커리의 레드 라이언 인Red Lion Inn 뒤쪽에 있는, 공기가 잘 통하지 않고, 어둡고, 굴 같고, 선술집 같은 긴 지하방에서 열렸다." 다른 클럽들에서는 좀 더 온화한 토론이 오갔다. 가장 포괄적이며 가장 뛰어나다고 소문난 클럽은 '사도들'이었다. 이 클럽의 열두 회원 가운데에는 젊은 알프레드 테니슨이 있었다(이래즈머스도 1823년에 잠깐 회원이었다). 그들은 매주 토요일 저녁에 모여 간음과 노동분업에서부터 인간이 "하나의 혈통에서 유래했는가, 아닌가"와 같은 위험한 문제에 이르기까지 모든 것에 대해 논쟁을 벌였다. 정식 교과목은 감히 그러한 쟁점들을 다룰 수 없었고, 낭만적 계몽주의의 전도사들인 '사도들'은 케임브리지 대학의 모든 낡은 시스템을 비난했다. 테니슨은 재학생 때 쓴 거친 시에서 다음의 것들을 비난했다.

> ······ 커다란 강당, 케케묵은 칼리지들
>
> 옛 왕과 왕비들의 조상이 서 있는 교문
>
> 정원, 수많은 장서들로 채워진 도서관
>
> 초를 켜놓은 예배당, 호화롭게 조각한 칸막이,
>
> 박사, 학생감, 학장······.

테니슨은 이들의 위선과 기만을 비난했고, 이들이 기독교의 교의를 암기 학습으로 전락시켰다고 비난했으며, 이들이 새로운 세대의 도덕적·지적 욕구를 만족시키지 못한다고 비난했다.[21]

　'사도들'만이 종교에 대한 진지한 태도를 보였던 것은 아니다. 비방자들에게 '심스Sims'라고 불렸던 한 단체는 신앙심이 깊은 집단으로, 다윈 같은 학생들에게 끈질기게 달라붙었다. 그들은 성 트리니티 교회의 복음주의 목사인 찰스 시미언Charles Simeon 목사를 신봉하는 집단이었는데, 시미언은 길 잃은 영혼을 구제하는 것은 그 대학의 전통에 반하지 않는 일이라고 대학을 설득하는 데에 50년 인생의 대부분을 바친 사람이었다. 시미언은 다윈의 침실에서도 들릴 만큼 가까운 장소에서 꽉 찬 회중에게 설교를 했다. "그의 행동은 지독히도 바보 같다." 그해에 시미언을 신기하게 본 한 신입생은 이렇게 말했다. "그는 끔찍한 이야기를 할 때는 자신의 안경을 휘둘렀고, 위로를 할 때는 선웃음을 흘렸다." 시미언이 신도들을 데려오는 수법은 설득력이 아니라 붙임성 있는 태도였는데, 매주 금요일 저녁 그는 심스 회원들을 킹스 칼리지에 있는 자신의 방으로 불러들여 "비위를 맞추는 데에는 도가 튼 사람처럼 웃고 머리를 조아렸다." 젊은 성직서임 후보자들은 스승의 발치에 앉아 차를 대접받았다. 이들의 대부분은 부유한 시미언과 그 친구들이 복음주의 메시지를 설파하기 위한 수단으로 사들인 성직을 차지하게 될 터였다.[22]

찰스는 성직자가 될 준비를 하고 있었지만 자신의 영혼에는 관심이 없었다. 심스는 찰스를 끌어들이는 데 실패했다. 찰스는 문학클럽에도 가입하지 않았으며, 크리켓과 보트클럽에도 참여하지 않았다. 그해 봄 부활절 학기에 그는 슈루즈버리에서부터 알던 옛 친구 조녀선 캐머런과 함께 셰익스피어를 읽었으며, 또 다른 동급생 찰스 휘틀리와 함께 피츠윌리엄 미술관에 구경을 갔다. 휘틀리는 찰스에게 멋진 판화들을 보여주었다. 찰스는 음치였지만 음악을 좋아하게 되었고, 휘틀리의 사촌인 존 허버트와 함께 킹스 칼리지 예배당에 갔을 때 찬송가를 들으며 전율을 느꼈다.[23] 하지만 그의 진정한 열정, 그가 진지하게 임했던 유일한 오락은 딱정벌레 채집이었다. 심지어 패니를 쫓아다니는 일조차 뒷전으로 밀렸다.

딱정벌레 열풍이 온 나라를 휩쓸고 있었기 때문에 함께 어울릴 좋은 동료들이 많았다. 우후죽순 생겨나는 추한 산업시설 탓에 자연과 차단된 도시인들은 응접실에 진열장을 마련하고 그 안을 사라진 아르카디아[목가적 이상향]가 남긴 잔재들로 채웠다. 딱정벌레 채집가들의 성서는 서포크 교구목사 윌리엄 커비와 선체 사업가 윌리엄 스펜스가 쓴, 아름다운 도판이 들어간 네 권짜리 안내서인 『곤충학 입문*An Introduction to Entomology*』이었다. 이 열풍은 목가적인 케임브리지에까지 번졌다. 사실 그곳에서 더욱 꽃피었다. 근처의 소택지들에는 희귀한 종이 가득했고, 케임브리지의 여러 칼리지들에는 신의 무한히 다양한 창조물들을 소중히 여기라는 가르침을 받은 신학생들이 우글거렸기 때문이다.[24] 그리고 세상에 무한히 다양한 곤충이 있다면, 그것은 반짝거리는 딱정벌레일 터였다. 하루가 멀다 하고 새로운 종이 나타났기 때문에 많은 학생들이 딱정벌레에 열광했다. 딱정벌레 채집은 다른 어떤 것에도 뒤지지 않는 야외 스포츠였으며, 찰스의 주요 경쟁자로는 윌리엄 다윈 폭스가 있었다.

찰스의 육촌인 폭스는 다윈가 중에서 더비셔 일가에 속했다. 그러니까 그는 찰스의 종조부從祖父의 손자였다. 대학의 많은 자비성들처럼 시골 신사인 그는 더비 근처에 있는 오스매스턴 홀에서, 사냥을 하는 교구 목사들과 그가 사랑하는 야생생물에 둘러싸여 자랐다. 폭스는 케임브리지 대학에서 3년을 공부한 뒤—그는 이래즈머스와 같은 나이로, 이래즈머스와 함께 크라이스트 칼리지에 다녔다—시골 교구를 맡을 준비가 되어 있었다. 그는 케임브리지 근처의 소택지들을 아주 잘 알았고, 그 지역의 동물상과 식물상에 대한 모든 권위 있는 정보를 꿰고 있었으며, 딱정벌레를 포획하는 기술을 숙달하고 있었다. 폭스는 자연사 관련 지식의 보고였다. 찰스는 폭스를 만난 바로 그날 그 사실을 알았다. 폭스가 그의 뒤를 졸졸 따라오는 개 '리틀 팬'을 데리고 성큼성큼 걸어오던 날, 찰스는 곧바로 그를 좋아하게 되었다. 폭스는 우러러볼 만한 사람이었다. 그는 그랜트의 안전한 면과 이래즈머스를 합쳐놓은 듯한 사람으르서, 동료인 동시에 역할모델이었다. 얼마 뒤 찰스는 자신의 개를 데리고 다니기 시작했다. 그것은 작은 암캐로, 찰스는 사포라는 이름을 붙여주었다. 이 개는 찰스를 따라 시내를 돌아다녔으며, 밤에는 그의 침대에서 함께 잤다.[25]

부활절 학기 내내 그들과 그들의 두 마리 개는 꼭 붙어 다녔다. 그들은 딱정벌레를 찾아 캠 강변을 누비고, 지저스 디치[수로]를 뒤적이고, 미드써머 커먼Midsummer Common을 구석구석 뒤졌다. 이따금씩 폭스의 친구인 앨버트 웨이도 동참했다. 찰스는 폭스의 말 한 마디 한 마디를 충실하게 따랐다. 그는 자신이 돋보일 기회가 왔다고 생각했다. 에든버러에서 무척추동물 해부학을 깊이 있게 익혔던 찰스는 남들보다 한발 앞서 있었다. 따라서 그는 폭스와 그 친구들의 지식을 주의 깊게 듣고 잘 소화시키기만 한다면 그들을 이길 수 있을 것이라고 확신했다. 케임브리지에서 딱정벌레 채집은 크리켓이나 보트경주만큼이나 경쟁이 치열했다. 그러나 한 가지 차이가 있었다. 이것은 팀 스포츠가 아니었다. 끈기 있는 관찰자만이 동료들로부터 박수를 받을 수 있었다. 그의 아버지가 알았다면 무척 실망했겠지만, 찰스는 박수를 얻는 데에 집착하기 시작했다.

찰스는 전리품을 획득하기 위해서라면 무슨 일이든 했다. 그는 포충망을 샀으며, 팔짝팔짝 뛰고 날아다니는 작은 곤충들을 잡는 법을 배웠다. 채집한 딱정벌레들은 형태를 정돈하여 두꺼운 종이묶음에 핀으로 고정했다. 또한 지역 주민에게 돈을 주고 소택지에서 갈대를 수거하는 바지선의 바닥에 붙은 부스러기들을 긁어다달라고 하기도 했다. 찰스는 그 부스러기들을 샅샅이 뒤져 딱정벌레를 잡았다. 이 작업은 그저 간단한 도살이라고만은 할 수 없었다. 일부 딱정벌레들이 예기치 않게 방어를 했기 때문이다. 어느 날 찰스는 죽은 나무에서 껍질을 벗겨내고 희귀한 딱정벌레 두 종을 잡아서 한 손에 하나씩 양손에 집어들었다. 그런데 그때 새로운 종인 세 번째 딱정벌레가 눈에 띄었다. 놓치기에는 너무 아까웠다. 그는 숙련된 달걀 수거자처럼, 오른손에 들고 있던 벌레를 입 안에 넣었다. 그러나 불행히도 그 녀석은 폭격기딱정벌레였다. 녀석은 즉시 찰스의 목구멍을 향해 뜨거운 독액을 쏨으로써 그 이름값을 했다. 순간 그는 너무 놀라 입에 있는 딱정벌레를 뱉어버렸고, 허둥지둥하는 사이에 나머지 두 마리까지 다 놓치고 말았다.[26]

찰스는 우드하우스와 메이어로의 연례 사냥나들이를 통해 작은 사냥감 사냥에서 일어나는 이런저런 일들에는 이미 단련되어 있었다. 실제로 추적, 전리품의 진열, 딱정벌레 채집가들 사이에서 일종의 의식이 된 자랑은 규모만 작지 사냥을 할 때와 똑같았다. 그러나 딱정벌레 채집에는 또 다른 기술적인 면이 있었다. 곤충들은 동정〔同定: 생물의 분류학상의 소속이나 명칭을 바르게 정하는 일〕을 해야 했다. 이것은 벌레의 구조와 습성을 자세히 조사해야 한다는 뜻이었다. 이를 위해서는 도감들을 참고하고, 여러 책에 기술된 내용들을 서로 비교해야 했다. 스티븐스의『영국 곤충학 도해』, 새뮤얼의『곤충학자 실용 도록』을 비롯해 신뢰할 수 있는 커비와 스펜스의 책이 주로 쓰였다. 에든버러에서처럼 찰스는 분류라는 난제에 부딪혔고, 이번에도 무척추동물의 세계적인 권위자인 라마르크에게 기댔다. 그러고 나서 그는 폭스에게, 자신의 채집목록 가운데서 가장 "가치 있는 벌레"를 동정해냈다고 자랑스럽게 말했다. 그 벌레는 몸이 검고 거칠며 더듬이가 붉은 딱정벌레였는데, 도감들에 따르면 멜라시스 플라벨리코르니스*Melasis flabellicornis*였다. 찰스는 흥분을 억누르지 못하며 "그 벌레의 모양과 습성에 대한 새뮤얼과 라마르크의 설명이 **완벽하게 일치합니다**"라고 말했다.[27] 찰스는 한 독일산 종을 잡기도 했다. 그리고 두 차례밖에 눈에 띈 적이 없고 케임브리지에서는 한 번도 발견된 적이 없는, 잉글랜드에서 아주 희귀한 딱정벌레 종을 잡았을 떄 마침내 우승권에 들었다.

　찰스는 벌레 이름을 도저히 찾지 못했을 때 도움을 요청할 수 있는 전문가들을 알고 있었다. 도감만이 딱정벌레 채집의 학문적 측면을 맛볼 수 있는 창구는 아니었다. 금요일 밤에 다른 학생들이 흥청망청 퍼마시거나 시미언 목사와 함께 차를 홀짝일 때, 폭스는 다윈을 데리고 존 스티븐스 헨슬로 목사의 집으로 가서 클라레〔보르도산 적포도주〕를 마시며 자연사에 대한 유쾌한 토론을 즐겼다. 헨슬로는 겨우 32세의 나이에 이래즈머스에게 광물학을 가르쳤으며, 찰스는 과학의 팔방미인이라는 그의 평판을 익히 들어 잘 알고 있었다. 그 당시 3년차 식물학 교수였던 헨슬로는 자신의 야회를 자연학자가 되려는 사람들의 활동 중심지로 만들었다. 그 모임은 찰스처럼 주된 관심사가 고전적인 커리큘럼 밖에 있는 젊은 성직서임 후보생들을 위한 클럽이었다. 이따금씩 세지윅 같은 거물들이나 새로 광물학 교수로 부임한 박식한 윌리엄 휴얼 같은 다른 목사교수들이 참석하기도 했다.[28] 조지 피콕 같은 성직자 개인교수들이나 헨슬로의 사돈인 레너드 제닌스 같은 시골 목사들도 들러 학부생들과 어울리곤 했다.

헨슬로의 야회는 이단적인 사상들로 인해 분열되어 삐걱거리는 플리니우스학회와는 달랐지만, "온갖 종류의 화제에 대해 다양한 각도에서 대화를 나누는 재기 넘치는" 명사들의 이야기를 듣는 것은 짜릿한 경험이었다.[29] 그들은 찰스의 질문에 대답을 해줄 수 있었고, 제닌스 같은 몇몇 사람들은 딱정벌레 채집가이기도 했다. 학기말 무렵, 다윈의 마음속에는 자연사에 대한 열정이 그 어느 때보다 뜨겁게 타오르고 있었다. 그는 자신의 자리를 찾았다고 생각했다. 아버지가 옳았다. 그가 있어야 할 자리는 국교회였다.

여름을 보내기 위해 케임브리지에서 집으로 돌아온 찰스는 할 일 없이 빈둥거렸다. "곤충 이야기를 나눌 사람이 아무도 없어서 죽을 맛이었다." 그는 "폭스가 이곳에 있으면 정말 좋겠다"고 탄식했다. 딱정벌레도 그를 버렸는지, 채집도 잘 되지 않았다. 폭스와 웨이가 채집했다는 종들의 긴 목록을 전해듣자 "질투심"이 불타올랐다. 여자친구 패니와 그녀의 다른 남자친구들을 신경 쓸 때 드는 불쾌한 기분과 다르지 않았다. 그는 패니가 다른 사람과 사귈까봐 전전긍긍했다. 직접 알아보는 수밖에 없었다. 누가 아는가. 패니는 지난 부활절 때 찰스가 찾아오지 않은 것을 이미 용서했을지. 패니가 용서하지 않았다 해도, 향사 오언의 숲에서 딱정벌레 몇 마리는 찾을 수 있을 것이다. 어쨌거나 이래즈머스도 없는 집에서 누이들의 한심하다는 듯한 눈길을 받으며 빈둥거리는 것보다야 나을 것이다. 그래서 1828년 6월 말 그는 길을 나섰다. 그의 짐작이 옳았다. 패니는 기다리고 있었다. 그의 "충실한 하녀"는 여전히 그곳에 있었으며, 자신의 "친애하는 마부"를 보고 기뻐했다. 변한 것은 아무것도 없었다.

아니, 조금은 있었다. 그들은 나이를 한 살 더 먹었으며 빠르게 성숙하고 있었다. 찰스는 키가 180센티미터가 넘었고, "체격이 좋은" 편이었지만 뚱뚱하지는 않았다. 어느덧 '대학생'의 풍모를 갖추었으나, 아직까지 "평온하고 겸손하고 상냥한" 찰스 그대로였다. 어느 모로 보더라도 잘생긴 얼굴은 아니었지만, 패니는 찰스가 재미있는 사람이라고 생각했다. 사실 찰스는 그녀에게 금지된 떨림을 불러일으키는 청년이었다. 나이가 들면서 풍만해진 그녀는 어느덧 버젓한 숙녀가 되어 있었다. 찰스는 그녀가 "슈롭셔에서 가장 예쁘고 가장 풍만하고 가장 매력적인 여자"라고 생각했으며, 확실히 그랬다. 찰스는 패니를 데리고 다시 사냥을 나갔다. 이번에는 딱정벌레 사냥이었다. 마침 딸기철이었고, 우드하우스에는 딸기밭이 많았다. 은밀한 애정행각을 벌이기에는 완벽한 무대였다. 그들은 들판에 엎드렸고, 곧 자세를 더 낮추었으며, 머지않아 서로의 옆에 몸을 "완전히" 뻗고서 야수들처럼 관능적인 열매를 "탐했다."[1]

거의 도를 넘을 정도라서, 찰스는 억지로라도 빠져나와야만 했다. 그는 웨일스 해변의 바머스에서 케임브리지 친구들과 만나기로 약속을 했다. 그들은 그곳에서 가정교사들과 함께 석 달 동안 독서모임을 할 계획이었다. 독서모임은 일종의 흥겨운 소풍이었다. 그것은 대학생들이 자유로운 옷차림으로 밤늦게까지 돌아다니고, 학생감을 두려워하지 않고 스트레스를 풀 수 있는 핑계거리가 되어주었다. 찰스가 정한 주제는 수학이었지만, 그는 두 개의 세계를 결합하여 그 모임을 "곤충 수학 탐사"로 생각하고 싶었다. 하지만 그는 "그 과학"(곤충들)이 자신의 "딱한 머리에서 수학을 밀어내지" 않도록 "신의 가호"가 있기를 기도했다. 자신의 수학 실력이 형편없음을 넌지시 인정하는 것이었다. 두 학기 동안 가정교사를 고용했음에도 그는 아직도 대수학에 쩔쩔맸다. 이항정리는 형편없었고, 무리수는 도저히 이해할 수 없었다.[2] 이번 방학은 모자란 공부를 따라잡을 수 있는 절호의 기회였다.

그러나 곤충이 우선이 되고 말았다. 7월 말, 그는 거의 수학을 포기하다시피 했다. 찰스는 학위시험을 위해 복습을 하면서 어떻게든 힘을 내려고 했지만 "나는 진흙탕에 처박혀 한 발짝도 나아갈 수가 없습니다"라고 폭스에게 털어놓았다. 사실 카디건 만灣의 해변에는 일탈거리가 무궁무진했다. 추상대수학에 집중하고 싶어도 그럴 수가 없었다. 그는 대부분의 날들을 강어귀에서 보트를 타거나 언덕을 걷거나 근처 호수에서 제물낚시를 하며 보냈다. 장래가 유망한 성직서임 후보생 두 사람이 찰스와 항상 붙어다녔는데, 한 명은 슈루즈버리 학교 교장의 아들인 토머스 버틀러이고, 또 한 명은 그를 킹스 칼리지 예배당에 데려갔던 음악친구 존 허버트였다. 둘 다 손위였지만, 이번만큼은 난생처음으로 찰스가 주도를 했고, 이것은 즐거운 경험이었다. 찰스는 십여 킬로미터쯤 떨어진 곳에 있는 900미터 높이의 카더 이드리스Cader Idris 고원 꼭대기까지 올라가서 벼랑 위에 선 채로 날아가는 새들을 침착하게 쏘았고, 다른 이들은 박제할 주검을 수거하기 위해 아래서 기다렸다. 허버트는 곤충을 죽이기 위한 알코올을 챙겨왔으며, 다윈은 포충망으로 수많은 딱정벌레와 나비들을 잡으며 친구들에게 딱정벌레 채집 솜씨를 한껏 뽐냈다.[3] 그는 자연을 다루는 일에서만큼은 더없이 편안했으며 자부심이 있었다.

딱정벌레 채집은 찰스에게 일종의 '본업'이었지만, 폭스는 아직도 배울 게 많다는 기분이 들게 만들었다. 두 사람은 몇 주마다 한 번씩 편지를 주고받았다. 다윈은 자신이 잡은 곤충을 자랑했고, 자신의 "나이 많은 스승"에게 "크리샐리스류類의 보존법에 대해 알려달라고" 부탁했으며, 빨리 답장을 보내달라고 재촉했다. 그러고는 "나도 내가 이렇게 곤충에 빠져들 줄은 몰랐습니다"라고 해명조로 말했다. 폭스는 독서모임이 끝나면 오스매스턴 홀로 오라고 처음으로 찰스를 초대했다. 거절하기에는 너무 아까운 제안이어서, 찰스는 8월 말 사냥철에 맞추어 예정보다 일찍 웨일스를 떠났다. 수학공부는 그것으로 중단이었다.

사실 찰스는 폭스를 만나기를 고대해왔기에, 메이어에서 1주일 동안 "굴욕스러운" 75마리를 사냥한 뒤 9월의 남은 날들을 폭스와 함께 보냈다. 오스매스턴 홀은 "살아 있거나 죽은" 생물들로 가득한 동물원이었다. 찰스는 자신의 기량을 마음껏 발휘했다. 그는 육촌 폭스에게 선물로 주기 위해 허버트와 버틀러에게 특정 딱정벌레를 잡아달라는 편지를 급히 띄웠으며, 폭스에게 박제한 새도 몇 마리 주겠다고 약속했다. 이것은 감사 표시라는 명목의 경쟁이었고, 두 사람은 자신의 채집물을 여보란 듯 서로에게 선물했다. 그러나 결국 폭스는 너그러움의 표본으로 남았고, 다윈은 감사표시를 원하는 만큼 하지 못했다. 다윈은 폭스에게 감격한 말투로 말했다. "전에는 내 삶의 중심축이 메이어와 우드하우스 두 곳이었지만, 이제 하나가 더 늘었습니다."4)

그는 이 장소들 가운데 한 곳을 아직 방문하지 못했는데 그곳은 케임브리지로 돌아가기 전에 들러야 할 마지막 기항지였다. 그는 한시라도 빨리 우드하우스의 딸기밭 침대로, 저택 위층에 있는 "천국의 거리"의 침대로 가고 싶어 몸이 달았다. 그는 폭스에게, "훌륭한 이슬람교도의 낙원이란 이런 곳이 아닐까 하는 생각이 듭니다"라고 털어놓았다. 관능적인 쾌락과 육감적인 님프들로 가득한 곳 말이다. 찰스는 거기에 가면 "검은 눈동자의 천녀가…… 무함마드의 머릿속에서만이 아니라 살과 피로 존재"한다고 덧붙였다.

여름 내내 찰스는 상상 속에서 몸부림쳤다. 오언의 숲으로 돌아갔을 때 패니는 "여느 때처럼 매력적인 모습"이었다. 그들은 다시 한 번 말을 타고 숲속을 달렸고, 당구놀이를 했으며, 장난을 쳤다. 정말 천국 같은 일주일이었다. 그가 떠난 후 곧바로 패니는 "천국의 거리. 토요일 밤 12시 30분"이라는 날짜가 적힌 편지를 보냈다. 그녀는 편지 여기저기에 미묘한 표현들을 심어놓았다. 그녀는 요염한 말투로 이제는 "함께 말을 달릴 **사람이 아무도 없다**"거나 당구를 가르쳐줄 사람이 없다고 불평했다. "**멋진 타법**을 다 잊어버리고 말 거예요." 하지만 그녀의 추억만큼은 생생하게 보존되었다. 찰스의 선물이 그 기억을 되새겨주었으니까. 그것은 이런저런 책들과 그녀가 "**매우 특이하다**"라고 했던 제비꼬리나비였다. 찰스도 흡족한 생각으로 가득했다. 그는 자신이 챙긴 기념품을 안고 케임브리지로 돌아갔다. 그것은 새로 즐기게 된 좋은 코담배가 든 상자였다. 오언의 선물이었다.[5] 연애도 잘 풀릴 것만 같았다.

이제는 크라이스트 칼리지가 그의 집이었다. 크라이스트 칼리지는 생긴 지 300년밖에 되지 않은 곳으로 오래된 칼리지에 속하지 않았으며, 100명 남짓한 학생이 다니고 있을 뿐이라서 큰 칼리지에 속하지도 않았다. 꽤 조용했지만 "승마를 즐기는 분위기"인 것도 그렇고, 이 학교는 어느 모로 보나 중간에 해당했다. 승마를 좋아하는 사람이 많은 것은 자비생보다는 귀족의 비율이 훨씬 높았기 때문인데, 그래서 이곳은 돈 있는 사람들에게 어울리는 장소였다. 종교적 분위기는 자족적이고 느슨해서 전통과 잘 어울렸다. 시인 존 밀턴도 이 칼리지를 다녔고, 광고회파 신학자들인 랠프 커드워스와 헨리 모어는 각각 이곳의 석사와 특별연구원이었다. 남쪽의 G계단을 통해 1층으로 올라가면 나오는 돌이 깔린 멋진 앞뜰에는, 명료하고 차분한 문장으로 학생들에게 잘 알려져 있는 한 신학자가 기거했던 방들이 있었다. 이 신학자는 『기독교의 증거』와 『도덕철학과 정치철학의 원리』를 쓴 윌리엄 페일리 목사였다.[6] 1828년 모든 성인의 축일(11월 1일)에 페일리가 쓰던 이 방들에 새로운 주인이 도착하면서, 방문에 'C. 다윈'이라는 명패가 걸렸다.

찰스는 3주나 늦게 도착했기 때문에 어영부영할 새 없이 곧장 짐을 풀었다. 그는 20파운드짜리 신제품 쌍발식 엽총—아버지와 누이들에게 얻어낸 작별선물이었다—과 수십 개의 딱정벌레 상자를 풀었다. 찰스가 집을 떠나기 전에 그 엄청난 양의 표본들을 살펴본 슈롭셔의 고참 채집가 프레더릭 호프 목사는, 몇 년 동안 1년 만에 이렇게 많이 잡은 사람은 처음 본다고 말했다. 찰스는 육촌형과 만나 얘기를 나눌 기대에 부풀었고, 마침내 두 사람이 다시 만났을 때 두 사람의 화제는 온통 전리품들에 대한 것이었다. 폭스에게는 이번 학기가 학사학위 취득시험을 치르기 전의 마지막 학기였다. 그는 그동안 공부를 미뤄왔기 때문에 벼락치기를 하지 않으면 시험에 떨어질 처지였다. 그들 둘은 날마다 함께 아침을 먹었는데, 폭스는 시간이 갈수록 점점 절망적으로 변해갔다. 크리스마스 직전 찰스는, 창가에 바람이 청승맞게 윙윙거리는 가운데 폭스가 "학위에 대한 두려움과 고민에 휩싸"인 채 망연자실하여 자신의 방에 앉아 있는 모습을 보았다. 폭스는 크리스마스 휴가 때도 학교에 남아서 혼자 공부를 해야 했다. 그러나—정말 너그럽게도—그는 찰스에게 로버트 박사를 위한 특별한 선물을 챙겨주었다. 그것은 만지면 쥐처럼 찍찍거리는 살아 있는 해골박각시나방 한 쌍이었다.

찰스는 작별인사도 못하고 떠났기에, 슈루즈버리에 도착해서 육촌의 우울한 처지를 "진심으로" 안타까워하는 사과편지를 썼다. 그러고는 새해에, 1주일 동안 패니의 저택을 방문했다. 그런데 사냥총으로 사람을 잡을 뻔한 일이 있었다. 오언의 한 아들이 소총의 뇌관에 눈이 찢어졌던 것이다. 피를 본 찰스는 그때까지는 "그 절반의 공포"도 맛본 적이 없었다고 느낄 만큼 크게 놀랐다. 그것은 사고였고, 그가 그토록 질색하는 수술도 아니었는데도 말이다. 연애와 사냥의 여행을 마치고 집으로 돌아왔을 때, 찰스는 입술에 심한 염증이 생겨 고생했다. 통증이 너무 심해지자 그는 진통제로 비소를 "조금" 먹기 시작했다. 그 달에 그는 "친구들이 모두 떠나기 전에" 에든버러를 방문할 계획이었다. 신경쇠약에서 완전히 회복된 콜드스트림이 플리니우스학회가 정신병 박사 윌리엄 브라운의 지휘 아래 "그 어느 때보다 왕성하게 활동하고 있다"는 소식으로 찰스를 부추겼기 때문이다. 하지만 콜드스트림이 찰스가 오기를 눈이 빠지게 기다리고 있었음에도, 찰스는 몇 주 동안 침대에 누워 지내야 했다.[7] 결국 여행은 취소되고 말았다. 스무 번째 생일을 맞은 직후에야 그의 입술이 나았고, 그는 케임브리지로 돌아가는 길에 런던에 들렀다.

이래즈머스는 얼마 전에 유럽 대륙 여행을 마치고 "으울한 황무지 도시"로 돌아와 있었으며, 찰스는 뮌헨, 밀라노, 빈에 대한 이야기를 들을 기대에 부풀었다. 그러나 딱정벌레에 푹 빠져 있었던 찰스는 무엇보다 딱정벌레 채집계의 고급 장교들을 만나고 싶었다. 그러기에는 런던만큼 좋은 곳이 없었다. 런던에는 곤충이 대유행이었다. 최근에는 구습에 얽매여 융통성이 없는 린네학회에서 나온 전문가들이 모여 비공식 곤충학 클럽을 조직했다. 찰스의 슈롭셔 시절 친구이며 "가장 너그러운 곤충학자"인 호프 목사가 찰스를 그곳에 입회시켜주었다. 그 주에 런던에 머물고 있던 호프는 모든 채집가를 다 알고 있었다. 다윈은 그와 함께 하루를 보내며 160종의 새로운 종을 잡았다. 또 한 사람의 고급 장교는 실제로도 영국 해군장교였던 제임스 스티븐스였다. 그가 쓴 『영국 곤충학 도해』는 매우 유용했다. 스티븐스는 "국내에서 영국산 곤충을 가장 방대하게 보유하고 있는" 사람이었으며, 자신의 집을 열어 곤충에 푹 빠진 동료 신사들의 방문을 환영했다. 다윈이 스티븐스에게 받은 인상은 "매우 기분 좋고 유쾌한 작은 남자"라는 것이었다. 스티븐스와 호프가 케임브리지의 딱정벌레 채집가 선배인 제닌스 목사에 대해 "이기적이고 인색하다"(곤충 채집가들 사이에서는 명예가 중요했다)고 험담하는 것을 듣는 등 다윈은 이런저런 가십을 주워들었다. 자신을 신뢰하고 자신이 채집한 것의 가치를 높이 평가해주는 전문가들과 함께 있으니 다윈은 자신의 위상이 높아진 기분이 들었다. 그래서 스티븐스처럼 표본들을 폼 나게 보관하기 위해 15파운드짜리 서랍 달린 진열장을 새로 주문했다. 그리고 자신이 크리스마스 휴가 때 슈롭셔에서 잡은 희귀한 종 "디아포리스 아네아*Diaporis Anea*"(둥글고 머리가 넓적한 디아페리스속屬의 딱정벌레)를 갖고 있는 사람은 "오직 스티븐스와 호프뿐"이라고 자랑했다.

이래즈머스의 안내로 찰스는 잇따라 런던 시내로 나가 과학 명승지들을 둘러보았다. "왕립연구소, 린네학회, 동물원을 비롯해 자연학자들이 모여 있는 수많은 장소들"을. 이 닷새 동안은 찰스가 지금껏 맛본 최고의 "'과학'적 경험"이었다. 이래즈머스는 요란한 장소도 알고 있었다. 그곳은 "매일 한 시에 파이프 담배 한 대를 피우고 그로그주 한 잔을 마시는" 거대한 만드릴원숭이가 있는 에드워드 크로스 동물원이었다. 이래즈머스는 예전에, 라마르크의 말처럼 원숭이가 인간의 먼 친척일 수도 있다고 생각한 어떤 남자가 얼굴빛이 영국 국기 모양인 이 거대한 원숭이와 악수를 시도했다가 하마터면 팔이 떨어져나갈 뻔했던 일을 직접 본 적이 있었다. 다윈 형제 역시 인간의 조상에 대한 라마르크의 개념은 잘 알고 있었지만, 그래도 악수는 너무 지나쳤다. 그들은 경거망동하지 않았다. 찰스는 한때 함께 산책을 했던 라마르크주의자이며 지금은 런던 대학에서 첫 강의를 시작한 로버트 그랜트가 있는 곳에도 잠깐 들르기로 했다. 그랜트와 헤어진 찰스는 신성한 화제들이 기다리고 있는 크라이스트 칼리지로 곧장 돌아갔다. 그는 홀본에 있는 조지 앤 블루 보어에서 케임브리지로 가는 마차를 탔다.

크라이스트 칼리지의 날씨는 암울했다. "비, 진눈깨비, 찬바람이 번갈아가며 계속되었다." 찰스의 기분도 덩달아 우울했다. 그는 우드하우스와 런던을 떠난 뒤로 심한 허탈감을 느꼈다. 가슴이 텅 빈 듯했으며 울적하고 슬펐다. 폭스는 시험을 보통의 성적으로 간신히 통과하고 나서 이미 그 대학을 떠난 뒤였다. 폭스는 지금 오스매스턴 홀 근처의 교구에서 목사보 자리를 알아보고 있었는데, 별다른 소득이 없자 한 주교가 손을 써주고 있는 중이었다. 다윈은 육촌의 처지를 마음 아파했지만, 처지가 더 비참한 것은 자신이었다.[8] 앞으로 무엇을 해야 할지를 정하지 못했기 때문이다. 그는 폭스가 몹시 그리웠다.

찰스는 에든버러에서처럼 또다시 방향을 잃고 있었다. 그의 목적 없는 방황은 형이 집안의 재산을 탕진하며 신나게 돌아다니는 것을 보자 더 심해졌다. 그를 잡아주고 성직으로 이끌어줄 폭스도 옆에 없었다. 문제의 조짐은 이미 지난여름 독서모임 때부터 나타났다. 자유로운 대화를 나누던 중 다윈은 허버트에게, 실제로 "성령에 마음이 움직이느냐"고 물었다. 성직서임식에서 주교가 같은 질문을 할 때 뭐라고 대답하겠는가? 허버트의 대답은 "아니다"였다. 그는 성령에 마음이 움직인다고 말할 수 없었다. 다윈도 맞장구를 쳤다. "나도 마찬가지일세. 그래서 나는 성직으로 나아갈 수가 없네." 찰스는 많은 이들이 그랬듯이 의심이 들었다. 하지만 그것은 웨일스에서의 일이며, 게다가 친구들끼리의 내밀한 이야기였을 뿐이다. 그의 고백은 심각한 것이라기보다는 원칙을 이야기한 것이었다. 찰스는 허버트에게서 성령을 믿지 않는다는 고백을 이끌어내고, 영국 이신론理神論의 아버지인 처베리 허버트 경의 이름을 따서 허버트를 '처베리'라고 부르는 등, 친구들의 양심고백을 대수롭지 않게 여겼다.[9]

그렇지만 1829년 사순절 무렵 다윈은 점점 양심의 가책을 크게 느끼고 있었다. 성령에 마음이 움직이지 않는 것도 문제였지만, 더 큰 문제는 공부에도 마음이 움직이지 않는다는 것이었다. 학위를 받기까지는 이제 1년밖에 남지 않았으며, 개인교사는 그가 심지어 '리틀 고Little Go'라고 불리는 예비시험조차 치르기 힘들 정도로 공부가 되어 있지 않다고 경고했다. 그는 곤경에 빠져 있었으며, 헤어날 수가 없었다. 그는 목표를 향해 열심히 나아가는 사람들에게 경탄했는데, 특히 폭스가 그랬다. 그의 육촌은 아직 교구를 배정받지 못했지만, 적어도 성직서임 시험을 위해 신학책들을 열심히 읽고 있었다. 찰스는 격려를 애타게 바라며 자신의 문제에 대해 폭스에게 조언을 구했다. "아직 설교를 할 입장이 아니라는 생각일랑은 말고 내게 설교를 좀 해주십시오." 찰스는 애원했다. 다른 사람들에게도 매달렸다. 슈루즈버리 학교 때 동급생이었던 "나이 많은 프라이스"는 현재 케임브리지에서 개인교사로 일하면서 성직서임을 위해 "매우 열심히 공부하고" 있었다. 찰스는 프라이스의 눈에 "우상숭배"처럼 비칠 정도로 프라이스에게 달라붙었다. 그들이 도시 남쪽에 있는 체리 힐턴의 채석장으로 걸어갔던 언젠가, 프라이스가 걸음을 멈추고 흔한 식물 몇 가지를 가리키며 그 이름들을 척척 말했을 때 다윈은 깜짝 놀라서 탄성을 지른 적이 있었다. "프라이스, 대단합니다. 나도 당신 같은 자연학자가 된다면 얼마나 좋을까요!"[10]

이런 심정에도 불구하고 "과학의 씨앗"은 시들해지고 있었다. 심지어 곤충에 대한 열정도 사그라지고 있었다. 그는 "함께 곤충채집을 다닐 사람이 없어서 슬펐고", 딱정벌레를 잡기 위해 고용한 두 명의 지역주민도 그를 실망시켰다. 알고 보니 그중 한 명이 다른 채집가인 찰스('비틀스') 배빙턴에게 채집물을 먼저 골라 가지라고 했던 것이다. 배빙턴은 훗날 식물학 교수가 되는 사람인데, 그가 돈을 더 많이 지불했던 모양이다. 찰스는 현장을 잡았고, 그 자리에서 결판을 냈다. 그는 그 "악당"에게 다시 한 번 자신의 방에 오면 계단 밑으로 던져버리겠다고 위협했다.

폭스의 격려도 기대할 수 없을 듯했다. 찰스는 화가 났다. 몇 주가 지나도 폭스의 답장이 오지 않았던 것이다. "당신은 게으름뱅이에 철면피입니다." 찰스는 만우절에 드디어 폭발하고 말았다. 왜 당신은 "나를 버젓한 신사로 대해주지" 않습니까? "내가 당신을 얼마나 자주 생각하는지, 또 당신이 없어서 얼마나 슬퍼하는지만 알아도, 이렇게 오랫동안 답장을 보내지 않을 수는 없을 겁니다." 찰스는 이 밖에도 여러 불평들과 폭스의 기분을 건드리는 말들을 편지에 썼다. 케임브리지는 "정말 지루하고", 입술에는 다시 염증이 생겼으며, 휘틀리 외에는 같이 산책할 사람이 "거의 없습니다." 그러고는 휘틀리가 "당신의 자리를 대신 차지하기 시작했습니다"라고 빈정거렸다. 그들이 함께 딱정벌레를 채집하러 다니던 시절을 떠올리게 해주는 마지막 산 증인인 사포도 남에게 주어버렸다.[11]

망상과 자기연민에 사로잡힌 다윈은 슬럼프에 빠졌다. 이래즈머스는 찰스와 런던에서 함께 지내는 동안 조짐을 알아챘을 것이다. 그리고 찰스에게 학업 도중에 찾아오는 권태감으로 인한 위험들 ─ 아무나 가볍게 사귀고, 법을 무시하고, 장래를 망쳐 아버지를 화나게 하는 것 ─ 을 조심하라고 경고했을 것이다. 하지만 찰스는 어떤 말도 진지하게 듣지 않았고, 결국 이래즈머스와도 사이가 틀어졌다. "상처받은 형"에게 편지를 쓸 용기도 없었고, 폭스가 연락해올 것 같지도 않았다. 이래저래 우울한 시기였다.

　찰스는 외로웠지만 혼자는 아니었다. 그는 술친구들과 어울려 웃고 떠들며 슬픔을 흘려보냈다. 폭스에게 보낸 분노의 편지는 ─ 곧 후회하게 되지만 ─ 이 시기에 썼던 것이다. 이런 "방탕한 생활"이 처음인 것도 아니었다. 허버트와 휘틀리는 그동안 "몹시 방탕한 파티"를 열곤 했다. 파티를 한번 열면 60명까지 어울리기도 했다. 그들은 담배를 피우고 농담을 하고 도박을 하는 등, 인생의 윤활유를 마음껏 즐겼다. 다음 날 아침이 오면 다윈은 기번의 『로마제국 쇠망사』를 읽으며 정신을 차렸다. 그것은 방탕에 빠졌던 성직서임 후보생을 위한 완벽한 강장제였다. 이런 행동들은 규칙적인 습관이 되었다. 그는 말타기에도 몰입했다. 어느 날 밤에는 동쪽 하늘이 붉게 타오르는 것을 보고 세 명의 친구들과 함께 그것이 무엇인지 알아보러 떠났다. 불길이 타오르는 장소는 18킬로미터나 떨어진 곳이었고, 그들은 그곳까지 "육화한 악마처럼 달려갔다"가 돌아왔다. 돌아오니 새벽 두 시였고, 주위는 칠흑같이 어두웠다. 통금을 어긴 그는 살금살금 대학 안으로 들어갔다. 하마터면 정학을 당할 뻔했던 것이다.[12]

일각에서는 신의 섭리는 건드리지 못한다 쳐도 학생감들의 심기를 건드리는 일들이 공공연히 벌어지고 있었다. 그러다 학기말 무렵, 다윈이 다니는 칼리지에서 겨우 몇백 미터 떨어진 거리에서 드디어 일이 터졌다. 다윈은 그 소란을 들었을 때 밖으로 달려나가지는 않았지만, 얼마 뒤 사건을 직접 본 사람에게 이야기를 들었다.

지난 몇 달 동안 학생감 알렉산더 웨일 목사와 헨리 멜빌 목사에 대한 반감이 쌓이고 있었다. 세지윅의 후임인 웨일은 자기 일에 열성으로 임했다. 윤락여성들을 갱생원에 넣는 것이 그의 주특기였는데, 이 일이 분노를 고조시키는 데에 기여한 것이 분명했다. 4월 9일 아침에 사건이 터졌다. 평의원 회관 복도에서 학생감들이 시험을 치를 재학생들을 정렬시키고 있을 때, 학생들이 들이닥쳤다. 몰려온 학생들은 이렇게 소리쳤다. "멜빌은 물러가라!" "웨일은 물러가라!" 구호를 외칠 때마다 아우성이 뒤따랐다. 멜빌은 군중을 해산시키기 위해 웨일과 함께 복도를 빠져나가, 빗속에서 사람들을 내쫓았다. 그때 웨일을 본 학생들이 적나라한 욕을 퍼붓기 시작했다. 누군가가 "저 사람을 목 졸라 죽여라!"라고 소리를 질렀다. 다른 사람들은 "지독한 놈!"이라고 소리쳤다. 학생감들은 평의원 회관 안으로 후퇴했다가 15분 뒤에 다시 나왔는데, 그때쯤 군중은 무장한 폭도로 변해 있었다. 학생감들은 트리니티가街를 황급히 달려 내려가 웨일의 칼리지인 안전한 세인트존스 칼리지로 향했다. 군중이 욕설

을 퍼붓고 순무, 배설물, 죽은 쥐를 던지며 뒤쫓았다. 세인트존스 칼리지
의 정문 앞에 이르러 학생들이 안으로 밀고 들어가려 했지만, 학생감들
은 간신히 봉변을 피할 수 있었다. 소동은 그 뒤에도 두 시간 반가량 계
속되었다.

　학생들 편에 섰던 다윈은 다음 날 폭스에게 보내는 편지에서 이 일을
의기양양하게 전했다(웨일은 폭스의 친구였기 때문에 찰스는 말조심을 했지
만, 그렇다 해도 학생들에게 공감하는 마음까지 감출 수는 없었다). 그는 학생
감장이 "엄청난 조롱을 당했고 진흙 세례를 받았습니다"라고 썼다. 학생
감장이 "몹시 분노하여" 심지어 그의 하인조차 "한 시간 동안 감히 그의
곁에 얼씬도 못했습니다." 그러나 그때 다윈은 전혀 몰랐지만, 다윈처럼
웨일의 굴욕을 부추긴 사람들에 대한 복수가 이미 시작되고 있었다. 웨일
과 멜빌은 군중 속에서 아는 얼굴들을 봐두었다가 그들을 부총장 앞으로
소집했다. 다윈이 편지를 쓰는 동안 판결이 내려지고 있었다. 네 명의 학
생이 가운을 입지 않고 욕설을 지껄인 죄로 정학처분을 당했으며, 한 명
은 벌금형을 선고받고 평의회 앞에서 공개적으로 훈계를 받았다.[13]

　이튿날 다윈을 포함한 모든 사람이 그 판결을 알게 되었다. 학생들
에게 내려진 관용적인 처사에 분개한 학생감과 학생감 대리들이 집단사
퇴를 했다. 그들은 사직서를 인쇄하여 학교 곳곳에 붙였다. 대학 측은 본
보기로 몇 명을 처벌하긴 했지만, 결과는 학생들의 승리로서 학생들은 자
신들이 증오하는 학생감들을 제거하는 데에 성공했다. 한편 다윈으로서
는 그 일이 교칙을 위반하면 어떻게 되는지를 깨닫는 계기였다. 그 밖에
도 정신이 번쩍 나게 하는 다른 사건들이 있었다. 그는 답장을 쓰지 않는
다고 폭스를 힐난한 몇 주 뒤에 육촌에게서 받은 짧은 편지를 보고서야
폭스의 누이가 죽어가고 있다는 사실을 알고, 부끄러움과 슬픔에 빠졌다.
그것도 모르고 그동안 자신을 위로해달라고 폭스를 이기적으로 괴롭혀왔

던 것이다. 그는 그동안의 모든 행동을 반성하며 울적한 기분에 젖었다.

같은 날인 4월 11일 토요일에 그는 또 하나의 도덕적 교훈을 얻었다. 이번 일은 케임브리지의 모든 이에게 해당되는 것이었다. 그날 한 젊은 남자가 캐슬힐에서 죽음을 맞게 되었다. 케임브리지에서는 살인죄로 기소된 사람들은—1829년에 약 200명의 범인에게 사형이 내려졌다—시장의 푸줏간 위에 있는 샤이어 홀에서 재판을 받고, 유죄판결을 받은 사람들에 대한 처형은 시민들에 대한 본보기로 캐슬힐에서 집행되었다. 내세에서의 지옥불이 그렇듯, 공개 교수형은 이승에서의 최후의 억지력이었다. 케임브리지에서는 법에 대한 두려움과 신에 대한 두려움이 조화를 이루고 있었다.

다윈이 폭스의 소식을 알고 죄책감을 느끼고 있는 그때, 캐슬힐에서는 교수형의 밧줄이 죄어들고 있었다. 그 처형은 모든 시민에게 공표되었다. 한 복음주의파의 목사는 주민이 모두 참석하여 "불행한 죄인이 참회와 믿음을 통해 용서받을 수 있도록" 기도하자는 공개서한을 보냈다. 한편 시내에서 서쪽으로 몇 킬로미터 떨어진 곳에서는 윌리엄 오스본이 '노상강도 행위'를 저지른 죄로 교수대에서 처형당했다.[14]

찰스는 그동안 용돈을 다 써버려서 개인교사의 수업료도 지불하지 못한 상태였다. 그래도 여전히 그는 부활절 방학의 전반기 동안 휘틀리와 함께 런던을 돌아다녔다. 아마도 그때 이래즈머스와 화해를 했을 것이다. 학교로 돌아와서는, 슈루즈버리에서 캐서린이 보내온 슬픈 소식을 접했다. 폭스의 누이가 죽었다는 소식이었다. 찰스는 육촌에게 애도의 편지를 보냈다. 하지만 무슨 말로도 위로가 되지 않을 것임이 분명했기 때문에, 그는 폭스의 "훌륭한 원칙과 종교"에 입각하여, 성서의 "순수하고 신성한…… 위안"을 가리키며 형식적이고 초연한 태도로 애도를 표했다.

그는 슬픔으로부터 거리를 두려 하고 있었다. 폭스가 기운을 차리고 5월에 답장을 써서 오스매스턴 홀로 초대했을 때, 찰스는 향후 몇 달간의 자신의 여정을 폭스에게 써보냈다. 이에 따르면 그들은 9월 이전에는 서로 볼 수가 없었다.

최근의 여러 가지 교훈적인 사건들에도 불구하고 찰스는 여전히 마음 내키는 대로 살고 있었다.

나는 인간으로서 지닌 모든 능력이 마비될 지경으로 빈둥거리며 살고 있습니다. 아침에는 말을 타고 산책을 하고, 저녁에는 진저리가 날 정도로 도박을 하지요. 품위 있고 유익한 일상을 살 수 있도록, 주여, 도와주소서…….

찰스는 폭스에게 "자세히 알아서 좋을 것 없습니다"라고 말했다. "당신이 여기에 있었다면 좋은 충고들을 많이 해주었을 텐데요." 하지만 "말을 타고 곤충을 채집하느라" 바쁜 그가 폭스의 꾸중을 귀담아 들었을 것 같지는 않다. 신에 대해 "설교하는 일"은 지금으로서는 가장 하기 싫은 일이었다. 교구에 대한 생각은 그의 머릿속에 없었다.[15] 미래의 일은 어떻게든 되겠지.

5월에 헨슬로 교수가 주관하는 그해의 첫 번째 '공개 식물채집 여행'이 열렸다. 케임브리지 철학회에서는 제닌스 목사가 신이 새의 깃털을 설계했다는 내용의 발표를 했다. 19일 화요일에는 두 명의 재학생이 유명한 비행사 그린 씨와 함께 기구를 타고 하늘로 올라갔다. 기구는 아침 6시 30분에 반웰의 뜰에서 이륙했다. 수많은 학생들이 몰려와 응원했으며, 기구는 노샘프턴셔의 애시비 성까지 서쪽으로 64킬로미터를 날아갔다. 그때 다윈은 곤충을 잡기 위해 공중습격을 하고 있었다. 늦봄이었기 때문에 포충망 경쟁이 치열했다. 그는 또다시 지역주민들을 고용해 호수와 소택지를 뒤지게 했다. 물딱정벌레 채집은 놀랍도록 성공적이었다. 그는 기구가 하늘로 오르기 전날 폭스에게 이 성적에서만큼은 "제닌스보다 앞섭니다"라고 뽐냈다.[16]

즐겁고 평온한 시기였다. 그러나 얼마 지나지 않아 이 고요는 끄떡없을 것 같은 국교회의 질서를 무너뜨리려 한 어떤 사건으로 산산조각이 났다. 사순절 때도 그랬듯이, 부활절 방학도 한바탕 소동으로 끝이 났다. 다시 한 번 다윈은 사건의 한가운데서, 사회의 복수를 지켜보았다. 그러나 이번 사건의 교훈은 그의 뇌리에 훨씬 더 강렬하게 각인되었다.

5월 21일 목요일에 노련한 급진파 리처드 칼라일과 로버트 테일러 목사가 케임브리지로 들어왔다. 이들은 악명 높은 자유주의 사상가들이었으며, 이들에 대한 소문은 이들이 오기 전부터 파다하게 퍼져 있었다. 이들은 민중들 사이에서 반기독교 감정을 부추기는 설교자로 알려져 있었다. 구두수선공의 아들로 태어난 칼라일은 숙련 양철공이 되었다. 그는 이후 공화제를 열렬히 지지하는 저널리스트로 이름을 알렸고, 1819년 피털루 학살(무고한 시민 시위대가 기병대에 의해 학살을 당한 사건)이 있은 뒤 곧바로 신성모독적이고 선동적인 명예훼손을 했다는 죄로 6년 동안 감옥살이를 했다. 석방된 이래 그의 동지였던 테일러도 신성모독죄로 1년 동안 징역을 살았다. 당시는 기독교가 국법의 일부였기 때문에 신성모독은 사회적 범죄였다. (법무장관의 확증에 따르면) 칼라일과 테일러는 "문맹"인 노동자들의 신앙심을 약하게 만듦으로써 "비참함과 불행을 참는" 능력을 줄이고 있었다. 이 선동가들, 세속적인 노동자계급의 대변인들은 견실한 사회를 파괴하는 독이었으며, 특히 성직자가 지배하는 케임브리지에는 커다란 위협이었다.

케임브리지에서는 테일러가 선두에 섰다. 그도 성직자가 되기 위해 의학을 중도에 포기했으며 3년 동안 세인트존스 칼리지에 다녔기 때문에 그 대학을 잘 알았다. 심지어 시미언 목사는 테일러에게 자신이 쥐고 있는 가장 좋은 목사보 자리를 주기도 했다. 하지만 성직서임을 받은 지 5년 뒤 테일러는 기독교를 버렸으며, 복음주의로 넘치던 그의 열정은 삐딱한 반성직주의로 바뀌었다. 그는 기독교 증거 학회를 창설하고, 런던의 술집들을 돌아다니며 강의를 시작했다. 또한 기이한 성직자복을 입고 다니며 국교회 예배의식을 풍자하고, 국교회의 야만성과 그 신조를 격렬하게 비난했다. 법이 그를 가만히 내버려둘 리가 없었다. 테일러는 투옥되었고, 감옥에서 『디에게시스*The Diegesis*』를 집필했다. 이 책은 비교신화학을 바탕으로 한 통렬한 기독교 비판서였다.[17]

자신의 저서가 막 출판되었을 그 무렵, 테일러는 칼라일과 함께 '반기독교 순방'을 벌이며 더 큰 말썽을 일으키고 있었다. 문제의 그 목요일에 그들은 캠퍼스들을 돌아다니며 적진을 시찰했고, 저녁에는 성 트리니티 교회에서 시미언 목사의 지옥불 설교를 들으며 마음의 준비를 했다(그들은 시미언의 설교를 "인간의 도덕에 대한 상상할 수 있는 최악의 설교"라고 조롱했다). 다음 날 아침에 그들은 로즈 스퀘어에 있는 한 인쇄소 위층의 하숙집에 '반기독교 본부'를 세웠다. 이곳은 적의 땅 한가운데였다. 평의원 회관에서 엎어지면 코 닿을 거리였으며 크라이스트 칼리지에서 두 블록 거리였다. 다윈도 그 인쇄소에서 판화를 보는 눈을 길렀기 때문에 그 장소를 알았다.[18] 집주인인 윌리엄 스미스는 아무것도 모른 채 그 손님들을 2주 동안 받았다.

그 뒤 나흘에 걸쳐 도덕의 파괴행위가 전개되었다. 금요일 정오 무렵에 테일러와 칼라일은 부총장, 모든 주요 신학박사와 칼리지 학장, 시미언 목사에게 도전장을 보냈다.

회람장

문학사 로버트 테일러 목사(케리가街, 링컨스 인 법학원)와 리처드 칼라일 씨(런던 플리트가)가 반기독교 선교사로서 정중히 인사를 올립니다. 두 사람은 기독교의 이점에 대한 토론에 여러분을 정중하고 진지하게 초대합니다. 토론에서 위 두 사람은, 나사렛에 살았다고 알려진 예수 그리스도라는 인물은 실제로 존재한 적이 없으며, 기독교는 익히 알려진 것과 같은 기원을 갖고 있지 않을 뿐 아니라, 인류에게 결코 도움이 되지 않고, 단지 고대 이교에서 갈라져나온 한 지류일 뿐이라는 문제를, 자신 있게 입증할 수 있다는 확신 아래, 정식으로 제기할 것입니다. 이 주제에 대한 로버트 테일러 목사의 연구는 얼마 전에 나온 『디에게시스』에 잘 나와 있으며, 위 두 사람의 기본적인 논증은 이 책에 잘 명기되어 있습니다.

또한 위 두 사람은 기독교의 가치가 통째로 도전받고 있는 와중에 설교를 계속하고 있는 진의가 무엇인지 묻고자 합니다.

이 문서는 "국법으로 정한" 신앙에 대한 계산된 공격이었으며, 국교회가 지배하는 사회조직을 갈기갈기 찢고 봉건적인 케임브리지를 파괴하려는 어마어마한 계략이었다. 이 반기독교 선교사들은 또 하나의 모욕으로서, 다음과 같이 격식을 조롱하는 추신을 덧붙였다. "지정된 시간 내에 언제든 로즈 스퀘어 7번지로 오면 기꺼이 대화에 응하겠음."[19]

성직자들은 복수를 계획하기 위해 금요일 밤에 신성한 비밀회의를 열었다. 한편 그 사이에도 반기독교 선교사들은 도시 여기저기에서 요란한 활동을 계속했다. 테일러는 모자와 가운을 깔끔하게 차려입고 신성한 대학구내를 돌아다니며 옛 친구들을 만나고, 자유사상가들을 찾고, 회람장을 나누어주었다. 캠퍼스의 대학생들은 테일러가 문제제기를 해왔다면 기계적인 대답들을 줄줄 늘어놓았을 것이다. 다윈이 그랬듯이 그들은 섬너 목사 같은 부류로부터 국교회 변증론을 배웠으니까. 하지만 케임브리지 출신의 전과자, 학자의 옷을 걸친 반기독교 선교사에게 개인적으로 문제제기를 받은 사람은 없었다. 날씨가 좋았던 그날 저녁, 대학은 섬뜩하리만치 조용했다.[20] 기온은 올라가기 시작하고 있었다.

토요일에 반격이 시작되었지만, 그것은 테일러와 칼라일이 전혀 예상치 못한 방식이었다. 조간신문에 실리기로 되어 있는 그들의 활동을 선전하는 기사가 누락되었다. 그러고 나서, 새로운 학생감 한 명이 로즈 스퀘어 7번지의 하숙집에 나타나 하숙집주인 스미스 씨에게 이것저것을 따져 물었고, 곧이어 또 다른 학생감이 찾아와 숙박업소 면허증을 내놓으라고 요구했다. 스미스 씨는 내놓기를 거부하고, 부총장에게 "매우 정중하게" 그 이유를 묻는 탄원서를 보냈다. 그는 숙박업소 규율을 어긴 적이 없었다. 사실 그의 면허는 어제 갱신되었다. 답변은 오지 않았다. 대신 그날 오후 공식적으로 면허를 취소한다는 부총장과 학생감들의 통보가 공표되어, 모든 칼리지의 매점에 나붙었다. 다윈과 그의 친구들에게 그것은 법에 저촉되는 행동을 하지 말라는 엄중한 경고였다. 로즈 스퀘어 7번지의 하숙집은 이제 출입금지구역이 되었다.[21]

테일러와 칼라일은 이 "비열한 분풀이"에 분노하며 반격에 나섰다. 그들은 일요일에 자신들의 통보를, 모두가 볼 수 있도록 평의원 회관 옆 건물인 대학도서관 문에 붙였다. 라틴어와 그리스어로 쓴 그 성명서는 "죄 없는 사람을 처벌하고", "약자를 짓밟고", "억압하고", "박해하는" 대학 전체에 대한 도전장이었다. 아내와 여섯 아이들을 부양하는 스미스 씨는 성직자가 펜 한 번 놀린 것으로 생계수단의 절반을 빼앗겼다. 다음 날 모든 사람이 그의 "억울한" 운명과 반기독교 선교사들의 경솔한 행동에 대해 이야기를 했다. 이 사건은 부주의한 반종교 행위가 어떤 위험을 가져오는지를 보여주는 즉물적인 교훈이었다. 자비를 베풀어달라는 스미스의 간청조차 받아들여지지 않았다.

이것은 누구의 잘못인가? 대학당국이 존경을 받고 있는 처지는 아니었지만, 테일러에게도 책임은 있었다. 그래서 일군의 "청년들"이 운 없는 숙박업자의 원수를 갚아주기 위해 나섰다. 학자의 신분으로 위장하고 그 상인에게 신분을 속인 변절한 성직자는 캠 강물에 처박혀야 마땅했다. 그것은 신사가 해서는 안 될 불명예스러운 행동이었다. 신분을 감출 수 있는 사람은 오직 학생감뿐이었다.

화요일에 그 자경단에 대한 정보를 접한 테일러와 칼라일은 스미스에게 사죄를 하고, 부총장에게 다시 한 번 스미스의 면허를 되돌려주라고 촉구하고 나서 케임브리지를 빠져나갔다. 그러나 완전히 빈손으로 떠난 것은 아니었다. 그들은 "서로에게 기독교를 믿지 않는다고 공언할 만큼 대담한 약 50명의…… 젊은 대학생을" 찾아냈다. '사도들'의 회원도 한둘 끼어 있었던 것 같다. 하지만 이들 가운데 오직 극소수의 학생들만이 케임브리지 교육의 "굴레를…… 벗어던지고" 철두철미한 반기독교도가 될 것이다. 그리고 그러한 자들은 "엄청나게 고통스러운 갈등을 감내해야" 할 것이다.[22]

다윈도 그중 하나였다. 훗날 다윈은 테일러를 "악마의 사제"로 기억하는데, 아마 자신도 테일러처럼 견실한 사회로부터 추방당한 자, 죄 없는 사람들을 현혹시키는 골칫덩이, 위장한 반기독교 선교사로 매도당할까봐 두려웠을 것이다. 그러나 지금은 안전했다. 그는 자신의 방탕한 생활을 고칠 준비가 되어 있었다.

사실 잉글랜드 국교회는 이보다 더 심각한 공격에 직면해 있었다. 다윈이 케임브리지에 있을 때, 의회는 몇백 년 만에 처음으로 비국교도와 가톨릭교도가 공직에 오를 수 있도록 하는 법안을 통과시켰다. 국교도의 위세가 한풀 꺾이고, 귀족 족벌주의가 쇠퇴하고 있었으며, 거대한 자유주의 물결이 오래된 특권의 벽을 허물고 있었다. 케임브리지에도, 다윈이 방탕한 생활을 하는 동안 균열이 생겼다. 시민과 대학이 이 새로운 자유에 맞서 결사적으로 싸웠지만, 1829년 6월, 21세의 휘그당원 윌리엄 캐번디시―훗날의 데번셔 공작―가 치열한 선거전 끝에 케임브리지 대학의 하원의원으로 당선되었다. 한편 옥스퍼드에서는 다윈이 자매대학 간의 제1회 연례 보트경기에 초청되어 그곳에 가 있는 동안, 성직자들이 자신들의 토리당 대의원인 로버트 필을 가톨릭교도의 해방을 지지한 역적으로 규정하여 몰아냈다. 보트경주에서는 옥스퍼드 대학이 수월하게 승리를 거두었다. 어쩌면 개혁이 힘겨운 투쟁이 될 것임을 암시하는 징조였는지도 모른다.[1]

　여름방학에 슈루즈버리로 돌아온 찰스는 정신을 바짝 차렸다. 케임브리지 대학이 도덕적 타락과 사회적 일탈을 철저히 단속하는 것을 보고 경각심을 느꼈던 것이다. 또한 무고한 사람이 당하는 것도 보았다. 심지어 천진난만한 딱정벌레 채집가들조차도 여가를 향유하는 신사의 생활이 불안한 토대 위에 서 있다는 것을 알게 되었다. 테일러 목사는 그들만의 부유한 섬에 사는 신사들에게, 비참한 빈자의 물결이 그들을 집어삼킬지도 모른다는 사실을 일깨워주었던 것이다. 무신론, 공화제, 혁명이 적의에 찬 노동자계급을 중심으로 소용돌이로 뭉쳐, 국교회의 방어벽을 무너뜨리고 국교회의 특권을 위협하고 있었다. 정치세력화한 자유주의 사상은 성직자들의 등골을 갑절로 서늘하게 만들었다. 찰스는 이러한 격동의 장소에서 떨어져, 돌아가는 상황을 곰곰이 생각해볼 시간을—생각지도 못하게—가졌다.

그것은 그가 앓아누운 탓이었다. 6월 중순에 북웨일스에서 호프 목사와 함께 곤충채집을 다니다가 입술에 염증이 도졌던 것이다. 그는 아버지와 누이들의 보살핌을 받기 위해 "비탄과 슬픔에 잠겨" 집으로 돌아왔다. 호프 목사는 찰스를 위로하기 위해 멋진 방아벌레류 몇 마리를 보내주었다. 그것은 "선홍색" 방아벌레였는데, 사실 자신의 입술이 발갛게 부어오른 상황에서 그것은 고약한 놀림처럼 보였다. 찰스는 자신의 하찮은 채집물을 한탄하며 폭스에게 푸념을 늘어놓았다. 그는 끊임없이 삶의 의무들을 일깨우는 잔소리를 들으며 마운트에서 빈둥거리고 있는 자신이 "끔찍이도 한심하게" 느껴졌다. 또한 학교를 떠날 때 개인교사가 했던 충고도 마음을 무겁게 했다. 내년에 있을 학위취득 예비시험인 '리틀 고'가 어려울 것 같다는 얘기였다.

입술이 낫기까지는 2주일이 걸렸는데, 다 나은 찰스는 새로운 사람으로 거듭나 있었다. 그 2주일은 "철저히 게으르고 정처 없는 생활"로서는 마지막이었다. 그래서 그는 "집에는 되도록 비중을 두지 않고 우드하우스에 더 많은 비중을 두어" 그 기간을 최대한 즐기기로 했다. 학기가 시작되면 다른 삶을 살 것이다. "나는 리틀 고를 통과하기 위해 공부를 해야만 한다." 그는 결심을 했다. "게으른 자와 곤충채집자는 나중에 혹독한 대가를 치러야 하니까."[2]

그래서 그 여름 동안 찰스는 슈롭셔와 스태포드셔 주변을 말을 타고 천천히 돌아다녔다. 1주일은 바머스에서 신통치 않은 딱정벌레 채집을 했다. 슈롭셔에서는 새로 태어난 조카들인 매리앤 누나와 헨리 파커의 어린 아들들의 대부가 되어주었다. 메이어에서는 곤충을 쫓아다니고 뇌조를 사냥했다. 그리고 그러는 틈틈이 오언의 숲에 있는 야생동물을 목표로 여러 차례 우드하우스로 갔다. "아름다운 패니"의 편지는 점점 뜸해졌지만, 그는 여전히 그녀에게 푹 빠져 있었다. 그들에게는 적어도 여름 동안만큼은 편지 이외의 다른 소통수단이 있었다. 그는 사냥철이 시작되기 직전에 패니를 한 번 더 보고, 그런 다음에 서둘러 폭스를 만나러 갔다.[3]

육촌지간이 마지막으로 악수를 나눈 때로부터 어느덧 여러 달이 흘러 있었다. 그동안 찰스는 케임브리지에 있는 폭스의 물건을 정리하여 보내주었고, 그를 위해 수십 마리의 딱정벌레를 잡았으며, 지금까지 폭스에게 받았던 수많은 호의들에 보답을 했다. 불미스러운 과거사는 잊었고 둘 사이의 앞날은 밝았다. 하지만 국교회 성직자가 될 준비를 하고 있던 폭스는 "그 과학"에 확실히 시들해져 있었다. 찰스는 스티븐스의 『영국 곤충학 도해』한 권에 채집자로 자신의 이름이 올라 있는 것을 보고 자극을 받아, 곤충채집을 나가고 싶어 좀이 쑤셨다. 이제 그는 누구한테도 뒤지지 않았다. 심지어 케임브리지의 레너드 제닝스한테조차도. 찰스의 놀리는 듯한 말에 따르면 "곤충학에 대한 당신의 평판을 되찾아주겠습니다"라고 작정한 찰스는, 폭스가 참회자처럼 무릎을 꿇도록 만들었다. 그들은 수십 마리의 곤충들을 잡았고, 다윈은 멋진 "식균성"〔균류만을 먹고 영양을 섭취하는 곤충의 식성] 종에 대해 육촌을 가르쳤다.[4] 그들의 입장은 바뀌어 있었다. 주도하는 사람은 이제 찰스였다.

이번 만남은 짧았지만, 찰스는 편지에 곧 폭스가 케임브리지에 오면 "다시 한 번 둘이서…… 매우 기분 좋은 시간을" 보낼 수 있을 것이라고 썼다. 찰스는 이래즈머스를 보러 급히 슈루즈버리로 가야 했던 것이다. 형이 의학을 포기하려 하고 있었기 때문이다. 로버트 박사는 이래즈머스가 "약골 체질"이라서 의사로 "성공하더라도 극심한 육체적·정신적 스트레스를 동반하는" 일을 견뎌낼 수 없으리라 판단하고, 연금을 주어 큰아들을 은퇴시키기로 했다. 이래즈머스는 25세의 은퇴를 마치 당연하다는 듯이 "대찬성했다." 그는 런던에 거처를 마련하고 찰스를 하룻밤 재워줄 "공기이불도 마련하기로" 했다. 상황은 더할 나위 없이 만족스러웠고, 두 형제는 10월 초에 버밍엄 음악제에 가서 주세페 데 베그니스와 매력적인 젊은 소프라노 가수 마리아 말리브란의 성악공연을 비롯한 여러 음악회에 다니며 마음껏 즐겼다. 찰스는 웨지우드가 사촌들이 사는 곳 근처에 묵으며 "그녀들과 줄곧 함께 지냈다." 전체적으로 "매우 유쾌한" 문화적 경험이었다. 게다가 그는 공연 중간에 런던의 한 아마추어 채집가에게 15실링어치의 곤충까지 샀다. 그리고 학기 시작에 늦지 않도록 케임브리지로 돌아갔다.[5]

1학기(9월부터 12월까지)에는 마음을 산란하게 하는 일들이 많았지만, 찰스는 자신의 결심을 지켜나갔다. 그는 개인교습을 꼬박꼬박 듣고, 리틀고 시험에 대비해 고전을 열심히 공부했다. 고전 공부는 팍팍하고 지루했다. 이래즈머스가 잠깐 방문을 했고, 형제의 예술 감상은 피츠윌리엄 미술관에서 계속 이어졌다. 찰스는 며칠 짬을 내어 사냥을 나서기도 했다. 그러나 마지막 사냥에서 그의 말이 "두 번이나 심하게 굴러 갈빗대가 나갈 뻔한” 사고 뒤로는 사냥을 중단했다. 그 밖에는 모든 면에서 흐트러짐 없는 생활을 했다. 그는 지난날의 술친구들을 만나지 않았고, 수준 높은 강의를 들었다. 그는 폭스가 떠난 뒤로 줄곧 자연학자 성직자들과 그들의 온화한 지도자 헨슬로 목사를 소홀히 해왔다. 봄 학기에 헨슬로 교수의 식물학 강의를 수강하긴 했지만, 자신을 그 교수에게 소개시켜준 폭스에게 그 사실을 언급하지는 않았다. 하지만 이제는 상황이 완전히 바뀌었다. 그는 헨슬로 교수가 여는 금요일 밤 야회의 붙박이가 되어 새로운 사람들과 어울렸다.

　그중 하나가 제닌스 목사였다. 그는 딱정벌레 채집계에서 평판이 좋지 못했다. 케임브리지 근처 보티섬에서 교구목사 겸 치안판사를 지낸 향사의 아들로 태어나 이튼 학교에서 교육을 받은 제닌스는 구체제 출신이었다. 제닌스의 아버지는 가문의 소유지 근처에 있는 스와팸 불벡 교구에 아들을 앉혔다. 이곳의 교구목사가 된 제닌스는 아버지와는 달리 세속적인 일들에는 “결코 관계하지 않겠다고 결심했다.” 대신에 시간이 나면 어릴 때부터 채집해온 곤충의 목록을 늘려갔다. 30세 미혼남인 제닌스는 소극적이고 엄격한 성격이었으며, 과학에 임하는 자세도 크게 다르지 않았다. 꼼꼼하고 사실에 세심한 주의를 기울이는 철저한 정통파였다. 제닌스는 자신의 영웅 길버트 화이트처럼 “자연학자의 일지”를 기록했다. 그는 자주 ‘편두통’에 시달렸는데, 이 때문에도 활발한 사회생활을 하기는 힘들었다. 친구들은 그에게 ‘동물학 교수’를 맡으라고 끈질기게 설득했지만 소용이 없었다. 그러나 어느 금요일 저녁 다윈은 크게 한건을 했다. 그 엄격한 구식 고집쟁이가 다윈의 설득에 넘어가서 크라이스트 칼리지에 들러 다윈의 딱정벌레들을 구경하겠다고 한 것이다. 비록 다윈의 채집 목록에 대해 별 말을 하지는 않았지만, 제닌스는 자신의 숭배자가 선물로 준 “많은 곤충들”에 고마움을 표했다. 아마도 다윈은 저 사람은 “무뚝뚝

하고 빈정대는 표정"과 달리 그리 나쁜 사람은 아니라고 생각했으리라.[6]

그 학기에는 폭스도 다녀가지 않았고, 패니는 편지 한 통 없었다. 찰스는 그들의 무시에 의연하게 대처했다. 그는 독립적인 사람으로 거듭나고 있었다. 지금의 그에게는 적극적인 딱정벌레 채집가들이 우선이었고, 거기에 더해 훌륭한 형님들도 있었다. 크리스마스에는 이래즈머스의 공기이불에서 3주를 보내며 하고 싶은 일을 마음껏 했다. 런던은 기대했던 것보다 훨씬 지낼 만했다. 생각보다 조용했다는 뜻이다. 그는 파탄으로 끝난 구애를 그린 새뮤얼 리처드슨의 일곱 권짜리 대하소설 『클라리사』를 순식간에 거의 다 읽었다. 한편 제임스 매킨토시 경과 함께한 저녁식사 자리에서는 더 어지러운 문제들을 논의했다. 그는 찰스를 여전히 좋게 보고 있었다. 제임스 경은 골상학을 맹렬하게 공격했는데, 골상학은 찰스도 에든버러에서 접했던 것이다. 그는 만일 뇌의 각 기능들—사랑, 미움, 이성 등을 담당하는 부분들—이 교육으로 변할 수 있다면 이 기능들은 타고나는 것이 아니며, 그러므로 머리 모양이 그것을 반영한다고 말할 수 없다고 설명했다. 찰스는 고개를 끄덕이지 않을 수 없었다. 지금까지 찰스는 두상에 대한 믿음을 적게나마 갖고 있었는데, 그것이 "완전히 깨졌다." 그는 더 탄탄한 과학인 곤충학으로 옮겨갔다. 호프가 크리스마스가 지난 뒤에 런던에 와서 이야기 상대가 되어주었고, 스티븐스는 이틀의 저녁일정을 포기하고 자신의 대학생 친구를 지도해주었다. 다윈은 젊은 건축가 조지 워터하우스도 소개받았는데, 그는 멋진 채집물들을 몇 종 가지고 있는 신출내기 채집가였다. 워터하우스는 "정말 대단한 곤충들"이 담긴 표본상자를 선물로 주었다.[7] 찰스는 이 고마움을 잊지 않았다.

학기가 시작되기 2주 전인 새해 첫날 케임브리지로 돌아온 다윈은 제닌스의 방문에 대한 답례방문으로 스와팸 불벡으로 달려갔다. 그 목사는 포근한 집에서 안락하고 만족스러운 삶을 살고 있었다. 다윈은 제닌스 목사에게 "놀랄 만큼 많은 곤충"을 주었으며, 제닌스가 그 답례로 소택지에서 채집한 표본들 가운데 중복되는 것을 주리라고 기대했다. 그러나 찰스가 받은 것은 멋진 딱정벌레 두 종과 "흔한 딱정벌레 두세 종"이 고작이었다. 제닌스는 워터하우스 같은 넓은 아량을 지니고 있지 않았다. 제닌스를 괘씸하게 여긴 다윈은 폭스에게 보낸 편지에 자신이 채집한 물딱정벌레가 제닌스의 "열등감"을 건드린 게 분명하다고 썼으며, 리틀 고를 통과하면 제닌스를 이기기 위해 더 열심히 노력하겠다고 결심했다.

이 무렵 2학년들은 "두려움과 공포 때문에 끔찍하고 비참"했다. 그들의 시련이 이제 두 달 앞으로 다가왔기 때문이었다. 그들은 1년 전부터 시험과제를 알고 있었다. 그것은 지정된 라틴어와 그리스어 텍스트를 번역하고 해석하는 것, 복음서나 사도행전에서 뽑은 인용문, 페일리의 『기독교의 증거』에 대한 열 가지 질문이었다. 그들은 이 과제들을 하루에 다 해치워야 했다. 오전 세 시간 동안에는 고전시험을 치르고, 오후 세 시간 동안에는 신약성서와 페일리에 대한 시험을 치른다. 그런데 리틀 고가 까다로운 시험인 것은, 응시자들이 한 사람씩 차례로 불려나가 구두로 시험을 치러야 하기 때문이었다. 이것은 모두가 보는 앞에서 치러지는 긴장된 공개시험이었으며, 속임수는 전혀 통하지 않았다. '1등급'에 든 사람들은 합격이고, '2등급'에 해당하는 사람들은 내년에 다시 시험을 치러야 했다.[8]

찰스는 제발 통과만 할 수 있기를 바라며 고대의 언어들을 머릿속에 꾸역꾸역 밀어넣었다. 그런데 페일리가 그의 구미를 당겼다. 페일리의 『기독교의 증거』는 (슈루즈버리에서 읽었던) 섬너의 책과 비슷했지만 훨씬 대단했다. 1805년에 세상을 떠난 페일리는 부유한 교구목사이자 국교회 대부제大副祭였고, 케임브리지 대학의 신학박사였다. 그는 이단이라는 혐의를 받을 여지가 있는 사람이지만, 적어도 그의 책만큼은 올곧은 신앙과 행동의 기준이었다.[9] 고결한 영국인이라면 누구나 그 책의 전제를 받아들였고, 케임브리지 대학의 모든 성직서임 후보생들은 그 책의 결론을 절대적으로 신뢰했다. 그 책에서 전개되는 냉철하고 명료한 논증은 기독교의 교의를 입증하고, 젊은 신사들을 기독교 변증자로 만들었으며, 국교회의 질서를 확고하게 떠받쳤다.

찰스는 페일리의 "논리"에 깊은 감명을 받아서 그것을 외다시피 했다. 그는 그 책의 빈틈없는 연역들에 매료되었다. 신이 존재한다면, 신은 분명히 자신을 드러낼 것이다. 그렇다면 기적을 행하는 것 말고 대체 어떤 방식으로 자신을 드러낼 것인가? 또한 수많은 역사적 증거가 있는 이상, 그러한 기적을 경험에 반한다는 이유로 부정할 수도 없다. 초기의 기독교도들이 예수의 기적을 부정하기보다는 차라리 박해를 감내했다는 사실만 봐도, 예수의 부활에 관한 신약성서의 기술을 존중해야 하지 않을까. 어떤 기적도 그렇듯 확실하게 입증된 적이 없다. 그러므로 기독교의 계시는 다른 가능성은 생각할 수 없는 진리인 것이다. "유대인 농부"는 실제로 신에게 이르는 길을 알려준 것이 맞다.

그렇다면 무엇이 달라졌을까? 『기독교의 증거』를 읽고 나서, 찰스는 현실정치에 대한 분명한 답을 얻었다. 페일리에 따르면, 기독교의 계시는 "미래의 보상과 처벌"이 존재한다는 사실을 입증해준다. 그리고 내세에서 응분의 대가를 치를 것이라는 논리는 현세에서 저지르는 행동을 규제하는 데에 매우 유용하다. 영원한 지옥이 없다면, 사람들이 자신의 의무를 다할 "동기가 사라지고" "인간의 규칙에 충분한 권위가 실리지 않게 된다." 반면 미래의 보상을 약속하면, 권력과 부의 불평등하고 "무작위적인 분배"라는 되풀이되는 문제가 해결된다. 현세의 부당한 처우가 내세에서 고쳐진다는 것을 받아들인다면, 굶주린 대중은 자신들의 곤경과 비천한 "사회적 지위"를 감내할 것이다. "이 한 가지 진리가 세상사의 성격을 바꾼다"고 『기독교의 증거』는 단언한다. 그것은 "혼돈에 질서를 부여한다. 즉, 도덕세계가 자연세계와 조화를 이루도록 만든다."[10]

다윈은 이 논증에 매료되었고, 페일리의 세계를 자신의 것으로 받아들였다. 케임브리지는 『기독교의 증거』와 조화를 이루는 세계였으며, 그 책에 쓰인 것과 같은 원리를 바탕으로 움직였다. 그곳은 신에 의해 권위가 부여되고 사회적 신분이 배정되며, 선에 대한 보상이 아낌없이 주어지는 만큼 죄에 대해서는 가차 없는 처벌이 가해지는 소우주였다. 이곳에서 "기독교 교의의 진실성"은 사실에 의거했으며, 찰스는 곧 그 사실들에 대한 시험을 치러야 했다. 심판의 날인 1830년 3월 24일 수요일, 그는 시험을 치르는 방으로 들어갔다. 그 시험에 미래가 걸려 있었기에 찰스는 그동안 "빈둥거린 것"이 마음에 걸려 몹시 "불안했다." 시험관들은 엄격했고, "수많은 질문들을" 했다. 하지만 다음 날 결과가 나붙었을 때 그는 쾌재를 불렀다. "나는 리틀 고를 통과했다!!! …… 나는 정말로, 정말로, 시험을 통과했다!" 시험에 통과하여 의기양양해진 그는 한시라도 빨리 곤충학으로 돌아가고 싶었다. "신이여, 딱정벌레와 제닌스 씨를 지켜주소서!"[11]

패니는 그의 인생에서 사라지고 있었다. 찰스는 그것을 분명히 알 수 있었다. 한 학기 내내 잠잠하더니, 그가 페일리를 탐독하고 있을 때 그녀에게서 쪽지가 도착했다. 그런데 그 내용이 화가 날 정도로 모호했다. 해명도, 사과도, 격려도 없이, 장황한 이죽거림뿐이었다. "왜 이번 크리스마스에 다녀가지 않았죠?" 패니는 따져 물었다. "아마 **친애하는 딱정벌레들이**…… 오지 못하게 했겠죠." 그녀의 빈정거림은 계속되었다. 그녀는 자신이 "스크로풀룸 모르투로룸"이라는 신기한 종을 잡았다고 전하는 것 말고는(병명을 학명처럼 쓴 것으로, 자신이 병에 걸렸다는 의미) 찰스를 "달려오게 만들 방법이 없었을 것"이라고 말했다. 이것은 취미인 그림그리기에 빠져 편지 한 통 쓸 시간조차 없었다는 사람이 할 말은 아니었다. 그녀는 자신이 실제로 그를 애타게 그리워했다는 인상을 주지 않으려고 수수께끼 같은 말을 늘어놓았다. 그녀는 크리스마스 휴가 탓에 "어려운 상태에 빠져" 재정난이 계속되고 있다고 한탄했다. "나의 재정은 매우 불쌍한 상태이며, 저당 잡힌 부동산은 **계산이 불가능**할 정도로 많아요." 그러면서 채권자들이 압박을 해오고 있기 때문에 채무자는 곧 감옥에 들어가게 될 것이라고 했다. "*돈이란 게 얼마나 끔찍한 것*인지 모르겠어요. 나는 그 말을 입에 올리기도 싫어요. 당신은 **그렇지 않나요?**" 그리고 그녀는 간접적인 표현으로 끝을 맺었다. "그것은 저속한 영혼들에게나 어울릴 뿐 *딱정벌레 사냥꾼*들과 그림붓을 조종하는 자들한테는 전혀 어울리지 않아요!!!"

그녀의 메시지는 해독하기 쉬웠다. 찰스는 행간을 통해 "돈"이 "사랑"을 뜻함을 미루어 짐작할 수 있었다. 이 어리석은 여자는 심중을 너무 드러내버렸다. 다른 남자들이 그녀에게 사랑을 독촉하고 있었다. 구혼자들("채권자들")이 그녀를 에워싸고 있었고, 결혼("채무자의 감옥")이 눈앞에 와 있었다. "하녀"와 "마부"의 관계도 숲속에서의 밀회도, 끝이었다. 크리스마스에 가지 않기를 잘했다. 종잡을 수 없는 여인네보다 "**친애하는 딱정벌레**"를 연모하는 편이 훨씬 안전했다. 적어도 그 벌레들은 더 쉽게 고정시킬 수 있었다. 시험을 통과했기 때문에, 그는 정말로 하고 싶은 일을 하면서 슬픔을 달랬다. 작년에 주문한 새 진열장이 드디어 도착했다. 그것은 표본을 진열하는 얕은 서랍들이 달린 "작고 화려한 진열장"이었다. 그는 잠시도 기다릴 수 없어서, 부활절 방학 동안 학교에 남아 라벨을 붙이고, 표본을 배열하고, 목록을 작성했다. 그는 폭스에게 "나를 케임브리지에서 불러낼 만한 일이 단 한 가지도 없습니다"라는 한숨 섞인

편지를 보냈다.[12]

케임브리지에 머물기로 한 또 한 가지 이유는 헨슬로였다. 헨슬로는 다윈에게 호감을 가지고 있었다. 아마도 매주 금요일 밤에 다윈이 자신의 말을 "열중하여 들었기" 때문이었을 것이다. 아니면 다윈이 끊임없이 질문을 해댔기 때문이었거나. 어느 쪽이든 헨슬로는 다윈에게 깊은 인상을 받았고 그를 가까이 두었다. 학기 말 무렵에는 그들이 대화에 푹 빠져 함께 거리를 거니는 모습이 사람들의 눈에 자주 띄었을 것이다. 다윈은 자신이 "성품이 온화하고 상냥한" 이 교수와 얼마나 많은 공통점을 가지고 있는지를 뒤늦게 깨닫고 있었다.[13]

헨슬로는 부유한 전문직 집안 출신이었다. 그는 다윈처럼 화학실험을 하고 자연물을 수집하면서 자랐다. 그의 아버지는 아들이 성직자가 되기를 고집하여 아들을 케임브리지 대학으로 보냈다. 하지만 과학이 훼방을 놓았다. 그는 학창시절에 수학을 잘했고, 화학과 광물학을 공부했으며, 자연학자들의 의무였던 조개껍데기와 곤충 채집도 꾸준히 했다. 이후 그는 자연사에 대한 학생들의 관심을 높이기 위해 자신의 지질학 개인교사였던 세지윅을 도와 케임브리지 철학회를 창설했다. 그는 26세의 젊은 나이에 광물학 교수가 되었으며, 1년 뒤 제닌스의 누이와 결혼했다. 그가 성직에 종사하게 된 것은 그때의 일이었다. 그는 연간 100파운드라는 별볼일 없는 봉급을 보충하기 위해 리틀세인트메리 교회의 목사보 자리를 수락했다. 그곳은 케임브리지 대학의 식물원에서 아주 가까웠다.

헨슬로는 지금 이 식물원에서 학생들을 가르치고 제자들과 함께 산책을 했다. 이것은 왕이 임명하는 식물학 흠정교수직에 오르면서 누리게 된 특전이었다. 그는 이 자리를 수월하게 얻었고, 강사료는 두 배로 올랐다. 전임자는 63년 동안 그 자리를 지켰는데, 30년 동안은 강의를 하지 않았으며, 심지어 그 대학 구내에 거주하는 것도 그만두었다. 그 사람은 식물원을 소홀히 했으며, 부속박물관을 엉망으로 방치해두었다. 헨슬로가 새로 부임하면서 모든 것이 바뀌고 있었다. 황폐한 식물원을 외곽의 좋은 장소로 옮기고 제대로 된 식물표본실을 만들려는 계획이 진행되고 있었다. 강의는 부활절 학기마다 개설되었고 실습을 병행했다. 실습시간에 학생들은 식물표본을 받아서 그것을 "직접 부위별로 해체했다."[14] 그 지역의 봄철 연례행사가 된 식물채집 여행을 나가면 학생들은 시골을 샅샅이 뒤지며 할 수 있는 한 많은 종을 채집했다.

찰스는 이 학기에 헨슬로와 함께 산책하면서 성직에 종사하는 학자의 인생이 얼마나 만족스러운 것인지를 처음으로 엿보았다. 그는 그랜트와 함께 에든버러 근처의 해변을 산책할 때 그랬듯이, 스승의 다재다능함에 "경외심을 느꼈다." 그런데 헨슬로 교수는 소택지 주변을 천천히 걸을 때 또 다른 재능을 내보였다. 식물채집 말고도 그에게는 봄마다 해야 하는 연례행사가 또 있었다. 그는 학생감의 임무도 맡고 있었던 것이다.

봄이 오면 젊은 남자의 마음이 산란해지기 마련이었다. 꽃들도 저마다의 매력을 한껏 뽐냈지만, 다른 아름다움도 유혹의 손짓을 해왔다. 시내 주변의 길가에는 청년의 방황하는 눈길을 사로잡는 수많은 꽃들이 있었다. 이 서식지는 그 식물학자 학생감의 순찰구역이었다. 헨슬로는 지난 학기부터 이 여성들을 "뿌리뽑아" 윤락여성 갱생원에 "옮겨 심었다." 야외 식물채집 기간인 4월과 5월에 헨슬로는 감시를 더욱 강화하여, 부활절 방학에만 여덟 명의 여자들을 잡아들였다. 헨슬로는 이상적인 법 집행관으로, "엄격하고 결연한 의지"로 일을 할 뿐 원한과 같은 "좀스러운 감정"에 얽매이지 않는 원리원칙주의자였으며, 언제나 "거짓 없고 겸손한" 사람이었다. 적어도 그 무렵 교수들에게 "헨슬로 교수와 함께 산책하는 사람"으로 불리고 있었던 찰스의 평가는 그러했다. "보면 볼수록 그가 더 좋아집니다"라고 편지에 쓴 다윈은 헨슬로에게 열광했다. "내후년 여름에는 그와 함께 신학을 공부해볼까 하는 생각을 하고 있습니다."[15]

　　그러나 당장은 식물이 그의 마음을 사로잡았다. 식물채집은 딱정벌레 채집만큼이나 재미있었고, 배울 것도 많았다. 다윈은 헨슬로의 식물채집에 적극적으로 참여했으며, 얼마 지나지 않아 보통 학생들보다 월등한 능력을 드러냈다. 5월 중순에 헨슬로 교수와 학생들은 채집망과 상자를 챙겨 역마차에 올라, 야생 은방울꽃이 자라는 갬링게이 황야까지 24킬로미터의 채집여행을 떠났다. 도착하자마자 다윈은 두각을 나타냈다. 그는 지금이 두꺼비 번식철이라는 것과, 날카롭고 간헐적인 떨림음은 희귀한 유럽두꺼비 울음소리라는 것을 알았다. 다윈은 그 두꺼비를 여러 마리 잡아서 모두에게 돌렸고, 그 덕에 헨슬로 교수에게 다윈 군은 "유럽두꺼비 파이라도 만들" 작정이냐는 얘기까지 들었다. 그날 오후에 다윈은 또다시 놀라운 것을 찾아냈는데, 그것은 지역에서 한 번도 발견된 적이 없는 아네모네였다.

　　1주일 뒤 이 자연학자들은 바지선을 타고 캠 강을 따라 보티섬과 그 주변의 소택지들을 향해 하류로 내려갔다. 축축한 늪지대에 도착하자, 일행은 배에서 내려 주변을 탐색했다. 몇몇은 진창에 발이 빠져가며 제비꼬리나비를 뒤쫓아서 헨슬로를 기쁘게 했다. 다윈은 그 일대를 오르락내리락하며 새로운 식물들을 찾았다. 그때, 질퍽질퍽한 둑길 건너편으로 식충식물인 통발류가 눈에 띄었다. 헨슬로가 무척이나 갖고 싶어하던 식물이었다. 자신의 능력을 보여주고 싶어서, 다윈은 장대높이뛰기봉을 써서(옛날에 딱정벌레 채집을 함께 다니던 친구 하나가 그 방법을 가르쳐주었다) 그 식물에 접근하기로 마음먹었다. 그는 봉을 힘껏 밀어 하늘로 몸을 치켜올렸다. 하지만, 힘이 딸렸다. 봉은 진창에 수직으로 꽂혔고, 다윈은 그 꼭대기에 대롱대롱 매달린 모양새가 되고 말았다. 창피했지만, 그는 봉을 타고 진흙바닥 위로 내려온 다음 그 통발류 쪽으로 힘겹게 걸어가 그것을 꺾어다가 헨슬로에게 주었다. 그날 저녁을 먹은 근처의 선술집에서는 다윈의 허세가 최고의 화제로 떠올랐다. 그들의 연례 식물채집은 거의 300종을 거두어들이며 성공리에 끝났다.[16]

헨슬로의 식물학 강의는 1주일에 닷새 동안 진행되었다. 78명의 학생들이 강의를 들었는데, 그 가운데에는 휴얼과 피콕 목사도 있었다. 다윈은 누가 봐도 "총애 받는 학생"이었다. 그는 실습일이면 일찍 와서 학생들이 쓸 식물바구니와 해부칼을 보조테이블에 준비해놓았다. 그리고 그는 헨슬로 교수에게 끊임없이 질문을 했다. "원 세상에, 다윈 군은 질문을 하기 위해 존재하는 사람 같군!"이라는 말을 헨슬로가 무심코 내뱉었을 정도였다. 물론 헨슬로는 자신의 지도가 열매를 맺고 있다는 것을 의식하고 있었다.[17]

다윈이 조숙했던 것이 쓸모가 있었다. 또한 에든버러 시절에 식물 같은 원시동물들, 아니 더 정확히 말하면 그 알의 자발적인 움직임에 관심을 가졌던 것도 도움이 되었다. 헨슬로에게 배우면서 다윈은 꽃가루로 초점을 옮겼다. 다윈이 어느 날 알코올에 잠긴 제라늄의 꽃가루를 현미경으로 보고 있는데, 꽃가루의 측면에서 "투명한 고깔 세 개"가 나왔다. 그리고 하나가 터지더니 "수많은 알갱이들을" 알코올 속으로 "매우 세차게" 뿜어내는 것이었다. 원시적인 알뿐만 아니라 그 안의 물질도 자가 활동력을 갖고 있는 것 같았다. 다윈은 그것을 헨슬로에게 보여주었지만, 헨슬로는 다른 방식으로 설명했다. 헨슬로의 설명에 따르면, 그 작은 알갱이들은 꽃가루를 구성하는 원자—아마도 생명의 궁극적인 물질—이겠지만, 거기에 생명력은 내재하지 않았다. 생명은 밖으로부터 물질에 부여되는 것이었다. 생명은 천부적인 것이고, 그 힘은 궁극적으로 신에게서 유래한다. "사변적인" 경향이 강한 자연학자들이 뭐라고 주장한다 해도, 자가 활동력을 지닌 생명 원자 따위는 없다.[18] 다윈은 그것과는 다른 설명—물질이 스스로 움직인다는 것—을 그랜트에게 들은 적이 있었다. 하지만 항변을 하지는 않았다. 다윈은 발견을 알리기 전에 때를 기다리는 법을 배우고 있었다.

그해 여름, 찰스는 그가 마지못해 '스위트홈'이라고 부른 슈루즈버리에 가기로 되어 있었다. 얼굴을 본 지 8개월이 넘은 아버지에게 미래의 계획에 대해 뭔가 설명을 해야 했지만, 찰스는 자신이 없었다. 그 일로 고민하던 찰스에게, 폭스도 오랫동안 만나지 못했다는 생각이 떠올랐다. 그럼 폭스를 마운트로 오라고 하면 어떨까? 슈루즈버리는 오스매스턴 홀에서 역마차를 두 번만 타면 닿을 수 있는 거리였다. 기껏해야 하루쯤 걸릴 것이다. 폭스도 함께 만나면 아주 편리할 테고, 게다가 아버지에게 보고하는 부담도 덜 수 있을 것이다. 또한 그동안 채집한 작은 물딱정벌레들을 자랑할 수 있을 것이다. 그것은 벰비디다이과Bembidiidae로, 그가 새로 구입한 진열장에는 그 과에 속하는 영국 종 가운데 3분의 2에 해당하는 208종이 들어 있었다. "빨리 답장을 주십시오." 찰스는 폭스에게 보내는 편지에 쓴웃음을 담아 이렇게 썼다. "슈루즈버리 계획에 협조하지 않으면 영원히 용서하지 않겠습니다."

　　폭스는 그러겠다고 했고, 찰스는 용기를 냈다. "더 빨리 와줄수록 좋습니다." 찰스는 짐을 싸면서 다시 편지를 보냈다. 폭스는 약속대로 마운트에 나타났지만, 그들의 재회는 엉망이 되고 말았다. 둘이서 보낼 시간이 없었을 뿐 아니라 일이 평화롭고 조용하게 해결되지 않았기 때문이다. 찰스는 리틀 고, 자연사, 헨슬로, 신학 등을 중심으로 한 지난 한 해의 일들을 아버지에게 보고했지만, 그의 낙천적인 보고도 식구들을 안심시키기에는 역부족이었다. 집에는 긴장이 감돌았다. 식구들은 찰스를 걱정했고, 로버트 박사는 계속 몸이 좋지 않은 상태였다. 결국에는 "언성을 높이고 얼굴을 붉히게" 되었으며, 찰스는 도망갈 궁리를 했다. 폭스가 떠나자 찰스는 호프를 비롯한 몇몇 친구들과 함께 웨일스 북부로 "곤충채집"을 떠났다.

이번 여름에는 입술이 말썽을 일으키지 않았다. 8월의 3주 동안 찰스는 언덕들을 쏘다니며 맑은 날은 딱정벌레를 채집하고 비 오는 날은 송어낚시를 했는데, 그러는 동안 "이기적이고 어리석은 호프 목사를 혐오하게" 되었다. 호프는 성직자치고는 꽤 멋진 진열장을 갖추고 있었지만 진정한 현장 자연학자는 아니었다. 다윈은 자신이 점점 우위를 점해가고 있다는 사실을 알 수 있었다. 헨슬로 교수를 모델로 삼은 그는 좀 다른 부류의 성직자가 되려 했다. 나는 호프나 제닝스와도 다르고, 심지어 폭스와도 다른 성직자가 될 것이다. 자연사에 대한 헌신이 뭔지를 보여줄 것이다. 상급 성직에 오르기를 기다릴 필요는 없다. 시골 교구목사 쪽이 오히려 더 좋을 수도 있다. 그는 다시 앞날에 희망을 갖기 시작했다. 바머스에서 그는 폭스에게 편지를 써서 폭스가 성직서임 시험을 위해 읽고 있는 책이 무엇인지 물어보았다. 그러고 나서 웨지우드가의 사촌이 교구목사로 있는 메이어로 떠났다. 그는 총성 한 방으로 자고새 사냥철을 개시할 기대에 부풀었고, 올해 한 번만은 "교구에 대한 조금의 두려움도 없이" 즐겨보고 싶었다.[19]

사냥 성적은 형편없었지만, 그는 딱정벌레를 잡고 열두 살 연상인 외사촌 샬럿에게 추파를 던지는 것으로 그것을 보상했다. 9월 10일, 기분 좋게 집으로 돌아온 찰스는 패니한테서 온 편지를 보고 깜짝 놀랐다. 그 편지에는 "아버지의 바람"이 적혀 있었다. 그 엄격한 향사는 찰스가 늘 그랬던 것처럼 우드하우스에서 "자고새 몇 마리를 사냥하기를" "모쪼록 기대하고" 있었다. 그런데 이번에는 찰스와 남자 대 남자로 이야기를 하고 싶다고 했다. 그것도 일주일 안에. 어렴풋이 용건을 눈치 챈 찰스는 말을 달리며 최악의 상황을 각오했다. 예상대로 그것은 형식적인 절차였다. 찰스는 소식을 제일 먼저 알려야 할 사람들 가운데 하나였던 것이다. 오언이 찰스에게 품었던 호의와 기대를 생각하면 놀라운 일도 아니었다. 소식이란, 패니가 곧 약혼을 한다는 것이었다. 결혼상대는 그 지역 토리당 의원의 형제이자 성직자인 존 힐이었다. 존 힐은 지난겨울을 브라이턴에서 그녀와 함께 지냈다. 찰스가 의심에 사로잡혀 괴로워하며 케임브리지에 틀어박혀 지냈던 바로 그 겨울의 일이었다. 모두가 그 남자를 '더 힐 The Hill'이라고 불렀다.

　　3주 뒤 찰스는 학교로 돌아왔다. 그는 새로 산 커다란 갈—"16손바닥너비＋1인치"(163센티미터)—을 타고 이 언덕 저 언덕을 난폭하게 달려 케임브리지로 왔다. "그 불쌍한 짐승은 너무 지쳐서 발두 꿈치로 서 있는지 머리로 서 있는지 알 수 없는 지경이었다." "나는 확실히 녀석과 사랑에 빠졌습니다"라고 찰스는 한탄하듯 말했다. "딱정벌레도 자고새도, 그 무엇도 내게는 아무런 의미가 없습니다." 심지어 패니도 마찬가지였다. 그녀는 찰스가 슈루즈버리를 떠나기 전에 듣하게 편지를 보내, 손수 그린 그의 초상화를 보냈다. 그녀는 "다음번에 아버지의 숲을 방문해준다면" "거짓말이 아니라 정말로" 더 멋진 초상화를 그려주겠다고 약속했다. 이것은 감정을 자극하는 상투적인 수법이 아니었을까. 어쨌든 패니는 본인도 인정했듯이 영원히 "'숙녀처럼' 쓰는" 법을 배우지 못할 것이다.[20] 이제 패니 오언은 지난날의 여인이었다. 차라리 갈이 더 믿음직했다.

나라 안 정치사정이 긴박하게 돌아가고 있었다. 파리가 또다시 혁명으로 치닫고 있는 것을 영국은 아연하게 바라보았다. 1830년 7월, 반동적인 프랑스 왕 샤를 10세는 의회를 해산해버렸다. 공화주의자 노동자들과 학생들은 바리케이드를 쳤고, 주식시장은 붕괴했으며, 노트르담 대성당 꼭대기에는 삼색기가 펄럭였다. 군인들이 반란을 일으켰고, 루브르 박물관은 공격을 당했으며, 튈르리 궁전이 약탈당하고, 공화제가 선포되었다. 1주일 뒤 프랑스 왕은 도망쳐, 다윈이 웨일스에서 딱정벌레를 채집하고 있을 때 영국에 도착했다. 프랑스에서는 '국민의 왕' 루이 필리프가 권좌에 오른 가운데, 중간계급이 정치를 좌지우지했다.

성직자들도 권력을 잃었다. 가톨릭교회는 이제 프랑스의 국교가 아니었다. 토리당 정부가 도망친 프랑스 왕을 국내에 보호하자, 휘그당의 개혁파는 이를 정치적으로 이용하여, 만일 의회를 개혁하고 민주주의를 확대하지 않으면 영국의 '7월 혁명'을 각오하라고 경고했다. 찰스가 학교로 돌아온 가을, 타협을 모르는 토리당 총리 웰링턴 공은 완강하게 버텼고, 주식시장은 출렁였다. 거리의 급진파는 분노를 폭발시켰다. 그들은 공정한 임금, 노동조합의 힘, 선거권을 요구했으며, 무엇보다도 부유한 교구목사들의 몰락을 원했다. 공화주의자 무신론자들은 리처드 칼라일이 최근에 새로 문을 연, 템스 강의 남쪽 강변에 있는 다 쓰러져가는 원형극장인 로턴다에 집결했다.

칼라일은 자신의 동료인 반기독교 선교사 로버트 테일러 목사에게 로턴다를 맡겼고, 그 배교자 목사는 로턴다의 강당에서 1주일에 몇 차례 설교를 했다. 화려한 성직자복을 입은 테일러는 그곳에 모인 숙련공들 앞에서 이단 통속극을 상연하고 과격한 설교를 했다. 일요일에 있었던 '악마'에 대한 두 차례의 심한 설교에서, 그는 "신과 악마는…… 하나이며 똑같은 존재다. …… 지옥과 지옥불은…… 원라 신을 부르는 별명과 호칭일 뿐이다"라고 선언했다. 이 때문에 그는 '악마의 사제'—다윈의 마음속에 평생토록 각인된 꼬리표— 라는 별명을 얻었고, 그의 설교는 평판이 나쁜 삼류지 『악마의 설교사 *The Devil's Pulpit*』에 실려 수천 명에게 전달되었다. 11월에 접어들어 웰링턴 내각이 무너지던 날, 설교단에서 국교회를 강하게 비난하는 테일러의 머리 위 지붕에서는 삼색기가 산들바람에 나부끼고 있었다.[1)]

국교회 성직자들은 초조한 심정으로 이것을 바라보고 있었다. 정치적 불확실성이 커지고 있었기 때문에, 많은 성직자들은 교회와 국왕을 지켜줄 세력은 역시 토리당밖에 없다고 생각했다. 케임브리지는 한때 개혁주의 성향으로 유명했지만, 학생감들은 단호하게 오른쪽으로 움직였다. 이곳의 철저한 휘그당원들은, 졸업시험 준비에 한창인 학생조차도 행동을 조심할 필요가 있었다.

그 무렵 다윈은 두 달밖에 남지 않은 자신의 시련을 위해 "필사적으로" 공부에 매달리고 있었다. 딱정벌레 채집도 중단했다. 오직 금요일 밤에 열리는 헨슬로의 야회에 갈 때만 자유의 몸이 되었다. 그 무엇도 야회를 빠져야 할 이유가 되지는 못했다. 이따금씩은 조금 일찍 가서 헨슬로의 가족과 함께 저녁을 먹었는데, 헨슬로 부인은 다윈의 눈에 "괴상한 사람"으로 보였다(그녀가 첫 아이를 가졌다는 사실을 다윈은 알 도리가 없었을 테니까). 어쨌든 헨슬로는 정말 마음에 들었다. 그는 "지금까지 만나본 사람 중에 가장 완벽한 사람"이었다. 그들은 점점 더 가까워졌고, 그의 산책 동무는 이제 그의 개인교사이기도 했다. 헨슬로가 가르치는 과목은 수학과 신학이었는데, 다윈으로서는 때마침 잘된 일이었다. 그에게는 자신의 개인교사와 함께 공부하는 시간이 "하루 중 가장 즐거운" 시간이었다.[2]

헨슬로가 "조금 기이한 종교적 견해"를 지니고 있다는 소문이 나돌았지만, 다윈은 그 증거를 전혀 찾아볼 수 없었다. 페일리의 『도덕철학과 정치철학의 원리』에 대한 그들의 토론만 놓고 봐도, 헨슬로가 정통적 견해를 지니고 있다는 데는 의심의 여지가 없었다. 그 책으로 말하자면, 최종시험을 위해 반드시 이해해야 하는 책이었지만―역시 시험과제인 『기독교의 증거』와는 달리―지금 케임브리지에서는 신뢰받는 지침서라기보다는 구색 맞추기용일 뿐이었다. 오래되고 시대에 뒤떨어진―1785년에 출간되었다―그 책은 곰팡내 나는 골동품 지식으로서, 늙은 전통주의자들에게는 가보였지만 또 다른 사람들에게는 쓸모없는 쓰레기였다. 자유주의자 사도들이나 시미언의 복음주의자 일단도 이 책을 비판했으며, 세지윅이나 휴얼 같은 학생감들은 이 책을 무가치한 것으로 여겼다.[3] 그들의 눈에 이 책은 세속적이고 위험해 보였다.

종교에 열심이지 않았던 다윈조차 헨슬로에게 정치교육을 받으면서부터 이 정도는 알고 있었을 것이다. 페일리의 사상은 지나간 시대의 사상이었다. 기독교가 이성적인 인간의 신앙이고, 이성적인 인간이 세상을 지배했던 시대 말이다. 그 당시 교회는 결코 변화는 일어나지 않을 것이라고 생각하면서 무사태평하게 지냈다. 페일리는 민주주의를 옹호하는 논증들을 무시하지 않았지만 이것에 반대했고, 의회가 국가를 대표하지 못하고 있는 현실을 인정하면서도 커다란 불평등을 지지했으며, 법 집행의 결함을 인정하면서도 가혹한 법률을 옹호했다. 페일리는 전적으로 자연적 추론에 의거하여 옳고 그름을 판단했으며, 이에 대해 모두의 동의를 이끌어낼 수 있을 것이라고 확신했다.

다윈은, 페일리는 군주나 국가가 초자연적으로 지지될 수 없다고 생각했다는 사실을 알게 되었다. 단순한 '편의주의'가 페일리의 법칙이었다. 국민은 정부에 복종할 의무가 있지만, 단 전제가 있었다. "대중은 불편을 느끼면 언제든 정부에 저항하거나 정부를 변화시킬 수 있다." 페일리는 신중한 어조로 대중의 저항을 인정했다. 불평불만과 해결에 대한 요구가, 이 요구를 받아들일 경우 사회에 가해질 위험과 비용보다 더 크고 중요하다면, 저항도 정당화될 수 있다는 것이다. 그러면 이 판단은 누가 하는가? 페일리는 차분하게 물었다. "'각자 자신을 위해서 판단한다'는 것, 이것이 우리의 대답이다."

1830년에 이것은 대담한 발언이었다. 페일리의 이단적인 정치적 견해는 이것만이 아니었다. 다윈은 페일리에게는 국교회도 신성불가침의 영역이 아니었다는 사실을 알게 되었다. 교회는 "기독교의 일부가 아니다." 페일리는 저서의 한 악명 높은 장에서 이렇게 선언했다. 교회는 신앙을 불어넣는 수단일 뿐이었다. 그는 교회의 권위는 "유용성"에서 나온다고 했다. '39개 신조'에 대한 서명도 마찬가지였다. 영국 국교회의 39개 신조는 배타적인 구역을 정함으로써 적대적인 무리를 성직으로부터 배제하고 있었다. 그러므로 39개 신조에 대한 서경을 요구하는 것은 "질서와 안정"을 유지하는 역할을 수행할 것이다. 그러나 안정된 1785년에는 39개 신조가 불필요해 보였고, 따라서 페일리는 39개 신조를 폐지해야 한다고 생각했다. 또한 그는 39개 신조에 서명한다고 해서 "그 안에

포함된 모든 신조를 실제로 믿는 것"은 아니라고 생각했다.[4]

헨슬로는 이 대목에서 생각이 달랐다. 그는 페일리처럼 교리에 대한 느슨한 태도를 갖고 있지 않았다. 그레이 경의 새로운 휘그당 내각에 합류한 케임브리지 대학 하원의원인 파머스턴 경을 지지하여 당을 바꾼 것을 보면, 헨슬로는 개혁에는 온정적이었던 것 같다. 하지만 그는 다윈에게, 자신은 39개 신조를 매우 중요하게 생각하기 때문에, "만일 단어 한 개라도…… 바뀐다면 비통한 심정을 금치 못할 것"이라고 엄숙하게 말했다.[5] 국교회 체제는 강건하게 유지되어야 했다. 무엇보다도 시대가 불안했기 때문이다. 국교반대자들이 평등과 종교의 자유를 부르짖고 있는 이 와중에 성급하게 개혁을 추진하려 한다면, 페일리는 심각하게 생각해 보지 않았던 결과인 국교회 폐지를 부를 수도 있었다. 더 나쁜 것은, 거리의 급진파가 페일리의 견해를 자신들에게 유리하게 이용한다는 사실이었다. 그들은 아주 단순화시킨 편의주의적 입장에서 폭동을 정당화했다. 그들은 권위에 복종할지 말지는 "각자 자신을 위한 쪽으로" 결정해야 한다고 부르짖고 있었다.

다윈이 헨슬로의 개인수업을 들으며 권위를 존중해야 한다는 것을 배울 때, 잉글랜드 전역에 이 외침이 울려 퍼지고 있었다. 시민들은 거대한 불복종 시위로 이에 응답했다. 줄어드는 임금과 굶주림은 농민들의 분노와 좌절을 불러일으키고 있었다. 런던 근교의 여러 주에서부터 잉글랜드 중부와 이스트앵글리아에 이르기까지, 시위대는 사납게 날뛰었다. 지주와 목사들은 일련의 요구와 함께 협박을 받았다. 그리하여 그들의 건초 더미가 불타고, 헛간이 털리고, 탈곡기들이 부서졌다. 봉기는 11월 중순에 케임브리지셔에까지 이르렀다.

다윈이 페일리의 책을 탐독하고 있는 동안 북쪽의 외진 마을에서는 방화공격이 시작되었다. 12월 2일, 방화범들이 케임브리지 서쪽 3킬로미터 지점인 코튼까지 도달했으며, 남쪽과 동쪽의 작은 마을들에서는 임금 폭동이 발발했다. 대부분이 성직자인 치안판사들은 12월 3일 금요일에 케임브리지 시내에서 만나, 칼리지를 방어하기 위한 계획을 세웠다. 항간에 떠도는 소문에 따르면, 체리 힐튼과 보티섬을 비롯한 여러 마을의 노동자들이 만일 자신들의 요구가 받아들여지지 않을 경우 장날에 케임브리지로 밀고 들어올 계획을 세우고 있다고 했다. 그들은 반월―그곳 자체가 "온갖 종류의 품행이 좋지 않은 사람들로 가득한 곳"이었다―을 통해 시내로 들어와, 장이 열리는 광장을 점거할 예정이었다. 치안판사들은 이 시위가 "대대적인 시민봉기"의 도화선이 될까봐 두려웠으며, 당국의 힘을 보여주는 것만이 그것을 막을 수 있는 방법이라고 생각했다. 그들은 특수경찰대를 모집했고, 800명에 이르는 상인, 목사보, 학생감, 학생들이 임명을 받기 위해 시청에 집결했다.[6]

　주말은 폭력사태 없이 지나갔고, 대학들은 공격을 피했다. 억지력은 효과가 있었다. 그런 한편 케임브리지 대학은 현상現狀을 방어하는 일에는 경험이 아주 많았다. 이 무렵 다윈은 그 사실을 어느 때보다 잘 알게 되었지만, 한 사소한 사건으로 그것을 더욱 확실하게 깨달았다. 공부에 지친 어느 날 그는 허버트를 설득해 말을 타고 딱정벌레를 찾으러 소택지로 나갔다. 그날 밤 지쳐서 돌아온 그들은 다윈의 방에서 저녁을 먹고 안락의자에서 그대로 잠이 들었다. 허버트는 새벽 세 시에 깨어나 공포에 질리고 말았다. 통금을 어기게 된 그는, 엄격한 교칙은 아무도 봐주는 법이 없다는 것을 잘 알았기에 최악의 상황이 두려웠던 것이다. 불안은 적중했다. 세인트존스 칼리지의 학장은 인정사정없었다. 그리하여 여섯 명가량의 제자를 거느린 성실한 개인교사인 허버트는, 그동안 한 번도 교칙을 어긴 적이 없었음에도, 학기의 남은 기간 동안 칼리지 밖으로 나가지 못하는 금족령 처분을 받았다. 허버트의 친구들은 "화가 머리끝까

지 치솟았고", 학장의 "부당한 처사와 폭정"에 대한 다윈의 "분개"는 걷잡을 길이 없었다.[7]

다윈은 크리스마스 휴가 동안에 학교에 남아 벼락치기 공부를 했다. 그는 "너무 괴로워서 아무것도 즐겁지 않았다." 폭스의 방문조차 마찬가지였다. 이제야 폭스가 2년 전에 겪은 고통이 어떤 것인지 알 듯했다. 이 최종 시험—3일 동안 치러지는 필답고사—은 1831년 1월 셋째 주로 잡혀 있었다. 마침내 그날이 되어, 다윈은 다시 한 번 평의원 회관의 차가운 대리석 바닥을 걸어 지정된 책상 앞에 앉았다. 오전시간은 온전히 호메로스에 매달렸고, 오후시간은 내내 베르길리우스에 매달렸다. 하지만 첫날의 시험은 썩 잘 보지 못했다. 다음 날은 아침을 먹고 나서 페일리의 『기독교의 증거』에 대한 12개의 질문을 풀었고, 점심을 먹은 뒤에는 『도덕철학과 정치철학의 원리』, 로크의 『인간오성론』에 대한 문제들을 가볍게 해치웠다. 이날은 시험을 아주 잘 보았다. 마지막 날은 두려운 수학시험이었다. 그러나 기하학의 증명 문제를 잘 풀어서, 계산 문제와 대수학 문제를 망친 것을 메울 수 있었다. 그리고 물리학 문제—통계학, 역학, 천문학—는 그런대로 잘 풀었다.

주말에 결과가 나붙었을 때, 다윈은 어리둥절하면서도 자랑스러웠다. 그는 합격자 명단에 있는 178명 가운데 10등을 했다. 마침내 학사학위를 따냈다! 그는 기진맥진했고, 묘하게도 기분이 우울했다. "학위가 왜 이렇게 사람을 비참하게 만드는지 그 이유를 알 수 없습니다." 다윈은 폭스에게 보내는 편지에서 이렇게 한탄했다.[8]

그러나 아무리 내키지 않더라도 축하파티는 열어야 했다. 다행히 도와줄 친구들이 곁에 있었다. 허버트와 휘틀리는 이미 학위를 땄으며, 슈루즈버리 출신의 캐머런은 이번에 시험을 통과했다. 이들—다윈과 네 친구—은 '대식가 클럽'의 회원이었다. 이 모임의 목적은 "특이한 살점" 을 먹는 것이었다. 대식가들은 미식을 추구하지도 않았고, 실제로 대식을 하지도 않았다. 회원들은 한 주에 한 번씩 돌아가면서 각자의 방에 모여 학교 요리사가 호의를 베풀어 요리해주는 드문 음식을 조금씩 먹었다. 회원 가운데 한 사람이 이제껏 "인간의 입맛이 경험하지 못한" 새나 짐승을 구해왔다. 그러나 특이한 음식을 향한 집단식욕은 오래가지 않았다. "늙은 솔올빼미"를 먹어보려다가 크게 실망하고부터, 대식가 클럽—다윈이 회장이었다—은 블랙잭과 포트로 마무리하는 전통적인 음식 쪽으로 돌아섰다.[9] 다윈은 비로소 한숨을 돌렸다.

이들은 품위 있는 사람들이었고, 대부분이 오래된 친구들이었다. 대식가 클럽의 다섯 회원은 성직에 오르기 위해 공부하고 있었으며, 그 가운데 제임스 헤비사이드는 수학훈장을 받은 시드니서식스 칼리지의 개인교사였다. 하지만 이 예비 성직자들이 모두 헤비사이드 같았던 것은 아니다. 헨리 매슈는 예외였다. 시골 교구목사의 아들로 태어난 그는 이미 옥스퍼드에서 쫓겨났으며, 트리니티 칼리지에서도 겨우 1년을 버티고 시드니서식스 칼리지로 옮겼는데, 이곳에서 헤비사이드가 그의 개인교사가 되면서 다윈을 소개시켜주었다. 매슈는 멋쟁이였고, 악동이었으며, 천재였다. 그는 그해에 유니언 토론학회Union Debating Society 회장으로 선출되었지만, 사회적 체면을 경멸했으며, 자신의 위치에 걸맞게 행동하기를 거부했다. 해충의 표본인 그는 학생감이 눈치를 채기도 전에 이미 자멸의 길에 들어서 있었다.

다윈은 이 모두를 가까이서 지켜보았다. 시드니서식스 칼리지는 크라이스트 칼리지 바로 옆이라서 다윈은 매슈의 방에 자주 놀러갔다. 그는 매슈가 문학작품을 줄줄 인용하는 것을 보고 깜짝 놀랐으며, 자유분방한 매슈를 동경하기도 했던 것 같다. 매슈가 과학을 조롱해도, 딱정벌레 채

집가보다는 모세를 "세속적인 우주창조론의 권위자"로 삼아야 한다고 믿
어도, 신경 쓰지 않았다. 심지어는 진을 벌컥벌컥 들이켜는 것도 참을 수
있었으며, 이따금씩은 함께 마시기도 했다. 매슈에게는 사람을 끌어당기
는 뭔가가 있었다. 다윈은 자신이 이 소용돌이 속으로 빨려 들어가고 있
는 것을 느꼈다.

그러던 어느 날 진실이 밝혀졌다. 매슈는 유부남이었다. 그런데 그
게 전부가 아니었다. 그는 매춘부와 결혼했으며, 게다가 지금은 다른 여
자를 사랑하고 있었다. 사생아도 한 명 있었다. 이 모두가 23세 남자에게
일어난 일이었다. 매슈는 심각한 곤란에 처했으며, 어느 날 홀연히 사라
졌다. 아무도 그가 어디로 갔는지 알지 못했다. 그런데 다윈이 시험에 통
과한 지 2주가 지난 어느 날, 매슈의 편지가 도착했다. 매슈는 런던의 더
러운 다락방에 숨어 지내면서 정기간행물에 연애시를 팔아 근근이 살고
있었다. 여자들이 편지를 보내 그를 괴롭히고 있었으며, 그는 "사생아 사
건으로" 소환을 받아 "소송비, 미불금, 한 분기에 대한 선불금을 지불할
1파운드 금화 한 개를 주머니에 넣고" 판사 앞에 출두해야 했다. 다음 차
례는 보나마나 감옥행이었다. 다윈은 동정심을 느껴 매슈가 더 이상의 처
벌을 받지 않도록 "넉넉한 돈"을 송금해주었다.[10]

다윈은 6월까지 케임브리지에 남아 있어야 했다. 이제는 시골 교구목사
가 되기 위한 준비를 시작해야 할 때였다. 폭스는 마침내 성직서임 시험
을 통과하여 노팅엄 근처에 목사보 자리를 얻었다. 다윈은 "나도 겪어야
할…… 그날"에 대비하여 폭스에게 어떤 심정이었는지, 무슨 신학책을
얼마나 깊이 읽었는지 따위를 물었다. 딱정벌레 철이 시작되었기 때문에
다른 활동무대도 열렸다. 제닌스는 교구목사 자연학자의 교과서 같은 사
람이었으며, 다윈은 그의 암울한 표정들의 행간에서 우정을 읽는 법을 깨

우쳤다. 그는 이따금씩 스와팸 불벡으로 달려가, 저닌스와 함께 소택지들을 샅샅이 훑거나 보티섬 홀에 있는 제닌스의 숲을 뒤지며 진열장을 채울 딱정벌레를 잡았다. 성직서임은 아직 멀었기 때문에, 그들은 성직자의 여가활동에 몰두했다.[11]

그러나 다윈은 머릿속으로는 헨슬로에게 이끌려 더 먼 곳을 누비고 있었다. 두 사람은 식물학 강의에서, 금요야회에서, 채집여행에서 계속 만났다. 다윈에게 미래는 점점 더 구체적으로 다가왔다. 그는 앞으로 어떤 사람이 되고 싶은지에 대한 꿈이 생겼다. 다른 누구보다 헨슬로 같은 사람—성직자 자연학자나 교수—이 되고 싶었다. 이 꿈은 아버지도 인정해주실 것이다. 사실 헨슬로와 다윈은 거의 같이 살다시피 했는데, 그동안 다윈은 헨슬로의 생활방식이 자신에게 잘 맞는다는 것을 알았다. 다윈은 "그를 사랑하는 건지 존경하는 건지, 나도 모르겠다"고 곤혹스럽게 고백했다.[12] 이렇게 마음이 잘 맞는 사람보다 더 자신의 앞길을 잘 이끌어줄 사람이 누가 있겠는가? 헨슬로는 성직서임을 준비시키고, 교회로 가는 길을 안내해줄 것이다. 그의 충고는 큰 도움이 되리라.

또한 헨슬로가 걸어온 길도 참고가 되었다. 헨슬로는 성직에 오르려고 서두르지 않았다. 그러니까 그가 성직에 취임한 것은 결혼을 하고 교수가 되고 나서였다. 그때까지 그는 독서와 여행을 하는 등 거의 모든 기회를 이용해 견문을 넓혔다. 찰스는 이것이 이상적이라고 생각하며 헨슬로의 전례를 따르기 시작했다. 시험도 끝나고 졸업식만 남아 있는 가운데, 그는 독서에 빠져드는 한편 시골 교구로 갈 때까지의 시간들을 어떻게 쓸지 이런저런 공상을 했다.

폭넓은 독서는 필수였다. 그것은 더 넓은 세상으로 가는 여권이었다. 페일리의 책은 항상 깊은 인상을 주었다. 다윈은 이제 이 국교회 대집사가 쓴 유명한 삼부작 가운데 마지막이자 그의 학문체계의 핵심인 『자연신학』을 집어들었다. 이 책에서 페일리는 인생을 선과 기쁨으로 넘치는 아름다운 것으로 그렸다. "인생"은 "기쁨에 가득 찬 존재들"로 넘쳐나는 "행복한 세상"이었다. "봄날 오후나 여름날 저녁, 나는 눈을 돌리는 곳마다 수많은 행복한 무리를 볼 수 있다." 페일리에게 인생은 여름날 목사관 잔디밭에서 즐기는 티타임이었다. 윙윙거리는 벌 떼와 발랄한 딱정벌레들은 신의 자애를 입증한다. 세상은 선하고, 삶은 행복하다. 모든 존재가 주위환경에 알맞게 적응되어 있기 때문이다. 인간을 포함한 모든 동물은 신의 작업장에서 만들어진 복잡한 메커니즘이며, 세상 속 각자의 자리에 딱 맞게 만들어져 있다. 이들은 설계된 것이 너무나도 분명하며, 그러므로 설계자가 있는 것이 틀림없다. 페일리는, 신이 존재한다는 사실을 보여주는 이런 합리적인 증거야말로, 인간이 계시의 표시를 찾고 시민의 의무를 지키도록 만든다고 생각했다.

다윈에게 이것은 세상을 바라보는 다른 방식이었다. 이 세계관은 에든버러에서는 심지어 조롱의 대상이기조차 했던 것이다. 또한 이것은 할아버지 이래즈머스의 생명이론과도 맞지 않았다. 페일리는 이래즈머스 할아버지와 그랜트 박사가 가르친 것과 달리, 생명이 없는 원자에는 내재하는 지성도 고유한 생명력도 없으며, 생명 물질도 그 자체로는 지성과 생명력을 지니고 있지 않다고 생각했다. 반면 할아버지의 이론은 생명체를 계획하고 만드는 "설계를 하는 지적인 마음"을 상정하지 않는다는 점에서 "무신론과 일치한다."[13] 그런데 페일리에 따르면, 신만이 세상을 창조하고, 세상에 생명을 불어넣고, 모든 것이 제대로 돌아가도록 관리할 수 있다.

다윈은 고개를 끄덕였다. 페일리와 자신의 할아버지는 헨슬로와 그랜트만큼이나 엄청나게 다른 생각을 지니고 있었다. 그리고 페일리는 케임브리지 대학의 학생에게 할아버지의 과학이 옳다는 것을 입증할 증거가 없다고 이야기했다. 하지만 어떤 종류의 '증거', '사실', '자연 법칙'을 받아들일 수 있고, 이들을 어떻게 입증할 수 있을까? 다윈은 윌리엄 허셜 경(천왕성을 발견한 사람)의 아들이며 천문학자이자 물리학자인 과학계의 원로 존 허셜 경이 새로 펴낸 두툼한 책을 읽으며 이 문제를 고민했다. 그해는 가히 존 경의 해였다. 존 경은 휘그당으로부터 기사작위를 받았고, 얼마 전에 『자연철학 연구에 관한 예비 논의』라는 거창한 제목의 저서를 출간했다. 이 책은 다윈을 자극했다. 다윈은 이 책에서 과학적 설명의 무한한 가능성을 엿보았으며, 학문의 모든 갈래가 빠르게 발전하고 있다는 사실을 알았다. 다윈은 허셜의 다음과 같은 주장에 밑줄을 그어놓았다. "과거의 축적된 지식"을 바탕으로 "강력한 정신 능력을 발휘한다면, 우리가 통찰하지 못할 것이 무엇이며……, 우리가 기대하지 못할 것이 무엇인가?" 무엇이든 할 수 있었다. 지그시 눈을 감은 다윈의 가슴에 과학을 향한 "불타는 열정"이 들끓었다.[14)]

　　또한 다윈은 헨슬로가 적극적으로 추천하는 책 한 권을 빌려보았다. 그것은 폰 훔볼트의 『남아메리카 여행기*Personal Narrative*』로, 다윈이 예전에 읽으려고 시도했다가 중도에 포기한 책이었다. 일곱 권의 총 3,754쪽에 달하는, 세기 초의 남아메리카 여행기를 읽는 것은 상당한 지구력이 필요한 일이었다. 이번에는 온 신경을 모아 그 책을 읽었다. 헨슬로는 세계일주를 떠나 "거의 알려지지 않은 지역을 탐구"하며 새로운 종을 발견하여 과학에 이바지하려 했던 자신의 이루지 못한 야망을 털어놓은 적이 있었다. 헨슬로는 오랫동안 아프리카에 가기를 염원했지만, 영영 가망이 없어지자 "우울하고 기운이 빠졌다." 이제는 그 꿈은 실현 불가능했으며, 대신 대학을 졸업하고 나서 지질학 탐사를 위해 갔던 와이트 섬과 맨 섬에 대한 추억에 만족했다.[15)] 하지만 다윈은 걸릴 것이 없었다. 헨슬로가 총애하는 제자는 탐사하기에 알맞은 섬을 찾을 수 있을 것이다.

아직 어리고 자유롭지 않은가. 이 기회를 놓친다면 평생 후회하게 될지도 모른다. 읽어야 할 신학책들을 가지고 갈 수도 있을 것이다.

다윈에게 필요했던 것이 이러한 자극이었다. 그는 허셜의 책이 불러일으킨 감흥이 채 가시지 않은 상태에서 훔볼트의 책을 독파했다. 모든 것이 아귀가 착착 들어맞는 듯했다. 열대의 풍경은 오래전부터 그를 매혹시켰다. 에든버러에서 자유노예에게 들은 이야기들도 그랬고, 피츠윌리엄 미술관에서 본 여행자들의 멋진 판화도 그랬다. 그리고 저지대의 울창한 수풀과 험준한 화산지형이 있는 카나리아 제도의 테네리페 섬에 대한 훔볼트의 이야기는 숨이 막히도록 매혹적이었다. 그곳에 못 갈 이유가 무엇인가? 헨슬로도 함께 갈 수 있을 것이다. 카나리아 제도는 아프리카의 차선이다. 사실 아프리카의 앞바다에 있지 않은가. 그곳은 식물학상의 난제는 물론 신의 세상을 보는 눈을 열어젖힐 것이다. 다윈은 헨슬로의 식물채집 여행에서 일을 도모했다. 그는 훔볼트의 책에서 동료들의 구미를 당길 만한 긴 문단들을 낭독했다. 테네리페 섬의 "반짝이는 모래사장"과 "적막한 숲"에서 발견하게 될 새로운 종들을 상상해보라. 거기에 가면 "거대한 용나무"를 볼 수 있으며, 화산 꼭대기도 오를 수 있으며…….

반응은 엇갈렸다. 헨슬로와 다른 세 명만이 관심을 보였다. 하지만 그 정도면 충분했다. 찰스는 아버지의 의견을 듣기 위해 부활절에 슈루즈버리로 급히 달려갔다. 여행은 1년도 아니고 한 달이면 충분했다. 비용은 싸지 않았지만, 그것은 케임브리지 대학을 다니는 비용도 마찬가지였다. 로버트 박사가 이 사실을 오죽이나 잘 알았겠는가. 박사는 그동안의 빚을 정산하기 위한 "200파운드짜리 수표"를 찰스에게 건네면서 여행을 가도 좋다는 허락을 내렸다. 모든 것이 떠나라는 신호를 보냈다.[16]

이제 찰스를 막을 수 있는 것은 아무것도 없었다. 생각해주는 척하는 패니의 편지조차도. 그녀는 "번거롭게 하는 게 아닌지 모르겠지만", 슈루 즈버리에서 물감과 "작은 붓 대여섯 개만" 구해서 우드하우스로 가져다 주면 좋겠다고 말했다. 또한 재미있게 읽을 수 있는 "먹음직스러운 책 한 권"도 잊지 말라고 당부했다. 찰스는 거절하지 못하고 황급히 패니에게 달려갔다. 그러나 비록 패니가 원하는 것이 자신이 간직할 찰스의 초상화 를 그리는 일이었다 해도, 찰스에게는 다른 급한 용무가 있었다. 이래즈 머스가 런던에서 그를 기다리고 있었다.

찰스가 4월 15일 주말에 런던에 도착했을 때, 영국의 수도는 흥분에 휩싸여 있었다. 6주 전에 총리인 그레이 백작이 대대적인 개혁 법안을 의 회에 상정했기 때문이다. 법안의 목적은 런던을 포함한 산업도시에 새로 운 의석을 분배하고, 중간계급의 투표권을 확대하는 것이었다. 휘그당은 폭넓은 개혁운동을 어떻게든 잠재워보려고 필사의 노력을 기울이고 있 었던 것이다. 칼라일은 선동을 하는 글을 쓴 죄(폭동을 일으키고 있는 농장 노동자들을 지지하는 글을 쓴 것)로 200파운드의 벌금을 내고, 지금은 2년 형을 받고 있는 중이었다. 『타임스』는 이 사건에 대한 기사로 도배를 했 다. 한편 테일러는 두 차례의 부활절 설교에서 신성모독을 저질렀다는 죄 로 기소되어 지난 월요일에 체포되었다. 숙련공들의 저항 중심지인 로턴 다는 궁지에 몰렸다. 그러나 개혁 법안도 궁지에 몰렸다. 거기에 포함된 조항들이 야당인 토리당을 아연실색하게 했기 때문이다. 야당이 일제히 반대로 돌아서자, 법안은 허공에 뜨고 말았다.

법안이 재차 의회에 상정되었을 때, 다윈가와 웨지우드가의 휘그당 지지자들은 마음을 졸이며 결과를 기다렸다. 제임스 매킨토시 경의 딸 패 니(얼마 전 헨슬레이 웨지우드와 약혼을 했다)는 결과를 직접 듣고 싶어서 하원으로 달려갔을 정도였다. 법안은 아슬아슬하게 통과되었지만, 결국 위원회에서 완강한 토리당원들에 의해 난도질을 당했다. 그 법안과 휘그당 내각이 운명공동체라는 것은 누구나 아는 사실이었다. 그래서 그레이는 결정을 왕에게 맡겼다. 선택은 둘 중 하나였다. 의회를 해산하고 (개혁 법안을 통과시키기에 충분한 수의 개혁파를 당선시키는 결과를 낳을) 총선거를 실시하든가, 아니면 내각 총사퇴를 받아들이고 법안을 버리고 혁명을 감수하든가.[17]

잔인하고 조마조마한 딜레마였다. 런던은 안절부절못했다. 변화의 물결이 드높게 출렁이고 있었기 때문에, 만일 총선거가 실시된다면 토리당은 끝장이었다. 시민들은 매연과 검댕의 장막 아래서 숨을 죽이고 지켜보았다.

찰스는 이래즈머스와 함께 지내면서 최신 소식을 계속 접했다. 이래즈머스는 국제시민으로, 파리나 유럽의 다른 도시들과 비록 직접은 아니더라도 사상적으로는 원활한 소통을 하고 있었다. 이래즈머스는 정세에 항상 주의를 기울이는 정치적인 인간이었지만, 동생에게 시국의 중요성을 깨닫게 만드는 것까지는 하지 못했다. 찰스는 온통 카나리아 제도에 대한 생각뿐이어서 뒤숭숭한 런던에서 지내는 것이 "매우 피곤하다"고 생각했다. 그리고 "형도 마찬가지였을 거라고 생각합니다"라고 말했다. 이 관찰에 담긴 배려심은 이례적인 것이었는데, 그는 "자연사가 사람을 이기적으로 만든다는 생각이 들기 시작"했다. 그는 탐험 생각으로 가득 차 있었고, 그의 "머리는…… 열대를 쏘다니고 있었으며", "솟구치는 열정 때문에" "한시도 가만히 앉아 있을 수가 없을 지경"이었다. 배편도 알아봐야 하고, 운임도 비교해봐야 하고, 중개인과 상담도 해야 했다. 이래즈머스도, 탐험에 필요한 언어는 이탈리아어가 아니라 스페인어라고 조언함으로써 그 나름의 도움을 주었다. 그들은 시간을 내어 '고古음악' 연주회에 갔지만, 찰스가 정말 마음에 들었던 것은 리전트 공원에 있는 동물원이었다. "짐승들은 행복해 보이고 사람들은 즐거워 보이는 햇살 따가운 날, 그곳은 어디보다 기분 좋은 곳"이었다. 그는 페일리의 방식으로 이렇게 읊조렸다. 그 풍경은 열대를 떠오르게 했다.

다음 주말 찰스가 떠날 준비를 하고 있을 때, 무관심하기에는 너무 큰 위기의 순간이 왔다. 윌리엄 4세가 어쩔 수 없이 의회를 해산하는 결단을 내렸던 것이다. 22일 금요일, 거리가 환호하는 군중들로 시끌벅적한 가운데, 왕이 런던을 통과해 웨스트민스터 대수도원으로 행차했다. 국왕의 의도를 공표하는 포성이 울려퍼지고, 군중들은 우렁찬 지지를 보냈다. 그날 밤 런던 시내에는 "조명이 환하게" 밝혀졌고, 전국에 개혁파의 파티가 열렸다. 국가는 벼랑 끝에서 되살아왔다. 한편 찰스는 대학으로 돌아갔다. 39개조에 서명하는 화요일의 학위수여식까지는 충분한 여유가 있었다.[18]

케임브리지는 선거열기에 휩싸였다. 그처럼 순식간에 고시하여 선거가 치러진 예는 없었다. 의회가 해산된 지 2주 만이었다. 케임브리지 대학을 대표하는 의원은 두 명이었다. 시 대표는 없었다. 토리당원들은 웰링턴 내각의 재무장관과 로버트 필의 동생을 자신들의 후보자로 내세웠다. 이에 맞서 젊은 캐번디시와 외무장관 파머스턴이 출마했다. 학생감들—세지윅, 휴얼, 피콕이 휘그당을 지지했다—은 선거운동에 나섰으며, 많은 학생들이 참여했다. 열기는 뜨거웠다. 부총장은 레드 라이언 인에서 열릴 예정이던 토리당의 선거전야 유세를 금지하며, 거기에 참석하는 학생들은 교칙을 위반한 데 대한 "처분을 받게 될 것"이라고 경고했다. 다윈도 "세상 돌아가는 이야기를 듣기 위해 시내로" 나가 휘그당을 응원했다(하숙생인 그는 투표권이 없었다). 하지만 그는 다른 문제들에 정신을 빼앗기고 있었다. 그는 헨슬로와 함께 테네리페 섬 여행 계획을 논의하고 싶어 견딜 수가 없었지만 "헨슬로가 파머스턴 경의 오른팔이라서 함께 산책할 시간이 없다"고 볼멘소리를 했다. 그래서 다른 친구들이 대신 "카나리아 계획"으로 시달림을 당했다. "그들 대부분은 내가 차라리 그곳에 가버려 지금 여기에 없었으면 좋겠다고 바랄" 정도였다. 찰스는 나중에 토리당 후보가 둘 다 선거에서 이기자 "내가 열대풍경 이야기로 친구들을 너무 괴롭혔나보다"라며 키득거렸다.

그 무렵 다윈은 출항준비를 하고 있었다. 적어도 마음속으로만큼은. "다윈 군의 재능과 성의 가운데 무엇부터 칭찬해야 할지" 모르겠다는 친구 허버트로부터 그는 "현미경이라는 아주 대단한 선물"을 받았다. 찰스는 폭스와의 만남을 자꾸 미루면서 폭스를 냉대했는데, 겉으로는 돈이 없기 때문이라는 핑계를 댔지만, 실은 헨슬로의 강의와 그 "계획" 때문이었다. 그는 탐험을 위해 스페인어와 지질학을 중심으로 "맹렬히" 공부했다. 다윈은 "스페인어는 정말 재미없고, 지질학은 정말 흥미롭다"고 말했다. 헨슬로는 다윈이 어떤 섬을 여행하더라도 지질학 기량은 필수라는 것을 알았다. 그는, 다윈의 말에 따르면, 지질학에 대해 "벼락치기 공부"를 시켜주겠다고 약속했다.[19] 그러나 헨슬로는 훨씬 간단한 것을 염두에 둔 듯하다. 헨슬로는 다윈을 지질학 교수 애덤 세지윅에게 소개할 생각이었다.

그들은 이미 구면이었다. 세지윅은 입학식 때 위엄 있는 성직자복을 입고 입학선서를 주재했다. 그들은 금요일 밤마다 열리는 헨슬로의 야회에서 가끔씩 서로를 보았고, 세지윅은 다윈의 학창시절 행태를 잘 알고 있었다. 한때 다윈은 술을 마시고 곤충채집을 다니며 '게으름뱅이'가 되는 데에 매진했지만, 지금은 멋진 채집물이 가득한 진열장을 갖추고 있고 여행을 매우 좋아하는 신참 자연학자였다. 그래서 헨슬로는 세지윅에게 다음과 같이 일러두었다. 지금 다윈에게 필요한 것은 지질학 훈련이다. 시급하다. 이 공부는 다윈의 자연사에 대한 관심을 계속 유지시키고, 테네리페 섬을 여행하기 위한 준비를 시켜줄 것이다. 세지윅은 헨슬로가 다윈의 나이일 때 헨슬로의 개인교사였다. 그는 그때의 헨슬로의 반응을 떠올리며 다윈의 개인지도를 수락했다. 실제로 와이트 섬에 함께 야외조사를 나갔던 일은 그들 두 사람에게 커다란 자극이 되었고, 지금 이 순간 세지윅은 그때와 같은 활력소가 필요했다. 총선거에 지친 그는 새로운 지층연구를 시작하려던 참이었다. 젊은이의 열정은 도움이 될 것이다. 다윈 정도면 자신의 강의에 참가하고 여름 지질학 탐사여행에 동행할 학생으로서 대환영이었다.

헨슬로가 다윈을 세지윅에게 정식으로 소거한 것은, 동료 학생감이자 성직자인 그가 다윈의 최대 관심사들을 누구보다 잘 돌봐줄 수 있을 거라고 생각했기 때문이다. 사실 세지윅은 헨슬로의 절친하고도 오랜 친구였으며, 그들은 종교, 정치, 도덕에 관해 생각이 일치했다. 한 젊은이를 야외로 데려가서 돌봐주고 진리의 길로 인도하기에 세지윅보다 좋은 사람은 없을 것이다.

한편 다윈은 세지윅의 봄 강의를 듣고 큰 자극을 받았다. 그 강의는 에든버러 대학에 다니던 시절 그가 싫어했던 저 임슨의 강의와는 비교가 되지 않았다. 세지윅의 강의는 훔볼트, 허셜, 페일리를 한데 뭉쳐놓은 것 같았다. 그의 강의는 신의 세상에 대한 새로운 시야를 열어주었으며, 창조의 장대함을 깨우쳐주었다. "시간이라는 은행에 고액의 수표를 발행하는 세지윅의 솜씨는 굉장한 것이다!" 다윈은 이렇게 감탄했다. 그리고 이 교수는 공간에 대해, 지구의 많은 부분이 아직 미정복지로 남아 있다고 말했다. "지구에 대해 우리가 알고 있는 모든 지식은, 늙은 암탉이 자신이 쪼고 있는 농장 귀퉁이의 100에이커(40헥타르)의 땅에 대해 알고 있는 정도와 같다"는 사실은 다윈에게 "매우 인상 깊게" 다가왔다.

다윈은 자신의 무지에 굴하지 않고—늘 그랬듯이—사람들을 기쁘게 하기 위해 솔선수범했다. 세지윅이 어느 백악질 언덕에서 흘러나오는 샘물이 잔가지들 위에 석회를 아름다운 트레이서리 무늬〔복잡하게 얽힌 창살 무늬〕로 퇴적시킨다고 말했을 때, 그 말을 들은 다윈은 곧장 말을 달려 샘을 찾아내서는 샘 안에 한 그루의 관목을 통째로 집어넣었다. 그러고는 나중에 하얗게 변한 나무를 건져냈다. 그것은 세지윅이 강의시간에 소개했을 정도로 너무나 아름다웠다. 그러자 다른 학생들도 다윈을 따라하여 곧 그 대학의 모든 교실이 석회가 덮인 나뭇가지들로 치장되기에 이르렀다.[20]

여름에는 더욱 본격적인 야외연구를 나갈 예정이었다. 다윈은 6월에 케임브리지를 떠나 런던으로 가서, 첫 지질학 도구인 클리노미터를 샀다. 이 도구는 경사가 진 지층의 각도를 측정하는 것이다. 그는 집으로 돌아와 "내 방의 모든 탁자를 생각할 수 있는 모든 방향으로" 겹쳐 쌓고 "모든 지질학자가 하듯이" 그 경사 각도를 측정해보았다. 그는 시골로 나가서 슈롭셔의 지질학 지도를 작성하면서 자신의 솜씨를 시험해보기도 했다. 하지만 이것은 거의 억측에 근거한 추론이었기 때문에, 다윈은 자신이 농장 한 구석을 쪼면서 그 땅이 세상의 전부인 줄 아는 "늙은 암탉" 같다는 기분이 들었다. 젊은 혈기로 사치를 부렸던 것이다. 그러나 가설을 세우는 것은 돈이 들지 않으며, 게다가 그의 가설들은 "만일 저의 가설들이 단 하루만이라도 실행에 옮겨진다면, 세상은 종말을 맞을 것입니다"라고 헨슬로에게 우스갯소리로 말했을 정도로 "정말 대단한 것들"이었다.

그의 마음도 테네리페 섬에 대한 꿈에 젖어 다이달로스처럼 높이 떠올랐다. 하지만 헨슬로의 "카나리아 제도에 대한 열정"은 식고 있었다. 아내가 무사히 출산을 하자, 그의 앞에는 새로운 책임들이 떨어졌다. 그래서 다윈은 "나의 동반자가 될…… 가능성이 가장 높은 사람은" 이 계획에 의욕을 보인 무리들 가운데 마지막으로 남은 사람이자 헨슬로 세대의 칼리지 개인교사인 마머듀크 램지라고 폭스에게 말했다. 다윈은 램지와 계속해서 연락을 취하며 자신의 계획을 알리는 한편, "훔볼트의 책을 읽고 또 읽었다." "거대한 용나무"는 그를 매료시켰고, 화산과 열대숲도 마찬가지였다.[21] 몽상은 꼬리에 꼬리를 물고, 지구를 들었다 놓았다 하는 추론들도 끝없이 이어졌다. 그러다 8월 4일, 뜬구를 잡기는 마침내 끝났다. 웨일스 북부로 가기 위해 도구와 등산장비로 온전무장을 한 세지윅이 이륜마차를 타고 마운트로 왔던 것이다.

그 교수로서는 오래전부터 마음먹었던 탐사였다. 웨일스는 지질학적으로 매우 중요한 지역이 되고 있었다. 세지윅은 잉글랜드 북부의 가장 오래된 지층들을 구분하는 문제에 부딪혀 있었다. 그 지층들은 마치 책 속의 뜯겨나간 책장들처럼 뭔가가 빠져 있는 것처럼 보였다. 세지윅은 그것에 상응하는 지층들이 웨일스의 험준한 산들에서 모습을 드러낼 것이라고 추측했다. 만일 구적색사암층 아래에서 화석을 포함하고 있는 오래된 암석들을 발견할 수 있다면, 지질학 책의 뜯겨나간 앞장들을 되돌려놓을 수 있을 것이며, 그렇게 되면 생명의 역사를 처음부터 읽을 수 있을 것이다. 이곳은 몇 년 전에 헨슬로가 세지윅을 도와 지질학 지도를 작성했던 땅이었다. 그렇다면 지금 헨슬로의 수제자보다 이 일을 더 잘 도울 수 있는 사람이 누가 있겠는가?

그 주에 세지윅은 케임브리지에서 슈루즈버리로 건너오는 길에 지질학 망치로 정합지층을 치면서 웨일스 탐사를 준비했다. 그는 녹초가 되어 슈루즈버리에 도착했고, 이튿날 하늘에 먹구름이 몰려오는 가운데 다윈과 함께 클루이드 계곡을 향해 북쪽으로 길을 떠났다. 가는 길에 뇌우가 쏟아져 그들은 흠뻑 젖었다. "운수 사납게도, 난 나서기만 하면 홀딱 젖기 일쑤였지." 세지윅은 악마는 기회만 있으면 언제든 연구를 방해한다면서 눈앞의 곤경을 과장했다.[22]

세지윅의 현장수업에서 다윈은 책으로는 결코 익힐 수 없는 기술뿐 아니라 본격적인 지질학을 배웠다. 클리노미터는 꽤 쓸모가 있었고, 세지윅은 다윈의 측정이 정확한지를 점검해주었다. 1주일이 채 안 되는 시간에 다윈은 암석표본을 동정하고, 지층을 해석하고, 관찰한 내용을 일반화하는 법을 배웠다. 이것은 지질학 실습의 가장 바람직한 속성 과정이었다. 다윈은 단 하나의 요령도 놓치지 않으며 지적인 군살을 빼고 근육을 키워나갔다. 세지윅은 다윈을 암석표본을 채집하러 보내고 자신은 층서를 점검했다. 그들이 다시 만났을 때, 다윈은 클루이드 계곡에서 구적색 사암을 전혀 발견하지 못했다고 보고했다. 이 관찰결과는 영국의 지질학 지도와 모순된 것이었는데, 다윈은 세지윅이 그 의미를 분석하는 것을 들으며 "매우 자랑스러운" 기분을 느꼈다.

그 언덕들을 떠나 해안으로 향할 즈음, 다윈은 지질학과의 사랑에 푹 빠져 있었다. 엘루이 강변의 세인트아사프 위에 있는 석회암 동굴들에서, 두 사람은 진흙 속에 파묻힌 포유류 뼈 두 점을 발견했다. 비가 내린 뒤라서 쉽게 끄집어낼 수 있었다. 그 땅의 주인은 이 동굴들에서 나온 코뿔소 이빨 한 점을 가지고 있었다. 이것은 코뿔소가 웨일스 지방을 어슬렁거리던 시대의 사라진 동물상을 보여주는 놀라운 증거였다. 다윈에게는 대단한 충격이었다. 영국 땅에서 이런 발견을 할 수 있다면, 나라 밖에는 어떤 것이 기다리고 있을까?[23]

그들은 북웨일스 해안의 뱅거로 갔고, 그곳에서 캐플 키리그를 향해 가파른 언덕을 올라갔다. 캐플 키리그는 20킬로미터쯤 내륙으로 들어간 곳이었다. 그들은 그곳에서 화석을 찾았지만 허사였다. 그 길에서 다윈은 세지윅 목사가 욕을 하는 것을 처음으로 들었다. 세지윅은 전날 밤에 여관에서 하녀에게 팁으로 주라고 건넨 6펜스짜리 백동화를 퉁명스러운 요크셔 사람인 "X같은" 웨이터가 가로챘을 것이라고 확신했다. 그는 잘잘

못을 따지겠다며 마차를 되돌리려 했다. 다윈은 세지윅에게 무슨 근거로 그 웨이터를 도둑놈으로 모는지 따져 물었다. 세지윅은 단지 그 웨이터가 "인상이 좋지 않다"는 것밖에는 달리 근거를 대지 못했다. 이 일은 전 학생감인 세지윅의 사람 보는 눈에 대한 다윈의 믿음에 흠집을 냈다. 다윈은 조심스럽게—높은 사람에게 도전하는 것이었기 때문에—그것은 한 사람을 죄인으로 몰기에는 충분한 이유가 되지 못한다고 주장했다. 가까스로 냉정을 되찾은 세지윅은 툴툴거리고 성을 내며 방향을 되돌렸다.

캐플 키리그에서, 다윈은 자신 있게 세지윅과 헤어져 혼자 조사에 나섰다. 그에게는 지도와 컴퍼스가 있었고, 빈틈없는 태도가 있었다. 여기에 새로 터득한 지질학 기술까지 더하면, 준비는 완벽했다. 그는 세지윅에게 혼자 힘으로 무엇을 해낼 수 있는지를 보여줄 생각이었다. 그는 남서쪽 길을 택해 "미지의 황야"를 통과했다. 거기서 50킬로미터만 가면 케임브리지 독서모임 친구들이 있는 바머스였다. 다윈은 일직선 길을 따라 구릉지대를 통과했으며, 어쩔 수 없이 지나가야 하는 길이 아니라면 사람이 많이 다닌 길은 피했다. 그는 길가의 지층들을 확인하고, 자유를 만끽했으며, 마지막 2주일은 대식가 클럽의 옛 친구들과 기분 좋은 시간을 보냈다.

다음에 할 일은 자고새 사냥이었다. 지질학조차 조사이어 외삼촌의 숲에서 그의 몫을 사냥하는 것을 막지는 못했다. 하지만 사냥철 시작을 며칠 앞두고 바머스를 떠날 준비를 하고 있을 때, 나쁜 소식이 도착했다. 램지가 죽었다는 것이다. 다윈은 이 소식의 의미를 곧장 이해했고, 그것을 이해한 순간 6개월 동안 차근차근 진행해오던 계획도 무너져 내렸다. 여행의 동반자가 사라졌기 때문에 "카나리아 계획"은 유폐되었다. 램지는 너무 젊었다. 아직 마흔도 되지 않았다. 슈루즈버리로 돌아가며 다윈은 "그가 존재하지 않는다는 사실을 믿을 수" 없어서 살을 꼬집어보았다.

이제 여행은 다윈의 손에 달려 있었다. 혼자서라도 감행할 용기가 있다면 말이다.

8월 29일 월요일 밤에 슈루즈버리에 도착하니, '런던' 소인이 찍힌 두툼한 봉투가 그를 기다리고 있었다. 여행에 지친 그는 무심하게 그것을 열어보았다. 헨슬로와 피콕의 편지였다.[24] 그런데 그전의 편지만큼 나쁜 소식이 아니었다. 사실 나쁜 소식과는 거리가 멀었다. 그는 너무 놀라 순식간에 편지를 읽어 내려갔다. 그 편지는 세계일주항해를 제안하고 있었다.

제2부

1831~1836

늦은 시간이었고 몸은 지쳤지만, 찰스는 그 제안에 가슴이 뛰었다. 헨슬로는 "자네야말로 그들이 찾는 적임자일세"라고 단언했다. 해군장성들은 남아메리카 해안을 측량하기 위해 2년간의 항해를 떠나는 로버트 피츠로이 함장과 동행할 사람을 수소문하고 있었다. 본인도 겨우 26세였던 피츠로이 함장은 지휘자의 고독을 덜어줄 수 있는 좋은 집안의 '신사', 날마다 함께 식사를 할 젊은 친구가 필요했다. 자연학자라면 더 좋았다. 자연학자에게는 좀처럼 드문 기회가 될 것이기 때문이다. 그 배는 "과학조사용" 장비들을 갖추고 있었기 때문에 "열정과 의지가 있는 사람"이라면 굉장한 일들을 할 수 있을 터였다. 헨슬로는 열광했다. 찰스는 "완성된 자연학자"는 아닐지 모르지만 "충분한 책"을 가져가면 도움이 될 것이다. 찰스는 그야말로 적임자였다.

정말 그랬다. 찰스는 과학적 자질이 충분했으며 사회적 자질도 완벽했다. 찰스가 에든버러에서 들었던 제임슨의 강의는 공교롭게도 식민지 여행자들의 필요를 위해 개설된 것이었다. 이 강의에서 그는 광물들을 구별하고 지층을 구분하는 법을 배웠으며, 세지윅은 지질학을 향한 그의 열정에 불을 붙였다. 또한 그랜트는 하등한 해양생물에 대해 영국에서 받을 수 있는 최고의 교육을 제공했다. 다윈은 그동안 라마르크의 분류학과 최신 곤충 동정법도 익혀두었다. 부족한 경험은 열정으로 보충할 수 있을 것이다. 그는 사냥을 하고 박제를 만들 수 있었으며, 헨슬로는 여기에 식물학 기초지식을 얹어주었다. 그는 헨슬로의 말대로 "채집하고 관찰하고 기록하는 자질이 뛰어났으며", 이것은 중요한 자질이었다.

이것은 일생일대의 기회였다. 교구목사가 되는 것은 미루면 된다. 피콕의 편지에 따르면, 승선을 하느냐 마느냐는 "순전히" 그의 "선택"이었으며, 피콕은 자신의 친구이자 그 항해의 책임자인 해군성 수로학자(해안지도 제작자) 프랜시스 보퍼트를 대신하여 이 제안을 전하고 있었다. 어쨌거나 카나리아 제도 계획은 무산될 위기였고, 그 계획은 늘 조금은 뜬구름 잡는 면이 있었다. 그러나 이번 일은 현실이었다. 배는 한 달 안에 출항할 예정이었다.[1] 그는 누이들에게 그 제안을 수락할 생각이라고 말해버렸다. 남은 일은 아버지를 설득하는 것이었다. 찰스는 억지로 침대에 누웠으나 설레어 잠을 이룰 수가 없었다.

다음 날인 1831년 8월 30일 아침에 눈을 떴을 때는 누이들이 이미 그 사실을 아버지에게 보고해놓은 상태였다. 로버트 박사는 강경하게 반대했고, 그것은 치명타였다. 헨슬로와 피콕의 지지도 소용없었다. 항해를 떠난다는 것은 아들이 아무런 목적 없이 인생을 즐기는 데에만 관심이 있다는 또 하나의 증거였다. 항해는 쓸모없고 위험한 일탈이 될 것이다. 선원들 사이에서 몇 년 동안 불안정한 생활을 하다보면 찰스도 물이 들 것이고, 그는 결국 교구목사로 적당한 사람이 되지 못할 것이다. 직업을 가질 기회를 또다시 놓치게 될지도 모른다. 게다가 출항을 겨우 몇 주 남겨놓고 자연학자를 찾는다니. 그 배나 그 항해, 아니면 피츠로이에게 뭔가 문제가 있음이 틀림없었다. 안 된다. 계획의 전부가 무모해 보였다. 수전,

캐롤라인, 캐서린도 같은 생각이었다.

해군성이 비용을 댄다면 아버지의 의견을 두시할 수도 있었다. 하지만 아버지의 뜻을 거역한다고 생각하니 마음이 "편치 않았다." 찰스는 눈물을 머금고 그 제안을 거절하고, 8월의 마지막 날 그 울분을 자고새에게 풀기 위해 메이어로 갔다. 그는 가는 길에 조사이어 외삼촌에게 보내는 아버지의 봉인된 편지를 가지고 갔다. 외삼촌은 몸이 좋지 않았는데, "장에서 엷은 황갈색 배설물이 나왔다." 로버트 박사의 편지에는 "테레빈 알약"을 먹으라는 처방과, 찰스의 문제를 의논하는 내용이 담겨 있었다. 로버트 박사는 "발견의 항해"를 나가겠다는 찰스의 희망은 어리석은 생각이라고 단언하면서도 "만일 자네의 생각이 나와 다르다면, 찰스가 자네의 조언을 따르도록 하겠네"라고 첨언했다. 생각지도 않았던 일이 일어났고, 찰스의 희망은 되살아났다. 조사이어 외삼촌은 항해를 찬성했고, 베시 외숙모와 사촌들도 거들었다. 그들 모두는 찰스가 반드시 가야 한다고 강력히 주장했으며, 특히 헨슬레이가 그랬다.

아버지는 이 의견에 귀를 기울일 것이다. 로버트 박사는 항상 조사이어의 판단을, 그의 기업가로서의 분별을 신뢰했다. 초조한 찰스는 외삼촌과 함께 아버지에게 보낼 답장의 내용을 작성하며 그날 밤을 뜬눈으로 지새웠다. 누구보다 항해를 불안하게 여긴 사람이 아버지였겠지만, 아버지는 다른 사람의 의견을 물었다. 대답은, 세계일주항해는 위험하고 값비싼 여행이기는커녕 찰스에게 커다란 도움이 될 수 있다는 것이었다. 조사이어는, 이번 항해가 찰스의 성격을 단단하게 만들어줄 것이며 아마 직업적으로도 도움이 될 것이라고 주장했다. 따지고 보면 "자연사는…… 성직자에게 잘 어울리는 일"이었다. 그게 아니더라도, 찰스를 단순히 성직자가 될 사람으로서가 아니라 "남들보다 호기심이 많은 사람"으로 본다면, 이번 항해는 "사람과 사물을" 접할 황금 같은 기회였다. 이것만으로도 항

해는 가치가 있을 것이다. 해군성은 자투리 후보든 아니든 찰스를 잘 돌
봐줄 것이다. 그러나 조사이어는 "최종 결정은…… 매형과 찰스에게 맡
긴다"고 마무리를 했다.

한편 찰스는 "한 가지 부탁"을 했다. "되는지 안 되는지, 확실히 답
해주십시오." 그러고 나서 잠자리에 누웠지만, 그는 잠을 이루지 못했다.
그는 관대한 외삼촌과 무서운 아버지 사이를 "진자의 추처럼" 오가며 이
리저리 몸을 뒤척였다. 식구들이 헨슬로만큼만 자신을 알아준다면 얼마
나 좋을까. 다음 날인 9월 1일 목요일 아침 일찍 조사이어와 찰스의 답장
이 황급히 슈루즈버리로 날아갔고, 찰스는 사냥을 하러 나섰다. 첫 번째
새를 쏘기도 전에 조사이어 외삼촌에게서 전갈이 왔다. 문제가 대단히 막
중하니 직접 마운트로 가야겠다는 얘기였다. 하지만 그럴 필요가 없었다.
몇 시간 뒤 슈루즈버리에 도착했을 때 그들은 아침에 보낸 편지가 목적을
달성했음을 알았다. 박사는 마음이 누그러져 있었다. 교수들의 설득은 실
패했지만, 도기장이의 의견이 로버트 박사의 마음을 흔들었던 것이다. 박
사는 찰스를 피츠로이와 해군성에 맡기기로 했다. 게다가 "힘닿는 한 최
선을 다해 돕겠다"며 후한 인심까지 썼다.[2]

일이 급하게 되었다. 기쁨에 들뜬 찰스는 그 자리가 이미 찼을까봐
걱정하며 보퍼트 대령에게 제안을 받아들이겠다는 편지를 급히 보냈다.
그런 다음에 그는 가방에 약간의 옷가지를 챙겨 넣고 몇 시간쯤 눈을 붙
이고 나서, 새벽 세 시쯤 케임브리지로 가는 역마차에 올랐다. 최종 80킬
로미터의 시골길은 사륜마차를 빌려 잽싸게 이동했다. 그리하여 그는 해
질녘쯤 헨슬로의 집에 도착할 수 있었다. 이 식물학자는 느닷없이 나타난
찰스를 보고 깜짝 놀랐지만, 마음을 가라앉힌 다음 그 제안에 얽힌 뒷이
야기들을 간략하게 들려주었다. 당연하겠지만, 그 제안이 찰스에게 제일
먼저 갔던 것은 아니었다. 몇 주 동안 알음알음으로 의사를 타진했는데,

제닌스는 교구 일 때문에 제안을 거절했다. 헨슬로는 가볼까도 생각했지만, 아내가 "너무 비참해 보여서" 그만두었다. 그래서 두 사람은 유부남도 아니고 성직서임을 받지도 않은 찰스를 추천했던 것이다.

찰스는 자신의 "행운"을 채 음미하기도 전에 피츠로이의 정중한 편지를 받았다. 미안하지만 피콕이 그 제안을 잘못 전했다는 얘기였다. 함장은 이미 그 자리를 친구에게 약속한 상태였다. 그러나 일이 잘 안 되면 찰스에게 제일 먼저 자격을 주겠노라고 말했다. 피츠로이는 이번 일로 인해 아무에게도 폐를 끼치지 않기를 바란다고 했다.

찰스는 하늘이 무너지는 것 같았다. "엄청나게 힘든 한 주"였고 마음고생도 심했지만, 모든 것이 허사로 돌아간 것처럼 보였다. 그는 또다시 밤잠을 설치고 나서, 월요일에 런던으로 먼저 갔다. 제안이 다시 올 경우를 대비한 비상계획이 있었고, 피츠로이와의 약속도 있었다. 하지만 찰스는 더는 항해에 대한 기대를 품지 않았다. 솔직히 그와 헨슬로는 "그 항해를 **완전히** 포기했다."[3]

런던은 축제분위기였다. '항해왕' 윌리엄 4세의 대관식이 사흘 앞이었다. 하지만 찰스는 우울했다. 그는 거리의 군중을 헤치며 화이트홀가街에 있는 해군성 건물로 갔고, 보퍼트의 사무실에서 마침내 피츠로이를 만났다. 피츠로이는 몸집이 호리호리하고 피부가 검었으며, 얼굴이 잘생겼고 귀족적인 거만함을 풍겼다. 그는 아버지 쪽으로는 그래프턴 공작 3세의 손자이고, 어머니 쪽으로는 데리 후작 1세의 손자였다. 그러니까 그는 찰스 2세의 직계후손이었다. 피츠로이는 또렷하고 침착한 목소리로 요점부터 말했다. 자신의 친구가 제안을 거절했다는 것이다. 그 소식이 도착한 지 채 5분도 되지 않았다고 했다. 찰스 씨, 아직도 참가할 의향이 있습니까?

의향이 있느냐고? 찰스는 사이클론 한가운데 놓인 바람개비처럼 농락당한 기분이었지만, 가까스로 고개를 끄덕였다. 당연히 좋습니다. 피츠로이는 말을 계속 이어갔다. 항해는 2년이 아니라 3년 가까이 될지도 모른다. 세계일주가 되지 않을 수도 있다. 객실은 비좁고, 식사는 "와인 없이" 간소하게 제공될 것이다. 그리고 비용—전부 500파운드에 달했다—은 해군성이 부담하지 않는다. 뱃멀미를 예상해야 할 것이다. 원하면 언제든지 영국으로 떠나거나 "살기 좋고 안전하고 멋진 나라"에 남아도 좋다. 하지만 만일 끝까지 배에 남는다면, 함장과 연달아 몇 주 또는 몇 달 동안 비좁은 곳에 갇혀 지내며 얼굴을 부딪쳐야 한다. 그러므로 두 사람이 잘 지내는 것이 매우 중요하다.

그 자리가 마련된 이유가 점점 분명해졌다. 함장은 명령의 효력이 약해질 수 있기 때문에 부하들과 친밀하게 지내서는 안 되었지만, 그렇다고 사회생활을 전혀 하지 않는 것은 위험했다. 해상에서 고독하고 고립된 생활을 계속하면 치명적인 대가를 치를 수도 있었다. 비글호의 지난번 함장이었던 프링글 스토크스는 남아메리카 해안에서 권총자살을 했다. 뿐만 아니라 피츠로이는 자신의 유전적 기질도 불안했다. 그의 삼촌 캐스틀러리 자작은 내무장관을 지내던 1822년에 우울증 발작으로 목을 그었다. 그래서 피츠로이는 함께 식사를 할 동료를 데려가기로 결정했던 것이다. 예의바르고 교양 있는 신사이기만 하다면, 휘그당원이어도 상관없었다. 피츠로이는 총선거에서 입스위치의 토리당 후보로 출마했다가 낙선했던 사람으로, 다윈가의 정치성향을 잘 알고 있었다(굽힘 없는 토리당원이었던 피츠로이는 아마도 방탕한 이래즈머스 다윈의 손자가 좀 미심쩍었을 것이다). 피츠로이는 "자신이 좋아하지 못할 사람과 배 위에서 함께 지낸다는 것이…… 두려웠다." 분명 그들 둘은 서로를 더 잘 알 필요가 있었다. 피츠로이는 다윈에게 "아직은" 마음을 정하지 말라고 당부했다.[4]

찰스는 근처에서 지냈다. 이래즈머스가 런던에 없었기 때문에 해군성 옆의 스프링 가든에 방을 빌리고, 대관식 행렬을 보기 위해 1기니나 하는 값비싼 자리를 샀다. 그는 대관식의 위엄과 화려함을 즐겼지만, 억눌린 군중을 보며 대관식은 머지않아 과거의 영광이 될 것임을 확신했다. 그 주의 나머지 날들은 피츠로이의 처분에 따랐다. 그는 피츠로이와 함께 식사를 했고, 피츠로이의 사륜마차를 타고 "물건을 주문하러" 다녔다. 피츠로이 함장은 사치스러워 보였지만, "과학을 매우 좋아하는 사람"이었다. 피츠로이는 책과 기압계를 사는 데 많은 돈을 썼고, 총을 사는 데 적어도 400파운드를 썼다. 찰스도 생각해보니, 5파운드짜리 "컴퍼스 달린 망원경"과 자신이 지니고 다닐 몇 가지 무기가 필요할 것 같았다. 그래서 야생동물을 쏠 50파운드짜리 소총 한 자루를 사고, "원주민들을…… 꼼짝 못하게 할" "훌륭한 권총"을 두 자루 샀다. "우리는 X같은 식인종들과 싸울 일이 많을 걸세." 찰스는 휘틀리에게 의기양양하게 말했다. "식인종 섬의 왕을 쏘는 것은 굉장한 일이 될 걸세."

찰스는 "매우 즐거웠고" 마치 자신이 왕관을 쓴 것 같은 기분이었다. 그는 정말이지 "왕처럼 행복"했으며, "피츠로이 함장에 대한 신뢰"는 하늘을 찌를 기세였다. 그는 "첫눈에" 피츠로이가 마음에 들었으며, 거의 부지불식간에 피츠로이를 신뢰하기 시작했다. 피츠로이는 찰스에게 "이 상적인 함장像"이 되었으며, 피츠로이의 친절에 찰스는 자신이 마치 처음부터 그 자리에 낙점된 사람인 듯한 기분마저 들었다. 하지만 그는 누이들에게 자신이 최종적으로 결심을 굳힐 때까지 공연한 소문을 내지 말아달라고 부탁했다. 피츠로이 역시 찰스의 행동이나 말이 마음에 들었다. 찰스에 대한 두려움은 괜한 선입견이었던 것이다. 결국 매너와 교양이 당과 가문을 이겼다.[5]

해결해야 할 일이 아직 몇 가지 남아 있었다. 보퍼트는 다윈에게, 항해 중에 채집한 것은 "공공기관"이기만 하다면 어디든 마음대로 처분해도 좋다고 말했다. 그리고 피츠로이는, 원하면 "언제든 어디에서든" 배를 떠나도 좋다고 여러 차례 말했다. 그는 다윈이 항해를 끝까지 견뎌낼 것 같지 않았다. 골상학에 심취해 있던 피츠로이는 관상을 보고 사람의 성격을 판단했는데, 다윈의 코는 "에너지와 의지"가 부족하다고 말해주었다. 그러나 현재로서는 그러한 자질이 전혀 부족하지 않았다. 다윈은 의욕에 불타고 있었으며, 이번 항해가 세계일주항해가 되기를 소원했다. 그는 세계일주를 하고 싶어서 보퍼트를 졸랐지만 소용이 없었다. 결국 피츠로이가 토리당 친구들에게 한번 말을 해보겠다고 약속했다. 그는 다윈에게, "자신이 원하는 항로로 귀향할 수 있는 권한을 얻어낼 만큼의 인맥"을 갖고 있다고 말했다. "특히 이 〔휘그당〕 정부가 영원히 계속되지 않는다면." 찰스는 이 얘기를 집에 전하며 "나는 곧 토리당원으로 돌아설지도 몰라요!"라고 농담을 했다. 세계일주항해는 "거의 확실"했다.[6]

그러나 배의 크기를 보았더라면 이 열정은 한풀 꺾였을 것이다. 피츠로이는 자신의 식탁 동료가 본인에게 배당된 고작 "몇십 제곱센티미터"의 공간에 대해 전혀 감을 잡지 못하고 있다는 사실을 알았다. 11일 일요일에 피츠로이는 배를 보여주기 위해 멀리 데번포트까지 다윈을 데리고 갔다. 그들은 런던에서 증기선을 탔다. 배는 칙칙 소리를 내며 템스 강을 내려가 켄트 해안을 돌아서 영국 해협으로 들어갔고, 스피트헤드를 지나 플리머스 해협으로 향했다. 이 여행은 거의 사흘이 걸렸는데, 피츠로이로서는 항해에 대한 다윈의 적성을 판단할 기회였다.

피츠로이는 또한 다윈에게 해군성의 임무에 대해서도 간략하게 설명했다. 남아메리카 측량조사는 5년 전에 시작되었다. 남아메리카 대륙은 무역의 자유로였고, 제조품을 판매할 거대한 시장이었으며, 원재료의 무궁무진한 창고였다. 부유한 영국인들과 은행가들은 새로 수립된 정부들에 수백만 파운드를 투자했고, 기업들은 그곳의 자원을 자신들의 목적에 따라 철저히 이용해왔다. 그렇지만 추측의 일부는 잘못된 판단으로 드러났고, 미래는 아직 불확실했다. 그래서 영국 해군이 개입하게 된 것이었다. 영국의 상인들이 스페인과 미국의 경쟁자들을 이기려건, 선박이 남아메리카의 항구들에 쉽게 접근할 수 있어야 했다. 그러려면 섬과 해안선의 지도를 작성해야 하고, 항구와 해협을 측량해야 했다. 1년 전에 끝난 1차 조사는 많은 성과를 거두었다. 피츠로이도 후반에 ― 스토크스가 자살한 뒤 지휘를 맡아 ― 임무를 수행했다. 하지만 이 해도들은 더 점검하고 확대할 필요가 있었으며, 조수와 기상상태도 기록해야 했다. 무엇보다도 피츠로이는 보퍼트 풍력등급〔바다에서 풍력의 관측과 분류를 위해 1805년 영국의 해군중령 프랜시스 보퍼트가 고안한 등급〕을 이용해 지구상의 풍력을 기록하는 최초의 함장이 될 것이다. 또한 파타고니아 일부와 포클랜드 제도도 측량해야 하며, 아메리카 대륙 남단에 있는 티에라델푸에고에서 거미줄처럼 얽혀 있는 황량한 해협들도 측량해야 한다.[7] 이것이 피츠로이의 임무였다.

찰스는 피츠로이가 그 임무를 받아들인 기이한 경위를 들었다. 지난여름 티에라델푸에고의 해변에서 피츠로이의 부하 일단이 야영을 하고 있을 때, "몇몇 푸에고 사람들이…… 야만인 특유의 교활한 재주를 발휘하여 접근해서" 소형 보트를 훔쳤다. 피츠로이의 배는 그들을 뒤쫓아가서 범인의 일가족을 "인질로 배에 태웠다." 대부분이 도망쳤고, 몇몇은 풀려났으며, 한 명은 난투 끝에 죽었다(시신은 "추가연구를 위해" 골격 표본으로 만들어졌다). 결국 남자 둘, 소년 하나, 소녀 하나가 남았는데, 이들을 해변으로 돌려보낼 수단이 여의치 않았다. 그래서 피츠로이는 선교 실험을 하기로 했다. 그는 이 야만인들을 문명화시키고, 그들에게 "영어와…… 기독교의 이해하기 쉬운 진리들과…… 일상적인 도구의 사용법을" 가르쳐 그들을 티에라델푸에고에 선교사로 돌려보낼 생각이었다. 그렇게 네 명의 티에라델푸에고인은 피츠로이와 함께 잉글랜드로 돌아왔다. 이후 한 명은 천연두 예방접종을 받고 나서 죽었다. 나머지 ― 27세의 요크 민스터, 15세의 제미 버튼, 10세 소녀 푸에기아 바스켓 ― 는 선교협회 친구들과 함께 그해를 보냈다. 6월이 되어 그들을 돌려보낼 배를 찾지 못하자 피츠로이가 자비를 들여 티에라델푸에고로 항해하려던 차에, "친절한 삼촌"이 해군성에 청원을 넣어 그를 비글호 함장 자리에 앉혔다. 올 여름 궁정에 배알할 정도로 문명화된 푸에고인들은 그들을 돌봐줄 사람인 선교사 훈련생 리처드 매슈스와 함께 비글호를 탈 예정이었다.[8] 이것은 신의 섭리였다. 신이 남아메리카의 원주민들을 영국인의 손에 맡겨 개종시켰으니, 측량은 반드시 완료될 것이다.

찰스는 피츠로이에게 감탄했다. 그 함장의 예의범절은 나무랄 데가 없었는데, 심지어 자신이 데려온 "어린 사관후보생" 무스터스에게조차 깍듯하게 대했다. 알고 보니 무스터스는 더비셔에 사는 찰스의 삼촌 프랜시스 다윈 경을 알고 있었다. 일행을 태운 우편선이 화요일에 데번포트로 들어왔을 무렵, 두 사람은 아주 잘 지내고 있었다. 그래서 찰스는 이 점에 대해서는 아무 염려도 하지 않았지만, 피츠로이에 대한 자신의 "열렬한 추앙"은 오래가지 않을 것임을 예감했다. 그런 다음에 그는 그 배를 보았다.

비글호는 10문의 포를 갖춘 군함이었고, 건조된 지 11년이나 된 낡은 배였다. 그래서 지금 이 배는 해군조선소에서 세 개의 돛대를 갖춘 범선으로 완전히 재건조되고 있었다. 피츠로이는 이 작업을 직접 감독하고 있었으며, 자기 주머니를 털 정도로 비용을 아끼지 않았다. 배는 천창이 있는 상갑판을 새로 갖추었다. 배 밑은 구리로 강화되었다. 그리고 특수 설계한 키, 특허를 받은 조리용 스토브, 개량된 피뢰침, 나침반에 영향을 주지 않도록 철 대신 놋쇠로 만든 포 등 온갖 최신기술이 장착되었다. 찰스는 배 안으로 안내되어 사관들 — "활기가 넘치고 결의에 찬 젊은 친구들"— 을 만났다. 그를 주춤하게 만든 것은 비글호의 크기였다. 이 배는 전체 길이가 약 27미터, 선체 중앙부의 폭이 약 7미터밖에 되지 않았다. 선실은 두 개뿐이었고, 게다가 아주 작았다. 선미르 갑판 아러 키 뒤쪽으로 위치한 선실은 가로세로가 3미터와 3.3미터여서, 키가 180센티미터인 찰스는 안에 들어갔을 때 몸을 구부려야 했다. 안에는 해도를 그리기 위한 커다란 테이블 한 개와 작은 의자 세 개가 마련되어 있었고, 미즌 마스트〔제3돛대〕가 선실을 관통하고 있었다. 함장실은 주갑판 아래, 키 바로 밑에 있었고, 심지어 더 작았다. 고급 마호가니 재목의 가구들이 곳곳에 갖추어져 있었지만, 이것이 위로가 되지는 못했다. 공간이 좁다고 들었지만, **이렇게** 비좁을지는 상상조차 하지 못했다. 찰스는 기운이 한풀 꺾였다.

그러나 곧 다시 기운이 났다. 금요일에 런던으로 떠나기 직전에 선실에 이름표가 붙었는데, 천만다행으로 찰스에게 크기가 좀 더 큰 선미루 갑판 아래의 선실이 배정되었다(그렇지만 그는 피츠로이의 선실을 자유롭게 들락거릴 수 있고, 식사도 그곳에서 하게 될 것이다). 좌현 쪽의 앞쪽 구석이 그의 자리였다. 거기에는 해도 테이블이 놓여 있고, 벽견에는 서랍이 가득했다. 그 반대편인 뒤쪽 벽에는 수백 권의 책을 갖춘 책장이 마련되어 있었다. 선실을 함께 쓸 사람은 찰스의 마음에 쏙 든 사관인 19세의 측량조수 존 로트 스토크스였다. 그들은 이곳에서 각자의 의자에 앉아 일을 하게 될 것이다. 세 번째 의자는 1차 조사 때 총지휘를 했던 킹 함장의 아들인 14세의 사관후보생 필립 킹의 자리였다. 잠자리 배치는 불편하긴 했지만 적절했다. 스토크스는 문 밖에 있는 작은 침실에서 자고, 킹은 주갑판 아래에서 잔다. 찰스는 해도 테이블 위에 해먹을 매달고 천창 아래 60센티미터쯤에 얼굴을 둔 위치에서 자야 했다.

피츠로이는 찰스가 선미루 갑판 아래 선실의 "집"에서 편히 지내도록 애를 썼다.[9] 찰스는 비글호를 좁아터진 배가 아니라 아늑한 배로 보려고 노력하면서, 가까스로 안심을 하고 데번포트를 떠났다.

피츠로이가 배를 수리한다고 난리법석을 떠는 바람에 출항이 몇 주나 연기되었지만, 찰스는 그래도 준비가 급했다. 이제 계획은 "확정되었고 확실해졌다." 마침내 그는 모든 이에게 계획을 이야기하고 작별인사를 나눌 수 있게 되었다. 그는 플리머스에서 런던까지—"24시간 동안 무려 400킬로미터를 달려"—바람같이 돌아왔고, 그곳에서 야간 역마차를 타고 케임브리지로 가서 헨슬로와 이틀 내내 이야기를 나누었다. 헨슬로는 찰스가 조금씩 보낼 예정인 표본들을 보관해주기로 했고, 찰스에게 훔볼트의 『남아메리카 여행기』를 작별선물로 주었다. 헨슬로는 또한 얼마 전에 출간된 찰스 라이엘의 『지질학 원리』의 첫 권도 가져가라고 권했다. 하지만 "결코" 그 책의 견해를 곧이곧대로 받아들이지 말라는 조언을 덧붙였다. 그런 다음에 찰스는 다시 슈루즈버리로 밤새 달려서, 22일 목요일 아침 일찍 도착했다.[10]

식구들은 지난 3주 동안 찰스가 시킨 대로 그의 소지품을 모으고, 옷가지를 싸고, 수표를 건네주었다. 찰스로서는 지금이 항해를 반대했던 사랑하는 식구들에게 고맙다고 말할, 사랑을 표현할 마지막 기회였다. 마운트가 감옥처럼 느껴졌던 때도 많았지만, 지금은 느낌이 사뭇 달랐다. 그의 집은 누가 뭐래도, 바다 위에서 까딱거리는 피츠로이의 범선이 아니라 아버지가 지은 이 커다란 석조건물이었다. 가족과 사방을 둘러싼 단단한 벽은 비바람이 몰아치는 세상으로부터 그를 지켜주는 안전한 피난처였다. 그런데 지금 그는 이 모두를, "살 확률 반, 죽을 확률 반"인 모험과 바꾸려 하고 있었다. 식구들과는 몇 년 동안 떨어져 있게 될 것이다. 어쩌면 아버지와 누이들을 영영 만나지 못할지도 모른다. 이런 생각을 하자 찰스는 식구들이 예전보다 애틋하게 느껴졌고, 자신의 그런 마음을 감추지 않았다. 로버트 박사는 이제 항해를 "체념하고 인정하는 쪽이었으며", 아버지의 축복은 떠나는 발걸음을 훨씬 가볍게 해주었다.

주말에 찰스는 우드하우스로 갔다가 패니가 파혼했다는 소식을 듣고 당황했다. 패니가 힐 목사에게 버림을 받은 것이었다. 패니는 "생포된" 짐승처럼 어리석게 사랑에 빠져든 데 대한 "참혹한 속죄"를 하러 멀리 떠나고 없었다. 찰스는 자신이 불쌍하게 된 건지 그녀가 불쌍하게 된 건지 알 수가 없었다. 찰스가 새라가 준 기념품 핀을 가지고 떠날 때, 향사 오언과 그의 식구들은 침통한 분위기에 젖었다. 메이어의 분위기는 이보다는 밝았다. 찰스는 말을 타고 그곳으로 가서 피츠로이에게서 들은 파타고니아의 이탄 습지와 식인종, "진저리나는 기후"에 대한 이야기를 들려주었다. 샬럿은 배 위에서 3년을 지내면 "시골 교구와 목사관"이 수포로 돌아갈지도 모른다고 걱정했지만, 다른 사람들은 로버트 박사를 설득했다는 사실에 우쭐해하며 찰스의 용기에 박수를 보냈다.[11]

찰스는 마운트로 돌아가 며칠 동안 머물다가, 10월 2일 일요일에 작별을 고했다. 마지막으로 아버지와 누이들과 포옹을 나눌 때는 항해를 그만두고 싶은 기분마저 들었지만, 여기서 머뭇거리는 것은 그들 모두를 배신하는 일이었다. 마음을 단단히 먹고, 기개를 보여주어야 했다. 그는 눈물을 삼키고 런던과 플리머스, 세계를 향해 고개를 돌렸다.

런던으로 돌아온 찰스는 피츠로이가 거느리고 다닐 또 다른 "항해 동무"와 만났다. 그는 풍경화 화가 어거스터스 얼이었다. 얼도 개인 자격으로 여행을 하게 되었는데, 함장이 비글호의 기착지들을 그림으로 남기기 위해 그를 고용한 것이었다. 얼은 항해 경험이 풍부한 사람으로, 왕립 아카데미에서 훈련을 받고 나서 세계일주를 떠나 유럽, 북아메리카, 브라질, 오스트레일리아를 돌며 그림을 그렸다. 다윈은 얼이 약간 "괴짜" 같다고 생각했다.

런던에서는 정치가 삶을 지배했다. 총선거에서 압승을 거두며 권력을 다시 잡은 휘그당은 개혁운동을 단단히 틀어 묶었다. 폭동을 일으키는 농장노동자들은 교수형이나 유형에 처해졌다. 칼라일은 유죄선고에 대해 항소했지만 허사로 돌아갔고, 테일러는 호스몽거 레인 교도소에서 폐인이 되어가고 있었다. 내무장관은 『타임스』에 기고한 테일러의 항의편지들을 무시했다. 그러는 와중에 새로운 개혁 법안이 발의되었고, 신문은 이를 연일 대서특필했다. 법안은 세 차례 의회에 상정되어 열흘 전에 하원을 통과했으며, 지금은 상원에 가 있었다.

다윈이 화이트홀가 근처의 여관에서 짐을 꾸리기 시작할 무렵, 1킬로미터도 떨어지지 않은 곳에서 상원의원들이 열띤 논쟁을 벌이고 있었다. 다들 최악의 상황을 두려워하고 있었다. 과연 우려했던 대로 다음 토요일인 10월 8일에 귀족들은 법안을 부결했고, 온 나라가 들고일어났다. 금값이 치솟고, 주가는 폭락했다. 친개혁 성향의 일간지들은 검은 띠를 두른 지면에 법안의 사망을 보도했다. 주요 도시들에서는 폭동과 방화가 일어났다. 귀족들은 습격을 당하고, 그들의 저택은 공격을 받았다. 토리당원 주교들은 법안에 반대표를 던졌다는 이유로 조롱의 대상이 되었다. 케임브리지에 있는 헨슬로는 토리당원으로 오해받아 "창문이 박살날까봐" 두려워했다. 10월 19일에 왕은 의회를 휴회시킴으로써 국민들을 진정시키려고 했지만, 그 무엇도 런던 한복판을 행진하며 새로운 법률 제정을 요구하는 7만 명의 시위대를 멈출 수 없었다.[12]

다윈은 "출발을 앞두고 날마다 점점 더 불안해"졌다. 그는 헨슬로의 소개장을 들고 이곳저곳을 바쁘게 쏘다니며 전문가들의 조언을 구했다. 박제와 조개껍데기 표본을 가장 잘 전시해놓은 곳은 피커딜리가에서 걸어서 가까운 거리에 있는 동물학회의 웨스트엔드 박물관이었다. 당시 동물학회는 전성기를 구가하고 있었다. 리전트 공원의 동물원은 입장료 수익이 급증하여, 박물관 큐레이터들은 연간 1,000파운드를 해부표본을 사는 데 쓸 수 있었다. 반드시 박물관에 필요해서 구매하는 것은 아니었는데, 다윈이 참가하는 것과 같은 해군 측량선으로부터 이국의 동물 사체들이 계속해서 밀려들고 있었기 때문이다. 그 결과, 브루턴가에 있는 버클리 경의 저택을 개조한 웨스트엔드 박물관은 이미 수용한도가 꽉 찬 상태였다. 동물표본들이 빽빽하게 늘어선 그 박물관에서 다윈은 마치 산더미 같은 보물을 앞에 둔 도둑처럼 흥분했다. 600점의 포유류, 4,000점의 새, 1,000점의 파충류와 어류, 3만 점의 곤충이 그를 맞았다. 게다가 지난번 비글호의 지휘를 맡았던 킹 함장이 파타고니아를 조사하고 가져온 표본들까지 거기에 더해지고 있었다.

다윈은 여기서 박제 제작자들을 만났다. 그들은 보존, 박제, 보관의 전문기술자들이었다. 모두가 한마디씩 조언을 건넸다. 오스트레일리아에서 온 코카투앵무를 전시하던 벤저민 리드비터는, 박제는 반드시 테레빈유를 흠뻑 적신 상자에 넣으라고 가르쳐주었다. 동물학회를 이끌고 있는 사람 가운데 하나이며 어류표본을 충실히 모으고 있는 윌리엄 야렐은 찰스와 같은 사냥 애호가였는데 방광, 은박지, 바니시를 이용해 병을 봉하는 법을 보여주었다. 킹 함장은 "비소 비누와 보존용 가루"를 사용하는 법을 설명했다. 그러나 해양 무척추동물에 관한 한은 여전히 로버트 그랜트가 최고의 권위자였다. 그랜트는 표본을 보존하는 비결들을 작성해서 다윈에게 주었다. 게 종류는 배를 따고 아가미에서 물을 쏟아내라. 섬세한 식충류[해면동물, 강장동물, 극피동물, 특히 고착성인 것을 부르는 오래된 명칭으로, 식물과 동물의 중간적인 존재로 여겨진 것에서 비롯된 명칭]는 "담수를 서서히 첨가하여" 죽여라. 말미잘은 "펄펄 끓는 물을 체강 내에 부어서" 죽여라. "고둥류"는 틈을 만들어 "모든 부위"에 보존액이 속속들이 닿을 수 있도록 해라. 보존액은 물과 와인을 동량으로 섞되, 게의 경우는 물을 타지 마라.[13] 영국박물관에서는 런던 최고의 식물학자 로버트 브라운이 몇 마디를 일러주었다. 브라운은 무척 내성적이었는데, 현미경을 다루는 데 뛰어났다(그는 세포핵과 브라운 운동에 대해 설명했다). 그는 다윈에게 어떤 현미경을 사면 좋은지를 알려주었고, 다윈은 돌아올 때 파타고니아산 난초를 가져다주겠다고 약속했다.

자연학자가 지닐 수 있는 최고의 조언들로 단단히 무장을 한 다윈은 (헨슬로의 말에 따르면) "채집, 관찰, 기록"에 완벽한 대비가 되어 있었다. 이제 항해를 떠나기만 하면 되었다. 예정대로라면.

그러나 일정이 또다시 연기되었다는 소식이 왔다. 비글호는 11월 4일이 되어야 출항을 할 수 있다고 했다. 찰스는 소지품들을 전부 모아두긴 했지만, 마침 생긴 여분의 시간은 짐을 꾸리는 데 요긴했다. 구두와 슬리퍼, 반바지와 부츠, '다윈'이라고 새긴 10여 벌의 셔츠, 그리고 새라 오언이 선물한 핀 등, 개인 물건들이 금방 산더미처럼 쌓였다. 과학도구들은 나무궤짝에 꾸려놓고 보니 무시무시한 분량이었다. 약품과 보존액을 넣은 표본병, 칸막이 상자 안에 정리된 해부도구 세트, 정밀기기들 — 현미경, 클리노미터, 망원경, 나침반, 우량계, 기압계 — 을 넣은 상자, 그 밖에 쇠사슬이 부착된 쓰레그물, 총의 여벌부품들, 지질학용 망치들이 있었다. 말할 나위 없이 훔볼트와 라이엘의 책을 포함한 여러 권의 책들도 넣었다. 그는 피츠로이에게 "꼭 필요한 것들만 챙겼습니다"라고 단언했지만, 그래도 "최악"의 경우 할당된 공간을 초과하면 남겨두고 갈 "큰 상자 두 개"를 따로 표시해두었다.

모든 상자를 증기선에 실어 남서풍에 띄워 보내고, 찰스는 육로로 뒤따라가서 10월 24일 월요일 오후에 플리머스에 도착했다.[14] 열흘 뒤면 비글호는 바다로 나갈 것이다.

찰스는 피곤했다. 그는 8월부터 한 장소에 1주일을 채 머물지 못했으며, 집에서도 열흘 정도밖에는 머물지 못했다. 그동안 그는 2,400킬로미터를 여행했고, 아버지의 돈을 펑펑 썼고, 해군의 거물들과 교제를 했으며, 생활은 완전히 뒤죽박죽이 되었다. 하지만 이제는 때가 되었다. 곧 옛 세계를 뒤로한 채 "마지막 비상구"로 몸을 던질 것이다. 이제 안심이었다. 그는 빨리 해치워버리고 싶었다.

피츠로이는 찰스를, 자신과 스토크스가 머무는 부두 근처의 하숙집에 묵도록 했다. 비글호의 지식인 삼인방이 서로 친해질 수 있도록 배려한 것이었다. 사관들의 식당으로 쓰이는 주갑판 아래의 사관후보생실 gunroom에서 시끌벅적한 저녁을 먹고 난 뒤 다윈은 그 배에 새삼 고마움을 느꼈다. 그 사람들은 "다소 거칠었고, 그들의 대화는…… 비어와 항해에 관련된 속어들이 난무하여" "히브리어만큼이나 알아듣기가 힘들었기" 때문이다. 그들 가운데는 군의관인 로버트 매코믹이 있었는데, 그는 비글호의 공식 자연학자였다. 31세인 매코믹은 병원에서 수련을 받았고, 성마른 성격이었으며, 세 번의 항해가 길러낸 인재였다. 영국 해군에서 군의관의 신분은 낮았고, 오직 신사들만이 함장과 함께 식사를 할 수 있었다(그래서 다윈이 동행을 하게 된 것이다). 다윈은 매코믹과 사이좋게 지냈다. 그가 비록 비글호의 과학적인 목표보다 도장塗裝에 더 신경을 쓰는 "멍청이"이긴 했지만.[15] 찰스로서는 과학적인 부분을 모르고는 지낼 수 없었다. 적어도 삼각법은 알고 있어야 했다. 항해가 화제에 올랐을 때 끓리지 않기 위해 그는 또다시 맹렬하게 공부를 하기 시작했다. 스토크스와 피츠로이는 조선소를 돌아보는 동안 측정 장치들을 다루며 다윈을 미리 가르쳤다.

강풍이 그치지 않아 출항은 다시 연기되었다. 11월 5일 토요일 가이 포크스 기념일[1605년에 화약음모사건이 있었던 날]은 예정대로라면 바다에서 온종일을 보내는 첫날이 되었어야 했다. 그러나 온 나라에서 가이 포크스의 사진 대신 주교들의 초상화가 불태워지는 동안, 찰스는 자신의 방에 침울하게 앉아 책을 읽어보려 노력했다. "몹시 비참한", 기념할 게 전혀 없는 기념일이었다. 일요일에는 무스터스와 함께 조선소 내 교회에 갔고, 주중에는 음악회에 갔으며, 짧은 지질학 여행을 한두 차례 다녀왔다. 하지만 무엇을 해도 기분이 나아지지 않았다.

다음 주말에 네 명의 푸에고인 선교사들이 문명화를 증명하는 의복을 갖춰 입고 도착했다. 선의를 품은 신자들이 그들에게 "옷가지, 도구, 도기, 책들"을 듬뿍 안겨주었다. 이 모두는 그들이 세워야 할 선교기지에 꼭 필요한 물품들이었다. 그들의 짐을 비글호의 좁은 선창에 어찌어찌 실었지만, 수병들은 어차피 망가질 것이라고 투덜거리며 도자기 세트를 선물한 상류층에게 야유를 퍼부어댔다. 푸에고인 선교사들은 고결한 도덕적 사명을 띠고 있었지만, 여러 가지 점에서 성가신 존재였던 것이다. 다윈은 자신의 뱃삯을 지불한 데다 불필요한 물건을 모두 뺐음에도, 자신의 짐을 다 넣을 수 없을 것 같았다. 그러자 갑자기 폐소공포증이 밀려오며 "불안감이 좀처럼 가시지 않았고", 헨슬로에게 보낸 편지에서는 "뭐니 뭐니 해도 공간이 절대적으로 부족한 게 가장 싫습니다. 어쩔 수 없는 것이기는 합니다만"이라고 못마땅함을 표현했다.[16]

출항일은 계속 연기되었다. 현재 12월 초까지 미루어졌다. 필요한 것을 사고 선실을 정리하는 것으로 소일하며 몇날 며칠을 홀로 보내면서 그는 점점 풀이 죽어갔다. 뱃멀미가 걱정되었고, 죽음에 대한 두려움 때문에 괴로웠다. 불길하게도 램지의 죽음이 뇌리에서 떠나지 않았다. 그러다 21일에, 한 수병이 배 밖으로 미끄러져 익사했다. 항구에서 이런 일이 일어날 수 있다면, 3년—피츠로이가 얘기하는 대로라면 4년—동안 바다에서 무사히 살아남을 가능성이 얼마나 될까? 이런 생각을 하자 심장이 요동치고 가슴통증이 왔다. 혹시 심장병일까? 하지만 그는 두려움을 내색하지 않았고, 의사인 매코믹에게도 아무 말을 하지 않았다. 그리고 집에 보내는 편지에서는 의연한 모습을 보였다.[17] 혹시 아버지가 낌새를 채면 못 가게 말릴 테니까. 그때는 조사이어 외숙촌이 뭐라고 해도 소용이 없을 것이다. 찰스는 어떤 일이 있어도 떠나겠다고 결의를 다졌다.

　　이런 "지겨운 불안"에 시달리는 내내 그는 가족과 친구들을 떠올렸다. 사랑하는 모든 이를 두고 떠나는 이 항해가, 끝까지 해낸다 하더라도, 과연 그러한 상실을 보상해줄까. 지인들이 편지를 보내왔지만, 정다운 편지들은 외로움을 더 가중시킬 뿐이었다. 헨슬로는 수병들의 "저급하고 저속한" 태도를 잘 참고 견디라고 타일렀다. 너그러운 폭스는 찰스가 그동안 소원하게 대하여 1년 동안이나 만나지 못했음에도, 언젠가 다시 만나 "벽난롯가에서" 두런두런 이야기꽃을 피우자고 썼다. 휘틀리는 케임브리지에서의 우정과 "단순하고 고상한 대식가 클럽"의 기억을 되살려주었다. 그 시절에 매주 한 번씩 먹던 식사가 지난 28일 피츠로이가 제공한 "비글호 환영" 오찬보다 100배는 더 맛있었다. "하지만…… 그런 생각을 하면 뭐하는가." 찰스는 답장에서 구슬프게 말했다. "다 지난 일인걸." "부디 나를 잊지 말게. …… 특히 매슈를 보면 안부 전해주게." "신의 가호가 있기를."

　　그러나 가장 눈시울이 뜨거워지게 만든 사람은 패니였다. 그녀는 편지에서 자신의 마음을 털어놓았다. 정말이지 잔인한 아이러니였다. 그들은 한밤중에 마주친 두 척의 배처럼 서로를 비껴갔으며, 그들의 삶은 반대방향을 향하고 있었다. 지난 9월에 그가 피츠로이와 함께 데번포트에 머물며 비글호를 구경하고 있을 때 패니는 거기서 겨우 80킬로미터 떨어진 엑서터에서 "고해"를 마무리하고 있었다. 실제로 어느 날 하루는 그들이 동시에 플리머스에 머문 날도 있었지만, 둘은 만나지 못했다. 나중에 패니가 찰스의 계획을 듣고 기념품으로 "작은 지갑"을 보냈지만, 그녀가 우드하우스로 돌아갔을 때는 찰스가 이미 그곳을 떠난 뒤였다. 패니와 엇갈린 찰스는 "지독히 우울한 기분"에 빠졌다. 그는 패니가 자신을 잊지 말기를 바라는 마음으로 구슬픈 편지를 썼다. 그녀의 답장은, 이번만큼은 솔직했다. 그녀는 감미로웠던 지난날을 그리워했다. 그리고 그가 돌아왔을 때 자신이 "그 숲에, 오직 *나이가* 들고 *차분해진* 것만 빼고는 변함없는 모습"으로 기다리고 있을 것이라고 말하면서, 다시 만나기를 간절히 바랐다. "우리가 *하녀와 마부*였던 순간부터 함께 보낸 수많은 행복한 시간들을…… 잊지 않겠어요"라고 그녀는 맹세했으며, 도발적으로 이렇게 덧붙였다. "그리고 그것은 그들의 끝이 아닐 거예요!!!"

그리고 패니의 마지막 편지가 12월 3일 토요일에 도착했다. 그녀는 새라의 결혼식 뒷이야기를 하고 싶었을 것이다. 그러나 출항을 이틀 남겨둔 찰스는 오직 항해만을 "이야기하고 생각하기로" 결심했다.[18] 그리고 이래즈머스가 막 도착하여 찰스가 마음을 집중할 수 있도록 도왔다.

찰스는 이래즈머스에게 보여줄 것이 무척 많았다. 비글호는 멋진 모습으로 정비가 끝나 있었다. 전 세계 섬들의 경도를 정확하게 측정하기 위한 24개의 크로노미터는 피츠로이의 정성이 담긴 설비였으며, 앞으로 그의 집이 될, 마호가니로 내부를 꾸민 작은 방은 특히 훌륭했다. 이래즈머스의 눈에는 모든 것이 꽤 좋게 비쳤다. 그날 토요일 밤에, 찰스는 처음으로 배에서 밤을 보낼 용기를 냈다. "가장 난감한 문제"는 해먹으로 들어가는 것이었다. 그는 해도 테이블 위에 올라가 균형을 잡고 발부터 올려보았다. 그런데 엉덩이를 먼저 올려놓는 요령을 터득하자 올라가기가 훨씬 수월했다. 그날 밤 작은 폭풍이 불었지만 찰스는 그럼에도 밤새 잘 잤다. 앞으로 뱃멀미 때문에 고생하지 않을 것 같기도 했다. 이래즈머스는 저녁식사를 하며 모두에게 "잘 다녀오라"는 인사를 하고, 동생에게 작별인사를 했다. 다음 날 아침에 피츠로이는 출항할 준비를 했다.

정오가 되자, 마지막 준비를 조롱하듯 남풍이 거칠게 불었다. 이 바람은 1주일 내내 계속되었다. 10일 오전에, 이래즈머스가 선상에서 작별인사를 하는 동안 마침내 날씨가 갰다. 피츠로이는 돛을 올리라는 명령을 내렸다. 모두가 일사분란하게 움직였다. "선임하사관들이 뿔피리를 불고, 활대[돛대 위에 건너지르는 나무]에 수병들이 배치되어 피리소리에 맞추어 굵은 밧줄을 끌어올렸다." 모두가 대단히 "신속하고 절도 있게" 행동했다. 비글호는 9시 정각에 닻을 올리고 방파제까지 나아갔다. 방파제에서 이래즈머스는 승무원들의 형제애 넘치는 환송소리를 뒤로하고 배에서 내렸다.[19] 그러고 나서 그 작은 범선은 허협을 가르며 너른 바다로 나갔다.

바다로 나가자마자 찰스의 비극이 시작되었다. 그는 미스꺼움 때문에 갑판의 난간을 붙들고 아침 먹은 것을 고스란히 파도 속에 게워냈다. 위는 온종일 아무것도 받아들이지 못했다. 저녁이 되자 남서쪽에서 격렬한 풍랑이 몰려왔고, 비글호는 집채 같은 파도에 휘청거리다 "뱃머리에 물을 뒤집어썼다." 정말이지 악몽이었다. 그는 밤새도록 선실에서 심하게 흔들거리며 속수무책으로 구역질을 해댔다. 그 시간, 바깥의 컴컴한 어둠 속에서는 바람이 노호하고, "바다의 으르렁거림, 사관들의 목쉰 쉿소리, 수병들의 고함소리"가 점점 높아져갔다. 이 혼돈 속에서도 피츠로이는 자신의 식탁 동료를 잊지 않았다. 그는 키에서 물러나 휘청거리며 들어오더니 해먹을 바로잡아주며 찰스를 안심시켰다. 다음 날 아침 함장은 후퇴를 명했다. 그는 순항에 도움이 되는 동풍을 기다리기로 결정하고 뱃머리를 플리머스로 되돌렸다.

닻을 내린 채 언제 끝날지 모를 대기상태가 시작되었다. 배 안에는 "불평불만이 가득"했으며, 찰스는 "최악이라 할 만큼 나쁜 상태"가 되었다. 21일 수요일, 마침내 태양도 바다도 바람도 완벽했다. 피츠로이는 다시 출항을 했다. 그러나 출항하자마자 배가 좌초되고 말았다. 마침 물이 빠지는 때여서, 배에 탄 모든 사람이 하나가 되어 갑판을 가로질러 앞뒤로 달려 배를 흔들리게 함으로써 암초에서 벗어날 수 있었다. 그들은 오후에 영국 해협에 도착했다. 찰스는 한바탕 뱃멀미를 겪고 나서 밤새 편하게 잘 잤다. 하지만 다음 날 아침이 되어 휴대용 나침반을 점검한 그는 아연실색했다. 어찌된 일인지, 배가 다시 영국으로 돌아가고 있는 것이 아닌가. 리저드 반도에서 18킬로미터 떨어진 해상에 도달했을 때 세찬 남서풍이 불기 시작했던 것이다. 피츠로이 함장은 배를 돌려 플리머스 해협 쪽으로 가고 있었다.[20]

지금 찰스의 바람은 출항을 하여 두 번 다시 되돌아오지 않는 것뿐이었다. 크리스마스 날에도 아무런 감흥이 없었다. 그날은 일요일이라서 교회에 가서 케임브리지 대학 시절의 친구가 하는 설교를 들었다. 네 시에는 사관후보생실에서 저녁을 먹었는데, 앞으로는 피츠로이와 함께 식사를 할 것이란 사실이 정말 다행스럽게 느껴졌다. 사관들은 건달처럼 소란을 피웠는데, 행동거지만 놓고 보면 마치 "갓 입학한 신입생들" 같았다. 그들은 술기운으로 호기를 부렸기 때문이다. 이 점에서는 수병들도 마찬가지였다. 대식가 클럽의 동료애 따위는 조금도 찾아볼 수 없었다. 한밤중이 되자 배 위에서 말짱한 사람은 아무도 없었다. 찰스조차 술에 취했다. 말할 나위 없이 다음 날은 "거의 모든 선원이 취해서 나타나지 않아" 출항할 상황이 전혀 아니었다. 배는 "무정부상태"였고, 수병들은 "무거운 사슬"에 묶인 채 갑판 아래 갇혀 울다가 고함치다가를 반복했다. 함장은 가차 없이 질서를 회복해나갔다. 저녁 무렵쯤, 배에서 내려 배회했던 자들 모두가 돌아오는 족족 처벌을 받았다. 마침내 모두는 차분해졌고, 배는 다시 대기에 들어갔다.

　　12월 27일에 비글호의 73명의 영혼들이 눈을 떴을 때 수정처럼 맑은 하늘에 잔잔한 동풍이 불고 있었다. 피츠로이가 명령을 하자 배에는 금세 생기가 돌았다. 사관들은 큰 소리로 명령을 하고, 수병들은 분주히 갑판으로 나와 돛대 위로 올라가서 돛을 올릴 준비를 했다. 임시로 고용한 사람들은 배에서 내렸고, 푸에고인 선교사들은 그들에게 배정된 공간에 있었으며, 찰스는 선실에서 집에 보내는 마지막 편지를 끼적이고 있었다. 11시 정각, 배가 닻을 올릴 때 그는 피츠로이와 바톨로뮤 설리번 대위와 함께 그 지역 해군사령관의 요트에 올라 작별의 오찬을 나누었다. 비글호가 반풀의 정박지를 빠져나와 해협으로 방향을 트는 동안, 요트 위의 일행은 고상하게 식사를 하며 같은 코스를 나란히 미끄러져 갔다. 그들은 방파제 밖에서 비글호에 올랐고, 비글호는 곧장 모든 돛을 올리고 바다로 천천히 미끄러져 갔다. 찰스는 일지에 이렇게 적었다. "잉글랜드를 떠날 때 아무런 감정을 느끼지 않은 것은 아마도 양고기와 샴페인" 때문이 아니었을까.[21]

다시 끔찍한 뱃멀미가 시작되었다. 뱃멀미는 항해 이틀째, 피츠로이가 크리스마스 날의 군기위반에 대한 처벌을 내리는 동안 시작되었다. 무례, 불복종, 임무태만의 죄로 네 명이 134대의 채찍을 맞았다. 회초리소리와 죄인들의 신음소리에 다윈은 몸을 움츠렸다. 잔인한 정의가 그의 비위를 건드렸을까, 아니면 배의 쉼없는 뒷질과 옆질로 인한 뱃멀미였을까?

오래 지나지 않아 어느 쪽인지 알게 되었다. 메스꺼움이 사라지지 않았기 때문이다. 뱃멀미는 상상했던 것보다 "훨씬 심했다." 열흘 동안 그의 위는 "건빵과 건포도" 외에는 아무것도 받아들이지 못했다. 그것도 안 될 때는 향신료를 넣어 데운 와인에 사고녹말을 섞은 것만이 넘어갔다. 너무 기진맥진한 그는 일어서려 하다가 쓰러질 뻔했다. 오직 "수평자세"만이 편안했다. 작은 비글호가 비스케이 만의 거센 파도 속을 까딱거리며 나아가는 동안, 그는 선미루 선실의 천창 아래 매달린 해먹에 누워 흔들거리며 "어둡고 우울한 생각"에 시달렸다. 훔볼트의 "열대풍경에 대한 정열적인 이야기들"을 다시 읽자 기운이 좀 났다. 밤에는 해먹에서 흔들거리며 "새로운 겉보기 궤도들 위에서…… 작은 순환을 하는" 달과 별들을 바라보는 것이 "아주 즐거웠다." 그것을 빼고는 온통 구트와 후회뿐이었다. 이번 새해는 결심의 시간이 아니라 자책의 시간이었다. 항해는 실수였다. 아버지의 말을 들을 걸 그랬다.[1]

피츠로이는 마데이라를 그냥 지나쳤지만, 선실에서 뱃멀미로 고생하는 다윈은 절실하게 육지를 밟고 싶었다. 배가 테네리페 섬으로 가는 동안 공기는 점점 향기로워졌고 파도는 잠잠해졌다. 다들 상륙을 하고 싶어 몸이 근질근질했다. 다윈은 말할 나위도 없었다. 그는 기분이 나아지기 시작했으며, 테네리페 섬의 화산 꼭대기가 구름 위로 모습을 드러냈을 때는 흥분을 감출 수가 없었다. 화산은 "다른 세상" 같았으며, 예상했던 것보다 "두 배나 높았다." 뱃멀미로 고생한 보람이 있었다. 비글호가 1832년 1월 6일에 햇빛으로 달구어진 테네리페의 산타크루즈 항구로 들어갈 때 그는 화산에서 좀처럼 눈을 떼지 못했다. 얼마나 오래 갈구해왔던 "동경의 대상"이던가. 하지만 닻을 내릴 때 배 한 척이 긴급명령을 가지고 다가왔다. 잉글랜드에서 콜레라가 발생했기 때문에 비글호에 12일 동안 검역을 위한 격리정박 조처가 내려졌다는 것이다. "사람들과의 교류"도, 상륙도 금지였다.

모두가 함장을 쳐다보았다. 정말 열이틀 동안 기다릴 것인가? 즉각 대답이 떨어졌다. "닻을 올려라." 피츠로이가 소리쳤다. 비글호는 땅거미가 내리는 바다로 다시 나아갔다. 다윈은 몹시 낙심했다. 격리명령이 "사형영장"처럼 다가왔다. 이 열대의 천국을 다시 방문할 "가망은 거의" 없었다. 해안에서 몇 킬로미터 떨어진 곳에서 바람이 자서 한동안 배가 멈추자, 그는 어둠에서 위안을 구했다. 밤은 "우리의 슬픔을 어루만지기 위해 최선을 다하고 있다." 그는 이때의 심정을 일지에 이렇게 적었다. "공기는 잔잔하고 기분 좋게 따사롭다. 들리는 소리는 오직 고물에 철썩이는 파도소리와 돛대 주위를 하릴없이 나부끼는 돛의 소리뿐……, 하늘은

지고지순하게 맑고 높으며, 무수한 별들은 너무나도 밝아서 마치 작은 달들처럼 파도에 빛을 흩뿌려놓는다."[2]

이틀 뒤 테네리페는 시야에서 사라졌다. 다윈은 마치 "친구와의 작별"처럼 그것을 아쉬워했다. 비글호는 잔잔한 산들바람 속에서 진로를 남쪽으로 돌렸고, 낮이 되자 날씨가 점점 뜨거워졌다. 그는 선실에 조용히 누워 라이엘의 『지질학 원리』 1권을 읽거나, 갑판으로 나가서 올이 성긴 천으로 만든 플랑크톤 그물을 시험해보았다. 그는 선미루 갑판에 서서 그물을 배 밖으로 던지고 그물이 배를 따라 질질 끌려오도록 했다. 어획량은 엄청났다. "형형색색의 눈부시게 다양한" 작은 생물들이 엄청나게 많이 끌려 올라왔다. 이러한 모습은 난생처음 보는 것이었다. 심지어 그랜트와 다닐 때조차도 이런 것은 본 적이 없었다. "이토록 다양한 아름다움"이 왜 하필 경탄할 이 하나 없는 광활한 바다에 있는 것일까? 이들은 마치 "아무런 목적 없이 창조된" 듯했다.

날씨는 눈부시게 좋았다. 산들바람, 파란 하늘에 떠가는 솜털구름, 찬란한 노을. 아프리카 해안에서 480킬로미터쯤 떨어진 카보베르데 제도의 생자고 섬이 그들의 첫 번째 상륙지였다. 비참한 장소. 그는 책에서 그렇게 읽은 기억이 났다. 그렇다면 그 섬은 그가 열대지방에서 보기를 기대하는 "인상 깊은 아름다움"을 주지는 못할 것이다.

짙은 안개에 휩싸인 생자고 섬은 비글호가 5킬로미터 내로 접근하기 전까지는 뚜렷하게 보이지 않았다. 섬은 과연 평판대로, 황량한 화산들로 이루어진 쓸모없는 땅이었다. 그래도 비글호가 1월 16일에 포르토프라야 Porto Praya에 닻을 내렸을 때 다윈은 단단한 땅을 걷는 것만으로도 위안이 되었다. 그는 피츠로이와 함께 그 제도의 포르투갈인 총독과 미국 영사를 만나러 갔다. 그런데 그곳에서 마침내 그의 꿈이 실현되었다. 열대의 수풀을 처음으로 보았던 것이다. 깊은 계곡에서 그는 훔볼트의 묘사를 떠올리게 하는 장면을 만났다. 빽빽하게 우거진 과실나무와 야자수들. 그는 경외심에 사로잡혔고 맹인이 눈을 뜬 것 같은 기분이었다. 그 풍경에 "압도되어" "아무 생각도 나지 않았다." 생자고 섬의 명예는 회복되었으며, 다윈은 앞으로 몇 주 동안 이 해안에서 보낼 생각에 즐거워졌다.[3]

피츠로이가 관측소를 설치하고 여러 가지 관측을 하는 동안, 다윈은 무스터스와 매코믹과 함께 하이킹을 하기도 하고, 로울릿과 바이누(비글호의 사무장과 군의관)와 함께 조랑말을 타고 내륙으로 구경을 가기도 하고, 혼자서 탐사를 하는 등 여기저기를 바삐 돌아다녔다. 그는 바머스의 독서모임에 다시 온 기분이었지만, 그것과는 비교할 수도 없이 흥분되었다. 야생 고양이들이 껑충껑충 뛰어 지나가고, 오색찬란한 물총새들이 쏜살같이 날아다녔으며, 운 좋게 "그 유명한 바오밥나무"도 보았다. 둘레가 10미터에 이르는 거대한 나무였다. 하지만 그 나무는 "켄싱턴 식물원에 있는 것과 마찬가지로" 낙서로 뒤덮여 있었다. 그는 물론 무기를 지니고 다녔다. 사람을 죽이는 일에 눈 하나 깜짝하지 않는 통역사가 그것을 보더니, "흑인에게는 안성맞춤"이라며 고개를 끄덕였다. 그러나 다윈이 만난 "흑인이나 물라토 아이들"은 그 누구보다 "똑똑해" 보였다. 이 아이들은 "격발장치가 부착된 총을 보더니 그게 무엇인지 곧장 알아차리고 깜짝 놀랐다." "그들은 모든 것을 예사롭지 않게 쳐다보는데, 그들을 그냥 내버려두면……, 주머니에 있는 것들을 죄다 끄집어낼 것이다. 그들은 은으로 된 나의 필통에…… 유독 커다란 관심을 보였다."

다윈은 물 만난 고기 같았다. 에든버러에서 산책하던 때 그는 종종 "조수가 밀려간 뒤에 남은 작은 물웅덩이를 유심히 관찰했고, 작은 산호들을 보면서…… 그것이 더 자랐을 때의 모습을 상상했다." 지금 이곳 생자고 섬의 해변에서 그는 색깔이 화려한 해면동물들과 멋진 열대산호들을 채집하고 있었다. 그를 가장 매료시킨 것은 화산지형이었다. "검고 불탄 바위들"이 널린, 태양이 내리쬐는 벌판을 홀로 거니는 것은 황홀한 경험이었고, 자연의 원시적인 힘에 대한 상상은 걷잡을 수 없이 뻗어나갔다. 그곳의 황량함과 쓸쓸함은 별의별 생각들이 다 나게 했다. 그렇게 그는 지구가 감추고 있는 무시무시한 힘을 꼼짝없이 마주보고 있었다.

그때 특이한 것이 그의 눈에 들어왔다. 해수면 위로 약 10미터쯤 올라간 높이에, 흰 띠가 암석들을 관통하여 수평으로 이어져 있었다. 그 띠는 눌린 조가비와 산호들로 이루어져 있었고, 눈이 닿는 곳까지 계속 이어졌다. 이 지역 전체가 옛날에는 물속에 있었던 것이 분명했다. 그렇다면 왜 지금은 그렇지 않을까? 이 사실에 매혹을 느낀 다윈은 그 문제를 곰곰이 생각해보았다.

웨일스 북부에서 세지윅은 케임브리지류의 지질학으로 다윈을 유도했다. 그것은 지각의 격렬한 운동, 갑자기 뒤틀린 지층, 산의 충상단층衝上斷層을 설명하는 과학이었다. 그러나 이 조개껍데기 띠가 바다 위의 저 높이까지 어떻게 도달했을까? 헨슬로가 곧이곧대로 받아들이지 말라고 주의를 주긴 했지만, 라이엘의 『지질학 원리』에 나오는 설명이 이것을 설명하는 데 도움이 되었다. 라이엘은 세계가 끊임없이, 하지만 서서히 변화한다고 보았다. 현재와 마찬가지로 과거에도 격변 같은 것은 없었다. 그렇기 때문에, 오늘날 나타나는 기후, 화산활동, 지각운동만으로 충분히 옛 세계를 설명할 수 있다. 지각운동은 서로서로 균형을 이루며 일어난다. 다시 말해 한 지역에서 땅이 솟아오르면 다른 지역에서는 땅이 꺼진다. 그런데 이것은 세지윅이 생각하는 것 같은 격변의 과정이 아니라 점진적인 과정이다.

라이엘이 옳을까? 케임브리지에서 수천 킬로미터 떨어진 곳에서 다윈은 자기 스스로 곰곰이 생각해보았다. 바다가 가라앉았을 리는 없으며, 생자고 섬의 화산활동이 계속되는 한 대서양의 수위는 낮아질 수 없다.

그렇다면 생자고 섬이 서서히, 혹은 갑자기 솟아올랐을까? 그는 조개껍데기 띠를 다시 한 번 자세히 관찰했다. 그것은 거의 손상되지 않은 상태여서, 격변의 흔적은 전혀 보이지 않았다. 게다가 해수면 위로 올라온 높이가 들쭉날쭉한 것으로 보아, 곳에 따라 2차 침강이 일어난 듯했다. 적어도 생자고 섬만큼은 라이엘의 주장을 입증하는 것 같았다. 다윈은 세계가 서서히 점진적으로 변한다는 견해를 갖기 시작했다.[4]

　메모지들이 차곡차곡 쌓여가자, 다윈은 자신이 지질학에 중요한 기여를 할 수 있을 것 같다는 생각이 들었다. 그는 나아가, 앞으로 방문할 나라들에 대한 자료를 바탕으로 지질학 책을 쓰는 상상도 해보았다. "잉글랜드와 그곳의 정세"가 생각나는 경우는 어쩌다 한 번씩일 뿐이었으며, 열대의 경치를 볼 수 있다는 기대는 수병들의 "개혁" 이야기조차 중단시키는 위력을 발휘했다. 피츠로이는 2월 8일에 닻을 올렸다. 다시 다윈은 남아메리카 식물 말고는 아무것도 생각할 수 없었다. 그는 남아메리카의 식생은 여기보다 훨씬 더 풍성할 것이라고 예상했다. 그러나 그렇더라도 생자고 섬의 첫인상은 "결코 지워지지 않을 것"이다.[5]

"메스껍고 불쾌한 기분." 비글호가 적도를 향해 전속력으로 바다를 가를 때 다윈은 자신의 상태를 이렇게 묘사했다. 대부분의 날들은 메스꺼움 때문에 꼼짝도 할 수가 없었는데, 그는 누워만 지내는 것이 정말 싫었다. 선실의 해먹에 매달려 있는 동안, "라벨과 과학적 표비명"이 붙여지기를 기다리고 있는 죽은 동물들이 그를 쏘아보았다. 날씨는 날이 갈수록 "축축하고 푹푹 쪘지만" 그는 아직까지 일어설 수가 없어서 끈적거리는 팔다리에 바람을 쐴 수조차 없었다. 다행히 밤에는 종종 시원했지만, 낮이 되면 "미지근하게 녹은 버터…… 에 담겨 쪄지고 있는" 느낌이었다.

　피츠로이는 신선한 식량을 구하기 위해 산파울 암초섬에 배를 잠시 멈추었다. 이 암초섬은 "부비와 노디의 둥지들로 뒤덮인 해저산맥의 꼭대기"였다(부비는 가마우지의 일종이고, 노디는 제비갈매기의 일종이다]. 다윈은 스토크스와 부함장인 존 위컴과 함께 사냥을 하기 위해 해안에 내렸다. 새들은 천적이 없는 탓에 도망치려 하지도 않았다. 세 남자는 모자에 알을 가득 담고, "악동들처럼" 새의 머리를 돌로 후려쳤다. 다윈의 지질학용 망치가 유용했는데, 일행 가운데 한 사람이 망치를 너무 세차게 휘두른 바람에 자루가 부러지기도 했다. 배 안의 수병들이 상어들과 겨루며 참바리와 다른 물고기들을 낚는 동안, 다윈 일행은 새들을 산더미만큼 사냥했다. 이 정도면 충분한 식량이었고, 2월 16일에 비글호가 "적도를 넘은 것"을 기념하기에도 전혀 모자람이 없었다.

전통적으로 적도 통과는 쌓이고 쌓인 스트레스를 풀 구실을 제공했다. 그날 밤, 규칙은 잠시 중단되고 축하의식이 시작되었다. 바다의 신 넵투누스처럼 차려입은 피츠로이는 신참들을 한 명씩 선수부 갑판으로 불렀다. 그곳에서는 반라의 수병들이 물감으로 색칠을 하고 악마처럼 춤을 추며 통과의례를 거행하기 위해 기다렸다. 그 배에서 적도를 처음 통과하는 사람은 서른두 명이었다. 다윈이 처음으로 불려나왔다. 그는 피츠로이를 보자마자 이미 광란이 시작되었음을 알고 서둘러 앞쪽 해치로 도망갔다. 하지만 악마들이 그를 붙잡아 눈을 가린 채 널빤지 위에 세우더니, 물을 채운 돛 안으로 그를 확 밀쳤다. 그러고 나서 그를 끄집어내어 "얼굴과 입에 송진과 물감을" 칠한 다음에 "거칠거칠한 철 고리로 일부를 긁어내고", 그러고는 다시 물속에 거꾸로 처박았다. 다윈은 충분히 불쾌했겠지만, 이 정도면 가벼운 처사였다. 다른 사람들은 더 심하게 당했다. 결국 배는 "사방으로 물이 튀는" "샤워장"이 되었다. 단 한 명도, 심지어 함장조차도 흠뻑 젖는 것을 피할 수 없었다.[6]

2월 17일도 이러한 난리법석과 고문 속에서 지나갔다. 다음 날 남반구에서 잠을 깬 다윈은 하늘을 바라보며 경탄했다. 그는 갑판에 나와 태양이 북쪽에 떠 있는 것을 보았고, 밤에는 남십자성과 마젤란 성운을 보았다. 속은 훨씬 편해졌는데, 적도 무풍대 특유의 풍향이 일정하지 않은 미풍 — '변풍'— 덕분이었다. 그러나 날씨는 푹푹 쪘고, 잠자는 것은 고역이었다. 그래서 그는 결국 해도 테이블 위에서 잤다. 사실 대롱대롱 매달린 해먹이 아니라면 어디든 상관없었다. 하지만 그런 순간에도 그의 과열된 머릿속은 이런저런 생각들로 터질 듯했다. 무슨 위험이 기다리고 있을지 모르는 남은 날들이 두려웠다. 신세계가 손짓을 하고 있었지만 그의 마음은 아직도 고향에 있었다. 지금 이 순간 사랑하는 가족과 친구들에 둘러싸여 항해를 되돌아보고 있다면 얼마나 좋을까! 이런 갈망이 자꾸자꾸 그를 엄습했으며, "포근하고 달콤한" 열대의 밤에는 유독 그랬다.[7]

비글호는 무역풍에 실려 꾸준히 브라질로 향했다. 배는 바이아(살바도르)에서 멈추어, 커다란 배들이 숲처럼 빽빽이 들어찬 토두스우스산투스 만(모든 성인의 만)에 닻을 내렸다. 그리하여 2월 28일에 다윈은 출항 이후 처음으로 대륙을 밟았다. 냄새나는 부두와 좁은 거리들이 있는 오래된 시가지는 올드 리키(에든버러)에서 보낸 학창시절을 생각나게 했다. 그러나 에든버러와는 달리, 이곳의 고급 주택들은 "무성한 나무들에 둘러싸여" 있었고, 백도제를 바른 교회들과 으리으리한 포르티코[기둥으로 받쳐진 지붕이 있는 현관]는 푸른 신록과 대비를 이루며 화려하게 빛났다. 지금은 우기여서 숲을 구경하기에는 더없이 좋은 때였다.

마침내 그는 소원을 이루었다. 훔볼트가 말로 묘사한 풍경들이 생명을 띤 모습으로 눈앞에 나타났다. 아니 훔볼트의 "멋진 묘사들"도 실물에는 한참 못 미쳤다. 다윈은 "울창한 수풀…… 우아한 초원, 진귀한 기생식물들, 아름다운 꽃들"에 취해 혼자서 몇 시간을 돌아다녔다. 그의 마음은 "기쁨의 도가니"였다. 그는 응달진 곳에서 잠시 쉬면서 윙윙거리고 개골거리고 팔딱거리는 생명의 소리에 귀를 기울였다. 숲속에는 이 소리들을 들을 인간 침입자가 없었던 오래전 과거와 마찬가지로 "소리와 적막의 기묘한 어울림"이 울려퍼지고 있었다. 마치 저녁기도회가 열리고 있는 대성당에서, 찬송가가 "우주의 고요"로 잦아들고 있는 순간 같았다. 다윈은 "도취에 도취를" 거듭하며 채집을 시작했다. "플로리스트가 정신을 못 차릴" 만큼 많은 꽃들과 셀 수 없는 딱정벌레들을. 이런 "황홀한 기쁨"은 난생처음이었다. 그리고 이러한 기쁨을 "의무"라고 부른다고 한번 상상해보라. 다윈은 엄청 큰 도마뱀 한 마리를 사냥한 뒤에 이렇게 말했다. 아버지에게 보내는 편지에서 다윈은 이런 벅찬 심정을 전하지 않을 수 없었다. 그는 자신의 성공을 열정적으로 보고하고, "가족과 오언가의 모든 영혼들에게 나의 사랑"을 보낸다고 썼다.[8]

시내로 돌아오니 마침 카니발 축제 시즌이었다. 그는 위컴 대위, 설리번 대위와 함께 축제 분위기에 휩싸인 거리를 큰마음 먹고 지나가다가, "물이 가득 찬 밀랍 공" 세례와 "커다란 깡통 물총"의 분사에 황급히 그곳을 빠져나왔다. 그런데 사실 이곳에는 경축할 것이 거의 없었다. 이곳의 상점에서 "노동은 흑인들이 다 한다." 다윈은 일지에 신랄하게 적었다. 노동력이 이렇게 싼 탓에, 자본투자는 전혀 이루어지지 않았다. 이곳에서 "수송수단"은 단 하나밖에 볼 수 없었다. 곧, 흑인들이 모든 짐을 들고 다녔다. 그래도 그들은 "무거운 짐을 메고 비틀거리면서도", "조잡한 노래에 장단을 맞추며 기운을 북돋웠다."

흑인의 고통. 이것은 민감한 문제였다. 게다가 비글호에서는 불화를 불러일으키는 불씨였는데, 피츠로이가 흑인의 운명을 정당화했기 때문이다. 어느 날 피츠로이는 노예제도는 허용될 수 있는 것이라고 말하기도 했다. 브라질 사람들은 일반적으로 흑인 하인들에게 잘 대해주기 때문이라는 것이다. 피츠로이는 여행을 많이 다녔고 다윈은 그렇지 않았지만, 철저한 휘그당원인 다윈은 옳은 것과 그른 것을 구별할 수 있었다. 노예제도는 그의 온 가족이 반대하는 제도였다. 그것은 악이었다. 다윈은 유일한 해결책은 노예해방이라고 주장했다. 피츠로이는 펄펄 끓어 넘쳤다. "뜨거운 커피." 승무원들은 성질이 불같은 함장을 이렇게 불렀다. 다윈은 크게 데었다. 피츠로이는, 한 노예주인이 자신의 노예에게 지금 불행한지, 그래서 자유롭게 살고 싶은지 묻는 것을 들었는데, 그들은 "아니요"라고 대답했다고 말했다. 그렇다면 그들이 원하는 바를 존중해주어야 하지 않겠는가? 다윈은 주인의 면전에서 하는 노예의 대답이 무슨 의미가 있느냐고 물었다. 그 말에 피츠로이는 폭발하여, 둘이 더는 함께 지낼 수 없겠다고 선언했다. 다윈이 말대답을 한 것이 마음에 들지 않았던 것이다. 그러고는 화난 발걸음으로 선실을 나가버렸다.

　　그것으로 끝장이었다. 쫓겨나는 것이 이렇게 간단한데, 그동안 배 밖으로 떨어질 것을 두려워했다니. 소식은 금세 퍼져나갔다. 사관후보생실의 사관들로부터 함께 식사를 하자는 초대를 받았을 때 다윈은 반가웠다. 그들은 피츠로이의 욱하는 성질에 대해 말해주었다. 아니나 다를까, 몇 시간 뒤에 함장이 그에게 사과의 뜻을 전하며 배어 남아달라고 부탁했다. "진짜 군함"인 사마랑호의 패짓 함장이 비글호를 방문했을 때 다윈은 함장들의 식사에 초대를 받았다. 그런데 거기서 통쾌한 복수가 이루어졌다. 패짓은 피츠로이만큼이나 세상을 많이 돌아다닌 사람이었다. 그는 노예제도에 대해 잘 알았고, 손님이라서 그의 말에 시시비비를 따지기도 뭐했다. 패짓은 저녁을 먹으며 자신이 기억하는 모든 잔악한 행위를 늘어놓았다. 그는 또한 대우를 잘 받은 한 노예의 말도 인용했다. 그 노예는 "나의 아버지와 두 누이를 한 번만이라도 다시 보고 싶다"고 말했다는 것이다. 다윈은 나중에 혼자 남았을 때, 그것이 바로 흑인들의 고뇌라며 분통을 터트렸다. "그들은 잉글랜드에 온 문명화된 야만인들에게도 형제 대접을 받지 못하며, 신의 눈으로 볼 때조차도 동등하지 않다."[9]

피츠로이는 그 항구의 해도를 완성한 뒤 3월 18일에 출항했다. 비글호는 브라질 해안을 따라 남쪽으로 내려가, 험준한 아브롤류스 제도 근처의 수심을 측량하고, 잠시 멈추어 배에 신선한 새고기를 가득 실었다. 그러고 나서 "세찬 바람"에 실려 리우데자네이루로 향했다. 가는 길에 만우절 의식도 한 차례 치렀다. 한밤중에 설리번이 선미루 갑판 아래 선실로 달려와 이렇게 소리쳤다. "다윈 씨, 범고래 본 적 있소?" 다윈은 그 고래를 보기 위해 해먹에서 잽싸게 튀어나왔다가 "구경꾼들의 웃음거리"가 되었다.

사정은 점점 나아지고 있었다. 그는 용오름[수면 위에서 발생한 토네이도]을 처음으로 보았고, 상어를 처음으로 잡았으며, 집에서 오는 첫 우편물을 애타게 기다렸다. 비글호에 우편가방이 도착한 것은 4월 5일, 비글호가 리오 항구로 미끄러져 들어갈 때였다. 비글호는 작은 측량선에 지나지 않았음에도, 늘어선 군함들 앞에서 모든 돛을 절도 있게 올렸다 내리며 예를 표했다. 다윈은 이 의식을 돕다 말고 편지를 읽기 위해 아래로 뛰어 내려갔다. "탑과 대성당들로 번지르르하며" 슈거로프 산의 비호를 받고 있는 리오의 풍경조차 뒷전으로 밀려났다.

편지들에는 온갖 잡다한 이야기들이 가득했다. 마치 모두가 결혼을 하는 것 같았다. 헨슬레이는 패니 매킨토시와, 헨슬레이의 누이인 샬럿은 온 가족이 좋아하는 교구목사와 결혼을 했다. 샬럿은 찰스가 아내와 함께 "목사관"에 정착하여 자신의 남편 찰스 랭턴처럼 "적극적이고 신앙심 깊은 좋은 성직자"가 될 날을 기대했다. 그녀는 이것이 "세상에서 가장 행복한 인생"이라고 벅차게 말했다.

또 하나의 결혼식이 있었다. 그것은 패니 오언의 결혼이었다. 처음에는 놀랐고, 편지를 더 읽고 나서는 가슴이 무너져 내렸다. 그녀는 새해에, 그러니까 그녀가 마지막 편지를 보낸 지 한 달도 채 되지 않아 약혼을 했던 것이다. 부유한 인간쓰레기 같은 인물인 비둘프라는 이름의 남자(물론, 야심 있는 정치가였다)가 힐 사건 뒤에 패니 곁을 맴돌다가, 그녀의 고통에 연민을 느껴 마침내 청혼을 했던 것이다. 청혼은 "둘이서 은밀하게 말을 타던 중에" 이루어졌으며 — 하녀와 마부를 생각나게 하는 대목이었다 — 결혼식은 3월에 있었다. "오빠가 돌아오면" 패니는 "원숙한 엄마"가 되어 있을 것이라며 여동생 캐서린이 듣기 싫은 소리를 했다. 눈물이 흘러내리는 가운데 찰스는 마음이 어수선했다. 이성적으로 생각하려고 애썼지만, 내면은 "유약하게 녹아내리고 있었으며", "나의 사랑하는 패니"라고 중얼거리며 하염없이 울었다. 아, 그녀는 시골 목사의 아내가 되었어야 했는데! "이것이 내 운명일까요. 이대로라면, 나는 목사관에 정착할 가망이 없습니다."[10]

만신창이가 된 그는 쏜살같이 내륙으로 내달렸다. 그는 리오에서 잡다한 영국인 모험가들과 어울려, 그 가운데 한 사람이 소유하고 있는 북쪽으로 160킬로미터 떨어진 곳의 농가로 향했다. 길은 구불구불했고, 도중에 묵은 숙박업소들은 형편없었으며, 음식은 변변찮았다. 그는 타는 듯한 더위 때문에 병이 났음에도 길을 재촉한 탓에 "쓰러질 정도로 지쳤다." 그러나 풍경은 이 고생을 보상해주었다. 땅에서 3.5미터쯤 위에 있는 고깔모양의 개미둥지, 석호의 짠물 속을 거니는 백로, 말의 피를 빨아먹는 흡혈박쥐, 여기저기 널려 있는 난초와 캐비지 야자.

농가에 도착한 그는 흑인이 "비참하게 혹사당하고 있는" "끔찍하고 파렴치한" 사례를 또다시 목격했다. 다윈과 함께 이곳까지 온 농가의 주인과 농장을 운영하는 십장이 싸움이 붙었고 주인은 십장이 아끼는 물라토 아이를 경매에 내다팔겠다고 협박했다. 싸움이 점점 커지자, 주인은 홧김에 노예 30가족에서 여자와 아이들을 차출했다. 그들을 남편들과 떨어뜨려 리오에서 팔아넘기겠다는 것이었다. 이것은 비열한 처사였다. 다른 면으로는 그토록 죽이 잘 맞는 사람이 어떻게 그 지경까지 타락할 수 있을까? "노예제도가 용인될 수 있는 필요악이라는 주장을 하는 사람들의 논거는 얼마나 약한가!"

그 농가는 원시정글을 베어내고 지은 것이었다. 찰스는 푹푹 찌는 적막한 숲속을 거닐었다. 그곳에서 그는 다시 한 번 황홀경에 빠졌다. 아니, 매우 감상적인 기분에 젖었다. 그의 곁에는 총과 공책뿐, 자신을 기다리는 패니, 그 숲을 함께 나눌 검은 머리의 미녀는 이제 없었다. 이끼 낀 통나무 위에 앉아서 바라본 풍경은 패니를 생각나게 했고, 그러자 감정이 북받쳐 올랐다. "덩굴식물이 덩굴식물에 휘감겨 있다." 찰스는 연필을 움직였다. "땋은 머리카락 같은 덩굴―아름다운 나비목―적막―호산나." 그는 "숭고한 사랑"을 느꼈다. 그의 빈 가슴에 자연이 들어온 것이다. 그는 자신의 영혼이 자연과 교감을 나누고 있는 것 같은 기분이 들었으며, 자연의 신에 대해 생각했다.[11]

그 농가에는 며칠 정도만 머물렀고, 찰스는 해안 근처의 "이글이글 불타는 뜨거운 모래벌판"을 따라 리오로 돌아갔다. 비글호는 경도를 측정하기 위해 바이아로 돌아갈 예정이었지만, 그는 리오 주변에서 비글호의 복귀를 기다리기로 했다. 그는 소지품을 챙겨서 4월 25일에 보트를 타고 보타포고 만灣으로 갔다. 그곳은 채집을 다닐 기지로 삼기에 좋은 곳이었다. 그런데 해안에 상륙하려 할 때 거대한 파도가 보트를 덮쳐 찰스는 "거꾸로" 나동그라졌다. 자세를 바로잡았을 때 그는 종이, "책, 관측 장치, 총 케이스"가 죄다 파도에 떠내려가고 있는 것을 보고 경악했다. 모든 것을 건졌지만, 말짱하지는 않았다. 그래서 그는 빌린 오두막에서 하루 종일 머물며 젖은 물건을 말리고 수리했다.

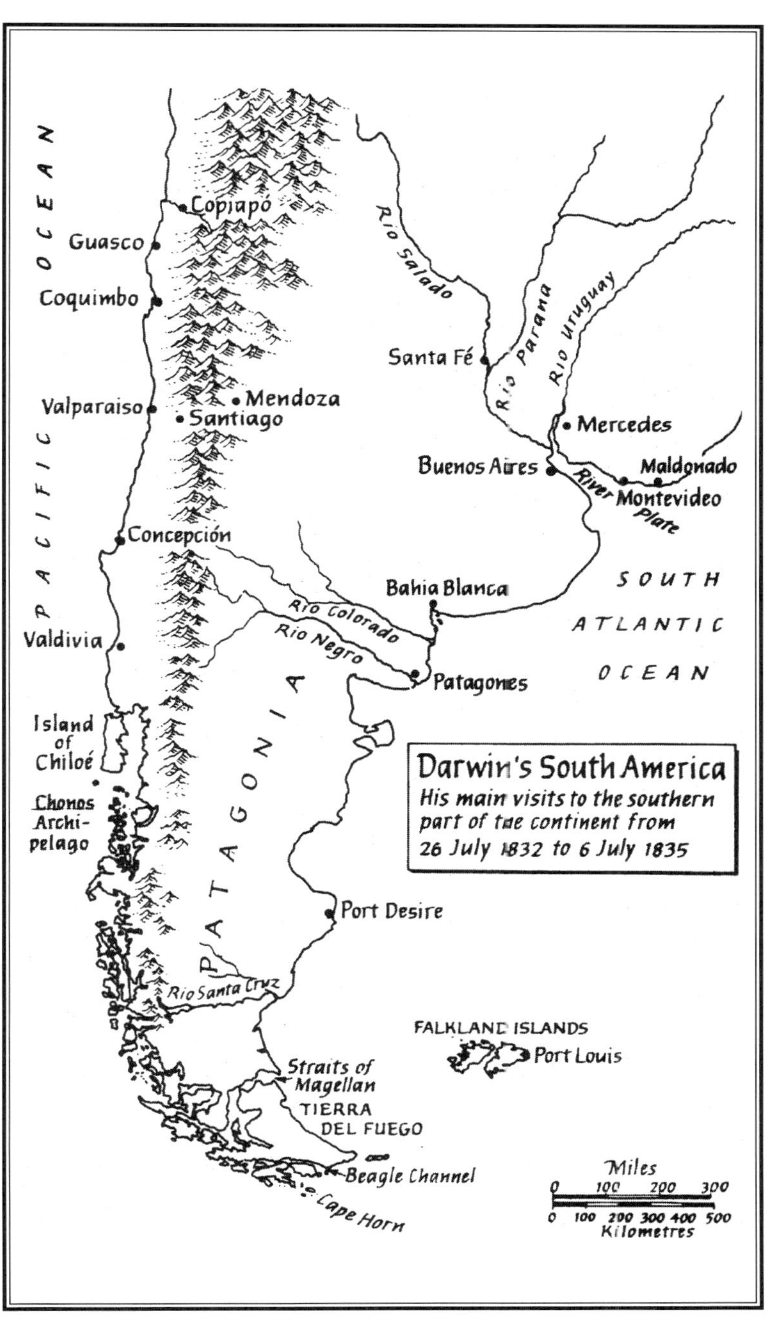

OCEAN
PACIFIC
Copiapó
Guasco
Coquimbo
Valparaiso
Mendoza
Santiago
Concepción
Valdivia
Island of Chiloé
Chonos Archipelago
PATAGONIA
Rio Salado
Rio Parana
Rio Uruguay
Santa Fé
Mercedes
Buenos Aires
Maldonado
Montevideo
River Plate
SOUTH ATLANTIC OCEAN
Bahia Blanca
Rio Colorado
Rio Negro
Patagones
Port Desire
Rio Santa Cruz
FALKLAND ISLANDS
Port Louis
Straits of Magellan
TIERRA DEL FUEGO
Beagle Channel
Cape Horn
Darwin's South America
His main visits to the southern part of the continent from 26 July 1832 to 6 July 1835
Miles
0   100   200   300
0   100 200 300 400 500
Kilometres

그 오두막에는 비글호의 화가 어거스터스 얼이 함께 머물렀다. 얼은 류머티즘을 앓고 있었지만, "아름다운 장소"와 문명화된 야만인들 가운데 한 사람, 즉 "날마다 몸이 위로만 빼고 사방으로 불어나고 있는 푸에기아 바스켓 양"을 부지런히 화폭에 담았다. 그곳은 시골이었지만 걸어서 시내로 나갈 수 있는 거리였다. 다윈은 시내에 나가 식물원을 구경했고, 코르코바도 산으로 연결되는 물길을 발견했다. 그는 600미터 높이의 그 "곱사등"에 두 번 올라가서 아름다운 풍경을 만끽하기도 하고, "연인들의 끔찍한 동반자살" 이야기를 떠올리며 몸서리를 치기도 했다.[12]

비글호의 모습을 보지 못한 지 여러 주가 지났다. 하지만 다윈은 자신의 일에 몰두해 있었다. 하루는 덫과 총을 들고 채집을 나갔고, 다음 날은 채집한 표본을 보존처리했다. 그리고 저녁에는 편지를 썼다. 가장 긴 편지는 헨슬로에게 보내는 것이었다. 찰스는 전할 소식이 너무도 많았다. 라이엘 씨의 흥미를 돋울 만한 지질학적 사실들, 해양 연체동물들에 관한 보고, 단번에 색깔을 바꾸는 문어, 보타포고 만에서 거둔 최근의 성과들. 내륙의 숲은 진정한 "금광"이었다. 이곳에서 그는, 비록 죽은 상태였지만 처음으로 신세계원숭이를 보았다. 그는 한 포르투갈인 신부와 함께 사냥을 하다가 휘어잡는 꼬리로 거대한 나무에 매달려 있는 수염 기른 짐승 한 마리를 보았다. 녀석은 하루 전에 총에 맞은 것이었는데, 나무를 베어 넘어뜨리는 방법으로 간단히 끄집어 내릴 수 있었다. 그는 개골거리는 개구리, 꽥꽥거리는 앵무새 소리를 들었고, 발광벌레와 무지갯빛 벌새를 보았으며, 포식성 개미군단을 피하는 도마뱀을 목격했다.

그러나 가장 전율에 휩싸이게 한 대상은 언제나 하등동물이었다. 덤불 속을 헤치며, 이따금씩은 집중호우가 쏟아지는 가운데, 그는 썩고 있는 통나무 아래서 "알록달록한" 편형동물을 찾아냈다. 딱정벌레도 풍성했다. 6월 23일 하루 동안에만도 68종을 잡았다. 이 작은 생물들의 대부분은 유럽에서는 한 번도 발견된 적이 없는 것이어서 "곤충학자들에게 마음의 준비를 단단히 하고 동정할 준비를 하고 있으라고 말하십시오"라고 헨슬로에게 우스갯소리를 하기도 했다. 다윈은 "거미들에도 열광"했는데, 다른 종의 거미줄에 살면서 위협을 받거나 거미줄에서 떨어지면 죽은 척하는 아주 작은 거미류를 발견하기도 했다. 그리고 훗날까지 잊지 못했던 한 고약한 기생생물을 발견했다. 그것은 기생성 벌이었는데, 녀석은 애벌레를 침으로 쏘아 박제로 만들어 자기가 낳은 유충의 먹이로 삼았다.

폭스에게 보낸 편지에서는, 지질학은 "도박의 즐거움에 견줄 만큼" 즐거운 학문이라고 말했다. 어떤 지역에 도착하기 전에 무슨 암석을 발견할지를 점쳐볼 수 있었기 때문이다. 대식가 클럽 친구인 허버트에게는, "나는 소금에 절인 소고기와 곰팡내 나는 건빵으로 저녁을 때울 수 있다"고 자랑했다. "인간이 어디까지 추락할 수 있을지 한번 상상해보게!" 슈루즈버리에 보낸 편지에서는, 샬럿도 패니도 남의 아내가 되었으니 "메이어와 우드하우스 생각은…… 그만 접는 게 좋겠습니다"라고 탄식하면서도, "야자숲 속의…… 아주 조용한 목사관"어 사는 자신의 모습을 꿈꾸었다. 적어도 그의 곁에는 항상 자연사가 있을 테니까. 비록 "내가 그 밖의 다른 목표를 이루지 못할지라도" 자연사는 "남은 인생에 일거리와 즐거움"을 줄 것이다.[13]

마침내 비글호가 돌아왔지만, 우울한 소식이 있었다. 승무원 세 명이 죽었다고 했다. 도요새 사냥 파티를 한 뒤에 병에 걸려 고열에 시달리다가 1주일도 안 되어 죽었다는 것이다. 가장 나중에 죽은 사람은 다윈이 사관후보생실에서 처음 사귄 친구인 "불쌍한 젊은이 무스터스"였다. 찰스는 집에 쓴 편지에서, 무스터스가 죽기 며칠 전에 자기 어머니의 부고를 들었다는 사실을 전하며, 고약한 말재롱으로 이렇게 끝을 맺었다. "도

요새 사냥으로 얼마나 많이들 죽는지, 얼마나 순식간에 후드득 떨어져버리는지.”

그리고 불시에 또 한 사람이 떠나갔다. 바로 비글호의 군의관이자 자연학자로 배에 오른 로버트 매코믹이었는데, 그는 부유한 풋내기 선원의 그늘에 가린 생활에 염증을 느끼고 비글호를 떠나 집으로 돌아갔다. 매코믹은 그동안 다윈이 특혜를 받는 것을 지켜보며 괴로워하고 있었다. 다윈은 육상에서 생활하는 것을 허락받았고, 원하는 대로 채집을 했다. 또한 다윈은 함장의 식탁에 함께 앉을 수 있을 뿐 아니라, 신사라는 지위 덕분에 식민지 사회의 최상류 집단과 어울릴 수 있었다. 다윈도 인정했듯, 그는 “이 배에서 해군장성, 대사 같은 거물들의 초대를 정기적으로 받는 유일한 사람”이었다. 대사들이 지질학에 관심을 가졌던 시대에 이것은 중요한 문제였다. 그들은 언제나 다윈만 찾았고, 매코믹의 채집물은 무용지물이 되었다. 피츠로이도 매코믹이 자신의 처지에 민감하게 반응하여 골치가 아팠던 터라, 매코믹이 떠나자 속이 시원했다. 결과적으로 매코믹이 떠난 것은 다윈에게도 좋은 일이었다. 이제부터 그는 이번 탐사항해의 공식 자연학자였다.

다윈은 새로운 포 하나를 장착한 “아름다운” 비글호에 합류했다. 그는 “해적선”, 아니 “수천 명의 야만인”도 거뜬히 공격할 수 있다고 농담을 했다. 자신의 “모퉁이 방”으로 소지품을 다시 갖다놓으며, 그는 심지어 영국 해군의 일원이 된 듯한 기분마저 들었다. “배 앞쪽에서 사람들이 노래하는 소리, 머리 위에서 보초들이 왔다 갔다 하는 소리, 가구들이 삐걱거리는 소리”를 다시 들으니 안심이 되었다.

7월 1일 일요일에 다윈은 군함 월스파이트호 선상에서 열린 종교 의식에 참석했는데, 악단이 국가 〈신이여 왕을 보호하소서〉를 연주할 때 650명의 남성들이 일제히 모자를 벗어 올리는 것을 보며 전율을 느꼈다.

그는 "외국인들 사이에서 조국의 힘과 권력을 눈으로 확인하는 것은 고국에서는 느낄 수 없는 의기양양한 느낌을 준다"는 것을 실감했다. 브라질인들 사이에서는 분명히 그랬다. 다윈은 브라질의 무례한 노예주인들을 혐오했다. 그 남자들은 "무식하고, 겁쟁이이고, 엄청나게 게을렀으며", "나이 든 여자들"은 "교활함, 육욕, 오만"이 철철 넘쳤다. "수도사들"도 똑같이 형편없거나 더 나빴다. 이들은 모두가 흑인을 잔인하게 다룸으로써 스스로 품위를 내팽개쳤다. 다윈은 흑인들의 용기를 높이 샀다. 그는 언젠가 노예들이 "자신들의 권리를 당당하게 주장하고, 학대에 대한 복수심일랑은 까맣게 잊는" 날이 올 것이라고 예견했다.[14]

비글호는 7월 5일에 닻을 올렸다. 배는 겨울의 사나운 해안을 따라 그 대륙의 위험한 끝자락을 향해 남쪽으로 남쪽으로 내려갔다. 모두가 기대에 부풀어, "야만인의 땅"에 걸맞게 수염을 길렀다. 심지어 사관들조차도 그랬는데, 이들은 어느덧 족장 같은 모습을 띠기 시작했다. 2주 만에 기온은 10도대로 떨어졌고, 하늘이 잿빛으로 변하며 갑판에 돌풍이 휘몰아쳤다. 다윈은 다시 뱃멀미에 시달렸으며 해먹에 누워 지내는 생활이 진절머리가 났다. 밀턴의 『실락원』이 약간의 위안을 가져다주었다. 그는 어디를 가나 그 책의 포켓판을 들고 다녔는데, 그 책이 그리고 있는 커다란 갈등으로 분열된 선사시대의 세계상에 깊은 인상을 받았다. 비글호가 라플라타 강에 접근할 때는, 자연과 인공이 서로 짠 것 같은 장관이 펼쳐졌다. 번개가 마치 악마의 불꽃놀이처럼 밤하늘을 가르자, 비글호가 환하게 밝혀지면서 돛대 꼭대기가 마치 인을 칠해놓은 듯 성 엘모의 불로 빛났다. 이와 동시에 바다도 발광 미생물들로 인해 은은한 빛을 발하여, 펭귄이 "어디로 지나갔는지 그 자국을 보고" 알 수 있을 정도였다. 이것은 바다가 보여줄 수 있는 최고로 "특별한 장관"이었다.[15]

26일에 그들은 몬테비데오의 라플라타 강에 닻을 내렸다. 찰스는 집에서 소식이 오기를 기대했으나 그를 기다리고 있는 편지는 없었다. 새로운 정치 소식이 도착했다면 좋았을 텐데. 몇 주 동안 비글호에는 이런저런 추측이 무성했는데, 모두가 개혁 법안의 운명을 궁금해하고 있었다. 혁명이 일어나게 될까? 혹시 벌써 일어난 것은 아닐까? 그때 법안이 마침내 통과되었다는 소식이 도착했다. 허버트가 몹시 들떠서 그 이야기를 전했다. 토리당 상원의원들이 압력에 못이겨 돌아서면서[반대자는 기권했다] 법안이 간신히 통과될 수 있었다는 것이다. 개혁을 못 잡아먹어 안달인 토리당원들은 지금 절멸하고 있는 종처럼 보였다. "자네는 토리당원 승무원들 사이에 있으니, 그들 가운데 한 명을 산에 담가 잘 보존해놓게. 자네가 고향에 돌아올 때쯤이면 채집가들의 진열장을 채울 표본으로 자네의 균류나 딱정벌레보다 훨씬 더 가치가 있을지도 모르니까. …… 꼬리가 있거나 귀가 늘어진 놈으로 잡을 수 있으면 두 배로 흥미로운 표본이 될 걸세." 골수 토리당원인 피츠로이는, 이제는 "왕이냐 공화제냐" 하는 문제만 남았다며 으르렁거렸다.

찰스가 이 문제를 곰곰이 생각해볼 새도 없이 비글호의 승무원들은 그 지역의 정치적 격동에 휘말렸다. 몬테비데오는 불안정한 군사정부가 정권을 잡고 있었고, 부에노스아이레스의 강 상류지역은 끝 모를 혁명에 휩싸인 상태였다. 영국 군대는 25년 전 두 도시를 약탈함으로써 이 지역들의 정치불안에 일조했고, 이로 인해 깊은 적의를 남겼다. 영국 해군은 영국 상인들의 이권을 보호하기 위해 지금도 라플라타 강 주위를 맴돌고 있었다. 이런 사정 때문에 일부 사람들의 눈에 비글호는 침입자로 비쳤다. 피츠로이가 부에노스아이레스로 들어갈 때, 항구의 한 경비정에서 발사한 총알이 그의 머리 위로 휙 지나갔다. 격분한 피츠로이 함장은, 검역을 위한 경고사격이었다는 공식해명을 받아들이지 않았다. 그는 현측 포에 장전을 명한 뒤 비글호의 방향을 돌렸고, 선체가 노후한 그 거대한 경비정을 지나칠 때 다음번에는 인사를 받으면 반드시 답례를 해주겠노라고 전했다.

비글호가 몬테비데오로 돌아갔을 때 그곳에는 더 큰 문제가 기다리고 있었다. 그 지역 경찰서장이 흑인 폭도들의 폭동을 진압하는 것을 도와달라고 부탁해온 것이다. 영국인 주민들이 위험에 처해 있었기 때문에 피츠로이는 승무원 가운데 52명을 완전 무장시켜서 파견하여, 지원군이 도착할 때까지 보루를 점거하도록 했다. 다윈은 벨트에는 권총을, 옆구리에는 무거운 단검을 차고 그들을 따라 그 "더럽혀진 도시"로 들어갔다. 흑인 반란자들은 탄약 저장고를 장악하고 거리에 대포를 배치했으며, 그들이 풀어주어 무장시킨 죄인들도 반란군에 가담했다. 비글호의 오합지졸 군대는 일전도 치르지 않고 순조롭게 보루를 줄거했고, 교섭이 진행되는 동안 "안마당에서 소고기 스테이크"를 구웠다. 하지만 다윈은 극심한 두통 때문에 배로 돌아와 사태의 전개를 주시했다. 무장한 시민들이 교대를 해주면서 다른 사람들도 뒤따라 배로 돌아왔다. 며칠 뒤 도시 중심가에서 총격이 시작되었다. 다윈은 "독재가 이 고삐 풀린 무정부상태보다도 더 나쁜 것인지" 혼란스러웠다. 솔직히 그는 "이러한 종류의 흥분된 일에서 커다란 즐거움"을 맛보았지만, 이것은 "우리 철학자들이…… 기대할 만한" 일은 못 되었다.[16]

8월 19일에 다윈은 자신이 돌아올 때까지 표본을 맡아주기로 한 헨슬로에게 첫 표본상자를 부쳤다. 같은 날 비글호는 파타고니아 해안을 오르내리며 1차 해도 작성 작업을 시작했다. 남쪽 항로는 순탄치 않았지만 고생한 보람이 있었다. 바이아블랑카 해안의 수면 근처에서 다윈이 악모顎毛 있는 벌레들(모악동물)의 무리를 목격했기 때문이다. 그 벌레들은 수백만 마리가 모여 있었는데, 몸이 투명하고, 편자 모양의 입에는 갈고리 모양의 돌기(악모顎毛)가 나 있으며, 벌레마다 몸에 알이 빵빵하게 들어차 있었다. 그는 이 벌레가 무엇인지 짐작조차 가지 않았지만, 알을 조사해보고 싶은 생각에 그물로 그 벌레들을 대량으로 잡아올렸다. 그는 그랜트로 인해 불붙은 자신의 첫사랑인 해양동물의 작은 유생을 다시 만났던 것이다. 다윈은 고성능 현미경으로 들여다보며 그 벌레의 알을 둘러싼 껍질을 열어보기로 했다. 이것은 정밀을 요하는 작업이었다. 벌레의 크기가 겨우 1인치의 50분의 1 정도밖에 안 될 만큼 작았기 때문이다.[17] 그는 무사히 해부를 마치고 그 안에 든 "분자들"을 쏟아내면서, 이때까지도 이 알들이 생명의 궁극적인 입자라고 생각했다.

다윈은 촉수를 갖고 있는 생물들에 관한 기술記述로 동물학 공책의 수많은 페이지를 채워나갔다. 머릿속이 온통 그 생물에 대한 생각으로 가득했다. 이 생물들에 관한 한은 맹목적인 채집이 아니었는데, 그것은 에든버러 때의 관심사를 계속 이어가는 것이었기 때문이다. 다윈은 플루스트라처럼 석회질 성분을 분비하여 껍질을 만드는 이끼벌레의 번식에 대해 체계적으로 연구했다. 또한 바이아블랑카의 해저 진흙 속에서 바다조름류인 버들조름Virgularia을 뽑아내고, 이 생물의 줄기 안에서 일어나고 있는 입자운동에 대해 여러 페이지를 적었다. 물결에 일렁거리는 깃털 같은 이 생물은 함께 움직이는 수천 개의 섭식용 폴립들로 구성되어 있지만, 난소는 전체 무리를 통틀어 하나밖에 없었다. 그렇다면 개체의 존재 의미는 무엇일까.[18]

바이아블랑카는 변방의 개척지였다. 아르헨티나 정부가 '최전선의 보루'로 삼는 이 도시는 관목이 우거진 언덕들과 평평한 팜파스로 이루어진 광활한 대평원 위에 건설되어 있었다. 인디오들은 이곳을 '악마의 땅'이라고 불렀다. 이 땅은 스페인이 점령했지만 본디 인디오의 땅이었다. 작은 접전들이 끊이지 않았고, 백인과 인디오의 혼혈인 가우초 기병대가

이 지역을 순찰했다. 가우초는 다윈이 지금까지 본 사람들 가운데 "가장 야만적이고 개성 있는 집단"이었다. 가우초들보다 더 "야수" 같은 사람들이 있다면 오직 그 가우초들이 포로로 잡은, "설구운 말"의 뼈를 갉아 먹는 인디오 정도일 터였다. 다윈은 그 최전선에서 벌어지는 전쟁과 잔인한 행위들에 대한 흉악한 이야기를 들었다. "인디오들은 포로들을 고문하고, 스페인 정복자들은 자신들의 포로를 총살합니다." 심지어 협상을 하기 위해 백기를 들고 오는 족장들조차 그 자리에서 총살했다. 그 들판에서는 비정한 소탕이 일어나고 있었으며, 다윈은 자신이 살인자들을 친구로 사귀고 있다는 사실을 알았다.

영국인들은 총과 현지 달러를 지니고 있는 한 대개 안전했다. 다윈은 둘 다 충분했으며, 가우초들은 호의적이었다. 그들은 다윈에게 말을 태워 주었고, 볼라[가우초들이 사냥할 때 쓰는 두 개 이상의 쇠뭉치가 달린 밧줄]로 발이 빠른 "타조"(레아)를 쓰러뜨리는 묘기를 코여주었다. 그리고 구운 아르마딜로와 "낙타" 알 덤플링을 모닥불에 요리하여 대접했다. 다윈의 평가는 이러했다. "아르마딜로들을…… 껍질을 벗겨 요리했는데, 맛과 모습이 오리 같았다." 그리고 맛이 아주 좋았다. 그것은 대식가 클럽에서도 먹어보지 못한 신기한 고기였다. 9월은 영국에 있을 때처럼 사냥을 하면서 보냈다. 이곳에는 사슴이 흔했다. 다윈은 세 마리를 잡았다. 한편 아구티─무게가 9킬로그램쯤 나가는 초콜릿 색깔의 설치류─는 "내가 지금까지 맛본 고기 가운데 최고의 맛"이었다.[19]

다윈은 남아메리카에서 멋진 화석을 발견하지 못할까봐 불안했다. 프랑스인 채집가 오르비니가 여섯 달 전부터 그 지역에 머물면서 파리 자연사박물관에 전시할 서양자두 표본을 채집하고 있다는 사실을 알고 다윈은 몹시 기분이 언짢았다. 분통터지는 일이 아닐 수 없었다. 자신은 혼자 힘으로 연구를 하고 있는데, 프랑스 정부는 자국의 자연학자가 돈 격정 없이 6년 동안이나 팜파스를 누빌 수 있도록 후원을 한다니. 이것은 프랑스 정부의 과학에 대한 진지한 태도를 잘 보여주는 사례였다. "좋은 것은 그 사람이 다 가져가버리면 어쩌나 하는 이기적인 두려움에 사로잡혀 있습니다." 다윈은 헨슬로에게 이렇게 보고했다.

다윈의 이런 두려움은 근거 없는 것이었다. 9월 22일에 그는 비글호의 정박지에서 16킬로미터 떨어진 푼타알타 만灣을 조사하고 있었다. 낮은 절벽들 몇 곳을 조사하던 중 그는 멸종한 대형 포유류의 뼈로 보이는 것을 발견했다. 흥분한 그는 곧장 그 석영이 섞인 자갈층에서 이빨과 넓적다리뼈를 파내어 짐 싣는 말에 실었다. 함장은 무뚝뚝한 태도로 자신의 식탁 동료를 비웃으며, 트랩[배에서 부두에 걸쳐놓는 이동식 다리]으로 운반되고 있는 "쓰레기 같은 짐들"을 조롱했다. 이것은 선창에 넣어둔 푸에고인들의 쓸모없는 잡동사니들과 더불어 입방아에 올리기 좋은 대상이었지만, 다윈은 이에 굴할 사람이 아니었다.

다음 날 다윈은 같은 장소로 돌아가서 "무른 암석에 파묻힌" 거대한 머리뼈를 발견했다. "그것을 끄집어내는 데 세 시간 가까이 걸렸고", 그것을 힘들게 배에 실었을 때는 밤이 되어 있었다. 그 다음 날은 "손에 넣은 귀한 물건들을 포장하며" 하루의 대부분을 보냈다. 그는 포유류 화석에 대해 아는 것이 거의 없었고, 이런 브로브딩낵[거인국]의 주민에 대해서는 전혀 알지 못했다. 기껏 이들이 (아프리카와 아시아에 지금도 살고 있는) "코뿔소와 같은 종"라는 사실을 짐작할 수 있을 뿐이었다. 25일에는 더 많은 뼈를 발견했다. 이 뼈들의 대부분은 거대했지만, 형태를 알아볼 수 없을 정도로 산산조각이 나 있었다. 해변에서 발견된 뼈들은 파도에 휩쓸려 굴러다닌 흔적이 역력했다. 그렇다 해도 이것들은 귀한 화석이었다. 영국을 통틀어 남아프리카의 대형 화석은 왕립외과의사협회가 입수한 땅나무늘보 화석 한 점뿐이었다.

10월 8일에 다윈은 다시 그곳으로 가서 아래턱뼈를 찾아냈다. 이빨 한 개가 특이해서 그것이 메가테리움, 즉 나무늘보의 친척으로 육상에 사는 거대한 생물의 화석임을 알 수 있었다. 근처에는 15센티미터가량의 다각형 골판들이 있었다. 이 모든 발견을 종합하니, "대홍수 이전"에 살았던, 장갑에 덮여 있고 크기가 소만 한 나무늘보의 모습이 떠올랐다. 그런데 이 뼈들이 어떻게 이곳까지 왔고, 그 뼈들을 파묻은 자갈층은 어떻게 형성되었을까? 홍수의 "대격변"이 팜파스를 휩쓸어 뼈와 자갈들을 쓸어냈을까? 라이엘이라면 그렇게 생각하지 않았을 것이다. 하지만 헨슬로는 라이엘의 극단적인 점진설을 경계하라고 하지 않았던가. 그렇다 해도, 이 뼈들을 발견한 것은 중요한 사건이었다. "나는 정말 행운아였습니다." 그는 집에 보낸 편지에 이렇게 썼다. 그 포유류들 가운데 일부는 거대했고, "대부분은 완전히 새로운 종"이었다. 헨슬로에게는 최소한 여섯 가지 동물의 파편 ― 땅나무늘보, 거대한 아르마딜로의 갑, 대형 설치류의 이빨, 기니피그의 친척들 ― 을 발견했다고 보고하고, 발견한 것이 정확히 무엇인지 "매우 궁금해하며" 케임브리지로 보내기 위해 이들을 나무상자에 넣어 포장했다.[20]

10월 19일에 비글호는 다시 북쪽을 향해 출발해 몬테비데오로 돌아갔다. 배가 은은한 빛을 발하는 바닷물을 가르며 나아갈 때 다윈은 『실락원』에 나오는 "혼돈과 무정부상태의 땅"을 떠올렸다. 비참한 라플라타 강에 다가서는 동안에 밀턴의 비유가 아주 적절하다는 생각이 다시 한 번 들었다. 혁명의 바람이 휘몰아치는 그 땅에서 피츠로이는 사람의 보루인 "불의 땅" 티에라델푸에고에 맹공을 가할 준비를 할 것이기 때문이다. 피츠로이는 티에라델푸에고에 상륙시킬 성스러운 사절단인 세 명의 푸에고인과 한 명의 영국인을 데려가는 중이며, 지금은 이것이 비글호의 최우선 임무였다. 비글호는 육지에서 대기하고 있는 선교사들을 태우기 위해,

또 남쪽에서의 공격 능력을 보강하기 위해 몬테비데오로 들어갔다. 다윈은 최근에 온 편지들을 읽으며 준비를 했다.[21]

육촌 폭스는 정치 소식을 전했다. 군주제는 무사하다고 했다. 그러나 "혁명 직전까지 갔던 때도 있었다"고 했다. 그래도 개혁성향의 하원이 선출될 예정이었기 때문에 분위기는 "매우 고조되어" 있었다. 찰스의 누이들은 집안 소식을 전했다. 헨슬레이의 장인인 제임스 매킨토시 경이 죽었다고 했다. 찰스에게 더 슬픈 소식은 패니 오언의 소식이었다. 호화로웠던 결혼식, 그녀가 "비둘프 씨와 함께 덴비셔를 돌며 **선거유세를 다닌 이야기**"(비둘프는 휘그당 후보였다), "패니가 더 이상 예전의 기고만장한 하녀가 아니란 사실." 이런 것은 그가 듣고 싶은 이야기가 아니었다. 하지만 적어도 가족들은 그가 나눠서 보내주고 있는 일지가 마음에 든다고 하면서, 다음 편을 고대했다. 아버지의 대변자나 마찬가지인 수전은 "조용한 목사관"에 정착하겠다는 찰스의 생각을 읽고 기뻤다고 썼다. 캐서린도 맞장구를 치면서, 신붓감으로 찰스를 꾀었다. 바로, 샬럿과 에마의 자매인 패니 웨지우드였다. "그녀는 사랑스럽고 좋은 아내가 될 것"이며, "훌륭한 성직자에게" 안성맞춤이라는 것이다.

런던에 자리를 잡고 "하숙집에 실험실"을 차린 이래즈머스는 그 계획에 산을 끼었었다. 그는 "찰스가 아직도 황무지에 있는 꺼림칙한 목사관을 꿈꾸고 있다"는 말을 듣고 경악했다. 그는 동생이 런던에서 "영국박물관이나 다른 학구적인 장소 근처에" 자리를 잡기를 바랐다. 그렇지만 이래즈머스는 "내 바람이 이루어지려면 국교가 폐지되는 수밖에 없다"고 시인했고, 실제로 "몇몇 지역에서는 그런 결과를 초래할 공약을 요구하기 시작했다"고 전했다. 지금 주교를 공격하는 급진파가 국교회 폐지를 요구하고 있기 때문에, 교회에 직업을 구하느냐 마느냐 하는 논의 자체가 의미 없는 것일 수도 있다는 얘기였다.

이래즈머스의 편지는 정치, 투표권 문제, 십일조 폐지, (원래 급진적인 언론을 옭아매기 위해 도입된) 신문세 철폐, 왕을 위해 건배하기를 거부한 전국정치연합National Political Union에 대한 장광설로 이어졌다. 그러나 이래즈머스는 동생이 자신의 이야기를 과연 귀담아 들을지 의문이었다. "네게 정치 이야기를 쓰고는 있다만, 이런 일에 관심을 갖기에는 네가 너무 멀리 있구나. 정치는 여행을 하지 않지."[22]

찰스는 무슨 생각을 해야 할지 알 수가 없었다. 그는 항상 집을 떠올렸다. "고요하고 기분이 좋은" 날에는 특히 그랬다. 그런데 과거의 세계는 허물어지고 있는 것처럼 보였다. 콜레라가 개혁의 바람처럼 온 나라를 휩쓸었고, 심지어 슈루즈버리에까지 닥쳤다. 케임브리지 친구들은 특별연구원, 교수직, 교구를 확보하고 있었다. 그런데 자신은 이렇게 멀리 있었다. "가엾은 나의 옛 잉글랜드." 찰스는 폭스에게 보낸 편지에서 한탄을 했다. "내 방랑이 나를 조용한 삶에 맞지 않는 사람으로 만들지 않았으면 좋겠습니다. 언젠가 내게도 당신과 같은 시골 교구목사가 될 자격이 주어지는 행운이 찾아오겠지요. …… 그런데 함장은 내가 푸른 들판과 사랑스럽고 근사한 아내 같은 단꿈에 빠져 있다면 분명 예정보다 일찍 배를 떠나게 될 것이라고 말합니다. 그래서…… 나는 모래밭과 거대한 메가테리움에 만족하며 지내야 합니다."

찰스는 가까스로 그렇게 할 수 있었다. 미지의 남반구 땅들을 앞에 놓고 그는 한시바삐 탐험을 나가고 싶어서 좀이 쑤셨다. "진저리나는" 라플라타 강은 그를 우울하게 했다. "차라리 캠 강의 석탄선에서 지내는 편이 훨씬 낫겠습니다." 그는 아버지와 누이들에게 푸념을 했다. 다행히 "신사적이고 대단히 괜찮은 사람"인 로버트 해먼드가 최근에 사관후보생으로 비글호에 합류했다. 함께 시간을 보낼 사람이 온 것이다. 그와 다윈은 해변에서 마지막으로 실컷 놀기 위한 계획을 세웠다. 배는 부에노스아이레스에 닻을 내렸는데 이번에는 아무런 위해도 입지 않았다. 신사들은 시내구경을 나가서 진흙투성이 바둑판 도로를 말을 타고 달리며 세뇨리타들을 품평했다. "천사들이 미끄러져가는 것을…… 보면서" 그들은 "잉글랜드 여자들은 정말 형편없다"며 한탄했다. 다윈은 심지어 뒤에서 "매력적인 뒷모습"만 보고서도 틀림없이 "굉장히 아름다운 여인"일 것이라고 상상했다.[23)

그는 또한 살 물건—시가, 가위, 노트, 펜—을 사고, 치과에 들르고, 연극 한 편을 관람하면서, 출항을 애타게 기다렸다. 출항이 하루 미루어질 때마다 남반구의 짧은 여름을 하루씩 잃는 것이었다. 남반구는 겨울이 되면 매서운 바람이 불었다. 11월 4일 일요일에는 "여러 교회들"에 들어가 보았다. "우상숭배"일 수도 있었지만, 가톨릭의 의식을 지배하고 있는 것처럼 보이는 그 진지한 열기는, 프로테스탄트의 열기와 비교할 때 경의를 표하지 않을 수 없었다. 게다가 무엇보다 인상적이었던 것은 미사가 거행되는 동안은 "모든 계급이 평등"하게 취급되는 것이었다. 떠나기 전에 그와 해먼드는 "신과의 평화"를 얻고자 했다. 해먼드는 죽은 무스터스의 친척이라서 그들의 앞길에 어떤 위험이 놓여 있는지를 다윈만큼이나 잘 알았기에, 그들은 해군 목사에게 성찬식을 받게 해달라고 부탁했다. 목사는 개인적인 성사는 해줄 수 없다고 거절하면서, 정말 원하면 다른 승무원들과 함께 오라고 했다.[24) 다윈과 해먼드는 비글호에 오르며, 피츠로이의 조종술과 신 이외의 은총에 몸을 맡겼다.

몬테비데오의 항구에는 큰 선물이 하나 도착해 있었다. 그것은 라이엘의 『지질학 원리』 제2권이었다. 흥미롭게도 2권의 내용은 1권과는 달랐다. 1권에서는 과거 지형의 점진적인 변화를 탐구했다면, 이번 책에서는 동물과 식물이 거기에 부응하여 바뀌었는가 하는 문제를 다루었다. 환

1. 찰스의 할아버지 이래즈머스 다윈. 리치필드에 살았던 내과의사, 식물학자, 관능적인 시를 썼던 시인.

2. 찰스의 아버지, 로버트 다윈. "내가 본…… 가장 큰 남자."

3. (맞은편 위) 마운트 저택. 로버트 다윈이 1796년에 결혼하고 나서 지은 집으로, 찰스가 태어나고 자란 집.

4. (맞은편 아래) 마운트 저택에서 태어난 아이들. 찰스와 여동생 캐서린.

5. 찰스가 처음 다닌 학교. 슈루즈버리에 있는 유니테리언파 예배당의 목사 케이스 씨가 운영했다. 교실 창문 밖으로 교회묘지가 내다보였다. 찰스의 어머니가 세상을 떠난 지 한 달 뒤인 1817년 8월에, 찰스는 그 창문을 통해 한 기병연대 군인이 묘지에 묻히는 모습을 보고 정신적 충격을 받았다.

6. (맞은편 위) 새뮤얼 버틀러 목사가 운영한 슈루즈버리 학교. 다윈은 열여섯 살 때까지 기숙생으로 이곳에서 공부했다.

7. (맞은편 아래) 에든버러 대학. 다윈은 이곳에서 의학을 공부하다가 중간에 그만두었다.

8. 에든버러의 거리. 제일 왼쪽에 보이는 건물은 전형적인 하숙집의 모습.

9. (맞은편) 1827년 3월 27일의 플리니우스학회 의사록. 정신의 유물론적 바탕에 관한 삭제된 논의 앞에, 다윈의 짧은 발언이 기록되어 있다. 내용은 다음과 같다.

다윈 씨가 자신의 두 가지 발견을 학회에 보고했다.
    1. 플루스트라[촉수가 있는 히드라처럼 생긴 폴립들로 구성된 '이끼벌레']의 알은 운동기관을 갖추고 있다.
    2. 지금까지 푸쿠스 로리우스[바닷말]의 포자로 여겨져온 검고 작은 구체는 실제로는 폰토브델라 무리카타[홍어를 감염시키는 거머리]의 알이다.
학회의 요청으로, 다윈 씨는 다음번 모임까지 그 사실에 관한 설명을 준비하고, 그것을 표본과 함께 제출하겠다고 약속했다.
그랜트 박사는 플루스트라의 자연사에 관한 많은 사실을 상세하게 설명했다.
그러고 나서 브라운 씨가 생명과 정신의 조직화에 관한 자신의 논문을 보고하여, 다음과 같은 명제들을 확립하고자 했다.

[그런 다음에 네 가지 명제가 열거되어 있었지만, 이설로 취급되어 삭제되었다.]
V. 개인의 감각과 의식에 관한 한, 정신은 물질이다.
잇따라 빈즈, 그레크, 그랜트 박사, 애인즈워스, 브라운의 논의가 이어졌다. 그 후 학회는 산회되었다.

Mr. Darwin communicated to the Society two discoveries which
he had made —

    1. That the ova of the Flustra possess organs of motion.

    2. That the small black globular body hitherto mistaken
        for the young Fucus Lorius, is in reality the
        ovum of the Pontobdella muricata.

At the request of the Society he promised to draw up an
account of the facts and to lay ~~them~~ it, together with
~~specimens~~, before the Society next evening.

Dr. Grant detailed a number of facts regarding the Natural
History of the Flustra.

~~[several lines struck through and illegible]~~

~~I. That [illegible]~~

~~II. That [illegible]~~

~~[illegible struck-through lines]~~

~~III. That [illegible]~~

~~IV. That [illegible]~~

~~And V. That [illegible]~~

~~A discussion ensued between [illegible] Brown, Esq., Dr. Grant,~~
~~[illegible], Mr. Brown~~ — after which the Society adjourned.

The members present were Messrs.

10. 다원의 최고의 산책 동무. 에든버러 시절 다원의 은사로, 급진적인 라마르크주의자였던 로버트 그랜트.

11. 케임브리지 대학, 크라이스트 칼리지. 다윈이 처음에 하숙했던 베이컨 담뱃가게에서 바라본 풍경.

12. (오른쪽 위에 삽입된 인물) 윌리엄 다윈 폭스 목사. 다윈의 육촌으로, 케임브리지에서 딱정벌레 채집을 전수했다.

13. (왼쪽) 크라이스트 칼리지에서 다윈이 썼던 위층의 방들.

14. (아래) 밀 풀Mill Pool. 하류의 칼리지 방향을 바라보는 풍경. 다윈은 이곳에 정박하는 바지선의 밑바닥에 붙어 있는 딱정벌레를 찾기 위해 채집인을 고용했다.

15. "가라 찰리!" 앨버트 웨이가 그린 다윈의 딱정벌레 채집.

16. 케임브리지의 교도소 문. 오른쪽 건물은 매춘부를 수용하기 우 한 윤락여성 갱생원. 다윈은 이 거리 위쪽에 거주했다.

17. (오른쪽 위에 삽입된 그림) 거리의 매춘부들에게 공포의 대상. 풍기범죄 단속반의 우두머리이며 지질학자이기도 한 애덤 세지윅 목사가 제복인 긴 옷을 걸친 모습.

18. '악마의 사제' 로버트 테일러 목사. 1829년 5월, 케임브리지 대학의 은사들에게, 기독교 교의의 진실에 관한 논쟁을 하자고 공개적으로 도전했다.

> Pembroke Lodge, *May 23, 1829.*
>
> **Agreed** that the Lodging-House Licence of **William Haddon Smith**, of 7. Rose Crescent, in the Parish of St. Michael, be revoked, and that Notice thereof be sent to the Tutors of the several Colleges.
>
> G. **Ainslie**, *Vice-Chancellor.*
> H. **Kirby**, *Senior Proctor.*
> J. **Power**, *Junior Proctor.*

19. 테일러가 체류한 스미스의 하숙집에 학생들의 출입을 금지시키는 학생감의 통고.

20. 로턴다 내부. 1830~31년에 런던 급진주의자들의 활동 거점이었다. 테일러도, 다윈이 비글호
    에 승선하기 전해 여름에 세상을 떠들썩하게 하면서 투옥될 때까지 이곳에서 연설을 했다.

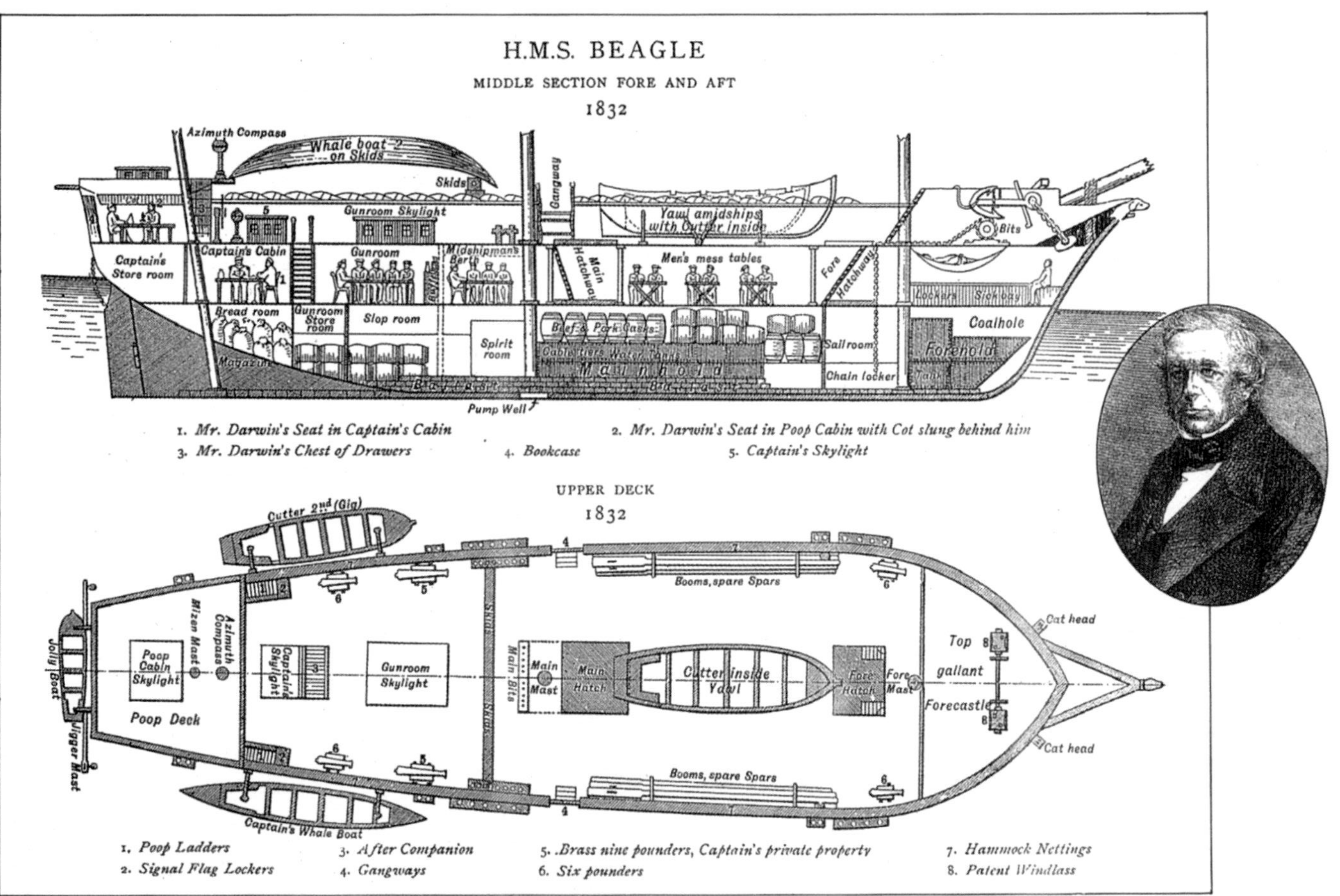

21. 다윈의 바다 위의 집. 함께 승선한 필립 킹이 그린 그림   **22.** (오른쪽에 삽입된 인물) 식물학자 존 스티븐스 헨슬로. 그는 비글호에 승선할 기회를 포기하고 대

23. 다윈을 열대 탐험으로 몰아간 모리츠 루겐다스의 판화 〈브라질의 숲〉. 다윈이 직접 눈으로 본 실제 열대우림은 이보다 훨씬 더 울창했다.

24. "벌거벗은 비참한" 푸에고인들. "그들의 붉은 피부는 더럽고 번들거리고, 머리카락은 엉클어져 있고…… 몸짓은 거칠고 품위가 없다." 크라이스트 칼리지의 교수들과는 하늘과 땅 차이다.

25. 자연의 무차별적인 힘. 1835년 지진으로 무너진 콘셉시온 대성당. 다윈이 목격한 "가장 엄청난 잔해 더미."

경의 변화에 발맞춰 동식물을 서서히 변화시키는 자연적인 메커니즘이 있을까? 라이엘의 대답은 간단히 "아니다"였다. 제2권은 철저히 라마르크에 대한 반론이었다. 다윈은 동식물의 각 종은 각자가 태어난 장소─ "창조의 중심"─에 잘 적응되어 있다는 라이엘의 견해를 곰곰이 생각해보았다. 만일 어떤 변화, 즉 환경으로 인한 스트레스가 일어나면, 그 종은 변화를 하는 게 아니라 절멸할 것이다(메가테리움의 무덤을 본 터라 이 말은 다윈도 납득할 수 있었다). 종은 계속해서 바뀌고 있다. 다시 말해, 옛 종은 자연적으로 죽고, 알 수 없는 과정에 의해 새 종이 탄생한다.

이것은 명쾌하고 뛰어난 책이었고, 생명이 진화를 해왔으며 모든 생명의 계보를 나무로 표현할 수 있다는 생각에 대한 명쾌한 반론이 마치 변호사가 쓴 책처럼 차곡차곡 전개되어 있었다. 등물들의 조상을 거슬러 올라가면 모두가 하나의 줄기로 모일까? 라이엘의 대답은 "아니다"였다. 인간의 계보에 침팬지가 있다는 것, 유인원이 "인간의 속성과 위엄"을 얻으려 한다는 것은 생각만 해도 끔찍한 일이었다. 라이엘은 나아가, 지구상의 생명의 역사가 지금 완전히 잘못 이해되고 있다고 주장했다. 그는 옛 화석들이 출현하는 순서를 보면 인류를 향한 전반적인 진보를 보이지 않는다는 것을 특유의 독특한 표현방식으로 논했다.[25] 그는 진보가 없다면 종변형도 없다고 알고 있었다. 하지만 그는 죄어도 종이 어떻게 죽고 탄생하는지에 대한 의문을 던졌으며, 게다가 다윈이 지금까지 만난 어떤 책보다도 계통학적인 방법을 취하고 있었다. 곱씹어볼 문제들이 많은 책이었다.

몬테비데오에서 다윈은 라이엘의 새로운 책을 탐독하는 것 외에도 많은 일을 했다. "대통령의 재임을 경축하기 위해" 극장에서 열린 "대무도회"에 참석했고, 다음 날 밤에는 같은 극장에서 로시니의 오페라 〈라 체네렌톨라〉를 구경했다. 일도 열심히 했다. 화석들이 든 큰 상자 두 개와 반半박제 상태의 동물가죽, 딱정벌레, 물고기 액침표본이 든 작은 상자 한 개를 비글호가 닻을 올리기 이틀 전인 24일에 헨슬로에게 부쳤다. 다윈은 몹시 지친 상태로 선미루 갑판 아래 선실에 웅크리고 앉아 자신이 앞으로 얼마나 더 견딜 수 있을지 생각했다. "1년이 거의 끝나가고 있었고, 남아메리카의 동해안을 떠나기 전에 두 번째 해도 끝날 것입니다 ─ 그러면 우리의 항해는 이제 막 시작이라고 할 수 있습니다."[26] 다윈은 조급증이 났다. 하루빨리 티에라델푸에고에 도착하고 싶었고, 하루빨리 세계일주를 시작하고 싶었다.

다윈은 야만인들을 만날 날을 기대해왔다. 야만적인 원시인이고, 다른 시대에서 온 사람들이며, 피츠로이의 선교의 대상이기도 한 그들을 만나는 일은 이번 항해에서 가장 중요한 대목으로 손꼽히게 된다. 그러나 첫 만남의 충격은 몹시 얼얼했다.

야만인들을 본 것은 몬테비데오를 빠져나온 지 3주가 지났을 때였다. 비글호가 돌풍을 헤치고 티에라델푸에고 남단 근처의 굿석세스 만으로 들어갈 때, 공기는 "잉글랜드의 겨울처럼 상쾌한 느낌"이었다. 그런데 거기에 야만인들이, "바다 위로 삐죽이 튀어나온 험한 봉우리 위에"—벌거벗은 채—있었다. 문명의 손을 타지 않은 "길들지 않은" 푸에고인들은 새된 소리를 지르고 팔을 흔들어댔으며, 어깨에 걸친 작은 동물가죽 아래로 "더러운 구릿빛" 살을 드러내고 있었다.

다윈은 비글호에 승선한 세 명의 야만인 선교사들—요크 민스터, 제미 버튼, 푸에기아 바스켓—이 이런 모습이었을 것이라고는 한 번도 상상해본 적이 없었다. 1832년 12월 18일에 다윈은 피츠로이와 무장한 호위병 한 명과 함께 그 야만인들을 만나러 해안으로 노를 저어갔다. 젊은 남자들은 키가 거의 다윈만큼 컸고 몸도 다부졌다. 머리카락은 검고 길었고, 얼굴에는 물감을 칠했으며, 놀란 표정이었다. 그들은 처음에는 눈치를 살피더니, 총을 보고 공포에 질려 알아들을 수 없는 말들을 재빨리 지껄이고 손짓 몸짓을 했다. 그때 붉은 천을 선물로 주자 그들은 마음이 풀려, 비글호의 사관들과 익살스러운 몸짓을 주고받았다. 그들은 상대를 향해 "흉측한 우거지상"을 짓기도 하고, 즐겁게 등을 툭 치기도 하고, 해변에서 춤을 추기도 했다. 이것은 다윈이 지금까지 본 어떤 것과도 비교할 수 없는 "신기하고 흥미로운 광경"이었다. 다윈은 곧장 결론을 내렸다. 이 "비참해 보이는 사람들"은 변변한 옷도 없고, 적당한 언어도 없고, 제대로 된 집도 없으며, 활이나 화살을 빼고는 재산도 없다. "야만인과 문명인은 정말 완전히 다르다 — 그 차이는 야생동물과 집에서 기르는 동물의 차이보다 훨씬 크다. …… 온 세상을 다 뒤져도 이보다 더 낮은 수준의 인간은 발견할 수 없을 것이다."[1]

　　저들이 사람이긴 한 것일까? 그들의 옷차림은 에든버러에서 본 오페라 〈마탄의 사수〉에 "등장하는 악마들"을 생각나게 했다. 그들의 몸짓은 그들이 "다른 세계의 악령들"처럼 보이게 했다. 그들에게 "같은 종"의 지위를 주기가 꺼려질 정도였다. "야생의 인간은 비참한 동물과 같다." 그는 비장하게 고개를 저었다. 하지만 리처드 매슈스와 함께 해안으로 건너온 요크와 제미는 — 비록 이들과는 다른 부족 출신이긴 했지만 — 어떠한가? 그들은 문명화되지 않았는가? 그들은 잉글랜드에서 지내는 동안 우리와 같은 종임을 입증하지 않았던가? 나아가 인간의 굉장한 "향상능력"을 증명해 보이지 않았던가? 잉글랜드의 겨울에 맞게 옷을 갖춰 입은 두 사람은 야만인들을 업신여기는 듯 멀찌감치 떨어져 섰다. 가장 나이가 많은 푸에고인이 요크에게 다가와 수염을 길렀다고 나무라자, 요크는 돌연 "무절제하게 웃었다." 이것은 확실히 인간 본성의 유연성을 보여주는 증거였다.

모두가 배로 돌아왔을 때 젊은 매슈스는 야만인들이 "짐작했던 것과 별로 다르지 않았다"고 가볍게 말했다. 이것은 앞으로 몇 년 동안 그곳에 남아 그들과 함께 생활해야 하는 사람으로서 태연한 척하는 것일 뿐이었다. 그리고 이 애송이의 비교의 폭이란 게 얼마나 되겠는가? 다윈은 케임브리지가 생각났고, 세지윅과 헨슬로의 야회와 거물급 식탁에 모인 유력인사들이 생각났다. 이 고상한 도덕주의자들도 같은 혈통에서 왔을까? 셰익스피어와 뉴턴도 그럴까? 다윈은 그 지역을 조사하는 내내 침울한 기분에 잠겨 있었다. 그는 산을 올라, "도처에 남아 있는 무자비한 힘의 흔적들" 속에서 고산식물과 곤충을 채집했다. "썩고 쓰러진 나무들"은 열대의 숲을 상기시켰지만, "적막한 고독에 휩싸인" 이곳은 "생명보다는 죽음의 기운이 장악"하고 있는 느낌이었다. 세상의 끝에서 크리스마스 전야를 맞는 것은 기이한 기분이어서, 그는 암울한 인류관을 찬찬히 곱씹어보았다. 며칠 뒤 비글호가 혼 곶의 선원들의 무덤을 돌아 서해안에 있는 요크 민스터의 고향으로 갈 때, 자연은 무시무시한 대위법을 구사했다. "검은 구름이…… 하늘을 가로질러 몰려오고" 바다에는 우박이 빗발쳤던 것이다.

12월 24일에 피츠로이는 더 남쪽에 있는, 남극과 마주보는 허마이트 섬의 위그웜 소만小灣으로 갔다. 승무원 모두는 휴가에 들어갔다. 축제에 쓸 신선한 고기를 얻기 위한 수병들의 총소리가 언덕에 메아리쳤다. "축일"에는 그로그주酒가 나왔다. 그동안 다윈은 설리번과 해먼드와 함께 길을 나서서, 그 섬의 가장 큰 산을 올랐다. 등반은 순탄했다. 오르는 길에 그들도 저마다의 소음을 보탰다. "메아리를 시험해보기 위해 소리를 질렀으며, 설리번은 재미 삼아" 벼랑 아래로 "커다란 돌을…… 굴러 떨어뜨렸다." 그리고 "나는 바위를…… 망치로 열심히 쳤다." 다윈은 일지에 이렇게 적었다. 그런데 푸에고인들이 그 모습을 지켜보고 있었다는 사실을 배에 돌아와서 알았다. "그들은 틀림없이 우리가 악령인 줄 알았을 것이다." 두려움 때문에 "자꾸 숨었던 걸 보면." 다윈은 웃음을 지었다.[2]

이것을 마지막으로 다윈은 몇 주 동안 웃지 못했다. 날씨가 더 나빠졌던 것이다. 새해 전야에 폭풍이 잠잠한 틈을 타 바다로 나간 것이 실수였다. 바람이 남서쪽으로 방향을 틀어 맹렬하게 몰아치는 가운데, 비글호는 남아메리카 대륙의 들쭉날쭉한 아랫배를 따라 난항을 겪으며 힘겹게 나아갔다. 다윈에게는 지옥 같은 시간이었다. 기온이 5도 근처를 맴도는 가운데, 그는 물보라가 들이치는 갑판의 난간을 붙들고 구역질을 계속했다. 그는 자신의 "정신력, 기분, 위장"이 "오래 버티지" 못할 것이라고 생각했다. 1833년 1월 12일 토요일에 질풍은 무시무시한 폭풍으로 바뀌었다. 세찬 비와 물보라 때문에 앞이 보이지 않아서 함장은 배의 위치를 놓쳤다. 그는 평생 이렇게 나쁜 기상조건은 처음이라고 말했다.

일요일 정오에 폭풍은 최고조에 달했다. 세 개의 거대한 파도가 비글호를 덮쳤다. "첫 번째 파도는 무사히 넘었지만…… 전진을 방해했다. 두 번째 파도는 전진을 완전히 막았고, 배는 바람에 떠밀렸다. 거대한 세 번째 파도는 우현 쪽을 때리며 배를 심하게 넘어뜨려, 바람이 불어가는 쪽 현장舷墻[뱃전에 설치한 울타리]이…… 70~80센티미터쯤 물 아래로 잠겼다." 고래잡이용 보트가 떨어져 달아나서 끊어내야 했고, 바닷물이 선미루 갑판 아래 선실과 중앙 선실로 밀려들어왔다. 온통 난리였다. 그런 다음에 배는 "통처럼" 천천히 자세를 바로잡았고, 그때 현창들을 "두드려 열어서" 물을 빼냈다. 이런 파도가 하나만 더 왔다면 이 작은 범선은 그런 수준의 배답게 "관"이 되고 말았을 것이다. 하지만 최악은 지나갔다. 피츠로이는 폴스혼 곶 뒤에 배를 피신시켰고, 그동안 다윈은 피해를 점검했다. "표본을 눌러 말리는 종이와 식물들"이 소금물에 젖어 못쓰게 되었다. 질풍 때문에 겁을 먹은 다윈은 기도를 했다. "신이시여, 부디 비글호를 바람으로부터 구해주소서."[3]

그렇지만 이 항해는 신이 보낸 오디세이이기 때문에 신의 가호가 있을 것이다. 함장은 제미의 부족이 사는 곳에 선교 본부를 세우기로 했다. 요크도 거기서 살겠다고 "순순히" 동의했다(다윈이 말한 바에 따르면 그렇다. 피츠로이는 요크가 "신붓감으로 점찍은 푸에기아"에게 친절하게 대하는 것을 눈치채고 "매우 재미있어했다"). 다윈을 도함한 대원정대가 몇 척의 작은 보트에 나눠 타고—지난번 항해에서 발견한 비글 해협—을 지나 폰손비 협만과, 울리야 소만에 있는 제미의 고향으로 갔다. 1월 23일에 일행은 해안에 상륙하여 "와인 잔, 버터 통, 차 쟁반, 수프접시, 마호가니 화장도구 상자, 품질 좋은 흰색 리넨…… 등등 끊임없는 물건들을" 내렸다. 다윈의 눈에는 하나같이 "터무니없고 어리석은 물건들"로 보이는 것들이었다. 그들은 오두막을 짓고 밭을 가꾸었는데, 수십 명의 푸에고인들이 그 모습을 신기한 눈길로 구경했다. 매슈스는 독실한 신앙심으로 마음을 굳게 먹고 동료들에게 작별인사를 했지만, 일행이 더 서쪽으로 가서 조사를 마치면 마지막으로 자신을 한 번 더 보러 올 것이라는 사실을 알고 있었다.

경치는 매우 아름다웠다. 다윈 일행은 비글 해협을 따라 나아가면서, 티에라델푸에고의 척추를 이루는 화강암 능선을 오르기도 했다. 산맥의 나무들이 이루는 가로선이 다윈의 눈에는 해변의 "고수위 표시선"처럼 보였고, "만년설 외투"는 장관을 선사했다. 가파른 비탈들은 해협으로 곧장 곤두박질쳤으며, 거대한 "연한 하늘색" 빙하에서 떨어져 나온 빙산들이 물 위를 떠다녔다. 일행은 하마터면 이 빙산 때문에 오도 가도 못하는 신세가 될 뻔했다. 그들이 해변에서 식사를 하는데, 800미터쯤 떨어진 곳에 떠 있던 빙산에서 거대한 얼음덩어리가 떨어지면서 "꽝 하고 무너지는 소리"를 냈다. 그 여파로 "거대한 물결"이 그들이 탄 보트들을 향해 밀려왔다. 다윈은 발 빠르게 대처에 나섰다. 그가 다른 사람들과 함께 보트들을 안전한 곳으로 끌어올리자마자 첫 번째 파도가 부서졌다. 피츠로이는 다윈의 행동에 깊은 인상을 받아 다음 날 그 일대에 '다윈 협만'이라는 이름을 붙여주었다. 그러나 다윈은 영웅심리에서라기보다는 두려움에서 했던 행동이었다. 보트를 잃었다면 "식량도…… 없이 적대적인 야만인들에게…… 둘러싸인 우리의 처지가 얼마나 위험했겠는가."[4] 다윈은 이렇게 회상했다.

몇몇 푸에고인들은 실제로 적대적이었다. 그들이 "야수처럼" 용감하게 원정대의 야영지를 노려서, 일행은 무장한 파수를 세워야 했다. 찰스는 파수를 서면서 이 땅에서 자신이 얼마나 무력한 존재인지를 실감했다. "밤의 고요를 깨는 것은 오직 사람들의 거친 숨소리와 야행성 새들의 울음소리뿐이다. 이따금씩 들리는 멀리 개 짖는 소리가 푸에고인들이 야영지 근처에서 어슬렁거리고 있을지도 모르니 치명적인 급습에 대비하라고 알려준다." 일행 모두는 자신들이 식인종들 속에 있다고 믿었다. 제미는 식인 관행에 대한 질문을 받았을 때 모두가 기대했던 대답을 했다. 그는 시치미를 뚝 떼고 "겨울이면 저들은 여자들을 잡아먹기도 해요"라고 말했다. 제미의 말을 그대로 믿은 원정대 일행은 그 "개척지"에 벌어져 있을 일이 몹시 두려웠다. 9일 뒤 비글 해협을 항해하여 돌아가 보니, 매슈스 일행이 원주민들에게 당한 일은 그저 괴롭힘과 조직적인 약탈 정도였다. 푸에고인들은 선교사들의 소유물을 골고루 나누어 가졌다. 다윈은 이것도 공동생활을 하는 야만상태의 한 증거일 것이라고 추측했다. "거주자들 사이의 완벽한 평등은 오랫동안 그들의 문명화를 방해할 것이다." "어떤 우두머리"가 나타나 "권력으로" 재산을 축적할 수 있을 때까지 "그들의 삶의 조건이 나아질 가망은 없다."

이 일을 계기로 매슈스는 패배를 인정했다. 그는 열한 살짜리 푸에기아는 요크에게, 그리고 마음 붙일 곳 없는 제미를 그들의 부족민들에게 맡기고 비글호의 승무원들과 다시 합류했다. 요크는 "영국인처럼" 살려 할 것이며, 세 사람 모두는 행복하지 않을 것이다. 다윈은 그렇게 생각했다. "그들은 문명이 야만의 습성보다 훨씬 우월하다는 것을 모르지 않을 만큼 너무 많은 것을 알아버렸다." 다윈이 도와서 가꾸어놓은 밭이 그들 셋에게는 유일한 희망일 것이다. 땅을 경작하는 일은 규율을 가르쳐주고 식생활을 개선해줄 것이다. 결국 그들이 잘 살게 되면 수많은 "야만적인 부족민들"의 습성도 바뀔 것이며, 그러면 티에라델푸에고의 모든 해안이 영국의 선원들을 환영하게 될 것이다.[5]

다윈이 채집한 화강암과 점판암 표본들로 바닥짐이 늘어난 비글호는 포클랜드 제도를 향해 기수를 돌렸다. 부에노스아이레스에서는 그 제도를 '말비나스Malvinas'라고 불렀다. 아르헨티나 사람들이 수년 전부터 그 제도에 정착했기 때문에 다윈은 그곳에 도착하면 아르헨티나 식민지 개척자들이 자신을 맞을 줄 알았다. 하지만 3월 1일에 비글호가 제도의 동쪽 끝인 루이스 항구에 닻을 내렸을 때, 그곳에는 영국 국기가 휘날리고 있었다. 1월에 영국 군함들이 아르헨티나 군대를 몰아내고 이 제도의 통치권을 빼앗았던 것이다. 다윈은, 영국의 이런 군사행동에 대해 남아메리카 전체가 "동요하고" 있다고 들었다. "부에노스아이레스에 나도는 험악한 말들을 들으면 이 거대한 공화국이 잉글랜드에 전쟁을 선포하려 한다고 생각하게 될 것이다." 그런데 그것은 웃기는 이야기였다. 무엇보다도 이 제도에 실제로 살고 있는 영국인은, 영국 국기를 내건 딕슨이라는 이름의 상점 주인이 유일했기 때문이다. 그렇지만 다윈은 동서무역에서 포클랜드 제도의 전략적 중요성을 알고 있었고, 피츠로이는 그래서 정확한 측량

이 필요한 것이라고 설명했다.[6]

측량이 진행되는 동안 다윈은 동포클랜드를 돌아다니며 "바위를 깨고, 도요새를 쏘고", 그곳에서 발견되는 몇 안 되는 "생물을 채집했다." 이 지역은 황무지였으며, 날씨는 "춥고 사나웠다." 하지만 "매우 원시적으로 보이는" 사암을 발견하자 모든 것이 보상되었다. 다윈은 세지윅이 화석이 포함된 이런 오래된 암석에 푹 빠져 있다는 사실이 떠올랐다. 아니나 다를까, 이곳의 사암들에도 웨일스에 있는 암석들처럼 두 장의 패각을 지닌 완족동물 화석이 들어 있었다. 다윈이 지질학 망치를 두드리자 포클랜드 제도는 "완전히" 다른 "면모"를 보여주었다. 이것은 세상의 두 구석진 장소의 고대 동물상을 비교할 절호의 기회였다. 그런데 흥미로운 것은 화석 동물상만이 아니었다. 다윈은 살아 있는 동식물의 분포에도 점점 흥미를 느끼고 있었다. 그는 해안에서 떨어진 작은 섬에서 이렇게 오랜 시간을 보내는 것이 처음이었기에, "종들의 차이와 상대적인 개체 수"를 조사하고, 이 사실들을 그들의 서식지와 관련지어보기 위해 메모를 했다.[7]

다윈은 작은 해양생물의 알이 파열될 때 내뿜는 작은 알갱이들에 흥미를 느끼고 그것이 생명의 궁극적인 원자라고 확신한 이래, 기회만 생기면 그 첫사랑으로 돌아갔다. 포클랜드 제도에서는 "정체가 모호한 무리"인 딱딱한 외피에 덮인 조류藻類 몇 종을 채집했다. 이 조류는 딱딱한 타래가 가지처럼 분기한 원시적인 생물이었다. 사실 너무 원시적이어서 이 생물이 어느 계에 속하느냐 자체가 논쟁거리였다. 그랜트는 식물이라고 했고, 라마르크는 동물이라고 보았다. 다윈은 계속해서 해부를 하며 어느 쪽인지를 가늠해보았다. 그는 또한 이 조류의 알 같은 물질도 연구했는데, 헨슬로처럼 그것이 자력으로는 운동할 수 없으며 외부의 "창조력"에 의해 움직인다고 생각했다.[8] 다윈은 최종적으로 이 외피를 만드는 생물이 신기한 원시 식물임이 틀림없다는 결론을 내렸다.

한편 피츠로이는 또다시 자신의 주머니를 축냈다. 그는 어느 바다표범 어선의 허세 심한 선장에게 스쿠너〔두 개 이상의 돛대에 세로돛을 단 범선〕 한 척을 사서, 난파선에서 떼어낸 부품들을 그 배에 장착했다. 해군성의 승인 없이 벌인 일이었지만, 덕분에 해도 제작의 효율을 두 배로 높일 수 있었다. 4월 초, 두 척의 배는 출항을 하여, 바이아블랑카에서 270킬로미터 떨어진 네그로 강 어귀를 향해 파타고니아 해안을 따라 북쪽으로 거슬러 올라갔다. 다윈은 몇 달 전부터 이곳에 상륙할 날을 고대해왔다. 이 "내륙은 완전한 미지의 장소"였기 때문이다. "더할 나위 없이 완벽한" 날씨 속을 미끄러져 달리며 그는 그 절벽들을 동경의 눈으로 바라보았다. 그곳은 "지질학자들의 엘도라도"처럼 보였다. 그러나 함장의 계획은 계속해서 바뀌었으며, 마지막 순간에는 바람이 "고압적이고 전능한 신"처럼 상륙을 수포로 만들어버렸다. 비글호는 자매 범선을 거느리고 다시 지긋지긋한 라플라타 강으로 돌아가 몬테비데오에 닻을 내렸다. 그동안 그곳에는 "몇 차례의 혁명을 빼고는" 별일이 없었다. 다윈은 지난 다섯 달 동안의 우편물을 수거하며 그렇게 기록했다.

스쿠너에는 구멍 뚫는 벌레들로부터 배를 보호하기 위해 새로운 구리바닥을 덧대야 했다. 강어귀에서 100킬로미터쯤 떨어진 말도나도에서 이루어진 이 작업은 여러 달이 걸렸다. 다윈은 피츠로이가 진행상황을 점검하러 가는 길에 그를 따라가서 그곳에 방을 빌렸다. 시내는 불모지였고, 언덕지대의 시골은 말과 가축, 도적 떼가 들끓었다. 다윈의 스페인어 실력은 형편없었지만, 그는 그 오지를 안내할 길잡이 두 명을 구할 수 있었고, 5월 9일에 그들은 "권총과 사브르"를 짤랑거리며 말에 올라 "기운차게" 출발했다.[9]

그들은 선인장과 노출된 바위 면들이 드문드문 흩어진 "끝없이 이어지는 초록 언덕들"을 여러 날 동안 계속 달렸다. 다윈은 레아 무리에 강한 인상을 받아, 30마리가 언덕 꼭대기를 넘어가는 인상 깊은 풍경을 일지에 기록했다. 가우초들의 말에 따르면, 이 레아들은 함께 둥지를 틀었다. 많은 암컷들이 같은 자리에 알을 낳으면(다윈은 한 번에 품는 알을 27개까지 센 적도 있었다), 수컷 한 마리가 이 알들을 품고 보호한다. 밤에는 "술집"에 머물렀는데, 코밑수염을 기른 가우초들이 "허리에 단도를 차고" "구두 뒤축에 달린 커다란 박차를 철꺽거리며" 돌아다니면서 술을 마시고 시가를 피웠다. 집에 돌아온 느낌이 드는 저녁들도 있었다. 우루과이의 목장마을에서는 여행자를 환대하는 것이 예의였다. 부유한 지주들조차 흙바닥 위에서 살았지만, 그들은 손님에게 풍성한 음식을 대접했다. 다윈은 집주인들에게 신기한 기계를 보여주는 것으로 답례를 했다. 다윈이 지니고 다니던 휴대용 나침반의 방향을 가리키는 "힘"은 감탄을 자아냈고, 다윈이 이빨로 성냥을 켜 보였을 때 그들은 무척 놀라워했다. 한판의 쇼가 끝난 뒤 남자들은 시가를 태우면서 "기타 반주에 맞추어 즉흥곡을 불렀고" 즐거운 하루가 이렇게 저물어갔다.

2주 뒤 다윈은 320킬로미터가 넘는 거리를 달려 말도나도로 돌아왔다. 말도나도는 온통 물바다였다. 들판은 늪지가 되었고 강은 물이 불었다. 모두들 그렇게 맹렬한 뇌우는 처음이었다고 말했다. 번개의 괴력을 보여주는 증거가 변두리의 모래언덕들에 남아 있었다. 다윈은 모래언덕에서 유리 같은 미끈한 관들을 발견했는데, 어떤 관들은 모래 속으로 1.5미터나 이어져 있었다. 번개가 모래 알갱이를 녹여 유리로 만들어버렸던 것이다. 한편 야생동물을 조사할 때는, 시내에 가만히 앉아 동전 하나만 꺼내들면 소년들이 줄줄이 길 잃은 동물 한 마리씩을 들고 그의 방문 앞에 나타났다. 그리하여 쥐, 생쥐, 뱀 등등 동물의 사체들이 산더미처럼 쌓였다. 이 동물들의 가죽을 벗겨 표본으로 만드는 것은 더럽고 역겨운 일

이었다. 특히 사슴은 "지독하게 강렬한 기분 나쁜 냄새"를 풍겼다.[10]

다윈은 "근처에 있는 거의 모든 새를" 잡았는데, 1주일에 10여 종의 새로운 종을 사냥하여 모두 80종에 이르렀다. 올빼미, 뻐꾸기, 딱새, 흉내쟁이지빠귀, 때까치를 비롯해 수면을 스치듯 날아가다가 아랫부리로 물고기를 낚아채는 신기한 집게제비갈매기에 이르기까지. 그는 내장을 갈라서 소화되다 만 내용물을 헤집어보았고, 새들의 서식지, 노랫소리, 산란장소 등을 주의 깊게 관찰하고 기록했다. 이것은 한 사람이 하기에 너무 벅찬 일이어서 열여섯 살 난 수병의 도움을 받았다. 심스 코빙턴은 비글호의 잡무와 심부름을 맡고 있었는데, 다윈이 그를 가장 요긴하게 썼다. 코빙턴은 곧 새를 사냥하여 가죽 벗기는 법을 익혔다. 코빙턴을 붙여준 것은 피츠로이의 특별한 배려였지만, 스쿠너의 수리가 거의 다 되어 비글호가 출항하려 할 즈음 다윈은 코빙턴을 영구적인 조수로 삼고 싶었다. 전담 조수가 생기면 포획률을 높일 수 있을 터였기 때문이다. 다윈은 자비로 코빙턴을 고용하면 어떻겠느냐고 제안했다. 피츠로이는 선선히 동의하고는 그 소년이 1년에 30파운드로 값싸게 다윈의 일을 돕게끔 해주었다.[11]

다윈은 함장과 사이좋게 지내고 있었다. 아니 적어도 피츠로이는 그 "철학자 선생"—다윈의 새로운 별명—을 "자신을 편안하고 즐겁게 만들어주고 모든 이를 친구로 만드는 필수 자질"을 골고루 갖추고 있는 "아주 뛰어난 젊은이"로 간주했다.

그런데 다윈은 자신의 식탁 동료가 생각하는 것처럼 늘 만족스러운 생활을 하지는 못했다. 7월 초에 몬테비데오 외곽에 정박해 있는 동안 그는 "혼 곶에서 회항하여" 그대로 잉글랜드로 가는 쪽으로 진로를 변경하고 싶어서 견딜 수가 없었다. 이런 순간에는 오직 게의 유충과 "오래된 뼈들"만이 그대로 대서양을 건너 돌아가고 싶은 생각을 멈추어주었다.

집에서 온 편지들은 마음을 한층 더 싱숭생숭하게 만들었다. 그런데 말이 새 소식이지 그것은 한참 전의 소식이었다. 적어도 석 달은 된 일이었다. 하지만 그렇다 해도 그 소식은 열혈 토리당원과 함께 갇혀 지내는 개혁가의 기운을 북돋우기에는 모자람이 없었다. 12월 총선거에서 조사이어 외삼촌이 스토크온트렌트의 새로운 선거구에서 휘그당 후보로 출마하여, 큰 표차로 당선되었다. 그런데 유감스럽게도 "자유주의 여론의 행진"이 점점 과격해지고 있어서 온 가족이 뒷걸음질을 치기 시작했다. 급진파가 하원에 대거 입성해 민주주의와 국교회 해체를 요구하고 있었다. 조사이어 외삼촌은 그것을 견디지 못했다. 수전은 그들이 "너무 과격하고 부도덕해지고 있어서……, 아버지는 날마다 조금씩 토리당원으로 변해가고 있다"고 전했다. 찰스는 이런 정치 소식을 즐겼고, "우리의 자랑스러운 자유를 억압하는 괴물인 식민지 노예제"가 종식되기를 기대하며 "정직한 휘그당원 만세"를 외쳤다. "고맙게도, 인정머리 없는 토리당원들은…… 현재로서는 운이 다했다네."[12]

우편물 가방에는 다른 깜짝 소식들도 들어 있었다. 웨지우드가의 신혼부부들 사이에 아기들이 태어나고 있었다. 가장 최근에 태어난 헨슬레이와 패니의 아기는 분명 스캔들을 미연에 막아주었을 것이다. 런던의 이래즈머스는 외사촌의 아내를 지나치게 자주 만나고 있었다. 이것은 온 가족이 아는 공공연한 비밀이었다. 여동생 캐서린은 패니는 "헨슬레이와 결혼을 한 건지 오빠와 결혼을 한 건지 알 수가 없을 정도라서 아버지는 신문에 두 사람의 기사가 대문짝만하게 실릴 날을 각오하고 계신다"고 썼다. 하지만 아기가 태어나면서 "그녀의 집에서의 밀회"가 끝이 났다. 적어도 일시적으로는. 덕분에 가족들은 불명예스러운 일을 당하지 않을 수 있게 되었다.

그러나 모든 편지의 중심을 차지하는 소식은 패니 웨지우드의 죽음이었다. 찰스의 배우자 물망에 오르고 있던 그 외사촌이 지난 8월에 죽었다는 것이다. 찰스의 누이들과 외사촌 샬럿은 이 가슴 아픈 비극의 전말을 전해왔다. 그것은 불과 1주일 사이에 일어난 일이었다. "구토와 통증"과 함께 열이 오르더니, 그 뒤 며칠 동안 잠잠하다가, 갑자기 재발하여 몇 시간 만에 숨을 거두었다고 했다. 그녀의 나이는 겨우 스물여섯이었다. 메이어는 깊은 슬픔에 빠졌다. 이제 찰스의 외사촌들 가운데 둘만이 그곳에 남아 있었다. 곱사등이이며 키가 겨우 120센티미터밖에 되지 않는 장녀 엘리자베스는 노처녀의 처지를 담담히 받아들이고 있었다. 다른 하나는 막내인 에마였다. 패니와 가장 친했던 그녀는 상실감이 컸다. 찰스도 그럴 것이라고 모두들 생각했다. 찰스가 패니에게 특별한 감정을 품었던 적은 없었다. 그녀는 키가 작았고 예쁘지도 않았다. 하지만 찰스의 누이들의 말에 따르면, 패니는 목사의 아내가 되기에 손색이 없는 여자였다. 모두가 결혼과 교회가 찰스의 마음에서 사라질까봐 걱정을 했다.[13]

라플라타 강에 떠 있는 찰스는 패니의 죽음에 대해서는 한 마디도 언급하지 않았다. 그는 누이들에게 보내는 답장에서 책, 부츠, 렌즈, 줄자, 원주민들을 놀라게 할 성냥을 더 보내달라고 부탁했을 뿐, 패니의 일은 의식적으로 피했다. 그리고 연구 때문에 바쁘다고 우쭐대면서, 자연사는 앞으로 자신이 "가장 좋아하는 일"이 될 것이라고 덧붙였다. "인류의 지식을 축적하는 데에 내가 **조금이라도** 보탬이 되는 것은, 그 가능성이 조금이라도 있다면 훌륭한 인생의 목표입니다." 그렇다고 해서 누이들이 그의 미래에 대해 품고 있는 행복한 "몽상"에 걸맞은 "밝은 비전"을 전혀 갖고 있지 않았던 것은 아니다. 찰스는 여전히 자신과 자신의 집을 돌봐줄 "사랑스러운 여인"을 갈망했다. 하지만 그런 마음을 누이들에게 털어놓지는 않았다. 누이들의 잔소리가 귀찮았기 때문이다. 오직 폭스만이

"너무 많은 시간을 방황하는 것은 확실히 좋지 않습니다"라고 털어놓은 찰스의 말에서 찰스의 속내를 읽을 수 있었다. "나는 종종 내가 무엇이 될지를 추측해보는데, 내 소망은 분명히 시골 목사가 되는 것입니다."

써야 할 편지가 아직 한 통 남아 있었다. 헨슬로에게 보내는 편지였다. 앞서 보낸 채집물들이 잘 도착했다는 소식이 아직 오지 않았기 때문에 찰스는 헨슬로에게 보내는 편지를 마지막 순간까지 남겨두었다. 하지만 그는 불안한 마음으로 헨슬로에게 그다음 위탁물을 보냈다. 동물의 사체를 담은 네 개의 통, 박제, 보존액에 담근 물고기, 약상자에 넣은 딱정벌레들, 암석 등, 이번 여름 수확물의 절반 분량이었다. 또한 비글호의 향후 일정도 써보냈다. 찰스는 하루빨리 이 대륙의 "시시하고 아름답지 않은 쪽"을 떠나 칠레의 발파라이소에 가고 싶어 몸이 근질거렸다. 그곳에 가면 "안데스 산맥의 거대한 산줄기를 원 없이 넘을" 수 있을 터였다. 티에라델푸에고를 지나면 하루하루가 "축제의 나날들"이 될 것이다. "멋진 산호들, 따뜻하고 빛나는 날씨, 열대의 푸른 하늘"을 떠올리기만 해도 "기쁨으로 벅차올랐다." 헨슬로의 첫 번째 편지를 받을 생각을 해도 마찬가지였다. 그 편지가 와주기만 한다면.

피츠로이는 새로 구입한 스쿠너의 이름을 '어드벤처호'로 지었고, 7월 24일 저녁에 두 자매 범선은 마침내 네그로 강을 향해 남쪽으로 출항했다. "하늘이 번개로 번쩍거렸다. 바다로 나서기에는 험난해 보이는 밤이었지만, 날씨가 나쁘다고 손 놓고 있을 수 없을 만큼 시간이 소중하다."[14]

역풍을 맞으며 지루한 항해를 한 끝에 비글호는 네그로 강 어귀에 도착했다. 다윈은 강 상류 쪽의 파타고네스로 갔고, 거기서부터 육로로 북쪽으로 이동하여 바이아블랑카에서 비글호와 합류하기로 했다. 이곳도 염

수호, 사암, 약탈할 기회를 노리는 인디오들로 가득한 "악령의 땅"이었
다. 그래도 정치적으로 위험한 만큼이나 지질학적으로 흥미로운 곳이었
다. 그는 20파운드를 지불하고 "믿을 만한" 안내인을 구했고, 한 영국인
상인과 가우초 일행과 함께 후안 마누엘 데 로사스 장군을 만나러 갔다.
로사스 장군의 군대가 "인디오를 근절하라"는 명령을 받고 부에노스아이
레스로부터 파견을 나와 있었다. 북쪽으로 가려면 로사스의 허가가 필요
했다.

8월 13일에 그들은 콜로라도 강가에 있는 토사스의 야영지에 도착
했다. "극악무도한 악당 같은 군대"와 600명의 협력적인 인디오의 동맹
군은 다윈이 지금껏 보지 못했던 무척 특이한 인종조합이었다. 하지만 가
장 인상적인 인물은 누구보다도 장군이었다. 그는 "완벽한 가우초"의 모
습으로, 허리춤에는 화려한 숄을 걸쳤으며 그 아래로는 "술 장식이 있는
바지"를 입고 판초를 둘렀다. 로사스의 기마술은 그의 "전제적인 권력"
만큼이나 전설적이었다. 자신의 목장에서 30만 마리의 가축을 길렀기 때
문에, 그는 가축을 몰고 도살하는 일에는 도사였다. 다윈은 피에 물든 로
사스의 손을 잡고 악수를 했다. 로사스는 근엄한 사람이었고, 말을 하는
동안 "조금도 웃지" 않았다. 그는 다윈에게 통행권을 주고, 팜파스를 가
로지르는 "자연학자"의 편의를 위해 정부 소유의 말을 자유롭게 사용해
도 좋다는 허가까지 내주었다.

이 평평한 초원은 인디오, 개미핥기, 아르마딜로의 고장이었다. 그리
고 다윈은 이보다 더 희귀한 한 생물이 살고 있다는 이야기를 들었다. 가
우초들은 "아베스트루즈 페티제"라고 불리는 새를 여러 차례 언급했다.
이 새는 레아였다. 그러나 이 레아는 일반적인 레아보다 작고 검었으며,
다리에는 깃털이 나 있고 알은 푸른빛을 띤다고 했다.[15] 이 레아를 실제
로 본 사람은 거의 없었지만 둥지는 발견된 적이 있었으며, 더 남쪽으로

내려가면 이 새가 더 많다고, 모두가 이구동성으로 말했다.

다윈도 점점 가우초처럼 변해갔다. 거친 말 타기는 그의 기질에 딱 맞았다. 밤에는 불가에 웅크려 앉아 사냥한 고기를 구워 먹으며 일지를 쓰고 긴장을 풀었다. "나는…… 마테차를 마시고 시가를 피운다. 그런 다음에 하늘을 차양 삼아 깃털침대에 누운 듯 편안히 잠을 잔다." 단단히 무장을 하고 있고, 건강한 말들과 냉혹하고 무정한 동료들이 지키고 있으니 두려울 것은 없었다. 그렇기는커녕 그는 로사스 장군의 "인디오 박멸 전쟁"이 불러온 "커다란 이득"을 이해하기 시작했다. 이로 인해 지주들에게 커다란 행운이 떨어지게 되었다. "700~800킬로미터의 훌륭한 땅을 가축을 생산하기 위해 개방하게 된 것이다."

바이아블랑카로 돌아온 다윈은 비글호를 기다리는 사이 며칠 동안 주위를 배회했다. 그리고 5파운드가 채 되지 않는 가격에 "멋지고 힘센 젊은 말"을 사서 그 말을 타고 푼타알타의 절벽으로 다시 가보았다. 행운은 계속되었다. 이번에는 바위무덤에서 "거의 완전한 골격"을 발견했다. 그것은 크기가 말만 한 기이한 포유류로, 골반뼈가 거대하고 얼굴이 개미핥기처럼 작고 길쭉했다. 이것은 굉장한 발견이었는데, (해변에서 조각난 상태로 발견되는 대신) 거의 손상되지 않은 상태로 원래 파묻힌 장소에 그대로 있었기 때문이다. 다윈은 이 발견의 의미를 생각하며 공책을 한 장 한 장 채워나갔다. 이 동물은 그 위층에서 발견되는 조개껍데기가 쌓이기 전에 살았던 동물이었다. 모든 증거는 퇴적물이 점진적으로 퇴적되었고 그 뒤에 지층이 융기했다고 말하고 있었다. 그렇다 쳐도 이 메가테리움은 얼마나 오래된 것일까? 이 동물이 살던 시절에 이곳은 어떤 모습이었을까? 왜 이들은 모두 멸종했을까? 다윈은 황소만 한 나무늘보가 미지의 초원을 어슬렁거리던 고대 세계로 돌아가 있는 상상을 했다.

지금 있는 장소는 마을에서 멀리 떨어져 있었고, "숭고하다고 말해도 좋을 정도로" 고요했다. 하지만 환상에 빠져 있을 수만은 없었다. 이 곳은 여전히 악령의 땅이었고, 염수호의 표면은 툴타는 태양에 바싹 졸아든 새하얀 초석〔자연에서 산출되는 질산칼륨〕으로 덮여 있었다. 정복자들의 정체도 이와 흡사한 꼴이었다. 가우초들은 정중함이라는 탈을 덮어쓰고 있을 뿐 사실은 학살자들이었다. 요새로 돌아온 다윈은 로사스 장군의 전쟁에 대한 최신 소식을 들었다.

　　모두가 그것이 "매우 정당한 전쟁"이라고 생각했다. 그 전쟁은 "야만인을 상대로" 치러지고 있었기 때문이다. 아무리 극단적인 전술이라 해도 상관없었다. 잡혀온 포로들은―"기독교도의 동물원"에 가두어져―짐승 같은 대우를 받았다. 다윈은 분노가 끓어올랐다. "스무 살이 넘어 보이는" 인디오 여자들은 "비정하게 학살당한다"고 들었다. 더 어린 여자들도 예쁘지 않으면 마찬가지 운명을 당했다. 그는 "이런 짓은 비인간적이지 않느냐"고 정중하게 비판을 해보았지만, "놈들이 자꾸자꾸 증가하기 때문"이라는 것이 한 군인의 대답이었다. 그러나 학살은 신이 인구 증가를 억제하기 위해 의도한 방법이 아니지 않은가. "지금과 같은 시대에 문명화된 기독교 국가에서 그러한 만행이 자행되고 있다는 것을 누가 믿겠는가?" 학살은 경제에는 도움이 될지 모르지만 사람들을 타락시킨다. "이 나라는 구릿빛 인디오 대신 피부가 흰 야만인들인 가우초의 손아귀에 들어갈 것이다. 가우초들은 문명에서는 인디오보다 약간 더 우월할지 모르지만, 그 밖의 모든 도덕적 가치에서 열등하다."[16)]

　　드디어 비글호가 도착했다. 코빙턴은 푼타알타에서 뼈들을 운반해왔고, 그동안 다윈은 육로로 부에노스아이레스까지 가는 640킬로미터의 여행을 준비했다. 부에노스아이레스에서 비글호를 다시 만날 예정이었다. 다윈은 9월 8일에 길잡이와 함께 출발하여, 정복지에 로사스가 설치해놓은 방비가 잘 갖춰진 "초소들"을 따라서 북쪽으로 이동했다. 죽이지 않으면 죽는다는 것이 이 버림받은 초원의 불문율이었다. 이곳에는 사냥으로 잡을 수 있는 것—레아, 사슴, 아르마딜로— 외에는 "먹을 것이 전혀 없었고", 독수리들이 머리 위를 불길하게 맴돌았다. 다윈은 가우초처럼 며칠 동안 고기만 먹으면서 연명했고, 그것을 즐겼다. 심지어 "그 나라에서 첫째가는 음식으로 손꼽히는" 퓨마의 태아까지 맛보았다. 그렇긴 해도 역시, 2주 뒤 부에노스아이레스에 도착했을 때 그는 영국 상인 가족의 신세를 지며 차를 마시고 "가정의 안락"을 누릴 수 있게 된 것을 고맙게 여겼다.

비글호는 라플라타 강으로 돌아가 측량을 하고 있었다. 다윈은 코빙턴에게 사냥을 하고 새를 박제하도록 시켜놓고, 자신은 부에노스아이레스에 머물며 설탕, 코담배, 시가, 화약, 탄알 등을 사들였다. 그런 뒤 더 많은 뼈를 찾기 위해 다시 240킬로미터의 여정에 올랐다. 파라나 강가에서는 "갉아먹는 용도의 거대한" 이빨 한 개와 거대한 "마스토돈"의 뼈 몇 점을 발견한 것이 전부였다. 그런데 이들은 "완전히 썩어 문드러져 있어서" 손으로 집자마자 부스러졌다. 다윈은 거기서 다시 산타페의 "여기저기 산재하는 시내"까지 여행을 강행했다가, 10월 첫 주에 고열로 몸져누웠다. 이틀 동안 누워 지내면서 다윈은 말 타는 것을 줄여야겠다고 생각했다. 열이 올라 1주일도 안 되어 죽은 무스터스가 떠올랐다. 죽는 장소를 고를 수 있다면 부에노스아이레스에서 죽고 싶었다. 그래서 다윈은 아픈 몸을 이끌고 파라나 강으로 가서 작은 외돛배의 탑승권을 샀다. 강을 따라 내려가는 여행은 돌풍과 탐욕스러운 모기 떼 때문에 평탄하지 못했다. 객실이 작아서 일어나 앉을 수도 없었기에 다윈은 침대에서 이리저리 뒤척이며 욕을 내뱉었다. 그 배에 넌더리가 난 그는 열이 내리자 도중에 배에서 내려 부에노스아이레스까지 남은 길을 카누를 타고 갔다.

부에노스아이레스는 지방 차원의 혁명이 발발한 상황이었다. 부에 노스아이레스의 스페인 군대가 로사스 장군에게 충성을 맹세한 "무시무 시하고 잔인한 반란군"에 의해 봉쇄되었던 것이다. 다윈은 군대들 사이 를 이리저리 오가며 협조를 구하다가, 예전에 로사스 장군으로부터 "정 중한 대우"를 받았던 일을 설명하고 나서야 마침내 걸어서 시내로 들어 가도 좋다는 허가를 얻어냈다. 또한 뇌물을 써서 코빙턴을 시내로 데려오 는 데에 성공했다. 코빙턴은 "흐르는 모래에 빠져 목숨을 잃을 뻔하기도 했고, 내 총을 잃어버릴 뻔하기도 했다." 그들은 '무법천지로 날뛰는 군 인들"을 피해가며 열흘 동안 함께 그 도시를 바쁘게 돌아다니는 한편, 그 들의 짐이 배편으로 빠져나갈 수 있도록 조처했다. 그들을 도와준 사람 은 부에노스아이레스에 있는 단 한 명의 진정한 "신사"인 영국인 성직자 였다. 몬테비데오에 있는 피츠로이가 출항할 준비가 되었다고 알려왔고, 11월 2일에 그들은 피난민들로 북적이는 우편선에 올라타, 머스킷 총의 사격이 시작된 가운데 가까스로 몬테비데오를 향해 탈출했다. 다윈은 갑 판 위에서 아픈 여성들과 아이들 사이를 걸으며 독재가 "얼마나 부도덕 한지"를 절실히 깨달았고, 혁명가들이 "킬케니 고양이처럼 서로 물고 물 리며 다 죽을 때까지 싸웠으면 좋겠다"고 생각했다.[17]

몬테비데오에 도착한 다윈은 한시라도 빨리 떠나고 싶은 마음에 비 글호에 쏜살같이 올라타 "열대의 청아한 하늘과 바나나"를 생각했다. 하 지만 아직은 아니었다. 피츠로이의 해도 작업이 늦어졌고, 자매범선인 어 드벤처호도 혼 곶을 도는 험난한 여정에 대비하여 식량을 실어야 했다. 다윈은 시간을 최대한 알차게 썼다. 그에게는 읽고 답장을 쓸 편지들이 많았다. 앞으로 몇 달 동안은 편지를 읽고 답장을 쓸 기회가 없을지도 모 른다. 편지에는 유쾌한 자극과 기가 찬 소식들이 가득했다. 헨슬레이의 아내와의 추태를 그만두지 않고 있는 이래즈머스는 "신문에 나는 일"을 피하기 위해 에마 웨지우드와 결혼해야 할 판이었다. "가망 없이 이기적인" 괴물과 비참한 결혼생활을 하고 있는 패니 비들프는 자신의 "옛 마부"에 대해 "얌전하고 요염하게" 캐묻기 시작했다. 그리고 누이들은 "네가 즐겁게 지낸다는 소식을 읽을 때마다"―그 모습이 선하여―무리할까봐 "걱정을" 했다.

다윈은 "거의 200점에 가까운 새와 동물의 박제", 쥐 채집물, 물고기 표본이 담긴 병, 곤충이 든 용기, 암석 상자, "씨앗 묶음"을 상자 두 개와 통 한 개에 급히 포장했다. 다윈이 헨슬로에게 말한 바에 따르면, 씨앗은 "식물학을 소홀히 한 데 대한 자그마한 사과의 표시로 보내는" 것이었다. 뼈와 암석 표본들은 따로 커다란 상자에 담아 플리머스로 보냈다. 그는 이 모두를 무거운 마음으로 발송했다. 기다리고 있는 편지가 아직까지 오지 않고 있었기 때문이다. 그 소포들이 혹시 바다 속으로 가라앉아버린 것은 아닐까. 그게 아니라면 세지윅과 다른 사람들이 그 표본들을 비웃고 있는 것일까. 다윈으로서는 알 도리가 없었다. 그는 자신의 채집물들이 높은 평가를 받기를 절실히 바랐고, 그것을 통해 자신이 "제대로 가고 있는지"를 꼭 확인하고 싶었다.[18]

이제 화석은 다윈에게는 무엇보다 중요한 것이었다. 화석은 태고의 생물을 불러내는 꿈 같은 이야기였다. 그 무엇도 절벽 면만큼 생생한 감흥을 불러일으키지 못했다. "그 옛날 자고새를 사냥했던 날의 즐거움은…… 멋진 뼈 군집을 발견하는 것에 비하면 아무것도 아니다. 화석은 지나간 시대를 이야기해주는 산 증인이다." 다윈은 우루과이 강 근처의 메르세데스까지 왕복 640킬로미터에 이르는 여행을 하기로 했다. 지난번에 병이 나는 바람에 그곳에 있는 흥미로운 지층들을 자세히 조사하지 못했기 때문이다. 푼타알타에 다녀온 이래 모든 "말타기" 여행이 그랬듯이, 이번 여행에도 주목적이 있었다. 그것은 나무늘보가 매몰된 퇴적물을 조사하는 것—메가테리움의 세계와 그 종말을 이해하는 것—이었다. 그는 그림처럼 아름다운 메가테리움의 고장에 도착할 때까지 이 목장에서 저 목장으로 말을 달렸다. 11월 22일에는 킨 씨(영국인으로 추정)의 저택에 묵었다. 그 저택의 주인은 "거인의 뼈들"이 그냥 굴러다니는 농장을 알고 있었다. 그들은 나흘 뒤 그곳으로 달려갔다. 다윈은 18펜스를 지불하고, 길이가 70센티미터이며 굽어 있는 기이한 이빨이 붙어 있는, 완전한 머리뼈 대부분을 들고 돌아왔다.[19] 무게가 상당했음에도 그는 값싸게 얻은 전리품을 의기양양하게 들고 190킬로미터를 달려 몬테비데오로 돌아왔다.

　시내에 도착한 다윈은 짐을 꾸려 "영원히 떠날 준비를 했다." 석별의 정 따위는 없었다. 라플라타 강가에 사는 사람들이라면 이제는 지긋지긋했다. 그들 사이에 너무 오래 머물렀다. 이곳에는 도둑질이 만연하고, 살인이 묵인되었으며, 정의는 눈을 씻고 찾아봐도 볼 수 없었다. "모든 공무원은 뇌물받는 것을 당연하게 여겼고", "진정한 신사"는 없었다. 신사가 없다는 것은 괴로운 일이었기에, 12월 5일에 피츠로이의 동반자 자리로 돌아갔을 때 다윈은 안도감을 느꼈다. 비글호는 출항준비를 하고 있었다. 화가 얼은 건강이 "매우 좋지 않아" 배를 떠났다. 함장은 그 후임자 콘라드 마텐스를 소개하며, "내가 믿는 골상학에 비추어보건대 다윈 씨는 틀림없이 그를 좋아하게 될 겁니다"라고, 늘 그렇듯 별난 방식으로 마텐스를 지지했다. 12개월분의 식량을 실은 그들은 어드벤처호의 지휘를 위컴 씨에게 맡긴 채, "비로소 잉글랜드로 가는 (비록 지름길은 아니었지만) 길에 올랐다."[20] 다윈은 돌아갈 때까지 남은 날을 세어보았다.

피츠로이는 다음 날 새벽 네 시에 닻을 올렸고, 두 자매범선은 17일 동안 파타고니아 해안을 따라 남쪽으로 내려갔다. 12월 23일에 두 척의 배는 크리스마스 휴가를 보내기 위해 혼 곳에서 북쪽으로 960킬로미터 떨어진 데지레 항으로 들어왔다. 다윈은 "엄청난 행운으로" 라마처럼 생긴 구아나코〔라마의 야생종〕한 마리를 쏘았다. 내장을 제거하여 손질을 마친 상태에서도 무게가 무려 77킬로그램이나 나가, 크리스마스 만찬에서 모두가 실컷 먹었다. 마텐스는 한층 더 커다란 행운으로 작은 레아 한 마리를 쏘았는데, 그 새를 요리해서 먹어버리고 난 뒤에야 불현듯 다윈의 머릿속에 가우초들이 이야기해주었던 희귀한 '페티제' 생각이 떠올랐다. 새로운 종인지도 모르고 먹어치워 버리다니! 다행히 "머리, 목, 다리, 날개 한쪽"과 큰 깃털들은 건질 수 있었다. 이들은 곧바로 보존처리하여 선창에 보관했다.

이곳의 "정적과 황량함"은 불가해한 즐거움을 주었다. 다윈은 별 특징 없는 들판을 수 킬로미터에 걸쳐 걷고 또 걸으며 새로운 새를 10여 마리 잡았다. 그리고 해안절벽에서—해수면 바로 위에서—남아메리카 대륙의 종단면을 따라 "똑같이 나타나는 규모가 큰 조개껍데기 층"을 발견했다. 하지만 화석은 하나도 나오지 않았다. 그는 언젠가부터 자신을 "화석을 부활시키는 자"로 여겼는데, 이것은 시체도둑 버크와 헤어의 일보다는 훨씬 훌륭한 일이었다. 비글호가 180킬로미터 남쪽에 있는 산훌리안 항에 닻을 내린 1834년 1월, 다윈은 다시 화석을 찾아 나섰다. 그곳은 담수가 없는 황무지였고, 유일한 대형 포유류인 구아나코는 염수호에서 물을 마셨다. 여기서도 다윈은 항구 끝의 절벽에서 "마스토돈으로 추정되는 어떤 커다란 동물"의 등뼈 일부와 완전한 뒷다리를 발견했다. 다윈은 "흥미롭다"고 생각했다. 이 커다란 짐승들은 아득한 남쪽의 몹시 추운 한대지방까지 분포했던 것이 분명하며, 이 짐승들의 다수가 "고대 평원을 함께 누빈 동포들"이었던 것이 확실했다.[21] 오래된 궁금증이 불쑥 떠올랐다. 마스토돈이 살았던 세상은 어떠했을까. 지금 걷고 있는 땅처럼 물이 없고 바람이 휘몰아치는 곳이었을까?

1월 26일에 비글호는 강한 서풍을 맞으며 다젤란 해협에 들어서서 세인트그레고리 만으로 향했고, 그곳에서 반야만 반문명 상태의 파타고니아 '거인' 부족—키가 180센티미터가 넘었다—을 선상에서 접대했다. 그들은 얼굴에 붉은 칠을 했으며 구아나코 가죽을 걸치고 머리카락을 길게 늘어뜨렸지만, "신사처럼 행동했고", "나이프와 포크를 사용했으며 숟가락을 잘 썼다." 이 인디오들은 바다표범 사냥꾼들과 오랫동안 교역을 해왔고, 영어와 스페인어를 조금씩은 구사할 줄 알았다. 그들은 "뛰어난 현장 자연학자들"이어서 다윈은 "그들의 관찰을 깊이 신뢰"했다. 다윈은 북부지방에서 태어난 한 혼혈 인디오에게 '페티제' 레아에 대해 물어보았는데, 페티제는 이만큼 남쪽으로 내려온 지역에 사는 유일한 레아라는 대답을 들었다. 두 가지 종이 네그로 강 주변에서 만나지만, 그곳을 빼면 일반 레아는 북쪽에만 살고, '페티제' 레아는 남쪽에만 산다고 했다. 이로써 분명한 분포대를 갖는 새로운 레아 종을 발견했다는 사실이 확인되었다.

문명화된 야만인들은 인간이 얼마나 개선될 수 있는지를 보여주었다. 얼굴에 붉은 칠을 했지만 완벽한 식사예절을 갖춘 인디오들은 야만인과 영국의 문명인 사이의 간극이 좁혀질 수 있다는 것을 보여주는 증거였다. 하지만 과연 그 효과가 지속될까? 이 길들여진 인디오들은 다시는 야만의 습성으로 돌아가지 않는 것일까? 더 남쪽에 가면 대답을 알 수 있을 것이다. 다윈은 제미, 요크, 푸에기아가 어떻게 살고 있는지 궁금했다.

비글호는 티에라델푸에고로 길을 재촉하여, "살을 에는 듯한 차가운" 비바람이 휘몰아치는 가운데 "패민 항Port Famine"에 닻을 내렸다. 16세기에는 이곳에서 수백 명의 스페인 정복자들이 굶어죽었고, 1826년에는 비글호의 함장 스토크스가 자살을 했다. 2월 6일에 다윈은 나침반을 챙겨들고 배에서 내려, 해발 780미터의 타른 산을 올랐다. 예전과 마찬가지로 그의 기분은 지형에 영향을 받았다. "깊은 산골짜기의 죽음을 닮은 황량한 풍경은 어떤 수식어로도 형용할 수 없다." 다윈은 추위에 몸을 떨었다. "썩어 문드러진 거목의 줄기들"이 여기저기 널려 있었고, "모든 것이 물에 젖어 있었다." "심지어 균류도 살 수 없었다." 산꼭대기에서는, "조개껍데기들이 박힌 암석들"과 "티에라델푸에고의 진짜 풍경"을 보았다. 군데군데 눈이 덮인 "불연속적으로 이어진 구릉, 노란색이 섞인 초록빛 계곡, 사방으로 팔을 뻗은 바다." 멀리 145킬로미터쯤 떨어진 곳에는 남쪽에서 가장 높은 봉우리인 사르미엔토 산이 만년설에 뒤덮인 채 위용을 뽐내며 우뚝 솟아 있었다.

피츠로이는 미로 같은 물길을 헤치며 배를 돌려 나왔다. 지나가는 향유고래들이 물 밖으로 뛰어올랐다. 그는 북동부 지역의 측량을 끝내고, 2월 24일에 혼 곶 바로 위쪽에 있는 울러스턴 섬에 닻을 내렸다.[22] 이곳은 푸에고인들의 나라였다. 비글호의 일행 모두는 열흘 동안 이곳에 머물며 주민들과 어울려 지냈다. 다윈은 이 "악령들"과의 강렬했던 첫 만남 때처럼 동요하며, 반드시 답을 알아내고 싶은 질문들을 떠올렸다.

이 비참한 사람들에 대해 어떻게 생각해야 할까? 그들은 "창조 이후" 줄곧 이곳에서 지금의 상태로 살았을까? 아니라면, 왜 그들은 "북쪽의 살기 좋은 곳"―열대지방―을 떠나 "세계에서 가장 살기 나쁜 나라들 가운데 한 곳으로 왔을까?" 왜 그들은 발가벗고 다닐까? 다윈은 "완전히 발가벗은" 임신부가 빗물을 "몸에서 뚝뚝 떨어뜨리고 있는" 모습을 보았다. 그들은 왜 이처럼 조야한 모습일까? "왜 그들의 붉은 피부는 더럽고 번들거리고, 머리카락은 엉클어져 있고, 목소리는 귀에 거슬리고, 몸짓은 거칠고 품위가 없을까?" 라이엘은 저서 『지질학 원리』에서, 라마르크의 침팬지 조상설이 "인류가 차지하는 계통상의 고귀한 지위에 대한 믿음"을 무너뜨린다며 우려를 표명했다. 하지만 이 계통 — 짐승들보다 낫다고 보기 어려운 원주민들 — 이 그렇게 고귀할까? "젖은 땅 위에서…… 동물들처럼 몸을 웅크린 채" 아무것도 걸치지 않고 잠을 자는 사람들에게도 과연 품위가 있을까? 대체 어떤 인간이 "생계수단"을 놓고 끝없는 전쟁을 벌이는가? 다윈은 이런 "완전한 야만인들"의 모습이 비위에 거슬렸다. 보고 있는 순간에는 "어떤 원숭이들보다 재미있지만", 이런 비참한 땅에서 그들처럼 살 수 있을 것 같지는 않았다. 그렇다 해도 그것은 무엇보다 흥미를 불러일으키는 문제였다. 설명을 찾아야 했다. "이 사람들은 어디서 왔을까?"[23]

다윈으로서는 이보다 더 흥미로우며 이보다 더 당혹스러운 질문은 지금까지 없었다. "누구라도 이들이 같은 세상에 사는 같은 인간이라는 사실을 믿기 어려울 것이다." 그들은 동물들과 마찬가지로 높은 차원의 즐거움을 알지 못했다.

그들은 집을 갖는다는 것이 어떤 느낌인지를 알지 못한다. 그리고 가족의 사랑에 대해서는 더더욱 그렇다. …… 이들에게 상상력을 동원하여 그림을 그리고, 이성을 동원하여 비교를 하고, 판단력을 동원하여 결정을 내려야 할 대상이 있는가. 바위로 조개를 치는 것에는 가장 낮은 정신 능력인 교활함조차 필요치 않다. 그들의 기술은 동물의 본능처럼 경험이 쌓여도 나아지지 않는다. 카누는 그들이 만든 가장 독창적인 물건이지만 보잘것없는 것으로서, 우리가 알기로 300년 동안 전혀 바뀌지 않았다.

다윈은 문명화된 제미와 그의 친구들을 떠올리며 이들이 "본질적으로 같은 종"임을 인정했지만, "이들의 마음은 교육을 받은 자의 마음과 얼마나 다른가."

모든 것이 라이엘의 생각을 정면으로 반박하고 있는 것처럼 보였다. 라이엘은 원숭이와 야만인과 철학자가 하나의 진화의 고리로 연결되어 있다는 주장을 비난했다. 라이엘의 말에 따르면, "'이마가 몹시 낮은 유인원'에서부터" 야만인을 거쳐 셰리주를 마시는 앵글로색슨인들까지 정신 능력이 매끄럽게 이행하는 일 따위는 있을 수 없었다. 인류는 다양한 듯하지만, 모든 인종은 "하나의 공통 척도로부터 약간씩 어긋나 있을" 뿐이라는 얘기였다. 그러나 이런 말을 한 라이엘은 야만인을 한 번도 본 적이 없었다. 라이엘의 의견은 안이한 탁상공론이었다. 다윈은 가장 하등한 원주민들을 직접 보면서, "푸에고 섬의 야만인과 아이작 뉴턴 경의 정신 능력" 사이의 엄청난 격차 — 엄청난 향상 — 를 인정하지 않을 수 없었다.

하지만 푸에고인들은 이렇게 능력이 부족함에도 멸종하지 않았다. 그러므로 이들은 "인생을 살 만하게 만드는 행복(그게 어떤 종류든)을 충분히" 누리고 있음이 틀림없었다. 사실 그들의 비참한 정신 능력과 예의 범절은 그들의 비참한 환경과 잘 어울리는 듯했다. 자연은 "습성을 전능하게 만듦으로써 푸에고인들을 그 나라의 기후와 식량에 맞게끔" 기이한 모습으로 "적응시켰다."[24] 문제는, 과연 제미의 식사예절은 야만인들이 고작 몇 년 안에 성공적으로 문명화될 수 있다는 사실을 의미하는가 하는 것이었다. 오랜 습관이 그처럼 쉽게 바뀔 수 있을까?

다윈이 이런 생각을 하는 동안, 비글호는 북쪽으로 80킬로미터를 올라가 폰손비 협만으로 들어갔다. 마지막으로 제미를 한 번 더 보기 위해서였다. 눈앞에는 웅장한 산들이 우뚝 솟아 있었다. 눈이 덮이고 장밋빛 아침햇살에 물든 "들쭉날쭉한 봉우리들"은 "마음의 만찬"을 제공했다. 피츠로이는 철학자 선생의 스물다섯 번째 생일을 기념하여 가장 높은 봉우리에 다윈 산이라는 이름을 붙여주었다. 비글호는 울리야 소만 근처에 닻을 내렸다. 그곳은 1년 전 선교단을 남겨두고 떠났던 곳이었다. 오두막은 폐가가 되어 있었으며, 밭은 뭉개지고 잡초가 무성했다. 걸리서 카누들이 다가왔는데, 카누에 타고 있는 두 사람이 불안한 듯 얼굴을 비볐다. 그중 한 사람은 낯이 익었는데, 그는 바로 제미였다. 다윈은 "그렇게 한탄스럽고 완전한 변화"는 처음 보았다. "그를 보는 것은 괴로운 일"이었다. 제미는 비쩍 마르고 창백했으며, 허리에 두른 천 조각 외에 옷은 흔적조차 없었다. 머리카락은 어깨까지 내려와 있었다. 스스로도 창피했는지" 제미는 카누가 가까이 다가오자 "배에 등을 돌리고" 섰다. 그러고 나서 그는 고개를 들고 "수병이 모자에 손을 대듯이" 손을 올렸다. 가련한 경례였다. 피츠로이는 기가 막혔다. 일행은 제미를 곧바로 비글호에 태우고, 함장과 함께 저녁식사를 할 수 있도록 즉시 옷을 입혔다. 제미는 식사도구들을 제대로 사용했고, "항상 그랬듯이 많은 영어를" 지껄이며 자신의 친구들에게 당한 일을 다윈과 피츠로이에게 이야기했다. 요크 민스터는 푸에기아와 함께 자신의 고향으로 가면서 제미에게도 함께 가자고 설득했다고 한다. 그런데 어느 날 밤, 제미가 자는 사이에 두 남녀는 그의 물건을 훔쳐 달아나버렸다. 피츠로이가 처음 발견했던 때처럼 제미를 발가벗은 상태로 남겨놓은 채.

　　카누 안에서는 "젊고, 푸에고인치고는 예쁜 인디오 여인"이 구슬프게 울고 있었다. 임신 중인 그녀는 제미의 아내였는데, 그녀는 제미가 갑판에 나타나고 나서야 울음을 그쳤다. 다음 날 아침을 먹은 뒤 제미는 작별인사를 했다. 그는 "영국으로 돌아가고 싶은 마음이 조금도 없었다." 그는 "행복했고, 지금에 만족"했다. 이곳에는 "풍부한 과일", "풍부한 새들", "눈이 내릴 무렵에는 열 마리의 구아나코", "너무 많아서 탈인 물고기들"이 있기 때문이었다. 제미는 이러한 풍족한 산물들 가운데서 선물을 마련했다. "아름다운 수달피" 두 장, 함장을 위한 화살, "다윈 씨를 위해 특별히 준비한 창촉 두 개"였다. 모두 제미가 손수 만든 것이었다. 제미가 여전히 선상에 있는 동안 비글호가 출발하자, 그의 아내가 다시 울음을 터뜨렸다. 제미가 재빨리 카누로 건너가자 그녀는 눈물을 그쳤다.

모든 이는 "이별을 아쉬워하며 가엾은 제미와 마지막 악수를 했다." "나는 그가 마치 자신의 나라를 한 번도 떠난 적이 없었던 것처럼 행복하게 살기를 바라며, 그렇게 될 것임을 믿는다. 나는 전에는 이렇게 생각하지 않았다." 제미의 습관은 뿌리 깊은 것이었다. 이제 그 사실은 확실해졌다. 수많은 세대에 걸쳐 제미의 부족은 이 야생의 땅에 적응해왔고, 아무리 문명의 영향을 받는다 해도 깊이 뿌리박힌 그의 본능은 지워질 수 없었다. 인류의 격차는 라이엘이 알고 있는 것보다 훨씬 컸다.

그의 조상들이 수백 년 동안 이 "불의 땅"에서 해왔던 것처럼, 제미는 "배가 폰손비 협만에서 벗어나 동포클랜드로 향할 때…… 작별의 횃불을" 피웠다.[25]

비글호는 1834년 3월 10일에 동포클랜드의 루이스 항에 도착했다. 그런데 때마침 그곳에는 폭동이 일어나 있었다. 가우초와 인디오들이 영국 국기를 꽂아두었던 사람을 포함하여 영국인들을 학살하고 있었다. "비정한 살인, 강도, 약탈, 상해" 등, 만행은 이루 말할 수 없을 지경이었다. 영국 해군은 대위 한 명을 무장한 수병 네 명과 함께 섬으로 파견했고, 이들은 반역자들을 색출하여 재판에 회부하기 위해 감옥에 가두었다. 하지만 "주동자" 안토니오 리베로는 아직 잡히지 않은 상태였다. 그는 버클리 협만에 있는 작은 섬에서 버티면서 복수를 다짐하고 있었고, 현저 총독 노릇을 하고 있는 파견대 대위는 피츠로이에게 리베로를 잡아달라고 부탁했다. 그래서 비글호의 수병들은 그 "악당"을 잡아 쇠사슬을 채워 배의 선창에 가두었다.

다윈은 이 모든 일을 경멸 어린 시선으로 바라보았다. "비극적인 분쟁이 일어난 이 좁은 땅" 동포클랜드에서 칭찬받을 자격이 있는 사람은 아무도 없었다. 부에노스아이레스 정부는 당연히 이 일을 "정당한 반란"이라고 부르며, "자기 나라 사람들이 영국의 압제 아래 신음하고 있다"

고 말할 것이다. 영국 입장에서 보면, 영국 해군의 허술한 치안활동은 국왕의 얼굴에 먹칠을 한 것이었다. "우리는 저 갖기는 싫고 남 주기는 아까운 고약한 심보로 한 섬을 점령해놓고, 그것을 방위하기 위해 달랑 영국 국기 하나만을 남겼다. 영국 국기를 갖고 있던 사람이 살해당한 것은 당연한 수순이었다. 그리고 지금은 어떤 권위도 명령도 없이, 달랑 대위 한 명에 수병 네 명을 딸려 파견했다." 그럼에도 어쨌든 "살인자들은 모두 붙잡혔고, 이제는 죄수들의 수가 주민만큼이나 많을 정도다." "세계에서 가장 시끄러운 이 바다에서 언젠가 매우 중요한 요새가 될" 섬을 이토록 근시안적으로 다루다니. 팽창하고 있는 영국의 무역을 생각하면 그런 미온적인 식민지정책이 더더욱 한심스럽게 보였다. "옛날의 스페인과 얼마나 다른가." 해군성은 **스페인 정복자들**의 예를 따라 동포클랜드를 요새로 만들었어야 했다.[1)

대위를 내려주고 간 배는 편지 꾸러미도 전달했다. 찰스는 정치는 잊고 가십을 즐겼다. 패니는 아직도 찰스에게 신경을 쓰고 있었다. 외사촌 샬럿은 목사관에서 행복하게 지내고 있었다. 이래즈머스는 "자신이 좋아하는 모든 것"― 헨슬레이의 아내와 아기, 에마 웨지우드―에 둘러싸여 지내고 있었다. 목사관 타령은 이번에도 빠지지 않았지만, "네가 돌아가겠다고 이야기했던 조용한 성직자의 삶은 가망이 없어 보이는구나"라고 걱정하는 캐롤라인의 말은 한 귀로 듣고 한 귀로 흘렸다.

그리고 마침내 헨슬로의 편지를 받았다. 편지에는 최고의 소식이 담겨 있었다. 채집물들은 잘 도착하고 있었다. 식물표본은 대환영을 받았고, 메가테리움 화석은 지금껏 알려지지 않았던 특징들을 밝혀준 대단한 표본이라는 과분한 칭찬을 받았다. 다윈은 특유의 겸양조로 폭스에게 말하기를, 자신은 "단지 사자에게 먹이를 물어다주는" 자칼일 뿐이라고 했는데, 사자들은 자칼이 잡아온 먹이에 환호성을 질렀다. 다윈의 메가테리움 화석은 케임브리지에서 열린 영국과학진흥협회 모임에서 영국 과학계의 유명인사들에게 공개되었다. 자네의 "이름은 영원히 기억될 걸세." 함께 딱정벌레를 잡으러 다니던 친구 프레더릭 호프는 이렇게 말했다. 지금 '다윈'이라는 이름은 모든 사람의 입에 오르내리고 있었다. 헨슬로는 더 많은 뼈를 보내라고 재촉했다 ─ "메가테리움의 머리뼈 파편을 눈에 띄는 족족 모두 보내게. 그리고 모든 화석도." 배에서 뛰어내리지 말고 탐험을 계속하게. "자네라면 용기를 잃지 않게 만들어줄 뭔가를 항상 찾을 수 있을 것이라 믿네."[2]

다윈은 뛸 듯이 기뻤다. 지난 2년 동안 이처럼 기운 나는 일은 없었다. 그동안 시간낭비를 한 것이 아니었다. 말을 달리고, 망치질을 하고, 상자에 포장을 한 일이 헛되지 않았던 것이다. 자랑스러웠다. 그는 야외 자연학자로서의 자질을 입증했으며, 존경하는 사람들에게 인정을 받았다. 이후 3주 동안 다윈은 뭔가에 홀린 사람처럼 일을 했다. 끔찍한 날씨도 개의치 않았다. 그는 온 섬을 돌아다니면서 암석들 ─ "교회만큼 큰 것"도 있었다 ─ 을 망치로 두들기고, 자카스펭귄과 격투를 벌였으며, "신기하고 작은 산호말"의 조각을 채집했다. 씨앗도 한 줌 모아, 스승에게 부치는 길고 흥분된 편지에 감사의 표시로 동봉했다.

다윈은 이제 자기 자신을 되는 대로 채집하는 "사자에게 먹이를 물어다주는 자"로 여기지 않았다. 그는 스스로 가설을 세우는 이론가, 오래된 뼈들에 대해 곰곰이 생각하고 스스로 그것을 설명해낼 수 있는 철학하는 사자가 되어가고 있었다. 그는 헨슬로가 메가테리움을 손질했다는 이야기에 몹시 걱정이 되었다. 자신이 붙여둔 식별번호가 떨어져버리면 화석과 그것이 파묻혀 있던 지층을 연결할 수 없기 때문이었다. 메가테리움이 살았던 세상을 이해하려면 화석과 지층이 모두 필요했다.

화석이 파묻혀 있는 암석들의 순서는 많은 것을 이야기해주었다. 몇

몇 나무늘보 화석들은 현생 조개껍데기, 아구티 유해와 함께 파묻혀 있었는데, 이것은 그 뼈들이 그가 생각했던 것만큼 오래되지 않았다는 뜻이었다. 갑각류와 아구티는 메가테리움이 쇠퇴한 시대에도 살아남았던 것이 분명했다. 그렇다면 격변이 그 땅을 휩쓸었다는 얘기는 말이 안 되었다. 대형 나무늘보는 자연적으로 멸종한 것이 틀림없었다. 남아메리카 대륙에 대한 다윈의 거대한 투시화가 변하고 있었다. 배경에서는 남아메리카 해안이 대서양 위로 융기하고 있다. 그것도 서서히 단계별로 솟아올라 계단형의 고원을 남긴다. 전경에는 이 "고대 평원"을 점령한 메가테리움과 마스토돈이 번성을 누리고 있다. 그리고 그들의 세상에서 격변은 딱 다윈의 세상에서 일어나는 만큼만 일어났다.[3]

　　다윈은 비록 "백발이 성성한 노신사가 되어 돌아올지라도 끝까지 항해를 계속하겠노라"고 헨슬로를 안심시킨 뒤, 도착했던 때만큼이나 나쁜 기분으로 포클랜드 제도를 떠났다. 4월 6일 일요일에 비글호가 출항준비를 하고 있을 때 익사한 영국 수병이 버클리 만의 해안에서 발견되었던 것이다. 피츠로이는 이튿날 아침에 그 수병을 묻었다. 그날 오후 비글호는 닻을 올리고 서쪽으로 향했다. 리베로는 여전히 쇠사슬이 채워진 채로 선창에 있었다. 그는 군사재판에 회부되어 처형당할 운명이었다. 비글호는 파타고니아 남부의 산타크루즈 강으로 향했다. 피츠로이는 그곳에서 탐사대를 꾸려 미답의 상류지역을 조사할 예정이었다. 만일 이 "멋진 계획"이 성공한다면, 다윈은 세계에서 가장 거대한 산맥인 안데스 산맥을 난생처음으로 보게 될 터였다.[4]

비글호는 4월 13일에 산타크루즈 강 어귀에 도착했다. 탐사대는 사흘 뒤에 출발했다. 구성원은 피츠로이, 다윈, 스토크스, 바이누(군의관), 여러 명의 사관, 이들을 수행하는 18명의 수병과 해병대원들이었다. 일행은 고래잡이배 세 척을 한꺼번에 묶고, 몇 사람씩 팀을 짜서 한 시간 반씩 교대로 배를 상류로 끌어당겼다. 유속이 때때로 7노트에 이르는 강물을 거슬러 배를 끌어당기는 것은 고된 노동이었다. 계급을 가리지 않고 모두가 번갈아 그 일을 했다. 그리고 다윈과 스토크스, 바이누는 배를 끌어당기지 않는 동안에는 교대로 정찰을 맡아, 소총을 들고 제방 위를 걸으면서 인디오와 퓨마를 경계했다. 인디오와 퓨마가 그리 멀지 않은 곳에 있다는 사실을 발자국이 알려주었다.[5]

그들은 구불구불한 강을 따라서 하루에 25~30킬로미터씩 이동하여, 2주 만에 산타크루즈 만에서 서쪽으로 160킬로미터쯤 떨어진 지점에 이르렀다. 다윈은 구아나코를 뒤쫓고 콘도르를 사냥하는 틈틈이 지질학 문제들을 붙들고 씨름했다. 폭이 8~15킬로미터인 강 계곡의 양측에는 높이가 100미터가 넘는 벽이 솟아 있었다. 이 벽은 양쪽에서 "완전하게 수평인 평원"으로 이어졌다. 여기서 발견되는 조개껍데기와 자갈들은 이 고원이 옛날에는 물속에 있었다는 사실을 알려주었다. 이러한 장소들 가운데 한 곳을 피츠로이와 함께 조사하고 있을 때 다윈은 용기를 내어 자신의 가설을 피츠로이에게 말해보았다. 바로, 그 계단식 대지—사실은 안데스 산맥 전체—는 바다 밑바닥에서 서서히 솟아올랐다는 생각이었다.

피츠로이는 이 가설이 라이엘이 최근에 주창한 점진설과 일치한다는 것을 알고 있었다. 그는 지구의 지각을 성서에 입각하여 설명하는 이론을 주입받으며 자란 사람이었다. 다시 말해 몇천 년 전 노아의 홍수 때 바다가 갑자기 솟아올라 남아메리카 대륙을 뒤덮었고, 물이 빠지면서 현재와 같은 모습의 계단식 대지와 계곡을 남겼다는 해석이다. 하지만 피츠로이는 "성서의 지질학"을 그다지 진지하게 받아들이지는 않았다. 다윈은 특유의 사람을 끄는 화법으로 피츠로이를 설득했다. 함장은 주위를 둘러보더니 고개를 저으면서, 이 융기한 평원이 "40일간의 홍수로 생겨났다는 것은 말이 안 된다"고 인정했다.[6]

그 평원을 더 걸어가니 용암에 덮인 지역이 나타났고, 강은 화산으로 인해 형성된 거친 계곡으로 들어섰다. 앞에는 자욱한 구름이 드리워져 있었다. 29일에 다윈과 스토크스는 더 잘 보이는 곳을 찾아 절벽 위로 올라갔다. 그리고 그 위에서, 270미터 아래에서 기다리는 동료들을 향해 자신들이 무엇을 보았는지를 큰 소리로 외쳤다. "음울한 구름 장막" 속으로 안데스 산맥의 눈 덮인 정상이 보였던 것이다. 일행은 발이 아프고 지치기는 했지만 식량이 바닥날 때까지 며칠을 더 걸었다. 그러나 산맥까지 50킬로미터를 남겨놓은 지점에서, 일행은 안데스 산맥의 위용에 압도된 가운데 발길을 돌릴 수밖에 없었다. 하지만 괜찮았다. 다윈은 1년 안에 반대쪽에서 안데스 산맥을 다시 오르게 될 것이란 사실을 알고 있었기 때문이다. 하류로 뛰듯이 내려가는 동안 다윈의 머릿속에는 온통 "산꼭대기에 올라…… 아래에 펼쳐진 평원을 내려다볼" 생각뿐이었다.

5월 12일에 비글호는 마침내 남아메리카의 동해안을 떠났다. 우박 섞인 진눈깨비가 뱃전을 세차게 때리는 가운데 피츠로이는 마젤란 해협으로 진로를 정했고, 비글호는 산 같은 커다란 파도 속으로 돌진했다. 기온이 급격히 떨어졌다. 다윈은 여느 때처럼 "뱃멀미 때문에 비참한 상태로" 해먹에 누워 있었는데, 위를 올려다보니 천창에 2~3센티미터 정도의 얼음이 덮여 있었다. 포클랜드 제도에서 편지를 싣고 온 어드벤처호가 마젤란 해협 밖에서 합류하여, 두 척의 배는 어느 때보다 빠른 속도로 패민 항으로 들어가는 유명한 물길을 달렸다. 기온은 영하 6도로 떨어졌고 눈발이 흩날렸다. 크리스마스 전에 부친 소포를 반년이 지나서 받는 기분은 참으로 묘했다. 그래도 그 편지들 덕분에 6월에, 그것도 세상의 맨 밑바닥에서 때 아닌 크리스마스 기분을 낼 수 있었다. 다윈은 어린아이처럼 편지들을 거칠게 뜯었다. "이글이글 타오르는 벽난로 하나 없고" 갑판에는 눈이 덮여 있었지만, 덕분에 가정의 온기를 마음껏 누릴 수 있었다.[7]

편지와 선물은 푸짐했다. 누이들은 여느 때와 마찬가지로 왁자지껄했다. 그녀들은 찰스의 일지를 아주 재미있게 읽고 있었지만, 찰스가 비록 항해를 그만두는 한이 있더라도 "조용히 정착하기"를 기대했다. 넉살 좋게도 패니까지, 빨리 돌아와 정착하라는 다윈 가족의 총공세를 거들고 나섰다. 그녀는 찰스와 그의 "사랑스러운 부인을 만나러 작은 목사관을" 하루빨리 방문하고 싶다고 했다! 병약한 패니는 6개월 된 딸과 함께 로버트 박사의 신세를 지고 있었는데, 다윈의 누이들이 자신들의 대의명분을 위해 그녀를 이용한 것이 분명했다. 여자들에게 들볶이고 있는 기분이 든 찰스는 그 문제를 1만 5,000킬로미터 저편의 일로 치고 잊어버렸다. 패니가 열심히 권한다고 해서 성직자가 되고 싶은 마음이 커지지도 않았지만, 패니의 결혼생활을 보면 결혼이라는 것은 추천할 만한 제도가 못 되었다.

선물들은 하나같이 반가운 것들이었다. 지갑, 필통에 매다는 줄, 하이킹 부츠, 몇 권의 책들. 다윈은 읽을 거리들을 죽 훑어보았다. 선상 도서관의 장서목록을 불려주는 책들은 언제나 대환영이었다. 찰스의 아슬아슬한 모험담을 불안한 마음으로 읽은 캐롤라인은, "우리가 대체로 같은 종류의 책을 좋아했다는 생각이 들었다"며 『성서가 가르쳐주는 미래의 상태』를 보내주었다. 그리고 모든 누이가 『구빈법과 빈곤자의 실상』을 추천했다. 이 책은 몇 권으로 분책되어 있었으며 각 권은 팸플릿 크기였다. 저자는 '런던의 위대한 명사'로 불리는 맹렬한 독립여성 해리엇 마티노였다. 그녀는 휘그당원들의 연인이요 그들의 일인 홍보대행사로 활약하고 있었는데, 그녀가 쓴 중편 멜로드라마들은 개혁을 널리 알리고 설명했다. "이래즈머스는 그녀와 알고 지내는 사이고, 그녀를 매우 숭배한단다. 모든 이가 그녀의 소책자들을 읽고 있어. 그러니 한가할 때 읽어보고, 다 읽으면 네 귀중한 방을 차지하지 않도록 배 밖으로 던져버리렴."[8]

정말 아이러니한 일은, 그가 하필 패민 항Port Famine이라고 불리는 황폐한 개척지에 있을 때, 굶주림을 면하는 한 방법은 섹스를 하지 않는 것이라고 설파하는 소책자를 비글호의 남성들에게 나누어주게 되었다는 것이다. 사실 마티노의 소책자들은 배 안에서 인기를 끌었다. 가난, 정념, 늦은 결혼, 연인들을 극빈과 구빈원으로부터 구제하는 뛰어난 분별력에 대한 통속소설인 마티노의 "정치경제 이야기"에 대해 다들 한마디씩 했다. 런던에서와 마찬가지로 비글호에서도 이 이야기들은 월터 스콧의 소설만큼이나 널리 읽혔다.

영국에서 마티노의 소설들은 새로운 구빈법을 위한 길을 닦는 데에 정부의 선전보다 더 큰 효과를 발휘하고 있었다. 정부 관리들도 이 사실을 잘 알았다. 그래서 대법관 헨리 브루엄은 마티노에게, 인기가 없는 새 법률을 사람들의 마음에 와닿게 할 수 있는 소설을 의뢰하고, 소설의 재료로 쓰도록 위원회의 비밀자료를 제공했다. 마티노가 쓴 설교조의 이야기는 동인도회사의 경제학자 토머스 맬서스 목사의 가르침을 널리 퍼뜨렸다. 맬서스 이론의 핵심은 암울한 것이었다. 그 이론에 따르면, 인구가 식량공급보다 빠른 속도로 증가하면 투쟁과 굶주림이 불가피하다. 공적인 자선사업―옛날의 빈민구제책―은 문제를 악화시킬 뿐이다. 적선은 극빈자들을 안이하게 만들어 그들이 계속 아이를 낳도록 장려하기 때문이다. 입이 늘면 더 가난해지고, 그러면 더 많은 복지를 요구하게 되는 악순환이 일어난다.[9]

지금도 빈민구제는 힘에 부치는 상태였고, 인구는 폭발적으로 늘어나고 있었다. 1831년의 인구조사 결과, 영국의 인구는 무려 2,400만 명으로 30년 만에 두 배로 늘어났다. 한겨울에는 열 명당 한 명이 빈민구제를 받았다. 이것은 중간계급 납세자들이 감당하기에는 지나치게 많은 숫자였다. 대대적인 수술을 통해 마티노의 말마따나 이와 같은 "상태의 괴저"를 도려내는 것이 불가피했다. 왜 중간계급 납세자들이 일하기 싫어하는 자들을 부양해야 하는가? 왜 그들이 "가난한 남녀의 결혼"과 그 부모보다 더욱 가난할 자식들의 탄생을 도와야 하는가?

비글호의 수병들이 마티노의 소책자를 읽는 동안에 만들어진 구빈법 개정안에는 단호한 조치들이 마련되어 있었다. 그 법안은 지나치게 병들었거나 늙어서 구빈원에 들어갈 수 없는 최악의 빈자들을 대상으로 한 것을 뺀 모든 구제를 없앴다. 구빈원은 웬만해서는 들어오고 싶지 않도록 고안되었기 때문에 — 아이가 생기는 것을 막기 위해 남편과 아내를 떼어놓았다 — 구제를 신청하는 사람은 거의 없었고, 자연히 막대한 세금 절약을 기대할 수 있었다. 마티노는 이러한 조치는 빈자들의 자립을 장려하기 때문에 빈자 본인들에게도 이익이라고 주장했지만, 실제로 휘그당은 이런 빈자들을 직업쟁탈전에 몰아넣음으로써 노등비용을 줄이고 이윤을 늘리는 것을 노리고 있었다. 한 전문가는 이 구빈법을 환영하면서, 휘그당은 맬서스 목사의 말에 귀를 기울임으로써 "영국 혁명 이후의 모든 정부를 통틀어 가장 나라에 득이 되는 일"을 하게 될 것이라고 말했다. 그 사람의 말에 따르면, 새로운 구빈법은 "휘그당을 불멸의 존재"로 만들 것이다.[10]

비글호에 타고 정처없이 바다를 떠도는 수병들은 마티노의 책을 어떻게 이해했을까. 찰스의 누이들은 구빈법을 "정말 흥미로운 화제"라고 생각했고, 로버트 박사는 지역의 토리당원들과 구빈법의 장점에 대해 논쟁을 벌였다. 하지만 찰스는 너무 멀리 있었으며, 자신의 의견을 드러내지 않았다. 그러나 맬서스는 찰스의 과학에 그 누구보다도 결정적인 영향을 미치게 된다.

　　다른 세상에 있는 찰스는 "눈 덮인 험난한 바위, 푸른 빙하, 무지개"의 경이로움에 흠뻑 빠져 있었다. 피츠로이는 패민 항에서 배를 뺐고, 비글호는 사르미엔토 산의 비탈면 아래를 지나 콕번 해협으로 들어갔다. 한 작은 만에 수직으로 깎아지른 거대한 벼랑들의 기슭에, 인디오들이 살았던 버려진 위그웸〔wigwam: 여러 그루의 묘목을 휘어지게 만든 뒤 꼭대기 가까이를 묶은 기본 골격에, 커다란 매트를 겹쳐 묶어서 짓는 원통형 또는 돔 모양의 집〕이 보였다. 이 황무지에도 사람이 살았던 것이다. 인간이 "이보다 권위를 갖지 못하는 풍경은 좀처럼 상상하기 힘들 것이다"라고 다윈은 엄숙한 어조로 썼다. 이곳은 자연의 힘이 지배하고 있었다. 이 황폐한 곳에서 "자연의 거대한 힘은 인간의 통제를 경멸한다." 자연은 마치 "우리가 지배자다"라고 말하는 듯했다. 이곳에서 인간은 "만물의 주인처럼 보이지 않는다."[11)

비글호는 칠흑 같은 어둠 속에서 14시간 동안 제자리를 빙빙 돌며 위험한 항해를 한 끝에, 6월 10일에 콕번 해협을 벗어났다. 마침내 그들은 서해안으로 왔다. 비글호는 "돛을 활짝" 펼치고 어드벤처호를 거느린 채, 태평양의 넘실대는 물결을 헤치며 힘겹게 나아갔다. 울퉁불퉁한 화강암 암초에 흰 파도가 부서지는 해안은 풋내기 선원들에게 "난파와 좌초"에 대한 온갖 악몽을 안겨주기에 충분했다. 게다가 성난 바다를 더 자극하며 포효하는 북풍은 그 효과를 극대화했다. 죽음의 사이렌은 그뿐이 아니었다. 피츠로이가 키를 잡고 안간힘을 쓰는 동안, 갑판 아래에서는 비글호에서 가장 나이가 많은 장교가 사투를 벌이고 있었다. 그는 비글호의 사무장인 38세의 로울릿이었다. 로울릿은 생자고 섬에서 함께 트래킹을 한 뒤로 다윈과 친한 사이가 되었다. 27일에 비글호의 승무원들은 로울릿이 "합병증"에 무릎을 꿇는 것을 지켜보았다. 다음 날 배가 혼 곶 북쪽 1,500

킬로미터 지점에 있는 칠로에 섬의 산카를로스에 접근할 때, 피츠로이는 후갑판에서 장례식을 거행하여 로울릿의 시신을 바다에 맡겼다. 폭풍은 무사히 넘겼지만, "친구의 시신에 부서지는 파도소리"는 다윈에게 "무섭고도 엄숙한 소리"였다.

칠로에 섬은 어딜 가나 비에 흠뻑 젖어 있었다. 오로지 "수륙양생 동물만이 이 기후를 견뎌낼 수 있을 것이다." 다윈은 여기저기를 돌아다니며 이렇게 한탄했다. 그래도 브라질 이후 최고인 "열대풍경", 화산활동이 일어난 흔적과 최근에 융기가 일어난 증거들은 기운을 북돋워주었다. 새들도 흥미로워서, 황량했던 티에라델푸에고의 새들과 비교하지 않을 수 없었다. 하지만 가장 신기했던 것은 한 고래잡이배 군의관에게 들은 이야기였다. 샌드위치 제도에 사는 사람들에게 기생하는 이를 영국인에게 옮기면 이가 며칠 만에 죽는다는 것이다. 이상하지 않은가. 이것이 인종의 차이와 관계가 있을까? 다윈은 이와 관련한 생각을 공책에 적기 시작했다. "인간은 하나의 조상에서 비롯되었다." 이것은 다윈에게는 자명한 이치였다. 여기서부터, 인류의 모든 인종은 "변종들"이라는 사실이 도출된다. 그렇다면 그 기생충끼리도 서로 밀접한 관련이 있을까? 단일 이것을 증명할 수 있다면, 흑인이 별개의 종이라고 말하며 노예제도를 옹호하는 사람들에게 일격을 가할 수 있을 것이다. 이것은 런던에 돌아가서 전문가들과 함께 밝혀야 할 문제였다.

비 내리는 칠로에 섬에서 2주를 머문 뒤 비글호는 다시 닻을 올리고 "결코 '태평'하지 않은 태평양"에서 악전고투하며 북쪽으로 950킬로미터 떨어진 곳으로 향했다. 피츠로이는 두 자매범선을 수리할 겸, 칠레 중부에서 폭풍의 계절을 피해가기로 했다. 7월 23일에 비글호는 왁자지껄한 발파라이소 항구에 닻을 내렸다. 항구 뒤쪽으로는 가파른 언덕들이 있었는데, 북쪽으로 "안데스 산맥이 언뜻 보였다." 기후는 "정말 쾌적했다."

"하늘은 맑고 푸르고, 공기는 청명하고, 태양은 빛났다." "모든 자연이 생명으로 들끓고 있는 듯했다."[12]

다윈은 시내(그곳은 "런던이나 파리와 비슷한 곳"이라서 거리를 나다니려면 "수염을 깎고 옷을 갖추어 입어야 했다")로 나가서, 슈루즈버리 학교의 동급생으로 지금은 상인이 된 리처드 코필드의 집에 묵었다. 코필드는 탁 트인 들판 근처에 멋진 전원주택을 갖고 있었다. 다윈은 산책을 하며 주변 풍경을 조사했다. 언덕에는 아름다운 꽃과 향기로운 관목이 가득했다. 400미터쯤의 높이에서 현생종의 조개껍데기 화석층이 발견되었지만, 참으로 이상하게도 곤충, 새, 포유류는 거의 보이지 않았다. "이곳에서는 땅이 바다에서 솟아오른 뒤로 아무것도 창조되지 않은" 것일까.

멀리서 안데스 산맥이 손짓을 했다. 하지만 겨울산행은 산기슭 등반으로 만족하는 것이 안전했다. 다윈은 안데스를 가까이서 보기 위해 번갈아 탈 "몇 마리의 말을" 사서 8월 14일에 출발했다. 지형은 티에라델푸에고와 비슷했다. 이 땅들도 옛날에 바다 밑바닥이었던 것이 틀림없었다. 먼 언덕들에 옛날의 해안선이었던 자국이 있었기 때문이다. 고도 1,200미터쯤에 올라 내려다본 계곡은 "알록달록한……낙원" 같았다. 이 고도에서 용암들은 "지글지글 녹아 온갖 형태로 마수의 손을 뻗치고" 있었는데, 그리 오래된 일은 아니었다. 화산들이 이 용암을 토해낸 다음에, 다시 지진이 일어나 그것을 흔들고 흩뜨렸던 것이다. 이곳에서는 인간은 하찮은 존재였다. 다윈은 금방이라도 무너져 내릴 것 같은 거대한 암붕〔벼랑 위나 암벽 중턱에 선반처럼 삐죽 튀어나온 바위〕 아래를 급히 지나갔다. 그는 "이 산들을 들어올린 놀라운 힘, 나아가 그 큰 땅덩어리를 부수고 제거해서 평평하게 만드는 데에 걸린 어마어마한 세월에" 경탄하지 않을 수 없었다.[13]

다윈은 27일에 산티아고에 도착하여, 1주일 동안 낮에는 자연학을 하고 밤에는 여러 상인들과 식사를 즐기며 보냈다. 코필드도 세뇨리타라는 형태를 한 자연의 아름다움을 찬미하기 위해 그곳에 와 있었다. 두 사람은 함께 발파라이소로 돌아가기로 했다. 다윈은 가는 길에 한 부자의 대목장에 들러, "사랑스러운 세뇨리타들"에게 여행이야기를 들려주었다. 하지만 부에노스아이레스에서 교회의 설교들을 구경한 일을 언급하자 분위기가 냉랭해졌다. 가톨릭교도인 그 여인들든,

> 내가 성당에 구경을 하러 들어갔다고 말하자, 신성모독자를 보는 듯 공포에 질려 아름다운 눈을 크게 떴다. 그리고…… "우리 종교가 확실한데" 어째서 당신은 신자가 되지 않는지…… 물었다. 나도 일종의 신자라고 단언했다. 하지만 그녀들은 내 말을 곧이들으려 하지 않았다. …… "당신네 신부와 주교들은 결혼을 하지 않나요?" 주교에게 아내가 있다는 부조리함이 특히 그들을 경악시켰고, 그들은 그러한 만행을 재미있어해야 할지 두려워해야 할지 곤란한 눈치였다.

이런 일을 겪으니 집 생각이, 누이들과 목사관들과 아내들 생각이 나지 않을 수 없었다. 다윈은 가톨릭교도로서 "일종의 신자"는 될 수 없었지만, 자신이 가려던 교회는 어떻게 되는 걸까?

알 수가 없었다. "시골에 정착하기, 초록 들판의 오두막, 흰 페티코트" 같은 미래의 전망을 마지막으로 떠올린 지 벌써 여러 달이 지났다. 항해는 끝없이 계속되고 있었고, 다윈은 자기 자신을 구출해낼 방법을 알지 못하고 그것을 상관하지도 않는 "폐인"이 된 기분이었다. 지금 확실히 알고 있는 것은 지질학이 "결코 실망시키지 않을 흥미"를 지니고 있다는 사실뿐이었다. 물론 지질학은 그 나름의 방식으로 종교적이었는데, "천문학이 우주에 대해 그렇듯이" 지구에 대한 "위대한 생각들"을 가져다준

다는 점에서 그러했다. 세지윅 목사도 그만큼 많은 것을 가르쳐주었지만,
"웅장한 눈덩이"에 둘러싸여 있는 지금, 다윈은 그 가르침이 옳다는 것을
가슴속 깊이 실감할 수 있었다.

두 사람은 숨 막힐 듯 아름다운 풍경 속으로 말을 달려 발파라이소로
향했다. 다윈은 어떤 아메리카인이 소유한 금광에서 안색이 창백한 젊은
인부들이 90킬로그램의 광석을 지고 140미터에 가까운 사다리를 오르는
모습을 보았다. 인부들은 "오직 콩과 빵밖에는 먹을 수 없습니다." 광산
의 주인은 손님들에게 그 지역에서 나는 와인을 대접하며 이렇게 설명했
다. 몇 시간 뒤 다윈은 몸이 좋지 않은 느낌이 들었다. 광산에서 며칠 동
안 휴식을 취하자 괜찮아진 것 같았지만, 안장에 오르자 다시 구토가 나
고 식욕이 없어지고 열이 났다. 그는 이게 다 쉰 와인 탓이라고 확신했다.
9월 21일에도 여전히 말에 오르는 것이 괴로웠다. 쉬어가는 일이 점점 잦
아졌다. 그래도, 가는 길에 지층에서 따개비 화석─그곳이 원래 바다였
음을 보여주는 확실한 증거─을 채집하는 것만은 멈출 수 없었다. 다윈
은 아픈 몸을 이끌고 1주일을 더 여행하고, 폐인 같은 몸으로 발파라이소
에 도착했다. 그리고 그대로 침대로 들어가 한 달 동안 몸져누웠다.[14]

군의관 바이누가 비글호에서 약을 챙겨다주며 깜짝 놀랄 소식을 전
해주었다. 피츠로이가 신경쇠약에 걸렸다는 것이다. 함장은 성마른 완벽
주의자여서, 그동안 집착에 가까운 해도 작성 작업으로 자기 자신을 괴롭
혀왔다. 게다가 어드벤처호를 수리하는 일은 막상 하고 보니 돈이 너무
많이 들었고, 해군성의 위원들은 어드벤처호를 구입한 일로 피츠로이를
문책했다. 극심한 스트레스에 시달리던 피츠로이는 그 배를 팔아치워 버
렸고, 마침내 자제심을 잃고 말았다. 우선 그는 다윈을 포함한 승무원들
의 대거 이탈을 각오하면서까지, 측정결과를 재확인하러 그 "끔찍한 나
라" 티에라델푸에고로 돌아가기로 결정했다. 하지만 그러고 나서 그는

우울증에 빠져 자신의 정신병 증후를 의심하더니, 함장직을 사임했다. 피츠로이는 자신의 삼촌처럼 될까봐 두려워했고, 스토크스의 자살 또한 잊지 않고 있었다. 그래서 지금은 위컴이 비글호의 지휘를 맡고 있는데, 서해안 측량이 끝나면 곧장 영국으로 돌아오라는 지시를 받았다는 이야기였다.

아찔한 소식이었다. 세계일주항해가 물거품이 되었기 때문이다. 태평양도 인도양도 포기해야 했다. 다윈의 마음은 다시 "춤추는 진자"가 되어 의기소침과 향수병 사이를 오갔다. 잃어버린 세겨 때문에 우울했던 한편, 가족을 빨리 만날 수 있다는 생각에 기뻤던 것이다. 혼란스러운 다윈은 그날 밤을 고민으로 지새웠다. 모든 것을 포기하고 집으로 돌아가야 할까? 아니다. "지질학 공중누각"이 먼저였다. 영국에서 자신을 기다리는 목사관과 페티코트 따위를 위해 이것을 희생하지는 않을 것이다. 그는 혼자서라도 칠레와 페루에서부터 안데스 산맥을 넘어 부에노스아이레스로 갈 것이고, 거기서 배를 타고 영국으로 돌아가겠다고 결심했다. 15개월 정도면 될 것이다.

하지만 피츠로이가 다시 마음을 바꾸었다. 사관들의 압력을 받은 그는 항로를 바꾸고 사임을 철회했으며, 비글호는 태평양을 횡단하게 될 것이라고 발표했다. 되돌아가는 일은 없었다. 피츠로이는 비글호의 철학자 선생이 기력을 되찾는 즉시 닻을 올리겠다고 말했다. 이 말은 코필드의 귀에도 들어갔고, 이것은 다윈에게 필요했던 강장제 구실을 했다. 다윈은 신이 나서, "5분 만에 내 기분에 어떤 혁명이 일어났습니다"라고 가족에게 이 기쁜 소식을 전했다. 비글호는 몇 달 정도 해안 근처에 머무를 예정이며, 그런 다음에는 "순풍에 돛 단 듯, 태평양을 건너 시드니에서 집으로 돌아갈 터"였다. 다윈 앞에 다시 세계가 열렸다.

기운이 난 다윈은 11월 7일에, 자연사에 있어서 자신의 '아버지'이자

'전 학생감'인 헨슬로에게 보내는 긴 편지를 마무리지었다. 그는 이 편지에 자신의 발견들을 자세히 적었다. 이 무렵 헨슬로의 과학의 아들은 파타고니아의 지질학을 누구보다 잘 이해하고 있었다. 또한 그는 라마르크의 산호 분류에 의문을 품을 만큼 많은 사실들을 꿰뚫고 있었다. 그는 안데스 산맥의 형성에 대해 곰곰이 생각하며 4분의 1쪽짜리 크기의 종이로 600페이지를 기록했으며, 표본상자 두 개를 더 부쳤다. 그리고 더 좋은 일도 기다리고 있었다. 3일 후면 초노스 제도를 향해 출항할 예정이기 때문이었다. 그곳에서는 "화산의 빛을 보고 키를 조종할 수" 있을 것이다. "이 항해의 어느 대목이 가장 매력적일지" 가늠할 수 없을 만큼 미래는 너무나도 밝았다.[15]

칠로에 섬은 초노스 제도로 들어가는 입구였다. 비글호는 순항 끝에 21일에 산카를로스 항에 도착했다. 피츠로이는 비글호에서의 측량을 한동안 중지하고, 설리번에게 비글호의 욜(소형 범선)과 고래잡이배를 맡기면서 칠로에 섬의 동해안에서 남단까지의 해도를 작성하라는 명령을 내렸다. 다윈은 당연히 설리번과 함께 150킬로미터의 항해에 올랐다. 이틀 동안 다윈은 뭉게뭉게 연기를 뿜어올리고 있는 세 개의 거대한 화산을 보았다. 그리고 10일 뒤 처음으로 화석목을 보았다. 노란색 사암 속에 파묻힌 아름다운 화석이었다. 나무줄기는 다윈의 "몸보다 두꺼웠으며" 나뭇결은 투명한 석영으로 이루어져 있었다.

　일행은 비글호와 다시 만나 칠로에 섬의 "위엄 있고 비바람에 시달린" 남해안을 따라 항해했고, 그런 다음에 초노스 제도로 내려갔다. 크리스마스는 우울하게 보냈다. 바람이 사납게 불었고, 비에 흠뻑 젖은 인기척 없는 섬들은 모든 이에게 혼 곳을 떠오르게 했다. 사실 인기척이 전혀 없는 것은 아니었다. 28일에 그들은 갑의 끄트머리에서 한 선원이 셔츠를 열렬히 흔들어대는 것을 보고 보트를 보냈고, 다윈도 그 안에 탔다. 미국인 다섯 명이 그 섬에 표류해 있었다. "나는 그트록 불안한 표정을 한 남자들은 처음 보았다." 다윈은 일지에 이렇게 기록했다. 그 비참한 사람들은 매사추세츠의 고래잡이배를 버리고 탈출한 선원들로, "어디로 가야 할지도, 지금 있는 곳이 어딘지도 모르는 상태였다." 그들이 타고 있던 보트가 부서져버려, 그들은 1년 넘게 그곳에서 물범과 조개, 희망을 먹고 살았다. 배를 본 것은 이번이 처음이었기 때문에, 그들은 그들을 태우러 간 보트를 보고는 "물속으로 뛰어들다시피 했다."[16]

피츠로이의 초노스 제도 측량은 북단의 로즈하버에서 끝났다. 이곳에 머무는 1주일 동안, 비글호 승무원들은 고기, 조개, 감자를 사들였다. 피츠로이는 야생의 감자가 야생의 인간 다음으로 이번 여행의 정점이라고 생각했으며, 다윈은 헨슬로를 위해 감자 씨앗을 채집했다. 또한 다윈은 덫을 놓아 "작고 특이한 생쥐"도 잡았다. 나중에 원주민들에게 들은 이야기로는 그 생쥐는 어떤 섬에는 흔하지만 어떤 섬에는 살지 않는다고 했다. 다윈은 섬으로의 이주가 왜 이렇듯 우연적으로 일어나는지 궁금했다. 그는 또한 해변에서 수십 개의 고둥을 채집했는데, 껍데기들은 저마다 구멍이 "뽕뽕 뚫려 있었다." 고둥의 껍데기에는 작은 기생생물들이 버글버글했다. 현미경으로 보니 이들은 구멍 뚫는 따개비처럼 보였는데, 크기가 겨우 핀 머리만 했다. 이 따개비들은 분명 세상에서 가장 작고 가장 특이한 따개비일 것이다. 다윈은 연구를 하기 의해 수백 마리를 채집했다.

비글호는 1835년 1월 15일에 칠로에 섬으로 돌아와 산카를로스 만에 닻을 내렸다. 그곳에서 3주 동안 정박할 예정이었다. 19일 자정 무렵, 보초가 "커다란 별 같은 뭔가"가 수평선 위에서 서서히 커지고 있다고 보고했다. 새벽 세 시경 다윈과 사관들은 갑판으로 올라와 번갈아가며 망원경으로 그것을 관찰했다. 20킬로미터 밖에서 오소라노 화산이 장관을 연출하고 있었다. 산이 하나의 "거대한 붉은 불덩이"로 변해 용암을 뿜어올렸고, 용암이 산비탈을 흘러내렸다. 불덩이가 새빨갛게 빛나서 하늘은 불이 붙은 듯했고, 바다에도 그 모습이 반사되었다. 마침내 화산은 잦아들었지만, 작은 분출이 한 차례 더 있었다. 아침이 되었을 때, 다윈의 기록에 따르면, "오소라노 화산은 침착함을 되찾은 듯했다."[17]

피츠로이가 방위를 정밀하게 확인하는 동안, 다윈은 길잡이를 고용하여 사관후보생 킹과 함께 1주일 동안 칠로에 섬 여기저기를 누비며 돌아다녔다. 날씨는 좋았고, 딱정벌레들은 차고 넘쳤다. 마을은 과수원으로 둘러싸여 있었다. 길가에나 마을에나 어디를 봐도 사과나무 천지였다. 다윈은 이렇게 많은 사과나무는 난생처음 보았다. 막판에 두 사람은 화산을 한 번 더 보기 위해 언덕으로 올라갔다가, 해수면 위 560미터 위치에서 또 다른 조개껍데기 층을 우연히 발견했다.[18] 남아메리카 대륙의 서해안도 동해안과 마찬가지로, 그리 멀지 않은 과거에 바다 위로 솟아올랐던 것이다. 동해안과 똑같이, 융기했다가 멈추었다가를 반복하는 방식으로.

2월 5일에 비글호는 마침내 북쪽으로 향했다. 다윈은 기록을 하기 위해 자신의 좁은 선실에 머물렀다. 그는 메가테리움과 그들의 종말이라는 난감한 문제를 다시 떠올렸다. "종이 점진적으로 탄생하고 죽는다"는 라이엘의 말은 옳다. 다윈은 공책에 적었다. 종들이 죽고 나면 "새로운 종이 순차적으로 탄생하여 지구를 다시 채우는 것이 틀림없다." 이런 식으로 종을 보충함으로써 "자연의 저자"가 만들어놓은 조화를 유지하는 것이다.

다윈은 산훌리안 항구에서 발견한 '마스토돈'을 떠올렸다. 그것을 멸종시킨 요인은 홍수 같은 격변이 아니다. 적어도 지층에 그런 증거는 남아 있지 않았다. 게다가 그 마스토돈이 작은 계곡에 매몰되어 있었던 지점은, 융기한 고원의 자갈 섞인 조개껍데기 층 위를 덮고 있는 일종의 롬층〔모래, 부식토, 진흙이 섞인 비옥한 흙〕이었다. 그러므로 마스토돈은 조개껍데기가 쌓인 시대보다 **나중**에 살았다고 볼 수밖에 없다. 비슷한 조개가 오늘날의 바다에 살고 있으니, 기후는 그때로부터 크게 달라지지 않았을 것이다. 식생도 마찬가지일 것이다. 자갈층은 비옥하지 않아서 관목 정도밖에는 부양할 수 없기 때문이다. 다윈은 절멸에 관한 더 일반적인 두 가지 가설, 즉 홍수 같은 격변 탓이라는 설명과 기후변화 탓이라는 설명을 폐기했다. 라이엘이 말하는 창조자는 여전히 믿었지만, 라이엘의 기후변화설과는 결별을 한 것이다. 그는 자기만의 방향으로 가지를 쳐나가고 있었다.[19]

라이엘은 "순차적으로 일어나는 절멸"이 "자연의 일상적인 과정"의 일부라고 말했다. 하지만 종 전체가 하나의 개체처럼 죽는 일은 무엇 때문에 일어날까? 왜 메가테리움은 전부 사라졌을까?

새로운 대답을 얻기 위해 다윈은 다른 관심사 ― 생명체의 생명력이라는 문제 ― 로 초점을 옮겼다. 하지만 이번에는 새로운 각도에서 그것을 바라보았다. 열쇠는 사과, 구체적으로 말하면 칠로에 섬 도처에서 자라고 있는 사과나무였다. 다윈이 공책에 글을 쓰고 있는 바로 그 순간, 비글호는 해안을 따라 24킬로미터쯤 올라간 곳에 있는 발디비아 항구로 항해를 계속하고 있었다. 그곳은 "사과나무 숲에 완전히 가린" 다 쓰러져가는 마을이었다. "거리는 과수원 사이에 난 통로에 지나지 않는다." 이것이 다윈이 상륙할 때 받은 인상이었다. "사과나무가 이렇게 많이 자라는 것은 난생처음 본다." 그리고 다윈은 이 사과나무들을 이처럼 무성하게 만드는 이유를 알아냈다.

원주민들은 놀랍도록 짧은 시간에 과수원을 만드는 방법을 알고 있다. 모든 가지의 아랫부분에는 고깔모양의 작고 갈색이며 쭈글쭈글한 돌기가 돌출해 있다. 이것은 언제든 뿌리로 변할 수 있는 부분으로서, 우연히 나무에 진흙이 튀겨 이미 뿌리로 변한 것도 이따금씩 보인다.

그런 부분을 꺾어서 꽂으면 즉시 뿌리를 내리는데, 주민들은 그것을 잘 이용하고 있었다. 과수원 전체가 나무 한 그루에서 비롯된 것이었다. 이런 기후에서는 꺾꽂이모 자체가 매우 잘 자라기 때문에, 18개월이면 꺾꽂이모에서 새로운 꺾꽂이모를 얻을 수 있었다.

이런 사실을 안 다윈은 꺾꽂이모가 실제로 무엇인지를 생각해보았다. 한 나무에서 온 꺾꽂이모들은 모두 부모의 일부일까? 한 개체에서 잘려나온 조각들일까? 그렇다면 모든 꺾꽂이모가 수명이 같아야 한다. 다윈은 이것을, "이 수천 그루의 나무들 모두는 하나의 싹이 갖고 있는 수명의 지배를 받는다"고 표현했다.[20] 즉, 모든 꺾꽂이모는 하나의 생명력에 구속된다. 수명은 꺾꽂이에 의해 엄청나게 연장되지만, 그래도 한계는 있다고 다윈은 생각했다. 수명이 다하면 모든 딸나무들이 동시에 죽을 것이다. 다윈은 여기서 논리를 크게 비약시켜, 종에 대한 유비를 이끌어냈다. 모든 메가테리움은 하나의 생명력을 공유하고 있었으며, 유성생식을 하는 동물들은 본디 한 혈통에서 갈라져나온 "꺾꽂이모들"일지도 모른다. 땅나무늘보가 한꺼번에 사라진 이유를 이렇게 설명할 수 있지 않을까?

발디비아에서 다윈은 뭔가 흥미로운 것이 없는지 킁킁거리며 여기저기를 돌아다녔다. 함장은 선상에서 파티를 열었다. 얌전한 세뇨리타들이 파티를 위해 한 배 가득 실려왔다. 그런데 그만 "날씨가 나빠져 그들은 밤새도록 배에 발이 묶였다." 이것은 모두에게 "고역"이었다고 다윈은 빈정거렸다. 그 밖의 시간은 숲속을 돌아다니면서 빈둥빈둥 보냈다.

　　그런데 2월 20일, 다윈이 숲속에 누워 쉬고 있었던 아침 열 시에, 땅이 흔들렸고, 다윈은 천천히 회전하는 소용돌이 속으로 말려드는 것 같은 기분을 느꼈다. 전에 코빙턴의 집에서 아파서 쉬고 있던 때에 약한 떨림을 느낀 적이 있었지만, 이번의 흔들림은 그것과는 비교가 되지 않았다. 진동은 갑자기 시작되어 점점 격렬해졌고, 영원히 끝나지 않을 것만 같았다. 다윈은 일어서려 하다가 다시 주저앉았다. 눈앞이 빙글빙글 돌고, 혼란스러웠다. 생명을 안전하게 떠받치는 토대인 흔들림 없는 대지가 눈 깜빡할 순간에 사라져버렸으니까. "모든 확고한 것의 상징인 대지"가 우리들의 발아래에서 "마치 유동체 위에 떠 있는 껍질처럼" 흔들렸다. 다윈은 숨을 헐떡이며 이렇게 말했다. 지진은 단 2분 동안 일어났지만, 그 시간은 마치 영원과도 같았다. 다윈은 마음의 의지가지를 모두 잃은 듯 몇 주 동안 철학적 현기증에 시달렸다. 그는 시내로 달려가 부서져내린 목조가옥들과 "주민들의 얼굴에 드리운 공포"를 보았다. "지진을 느낄 뿐 아니라 눈으로 본다"는 것은 두려운 체험이었다. 북쪽으로 300킬로미터 떨어진 대도시 콘셉시온 시가 어떻게 파괴되었을지, 생각만 해도 끔찍했다.[21]

　　비글호는 다시 바다로 나가 연안을 따라 북쪽으로 향했다. 얕은 바다인데도 물살이 거칠어서, 비글호는 콘셉시온에 입항할 때까지 두 개의 닻을 잃었다. 이번 항해 들어 여섯 번째와 일곱 번째 닻이었다. 파괴는 어마어마했다. "온 해안에 목재와 가구가 둥둥 떠다니고 있었다. 마치 거대한 배 1,000척이 난파된 것 같았다." 커다란 암석 파편들이 해변에 쌓여 있었고, 시내는 고대의 폐허처럼 보였다. 집과 학교들은 쓰레기더미가 되었고, 거대한 대성당은 반쯤 파괴되어 두께 1미터가 넘는 벽들이 부서진 토대 위에서 건들거렸다. 다윈은 칠레 역사상 "최악"의 지진이었다고 들었다. 지진은 아무런 예고도 없이 맹렬한 기세로 공격을 가했다. 여진의 충격이 시를 거듭 습격하여, "멀리서 천둥이 치는 것처럼…… 우르르 울리고" 두꺼운 먼지 구름이 하늘을 뒤덮었다. 도처에서 불이 나 사람들이 비명을 지르며 집에서 뛰쳐나왔다. 그리고 6미터의 높은 파도가 육지를 휩쓸어, 스쿠너 한 척이 시내까지 밀려가기도 했다. 수십 명이 파도에 익사하고 건물에 깔렸으며, 지진이 일어나고 보름이 지나도록 수많은 사람들이 잔해더미에 깔려 있었다. 거리에는 약탈자들이 설치고 다녔다. "종교와 타락이 혼재된 상태……. 약탈자들은 땅이 조금씩 흔들릴 때마다 한 손으로는 가슴을 치며 '자비를!'이라고 외치고, 다른 손으로는 폐허에서 도둑질을 계속했다."

피해의 처참함이 믿을 수 없는 지경이어서 다윈은 무심코 고향을 떠올렸다. 만일 이런 지진이 잉글랜드에서 일어나 "우뚝 솟은 집들과 복잡한 도시, 거대한 공장들, 아름다운 공공건물과 개인저택들을 강타한다면? 삶은 처참히 파괴될 것이다." 국가는 "파산하고, 모든 서류, 예금계좌, 기록이…… 사라질 것이며…… 정부는 세금을 거둘 수 없을 것이다." 생각만 해도 끔찍한 일이었다. 그것은 어떤 혁명보다 극적인 혁명이요, 사랑하는 모든 것을 송두리째 앗아가는 폭력이 될 것이다. 설상가상인 것은, 지진이 언제 닥칠지 누구도 예측할 수가 없다는 사실이었다. "저런 일이 언제쯤 일어날 것이라고 누가 확실히 말할 수 있을까?"

모든 감정을 다 소모해버린 다윈은 다시 냉정하게 생각하기 시작했다. 그는 만조선 위쪽에서 새로운 조개껍데기 층을 발견했다. 조개는 모두 죽어 있었다. 땅은 솟아오르고 있었다. 한 번에 1미터 정도씩! 지금까지 줄곧 이론으로 제기해왔던 것이 바로 남아메리카 대륙이 바다에서 솟아 올라왔다는 것 아니었는가? 그런데 지금 그것을 몸소 **체험한** 것이다! 라이엘도 나폴리 만에 대해 똑같은 사실을 입증했는데, 그곳에서는 물에 잠겨 있었던 로마시대의 신전이 지진으로 인해 물 밖으로 올라왔다. 갓 생긴 조개껍데기 층은 한 차례의 격변으로 산맥이 솟은 것이 아님을 확증하는 최종 증거였다. 라이엘이 옳았다. 산맥은 거의 알아볼 수 없을 만큼 씩 솟아오른다. 산맥은 이와 같은 작은 융기가 어마어마한 세월 동안 수천 번에 걸쳐 일어난 결과였다. 시간. 상상할 수 없으리만큼 긴 시간. 이것이 열쇠였다. 그러한 시간이 주어진다면, 이루어지지 못할 일은 아무것도 없었다. 다윈은 비로소 이해할 수 있었다. 그는 지진의 진원지를 지도에 표시하고, 화산활동이 그 원인이라는 사실을 밝혀냈다. 온천과, 바다로 용출하는 "가스 기포와 칙칙한 해수"는 "지각이 암석덩어리가 녹은 유동체 위에 떠 있는 껍데기에 지나지 않는다"는 사실을 증명하는 무엇보다 확실한 증거였다.

지진과 화산은 자연의 무시무시한 파괴력과 창조력을 보여주었다. 하지만 인간—보잘것없는 인간—은 그 자연의 어디쯤에 자리하고 있는 존재일까? 뜨거운 용광로를 덮고 있는 땅 껍질, "아주 얇게 얼어 있는 얼음 위에서 스케이트를 타고 있는" 자신의 미약한 처지를 생각하니, "쓸쓸한 굴욕감마저 들었다." 그러나 현실을 받아들일 수밖에.[22]

그들은 백발이 성성한 노신사가 되어 영국으로 돌아가지 않아도 되게 되었다. 비글호가 새로운 닻을 가지러 발파라이소로 들어갈 때, 피츠로이가 18개월 뒤면 고국에 도착할 것이라고 발표했기 때문이다. 마침내 항해의 "분명하고 확실한 끝"이 보였다.

1835년 3월 12일에 다윈은 다시 코필드의 집에 머물며 2년 동안 꿈꾸어왔던 안데스 산맥 탐사를 준비했다. 비글호가 해도 작성을 끝내는 동안 그는 산맥을 넘을 작정이었다. 하지만 "말, 옷가지, 등자, 권총, 박차"를 준비하는 동안에도 그는 집을 떠올리며 "가장 빨리 슈루즈버리로……데려다줄 마차는 어떤 것일지" 따위를 생각했다. 그는 돌아갈 날을 기대하는 내용의 편지를 여러 통 보냈다. 아, 다시 "케임브리지에서 조용히 살 수 있게 되었습니다." 헨슬로에게 "안데스 산맥의 양측 모두가 멀지 않은 과거에 융기했다는 사실"을 보고하는 편지 끝부분에서 다윈은 이렇게 안도의 한숨을 내쉬었다. 폭스―와 그의 새 아내―는 좀 더 부러움 섞인 편지를 받았다. "당신이 결혼한 성직자라니요. 내 귀에는 참으로 낯설게 들리는군요." 다윈이 고향으로 돌아갈 때쯤이면 그들에게 기억 외에 함게 나눌 만한 것이 과연 있을까? 그는 잉글랜드어 어떤 미래가 기다리고 있을지 이제는 알 수가 없었다. "결국 나는 무엇을 하게 될까요? 누가 알겠습니까." "하지만 미래를 생각하는 것은 뱃사람답지 못한 일입니다."[1]

겨울이 다가오고 있었기 때문에 안데스 산행을 서두르지 않으면 안 되었다. 그는 일단 산티아고로 갔고, 그곳에서 열 마리의 노새, 암말, 두 명의 길잡이, "눈 속에 고립될 경우를 대비한 충분한 식량"과 함께 18일에 포르티요 고개를 향한 긴 등반길에 올랐다. 칠레의 "대통령이 발행한 강력한 여권" 덕분에 국경의 세관은 어렵지 않게 통과했고, 21일에는 마침내 거친 숨을 몰아쉬며 대륙의 분수령에 올라섰다. 해발고도 3,900미터 높이에서 부는 바람은 "거칠고 찼으며", 머리와 가슴이 죄어드는 듯한 느낌이 들었다. 다윈은 뒤를 돌아보았다.

> 대기는 눈부시게 맑고 하늘은 짙푸르다. 깊은 계곡, 거칠게 뜯어진 것 같은 암석들, 긴긴 세월 동안 쌓인 붕괴의 흔적, 알록달록한 바위들, 이들이 만년설에 덮인 고요한 산과 대조를 이루며 함께 어우러져 내가 상상도 할 수 없었던 풍경을 만들어냈다. …… 나는 나 혼자라서 좋았다. 마치 천둥 번개를 지켜보거나, 〈메시아〉의 합창을 완전한 오케스트라 버전으로 듣고 있는 기분이었다.

감정이 북받친 다윈은 "다른 세계"에 와 있는 기분이 들었다. 그런데 "식물도 없고 새도 없는" 이 척박한 황무지에서도 암석에 파묻힌 조개껍데기 화석이 발견되었다.

이곳은 안데스 산맥에 있는 두 개의 능선 가운데 앞에 있는 능선이었다. 일행은 해발 6,700미터의 눈 덮인 투풍가토 산을 바라보며, 두 개의 능선에 긴 넓은 지대를 횡단했다. 그들은 찬비를 품은 구름 속을 뚫고 터벅터벅 걸어, 두 번째 능선에 벌어진 "좁은 틈"인 포르티요 고개로 갔다. 거기서부터는 짧고 가파른 내리막길이었다. 그날 밤 그들이 모진 추위를 피해 거대한 바위가 부서져 널려 있는 구석진 곳에서 야영을 하는 동안에 구름이 걷혔다. 그 효과는 마치 "마법"을 부린 듯했다. 보름달 빛이 온 산을 휘감았고, 뾰족한 별들이 건조하고 고요한 대기에 촘촘히 박혔다. 정전기의 빛이 이 광휘를 완성해주었다. "개들의 등에 난 털들이 우지직 소리를 냈고" 다윈이 입은 플란넬 반코트는 비볐더니 "마치 인광을 입힌 듯" 형광을 발했다. 눈앞에는 다윈이 오래전부터 이렇게 높은 곳에서 내려다보고 싶었던 팜파스가 펼쳐져 있었다. 하지만 아침이 되어서 바라본 팜파스의 풍경은 조금 실망스러웠다. 그것은 별 특징이 없는 그저 평범한 평야였고, 눈에 띄는 것이라고는 해돋이 직전에 "은사처럼" 반짝이며 흐르는 강물뿐이었다.[2]

일행은 메뚜기 떼와 싸우며 자갈투성이 고원을 건너 28일에 멘도사에 도착했다. ("메뚜기 떼가 몰려오는 소리는 강한 바람이 배의 삭구장치를 스쳐 지나갈 때 나는 소리와 비슷했다.") 그들은 도중에 커다란 빈추카 벌레들 때문에 고생을 했다. 한밤중에 깨어 "길이가 2센티미터 반쯤 되는…… 검고 말랑말랑한 것"이 — "피를 잔뜩 먹은 채" — "당신의 몸" 위를 기어다니고 있는 감촉을 느끼는 것은 "끔찍하게 역겨운" 일이었다. "황량하고 어리석은" 멘도사 시내에서 하루를 쉬고 나서, 이번에는 우스파야타 고개를 통해 안데스 산맥을 건너기 위해 북서쪽으로 향했다. 해발 2,200미터에서 다윈은 석화된 나무들이 숲을 이루고 있는 멋진 풍경을 만났다. "고백하건대, 처음에는 너무 놀라워서 내 눈앞에 있는 분명한 증거를 좀처럼 믿기 어려웠다." 그것은 사암단층에서 규화한 50그루의 나무줄기가 완전히 결정화되어 "롯의 아내처럼 새하얀 기둥이 된" 화석 숲이었다. 나무껍질 자국까지도 보였고, 나이테를 셀 수도 있었다. 그 사암층은 처음부터 끝까지 완전한 이야기를 들려주었다. "이 멋진 나무기둥들은 옛날에 바다가 안데스 산맥의 기슭까지 접근했던 때에(지금은 1,120킬로미터 뒤로 물러나 있다) 대서양 해안에 서서 가지를 흔들었다."[3] 그 뒤에 육지가 가라앉으면서, 울창한 열대림은 바다에 잠겨 수천 미터 두께의 모래와 실트 층에 파묻혔다. 이 퇴적물들은 눌려 암석이 되었고, 목재는 결정으로 바뀌었으며, 그 위로 용암이 흘렀다. 그런 뒤 남아메리카 대륙이, 알 수 없는 과정에 의해 서서히 바다 위로 솟아오르기 시작했고, 마침내 얼어붙은 산맥 위에 이 기이한 규화목들이 숲을 이루며 서 있기에 이르렀다.

다윈은 지금 말 그대로 "지질학 공중누각"을 짓고 있었다. 희박한 대기 속에서, 높이 치솟은 험준한 바위와 들쭉날쭉한 협곡에 둘러싸여, 안데스 산맥의 형성을 설명하는 이론을 세웠던 것이다. 화강암으로 이루어진 안데스의 중심이 남북의 축을 따라 서서히 솟아오르면서 "그 위에 놓인 지층들을 매우 특이한 방식으로 뒤집었다." 규화목을 파묻은 이 사암층은 "부서진 파이 껍질 같은 모습으로" 내동댕이쳐졌다. 인간의 눈에는 마치 슬로모션으로 작용하는 난폭한 원초의 힘처럼 보이는 강력한 힘들이, 위에 놓인 암석들을 기울이고 무너뜨려 규화목들을 비스듬하게 세워놓았다. 이 광경은 숨 막히도록 놀라웠다. "지각을 엉망으로 부러뜨린 놀라운 장면을 이토록 생생하게 보여주는 곳은 세계 어디에도 없을 것이다."[4]

다윈은 밤에도 요동치는 지각과 융기하는 대륙을 생각하느라 "좀처럼 잠을 이룰 수 없었다." 4월 4일에 노새의 대열이 가장 험한 고갯길을 구불구불 지나가는 동안은 무척 지루했다. 하지만 그곳은 노새가 자칫 발을 잘못 디디기라도 하면 천 길 낭떠러지로 곤두박질쳐 "라스 아니마스 Las Animas"—'영혼들'이라는 뜻— 가 될 수도 있는 곳이었다. 실제로 그렇게 떨어져 죽은 사람의 이름이 붙어 있는 계곡도 있었다. 다행히 우스파야타의 눈보라는 아직 오지 않고 있었다. 다윈은 자신의 "굉장한 행운"과, 외경심을 불러일으키는 풍경을 즐겼다. 그 풍경은 "깊은 계곡으로 갈라진 거대한 산맥이 만들어내는 아찔한 혼돈"이었다. 일행은 아콩가과 강 계곡을 따라 산을 내려가서 10일에 산티아고에 도착했다. 1주일 뒤 다윈은 "노새에 실은 짐의 절반"을 차지하는 표본을 가지고 무사히 발파라이소로 돌아왔다.

다윈은 두 개의 상자에 표본들을 꾸렸다. 이것은 고향으로 돌아가기 전에 마지막으로 부치는 짐이 될 터였다. 그리고 헨슬로에게 탐사보고도 썼다. 이 편지는 중요한 문제를 담고 있었다. 다윈은 자신의 발견이 "터무니없고 믿기 어려운" 것처럼 보일지도 모른다고 생각하면서도, 대략적인 지질학 붓놀림으로 자신이 발견한 것의 개요를 단숨에 설명했다. 남아메리카 대륙이 최근에 점진적으로 융기해왔다는 사실을 입증하는 조개껍데기 화석들과 규화목을 선명하게 묘사한 그 필치는 신참 자연학자로서는 대담한 것이었다. 하지만 그러면서도 객관적이며 편향되지 않았다는 평가를 받고 싶었던 그는 "오래전부터 갖고 있던 추측이 저의 판단을 곡해한 것은 결코 아닙니다"라고 맹세했다.

다윈은 아버지와 누이들에게도 강렬한 인상을 주고 싶었다. 그는 자신의 발견은, 만일 학회의 인정을 받는다면, "세계가 어떻게 형성되었는지에 대한 이론"에 결정적인 영향을 줄 것이라고 뽐냈다. 그는 아버지로부터 다른 종류의 신임도 받고 싶었다. 그는 여섯 달 만에 두 번째로 "100파운드 어음을 발행했는데", 낭비한다고 책망을 받을 것 같았기 때문이다. 어음이라는 "불쾌하고 유명무실한 돈"은 "불명예스럽고 우울한" 존재였다. 예산은 바닥이 나버렸다. 그는 수많은 가설을 세우듯 변명을 늘어놓았지만, 결국 유혹에 흔들렸다는 사실을 솔직히 고백했다. 지질학 야외조사는 돈이 많이 들지만 거부할 수 없는 매력을 지니고 있다. 안데스 산맥을 횡단하는 데만도 60파운드가 들었다. 하지만 갈 수만 있다면 "달에 가기 위해 돈을 쓰는 것"도 망설이지 않을 것이다.[5]

나머지 돈은 당연히 다음 탐사를 위한 비용이었다. 비글호가 페루의 수도인 리마까지 북쪽으로 가면서 해도 작성 작업을 하는 동안. 다윈은 육로로 그 여정을 따라가기로 했다. 4월 27일에 네 마리의 말, 두 마리의 노새, 길잡이 한 명과 함께 길을 나섰다. 코킴보까지의 길은 바싹 마른 계곡을 통과하고 메마른 산을 넘어 계속 이어졌다. 구리와 금을 찾는 채굴업자들이 이 언덕지대를 배회했다. 엄청난 부가 창출되고 탕진되고 있었다. 심지어 "기계공으로 왔던" 영국인들 가운데는 "수천 파운드를" 벌어 자기 소유의 광산을 사들인 자들도 있었다. 다윈은 채굴현장을 방문하여 끔찍한 중노동을 다시 한 번 목격했다.

　코킴보에서 비글호는 고국으로 돌아가는 긴 항해를 위해 수리를 받고 있었다. 시골지역의 여행을 마친 다윈은 옷을 빨고, 선미루 아래 선실의 서가에서 『실락원』을 뽑아든 다음, 6월 1일 320킬로미터 북쪽의 코피아포로 떠났다. 이번 여정은 사람에게나 짐승에게나 시련이었다. 물과 장작은 귀했고, 수풀도 갈수록 희박해졌다. 일행은 구아스코 계곡에서 며칠 동안 쉬었지만, 거기서부터 코피아코까지는 끝없는 사막이었다. 광물채집의 즐거움이 없었다면 이 여행은 "더도 덜도 아닌 수난"의 여행이 되었을 것이다.

　다윈은 지질학 연구 때문에 고생하면서도 그것이 좋아서 견딜 수가 없었다. 그리고 마치 자신의 인내력의 한계를 시험하려는 듯 마지막으로 값비싼 위험을 감수했다. 23일에 코피아포에 도착한 다윈은 일주일 예정으로 겨울 안데스를 탐사하기 위해 길잡이 한 명과 노새 여덟 마리를 샀다. 이곳에서 그는 인디오 유적으로부터 과거에 이 고지의 기후는 훨씬 온난했다는 사실을 유추했고, 이를 토대로 자신의 융기가설을 재확인했다. 산은 막상 겪어보니 "매우 얌전했지만", 그래도 밤바람은 사나웠다. 바람은 물을 얼리고 옷깃을 파고들었다. "너무 괴로워서…… 잠을 잘 수가 없을 정도였고, 아침에 일어나 보니 온몸이 얼어 감각이 없었다."[6] 비글호를 다시 보았을 때, 이번만큼은 진정으로 안도했다.

수리를 마친 비글호는 7월 6일에 출항하여 해안을 따라 북쪽으로 긴 항해를 시작했다. 1주일 뒤에는 이키케에 도착했다. 하지만 시내는 폭동에 휩싸여 있어서 페루의 "무정부상태"가 어떤 지경인지를 짐작케 했다. 교회는 약탈을 당하고 외국인들은 저주를 받았다. 흥분한 주민들이 몇 명의 영국인을 붙잡아 고문을 하고 나서야 당국은 질서를 회복하는 시늉을 했다. 이것은 북쪽으로 1,100킬로미터 더 올라간 리마에서 보게 될 모습의 예고편이었다. 배가 19일에 리마 항구에 정박하자마자 승무원들에게 보고가 전해졌다. 무장한 네 개의 정파가 권력다툼을 벌이고 있었으며, 대통령은 "명령에 불복하는 사람은 누구든 사살하고 있었다." 심지어는 대통령이 미사가 거행되는 동안 '해골'이 그려진 검은 깃발을 펼쳤다는 얘기까지 떠돌았다. 또한 대통령은 "국가는 모든 재산을 자유로이 처분할 수 있다"라고 선언했다. 여기서도 외국인 사냥이 한창이었다. 바로 얼마 전에도 영국 영사를 포함한 세 명이 반역군 병사들에게 폭행을 당하고 "속바지만 남겨진 채" 발가벗겨졌으며 돈을 털렸다. 이런 행위는 "뜨거운 애국심"의 발로였다. 그 폭도들은 "페루의 국기를 흔들며 이런저런 구호들을 외쳤다." "페루 만세!", "네 윗도리를 내놓아라!", "자유다 자유!", "네 바지를 벗어라!"

젊은 영국인 신사는 길을 다닐 때 조심해야 했다. 다윈은 리마 시에 안전하게 들어갔지만, 시의 경계 밖으로는 나갈 수 없었다. 그는 거리를 걸으면서 "현저한 혼혈의 진행", "산더미 같은 타락" 속에 있는 수많은 교회, "참담할 정도의 붕괴"를 목격했다. 위엄은 온데간데없었다. 그러나 딱 한 가지가 그의 시선을 끌었다. 다윈은 타파다 ― 우아한 여인들 ― 에게서 "눈을 뗄 수가 없었다." 그 여인들의 옷과 행등이 그의 안에 있는 뱃사람 기질을 끌어냈다. 그는 마치 "둥글게 둘러싼 인어들" 속에 있는 듯한 착각이 들었다.

> 드레스가 몸에 꽉 끼어 여인들은 작은 보폭으로 걸을 수밖에 없는데, 그럼에도 그들은 순백의 실크 스타킹과 어여쁜 발을 살짝살짝 내보이며 매우 우아하게 걷는다. 그들은 검은 실크 베일을 쓴다. 베일은 허리둘레에서 고정된 채 얼굴 앞으로 드리워지는데, 여인들은 한쪽 눈만 보이도록 그것을 양손으로 들어올린다. 그런데 그 한쪽 눈이 얼마나 검고 초롱초롱하며 감정을 매력적으로 표현하는지, 비록 한쪽 눈이지만 그 효과는 정말 엄청나다.

이 매력적인 피조물들은 "리마에 있는 교회나 다른 건물들을 전부 합한 것보다도 훨씬 더 볼 만한 가치"가 있었다.[7]

7월과 8월 내내 칠레는 위기를 여러 차례 넘나들었다. 항구에서 시내로 가는 주요 도로는 "마상강도들이 들끓어" 지나다닐 수 없는 상태가 되었다. 비글호는 다윈의 유일한 피난처였다. 무료한 시간이 계속되었지만, 피츠로이는 조사할 필요가 있는 "옛 해도와 문서"를 발견한 터라 출항할 생각을 하지 않았다. 함장은 곧 세계일주항해에 오르겠다고 공언했지만, 또다시 "괴로운" 지체가 시작되었다.

다윈은 선미루 아래 선실에 틀어박혀 지내면서, 이 기회에 공책에 자세한 메모를 하기로 했다. 그는 따뜻한 나날들을 하릴없이 보내며 지질학 전당을 짓는 일을 계속했다. 만일 남아메리카 대륙이 솟아오르고 있다면, 태평양의 바닥은 가라앉고 있을 것이다. 이는 지각이 진동하고 있다는 라이엘의 이론과 일치하는 것이었고, 다윈은 이제 스스로를 라이엘의 "열렬한 제자"로 여겼다. 그런데 이 사실을 어떻게 증명할까? 다윈은 태평양에 점점이 떠 있는, 야자나무에 에워싸인 산호섬들이 그 증거일 것이라고 추측했다. 이 산호섬들은 가라앉고 있지 않을까? 피츠로이가 해군성으로부터 받은 임무 가운데 하나가, 환초들이 정말 "사화산死火山의 꼭대기에" 있는지를 알아보기 위해 이 산호섬들의 수심을 측정하는 것이었다. 항해자들은 산호의 폴립이 자라기 위해서는 따뜻한 수온, 빛, 얕은 수심이 필요하다는 것을 알고 있었고, 그래서 많은 사람들은 이 산호들이 융기하는 화산의 가장자리를 둘러싸고 있다고 생각했다. 라이엘도 그렇다고 생각했다. 하지만 이 부분에서만큼은 라이엘이 틀렸다면?

다윈은 예전에도—훌륭한 학생들이 항상 그렇듯이—스승에게 의문을 던지곤 했으며, 지금은 라이엘의 이론이 뒤집혀 있다는 의심이 들었다. 산호초들로 빙 둘러싸인 산꼭대기는 반대로 가라앉고 있을 가능성이 더 컸다. 땅이 가라앉음에 따라 산호초가 쌓여 올라와 그만큼을 보충하고, 그 결과 산호초는 늘 최적의 수심을 유지하는 것이 아닐까.[8] 다윈은 산호섬을 직접 보기도 전에 해군성 위원들이 궁금해하는 답을 얻었다. 이제 남은 일은 산호섬을 찾아 직접 확인하는 것뿐이었다.

다윈은 급히 편지 몇 통을 보냈다. 헨슬로는 칠레의 지질학에 대해 보고를 받았고, 가족들은 다윈이 집에 도착하면 첫 주 동안 할 일을 들었다. 다윈은 "사실 저는 돌아간 뒤에도 한동안 해야 할 일이 많습니다"라고 미리 일러두었다. 다윈의 고해신부인 폭스는 더 많은 이야기를 들었다. 폭스는 앞서 보낸 편지에서 자신의 "사랑스러운 아내"와 곧 태어날 아기 이야기를 하며 결혼을 찬미했다. 그러면서 그는 찰스에게 솔직한 생각이 담긴 편지 한 통을 간청했고, 폭스의 말은 찰스의 마음을 움직였다. 찰스는 폭스에게 보내는 편지에서 목사관의 벽난로 옆에 앉은 행복한 부부와 냄새나는 항구의 좁아터진 선실에 처박힌 자신의 처지를 비교했다. 그는 마음을 솔직히 열어보였다.

> 항해가 지독히도 길군요. 돌아가고 싶은 마음이 정말 간절하답니다. 그러나 돌아가더라도 뭘 해야 할지 잘 모르겠습니다. 앞으로 내가 무엇이 될지 모르겠습니다. 당신이 부럽기 그지없군요. 그런 행복한 전망은 나로서는 품을 수가 없는 것입니다. 아침저녁으로 기도를 드리는 일에 적합한 사람에게 성직자의 삶은 더없이 훌륭하고 행복한 삶입니다. 하지만 자연학자에다 '다이아몬드 딱정벌레'를 갖고 있는 사람이라면, 아베마리아. 무슨 말을 하면 좋을까요. 당신은 달콤한 가정을 이야기하며 내 마음을 흔들지만, 그것은 나로서는 생각해서는 안 되는 장면입니다.

다윈은 자연학자이며 성직자인 사람들의 입장과 생활, 그들의 아내가 부러웠다. "잉글랜드의 여인"이야말로 "천사 같고 선량한" 존재였다. 그 사실을 "하마터면 잊을 뻔"했다. 이곳의 여인들은 "모자를 쓰고 페티코트를 입고 있으며, 극소수는 얼굴이 예쁘지만, 그게 전부"였다. 하지만 비글호가 외로운 태평양으로 나갈 준비를 하는 동안 다윈은 시내에서 본 아름다운 여인들을 잊으려고 안간힘을 쓰고 있었다. 첫사랑 지질학이 빈 가슴을 위로해줄 터였다.

어쨌든 달콤한 가정과 인생의 동반자를 생각하는 것은 부질없고 어리석은 일이었다. 비글호는 마침내 세계일주를 위해 출항한다. 배는 태평양을 건너 오스트레일리아로, 그런 다음에는 환초를 이리저리 건너뛰며 인도양을 건너 남아프리카로 갈 것이다. 무엇보다 다음 기항지가 기대되

었다. "이번 항해의 어느 대목보다도 흥미로울 갈라파고스 제도"가.[9]

마침내 비글호가 남아메리카를 떠날 준비를 하는데, 다윈은 이곳이 벌써부터 그리워지려 했다. 지난 3년 반 동안 여기서 많은 것을 보았다. 지진, 화산분출, 거대한 화석들, 야만인들. 안데스 산맥과 그 땅에 묻힌 동료들에게 작별을 고했다. 그러나 새 얼굴들은 늘 생기기 마련이다. 그것이 꼭 사람이어야 하는 법은 없다. 선수루 수병 J. 데이비스가 코코티를 데려왔다. 남아메리카너구리의 사촌뻘이며 길고 유연한 주둥이를 지닌 그 동물은 남은 항해 동안 승무원으로서 함께하게 될 것이다.[10]

리마에서 떠난 지 1주일 뒤 비글호는 외해로 950킬로미터를 나가 갈라파고스 제도에 접근하고 있었다. 가장 가까운 섬인 채텀 섬이 처음으로 시야에 들어온 날은 9월 15일이었다. "우리는 악마의 소굴이라고 하면 딱 맞을 해안을 이루고 있는, 암울하기 그지없는 부서진 검은 용암더미 땅에 상륙했다." 피츠로이는 이렇게 기록했다. "우리가 이 바위에서 저 바위로 허둥지둥 나아갈 때 수많은 게와 추한 이구아나들이 사방에서 활동을 개시했다." 다윈도 당황스럽기는 마찬가지였다. 검은 분석噴石 위로 걷는 것은 쉽지 않았으며, 게다가 그것은 타는 듯이 뜨거웠다. 분석들은 머리 위의 태양 아래 달구어져 "난로처럼" 이글거렸고, 발육이 저해되어 거의 죽은 것처럼 보이는 나무들이 울퉁불퉁한 분석의 험악한 모습을 더욱 두드러져 보이게 했다. 상상할 수 있는 모든 형태의 곡선을 그리며 굳은 용암은 마치 그것이 "가장 거칠고 사납던 순간에 굳어버린" 듯한 모습이었다. 공기는 푹푹 쪘고, 냄새는 불쾌했다. 전체적인 인상은 "우리가 지옥 중에서 조금 나은 부분을 상상하면 떠오르는 모습과 비슷했다."

이 "지글지글 불타는 뜨거운 제도"는 "온갖 종류의 파충류들의 낙원"이었다. 거북들이 만을 미끄러지듯이 헤엄치며 숨을 쉬기 위해 고개를 쑥 내밀었다. 내륙의 대형 땅거북〔갈라파고스황소거북〕들은 물이 고인 구멍들 주위로 모여들었다. 검은 모래에 묻어놓은 온도계의 수은주는 섭씨 58도를 넘었다. "역겨울 만큼 못생긴" 수많은 '도마뱀들'이 해안의 바위에서 낮잠을 자기에는 완벽한 환경이었다. 누군가가 "어둠의 도깨비들"이라는 별명을 이들에게 붙여주었는데, 이 등물은 바닷말을 뜯어먹고 사는 낯선 생물임이 분명했다. 하지만 항해를 떠나기 전에 박물관에서 본 바다이구아나에 남아메리카 본토산이라는 잘못된 라벨이 붙어 있었기 때문에, 다윈은 이들이 갈라파고스 제도에만 사는 종류임을 알아차리지 못했다.

　새들은 사람도 포식자들의 존재도 알지 못했으며, 마치 "사람에게 길들여진" 것처럼 보였다. 다윈은 수리매에게 다가가 총신으로 녀석을 쿡쿡 찔러보기도 했다. 이래서야 사냥의 묘미가 있겠는가? 죽이기는 터무니없이 쉬워서, 열여덟 마리의 대형 땅거북들이 잡혀서 신선한 고기로 비글호의 갑판에 끌려올라왔다. 몇몇은 몸무게가 36킬로그램에 이르렀다. 흉내쟁이지빠귀들은 칠레의 종들과 비슷해 보였다. 이들은 "기운이 좋고, 호기심이 많고, 활동적이고, 발이 빨랐으며, 말리려고 걸어둔 고기를 쪼아 먹는 상습범"이었다. 그러나 노랫소리는 달랐다.[11] 꽃들은 다른 모든 것이 그렇듯 추했다. 만일 이곳의 새들에 남아메리카적인 면모가 있다면, 꽃들도 그렇다고 말할 수 있었다.

　기대했던 화산은 실망시키지 않았다. 휴지상태인 고깔모양의 화산들은 대부분의 장소에서 한꺼번에 60개씩, 공중으로 15미터까지 솟아 있었는데, 이 모습은 황량한 공업도시, 또는 "울버햄프턴 근처의 철 용광로" 같은 인상을 주었다. 좀 더 "오래된 굴뚝들" 가운데에는 식물로 뒤덮여 있는 것도 있었지만, 나머지는 그저 "벌거벗은" 용암천으로 척박하여 식물이 자라지 않았다. 이 원초의 장면 속으로, 몸 둘레가 2미터에 이르는 땅거북이 가시투성이 배를 어적어적 씹어 먹으며 무거운 발걸음을 옮겨놓았다. 다윈은 유럽에 있는 것과 같은 퇴적층이 있을 거라고 예상했지만, 그런 것은 없었다. 이곳은 땅속에 녹아 있는 물질에서 비롯된 땅임을 여실히 보여주는 신세계였으며, "다른 행성"에 서 있는 것 같은 느낌이 들 만큼 낯설었다.

무엇보다 낯설었던 것은 곤충이 보이지 않는다는 점이었다. 다윈의 머리에 처음으로 떠오른 생각은, 이 제도가 먼 바다에 떠 있기 때문에 "사실상 본토에서 동물들이 이주해올 수가 없었다"는 것이었다. 그 결과 새들은 대부분 저지의 관목지대에 적응한, 씨앗을 쪼아 먹는 핀치류(갈라파고스방울새)로, "철같이 단단한 용암대지"에서 씨앗을 쪼아 먹기 좋도록—멋쟁이새bullfinch처럼—짧고 단단한 부리를 지니고 있었다.[12]

갈라파고스는 수용소 군도였다. 23일에 찰스 섬으로 건너간 일행은 에콰도르에서 이송된 200여 명의 유형자들이 모여 사는 마을로 들어갔다. 영국인 대리총독이 이곳을 관리하고 있었다. 유형자들은 장소를 아주 잘 고른 것이었다. 해안에서 내륙으로 6킬로미터 들어가 있으며 해발고도가 300미터인 그 장소는, 남쪽에서 불어오는 무역풍이 더위를 식혀주고, 플랜틴[파초과에 속하는 식물] 숲이 "봄날의 영국처럼 푸르렀다." 하지만 그래도 생활은 "로빈슨 크루소 같은" 모험이었다. 마실 물이 부족했고, 어쩌다 지나가는 고래잡이배를 빼면 외부와 단절된 곳이었기 때문이다. 고기의 주요 공급원은 대형 땅거북이었는데, 이 동물은 장정 여섯이 달라붙어도 들 수 없을 정도로 거대한 파충류였다. 그러나 땅거북도 더는 풍족하지 않았다. 한때 프리깃함[목조 쾌속범선]이 한번 출동하면 200마리를 잡아들일 수 있었지만, 지금은 아주 조금밖에 잡을 수 없었다. 재고는 빠르게 고갈되고 있었고, 총독의 계산으로는 앞으로 20년도 채 버티지 못할 상황이었다.

유형자들은 섬마다 독특한 종의 땅거북이 살고 있다고 믿었다. 등딱지의 모양이 서로 조금씩 다르다는 것이다. 대리총독은 땅거북을 보면 그것이 어느 섬의 땅거북인지를 알아맞힐 수 있다고 떠벌렸다. 그렇다면 각 섬을 대표하는 표본들을 채집하는 것은 다윈이 하려고만 했다면 식은 죽 먹기였을 것이다. 찰스 섬만 해도 말안장 모양의 텅 빈 등딱지가 여기저기 나뒹굴고 있는 데다, 꽃병으로 쓰이는 수모를 당하고 있었다. 하지만 다윈은 그런 말들을 흘려듣고 채집을 하지 않았다. 이 파충류가 외래종이라고 생각했기 때문이다. 다윈은 해적들이 식량으로 쓰기 위해 이 거북들을 본래의 서식지인 인도양의 섬에서 가져온 것이라고 단정했다. 반면 흉내쟁이지빠귀는 채텀 섬에 사는 종류와 다르게 성겼다는 것을 **알아차렸다**. 그래서 이때부터 흉내쟁이지빠귀들을 채집한 섬별로 나누어 꼬리표를 붙이기 시작했다.[13]

28일에 일행은 갈라파고스 제도에서 가장 큰 섬인 알베마를 섬〔보통은 이사벨라 섬으로 불림〕으로 들어갔다. 이 섬에는 한층 더 시꺼먼 굴뚝들이 늘어서 있었고, 고깔모양 용암의 꼭대기에서는 증기가 쉭쉭 뿜어져 나왔다. 다윈은 이 황량한 땅을 돌아다니며 담수를 찾았다. "건조한 불모의" 관목지대에는 억센 대형 도마뱀류로서 몸무게가 최고 7킬로그램에 이르는 육상이구아나들이 "잽싸지만 보기 흉한 걸음걸이"로 부산하게 굴을 드나들고 있었다. 이 노랗고 붉은 이구나아들은 "지독히 추하다"는 것이 다윈의 감상이었는데, 그래도 식용으로는 적합해서 어느 날인가는 하루에 "40마리를 잡았다"("먹기에 나쁘지는 않다"는 것이 이 특이한 도마뱀의 맛에 대해 피츠로이가 내린 최대의 호의적인 평가였다).[14] 물은 배급제였고, 따가운 태양 아래서 다윈은 암석들 사이에 1갤런쯤 고여 있는 물밖에는 찾을 수가 없었다. 이 물웅덩이들이 온갖 핀치들을 끌어모았기 때문에, 그는 핀치들을 손쉽게 비교할 수 있었다. 하지만 핀치들이 — 형태의 차이를 보이는 흉내쟁이지빠귀들과는 달리—모든 섬에서 비슷한 줄 알았던 탓에, 뙤약볕 아래서 구태여 그것을 잡으려 하지 않았다.

비글호는 거기서 다시 북쪽을 향해 제임스 섬으로 갔다. 다윈 일행은 버커니어스 소만小灣에서 야영을 하며, 옛날의 해적들처럼 땅거북 고기를 자체의 지방에 튀겨서 끼니를 해결했다. 이 섬에는 이틀을 머무르며 채집을 하고, 흉내쟁이지빠귀를 사냥하고(이 섬의 흉내쟁이지빠귀는 형태가 또 달라 보였다), 고사리에 뒤덮인 분화구를 올랐다. 빗물이 항상 고여 있는 장소를 향해 잘 다져진 작은 길을, 몸길이가 90센티미터에 이르는 땅거북이 느릿느릿 올라가고 있었는데, 다윈이 등에 올라타도 녀석은 그것에 아랑곳하지 않고 꿀꺽꿀꺽 물을 마셨다. 불행히도, 다윈이 올라탄 이 섬의 땅거북은 그가 그것 말고는 유일하게 보았던 땅거북 집단인 채텀 섬의 땅거북들과 생김새가 같았던 탓에, 그는 섬마다 땅거북의 생김새가 다르다는 것은 과장된 이야기라고 확신했다.

이 같은 용암 섬에는 물이 대단히 귀했다. 다윈은 땀을 뻘뻘 흘리고 갈증에 시달리면서도 며칠 동안 채집을 계속했다. 기온은 응달에서도 34도에 달해서, 목이 바싹바싹 타들어갔다. 지나가는 미국의 고래잡이배가 물 세 통을 나누어주지 않았더라면, 그들은 "큰 곤란에 처했을 것이다."[15] 그들은 이번 항해에서 이 같은 미국인의 친절을 여러 번 경험했는데, 양키의 "따뜻한 매너"와 영국인의 공해公海상에서 낯가리는 태도는 사뭇 대조적이었다.

어느 섬에서도, 저지의 덤불에는 핀치류가 많았다. 하지만 다윈은 핀치들을 식별할 수가 없었다. 깃털색은 거의 똑같아 보였고, 그가 채집한 표본들 가운데서는 "늙은 수컷"은 검고 암컷은 갈색으로 보였다. 피츠로이와 코빙턴을 비롯한 다른 이들도 각자 채집을 했는데, 누군가가 검은색 암컷을 잡아와서 다윈을 더욱 혼란에 빠뜨렸다. 핀치들의 습성도 식별할 수가 없었다. "이들은…… 크고 불규칙한 집단을 이루어 함께 먹이를 먹기" 때문이었다. 결국에는 "도저히 모르겠다"며 손을 들었다.

다윈은 모두 합쳐 세 곳의 섬에서 여섯 종류의 핀치를 채집했는데, 그 가운데 두 섬의 표본이 서로 섞여버렸다. 그래도 식별에 곤란을 겪었던 탓에 다윈은 핀치류가 "정말 기묘하다"는 느낌을 받았다. 체류 마지막 무렵에는 나무들도 땅거북과 마찬가지로 섬마다 다르다는 이야기를 들었다. 하지만 채집은 끝난 뒤였고, 다윈은 이미 표본들에 일관성 없이 꼬리표를 붙였으며, 채집한 섬의 이름을 구태여 기록하려 하지도 않았다. 단, 흉내쟁이지빠귀들은 예외였다. 이 새의 표본만큼은 네 곳의 섬에서 채집한 표본들을 따로따로 분리해두었다.

다윈은 그 밖에 굴뚝새 한 마리, "익테루스"(꾀꼬리 혹은 검은꾀꼬리류에 속함) 여러 마리, 부리가 육중한 "콩새"를 몇 마리 채집했다. 또한 헨슬로를 위해 꽃이 핀 식물들은 모조리 채집했다. 그런데 궁금증이 꼬리에 꼬리를 물었다. 흉내쟁이지빠귀처럼 이곳의 "식물상도 아메리카에 속한 것일까?" 즉, 라이엘의 말을 빌리면 그것의 "관할구역 또는 '창조의 중심'"은 아메리카 대륙에 있는 것일까?[16]

채텀 섬에서 피츠로이는 태평양을 건너기에 충분한 양이라고 생각될 만큼의 돼지와 채소를 확보하고, 땅거북도 추가로 30마리를 더 비축했다. 다윈과 그의 조수 코빙턴은 각자 대형 땅거북의 새끼 한 마리씩을 식용으로가 아니라 애완용으로 데려왔다.

10월 20일, 비글호는 갈라파고스 제도에서 다섯 주를 머문 끝에 다시 바다로 나갔다. 이곳을 떠나서 기뻤다. 어느 열대지방에서도 "사람에게나 대형 동물들에게나 이렇듯 철저히 쓸모없는" 땅을 찾기는 어려울 터였다.[17] 이 섬들은 바다에서 올라온 지 얼마 되지 않아 너무나도 척박했다. 새, 파충류, 식물은 신기하기는 했지만 매혹적이지는 않았다.

그러나 바다로 다시 나갔을 때 다윈은 갈라파고스 제도에서 가져온 동물표본들을 좀 더 꼼꼼하게 검토해보았다. 적어도 흉내쟁이지빠귀만큼은. 채텀 섬과 알베마를 섬의 흉내쟁이지빠귀들은 비슷해 보였지만, 다른 두 섬의 흉내쟁이지빠귀들은 달랐다. 그는 "두 가지 또는 세 가지의 변종"을 채집한 것이었다. 비글호가 타히티 섬으로 향하는 동안 다윈은 메모를 했다. "각각의 변종은 각각의 섬에서는 일치한다. 이것은 사람들이 땅거북에 대해 말한 사실과 같다." 하지만 그렇다 해도 그는 이 사실이 의미 없는 예외라고 생각하여, 태평양을 건너는 동안 땅거북들을 차례차례 먹어치우고, 중요한 비밀을 밝혀줄지도 모를 등딱지를 요리사가 배 밖으로 던져버리는 것을 그저 지켜보았을 뿐이다.[18]

우울한 남아메리카 해역을 벗어나자, 거기서부터 타히티로 가는 긴 항해는 화창하고 빨랐다. "망망대해"는 지루했지만, 다윈에게 그것은 고향집의 벽난롯가라는 "절정"에 접근해가고 있다는 의미로 다가왔다. 무역풍이 비글호를 사뿐히 밀어주어 폴리네시아로 가는 5,000킬로미터의 여정이 단 3주밖에 걸리지 않았다. 11월 9일, 로 제도의 첫 번째 섬이 가까이 왔음을 알려주는 제비갈매기와 갈매기들이 모습을 보였다. 하지만 다윈은 그리 깊은 인상을 받지 못했다. "흥미롭지 않다." 그저 코코넛 야자수들이 드리운 "길고 눈부시게 흰 해변"일 뿐이지 않은가. 계절풍과 더위는 향수병만 더 악화시킬 뿐이었다. 심지어 15일에 모습을 드러낸 남태평양의 보석 타히티 섬조차도 멀리서 볼 때는 그다지 끌리지 않았다. 그러나 열대의 울창함과 카누를 젓는 타히티인들의 "웃음 짓는 즐거운 얼굴"을 보자 기운이 났다.

선교사와의 접견을 마치자마자 다윈은 곧장 열대를 만끽하러 나갔다. 타히티 섬은 "열대식물들이 우거진 너무나도 아름다운 과수원"이었다. 바나나, 코코넛, 무성한 브레드프루트, 주민들이 재배하는 얌과 파인애플. 심지어 맛있는 구아버조차도 잡초처럼 잘 자랐다. 주민들은 다윈을 환영하며 자신들의 집으로 초대했다. 그들의 표정은 친절했고, "지적 능력은 그들의 문명이 진보하고 있음을 보여주었다." 의복도 발전하고 있었는데, 그들은 셔츠를 입고 무명을 염색해 지은 허리감개를 둘렀다. 남자들은 아직까지 문신을 했지만, 그것은 "우아하그 유쾌한 효과"를 주었다. 여성들은 귀 뒤에 동백꽃을 꽂았으며, 정수리 부위의 머리카락을 밀어 고리모양으로 머리카락을 남기는 취향이 있었다. 이유는 아무도 몰랐다. "그것은 패션이며, 타히티에서나 파리에서나 이것으로 충분한 대답이 될 수 있다." 다윈은 간결하게 이렇게 적었다.

　　다윈은 길잡이 한 명과 함께 험난한 화산 꼭대기로 이틀에 걸쳐 등반을 했다. 그리고 정상에 올랐을 때 주위를 둘러싼 계곡과 벼탕들에 완전히 매혹되었다. 그는 헨슬로를 위해 양치류를 채집하고, 야생 바나나 숲을 이리저리 누비며 통과했으며, 바다가 눈앞에 펼쳐졌을 때는 그 자리에 얼어붙어 눈을 떼지 못했다. 하얗게 부서지는 파도가 환초가 있는 자리를 표시해주었다. 길잡이는 바나나 조각, 물고기, 이프리에 싼 소고기를 구웠는데, 항상 열렬한 기도를 하고 나서야 그것을 먹었다. "그는 기독교도의 모범을 보여주듯 기도를 했다. 비웃음을 살까 두려워하지도 않고 겉치레도 아닌, 우러러보는 마음을 담아 진심으로."

　　선교활동이 효과를 내고 있는 것이었지만, 이것은 많은 시간을 들인 결과였다. 이 섬에는 오래전부터 사람들이 방문했다. 나이 많은 타히티인들 가운데는 쿡 함장을 기억하는 이들이 있었고, 블라이의 바운티호에서 일어난 반란 이야기를 알고 있는 사람들도 있었다. 인쇄기를 들여온 것은 20년 전의 일이었고, 한 노선교사는 40년을 바쳐 성서를 번역하고 있다고 했다.[19] 또한 이 섬들에는 음주가 금지되어 있어서 술에 취한 사람을 전혀 볼 수 없었다.

다윈은 선교사들의 "고귀하고 존경할 만한" 품격에 깊은 감명을 받았다. 그들의 성공적인 결과를 눈으로 확인할 수 있었다. 이 사실은 놀라움으로 다가왔다. 다윈이 지금까지 읽은 책들은 이들을 훨씬 암울한 이미지—전제정권의 압정 아래 살아가는 학대받는 원주민—로 그렸기 때문이다. 선교사들의 성품을 비난하는 대목이 너무 자주 나와서 다윈은 그 선교사들을 편들어주어야 할 것만 같은 느낌에 휩싸이곤 했다. 선교사들의 딸들까지 상스러운 비난에 처해졌다. 하지만 그녀들의 "모습과 행동거지는 그들이 제대로 교육을 받고 있다는 것을 확실히 보여주었다." 그리고 무엇보다 타히티 사람들의 "즐겁고 행복한 수많은 얼굴들은" 타히티 사람들이 교회에 짓눌려 숨죽이고 살아가는 인종이라는 중상이 거짓임을 분명하게 증명했다. 20년 전에는 이곳에서 피비린내 나는 전쟁, 방탕, 유아살해, "인간을 제물로 바치고 우상을 숭배하는 사제의 권력"이 사회적 관행이었다는 얘기가 사실이라면, 현재의 "도덕과 종교의 상태"는 선교사들이 "일구어냈다고 말해도 좋을 것이다." "타히티 여성들의 미덕"에 아직까지 의문이 남아 있긴 했지만, 기독교는 많은 것을 이루었다. 그러한 선교활동이 더 야만적인 해안으로 확대되어간다면, 난파당한 선원들의 안전을 확보할 수 있을 터였다.

난파에 대해 생각하며, 다윈은 "분기하는 예쁜 산호"를 채집하기 위해 환초까지 카누를 저어갔다. 그는 이 "작은 건축가들"이 섬 주위에 이처럼 거대한 고리를 지을 수 있다는 사실에 경탄했다. 피츠로이의 타히티에서의 임무가 완료되어(그는 공해를 단속하는 일을 맡고 있었는데, 2년 전에 로 제도에서 약탈당한 배에 대해 3,000달러의 보상금을 징수하는 것이 그의 임무였다), 11월 25일에 타히티의 포마레 여왕을 선상에 초대하여 접대했다. 여왕에게 경의를 표하기 위해 쏘아올린 불꽃으로 인해 "깃발들로 장식한" 비글호가 환하게 밝혀졌다. 다윈은 그 여왕이 "굉장히 몸집이 큰 여성으로, 아름답지도 우아하지도 품위 있지도 않다"고 묘사했다. 여왕이 갖고 있는 "유일한 왕족의 속성은 미동도 하지 않는 표정뿐"이었다. 다음 날 저녁, 보상금을 징수한 비글호는 온화한 바람 속에서 출항하여 뉴질랜드로 향했다.

뉴질랜드까지는 3주가 걸렸다. 가도 가도 깊그 푸른 바다뿐이었다. 정말 광대한 바다였다. 하지만 그들은 "한 리그[4.8킬로미터] 나아갈 때마다 영국에 한 리그씩 가까워졌다."[20] 이 시간 동안 다윈은 쓰는 일에 몰두하여 산호초 이론을 완성했다. 남아메리카가 융기하는 대신 태평양이 침강하고 있으며, 환초는 가라앉는 태평양 해저로 인해 사라지고 있는 산 정상을 표시한다.

12월 19일에 뉴질랜드 북단이 모습을 드러냈고, 이틀 뒤 그들은 아일랜즈 만으로 들어갔다. 다윈은 회칠을 한 작은 집들이 점점이 박혀 있고 "작고 보잘것없는" 원주민의 오두막들도 간간이 눈에 띄는 푸르른 언덕들을 바라보았다. 작은 집들은 20년 전에 세운 선교촌의 일부로, 문 주위마다 장미넝쿨이 늘어져 있어서 잉글랜드를 떠올리게 했다.

그러나 그 언덕들의 실상은 좀 달랐다. 고사리가 빽빽하게 덮여 있어서 뚫고 들어가기가 어려웠고, 전쟁 때 마오리족이 쳐놓은 방책이 점점이 박혀 있었다. 마오리족은 다윈의 눈에 무시무시한 종족으로 비쳤다. "이보다 더 전쟁을 좋아하는 종족은 세계 어디를 뒤져도 찾지 못할 것이다." 하지만 영국인들은 안전했다. 그것은 선교활동 덕분이기도 했지만, 영국인의 살은 너무 짜거나, 혹은 "적어도 마오리족의 살만큼 맛있지 않기" 때문이었다. 이 지역에서 식인 풍습은 이미 근절되어, 코빙턴의 보고에 따르면 사람의 머리는 "아무리 구하고 싶어도" 더는 살 수 없었다. 그렇다 해도 다윈은 경멸스러운 눈길을 거둘 수가 없었다. 그의 '문명'의 잣대로 볼 때 이 사람들은 푸에고인들보다 낫다고 보기 어려웠다. 다윈은 특권자라는 횃대에 올라앉아 원주민들을 내려다보았다. 한 족장은 "오싹할 정도로 흉포한 표정"을 지녔으며, 또 다른 족장은 "악랄한 살인자이며 게다가 소문난 겁쟁이"로 비쳤다. 약삭빠른 표정은 악랄한 교활함을 내비치고 있었고, 문신한 얼굴은 근본적인 본성을 드러내보였다. "뉴질랜드에는 타히티의 늙은 족장과 같은 얼굴과 품성을 갖춘 사람은 없는 것일까?"

하지만 따지고 보면, 영국인 악한들은 더 나빴다. 다윈은 선교사들과 함께 코로라리카로 갔다. 그곳은 오스트레일리아의 뉴사우스웨일스에서 도망친 죄수들이 모여 살면서 "술주정과 온갖 종류의 악행"을 일삼는 마을이었다. 선교사들은 이 악의 소굴에 예배당을 지었지만, "그들의 유일한 보호막이…… 그들을 영국인으로부터 지켜주는 원주민 족장들일" 만큼 위협이 심했다.[21]

이 "존경스러운 사람들"은 최선을 다했다. 피츠로이와 다윈은 타히티와 뉴질랜드에 몇 주간 머무는 동안 그들의 선교활동이 성공을 거두었음을 확신했다. 두 사람에게 기독교는 문명화를 위한 종합 프로그램처럼 보였으며, 그들은 무엇보다 선교사들의 고결한 뜻을 높이 샀다. 대영제국의 이 변경에서 백인의 상류층은 대영제국의 선원들이 마음 놓고 상륙할 수 있는 안전한 해안을 만들고, 훌륭한 예의범절을 가르치고, 좋은 정부의 탄생을 장려하고 있었다. 이들의 "정치적 중개"는 배가 들어가고 사람이 정착하고 있는 곳이라면 어디든 필요했다.

피츠로이와 다윈은 기독교도의 색안경을 끼고 이 이교도 무리를 보았다. 두 사람 다 유럽인의 이상에 비추어 진보를 재단하는 경직된 '잣대'로 문명화를 바라보았다. 하지만 그들의 관점이 토착부족을 바라보는 유일한 시각은 아니었다. 영국 내에서 '부도덕한' 사회주의자 취급을 받는 여행자들 가운데에는 이국의 문화를 훨씬 공감적인 시선으로 바라보고, 선교단이 원주민들에게 잘 맞지도 않는 기독교를 억지로 강요한다고 비난하는 사람들도 있었다. 어쨌든 다윈과 피츠로이의 눈에는, 『뉴질랜드에서의 아홉 달』이라는 저서를 비글호에 남기고 1833년에 배를 떠난 화가 어거스터스 얼도 못마땅했다. 이번 항해 전에 쓴 그 여행기에서 얼이 뉴질랜드의 선교사들을 비난하는 내용이 그들을 분개하게 만들었기 때문이었다. 이곳에서 다윈은 "냉혈한으로 비난받은 바로 그 선교사들이……얼의 공공연한 방종함에 비추어볼 때 분에 넘칠 만큼 정중한 대접을 〔얼에게〕 했다는 것"을 "분명히" 알았다.[22]

다윈은 원주민의 오두막들을 통과한 뒤에, "마치 마법의 지팡이를 휘둘러 나타나게 한 듯한 영국식 농장과 잘 가꾸어진 밭"을 보고 마음이 놓였다. 이러한 선교사의 집은 꽃과 채소와 과일나무가 심어진 아름다운 정원, 탈곡하는 헛간과 대장간으로 둘러싸여 있었으며, "한가운데에는 영국의 여느 농장 안마당에서처럼 한가로이 노니는 돼지와 가금류"가 있었다. 마오리족의 하녀들은 "영국의 젖 짜는 소녀들처럼 깨끗하고 단정하고 건강해 보였다." 다윈은 농장들을 둘러보면서 차를 마시고 고향생각을 했다. "나는 이보다 더 근사하고 행복한 집단을 본 적이 없습니다. 이런 집단이 식인, 살인 등 온갖 종류의 만행이 자행되는 땅 한가운데에 있다니요!" 선교사들 덕분에 지금 백인들은 "아마도 지구상에서 가장 사악한 야만인들일 부족 사이에서 영국에서와 같이 안전하게 걸어다닐 수 있습니다." 다윈은 독실한 누이 캐롤라인에게 이렇게 전했다.

타히티의 선교활동이 정신의 진보를 추구했던 반면 뉴질랜드의 선교활동은 농경의 실전을 가르치는 데에 주력했지만, 결과적으로 마오리족에게 끼친 "도덕적 효과"는 같았다. 실례들을 보면 "선교"가 "마법의 지팡이"임이 분명했다. 영국의 야만적인 급진주의자들이 이러한 사업을 어떻게 비난할 수 있으며, 어떻게 원주민들의 일에 간섭하지 말라고 요구할 수 있을까? 더 많은 선교활동이, 더 많은 식민화가 필요했다. 다윈은 크리스마스 날에 이러한 생각들을 하고 있었다. 그는 "이교도"를 개종시키는 것만이 보답을 가져온다고 확신했다. "기독교 신앙은, 신자가 된 자들의 행동이 기독교 교의에 의해 향상되었다고 확실히 말할 수 있을 만큼 대단하다."

크리스마스 헌금 모금이 있었다. 피츠로이와 다윈과 사관들은 1주일 동안의 환대에 감사를 표하고 변방의 전초기지가 더욱 확대되기를 바라는 마음으로, 교회 건축기금에 15파운드를 기부했다. 12월 30일, 그들은 선교사들에게 작별을 고하고 오스트레일리아로 떠났다.[23]

오스트레일리아로 가는 항해는 13일이 걸렸다. 뉴질랜드 원주민의 오두막집과 타락을 본 뒤에 눈에 들어온 시드니 만의 풍경은 근사했다. 커다란 무역선, 항구의 보관창고들, 물건이 그득하게 들어찬 상점들. 그리고 "양털이요, 양털이 왔어요…… 하는, 나라의 끝에서 끝으로 울려퍼지는 외침." 대로는 "이륜마차, 페이튼 사륜마차, 제복을 입은 사람들이 끄는 자가용 사륜마차"가 덜커덕거리며 사방으로 지나다녀 무척 혼잡했다. 신사들은 눈을 씻고 찾아봐도 없는 남아메리카를 다녀온 터라, 다윈은 시드니의 부와 번지르르함에 눈이 휘둥그레졌다. 이런 "부의 신 마몬을 믿는 자들의 천국"에서 부富는 만드는 것이었다.

이 정도면 "제국의 영광을 누리던 시절의 고대 로마도 부끄럽게 여기지 않았을" 식민지였다. 해운업이나 건축업의 성공을 바탕으로 멋진 저택들이 건설되고 있었다. 땅값은 에이커당 8,000파운드까지 치솟고 있었다. 금싸라기 땅은 그것의 두 배였다. 한때 짐마차의 수레바퀴에 묶여 채찍을 맞던 죄수가 지금은 "연간 1만 2,000파운드에서 1만 5,000파운드의 수입"을 올렸다. 뉴사우스웨일스의 로스차일드[스타킹 400족을 훔친 혐의로 유죄판결을 받고 오스트레일리아로 유형을 온 오스트레일리아의 선구적 지주이자 상인]는 50만 파운드를 벌어들였다. 찰스는 집에 보내는 편지에서, 그 탓에 모든 것이 "어마어마하게 비쌉니다"라며, 또다시 "100파운드짜리 어음"을 발행한 일을 필사적으로 변명했다. 2만 3,000명의 인구는 천문학적으로 증가하고 있었다. "런던 근처나 버밍엄에서도 이처럼 급속한 인구증가의 기미는 보이지 않는다." 요컨대 다윈에게 시드니는 경이로움 그 자체였다. 시드니는 실제로 "세계의 100대 경이로움" 가운데 상위에 속했는데, 다윈은 그것이 "모국의 거대한 힘" 덕분이라고 생각했다. "시드니는 영국의 힘을 여실히 보여주는 증거다. 이곳에서는…… 남아메리카에서 수백 년 동안 이룬 것의 몇 배가 수십 년 동안에 이룩되었다. 내가 이곳에 와서 처음으로 든 생각은 잉글랜드인으로 태어난 것이 자랑스럽다는 것이었다."[24]

  1836년 1월 16일 화창한 토요일에 다윈은 길잡이를 동반하고 내륙으로 160킬로미터 들어간 곳으로 출발했다. 그들은 강제노역의 결과물 가운데 하나인 쇄석포장도로 위를 걸었다. 그 길을 지나가면서 다윈은 노란색과 회색이 섞인 죄수복을 입은 "쇠사슬에 묶인 죄인들"이 더위 속에서 땀을 뻘뻘 흘리며 일하고 있는 것을 보았다. 맥주홀도 보았는데, 24킬로미터를 지나가는 동안 무려 17개가 있었다. 오스트레일리아 정부가 거두어들이는 수입의 절반이 주세酒稅에서 나온다는 이야기도 (또한 교도소가 꽉 차서, "바커스의 신전에서 잔뜩 퍼마시고 술값을 내지 못한 신사숙녀들"을 가두기 위한 차꼬들이 시드니 거리에 출현하고 있는 것도) 놀라울 게 없었다. 심지어 시드니에서 56킬로미터 떨어진 곳에도 "상당수의 에일하우스들"과 울타리를 친 목초지들이 있었다. 고무나무들은 이파리가 별로 없어서 "숲이 밝고 그늘이 없었다." 때는 한여름이어서 어딜 가나 건조하고 바싹바싹 타들어갔다. 곡식들은 위태로워 보였다. 다윈은 왜 주기적으로 흉작이 되는지 알 것 같았다.

다윈은 길에서 "기분 좋은" "흑인 원주민" 일행을 만났는데, 그들은 1실링을 주자 창던지기를 보여주었다. 그들의 유쾌한 모습을 보면서 다윈은 이들이 정말 "흔히들 말하는 그런 하등한 존재들"인지 의심스러웠다.[25] 점점 문명화되어가는 세계에서 이들의 운명은 장차 어떻게 될까? 다윈은 이 원주민들이 백인들의 학대, 홍역, 술 때문에 망가지고 있으며, 그 아이들의 운명은 유럽에서와는 비교도 할 수 없을 정도로 당장의 먹을 것에 달려 있다는 사실을 깨달았다. 그는 양털 수레들과 유칼립투스 관목 숲들을 지나 블루 산맥으로 가는 내내 이 문제를 곰곰이 생각했다. 산 위에서 보이는 만의 모습은 굉장했다. 심지어 1,000미터 높이에도, 세지윅과 함께 노스웨일스에서 묵었던 곳에 뒤지지 않는 15개의 침대를 갖춘 여관들이 있었다.

다윈은 관리인이 죄수들의 노동력을 이용해 스파르타식으로 운영하는 규모가 큰 양 목장들 가운데 한 곳을 둘러보았다. "40명의 부도덕한 남성들"이 이곳에서 노예처럼 일했지만, 그들에게는 노예처럼 "연민을 요구할 권리"조차 없었다. 다윈은 어느 날 아침에 목장의 그레이하운드들을 데리고 캥거루 사냥에 나섰다. 쥐캥거루 한 마리밖에는 잡지 못했지만, 어쨌든 유대류를 처음 보는 좋은 기회였다. 커다란 캥거루가 없다는 것은 주변 목장들이 야생동물의 환경을 얼마나 파괴하고 있는지를 잘 보여주는 증거였다. 이러한 영향은 원주민들에게도 마찬가지였다. 다윈은 전에 만난 유쾌한 흑인 원주민 일행이 떠올랐다. "백인들"이 원주민의 "자식들"을 내쫓고 "그 땅을 접수하도록 운명지어져 있을지도 모른다"는 서글픈 생각이 뇌리에서 좀처럼 떠나지 않았다.

다윈은 햇볕이 내리쬐는 제방에 누워 이곳의 유대류와 정상적인 태반 포유류의 뚜렷한 차이에 대해 생각했다. 이들은 해부학적으로 매우 달랐다. "무신론자라면…… '두 창조자가 따로따로 만들었음이 틀림없다'라고 외쳤을 것이다." 각각의 창조자가 완벽하고 저마다 독특한 피조물을 창조했다는 얘기다. 뿐만 아니라 다윈이 그날 저녁에 제방에서 본 것을 고려하면, 판테온에는 제3의 창조자가 있어야 했다. 목장의 관리인은 다윈을 데리고 "오리너구리" 사냥을 나갔는데, 두 사람은 물갈퀴와 오리 부리를 갖고 있는 "특이한" 짐승 몇 마리가 물가에서 킁킁거리고 있는 모습을 보았다. 목장 관리인이 "한 마리를 쏘아 죽였습니다"라고 하자 다윈은 탄성을 질렀다. "이렇게 놀라운 동물의 죽음을 지켜본 것은 굉장한 일이라고 생각합니다." 그는 축 늘어진 사체를 집어들고 부리를 세밀하게 조사했는데, 부리가 부드럽고 섬세해서 놀랐다. 박지한 표본의 딱딱한 부리와는 매우 달랐다. 더 기이한 점이 있었다. 이곳에 사는 많은 식민지 이주자들은, 오리너구리들은 파충류와 마찬가지로 가죽 같은 껍질에 싸인 알을 낳아 그것을 둥지 안에서 품는다고 했다. 하지만 런던과 파리에서는 아직 이 문제에 대한 논쟁이 한창이었다(다윈의 스승이었던 로버트 그랜트와 파리의 조프루아 생틸레르는 식민지 이주자들의 의견을 지지했다).

물론 창조자가 여럿 있다는 생각은 뉴질랜드의 마오리족이나 오스트레일리아의 원주민 같은 원시부족들에게나 어울리는 터무니없는 이야기였다. 자연은 그것을 금방 증명해 보였다. 다윈은 개미귀신을 관찰했다. 개미귀신은 곤충의 유충으로, 턱이 커다랗고, 모래에 깔때기 모양의 함정을 만들고 그 밑바닥에 몸을 파묻고 산다. 그리고 개미가 무심코 함정에 빠지면, 모래를 튕겨 모래사태를 일으킴으로써 개미가 그 커다란 턱까지 굴러 떨어지게 한다. 유럽의 개미귀신들도 똑같이 했다. "그렇다면 무신론자들은 이것을 어떻게 설명할 것인가? 두 명의 장인이 이토록 멋지고 단순하며 게다가 이처럼 인위적인 고안물을 동시에 생각해낸다는 게 가능한 일일까?"[26] 불가능하다. 이것은 이 지구상에서 창조를 행한 것은 하나의 창조주임을 증명하는 무엇보다 확실한 증거였다. 다윈은 이로써 하나의 완벽한 설계로부터 하나의 완벽한 설계자의 존재를 증명한 페일리의 고전적 논증을 입증해 보였다.

1월 20일, 섭씨 49도에 가까운 찜통 더위와 세찬 바람 속에서 고생한 끝에 다윈은 매쾨리 강에 있는 군 주둔지 바서스트에 도착했다. 이곳도 양을 치는 고장이라서 매쾨리 강의 계곡에는 질 좋은 목초지가 펼쳐져 있었다. 하지만 다윈이 방문한 때와 같은 한여름에는 땅이 바싹 마르고 강은 물이 말라 연못처럼 되었다. 그 일대에는 들불이 기승을 부리고 있었는데, 다음 날은 실제로 "불길이 타오르는 드넓은 땅을 통과했다."

돌아가는 길에 다윈은 비글호의 전 지휘관이었던 킹 함장을 방문했다. 비글호가 출항하는 날 플리머스에서 그를 본 뒤로 처음이었다. 킹 함장의 아버지가 이 식민지의 총독을 지냈기 때문에 킹 함장은 이곳에서 태어났다. 킹은 시드니에서 50킬로미터쯤 떨어진 장소에 있는 1,600헥타르 규모의 자신의 농장에서 남아메리카 항해기를 쓰고 있었다. 부모와 합류하기 위해 비글호를 떠났던 사관후보생 킹도 그 농장에 와 있었다(그의 어머니는 아들을 10년 만에 만난 것이었다). 킹 함장이 채집한 표본은 방대한 규모였다. 다윈은 런던의 동물학회에서 킹에게 표본 보존요령을 들을 때 이미 그 채집물들을 보았다. 두 사람 모두 따개비와 연체동물에 관심이 있어서, 그들은 농장 주위를 걸으며 "티에라델푸에고의 자연사"에 대해 이야기를 나누면서 즐거운 하루를 보냈다.[27]

떠날 때쯤 다윈은 시드니 사회에 진저리가 나기 시작했다. 처음에는 시드니의 부에 눈이 멀어 단점들이 보이지 않았다. 시드니 사회는 부자가 된 죄수들과 자유 이주자들의 힘겨루기로 분열되어 있었다. 전자는 후자를 침입자로 간주했다. "모두가 비열한 건달 아니면 잔인한 악당인" 거리를 누가 걸고 싶겠는가? 날씨는 눈부셨지만, 이곳에는 지적 자극이 전혀 없었다. 45년 전 할아버지 이래즈머스는 시드니의 성장을 축하하면서 다음과 같은 시를 짓기도 했건만.

이곳에서 미래의 뉴턴들이 하늘을 탐구할 것이며
이곳에서 미래의 프리스틀리들이, 미래의 웨지우드들이 나올 것이다.

다윈은 서가가 텅 빈 작은 서점들을 보며 과연 그런 날이 올까 싶었다. 죄수들의 시중을 받는다고 생각하면 정말 끔찍했다. 여자 하인들은 "더 역겨운 표정" 속에 "그에 걸맞은 역겨운 생각"을 감추고 있는 것 같아 더 기분이 나빴다. 죄수들의 도덕성을 쇄신하기 위한 시도는 전혀 없었다. 한 젊은 죄수의 말마따나 "그들은 욕정보다 나은 즐거움을 알지 못하고 이에 대해서는 만족을 모른다." 무엇보다 충격적이었던 것은 고위층 사람들도 대부분 그런 "공공연한 부도덕"을 저지르며 산다는 사실이었다. 그것은 막대한 이윤을 생산하고 있는, 노예로 굴러가는 비도덕적인 경제였다. 다윈은 "정말 부득이한 경우"가 아니라면 "절대 이곳으로 이주하는 일은 없을 것이라고" 다짐했다.

태즈메이니아 주로 이름이 바뀐 지 얼마 되지 않은 섬인 호바트는 이보다는 나았다. 날씨에 대해서는 꼭 그렇게 말할 수 없었지만. 비글호는 2월 5일에 이름값을 톡톡히 하는 스톰 만Storm Bay에 정박했다. 시내의 풍경은 다윈이 런던에서 보았던 "파노라마" 그림들에는 미치지 못했다. 저택들이 별로 없었지만, 몇몇 농장들은 호감을 주었다. 예의바른 영국인 사회는 언제나 그렇듯 위안을 주었다. 적어도 이 사회는 "부유한 죄인들"의 때가 묻지 않은 곳이었다.

늘 그렇듯 최고의 저택들은 문을 활짝 열고 환영해주었다. 법무장관은 이탈리아 음악, 아름다운 장식품, "**훌륭한!**(물론 모두가 죄인들이지만) 하인들이 시중을 드는 더없이 멋진 만찬"을 제공했다. 측량관 조지 프랭클런드는 더 멋진 것을 제공했다. 그것은 오래된 석회암 채석장 구경이었다. 다윈은 포클랜드와 웨일스에서 채집한 것과 비교하기 위해 완족류를 채집했다. 스물일곱 번째 생일은 도마뱀과 뱀을 잡으며 보냈다. 또한 수많은 편형동물을 잡았으며, 119종이 넘는 곤충을 채집했다(그 가운데에는 쇠똥에서 찾아낸 쇠똥구리도 있었다. 다윈은 쇠똥구리가 있다는 사실 자체가 신기했다. 이곳에 소가 들어온 지는 30년밖에 되지 않았기 때문이다. 쇠똥구리들은 어떻게 이렇게 빨리 적응을 했을까?). 프랭클런드의 집에서 대접받은 만찬은 "집을 떠난 뒤로 가장 즐거웠던 저녁"이었다.[28] 프랭클런드는 홍수처럼 밀려드는 이주자들을 위해 내륙의 지도를 작성하는 일을 시작한 지 9년째였다. 하지만 이런 식민지 확대에는 사악한 이면이 있었다. 이 땅은 강제로 개척되고 있었다. 다윈은 태즈메이니아 원주민을 한 명도 보지 못했다. 학살은 거의 완료되었고, 마지막으로 남은 210명은 한 섬에 가두었다. 백인의 이주가 토착인종에게는 죽음을 부르는 전조임을 이보다 더 생생하게 보여주는 증거는 없었다.

그렇다 해도, 만일 어딘가로 이주해야 한다면, 다윈은 이곳을 택할 것이라고 생각했다. 하지만 지금은 고향생각뿐이었다. 잉글랜드를 항해 출항하는 상선을 볼 때마다 "비글호에서 내리고 싶은 위험한 충동"을 느꼈다. 남은 항해의 목적은 "경선의를 이용한 측정뿐"이었다. 남은 몇 달은 다윈에게는 "인생의 페이지에서 삭제될 기간일 뿐"이었다. 다윈은 오직 인도양에서 환초를 보겠다는 일념 하나로 항해를 계속했다. "이처럼 향수병에 시달리는 영웅들로 가득 찬 배가 또 있을까요." 다윈은 폭스에게 이렇게 한탄했다. "앞으로, 설령 그것이 전함이라 하더라도, 철학자 선생(제 별명입니다)으로 자원하는 일"은 두 번 다시 "없을 것입니다."[29]

다윈은 "파도만 봐도 신물이" 났을 것이다. 그러나 바다는 이국의 표본들을 계속해서 공급해주었다. 해안선을 따라 군체를 이루어 모여 사는 생물의 생태는 육지에 모여 사는 이주자들의 삶과는 비교도 할 수 없이 흥미로웠다. 다윈은 산호에 매혹되었으며, 호바트에서는 해안을 걸으며 해양식물을 채집했다. 밀물이 고인 웅덩이에는, 딱딱한 껍질을 지닌 조류(홍조류)에서 떨어져 나온 다발들이 칠로에 섬의 사과나무처럼 싹을 내고 있었다. 이것은 식물은 고등한 것이나 하등한 것이나 절단에 의해 증식할 수 있다는 뜻이었다. 그런데 초礁를 형성하는 돌처럼 딱딱한 동물인 가지 모양 산호도 마찬가지였다. 이들도 떨어져 나온 줄기로부터 생장할 수 있었다. 3월 6일에 비글호가 오스트레일리아 남서해안의 킹조지 협만에 닻을 내릴 때, 다윈은 홍조류와 산호에 대한 생각을 기록하는 데 몰두하고 있었다. 그는 이 두 가지 원시적인 생명 형태를 식물과 동물이 만나는 출발점 가까이에 놓음으로써 둘을 한층 더 긴밀하게 결부시키고 있었다.

여드레 동안 머물렀던 이번 상륙은 이번 항해에서 가장 "지루하고 재미없는" 시간이었다. 킹조지 협만은 건설된 지 10년이 채 되지 않은 그다지 비중이 없는 전초지였다. 유형 식민지로 간들려던 곳이지만, 새로 개척된 스완 강 이주지(지금의 퍼스)의 그늘에 가려 황폐해져가고 있었다. 피츠로이는 여기저기 흩어진 "쓸쓸한" 집들을 보는 순간 "돛을 활짝 펴고" 그대로 달아나고 싶었지만, 임무를 저버릴 수는 없었다. 다윈은 몸을 하얗게 칠한 "코카투 사람들"이 추는 원주민 춤을 구경했다. 외부인의 눈에 그 춤은 그저 행진하고 발을 구르는 것으로밖에는 보이지 않았다. 아마도 전원이 "소름 끼칠 만큼 일사분란하게 움직이는" "조잡하고 미개한 장면"처럼 보였을 것이다. 하지만 다윈은 느긋하고 "신바람 난" 이 "유쾌한" 원주민들을 좋아하지 않을 수 없었다.

오스트레일리아 대륙에 머무는 마지막 며칠 동안 다윈은 조개와 물고기를 부지런히 채집하고, 오스트레일리아 고유종인 대형 설치류 한 마리를 잡았으며, 백합과의 상록관목과 화강암 노두를 관찰하고 기록했다. 하지만 실망을 감출 수는 없었다. 그곳의 토양은 모래가 많이 섞여 척박했고, 식생은 열악했으며, 풍경은 무미건조했고, 캥거루는 거의 없었다. "이렇게 매력 없는 땅은 두 번 다시 걷고 싶지 않다"라는 말밖에는 할 말이 없었다.

비글호는 폭풍이 부는 가운데 출항을 했다가 좌초하고 말았다. 이것은 시작과 어울리는 결말이었다. 배가 드디어 암초에서 벗어났을 때, 다윈은 긴 넋두리로 이 식민지에 작별을 고했다. "잘 있거라, 오스트레일리아여, 너는 자라는 아기이니 틀림없이 언젠가는 남쪽의 위대한 공주가 될 것이다. 하지만 지금 사랑을 받는다는 것은 너무 원대하고 야심 찬 꿈이다. 아직은 존경을 받을 만큼 위대하지 않다. 나는 슬픔도 후회도 없이 너의 해변을 떠나노라."[30]

1836년 4월 1일에 비글호는 인도양에 떠 있는 킬링 제도 또는 코코스 제도에 도착했다. 이 제도는 자바 섬에서 1,120킬로미터 떨어진, 적도 아래 있는 산호의 천국이었다. 이 산호들은 다윈이 처음으로 본 진짜 환초였다. 산꼭대기가 물에 잠기면서 산호초만 남아 에메랄드빛 초호礁湖를 둘러싸고 있었다. 초호는 바다 밑바닥에 햇살이 닿을 만큼 얕았다.

배 안에서 볼 때는 코코넛 나무들이 "반짝이는" 모래 해변을 둘러싸고 있는 풍경만 보였다. 하지만 다윈은 육지에 올라와보고 이곳의 경제가 전적으로 코코넛에 의존하고 있다는 사실을 알았다. 이 제도에는 영국 상인들과 말레이인 자유노예들이 이주해 살고 있었는데, 이들은 코코넛기름 수출에 의존하여 살아갔다. 사실 이 제도의 모든 존재가 코코넛으로 살았다. 돼지와 가금류는 코코넛을 먹고 살을 찌웠으며, "거대한 물게"는 코코넛 먹는 전문가였다. 이것은 다윈이 "지금까지 들어본 적이 없는 매우 신기한 적응과 본능의 사례"였다.

다윈은 산호초가 "이 세상에서 가장 경이로운 물질 가운데 하나"라고 생각했다. 그는 며칠 동안 허리까지 차는 물속에 들어가서 뇌산호〔사

람의 뇌처럼 생긴 산호]와 가지상 산호, 수면 위로 튀어나왔다 들어갔다 하
는 물고기들을 관찰하고 그것을 기록했다. 다윈은 다채롭고 눈부신 색깔
들의 향연에 넋을 잃었다. 그런데 살아 있는 산호를 현미경 아래 놓고 보
았을 때, 커다란 의문이 생겼다. 아무리 열심히 들여다봐도 각각의 폴립
이 뚜렷이 구분되지 않았던 것이다. 폴립들은 마치 "하나의 단면"을 이루
는 "살"덩어리로 보였다.[1] 게다가 산호의 딱딱한 골격은 딱딱한 껍질을
만드는 조류藻類처럼 자라는 것 같았다. 다윈은 원시적인 수준으로 내려
가면 동물과 식물이 사실상 하나의 지점에서 만난다는 것을 확신했다. 그
는 라마르크주의자 스승인 로버트 그랜트의 10년 전 입장, 그러니까 식
물계와 동물계가 하나의 시작점을 공유하고 있다는 결론에 한참을 돌아
도달했던 것이다.

저녁이면 야자나무 아래 누워 집게들을 관찰하면서 이런 분류상의
난해한 문제들을 곰곰이 생각했다. "이런 나무그늘에 앉아 시원하고 상
쾌한 코코넛즙을 마시는 기분이 얼마나 달콤한지" 그 누가 알까. 다윈은
또 한 가지 사실을 확신했다. 환초를 실제로 관찰해보니 자신의 산호초
이론은 확실했던 것이다.

해군성 위원들은 피츠로이에게 "강구할 수 있는" 모든 수단을 동원
하여 "산호초가 형성되기 시작하는 수심을 알아내라"는 지시를 내렸다.
피츠로이도 산호초의 기원에 대한 단서를 찾고 있었다. 그는 해안에서
1.6킬로미터 떨어진 곳에서 수심을 측정했지만, 여기서도 측연〔測鉛: 바
다의 깊이를 재는 데 쓰는 기구. 납덩어리로, 굵은 줄의 끝에 매단다〕이 바다
밑바닥에 닿지 않았다. 줄을 2킬로미터까지 내렸는데도 바닥에 닿지 않
았던 것이다. 산호초는 바다 속에 잠긴 산꼭대기에 형성되어 있는 것이
분명했다. 산이 물에 잠김에 따라 산호의 환상環狀의 벽이 자라 수면 위
로 올라오면서 에메랄드빛 초호만을 남겨놓았던 것이다. 다윈의 가설대

로였다.[2]

비글호는 모리셔스 섬까지 항해하기 위한 식량을 비축했다. 섬의 우물에서 퍼올린 담수와 코코넛, 물고기를 확보했으며, 재고가 점점 줄어들고 있는 갈라파고스 제도의 땅거북을 보충하기 위해 거북도 실었다. 향수병에 시달리는 비글호의 영웅들은 다시 출항을 했다. 그들은 항해가 이제 6개월밖에 남지 않았음을 알았다. 식량보급을 위한 기항지들을 하루빨리 통과하고 싶었던 다윈은 지친 듯 일지에 이렇게 적었다. "이제 우리에게 매력적으로 보이는 땅은 하나도 없다. 지나친 후 바라보지 않는 한."

다시 먼바다로 나갔을 때, 다윈은 3주에 걸쳐 자신의 지질학 메모들을 "완전히 다시 쓰다시피 했다." 이는 문장을 매끄럽게 하기 위해서였지만, 결과가 썩 좋지는 않았다. 다윈은 심지어 이 문제를 누이들에게 거론할 때조차 난삽한 문장을 구사했다. "생각을 종이 위에 표현하는 것이 얼마나 어려운지 비로소 실감하고 있습니다. 단순히 기술하는 것은 그래도 쉬운 편입니다. 그러나 논증을 할 때는, 매끄럽게 연결하는 것, 명료성과 가독성이 이미 말했다시피 잘 안 되는데, 어떻게 해야 할지 잘 모르겠습니다." 하지만 그런 것은 괜찮았다. "내 지질학 이론에는 자신이 있으니까요." 이 무렵 다윈은 단절감을 느끼고 있었고 가족의 격려가 필요했다. 뉴질랜드에서도 오스트레일리아에서도 편지는 없었다. 사실 13개월 동안 편지를 한 통도 받지 못했다. 다윈은 자신이 최근에 보낸 지질학 소식들이 어떤 평가를 받고 있는지 궁금했다. "나는 헨슬로 선생님이 엄숙한 얼굴로 내 발견을 평가할 순간을 초조하게 기다립니다. 만일 선생님이 인정하지 않는다는 듯이 고개를 저으면, 과학을 당장 포기하라는 뜻으로 받아들일 것입니다. 결국 과학이 나를 포기하게 될 테니까요."

다윈은 막판까지도 "뱃멀미 때문에 괴로워했다." 증상은 결코 누그러지지 않았다. 그러나 피츠로이의 기록에 따르면, "그는 육지를 보면 회복이” 되었다. 모리셔스의 산들이 수평선 위로 모습을 드러내자 이번만큼은 정말로 그랬다. 멀리 보이는 모리셔스 섬은 “너무나도 고결한 분위기”를 풍겼고, 가까이 다가온 “아름다운 풍경”과 구름에 휩싸인 산꼭대기들은 마치 어서 오라며 손짓을 하는 듯했다.

다윈은 4월 30일에 프랑스어를 쓰는 도시인 포트루이스를 여행하면서 오페라를 즐기고 책들이 들어찬 서점들을 구경했다. 항해에 나선 지 어언 4년이 넘은 터라, “게으르고 하릴없이 시간을” 보내는 것이 좋았다. “열정을 내뿜는 매혹적인 풍경들”이 가득하여 이국적인 정취를 풍기는 이 섬은 연애하기에는 더할 나위 없이 좋은 장소였다. “연애편지를 쓰기에 얼마나 좋은 곳인가!” 다윈은 상념에 잠겼다. “아, 내게도 마음을 담은 편지를 보낼 사랑하는 여인이 있다면.” 그는 여러 인종이 뒤섞인 거리를 걸었다. 이런저런 유럽인들, “기품 있어 보이는” 인도인들, 마다가스카르의 흑인들이 지나갔다. 대규모의 설탕 수출로 벌어들인 돈으로 도로를 포장해놓은 덕분에 다윈은 이 그림 같은 섬을 불편 없이 돌아다닐 수 있었다. 사실 일부 구간은 코끼리를 이용했기 때문에, 도로가 꼭 필요했던 것은 아니었다. 한 측량관이 자신의 집과 코끼리를 마음대로 쓰라고 내준 덕분이었다.[3]

그 뒤로 인도양을 건너는 기나긴 여정이 이어졌고, 5월 31일에 비글호는 강풍에 떠밀려 아프리카 대륙 최남단인 희망봉의 시몬즈 만으로 들어갔다. 다음 날 다윈은 말 한 필이 끄는 이륜마차를 빌려 타고, 사막을 지나고, 열두 마리 황소가 끄는 육중한 마차를 추월하고, 테이블 산을 배경으로 한 멋진 저택과 농원을 통과하여 케이프타운까지 35킬로미터를 달렸다. 케이프타운은 “동쪽으로 가는 고속도로”에 위치한 일종의 “거대한 여관”이어서, 여인숙들은 온갖 국적의 상인과 선원들로 북적였다. 케이프타운은 영국화되고 있었으며, 모두가 영어로 말을 해서 네덜란드 사람들을 놀라게 했다. 다윈은 지구 곳곳에 씨 뿌려진 수많은 식민지들을 보며 일종의 제국 감각을 체득하고 있었다. 그 식민지들에서 "어린 영국들이 부화하고 있다." 여느 식민지와 마찬가지로 이곳에서도 토착민들은 점점 줄어들고 있었다. 흑인들은 거의 눈에 띄지 않았으며, "이 나라의 학대받는 원주민" 호텐토트인은 더더욱 드물었다. 일부 호텐토트인들은 하인으로 일했다. 실제로 다윈도 교외 마을들을 둘러보기 위해 옷차림과 매너가 ― 흰 장갑을 비롯하여 모든 것이 ― 나무랄 데 없는 한 호텐토트인 마부를 안내인으로 썼다.

2주째에는 과학자들을 만났다. 군의관들은 지질학 산책을 시켜주었고, 천문학자들은 남반구의 하늘을 수놓은 천체들을 안내했다. 그 가운데 한 천문학자는 다윈이 누구보다 만나고 싶어했던 그의 영웅 존 허셜 경이었다. 다윈은 케임브리지에 있을 때 허셜 경의 책을 탐독했다. 허셜은 2년 동안 이곳에 머물면서 별자리 지도를 작성해왔으며, 케이프타운에서 10킬로미터 떨어진 전나무와 떡갈나무 숲에 둘러싸인 "안락한 시골집"을 사서 살고 있었다. 다윈은 "허셜 경의 괴팍하지만 상냥한 태도에 대해 귀에 못이 박히도록 들었던 터라, 그 위대한 사람을 만난다고 생각하니 가슴이 몹시 두근거렸다."

그리 오래 기다리지 않아도 되었다. 다윈은 피츠로이와 함께 6월 3일에 허셜을 방문했다. "엄청나게 마음씨 좋은" 존 허셜 경이 두 사람을 저녁식사에 초대했는데, 직접 본 허셜의 태도는 "좀 뜨악하게" 느껴졌다. 두 손님은 "케이프벌브〔남아프리카를 원산으로 하는 붓꽃과의 식물〕가 가득한 아름다운 정원"으로 안내되어 전나무가 늘어선 정원 여기저기를 거닐었다. 저 멀리에는 테이블 산이 위용을 뽐내며 우뚝 솟아 있었다. 그들은 산책을 하는 내내 화산폭발과 융기하는 대륙에 대해 대화를 나누었고, 다윈은 허셜도 지각이 휘어지는 현상을 중요하게 생각하고 있다는 사실을 알았다. 존 경은 지표면 아래서 일어나는 운동의 메커니즘에 궁금증을 품고 있었다. 그는 이 현상을 설명한 라이엘에게 편지를 보내기도 했는데, 그 역시 『지질학 원리』를 매우 흥미롭게 읽었기 때문이었다. 아마 허셜과 다윈은 라이엘이 주장하는 지각의 점진적인 변화에 대해 많은 이야기를 나눴을 것이다. 허셜은 라이엘에게 보낸 편지에서, 라이엘이 "미스터리 중의 미스터리", 즉 지구에 순차적으로 새 종이 출현하는 어려운 문제에 제대로 맞서지 않는다고 비판했다. 만일 지표가 오늘날과 그리 다르지 않은 힘에 의해 서서히 변해왔다면, 생명도 같은 식으로 이해해야 하지 않을까? 종의 탄생도 그와 같은 자연현상이 아닐까? 존 경은 그렇다고 생각했다. 두 사람이 이 까다로운 문제를 언급했든 아니든, 이 만남은 다윈에게 "오랫동안 행운이라고 생각하며 음미했을 만큼 무엇보다 기억에 남는 사건"이었다.[4]

집에서 온 소식은 다윈의 과학에 대한 의지를 한층 굳건하게 해주었다. 케이프타운에 머무르는 동안 캐서린이 보낸 편지를 마침내 받아볼 수 있었다. 캐서린은 다윈의 이름이 영국 자연학자들의 입에 오르내리고 있다는 소식을 전했다. 찰스는 몰랐지만, 헨슬로는 다윈이 보낸 남아메리카 지질에 관한 편지 열 통을, 개인 배포용 소책자로 편집하여 **인쇄**했다. 이 소책자는 지난 여섯 달 동안 만인을 기쁘게 했다. 로버트 박사는 폭스가家, 오언가, 웨지우드가 등 여러 지방신사들에게 여섯 부를 돌리며 아들의 발견을 읽어보라고 했을 정도로 기뻐했다. 헨슬로는 다윈 가족에게 찰스를 크게 칭찬하여 가족들로 하여금 대단히 자랑스러운 기분이 들게 했다. 다윈은 이 소식을 듣고 기뻤지만, 급하게 쓴 문장들이 인쇄되어 책으로 나왔다는 것이 두려웠다. 그는 헨슬로에게 보내는 편지를 집에 보내는 것처럼 편하게 써왔다. 세상에, 그것을 책으로 펴냈다고? "하지만 스페인 사람들의 말마따나, '노 헤이 레메디오No hay remedio'" ― 어쩔 도리가 없었다.

피츠로이의 관심사는 다른 무엇보다도 선교활동이었다. 케이프타운에서도 선교사들이 심심찮게 공격을 당했다. 태평양의 섬들에서 선교활동의 성공을 목격한 피츠로이는 이곳의 선교사들을 위한 지원에 나섰다. 따지고 보면 이번 항해를 시작하게 된 계기도 티에라델푸에고의 야만인들을 기독교도로 개종시키는 것이 아니었던가. 케이프타운에서 피츠로이는『남아프리카 기독교의 증인』이라는 정기간행물에 원고를 써달라는 의뢰를 받았다. 피츠로이는 6월 18일에 남대서양을 향해 북쪽으로 항해하는 비글호 선상에서 "타히티의 도덕적 상태"를 보고하는 공개서한을 썼다. 그 글에는 다윈의 일지에서 발췌한 선교사의 태도와 원주민의 절제와 도덕심에 대한 내용들도 끼워넣었다. 가장 빛나는 대목은 등반할 때 다윈의 길잡이를 맡았던 사람에 관한 다윈의 묘사였다. 그 길잡이는 바나나를 요리해놓고 먹기 전에 무릎을 꿇고서 "기독교인의 모범이 되는 방식으로" 숙연하게 기도를 했다. 다윈은 당시 이렇게 적었다. "타히티인이 선교사가 쳐다볼 때만 열심히 기도하는 것은 아닐 거라고 생각했던 사람은 이 증거에서 확신을 얻을 수 있을 것이다."[5] 이 원고는 바다 위에서 완성되어 지나가는 배편으로 보내졌다.

이제 넉 달 뒤면 집에 도착한다. 이제는 항해를 평가하고 돌아볼 때였다. 대서양에서 다윈은 채집물들에 대한 목록을 작성했다. 표본의 개수와 채집한 장소를 적고 짤막한 설명을 곁들였다. 그는 몇 주에 걸쳐, "와인에 담근 어류", "동물(즉, 포유류)", "와인에 담근 파충류", "조류", "와인에 담근 곤충" 등, 동물 강綱별로 하나씩 12개의 목록을 만들었다. 귀중한 박제와 보존액에 담근 표본들의 이름을 찾고 기재하는 일은 각 분야의 전문가에게 맡길 작정이었다. 곤충의 권위자인 윌리엄 커비가 경고했듯, 측량선이 싣고 오는 "동물학의 보물들"은 이름을 모른다면 아무 소용이 없기 때문이다. 그렇게 "서랍이나 보존창고에서 썩어가느니" 차라리 "원래 있던 사막이나 숲에서 사라지게 두는 편"이 나았다.[6] 다윈의 수화물은 이런 운명을 맞지 않을 것이다. 다윈이 목록을 작성한 것은 잉글랜드에서 이 표본들을 맡을 전문가들에게 도움을 주기 위해서였다.

갈라파고스 흉내쟁이지빠귀는 목록을 작성해보니 세 종류였고, 저마다 그 섬의 고유종이었다. 다윈은 이 의미를 곰곰이 생각해보았다.

> 각각의 땅거북이 어느 섬에서 왔는지 곧장 알아맞힐 수 있다고 단언한 스페인 사람들의 말…… 떠올려보자. 갈라파고스 제도의 섬들은 서로 바라볼 수 있는 거리에 있고, 그 섬들에는 극히 적은 종류의 동물만이 살고 있다. 이 제도에 살고 있는 이러한 새들은 각기 구조만 약간씩 다를 뿐 자연에서 같은 자리에 위치한다고 생각해보자. 그렇다면 이들은 단지 한 종의 변종들에 지나지 않을 것이다. …… 이러한 관찰에 조금이라도 근거가 있다면 갈라파고스 제도의 동물학은 검토해볼 가치가 충분히 있다. 이것은 종이 불변한다는 생각을 뒤흔드는 사실이니까.[7]

만일 해적들이 들여온 땅거북들이 섬마다 다르다면, 칠레에서 갈라파고스 제도로 날아온 최초의 흉내쟁이지빠귀들도 각 섬들에 흩어져 살면서 그 섬의 환경에 알맞게 적응했을지도 모른다. 그러나 이들은 오직 '변종'일 뿐이며, 자연학자들은 한 종의 변종은 자연적으로 생길 수 있다는 것을 인정했다. 종이 '창조의 중심'에서 널리 퍼져나가기 위해서는 오히려 약간의 유연함이 꼭 필요했다. 물론 그러한 유연함은 종변형으로까지 가지는 않는다. 그러나 종의 변화가 어디까지 갈 수 있을까. 다윈은 궁금했다. 허셜의 "미스터리 중의 미스터리"는 어쩌면 미스터리가 아닐 수도 있었다.

*   *   *

모두가 고향을 그리워하고 있었다. 비글호의 승무원들은 6월 29일에 남회귀선을 넘었는데, 다윈이 일지에 기록한 바에 따르면 "이번이 여섯 번째이자 마지막"이었다. 9일 뒤, 험상궂은 바위섬인 세인트헬레나 섬이 "바다에 솟은 거대한 성채처럼" 모습을 드러냈다. 어쩌면 이 섬에 더 어울리는 비유는 감옥일지도 몰랐다. 섬을 에워싼 용암류 장벽이 요새의 방어 능력과 포좌를 보강해주는 것처럼 보였기 때문이다.

우중충한 하늘과 부슬비 탓에 섬의 전체적인 인상은 음산했다. 망명한 나폴레옹이 1821년에 이곳에서 죽었다. 다윈은 나폴레옹의 무덤에서 아주 가까운 곳에서 닷새를 묵었다. 나폴레옹의 망령이 이 음산한 땅에 나타난다면, 창문에 비가 내리긋는 오늘 같은 밤이 "나와서 돌아다니기에" 딱 알맞을 것이라고, 다윈은 7월 9일에 헨슬로에게 쓴 편지에서 농담을 했다. 유럽을 정복한 자의 "그토록 위대한 영혼"이 이 황량한 바위섬의 도로변 오두막집들 옆에 잠들어 있다는 것은 확실히 모순이었다.[8]

이보다 더한 모순은 주위를 둘러싼 영국산 식물들이었다. 섬 전체가 외래종으로 뒤덮여 있었다. 가시금작화와 유럽소나무, 블랙베리 관목들이 이 바위 요새를 무성하게 뒤덮으며 섬의 고유종들을 밀어내고 있었다. 다윈은 온 섬을 걸어서 돌아다니며 육지를 디딘 기쁨을 누리고, 영국에서 온 침입자 식물들을 주의 깊게 관찰했다. 또한 해발 600미터 지점에 있는 조개껍데기 화석들도 놓치지 않았다. 지질학 교과서들은 일반적으로 이 조개껍데기들이 세인트헬레나 섬이 멀지 않은 고거에 융기했음을 보여주는 증거라고 말했다. 그러나 다윈은 그것이 현재는 멸종한 육상달팽이의 패각임을 알아챌 만큼 전문가가 되어 있었다.

비글호는 고향에 점점 가까워지고 있었다. 다시 출항한 지 닷새째 되는 날, 그들은 남대서양 한가운데에 있는 어센션 섬에 도착했다. 이 섬에서 거주지는 해군 병영뿐이었다. 해군은 이 섬을 엄격하게 관리되는 배처럼 운영했는데, 모든 도로에 이정표를 설치하고 지하수를 뽑아내는 펌프를 배치했다. 어센션 섬에서 물은 필수였다. 이 섬은 바위라기보다는—농담 삼아 하는 말들에 따르면—바다 위에 뜬 "깜부기불"에 더 가까웠다. 다윈은 이 조롱의 대상—원뿔형의 붉은 화산들—을 조사해보고 싶었다. 그는 험한 섬 곳곳을 돌아다니며 "벌거벗은 흉한 모습"의 자연을 관찰했다. 굳은 용암류, 층층이 쌓인 부석과 화산재, 분화구에서 올라온 뜨거운 미사일인 "화산폭탄들"이 표층에 널려 있는 것까지, 모두가 원초적 폭발력의 증거들이었다.

7월 23일에 다시 출항했을 때, 비글호의 예정된 진로는 북쪽이었다. 그런데 이상하게도 배의 나침반이 WSW(서남서)를 가리키고 있었다. 불같은 성격의 완벽주의자인 피츠로이가 이미 측정한 경도를 다시 확인하기 위해 브라질의 바이아로 진로를 변경해버렸던 것이다. 다윈은 부드럽게 자제한 표현으로 승무원들의 "놀람과 당혹스러움"을 일지에 기록하고, 조개껍데기들의 목록을 작성하는 일을 다시 시작했다. 그의 누이들은 "네 인생에 평생 도움이 될 만큼 충분한 여행을 한 것 아니냐"고 묻고 있었고, "너도 그래, 그래, 라고 했던 걸로 안다"고 말했다. 다윈은 이 무렵 확실히 인내심의 한계를 느끼고 있었고, 누이들에게 그런 심정을 솔직히 털어놓았다. "이런 식으로 진로를 왔다 갔다 하는 것이 참으로 괴롭습니다. 그래서 나는 마침내 폭발하고 말았습니다. 이제는 바다가 지긋지긋합니다."[9]

바이아까지는 1주일밖에 걸리지 않았지만, 다윈은 이레 내내 분노에 이를 갈았다. 그는 브라질의 "울창한 야생"을 다시 보았을 때, 더는 "새로움도 놀람"도 없었다고 한탄했다. 8월 초의 닷새 동안 그는 빈둥빈둥 시간을 보내며 일지를 썼으며, 숲속을 돌아다니며 망고와 바나나를 먹고 매미소리를 듣고 열대나비들의 정처 없는 비행을 이것이 마지막이라는 생각으로 관찰했다. "울창하고 난잡한 야생의 거대한 온실" 같은 정글의 인상은 그의 마음속에 영원히 남을 것이다. 다윈은 마지막 산책에 나서며 그 풍경을 마음에 아로새겼다. 풍경을 이루는 "수천 개의 아름다움들" 하나하나에 대한 기억은 지워지겠지만, 이들은 "어릴 때 들었던 동화처럼" "다른 세상의 광휘"로 영원히 남을 것이다.

8월 6일에 비글호는 다시 고향을 향해 닻을 올렸고, 다윈은 조용히 앉아서 수백 가지 곤충들의 목록을 작성했다. 하지만 날씨가 그 작업에 제동을 걸었고, 비글호는 북쪽 해안에 있는 페르남부쿠로 입항할 수밖에 없었다. 다윈은 하루빨리 떠나기를 고대하며 맹그로브 습지와 산호를 조사하면서 또다시 하릴없이 시간을 때웠다. 비글호는 17일에 닻을 올리고 열대성 폭풍우가 몰아치는 바다로 나아갔다. 마침내 그들은 "영국으로 가는 길에 올랐던" 것이다. 고향으로 돌아갈 생각을 하니 "아무리 진절머리 나고 비참해도" 기운이 솟았다. 다윈은 해먹에 누워 흔들거리며 슈롭셔로 갈 때 어떤 마차를 탈지 한 번 더 생각해보고, 다시 만났을 때 누이들이 어떤 표정을 지을지도 떠올려보았다.

비글호는 8월 21일에 적도를 통과하여, 9월 초에는 식량을 비축하기 위해 생자고 섬으로 들어가 악랄한 노예무역을 하는 노예선들 옆에 정박했다. 그리고 9월 9일, 배는 다시 북회귀선을 넘어 온대의 바다로 들어섰다. 보급계의 사관들은 아조레스 제도의 테르세이라 섬에서 더 많은 식량을 실었다. 갑판 위로 통들이 굴러 들어오는 동안, 다윈은 활화산의 분화구를 보기 위해 그 지방 영사에게 말 한 필을 빌려—웨일스풍의 풍경, 시골뜨기들, 영국산 지빠귀들을 지나쳐—전속력으로 달렸다. 그는 익숙한 북쪽 땅으로 돌아온 것이었다. 물론 고향에는 "증기기관 보일러의 틈"을 제외하고는 증기를 쉭쉭 뿜어올리는 구멍들이 없었지만, 비글호는 더 큰 섬인 상미겔 섬으로 가서, 오렌지를 가득 실은 수백 척의 배들 옆에 정박했다. 대부분은 잉글랜드로 가는 배들이었다. 편지는 아직까지 도착하지 않고 있었다. 비글호는 9월 25일에 닻을 올리고 "고맙게도" 고향으로 가는 "직항로"를 택했다.

1주일 뒤면 잉글랜드 남서쪽 끝인 랜즈엔드에 닿을 것이다. 이즈음 "슈롭셔는 얼마나 아름다울까" 하는 생각이 계속해서 다윈의 머릿속을 스쳤다. 다윈은 기운이 펄펄 나고 가슴이 뛰었다. 싱그러운 열대는 차츰 잊혀갔다. 그는 "잉글랜드의 풍경이 열 배는 더 아름답습니다"라고 외쳤다. "끝도 없이 뻗은 광활한 들판과 발을 들여놓을 수도 없을 만큼 울창한 숲이라 한들 그것을 잉글랜드의 초록 들판이나 떡갈나무 숲과 비교할 수 있을까요." 늘 웃음을 머금은 열대라니. 이것은 "지독히도 무의미"했다. "항상 웃고 있는 여인의 얼굴에 누가 경탄을 하겠습니까? 영국의 아름다움은 열대의 숲 같은 진부한 것이 아닙니다. 그녀는 울기도 하고 찡그리기도 하고 웃기도 하지요."

5년에 걸친 항해를 끝내는 호메로스의 영웅들은 감정이 북받쳤다. 그들은 살아남았다. 심지어 수병 데이비스의 코코티조차도. 이런 순간에는 누구나 "평소와 다른 객기와 사치를 부리고" 싶은 법이다. 다윈의 보고에 따르면, "군함의 영웅들"에게는 좋은 생각이 있었다. 그들은 "바다에 기니 금화를 던지고 파운드 지폐로 담배 파이프에 불을 붙이며 자신들의 주체할 수 없는 기쁨을 표출했다."[10)]

지난주는 푸른 쥐가오리 떼가 뒤쫓아오는 바람에 바다가 출렁거렸다. 다윈은 누워서 "지난 5년에 걸친 방랑이 가져다준 고통과 기쁨"을 되돌아보았다. 다른 사람에게 이 위험천만한 여행을 추천할 수 있을까? 그렇고말고. 하지만 동물학이나 지질학에 특별한 관심이 있는 사람이라야 한다. 그렇지 않다면 고통이 기쁨보다 훨씬 클 테니까. 소소하게 짜증을 돋우는 일들이 상상을 초월하게 많기 때문이다. '방이 부족하고, 독립을 보장받을 수 없다. 항상 서둘러야 하니 휴식을 제대로 취하지 못해 지친다. 문명의 편리라는 작은 사치를 누릴 수 없다." 최악의 고통은 끊임없는 뱃멀미였다. 거기다 이런 여행을 하려는 자들은 단순한 호사가로서의 관심으로는 안 된다. 반드시 관찰결과들을 취합하여 이용해야 한다. 다시 말해 "반드시 어떤 열매를 거두어야" 한다.

다윈은 자신의 항해에 대해 생각해보았다. 수년에 걸쳐 씨를 뿌리고 가꾸는 일은 이제 끝이 났다. 그에게는 모든 것을 꼼꼼하게 기록해놓은 770쪽에 이르는 일지가 있었다. 이것은 출판을 염두에 두고 쓴 것이며, 조각조각 나누어 집에 부쳤다. 이래즈머스는 이 기록을 매우 재미있게 읽었으며, 헨슬레이도 그랬다. 둘 다 "출판을 하면 여행서들 가운데 가장 흥미로운 책이 될 것"이라고 생각했다. 누이들은 "그것을 소리 내어" 읽었는데, "아버지는 네가 위험에 처한 부분에서 오싹해하신 것만 빼면 네 편지를 읽고 매우 즐거워하셨다." 수전은 "내가 교정교열을 봐주면 완벽한 원고가 될 것"이라고 말했다.[11)]

그에게는 일지 말고도, 난해한 지질학에 관한 공책(큰 판으로 1,383쪽)과 동물학에 관한 공책(368쪽)이 있었다. 그리그 새로운 종들도 있었다. 특히 반쯤 먹어버린 작은 레아의 사체가 있었고, 그의 선실에는 처음보다 5센티미터가 더 자란 갈라파고스의 아기거북이 아직 살아 있었으며, 뼈와 새, 암석과 산호를 담은 상자들이 고향집에서 그를 기다리고 있었다. 이것은 엄청난 규모의 채집물이었다. 주요 표본을 정리한 목록에 따르면, 액침표본이 1,529종, 라벨을 붙인 박제와 뼈, 그 밖의 마른 표본들이 3,907종이었다.[12)]

이들이 과연 열매를 맺게 될까? 다윈은 진짜 노동은 이제부터 시작되리라는 것을 알고 있었다. 그는 "잉글랜드에서 나를 기다리고 있는 엄청난 일에 대해 끔찍함과 만족이 엇갈리는 기묘한 기분을 느끼며" 앞날을 내다보았다. 다윈은 이 표본들을 각 분야의 전문가들에게 맡기려면 아무래도 런던에 머물러야 할 것이라고 생각했고, 그래서 계획을 세우기 시작했다. 그는 "나의 해군성 장관"인 헨슬로에게, 자신을 지질학회의 회원으로 추천해줄 것을 부탁하는 편지를 미리 보내두었다. 이래즈머스에게는 신사들의 클럽에 가입할 수 있도록 주선해달라고 부탁했다.[13] 곤충학회에 이름을 올리는 일은 벌써 친구들이 해두었다. 곤충학회에서는 열대지방에서 채집한 곤충들 정도면 명사가 될 수 있을 터였다.

다윈은 박제나 뼈, "개별 사실들은 얼마 지나지 않아 시시해질 것"임을 알았다. 거기서 한 발짝 더 나아갈 필요가 있었다. 커비 같은 윗세대에게는 이름을 확인하는 일이 전부이자 궁극적인 목표였다. 그러나 다윈은 더 많은 것을 알고 싶었다. 궁금한 질문들이 백만 가지였다. 옛날에 메가테리움이 살던 세계는 어떤 세상이었을까? 그들은 왜 멸종했을까? 동물과 식물들은 어떻게 바다 한가운데의 섬들에 살게 되었을까? 다윈은 이미 대륙의 융기와 산호초 형성에 관한 중대한 지질학 이론을 세워놓았다. 그리고 남아메리카에 대한 견해를 지구 전체로 확장함으로써 "이 이론들을 한계선까지 밀어붙이고" 있었다. 다윈은 자신의 견해를 토대로 삼으면 "세계 전체의 지질학이 아주 간단해질 것"이라고 예견했다.[14] 다윈의 일생에 걸친 연구경향이 시작되고 있었다. 그것은 작은 시작에서 큰 결과로, 작은 산호에서 거대한 산호초로, 지각의 작은 진동에서 거대한 안데스 산맥으로 추정해나가는 것이었다. 이 세상—다윈이 라이엘의 안경을 통해 본 세상—은 작은 변화들의 축적이었다. 모든 것은 자연적으로, 점진적으로, 그리고 천천히 변한다.

다윈은 이제 더는 "사자에게 먹이를 물어다주는 자"가 되지 않고 자신이 모은 자료를 직접 삼킬 작정이었다. 세지윅은 지난 11월에 열린 지질학회 모임에서 다윈이 내린 결론들의 개요를 소개했다. 남아메리카 지질학에 관해서는 거의 알려진 것이 없었기 때문에, 팜파스의 "융기는 점진적으로, 또는 가다 서다를 반복하는 패턴으로 일어났음이 틀림없다"는 다윈의 견해는 커다란 흥분을 불러일으켰다. 매주 토요일에 발행하는 『애시니엄*Athenaeum*』에 다윈의 연구에 대한 보도가 실렸고, 이를 읽은 로버트 박사는 찰스의 "영예"에 크게 기뻐했다. 라이엘도 무척 기뻐했다. 라이엘은 세지윅에게 "다윈이 돌아오기를 얼마나 고대했는지 모릅니다!"라고 외치며 "선생이 찰스를 케임브리지에 잡아두고 독점할 생각은 아니겠지요"라고 말하여 그를 즐겁게 했다. "발견의 항해를 떠난 것은 찰스에게 최고의 선택이었다. 그냥 있었다면 게으른 사람이 될 위험이 있었지만, 그는 이제 확고한 소신을 갖고 살아갈 것이며, 신의 가호가 따른다면 유럽 최고의 자연학자로 이름을 날리게 될 것이다."[15] 이것은 세지윅의 생각이었다. 다윈은 세지윅의 신뢰에 보답하고 라이엘의 기대에 부응해야 했다. 그는 액침표본들 외에 정곡을 찌르는 질문들을 안고 집으로 돌아오고 있었고, 거기에 대답을 하는 것은 그의 몫이었다.

가장 큰 질문은 인류에 대한 것이었다. 다윈은 "진짜 야만인", "가장 하등하고 야만적인 상태에 머무는 인간"보다 더 당혹스러운 장면을 좀처럼 떠올리기 어려웠다. 해먹에 누워 빈둥거리며 다윈은 이런 생각을 했다. "수백 년 전으로 거슬러 올라가서 질문해보자. 우리의 조상들이 저런 모습이었을까?" 그는 인간의 모든 '단계'를 보았다. "가축만큼이나 알아들을 수 없는 손짓과 표정을 지닌" 조야한 푸에고인들부터 마오리족, 타히티인, 팜파스 인디오를 거쳐 이들을 절멸시키고 있는 가우초들에 이르기까지. 그리고 맨 위에는 영국 국기를 휘두르며 진군하는 영국의 식민지 건설자들이 군림하고 있었다.

이것은 유럽의 기준으로 등급을 매긴 '단계'였고, 그 꼭대기에 있는 자들이 밑바닥에 있는 자들을 평가한 결과였다. 다윈의 기준은 일하려는 의욕, 더 나아지려는 노력, 식민지 개척자들에 대한 호의, 기독교 교리의 수용이었다. 그렇게 보면 고등한 인종과 하등한 인종의 차이는 하늘과 땅 차이였다. "나는 야만인과 문명인의 차이를 기술하고 묘사하는 것이 가능하다고 생각하지 않는다. 그것은 야생의 동물과 길들여진 동물의 차이만큼이나 크다." 또한 제미가 보여주었듯이, 야만인의 본능은 강했다. 다윈이 셰리주를 마시는 사회에 잘 적응되어 있듯, 푸에고인들은 그들의 열악한 존재방식에 잘 적응되어 있었다. 하지만 어떻게 이런 일이 가능할까? 어떻게 똑같은 신이 이토록 원시적인 인류와 이토록 교양 있는 인류를 동시에 만들어낼 수 있었을까?

그에게 남겨진 것은 해결해야 할 질문들만은 아니었다. 영적인 감정도 있었다. 그는 그동안 안데스 산맥에 올랐고, 화산 언저리에 가보았으며, 바다로 곤두박질치는 빙하도 보았고, 허리까지 차는 바다에 들어가서 산호초도 관찰했지만, 결국 최고는 "원시림의 장엄함"이었다. 그는 덩굴들이 뒤엉킨 울창한 정글, "자연이라는 신이 창조한 다양한 피조물들이 가득한 사원"에 앉아 있었을 때 황홀감을 느꼈다. 그때 그의 마음속에는 종교적인 경외심이 가득 차올랐다. "이런 고요에 휩싸여 있으면서 어떻게 감동하지 않을 수 있겠는가. 어떻게 인간이 숨을 쉬는 육체 이상의 뭔가를 갖고 있다는 생각이 들지 않을 수 있겠는가." 이것은 다윈이 이제부터 새로운 신전에서 경배할 대상이었다.

다윈의 마음속에서 자연이 점점 커다란 자리를 차지함에 따라 목사관은 밀려나고 있었다. 다윈의 누이들도 이것을 눈치챘다. "아버지와 우리는 화롯가에 앉아, 네가 돌아오면 무슨 일을 하려 할 것인지를 곰곰이 생각하는데, 네가 교회에 자리잡을 가망은 별로 없는 듯하구나."[16] 실제

로 찰스는 이미 다른 곳을 숭배하고 있었다. 그는 콘셉시온의 무너진 대
성당이나, 대륙을 들어올리고 내리는 자연의 힘―인간의 보잘것없는 노
력을 '무'로 되돌리는 힘―을 목격하면서, 연약한 지각 아래 감추어진 무
시무시한 힘을 피부로 느꼈다. 실은 여기에는 신선한 어떤 것, 나아가 신
비로운 어떤 것, 다시 말해 생명의 토대가 숨어 있었다. 케임브리지의 은
사들은 자연을 만들어낸 신에게 헌신하는 일을 최그로 쳤다. 이제 그들을
뛰어넘으리라. 직접 자연을 공부하고, 그 힘을 설명하고, 그 지혜를 이해
하고, 그 존재방식을 입증하리라.

　10월 2일 바람이 일던 밤 팰머스 항이 모습을 드러낼 때, 다윈의 마
음속에는 평생의 직업으로 삼기에 충분한 문제들이 싹터 있었다.

제3부

1836~1842

찰스는 한시라도 빨리 식구들을 보고 싶은 마음에 팰머스에서 슈루즈버리까지 한달음에 달려갔다. 가슴이 터질 듯했으며 머릿속은 "온통 기쁨의 도가니"였다. 이 여행은 전속력으로 달려 이틀이 걸렸다. 땀에 흠뻑 젖은 말들이 잉글랜드 서부를 달리는 동안 스쳐 지나가는 숲과 과수원들은 그가 기억하는 모습보다 더 "아름답고 화사했다." 다윈은 "마차에 탄 다른 어리석은 사람들은 그 들판이 보통의 들판보다 좀 더 푸른 것을 모르는 듯하다"며 안타까워했다. 하지만 열대의 숲을 보았고 팜파스의 관목림과 거대한 코르디예라 산맥도 본 그는 "세상이 아무리 넓다 한들 잉글랜드의 비옥하고 잘 경작된 땅만큼 행복한 전망을 품고 있지는 않다"는 사실을 알았다. 1836년 10월 4일 화요일 밤 늦게, 다윈은 마침내 마운트에 도착했다. 사실 너무 늦은 시각이어서 가족들은 모두 잠자리에 든 뒤였다. 5년하고도 이틀 만의 재회였지만, 다윈은 식구들을 깨우지 않은 채 지친 몸을 이끌고 조용히 자신의 방으로 들어갔다.

식구들은 다윈이 아침을 먹으러 왔을 때에야 그가 돌아온 것을 알았다. 깜짝 놀란 식구들은 곧 기뻐서 어쩔 줄을 몰랐고, 몇 년 만에 아버지와 누이들을 본 "불쌍한 찰스는 사랑과 기쁨으로 가슴이 터질 듯했다." 그들은 서로 껴안고 입을 맞추었고, 하인들은 주인의 귀환을 자축하며 술에 흠뻑 취했다. 누이들은 찰스가 표준체중에서 8킬로그램이나 미달할 정도로 말라서 염려했지만, 어쨌든 집에 돌아왔으니 되었다. 끝없는 여행은 끝이 났다. 캐롤라인은 비스케이 만의 무시무시한 파도 때문에 찰스가 "바다를…… 끔찍하게 싫어하게" 된 것을 속으로 기뻐했다. 하지만 그런 그녀조차도 "찰스가 남은 인생을 살아가기 위한 행복과 관심사를 얻었다"는 점에서 이번 여행이 목적을 달성했음을 인정했다.

다윈은 "반은 죽고 반은 살아 있는 것" 같은 몽롱한 "상태"에서, 친척들에게 지면에서 웃음이 흘러넘칠 것만 같은 편지들을 속사포처럼 쏘아댔다. 조사이어 외삼촌에게는 "저는 너무 행복해서 지금 뭐라고 쓰고 있는지도 모를 지경입니다"라고 써보냈다. 향사 오언은 찰스가 땅 위를 걷는 능력을 회복하기도 전에 총을 가지고 방문하라고 초대하면서, "**여행에서 얼마나 향상되었는지**" 보자고 했다. 그리고 사실, 사격을 좀 해보는 것이 육지 사람으로 돌아오는 최선의 방법 아니겠는가.[1]

그러나 다윈은 목적의식 없이 헤매던 지난날의 불안한 찰스가 아니었다. 5년 동안의 세월과 세계가 그를 달라지게 했다. 이제는 자신감과 진지함이 생겼다. 그는 적대적인 지역에서 기지를 발휘하여 살아남았고, 전쟁과 야만인들을 보았으며, 안데스 산맥을 넘었다. 사실 살아 있는 것 자체만으로도 기쁜 일이었다. 그는 이제 소신을 갖고 행동하는 사람으로서, 자기 스스로 생각을 했으며 권위에 도전할 만큼 자신감에 차 있었다. 그는 이름을 떨치고 자신의 가치를 입증했으며, 자신의 성취가 자랑스러웠다. 이로 인해 온 가족의 관심을 한 몸에 받았으며 그것이 몹시 기뻤다. 난생처음으로 사랑하는 사람들로부터 무조건적인 인정을 받은 것이었다. 그는 예전과 같은 사람이라고 보기 어려웠다. 그는 자기 자신의 개혁을 이루어낸 것이었다.

그러면 찰스가 돌아온 곳은 어땠을까? 찰스는 맨 먼저 "잉글랜드가 완전히 달라진 것 같다"고 느꼈다. 대대적인 개혁이 일어나 새로운 도시와 산업지역들을 든든하게 뒷받침하고 있었다. 휘그당은 너무나 많은 것을 바꾸고 있었기 때문에, 휘그당이 "땅 위의 모든 것을 바꿀 뿐 아니라, 조수를 바꾸고 중력을 멈추고 태양계를 무너뜨릴 작정인 것 같다"는 우스갯소리가 있었을 정도였다.[2]

그대로인 것은 거의 없었다. 개혁 법안은 시행된 지 이미 4년이 지났다. 작년부터는 토리당이 장악하고 있던 시의회들이 민주화되어 휘그당의 반국교회파로 채워졌다. 이 휘그당원들이 유니테리언파를 시장으로 선출한 도시들까지 나오고 있었다. 상황은 분명히 변했다. 철의 공작 웰링턴이 투덜거렸듯, 권력은 품위 있는 토리당의 국교회파에서 휘그당의 제조업자, 장사꾼, 무신론자에게로 기울고 있었다.

또한 새로운 구빈법도 시행되어 점점 불어나는 극빈자들의 원성을 샀다. 다윈이 돌아온 세상은 맬서스주의로 재충전된 세상이었다. 맬서스의 말들이 하나하나 실행에 옮겨지고 있었다. 길거리 자선활동은 중지되었고, 빈민들은 경쟁을 하거나 구빈원에 들어가야 했다. 선동가들은 구빈원이 "가난하다는 이유로 [불쌍한 사람들을] 처벌하는" 악법의 상징이라며 맹비난했지만, 그럼에도 구빈원은 계속해서 생겨나고 있었다. 새로운 구빈법은 "빈민들에게 이민을 가고 낮은 임금으로 일하고 저질의 음식을 먹고 살도록 종용하기 위해 고안된 맬서스주의 법안"이라는 호된 비판을 받았다. 최초의 폭동은 1835년 5월에 남부지방에서 발발했다. 구민법 감독관들은 돌을 맞았고, 치안판사들은 소요단속령을 발효했다. 저항은 거세었다. 그해 겨울, 구빈원들이 파괴되고, 경찰과의 충돌이 연일 계속되었다.[3]

휘그당의 이런 개혁은 중간계급을 대변하는 맬서스주의 가치를 내세웠다. 다윈은 맬서스가 새로운 의미를 획득했음을 알아차렸다. 맬서스의 이름은 사탄으로서든 구세주로서든 모든 이의 입에 오르내렸다. 인구, 진보, 빈곤에 대한 맬서스의 교의는 더는 학술논의로만 머물지 않았다. 그것은 구빈법 정책의 알맹이로서, 선동적인 연설, 대중의 저항, 정부의 선전활동의 재료였다.

사실 다윈은 가짜 평온, 허리케인의 눈 속에 있었다. 일촉즉발의 상황이 그해 여름의 풍성한 수확과 철도산업의 호황 덕분에 잠시 소강상태에 들어가 있었던 것이다. 그렇다 해도 정부는 새로운 구빈법을 아직 런던이나 북부의 산업지역에까지 도입할 엄두를 내지는 못했다. 그리고 이미 경기후퇴가 시작되어 대량실업이 눈앞에 다가와 있었다.

비글호에서 내린 다윈은 휘그당원의 모습으로 돌아왔다. 배 위에서는 열혈 토리당원인 피츠로이의 비위를 맞추었지만, 이제는 피츠로이에게 "우리가 다시 만날 때쯤에는 내 정치색이 예전처럼 확고하고 현명하게 세워져 있을 겁니다"라며 자신의 본심을 평소와 같이 온후하게 밝혔다. 자신의 정당이 국가라는 배를 지휘하고 있었기 때문에, 이제는 다윈이 냉정하고 단호한 태도를 보일 차례였다. 한편 피츠로이는 또다시 예측불가능한 행동을 했는데, 이번에는 느닷없이 결혼을 해서 다윈을 놀라게 했다. 그러니까 피츠로이는 지난 5년 동안 날마다 식사를 함께하는 동료에게조차도 연인의 존재를 숨겼던 것이다.

다윈은 좀처럼 집에 있을 틈이 없었다. 가장 만나고 싶었던 사람은 헨슬로였다. 그는 헨슬로에게 여전히 "기쁨과 혼란에 들뜬" 상태로 짤막한 편지를 급히 보냈다. "여러 가지 문제와 관련하여 선생님의 조언이 필요합니다. 허공 속을 헤매고 있는 느낌입니다." 우선 비글호의 표본들을 어떻게 처리해야 좋을지 알 수가 없었다. 주의 깊게 번호를 붙이고 목록을 작성해둔 표본들의 대부분이 아직 배 위에 보관된 채로 전문가를 기다리고 있었다. 다윈은 이 표본들이 하루빨리 기재되었으면 했지만, 어떤 전문가를 찾아야 할지 알 수가 없었다. 상륙한 지 10일이 지난 10월 15일에, 다윈은 헨슬로의 지혜를 빌리기 위해 뾰족탑들이 즐비한 케임브리지로 갔다. 그곳에는 적어도 식물을 맡아줄 사람은 있었으니까. 세지윅 교수도 연락이 닿아 함께 아침을 먹으며 지질학에 대한 이야기를 나누고 케임브리지의 정세를 들었다. 다윈은 런던 최고의 자연학자들 앞으로 된 소개장들을 받았다. 하지만 그들이 무척 바쁜 사람들이라는 경고도 들었다. 어쨌든 일단 만나보는 수밖에 없었다.[4]

10월 20일에 다윈은 조용한 케임브리지에서 번잡한 런던으로 돌아와, 새로 조성된 리전트가街에서 조금 벗어난 곳에 있는 그레이트말보로가의 이래즈머스 집에서 지냈다. '현대의 바빌론'의 규모는 위압적이었다. 런던은 너무 커서 "걸어서는 하루에 다 돌아다닐 수 없을 정도"였다. 200만 명이라는 엄청난 인구는 방문객들의 기를 죽였다. 방문객들은 "우울한 거리에 조용히 밀려드는 인파"에 이리저리 휩쓸렸다. 다윈은 런던이 변화하고 있는 모습을 보았다. 유스턴 역이 건설되고 있었고, 런던 브리지는 완공되었다. 가장 대단한 장관은 밤 풍경이었다. 밤이 되면 도시에 "수백만 개의 가스등이 마법처럼 켜졌다." 거리마다 켜진 환한 가로등들을 햄스테드 히스 같은 높은 곳에서 내려다보면 온 도시가 가물거리는 별자리처럼 보였다. 도로공사는 끊임없는 불평의 대상이었다. 하수관이 매설되고, 가스관이 설치되고 있었다. 눈살을 찌푸리게 하는 하원의사당의 시커멓게 그은 외벽처럼 도시계획과는 무관한 의도치 않은 파괴도 있었지만, 대부분의 공사는 대대적인 새 단장을 위한 것이었다.[5] 가장 돈 많은 과학기관인 영국박물관과 왕립외과의사협회가 그랬는데, 비계 가리

개 뒤편으로 보이는 왕립외과의사협회의 멋진 포르티코는 매우 인상적
이었다.

다윈은 며칠 동안 동물학회, 지질학회, 린네박물관과 영국박물관을
돌아다녔다. 모두가 이래즈머스의 집에서 걸어서 가까운 거리였다. 가는
곳마다 다윈이 자기소개를 하면, 남아메리카 항해 이야기를 듣고 싶어하
는 사람들이 그를 환대했다. 이런 자리에서 다윈은 전문가들의 관심을 자
신의 표본들 쪽으로 이끌려고 노력했다. 그는 유명인사가 된 기분에 어
깨가 으쓱했다. 지질학자들은 책으로 출판된 그의 편지들을 읽었고, 많은
사람들이 그가 채집한 메가테리움 화석을 보았던 터였다. 모두가 이 열대
탐험가를 만나고 싶어했으며, 야만인, 열대우림, 거대한 땅나무늘보에 관
한 그의 이야기를 듣고자 했다. 케임브리지에서 공부를 한 향사이자 자연
학자였던 찰스 번버리는 다윈을 독점하려 했던 전형적인 인물이었다. 다
윈은 "온갖 거물들을 깜짝 놀라게" 할 만한 새로운 종들을 발견한, "세상
을 두루 돌아다닌 채집가인 듯하다." 번버리는 침을 튀겨가며 이렇게 보
고했다. 항해에서 돌아온 지 어언 한 달이 되어가던 이 무렵, 다윈은 이
곳 런던에서 "과학계의 명사들 속에 휩싸여 시간 가는 줄 모르는 무척 흥
분된 한때"를 보내고 있었다. 현재로서 표본을 맡기는 일은 성공 반 실패
반이었다. 지질학자들은 남아메리카 암석들을 덥석 집어들었지만, 헨슬
로가 예견했듯이 "동물학자들은 기재되어 있지 않은 수많은 생물들을 성
가시게 여기는 듯"했다.[6]

그도 그럴 것이, 동물학자들은 세계 각지에서 쏟아져 들어오는 조개
껍데기와 박제들에 파묻혀 허우적대고 있었다. 동물학회는 그동안 국외
이주자들과 군대의 측량기사들이 보내오는 외래종들을 환영해왔지만, 지
금은 쏟아져 들어오는 물량을 도저히 감당할 수 없는 형편이었다. 웨스트
엔드에 새 박물관이 문을 열었는데도 표본들을 감당하기는 역부족이었

다. 수많은 이주자들이 표본을 기증하고 있는 탓에, 채집물에 비해 그것을 기재할 유능한 자연학자들이 턱없이 부족했다.

동물학자들에게 구舊박물관은 오랫동안 불화의 원인이 되고 있었다. 동물학회의 임원들은 이 문제를 해소해보고자 얼마 전 레스터 스퀘어에 있는 위대한 외과의사 존 헌터의 박물관을 인수했다. 그곳은 구박물관 건물면적의 두 배나 되는 커다란 규모의 건물이었다. 게다가 "전시실과 회랑들이 잘 배열되어 있었고, 천장에 조명시설도 잘 갖추어져 있었다." 다윈이 도착했을 때는 1,200파운드를 들여 140미터의 전시구간을 확보하는 내부공사를 막 끝마친 상태였다. 그러나 새로운 공간도 벌써 꽉 차 있었다. 벽면들을 따라 끝없이 늘어선 유리진열장들 안에는 식민지에서 실어온 수많은 포유류, 조류, 파충류, 어류들이 가득했다. 다윈이 둘러보았던 당시에는 6,720종이 있었는데, 이것은 "영국에서 대중에게 공개된" 것으로는 규모가 가장 큰 전시였다. 사실 종들이 너무 많아서, 절반은 이름과 라벨도 채 붙이지 못한 상태였다. 아직까지도 박물관 직원들이 임시 보관용 병들 속에서 보존액에 담겨 있는 어류와 파충류를 꺼내는 모습을 볼 수 있었다. 이 박물관도 "거의 다 찬 데다, 1,000개가 넘는 표본이 아직 진열되지 않은 상태라면" 무엇을 기대할 수 있을까?[27] 다윈은 왜 그들이 더는 표본을 받으려 하지 않는지를 알 수 있었다.

다윈은 동물학회 안에서 신경전이 벌어지고 있다는 것도 알아챘다. 동물학회는 정치바람에 휘청거리고 있었다. 다윈의 지난날 지도교사였던 로버트 그랜트(유니버시티 칼리지에 재직 중이었다)가 이끄는 호전적인 민주주의자들이 동물학의 새 시대를 열고자 했던 것이다. 그들은 (동물원의 원래 목적들 가운데 하나이긴 하지만) 부자들의 식탁에 올리기 위해 짐승을 사육하는 특권계급의 관심이 탐탁찮았다. 그들은 봉급을 받는 전문가들이 동물학회를 운영하기를 바랐다. 그들은 부유한 아마추어 애호가들—성직자, 호사가, 귀족—이 주도해온 예전의 동물학에 동조할 수 없었다. 새로운 박물관은 그들의 운동이 일구어낸 한 가지 결실로, 진지하고 유용한 동물학을 위한 기념비였다. 개혁파는 귀족들의 산책장소인 리전트 공원의 동물원에서 멀리 떨어진 웨스트엔드에 새로운 박물관을 세우기 위해 싸워왔다. 개혁을 위한 이런 투쟁들은 감정의 응어리를 남겼다. 이런 분위기를 감지한 다윈은 "저는 그 동물학자들에게 정나미가 떨어집니다"라고 말했다. "그들이 현재 떠맡은 일이 너무 많기 때문이 아니라, 그들의 비열하고 호전적인 태도 때문입니다. 요전 날 저녁에는 동물학회에서 발표자들이 서로를 향해 으르렁댔는데, 신사들의 태도라고 보기는 힘들었습니다."

다윈은 서서히 그랜트라는 사람이 어떤 사람인지를 간파하기 시작했다. 옛 스승의 정치적 태도는 에든버러 시절보다 훨씬 과격해져 있었다. 그랜트는 개혁의 바람이 몰아치는 1830년대의 수많은 급진파와 마찬가지로, 민주주의자, 교회 비판자, 케임브리지 혐오자로서 항상 특권을 공격했다. 그랜트의 동지인 누군가는, "선량하고 고결하고 관대하고 자유주의적인 대의가 들썩이는 곳에서는 항상 그랜트 교수의 이름을 발견하게 될 것"이라고 말했다. 그러나 이러한 고결한 대의가 다윈에게도 고결한 것은 아니었다. 다윈의 친구들은 케임브리지의 성직자들이었다. 부유한 휘그당 신사였던 다윈은 지난 수백 년 동안의 부자들이 그러했듯, 자신의 도락을 추구할 자유, 자신의 집을 연구실로 삼을 자유를 마음껏 누렸다. 다윈은 밥벌이를 위해 과학을 하는 사람도 아니었고, 동물학회의 특권계급에 책임을 물을 생각도 없었다. 하지만 그는 정도를 벗어나는 행동은 두고 볼 수 없었으며, 자신의 가족들이 그랬듯이 "과격하고 부도덕한" 급진파를 혐오했다.[8]

공격을 받고 있는 것은 비단 동물학회만이 아니었다. 다른 기관들도 전통적인 지도체제에 대한 도전에 직면해 있었다. 심지어 영국박물관조차 분쟁에 휘말렸다. 영국박물관은 1836년에 의회에서 맹렬한 질문공세를 받았는데, 그 분위기를 주도한 것은 급진파였다. 그들은 영국박물관에서 직위를 갖고 있는 평의원들을 몰아내고 프랑스처럼 그곳을 연구기관으로 변모시키기를 원했다. 여기에도 그랜트가 있었다. 그랜트는 캔터베리 대주교의 휘하에 있는 특권계급 출신의 무능한 영국박물관 관리책임자들을 맹비난했다. 이 모든 사태를 지켜본 다윈은 표본들을 그곳에 맡기기가 꺼려졌다. "제가 들은 바로는, 영국박물관의 현재 상황이 전혀 믿음이 가지 않습니다." 또한 다윈은 이 일을 계기로 그랜트를 멀리하기 시작했다. 날이 갈수록 심술궂은 세속주의자가 되어 가는 그랜트는 토리당원들로부터 "기독교의 신성한 진리를 신성모독적으로 조롱하는" 악명 높은 "파충류 언론"을 지지한다는 호된 비판을 받았다.[9] 선정적인 출판물을 이용한 그랜트의 공격은 국교회를 떠받치는 기둥인 과학계 신사들로서는 혐오하여 마땅한 대상이었다.

고생하며 표본을 맡기고 지겨운 정치언쟁에 시달리며 여기저기를 쏘다닌 다윈은 녹초가 되었다. "정말 피곤하군요." 다윈은 커롤라인에게 푸념을 했다. "헨슬로 선생님이 있는 곳에서 조용히 살고 싶습니다." 케임브리지는 매연과 검댕뿐만 아니라 언쟁으로부터도 떨어져 있는 성역이었다. 케임브리지에서 채집물을 조금씩 나누어 처리하는 편이 나을지도 모른다. 아버지는 지금까지 지원을 해주었고, 앞으로도 계속해서 후원을 하겠다고 약속했는데, 이는 교회와 직업에 연연하지 않고 케임브리지에서 그 작업에만 몰두할 수 있다는 뜻이었다. 로버트 박사는 때마침 아들에게 연간 400파운드에 이르는 용돈과 주식을 주었다. 이 돈이면 돈이 많이 드는 학문을 부담 없이 하면서 안락하고 독립적인 생활을 해나갈 수 있었다. 400파운드는, 하인을 부리는 비용(다윈은 아직까지 코빙턴을 데리고 있었다)과 다른 지출을 포함하여 미혼의 신사가 생활하기에는 충분한 돈이었다. 실제로 다윈은 필요한 도움을 돈으로 살 수 있었다. "조개껍데기 화석을 맡아줄 사람으로 소워비가 어떨까요?" 다윈은 헨슬로에게 물었다. "제가 그 사람을 고용할 수 있을 것 같습니다."[10] 다윈은 그런 식으로 수년에 걸쳐 수많은 전문가들에게 돈을 지급했다. 표본화가이자 조개껍데기 상인인 조지 소워비는 그 가운데 한 사람이었다. 다윈은 일을 맡길 전문가들을 고용할 수 있을 만큼 여유가 있는 자연학자로 정착할 수 있었던 것이다.

그런데 어디에 정착하면 좋을까? 다윈은 어떤 인생을 선택해야 할지를 진지하게 따져보았다. '과학계의 거물들'이 있는 정신없는 런던에서 살 것인가, 아니면 케임브리지에서 성직자 자연학자들과 함께 조용히 살 것인가. 라이엘과 이래즈머스를 본받아 지적 자극이 넘치는 런던에 살면서 뛰어난 지식인 집단 ─ 자유사상, 정치, 흥분 ─ 속에 발을 들여놓아야 할까? 런던에는 가장 신선한 물고기가 있고, 가장 따끈따끈한 소식이 있으며, 최신 볼거리가 있었다. 그리고 무엇보다도, 이 나라에서 과학 인재가 가장 많이 모여 있는 곳이었다. 이래즈머스는 여전히 한가롭게 문예를 즐기며 살고 있었는데, 이래즈머스의 일주일은 지식인들과의 저녁파티를 중심으로 돌아갔다. 라이엘은 자신의 재산으로 연구를 하며 명성을 얻은 전문가로서 다윈이 본받을 만한 완벽한 역할모델이었다. 아니면, 헨슬로처럼 조용히 생각을 하며 지낼 수 있는 전원으로 가야 할까? 다윈은 갈등했다. 그러나 귀중한 표본들을 여러 전문가에게 맡기려면, 생각만 해도 끔찍한 매연의 도시에 자리를 잡을 수밖에 없었다.

런던에서 다윈은 이래즈머스와 어울렸다. 엄밀히 말하면 이래즈머스가 짬이 날 때만 그랬는데, 다윈의 형은 문예계의 암사자로 통하는 해리엇 마티노에게 반해 있었기 때문이다. 이 무렵 이래즈머스는 걸핏하면 "마티노 양과 함께 다니다가" 저녁이 다 되어서야 녹초가 되어 돌아왔다. 마티노로 말하자면, 휘그당 개혁의 전담 변호인이라 해도 과언이 아닌 런던의 주요 문인이었다. 심지어 그녀는 늙은 맬서스 목사한테까지 소개를 받았다.[11] 사실 둘의 만남은 만나는 데에 의의가 있을 뿐 어느 쪽에서도 그 이상을 기대하기는 힘든 상황이었다. 보청기를 사용하는 마티노와 구개파열을 앓는 맬서스 사이에서 뭔가가 나온다면, 그것은 놀라운 일일 터였다. 하지만 그들은 장애를 뛰어넘어 완벽한 교감을 나누었다. 마티노는 보청기도 없이 맬서스의 모든 말을 알아들었으며, 그 말들에 흡족해했다. 맬서스는 마티노의 구빈법에 관한 글들이 자신의 견해를 매우 잘 요약하고 있다고 칭찬했다.

그러나 마티노에게는 적개심에 불타는 적들도 있었다. 그녀는 토리당 온정주의자들로부터 "빈민에 대한 자선과 식량지급을 반대하는" 맬서스주의자라는 호된 질타를 받았다. 또 다른 편에서는 이래즈머스보다 급진적인 의사들이 구빈원의 폐해를 부르짖으며 집단시위를 벌이고 있었다. 그런데 1836년의 이 시위현장에도 어김없이 그랜트와 그의 열성적인 친구들이 있었다. 그들은 런던을 본거지로 하는 강경한 압력단체인 영국의학협회를 창립했다. 목적은 구빈법 감독관들을 방해하고 맬서스의 통계학을 반박하는 것이었다.[12]

하지만 마티노는 다윈이 속한 사회인 휘그당 귀족사회의 비호를 받았다. 이곳에서 마티노의 맬서스주의 감각은 환영을 받았다. 그 무렵 마티노는 사실상 다윈의 가족이나 마찬가지였다. 이래즈머스가 마티노에게 푹 빠져 있었기 때문이다. 그러나 찰스는 그처럼 무시무시하게 자기주장이 강한 여자는 별로라고 생각했다. "이 대단한 형수로부터 형을 지켜줄 방법은 마티노가 [이래즈머스를] 심하게 부려먹지 않도록 하는 것뿐입니다. 이래즈머스도······ 자신이 그녀의 '깜둥이'만도 못한 처지가 될 거란 사실을······ 알아차리기 시작했습니다. 철학적이며 열정적인 여인의 '깜둥이'가 될 불쌍한 이래즈머스를 상상해보십시오. ······ 마티노는 벌써부터 이래즈머스가 게으르다고 질타하고 있습니다." 마티노는 급히 아메리카를 다녀온 지 얼마 되지 않았으며, 찰스가 듣기로 그녀는 결혼한 여성의 재산권에 지대한 관심을 지니고 있었다. "마티노는 언젠가 이래즈머스에게 자신의 결혼관을 설명하겠지요. 완벽하게 평등한 권리는 마티노의 신조 가운데 하나입니다. 하지만 나는 실제로 평등한 관계가 될지 대단히 의심스럽습니다. 우리 모두 불쌍한 '깜둥이'를 위해 기도할 수밖에요."

결국 이 '깜둥이'는 노예가 되지 않았고, 마티노는 다윈가 사람이 되지 않았다. 그러나 다윈의 집안과 맬서스의 인연은 그 밖에도 또 있었다. 외사촌 헨슬레이 웨지우드의 아내 패니의 아버지인 경제학자 제임스 매킨토시 경은 맬서스의 절친한 친구여서(그리고 헤일리버리의 동인도회사 부속대학의 동료교수였다), 맬서스의 딸 에밀리는 패니와 헨슬레이의 결혼식에서 신부의 들러리를 서기도 했다.[13] 다윈은 맬서스의 친밀하고 사적인 그룹과 얽히고 있었던 것이다.

남아메리카에서 보내온 다윈의 보고서에 깊은 인상을 받은 라이엘은 자신의 제자를 하루빨리 만나보고 싶었다. 다윈도 마찬가지였다. 10월 29일 토요일, 다윈이 라이엘의 초대를 받아 마침내 두 사람이 만났다. 다윈은 라이엘이 조용한 말투 안에 들끓는 열정을 감추고 있는 사람임을 알았으며, 의자가 꺼질 듯 깊이 몰입하여 자신의 지진 이야기를 듣는 모습에 어안이 벙벙했다. 라이엘은 런던에서 가장 진취적인 지질학자였으며, 『지질학 원리』를 출판하고 나서는 가장 유명한 지질학자가 되었다. 라이엘은 변호사처럼 말을 잘했고, 외국어를 자유자재로 구사했다. 그는 기품이 있었고, 상류층 사람들과 허물없이 어울렸다. 또한 그는 정치에도 밝았는데, 휘그당 상원의원들과 친분을 나누고 있어서 개혁에 대해 속속들이 알고 있었다. 레너드 호너의 딸인 라이엘 부인은 또 어떤가. 부인은 그림처럼 아름다웠으며, 인내심의 화신이었다. 다윈은 라이엘 부부의 친절에 감동하고 자신을 도와주려는 "진심 어린" 마음에 감사했다. 라이엘은 전문적인 일에 대해서도 아낌없는 조언을 해주었다. 게다가 그의 태도는 처음부터 끝까지 "더없이 상냥했다." 다윈은 라이엘에게 강하게 끌려, 런던에 자리를 잡고 일을 시작하라는 그의 충고를 진지하게 고려했다. 라이엘은 또한 학회 일에 에너지를 낭비하지 말라고도 충고했다(그것은 자신이 명망 높은 지질학회의 회장을 지내면서 시간을 많이 빼앗겼기 때문인데, 라이엘은 다윈에게 "내가 이런 충고를 했다는 사실을 아무에게도 말하지 말아주게"라고 당부했다).[14]

　그 10월의 저녁에, 라이엘은 이 세계일주항해자를 소개하기 위해 여러 사람을 초대했다. 라이엘은 눈에 총기가 넘치는 훤칠한 인물인 리처드 오언에게 다윈을 소개했다. 링컨스 인 법학원 부지 안에 있는 왕립외과의 사협회에 새로운 헌터좌座 교수로 부임한 오언은 그날의 주인공이라 할 만했다. 오언은 수줍어하고 낯을 많이 가리는 사람처럼 보였는데, 링컨스 인 법학원에서 일하는 판사이며 절친한 친구인 윌리엄 브로더립을 대동하고 왔다. 이 둘은 철두철미한 토리당원으로서 얼마 전에 "불평분자" 그랜트를 동물학회에서 쫓아내는 쪽에 표를 던졌다. 그러니 다윈은 그날 저녁을 먹으며 분명 이 소동의 전말을 소상히 들었을 것이다.[15] 오언은 현재 동물학회의 실세였다. 그는 동물학회에서 왕처럼 군림하는 해부학자로서, 동물원에서 죽은 동물은 무엇이든, 누구의 눈치도 보지 않고 해부할 수 있었다. 오언은 누구보다 왕성하게 활동했으며, 동물원에서 가져온 동물의 사체들을 바탕으로 벌써 몇 편의 논문을 썼다. 한편 브로더립은 링컨스 인 법학원의 판사실에 인상적인 조개껍데기 진열장을 갖고 있었다. 아마 브로더립은 이날 모임에서 다윈이 말하는 이국적인 채집물에 군침을 흘렸을 테고, 결국 그것을 보러 가겠다는 제안을 했다.

라이엘이 그날 저녁에 초대한 손님들은 탁월한 선택이라 할 만했다. 오언은 화석과 무척추동물에 대한 관심을 다윈과 공유했다. 오언은 왕립외과의사협회에서 지붕꼭대기들이 내다보이는 꼭대기 층에서 일했다. 나중에 다윈이 방문했을 때는 새 도서관과 27미터 높이의 박물관이 거의 완공되어, 일꾼들이 분주하게 움직이며 마지막 칠을 하고 있었다. 이러한 재건축은 이 협회가 국가적 보물을 보관하는 장소로서 자격이 있는지를 묻는 의회조사로까지 이어졌던 정치공세 때문에 어쩔 수 없이 이루어진 것이었다. 그 선봉에는 늘 그렇듯 그랜트가 있었다. 그는 연단에 올라서서 협회의 부정부패를 비난했다.[16] 엄숙한 도덕주의자인 오언은 편견에 사로잡힌 자신의 경쟁자가 곱게 보이지 않았다.

오언은 성공가도를 달리고 있었기 때문에 언제라도 마음만 먹으면 런던 최고의 비교해부학자인 "위대한 그랜트"를 무너뜨릴 수 있었다.[17] 왕립외과의사협회를 방문한 다윈은 오언이 매력적인 사람이라고 생각했으며, 그가 그랜트의 진화론에 격렬하게 반대하고 있고 최신 독일 과학에 정통하다는 사실을 알았다(오언은 생명과 성장을 조절하는 힘에 대한 독일의 사상들을 종합하여 자신의 첫 강의를 준비하느라 분주한 나날을 보내고 있었다. 이 사상들은 다윈이 직접 생명의 법칙을 찾아나서도록 자극하게 된다).[18] 하지만 다윈의 급선무는 자신의 귀중한 팜파스 유물들을 처리하는 일이었다. 오언은 알코올에 보존해둔 동물 표본의 일부를 가져갔고, 다윈은 오언에게 자신의 뼈 화석들을 보러 오라고 설득했다.

그때 그랜트가 도움을 자청하고 나섰다. 그랜트는 다윈의 채집물을 조사하겠다고 적극적으로 나선 몇 안 되는 사람 가운데 하나였으며, 아마도 적극적으로 거절당한 몇 안 되는 사람 가운데 하나였을 것이다. 10년 전 에든버러에서 당시 십대였던 다윈에게 라마르크의 견해와 산호초에 대한 연구를 소개했던 그랜트가, 지금 이 항해가의 열대 전리품을 조사하겠다고 자청한 것이다. 하지만 이제 다윈은 유능한 산호 전문가로서 그랜트의 경쟁자가 되어 있었으며, 자신의 계획이 따로 있었다. 다윈은 산호 폴립의 번식과 산호초 형성에 관심이 있었다. 다윈은 대신 이래즈머스를 꾀어 산호 지대를 조사한 독일 논문들을 번역하도록 했다. 아이러니하게도 그 탓에, 결국 그 산호들에 관한 연구서는 쓰이지 않았다.[19] 또한 다윈과 그랜트의 관계도 더는 진전이 없었던 것 같다.

다윈은 표본들을 하루빨리 기재하고 싶었겠지만, 헨슬로가 있는 케임브리지를 두고 "성직자의 무지"라는 독설을 퍼붓는 평판 나쁜 반국교회파에게 그것을 맡기기는 싫었을 것이다. 다윈은 누구보다 조용하고 점잖게 살고 싶은 사람이었다. "무례함과 비신사적인 행동"을 체질적으로 "혐오하는" 다윈의 성향에 대해서는 몇 년 전 헨슬로조차 잔소리를 했을 정도였다. 다윈은 요란한 급진주의를 싫어했고, 그랜트는 용인할 수 있는 선을 넘어선 사람이었다.

또한 일처리가 너무 더딘 사람에게도 표본을 맡길 수 없었다. 다윈은 자신의 표본을 "사장"시킬 우려가 있는 사람은 교묘히 피했다. 영국박물관의 식물 담당자인 수줍음 많은 로버트 브라운과 이야기를 나누었을 때 다윈은 그런 위험을 확실히 느꼈다. 브라운이 "제기 식물 표본들은 어쩔 작정이냐고 묻는데, 왠지 느낌이 좋지 않았습니다. 대화를 나누던 도중에 그 자리에 동석했던 브로더립 씨가 브라운에게 '킹 함장의 항해가 끝난 지가 벌써 몇 년인지 잊었는가'라고 말했더니, 브라운은 '참, 킹 함장의 미기재 식물 표본을 갖고 있었지'라고 대답하더군요."[20] 브라운은 갈라파고스의 식물 표본들을 6년 동안이나 깔고 앉아 있었던 것이다. 다윈은 그에게 자신의 표본들을 넘겨주고 싶은 마음이 싹 가셨다.

10월 말경 피츠로이는 비글호를 울리치로 가져가서, 10문의 포를 완비한 다른 횡범선들 옆에 정박시켰다. 이곳 런던 근처의 템스 강변에서 경도를 측정한 것을 끝으로 비글호는 마침내 임무를 완수했다. 부두는 수병, 붉은 제복을 입은 군인, 조타수, 보급계로 북적였고, 그때 다윈은 자신의 채집물 상자들을 가지러 내려갔다. 그런데 코빙턴이 포장해놓은 표본들을 본 그는 근심에 잠겼다. "어떻게 시작해야 할지 엄두가 나지 않았던" 것이다. 다윈은 우선 헨슬로에게 갈라파고스 식물들이 담긴 상자 한 개를 마차 편으로 보내고, 이어서 암석, 새 박제, 곤충, 알코올 병들이 담긴 상자 네 개도 보냈다. 모든 것은 이미 품목별로 정리되어 있었지만, 다윈은 앞으로의 일이 험난할 것임을 예감했다. "내가 아는 건, 이 못난 어깨가 지금껏 짊어졌던 것 이상으로 훨씬 더 열심히 일해야 한다는 것뿐이네."[21]

돌아온 뒤로 줄곧 다윈은 웨지우드가를 돌아다보지 못했다. 그들은 다윈을 만날 날을 끈기 있게 기다리고 있었다. 마침내 11월 12일에 다윈은 메이어로 갔고, 줄을 잇는 친척들의 방문에 시달렸다. 사촌누이들은 야윈 다윈의 모습이 더 근사하다고 생각했는데, 그것은 실은 약간 비꼬는 듯한 아첨이었다. "찰스는 살이 빠지니 훨씬 근사해. 게다가 표정이 밝으니 좀 못생긴 건 대수롭지 않지 뭐야." 다윈은 벽난롯가에 둘러앉은 소녀들에게 거대한 화석과 여자를 잡아먹는 푸에고의 야만인들에 대한 이야기를 재미있게 들려주었다.

다윈은 여행기를 출판하는 일에 대해 계속 생각하고 있었다. 온 가족이 그 생각에 적극 찬성했다. 패니와 헨슬레이는 5년 동안의 일지를 이미 읽었는데 그것을 아주 마음에 들어했다. 특히 타히티와 뉴질랜드 부분을 좋아했다. 그들은 다윈의 여행기가 이미 출판된 여행서들의 99퍼센트쯤은 거뜬하게 능가한다고 생각했다. 먼 사촌이며 상류사회를 상대하는 거만한 의사인 헨리 홀런드 박사는 찬성하지 않았다. 하지만 이 일은 헨슬레이가 헨리의 능력을 의심하는 계기가 되었을 뿐이다. 에마 웨지우드도 사촌 헨리가 "재미있고 흥미로운 것을 판단할 능력"이 없다고 생각했다. 에마는 그것이 멋진 책이 될 거라고 생각했고, 찰스의 관심을 끌기 위해 익숙지 않은 양식—팜파스 횡단 이야기를 쓴 경쟁작들—을 힘들여 섭취하고 있었다. 한편 피츠로이는 자신과 킹의 항해기를 합쳐 세 권으로 묶어서 내고 싶어했다. 그 자신과 킹, "철학자 선생'이 한 권씩 맡는 것이었다. 피츠로이는 콜번 출판사와 그러한 취지의 계약서를 썼다. 집안사람들 모두가 그 일에 발 벗고 나섰다. 찰스가 마운트로 돌아간 16일에, 누이들은 도움이 될 만한 정보를 찾기 위해 여행서들을 탐독하고 있었다.[22]

12월 2일에 다윈은 런던으로 돌아와서 자신의 소중한 표본들을 맡길 사람들을 찾기 시작했다. 스트랜드가에 있는 킹스 칼리지에 동물학 교수로 새로 부임한 토머스 벨이 파충류에 관심을 보이며 자청하고 나섰다. 바닷말을 뜯어먹는 갈라파고스 제도의 바다이구아나들은 옥스퍼드의 지질학자인 윌리엄 버클런드 목사의 마음을 끌었다. 동물학자들도 예상외로 도움이 되고 있었고, 전문가들이 "나는 아는 바가 전혀 없는 온갖 동물 집단들"을 조사했다. 표본의 대부분은 그의 능력으로는 처리할 수 없는 것으로, 전문가의 손길이 필요했다. 실제로 다윈은 린네학회 도서관에서 한 식물학자의 질문에 대답을 하지 못해 톡톡히 창피를 당하기도 했다.

저는 [그 사람이] 이름이 놀랍도록 긴 어떤 식물의 가름다운 형태에 관한 이야기를 꺼내며 제게 그 서식지가 어디냐고 물었을 때 바보가 된 기분이었습니다. 그때 또 다른 누군가는, 어디서 뽑아왔는지도 모르는 그 식물에 대해 제가 아무것도 모른다는 사실에 매우 놀라는 눈치였습니다. 결국 저는 제 자신이 완전히 무지하다는 사실, 그리고 직접 채집한 식물들에 관해 달에 사는 사람만큼이나 아는 게 없다는 사실을 마지못해 인정한 꼴이 되었습니다.

다윈은 식물학에 자신이 없었기 때문에 전문가들이 자신의 채집물에 어떤 반응을 보일지 불안했다. "갈라파고스의 식물에 대해 선생님이 실망했는지 어떤지 말해주십시오." 다윈은 헨슬로에게 간청했다. "저는 두렵습니다."[23]

하지만 다윈의 진정한 전리품은, 오언이 있는 왕립외과의사협회에 풀어놓은 포유류 화석이었다. 외과의사협회 박물관에는 아직 도장塗裝 직공들이 드나들고 있었는데, 우연히 그곳에 들렀던 헨슬레이는 다윈이 킨 씨의 농장 근처에서 18페니를 주고 가져온 거대한 머리뼈가 "직공들과 한 방에 있는" 것을 보고 경악했다. 이 머리뼈 화석은 오언이 첫 번째로 분석한 화석이었는데, 오언의 결론은 놀라웠다. 이것은 대형 설치류에 속하는 동물로서, 크기가 하마만 한 카피바라의 친척이었다. 오언은 이것을 톡소돈*Toxodon*이라고 불렀다. 그리고 푼타알타에서 채집한, 골반뼈가 거대하고 주둥이가 뾰족한 골격은 크기가 말만 한 개미핥기의 것이었다. 이 화석들이 "위대한 보물임이 밝혀지고 있어요."[24] 찰스는 캐롤라인에게 자랑했다. 코뿔소만 한 쥐를 떠올려보라! 이들을 잡아먹었던 "당시의 대단한 고양이들도 꼭 보고 싶습니다."

이 놀라운 화석들은 상류 과학계로 들어가는 입장권이었다. 왕립외과의사협회는 화석들의 형을 떠서 지질학회와 영국박물관에 보냈다. 케임브리지 대학도 일부를 받았으며, 옥스퍼드 대학도 마찬가지였다. 옥스퍼드의 버클런드—그는 암모나이트 경Ammon Knight이라고 불렸다[가운데 나선형 몸체가 없는 커다란 암모나이트 화석을 발굴해 목에 걸고 달려온 모습을 보고 친구들이 붙여준 별명]— 는『자연신학의 관점에서 본 지질학과 광물학』(1836)의 새로운 판에 그 화석들을 그려넣고 싶어했다. 결국 다윈의 팜파스 대형 화석들을 모르는 학자는 아무도 없게 되었다.

사회의 회오리바람은 계속되었다. 다윈은 이래즈머스의 여인 해리엇 마티노를 직접 만나봐야 한다는 의무감을 느꼈다. 다윈이 만나본 바에 따르면, "그녀는 매우 상냥했고, 짧은 시간 동안 엄청나게 다양한 주제들을 종횡무진 오가며 이야기를 했습니다." 마티노는 미국 여행을 다녀온 경험을 바탕으로『미국 사회』를 집필하고 있었는데, 그녀도 미국에서 새로운 사회와 자연세계가 만들어지고 있는 모습을 보고 왔다. 그녀는 미국 여행을 통해 미국의 민주주의, 여성의 권리, 노예제도의 끔찍함을 흠뻑 섭취했으며, 나이아가라 폭포에서는 "세상이 만들어지는 과정"에 경탄했다. 자연은 "눈멀고 말 못하는" 무시무시한 힘으로 풍경을 조각하고 있었다. 마티노 역시 지구의 "작업장"이 선보이는 "장대하고 아름다운" 솜씨를 보았고, 이것은 다윈과의 만남에서 완벽한 화젯거리를 제공했다.[25]

찰스는 "나는 그녀가 얼마나 못생겼는지 알고 너무나 놀랐습니다"라고 인정하면서, "그녀는 자기 자신의 연구과제, 자기 자신의 생각과 능력으로 가득 차 있습니다"라고 지적했다. 그녀의 위협적인 글은 오만한 남성들의 반감을 샀다. "이래즈머스는 그녀를 여성으로 보아서는 안 된다는 주장으로 마티노를 감쌌습니다." 한편 마티노는 남자친구의 동생을 훨씬 간결하게 몇 마디에 담았다. "단순하고, 순진하고, 부지런하고, 효율적인 사람." 이것이 마티노가 본 찰스 다윈이었다.

찰스는 자신의 사랑이 생각나서, 패니 비들프―4년째 불행한 결혼생활을 하면서 웨일스의 한 성에 갇혀 세 번째 아기를 기다리고 있었다―에게 꽃다발을 보냈지만, 패니는 이 선물을 받고 할 말을 잃었다.[26]

* * *

영국에 돌아온 지 두 달 만에 다윈은 "더럽고 불쾌한 런던"을 저주하게
되었다. 이 도시에서 겨울을 맞을 수는 없었다. 파리에 물린 사교계 인사
들에게는 런던이 "세상의 진정한 수도"일지 몰라도, 찰스는 런던의 안개
와 매연에 숨이 막혔다. 굴뚝들에서 시커먼 연기구름이 마치 "검은 가랑
비"처럼 내렸다. "연기 속에 섞인 함박눈만 한 검댕들은 태양의 죽음을
애도하는 것처럼 보였다." 모든 집의 벽난로 연료받이에서는 "지구의 창
자에서 끄집어낸 지옥의 연료"인 석탄이 이글거렸다. 이 때문에 온 거리
가 스모그에 갇혀 꽁꽁 얼어붙고 있었다. 스모그는 "오직 희미한 빛만을
통과시키며, 만물에 관 덮개를 드리운다. 런던 사람들은 숨을 들이쉴 때
마다 우울을 들이마신다. 우울은 공기 속을 날아다니며 구멍이란 구멍은
모두 침투한다. …… 머리가 묵직하고 아프며, 위장은 제대로 작동하지
않고, 신선한 공기가 부족하여 숨쉬기도 힘들다." 포장도로는 진흙투성
이고, 지독한 악취를 풍기는 템스 강에서는 얼음 같은 농무濃霧가 피어올
랐다. 다윈은 이것이 끔찍이도 싫었다. 자갈길 위를 지나가는 말발굽 소
리와 철을 두른 수레바퀴 소리는 귀청을 찢었다. 다윈은 라이엘이 충고했
듯 한동안은 이곳에 머물러야 한다는 것을 알고 있었다. 박제와 뼈를 흥
정하고 다니려면 어쩔 수 없었다.[27] 그래도 우선 몇 달간은 케임브리지에
머물며 신선한 공기를 쐬고 싶었다. 괜찮다면 헨슬로 가족과 함께 지내
도 좋을 것 같았다.

　　그리하여 다윈은 12월 13일에 케임브리지에 도착했다. 그는 가족들
로 북적이는 헨슬로의 좁은 집에서 사흘을 머물다가 핏츠윌리엄가에 "쓸
쓸한 숙소"를 구했다. 조용한 케임브리지는 런던과는 뚜렷한 대조를 이
루었다. 변한 것이 별로 없었다. 개혁도 케임브리지 국교회의 철벽은 뚫
지 못한 모양이었다(39개 신조에 서명하지 않는 비국교회파를 받아들이는

법안은 통과되지 못했다). 다윈은 오랫동안 보지 못한 스승들을 떠올려보았다. 우선, 친절한 헨슬로가 있었다. 헨슬로는 점점 뚱뚱해지고 있었고, 다섯 아이의 아버지가 되어 있었다. 다윈은 비글호에 머무를 때조차도 헨슬로에게 막내아이의 대부가 되어 달라는 부탁을 받았다. 다윈에게는 헨슬로가 마치 가까운 친척처럼 느껴졌다. 세지윅은 좀 달랐다. 다윈은 케임브리지 철학회에서, 말도나도의 모래언덕에서 본 유리질 관들에 대한 발표를 했다. 이 관들은 번개를 맞은 모래가 검고 반짝거리는 깔때기 형태로 엉겨붙은 것이었다. 다윈은 "말하는 거인들"인 휴얼과 세지윅과 함께 차를 마시며 이 문제를 토론했는데, 여기서 세지윅의 기질이 좀 이상하다는 생각이 들게 하는 사건이 일어났던 것 같다. "나는 이따금씩 그가 미쳐버릴 것만 같다는 생각이 듭니다." 찰스는 앞뒤 설명도 없이 캐롤라인에게 불쑥 이렇게 말했다. "그 사람만큼 고결한 정신의 소유자는 어디에도 존재하지 않지만", 그럼에도 이 노총각은 "얼이 빠진 듯 이상해" 보였다.[28]

케임브리지는 바뀌지 않았을지 모르지만, 다윈은 바뀌어 있었다. 물론 허버트와 함께했던 옛날처럼 즐거운 저녁나절을 보내고 크라이스트 칼리지의 휴게실에서 내기도박을 해서 지기도 했지만, 옛날의 상태로 돌아갈 일은 없었다. 다윈은 채집물을 처리하는 일과, 라이엘과 헨슬로를 의식하며 자신의 과학적 평판을 갈고닦는 일에 온 신경을 쏟고 있었다. 그는 겨울 추위에도 아랑곳없이 감기에 걸려 코를 훌쩍이면서 표본을 분류했다. 저녁에는 일을 중단하고 첫 논문에 매달렸다. 그것은 칠레 해안―사실은 남아메리카 대륙 전체―이 천천히 상승하고 있다는 사실을 입증하는 논문이었다. 해수면보다 훨씬 높은 위치에서 발견된 내륙의 조개껍데기들이 이 주장을 뒷받침하는 증거였다.

라이엘은 이 논문이 마음에 들었다. 그런데 솟아오르는 산이 가라앉는 대륙을 상쇄한다고 처음 주장한 사람은 라이엘이었다. 다윈은 라이엘의 지질학 연구의 동반자로 나서서, 그 일에 혼신의 힘을 바치고 있었던 것이다. 다윈의 지질학은 처음부터 창의적이고 사변적이었으며, 장황한 영어로 쓰였다(그래서 세지윅은 더 간결한 문체를 요구했다). 다윈은 융기하는 안데스 산맥이 가라앉는 태평양을 상쇄한다고 주장했다는 점에서 라이엘의 균형적 견해를 따랐다. 그런 다음에 다윈은 산의 융기는 지진 때문에 일어난다는 라이엘의 가설에서 한 발 더 나아가, 침강과 관련하여, 산호초는 사라지는 산이 남긴 마지막 잔재라는 사실을 지적했다. 이것은 산호초에 대한 라이엘의 설명에 '정면도전'하는 것이었지만, 그럼에도 라이엘은 매우 기뻐했다. "산호섬들은 가라앉는 대륙이 물 위로 머리를 내밀기 위한 마지막 안간힘이다, 이거군." 라이엘은 익살맞은 어조로 이렇게 말하며 우아하게 물러났다. 라이엘은 "팜파스가 100년에 1인치씩 솟아오르고 있다는 생각"에 흥미를 느끼며 다윈에게 남아메리카에 대한 이 발견들을 발표하라고 부추겼다. "자네는 이 멋진 분야에 대해 꼭 써야만 하네!"[29]

오언도 깊은 인상을 받았다. 케임브리지에서 다윈은 기쁜 마음으로써 뼈 화석들이 담긴 상자를 한 개 더 오언에게 보냈다. 그런 다음에 새해에 이 화석들을 뒤따라 런던으로 건너갔고, 또 한바탕의 정신없는 나날들이 시작되었다. 다윈은 라이엘과 식사를 하고, 자신의 논문에 대해 토론을 하고, 왕립외과의사협회에 화석들을 풀어놓았다.

진정으로 기념해야 할 날은 1837년 1월 4일이었다. 그날 저녁에 다윈은 지질학회에서 칠레 해안은 바다 밑바닥이 융기한 것이라는 내용을 담은 자신의 논문을 발표했다. 이것은 다윈의 학계 데뷔였으며, 친구들과 가족들이 그것을 응원하러 왔다. 헨슬레이도 참석했고, 물론 라이엘도 왔다. 그 지질학자들 대부분은 하품 나게 지루한 주제에도 생기를 불어넣을 수 있는 총명한 웅변가들이었지만, 신참인 다윈은 떨렸다. 눈앞에는 지질학회 회장인 라이엘이 있고, 지질학 전문가들이 양쪽에 줄줄이 놓인 긴 의자에 앉아 있었으며, 그들 뒤쪽의 벽에는 산맥들을 표시한 지도와 도표가 걸려 있었다. 그 속에서 다윈은 심장이 두근거리는 가운데 논문을 낭독했다. 테이블 위에는 그가 아주 먼 곳에서 채집한 조개껍데기 화석들과 그 밖의 다른 팜파스 표본들이 놓여 있었다. 라이엘은 다윈의 이야기를 경청했지만, 이런 주의를 주었다. "나처럼 대머리가 되기 전까지는, 남들이 자네의 말을 곧이들을 거라고 자만하지 말게." 그러나 다윈은 머리털이 빠질 때까지 기다릴 필요가 없었다. 코르디예라와 산호초에 대한 그의 이론은 흔쾌히 받아들여졌고, 그는 "꼬리를 뽐내는 공작처럼" 우쭐했다.

다윈은 포부가 컸다. 지질학회에서라면 큰 활약을 할 수 있을 터였다. 비글호에서 내리자마자 곧바로 지질학회 회원으로 선출된 다윈은 쓸데없는 말싸움이나 벌이는 동물학회의 샐러리맨들보다는 이곳의 도시 신사들과 어울리는 쪽이 훨씬 편했다(다윈은 2년이 흐른 뒤에야 동물학회의 회원이 되었다). 다윈은 "망치질하는" 신사로 통했다. 여전히 아버지의 눈에 들지 못할까봐 염려했지만, 여기에서라면 열심히 하면 분명히 성공할 것 같았다. 지금은 과학의 호시절이었다. 한사코 저항하던 옛 지층들이 비로소 정복되어, 암석들이 최초로 창조된 형태들을 드러내 보였으며, 캄브리아기, 실루리아기, 데본기는 일상용어가 되고 있었다. 지질학은 어둡고 머나먼 과거를 들여다보는 은밀한 구멍이며, 지금은 화석이 된 생물들이 살았던 왕국들의 운명과 대륙들의 흥망성쇠를 보여주는 창이었다. 수천 명이 라이엘의 『지질학 원리』를 읽었다. "모든 야심 찬 젊은이는 지질학을 공부한다. 그런 사람들이 의원이 되고 성직자가 된다." 심지어는 성직자들조차 "대홍수 이론에 최후의 일격이" 가해지는 것을 보는 데에 익숙해지고 있었다.[30] 지질학은 성장하는 산업이었고, 다윈은 그 우두머리들 가운데 한 사람이 되고 있었다.

땅이 융기하고 침강한다는 다윈의 이론은 — 은연중에 — 또 다른 결과를 불렀다. 그렇다면 그런 땅에 살던 생물들은 어떻게 되었는가 하는 감칠나는 질문을 불러일으켰던 것이다. 그것은 생물들의 멸종과 새로운 생물의 출현에 대한 질문이며, 창조 자체에 대한 질문이었다. 이 중요한 문제에 대해서는 다윈은 라이엘의 견해로부터 한층 더 멀어지고 있었다. 갈라파고스핀치들이 다 같이 뒤섞여 먹이를 먹는다는 사실(적어도 다윈은 이렇게 생각했다)은 라이엘이 틀렸음을 뜻했다. 즉, 무엇이 어디에서 창조되느냐를 결정하는 것이 전적으로 환경인 것은 아니었다.[31] 그렇다면 이 변종들을 어떻게 설명할 수 있을까? 다른 해결책이 필요했다.

이날 1월 4일에, 다윈에게는 한 가지 약속이 더 있었다. 그는 레스터 스퀘어에 있는 동물학회 본부에 포유류 80종과 조류 450종을 제출했다. 이 박물관의 사정을 알고 있었던 다윈은 현명하게도 모든 표본을 정식 박제로 만들고 기재해야 한다는 단서를 달았다. 실제로, 박물관의 연구자들은 자신들의 가치를 입증하고 있었다. 다윈은 이래즈머스의 집에서 자주 리전트가를 내려가 그들을 만났다. 그는 조지 워터하우스와도 친해졌다. 오랜 딱정벌레 채집가이자 건축가인 워터하우스는, 자신의 오랜 소망이었던 봉급을 받으면서 동물학에 전념할 수 있는 큐레이터직을 얻어냈다. 다윈의 표본을 접수할 무렵 워터하우스는 이미 그 박물관이 소장하고 있는 포유류 870점의 목록을 작성하고 있었다.

다윈은 별 관심이 없었던 것 같지만, 사람들의 관심을 끈 것은 새들이었다. 갈라파고스핀치들은 다윈을 계속해서 혼란스럽게 했다. 그는 이들이 함께 뒤섞여 먹이를 먹는다고 생각했기 때문에, 이 새들의 서로 다른 부리 모양이 중요하다는 사실을 알아차리지 못했다. 실은 그는 여전히 이 새들의 종과 서식지를 결정하는 데에 애를 먹고 있었고, 이 표본들 속에는 핀치, 굴뚝새, "콩새", "익테루스"(검은꾀꼬리류)들이 뒤섞여 있다고 생각했다. 다윈은 이 표본들이 서로 매우 가까운 관계로서 하나의 집단을 이루며, 각기 서로 다른 환경에 맞추어 특수하게 적응되어 있다는 사실을 전혀 알아채지 못했다. 다윈은 4일에 동물학회에 이 표본들을 기증할 때도 이 새들이 그렇게 중요한지 몰랐으며, 라벨도 엉망으로 붙어 있었다.[32]

　　다윈으로부터 이 새들을 넘겨받은 전문가는 호화로운 조류화집의 저자로 이미 명성을 날리고 있던 조류학자이자 화가이며 박제제작사인 존 굴드였다. 굴드는 동물학회로 오는 박제 표본을 기재하는 일을 왕성하게 해내고 있었다. 그는 굴뚝새와 큰부리새를 비롯하여 오스트레일리아, 히말라야, 아프리카, 유럽산産의 새들을 연구해왔다. 굴드는 다윈처럼 한가한 신사가 아니었다. 정원사의 아들인 그는 학교를 졸업하고 나서 1828년에 동물학회에서 박봉의 직책인 '동물보존 담당자'로 취직했다. 5년 뒤 박제된 새를 관리하는 '관리책임자'라는 높은 직위에 올랐지만, 봉급은 여전히 1년에 100파운드밖에 되지 않았다. 모자라는 생활비를 메우려면 여러 권의 조류화집들을 찍고 팔아야 했다. 다윈도 그 1월에 알게 되었듯이, 굴드의 생산력은 신기에 가까웠다. 『유럽의 새』의 다섯 번째이자 마지막 권이 막 출간되었고 『오스트레일리아의 새』의 초판이 곧 나올 예정이었다(사실 이 책들은 너무 잘 팔려서, 얼마 전 굴드는 출판에 전념하고자 동물학회의 일을 반으로 줄이기까지 했다). 다윈이 자신의 동물 표본들을 가지고 왔을 때, 굴드는 오스트레일리아 뉴사우스웨일스에서 잡힌 이국적인 앵무새를 기재하는 중이었다.[33] 누군가가 다윈의 굴뚝새와 핀치와 검은꾀꼬리에 얽힌 매듭을 풀 수 있다면, 그는 바로 굴드일 터였다.

　　본 업무를 중단하고 다윈의 갈라파고스 새들을 들여다본 굴드는 이 새들이 다윈이 생각하는 것처럼 그렇게 다양한 종들이 아니라는 사실을 금방 알았다. 실은 그 반대였다. 부리는 속임수였다. 이 새들은 놀랍게도, 매우 가까운 관계였다. "콩새", "검은꾀꼬리"는 모두 실제로는 핀치들이었다. 6일 뒤인 10일에 다시 만났을 때, 굴드는 이 새들이 "12종을 포함하는 완전히 새로운 분류군"을 이루는 "아주 특이한 핀치집단"이라고 말했다.[34] 부리 모양은 다양하지만 이들 모두는 가까운 관계였다. 하지만 다윈은 나중에 가서야 이 사실의 중요성을 이해하게 된다. 다윈의 새와 포유류들은 전시를 위해 진열되었고, 신문기자들은 굴드의 연구결과를 들었다. 그 이야기는 신문에 보도되었고, 캐롤라인조차도 『모닝 헤럴드』를 통해 찰스의 핀치들에 대해 알게 되었다.

한편, 새로운 사실들이 속속 드러나 지질학자들을 놀라게 하고 있었다. 다윈의 화석들을 연구하고 있는 오언은 다윈이 새로 보내온 화석 꾸러미에서 거대한 땅나무늘보와 방호갑을 갖춘 황소만 한 글립토돈을 찾아냈다. 이뿐이 아니었다. 1834년 1월에 산훌리안 항에서 채집한 다리뼈와 목뼈들은 등뼈의 동맥으로 보아 "거대한 라마의 파편"임이 밝혀졌다. 이리하여 다윈은 마침내 분명한 그림을 그릴 수 있었다. 라마와 비슷한 구아나코가 점령하고 있는 물이 없고 바람이 몰아치는 오늘날의 들판에, 옛날에는 거대한 라마들이 어슬렁거렸던 것이다. 라이엘은 그것이 무엇을 암시하는지를 알았다. 오늘날 오스트레일리아에 사는 웜뱃과 캥거루가 몸집이 거대한 조상들에게서 유래했듯, 오늘날 파타고니아의 평원을 누비는 카피바라, 나무늘보, 아르마딜로는 옛날에 그곳에 살았던 몸집이 거대한 조상들에게서 유래한 것이다. 라이엘은 여기에 "계승의 법칙"이 작용하고 있다는 것을 이해했다. 오늘날의 포유류들은 옛날에 각 대륙에 살았던 그들의 조상을 대체하고 있는 것이다.[35]

라이엘은 2월 17일 지질학회의 회장강연에서 다윈의 화석을 마치

'동물 서커스'처럼 줄지어 등장시켰다. 라이엘은 오언의 발견으로부터, 화석 동물상은 그들의 현생 대체물과 아주 가까운 관계라는 결론을 이끌어냈다. 다윈은 라이엘의 요청으로 그 강연을 들으러 갔다. 다윈은 오언이 밝혀낸 사실들을 알고 있었지만, 라이엘의 강연을 듣고 비로소 그 화석들의 중요성을 확실히 알게 되었다. 멸종한 메가테리움과 오늘날의 나무늘보, 멸종한 글립토돈과 오늘날의 아르마딜로가 서로 가까운 관계임을 이해했던 것이다.[36] 다윈은 그것을 전혀 예상하지 못했다. 항해를 하는 동안에는 자신이 발견한 것이 그저 유럽과 아프리카산의 마스토돈과 코뿔소라고 추정했을 뿐, 이들이 남아메리카 고유종임을 알지 못했던 것이다. 이 일로 더욱 예리해진 다윈은 마침내 중요한 질문을 하기에 이르렀다. 왜 한 장소에 살았던 과거의 생물과 현재의 생물이 그렇듯 가까운 관계일까?

다윈의 주가는 오르고 있었고, 같은 날 모임에서 그는 지질학회의 평의원으로 선출되었다. 라이엘이 중요하게 생각하는 것은 화석만이 아니었다. 그는 동지를 중요하게 생각했으며, 다윈이 "우리 지질학자들의 모임에 떠오른 새로운 별"이라고 생각했다. 라이엘의 학회는 일류들의 군단이었다. 모든 회원은 신사 출신의 전문가들로서 큰 부자거나 옥스퍼드와 케임브리지 대학의 교수였다. 이들 모두는 자타가 공인하는 (그리고 자존심이 강한) 엘리트 집단이었다. 이들은 봉급을 받는 전문가 계층이 들어오기 직전에 활동했던 마지막 세대의 거장 학자들이었다. 이들은 고용주의 조종에 따를 필요가 없는 부유한 입신출세주의자들로서, 의무는 오직 과학적 충실함, 사회 안정, 책임 있는 종교를 수호하는 것뿐이었다. 지질학회는 런던에서 가장 자극이 넘치는 곳이었으며, 많은 이들이 부러워하는 집단이었다. 지질학은 지구의 나이, 천지창조의 날들을 다루었다. 지질학은 유행하는 학문이었지만, 그런 한편으로 어렵고 위험한 학문이었기 때문에 '대중의 감시'를 받았다. 다윈은 이 부분에서 라이엘의 기대에 부응했다. 다윈은 자신의 의견을 굽히지 않을 수 있는 사람임을 입증했던 것이다. "다윈이 따분한 미첼 박사의 생뚱맞은 질문에 대답을 했을 때, 그 사람은 한마디도 대꾸하지 못했다. 다윈은 그 사람의 등에 멋지게 찬물을 끼얹었던 것이다. 그런 통쾌한 광경은 내 평생 처음 보았다." 사소한 언쟁이 한바탕 오간 뒤 라이엘은 이렇게 말하며 싱글거렸다.[37] 다윈은 이제 버젓한 지질학 전문가가 되어 있었다.

이런 기운 나는 일들에 힘입어, 다윈은 남아메리카 지질학에 대한 책을 집필하는 일에 "필사적으로" 매달렸다. 프랑스인 라이벌인 오르비니가 2년 전에 이미 남아메리카 대륙에 대한 여러 권짜리 책을 쓰기 시작했지만, 다윈과 라이엘은 산맥 형성을 격변으로 설명하는 오르비니의 가설을 꺾어놓을 방안이 있었다. 이제 오르비니의 가설에 반론을 제기하는 설명, 라이엘류의 설명이 나올 차례였다. 다윈의 공식 업무계획이 하나씩 세워지고 있었다. 시골 교구목사, "황무지의 목사관"은 시야에서 점점 멀어져갔다. 그의 황무지는 자갈과 콘크리트로 된 끔찍한 황무지, 철거덕거리는 수레바퀴 소리와 숨 막히는 매연에 휩싸인 황무지였다. 다윈은 런던에 정착할 마음의 준비를 단단히 했다. "케임브리지의 유일한 악은 너무 즐거운 곳이라는 점입니다." 다윈은 런던에 대해서는 결코 같은 이야기를 할 수 없었다. 그러나 그는 자신의 "운명을 기꺼이 감내할 생각"이었다.[38]

"이 불쾌하고 매캐한 도시"만큼 자연사를 연구하기에 좋은 곳이 없다는 말은 모순이었다. 이 도시에서는 자연을 볼 수 없었기 때문이다. 하지만 표본들을 관리하려면 이곳에 있을 수밖에 없었다.

라이엘은 다윈에게 런던에 올 때 웨스트엔드에서 열리는 찰스 배비지의 토요 야회에 맞추어 오라고 일렀다. 그곳에 가면 "런던 문예계에서 최고 중의 최고로 손꼽히는 사람들"을 만날 수 있을 것이고, 게다가 수많은 "미인들"도 만날 수 있을 테니까.[1] 사교의 계절이 본격적으로 시작되자, 다윈은 1837년 3월 6일 금요일에 케임브리지로부터 런던에 도착하여, 이래즈머스와 함께 야회에 갔다.

배비지의 파티에서는 "**세계를 볼 수**" 있었다. 또한 과학이 어떻게 돌아가고 있는지를 느낄 수 있었다. 이런저런 가십이 교환되고 즉석에서 촌평이 더해졌다. 이 현란한 파티에는 "문학계와 과학계의 신사들뿐 아니라 멋쟁이 아가씨들이 참석했다." 은행가, 정치인, 기업가들이 참석했으며, 부유한 과학자들도 함께 어울렸다. 그 가운데에는 라이엘, 오언, 브로더립, '실루리아의 왕' 로더릭 머치슨이 있었으며, 이번에는 다윈도 있었다. 박식한 학자인 배비지는 수학자였고, 제조업을 변호하고 분업을 옹호하는 사람이었으며, 값비싼 '차분기관差分機關, difference engine', 즉 계산기를 만든 사람이기도 했다. 배비지는 개혁가였으니(그리고 휘그당 후보로 선거에 출마했다가 낙선했다), 정치농담이 결코 빠질 수 없었다. 격동의 시대가 그것을 요구했다. 시의회들은 민주화되고 있었고, 국교회에도 개혁이 일어나고 있었다. 다윈이 도착했을 무렵에도 국교회는 계속해서 십일조 수입을 잃고 있는 듯했으며, 성직자들은 이제 출생, 결혼, 죽음의 의식들을 독점적으로 주관하지 못했다. 비국교도들은 국교회 목사 앞에서 결혼하지 않아도 되었다(또한 유니테리언파는 삼위일체 교리를 인정한다는 위증을 할 필요도 없었다). 토리당의 골수당원들은 이것을 1640년대에 있었던 영국내란(청교도 혁명) 이래 최악의 개혁이라고 불렀다. 그 당시 의회는 주교제도를 폐지하려 했다. 물론 그 일은 최고의 농담거리가 되었다. 누군가가 다재다능한 배비지에게 "혁명이 일어나면 무엇을 하실 셈입니까?"라고 농담을 던지자, 배비지는 "윈체스터의 속인俗人 대주교"라고 대답했다.[2]

배비지는 정세에 발맞추어 『브리지워터 보고서 제9권』이라는 도발적인 제목을 붙인 책을 썼는데, 이 책은 이미 집필이 끝나 교정 작업에 들어가 있었다. 이 제목은 배비지의 표적이 무엇인지를 잘 보여주었다. 그러니까 배비지의 책은 공식적으로 인정을 받은 8권짜리 '브리지워터' 시리즈에 대한 조롱이었다. 브리지워터 시리즈는 고인이 된 브리지워터 백작이 자신의 불경한 인생을 속죄하는 뜻에서 돈을 댔고, 캔터베리 대주교가 총감독을 맡았다. 『브리지워터 보고서』가 줄기차게 우려먹은 주제는, 자연에서 신의 지혜와 선을 유추해내는 것이었다. 그것은 땅에 구르는 돌에서조차 신의 의도를 읽어내려고 했다. 그러나 이 일은 냉소주의자와 종교비판자들에게는 시대착오적인 레퍼토리에 지나지 않았다. 이 시리즈는 이미 완결되었고, 염세적인 런던 사람들—이태즈머스 같은 자유사상가들—은 그 주제라면 "이미 포만감을 느끼는 상태"였다. 비평가들은, 설령 재치 있는 버클런드가 쓴 브리지워터 시리즈인 『지질학과 광물학』이라 해도 그 "진부하고 낡은 주제"에 뭔가를 더 보탤 수 있을 것이라고는 생각하지 않았다. 그러나 배비지라면 새로운 것을 제공할 수 있었다. 배비지는 라이엘에게, 자신이 쓴 아홉 번째 비非공인 브리지워터 시리즈에서는 "악마에게도 마땅한 지면이 주어집니다"라고 농담을 했다.[3]

물론 배비지는 그렇게 하지 않았다. 이 책은 신을 신성한 프로그래머로 설정했고, 그 점을 증명하기 위해 배비지는 자신이 만든, 손으로 돌리는 계산기를 이용했다. 배비지는 신을 기적을 만들어내는 자로 보는 기존의 견해에 도전했다. 그는 신은 종잡을 수 없는 행동을 일삼는 봉건군주가 아니라 통찰력 있는 신성한 법률가여야 한다고 생각했다. 버클런드가 '창조적 간섭'이라고 부른 개념은 폐기되어야 했다. 보잘것없는 연체동물이나 고양이 화석을 설명하고자 그때그때 임시변통으로 기적을 만들어낼 수는 없다. 이런 터무니없는 생각은 "전능한 신이 갖고 있는 최고의 속성"인 앞을 내다보는 힘을 부정함으로써, 합리적인 과학과 분별 있는 종교를 엉망으로 만든다. 배비지의 영리한 기계에는, 아무리 긴 수열이 흐르고 있다 해도 그 가운데에 원하는 수열을 짜 넣을 수 있었다. 이와 마찬가지로 신은 창조를 할 때, 새로운 동물이나 식물이 시계처럼 정확한 타이밍에 역사 속에 등장하도록 지정해놓았다. 신은 만물을 제각기 직접 창조하는 것이 아니라 그것들을 만들어내는 법칙을 창조했던 것이다. 배비지의 신은 "훨씬 고차원적인 권능과 앎"을 보여주는 존재였다.[4]

수많은 지질학자들이 배비지의 논증을 탐독하고 있었다. 라이엘은 다윈의 남아메리카 논문이 도착한 1월에 그 책을 다 읽었다. 배비지의 입장은 이 지질학 전문가에게는 익숙한 것이었다. 라이엘은 배비지의 "철학적 추론들"이 대단하다고 생각했다. 그 추론들이 자신의 견해를 보강해주었기 때문이다.

> 우주와 그 법칙들이 일상적으로 작동하는 과정에서 일어날 수 있는 현상들과 조화시키는 쪽으로 기적을 설명하려는 추론을 좋아하지 않는 사람들이 있지만, 당신은 그들의 비위를 맞추기 위한 글을 쓰지 않았군요. …… 나는 창조주의 속성에 대한 당신의 이론이 그들의 이론보다 훨씬 뛰어나다고 생각합니다.

다윈의 사촌인 의대생 헨리 홀런드도 그렇게 생각했다. 홀런드는 배비지의 "독창성과 천재성"에 깊은 인상을 받았다. 늦봄에 그 책이 나왔을 때, 배비지는 빅토리아 공주에게 한 부를 선물하면서 그 책을 한마디로 "과학에 대한 변호이며 종교에 대한 지지"라고 표현했다.[5]

『브리지워터 보고서 제9권』은 커다란 화제를 불러일으켰다. 다윈은 책이 출간되기도 전에 내용을 알고 있었다. 배비지에게서 그 내용을 직접 들었을지도 모르는 일이다(다윈은 배비지를 냉정한 "계산기계"라고 불렀다). 다윈은 이 "법칙적인" 접근법이 설득력을 얻고 있음을 깨달았다. 개혁된 자연은 면밀한 법칙에 따른 변화, 합리적인 계획의 산물이었다. 선각자들의 말이 옳았다. 이 급진적인 휘그당원들은 하늘과 땅을 뒤바꾸려 하고 있었다.

다윈이 영웅으로 삼았던 다른 사람들도 같은 논지를 펼치고 있었다. 그 가운데 한 사람은 다윈이 희망봉에서 만났던 존 허셜이었다. 허셜은 자신이 "미스터리 중의 미스터리"라고 부른 그 문제를 공공연하게 언급했다. 다시 말해 무엇이 기존의 종이 절멸한 장소에 새로운 종을 출현시키는가 하는 문제를 제기했던 것이다. 그것은 기적일까? 허셜은 그렇지 않다고 생각했다. 허셜의 견해에 따르면, 오랜 세월에 걸쳐 지구를 빚어 낸 바로 그 자연적 원인들이 지구 위에 생명이 탄생하고 멸종하는 일을 설명해주는 것이 틀림없었다. 신은 초자연적인 수단으로 몸소 간섭하지 않는다. 신은 우주창조의 법칙을 설정해놓았고, 지질학의 역사 내내 그 법칙들이 작동하여 새 종을 만들어낸 것이다. 종의 탄생은 놀라운 일이지만, 아기의 탄생과 마찬가지로 기적은 아니었다.[6]

그러나 허셜은 한 동물이 실제로 다른 동물로 **변형을 일으킨다고는** 생각하지 않았으며, 인간이 혐오스러운 유인원의 후손이라고 생각해본 적도 없었다. 사실 허셜은 실제로 어떤 과정이 일어났는지 알 수가 없었다. 그렇지만 그는 조만간 훌륭한 자연학자가 나타나 이 미스터리를 풀어 줄 것이라고 생각했다.

허셜은 아직 희망봉에 머물고 있었지만, 영국 과학계의 실질적 수장으로서 막강한 영향력을 행사하고 있었다(배비지는 1830년에 왕립학회 회장후보로 허셜을 추천했지만, 그 자리는 국왕의 아들에게 돌아갔다). 허셜이 "미스터리 중의 미스터리"에 대해 라이엘에게 보낸 편지는 손때가 많이 묻어 있었는데, 라이엘이 그것을 두루 돌려 읽도록 했기 때문이다. 다윈은 배비지가 그 편지에서 깊은 인상을 받았다는 것을 알 수 있었다. 『브리지워터 보고서 제9권』에 그 편지에서 발췌한 내용을 실었기 때문이다. 허셜의 편지는 그 궁극적인 미스터리를 설명해내라는 명령과 같았다. 미스터리를 찾아 나서는 사람은 대담해야 했다. 허셜은 자신의 글을 다음과 같은 2행 연구聯句로 시작했다.

그것을 추구하는 자는

두려움도 실패도 몰라야 한다

겁에 사로잡힌 영혼이나 신념이 없는 가슴으로는

그것을 찾지 못할 것이다.

어떤 이들에게는 그 일이 성배를 찾는 일처럼 보였다. 그러나 다윈은 그 편지에서 자연도 "개혁"과 재검토가 필요하다는 사실, 자연을 법칙 아래로 가져와야 한다는 메시지를 읽어냈다.[7]

다윈은 또한 종의 원인을 찾으려면 깊고 험한 물에 뛰어들어야 한다는 것도 알았다. 그것은 비글호의 여정보다 훨씬 더 위험한 발견의 항해가 될 것이며, 그 항해를 감행하는 사람은 "엄청난 편견"에 맞닥뜨려야만 할 것이다.

허셜의 편지는 매우 길었으며, 과학에도 새로운 역사적 감수성이 번지고 있음을 보여주었다. 언어의 기원이나 암석의 기원은 모두 점진적인 발달 과정으로 봐야 했다.

인류학자에게 말은, 구르는 돌멩이가 지질학자에게 하는 역할과 같습니다. 과거의 유물들 속에는 대개, 분명하게 해석할 수 있는 뚜렷한 기록이 남겨져 있습니다. 지난 2,000년간 그리스와 이탈리아의 언어에 일어난 변화의 정도를 보면, 또 지난 1,000년간 독일어, 프랑스어, 스페인어에 일어난 변화의 정도를 보면, 자연히 다음과 같은 질문을 해보게 됩니다. 중국어, 히브리어, 델라웨어 부족어, [마다가스카르의] 말레사스 부족어가 독일어나 이탈리아어와 공통점을 지녔던 때, 그리고 서로서로 공통점을 지녔던 때로부터 얼마나 오랜 시간이 흘렀을까요? 중요한 것은 시간! 시간! 시간입니다! 성서의 연대기에 이의를 제기해야 한다는 것이 아닙니다. 하지만 두 가지 진실은 있을 수 없기 때문에, 우리는 공정한 탐구에 의해 진실로 밝혀지는 사실들에 맞추어 그 연대기를 해석해야 합니다. 실제로 충분한 여지가 있습니다. 창조의 6일을 수십억 년으로 확장하면, 즉

장들〔아브라함, 야곱, 이삭〕의 수명이 5,000년이나 5만 년으로 늘어난다
고 봐도 무리가 없기 때문입니다.

다윈은 이 단락의 의미를 잘 알고 있었다. 그는 캐롤라인에게 쓴 편
지에서 이 문단을 인용하면서, "최초의 인간이 세상에 등장한 이후"에 얼
마의 시간이 흘렀는지에 대한 허셜의 견해를 설명했다. 그것은 6,000년
정도가 아니었다. "존 허셜 경"은 이렇게 말했다. "한배(한 어거)에서" 언
어들이 갈라진 일을 설명하기 위해서는 "훨씬 더 긴 시간이 흘렀어야 한
다고 생각합니다."[8]

그러나 동물들도 라이엘의 돌멩이와 허셜의 언어처럼, "과거의 유
물", "분명하게 해석할 수 있는" 살아 있는 기록이라면? 만일 동물들도
자연 과정을 따르는 존재로서 "한배에서" 서서히 갈라졌다면? 이것은 시
도해볼 만한 접근법이었고, 다윈도 그것을 분명히 알았을 것이다. 현재는
계통의 역사를 밝히는 열쇠이며, 역사적 진실로 통하는 길이었다.

그해 봄, 찰스는 형의 집을 오가면서 생활했으며, 결코 이래즈머스의 그
늘에서 멀리 벗어나지 않았다. 3월 중순에 따로 묵을 곳을 정해 이사를
나갔지만, 그곳은 겨우 몇 집 건너인 그레이트말보로가 36번지였다. 이
래즈머스의 집은 다윈의 지적 활동의 중심이었다. 바다에서 5년을 외롭
게 보낸 찰스는 형이 만들어놓은 집단에 들어가, 이래즈머스, 허리엇 마
티노와 함께 친밀한 만찬을 즐겼다. 이곳에서는 급진적인 잡담이 오갔으
며, 비국교도적인 것과 "이단이 표준"이었다.[9] 다윈은 이 가족적인 모임
에서 안도감을 느꼈다.

헨슬레이도 함께 어울렸다. 헨슬레이도 언어학자로서, 알파벳을 서
서히 변화시키는 어떤 "법칙들"을 찾고 있었다. 그는 독일인들이 언어의

"유기적인" 발달을 이해하고 있다는 것과, 고트어에서 생겨난 "모든 후손"을 추적하고 있다는 점을 높이 평가했다. 우리는 언어들을 해부하고, 언어들의 밑바닥에 흐르는 공통된 성질을 건져올리고, 조상언어의 소리들을 미세하게 분리해야 하는 것이다. 찰스는 여기서 동물학과의 유비를 보았다. 찰스가 나무늘보 화석을 발굴하듯, 헨슬레이는 말을 주의 깊게 들으며 "화석 유물들"을 찾고 있었다. 따지고 보면 헨슬레이의 일이 더 힘들었다. 나무늘보는 무덤 속에 죽은 상태 그대로 누워 있지만, 소리는 "날마다 사용"되기 때문에 점점 닳아서 "해변에 구르는 돌멩이들처럼 모서리와 뚜렷한 표식이 사라져버린다. 그래서 원래의 형태를 알려주는 흔적이 거의 남지 않는다. 그러나 그렇다 해도" 부모의 "흔적이 완전히 사라지는 것은 아니다."[10]

헨슬레이와 허셜을 통해 찰스는 이런 역사적 유비를 이해했다. 이러한 현대의 발달론적 사상은 새로운 생명, 새로운 종을 설명하는 한층 이단적인 일로 확장될 수 있었다. 이래즈머스의 문예모임에서는 아마도 이 문제에 대한 열띤 토론이 벌어졌을 것이다. 냉소적인 이래즈머스가 진지한 헨슬레이와 균형을 이루는 가운데, 유니테리언파이며 결정론자인 마티노는 보청기를 끼고 그 논의를 열심히 들었을 것이다. 이 무렵 이래즈머스와 해리엇은 매우 가까운 사이로 발전했는데, 소외감을 느낀 패니 웨지우드는 두 사람이 이미 결혼을 한 줄로 알고 있었다(로버트 박사는 이 결혼을 찬성하지 않았다. 둘의 교제를 둘러싸고 뒷말이 끊이지 않아서, 에마 웨지우드는 사람들의 입방아를 견뎌야 하는 수전과 캐서린이 안됐다고 생각했다). 이 모임의 참석자 모두가 독일인의 성서 비판과 언어연구에 관심을 갖고 있었으며, 휘그당의 맬서스주의 이상에 깊이 빠져 있었다. 모두가 찰스보다 박식했기에, 찰스는 그들의 대화를 듣는 것이 즐거웠다. 라이엘의 모임이나 배비지의 모임과 마찬가지로, 이곳에서는 정치, 과학, 문학이 한데 어우러졌다.

이 모임들이 뚜렷이 구분된 동인집단이었던 것은 아니다. 라이엘은 해리엇과 이래즈머스를 방문했으며, 마티노는 배비지의 "화려한 야회"를 좋아했다. 어쨌든 찰스는 이래즈머스의 모임이 친밀해서 더 좋았다. 그들은 "더 훌륭하며, 다른 모든 것을 합친 것보다 곱 배는 가치"가 있었다. 토머스 칼라일이 늘 그렇듯 "기세 좋게" 장광설을 늘어놓을 때조차도. 찰스는 "형의 집에서 있었던 한 즐거운 만찬"을 기억했다. "그날, 다른 손님들과 함께 배비지와 라이엘이 있었는데, 둘 다 말하는 것을 좋아했다. 하지만 칼라일이 식사를 하는 내내 침묵의 미덕에 관해 열변을 토함으로써 모두를 침묵시켰다. 만찬이 끝났을 때 배비지는 칼라일에게 특유의 무뚝뚝한 태도로, 침묵에 관한 대단히 흥미로운 강의를 잘 들었다고 인사를 했다."

고향에 있는 로버트 박사는 마티노의 급진적 성향과 그것이 두 아들에게 미칠 영향을 우려했다. 마티노는 장래 며느릿감으로서도 낙제점이었지만, 그녀의 정치성향은 너무나도 극단적이었기 때문이다. 로버트 박사는 『웨스트민스터 리뷰』의 지면에서 급진주의자들이 휘그당과 결별할 것과 노동자에게 투표권을 줄 것을 주장하는 기사를 읽고, "그 기사를 쓴 사람은 마티노가 아니라는 사실도 모르고" 노발대발하여 "한동안 분노를 삭이지 못했으며, 지금도 그것이 그녀가 쓴 글이 아니라는 걸 믿지 못했다." 마티노는 다른 사람들을 타락시키고 있었다. "불쌍한 마티노는 헨슬레이와 이래즈머스와 함께 비탈길을 굴러 떨어지고 있는 것 같아요. 부디 언니가 그녀를 지켜주기를." 에마는 패니 웨지우드에게 이렇게 농담을 건네기도 했다.[11]

마티노의 과학적 태도는 급진적인 유니테리언파의 전형이었다. 그녀는 자연이 예측 가능하고, 이미 결정되어 있으며, 변하지 않는다고 보았다. 자연은 기적의 영역이 아니라, 법칙과 질서에 따르는 것이었다. 유니테리언파의 이런 '결정론'은 생명이 스스로 발달한다는 생각으로 나아가게 했다. 마티노와 같은 유니테리언파 학교에서 공부를 했고 구빈법 위원회에서 활동한 사우스우드 스미스 박사가 그런 경우였다. 그는 저서 『신의 정부』에서, 자연은 상승하려고 분투하고 있으며, 그러므로 생물이 점점 더 고등한 상태로 올라가는 것은 필연이라고 설명했다. 동물이나 사람이나 똑같이 상승을 계속하는 존재로서, "지식, 완벽함, 행복의 한 단계에서 다음 단계로 계속 진보해나간다." 사회에서의 자조─맬서스주의자들은 극빈자들이 스스로의 힘으로 일어서야 한다고 생각하고 있었다─는, 넓게 보면 자기발달을 계속하는 자연의 일부였다. "이성을 지닌 모든 존재는, 그 시작이 아무리 열등하다 할지라도 끊임없이 전진함으로써 더 높은 존재로 상승하고, 자기향상에 기여하도록 결정되어 있다."[12]

이러한 견해는 속박을 제거할 것, 종교와 시민의 제약을 없앨 것, 누구나 신이 준 잠재력을 실현하기 위해 자유롭게 경쟁할 수 있도록 보장할 것, 다시 말해 모든 이가 자연과 신이 의도한 대로 상승할 수 있도록 허락할 것을 요구했다. 국교회 성직자들은 시민들을 낮은 단계에 묶어두고 있는 것이었다. 일부 급진적인 유니테리언파가 개혁과 진화를 동일한 맥락으로 본 것은 이런 이유 때문이었다. 자연이 스스로 발달한다는 생각은 그들에게는 전혀 공포가 아니었다. 마티노를 중심으로 한 이래즈머스 집단은 찰스가 자신만의 독자적인 결정론적 이론을 만들어낼 수 있는 길을 열어주었다.

다윈은 휘그당의 맬서스주의 이상을 습득해나갔다. 다윈의 가족과 친구들은 개혁을 정당한 것으로 여겼고, 중간계급의 가치를 합리적인 것으로 보았으며, 경쟁을 정당화했고, 자유무역, 공장의 확장, 종교적 제약의 철폐를 지지했다. 그들은 자신들이 속한 사회가 신이 정한 법칙에 따

라 투쟁하고 전진하는 자연의 일부라고 생각했다. 이래즈머스의 모임에
서처럼 라이엘의 모임에서도 언어, 계통, 발달은 뜨거운 화제였다. 참석
자들은 식사를 하며 뼈 화석에 대해 이야기했으며, 휘그당 귀족들과 고상
한 대학자들은 더 불가사의한 문제들에 대해 고민했다. 여자들이 자리를
뜨고 나면, 화제는 허셜의 편지나 "새로운 종"의 기원, "미스터리 중의 미
스터리인 인간 창조"의 문제로 옮겨갔다.

　이러한 토론이 벌어지던 무렵 다윈은 신의 정브라는 개념에 대해 곰
곰이 생각하고 있었다. 다윈도 "신이 법칙에 따라 창조한다"는 생각을 받
아들이게 되었다. 법칙은 우주를 지배하듯 지구를 지배한다. 다른 대안들
은 신의 품위를 떨어뜨리는 생각이다. "우리는 달이, 행성이, 항성이, 우
주가, 아니 전 우주체계가 법칙의 지배를 받는다고 생각하면서, 왜 아주
작은 곤충들은 특별한 행위에 의해 단번에 창조되었다고 생각하고 싶어
할까." 다윈은 이렇게 투덜댔다.[13] 그것은 앞뒤가 맞지 않았다. 안데스 산
맥의 바람이 일정한 법칙을 따르듯, 지표면의 동물들이 생기고 멸종하는
일도 마찬가지였다. 라이엘의 만찬에서도 배비지의 무도회에서도, 창조
에 기적과 격변이 개입했다는 생각은 점점 더 큰 비판을 받고 있었다. 모
든 것은 법칙을 따르는 것이 틀림없었다.

1837년, 기적을 팔아먹는 국교도들에 대한 공격은 더욱 거세어졌다. 진
취적인 비국교회파는 자신들이 병원과 법정, 그리고 옥스퍼드와 케임브
리지 대학에서 일자리를 얻을 수 없는 현실에 분노하며 더 많은 개혁을
갈망했다. 그들은 국교도의 특권을 맹비난하면서, 영국 국교회가 국가와
간통을 하는 '부도덕한 죄'를 저지르고 있다고 주장했다. 그 '매춘부'를
국가의 품에서 떼어놓아야 했다.

　이러한 성난 비국교도들은 자연이 자동으로 조정되는 법칙들의 산

물이라고 생각했다. 이 법칙들은 신이 만들어 말씀과 피조물을 통해 모든 사람에게 공표한 것이다. 그러므로 모든 이는 신 앞에 평등하며, 국가를 등에 업은 성직자들이 생명을 해석하거나 과학을 통제할 필요는 없었다. 국교회를 해체하여 그들의 특권을 빼앗아야 했다. 400만 비국교도들이 휘그당의 깃발 아래 정치적 전진을 하고 있는 가운데, 자연이 법칙을 따른다는 그들의 설명은 국교회의 초자연적인 해석에 도전하기 시작했다.

보수적인 국교도들은 온 세상이 신의 뜻에 의해 직접 지배되고, '신의 말씀'에 의해 직접 관리되며, 국교회는 지상에 있는 신의 대리인이라고 생각했다. 이 사실이 뒤집어지면 모든 것이 무너지는 것이다. "이 나라 성직자들의 대부분은 만일 국교회가 없으면 오이와 셀러리도 자라지 않고, 겨자와 갓도 기를 수 없는 줄 안다. 만일 사회가 자연의 위대한 법칙과 밀접한 관련이 있다면 큰일이 아닌가." 목사관 밖의 사람들은 이런 농담을 하기도 했다.

어떤 사람들은 웃고 있을 수만은 없었다. 그들은 자연이 마네킹처럼 신의 변덕에 놀아나는 모습이 어처구니없다고 생각했다. 어떤 논평가는, 천사 같은 반신半神에 의해 움직이는 윌리엄 커비 목사의 우주를 호되게 비판했다. "이건 아니다. 전능하신 하느님은 처음에 인간, 동물, 원소, 나아가 이들을 둘러싼 온 우주를 위한 일반법칙을 만들어두셨다. 그 법칙은 무한한 지혜로 만들어졌기 때문에 개정도 감독도 필요치 않다. 이 법칙들은 영원불변하다." 다윈은 비글호에서 커비 목사가 동물들의 본능에 대해 쓴 브리지워터 시리즈의 한 권을 읽었는데, 지금 육상에서 그 책은 냉소의 대상이 되고 있었다. 커비가 말하는 꼭두각시들의 창조는 모든 사람을 격노하게 만들었다. 그것은 "커비 씨 계급"에 속한 사람들이 일삼고 있는 "어리석고 미신 같은 헛소리"로 통했다.[14]

유니테리언파 가족과 친구들을 둔 다윈은 기로에 서 있었다. 다윈이 지구 위의 생명의 진보에 관해 곰곰이 생각하는 동안, 오래된 초자연적인 설명에 대한 불평의 목소리가 그의 귓전에 계속 메아리쳤다.

부패한 국교회에 대한 공격은 새로운 의문을 동반했다. 동물들의 완벽한 적응에서 신의 선의를 연역해내는 일이 과연 가능한가? 다윈은 케임브리지에 있을 때 현명한 동물 설계에서 현명한 설계자의 존재를 추론하는 페일리의 논증에 매혹을 느꼈다. 하지만 지금은 그것이 의심스러워 보이기 시작했다. 동물들의 구조에 "영적인 후광"을 두르며 마치 진리는 그러한 후광을 둘렀을 때 더 신성해지는 것처럼 생각하는 미신적인 신학자들을 경멸하는 사람들도 있었다. 개혁파 동물학자들은 신이 동물들을 각각의 생태적 지위에 적합하게 우연히 창조한 것이 아니라, 동물들이 하나의 계획으로 연결되어 있다고 생각했다. 박쥐의 날개와 고래의 지느러미발은 사람의 팔과 똑같은 뼈로 되어 있지 않은가.

다윈은 런던에서 지난날의 설계논증이 철저히 깨지는 것을 보았다. 의대생들은 수많은 대안이론들을 내놓았다. 브리지워터 시리즈는 '구정물Bilgewater' 시리즈로 불렸고, 선동가들은 성직자들에게 윤리와 사상의 문제에 대해 이런저런 추론을 하는 것을 그만두라고 경고했다. 희망적인 시대였다. 대부분의 의대생들이 자연을 법칙에 따른 '변화의 **과정**'으로 보고 있을 정도로 시대 분위기는 무르익고 있었다.[15)]

의대생들 가운데에는 '종변형'(transmutation: 한 종에서 다른 종으로의 변화)의 개념에 대해 궁리하는 사람들도 있었다. 그랜트는 매년 유니버시티 칼리지에서 화석종의 '형태 변화'에 대해 강의를 했다. 에든버러 대학의 졸업생이자 런던의 한 급진적인 신문의 편집자인 제임스 걸리는 하이델베르크 대학의 발생학자 프리드리히 티데만이 쓴 진화론 저서 『비교생리학』을 번역했다. 걸리 — 그는 훗날 다윈의 주치의가 된다 — 는 분개한 어느 비평가가 "모든 가정 가운데 가장 터무니없고, 모든 종교 가운데 가장 비속한" 것이라고 부른 생각을 지지했다. 그것은 "자연은 스스로 창조되었고, 스스로 능력을 부여하고, 또한 스스로 창조하는 힘을 갖추고 있다"는 생각이었다.[16]

이렇듯 다윈이 머무는 런던에는 새로운 자극이 충만했다. 자연신학은 위기에 처했고, 많은 이들이 그 잿더미에서 새로운 생명과학이 불사조처럼 날아오르리라고 기대했다. 이런 분위기라면 해볼 만하지 않았을까. 다윈은 거대한 "미스터리 중의 미스터리"를 풀어야 할 필요를 읽어낼 수 있었을 것이다. 라이엘이 대담했다면, 다윈은 한층 더 대담했다. 그는 이 래즈머스 집단이 추구하는 개혁과 발달의 과학을 제공하게 될 것이다.

다윈은 자기도 모르는 사이에 종변형론 쪽으로 조용히 나아가고 있었다. 그가 쉽게 그럴 수 있었던 것은 할아버지의 글과 그랜트의 이야기를 통해 이미 그 개념에 익숙한 상태였기 때문이다. 또한 런던의 자극적인 분위기도 한몫했다. 게다가 다윈에게는 어려운 이론적 문제들을 다룰 시간, 인내심, 애정이 있었기 때문이기도 했다. 항해가 끝날 무렵부터 벌써 다윈은 종의 안정성에 의문을 품고 있었다. 이제부터는 여러 동물학 전문가들이 다윈이 그동안 구상했던 생각들을 하나로 결합할 못들을 제공하게 된다. 그 가운데 첫 번째 못을 박아넣은 사람은 새를 그리는 화가 존 굴드였다.

케임브리지에서 돌아온 며칠 뒤에 다윈은 동물학회 박물관에서 굴드를 다시 만나, 핀치들에 대해 굴드가 새로 밝혀낸 사실들을 들었다. 굴드는 갈라파고스 '굴뚝새'조차도 핀치이며, 그리하여 결과적으로 다윈은 모두 13종의 핀치를 채집했다는 사실을 알아냈다. 다윈이 채집하여 뒤섞어놓은 새들은, 실은 모두가 특이한 핀치집단이었던 것이다.

이는 놀라운 사실이었지만, 다윈은 대부분의 새들에 출신지 섬을 표시해놓지 않아서 이것이 의미하는 바를 이해하지 못했다. 다윈에게 실제로 청천벽력으로 다가온 것은 다른 새들에 대해 굴드가 내린 결론이었다. 다윈은 네 마리의 흉내쟁이지빠귀들에는 출신 섬 표지를 해놓았으며, 만일 이 새들이 한 종의 변종들로 드러난다면, 이것은 "종의 안정성을 뒤흔드는 사실"이 될 것이라는 정도의 안이한 추측을 하고 있었다. 즉, 생물이 섬에 표류해와서 육지와 차단되면 변할 수 있다는 사실을 보여주는 증거가 될 거라고 생각했던 것이다. 그런데 이 새들은 변종의 수준을 뛰어넘는 존재임이 드러났다. 굴드에 따르면, 다윈이 채집한 세 종류의 흉내쟁이지빠귀들은 저마다 별개의 종이었다.[17] 뿐만 아니라, 아메리카 본토에 이 새들의 가까운 친척이지만 같은 종은 아닌 근연종이 살고 있었다.

다윈은 난감한 문제에 부딪혔다. 일군의 근연종들이 각각의 섬에 새로 생겨난 일을 어떻게 설명해야 할까. 섬마다 종이 달라져 있다는 증거는 점점 늘어나고 있었다. 토머스 벨은 거대한 거북들은 해적들이 다른 곳에서 식량으로 가져온 것이 아니라 갈라파고스 제도의 고유종임을 확인했다. 이 발견, 그리고 핀치와 흉내쟁이지빠귀와 관련한 발견들을 고려하면, 그 식민지 부총독이 했던 말이 옳을 수도 있었다. 부총독은 섬마다 고유종의 거북이 산다고 말했다. 하지만 사실을 입증하기에는 이미 때가 늦었다. 다윈은 기회를 놓치고 말았다. 아니, 고향으로 돌아오는 도중에 다 먹어치웠다. 오직 아기거북 한 마리만이 살아남았지만, 녀석은 다 자란 성체만큼 뚜렷한 특징을 지니고 있지 않았다.[18]

3월 중순 무렵, 다윈은 섬으로 이주한 생물들이 원래 형태로부터 어떤 식으로든 변화를 했으며 이 변화로부터 일군의 새로운 종이 생겨났다는 사실을 이해했다. 그는 세지윅이 "**이단자** 자연학자들"이라고 비난한, 창조에 관한 "거짓 이론"을 지지하는 무리에 합류했던 것이다. 국교도들의 입장에서 보면 그러한 종변형(오늘날 우리는 이것을 진화라고 부른다)은 영국 기독교 사회의 근간을 위협하는 생각이었다. 만일 생명이 스스로 창조된다면, 불안정한 온정주의 사회를 하나로 묶는 신이 위임한 권한은 어떻게 되는 것인가? 라이엘조차도 그 생각을 하면 끔찍했다. 라이엘은 유인원 조상설이 인류를 야만화하고 인류의 "높은 지위"를 무너뜨릴까봐 두려웠다. 다윈이 직시하고 있는 생각들은 이단의 주장이었다.

그렇다면 다윈은 어떻게 종변형을 지지하게 되었을까? 실제로 동물학자들의 발견은 다윈에게 놀라운 사실이었다. 흉내쟁이지빠귀와 땅거북들은 각 섬에서 서로 다르게 정착한 이주자들로 볼 수 있었다. 현생 라마들은 다윈이 파타고니아에서 발굴한 대형 동물들의 소형 후손들로 볼 수 있었다. 그러나 반드시 그렇게 생각할 필요는 없었다. 다른 사람들은 아무도 그렇게 생각하지 않았다. 굴드도 라이엘도 마찬가지였다. 그들은 이러한 문제들에 대해서는 조심스럽게 말을 아꼈다. 또한 헨슬로 목사와 세지윅 목사 같은 다윈의 국교회 스승들도 신이 종들을 멋지게 설계하여 섬과 육지에 분배한 일을 칭송하기 위해 그러한 발견들을 이용할 뿐이었다.

다윈은 자신이 속한 학문세계의 벼랑을 향해 배를 저어가고 있었다. 무엇이 그를 이토록 위험한 곳으로 몰아갔을까? 다윈은 왜 동물들이 변한다는 가설, 라이엘이 인간을 야만화하는 가설이라고 여긴 생각을 지지했을까? 그의 동료들은 종의 변화를 분명하게 부정했다. 로버트 그랜트는 예외였지만, 그는 너무 터무니없는 주장을 일삼는 탓에 무시를 당하고 있었다. 다윈의 선택은 지적 용기를 필요로 하는 것이었다. 또한 그것은 성공을 위해 결연히 밀어붙일 줄 아는, "겁에 질린 영혼과 신념 없는 가슴"을 지닌 자가 아님을 입증할 수 있는 고집 센 인물만이 할 수 있는 선택이었다. 종변형을 받아들이는 것, 다시 말해 종변형을 이단으로 보지 않으며, 자신이 지지하는 도덕적·사회적 가치와 양립할 수 없는 어떤 것이라고 보지 않는 것은, 특정한 유형의 사람만이 할 수 있는 일이었다. 나아가 그것은 거기서 뭔가를 얻어낼 수도 있는 사람만이 할 수 있는 일이었다.[19]

다윈은 발가벗고 사는 야만인, 혐오감을 불러일으킬 정도로 조야한 인간 무리를 보았지만, 라이엘은 보지 못했다. 이것은 두 사람의 커다란 차이를 만들어냈다. 라이엘은 종변형과 유인원 조상이라는 개념이 인간을 야만화하고 인간을 낮은 차원으로 끌어내리며 인간의 "높은 지위"를 파괴할까봐 두려워했다. 그러나 다윈은 가장 하등한 수준까지 전락한 인간, 거칠고 우둔하고 잔인하고 비도덕적인 인간—짐승과 별로 다를 게 없는 인간—을 직접 눈으로 보았다. 라이엘이 두려워하는 것, **이미** 야만화되고 강등된 인간이 거기에 있었다. 다윈에게 중요한 문제는 문명화된 신사들을 보호하는 것이 아니라, 어떻게 그들과 푸에고인들이 똑같은 창조주의 손으로 빚어낸 "본질적으로 똑같은 피조물"일 수 있는지를 설명하는 것이었다.

다윈은 제미 버튼과 그 친구들이 생각났다. 그들은 영국 궁정에 배알한 지 2년이 흘렀을 무렵 벌거벗고 상스러운 존재로 돌아갔으며, 그것이 행복해 보였다. 제미는 야만인의 습성을 깨기가 얼마나 어려운지를 보여주었다. 푸에고의 야만인들은 문명인들이 유럽의 도시에 적응한 것과 마찬가지로 자신들의 건조한 황무지에 잘 적응한 것처럼 보였다. 하지만 어떻게 그것이 가능할까? 마치 창조주가 둘인 것처럼 브이지 않는가. 어떻게 **하나**의 신이 이러한 문화의 차이를 만들어낼 수 있었을까? 어떻게 신이 직접 푸에고인들을 그런 비참한 상태에 가두어둘 수 있을까? 신이 애초부터 그 푸에고인들이 야만인으로 머무르도록 의도했을까? 이보다는 하나의 신이 진화의 과정을 이용해 인종이 자연스럽게 갈라지도록 했다는 쪽이 더 납득이 가는 설명이 아닐까? 그리고 그것이 훨씬 더 안심이 되는 생각이었다. 다윈에게 진화는 라이엘이 두려워하듯 인간을 야만화하는 것이 아니었다. 영국의 신사들은 합법적으로 최고의 위치에 오른 진화의 성공작이었다.

그해 봄에 원숭이 화석이 처음으로 발표되어 모든 이를 놀라게 했다. 동시에 두 점이 발견되었는데, 하나는 히말라야 산맥의 작은 구릉에서, 또 하나는 프랑스 남부에서 나왔다. 둘 다 엄청나게 오래된 것으로서, 오래전에 멸종한 포유류와 동시대에 살았던 원숭이였다. 라이엘은 이 화석들의 발견은 라마르크가 필요로 했던 시간을 벌어주었다고 마지못해 인정했다(라마르크는 구부정한 침팬지가 똑바로 선 인간으로 서서히 진화했다는 가설을 제기했다). 라이엘은 분해서 이를 갈며, "라마르크의 생각"처럼 "그들의 꼬리가 닳아 없어져 인간으로 탈바꿈하기 위한 수천 세기의 시간이 있었을 가능성이 있다"고 인정했다.[20]

인도의 원숭이 화석은 비비와 비슷했지만, 현생 비비보다 몸집이 컸다. "거의 완벽한 머리"가 발견되어 모두를 놀라게 했는데, 이 발견은 5월 3일에 지질학회에서 발표되었다. 같은 날 모임에서 다윈은 자신의 두 번째 논문인 팜파스에 관한 논문을 발표했다. 다윈도 라이엘도 이 오래된 원숭이의 잠재적 가치를 알아차렸다. 그날 밤 라이엘은 자신의 누이에게 급히 편지를 써서, 꼬리가 점점 닳아 없어진다는 이야기를 비웃었다. 그러나 다윈은 자신의 스승을 화석처럼 굳어지게 할 일을 했다. 몇 달 뒤 다윈은 이 "놀라운" 원숭이들을 진화의 관점에서 바라보게 되었다.[21] 다윈은 종변형에 대한 확신을 표명한 최초의 순간부터 인류의 조상 문제를 염두에 두었던 것이다.

리처드 오언으로 인해 다윈은 생명물질을 지배하는 법칙에 대해 다시 생각해보게 되었다.

왕립외과의사협회 박물관에서 오언과 다윈은 머리뼈 화석과 생명의 의미에 관한 이야기를 나누었다. 공사가 끝나 인부들이 모두 철수한 그 박물관은 이런 대화를 나누기에는 더없이 좋은 장소였다. 2월에, 재개장식이 으레 그렇듯 성대하게 열렸고, 웰링턴 공작과 로버트 필 경을 포함한 500명의 하객이 참석했다. 수많은 관람객들이 웅장한 새 박물관으로 몰려왔다. 도리스 양식의 기둥들이 떠받치고 있는 박물관에 마련된 3층에 걸친 전시실들에는 전시물이 빽빽이 들어차 있었다. 키가 240센티미터가 넘는 아일랜드 거인부터 침팬지 골격에 이르기까지, 오리너구리부터 아르마딜로 화석에 이르기까지 온갖 것이 전시되었다. 마치 "이 박물관을 채우기 위해 온 지구를 샅샅이 뒤지기라도 한" 듯했다.

이 박물관에서 오언과 다윈은 근본적인 문제를 끄집어냈다. 중요한 지점에서 오언은 다윈의 스승 헨슬로와 생각이 달랐다. 오언은 베를린의 생리학자 요하네스 밀러의 생각을 좇아, "자력으로 움직일 수 없는" 물질에 생명력을 부여하는 **외부**의 창조력 따위는 없다고 생각했다. 그렇다기보다는, 배胚 같은 가장 단순한 생명물질에 독자적인 "조직화 에너지"가 내재되어 있다고 보았다. 이 에너지가 생물의 성장을 이끌며, 계획에 따라 생물의 조직이 만들어질 수 있도록 한다는 것이다. 에너지는 생식세포에 집중되어 있지만, 발달하는 조직들로 확산되어가면서 그 힘이 점점 약해지며, 그 결과 나이가 들면서 성장이 더뎌지게 한다. 조직화의 정도와 조직화 에너지의 강도는 반비례 관계에 있는 것이다. 다윈은 오언이 주장하는 "조직화 에너지"라는 개념을 받아들였지만, 종에 대한 자신의 추론 안에서 그것을 수정하기 시작했다.[22]

어느 날 다윈은 함께 차를 마시기 위해 오언을 방문했는데, 그때 그들은 응접실에서 현미경을 놓고 생명의 기본에 대해 토론을 했다. 당연히 다윈은 자신의 진짜 생각을 드러내지 않았을 것이다. 그가 지향하는 방향은 저주의 대상이었기 때문이다. **다윈이** 알고 싶은 것은 한 종을 다른 종으로 바꾸는 방법이었다. 하지만 오언은 침팬지가 인간의 조상이라든지, 생명이 스스로 발달한다든지 하는 이야기를 매우 꺼렸다. 생명력은 한계가 있기 때문에 개체는 그 종을 규정짓는 조직을 뛰어넘을 수 없다는 것이다. 연체동물이 스스로 생명력을 늘려 "새 기관을 만들어내거나" 고등어로 변할 수는 없다.[23] 다윈은 난관에 부딪혔다.

오언보다는 유연하게 생각하는 사람들도 있었다. 내성적인 식물학자인 로버트 브라운은 배胚 **안에** 내재하는 과립상의 물질조차도 "스스로 움직인다"고 생각했다. 작은 폴립의 알을 터트리면 원자들이 쏟아져 나와 "벌 떼처럼" 이리저리 돌진한다. '살아 있는 원자'는 급진적인 민주주의자들 사이에서는 거의 보편적으로 받아들여지고 있는 개념이었다. 이들은 인간은 자기 운명을 스스로 통제하는 자유로운 존재라고 믿었는데, 민주주의에 대한 요구가 높아지고 있던 시대에 이것은 매우 중요한 개념이었고, '살아 있는 원자'는 이들의 믿음에 과학적 근거를 가져다주었다. '살아 있는 원자'는 완벽한 정치적 유비를 제공했다. 권력은 아래에서 위로 '위임하는 것'이었다. 신이나 군주가 위에서 통치하는 것이 아니라 '사회의 원자들'인 민중으로부터 올라오는 것이었다. 스스로 조직하는 원자라는 개념은 민주적인 언론을 통해 들불처럼 번져나갔다. 다윈도 브라운이 보여준 벌 떼처럼 움직이는 원자들을 보면서 그렇다는 확신을 갖게 되었다. 다윈은 오언의 견해를 과감히 뛰어넘어, 원자 그 자체가 살아 있는 물질임을 인정했다. 다윈은 신이 스스로 움직이지 못하는 물질에 동력을 부여한다는 케임브리지 시절의 전통적 입장으로부터 세속적인 입장으로 옮겨가고 있었다.[24] 살아 있는 원자라는 개념은 자연이 스스로 발달한다는 것을 이해하기 위해 다윈이 반드시 거쳐야 하는 단계였다.

오언은 보수적인 국교도였다. 그는 종변형이 체제전복적이고 반기독교적인 개념이라고 비난했다. 종변형은 인간을 야만화의 수렁에 빠뜨리고, 인간의 사회적 책임을 파괴하는 개념이었다. 무신론자 선동가들은 그 끝이 어디인지를 보여주었다(오언은 이런 길거리의 소요를 누구보다 가까이에서 접했다. 그는 소요가 일어났을 때 경찰을 지원하는 도시 신사들의 자원병력인 명예포병대에 참가하여 훈련을 받았다). 인간을 야만화하려는 책동은 비난받아 마땅한 것이었으며, 인간은 고등한 유인원이 아니었다. 생명력을 확장함으로써 인류의 유일무이한 지위를 무너뜨리는 것은 폭도들에게 머스킷 총을 던져주는 것과 같았다. 하지만 개혁적인 유니테리언파와 어울렸던 다윈은 자연이 스스로 발달한다는 개념을 수월하게 받아들였다. 다윈은 유인원 조상설에 경악하지 않았으며, 인간의 야만화라는 위협을 대수롭지 않게 넘겼다. 다윈을 분노하게 한 것은 그 반대, 즉 인류를 우상화하는 무리들의 오만이었다.

다윈은 아직 멸종 문제를 붙들고 씨름하고 있었다. 오언과 달리 다윈은 종은 개체와 유사할 것이라고 생각했다. 종도 개처럼 한정된 생명력에 의해 수명이 정해져 있다고 생각한 것이다. 비글호 항해 시절에 그는 한 종의 개체들을 칠로에 섬에 우거져 있던 사과나무의 꺾꽂이모들에 비유했다. 한 종의 개체들은 모두 한꺼번에 소멸한다. 이것 외에 거대한 나무늘보의 멸종을 설명할 방법이 있을까?

환경조건의 변화로 설명하면 어떨까? 다윈은 비글호에 있을 때부터 쓰기 시작한 잡기장인 '붉은 공책'에 환경변화로 설명할 수 없는 사실들을 나열했다. 집에서 기르는 동물들은 어떤 조건에서도 잘 산다. "개, 고양이, 말, 가축, 염소, 당나귀. 이들 모두는 잡초처럼 자라고 번식한다. 말할 나위 없이 완벽하게 성공적으로."[25] 이 경우 서식환경에 대한 적응이라고 할 수 있을까? 또한 그가 채집한 라마 화석들은, 종은 기후가 변하지 않아도 사라질 수 있다는 사실을 보여주었다. 이 사실도 라마들은 그들 종에게 주어진 시간이 다했기 때문에 멸종했음을 암시했다.

그 밖에도 다윈은 종의 생사가 의미하는 바에 대한 고찰을 계속했다. 포유류는 복잡한 동물로서 생명력이 더 널리 퍼져 있기 때문에 단순한 미생물보다 종으로서의 생명이 틀림없이 더 짧을 것이다. 미생물들은 거의 불멸의 존재다. 이들은 뜨거운 원시바다에서부터 오늘날까지 생명을 이어가고 있다. 이와는 반대로 포유류들은 차례차례 멸종했다. 지층에 순차적으로 나타나는 화석들이 이를 잘 보여준다. 다윈은 지질학회에서, 자신이 팜파스에서 발견한 포유류는 같은 시기에 살았던 연체동물들보다 종으로서의 수명이 훨씬 짧았다고 발표했다. 그는 비글호 일지를 바탕으로 집필 중인 『비글호 항해기』에서도 이 문제를 논했다. 이 책의 파타고니아 편에서 다윈은 수수께끼 같은 암시를 던졌다. 다윈은 자신이 발견한 대형 포유류들은 기후변화 때문에 절멸하지 않았다고 말했다. 어쩌면 "개체들처럼 종도 주어진 수명이 다한 것일지도 모른다."[26]

그러면 사라진 종의 빈 곳을 메우는 새로운 종의 탄생은 어떻게 일어날까? 만일 개별 종에 할당된 "조직화 에너지"가 한정되어 있다면, 더 복잡한 형태들은 어떻게 생겨날까?

다윈은 이러한 추론들을 다른 사람들에게는 비밀로 했을 것이다. 아마 이래즈머스와 그의 집단은 예외였겠지만. 다윈은 오언과 라이엘의 말을 귀 기울여 들었지만, 자신의 생각은 거의 입 밖에 내지 않았다.

다윈은 그레이트말보로가의 서재에서 갈라파고스 제도의 수수께끼에 계속 매달렸다. 그는 흉내쟁이지빠귀, 핀치, 땅거북 외에 또 어떤 생물이 남아메리카에서 온 이주자들로부터 생겨났는지 알고 싶어 견딜 수가 없었다. 그는 헨슬로에게 갈라파고스 식물들을 제일 먼저 살펴봐달라고 부탁하면서, 헨슬로가 각 섬에서 유연관계가 매우 가까운 서로 다른 종들

(같은 이주생물의 후손들로서, '대표종'이라고 부른다)을 찾아내주기를 바랐다. 또한 다윈은 성미가 까다로운 제닌스 목사에게도 독촉을 했다. 제닌스는 비글호의 어류 표본을 원하는 사람이 아무도 없자, 할 수 없이 그것을 받았다. 하지만 제닌스의 일은 원점에서부터 시작해야 했기 때문에 속도가 너무 더뎠다. 다윈은 속을 태우며 갈라파고스 어류를 먼저 봐달라고 계속 재촉했다.

다윈은 굴드와 협력을 계속해나갔는데, 이번에는 동물학회에서 남아메리카의 레아에 관해 함께 이야기를 나누었다. 굴드는 데지레 항에서 다윈의 크리스마스 식탁에 올랐다가 일부만 남은 레아가 새로운 종임이 확실하다고 말했다. 그것은 더 작고 털이 더 많은 종이었다. 그리고 굴드는 다윈이 동물학회에 기증한 선물임을 "기념하기 위해" 그 레아에 레아 다위니*Rhea Darwinii*라는 이름을 붙였다.[27] 이를 계기로 다윈은 이 파타고니아 조류에 대해 다시 생각해보았다. 갈라파고스 제도는 새로운 종이 만들어지기 위해서는 격리가 중요하다는 사실을 보여주었다. 그런데 네그로 강 근처의 서로 중첩되는 서식지들에서 살아가는 두 종의 레아는 어떻게 설명해야 할까? 그들의 경우는 둘을 갈라놓을 만한 장벽이 없었다. 그렇다면 그들은 어떻게 진화했을까?

곧 다윈의 붉은 공책에는 종변형에 관한 감질나는 메모들이 등장하기 시작한다. "중립적인[겹치는] 땅에 사는 낙타[레아] 두 종에 관하여 생각해볼 것." 왜 네그로 강에 큰 종과 작은 종의 중간형태들이 없을까? 다윈은 "변화는 점진적이 아니라 일거에 일어난다"고 추측했다. 한 형태가 다른 형태로부터 완전히 변형된 상태로 출현한다는 뜻이었다. 한 형태는 다른 형태의 알에서 변이가 일어난 상태로 태어나는 것이다. 이러한 태아의 돌연변이 — '괴물' 또는 '기형'이라고 불렸다 — 는 당시 의사들에게 잘 알려져 있었고, 헌터 박물관에는 이러한 기형아 표본들이 병에 담겨 전시되고 있었다. 오언도 자궁에서 잘 모르는 과정에 의해 일어난 돌연변이에 관한 논문을 쓰고 있었다. 다윈은 붉은 공책에, 그 원인이 무엇이든 이런 기형아들은 "종의 탄생에 대한 유비를 제공해준다"고 적었다.[28]

라마의 경우도 마찬가지일까? 멸종한 대형 종들이 기이한 변종들을 낳았을까? 그 대형 종들이, 그 당시와 똑같은 건조한 벌판에 지금 살고 있는 현생 종인 크기가 작은 구아나코와 라마들로 이어졌을까? 무슨 일이 일어났든, 다윈은 돌연변이를 극적인 현상으로 보았다.

그런데 증거들이 서로 모순되는 대목이 있었다. 갈라파고스의 생물들은 서식환경의 격리 탓에 다양하게 분화했으며, 핀치들은 부리 모양에서 "완벽한 점진적 형태들"을 선보였다. 하지만 레아를 보면 격리가 필수 조건이 아니었다. 그들은 대륙을 자유롭게 누볐다. 아직도 생각해야 할 것이 많이 남아 있었다.

문제는 시간이었다. 시간이 부족했다. 우선 『비글호 항해기』부터 끝내야 했다. 다윈은 파티에 가는 것도 자제해가며 이 여행기에 매달리기 시작했고, 그러면서 과로를 불평하고 위장병으로 고생했다. 그는 일지에 적어놓은 내용을, 항해 중에 쓴 지질학과 동물학 공책의 내용으로 보충하고, 여러 전문가 친구들에게 들은 최신 소식들을 엮어넣으며 열심히 작업을 해나갔다. 다윈이 육촌 폭스에게 한 말에 따르면, 온갖 내용이 다 들어갔다. 동물의 습성, 지질학과 원주민, 풍경은 "이 잡탕을 더할 나위 없는 것으로 만들어줄 겁니다."

사실 모든 것은 아니었다. 핀치는 거의 언급하지 않았다. 다윈은 핀치들이 아마도 "각각의 섬에 격리되었을 것"이라는 추측을 간단하게 언급했을 뿐이다. 그는 여전히 모든 핀치의 습성이 엇비슷하다고 믿고 있었다. 이렇듯 핀치들의 습성이 엇비슷하며, 섬들의 지형이 비슷비슷한데,

어떻게 핀치들이 그처럼 서로 다른 형태로 진화할 수 있었을까. 다윈은 곤혹스러웠다. 어쩌면 이 핀치들도 "단번"에 출현했을지 모른다.[29]

　　다윈은 원고마감을 맞추기 위해 일을 서둘렀다. 그런데 그는 마치 『비글호 항해기』만으로는 불충분한 듯 새로운 일에 손을 대기 시작했다. 그것은 비글호 항해에서 채집한 동물 표본들에 대한 전문가들의 보고를 엮은, 미래의 여행자들을 위한 채집안내서 『비글호 항해의 동물학』 시리즈를 만드는 일이었다. "나보다 더 유능한 자연학자들의 머릿속을 통과한 것을 모아놓은 선집"을 만든다는 것은 얼마나 멋진 일인가. 하지만 이 동물학 시리즈는 정부가 보조금을 대주지 않는 한 불가능한 도전이었다 (적어도 약 1,000파운드쯤 되는 판화 150점에 대한 비용을 지원받아야 했다). 모든 동물학자 ― 벨, 워터하우스, 오언, 굴드 ― 가 참여해주기로 했지만, 박물관에서 일하는 그들은 돈 문제에 관해서는 고민을 별로 덜어주지 못했다.

　　막강한 후원자들이 필요했다. 다윈은 동물학회 회장인 더비 백작과 면담약속을 잡았다. 더비 백작은 의회에서 논쟁을 하는 것보다 동물원에 더 관심이 많은 귀족이었다(휘그당은 휘그당에 불고 있는 순풍을 업고 의석을 늘리기 위해 그를 영입했다). 골동품 수집가이며 린네학회 회장인 서머싯 공작과도 접촉했다. 지질학회의 휴얼 목사는 기꺼이 정부에 도움을 요청해주었다. 다른 사람들은 어떻게 지원금을 따내는지 궁금했던 다윈은 프랭클린 선장의 북서항로 탐사의 학술적 성과를 출판한 자연학자 존 리처드슨에게 물어보았다. 리처드슨의 표본들도 동물학회 박물관에 한가득 들어차 있었다.[30]

　　다윈은 아마 재무장관과 직접적인 연줄은 닿지 않았겠지만, 그 대신 연줄이 있는 사람을 알고 있었다. 헨슬로는 인맥을 동원할 수 있었다. 재무장관 토머스 스프링 라이스는 케임브리지의 휘그당 의원이었는데, 헨슬로는 그를 위해 선거운동을 한 인연이 있었다. 또한 1836년에 두 사람은 휘그당이 주도하여 세운 런던 대학의 인가를 얻어내기 위해 함께 힘을 보탰다. 내각에 있는 헨슬로의 친구들은 헨슬로를 위해 서포크 주의 히첨에 연간 1,000파운드의 수입을 얻으며 "왕처럼 사는" 교구목사 자리를 얻어주기도 했다. 헨슬로는 이렇듯 유명했기에 다윈을 위해 힘을 써줄 수 있었다. 어느 날 스프링 라이스가 다윈을 부르더니, 꼬치꼬치 캐묻지도 않고 재무부의 돈을 최대한 활용하라고 온화하게 말했다. 헨슬로의 소개가 효과가 있었던 것이다. "모든 게 선생님 덕분입니다. 선생님이 아니었다면 저 혼자서는 결코 1,000파운드의 돈을 구하지 못했을 것입니다."[31] 다윈은 이렇게 헨슬로의 은혜에 감사했다. 과학자로서 다윈의 이름값은 아직 하찮았다 해도, 이 돈은 그의 지위, 인맥, 잠재력을 잘 말해준다. 다윈보다 사회적 지위가 낮은 사람들은 구두쇠 정부에서 보조금을 받아내는 일이 하늘의 별 따기였지만, 다윈은 쉽게 해냈다. 이로써 다윈은 직접 후원자로 나설 수 있었다. 그러니까 그는 이제 작업 감독이자 봉급 지급자가 되어, 박물관에서 일하는 전문가들의 노동력을 마음껏 쓸 수 있었다. 『비글호 항해의 동물학』 시리즈의 출판은 이제 아무 문제가 없었다.

하지만 그것은 곧 이 "불쾌하고 매캐한 곳"에 틀어박혀 엄청난 양의 일을 해야 한다는 뜻이었다. 다윈은 자신의 귀한 유물들을 배분하는 일을 아직 끝내지 못했다. 티에라델푸에고에서 가져온 식용 균류와 안데스 산맥에서 가져온 나무 화석은 내성적인 로버트 브라운에게로 보냈는데, 이것이 브라운의 마음을 열게 했다. 다윈은 "내 규화목이 브라운 씨의 단단한 마음을 부드럽게 녹여준 것 같습니다"라고 빈정거렸다. 딱정벌레들은 함께 곤충채집을 다니던 과거의 날들을 떠올리며 호프 목사에게 보냈다. 초노스 섬의 감자는 헨슬로에게 보냈지만, 헨슬로는 교구 일이 바빠서 다른 일에 신경 쓸 겨를이 없었다. 아, 시골의 교구. 그것을 떠올리기만 해도 다윈은 시골이 그리워서 견딜 수가 없었다. 날마다 맞은 편 집의 더러운 벽만 쳐다보며 살다보니 말보로가의 "감옥'에 갇힌 기분이 들었다. 그는 속으로 비명을 삼키며 "런던의 거리가 지긋지긋합니다"라고 말했다.[32]

다윈은 점점 더 종의 변형 문제에 집착해갔다. 모든 것이 감질나는 의문들로 귀착되고 있었다. 킬링 제도처럼 바다 한가운데에 있는 전초지들은 말할 것도 없고, 갈라파고스 제도까지 식물이 어떻게 도달했을까. 다윈은 킬링 제도에서 가져온 표본들에는 어떤 종들이 포함되어 있는지, 식물의 씨앗이 "짠물에 실려오는 동안 무사할 수 있는지"를 헨슬로에게 물었다.

　굴드와 협력연구를 계속하면서 다윈은 라벨을 제대로 붙이지 않은 것을 점점 더 후회했다. 비록 늦긴 했지만, 다윈은 섬마다 고유종의 핀치가 살고 있다는 사실을 입증해볼 작정으로, 피츠로이가 꼼꼼하게 채집하고 정리하여 영국박물관에 보관해둔 표본들을 조사하고, 저마다 각자 채집을 했던 승무원들에게도 연락을 했다. 그의 하인 식스 코빙턴조차도 세 종류의 갈라파고스핀치를 갖고 있었으며 출신 섬을 표시해두었다. 승무원들의 대답은 기억을 되살리고 핀치들의 채집장소를 생각해내는 데에 도움을 주었다. 어림짐작이 실수를 부르기도 했지만 말이다. 결국 다윈은 핀치들도 흉내쟁이지빠귀와 땅거북처럼 섬마다 다르다는 확신에 이르렀다. 이 사실을 토대로 그는 이 핀치들이 육지에서 건너온 이주자 무리가 다양하게 갈라져서 생긴 후손들이라고 생각하게 되었다.

　6월 20일, 윌리엄 4세가 서거하여 나라에 국상이 선포되었다. 조기가 걸려 있는 와중에 다윈은 마침내 『비글호 항해기』를 끝마쳤다. 이 항해기록은 기록적으로 단기간에 쓰였다. 시작에서 끝까지 일곱 달이 걸렸다. "일상영어"로 자신의 생각을 표현하는 일에 이례적인 어려움을 겪은 다윈은 "어떤 종류든 책을 쓰는 모든 사람이 늘 존경스럽다"고 말했다. 그는 26일에 가족들과 함께 열흘간 휴가를 보내기 위해 슈루즈버리로 떠나면서 저자로서의 미래를 그려보았다. 지질학자로서의 미래는 산호초에 관해 지질학회에서 발표한 세 번째 논문에 대한 청중의 반응으로 충분히 판단할 수 있었다. 그는 "거물들"의 칭찬은 "내게 큰 자신감을 주었습니다"라고 말했다. 이 격려에 힘입어 다윈은 "더욱 분발하여" 남아메리카의 지질학에 관한 책을 계획했다.[33]

그리고 다윈은 또 하나의 더 커다란 목표를 향해 떨쳐 일어났다. 그는 종변형에 관한 연구에 자신을 내던졌다.

1837년 7월 중순에 다윈은 결연한 마음으로, 종변형을 논하기 위한 비밀 공책(공책 'B')을 펼쳤다. 그는 독백과 묵상이라는 긴장되고 외로운 신세계에 발을 들여놓고 있었다. 이것은 갈색 표지로 덮인 작은 공책이었다. 다윈은 할아버지와 같은 길을 걷고 있다는 뜻으로, 속표지에 붉은 글씨로 "주노미아*Zoonomia*"라고 썼다. 그러고 나서 약 27쪽 분량의 메모를 쏜살같이 써내려갔다. 기관총을 쏘아대듯 거침없이 쏟아낸 간결한 메모들은 생명의 법칙에 대한 그의 생각들이 얼마나 급하고 흥분된 것이었는지를 잘 보여준다. 종변형은 사실이었고, 이 공책의 메모들은 다윈이 동물과 식물이 어떻게 변화하는지를 연구하는 틀이 되었다.

공책에는 알 듯 모를 듯한 의문들이 가득하다. "생명은 왜 짧을까?" 유성생식은 왜 중요한가? 유성생식은 변종을 만들어내고, 빠른 세대교체는 이 변종들을 개체군에 널리 퍼뜨리기 때문이 아닐까. 유성생식은 다양성을 유발하며, 종이 새로운 환경조건을 이겨낼 수 있기 위해서는 다양성이 꼭 필요하다. 기후가 변할 경우, 종은 새로운 적응을 자동적으로 만들어냄으로써 재빨리 대응할 수 있다.[1]

하지만 오언은 단순한 종이 복잡한 생물로 변할 수 있다는 생각을 받아들이지 않았다. 종이 새로운 활력을 얻어 종의 테두리 밖으로 확장하는 것, 다시 말해 새로운 "조직화 에너지" 혹은 새로운 생명력을 끌어모으는 것은 불가능하다는 것이다. 벽에 부딪힌 다윈은 오언이 말하는 종을 제한하는 생명력이라는 개념에 단호히 맞섰다. 뭔가가 종이 "변화하는 세계에 맞추어〔적응하도록〕종을 바꾸는 것"이 틀림없다. 다윈이 줄기차게 말하고 있었듯, 종은 "계속 변화하고 있는 것"이 틀림없다. 종은 변화를 후손에게 전달하고 그 변화를 토대로 만들어지는 것이 틀림없다.

한 가지 문제는 피해갈 수 있었다. 생산된 모든 변종은 보통의 경우 "교잡"을 통해 개체군 속에 뒤섞인다. 보통 이 과정에서 변종들은 희석되고, 그 결과 종은 같은 모습을 계속 유지한다. 분류자들이 종이 고정불변한 줄 알았던 것은 이런 이유 때문이었다. 그러나 변종의 격리는 이런 현상을 피하는 방법이었다. "새로운 섬"의 멋진 신세계에서 자기들끼리만 교배하기 시작한 핀치들, 혹은 흉내쟁이지빠귀 표류자들의 경우라면 새로운 형질들은 점점 더 뚜렷해질 것이다.[2] 갈라파고스 제도의 한 섬에서는 조금이라도 부리가 더 두꺼운 핀치가 아메리카 본토 집단의 핀치들과 섞여 사라지는 일이 일어나지 않을 가능성이 있다. 오히려 핀치들이 교배를 하면 할수록 부리는 점점 더 두꺼워질 것이다. 섬은 빠르고 영구적인 이탈을 가능하게 하는 환경이다. 더 오래 격리된 곳일수록—특이한 오리너구리가 사는 오스트레일리아처럼—포유류들은 서로 더 많이 달라질 것이다.

다윈은 라마르크의 몇 가지 기본적인 교의들을 가지고 이런저런 생각을 해보았다. 가장 단순한 모나드—생명의 기본 벽돌—가 비유기체로부터 저절로 생긴다면, 이 모나드는 생명이라는 에스컬레이터를 위로 밀어올릴 것이다. 아래에서부터 압력을 가해 생명을 전진하도록 만드는 것이다. 다시 말해 다윈의 메모에 따르면, "가장 단순한 생명은…… 점점 더 복잡해질 수밖에 없다." 개체들이 성숙하듯이, 종은 에스컬레이터를 타고 있는 것처럼 아무 노력도 들이지 않은 채 위로 올라갈 것이다. 한 종이 움직이면, 아래 있는 생물들이 올라와 그 빈자리를 채운다. "만일 모든 인간이 죽으면 그때는 원숭이가 인간이 될 것이다. 그리고 인간은 천사가 된다."[3] 다윈은 이렇게 농담을 하기도 했다. 이것은 원숭이 조상이라는 추잡한 이미지를 이용한, 구식 엘리트들로서는 끔찍한 결과가 연상되는 농담이었다. 그러니까 원숭이 조상이 다윈에게는 조금도 두려운 개념이 아니었다는 얘기다.

오언은 비글호의 표본들을 열심히 분석했다. 벌써 옛날의 거대한 아르마딜로와 나무늘보 다섯 종을 밝혀내어, 다윈의 동물학 시리즈에서 자신이 맡은 부분인 『화석 포유류』에 그것을 기재하고 있었다. 이 거대한 초식동물들은 틀림없이, 오늘날 아프리카에 사는 초식동물들처럼 팜파스의 대평원에 살았을 것이다. "정말 대단한 수수께끼가 아닐 수 없습니다." 다윈은 라이엘에게 의문을 제기했다. "어떤 이유로 이렇듯 멀지 않은 과거에, 물리적 변화〔예를 들면 환경변화〕가 거의 없는데도 이 수많은 동물들이 멸종했을까요?"

공책을 펼치고 멸종 문제를 생각하는 동안 수많은 생각들이 폭격처럼 쏟아졌다. 다윈은 종의 형태가 복잡해질수록 종에게 주어진 생명은 줄어든다는 오언의 말을 생각하고 또 생각했다. 그런 다음에, 동물과 식물의 계통사史를 표현하기 위해 "불규칙하게 분기하는" 나무 한 그루를 그렸다. 만일 생명을 수령이 엄청나게 오래된 거대한 떡갈나무 한 그루로 표현한다면, 포유류 화석들은 생명력이 다해서 "죽어가는 말단의 싹"에 해당할 것이다. 나무의 줄기는 모든 생명이 비롯된 먼 과거의 공통조상을 상징한다. 그리고 나무줄기가 하나인 것은 궁극의 기원이 하나라는 뜻이다. 다윈은 지구에서 생명이 처음 비유기물로부터 저절로 출현한 일은 멀고 희미한 과거에 단 한 번 일어난 사건임이 분명하다고 생각했다. 살아 있는 분자들이 시도 때도 없이 도처에서 생겨난다는 것은 불가능하다. 서로 관련이 없는 수백만 그루의 생명의 나무가 우후죽순 생겨난다고 한다면 문제가 "엄청나게 꼬인다."[4] 생명의 기원은 실루리아기 이전의 어딘가에서 찾아야 하는 단 한 차례의 유일한 사건이었다.

다윈은 이 계통수의 함의들에 대해 골똘히 생각하면서 거침없이 메모를 적어나갔다. 만일 모든 것이 먼 과거에 "모나드" 같은 살아 있는 일군의 원자들에서 비롯되었다면, 이들 입자가 복잡성과 관련이 있는 수명을 갖고 있을 수는 없다. 그게 아니라면, 각각의 나뭇가지 위에 있는 모든 생물이 동시에 죽고, 전체 분류군―포유류, 조류, 파충류, 아니 무엇이든―이 한꺼번에 사라져야 한다. 하지만 이런 일은 일어나지 않았다. 불현듯 빛이 보였다. "모나드는 결정된 존재가 아니다." 종을 가로막는 정해진 생명력 따위는 없다. 다윈은 마침내 오언의 장벽을 허물었다.

생명은 단 한 차례 생겨나, 오랜 세월 동안 가지를 치며 끊임없이 성장했다. 말단의 싹이 죽으면 다른 싹이 생겨났다. 생명을 새롭게 창조할 필요도, 생명력을 새롭게 불어넣을 필요도 없었다. 다윈은 이런 계통수의 이미지를 탐구하면서 수십 쪽의 지면을 쏜살같이 채워나갔다. 말단의 잔가지들이 죽은 결과, 조류와 포유류 사이, 또는 딱정벌레의 여러 과科들 사이에 간격이 생겼다. 두 집단의 관계가 멀수록, 그들의 공통조상은 줄기를 더 내려가야 나오며, 둘 사이에 시들어 떨어진 가지의 수도 더 많다.[5] 멸종은 종의 수명이 다하여 일어나는 것이 아님을 알게 된 다윈은 (예전에 대형 라마의 멸종에 대해 가졌던 생각에서 돌아서서) 환경이 매우 빠르게 변할 때 멸종이 일어난다고 확신하게 되었다. 적응―생물을 각각의 생태적 지위에 잘 맞추는 것―이 다시 논제로 올라왔다. 환경이 서서히 변할 경우 동물은 이에 맞추어 자신을 변형시키는 방법으로 적응한다. 그러나 동물이 환경변화의 속도를 따라잡지 못하면 멸종할 수밖에 없다.

그런데 한 동물의 구성을 적응만으로 설명할 수는 없다. "유전적 흔적"도 있다. 이 "흔적"은 최초의 공통조상이 남긴 일반 설계도다. 모든 어류, 파충류, 조류, 포유류는 척추동물의 설계를 공유한다. 모든 달팽이, 민달팽이, 오징어는 연체동물의 설계도에 따른다. 적응은 이러한 구조적 설계 위에 덧씌워지는 것일 뿐이다.

그런데 적응적 변화는 어떻게 기후변화의 리듬에 맞추는 것일까? 기후가 번식 과정을 바꿀 수 있어서 후손들이 이미 적응된 상태로 출현하는 것일까? 다윈은 모든 변이가 완전한 상태로 출현한다고 생각했는데, 이것은 여전히 페일리가 생각하는 완벽한 세계 안에 머무는 것이었다. 그러나 다윈의 케임브리지 스승들은 페일리를 그런 식으로 적용하는 것을 용인할 리 없었다. 완벽하든 완벽하지 않든, 생물이 끊임없이 스스로를 적응시킨다는 생각은 이단으로 배척받아 마땅한 것이었다. 그것은 신이 필요 없는 역동적인 자족을 뜻하는 것이니까.

다윈의 생각은 점점 더 놀랄 만한 것으로 변해갔다. 생명이 기후의 변덕에 따른다면, 진보를 재단하는 잣대 따위는 존재할 수 없었다. 그랜트는 지구가 식으면서 생명이 점점 더 고등한 온혈동물의 형태로 진보해갔다고 생각했다. 그러나 다윈은 한 방향으로 작용하는 변화를 단호히 부정했다. 생명은 서식환경의 변덕에 맞추어 적응할 뿐이다. 변화는 사방으로 일어난다. 동물들은 꼭대기에 인간이 있는 가공의 사다리를 오르고 있는 것이 아니다. 마찬가지로 인류의 인종들도 자신들의 독자적인 생태적 지위를 향해 수평적으로 뻗어나가고 있었다. 제미 버튼의 푸에고인들은 바람이 휘몰아치는 황량한 황무지에, 그리고 영국의 문명인들은 그들의 공업도시에 적응을 했다. 이것은 충격적인 상대적 관점이었다. "한 동물이 다른 동물보다 더 고등하다는 말은 터무니없는 것이다. **우리는** 지적 능력이 가장 발달한 동물을 가장 고등하다고 생각한다. 하지만 벌은…… 분명히 본능"을 기준으로 삼을 것이다.[6] 다윈은 이렇게 생각했다. 벌의 관점에서 보면, 인간은 창조의 왕이 아니었다. 심지어 급진적인 라마르크주의자들도 인간을 꼭대기에 놓는 진화의 사슬을 고집했고, 오만한 인간이 생명을 내려다보도록 허했다. 생명은 인간을 지향하지 않는다는 다윈의 생각은 종교적 관습은 말할 나위 없고 급진파의 생각과도 완전히 다른 것이었다.

뜨거운 8월 내내 다윈은 "이 거대한 굴 같은 곳에서 땀에 흠뻑 젖은 채" 이단적인 메모를 계속 써내려갔다. 9월에는 그 문제를 물고 늘어지는 한편으로 『비글호 항해기』의 교정지를 수정하면서, 자신이 갤리선의 노예처럼 발이 묶인 채로 과로에 시달리고 있다고 투덜거렸다.

　　다윈은 초점을 생물의 이동으로 옮겨, 생물이 어떻게 섬으로 이동하여 종 분화를 시작하는가 하는 문제를 고민했다. 그는 초노스 제도의 어떤 섬에는 쥐가 있지만 다른 섬에는 없다는 사실을 바탕으로, 이동은 우연히 일어난다는 사실을 알았다. 이동방법에 대해 이렇게도 생각해보고 저렇게도 생각해보았다. "올빼미가 쥐를 무사히 실어날랐을까?" 글쎄, 아마도 쥐는 그렇게 이동했을 것이다. 씨앗은 더 쉽다. 바람에 날려갈 수도 있고 파도에 떠밀려갈 수도 있었을 테니까. 아니면 지빠귀나 물닭이 섬으로 날아갈 때 "뱃속에 〔씨앗들을〕 넣어 갔을 수도 있다." 다윈은 이 사실을 좀 더 조사해볼 필요가 있다고 메모했다. 또 어떤 생물이 바다를 무사히 건넜을까? 그는 답을 알아내기 위한 실험방법들을 생각해보았다. "육상달팽이를 소금물에 넣고 실험을 해보고, 도마뱀도 그렇게 해보자." 그는 나중에 이 실험을 해볼 수 있기를 바라며 이렇게 적었다. 어쩌면 바다를 건너는 극한의 환경이 바닷물에 떠다니는 씨앗을 변화시킬지도 모른다. "씨앗을 소금물에 담그면 씨앗이 변하는지를 알아보는 것은 흥미로운 실험이 될 것이다."[7] 어쩌면 올빼미나 물닭, 씨앗은 그리 먼 거리를 이동할 필요가 없었을 수도 있다. 단지, 훗날 물 밑으로 가라앉아버린 호상열도[격렬한 화산활동, 지진활동, 조산운동이 일어나는 곡선형의 긴 해양열도]를 건너기만 하면 되었을지도 모른다. 다윈은 자신의 침강이론을 바탕으로, 길게 줄지어 늘어선 여러 개의 섬들이 생물 이주의 징검다리였을 수도 있다는 가능성을 떠올릴 수 있었다.

푸른 바다를 생각하니 항해를 하던 날들이 떠올랐다. 섬들을 건너다닐 때는 고향으로 돌아가고 싶어 견딜 수가 없었다. 그런데 지금은 다시 바다로 돌아가는 상상을 하고 있었다. 배 위에 있을 때는 가족을 그토록 그리워했건만, 돌아와서는 슈루즈버리의 시골에서 멀리 떨어진 런던에서 감옥에 갇힌 죄수처럼 살고 있다니. 그 모든 그리움, 그 모든 계획은 어떻게 되었는가? 돌아온 뒤로 아버지와 누이들과는 아흐레밖에 함께 지내지 못했다!

다윈은 집 안에 틀어박힌 채 은밀한 공책에 파묻혀 지냈다. "여름 내내 이 지겨운 말보로가에 갇혀 불쾌한 맞은편 집 벽만 쳐다보고 있다니 이 무슨 인생의 낭비인가요." 그는 『비글호 항해기』의 교정지를 마무리하기 위해, 음악회에 가자는 엘리자베스 웨지우드의 청을 거절했다. 일이 자꾸만 늘어지고 있었다. 거추장스러운 문장과 다루기 어려운 쉼표는 괴로움을 가중시켰다. "글을 제대로 쓴다는 것은 정말 어려운 일입니다." 다윈은 이렇게 투덜거렸다. 또한 『동물학』 시리즈도 관리해야 했다. 저자와 편집자들과 연락을 주고받는 일은 시간을 많이 잡아먹었다. 그래도 재무부 보조금 덕분에 가격을 낮출 수 있어서 대중에게 책을 널리 보급할 수 있게 되었다. 출판업자들의 계산에 따르면, 250개의 도판을 포함한 800쪽짜리 책을 9파운드에 출간할 수 있었다.

　다윈은 『비글호 항해기』를 위해 쓴 서투른 머리말 때문에 당장 곤란에 처했다. 예의를 깐깐하게 따지는 사람인 피츠로이는 그 글에 자신이 격식 없이 언급되어 있을 뿐 아니라 도움을 준 "사관들의 이름이 전혀 언급되어 있지 않다는 사실에 경악했다." 다윈은 너무 무뚝뚝해서 탈이고, 피츠로이는 너무 까다로워서 탈이었다. "당신과 절교를 하기에는 내가 당신을 너무 소중히 여기고 있습니다." 피츠로이는 특유의 젠체하는 태도로 이렇게 말했다.[8] 또한 다윈이 맡은 책과 자신이 맡은 책의 관계는 "정과 의리의 관계이지—**편의상의** 관계가 아니"라고도 했다. 다윈이 곧바로 역겨울 정도의 감사의 말들을 집어넣어 머리말을 수정함으로써 명예는 회복되었지만, 이 사건은 아직까지도 그 함장과 보조를 맞출 일이 남아 있다는 것을 보여주었다.

　일도 걱정도 쌓여만 갔다. 항해 때는 신기에 가까운 정신적·육체적 노동에도 끄떡없었다. 하지만 지금은 비밀스러운 연구에 발을 깊숙이 들여놓은 채 지질학계의 동지들을 충격으로 몰아넣을 수도 있는 메모들을 채워감에 따라, 건강이 자꾸 나빠졌다. 그는 이중잣대를 가지고 이중생활을 하고 있었다. 이래즈머스를 빼고는 누구에게도 자신의 종 연구에 대한 이야기를 꺼낼 수 없었다. 믿을 수 없는 사람, 혹은 비종교적인 사람으로 낙인찍힐까봐, 아니 그보다 더 심한 비난을 받을까봐 두려웠기 때문이다. 그런 마음고생은 위胃에서 표시가 나기 시작했다. 게다가 9월 20일에는 "불편한 심계항진"을 겪었다. 의사들은 "모든 일을 중단하고" 시골에 가서 쉬라고 "**강력히**" 권했다.[9] 이틀 뒤 다윈은 『비글호 항해기』의 교정을 끝내고 슈루즈버리로 휴식을 취하러 갔다.

　그러나 계획만큼 많이 쉬지는 못했다. 휴양을 떠나는 길에 메이어에 들렀는데, 에마와 그 가족들이 가우초들의 생활에 대해 이것저것 물어보는 바람에 녹초가 되었기 때문이다. 찰스보다 한 살이 많은 스물여덟 살 에마는 재능이 많았다. 그녀는 프랑스어와 이탈리아어를 알았고, 독일어도 (찰스보다 좀 더 나은 정도지만) 그런 대로 했다. 그녀는 피아노를 잘 쳤으며(쇼팽에게 레슨을 받았다), 야외 스포츠를 아주 좋아하여 활쏘기의 '화신'으로 불릴 정도였다. 찰스가 항해를 하는 동안 에마는 너덧 사람의 청혼을 물리쳤다. 그녀의 어머니가 발작으로 쓰러져 누우면서 그녀가 집 안일을 돌봐야 했기 때문이다. 지난 8월에 에마의 오빠 조사이어가 찰스의 서른일곱 살 먹은 누이 캐롤라인과 결혼한 전례가 있긴 했지만, 에마에게 결혼은 이제 가망 없는 일처럼 보였다.

　하지만 에마는 간호사처럼, 관리인처럼, 그리고 이모처럼 가족을 돌보면서도 희망을 놓지 않았다. 그녀는 기분전환을 위해 신간 소설을 읽고 정원에서 일을 했다. 찰스는 지금 그 정원을 산책하고 있었고, 조사이어 외삼촌이 내버려둔 지 오래된 땅 한 곳을 보여주었다. 그 땅에는 수년 전에 석회와 석탄재를 뿌려두었는데, 지금은 그것이 흙 속으로 사라져버리고 점토 섞인 흙이 덮여 있었다. 조사이어 외삼촌은 지렁이가 그렇게 만들었을 것이라고 추측하면서, 대륙 규모의 일을 하는 젊은이에게 사소한 정원일은 흥미롭지 않을 것이라고 말했다.[10] 찰스는 그렇지 않다고 대답했다. 그리고 이 특별하지 않은 시작에서, 보잘것없는 지렁이 ─ 열대바다에서 활약하는 산호 폴립처럼 수백만 년 동안 땅을 탈바꿈시켜왔지만 누구도 찬양하지 않는 작은 생물 ─ 에 대한 다윈의 일생에 걸친 관심이 생겨났다.

다윈은 10월 21일에 런던으로 돌아왔지만, 그의 두근거리는 심장은 슈롭셔의 시골에 남아 있었다. 그는 11월 1일에 지질학회에서 지렁이와 지렁이 똥에 관해 발표했지만, 이것은 점점 더 분명해지고 있는 다윈의 독자적 행보를 강조했을 뿐이다. 이 위엄 있는 학회는 **지렁이**보다 대단한 것을 기대했다. 다윈도 그것을 알았다. 그래서 그는 결심을 굳히고, 남아메리카 지질학에 대한 전문서적을 쓰기 위한 계획을 세우기 시작했다. 칠레의 해안, 화석무덤, 산호초에 관한 개별 논문들만으로는 충분치 않았다. 이 모두를 정리하여 한 권의 책으로 묶을 필요가 있었다. 이 생각은 11월의 안개보다 그를 더 숨 막히게 했다. 다윈은 자신만의 조용한 시골 은거지를 동경했다. 시골 목사관에서 살고 있는 케임브리지 시절의 친구들 헨슬로, 폭스, 제닌스가 부러웠다. 결국 다윈은 11월에 열대 초호에서 벗어나 와이트 섬에 있는 교구로 폭스를 만나러 가기 위해 며칠 휴가를 냈다. 와이트 섬은 다윈이 연구하고 있는 야자수가 늘어선 해변과는 사뭇 대조적인 풍경이었다. 그곳은 매서운 겨울이었으며, 영국 해협은 파도가 거세고 물은 푸르다기보다는 검었다. 하지만 "런던의 진저리나는 안개 자욱한 공기"를 벗어나는 것만으로도 행복했다.[11]

　다윈이 꿈꾸었던 목사관 생활은 상당히 이상화된 것이었다. 제닌스는 스와팸 불벡의 "고독한 생활에 대해 심한 불만을 토로했다." 꼭 고립된 생활만이 문제인 것은 아니었다. "헨슬로 선생님에게 듣기로, 당신이 내 물고기 표본에 대해 이야기할 때면 이따금씩 한숨을 내쉰다고 하더군요." 다윈은 이렇게 말하며 친구를 위로했지만, 사태는 훨씬 심각했다. 제닌스는 엄청난 양의 물고기 표본 앞에서 어찌할 줄 모르는 상태였다. 다윈의 물고기 표본은 항해를 하는 동안 절반이 썩어버렸는데도 137종에 이르렀고, 그 가운데 75종은 새로운 종이었다. 『동물학』 시리즈의 『어류』 편은 여러 권으로 나누어 출간될 예정이었고, 다윈은 권당 열여섯 종의 물고기를 집어넣을 수 있기를 바랐다. 그러나 제닌스는 할당량을 맞추지 못하고 있는 상황이었다. 다윈은 교묘한 말로 꾀는 법을 터득해갔다. 그는 "부디 영국 동물학자들의 인정을 받는 날을 위해 절망도 포기도 하지 마십시오"라고 애절하게 호소했다. "설사 나에 대한…… 호의로 〔그 일을〕 수락했더라도 말입니다. 물론 나는 당신에게 진정으로 감사하고 있습니다." 그런 다음에 다윈은 금세 얼굴을 바꾸어 또 다른 일격으로 친구를 굴복시켰다. "만일 몸이 아프거나 시간이 부족해서 이 일을 만족스럽게 해낼 수 없을 것 같다면, 언제든 주저하지 말고 그만두십시오."[12] 다윈은 결국 자신이 원하는 것, 자신이 기대했던 것을 얻어냈다. 제닌스는 간신히 갈라파고스 제도의 모든 어류가 새로운 종임을 확인했다.

화석 쪽은 진전이 훨씬 빨랐다. 오언은 그 '라마'에 마크라우케니아 *Macrauchenia*라는 이름을 붙이고, 크리스마스와 1838년 새해까지 꾸준히 그것을 연구했다. 오언의 일처리 속도에 관한 평판은 과연 거짓이 아니었고, 오언이 맡은 부분이 『동물학』 시리즈 가운데 가장 먼저 나오게 되었다. 길이가 60센티미터인 설치류 톡소돈의 머리뼈를 실물 크기로 그린 도판을 부록으로 접어 넣은 '화석 포유류' 편의 제1권은 정가 8실링으로 2월에 출간되었다. 출간 시기는 참으로 적절했으니, 오언은 지질학회의 창립 16주년 기념회의에서 다윈이 발굴한 하마만 한 화석의 정체를 밝혀낸 공로로 울러스턴 메달을 받고 "몹시도 기뻐했다."

다윈도 그 후광을 입었다. 하지만 오언의 결론을 하나하나 살펴보면 기뻐할 수만은 없었다. 그것은 그가 기대했던 것과 달랐기 때문이다. 오언은 마크라우케니아가 라마가 아니라 "약간만 낙타"에 가까운 맥이라고 밝혔다.[13] 그렇다면 좀 곤란했다. 다윈은 마크라우케니아가 팜파스에서 본 구아나코의 조상인 라마이기를 바랐다. 다윈은 오언의 책을 그냥 무시하기로 했다. 다윈은 자연학자의 시선으로 그 뼈들을 바라보기를 고집했다. 그 뼈들을 발견한 장소는 옛날에 그곳이 가혹하고 건조한 환경이었다는 사실을 말해주었기 때문에, 다윈은 그 화석들이 낙타와 비슷한 라마일 것이라는 생각을 굽히지 않았다.

* * *

다윈은 라이엘의 충고를 받아들여 자신의 연구에 전념하고자 지질학회 일을 거절했다. 1837년에 지질학회 회장인 윌리엄 휴얼은 다윈에게 간사가 되어달라고 요청했고, 헨슬로는 그 자리는 "과학을 하는 사람의" 의무라고 생각했다. 그러나 다윈은 잉글랜드의 지질학에 무지하다는 핑계를 대며 그 요청을 거절했다. 실은 더 곤란한 이유가 있었는데, 그것은 프랑스어 단어를 제대로 발음할 수 없는 간사는 "학회에 누가 될 것"이라는 점이었다. 외국 논문을 더듬거리며 읽는 꼴불견을 한번 상상해보라! 그리고 다윈으로서는 글로 쓰인 영어도 모호하기는 마찬가지여서, 원고를 요약해야 하는 일도 달갑지 않았다. 그래도 혹시나 그것만으로는 충분한 이유가 되지 않을까봐, 다윈은 결정적인 핑계를 얻었다. "저는 당황하면 몸이 힘들어져서 심계항진이 옵니다."

그러나 1838년에 이 결심은 무너졌다. 시간낭비든 아니든, 공식 직책을 피하기는 어려워졌다. 2월 5일에 다윈은 곤충학회 부회장직을 수락했다(딱정벌레 애호가 동료인 워터하우스와 호프가 1833년에 이 학회를 창립했다). 휴얼도 이제는 순순히 물러나지 않았다. 그는 다윈을 지질학자들의 지성소에 입회시키려고 끈질기게 노력했다. 그는 회장연설에서 오언의 연구성과를 칭찬하고, 다윈의 세계일주항해는 "수년 동안 지질학계에서 일어난 사건들 가운데 가장 중요한 사건으로 손꼽힌다"고 치켜세웠다. 회장이 이렇게 아첨을 하자 다윈도 굴복할 수밖에 없었다. 그래서 그는 어쩔 수 없이 간사직을 맡았다. "거절할 정당한 이유를 찾을 수가 없었습니다. 하지만 그 자리가 즐겁지는 않습니다." 다윈은 헨슬로에게 이렇게 푸념했다.[14]

다윈이 입회를 꺼린 데에는 절대 입 밖에 낼 수 없는 이유도 한 가지 있었다. 그가 입회하려는 곳은 영국 최고의 지질학자들, 도시 신사, 국교회 성직자들이 모인 별들의 모임으로, 구성원 모두가 진화론을 부도덕하고 위법한 것으로 혐오하는 고결한 사람들이었기 때문이다. 이것은 전혀 과장이 아니었다. 전임 회장인 세지윅은 라마르크, 조프루아 같은 혁명적인 프랑스인들이 "생리학에 대한 저속한—그리고 아마도 부도덕한—관점"을 지니고 있다고 비난했다. 그러한 세지윅이 다윈의 생각을 안다면, 흥분 잘하는 그 옛날의 학생감과 과연 잘 지낼 수 있을까? 세지윅은 격동의 시대에 과학은 도덕의 향상에 힘써야 한다고 생각했다. 과학은 사람들에게 지상에서의 신분을 되새겨주는 한편 그들의 눈을 천국으로 향하게 해야 했다. 지질학의 엘리트들이 해야 할 일은 정신적 지도력을 발휘하는 것이지, "끔찍한 결과들을 감수하면서 종이 저절로 생기고 스스로를 변형시킨다"는 등의 타락한 "교의들"을 퍼뜨리는 것이 아니었다.[15]

3월 7일에 휴얼과 세지윅을 비롯한 지질학회 회원들 앞에서 다윈은 콘셉시온에서 목격한 대지진에 관한 긴 논문을 발표했다. 다윈은 그런 지각변동 때문에 안데스 산맥을 따라 수천 킬로미터에 걸쳐 화산과 지진활동이 일어나며, 그 결과 안데스 산맥은 서서히 솟아오르고 있다고 설명했다. 라이엘은 다윈의 이론이 자신의 점진설을 지지하고 있다는 사실에 흡족했으며, 다윈은 라이엘의 원리들에서 "지질학적 구원"을 보았다. 다윈은 자신의 논문뿐 아니라 간사로서 다른 사람들의 논문도 낭독했다. 그러나 몇 시간을 연습했음에도 긴장이 가시지 않아 거의 자기 자신에게 속삭이다시피 읽었다. "처음에는 너무 긴장을 해서 눈앞이 캄캄했다. 마치 몸은 어디론가 가버리고 머리만 남아 있는 듯했다." 그는 이렇게 회고했다.[16]

이것은 지질학 권력의 길로 들어서고 있는 야심 찬 젊은 지질학자의 공적인 붉은 얼굴이었다. 하지만 그의 정체성은 분열되어 있었다. 다윈은 사적으로는 이 거물들의 오만을 철저히 혐오했다. 그는 집에 돌아오면,

우주를 인간에게 끼워맞추고 신의 설계에 대한 찬사를 늘어놓는 그들에게 은밀히 냉소를 퍼부었다. 다윈은 휴얼이 "깊은 학식"을 갖추고 있다고 생각하는 모든 사람을 경멸했다. "그는 낮의 길이가 사람의 수면시간에 맞춰져 있으며!!! 전체 우주가 인간에게 맞춰져 있다고 말한다!!! 인간이 우주에 맞춰져 있는 게 아니라.—이 얼마나 오만방자한 생각인가!!!" 공식석상에서는 미소를 짓고 사적으로는 비웃는 정신분열증적인 태도, 이것이 휴얼의 오른팔이 된 다윈의 모습이었다.

공식적인 지위가 공고해짐에 따라 다윈의 메모는 점점 더 비밀스러워졌다. 이래즈머스의 저녁만찬에서 주고받는 결정론적 대화는 기적과 인간을 중심에 놓는 휴얼 목사의 과학과는 완전히 동떨어진 세계였다. 다윈은 위胃가 협조해주지 않는데도 아랑곳하지 않고, 부패한 과학을 정화하기 위해 밀고 나아갔다. 그는 자신이 옳다고 확신했고, 이름을 떨치고 싶었다. 영국 사회에 일어나고 있는 비국교적 가치로의 거대한 전환은 다윈에게 도덕적 지지를 제공했다. 다윈은 일종의 개혁운동을 이끌고 있었다. 그는 휴얼이 대표하는 오래된 토리당 국교회 왕국을 부수려 했으며, 휘그당이 지상에서 성직자의 특권을 박탈하고 있듯이 우주 속에서 인간의 특권을 박탈하려 했던 것이다. 다윈은 신학의 오만에 점점 더 염증을 느껴갔다. "사람들은 종종 지능을 지닌 인간의 출현이 우주에서 가장 놀라운 사건인 것처럼 말하지만, 다른 감각들을 지닌 곤충의 출현이 더 놀라운 일일 수도 있다." 다윈은 이렇게 콧방귀를 뀌며 또 하나의 우상을 깨부수었다. 그는 인간의 극단적 우월주의에 분노했다.

그러면서도 다윈은 과학계 선배들의 관심을 얻기 위해 필사적으로 매달렸다. 이런 이중생활은 심한 내적 갈등을 일으켜, 그는 날이 갈수록 점점 더 안절부절못했다. 저들이 이런 거짓된 얼굴을 꿰뚫어본다면? 다윈은 자연사의 수수께끼를 푸는 일이 몹시 즐거웠지만, 생각은 점점 위험해졌고, 고민은 점점 가학적으로 되어갔다. 다윈의 마음속에 일고 있는 대혼란은 영국의 도시에서 일어나고 있는 대중의 혼란과 교묘하게 맞물렸다(영국은 이 무렵 깊은 경제침체에 빠져 있었으며, 대량실업, 기아, 폭동으로 얼룩진 19세기 최악의 암울한 5년을 목전에 두고 있었다). 다윈이 거론하고 있는 이야기는 국교도의 눈에는 불미스러운 일로 비칠 것이고, 사회적으로는 체제전복적인 것이었다. 다윈이 생각하는 세상은 이제 저 위에 있는 신이 몸소 관리하는 세상이 아니었다. 그것은 자연발생한 것이었다. 극피동물에서부터 영국인에 이르기까지 모든 것은, 질서정연하게 변화하는 지질환경에 발맞추어 법칙에 따라 생명물질을 재분배함으로써 생겨난 것이었다.

다윈은 점점 더 자신감을 갖고 비밀스러운 메모를 단숨에 써내려갔다. 그는 모든 곳에 "내 이론"이라는 분명한 각인을 남겨두었으며, 그것의 중요성에 관해서만큼은 결코 두 마음이 아니었다. 그는 "내" 이론은 "최근의 화석비교해부학에 더 큰 관심을 불러일으킬 것"이라는 확신에 찬 주장을 했다. 이 이론은 "본능, 유전, 마음에 대한 연구"에 혁명을 가져올 것이다. 그리고 "형이상학 전체"를 바꾸어놓을 것이다.[17] 그의 이론은 장차 그렇게 되지만, 아직까지는 아니었다. 먼저 구체제—급진적인 비국교도들이 진보적이고 세속적이고 산업적인 정신을 사회에 불어넣음에 따라 나라 곳곳의 시의회에서 쫓겨나고 있는 반동적인 성직자와 시의원들—가 항복을 해야만 했다.

다윈의 비밀스러운 메모들을 읽어보면, 다윈은 급진적인 유니테리언파처럼 보인다. 그 메모들은 더 넓게는 비국교도 사회의 윤리관을 표현하고 있었다. 비국교도들은 노예제도에 염증을 느꼈고, 평등을 요구했으며, 특권을 반대했다. 이런 감정적인 시기에 다윈이 품고 있던 노예제도에 대한 혐오감은 다윈이 몰두하고 있던 진화론에 커다란 영향을 미쳤다. 그는 이렇게 갈겨썼다.

> 동물 ― 우리는 우리가 노예처럼 부리는 동물들을 우리와 동등하게 취급하고 싶어하지 않는다. 노예를 부리는 사람들은 흑인을 다른 종으로 취급하고 싶은 것이 아닐까? 애정을 느끼고 모방을 하고 두려움과 고통을 느끼고 죽은 자를 애통해하는 동물로.

아픔과 고통은 노예상태의 인간과 비참한 짐승을 하나로 묶어주었다. 다윈이 위 글을 쓴 1838년, 휘그당 내각의 전 대법관 헨리 브루엄이 노예제 폐지론자들의 열정에 불을 붙였다. 브루엄은 자메이카 노예들의 즉각적인 해방을 요구하며 싸우고 있었다. 마티노도 미국에 다녀온 뒤 예전보다 더 도덕적인 이야기들을 써냈다. 에마 웨지우드는 노예를 매질하고 죽이는 행위, 노예제 폐지론자들의 영웅적 행위에 관한 마티노의 이야기들을 책 전반에서 묻어나는 "약간의 해리엇스러움"에도 불구하고 감동적으로 읽었다. 다윈의 생각은 노예제를 반대하는 사람들이 느끼는 것을 반영하고 있었고, 억압받는 인간에서 불쌍한 짐승으로 윤리적 보호망을 확장하려 했던 자는 비단 다윈만이 아니었다. 퀘이커교도 의사인 존 엡스는 ― 그는 런던의 골상학자, 동종요법사, 국교폐지론자였는데 ― "모든 피조물이 창조의 척도에서 나 자신과 똑같이 중요하다고 생각했으며, 불쌍한 인도 노예를 내 형제로 여기고" 있었다.[18]

비밀 공책에 이설을 채워가고 있는 다윈에게, 이런 반국교 분위기는 그런 이야기를 써도 된다는 인가처럼 다가왔다. 급진적인 국교반대자들은 자연도 마음이 있고 고통을 느낀다는 사실을 공개적으로 거론하고 있었다. 많은 사람들이 모든 생물이 의식을 갖고 있고 고통을 느낀다고 단호하게 주장했다. 그들에게 세상은 페일리의 장밋빛 안경을 통해 바라보는 "기쁜 존재"들로 가득한 "행복한 세상"이 아니었다. 그것은 존 웨슬리의 안경을 통해 바라보는 "모든 피조물이 신음하고 진통을 겪는"〔로마서 8장 22절〕 암울한 세상이었다. 존 엡스는 사도 바울로를 이런 이미지로 해석했다. 그는 "동물은 *마음을 향유하며*", 이와 더불어 개성, 욕망, 고통을 지니고 있다고 단호히 주장했다.[19]

그러나 다윈이 흡수한 이런 마음의 평등주의는 불미스러운 교의들을 연상시켰다. 나이 든 윌리엄 커비 같은 일부 국교도들도 동물들이 약간의 이성을 가지고 있다는 점을 인정했지만, 엡스와 같은 선동가들은 자신들의 견해를 반국교 논증과 뒤섞음으로써 위험스러우리만큼 이단적인 느낌을 주었다. 그리고 커비가 지렁이에게 얼마만큼의 이성을 부여했는지 모르지만, 다윈은 훨씬 더 불쾌한 지위를 지렁이에게 주었다. 그것은 인간 계통수의 뿌리들 사이에 있는 흙에 해당하는 지위였다. 다윈은 다음과 같이 거침없이 적어 내려갔다.

> 만일 추측이 흘러가는 대로 그냥 따라가면, 동물들도 우리처럼 고통, 질병으로 인한 죽음, 아픔, 굶주림을 겪는 우리의 형제들이라는 생각에 이른다. 가장 힘들게 노동하는 우리의 노예, 우리에게 기쁨을 가져다주는 친구들인 것이다. 그들이 우리와 하나의 공통조상을 공유함으로써 우리 모두는 하나로 연결되어 있을지도 모른다.

여기서 위험한 지점은, 인간의 마음이 처음에 벌레에게서 비롯되었고 말하는 대목이다. 이것은 중대한 문제였다.[20] 마음과 도덕을 스스로 진화하는 힘에 맡김으로써 다윈은 지질학계의 신사들이 매우 소중히 여기는 이상들을 위협했다. 그것은 인간의 위엄과 의무였다. 다윈의 말처럼 인간이 단지 조금 더 나은 짐승일 뿐이라면, 인간의 정신적 위엄은 어떻게 되는 것인가? 또 만일 인간이 스스로 진화를 해왔다면 신이 인간의 창조자가 아니라는 말인데, 그러면 신에 대한 인간의 도덕적 의무는 어떻게 되는 것인가? 도덕적 의무는 내세의 처벌과 보상과 더불어 사회를 이루는 뼈대의 일부라서, 그것이 허물어지면 사회도 무너져내릴 것이다.

라이엘이나 오언, 세지윅, 휴얼은 다윈의 이런 믿음을 인간을 타락시키는 생각이라고 규정할 것이다. 다윈은 지질학계의 친구들이 자신의 비밀을 안다면 난리가 나리라는 것을 충분히 예상하고 있었다. 더는 "마음이 맞는 친구들"일 수 없을 것이다. 다윈은 배신자로 낙인찍힐 수도 있었다. 사회적 지위도 위태로워질 것이다. 다윈의 과학에 의심이 드리워지는 것은 말할 나위 없고, 다윈 본인도 무모한 방종을 일삼는 자라는 비난을 피하기 어려울 것이다.

지질학회 신임 간사의 머릿속에는 생각이 폭풍처럼 몰아치고 있었다. 다윈 본인은 그것을 "마음속의 폭동"이라고 불렀다. 1838년 2월, 그는 두 번째 공책(밤색 표지의 공책 'C')을 열심히 써내려가고 있었다.[1]

다윈은 변종과 농가의 품종개량에 대해 곰곰이 생각하고 있었다. 상쾌한 봄날 아침이면, 리전트가를 슬슬 걸어내려가 동물학회 박물관에서 순종 개와 비둘기의 품종개량에 대한 이야기를 나누었다. 이러한 화제는 오리너구리나 비단뱀, 병 속에 보관된 뱀 표본이나 알코올이 흠뻑 밴 박쥐 표본에 비하면 평범해 보이는 것이었다. 하지만 땅을 소유한 지주신사들은 개에 관해서라면 동물원의 모든 동물에 관한 모든 지식을 다 합친 것보다 훨씬 더 많은 이야기를, 별의별 이야기까지 다 알고 있었다. 윌리엄 야렐은 선별의 일인자였다. 야렐은 사냥과 개를 좋아하는 사람이었다. 본업은 신문도매업이지만, 열네 가지 일간지가 나오는 도시였기에 그는 야외 취미활동을 즐길 만한 재력을 갖출 수 있었다. 그는 가축의 품종, 잡종, 귀화동물을 통틀어 모르는 것이 없었으며, 그가 알려준 비결들이 다윈의 메모 여기저기에 흩뿌려져 있었다. 그는 다윈에게 가축의 품종들을 교배하는 법을 알려주었고, 이때 부모 가운데 더 오래된 품종이 새끼들에게 더 큰 영향을 준다는 사실을 가르쳐주었다. 그해 봄 다윈은 당장이라도 말을 타고 슈롭셔의 들판으로 달려가고 싶은 마음을 꾹꾹 누르며, 말보로가의 서재에서 블러드하운드, 총사냥개, 말의 잡종에 대한 일화들을 적어나갔다.

다윈은 지금까지 야생의 변종이 적응이 완료된 상태로 태어난다고 추측해왔지만, 육종가들의 이야기는 그렇지 않을 가능성을 내비쳤다. 만일 "시간이 흐름에 따라 수만 가지 변종들"이 생기며, "잘 적응한 것만 보존된다면?" 선뜻 이해가 가지는 않았지만, 흥미로운 생각이었다. 모든 자손이 잘 적응한 개체일 필요는 없다. 기괴하거나 발육이 부진한 개체들을 생각해보라. 다윈은 두 가지 유형이 생길 수 있다고 생각했다. "적응"과 "괴물", 곧 좋은 적응과 나쁜 적응이다. 후자는 추한 모습을 띤다. 애호가의 기이한 취향에 따라 정수리에 혹이 있는 비둘기, 털이 없는 개, 꼬리가 없는 고양이, 기형 돼지를 생산하기 위해 육종가들은 "괴물들"을 선택하고 있었다. 육종가들은 자연의 종자에 영향을 미치고 있었다. 다윈은 야렐에게 단도직입적으로 물었다. 육종가들이 자연을 거슬러 선택을 하고 있는 게 아닌가? 그들이 "변종들을 고르는" 방식은 확실히 "부자연"스러웠다.[2]

인간은 동물들을 선택할 뿐 아니라 자기 자신들도 선택했다. 사람들은 특정 형질을 선호함으로써 남편이나 아내를 고르고 선택했다. 그러니까 인간은 자연 과정의 일부로서 투쟁 속에 처해 있었다. 다윈은 호모 사피엔스는 한 종이며, 이것이 기후에 따라 여러 집단으로 갈라졌다고 확신했다. 다윈은 노예주인들이 스스로를 우월한 종으로 착각하고 있다고 비난했으며, 그 문제를 모든 각도에서 바라보면서 그들의 논증을 깎아내렸다. 1834년에 칠로에 섬에서 한 고래잡이배 군의관에게, 샌드위치 섬 원주민의 몸에 사는 이를 영국인에게 옮기면 이가 살지 못한다는 말을 들은 뒤부터, 다윈은 그 사실에 큰 관심을 가지고 "인간의 기원이 하나임"을 입증하기 위해 다양한 인종에게서 기생생물을 채집했다.[3]

다윈은 이 시점에, 변형에 의한 발달 과정을 일컫는 새로운 말을 생각해냈다. 그것은 '유래descent'였다. 인간의 유래를 생각하는 것은 고양이와 소의 유래를 생각하는 것만큼이나 이치에 맞는 일이었다.

날씨가 따뜻해짐에 따라 다윈은 유래의 관점에서 자연의 완전성을 재평가하기 시작했다. 신학의 '완전성' 이론은 철저한 세속주의자들에게 현 상태를 정당화하기 위한 변명이라는 뭇매를 맞았다. 완전성이란 현재의 모든 것은 마땅히 있어야 하는 상태로 있다는 개념이기 때문이다. 완전성은 케임브리지에서 절대적인 지위를 누렸으며 다윈 역시 그 사실을 단 한 번도 의심해본 적이 없었다. 하지만 다윈은 자연이 완벽한 적응만으로 돌아가고 있지 않다는 사실을 깨닫기 시작했다. 자연은 육종가들이 좋아하는 '괴물들'을 제거하고 있었다. 자연의 낫은 어떻게 작동할까? 괴물들은 어떻게 솎아내어질까? 한 가지 실례로, 다윈은 최적자를 가려내는 투쟁을 생각해보았다. 그는 어떤 별난 특성을 "우연히" 타고난 덕분에 "생활력이 약간 더 뛰어나서" 유리한 시작을 하는 "자손"을 떠올려보았다. 그런 다음에 그는 돌연, 수컷들의 힘겨루기, "호전적인" 수탉들, "승리한" 수컷들을 선호하는 암컷들에 대한 이야기들르 넘어간다.[4] 그것은 그의 머릿속에 한순간 깜빡거렸다 꺼진 플래시였다.

다윈은 케임브리지의 신학에서 점점 멀어지고 있었다. 다윈이 생각해낸 사례들은 완전성이 **어쩌면** 우연한 기회의 산물일 수도 있음을 내비쳤다. 사실 기후의 변덕을 고려하면 적자는 그때그때 다를 수밖에 없었다. 한 환경에서는 괴물인 개체가 다른 환경에서는 신의 선물일 수 있다. 이 지점에서 다윈의 메모는 흥미진진해진다. "두꺼운 털을 갖고 태어난 강아지는 〔따뜻한 기후에서는〕 재앙일지라도, 추운 나라에 데려다놓으면…… 〔그것은 훌륭한〕 적응이 된다." 좋은 것과 나쁜 것, 적응과 기형은 이제껏 생각되었던 것처럼 절대가치가 아니다. 가치는 환경에 따라 변한다. 또다시 플래시가 깜빡거렸다 꺼졌다.

다윈은 적응을 만들어내는 더 좋은 방법 — 목표와 더 직결된 방법 — 을 생각함으로써 모든 것을 뒤엎었다. 자주 물에 잠기는 서식지에 사는 육상동물에게 지느러미발이 어떻게 생겨났을까? 다윈은 그 동물들이 습성을 바꿈으로써 환경의 도전에 대응한다고 주장함으로써 라마르크의 뒤를 따랐다. 아마 오리와 수달의 조상들이 처음으로 물을 젓고, 물고기를 잡고, 새로운 자원을 이용하기 시작했을 것이다. 그리고 이 습성은 끊임없이 반복되다가 마침내 고착되었을 것이다. 그래서 오늘날 이 동물들은 본능적으로 수영을 하고, 피부를 늘려 발가락 사이를 덮고, 근육의 힘을 강화하고, 물갈퀴가 달린 발을 갖게 된 것이다. 이것은 라이엘이 조롱하고 세지윅이 혐오하고 지질학자들이 쓰레기라고 비난한, 아무것도 섞이지 않은 순수한 라마르크주의였다. 다윈은 라마르크의 글에 깊이 빠져 있었다. 그는 조용히 혼자서, 이 프랑스인의 "과학에 대한 선견지명 — 대단한 천재의 수준 높은 재능"에 찬사를 보냈다. 다윈은 남들 앞에서는 이 말을 결코 되풀이하지 않았다.[5]

다윈은 육종가들에게 질문을 쏟아내기 시작했다. 그것도 생각날 때마다 하나씩이 아니라 한꺼번에 **연달아** 질문을 퍼부었다. 새끼들은 어떻게 부모 중 한쪽을 닮는지, 암컷들이 "특정한 수컷을 더 좋아하는지." 또한 "습성"이 신체에 미치는 "효과"가 궁금했던 다윈은 "직업이 사람의 모습에 미치는 영향"에 대해 알고 싶었다. 대장장이의 근력이 아들들에게 전달될까.[6] 아버지의 정원사이며 농가의 품종들에 대해서라면 모르는 게 없었던 윈 씨도 박물관의 동물학자들도, 모두가 다윈의 이상한 질문에 시달렸다. 다윈은 동물과 인간에게 특이한 형질이 유전되는 문제를 해결하기 위해 온갖 수단을 다 시도했다.

다윈은 동물학회 박물관을 문턱이 닳도록 드나들면서, 새에 관해서는 굴드의 머리를 이용하고 농가의 가축에 관해서는 야렐의 지식을 이용했다. 다윈은 프랑스에서 온 어떤 사람이 갈라파고스 땅거북들에 수많은 종이 있다고 발표한 것을 듣고, 마침내 자신이 짐작했던 사실이 옳았다는 것을 확인했다. 굴드와 워터하우스는 한창 비글호 표본들을 기재하고 있었으며, 다윈은 그 전체 작업을 총감독했다. 그러나 재무부에서 받은 돈은 빠듯했다. 다윈은 예산을 맞추기 위해 굴드에게 조류의 삽화를 50장으로 제한하라고 주문했는데, 이렇게 해도 삽화 한 장을 색칠하는 비용으로 5펜스밖에는 쓸 수가 없었다. 다윈은 헨슬로가 여는 자연학자들의 만찬에 가지 않기로 하면서, 헨슬로에게 『동물학』을 조율하느라 "옴짝달싹할 수가 없다"고 사과했다.[7]

피츠로이도 사과를 해왔다. 다윈의 『비글호 항해기』는 인쇄가 끝났지만 출간을 하지 못한 채 피츠로이가 맡은 제2권이 완성되기를 기다리고 있었다. 하지만 피츠로이는 일정을 맞추지 못했다. "나는 생각뿐만 아니라 습관도 구식입니다. 그러니까 느린 대형 사륜마차인 셈입니다." 피츠로이는 이렇게 설명했다. 다윈은 초조했지만, 머리말 사건이 있은 뒤부터 약간 조심하고 있었다. 그렇기는 하지만 다윈은 이제 육지 사람이었다. 더는 그 함장과 함께 식사를 할 필요가 없었다. 이제는 그의 비위를 맞추며 웃을 필요도, 입 다물고 참을 필요도 없었다. 3월 말에 피츠로이가 차를 마시러 오라고 초대를 해서 다녀온 다윈은 누이에게 다음과 같이 보고했다. "그 함장은 많이 좋아지고 있습니다. 모든 일과 모든 사람을 왜곡해서 보는 데에 아주 대단한 재주가 있는 사람치고는 말입니다." 다윈은 피츠로이가 맡은 작업의 질이 궁금해지기 시작했다. 제3권은—킹 함장이 맡았는데—솔직히 말해서 도저히 읽히지가 않았다. "어린애들은 한 페이지도 넘기기 힘들 겁니다. 그 책에는 전혀 쓸모없는 자연사들만 가득합니다. 피츠로이가 맡은 2권은 이보다는 나을 것이라고 믿습니다." 런던 최고 과학학회의 간사는 자신의 높은 잣대를 남에게 강요하고 있었다.

이 무렵 다윈의 지질학 책은 모양새를 갖추어가고 있었다. 다윈은 봄내내 그 책에 매진했다. 그는 푸른 초호에서 물장구치는 상상을 하면서 산호초에 대해 자세히 적어나갔다. "이미 많은 분량이 찼기" 때문에, 이 생각들을 한 권에 다 담기는 불가능할 것 같았다. 처음에는 환초와 화산섬을 묶어서 한 권으로 내고 그 뒤에 다시 한 권을 낼 생각이었지만, 이 두 가지 주제도 각자의 생명을 갖고 있기 때문에 따로 분리해야 했다. 다윈은 대서양의 섬들과 희망봉에 관해 글을 쓰고, 지질학회에서 지진에 대해 발표를 하고, 『동물학』 시리즈를 관리하고, 유래에 대한 메모를 끼적이는 등 거침없이 일을 추진해나갔다.[8]

유래를 둘러싼 의문에서 현재 다윈의 초점은 인류였다. 그는 요새의 성벽에 도달해 있었다. 다윈은 진화가 마음의 모든 특징과 신체의 모든 특성을 설명해준다고 생각했다. 등뼈와 지라뿐 아니라 사람들의 습성, 본능, 느낌, 양심, 도덕성까지도. "인간, 이 놀라운 인간"도 자연의 가마솥 안에 던져넣어야 한다. "아무리 신성한 얼굴을 하늘로 쳐들고 있다 해도." "인간은 신이 아니며, 현재의 형태는 언젠가는 종말을 맞는다. …… 인간은 결코 예외가 아니다. 인간도 동물과 같은 일반 본능과 감정들을 일부 지니고 있다." 다윈은 이 견해가 얼마나 급진적인지를 간파했고, 그것이 초래할 엄청난 결과를 생각했다. "종이 다른 종으로 변한다는 사실을 인정하면…… 전체 구조가 흔들리고 무너질 것이다."[9] 창조론의 "뼈대"와 그것이 함의하는 모든 것이 다윈의 공격목표였다. 다윈은 미래를 가만히 들여다보았다. 초자연적인 구체제가 무너져내리는 모습이 보였다. 나아가 세지윅이 예견한 대로, 결과적으로 국교회 사회가 무너지는 모습도.

이 생각은 유인원을 처음 보았을 때 더욱 강해졌다. 날씨가 때 이르게 따뜻했던 3월 28일에 다윈은 동물원에 갔는데, 그날은 "엄청난 행운으로" 코뿔소가 밖으로 나올 수 있을 만큼 따뜻했다. 다윈은, "코뿔소가 신이 나서 발길질을 하고 뒷다리로 일어서는 모습을 보는 것은 좀처럼 드문 일"이었다고 누이에게 보고했다. 하지만 다윈을 정말로 매혹시킨 것은 그 동물원에서 처음으로 선보인 오랑우탄 제니였다. 제니는 대학자들에게나 명사들에게나 대단한 호응을 불러일으켰으며, 얼마 전에—여성의 옷차림으로—케임브리지 공작부인에게 바쳐졌다. 평의회가 지난 1837년 11월에 동물원 사업을 위해 105파운드를 주고 세 살 난 제니를 사서 특수 난방을 하는 기린 우리에 넣었다. 브로더립은 제니가 "영리한 행동"을 보였지만 "엄숙한 얼굴"이었다고 기술했다(그는 제니가 시무룩한 때의 모습을 보았음이 분명하다).[10] 다윈은 제니의 온갖 감정을 보았으며, 제니의 익살스러운 행동을 들려주어 수전을 즐겁게 했다.

사육사는 제니에게 사과를 보여주었지만, 주지는 않았습니다. 그랬더니 제니는 벌렁 드러누워 버릇없는 아이처럼 발길질을 하고 칭얼거렸지요. 그런 다음에 매우 침울한 표정을 지었습니다. 두세 차례 이런 감정을 분출하자, 사육사는 이렇게 말했습니다. "제니야, 네가 떼를 쓰지 않고 착하게 굴면 사과를 주마." 제니는 사육사가 하는 말을 거의 알아듣는 듯했습니다. 제니는 여전히 어린아이 같긴 했지만 칭얼거리지 않으려고 노력했으며, 마침내 그렇게 했을 때 사과를 얻었지요. 제니는 사과를 가지고 의자에 올라앉아 이보다 더 만족스러울 수는 없다는 듯한 표정으로 그것을 먹기 시작했습니다.

다윈은 오랑우탄을 처음 보고 깊은 인상을 받았지만, 이 사건에서 제니의 사람 같은 감정이 뜻하는 더 심오한 중요성을 알아챈 것 같지는 않다. 다윈이 무엇보다 놀랐던 것은 제니의 이해력이었다. 이 점은 다윈이 공격목표로 삼은 인간의 오만함에 대한 또 하나의 일격이었으며, 인류를 높은 지위에서 밀쳐내는 또 하나의 냉엄한 사실이었다. 다윈은 자신의 공책에서 이렇게 외쳤다.

> 동물원에 가서 오랑우탄을 보라. 오랑우탄의 애처로운 콧소리를 듣고, 사람이 하는 말을 알아듣는 모습을 보라. 마치 모든 말을 다 알아듣는 것 같은 모습을. 자신이 아는 자에게 애정을 보이는 모습을 보라. 오랑우탄의 감정, 분노, 시무룩함, 절망의 모든 행위를 보라. 그런 다음에 야만인을 보라. 자기 부모를 불에다 구워먹고, 발가벗고 다니고, 예술을 모르고, 개선의 여지는 있으나 개선하지 않는 야만인을. 그러고도 감히 인간이 우월하다고 자랑하겠는가.

물론 다윈은 식인을 하는 모습을 직접 본 적이 없었지만, 오랑우탄 제니는 푸에고인이나 마오리족과 비교할 때 문명화된 우리 안에서 아주 잘 지냈다.[11]

"원숭이 이야기는 그만하고, 마티노 양에 대한 이야기를 하겠습니다." 다윈은 집에 보내는 편지에 이렇게 썼다. 식구들은 그 일을 몹시 궁금해했는데, 이래즈머스와 해리엇의 사이는 요즘 눈 뜨고는 볼 수 없는 지경이었다. 찰스는 마티노가 "최근에 코뿔소만큼이나 통제 불능"이라고 보고했다. "이래즈머스는 요즘 정오에도, 아침에도, 밤에도 그녀와 함께 지냅니다. 그녀의 개성이 극지방의 산처럼 굳건하지 않다면, 그녀는 그것을 잃어버리고 말 겁니다." 두 사람은 같이 살고 있는 것이 분명했으며(로버트 박사가 알았다면 경멸했을 것이다), 해리엇은 그 사실을 부끄러워하지 않고 있는 그대로 인정했다. "요전 날 라이엘 씨가 거기에 들렀는데, 테이블 위에 아름다운 장미 한 송이가 있더랍니다. 그런데 그녀는 아무렇지도 않게 그 꽃을 라이엘 씨에게 보여주면서 이렇게 말했다는군요. '이래즈머스 다윈'이 이것을 사주었답니다. 그녀가 솔직해서 얼마나 다행인지 모릅니다. 그렇지 않았더라면 얼마나 끔찍했을까요 "

두 사람을 보면서 찰스는 자신의 결혼과 미래에 대해 진지하게 생각하게 되었다. 그는 심장이 성치 않은 스물아홉, 외로운 총각 신세였다. "우리 불쌍한 총각들은 반쪽 인간일 뿐이네. 목적을 이루지 못한 채 세상 속을 움츠리고 다니는 애벌레 같은 신세일세." 다윈은 케임브리지 시절 친구인 찰스 휘틀리가 결혼할 때 이렇게 농담을 했다.

나는 내 미래에 대해 아무것도 알지 못하네. 기껏해야 인생의 두세 장 앞을 내다볼 수 있을 뿐일세. 요즘 내 인생은 권, 장, 쪽으로 세어지며, 달력과는 거의 관계가 없다네. 아내는 척추동물 전체에서 가장 흥미로운 표본일세. 신만이 아시겠지. 내가 아내를 얻을 수 있을지, 그리고 얻는다면 아내를 먹여살릴 수 있을지.[12]

『비글호 항해기』는 곧 출간될 예정이었고, 『동물학』은 진행 중이었으며, 표본들은 전문가들에게 맡겨졌다. 머지않은 미래에 그를 런던에 오게 한 일이 끝날 것이다. 그러면? 다윈은 냉정하게 생각해보기 시작했다. 다시

한 번 인생의 선택지들을 따져보고, 결혼과 돈의 전망을 그가 잘하는 간결한 수법으로 정리해볼 때였다. 결혼은 다른 모든 일처럼 지나치리만큼 말끔하게 분석하고 개요를 뽑아봐야 할 일이었다. 그는 옛날에 받은 한 편지의 뒷면에 결혼의 장단점을 열거했다.

혼자 사는 것의 장점은 많았다. "여행. 유럽? 미국????" 그는 연필로 유럽에 동그라미를 쳤다. 멋진 생각이었다. 세계일주를 했지만 유럽 대륙에 대해서는 거의 아는 바가 없었다. "미국"으로 "지질학만을 위한" 여행을 떠날 수 있다면 무슨 일인들 못하겠는가! 그럼 "여행을 하지 않는다면? 종의 유전에 대해 연구를 하고" "생명의 가장 단순한 형태를 다시 연구하는 것이다." 바로 그거다. 이래즈머스를 따라 과학적 유희를 즐기던 날들처럼 말이다. "런던 어딘가에 살자. 리전트 공원 근처의 작은 집이 좋겠다. 말을 기르자. 그리고 여름에는 여행을 떠나는 거다."

결혼은 방정식의 부정적인 면이었다. 결혼을 하면 이 모두가 끝장이며, 어떤 선택지들이 기다리고 있는지는 너무나도 뻔했다. 결혼을 하면 아마도 "돈을 벌기 위해 일해야 할 것"이다. "아이들을 키우고 가난에 허덕이며" 과학을 계속할 수 있을까? "아니다." 이것은 마음에 사무치는 대답이었다. 또한 고통을 잊게 해주는 동물학 없이 "런던에서 죄수처럼 살 수 있을까?" 절대 그럴 수 없다. 그러면 런던 밖으로 나가야 할 것이다. "케임브리지 대학에서 지질학 또는 동물학 교수로 일하면서" 돈을 버는 것보다 더 좋은 일이 있을까. 헨슬로처럼 교수가 되면, 수입과 즐거운 생활을 가져다준다는 점에서 딱 좋을 것이다. 종변형을 주장하는 사람으로서 개혁을 반대하는 국교회 신학교의 교수직을 갖는다는 것은 어불성설이지만, 그건 중요치 않았다. "그러면 케임브리지 대학에 교수직을 얻고 그것을 최대한 활용하자." 그는 들떠서 이렇게 덧붙였다.

그러나 결혼을 했는데 교수직을 얻지 못한다면? 이 경우는 가장 암

울한 시나리오였다. 그러면 "가난뱅이"로 전락하게 될 것이며, 과학을 할
수 없다면 케임브리지에서 "물 밖에 나온 물고기" 꼴이 될 것이다. 아내
의 바가지를 견디는 가난하고 하릴없는 신사. 이것도 절대 안 될 일이다.
과학을 계속하려면 반드시 수입과 도시 밖의 생활 둘 다가 필요하다. 라
이엘은 시골생활은 지식인을 무뎌지게 한다고 걸핏하면 다윈을 타박했
다. 라이엘은 시골의 "안개"가 다윈의 "폭발적인 추론들"을 꺼뜨릴 것이
라고 확신했기 때문이다. 하지만 비참하고 더러운 런던에 살고 있는 라
이엘의 생활은 이제 매력적으로 보이지 않았다. 다윈은 마침내 결론을 내
렸다.

> 나는 내 눈으로 관찰할 때 훨씬 더 즐겁기 때문에, 라이엘처럼 옛날의 생
> 각들을 수정하고 새로운 정보를 덧붙이면서 살 수는 없다. 런던에 발이
> 묶인 채로 어떤 길을 추구할 수 있겠는가.
> 시골에 살면 하등동물들에 대한 실험과 관찰을 할 수 있다. 땅도 더 넓
> 다.[13]

다윈에게는 그만의 갈 길이 있었다. 그가 추구해야 하는 위험한 새 이론
이 있었다. 그것은 라이엘의 『지질학 원리』처럼 안전하게 개정판을 계속
낼 수 있는 종류의 책이 아니었다. 따라서 아버지가 만일 원하는 대로 하
게 해준다면, 결혼을 해서 시골에서 헨슬로, 제닝스, 폭스처럼 연구를 계
속할 것이다.

　그것이 가능하려면 돈이 있어야 하는데, 로버트 박사는 투자한 돈과
수입이 상당했다. 국채만 해도 2만 파운드어치를 갖고 있었으며, 슈롭셔
의 명문 집안들에 저당을 잡고 빌려준 돈은 이보다 훨씬 많았다. 이로 인
한 수익은 상당했다. 1830년대에 연간 7,000파운드에 이르렀는데, 이 사

실은 로버트 박사가 "몸은 육중했지만 돈 관리에는 기민"했음을 잘 보여준다. 찰스는 4월에 "엄청나게 정중한 로버트 클라이브 씨"의 집에 저녁 초대를 받았을 때 그것을 실감했다(로버트 클라이브는 슈롭셔의 토리당 의원이고, 포위스 백작의 아들이며, 인도에서 대영제국의 건설에 이바지한 로버트 클라이브의 손자였다). 다윈은 클라이브의 접대에 대해 전혀 환상을 품지 않았다. "그는 매우 정중했지만, 그것은 물론 아버지와의 우정을 과시하기 위한 것일 뿐이지요." 로버트 박사 — 그는 지역 토리당원들에게 자금을 보조하는 것도 전혀 주저하지 않았다 — 는 포위스 백작에게 5만 파운드를 빌려주었으며, 지금도 침대 밑에 담보증서를 보관하고 있었다.[14] 찰스에게 돈으로 귀족친구를 사줄 수 있다면, 직업 없이 살 수 있는 미래인들 사주지 못하랴. 그럴 수 있다면, 집을 실험실로 삼고 자비로 과학을 하는 마지막 세대의 신사로서 인생을 마음껏 즐길 수 있을 텐데.

그래도 케임브리지는 여전히 포기할 수 없는 매력이었다. 5월 10일에 다윈은 나흘 일정으로 헨슬로를 방문했다. 첫째 날 밤에는 헨슬로의 파티에서 유명인사 대우를 받았으며, 다음 날 아침에는 제닌스를 찾아가 물고기 표본에 관한 이야기를 했다. 그런 다음에는 다시 헨슬로에게로 돌아와 식물에 대한 이야기를 나누었다. 다윈은 헨슬로에게 왜 섬에는 독특한 종들이 그토록 많은지를 물었다(그러나 이 무렵 다윈은 이 독특한 종들이 육상에서 건너온 이주자의 후손임을 알고 있었다). 그런 뒤 다윈은 칼리지의 초원에서 열리는 진지한 비즈니스 파티와 연회에 적극적으로 참석했다. 몇 달 동안 런던의 자갈길 위를 덜커덕거리며 달리는 수레바퀴 소리에 시달리고 난 뒤라 다윈은 "귀 따가운 나이팅게일의 노랫소리"를 마음껏 즐겼다. 그는 트리니티 칼리지에서 열린 만찬에 참석하고, 칼리지 예배당에서 하이든의 〈천지창조〉를 듣고 기쁨에 젖었다. "마지막 합창은 벽을 뒤흔드는 듯했다." 그런 다음에는 세지윅의 파티에 갔다.[15] 이것이 인생이었다. 창조에 관한 이단적인 생각들은 서랍 속에 쑤셔 넣어두고 케임브리지에 자리를 잡는 쪽으로 점점 더 마음이 기울었다. 이것은 그의 발걸음에 새로운 탄력을 주는 강장제였다.

다시 런던으로 돌아온 다윈은 가축의 품종들에 관한 생각을 계속했다. 그는 깃털을 여기저기 죄거나 끌어당기고, 허리받이를 대어 뒷자락을 부풀리고 보닛을 쓴 것 같은 모습을 한 품평회 출품용 비둘기들을 보았다. 마치 여인네들의 덧없는 옷차림 유행 같았다. 이 무렵의 다윈은 아직까지는 이 비둘기들이 '실제' 자연과는 아무런 관계가 없는 줄 알았지만, 동물의 변종을 만들어내는 과정은 알게 모르게 많은 사실을 가르쳐주었다.

다윈이 총사냥개와 수렵조들에 관심이 많았다는 사실을 떠올려보면, 다윈의 관심이 농가의 가축으로 옮겨온 것은 지극히 당연한 수순이었다. 다윈은 영국의 농업 중심지에서 자랐는데, 마을의 모든 저택에는 원예나 축산 잡지들이 비치되어 있었다. 다윈의 어머니는 비둘기를 길렀고, 조사이어 외삼촌은 으뜸가는 양 육종가로서 스페인 원산의 털이 짧은 메리노종 양을 농장에 도입했다. 존 웨지우드 외삼촌은 달리아를 재배했으며, 다윈에게 식물교배에 대해 한 수 가르쳐주었다. 농장주들은 가축의 품종을 주문에 따라 만들어내는 일에 대해서라면 남부럽지 않은 지식을 지니고 있었다. 다윈이 질문을 던져야 할 사람들은 실제 경험이 없는 분류학자들이 아니라 이 사람들이었다. 오포드 경이 한배의 새끼들 가운데서 가장 뛰어난 놈들을 골라 그들을 교배시키는 방식으로 자신이 기르는 그레이하운드의 체력을 높이는 것을 보라. 육종가들은 가축의 형질을 선택하고 있었다.

다윈은 바로 이 점을 주장한 소논문 한 편을 발견했다. 그 논문을 쓴 사람은 가장 자유주의적인 향사 가운데 한 사람인 존 시브라이트 경이었다. 그는 재정을 줄이고 자유무역을 하자고 주장한 휘그당원으로서, 개혁 법안이 의회를 통과하는 데에 선도적인 역할을 한 사람이었다. 70세의 시브라이트 경은 야렐을 잘 알았다. 그는 세 곳의 지방에 땅을 소유하고 있었으며, 뛰어난 조류 육종가로서 자신은 "3년이면 어떤 깃털도 만들어 낼 수 있고 6년이면 어떤 형태라도 만들어낼 수 있다"고 뻐겼다.[16] 그의 소논문은 선택하고 고르는 비법을 소개하고 있었다. 그러나 거기에 머물지 않고, 자연의 낫이 작동하고 있음을 감지하고 있었다.

> 추운 겨울이나 먹이의 부족은 약하고 병든 개체를 제거함으로써 가장 솜씨 좋은 선택의 모든 훌륭한 결과를 낳는다. 춥고 황량한 땅에서는 강한 체질을 지닌 개체를 빼고는 어떤 동물도 성적으로 성숙할 때까지 살아남지 못한다. 약하고 병든 개체는 살아남아 자신의 결함을 자손에게 퍼트릴 수가 없다.

다윈은 이 문단이 자연이 "병약한 자손을 번식기 이전에 솎아낸다는 사실을 매우 잘 포착했다"고 생각하며 그 부분에 밑줄을 그었다. 자연의 어두운 측면이 보이기 시작했다. 시브라이트 경 같은 경험이 풍부한 육종가들도 성적인 투쟁이 중요하다고 보았다. 시브라이트는 암컷이 "가장 힘이 센 수컷"을 좋아한다고 말했고, "암컷과 수컷 모두, 가장 강한 개체들이 가장 약한 개체들을 쫓아냄으로써 자신들과 그 자손이 가장 좋은 먹이와 가장 우호적인 환경을 누리게 된다"고 주장했다.[17] 다윈이 숙고하기 시작한 자연의 낭비를 보여주는 증거가 여기에 있었다.

농가에서 동물을 선별하여 교미시키는 방법들, 그것이 "가축의 변종을 만들어내는 기법의 전부"였다. 하지만 다윈은 육종가들이 자연을 모방하고 있다는 사실을 알아차리지 못했다. 다윈이 보기에 농가는 여전히 부자연스러운 실험실이었고, 양과 개는 부자연스러운 역사를 지니고 있었다. 자연은 능력이 모자라는 것을 내치고 적응을 밀어주지만, 가축 애호가들은 괴짜들을 구해내어 교배하고 있었다. 정글의 법칙과 신사들의 놀이터에 적용되는 법칙은 달랐다. 자연의 변형과 관상용 오리의 생산은 서로 대응하는 행위가 아니었다. 후자는 "그저 인위적으로 괴물을 생산해내는 것"이었다.[18]

다윈은 육촌 폭스에게 가축을 교배하는 일에 대한 질문들을 쏟아부었다. "이 일은 요즘의 내 가장 큰 취미인데, 언젠가는 내가 종과 변종을 둘러싼 가장 까다로운 문제에 대해 뭔가를 해낼 수 있으리라고 봅니다." 다윈이 누군가에게 더 민감한 문제들을 다루고 있다는 사실을 표명한 것은 이번이 처음이었다.

개와 오리는 적어도 다윈에게 전략적 무기를 제공했다. 그리고 다윈은 예상되는 반대를 잠재울 수 있는 사실들을 계속해서 찾았다. 농가와 벽난롯가에 널려 있는 예를 가져다 날렵한 반격을 준비하고 있었던 것이다. 수달과 육상에 살던 수달의 조상 사이에는 "1,000가지의 중간형태들"이 있었음이 틀림없다. "여기에 반대하는 사람들은 그 형태들을 보여달라고 말할 것이다. 그러면 나는, 당신들이 불독과 그레이하운드의 모든 중간형태를 내게 보여준다면 나도 보여주겠다고 대답할 것이다."[19]

『비글호 항해기』는 피츠로이가 맡은 2권이 나오지 않아 아직도 출간을 하지 못하고 있었지만, 다른 쪽에서는 진전이 있었다. 『동물학』 시리즈는 워터하우스가 맡은 『포유류』 편의 첫 권이 막 출간되었고, 지질학은 뉴질랜드까지의 항해 부분을 끝마친 상태여서 런던 체류의 성과가 어느 정도는 있었다. 종변형 문제는 여전히 명치끝을 압박했다. 하지만 그는 말을 타고 달리면 좀 나아진다는 것을 알았고, "런던에서 5킬로미터 이내의 거리에 정말 아름다운 시골이 있다는 사실을 알고 깜짝 놀랐다."

런던에서 다윈은 이래즈머스의 ("언제나 변함없이") "훌륭한" 만찬 외에는 파티에 나가지 않았다. 이래즈머스는 여전히 헨슬레이 부부, 마티노, 칼라일과 함께 연어요리를 먹으며 "문학의 즐거움"을 향유하는 삶을 지속했다. 구두쇠 찰스는 그들이 쓰는 돈을 보면서 아찔했다. 어느 날 만찬을 끝내고 나서 찰스가 가족에게 보고한 바는 이러했다. "나로서는 그 돈이 아까울 따름입니다." "디저트만 8실링 6펜스였다고 아버지께 전해 주세요." 이 무렵 마티노는 일반대중을 위한 세 권짜리 소설을 새로 쓰기 시작했는데, 그것은 외과의사가 주인공인 『디어브룩』이었다. 찰스는 자신은 아리송한 문법과 헷갈리는 쉼표 때문에 쩔쩔매고 투덜거리며 글을 쓰고 있는데, 마티노의 혀끝, 아니 펜끝에서는 어떻게 그렇게 유창한 글이 나오는가 싶어서, 어느 날 탁자 앞에 앉아 있는 마티노를 급습했다. 찰스는 그녀가 "일단 쓰면 단어 한 개도 고치지 않는다는 사실"을 알고 반감이 생겼다. 그녀도 "완벽한 여장부가 아니며 생각을 너무 많이 하면 피곤을 느낀다"는 사실을 알고 나서야 찰스는 자존감을 어느 정도 회복했다. "참, 깜빡할 뻔했는데, 마티노 양이 언젠가 내가 글을 쓰는 모습을 보러 내 보금자리를 방문하겠다고 했습니다. 그렇게 된다면 우리는 바람을 피우게 될지도 모릅니다." 다윈은 (편지의 내용이 아버지의 귀에 들어갈 것이라는 사실을 알고) 일부러 분란거리가 될 만한 내용을 집어넣어 수전에게 이렇게 보고했다.[20]

서재에 틀어박힌 다윈의 삶은 점점 피폐해지고 있었다. 다윈은 종에 관한 생각을 계속하고 있었지만, 개념의 도약을 한 번 꾀할 때마다 위가 찌르는 듯 아파왔다. 케임브리지에서 돌아온 직후 다윈은 자신의 견해가 성직자 친구들 사이에서 히스테리를 불러일으킬 것이란 생각에 노심초사했다. 다윈은 혁명의 폭풍우 구름을 영국 해협 건너편으로 불어보내고 있는, 세지윅과 휴얼이 혐오하는 라마르크보다 한발 더 앞서나가고 있었던 것이다. 다윈은 무장해제를 하는 것으로 작전을 바꾸었다. "초기 천문학자들의 박해를 언급하자." 다윈은 메모를 했다. "만일 지식의 진보에 저항하는 성직자들에게 항변하기에 좋은 문장들이 필요하면 라이엘을 참조할 것." 라이엘이 종교재판에 처한 갈릴레오의 운명에 관해, 그리고 "후손을 자유롭게 하기 위해" 종교계의 무지 몽매함에 치명적인 타격을 가한 천문학에 관해 쓴 글이 있었기 때문이다.[21] 다윈은 고문의자에 앉아 미래를 자유롭게 하고자 고통을 받으며, 세상의 휴얼들을 향해 라이엘의 언어를 휘두르는 자신의 모습을 상상했다.

그해 봄 다윈은 그 어느 때보다 급진적인 단계에서 선동적인 문제들을 다루고 있었고, 나라는 점점 불황으로 접어들고 있었다. 다윈의 메모는 갈수록 강박관념에 사로잡힌 듯한 모습을 띠어갔다. 다윈은 생명을 가장 간소한 존재, 곧 생명원소들로 환원했다. 그것은 스스로를 조직하는 원자들이었다. 비민주적인 국가를 전복하려 하는 거리의 선동가들은 이런 위험한 과학을 반겼다. 이런 종류의 과학은 성직자 사회를 경악하게 만들었다. 생명원자가 스스로 발달하는 능력을 갖고 있다는 이야기는 곧 무신론을 뜻했기 때문이다. 기독교 정신이 국법의 일부이며 하층계급을 억제하기 위해 이용되고 있는 나라에서, 그것을 해치는 사상은 곧 반란이었다. 만일 생명원자들이 스스로 발달하는 힘을 갖고 있다면, 세지윅이 믿는 신의 신성한 영향력은 사라져버린다. 또한 그 영향력은 교회를 통해 발휘되기 때문에, 신에게서 성직자를 통해 자연에 이르는 사슬도 끊어진다. 게다가 세지윅은 그것이 문명의 종말을 부를 것이라고 믿었다.[22]

다윈은 몸을 사렸다. 이래즈머스의 식탁을 둘러싸고 어떤 세속적 이야기가 오간다 해도, 다윈 자신은 국교회의 구속을 조롱한다거나 성직자의 부도덕에 분개하는 이야기를 하지 않았다. 개인적으로 다윈은 특권을 누리는 스승들의 생활이 부러웠다. 하지만 그러면서도 그는 급진적인 이야기를 반복하고 있었다. 정신은 물질의 산물이며, 생명원자들은 스스로를 조직한다. 이러한 이야기는 한 가지 문제, 즉 본능의 진화와 유전이라는 문제에 대한 매우 편리한 해결책을 제공했다. 아버지의 본능이 어떻게 자식에게 전해질까? 지빠귀 암컷의 본능은 어떻게 새끼들에게 전해질까? 정신의 형질들이 어떻게 한 세대에서 다음 세대로 전해질까? 그렇게 되려면 생각과 감정을 지정하는 물리적인 암호 같은 것, 다시 말해 전달될 수 있는 물질적인 뭔가가 필요했다. 만일 본능이 신경조직의 산물이라면, 본능은 뇌의 일부로서 유전될 것이다. 그리고 만일 변화한 본능이 뇌의 물리적 성질을 바꾼다면, 이 변화한 행동은 후손에게 전달될 것이다.[23] 이것이 답이다. 그러나 이것은 자유사상가들과 극단적인 국교반대파가 환영하는, 정신과 물질은 동일한 것이라는 생각을 전제로 하고 있었다.

이 무렵 다윈의 공책들은 짓궂은 의학도들이 아무렇게나 휘갈기는 충격적인 은유로 가득했다. 다윈은 모든 정신활동을 뇌의 상태로 설명할 수 있었다. "생각"은 유전된다. "생각이 뇌 구조가 아닌 어떤 것이라고는 상상하기 어렵다." 습성과 신념은 뇌 구조와 불가분의 관계로 얽혀 진화해왔다. 모든 본능, 모든 욕망은 뇌 안에 위치하며, 각각은 진화적 유전의 산물이다. 신에 대한 사랑도 마찬가지다. "신에 대한 사랑은 생명조직의 결과다. 아, 너는 유물론자로구나!" 다윈은 이렇게 중얼거렸다.[24] 이런 조야한 논리는 불어나고 있는 세속주의자들이 십일조로 부를 축적한 성직자들을 모욕할 때 이용하는 고정 레퍼토리였다. 다윈은 10년 전 악명 높았던 플리니우스학회의 골상학자들에게서 이런 종류의 과격한 비판을 들은 적이 있었는데, 지금은 어느 거리에서나 이런 이야기를 들을 수 있었다.

다윈은 두려움과 환희가 엇갈리는 심정으로 이 선동적인 문제에 접근했다. '유물론' 자체가 경멸적인 낙인이었다. 엄밀하게 말하자면, 유물론이란 물질이 존재한다(그리고 정신은 절대 존재하지 않는다)거나, 생각이 뇌의 한 기능이라는 주장이었다. 하지만 이 말은 정신의 법칙이나 종변형론을 추구하는 사람들을 비난하기 위해 무분별하게 이용되고 있었다.

유물론은 국교도 해부학자들을 경악하게 했다. 이들은 하수, 그것도 병균이 득실거리는 런던의 오수가 의학계의 지하세계를 마구 헤집고 다니는 것을 보는 듯한 기분을 느꼈다. 런던은 죄악의 도시, '현대의 티루스'[지중해에 면한 고대 페니키아의 도시]였다. 유물론은 과격한 의과대학에서 가르쳐졌고, 무신론자 숙련공들은 영혼 없이 스스로 돌아가는 우주를 부르짖었다.

이 무렵의 대표적인 유물론자는 유니버시티 칼리지의 이채로운 의대교수 존 엘리엇슨이었다. 스스로를 "런던내기"로 칭했던 엘리엇슨은 눈에 띄는 행보를 보였다. 그는 "야만적인" 옥스퍼드와 케임브리지 대학보다 런던 대학을 높이 쳤으며, 동료들은 그를 당대 "최고의 유물론자"로 꼽았다. 엘리엇슨이 자주 했던 도발적인 발언은, 간이 담즙을 내듯 뇌가 생각을 내뿜는다는 말이었다. 이것은 다윈이 하고 있는 이야기와 정확히 똑같은 것이었다. "생각은 아무리 난해한 것이라 해도 신체기관의 기능이다. 담즙이 간의 기능이듯이." 그러나 엘리엇슨의 도발에는 없는 날카로움이 다윈의 도발에는 있었다. 모든 사람은 중력이 "물질"에 내재하는 "성질"임을 인정했다. 아무도 중력이 영혼의 부속물이라고 생각하지 않는다. 그렇다면 똑같은 방식으로 "생각을 뇌의 분비물로 보지 않을 이유가 뭐란 말인가?" "그것은 우리의 오만, 우리 자신에 대한 숭배 때문이다."[25]

찰스는 가장 안전한 스파링 파트너인 외사촌 헨슬레이가 런던으로 돌아왔을 때 시험 삼아 이 생각을 말해보았다. 헨슬레이는 자신이 비기독교적인 일이라고 생각하는 불필요한 서약을 거부하여 치안판사의 직위에서 물러난 뒤 메이어에서 지내고 있었다. 헨슬레이는 자신의 원칙을 지키기 위해 어마어마한 금전적 희생을 치렀으며, 정신과 몸의 이원론을 논할 때도 의심을 드러냈다. 하지만 헨슬레이는 찰스의 뇌 이론이 "말도 안 된다"고 딱 잘라 말했다.

둘의 대화는 솔직했다. "헨슬레이는 신에 대한 사랑, 신이나 영원성에 대한 생각은 사람과 동물의 마음 사이에 존재하는 유일한 차이라고 말한다." 다윈은 이렇게 기록해놓았다. 어떻게 그럴 수가 있는가? 야만인들이 살아 있는 반증이었다. "푸에고인이나 오스트레일리아 원주민에게는 신에 대한 개념이 거의 없다!" 신이 자신이 존재한다는 지식을 정말 인류에게 심어놓았다면, 모든 인류가 신에 대한 개념을 갖고 있어야 했다.[26] 푸에고인에서부터 유럽인까지 종교적 믿음이 점진적인 이행을 보이는 일은 그것이 진화한 것이 아니라면 있을 수 없는 일이었다.

다윈은 사적인 자리에서 이런 말을 했지만, 엘리엇슨이 한 말들의 결과는 만일 다윈이 그 말을 공개적으로 한다면 무슨 일이 벌어질 수 있는지를 보여주었다. 1830년대 후반에 엘리엇슨 교수의 강의는 의학계의 토리당원들로부터 거센 항의를 받았다. 그들은, 자유의지와 영혼을 부인하는, 그리고 멸시받고 비참한 수많은 사람들에게서 그들을 위로하는 기독교의 희망인 내세의 보상을 빼앗는 엘리엇슨 교수의 냉소적인 '스피노자주의'를 쓰레기로 취급했다.[27]

다윈의 유물론도 결코 덜하지 않았으며, 똑같은 비난을 받을 만한 것이었다. 다윈도 그 사실을 알았다. 다윈의 지질학계 동료들의 눈에는 그러한 도발적인 망언이 사회구조를 와해시키고 있는 것처럼 비쳤다. 라이엘이 라마르크를 혐오하는 것도, 고결한 토리당원들이 거리의 무신론자들을 비난하는 것도 모두 그 때문이었다. 그런 발언을 억누르기 위한 신성모독금지법과 선동방지조례가 있었으며, 이 죄를 처벌하기 위한 법정이 있었다. 다윈은 이미 이러한 괴롭힘을 두 눈으로 똑똑히 보았다. 플리니우스학회 소동과 테일러와 칼라일이 케임브리지에서 쫓겨난 일이 아직 기억에 생생했다. 가차 없는 단속은 지금도 계속되고 있었고, 실각당한 유물론자들이 런던의 파리들처럼 우수수 떨어졌다. 다윈이 박해 문제를 고민하고 있었던 것도 놀라운 일은 아니다. 이 무렵 그는 일간지에 보도되는 "흥미로운 재판"에 병적인 관심을 보이기 시작했던 것 같다. 다윈은 재판의 사례들이 "신문에서 가장 재미있는 부분"이라고 생각하기 시작했다.[28]

허풍선이 의사들, 극단적인 국교반대자들, 숙련공 운동가들은 다윈이 어울리고 싶은 부류가 아니었다. 이들은 의학계와 성직자들의 특권에 이의를 제기하기 위해 연단에 섰다. 이들은 당국과 싸움을 벌였으며, 몇몇은 감옥행이 머지않은 상태였다. 그리고 그 6월에, 고자세의 엘리엇슨이 또다시 신문의 헤드라인을 장식했다. 엘리엇슨은 그의 여자 환자들이 최면상태에서 난폭하게 군 일 때문에 유니버시티 칼리지 당국으로부터 문책을 받았다. 사임은 불가피했다(엘리엇슨은 12월 말에 사임했다). 이유야 어쨌건, 엘리엇슨이 쫓겨나자 많은 사람들이 안도의 한숨을 내쉬었다.[29] 이것이 유물론이 처한 현실이었다. 실각당한 의사와 꼴사나운 범죄자 사이를 오가는 신세. 그리고 다윈은 그런 처지로 전락할 게 뻔한 길에 결코 발을 들여놓고 싶지 않았다.

6월이 되고, 위험한 생각 속으로 더 깊이 빠져듦에 따라 병이 더 심해졌다. 위장병과 두통에, 심장까지 두근거렸다. 하지만 그러는 동안에도 다윈은 동물의 변형에 대해 궁리하고 생각을 구체화해갔다. 다윈은 과로하고, 걱정하고, 그러다 며칠씩 앓아누웠다. 비글호의 지질학을 완성하기 위한 고되고 단조로운 일에 앞으로 3년을 더 매달려야 고생문을 벗어날 수 있을 터였다. 그것은 치열한 투쟁이 될 것이다. "앞으로 3년 동안 제대로 열심히 일을 할 수 있었으면 좋겠습니다. …… 그런데 머리와 위는 몹시 사이가 좋지 않은 것 같습니다. 그래도 생각을 너무 안 하는 것보다는 하루에 생각을 너무 많이 해서 몸을 상하게 하는 편이 훨씬 더 쉽습니다. 어쨌든 생각을 하는 것과 구운 쇠고기를 소화시키는 것이 무슨 관계인지 저로서는 잘 모르겠습니다."[30]

다윈이 세우고 있는 과학이론은 급진적이라 할 만한 사회적 함의를 담고 있었다. 생각과 행동이 유전된다면, 노동자 남성들과 여성들을 교육시키는 것이 꼭 필요하다. 그러면 자녀들에게 혜택을 두 배로 줄 수 있기 때문이다. "모든 계급을 교육시키고 여성의 능력을 높여라(영향을 두 배로 올리는 것). 그러면 인류가 향상될 것이다." 다윈은 진화론 메모들 사이에 이렇게 적었다. 적어놓고 보니, 급진적인 라마르크주의자들의 요구와 비슷했다(라마르크는 여성을 제대로 교육해야 한다고 주장했다. 부모 모두가 자식들에게 획득형질을 물려주기 때문이다). 그러나 실제로는 웨지우드가와 다윈가를 통틀어 여성들은 제한된 교육만을 받았으며, 마티노는 이보다 못하면 못했지 더 낫지는 않았다.[31] 그럼에도 다윈은 환경에 의해 조건지어진다는 견해를 누구보다 강력히 지지하는 태도를 보였다.

이제 다윈의 말은 국교반대자들의 분위기를 풍겼다. "오만한 인간은 자신들은 위대한 작품, 신이 중재할 가치가 있는 존재로 생각한다. 하지만 더 겸허하게, 인간이 동물에서 창조되었다고 생각하는 것이 옳다고 본다." 어떻게 이렇게 될 수 있었는지를 이해하기 위해 다윈은 온갖 수단을 다 동원했다. 그는 이 무렵 얼굴표정의 기원을 찾아나서기 시작했다. 에든버러 시절 다윈의 동급생들은 히죽거리는 표정이 원래는 송곳니를 드러내기 위한 것이었다는 찰스 벨의 생각에 마구 흠집을 냈다. 다윈은 이 단도를 뒤틀어 꽂았다. "히죽거리는 표정은 거대한 송곳니를 지니고 있던 원숭이 시절에 획득한 습성임이 분명하다." 그는 찰스 벨 흠집내기를 전혀 새로운 차원으로 끌고갔다. 이것은 인간의 조상 문제를 해결하는 흥미로운 방법이었고, 다윈은 그 가능성을 보았다. "웃음은 짖는 소리를 모방한 것이고, 빙그레 웃는 표정은 웃음을 변형한 것이다. 짖는 행위는…… 좋은 소식이 있음을…… 〔집단에〕 알리기 위한 것이다. 먹이를 발견했으니, 당연히 도움이 필요하다는 신호다. 울음은 잘 모르겠다."[32]

인간의 자존심을 건드린다는 점에서 다윈의 이론은 — 만일 알려진다면 — 극단주의자들에게 이용될 여지가 많았다. 선정적인 저급 출판사들은 해적판 출판에 능수능란했다. 돈벌이가 되는 원고는 무엇이든 값싸게 대량으로 인쇄되어 거리 곳곳으로 나왔다. 진짜 위험은, 강경파가 자신들의 반성직자 선동을 뒷받침하기 위해 유물론을 이용하는 데 있었다.

검열을 당한 글은 표절되는 일이 다반사였다. 외과의사 윌리엄 로렌스의 저서도 마찬가지였다. 로렌스는 불꽃 튀게 화려한 과학적 수사를 구사하는 공화주의자였다. 그는 왕립외과의사협회의 교수직을 사임할 것과 토리당의 『쿼털리 리뷰』에서 심하게 공격받은 견해를 철회할 것을 강요당했다. 『쿼털리 리뷰』는 인간과 마음에 대한 로렌스의 유물론적 설명에 저주를 퍼부었다. 형평법 법원은 로렌스의 저서 『인간학 강의』를 신성모독적이라고 판결함으로써 이 책의 저작권을 무효로 만들었다. 이것은 무신론자들의 귀에는 강력한 추천과도 같았다. 여섯 곳의 저급 출판사가 이 불온서적을 수십 년 동안 무단으로 찍어냈다. 형편없는 최신판이 얼마 전에 거리에 출현했고, "성직자를 비웃는" 불법 광고전단이 뿌려졌다.[33] 그리하여 로렌스의 걸작은 공식적으로는 출판되지 못했지만 모든 반체제 서점에서 볼 수 있는 책이 되었다.

다윈도 싸구려 골판지로 제본된 『인간학 강의』의 가철본을 한 부 갖고 있었는데, 이 책은 노동자들이 주로 가는 서점에서 헐값에 살 수 있었다. 이 해적판을 찍어낸 출판업자는 구두수선공에서 전업한 악명 높은 윌리엄 벤보로서, 그는 포르노 서적을 팔아 과격한 정치운동을 위한 자금을 댔다.[34] 다윈이 자신의 앞날에 기다리고 있는 운명이 어떤 것인지 알기 위해서는, 멀리 갈 것도 없이 자신이 지금 참고하고 있는 이 싸구려 책을 보면 되었다. 다윈은 무신론자가 아니었으며, 저속하고 과격한 정치운동가들에게 이용당하는 꼴을 보고만 있지도 않을 터였다. 로렌스는 한 명예로운 이름이 어떻게 진흙탕 속에 처박힐 수 있는지를 생생하게 보여주었다.

다윈의 정신분열증적 상태는 그가 문예사회의 중심으로 들어가면서 더욱 심해졌다. 라이엘의 주선으로 다윈은 6월 21일에 애시니엄 클럽의 회원으로 선출되었고(찰스 디킨스와 나란히), 그 모임에 매우 호감을 느꼈다. 다윈은 날마다 이곳에서 식사를 하면서, "신사, 아니 귀족이 된 듯한" 기분을 느꼈다. 그는 "더 좋았던 이유는 그곳이 나한테 맞지 않을 것이라고 확신했기 때문이었다"라고 인정했으며, 이래즈머스와는 다소 소원해졌다. "그곳에 가면 수많은 사람들을 만날 수 있고, 만나고 싶은 사람들도 많이 만날 수 있습니다." 타고난 관찰자였던 다윈은 멋지고 위대한 인물들을 염탐하는 것을 즐겼다. 신사에게는 특정한 의무들이 있으며, 신사의 과학은 특정한 가치를 지지했다. 한 교사가 말했듯, 이때는 "지식 그 자체가 아니라 지식의 **인격이 힘인**" 시대였다. 다시 말해 "인격 없는 지식은 일시적이고 덧없는 빛을 발할 뿐"인 시대였다.[35] 애시니엄 클럽은 이런 지식과 인격의 상징이었으며, 다윈도 하나를 위해 다른 하나를 희생할 사람이 아니었다.

말보로가에서 보낸 한여름은 축제 분위기였다. 헨슬레이 웨지우드 부부가 이래즈머스의 옆집으로 이사를 오면서, 캐서린 다윈과 외사촌 에마가

1주일 동안 그들과 함께 지냈다. 다윈은 수시로 그곳을 들락거렸는데, 그들은 "매우 즐겁고 유쾌한 무리"였다. 하루는 토머스와 제인 칼라일이 저녁초대를 받아서 왔다. 에마는 그 호들갑스러운 스코틀랜드 남자가 하는 말을 거의 이해하지 못했지만, 그가 "놀라울 만큼 유쾌하고…… 솔직한 사람"이라고 생각했다. 한편으로 찰스는 에마가 놀랍도록 유쾌한 여자임을 알게 되었다.[36]

그래도 런던에서의 생활은 여전히 "매연, 나쁜 건강, 과로"에 찌든 나날들이었다. "다윈과 웨지우드 일가"의 무리가 헤어졌을 때, 다윈은 건강을 되찾기로 마음먹었다. 머리를 식힐 만한 일이 필요했는데, 여행이 좋을 듯했다. 병이 나서야 비로소 도시에서, 잉글랜드에서 빠져나가게 되었다. 이번 여행은 비글호 항해에서 돌아온 뒤로 처음으로 떠나는 제대로 된 휴가였다. 다윈은 스코틀랜드 고지로 향했다.

6월 23일에 다윈은 증기선을 타고 에든버러를 향해 출발했다. 그는 노련한 선원으로서, "나는 괜찮은데 두 여인과 몇몇 아이들이 뱃멀미를 심하게 하는 모습을 보며, 치사하게도 그것을 즐겼다." 다윈은 에든버러에서 하루를 보냈는데, 1827년에 의대를 그만둔 뒤로 에든버러는 처음이었다. 그는 "솔즈베리의 울퉁불퉁한 바위 위를 홀로 걸으며" "지난 시절들을 떠올렸다."[37] 시대가 달라졌다. 어마어마한 간극이 그 사이를 가르고 있었다. 다윈도 변하고 있었고, 영국도 변하고 있었다. 다윈이 이곳에 있었던 1838년 6월 28일, 한 달 전에 겨우 열여덟 살이 된 호리호리한 소녀가 빅토리아 여왕이 되었다.

다윈은 스코틀랜드의 외딴 고지를 향해 떠났다. 그는 리번 호수를 지나 북쪽으로 가서, 포트윌리엄을 통해 로이 계곡 입구에 도착했다. 런던을 떠난 지 1주일 만이었다. 이곳에서 그는 "너무나도 아름다운 날씨와 화려한 노을"을 즐겼다. 자신만큼이나 "자연은 행복해 보였다." 다윈은 먼지가 날리는 길을 더듬더듬 따라가며 드넓은 초록 계곡을 통과해 구불구불 이어진 구릉에 이르렀다. 로이 계곡은 몇 킬로미터나 계속되었다. 절반 지점에 한참 못 미쳤을 때, 다윈은 길 세 개가 나란히 달리고 있는 그 유명한 '평행길들'을 보았다. 이 평행길들은 지질학계의 거대한 수수께끼 가운데 하나였으며, 다윈이 이곳에 온 것도 이 길을 보기 위해서였다. 평행한 길은 실제로 길은 아니었다. 다윈은 가운뎃길에 서 있었는데, 길이 평평하지 않다는 것을 알았다. 그것은 기울어진 둔덕으로, 폭이 18미터 정도였고 경사는 20도였다. 나머지 두 평행길도 마찬가지였다. 하나는 그가 있는 곳에서 60미터 아래에 있었고, 또 하나는 30미터 위에 있었다. 이 '평행길들'은 시야가 닿는 데까지는 로이 계곡을 둘러싸고 이어져 있었고, 그의 뒤로 19킬로미터 떨어진 곳에는 영국에서 가장 높은 봉우리인 벤네비스 산이 멋진 풍경을 완성하고 있었다. 마치 눈옷을 입은 보초가 그 수수께끼 같은 지질구조를 지키고 있는 형상이었다.

다윈이 지금까지 본 어떤 지질학 풍경도—"최초로 본 화산섬도, 최초로 본 융기한 해안도, 코르디예라 산맥의 산길조차도"—이렇게 흥미롭지는 않았다. 그는 그 '길들'이 수년 동안 지질학자들을 이 외딴 곳으로 끌어들이고 있다는 사실을 알고 있었다. 이 길들이 고대 호수의 흔적이고, 세 차례에 걸쳐 주저앉으면서 그때마다 산허리에 해안선의 자국을 남긴 것일까? 몇몇 사람들은 그렇게 생각하면서, 이 계곡이 한때 호수를 담고 있었다고 추측했다.

다윈은 지구의 지각이 진동하고 있다는 자신의 이론에 입각하여 로이 계곡에 접근했다. 그는 칠레에서 계단식 대지를 본 적이 있었다. 그곳의 '길들'에는 조개껍데기들이 흩어져 있어서 그곳이 옛날에 해변이었음을 분명하게 말해주었다. 만일 로이 계곡 주위의 산들도 바다 위로 계단처럼 솟아올랐다면, 그 증거가 되는 옛날의 해변들이 남아 있을지도 몰랐다. 평행한 길들이 바다의 가장자리라면, 이것은 그의 지질학 이론을 확인해주는 것이었다. 다윈은 평행길들이 옛날에 해변이었음이 틀림없다고 확신했다. 비록 그 증거가 되는 따개비나 조개껍데기를 찾지는 못했지만 말이다. 평행길들은 옛날에 해수면 높이에 있었고, 나중에 세 단계에 걸쳐 솟아올랐을 것이다.

다윈은 빽빽하게 채운 공책을 들고 흡족한 기분으로 귀갓길에 올랐다. "로이 계곡에서 보낸 여드레 동안의 멋진 날들"은 소기의 목적을 달성했다. "나의 스코틀랜드 탐험은 멋진 해답을 주었다."[38] 다윈은 마치 세상 꼭대기에 앉아 있는 기분이었다.

찰스는 자신감과 낙관에 가득 차 돌아가는 길에, 1838년의 7월 한 달을 슈루즈버리에서 보내기로 했다. 자신이 생각하고 있는 이론의 종교적 함의들을 생각하게 되면서 신경이 쓰이는 일이 한두 가지가 아니었기 때문이다. 노련한 자유사상가인 아버지와 의논을 해보자. 결혼도 이전보다 한층 더 현실감을 띤 채 다가왔다. 그레이트말보로가에서 에마 웨지우드가 그의 눈을 사로잡은 것이 3주 전의 일이었다. 그는 자신에게 허락된 선택지들을 따져보고, 조언을 구하고 있었다.

로버트 박사는 앞으로 다가올 문제들을 내다보았다. 찰스는 덫으로 걸어 들어가고 있는 것일 수도 있었다. 다윈가와 웨지우드가는 결혼으로 엮여 있었지만, 종교에 의해 갈라져 있었다. 고故 이래즈머스가 다윈의 외조부 조사이어 웨지우드의 유니테리언파 신앙을 "추락하는 기독교도를 붙잡는 깃털침대"라고 비웃은 뒤부터 종교는 두 가문 사이에 민감한 구석이 되었다. 그러므로 찰스가 외사촌 에마를 진지하게 생각한다면 신중하게 행동하는 편이 좋았다. 로버트 박사는 아들에게 "끔찍한 비극"을 초래하지 않으려면 종교에 대한 회의를 감추라고 충고했다. 아버지의 충고는 경험에서 우러나온 것이었다. "문제는 아내나 남편이 병이 들 때다." 로버트 박사는 말했다. "그럴 때 남편이 구원받지 못할까봐 극심한 고통에 시달리는 여자들이 종종 있다. 그 때문이 남편들도 힘들게 한다."[1] 웨지우드가의 여자들은 남편이 내세에 어떤 운명에 처하게 될지를 유독 두려워했다.

로버트 박사의 충고는 어떤 면에서 선견지명과도 같았다. 이 무렵 찰스는 온갖 신성한 진리들을 의심하고 있었으며, 병에 시달리고 있었기 때문이다.

돈도 행복한 결혼생활에 영향을 미치는 필수요소였다. 이 문제에 대해서도 로버트 박사의 조언이 필요했다. 찰스는 집에 머무는 동안 결혼에 대한 대차대조표를 정리해보았다. 다시 한 번 그는 아이를 갖는 것의 장단점을 적극적으로 따져보았다. 가장의 의무로 인해 지출을 줄여야 하는 문제, 미래의 안락을 위해 여가를 포기하는 문제 등을 저울에 올려보았다. 이런 계산은 비록 냉정해 보이긴 하지만, 부유한 계층의 전형적인 태도였다. 그리고 동물의 품종개량에 대해 날마다 메모를 하던 다윈으로서는, 자신의 교배 문제에 대해서도 똑같이 세심하게—그리고 똑같이 한 걸음 떨어져서 실용적인 태도로—접근하는 것이 강연했을 것이다.

다윈은 파란색 종이쪽지를 반으로 나누어 한쪽에는 결혼의 '장점'을, 다른 한쪽에는 '단점'을 자기중심적으로 장황하게 적었다.

결혼할 이유

아이들—(신이 아이를 주신다면)—인생의 동반자(그리고 노년의 친구), 나이가 들었을 때 내게 관심을 가져줄 사람—사랑하고 함께 놀아주어야 할 대상—어쨌거나 강아지보다는 낫다—가정과 살림을 돌봐줄 사람이 생긴다 — 음악의 매력과 여자들의 재잘거림 — 이런 것들은 건강에 좋다 — 하지만 엄청난 시간의 손실을 감수해야 함.

평생을 중성의 수벌처럼 일, 일, 일만 하며 산다는 것은 생각만 해도 끔찍하다. 안 돼. 그건 안 되겠다 — 더럽고 매캐한 런던의 주택에서 온종일 혼자 지내는 것을 생각해볼 것 — 소파에 앉은 상냥하고 멋진 아내만 떠올려보라. 아늑한 벽난로와 책. 아마 음악도 있겠지 — 이 풍경을 그레이트말보로가의 칙칙한 현실과 비교해볼 것.

결혼하지 말아야 할 이유

원하는 곳은 어디든지 갈 수 있는 자유 — 사회생활을 할 수 있는 선택권, 시간손실이 별로 없음 — 학회에서 똑똑한 사람들과 대화를 나눌 수 있음 — 일가친척을 방문하지 않아도 됨, 그리고 소소한 집안일을 신경 쓰지 않아도 됨 — 아이들을 키우는 비용과 걱정. 아마 입씨름도 해야겠지 — **시간을 뺏긴다** — 저녁에 독서를 할 수 없다 — 비만과 게으름 — 걱정과 책임 — 책과 그 밖의 여러 가지 물건들을 살 돈이 줄어듦 — 많은 아이들이 배가 고프다고 조르면 — (그러나 과로는 건강에 좋지 않다.)

아마도 아내는 런던을 좋아하지 않을 것이다. 그렇다면 결과는 시골로의 추방과 게으른 바보로의 전락.

결혼하자 — 결혼 — 결혼하자

증명 끝.

추는 결혼 쪽으로 기울고 있었다. 그것도 결정적으로.

욕구불만인 "중성의 수벌"에게 필요한 것은 방해받지 않고 일을 할 수 있도록 해줄, 지참금을 지닌 착하고 사교적이지 않은 아내였다. 아내가 없으면 자식에게 의지하는 삶, 즉 다윈의 표현에 따르면 "제2의 인생"
이 없다. 이 수벌은 번식하지 않는 기능벌의 신분을 반납하기로 결심했
다. 비록 그것이 "프랑스어를 배울 기회도, 유럽 대륙을 볼 기회도, 아메
리카에 갈 기회도, 기구를 타고 하늘로 올라갈 기회도" 없다는 것을 뜻할
지라도. "걱정하지 말자 — 힘내자. 비틀거리는 노인이 되어 친구 하나
없이 쓸쓸히, 자식도 없이, 하나둘 늘어만 가는 주름살을 쳐다보며 외로
운 삶을 살 수는 없다. 걱정하지 말고 운을 믿자 — 항상 날카롭게 경계하
자." 결국 그렇게 나쁘지 않을 수도 있다. "행복한 노예도 많다."[2]

　　만일 아내가 에마처럼 "천사 같은 성품에 돈까지 많다면" 더할 나위
없을 것이다. 에마는 조사이어 웨지우드의 손녀딸이고 헨슬레이의 여동
생이며(그리고 한때 이래즈머스의 신붓감으로 거론되기도 했다), 가족의 인
맥에서 만족스러운 조건을 추린 좁은 범위 안에서 결혼을 하지 않은 유일
한 아가씨였다. 더 중요한 것은 그녀가 지참금을 가지고 올 수 있다는 사
실이었는데, 이 조건은 에마를 더욱 매력적인 신붓감으로 만들었다. 마티
노 같은 독립적인 직업여성보다 그쪽이 훨씬 나았다. 에마 쪽이 훨씬 안
전한 선택이었다. 그녀는 안정감을 줄 것이며, 사촌이기 때문에 돈 계산
도 빈틈없이 해볼 수 있었다. 조사이어 외삼촌은 작년에 아들 조사이어 3
세가 찰스의 누이 캐롤라인과 결혼할 때 아들에게 5,000파운드어치의 공
채와 400파운드의 연수입을 제공했다. 두 집안은 이미 많은 사촌지간의
결혼으로 얽혀 있었으니, 찰스는 결혼을 한다기보다는 다윈가와 웨지우
드가를 묶는 부의 사슬에 한 개의 고리를 더하는 것이었다.

　　이것은 결혼이었다. 개보다 훨씬 나은 반려자인 아내를 얻는 일이었
다. 이제 남은 문제는 '언제냐'였다. 아버지는 '당장' 하라고 조언했으며,
다윈도 그러기로 했다. 에마는 완벽했고, 이미 내조의 표상처럼 보였다.
그녀는 아이를 기르는 어머니로서, 집안의 감독관으로서, 또 보호자로서,

그가 집안에서 원하는 안락하고 조용한 생활을 보장해줄 수 있는 사람이 었다. 스스로를 "불쾌할 정도로 못생긴 남자"라고 인정한 찰스는 혹시 에마가 청혼을 받아들이지 않을까봐 걱정이 되었다. 하지만 그는 "한번 시도를 해보기로…… 결심했다."[3]

다윈은 자신이 "슈루즈버리에서 매우 나태하게" 지냈다고 기록해놓았지만, 그것은 열심히 일에 매달렸음에도 별다른 성과가 없었다는 뜻이다. 시간이 흘러도 유래와 관련한 문제들에 대한 뾰족한 해답은 보이지 않았다. 그러나 일은 계속해서 하고 있었다. 그는 편안한 고향집에서, 가죽 장정을 한 새로운 공책 두 권을 펼쳤다. 하나는 종변형에 관한 공책의 속편 (공책 'D')이었고, 다른 하나(공책 'M')는 종변형의 폭넓은 결과들에 대한 것이었다. 그는 유물론의 수수께끼에 정면으로 맞섰고, 도덕적·사회적 행동의 진화적 근거를 탐구하기 시작했다. 'M' 공책의 60페이지는 그가 "나태하게 보낸" 2주 동안에 채운 분량으로, "아버지께서 말씀하시기를……"이라는 첫머리의 어조가 글 전체를 지배하고 있다.

다윈이 휘갈겨쓴 메모들은 점점 뭔가에 사로잡힌 듯한 분위기를 띠어간다. 아버지에게 물어본 질문들은, 본능은 어떻게 뇌에—어떤 식으로든—암호화되어 한 세대에서 다음 세대로 전달되는지를 설명해내려는 시도를 계속하고 있었다는 증거다. 다윈은 치매 환자, 뇌졸중의 결과, 노화, 광증의 징후들, 기억의 변덕에 대한 질문들의 답을 공책에 적어나갔다. 그는, 아무것도 기억하지 못하면서도 동요를 거의 본능적으로 부를 수 있는 노인들의 일화에 관심을 느꼈다. 마치 "새의 노래에 비견할 만하지" 않은가. 우리가 의식하지 못한다 할지라도 일생 동안 잠복해 있는 기억이 있다는 사실에 비추어보면, "기억"이 한 세대에서 다음 세대로 본능이라는 형태로 전달된다는 생각이 "터무니없어" 보이지 않았다.[4] 뇌 속에 물리적으로 쓰여 있는 무의식적인 기억. 아마도 본능이란 이런 것이 아닐는지.

아버지와 의논을 하고 기분이 개운해졌으며 결혼의 대차대조표를 따져보고 나서 청혼할 준비가 된 다윈은 7월 29일에 "의기충천하여" 메이어로 달려갔다. 한편 에마도 찰스가 자신을 좀 더 알면 "나를 정말 좋아할 것"이라고 생각하고 있었다. 그들은 오랫동안 소곤소곤 이야기를 나누며 더 가까워졌고, 나중에는 "서재의 벽난롯가에서…… 커다란 거위"를 씹어 삼키는 데까지 갔다('거위'는 소탈하고 친밀한 잡담을 뜻함). 결혼에 대한 언급은 없었다. 아직은 너무 일렀거나 찰스가 긴장했기 때문이었는지도 모른다. 어쨌든 찰스도 에마도 '다음번의 거위'를 고대했다.

불행한 일은 다윈이 에마를 보았을 때 아버지의 충고를 저버렸다는 것이다. 두 사촌은 비밀을 유지하기에는 너무 오래 알고 지낸 사이였다. 다윈은 여전히 이단적인 뇌 이론에 대해 생각하는 중이었다. 마운트에서 다윈은 자신의 결정론적 세계에는 자유의지가 들어설 자리가 없다고 고백했으며, 이런 유물론적 고민을 메이어까지 고스란히 가지고 갔다. 신경물질은 냉혹한 법칙에 따라 작동한다. 그런데 어떻게 생각이 자유의지를 지닐 수 있단 말인가? 그는 점점 더 깊이 빠져들고 있는 것 같아 두려웠다. 그는 공포의 심리에 대해 메모를 하면서 그런 자신의 내면을 들여다보았다. "나는 한밤중에, 으슬으슬 떨리고 몹시 두려운 기분으로 깨어나곤 한다." "두려움이라는 감각은 심장박동 이상, 땀, 오한을 동반한다." 다윈은 이야기를 나누는 동안 한 가지 이상의 방식으로 자신의 마음을 열어보였음이 틀림없고, 자연히 에마에게 비밀을 털어놓지 않을 수 없었을 것이다. 메이어에서 새로운 잉크와 새로운 기분으로 쓴 다윈의 메모에는, 에마의 반응에 몹시 당황한 흔적이 엿보인다. 다윈은 자신의 유물론적 이론을 위장하는 방법을 찾기 시작했다. 절대 그것을 말하지 말자. 그는 마음속으로 다짐했다. 유전되는 마음의 행위에 대해서만 말하자. 다윈이 급히 적은 메모는 이렇다. "내가 유물론에 얼마만큼 깊이 빠져 있는지를 말하지 않기 위해, 감정, 본능, 재능의 정도가 유전되는 것은 자식의 뇌가 부모와 닮기 때문이다, 라는 것만 이야기하자"라고 적어놓았다.[5] 다윈은 말을 삼가는 법을 터득해갔다.

아버지의 충고에 귀를 기울였어야 했다. 아버지는 감추라고 말했지만, 에마는 다윈의 마음을 열게 만들었다. 하지만 아마 다윈의 마음을 열기는 쉬웠을 것이다. 다윈은 에마가 무엇보다 높이 평가한 한 가지 특별한 자질을 지니고 있었기 때문이다. "그는 누구보다 마음이 열려 있고 속을 그대로 드러내는 사람이라서, 말 한 마디 한 마디에서 그의 진짜 생각을 알 수 있습니다." 그렇다면 다윈은 분명 진화에 대한 이야기도 꺼냈을 테고, 에마가 궁극적인 기원에 관한 당혹스러운 질문을 했을 때 마음이 졸아들었을 것이다. 무슨 말이 오갔는지는 정확히 모르지만, 다윈은 누군가를 설득한다는 것이 얼마나 어려운 일인지를 깨달았고, 공책에 정리된 문제에만 전념하기로 스스로 경계를 그었다. 궁극적인 기원은 다루지 말고, 동물이나 몸의 기관이 어떻게 **변하는지**만을 설명하기로 하자. 그렇게 하지 않으면 "최초의 눈이 어떻게 만들어졌는지를 입증해야 하는 일을 피할 수 없게 될 것이다."[6] 이 일은 다윈으로서는 할 수 없는 것이었다.

다윈은 8월 1일에 기차를 타고 런던으로 돌아갔다. 그는 새로운 전기를 맞고 있었는데, 가정을 가질 마음을 먹으면서도 그 밖으로는 국교회의 가치를 통째로 뒤엎고 있었다. 그는 자신의 과학이 옳을 뿐 아니라 갈릴레오의 과학만큼이나 파급력이 크다는 것을 확신했다. "내 이론은 과감한 이론이다." 다윈은 그것이 철학과 윤리학에 혁명을 불러올 인간의 유래에 대한 심오한 견해라고 자인했다. 그는 공책에 다음과 같이 선포하기도 했다. "인간의 유래는 드디어 증명되었다. 형이상학은 발달해야 한다. 비비를 이해하는 사람이 로크보다 형이상학에 더 커다란 공헌을 할 것이다." 이런 불후의 명성에 대한 예감은 세속적인 여파를 가져왔다. 자존감이 더더욱 높아진 다윈은 메모에 날짜를 표기하기 시작했으며, 자신의 인생에서 일어난 중요한 사건들을 기록하는 일기장을 새로 만들었다. 또한 그는 네 살부터 열한 살까지 일어난 어린 시절의 기이한 기억과 사건들을 기록한 1,700단어 분량의 회고록을 쓰기도 했다. 이것은 다윈에게 어떤 변화가 일어났다는 것, 다시 말해 자신의 선구적인 연구가 길이 기억되리라는 새로운 확신을 얻었음을 뜻했다.[7]

런던에서 돌아온 지 며칠 뒤 다윈은 프랑스 수학자 오귀스트 콩트의 『실증철학』에 대한 서평을 읽고 큰 감흥을 받았다. 그것은 자신의 세계관이 옳다는 확신을 주었다. 애시니엄에서 그 글을 탐독한 다윈은 휴얼에게 은근히 한 방 먹이는 대목에 즐거워하며, 서평의 어조가 "대단히 멋지다"고 칭찬했다. 콩트에게 있어 성숙한 과학이란 법칙을 따르는 과학을 의미했으며, 다윈도 같은 생각이었다. 그 밖의 다른 접근법들은 인류 발전의 "신학적 또는 허구적" 단계에서 비롯되었으며(콩트는 무신론자였다), 신의 손 또는 묘한 감화력과 신비로운 영향력이 세상을 지배한다고 믿는 중세의 "형이상학적" 단계에 의존하고 있는 구시대의 유물일 뿐이었다. 다윈은 이런 현대 과학으로의 역사적 진보에서 어떤 보편성을 엿보았다. 인간의 아이들도 이와 비슷한 단계들을 거치는 것이 아닐까. 정신은 문화적 진보를 반복하는 것이 아닐까.

콩트는 "실증적" 사실만이 참인 지식을 가져올 수 있다고 말했다(그래서 콩트의 계승자들은 '실증주의자'라고 불린다). 다윈은 콩트가 말하는 "과학의 신학적 상태"라는 개념이 "멋진 **생각**"이라고 메모했다. 게다가 이용가치가 높았다. 파기해야 마땅한 케임브리지 과학에 새로운 경멸의 꼬리표를 제공해주기 때문이었다. 다윈은 "동물학은 지금 신학이나 다름

없다"고 선언했다. 요크 민스터 같은 야만인들은 "신이 천둥과 번개를 직접 주관한다고 생각한다." 그런데 "신에 대한 타고난 지식"은 "신이 정한 최고의 법칙"에 따라 진화한 것이 아니라 "신이 별개의 조치를 취해……우리의 머릿속에 심어둔 것이라고 말하는" 기적 운운하는 "철학자"들도 원시적이기는 마찬가지였다.

신인동형론과 애니미즘은 효력이 끝났다. 콩트는 "사실들을 따라 법칙에 이르는 것"에 만족했다. 다윈이 애시니엄에서 읽은 서평의 저자는 콩트를 **지나치게** 추종하는 것을 망설였다. 콩트의 걷잡을 수 없는 실증주의가 도덕과 종교의 "샘을 오염시킬까봐" 두려웠던 것이다. 하지만 다윈은 이미 한발 앞서, 서평자가 두려워하는 일을 실행에 옮기고 있었다. 그는 "인간의 의지도 유기 조직의 법칙에서 생겨날지도 모른다"고 단언했다. "내 견해는 그쪽으로 향한다." 며칠 뒤 다윈은 콩트에 대한 서평을 열중하여 다시 읽다가 스트레스 때문에 두통에 시달렸다. 디킨스를 띄엄띄엄 읽었더니 좀 괜찮아졌다. 그러나 편두통이 점점 더 심해져서, "머리를 식히기 위해" 울리치의 조선소를 찾았다.[8]

다른 사람들도 콩트의 실증주의에 매료되었다. 마티노는 콩트의 책을 번역하기까지 했으며, 황홀한 어조로 다음과 같이 썼다. "어느 날 갑자기 우리는, 우리가 살아가고 있는 우주가…… 변덕스럽고 독단적인 조건 아래 있는 것이 아니라…… 거대하고 일반적이고 불변하는 법칙에 따르고 있다는 것을 알게 되었다. 우리도 이 우주의 일부로서 그 법칙을 따른다." 다윈은 이미 이와 비슷한 고양감에 젖어 있었으며, 실증주의는 단지 이것을 더 강화했을 뿐이다. 다윈은 감탄했다. 광범위한 법칙이 기후, 지형, 동식물의 변화를 제어하고 있다는 것, 모든 것이 "어떤 조화로운 법칙에 따라" 조율되고 있다는 것은 "이 얼마나 장대한 세계관인가."[9]

이것은 신이 모든 지렁이와 달팽이를 제각기 따로 만들었다는 말도 안 되는 생각보다 "훨씬 장대한" 것이었다. 전능한 신이 "수많은 하찮은 연체동물을 차례차례" 개별적으로 창조했다는 생각이야말로 "신의 위엄을 떨어뜨리는 것이 아닌가!" 배비지가 신에게 전능을 되돌려주었듯이, 비국교도들이 창조주에게 어떤 의미의 일관성을 부여했듯이, 다윈은 설득력 있는 전략을 궁리하고 있었다. 기적이란 결국 신이 자신이 한 일에 간섭하는 것 아닌가? 신의 법칙은 최고의 법칙이어서, 나중에 손볼 필요가 없다. 유니테리언파는 그렇게 생각했고, 그것은 다윈도 마찬가지였다. "경직된 상상력"만이 신이 "자기 스스로 모든 유기체에 대해 설정해놓은 법칙을 상대로 싸운다고" 생각할 수 있을 것이다.[10] 개인적으로 다윈은 저변이 더 넓은 유니테리언파 운동을 이용해 비국교도의 지지를 불러모으고, 익숙한 나팔소리로 더 폭넓은 대중을 선동할 준비를 하고 있었다.

다윈은 자유의지를 부정하면서 형이상학의 심연에 조금씩 더 가까이 다가서고 있었다. 이 무렵 그는 생각과 행동을 무조건 대뇌의 산물로 환원시켜 이 모두를 뇌의 파편으로 귀결시키는 것을 일과처럼 하고 있었다. 만일 소망과 바람이 신경조직의 결과라면 — 그래서 "환경과 교육"의 제약 아래 진화하고 있다면 — 반사회적인 행동은 유전될 수 있다. "아버지의 결함은 유형적·신체적으로 아이에게 나타난다." 그것은 무시무시한 생각이었다. 행동과 생각의 패턴이 유전된다는 사실을 인정하면, "인간은 새로운 종류의 운명론자가 되어버린다. 왜냐하면 그 사람은 무신론자가 되기 쉽기 때문이다." 그러나 다윈은 무신론자가 아니었다. 그는 이 모두가 신이 정한 자연 법칙의 결과임을 인정했다. 만일 이러한 생각이 신을 믿지 않는다는 결론으로 귀결되는 것처럼 보인다 하더라도, "인간은…… 그 유혹에서 구해주십사" 더 열심히 기도할 것이다. 그런데 다른 한편으로 보면, 이러한 진화론적 결정론을 받아들이면 인간의 행동을 탈바꿈시킬 수 있었다. 아버지는 "자식을 위해 자신의 몸과 마음을 향상시키려고 노력할" 테니까. 남성들은 "착한 여성하고만 결혼하려 할 것이고, 교육에 세심하게 신경을 씀으로써 자식을 행복으로 이끌 것이다."[11]

다윈은 공책에 이 메모를 쓸 때 오래된 유형의 운명론자인 해리엇 마티노의 책을 읽고 있었다. 마티노는 인간에게 있어 "옳음"과 "그름"에 대한 감각은 천부적으로 타고나는 것이 아니라 문화적 조건에 따라 결정된다는 이유로, 모든 종류의 "보편적 도덕관념"에 반론을 제기했다. 이러한 도덕상대주의는 급진적인 비국교회파에게는 일반적인 생각이었으며, 다윈은 비글호를 타고 티에라델푸에고와 뉴질랜드를 다녀온 뒤로 이 도덕관을 받아들일 준비가 되어 있었다. 그는 도덕규범은 외적 영향에 의해 형성되며 악과 덕의 모든 개념은 사회적 맥락에 따라 결정된다는 해리엇의 원칙을 받아들였다.[12] 원시부족들의 전쟁에서는 인간을 학살하는 것이 선이며, 또 다른 맥락에서는 이타적으로 생명을 구하는 것이 선이다. 선은 세계 곳곳에서 제각기 기이하고 예측 불가능한 형태로 나타난다.

폴리네시아의 어머니들이 의무적으로 자신의 아들을 물에 빠뜨려야 하는 경우는 어떤가? 혹은 동방의 군주들이 영국의 왕에게 100명의 아내가 없는 것을 비웃는 경우는? 이렇듯 다양한 도덕관은 개들이 품종에 따라 서로 다른 본능을 보이는 것만큼이나 전혀 이상하지 않은 일이었다. 또한 모든 인간이 (어떤 형태로 표현되든) 일종의 도덕성을 가지고 있는 것은 "인간이 사슴처럼" "사회적 동물"이기 때문이다. 도덕적 행동은 사슴의 경고음과 마찬가지로 본능적인 것으로서, 인류의 조상들이 살던 옛날에 부족 내의 결속을 도왔던 사회적 본능에서 진화했다. 이런 행동들은 관계를 돈독하게 해주기 때문에 사회생활에 유용했다. "네 자신에게 하는 것처럼 다른 사람에게 하라!"와 "네 이웃을 사랑하라!"와 같은 기독교의 금언들도 조상들의 "성적 본능, 부모로서의 본능, 사회적 본능"에서 자연적으로 진화했다.

　　다윈은 자신의 진화론적 처방들과 신약성서상의 도덕이 "결과적으로 매우 비슷하다"고 생각했다. 둘은 비슷한 행동을 이끌어냈다. 둘 다 사람들이 "미래의 비극을 두려워하여"―진화론자는 현세에서 자식이 처할 비극을 걱정하고, 기독교도는 내세에 처할 비극을 걱정했다―도덕적으로 행동하도록 만들었다. 진화론자나 기독교도나 신에게 복종하는 것은 결국 미래의 행복을 보장받기 위함이었다.[13] 1838년 가을의 시점에, 다윈은 사회와 도덕의 모든 문제를 헨슬레이, 해리엇, 이래즈머스와 함께 철저하게 논의하고 나서 그 결과를 자신의 진화론 속에 녹여냄으로써 이론의 범위를 상당히 확장시킨 상태였다.

다윈은 수습해야 할 일이 너무 많아서 몸이 열 개라도 모자랄 지경이었다. 주제를 산호초로 한정하기로 한 지질학 책은 더디지만 꾸준히 진행되고 있었고, 로이 계곡이 예전에 바다의 만이었다는 사실을 증명하는 일에도 착수했다. 『동물학』 시리즈는 "시간을 왕창 잡아먹었다." 공책에 메모하는 일은 에너지를 소진시키고 있었으며, 『비글호 항해기』는 아직도 출간되지 않은 상태였다. 라이엘은 자신의 저서 『지질학 원론』의 "**신선한**" 새 판을 내면서 『항해기』의 교정쇄를 왕창 인용했다. 다윈은 "내가 예상했던 것보다 훨씬 더 많이 내 항해기가 활용되고 있다"는 점에 흡족해했다. 하지만 피츠로이가 맡은 제2권은 모습을 드러내지 않았고, 출간예정일도 잡히지 않았다. 라이엘은 새로운 판의 서문에서 항해기의 출간이 지연되고 있는 일을 불평했다. 그것을 읽은 피츠로이가 "사뭇 험악한 표정"을 지으며 "일종의 불평을 했다"고 다윈은 라이엘에게 보고했다. "저는 그 사람의 성격이 불가사의하다고 생각하지 않을 수가 없습니다. 한없이 선량하고 관대하게 보이는 사람이 어떻게 그렇게 순식간에 이성을 잃을 수가 있을까요. 그 사람의 뇌 조직의 어떤 부분이 수리가 필요한 듯합니다." 다윈은 자신의 마음속에 감추어둔 한 주제를 은근슬쩍 끼워넣어 이렇게 결론을 내렸다.

다른 추한 표정도 다윈의 호기심을 끌어당겼다. 그는 동물원의 비비를 오래 관찰하면서 비비의 눈썹운동이 무엇을 의미하는지를 해독하기 위해 노력했다. 그는 "토라진" 표정을 유도하고자 나무열매를 빼앗으며 원숭이를 괴롭혔다. 동물원에 새로 온 오랑우탄은 같은 방법으로 괴롭혔더니 "바닥에 드러누워 버릇없는 아이처럼 발길질을 하며 울었다." 다윈은 오랑우탄의 수줍은 표정, 교활한 표정, 어리둥절한 표정을 가까이에서 조사하기 위해 오랑우탄 우리 안으로 넘어가기까지 했다. 오랑우탄은 거울에 비친 자신의 모습을 보더니 입술을 쑥 내밀었고, 빨대를 사용했으며, 하모니카를 불고, 사육사의 말을 어긴 뒤에는 숨어버렸다.[14] 입술을 쑥 내미는 표정과 수줍어하는 표정은 완전히 인간과 똑같아서, 오랑우탄이 인간과 비슷한 마음을 지니고 있음을 암시했다. 다윈은 오랑우탄의 우리 안에서, 푸에고의 야민인과 문명화된 유인원 사이에 큰 차이가 없다는 사실을 다시 한 번 확신했다.

인간의 역정도 진화의 산물이었다. 우리 인간은 아무리 승화된 형태라 해도 누구나 "복수심이나 화" 같은 감정을 지니고 있는데, 이것은 이러한 감정이 인류의 유인원 조상들에게 유익했기 때문이다. "즉, 인간의 유래를 거슬러 올라가면 우리의 악한 격정"의 뿌리를 만날 수 있다는 뜻이다. 다윈은 공책에 이렇게 적었다. 선과 악은 절대적인 도덕이라기보다는 원숭이의 속성이었다. 좀 더 생생하게 표현하면, "비비의 모습을 한 악마가 바로 우리의 할아버지다!" 진화는 다른 어떤 방식보다도 격정을 명쾌하게 설명해주었다. 이래즈머스는, 일찍이 플라톤은 "우리가 〔선과 악에 대해〕 필연적으로 품는 생각들'은 선재先在하는 영혼에서 유래한 것이지, 경험에서 이끌어낼 수 있는 것이 아니다"라고 말했다는 이야기를 농담 삼아 했다. 다윈은 여기에 다음과 같은 주석을 덧붙였다. "선재하는 〔영혼〕을 원숭이로 해석하라."[15]

9월 6일에 다윈은 왕립학회에 제출할 로이 계곡에 관한 중요한 논문을 완성했다. 그러고는 왕성한 독서를 시작했는데, 그가 고른 책들은 모두, 각 인구집단이 지닌 법칙 같은 도덕행위와 사회적 행동을 강조한 인구통계학에 관한 책들이었다. 이 무렵 다윈의 머릿속은 종교, 도덕, 유래에 대한 생각들로 가득했다. 그는 여전히 자신의 감정과 두려움을 억누른 채 홀로 밭을 일구고 있었다. 같은 달 중순쯤, 다윈은 자신이 곰곰이 생각하고 있는 문제를 라이엘에게 조심스럽게 털어놓았다. "저는 그동안 동물의 분류, 유사성, 본능 — 이 주제들은 종 문제와 관계가 있습니다 — 에 대한 사실들로 여러 권의 공책을 채워왔는데, 이 내용들이 하위법칙별로 뚜렷하게 분류되기 시작했습니다."[16] 라이엘은 이 연구의 방향을 알 수 없었겠지만, 이것은 일종의 암시였다.

다윈은 고립된 처지였다. 그는 라이엘 정도의 지위에 있는 동지가 필요했다. 그는 또한 약해져 있었다. 1주일 뒤인 9월 21일에는, 박해에 대한 두려움이 누군가가 처형을 당하는 이상한 꿈으로 나타났다. 그런데 그것은 악몽치고는 전혀 음산하지 않았고, 생각해보면 오히려 어처구니없는 꿈이었다. 그래도 처형 장면은 다음 날 잠이 깨어서도 기억이 날 정도로 생생했다. 그 꿈에서 "어떤 남자가 목이 매달렸다가 다시 살아나더니, 자신이 도망치지 않고 영웅처럼 죽음을 맞았다고 농담을 했다." 이것은 바로 다윈의 모습이었다. 자신의 과학적 입장에서 한 치도 물러서지 않은 채 말보로가의 "감옥"에서 번민하며 자신의 견해는 소송을 당할 만한 것이 아니라고 항변할 기회를 기다리고 있는 다윈 말이다. 아마 다윈은 자신이 케임브리지에 있을 적에 교수형을 당했던 그 불쌍한 사람을 떠올렸을 것이다. 그런데 그때 그는 해부실습의 경험으로, 사람이 교수형을 당하면 다시 살아날 수 없다는 사실을 기억했다. 그래서 그의 꿈은 중간에 참수로 바뀌었고, 참수를 당한 이는 흐뭇한 얼굴로 머리가 잘렸던 "〔목〕 뒷부분의 자국을 보여주며" "자신이 명예로운 상처를 지니고 있음"을 증명했다.[17] 종변형론자 다윈은, 명예로운 동기를 항변하고는 있지만 그래도 배신의 대가를 치를 수밖에 없는 노상강도의 처지에 놓여 있었던 것이다.

사형선고를 받은 이 남자는 독서를 계속해나갔다. 그의 관심사는 여전히 인구통계학이었다. 그 9월 말, 그는 맬서스의『인구론』제6판을 읽기 시작했다. 이 책은 인구의 증가는 식량의 공급을 능가하며, 이용할 수 있는 자원을 서로 차지하기 위한 경쟁에서 결국 약자와 미래를 대비하지 않은 자들이 무릎을 꿇고 만다는 논쟁적인 내용을 담고 있었다.

이 무렵 맬서스는 그 어느 때보다 커다란 화제의 대상이었다. 영국 국민들이 불황의 늪에서 유례없이 곤궁한 삶을 영위하고 있던 이때, 구빈법과 빈민폭동은 모든 이의 입에 오르내리는 화젯거리였다. 구빈원들은 여전히 걸핏하면 공격을 당했으며, 구빈법 감독관들도 여전히 비난을 받고 있었다. 맬서스는 빈민구제를 공공연히 비난해왔고, 시위자들은 새 구빈법을 지지하는 맬서스주의와 조금이라도 관련이 있는 것은 뭐든지 증오했다. 이 무렵 반체제 세력은 차티스트 운동이라고 알려진 포괄적 조직 아래 결집하고 있었다. 그들은 보통선거, 매년 선거, 의원의 급여지급 등을 요구하는 인민헌장을 지지했다. 차티스트 운동은 전국적인 대중정치 운동이었으며, 새 구빈법의 철폐도 이들의 중요한 정치목표 가운데 하나였다. 기독교도 차티스트 운동가들은, "곤궁한 빈민들이 고국에서 인간다운 부양을 받을 신이 부여한 권리"를 부정하는 체제를 통렬하게 비난했다. 그들은 9월 내내, 시편에 나오는 말인 "이 땅 위에서 네가 걱정 없이 먹고살리라"는 기치 아래 행진을 계속했다. "맬서스주의자들의 잔인하고 가증스러운 교의"를 격렬하게 공격하는 차티스트 운동가들의 연설은 산업도시에 사는 수만 명의 귀에 들어갔으며, 『타임스』에도 보도되었다.[18] 선택은 맬서스를 좋아하든 싫어하든 둘 중 하나였다. 맬서스주의는 무관심할 수 있는 주제가 아니었다.

다윈은 맬서스의 이론을 잘 알았다. 맬서스가의 만찬에 불려간 마티노와 어울리면서 어떻게 맬서스를 모를 수가 있겠는가? 그것은 빈민들에 대한 복지혜택을 중단함으로써 노동자들 사이의 경쟁을 높이고 세금을 덜 내게 하자는 것이었다. 경쟁은 모든 것에 우선하는 가치였다. 1830년대의 휘그당 자유무역론자들에게 맬서스는 신이 내린 선물이었다. 하지만 맬서스에 대한 사전지식이 있었던 다윈에게 커다란 충격으로 다가온 것은 맬서스의 통계학이었다. 맬서스는, 브레이크가 없다면 인류는 25년이면 두 배로 불어날 수 있다고 계산했다. 그러나 실제로는 두 배가 되지 않았다. 만일 두 배가 되었다면, 지구는 인구폭발을 맞았을 것이다. 자원경쟁이 인구성장의 속도를 늦추었고, 죽음, 질병 전쟁, 기아와 같은 불행들이 인구의 증가에 제동을 걸었다. 다윈은 이와 똑같은 투쟁이 자연에서 일어나고 있다고 생각했고, 이것이 창조적인 힘으로 변할 수 있다는 사실을 깨달았다.

다윈은 **예전에는** 종을 안정하게 유지할 정도의 개체들만이 태어난다고 생각했다. 그런데 지금은 야생의 생물집단도 자원보다 많은 자손을 낳는다는 사실을 인정했다. 그리고 구빈법을 만든 사람들과 마찬가지로 자연도 자선을 행하지 않으며, 따라서 굶어죽지 않기 위해 런던의 쓰레기더미를 뒤지고 다니는 점점 늘어나는 부랑자들과 마찬가지로, 야생의 개체들도 아끼고 투쟁해야 했다. 다윈은 맬서스를 독자적인 방식으로 소화했다. 식물학자 오귀스탱 드 캉돌 같은 사람들은 식물들이 "서로 전쟁을 벌이고" 있다고 썼다. 하지만 다윈의 말에 따르면, "종의 전쟁"을 맬서스만큼 강력하게 표현한 사람은 없었다.[19] 캉돌은 한 종이 공간을 둘러싸고 다른 종과 벌이는 경쟁을 지적했을 뿐이다. 이와 같은 경쟁이 같은 종 내의 구성원들 사이에서 벌어지는 내전이라는 말을 꺼낸 사람은 아무도 없었다. 사회와 자연에서 빈민과 짐승들은 투쟁을 벌이고 있으며, 최고만이 살아남는다. 자연의 얼굴은 더는 미소를 머금은 모습이 아니었다. 자연은 패자들의 시체가 널린 검투장을 노려보고 있었다.

이런 인구압력은 종의 구성원들 사이에 박아넣은 "10만 개의 쐐기 같은 힘"이 되어, "조금이라도 더 약한 것을 몰아냄으로써" 억지로 "틈새"를 만들어낸다.[20] 이리하여 가장 잘 적응한 변종이 살아남아 번식을 한다. 이들은 경쟁에서 진 다른 변종들의 희생을 딛고 번성해가며, 그 결과 전체 종이 서서히 변화해간다. 이와 마찬가지로 "거대한 인구압력"은 인간을 나태한 상태에서 흔들어 깨워, 생명을 최상의 상태로 유지시킨다.

다윈이 구상한 자연에서는 다수가 쓰러지고 소수만이 앞으로 나아간다. 죽음은 이제 새로운 의미를 획득했다. 주변에도 죽음은 만연했다. 실업과 부랑자가 늘어나는 가운데, 의료통계학자들은 슬럼 거주자들의 "죽음의 원장"(사망자 통계)을 집계하고 있었다.[21] 자연의 "죽음의 원장"은 항상 펼쳐져 있고, 검은 옷을 입은 죽음의 신이 이름을 지우는 펜을 영원히 손에 든 채로 앉아 있었다. 생명의 진보는 신의 은혜를 찬양하는 찬송가라기보다는 야만적인 투쟁을 애도하는 비가였다. 이제 다윈의 과학에서도 구빈법 사회에서도, 개혁은 경쟁을 정당화하는 맬서스주의 노선을 따랐다. 인정사정없는 경쟁이 규범이었다. 그것이 생명의 진보와 저임금 고효율의 자본주의 사회로 가는 보증수표였다.

1838년, 공장들이 속속 문을 닫고 정리해고가 늘어남에 따라 국외로

나가는 이주자가 급증했다. 식민지로 실려가는 '잉여'노동자들은 기하급수적으로 늘어났다. 맬서스는 『인구론』 제6판에서 비로소 그러한 탈출을 인구 문제의 해결책으로 인정했다. 이것은 무자비하게 음울했던 1판과는 엄청나게 달라진 것이었다. 1판은 윌리엄 고즈윈의 유토피아적 진보관에 대한 정면공격이었다(또한 '고결한' 야만인이라는 난센스에 대한 공격이기도 했는데, 다윈은 푸에고인들이 실제로 고결함과는 얼마나 거리가 먼지를 경험으로 잘 알고 있었다). 맬서스는 1판에서, 모두가 다 같이 진보한다는 개념은 유토피아적 환상이라는 것을 입증하기 위해 인구압력을 이용했다. 하지만 고드윈이 끼친 위협과 프랑스 혁명이 퍼뜨린 평등주의 해악이 먼 과거의 일이 됨에 따라, 맬서스는 제6판에서 인구폭발이 교육, 독신주의, 해외이주를 통해 완화될 수 있음을 인정했다. 하지만 그렇다 해도 "사회의…… 진보적인 개량"을 위해서는 지독한 생존경쟁을 치러야 한다고 썼다.[22]

1830년대에 맬서스의 지지자들은 국외추방으로 죽음의 문제를 피하고, 가난한 사람들을 나라 밖으로 떠넘겼다. 자유무역을 추구하는 또 다른 진화론자 패트릭 매슈가 이 길을 제시하고 있었다. 당시 집필 중이던 매슈의 저서 『해외이주의 현장』은 파산한 빈민들을 식민지로 이끌었다. 불황이 심해지면서 엄청난 규모의 사람들이 나라를 떠났다. 연간 40만 명이 아메리카, 오스트레일리아, 남아프리카로 떠났고, 급진적인 의원들은 번잡한 행정절차를 거치지 않고 뉴질랜드의 문을 열 계획을 세우고 있었다. 사실상 "지구에서 사람이 살지 않는 곳은 모두 잠정적인 영국 땅이라고 말할 수" 있었다. 잉여노동자를 나라 밖으로 내보내면 국내의 가난이 줄고 임금이 올라갈 것이며, 맬서스의 "저주는…… 축복이 될 것이다." 이민자들은 외국에 새로운 시장을 창출할 것이다. 그 결과 "우리나라의 빈민들은 부유한 고객으로 탈바꿈할 것이다." 영국 인종은 더욱 강

해질 것이다. 왜냐하면,

> 장소의 변화는…… 식물에서와 같이 동물에서도 종을 향상시키는 경향
> 이 있고, 농업과 무역업은 제조업보다 건강과 증식에 더 적합하다. 그러
> 므로 이 식민지 제도는 영국 인종의 증가와…… 전 세계로의 확장, 나아
> 가 영국 인종 자체의 생명력까지도 촉진할 것임이 확실하다.

다윈의 진화론과 마찬가지로 매슈의 사회적·유기적 진화론도 시종일관
맬서스주의적 경쟁과 선택이 중심을 차지하고 있었다.[23]

해외이주는 국내의 빈민 문제를 해결할 방법일 수도 있었다. 그런 한
편, 사회에서 거부당한 사람들을 나라 밖으로 내보내는 것이 해외에 해
악을 끼치고 있다고 생각하는 사람들도 있었다. 그들은 이런 이주의 물결
을 불길하게 받아들였다. 유럽의 이주자들은 항상 "원주민 부족들의 절
멸을 불렀으며", 한 예측에 따르면 100년 안에 모든 "원주민 국가"가 사
라질지도 모를 일이었다. 비글호도 가는 곳마다 이러한 파괴를 목격했다.
태즈메이니아인들은 거의 절멸했고, 오스트레일리아 원주민들은 유럽인
이 가져온 질병 때문에 죽어가고 있었으며, 로사스 총독의 식민지 정책은
고의적인 학살이나 마찬가지였다. 그러나 다윈은 식민지에서의 전쟁행
위는 "파괴자들을 다양화시켜" 새로운 땅에 적응시키기 위해 꼭 필요하
다고 생각했다. 파괴가 다윈의 맬서스주의적 인간관에 필수불가결한 요
소가 되고 있었다.

두 인종은 만나면 마치 두 종의 동물처럼 행동한다. 그들은 서로 싸우고,
상대를 잡아먹고, 상대에게 질병을 옮긴다. 그러나 동시에 더욱 치명적인
투쟁이 일어난다. 즉, 최적의 구조나 본능(인간의 경우에는 지능)이 싸움

26. 리전트 공원의 동물원. 영국에 돌아온 다윈은 이곳에서 동물들을 관찰하며 많은 시간을 보냈
다.

27. 최초로 선보인 오랑우탄. 다윈은 1838
년에 이 오랑우탄 제니를 관찰하고 나
서 많은 메모를 남겼다. "인간을 오랑
우탄의 우리 앞으로 데려가…… 그 지
능을 보여주라. …… 그리고 부모를
불에 굽는, 벌거벗고 조야한, 개선의
여지가 없는…… 야만인을 보게 하라.
그래도 인간의 우월함을 뽐낼 수 있을
까."

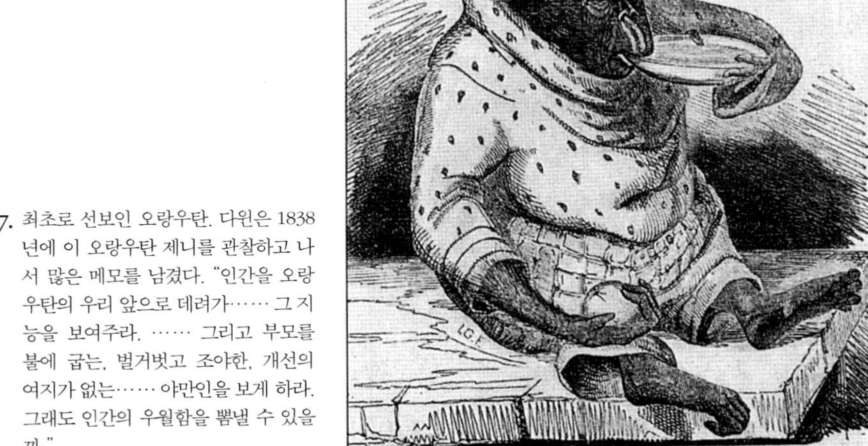

28. 에마 웨지우드. 찰스와 결혼한 1839년의 모습.

29. (맞은편 위) 찰스와 에마의 첫 보금자리인 어퍼고워가街 12번지의 '마코앵무 오두막.' 다윈은 이곳에서 1839년에 자신의 진화론 구상을 마쳤다.

30. (맞은편 아래) 성난 군중을 뚫고 유스턴 역으로 행진하는 군대. 1842년 8월, 군대는 맨체스터의 소요를 진압하러 가는 길에, 3일에 걸쳐 다윈의 집 근처를 지나갔다.

31. 찰스와 장남 윌리엄. 1842년에 찍은 은 판사진. 다윈이 가족과 함께 찍은 사진은 이 한 장밖에는 알려져 있지 않다.

32. 찰스와 에마가 처음으로 보았을 때의 다운하우스 모습.

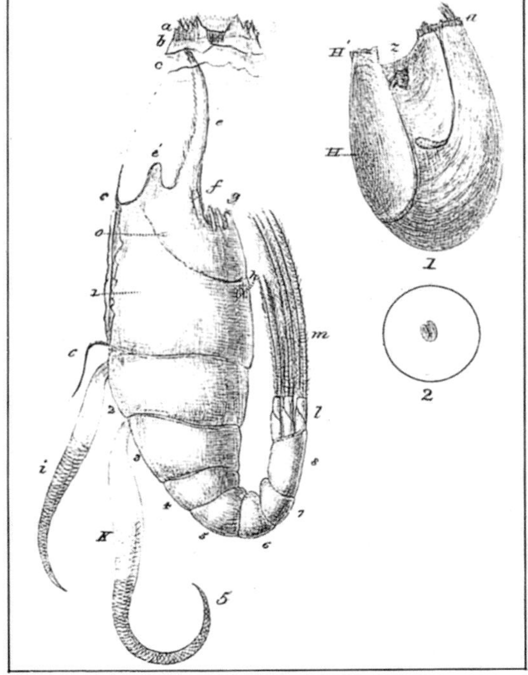

33. (위) 다윈의 구구(舊)서재. 오른쪽에는 사무용 파일이 층층이 쌓여 있고, 왼쪽의 화장실은 커튼으로 가려져 있다. 벽난로 위 선반에 놓인 거울에는 뒷벽의 서가가 비쳐 있다.

34. 이곳에서 다윈은 세상에서 가장 작은 따개비인 '아르트로발라누스 씨'를 해부했다(원 안의 그림이 실제 크기).

35. 1847년에 옥스퍼드 대학에서 열린 영국과학진흥협회 모임. 지질학자들이 진화론서 『흔적』의 저자 로버트 체임버스를 혹독하게 비판했다. 다윈도 참석했지만, 다윈도 자신의 진화론 논문을 들고 왔다는 사실은 아무도 몰랐다.

36. (맞은편 위) 40세의 다윈.

37. (맞은편 아래) 그레이트 맬번의 풍경. 걸리 박사의 물치료 시설과 프라이오리 교회가 중심을 차지하고 있다. 1851년에 찰스와 애니는 교회 탑과 같은 높이에 위치한 산허리의 큰 저택 몬트리얼 하우스에 머물렀다.

Great Malvern

38. 찰스가 수도 없이 들고 눈물을 훔쳤던 사랑하는 딸 애니(1841년생)의 사진. 맬번 여행 무렵에 찍은 것. 1851년 부활절에 애니가 세상을 떠났을 때 다윈의 기독교 신앙의 마지막 조각이 무너졌다.

39. 이 묘비는 지금도 프라이오리 교회묘지의 레바논삼목 아래에 있다. 다윈은 슬픔을 가누지 못해 딸의 장례식에도 참석할 수 없었고, 이후 12년 동안 맬번에 발을 들여놓지 않았다.

40. 1854년에 열린 수정궁의 재개막식. 빅토리아 여왕도 참석한 이 식에서, 클라라 노벨로가 대규모의 합창단을 거느리고 〈여왕 폐하 만세〉를 불렀을 때, 에마는 눈물을 흘렸다.

41. (안에 삽입된 인물) 허버트 스펜서. 철도기사였다가 진화론 논객으로 변신했다

42. 다운의 선술집 겸 식료잡화점 조지 앤 드래곤 인. 찰스와 에마는 1842년에 처음 다운을 방문했을 때 이곳에 묵었다. 다윈이 명예 회계를 맡았던 다운 상조회는 1850년부터 1882년까지 이 선술집에서 모임을 열었다.

43. 찰스의 형이며 자유사상가인 이래즈머스. '문예계의 한량 생활'과 아편에 10년간 빠져 지낸 후 찍은 사진.

44. (왼쪽 위) 독서를 좋아하고 예의 바른 윌리엄(1839년생). 럭비 학교에 입학하기 전의 사진.

45. (오른쪽 위) 애니와 같은 옷을 입은 여섯 살의 헨리에타(1843년생).

46. (왼쪽 아래) 군인놀이를 무척 좋아한 조지(1845년생). 다윈은 조지가 자연학자가 될 것이라고 생각했다.

47. (오른쪽 아래) 조지의 중위였고, 부친의 과학연구 보좌관이었던 프랜시스(1848년생).

48. 왕립학회. 다윈은 1853년에 왕립학회 메달을 받았다.

49. 에드워드 포브스. 종의 분포를 설명하기 위해 잃어버린 초대륙을 불러냈던 사람.

50. 토리당원이며 고교회파의 목사였던 존 브로디 이네스. 다윈의 교구목사이며 절친한 친구였다. "나와 의견이 다를 뿐, 적개심의 흔적은 조금도 느낄 수 없었던 드문 인간.".

51. 마침내 따개비 연구를 끝낸 1854년의 다윈. 이미 과로의 흔적이 나타나기 시작한 모습.

52. 다윈의 상담역을 맡았던 식물학자 조지프 후커. 1854년에 찍은 사진.

53. 애완용 비둘기 품종. 상단의 왼쪽에서부터 오른쪽으로, 볼드헤드, 파우터, 재커빈, 맥파이, 스왈로. 하단은, 두 마리의 공작비둘기, 브런즈윅, 넌, 터빗. 다윈은 이 모든 품종을 기르며, "품종의 다양성은 놀랍다"고 생각했다.

54. 1853년에 프리메이슨 선술집에서 열린 신사계급의 연례 비둘기 품평회. 다윈은 상류, 하층을 가리지 않고 모든 비둘기애호 클럽에 얼굴을 내밀었다.

에서 이기는 것이다.

"언제나 강자가 약자를 몰아내는 것"이고, 영국인은 수많은 인종을 패배시켰다. 대영제국의 팽창은 토착인종의 고립을 끝냈고, 다른 여러 가지 방식으로 그들의 발전을 가로막았다. 백인들이 희망봉에서부터 퍼져나감에 따라 흑인 부족들은 더 내륙으로 밀려났으며, 그 과정에서 인종들이 서로 섞이면서 종 형성에 중요한 고립의 시대가 끝났다. 이런 일이 일어나지 않았다면 "1만 년 뒤 흑인은 완전히 별개의 종이 되었을지도 모를 일이다"라고 다윈은 추측했다.[24]

연일 대서특필되고 있는 해외이주 소식을 접하며, 라이엘은 동물들도 집단의 개체수가 지나치게 많아지면 이주를 할 수밖에 없다고 확신했다. 그는 급성장하는 종은 이주자가 되어 새로운 땅에 침입해 토착종을 파괴한다는 다윈의 생각에 공감했다. 하지만 다윈은 이러한 인구압력은 종이 한계를 뛰어넘게 만들기도 한다고 보았다. 이 압력은 곧 창조력이었다. 인구과밀로 이민단을 식민지로 내보낸다는 것은 곧, 그 새로운 땅에서 경쟁력을 갖춘 동물들만이 살아남는다는 뜻이었다.

다윈의 생물학에서의 진취적 정신은 진보적인 휘그당원들의 사회사상과 잘 어울렸다. 이것은 다윈의 이론이 호소력을 발휘하게 만들었다. 마침내 다윈은 급진적인 휘그당원들의 이상인 경쟁원리에 입각한 자유무역주의와 양립할 수 있는 메커니즘을 손에 넣은 것이었다. 물론 다윈 이론의 밑바탕을 이루는 종변형은 여전히 수많은 사람들이 혐오할 만한 것이었다. 그러나 그 밑바탕 위에 쌓아올린 맬서스주의 이론체계는 정서적 공감대를 이끌어냈다. 공개적으로 투쟁하고 패자에게 적선하지 말자는 것은 바로 휘그당의 방식이었으며, 어떤 구빈법 감독관도 다윈의 견해보다 더 나은 생각을 내놓을 수 없었다. 이리하여 다윈은 맬서스를 혐오하는 급진적인 과격파와 단절했다. 다윈은 노블레스 오블리주[높은 신분에 따르는 도의상의 의무]를 특징으로 하는 자신들만의 세계에서 아무런 압력도 받지 않고 안전하게 살아가는 휘그당의 고관귀족들처럼 가족의 부로 살고 있으면서, 굶주림이 만연한 세상에 가차 없는 경쟁을 강요하며 그것이 그들에게 이익이라고 주장하고 있었다. 이때부터 다윈은 더 나은 계층에 속한 독자, 즉 새로이 부상하는 산업자본가, 자유무역주의자, 반국교회파 전문가들의 마음을 휘어잡을 수 있게 되었다.

페일리의 "행복한 자연"은 그 목가적 온정을 잃고 있었다. 삶은 여름날 오후의 목사관 정원이 아니라 런던의 비열한 거리를 떠도는 무일푼들의 전투였다. 이런 투쟁을 통해 지속적인 적응이 일어나며, 진보는 영원한 반목을 통해 일어난다. 이 말은 역설처럼 들렸지만, 그것은 그 시대의 수수께끼였다. 그 시대는 "미의 시대이면서도 기형의 시대고, 어둠의 시대이면서도 밝음의 시대"였다. "증기기관, 철, 매연, 이기주의, 의심, 불신은 모두 비슷한 색깔"이었다. 다윈은 중대한 질문들을 던지고 있었으며, 그 대답을 확신했다. 하지만 그 대답들은 더 많은 의문을 던졌다. 다윈의 파렴치한 추론들은 극단으로 치닫는 산업사회의 특징을 잡아내고 있는 것처럼 보였다. 누군가는 그 시대의 정신을 다음과 같이 요약했다. "매력은 깨졌다. 기사도 정신, 자선, 교회는 차갑게 식은 채 누워 있다. 우리는 새로운 신을 심문한다. 우리는 그 신을 우리 멋대로 해석한다. 그 신은 선일 수도 악일 수도 있으며, 신일 수도 악마일 수도 있다." 다윈의 새로운 진화론의 핵심을 이루는 맬서스주의 투쟁에 대해서도 정확히 같은 말을 할 수 있지 않을까.

모두의 눈과 귀가 성채를 향하고 있었다. 한 논평가는 다음과 같이 썼다. "인간은 소우주로 일컬어져왔다. 하지만 우리는 인간 본성의 위대한 법칙을 해명할 수 있는 비밀의 방을 여는 중요한 열쇠를 아직 가지고 있지 않다. 우리는 여전히 그 문을 만지작거리고 있을 뿐이다.”[25] 다윈은, 그의 위는 “하지 마!”라고 외치고 그의 머리는 “해!”라고 논박하는 가운데 조용히 그 열쇠를 돌리고 있었다.

다윈은 빅토리아 시대의 딜레마 앞에서 “믿음을 잃는 한편 회의주의를 두려워”하게 되었다. 그가 생각하고 있는 새로운 맬서스주의 진화론은 비종교적인 느낌을 물씬 풍겼지만, 그렇다고 무신른은 아니었다. 신의 법칙이 우리와 같은 “고등한 마음”을 만들어냈는데, 어떻게 그럴 수가 있겠는가. 이것은 온통 뒤죽박죽인 것처럼 보이는 전체 과정 뒤에 어떤 목적이 있음을 뜻했다. 이 사실을 부정하는 것은 곧, 유래가 “더 고등한 동물의 생산”에 맞추어져 있다는 사실, 또는 “우리가 어떤 궁극적 목적으로 가는 [한] 단계”임을 부정하는 것이었다.[26]

이러한 생각은 유니테리언파의 교의와 일맥상통했다. 심지어는 영혼의 ‘부가附加’를 부정하는 것조차도. (해리엇 마티노 같은 유니테리언파 교도들은 물질에 영혼이 깃들어 있다고 생각했기 때문에, 별개의 영적 세계는 필요치 않았다.) 그러므로 다윈의 종변형론은 — 도덕률이 문화적으로 결정된다는 생각에서부터 인간과 짐승의 마음에 연속성이 있다는 생각에 이르기까지 — 많은 부분에서, 법칙을 제공하는 신을 교의로서가 아니라 이성적으로 믿는 유니테리언파의 색채를 풍겼다. 그렇더라도 얼마나 많은 유니테리언파 교도들이 원숭이 조상을 받아들였으며 물질적 천국이 아니라 더 고등한 생명형태에서 희망을 발견했을지는 의문이다. 사실 다윈은 이러한 기반 위에서 연구를 함에 따라 종교적 믿음이 흔들리고 있었다. 그가 아는 바로는, 부모의 행동에 대한 보상과 처벌은 이생에서 자식들에게 나타났다. 다윈은 “우리가 죽어서 천사가 될 때” 무슨 일이 일어나는지는 중요하지 않은 일이라고 일축했다.[27]

　　10월에 다윈은 두 권의 새로운 공책을 펼쳤다. 하나는 종변형 시리즈인 'E' 공책이었고, 또 하나는 형이상학에 대한 'N' 공책이었다. 이제는 견해를 가다듬고 수사법을 연습할 시점이었다. 그는 야심만만하게 글을 시작했다.

> 형이상학을 연구하는 일은…… 내가 보기에는 역학 없이 천문학의 난문과 씨름하는 것과 같다. 내 경험상, 마음의 문제는 그 성채만을 줄기차게 공격한다고 풀리지 않는다. 마음은 몸의 기능이기 때문이다. 그러니까 우리는 문제들을 논할 어떤 **안정된** 토대가 있어야 한다.

그 토대는 '유래'였다. 유래는 마음의 비밀을 풀 이성적인 열쇠를 제공했다. 인간의 양심은 아마도 가장 깨기 힘든 나무열매일 것이다. 다윈은 개와 비비의 집단행동에서 양심의 기원을 찾았다. 그는 전형적인 의인화법으로 그 문제를 논했다. 다윈의 주장에 따르면, "사회적·성적 본능"에 반하는 행동을 함으로써 집단에 해를 끼치는 비정상적인 개가 **만일** 자신의 행동을 돌아볼 수 있다면 양심의 가책을 느낄 것이다. 이처럼 이성이 있는 개가 있었다면 양심을 획득했을 것이다. 그러나 이 가설상의 "개에게 양심이 있었다 하더라도, 인간의 양심과 똑같지는 않았을 것이다. 개와 인간은 본래 다른 본능을 갖고 있기 때문이다." 집단본능 하나만 가지고도 "도덕감정 가운데 가장 아름다운 것 전부"를 이끌어낼 수 있었다. 다윈은 이제 이 점을 완전하게 확신했다.[28]

　　품성과 양심은 성서를 읽는다고 생기는 것이 아니었다. 그것은 인류의 유인원 조상이 갖고 있었던 집단감정에서 비롯된 것이었다. 양심은 인간이 제어할 수 있는 테두리 밖에 있었다. "인간은…… 〔선한 행동을 하면〕 칭찬을 받지만, 그 행동은 그렇게 조건지어진 것이기 때문에 칭찬을 받을 자격이 없다." 같은 맥락에서 "악한 행동은 인간의 과오라기보다는 신체질병이다!" 이러한 문화적 결정론은 신에 대한 지식으로까지 확장되었고, 이 대목에서 다윈은 대부분의 반국교회파가 지니고 있던 관념을 훌쩍 뛰어넘었다. "창조주에 대한 우리의 선천적 지식"은 "신의 가장 위대한 법칙들"의 결과로서 진화했다.[29] 신에 대한 지식은 가장 위대한 본능이며, 사회적 쓸모 때문에 생겨났다.

다윈은 자신의 이단적인 생각들에 대해 노심초사했던 탓인지 자주 아팠고, 수치심과 아름다움의 기원에 관한 생각을 하던 중이었던 10월 25일에는 건강에 좋은 성곽도시 윈저를 방문하여 이틀 동안 쉬면서 "빛나는 날씨"를 만끽했다.

부끄러움과 아름다움의 문제는 에마에게 청혼을 하려는 시점에서 되풀이하여 떠오르는 생각이었다. 다윈은 11월 초에 몸이 아파서 고생했지만, 이제는 메이어로 떠날 수 있을 만큼 건강해졌다. 다윈이 새로 쓰기 시작한 일기장에 적어놓은 바에 따르면, 11일이 "결전의 날!"이었다. 그는 생각을 실행에 옮겨 청혼을 했다. "우리가 지난 수년 동안 그랬듯이 계속 친구로 지낼 줄로만 알았던" 에마는 무척 놀랐다. 에마가 청혼을 받아들이자 조사이어 외삼촌은 기쁨의 눈물을 흘렸다. 헨슬레이의 아내 패니는 곧바로 그 일을 알아챘고, 두 여자는 밤새 웃으며 이야기를 나누었다. 그렇게 될 것임을 직감한 사람들도 있었다. 손금을 읽는 제시 이모는 처음부터 그 사실을 알고 있었다. 에마는 자신의 입장에서 손익계산을 해보았다. 그녀는 찰스의 솔직함과 정직함을 높이 평가했다. 다윈은 "성격이 매우 좋은 데다 몇 가지 다른 장점들도 지니고 있습니다. …… 가령 까다롭지 않고, 동물을 자비롭게 대하지요."[30]

찰스는 다음 날 마운트로 달려갔다. 캐롤라인 누이는 "가장 사랑스러운 아내를 얻은" 찰스에게 축하인사를 건넸다. 약혼 사실은 비밀로 했는데, 라이엘은 가족 외에 그 소식을 들은 몇 안 되는 사람들 가운데 하나였다. 다윈은 라이엘에게 에마는 헨슬레이와 조사이어의 누이라고 말했다. "그러니까 우리는 여러 겹의 인연을 맺은 겁니다. 또한 우리는 그녀에 대한 저의 진심 어린 사랑과, 나 같은 사람을 받아준 데 대한 감사의 마음으로 맺어져 있지요." 친척들에게 소식을 알리는 편지가 전해졌는데, 그중 누군가는 에마가 로버트 다윈 박사와 결혼하는 것으로 알고 두 사람의 "나이 차이"에 경악하기도 했다.

로버트 박사는 몹시 기뻐했다. 더욱이 기뻐했던 이유는, 그동안 에마의 어머니가 찰스가 결국 해리엇 마티노와 엮이는 게 아니냐며 박사를 놀렸기 때문이다. 그것은 생각만 해도 머리에 피가 솟구칠 일이었다.[31] 하지만 사실은 찰스에게 그런 기회가 올 리도 없었다. 이래즈머스가 낮이나 밤이나 마티노를 독점하고 있었으니까. 이래즈머스는 해리엇을 호위하고 막 외출을 하려고 할 때 찰스의 소식을 들었고, 둘은 발길을 돌려 행복한 부부를 위한 집을 보러 갔다.

다윈이 메이어에서 목가적인 나날을 보내는 동안 어두운 그림자가 드리워졌다. 에마는 혼자 괴로워하고 있었다. 찰스가 이번에도 의심을 감추지 못하고 가장 민감한 종교 문제를 건드렸기 때문이다. 에마는 이제 더는 불안을 감출 수가 없었다.

당신과 함께 있으면…… 우울한 생각들이 사라지지만, 당신이 없으면 슬픈 생각들이 비집고 들어옵니다. 가장 중요한 문제에 관한 우리의 생각이 크게 다를 수밖에 없다는 사실에 대한 두려움 말입니다. 정직하고 양심적인 의심은 죄가 아니라는 것을 머리로는 알지만, 마음으로는 그것으로 인해 우리 사이에 큰 구멍이 뚫린 것 같아 괴롭습니다. 당신이 내게 솔직하게 말해줘서 진심으로 고맙습니다. 내게 고통을 줄까봐 당신의 생각을 감춘다는 것은 생각만 해도 끔찍한 일입니다. 이런 말을 하고 있는 내 자신이 바보 같지만, 사랑하는 찰리, 우리는 이제 결혼할 사이이니 내 마음을 당신에게 솔직히 털어놓을 수밖에 없습니다. 내 부탁 하나만 들어주겠어요? 그래요, 나는 당신이 들어줄 거라고 확신해요. 요한복음 13장 끝에서 시작하는, 예수님이 제자들에게 했던 이별의 말을 읽어보면 어때요. 그 부분은 예수님의 제자들에 대한 사랑, 헌신, 모든 아름다운 감정으로 충만하지요. 신약성서에서 내가 가장 좋아하는 부분이에요. 좀 엉뚱한 부탁이지만, 당신이 그렇게 해준다면 나는 정말 기쁠 것 같아요. 그 이유는 잘 설명하기 어렵지만.[32]

공교롭게도 에마가 읽어보라고 한 복음서는 10년 전 에든버러에 있을 때 캐롤라인 누이가 읽어보라고 했던 그 부분이었다. 그 대목은 예수가 십자가에 못 박히기 전에 제자들에게 남긴 절절한 이별의 말로, "서로 사랑하라"라는 "새로운 계명"을 담고 있었다.

거기서 예수는 제자들에게, 내가 죽으면 천국에 너희를 위한 "거처를 예비할 것"이고 그런 다음에 다시 세상에 와서 "너희를 내게로 영접할 것"이라고 말했다. 하지만 의심 많은 도마는 예비되어 있는 그 장소로 가는 길을 묻는다. 이에 예수는 "내가 곧 길이요 진리요 생명이다"라고 대답한다. 에마는 찰스를 영원히 잃지 않기 위해 찰스가 그 길을 기억하기를 바랐고, 찰스에게 예수의 말씀을 상기시켰다.

나는 포도나무요 너희는 가지라. …… 사람이 내 안에 거하지 아니하면 가지처럼 밖에 버려져 마르나니 사람들이 그것을 모아다가 불에 던져 사르느니라.

이 이별의 대화는 사랑으로 충만했지만, 그 말의 이면은 뜨거운 경고였으며, 찰스가 그 경고를 놓쳤을 리가 없다. 찰스는 지옥의 존재를 의심했으며 영혼의 존재에도 회의적이었다. 사실 두 사람 사이에는 항상 이 복음서가 가로놓여 있었다. 그러나 다윈은 에마에게 따뜻한 답장을 보냈고, 에마는 다윈이 자신의 진심 어린 걱정을 "조금이나마" 알아주었다는 사실에서 위안을 얻었다.[33]

찰스는 결혼식을 어서 해치우고 싶어서, 자신의 공책을 여는 글귀를 에마에게 말해주었다. "인생은 짧다는 사실을 잊지 마시오." 하지만 에마는 병든 부모를 돌보고 있었으며, 몸집이 왜소한 곱사등이 언니 엘리자베스에게 모든 일을 맡기고 떠나려니 염려가 되었다. 에마는 다윈이 "느긋하게 굴기를" 바랐다. 동생이 떠난다는 생각에 슬픔에 젖은 엘리자베스도 마찬가지 심정이었다. 엘리자베스는 캐서린에게 이런 편지를 썼다. "사랑하는 캐서린, 마차 바퀴를 잠시만 멈춰줘." 에마가 약혼녀의 기쁨을 좀 더 누리도록, 찰스가 "봄이 와서 날씨가 좋아질 때까지 기다리도록 말이야."

17일에 메이어로 돌아온 찰스는 벽난로 옆에서 에마와 한층 더 감상적인 '거위'를 먹고, "집을 구하는 문제—교외에 얻을지 런던 중심가에 얻을지"를 비롯한 현실적인 문제들을 의논했다. "나는 당신이 우리의 조용한 저녁나절을 지루해할까봐 매우 걱정이오." 다윈은 에마에게 미리 일러두었다. "당신이 명심해둬야 할 것이 있소. 젊은 숙녀들이 '모든 남자는 짐승'이라고 말하는데, 나는 고독한 짐승일 거라는 사실이오." 다윈은 이제 고독과 부를 거머쥐게 되었다. 에마의 아버지가 지참금 5,000파운드에 연간 400파운드를 주기로 약속했으며, 거기다 로버트 박사도 1만 파운드를 보태주었다. 이 돈은 전액 투자할 것이며, 이래즈머스와 조사이어 3세가 유언집행자였다. 이로써 가족의 재산은 안전하게 지켜질 것이

다.[34)]

예비부부는 로버트 박사의 충고를 받아들여 런던에 살기로 했다. 찰스의 말에 따르면, "새로운 집필욕으로 충만한" 그가 "지질학 출판에 진절머리가 날" 때까지 그렇게 하기로 했다. 그때 그들은 "시골과 은거생활의 즐거움이 사교보다 더 좋은지 결단을 내리게" 될 것이다. 찰스는 집을 구하기 위해 11월의 안개 자욱한 거리를 쏘다녔다. 웨스트엔드는 탈락이었다. 마차가 지나다니는 소음이 귀청을 찢을 정도였기 때문이다(소음이 너무 심해서, 목재 블록으로 도로를 포장하는 공사가 옥스퍼드가에서 막 시작되고 있었다). 영국박물관 근처의 블룸즈버리는 좀 조용했으며, 수목이 우거진 스퀘어는 마음에 쏙 들었다. 그런데 에마가 찰스에게 진격명령을 내렸다. "리전트 공원 근처의 뒷길" 쪽을 알아보거나 코번트가든에서 가까운 곳을 알아보라는 것이었다. "단, 너무 비싸지만 않다면요." 그러나 천문학적인 집세는 입이 쩍 벌어질 정도였다. "집주인들은 모두 미쳤소. 그들은 어마어마한 가격을 부른다오." 1년에 150파운드는 약과였다(1만 5,000파운드가 수중에 들어올 예정이었음에도 찰스는 변함없이 용의주도했다). 찰스와 이래즈머스는 블룸즈버리 스퀘어가 가장 알맞은 가격이라고 판단했다.

한편 에마의 "구식 구두쇠 씨"는 연일 사교모임에 나가며 총각 시절이 끝나기 전에 할 수 있는 한 많은 것을 향유했다. 그는 라이엘 부부나 헨리 홀런드와 함께 식사를 했고, 이래즈머스는 다윈을 데리고 토머스 칼라일과 함께 차를 마셨다(다윈은 "광적으로 킬킬거리며 웃는" 칼라일의 아내 제인이 "자연스럽지"도 않고 "귀부인답지"도 않다고 느꼈다). 두 사람은 벌써부터 부부동반 모임에 초대를 받기 시작했다. 세지윅은 두 사람을 집으로 초대했는데, 이 일은 에마에게 깊은 인상을 주었다. "그 대단한 세지윅 씨가 나를 자신의 집으로 초대하다니 얼마나 영광이에요. 나를요!

한번 생각해보세요. 그것만으로도 이미 대단한 사람이 된 기분인데, 다윈 부인이 되면 얼마나 아찔할까요."[35]

다윈은 집을 구하러 다니다 밤에 돌아오면 맬서스주의에 관한 생각을 계속했다. 그는 철사를 늘이듯 맬서스주의의 함의들을 뽑아냈다. 이 무렵 다윈은 모든 조직, 모든 기관은 "수많은 변이를 일으킬 수 있고", 자연은 그 가운데서 최고를 선택한다는 생각에까지 이르렀다. 그는 치열한 경쟁으로부터 완벽함이 생기는 아이러니를 점점 더 분명하게 깨달아갔다. 완벽함을 만드는 사소한 적응적 차이는 바로, "열 가지, 천 가지 시도 가운데서 살아남은 것이다. 매 단계는 그 당시 존재하는 조건에 대해…… 완벽한 상태, 혹은 완벽함에 가까운 상태다."[36] 소멸한 수백만 개에서 완벽한 하나가 생기는 것이다.

정확히 말하면, 유전이 허락하는 한 완벽해지는 것이다. 남성의 젖꼭지처럼 기능을 하지 않는 적응들도 존재하는 것을 보면. 선택은 오직 기본 설계도, 즉 현존하는 모델을 조각할 수 있을 뿐이고, 그렇다 해도 동물들은 인간의 꼬리뼈처럼 쓸모없는 흔적기관을 보유하게 된다. 다윈은 신이 이러한 여분의 잡동사니들을 창조한 것은 신의 "맨 처음 생각, 맨 처음의 설계도에…… 철저하게" 맞추어 척추동물의 설계도를 완성시키기 위함이었다는 일반적인 통념을 비웃었다. "헛소리 같으니라고!" 더는 참을 수 없었다. "전지전능한 창조주의 철두철미한 설계…… 이것은 인간의 창조주를 논하는 인간의 철학이다!" 흔적기관들은 서서히 줄어들어 사라지고 있는 유전의 잔유물이며 조상의 잔재였다. 고래에서 발견되는 팔다리의 흔적은 그들의 조상이 육상동물이었음을 말해주고 있으며, 우리의 꼬리뼈에는 흥미로운 사연이 담겨 있다.

인류의 화석이 발견되지 않았던 무렵, 흔적기관들은 "인류의 부모"

에 대한 단서들을 제공했다. 꼬리뼈는 원숭이 조상을 암시했다. 또한 원숭이에서 멈출 필요는 없었다. 이 추론을 계속 이어가던 다윈은 최종적으로 미끈미끈한 동물에 이르렀다. 우리의 조상이 하등한 동물이었다는 단서는 머리뼈에 있었다. 런던의 의사들은 머리뼈가 척추의 변형이라고 생각했다. "머리는 여섯 번째로 변형된 〔확장되어 결합된〕 척추로서, 모든 척추동물의 부모는 척추가 하나이며 머리가 없는 연체동물 같은 유성생식 동물이었음이 틀림없다!!"[37] 다윈은 이렇게 결론을 내렸다. 우리는 오징어 등뼈 한 개를 갖춘 오징어 같은 동물에서 유래했다.

다윈의 공책에서 신성불가침의 영역은 없었다 다윈은 자신의 직감을 분석했고, 이것은 일련의 새로운 생각들로 이어졌다. 에마에게 구애를 하면서부터 그는 성적 흥분, 군침 흘리기, 입맞춤에 대해 생각하기 시작했고, 인류의 동물 조상들에서 이런 감정들의 뿌리를 추적했다. 그는 숨을 가쁘게 쉬며 공책에 메모를 적어나갔다.

11월 27일. 성적 욕망은 침을 흘리게 만든다. **분명히** 그렇다. 흥미로운 상관관계다. 나는 니나〔개〕가 고깃덩어리를 핥는 모습을 본 적이 있다. 사람들은 역겨우리만큼 외설스러운 늙은이를 표현할 대, 침을 질질 흘리는 이빨 빠진 입을 묘사한다. 거의 깨물 듯이 키스하는 경향과 인간의 성적 사랑은 아마도 침을 흘리는 것, 따라서 **입과 턱**의 활동과 관계가 있는 듯하다. 우리는 음탕한 여성들을 물어뜯는다고 묘사하지 않는가. 종마도 항상 그렇게 묘사한다.

홍조도 성적인 행동임이 틀림없다. 남녀가 교감할 **때** 얼굴이 붉어지니까. 아마도 "누군가의 모습"을 떠올리면 "마치 발기처럼, 혈액이 남자의 얼굴;…… 여성의 가슴과 같은 피부 표면으로 몰리게 되는" 듯하다.[38]

맬서스 사상의 소화는 계속되었다. 이것은 소의 되새김질처럼 느린 과정이었다. 그 책을 읽은 지 두 달이 지난 지금도 다윈은 여전히 새로운 땅을 개척하고 있었다. 그는 지금까지 습관적인 행동이 본능으로 고착되어 몸과 마음에 꼭 필요한 변화를 일으키는 방식으로 변이가 일어난다고 생각했다. 그런데 지금은 전혀 다른 이미지를 떠올렸다. 기이한 변종들은 **우연히** 생기는 게 아닐까.[39] 어쩌면 본능도 우연히 생겨나며, 선택이 유용한 본능만을 보존하는 것일지도 모른다.

생각지 못한 소득도 있었다. 만일 자연이 무작위적인 변종들 가운데서 적자를 가려내고 있다면, 자연은 지금껏 상상했던 것보다 훨씬 더 똑같이 육종가들이 하고 있는 일을 흉내내고 있는 것이었다. 동물 애호가들은 원하는 형질만 남겨두고 나머지는 모두 제거함으로써 자신들이 원하는 비둘기와 돼지를 만든다. 분명 자연도 같은 일을 하고 있었다. 자연은 존 시브라이트 경보다 훨씬 뛰어난, 누구보다 빈틈없고 무정하고 효율적인 최고의 선택자였다. 다윈은 자연을 "전지전능한 창조주는 아닐지라도, 사람보다 무한히 더 기민한 존재"로 생각해보라고 주문했다. 신사들은 자연이 자칼을 골라내듯이 그레이하운드를 선택했다. 차이점이라면 육종가들은 한두 가지 부분에 주목하는 반면, 자연은 100만 가지 변이를 다루는 데다가 "새로 획득한 [모든] 구조의 모든 부분이 완벽하게 잘 돌아가는지" 확인한다는 것이었다. 12월에 다윈은 자연선택과 인위선택의 유사성이 "내 이론의 가장 멋진 부분"이라고 인정했다.[40] 이제 이론도 세웠고, 육종과의 유사성도 알아냈다. 그러나 폭동으로 얼룩진 시대에는 그것을 비밀 공책 안에 안전하게 숨겨두는 게 상책이었다. 발표하는 것은 먼 미래라면 모를까 지금은 생각해볼 수조차 없는 일이었다.

이 무렵 다윈의 생각은 맬서스, 결혼, 집값 사이를 바삐 오갔다. 『동물학』 시리즈는 여전히 짐이었다. 오언의 어머니가 죽는 바람에 오언은

『화석 포유류』의 집필을 잠시 중단할 수밖에 없었고. 굴드가 태즈메이니아로 항해를 떠나게 되어 다윈은 반쯤 완성된 『조류』를 자신이 떠맡았다. "아침나절에는 매와 올빼미를 기술하는 데에 매달리고, 그런 다음 서둘러 나가서 이 거리 저 거리를 헤매며 '내놓은 집'이라는 푯말을 찾다보면 정말이지 눈코 뜰 새가 없다오." 에마는 다윈이 스트레스를 심하게 받고 있다는 사실을 알 수 있었다.

> 사랑하는 찰리, 나는 당신이 잠깐이라도 도시를 떠나서 휴식을 취했으면 해요. 요즘 당신의 몸이 안 좋은 것 같아서 당신이 몸져누울까 두려워요. …… 나로 인한 근심걱정일랑은 모두 떨쳐버리고, 이것 하나만 알아둬요. 내가 가장 행복한 순간은 사랑하는 당신이 아플 때 내가 도움과 위로를 줄 수 있다고 생각할 때라는 것을요. …… 그러니 내가 당신 곁에서 당신을 간호할 수 있을 때까지 아프지 말아요.

몸져누운 어머니를 소화불량에 시달리는 남편과 기꺼이 바꾼 에마에게 이것은 평생에 걸친 약속의 시작이었다. 그녀는 늠름한 얼굴을 한 "휴가를 함께 보내는 남편"을 원치 않았다. 그녀는 언제나 곁에서 남편을 보살필 수 있기를 기대했고, 다윈은 그 소원을 기꺼이 들어줄 터였다.

에마는 12월 6일에 다윈을 도와 집을 구하기 위해 런던에 왔다. 그녀는 헨슬레이 부부와 머물면서 며칠 동안 찰스와 함께 "〔말 한 필이 끄는〕 전세마차나 승합마차를 타고" "신나게 돌아다니며" 블룸즈버리가 주변을 둘러보고, 냄비와 팬을 사고, 극장에 갔다. 막바지에는 에마도 어느덧 "런던내기"가 다 된 기분이었다.[41]

이번 달 지질학회에서 다윈은 자신이 어떤 곤경에 처해 있는지를 실감했다. 19일에, 진화에 대한 지질학자들의 들끓는 증오가 마침내 폭발하여, 다윈의 옛 개인교사 로버트 그랜트의 견해에 마침내 "최후의 일격"이 퍼부어졌다.[42]

다윈은 자신이 진퇴양난의 처지에 있음을 알게 되었다. 그랜트는 즉결심판에 처해졌는데, 이것은 세계에서 가장 오래된 포유류, 즉 옥스퍼드의 암석에서 발견된 길이 10센티미터짜리 턱뼈로만 알려진 '주머니쥐'가 사실은 파충류라고 주장한 일 때문이었다. 이 해석은 생물이 하등한 형태로부터 고등한 형태를 향해 아래에서 위로 진화한다는 그랜트의 라마르크주의 관점에 더 잘 들어맞았다. 주머니쥐의 턱뼈가 나온 옥스퍼드의 암석들은 파충류 시대에 쌓인 것이었다. 그러므로 이 암석들은 매우 오래된 것이었고, 그랜트의 주장에 따르면, 포유류들은 그렇게 오래전에 존재했을 리가 없었다. 최초의 유대류는 이보다 훨씬 나중인 포유류의 시대에 와서야 출현했다는 것이다. 반면 성직자들은, 필요하면 즉각 행동을 취하는 창조주 덕분에 포유류를 어느 시대에든 어느 장소에든 출현시킬 수 있었다. 이 성직자들은 그 화석은 오래전에 살았던 주머니쥐가 분명하다고 주장하면서, 그랜트의 견해를 비정상적인 라마르크주의로 몰아붙였다.

그들은 그랜트를 궁지로 몰았다. 그랜트를 꼼짝 못 하게 할 방법을 모의하기 위한 편지들이 버클런드와 오언 사이를 오갔다. 버클런드의 부추김에 넘어간 런던의 유대류 전문가 오언은 이 일을 위해 다윈이 맡긴 『화석 포유류』 제2권의 작업을 미루었다. 심지어 이 일격을 외부에 널리 알릴 방안을 논의하기 위한 비밀모임까지 열렸고, 간계에 능한 버클런드는 "우리의 전투를 직접 보라"며 박식한 브루엄 경을 초대했다.

이것은 완전한 아이러니였다. 다윈은 ─간사의 자리에 앉아─고상한 신사들이 화석에 대한 그랜트의 이단적 해석을 매장시키려고 모의하는 모습을 지켜보았다. 다윈은 이들 앞에 조용한 목격자로 앉아 있었다.

세지윅과 버클런드를 포함한 이 사람들은 대부분이 옥스퍼드와 케임브리지 대학 출신이었고, 다수가 국교회 성직자였으며, 모두가 라마르크주의를 혐오했다. 그런데 다윈은 이 엄청난 광경을 지켜보는 와중에도 자신의 진화론을 부화시키고 있었다. 사실 그는 이미 그랜트의 터무니없는 생각을 훌쩍 넘어선 상태였다. 다윈은 그 화석이 오언의 말대로 주머니쥐가 맞다고 생각했지만, 이 쥐의 조상들이 멸종한 파충류와 함께 묻혀 있다는 사실에는 의문을 품지 않았다. 오언과 버클런드가 그랜트를 격렬하게 비난하는 동안 다윈은 자신의 공책에, 저들이 오래전에 살았다고 주장하는 그 주머니쥐는 "머나먼 과거에 살았던 모든 프유류의 아버지"라고 은밀히 적었다. 이 이야기는 창조론자들의 체계를 뒤흔들 청천벽력이었다.[43] 그랜트가 혹독한 시련을 당하는 동안 다윈은 무슨 생각을 하고 있었을까? 그랜트의 맹렬한 반론을 접했을 때 혹시 연민을 느꼈을까? 아마 아니었을 것이다. 다윈은 극단적인 급진파에게는 공감을 느낄 수 없었으며, 그날 밤 선술집 '왕관과 닻'에서 열린 승리 자축연 자리에 그 "엘리트들"과 함께 있었다.

다윈은 이 사건에서 교훈을 얻었다. 그것은 라마르크주의의 지뢰밭에서 멀찌감치 떨어져야 한다는 것이었다. 자연이 거침없이 상승한다는 개념은 이미 폐기했다. "내 이론에 따르면, 진보로 향하는 절대 경향 따위는 없다." 환경은 "서서히 느낄 수 없을 정도로" 변하며, 생명도 마찬가지다. 환경조건이 안정되게 유지될 때도 있는데, 그런 경우 좋은 전혀 변하지 않는다. 사람도 예외가 아니다. 사람은 고대 그리스 시대 이후로 전혀 향상되지 않았다. 일부 동물들 ─ 예를 들면 기생충 ─ 은 심지어 단순해졌으며, 만일 이들이 멸종하면 다른 종들이 "퇴화하여" 그 생태적 지위를 메울 것이다.[44] 그러므로 거침없는 상승과 보증된 진보는 급진파의 신화였다.

다윈의 새로운 자연관은 그랜트의 유토피아적 개념과 정면으로 대립했다. 그것은 구빈법 사회, 브루엄의 사회를 움직이는 원동력인 경쟁, 자본주의, 맬서스주의 구조를 충실히 따르는 견해였다. 실제로 이 무렵 다윈은 브루엄의 거창한 저서인『과학의 문제들에 대한 논문』을 읽고 있었다. 전직 대법관인 브루엄은 백과사전적 박학다식으로 유명했다. 어떤 이는 그것을 "박학다식한 무지"라고 비꼬기도 했지만, 그 책은 다윈이 질질 끌어온 오래된 생각을 더욱 뒤흔들었다. 브루엄은 본능이 의식적이고 유목적적인 습관에서 비롯될 수 없다는 사실을 설득력 있게 주장했다. 애벌레를 마비시켜서 그 안에 알을 낳는 기생성 벌을 생각해보라. 다윈은 브라질에서 기생벌이 이런 행동을 하는 것을 직접 본 적이 있었다. 애벌레는 벌 유충들의 먹이가 될 테지만, 어미 벌이 그 사실을 알았을 리는 없다. 유충들은 어미 벌이 죽고 난 뒤에 부화하기 때문이다. 어미는 새끼를 볼 수 있을 때까지 살지 못한다. 그렇다면 어떻게 이런 본능이 목적의식적인 행동에서 비롯될 수가 있겠는가?[45] 분명 우연히 나타났다가 쓸모가 입증된 경우임이 틀림없었다.

여기에는 중대한 문제가 걸려 있었다. 만일 의식적인 습관이 다윈의 진화 메커니즘을 추동하고 있지 않다면, 이런 습관들이 뇌에 암호화되어 있든 아니든 상관없었다. 의식이 있는 마음을 뇌와 같은 것으로 보는 논증에 더는 매달릴 필요가 없었다. 다윈은 과격한 급진파를 연상시키는 마음의 유물론을 버릴 수 있었다. 이것은 출판을 할 경우 독자들을 등 돌리게 할 수도 있는 개념이었다. 이제 다윈은 급진파 사냥개들과 함께 달리는 입장이 아니라 도시 신사들과 사냥을 즐길 수 있는 입장으로 돌아왔다.

우연이라는 요소가 그의 진화론 속으로 들어오면서부터, 인간이 신의 설계라는 생각은 점점 지지할 수가 없게 되었다(신이 설마 우연한 사건들을 계획했을까?). 다윈이 무작위적인 변이에 기대기 시작하면서, 배비지의 프로그램된 자연은 점점 신빙성을 잃어갔다. 우연성과 예측 불가능성이 규범이 되었다. 하지만 다윈은 아직 이 문제에 대한 확신이 없었으며, 법칙을 따르는 조화로운 체계를 완전히 버릴 수 없었다. 이따금씩 그는 '우연'이란 인과적 연쇄의 의도하지 않은 교차점이라고 보았는데, 이것은 얼마든지 조정할 여지가 있는 애매모호한 견해였다. 그러나 또 어떤 때는 마티노처럼 결정론적으로, 우연이란 미지의 원인을 따르는 사건이라고 말한다든지, 변이에 미리부터 방향성이 있는 것은 아니라는 의미의 말을 했다.[46] 이것은 미래에 혼란을 부르는 원인이 된다.

에마가 12월 21일에 런던을 떠나면서, 혼란은 혼돈으로 바뀌었다. 결혼식이 한 달 앞으로 다가옴에 따라, 찰스는 집 문제를 해결하기 위해 'E' 공책을 덮었다. 두 사람은 어퍼고워가에 자리잡은 테라스가 있는 집으로 마음을 정했다. 이 구역은 상점도 없고 술집도 없어서 매우 조용했으며, 마구간도 거의 없었다. 길을 따라 내려가면 유니버시티 칼리지가 있었지만, 그 구역에서부터는 어퍼고워가가 개인도로로 바뀌면서 문으로 막혀 있었다. 집 내부는 장식이 야단스럽고 보기 흉했지만, 값이 싸다는 이점이 있었다. "고워가가 온통 우리 것이나 다름없다오. 노란 커튼과 다른 모든 것이." 다윈은 29일에 에마에게 기쁜 소식을 전했다.[47] 집세는 "엄청나게 쌌으며" 가구와 그릇들은 다 해서 단돈 550파운드였다. 하지만 뒷마당의 정원에 보기 흉한 개의 사체가 있었다.

　　새해 전야인 일요일에 다윈과 코빙턴은 책과 암석들을 포장했다. 1839년 새해가 밝았을 때, 짐마차 두 대가 고워가를 향해 출발했다. 다윈은 에마에게 다음과 같이 보고했다.

짐의 양을 보고 나도 놀라고 이래즈머스 형도 놀랐소. 짐꾼들은 지질학 표본들이 담긴 상자의 무게에 더욱 놀랐다오. 지금 식당과 홀, 내 방에 짐이 쌓여 있소. 2층에 있는 하인방과 1층의 내 방에 대부분의 물건이 잘 들어갈 것 같소. 나로서는 이렇게 멋진 집은 처음인데, 당신도 그렇게 생각해주리라 믿소. …… 내 방은 아주 조용하다오. 말보로가와는 전혀 딴판이라서 정말 기쁘오.

저녁 6시 무렵이 되자 집은 딱 박물관처럼 보였다.

찰스에게 불현듯 전에 이 집에 와봤던 기억이 떠올랐다. 예전에 런던 대학 학장이었던 레너드 호너가 여기서 살았고, 찰스는 항해를 떠나기 전에 이 집을 방문했다. 하지만 호너가 살던 때에 비해 이 집의 실내장식은 지독히도 나빠져 있었다. 새 집주인 다윈과 에마는 이 집을 '마코앵무 오두막'이라고 불렀는데, 실내장식이 야단스러운 이유도 곧 알게 되었다. 예전의 집주인인 84세의 어빈 대령은 이곳에서 서른 살의 아름다운 둘째 부인과 함께 살았는데, 하늘색 벽과 번쩍거리는 노란 커튼은 바로 그녀의 취향이었다. 다윈은 "그 여주인을 닮은 이 취향은 한마디로 완전히 꽝이다"라고 키득거렸다. 헨슬레이 부부는 그 커튼을 보더니 질색을 하면서 "당장 염색업자에게" 보내라고 말했다.

그렇긴 해도, 웨스트엔드의 소음 속에서 살던 찰스에게 이 집은 더없이 완벽한 곳이었다. 조사이어 외삼촌은 "지금껏 가본 장소들 가운데 가장 조용한 곳"이라고 생각했다. 개의 사체가 치워지고 나서부터 다윈은 날마다 길이 27미터의 좁은 정원길을 산책하는 재미에 빠졌다. 이렇게 시작된 습관은 평생 계속되었다. 다윈은 또 이웃으로부터 사생활을 보호하기 위해 금사슬나무를 심을 계획을 세웠다.[48]

마코앵무 오두막은 그랜트가 강의하는 대학 강의실에서 엎어지면

코 닿을 거리였지만, 두 사람의 끊어진 인연은 이미 돌이킬 수 없었다. 다윈은 더는 이 선동적인 라마르크주의자와도, 생활비를 벌기 위한 그의 동물학과도 엮이고 싶지 않았다. 그것보다 더 좋았던 것은 고워가 리전트 공원에서 겨우 몇백 미터 거리라서 최고로 멋진 보닛을 쓴 에마와 함께 산책을 할 수 있다는 사실이었다.

요즘 그는 "앞으로 박물관이라고 불리게 될" 현관 쪽 다락방에 나무상자들을 쌓으며 하루하루를 보내고 있었다. 고된 육체노동은 "생각을 없애고 편안한 기분"이 들게 해주었지만, "머리는 멍하고 다리는 뻐근했다." 그런 상태로 그는 마차를 타고 애시니엄으로 저녁을 먹으러 갔다. 이래즈머스가 잠시 쉬면서 헨슬레이 부부, 칼라일 부부와 함께 저녁을 먹으라고 권했기 때문이다. 하지만 거기서도 화제는 어쩔 수 없이 하인을 다루는 어려움으로 향했다. 라이엘과의 토론도 석탄의 기원이 아니라 그 동네 최고의 석탄 상인에 관한 이야기로 기울었다.

다윈은 긴장이 좀 누그러졌지만, 웨지우드가 사람들이 결혼식을 1월 24일에서 29일로 미루었다는 이야기를 듣고는 기분이 언짢아졌다. 그는 공책을 펴고, 사랑에 대한 대단히 비낭만적인 분석을 꾸역꾸역 써넣었다. "한 남자가 누군가를 사랑한다고 말할 때, 그의 머릿속에는 어떤 생각이 스쳐 지나갈까?" 극도로 분석적인 자연학자가 아니라면, 누가 이런 질문을 할 수 있을까. 다윈은 1월 11일에 마지막으로 슈루즈버리와 메이어에 갔다가, 18일에 런던으로 돌아와 최종 준비를 했다. 찰스와 이래즈머스가 할 일은, 하인들이 마코앵무 오두막을 완성할 수 있도록 베이커가의 상점들을 둘러보며 값싼 가구를 구하는 것뿐이었다.[49]

다윈은 지난 5년 동안 홀로 지낸 시간들이 자신을 내향적으로 만들었다는 사실을 깨닫고, 에마에게 솔직한 사과의 말을 전했다.

오늘 아침에 나는 도대체 내가 어쩌다 이렇게 되었는지 생각해보았소. 나는…… 조용하고 고독한 생활만이 행복이라고 생각하고 살았다오. 하지만 이유는 아주 단순하오. 내가 이 이야기를 하는 것은 당신에게 내가 점점 짐승에서 벗어나게 될 거라는 희망을 주기 위함이오. 나는 지난 5년간의 항해 동안(그리고 지난 2년도 더해야 할 거요)…… 오직 머릿속에 스쳐가는 생각에서만 즐거움을 얻었소. …… 나는 당신이 나를 인간답게 만들어줄 것이라고 생각하오. 이론을 세우고 고요와 고독 속에서 사실들을 축적하는 일보다 더 행복한 일이 세상에는 많다는 사실을 곧 당신이 내게 가르쳐주리라 믿소.

다윈은 마침내 "소파에 앉아 있는 멋지고 착한 아내"를 얻었다. 아니, 소파에 누워 있는 자신의 시중을 들어줄 착한 간호사를 얻었다. 그는 이미 에마에게 자신의 "구제불능인 위"에 대해 모든 것을 설명했으며, 에마가 "나의 마지막 뒤치다꺼리를 하러" 온다는 사실이 행복했다. "신이여, 감사합니다!" 다윈은 이렇게 외쳤다. "나는 이제 더는 자유 행위자가 아닙니다."

에마는 이 짐승을 인간답게 만들고, 보살피고, 소파를 관리할 것이다. 그녀의 역할은 처음부터 좁은 범위로 제한되어 있었다. 이 고독한 짐승은 지적인 영혼의 동반자를 원치 않았다. 에마는 라이엘의 『지질학 원론』를 읽어보려고 했지만, 남편은 그녀에게 굳이 그런 애를 쓸 필요가 없다고 말했을 뿐이었다. 라이엘이 참을성이 강한 자신의 아내를 대하는 방식은 하나의 모범이었다. 찰스는 에마에게 라이엘 부부가 방문했던 일을 다음과 같이 보고했다. "우리는 30분 정도 지루한 지질학 이야기를 나누었는데, 그러는 동안 불쌍한 라이엘 부인이 인내심의 화신처럼 옆에 앉아 있었소. 이걸 보면 나는 여성을 가혹하게 대하는 **연습**이 아직 부족한 듯하오." 물론 농담이었지만, 여성들은 남성들만의 영역인 과학에서 구경꾼이었고 애시니엄에서와 마찬가지로 필요없는 존재였다. 여성들은 이러한 남성들의 편견을 참아야만 했고, 에마는 인나 심에서만큼은 찰스에게 뒤지지 않음을 입증할 것이다.

찰스는 결혼식을 하루빨리 해치우고 싶었다. 원래 결혼식을 하기로 했던 1839년 1월 24일, 그는 왕립학회의 회원으로 선출된 것을 위안으로 삼았다. 그 자리는 아직까지 부유하고 인맥이 풍부한 과학 엘리트들만이 누리는 특권이었다. 다음 날 아침에 그는 기차를 타고 슈루즈버리로 가서 결혼식에 대한 에마의 부푼 꿈을 들었다.

나는 29일의 행사를 내게 가장 행복한 날로 간주하고 있답니다. …… 나를 불안하게 하는 것이 세상에 딱 한 가지 있지만, 당신과 함께 있을 때는 그것에 별로 신경 쓰지 않는 것 같아요. 우리가 종교의 모든 점에서 의견이 일치하지 않는다 해도, 느낌만은 일치했으면 좋겠어요.

다윈은 28일에 메이어에 도착했고, 이튿날 그들은 세인트피터 교회에서 두 사람의 사촌이자 교구목사인 존 앨런 웨지우드가 의례를 주관하는 가운데 결혼식을 올렸다.

결혼식은 국교회 방식으로 진행했지만, 유니테리언파 친척들을 자극하지 않기 위해 특별한 배려를 했다. 에마는 "초록빛이 살짝 도는 회색의 값비싼 실크드레스를" 입고 "실크레이스와 꽃으로 장식된 흰색의 보닛"을 썼다. 긴장을 한 찰스는 식이 끝나자마자 예의도 갖추지 않은 채 급하게 에마를 데리고 친척들의 손아귀를 빠져나가 기차역으로 갔다. 에마는 모자를 바꿔 쓸 시간조차 없었다. 그들의 황급한 출발은 사람들의 눈살을 찌푸리게 했고, 에마의 언니 엘리자베스의 마음을 상하게 했다.

신혼부부는 기차 안에서 "행복한 마음으로 샌드위치"를 먹으며 "물병"을 들어 미래를 위해 건배했다. 에마는 몸져누운 어머니가 결혼식 내내 잠을 잤다는 사실을 알고 안도했고, 결과적으로 두 사람 모두 "이별의 고통"을 겪지 않을 수 있었다.

다 괜찮을 것이다. 그들은 마침내 마코앵무 오두막으로 돌아왔다. 다윈은 일기장에 이렇게 적었다. "메이어에서 결혼을 하고 서른이 되어 런던으로 돌아왔다." 하지만 그의 집착은 결혼식 날도 예외 없이 모습을 디밀었다. 다윈은 존 웨지우드 외삼촌의 순무에 관한 견해를 기록하기 위한 비밀공책 'E'를 다시 열었다.[50]

출발부터 부부에게 그늘이 드리웠다. 결혼식을 올린 지 만 이틀이 지난 1839년 1월 31일에 찰스의 누이 캐롤라인이 생후 6주 된 첫 아이 소피를 잃었던 것이다. 행복한 한 달의 마무리로 이보다 슬픈 사건이 있을까. 이 일은 두 사람의 신혼을 우울하게 만들었다. 에마는 "불쌍한 캐롤라인이 어떻게 지내는지" 몹시 걱정을 했는데, 아기의 죽음이 "그녀에게는 특별히 더 비통한 일"임을 잘 알았기 때문이다. 캐롤라인은 38세이고, 그녀의 남편 조사이어(에마의 오빠)는 43세였다. 아이는 태어날 때부터 약했던 "왜소하고 병약한 가엾은 아이"였고, 찰스와 에마처럼 사촌끼리 결혼한 부부의 첫 아이였다.[1) 조짐이 좋지 않았다.

　　에마는 아늑한 도시의 '오두막'과 새로운 생활에서 위안을 찾았다. 부부는 정원이 바라보이는 안쪽에서 생활했다. 이곳은 다른 곳보다 훨씬 조용했다. 그 달은 짐정리를 하며 보냈다. 에마는 모닝가운, 접시, 마호가니로 만든 피아노포르테를 사들였다.

　　그러나 찰스의 내세와 관련한 에마의 불안감은 쉽게 가시지 않았다. 몇 달 뒤 임신을 한 것을 알고서야 에마는 걱정을 내려놓았다. 에마는 찰스에 대한 마음을 편지로 표현하는 것이 훨씬 쉽게 느껴졌다. "당신에게 말을 꺼내려고 하면……내가 하고 싶은 말을 정확히 할 수가 없기" 때문이었다. 물론 찰스는 자연의 "진리를 알고자 하는 일"에 "성실하게 임하고" 있었지만, 에마가 보기에는 그것이 진리의 전부는 아니었다. 그의 과학연구는 "다른 종류의 생각", 즉 종교적인 생각을 배제했다. 게다가 "당신보다 앞서" 신을 의심하는 것에 따르는 "불안과 공포"에서 벗어남으로써 불행한 선례를 남긴 이래즈머스가 늘 마음에 걸렸다.

찰스는 이제 회의주의에 대한 양심의 가책을 조금도 느끼지 않았다. 그는 공책에서 그것을 "비합리적이고 미신적인 감정"이라고 일축했다. 에마는 남편의 은밀한 연구가 남편을 위험한 곳으로 이끌고 있음을 직감했다. "입증될 때까지는 아무것도 믿지 않는" 남편의 습성은, "그 같은 방식으로는 입증할 수 없는 사실들, 진리라 할지라도 우리의 이해를 넘어서는 사실들"에 관해 생각하는 것을 방해했다. 에마는 남편이 영생을 약속하는 예수의 계시를 믿지 않고 자신의 구제를 포기했다고 생각하자 가슴이 찢어지는 것 같았다. 사랑하는 여동생 패니를 잃은 뒤부터 에마는 "패니와 다시 만나 영원히 헤어지지 않겠다"는 희망으로 살아왔다. 에마는 자신의 소중한 남편과도 영원히 함께 있고 싶었지만, 신에 대한 남편의 의심 때문에 죽은 뒤 서로 갈라질까봐 두려웠다. 그녀는 찰스에게 쓴 편지를, "만일 우리가 영원히 함께할 수 없다고 생각하면" 그것은 악몽일 것이라는 말로 끝맺었다.[2]

에마의 기독교 신앙은 예수를 믿으면 영생을 얻는다는 단순한 복음주의였다. 영생은 "입증할 수 없다." 어쩌면 이해조차 불가능한 것일 수도 있었다. 그러나 영생은 대단히 중대한 문제이기 때문에, 에마는 남편 찰스에게 예수가 "당신과 세상 모든 것의 행복을 위해 한 일"을 "저버리는 일"에 대해 "신중하게 생각하고 그것을 두려워하라"고 간청했다. 이 편지를 읽고 찰스는 눈물을 흘렸다. 그리고 그는 그녀의 당부를 결코 잊을 수 없었다.

두 사람이 점점 더 가까워짐에 따라 에마는 일요일이면 찰스를 데리고 스트랜드가에 있는 킹스 칼리지 교회에 갔다(말할 나위 없이, 고워가의 무신론 칼리지에는 부속교회가 없었다). 이 무렵 다윈의 병은 점점 심해지고 있었고, 에마의 불안은 찰스의 불안을 악화시킬 뿐이었다. 에마의 표현대로 그들을 갈라놓는 "문제"는 성서가 의심의 여지가 없는 신의 계시냐 아니냐가 아니었다. 찰스는 이미 그것을 의심하고 있었으며, 그가 이래즈머스 패거리와 어울렸다는 사실로 미루어보면 그러고도 남을 일이었다. 문제는 다윈이 죽은 뒤에 천국에 가느냐 지옥에 가느냐였다.[3]

그렇다 해도 현재의 삶은 충분히 행복했다. 여느 중상류 계급의 가정들처럼 집안일은 하인들이 돌보았다. 하인들은 석탄과 물을 들고 계단을 터벅터벅 오르내리고 빨래를 널고 식사를 준비하고 화로를 치우는, 날마다 반복되는 고되고 지루한 일을 하면서, 다윈의 표현에 따르면, 개미의 왕과 여왕의 뒤치다꺼리를 위해 바지런히 일했다. 비글호 항해 때부터 다윈을 도왔던 충실한 하인 심스 코빙턴은 런던으로의 혼인비행〔개미, 벌 등의 암수가 교미를 위해 뒤얽혀 날아다니는 일〕 이후 한동안 함께 머물다가, 2월에 금화 2파운드를 가지고 떠났다. 몇 달 뒤 코빙턴은 다른 무리들과 함께 오스트레일리아로 이민을 떠났다. 그는 뱃삯을 내는 대신 선상 요리사로 일했고, 다윈이 킹 함장 앞으로 써준 소개장을 들고 갔다. 새로 온 하인은 존경할 만한 인물인 조지프 파슬로였다. 제시 이모는 그가 "지금까지 일했던 하인 가운데 가장 친절하고 책임감 있고 적극적이고 보필을 잘하는 사람"이라며 칭찬을 아끼지 않았다.

하인들을 선발하는 일은 확실히 번거로운 문제였다. 찰스는 친구와 가족들을 통해 하인을 추천받았지만, 결과는 썩 좋지 않았다. "슈루즈버리에서 온 요리사는 실패입니다. 그녀는 요리를 잘 못하고 술주정뱅이 남편까지 있습니다. 파라 양이 소개한 개종한 유태인 여자는 고용하기가 좀 불안합니다." 에마도 자신의 하인에 대해 찰스만큼이나 엄격했다. 새로운 요리사는 "너무 사랑스러워서" 해고하지 않을 수 없었고, 하녀는 "천박하고 못생겨서" 싫었다. 하지만 그녀를 해고하려면 더 좋은 변명거리가 필요했다.

그곳은 온갖 예의범절을 세심하게 지켜야 하는 매우 고상한 집이었다. 찰스는 에티켓에 대해 에마보다 훨씬 더 까다롭게 굴었다. 한번은 에마가 자신의 하인에게 보닛을 쓰지 않아도 된다고 허락했다가 한바탕 난리가 나기도 했다. 찰스도 슈루즈버리의 모든 이도 그 얘기를 듣고 경악했다. 그 여자는 남자 손님들을 유인하여 허물없이 대하는 점원이 아니라 **안주인**의 하인이기 때문이었다. 파슬로의 긴 머리도 허용되지 않았다. 로버트 박사는 파슬로의 재판관 같은 머리가 하층민에게 어울리지 않는다고 공개적으로 빈정거리며 호되게 꾸짖었다.[4]

다윈은 구속받지 않는 생각을 즐기는 점에서만큼은 인습에 얽매이지 않았다. 1월에 왕립학회에서 발표한 로이 계곡에 관한 논문은 전 지구적인 융기를 다루는 "시리즈의 결정판"이었다. 그러나 『항해기』는 아직 출간될 기미가 없었고, 다윈은 지질학회에서 휴얼이 공개적으로 항의하려는 것을 겨우 말렸다. 그렇게 되면 피츠로이를 화나게 할 수도 있기 때문이었다. 피츠로이 함장은 일을 마무리하기 위해 고군분투하고 있었는데, 그의 제2권이 다윈의 제1권을 능가할 것이라고 하는 말은 따지고 보면 맞는 말이었다. 물론 출간된다면 말이다. 피츠로이의 책은 1,000쪽에 이를 예정이었다.

이 무렵 다윈은 개인적으로는 원예가들의 일에 주목하고 있었다. 원예가들은 우연히 태어난 별종들을 이용하는 것이 틀림없었다. 다윈은 재배자들이 "더 강한 체질을 지닌 묘목이 우연히 만들어진다"고 말하는 것에 주목하며, "강한 묘목과 약한 묘목 사이의 치열한 전투"가 "우연히 강하게 태어난 묘목들을 보존하는 결과를 초래한다"고 보았다.[5] 그동안 생각해왔던, 습관이 원동력이 되는 메커니즘은 어쨌든 식물의 경우에는 해당되지 않는 것이 분명했다. 다윈은 더 강한 종자는 우연히 생길 수밖에 없다는 사실을 확신하게 되었다.

다윈은 매연이 자욱한 런던에서 실제로는 시골 신사처럼 살았다. 그는 농부들에게 선택의 기법을 묻는 편지를 썼으며, 표본실의 동물학자들과 학구적인 식물학자들의 관심이 미치지 않는 문제들에 관심을 갖게 되었다. 그는 '질문과 실험'이라는 제목의 공책을 새로 만들어 여러 가지 질문들과, 비옥한 토양에서 데이지를 기르는 실험, 색유리 아래 씨앗을 뿌리는 실험, 양배추의 잡종을 만들고 개를 교배하고 오리의 골격 표본을 만들고 적혈구를 비교하는 일들에 대한 계획들을 빼곡히 적었다. 모두가 변이의 수수께끼를 풀기 위한 독창적인 접근법이었다. 사실 이런 시도들은 그 당시의 기준으로 보면 엉뚱한 것이었다. 케임브리지의 어떤 학자도 복숭아와 천도복숭아의 잡종에 창조의 비밀이 들어 있으리라고는 기대하지 않았다.

다윈은 각 전문가별로 질문들을 묶어 질문지를 인쇄했다. 이 〈동물의 육종에 대한 질문들〉은 필요한 대답을 이끌어낼 수 있도록 틀이 짜여 있었다. 그는 이 질문지들을 시골의 신사들에게 보내, 그 신사들 밑에서 일하는 묘목업자와 사냥터 관리인들로부터 "필요한 형질"을 얻기 위해 변종들을 교배하고 새끼를 고르는 방법을 알아낼 작정이었다. 그런데 질문공세가 지나쳤는지, 돌아온 질문지는 세 부뿐이었고, 그중 하나에는 회답이 불가능하여 난처한 기색의 코멘트가 달려 있었다. "다윈 씨

의 질문에 답하려면…… 사람의 일생보다 훨씬 더 긴 시간의 경험이 필
요합니다."[6]

다윈의 맬서스주의적 세부설명들은 멋지게 맞아떨어지기 시작했다.
이 설명들을 통해 보면 "평화로운 숲과 미소 짓는 들판에서 생물들 사이
에 끔찍하지만 조용한 전쟁이 벌어지고 있는" 것이 보였다. 아니, 런던의
더럽고 질병이 들끓는 거리에서라고 해야 맞을 것이다. 이제 그는 자연다
운 자연을 볼 기회가 좀처럼 없었기 때문이다. 갈수록 암울해지는 다윈의
자연관은 경기침체에 시달리는 사회와 닮은꼴이었다. 런던의 슬럼가에
서 전쟁 같은 생활을 하는 빈민들은 해외이주나 항의시위로 내몰렸다.

다윈은 런던을 방문한 스위스의 식물학자 캉돌에게 저녁을 대접했
는데, 이것은 자연의 '전쟁'이라는 개념을 처음 제기한 학자와 마주앉아
그 주제에 관해 이야기를 나눌 수 있는 좋은 기회였다. 자연의 싸움은 매
우 중대한 문제였으며, 자연은 쓰러진 패자들로 가득한 납골당이었다. 아
주 작은 이득을 위해 수많은 자들이 죽어야 했다. 작은 이점이 개의 개체
군 전체에 퍼지는 데에 걸리는 시간을 생각해보라. "100번의 출산 가운
데 한 번꼴로 긴 다리를 지닌 새끼가 태어나고, 맬서스식의 생존투쟁에
따라 그 가운데 오직 두 마리만이 번식을 할 때까지 살아남는다"고 가정
해보라. 만일 환경이 험악하고 먹이가 날쌔다면 "다리가 긴 개가 살아남
을 빈도가 높아지며, 1만 년이 지나면 다리가 긴 품종이 우위를 차지할
것이다." 그러나 이 목적을 달성하기까지 얼마나 많은 수의 개가 죽어야
하는지 보라!

이 논리가 명백한 것이라고 생각한 다윈은 헨슬레이의 의견을 들어
보기로 했다. 헨슬레이가 언어를 발달론의 시각에서 바라본다는 사실을
고려하면, 그는 분명 이 미묘한 논리를 알아볼 수 있지 않겠는가. 하지만
그렇지 않았다. 헨슬레이는 "호랑이에게 있어서 3센티미터쯤 더 멀리 뛰

는 능력이 자기보존을 판가름한다는 이야기를 터무니없는 것으로 생각하는 듯했다." 심지어 종변형도 이해할 수 없어했다.[7] 헨슬레이는 다음과 같이 항변했다. 자바와 수마트라는 비슷한 섬인데, 각 섬에는 고유한 코뿔소가 살지. 그 이유가 무엇인가? 물론 다윈은 갈라파고스 제도의 사례를 통해 이 수수께끼를 풀었지만, 다른 사람들은 더 설득할 필요가 있는 것이 분명했다.

그의 사촌만이 아니라, 헨슬레이의 장인인 고 제임스 매킨토시 경도 다윈이 뛰어넘어야 할 상대였다. 찰스는 신출내기일 때 웨지우드가의 저택에서 제임스 경을 처음으로 만났지만, 그 뒤로 한참이 흘렀다. 다윈은 그 5월에 에마와 함께 메이어를 방문하는 동안 매킨토시 경의 『윤리철학』을 다시 훑어보았다. 매킨토시는 도덕 능력은 타고나며 옳고 그름을 구별하는 것은 본능이라고 생각했다. 이것은 다윈이 머릿속에 그리고 있는 구도와 멋지게 일치했지만, 다윈은 이 도덕본능들이 어떻게 생겨났는지를 알고 싶었다.[8] 기적은 대답이 될 수 없었다. 드덕은 인류의 조상들이 살았던 옛날에 집단의 결속을 다지는 데 유용했던 무리짓고 유대하는 본능에서 생겨난 것이 틀림없었다.

헨슬레이는 다윈의 집에서 열리는 저녁모임의 단골손님이었고, 에마는 과학자들을 극기에 가까운 자세로 견뎌냈다. 3월 28일에는 세지윅이 방문했는데, 그때는 에마조차도 "저 사람이 눈에 띄게 이상해진 것 같다"고 인정했다. 4월 무렵에는 에마의 곤혹스러운 심경이 겉으로 드러나기 시작했다. 부활절 다음 날인 월요일, 라이엘과 르버트 브라운 같은 대단한 사람들과 함께 대화를 이어가던 에마는 인내심의 한계를 느꼈다. 라이엘의 속삭이는 말소리는 "만찬을 단조롭게 만들기에 충분"했고, 브라운은 너무 내성적이라서 마치 "자기 안으로 숨어들어 완전히 사라지기를 바라는 사람" 같았다. "하지만 두 사람의 어마어마한 중량, 즉 유럽에서 가장 위대한 식물학자와 지질학자 앞에서도 우리는 대화를 끊어짐 없이 잘 이어갔다."[9] 하지만 그때의 에마의 태도는 누가 보기에도 소극적이고 무거웠다. 체면을 벗어던지고 온갖 농담으로 분위기를 돋운 사람은 오히려 찰스였다.

비글호에서 돌아온 지 2년 반 뒤인 1839년 5월 말, 드디어 기쁨의 날이 왔다. 첫 책『비글호 항해기』가 드디어 출간되었던 것이다. 서평이 한두 편씩 나옴에 따라 이 신예 저술가에게는 초조한 날들이 이어졌다. 『에든버러 리뷰』에 난 베이질 할 함장의 서평은 찬사를 보냈으며, "상당한 사재를 털어 페루 해안의 조사를 성공리에 마친" 피츠로이에게 박수를 보냈다. 그럼에도 피츠로이는 그 기사를, "무슨 소리를 하고 있는지 알 수 없는 자기모순적인" 서평이라고 생각했다. 다윈이 쓴 1권이 세간에 준 인상은 한마디로 "과감한 일반화 정신"이었다. 토요일자『애시니엄』은 이것은 사실의 축적을 중시하는 시대에 대한 강한 비난을 뜻한다고 평했다. 이 서평자는 "어째서 바다가 안데스 산맥의 코르디예라 발치까지 들이쳤던 때로부터…… 적어도 100만 년이 지났다고 봐야 한다는 것인가?"[10]라며, 다윈의 점진적 융기설에 대해 흥분했다. **이것이야말로 무슨 소리를 하고 있는지 알 수 없는 서평이었는데**, 이 서평자는 또한 세 권을 함께 묶어 지나친 반복을 초래했다며 출판업자를 비판했다(이 비판은 받아들여져서, 세 권을 한 질로 출간한 지 10주 뒤인 8월 15일에 다윈의『항해기』만 따로 발간되었다).

다윈의 동료들은 그보다는 훨씬 호의적이었다. 특히 오언이 그랬다. "달걀 같은 완전식품처럼 훌륭하고 독창적인 내용으로 가득하다. 내가 섭취한 내용들이 잘 소화되지 않았다면, 그것은 내가 너무 허겁지겁 먹은 탓일 것이다." 또 다른 평론가는 "모든 부분에서 드러나는 친절하고 관대한 어조"를 높이 샀다(이것은 프랑스인들에 대한 빈정거림이었다). 다시 말해, "이 책은 폼을 잡기 위해서가 아니라 정보를 얻기 위해 여행을 한 평범한 영국 신사의 작품이며, 모든 대상을 친절하게 바라보고 있다." 신경질적인 피츠로이조차 다윈의 1권을 꼼꼼히 훑으며 예의에 어긋난 부분이 있는지 살피더니, "그 안의 표현―나를 사적으로 언급한 부분―가운데서 내가 탐탁찮게 여길 만한 대목"을 발견할 일은 없을 것 같다고 말했으며, "그 점에 대해서는 충분히 안심할 수 있으리라" 기대했다.

반면 피츠로이가 맡은 2권의 마지막 부분이 라이엘과 다윈의 기분을 상하게 했다. 독실한 아내와 가정을 꾸린 피츠로이는 성서를 곧이곧대로 해석하는 쪽으로 돌아섰고, 자신의 책을 창세기에 대한 주해로 마무리했다. 그는 다윈 앞에서 대홍수의 존재를 의심했던 지난 일을 후회했다. 이제 와서 보니 지질학자들이 얼마나 그릇된 생각을 하고 있는지를 알 수 있었다. 다윈이 높은 산 위에서 발견한 바싹 마른 조개껍데기들, 안데스 산맥에서 본 규화목들, 자갈이 많은 팜파스의 고원, 화석 뼈들은 피츠로이에게는 오직 한 가지 사실, 거대한 대홍수가 있었다는 사실을 입증할 뿐이었다. 이것은 다윈의 과학과 라이엘의 『지질학 원론』에 대한 정면공격이었다. 라이엘은 피츠로이의 말은 "그 문제에 대해 지금까지 읽어본 모든 허튼소리를 능가한다"고 생각했다. 다윈은 "비록 피츠로이 함장에게 큰 신세를 졌지만…… 앞으로는 그를 자주 만나지 않을 작정"이었다. 피츠로이는 지나치게 다혈질이었고, 그의 아내는 지나치게 은혜를 베풀고 생색을 냈다. "하지만 아주 아름답고 신앙심이 깊은 여인이라는 것을 생각하면, 이해가 가지 않을 것도 없습니다."[11]

다윈의 영웅 알렉산더 폰 훔볼트는 찬사를 쏟아냈다. 훔볼트는 『항해기』는 지금까지 출판된 여행기 가운데 가장 대단한 작품이라고 말했다. 심지어 다윈이 "젊은 작가로서 소화하기 힘들 만큼의 과찬"이라고 반응했을 정도였다. 훔볼트는 나중에 런던을 방문했을 때 다시 한 번 찬사를 퍼부었다. 그때 훔볼트의 말을 세 시간 연속 쉬지 않고 듣고 난 다윈은, 추앙하는 마음으로가 아니라 기진맥진하여 돌아왔다. 늘 그렇듯 독일인들은 당장 번역본을 내고 싶어했고, 라이엘의 『지질학 원론』을 작업했던 브라운슈바이크의 광산관리인 카를 하르트만이 번역을 맡겠다고 나섰다. 하지만 그 일은 결국 에른스트 디펜바흐에게 돌아갔다. 그는 뉴질랜드 이민회사(그해 새로운 식민지로 잉여노동자들을 보내기 위해 급진파 의원들이 창설한 회사)의 선상 외과의사여서, 베를린에 돌아온 뒤 작업에 들어가기로 했다.

그러한 칭찬은 시기적절한 것이었다. 6월에 다윈은 주요 공책으로서는 마지막이 된 공책을 접고, 곧바로 『산호초』 작업을 계속해나갔다. 그는 제닌스에게 보내는 편지에 "지질학 이론의 틀을 짜는 것은 아주 유쾌하고 쉬운 작업입니다. 그것에 비하면 엄연하고 확고한 사실들을 수집하고 비교하는 일은 아주 힘겨운 일입니다"라고 썼다.[12] 서평가들이 지적했듯이, 다윈은 세세한 사실들을 따지는 것에 중점을 두는 시대에 살고 있는 이론가였다. 가설을 세우는 일은 자랑스럽지 못한 일이었다. 자연에 존재하는 신의 작품을 이해하는 일은 시간이 많이 드는 일이며, 세지윅 목사에 따르면 진실은 건조한 사실들을 조합하는 방법으로만 이끌어낼 수 있는 것이었다. 순식간에 떠오른 가설이나 임시변통의 추측으로 이런 고된 과정을 피하려는 시도는 죄악이었다.

다윈의 진화론에는 이런 식의 비판이 지질학 이론보다 한층 더 심하게 쏟아질 것이다. 진화론에 대한 틀도 마련되어 있었고, 그 틀에 맞추어 사실들이 맬서스주의적인 방식으로 무리하게 펼쳐져 있었다. 이것이 진리일까? 케임브리지 학자들이 생각하는 진리는 자연에서 신의 섭리를 찾아내는 도덕적이고 보수적인 것으로서, 엘리트들의 수호를 받고 있었다. 다윈의 추론이 먹히는 대상은 전혀 다른 전문가들로, 산업과 전문직에 종

사하는 전도유망한 중간계급이었다. 게다가 생각이 완전히 다른 사람들
이 그의 이론을 혁명적인 목적에 사용하는 것은 또 어떻게 막을 것인가?

여름이 되자 거리의 혼란은 피할 수 없는 상태가 되었다. 차티스트들의
무장에 관한 문제가 하원에서 논의되었다. 런던에서 열린 제1차 차티스
트 대의원회에서는 온건한 퍼스 대의원이자 맬서스주의 노선의 진화론
자인 패트릭 매슈가 '중간계급 반역자'로 몰려 축출되었다. 개혁 법안에
서 패배한 급진파 노동자들은 탈법행위로 내달리고 있었다. 성인 남성의
보통선거권을 요구하는 130만 명의 서명이 담긴 전국적인 청원서는 이
미 7월에 의회에서 부결되었다. 8월에 다윈이 버밍엄에서 열린 영국과학
진흥협회의 1주일에 걸친 대회합에 참석했을 때, 버밍엄은 계엄령이 선
포되기 직전인 상황이었다. 차티스트 대위원회의 장소가 버밍엄으로 옮
겨졌기 때문이다. 대의원회에는 사회주의자들 ― 그들 가운데 몇몇은 급
진적인 라마르크주의자였다 ―도 참가하여, 결혼제도와 사유재산, 비조
합국가를 비난하는 팸플릿 50만 부를 돌렸다. 폭동이 이미 한 달 전에 시
작되었기에, 과학계 신사들은 과학진흥협회의 행사가 취소될 가능성까
지 염두에 두고 있었다. 다윈은 "초록색과 붉은색 제복을 입은 남자들,
경관의 경찰봉, 기병의 칼"에 의해 평화가 유지되고 있는 "고요한 폭풍전
야"의 도시에 도착했다.[13]
　　다윈은 불안에 시달리면서도, 거리의 폭도들이 비방하는 성직자들
에게 ― 아니면 적어도 정통파 과학자 헨슬로에게라도 ― 자신이 "종의 기
원과 변이를 밝혀줄지도 모를 온갖 종류의 사실을 꾸준히 수집하고 있
다"는 사실을 고백하고 싶은 충동을 느꼈다. 이 고백은 거리의 무신론자
들이 들으면 기뻐 날뛸 말이지만, 헨슬로는 당연히 그렇지 않을 터였다.
다윈은 스승이 자신을 이해해주기를 절실히 바랐다. 다윈은 9월에 슈루

즈버리에서 열흘을 머물렀는데, 축 늘어져 아무도 만나고 싶지 않을 만큼 "기력이 없고 기분이 좋지 않았다." 임신 6개월째에 접어든 에마도 여러 날을 앓았다. 그들은 갈수록 누에고치 안에 자신들을 가둔 채 집 안에서 나오려 하지 않았다.

어울려 노는 것도 점점 불편해졌다. "우리는 극도로 조용하게 살고 있습니다. …… 우리는 파티를 모두 끊었습니다. 누구도 우리 둘과 맞지 않기 때문입니다. 런던에서 조용한 생활을 하고 싶다면, 이만한 장소를 찾기 힘들 것입니다. 자욱한 안개와 멀리서 들리는 둔중한 마차소리에서는 엄숙함마저 느껴집니다." 지금 고위가는 성소였다. "우리는 아무것도 보지 않고, 아무것도 하지 않고, 아무것도 듣지 않습니다." 옛날에 어울리던 패거리도 더는 끌리지 않았으며, 구성원들은 뿔뿔이 흩어지고 있었다. 해리엇은 자신이 종양에 걸렸다고 생각하여 의사인 남동생 가까이에서 살기 위해 뉴캐슬로 이사를 갔다. 하지만 그녀와 이래즈머스는 여전히 편지를 주고받았다. 안개 자욱한 자신만의 세계에 남겨진 이래즈머스는 "사회적 비난을 사고 있는 아편을 손에서 놓지 못했다." 헨슬레이를 보면 화가 났고, 칼라일은 더욱 싫증났다. 다윈은 "칼라일의 신비주의, 그의 의도적인 모호함과 으스대는 태도가 지긋지긋해졌다."[14]

그날이 그날 같은 "쌍둥이 같은" 나날들이 흘러갔다. 7시에 일어나 잠든 에마 옆을 빠져나와 10시까지 『산호초』를 만지작거린다. "아침을 먹고, 안락의자에서 쉬면서 시계바늘이 슬프게도 너무 빨리 11시 반까지 돌아가는 것을 본다. 그러면 서재로 가서 2시에 점심을 먹을 때까지 일을 한다." 점심을 먹은 뒤에는 시내에 갔다가 6시인 저녁시간에 맞추어 돌아온다. 저녁을 먹은 다음에는 "중풍에 걸린 사람처럼 꼼짝 않고 앉아서 7시 반까지 가벼운 독서를 한다. 그러고 나서 차를 마시고, 독일어 공부를 하고, 이따금씩 음악을 조금 듣고 책을 조금 읽다 보면, 하루를 마무리하는 달콤한 취침시간이 된다." 단조로운 나날들이었다. 그러나 다윈은 "만일 내가 직업을 가졌다면 얼마나 더 비참했을까"라고 생각하며 자신을 위로했다.

에마의 해산일이 다가옴에 따라 다윈의 병증은 더 심해졌다. 그는 날마다 편두통에 시달렸다. 크리스마스 전야에 "몸이 안 좋아져" 두 달 동안 "이삼일을 빼고는 계속 아팠다."[15] 병은 점점 더 심해지고 나라는 파멸로 치닫고 있는 가운데(얼마 전 웨일스의 차티스트 봉기가 진압되어 주동자들이 사형선고를 받았다), 다윈은 또다시 런던에서 도망칠 생각을 하기 시작했다. 병적인 공기가 다윈 가족을 짓눌렀다. 손이 많이 가는 쪽은 다윈이었지만, 에마의 몸이 훨씬 더 안 좋았다. 다윈이 세우고 있는 이론은 심상찮은 결과들을 예고하고 있었다. 그는 사회적 지위를 잃을까봐 두려웠으며, 곧 새 식구가 태어나면 걱정이 하나 더 늘어날 터였다.

크리스마스가 지나고 에마의 언니 엘리자베스가 여동생의 출산을 돕기 위해 런던으로 왔다. 무시무시한 출산 과정은 병든 찰스를 괴롭혔다. "해산이란 얼마나 끔찍한 일인가요. 지켜보는 나도 에마만큼이나 녹초가 되었습니다." 찰스의 "어린 왕자"는 12월 27일 오전 9시 30분에 태어났다. "예쁘고 영리한 신동"이 탄생했다. 다윈은, 사람들이 그러한 생물이 있다는 것을 꿈에도 생각하지 못했던 시절에 익티오사우루스(어룡)를 발굴한 위대한 할아버지의 이름을 따서 아들의 이름을 윌리엄 이래즈머스라고 지었다. "그러한 이유로 **우리 식구는** 자연학자, 특히 지질학자가 될 정당한 유전적 유래를 지니고 있는 것입니다."[16] 아이는 세례를 받았지만, 대부와 대모는 세우지 않았다. 찰스와 에마는 종교적 대리인을 반대했다. 아기의 찡그린 얼굴과 본능적인 움직임은 곧장 아버지의 관찰 대상이 되었다. 사랑에 빠진 아이 아버지는 아기침대 너머로 표정연구를 위한 천혜의 자료인 아기를 자세히 살펴보며 강박적으로 기록을 했다. 그는 거울을 보여주었을 때 윌리 다윈이 보이는 반응을 오랑우탄 제니의 반응과 비교하고, 분노, 두려움, 즐거움, 이성의 첫 징후들을 기록했다.

1840년에는 다른 모든 일이 급정거했다. 다윈은 『조류』 편의 마감을 지키지 못했고, 『산호초』는 당분간 미루었다. 몸이 아파서 결국 홀런드 박사를 찾아갔지만, 아무 소용이 없었다. "하루 종일 일에만 매달린 지 9주째입니다. 정말이지 고행 아닙니까." 그는 2월에 라이엘에게 이렇게 한탄했다. "그러나 더는 불평하지 않을 생각입니다." 그는 아주 작은 자극에만 노출되어도 앓아누웠다. 그래서 조용히 홀로 지내는 쪽을 택했다. 그의 "작은 동물인 아들"은 2월 중순께 웃기 시작했지만, 그의 아버지는 무엇을 봐도 좀처럼 웃지 않게 되었다. 그는 지질학회 모임을 연달아 네 번 빠졌으며, 3월 24일에는 간사직을 사임했지만 그 청은 받아들여지지 않았다. 에마는 가슴이 아팠다. 그는 "늘 무기력한 상태라서 지켜보기가 몹시 괴롭습니다." 하지만 적어도 그는 "다윈가의 다른 사람들처럼 속내를 내비치지 않는 사람은 아닙니다. 그는 제게 항상 자신의 느낌을 이야기하고, 혼자 있기를 원치 않습니다. …… 그래서 제가 그에게 위로가 된다고 느낍니다."[17]

에마는 남편과 윌리를 돌보는 한편 차티스트 운동에 관한 칼라일의 소책자를 훑어보았다. 이 스코틀랜드 예언자는 차티스트 운동을 "점점 적의와 광기를 띠어가는 심한 불만"으로 묘사했다. 보타니 만[영국의 유형 식민지]으로의 이주와 경관의 중무장도 해결책이 되지 못했으며, 구빈원도 사회를 문제로부터 구해내는 방법이 되지 못했다. 칼라일의 주장에 따르면, 의회, 교회, 귀족은 더는 책임을 방기해서는 안 되었다. 이들은 수렵법에 대한 집착을 내려놓아야 하고, 허황되고 지루한 맬서스주의적 변명을 그만두어야 하며, 사회의 불평불만을 똑바로 봐야 했다. 에마는 칼라일의 이러한 주장은 "온정과 선의로 가득하지만 완전히 비합리적"이라고 생각했다. 찰스도 병상에 누워 그것을 "읽으며 칼라일을 욕했다."

패니와 헨슬레이가 고워가 다윈의 집에서 네 채 너머에 있는 집으로 이사를 와서 서로 왕래하고 돕기가 훨씬 수월해졌지만, 마코앵무 오두막의 인생살이는 여전히 무자비했다. 윌리에게는 천견두 예방접종을 맞혔지만, 아이 아버지를 보호할 수 있는 것은 아무것도 없었다. 찰스는 8개월 만에 몸무게가 3.5킬로그램이나 줄었다. 4월에 슈루즈버리의 고향집에 갔을 때 찰스를 살핀 로버트 박사도 문제가 무엇인지 진단해낼 수가 없었다.[18]

찰스는 5월에 회복되기 시작해서, 왕립지리학회의 평의회 의원 직위를 수락할 만큼 건강해졌다. 하지만 곧이어 다시 머이어와 슈루즈버리로 도망쳐 다섯 달 동안 요양을 해야 했다. 그는 진화론을 열심히 구상하고는 있었지만 벌에 관한 두 개의 목적 없는 메모를 했을 뿐이고, 8월에는 병이 재발하여 다시 몸져누웠다. 1840년의 여름은 긴 시간을 하릴없이 보낸, 잃어버린 계절이었다.

다윈은 11월 14일에 런던으로 돌아왔고, 다음 날 동물학회에 가서 뱀의 머리뼈를 조사했다. 병 속에 보존된 희한한 표본들을 보면서, 그는 도저히 풀 수 없을 것 같은 문제들에 부딪혔다. 박쥐들은 도대체 어떻게 진화했을까? 박쥐가 되어가는 중간단계에 있는 생물을 상상하는 것은 어처구니없는 일이었다. 날개가 **반만** 달린 박쥐가 어떻게 있을 수 있는가! "그러한 구조를 가진 동물이 어떤 **습성들**을 지녔는지를 상상하는 것은 불가능하다." 하지만 그는 열대의 홍수림을 타고 오를 수 있는 말뚝망둥어를 떠올리고 기운이 났다. 이 물고기는 등에 부채 모양의 지느러미가 달려 있었다. "헤엄치고 나무를 오르고 진흙 위를 걸어다니는 물고기가 있으리라고 누가 예상했겠는가?"

또 다른 문제는 진화를 입증하는 화석증거였다. 입에 올릴 만한 것이 거의 없었다. 그러나 다윈은 낙관했다. 우리가 갖고 있는 화석 파편들은 옛날에 존재했던 것의 "흔적일 뿐"이며, 앞으로 더 많은 화석들이 나와서 그 빈자리를 메워줄 것이다. 심지어 지금도 "놀라운 발견들"이 계속 나오고 있었고, 무엇보다도 브라질에서 발견된 몸집이 침팬지보다 큰 유인원 화석이 그러했다. 다윈은, 이래도 우리의 조상이 '원숭이 인간'이라는 것을 헛소리로 취급할 테면 해보라는 기세였다.[19]

다윈이 해결하지 못한 것은 누구에게 말하느냐 하는 문제였다. 모순되게도, 그가 자신의 진화론을 가장 이야기하고 싶은 대상은 오래된 국교도 친구들이었다. 하지만 이 친구들이야말로 가장 말이 먹히지 않을 이들이 아니겠는가. 계급적 적대감이 점점 심해지고 있는 이 시대에는 특히. 성직자들은 포위되었고, 이교도들은 성문 앞에 와 있었다. '원숭이 인간'이라는 화제는 하층사회의 무신론자들이 내뱉는 추잡한 이야기들을 떠올리게 했다. 동물학자도 그것을 이해하려 들지 않을 텐데, 무슨 수로 목사관의 응접실에서 동지를 찾는단 말인가? 그런데 아비시니아고양이와 기이한 새들에 푹 빠져 있다는 공통점 때문에 육촌 폭스에게는 경계심이 풀어졌다. 다윈은 폭스에게 자신이 "변종과 종"에 관한 문제에 매달리고 있다고 말하며, 개의 교배와 "집에서 기르는 새들"에 관한 약간의 정보를 부탁했다. 최근의 관심사는 골격이었다. 그러므로 만일 폭스가 "작은 선물"을 보내고자 한다면, 최고의 사슴고기 덩어리나 최고의 거북보다는 죽은 "잡종 아프리카 고양이"나 잡종 닭을 보내주면 "더 만족스러울" 터였다.[20]

　　1841년, 다윈의 "병약한 몸뚱이"는 점점 나아지고 있었다. 그는 1주일에 이틀은 한두 시간쯤 일을 할 수 있었으며, 남아메리카의 부빙浮氷이 실어나르는 큰 자갈에 관한 논문을 쓰는 데에 그 시간을 할애했다. "그럼에도 나는 아주 조용히 살 수밖에 없으며 좀처럼 누구를 만날 수도 없습니다. 심지어는 가까운 친척들과도 오랫동안 이야기를 나눌 수 없습니다. 나는 한때 절망에 빠져 평생을 비참하고 쓸모없는 병자로 살게 될 거라고 생각했지만, 지금은 좀 더 나은 희망을 품고 있습니다." 그는 아직도 지질학회 모임에 나가지 않고 있었지만(그리고 2월에 마침내 간사직을 사임했다), 헨슬레이를 통해 자신의 빙하 논문을 발표하고 논평을 전해들을 수 있었다.[21] 헨슬레이는 그런 방식으로 대리인 역할을 수행하기 시작했고, 앞으로 이 일은 헨슬레이의 특수임무가 된다. 이런 대리인은 얼마든지 괜찮았다.

에마는 "런던의 시끌벅적함으로부터 완전히 차단된 채" 병든 남편을 돌보는 생활이 행복했다. 사실 두 번째 임신으로 인해 이런 고립생활이 더 쉬워진 면도 있었다. 또다시 걱정되는 순간이 왔지만, 3월 2일에 앤 엘리자베스가 건강하게 태어나, '도디'—윌리는 이제 그렇게 불렀다—의 예쁘고 명랑한 라이벌이 되었다. 찰스는 첫딸을 처음 본 순간부터 맹목적인 사랑에 빠졌다. 앤은 여느 아기들처럼 잠시도 가만 있지 않았지만, 다른 무엇보다 살을 부비는 것을 좋아했다. 그는 아이를 어르고 아이에게 입맞춤을 하며 행복을 느꼈다. 언젠가는 이 사랑이 두 배로 돌아올 것이라고 생각하면서. 애니는 "노년의 위로"가 될 것이며, 세상을 떠날 때까지 그를 보살펴줄 것이다.[22]

그런 순간에도 애니의 아버지는 점점 허약해지고 있었다. 그의 말에 따르면 두통과 구토 때문에 "괴롭고 덜덜 떨렸다." "예전의 불쌍한 모습"으로 되돌아가고 있는 것이 두려워진 찰스는 6월과 7월 동안 메이어와 슈루즈버리에 홀로 머물렀다. 이곳에서 그는 지인들의 편지를 무시한 채 재미 삼아 식물실험이나 하면서 "창피할 정도로 게으르게" 살았다. 그는 아버지의 정원사에게 완두콩을 교배하여 새로운 변종을 만들어보라고 했지만, 별로 재미있지는 않았다. 그 재배자는 "완두콩을 수거했지만, 모두 같은 종류였을 뿐 새로운 종류는 보이지 않았습니다"[23]라고 슈롭셔 사투리로 느릿느릿한 말투의 편지를 써보냈다. 메이어에서는 산책을 하는 동안 벌과 꽃의 관계를 이해할 수 있었다.

그것이 다윈이 그해 여름에 한 일의 전부였다. 그는 "정신력"이 바닥이 난 상태였다. 의사들은 다윈의 "몸이 회복되려면 몇 년은 걸릴 것"이라고 생각했다. 다윈은 비참했고, 응석을 받아줄 사람이 필요했다. 그의 응석은 그의 간호사인 에마에게로 향했다. "언제나 나를 달래주는 간호사가 없으니 매우 비참하고 쓸쓸하오. 당신이 지독히 그립소." 그리고 운명은 또 다른 계략을 준비하고 있었다. 사촌끼리 결혼을 하면서 우려했던 바가 현실로 나타났던 것이다. 로버트 박사는 윌리가 "매우 허약한 아이"라서 특별한 식단이 필요하다고 진단했다. 우울한 공기가 이제는 온 가족을 짓눌렀다. 아버지와 아들이 둘 다 약하다니. 그들은 '맬서스주의적 투쟁'에서 지고 있었다. 이것은 친족교배가 낳은 유해한 결과였다. 로버트 박사는 다윈이 "몇 년 내에 과연 건강해질 수 있을지" 의심스러웠다. "'경쟁은 강한 자를 위한 것'이며, 저는 과학에 약간의 기여를 할 수 있을 뿐 남들이 이루어놓은 성취를 우러러보는 데에 만족해야 할지도 모른다는 결론을 받아들이려니, 엄청나게 분합니다."

다윈에게 필요한 것은 위로와 조용함, 그러니까 도시의 소란과 시간을 뺏기는 일들에서 멀찌감치 떨어진 시골에서의 은둔생활이었다. 다른 사람들은 이미 런던을 떠났다. 피츠로이는 런던에서 25킬로미터쯤 떨어진 곳으로 이사를 갔다. 희망봉에서 돌아온 허셜은 켄트 주에 있는, 홉 재배로 유명한 마을에 시골 대저택을 마련했다. 그해 여름에 찰스는 아버지에게 집을 한 채 사달라고 부탁했는데, 그가 원하는 집은 런던에서 30킬로미터 정도 떨어진, 기차역에서 가까운 집이었다.[24]

7월에 다윈은 매연의 도시로 돌아와 13개월 등안 중단했던 환초에 관한 책을 쓰는 작업을 재개했다. 매일 아침 두 시간 동안 그 일을 하고, 그러고는 짧은 산책과 말타기를 하는 것이 하루 일과가 되었다.

8월에는 집을 구하러 나섰다. 그는 백악으로 이루어진 다운스를 따라 남동쪽을 뒤졌다. 케임브리지 친구들 — 폭스, 헨슬로, 제닌스 — 은 자신의 교구를 갖고 있었으며, 그 생활은 그들에게 잘 어울리는 듯했다. 헨슬로는 "행복하고 활기차게" 살고 있었다. "교구 주민들을 위해 강의를 하고, 불꽃놀이를 보여주고, 농업상賞을 만들고, 그 밖에 또 무슨 일을 하는지는 모르지만." 이것이 인생이었다. 대중강연을 사적인 과학으로 대체하기만 한다면. 헨슬로는 자신의 과학연구를 거의 포기한 상태였다. 그래도 그는 멸종한 양서류의 화석 발자국을 찾아내고 있었고, 다윈은 그것이 몹시 부러웠다.

불황에 빠진 런던의 거리는 고름이 흐르는 종기 같았다. 다윈은 "코벳이 거대한 낭종이라고 부른 이 도시의 온갖 먼지, 소음, 악덕, 비참함에서 벗어나 깨끗한 공기 속에 정착하고" 싶었다. 그는 윌리엄 코벳의 유쾌한 여행기 『농촌 기행』을 읽었는데, 이 책은 이 선동가가 말을 타고 잉글랜드 남부를 여행하며 쓴 일기였다. 지독하게 구식인 코벳도 런던을 증오했지만, 이 사람의 책은 거의 위로가 되지 않았다. 이 책은 '2페니짜리 쓰레기'라는 비난을 받던 주간지 『폴리티컬 레지스터』에 연재했던 글을 추려낸 것이며, 평온한 시골 풍경과 정치 독설이 뒤섞여 있었다. 코벳은 켄트의 아름다운 시골 마을을 묘사하는 사이사이에 성직자, 제임스 매킨토시 경, '맬서스 목사', 곡물법을 비판했다.[25] 무엇을 해도 시대 분위기에서 도망칠 수는 없었다.

찰스는 외출을 하기에도 손님을 초대하기에도 몸과 마음이 따라주지 않았다. 본인이 인정한 대로 그는 "기운 없고 멍한 늙은 개가 되어버렸다.” 오언은 아직까지 그의 집에 차를 마시러 오는 몇 안 되는 과학계 친구들 가운데 하나였고, 11월 10일에 오언이 방문했을 때 다윈은 팔에 삼각건을 두르고 있어서 평소보다 몸이 더 불편한 상태였다. 두 사람은 사이좋게 지냈다. 둘 다 지질학계의 별들과 함께 어울렸으며, 애시니엄에서 담소를 나누고 난 뒤에 그곳에서 빈둥거릴 수 있는 사람들이었으니까. 동물학회에서는 둘 다 표면에 나서지 않았지만, 오언은 유인원의 표정보다는 해부학에 더 관심이 많아서, 드문 동물의 사체를 가져다 연구하며 자신의 길을 개척했다. 오언은 국교회 지도층의 애정과 후원을 받고 있었는데, 심지어는 37세인 그에게 벌써 왕실연금을 받게 하려는 계획까지 추진되고 있었다. 8월에 오언은 파충류 화석에 대한 발표로 과학진흥협회에서 찬사를 받았고, 그 발표에서 ‘공룡’이라는 개념을 처음 소개했다. 그런데 같은 자리에서 그는 라마르크의 이론이 허황된 망상이라고 혹평함으로써 더 큰 환호를 받았다. 오언은 생명이 “스스로 발달하는 에너지”를 지니고 있다는 개념을 비난한 것이었으니, 다윈이 몰래 구상하고 있는 이론이 뭔지 알았다면 충격에 휩싸였을 것이다.[26]

하지만 그들의 우정은 거기까지 가기도 전에 금이 갔다. 오언은 유인원 조상설을 극도로 혐오했다. 그는 최초의 성인 침팬지 골격을 기재할 때, 그 가능성을 단호히 부정했다. 그 침팬지 골격은 눈이 크고 사랑스러운 유인원 새끼와 비슷하기보다는, 눈썹이 툭 튀어나오고 턱 모양이 개와 비슷한 짐승에 더 가까웠기 때문이다. 인간에게서 영혼을 빼다면 털 없는 유인원과 같아지고, 인간의 지위는 강등될 것이다. 그렇다 해도 오언은『동물학』시리즈의 면목을 세워주었고, 그가 소속된 외과의사협회는 언제나 다윈을 반겨주었다. 협회에는 남아메리카 화석들이 가득했고, 그 대다수는 다윈이 채집한 것이었다. 외과의사협회 도서관에는 한쪽 끝에 멸종한 아르마딜로의 거대한 껍질이 놓여 있었으며, 인부들이 거대한 땅나무늘보의 골격을 막 설치하려 하고 있었다. 오언의 가족은 다윈이 종 변형론자라는 사실을 모른 채 도서관 관내에 있는 집에서 다윈에게 아침을 대접했다. 다윈은 이러한 이중생활로 인해 심한 내적 갈등에 시달렸다. 병이 그 증거였다. 그의 절친한 친구들은 그랜트에게 그랬듯 언제라도 그를 공격할 수 있었다. 다윈은 지질학회에서 오언이나 다른 사람들과 다시 친분을 쌓아보려는 노력을 해보기도 했지만, 결국에는 단념했다. "저녁나절은 조용히 보내야겠습니다. 그렇지 않으면 다음 날 아무것도 할 수 없습니다."[27] 먼저 자신부터 살고 볼 일이었다.

하지만 다윈은 흥분으로 꽉 차서 툭 건드리기만 해도 비밀을 흘릴 수 있는 상태였다. 그는 자기 이론의 정교함과 위력을 잘 알았다. 그것은 미래의 길이었다. 3년 동안 갈등을 감추고 위장하는 것은 쉬운 일이 아니었으며, 언제까지 기만을 하며 살아갈 수도 없는 노릇이었다. 좋은 충고에도 불구하고 엉겁결에 에마에게 의심을 털어놓았듯이, 라이엘에게 자신의 비밀을 말하고 싶은 마음을 억누르기 어려웠다. 유혹은 너무나 컸다. 라이엘은 비록 라마르크를 싫어하지만 비밀을 지켜줄 믿을 만한 사람이었다. 1842년 1월에 다윈은 무심코 비밀을 누설했다. 조심스럽고 은밀하게. 또한 조금은 떨리는 마음으로.

그때 라이엘은 미국 여행 중이었는데, 보스턴의 추운 겨울을 피해 남부를 돌아보며 지질학 조사를 하고 있었다. 신세계로 항해를 떠나기에 앞서 그는 다윈이 런던을 떠날 것이라는 소식을 듣고, "나와 정확히 똑같은 목표와 이것을 추구할 수 있는 독립심을 지닌 마음 갖는 영혼이 이렇게 가까운 곳에 나타나는 일은 〔두 번 다시〕 없을 것"이라며 애석해했다. 그러니 미국에서 다윈의 편지를 받았을 때 라이엘이 얼마나 아연했을까. 자신의 지질학 쌍둥이가 종변형론자였다니! 라이엘은 분명 실망했겠지만, 단지 페이지 여백에 이렇게 적어놓았을 뿐이다. 다윈은 "종 하나하나가 시작임을 부정한다."[28] 두 사람은 결국 같은 관심사를 갖고 있는 것이 아니었다. 무엇보다 근본적인 대목에서 그들은 의견이 달랐다. 종변형은, 라마르크의 공격에 맞서기 위해 쓰인 책인 라이엘의 『지질학 원리』의 생물학적 근간을 뒤흔드는 개념이었다. 다윈이 멀리 이사를 가게 된 것은 차라리 잘된 일인지도 몰랐다.

찰스는 여전히 전전긍긍하고 있었다. 그가 『산호초』의 교정지를 손보는 일을 끝냈을 때, 에마는 슈루즈버리로 가라고 남편을 설득했다. "변화를 주면 괜찮아질지도 모르니까." 하지만 3월 7일에 마운트에 도착했을 때까지도 구토와 오한이 멈추지 않아, 다윈은 그날 밤 수전의 간병으로 겨우 잠이 들었다. 몸은 전혀 나아지지 않고 있었다.

그해 봄 내내 다윈은 집을 구하러 다녔다. 그는 역에서 8킬로미터 이상 떨어지지 않은 집을 원했는데, 그가 웃으며 한 말에 따르면 그것이 그의 "한계"였다. 일은 드디어 끝이 보였다. 5월에 『산호초』가 출간되었다. 잠깐씩 중단하기도 했지만, 그는 3년 7개월 동안 그 원고를 붙들고 살았다. 하지만 전문서적이라서 "그것을 읽을 사람"이 있을까 싶었다(그렇다고 돈이 될 책도 아니었다. 『항해기』는 1,337부가 팔렸지만, 그의 주머니에는 한푼도 들어오지 않았다). 방대한 분량의 『어류』 편도 마무리되었다. 『동물학』 시리즈의 나머지 책들을 위해 써야 할 보조금이 얼마 남지 않았기 때문에, 그는 자신의 돈을 축내지 않고 비글호의 나머지 표본들을 어떻게 책 안에 담을지 고민이었다.[29]

5월 18일에 부부는 두 달 동안 런던을 떠나 메이어의 친척과 친구들을 방문했다. 그곳에서 찰스는 6월 15일에 슈루즈버리로 가기 전까지 계속 벌을 관찰했다. 은둔생활 덕분에 다윈은 마침내 진화론에 관한 35쪽짜리 개요를 완성할 수 있었다. 양심과 도덕의 기원을 언급한 부분을 모두 뺐지만, 나머지 부분만으로도 결코 빈약하지 않았다. 처음으로 종이 위에 잘 정리해놓으니, 그 이론은 꽤 그럴듯해 보였다.

다윈은 농부들이 경주용으로 쓸 말인지 마차를 끄는 데에 쓸 말인지에 따라, 또는 소의 살코기가 필요한지 지방조직이 필요한지에 따라 어떻게 선택교배를 하는지를 설명하고 나서, 자연도 이와 비슷한 일을 하는 최고의 선택자라고 표현했다. 이제는 완전하게 알았다. 인구과잉과 경쟁이 "자연선택"을 일으키며, 이 "자연의 전쟁"에서 이긴 자가 승자가 되는 것이다. 이것이 유래의 메커니즘이었다. 현존하는 모든 생물은 서로 관련이 있다. 그러나 동물들은 한 줄로 서서 라마르크의 사다리를 타고 차례차례 진보하고 있지 않다. 생명의 계보는 나무와 같은 모양이다. 공통조상을 찾아 이 계통수를 거슬러 올라가면 포유류—예컨대 말, 쥐, 맥, 코끼리—의 상호관계를 알 수 있을 것이다.

그런 다음에는 '유래'에 대한 일반논증을 차곡차곡 쌓아나갔다. 옛 화석들은 오늘날 살고 있는 다양한 집단의 공통조상들이다. 섬으로의 이주와 다양화에 대해서도 설명했다. 생물의 분류는 한 신사의 가계도만큼이나 간단하고 자연스러워 보였다. 많은 것이 해명되었다. 흔적기관은 한때 기능을 했던 기관의 잔재이며, 같은 설계도로 만들어지는 날개, 손, 물갈퀴는 공통의 유전적 뿌리를 반영하고 있다.

부제들도 나왔고, 형식도 정해졌다. 그 나름의 전략도 있었다. "이제 우리는 한 동물을 야만인이 기선을 대하듯 전혀 이해할 수 없는 것으로 바라보지 않는다." 다윈은 계속 글을 써내려갔다. 행성들이 신의 의지로 운동하지 않듯이, 야생동물들은 신의 변덕으로 생긴 것이 아니다. 모든 생물은 장대한 법칙의 결과이며, 그 법칙은 "우리가 전지전능한 신의 권능을 더욱 명예롭게 여기도록 만든다." 이것은 유니테리언파가 주장하는 신의 정부를 변형한 관점이었다. 그리고 다윈은 우니테리언파 교도처럼(신의 전능과 이성을 결합하는 태도로), 모든 것을 자연 법칙의 탓으로 돌리면 신을 악과 고통의 책임으로부터 벗어나게 할 수 있다고 주장하며 화려하게 글을 마무리했다.

> 무수히 많은 세계를 창조한 신이, 한 행성의 땅과 물에서 날마다 아옹다옹하며 살아가는 수많은 꼬물거리는 기생충들과 무수한 〔미끈거리는〕 벌레들 각각을 창조했다고 말하는 것은 신의 위엄을 깎아내리는 일이다. 비록 한탄스러운 일이기는 하나, 우리는 어떤 동물〔기생성 벌〕은 다른 동물의 창자와 살에 알을 낳도록 창조되었으며, 또 어떤 생물들은 잔인한 성질을 갖도록 창조되었으며…… 해마다 수많은 알과 꽃가루가 그냥 버려지기 위해 창조되었다는 사실에 놀랄 필요가 없다. 우리는 죽음, 굶주림, 약탈, 자연의 은밀한 전쟁으로부터 우리가 생각할 수 있는 최고의 선, 더 고등한 동물의 창조가 일어났다는 사실을 알 수 있다.

이것은 실재론과 외경심이 결합된, 페일리의 장밋빛 창조론에서 한 걸음 나아간 신학이었다. "생명력이…… 한두 가지 형태에만 불어넣어졌다는 이 생명관에는 장대함이 깃들어 있다."[30]

하지만 이것은 다윈에게나 장대함이지, 지질학자들에게는 이단이었고 목사들에게는 신성모독이었다. 그렇지 않다면 다윈은 이 이론을 당장이라도 책으로 펴낼 수 있었다. 『비글호 항해기』는 갈채를 받았고, 『산호초』는 서점에서 판매 중이었으며, 『동물학』 시리즈도 속속 나오고 있었으니, 그다음으로 진화에 관한 책을 못 낼 이유가 무엇이겠는가? 자료도 충분했다. 그러나 다윈은 서두를 생각이 전혀 없었다. 적어도 신경증적인 사회분위기에서는.

생각해보라. 누가 그 책을 읽겠는가? 다윈의 지질학에는 상류사회의 독자층이 있었지만, 종 이론은 그렇지 않았다.

다윈의 과학에 가장 솔깃할 사람은 괴짜 육종가일 터였다. 하지만 그들 대부분은 가축의 품종개량이 이미 한계에 이르렀다고 생각하고 있었다. 그리고 어쨌든 선량한 일반인들은 어려운 학술서적이 아니라 사육 매뉴얼을 원했다. 넓은 관점에서 보면 독자층이 있기는 했다. 일부 의사들과 산업계의 비국교도들은 아마 이 책을 환영할 것이다. 이 새롭게 등장한 부자들이 지식인 사회의 뒤쪽 좌석을 차지해가고 있었다. 광산업자들, 제국 건설자들, 진보적인 의사들, 런던 대학의 교수들이 그들이었다.[31] 다윈의 자연은 특권을 허락하지 않았다. 모두가 경쟁에 휘말렸고, 재능 있는 자만이 보상을 받았다. 이것이야말로 실력사회를 지향하는 새로운 계층들이 원하는 것이었다.

게다가 법과 질서가 지배하는 과학과 사회는 비국교도들의 신조였다. 그들은 법적 장치가 평범한 영국인의 자유를 보장하고 사회격변을 막아준다고 생각했다. 다윈도 법은 사람들이 각자의 자리를 지키게 하고 변덕스러운 신을 지상의 문제에서 배제한다고 생각했다. 혁명적인 격변은, 지질학 역사에서도 그렇지만 시민사회에서도 적법하지 않았다. 해법은 진화였다. "〔발달을 지배하는〕 보통의 법"이 있는 한 "혁명은 설 자리가 없다." 다윈은 이렇게 적었다.[32] 또한 차티스트 운동가들이 결집하고 있는 지금은, 중간계급의 맬서스주의자들이 들고일어나 자연이 사장과 상사들의 편임을 보여주어야 할 때였다.

종교적인 면에서 보면, 그 책은 사우스우드 스미스가 쓴 『신의 정부』의 옆자리에 놓일 만한 책이었다. 신의 정부는 자연스러운 진보, 시민의 자유, 경쟁의 자유 등 유니테리언파 개혁가들이 바라는 모든 것을 보증했다. 하지만 이 사회개량론자들은 국교회파의 권력을 시기하며 특권 엘리트층을 축출하려 하고 있었다. 다윈은 머리로는 유니테리언파와 입장을 같이했지만, 마음은 케임브리지 성직자들에게 가 있었다. 헨슬로, 세지 윅, 제닌스는 모두 다윈의 경력과 평판을 만드는 데에 일조한 사람들이었 다. 다윈은 그들의 생활방식과 사회적 지위가 탐났다. 자연의 개선과 치열한 경쟁을 포함하는 다윈의 이론은 그 성직자 친구들의 적을 이론적으로 무장시키는 것이 될 터였다. 궁극적으로 가장 문제가 되는 점은, 인간을 짐승으로 만들고 다윈의 성직자 친구들의 세상을 혼란에 빠뜨릴 수 있는 비난을 피하기 어려운 개념인 종변형이 다윈의 이론의 중심을 차지하고 있다는 사실이었다. 그러한 책을 어떻게 함부로 낼 수 있겠는가?

이것도 최악의 시나리오는 아니었다. 만일 그 책이 하층사회 저격수들의 손아귀에 들어간다면 어떻게 될까. 저급신문들은 다윈의 약육강식 윤리를 헐뜯을 것이 분명했다. 그들은 맬서스를 증오하고, 구빈법을 혐오하고, 다윈이 속한 "비열하고 야만적이고 가증스러운 휘그당"을 비난할 것이다. 이 사회주의자 들개들은 자연이 결코 협력을 비난하고 구빈원을 눈감아줄 리가 없다고 생각했다. 경쟁과 착취는 그들에게는 도저히 허용할 수 없는 것이었다.[33] 하지만 그들은 얼마든지 자신들의 목적에 맞게 다윈의 책을 편집할 수 있었다. 진짜 위험은 그것이었다.

무신론자들은 이미 불법 싸구려 신문 하나를 창간했다. 그것은 타협을 불허하는 『이성의 계시*Oracle*』로, 창간한 지 1년이 지났는데도 여전히 수천 부가 팔려나갔다. 이 신문은 부유한 성직자들을 헐뜯고, 반기독교 선동가들을 지질학의 단편적인 정보로 무장시켜 성직자들에 대항시키고 있었다. 요주의 인물 가운데 한 사람이 노동자계급의 인쇄공 윌리엄 칠턴이었는데, 그는 아래로부터 원동력을 얻어 자연과 사회를 더 높고 더 밝고 더 협력적인 미래(포트를 홀짝이는 귀족계급에게는 의미 없는 개념)로 이끄는 혁명적 라마르크주의를 만들어냈다. 노련한 편집자들은 진화를 자신들의 강경한 논조에 끼워맞추었다. 유물론에는 혁명적인 계급적 함의가 부여되었다. 인간은 단지 조직화된 원자들의 집합체일 뿐이었다. "생명은 무無이고, 무가 생명이다"라는 구절은 가난하고 학대받는 사람들을 겨냥한 칠턴의 슬로건이었다.[34]

『이성의 계시』의 냉소주의자들은 페일리의 '형복한' 자연을 헐뜯었다. 그것은 현상을 정당화하기 위한 '사악한' 술책이었다. 칠턴의 자연은 다윈에게조차 충격적일 만큼 사탄의 분위기를 풍겼다. 설계가 대체 어디에 있는가? 만일 신이 존재했다면, 신은 "더 적은 고통과 더 많은 즐거움, 더 적은 위선과 더 많은 성실함, 더 적은 강간과 사기, 더 적은 종교적 또는 비종교적 학살을 설계했어야 옳다."[35] 자연은 조야하고, 거칠고, 고의로 모욕을 한다. 『이성의 계시』의 편집자들은 온 나라를 떠들썩하게 한 재판을 받은 후 신성모독죄로 줄줄이 투옥되었다.

저들의 진화는 다윈의 진화와는 한참 동떨어져 있었다. 다윈의 진화는 새로운 기업가와 전문가 계층의 입맛에 잘 맞았지만, 그들의 진화는 사회주의 노동자들의 구미에 맞았다. 다윈의 진화는 안정을 지향했지만, 저들의 진화는 혁명을 지향했다. 그렇다 해도 저들은 유인원이 인간이 된다는 생각에 입맛을 다실 터였다. 저들이 다윈의 책을 제멋대로 편집하고 원숭이 조상 개념을 이용한다 해도 그것을 막을 방법은 없었다. 아무도 저들의 민주적인 약탈행위를 피하지 못했다. 라이엘, 사우스우드 스미스, 엘리엇슨, 로렌스 등 모두가 저들의 먹잇감이었다. 모두가 도용을 당했다. 다윈이 말하는 법칙에 따른 진화의 사슬은 국고도들의 간섭하는 신을 꽁꽁 묶는 훨씬 좋은 구실이 될 수 있었다.

당연히 다윈은 출판을 할 수 없었다. 유물론은 그를 두렵게 했다. 그 이유는 쉽게 짐작할 수 있는데, 유물론은 나라의 기독교법을 신성모독적으로 조롱한다고 교회와 국가권력으로부터 비난당하고 있었기 때문이다. 다윈은 세상사에 밝았기 때문에 유물론의 위험, 파멸을 부를 수 있는 계급적 함의들을 눈치 채지 못했을 리가 없다. 그는 자신이 어떤 취급을 받게 될 것인지를 냉정하게 깨닫고 있었다. 칼라일과 테일러가 쫓겨나는 것을 보았으며, 로렌스의 재판은 악명 높았고, 엘리엇슨은 토리당 출판물에서 철저하게 당했으며, 그랜트는 다윈의 눈앞에서 모욕을 당했다. 인간과 원숭이를 하나로 묶는 그의 이론을 발표한다면, 다윈은 하층사회의 무신론자, 혹은 "국가와 간통하고 있다"며 교회를 모욕하는 극단적인 반국교회파에 찬동하는 사람으로 보일 위험이 있었다. "전체 사회구조"는 다윈의 도움 없이도 이미 만신창이가 되기 직전이었다. 구세계가 "비틀거리며 쓰러지고 있는 이때" 구태여 나서서 그것을 도왔다는 인상을 줄 수는 없었다.

결국 다윈은 사회적 지위를 잃을까봐 두려웠던 것이다. 사회주의 평등론자들에 맞서 인간의 영혼을 수호할 준비를 하고 있는 옥스브리지 출신의 신사로서 그런 책을 낸다는 것은 반역행위요, 구질서에 대한 배반이었다. 그것은 끔찍한 곤경에 처할 수 있는 일이었다. 과대망상일 수도 있지만, 산업화되고 있는 사회가 그의 위기를 재촉할 가능성도 있었다. 그가 시장경제를 확대하기 위한 과학을 정식화했다는 말을 들을 수도 있었던 것이다. 그러나 당장은 그의 과학이 기존의 엘리트층—탐욕스러운 자본주의가 오래된 질서를 파괴한다고 의심하면서 변화에 저항하고 있는 국교회 지도자들—을 위협하고 있는 것이 문제였다.[36]

7월 18일에 다윈은 런던으로 돌아가 진화론의 개요를 베껴 적기 시작했는데, 그러면서 그는 그것을 거의 알아볼 수 없을 정도로 고치고 겹쳐 적었다. 런던은 용광로 같았다. 죽음의 장부가 채워지고 있었고, 맬서스주의에 대한 증오가 곪아터지고 있었다. 북부에서는 완강한 저항세력이 런던 구빈법 감독관들의 두 번째 공격에 맞서 저항을 계속하고 있었으며,

임금삭감과 실업으로 차티스트 운동가들의 수는 점점 불어나고 있었다. 사회가 동요하고 있었다.

다윈 부부는 하루빨리 새 집을 구해야겠다고 생각했고, 며칠 만에 괜찮은 집을 발견했다. 켄트 주 판보로 근처의 다운이라는 작은 시골 마을에 있는 예전에 교구목사관으로 썼던 집으로, "백악층 위에 지어진 조용하고 목가적인 곳"이었다. 부부는 7월 22일에 그 마을과 초가지붕을 얹은 헛간들이 있는 외곽지구를 둘러보고, 밤에는 동네 여인숙에서 묵었다. 또다시 임신을 한 에마는 노스다운스에 "상당히 실망했다." 을씨년스러운 겨울이 오면 얼마나 "황량한" 풍경일지 안 봐도 훤했기 때문이다. 그집은 "네모반듯하고 수수한 낡은 벽돌집"이었지만, 소작농지가 딸려 있었다. 또한 마을은 떠들썩한 장소들에서 멀찌감치 떨어져 있어서 "굉장히 목가적이고 조용했으며", 동네사람들이 지체 높은 사람이 지나가면 모자를 조금 올려 경의를 표하는 구세계의 매력이 남아 있는 곳이었다.[37] 게다가 집값도 쌌다. 찰스는 집값을 2,000파운드까지 깎았다.

8월 중순에 차티스트들이 주동한 총파업으로 나라가 마비되었다. 50만 노동자들이 거리로 몰려나와 임금삭감에 맞서 싸우고 선거권을 요구했다. 법무장관은 이 사건을 "역사상 가장 엄청난 작당모의"라고 비난했다. 주동자들은 인민헌장이 받아들여질 때까지 투쟁은 끝나지 않는다고 선언했다. 내각은 긴급 각료회의를 소집하고 군대에 비상경계령을 내렸다. 많은 면화도시에 소요단속령이 적용되었고, 몇몇 도시에서는 군대가 발포를 하여 시위자들이 죽기도 했다.

8월 14일에서 16일까지 사흘 동안, 근위사단과 근위기마포병연대가 맨체스터의 소요를 진압하기 위해 런던 중심부를 통과해 새로 생긴 유스턴 기차역으로 진군했다. 군중이 야유하며 그 뒤를 따랐다. 그들이 다윈이 사는 거리를 통과하는 동안 밖은 엄청나게 시끄러웠다. 시위자들은

"기억하라, 너희는 형제들이다!", "굶주리는 동포를 학살하지 말라!" 같은 구호를 외쳤다. 군대가 고위가에 이르렀을 때쯤 시위자들이 군대를 포위하는 형세가 되었고, 군인들은 착검을 했다. 다윈의 집도 사방의 군중 속에 포위되었다. 엄청난 경찰병력이 있었지만, 거리의 상황은 전혀 진정되지 않았다. 상황은 날이 갈수록 더 나빠졌다. 16일에는 역(다윈의 집에서 겨우 몇백 미터 거리)이 사실상 봉쇄되었고, 군대는 군중을 뚫고 길을 열기 위해 수차례 돌격을 했다.[38]

지질학회의 거물들은 차티스트들이 "내전의 공포를 조장하여 억지로 양보를 얻어내려 한다"고 비난하며, "반란자들에게 훌륭한 지도자가 없어 보인다"는 사실에 안도했다. 그들에게 있었던 훌륭한 지도자들은 속속 체포되고 있었다. 『이성의 계시』의 편집자 조지 홀리오크가 8월 17일과 18일에 재판을 받는 동안, 다윈은 아마도 『타임스』의 재판보도를 통해 그 드라마를 지켜보았을 것이다. 홀리오크의 죄목은 신의 존재를 부정하고, 불황 때는 사람들이 너무 가난해서 교구목사들에게 십일조를 낼 수 없다고 생각한 신성모독이었다. 재판정은 홀리오크에게 공개연설을 할 기회를 제공했고, 홀리오크는 당당하게 자신을 변호했다. 그는 무신론과 사회주의, 그 밖의 "끔찍한 궤변과 헛소리"에 대해 8시간 동안이나 열변을 토했다. 이런 선동가들은 수난을 당함으로써 사회적 존경을 얻었고, 홀리오크는 "극악무도한 죄"를 저질렀다는 판결을 받고 6개월형을 선고받았다. 이에 대해 『타임스』는 복역하는 동안 "그는 자신의 죄가 얼마나 엄청난 것인지 깨달을 것이며, 뻔뻔스럽게도 자기 입으로 시인한 그 불경스러운 교의들이 얼마나 헛된 것인지를 발견할 충분한 기회를 갖게 될 것이다"[39]라고 논평했다. 하지만 홀리오크가 발견한 것은 비통함이었다. 그가 감옥에 있는 동안 큰딸이 영양실조로 죽었기 때문이다. 이 사건으로 그는 기독교를 영원히 증오하게 되었다.

1주일 뒤, 런던의 소요가 무시무시한 수준으로 치닫자 웰링턴 공은 근위사단을 재소집하고 경찰 특수부대를 대기시켰다. 과학계의 신사들도 자신들의 입지를 지키기 위해 나섰다. 다윈의 『동물학』 시리즈의 공저자 리처드 오언은 명예포병대에 참여해 훈련을 했는데, 이 명예포병대가 경찰 지원병력으로 소집되었다. 몇날 며칠 연속으로 1만 명에 이르는 시위자들이 도시 전역의 공공장소에 집결했다. 노동자들은 남녀를 가릴 것 없이 이 거리 저 거리를 누비며 구호를 외쳤다. 심지어 과학연구기관들도 최악의 상황을 예상하고 공격에 대비했다. 북부에서는 군대가 군중에게 발포하라는 명령을 거부하고 있었다. 런던에서는 내무장관이 거리 곳곳에 대규모 경찰과 군대를 배치시켰다.

해산일이 거의 다 된 에마는 이사를 지휘하고 있었다. 총파업이 시작된 지 4주째였고, 주모자들의 수송이 이미 시작된 상태였다. 다윈 가족은 곧 그곳을 빠져나갈 수 있다는 사실에 감사했다. 윌리, 애니, 에마는 9월 14일에 떠났고, 이틀 뒤에 마지막 짐가방이 밖으로 나갈 준비를 마쳤다. 다윈은 흥분된 마음으로 편지에, "내일이 빨리 왔으면 좋겠습니다. 다운을 매우 좋아하게 될 것 같은 확신이 듭니다"라고 썼다.[40]

제4부

1842~1851

1842년 9월 17일, 마침내 그날이 왔다. 찰스는 옷을 입고 귀중품을 챙겨서 어퍼 고워가 12번지의 문을 마지막으로 닫았다. 4년 전 이사 올 때보다 교통사정이 나빠졌다. 유니버시티 칼리지 학생들이 줄지어 학교로 돌아오고 있었고, 변호사들은 1,500명의 시위자들이 소추를 기다리는 북부행 기차를 타러 유스턴 역으로 분주히 이동하고 있었다. 이곳은 불어나는 식구를 건사할 만한 곳, 혹은 시골을 사랑하는 부브를 위한 곳이 못 되었다. 무엇보다, 비밀을 지닌 야심 찬 젊은 자연학자를 위한 곳은 확실히 아니었다. 좋은 기억들도 있었다. 어쨌든 마코앵무 오두막은 에마와 함께한 첫 보금자리였으니까. 하지만 지금은 떠나야 할 때였다.

길에는 100기니를 주고 산 새 말과 사륜마차가 대기하고 있었다. 런던을 빠져나가는 가장 빠른 길은 정남쪽으로 워털루 다리를 건너고 진gin 상점들과 매음굴들을 통과하여 엘리펀트 앤 캐슬 지구 쪽으로 가는 길이었다. 오른쪽으로는 멀리 웨스트민스터 궁이 보였고, 왼쪽으로는 로턴다와 호스몽거 레인 교도소가 보였다. 교도소 밖에는 죄수들의 친척들이 서성이고 있었는데, 이 모습은 이곳이 급진파의 땅임을 상기시켰다. 조금

지나자 유명한 이정표들이 모두 사라졌다. 뉴 크로스 게이트를 빠져나간 일행은 도시의 매연을 뒤로하고 시골 공기를 들이마셨다. 브럼리를 지나 케스턴에 가까워지자 교통이 한산해졌다. 발걸음이 무거워진 말이 백악질의 노스 다운스의 오르막길을 힘겹게 올라갔다. 길 양쪽에는 부싯돌이 굴러다니는 들판이 넓게 펼쳐져 있었다. 수백만 년 전에 이 광대한 백악질 구릉이 침식되어 바닥이 평평한 계곡을 형성했는데, 이 동네 사람들이 "바닥"이라고 부르는 이 계곡들 사이에는 띠처럼 길쭉한 삼림지대가 놓여 있었다. 나무들은 벌써 가장자리가 울긋불긋한 가을빛으로 변하고 있었다. 케스턴 근처에서부터 길은 좁은 돌길로 바뀌었다.[1] 마지막 3킬로미터를 남겨두고 발걸음이 더욱 무거워진 말이 60미터의 오르막 구간을 천천히 올랐다. 이 길은 너도밤나무 숲을 통과해 다운 마을로 이어졌다.

런던에서 두 시간, 세인트폴 대성당에서 25킬로미터 거리인 이곳은 완벽한 시골 은거지였다. 이곳은 히첨에 있는 헨슬로의 교구, 또는 폭스가 새로 부임한 체사이어의 교구와 비슷한 곳이었다. 또한 비글호를 타고 항해할 때 찰스 자신이 꿈꾸었던, 그리고 그 옛날 로버트 박사가 찰스를 정착시키려 했던 그런 교구였다. 얼마나 고대했던 풍경인가. 그는 크게 안도의 한숨을 내쉬었다. 이곳은 사회로부터 안전한 거리에 있는 장소였다. 사람들이 뭐라고 떠들든, 더는 신경 쓸 필요가 없었다. 시골사람들은 그를 신사로서 존경할 뿐, 생각이나 글로 그를 평가하지 않을 것이다. 앞으로 그는 자신의 시간과 조건에 맞추어 사람들을 만날 수 있을 것이다. 가장 가까운 기차역은 13킬로미터 떨어진 시드넘 역이었는데, 여기서부터 이어지는 오르막길이 다운을 외부와 차단시켜 주민들을 보호하고 그들의 오랜 전통을 지켜주었다. 라벤더 숲으로 둘러싸인 교구. 이곳은 진화론자 신사에게 이상적인 환경이었다. "켄트 주 브럼리 근처의 다운." 이것은 다윈이 오스트레일리아에 있는 그의 옛 하인 코빙턴에게 써 보낸 자신의 주소였다. 그리고 다윈은 이렇게 덧붙였다. "유념하라. 앞으로 평생 여기가 내 주소가 될 것이다."[2]

길은 곧장 마을 중심가로 이어졌다. 중심부에 있는 교회 부속묘지를 둘러싼 벽 앞에는 얼마 전까지 차꼬가 있었다. 묘지의 대문 앞에 서 있는 거대한 주목은 수령이 수백 년이었다. 벽이 부싯돌로 된 세인트메리 교구 교회는 14세기부터 이곳에 있었다. 29세의 교구목사 존 윌로트는 다운에 사는 444인의 영혼을 책임지고 있었지만, 수입은 변변찮아서 기껏해야 1년에 100파운드인 임대료와 십일조로 근근이 살아갔다. 가까운 곳에 침례교 예배당이 있었는데, 이 교파의 소규모 신도들은 30년 동안 국교회 체제 아래 인내하며 살아왔다.[3]

교구민의 대부분은 농업노동자와 소작농들이었다. 그들은 6.5평방킬로미터의 들판 여기저기에 흩어져 맨손으로 일을 하고 어디든지 걸어다녔다. 생활의 중심은 마을이었다. 40채의 집들이 옹기종기 모인 그곳에 모든 편의시설이 자리하고 있었다. 푸줏간, 빵집, 대장간뿐만 아니라 식료품점, 우체국, 술집도 하나씩 있었다. 교회 맞은편에는 조지 앤 드래곤 인[여관, 선술집, 식료잡화점]이 있어서 편리했다. 마을에서 구할 수 없는 것은 "집배원"이 매주 런던에 가는 길에 사다주었다. 이 마을은 빅토리아 시대 영국에 있었던 1만여 개의 여느 시골마을들처럼 안정되고 친밀한 공동체 사회였다.

다운에도 지체 높은 사람들이 살았다. 약 20명의 남자들이 선거할 자격을 가질 정도의 재산을 소유하고 있었다. 그러나 대단한 부자는 별로 없었다. 그런 부자들은 페틀리가家나 트로우머가 같은 오래된 가문의 문패가 달린 저택에 살았다. "초가지붕을 얹은 커다란 헛간"이 있고 해자의 흔적이 남아 있는 "가장 아름다운 오래된 농가"인 다운 저택에 사는 사람들은 장원을 소유했던 옛 영주들의 후손이었다.[4]

마을 외곽에 자리한 1,200헥타르의 땅에는 대저택이 건설되고 있었다. 이곳은 존 러벅 경이 아내와 네 아이들과 함께 살고 있는 하이 엘름스 농가였다. 3세대 은행가인 러벅 경—포스터 은행의 존 윌리엄 러벅 경의 자손—은 돈보다는 과학에 관심이 더 많았다. 경은 천문학과 수학에서의 연구업적을 인정받아 왕립학회의 회원으로 선출되기도 했다. 다운의 마을 사람들은 이런 사실을 전혀 알지 못했다. 그들에게 중요한 것은 돈이었으며, 존 경은 돈을 씀으로써 그들에게 은혜를 베풀었다. 그의 땅과 그곳에 건설 중인 저택은 그 동네에 사는 수십 명의 장인, 일꾼, 소작인들에게 일거리를 제공했다. 존 경은 이 지역에서 제일가는 지주이자 고용주였다. 당연히 그의 친구들도 대단한 사람들이었다. 존 경은 일곱 살 난 장남 존에게 "다윈 씨가 다운으로 이사를 온다"는 좋은 소식을 이미 알렸다.[5]

다윈이 길을 지나갈 때 마을 사람들은 손을 모자로 가져가며 호기심 어린 눈길로 그를 쳐다보았다. 다윈은 교회 앞에서 마차를 오른쪽으로 돌려, 럭스테드로路를 따라서 마을 연못을 지나 탁 트인 시골길을 천천히 달렸다. 길의 오른쪽으로, 길에 바싹 다가붙은 수백 미터에 걸친 택지에 간소한 벽돌건물이 한 채 있었는데, 그곳이 다운하우스였다.[6] 앞으로 여기가 그의 집이었다.

다운하우스는 교구목사관으로 쓰기에 딱 알맞은 집이었다. "낡고 보기에 흉하지만" "꽤 큼직하고…… 저렴했다." 이 집은 처음에 농가로 지어졌다가 60여 년 전에 증축되었는데, 구건물 쪽에 부엌, 식기실, 창고가 있었다. 안채의 1층에는 응접실, 식당, 서재가 있었고 2, 3층에는 다윈가와 웨지우드가 친척들의 절반을 수용할 수 있을 만큼 충분한 침실이 있었다. 다운하우스의 예전 주인은 그곳에 3년 동안 살면서 여기저기를 고쳤다. 하지만 지금은 수리를 한 티가 거의 나지 않았다. 2년 동안 비워둔 탓에

집이 많이 상해서, 빛이 바래고 곰팡내 나는 방들을 새로 수리할 필요가
있었다. 그러나 모든 가구와 "가재도구"를 들여놓고, 불을 피우고, 윌리
가 "시골 분위기" 속을 "신나게" 돌아다니는 것을 보고, 찰스는 당분간은
이대로 지내도 좋겠다고 생각했다.[7] 수리는 나중에 해도 될 것이다.

  게다가 에마의 산달이 다 되었기 때문에 아내와 아기를 편하게 해주
는 것이 급선무였다. 그렇게 준비를 마치자마자 해산이 시작되었다. 찰스
가 다운에 온 지 엿새 뒤였다. 마을 의사가 "두 구역 떨어진 곳"에서 급
히 달려와 아기를 받았다. 아기는 딸이었다. 아기의 이름은 메리 엘리노
어라고 지었다. 아이는 비록 작고 허약했지만, 아버지가 위독하다는 소식
을 듣고 힘들어하는 에마에게 위안이 되었다. 그리고 에마의 회복은 예전
보다 빨랐는데, 다윈은 그것이 "시골 공기" 덕분이라고 추측했다. 메리는
태어난 지 아흐레째 되는 날인 일요일에 교구교회에서 세례를 받았다. 이
래즈머스도 그 행사를 위해 왔다. 그 뒤로 아기는 "꽤 건강하게" 잘 견디
나 싶었지만, 2주밖에는 더 살지 못했다. 10월 19일에 찰스, 에마, 윌로트
목사가 아기를 묻기 위해 교회묘지에 모였다. 찰스는 끔찍이도 두려워하
는 장례식을 의연하게 치러냈다. 에마의 슬픔은 찰스보다 더 컸다. 에마
는 병든 노인이 된 자신의 "엄마와 닮은" 딸아이가 "얼굴뿐 아니라 마음
까지 닮기를" 바라고 있었던 터였다.[8] 부부는 아이가 더 오래 살아서 더
많이 고생하지 않았다는 사실을 위로로 삼았다.

  음울한 새 출발이었다. 그들은 집안일을 돌보는 데에 몰두했으며, 윌
리와 애니도 정신을 딴 데로 돌려주었다. 찰스는 폭스에게 쓴 편지에서
"우리 집 두 꼬마가 런던에서보다 더 건강하고 행복합니다"라며 기뻐했
다. 그는 왜 셋이 아닌지를 구태여 설명하지 않았다. 폭스가 지난봄에 아
이를 낳다가 죽은 아내를 아직도 잊지 못하고 있었기 때문이다. 외국여행
을 다녀와도 소용이 없었다. 찰스는 폭스를 위로했다. "강한 애정은 내게

는 언제나 인간 본성의 가장 고귀한 부분처럼 보입니다. …… 당신의 슬픔은 그러한 감정을…… 지니고 태어난 사람으로서 마땅히 치러야 할 대가라고 생각하십시오." 그리고 이렇게 덧붙였다. "물론 내가 당신의 입장이 되어보았다고 말할 수는 없지만, 당신의 슬픔을 진심으로 동정하고 존중합니다."[9] 메리를 잃은 일은 다윈이 성인이 된 이후 지금까지 죽음을 가장 가깝게 느낀 일이었다.

다른 아이들도 찰스와 에마의 정신을 딴 곳으로 돌려주었다. 하지만 부부는 그 아이들 때문에 마음고생을 겪기도 했다. 그해 가을에 에마의 오빠 헨슬레이가 오랫동안 병을 앓는 바람에, 찰스와 에마는 패니의 짐을 덜어주기 위해 조카들을 돌봐주기로 했다. 아홉 살짜리 스노와 여덟 살짜리 브로, 다섯 살짜리 어니였다. 여기에 세 살과 두 살인 찰스의 아이들까지 더하자 집이 꽉 찬 것 같았다. 11월 초의 어느 날, 에마는 유모 베시를 딸려 아이들을 산책하러 보냈다. 유모도 아직 십대 소녀였다. 아이들은 커드햄 숲에 가도 된다는 허락을 받았지만, 베시가 길을 잘못 드는 바람에 그들은 어지럽게 뻗은 계곡을 헤매다가 그 건너편의 "큰 숲 Big Woods"으로 들어서고 말았다. 그 숲에는 거대한 떡갈나무들이 빽빽했고, 뒤엉킨 개암나무 잡목림 사이로 작은 길들이 나 있었다. 날씨는 추웠고, 들판에는 서리가 내려 있었다. 스노와 윌리가 발이 진흙범벅이 되어 따로따로 집으로 돌아왔다. 스노가 울먹이며 찰스 삼촌에게 동생들을 잃어버렸다고 말했다. 찰스는 파슬로와 함께 급히 아이들을 찾아나섰다. 그는 한 농가에 물어본 뒤 아이들이 간 길을 뒤따라갔다. 어니와 브로, 베시, 세 시간 동안 베시의 품에 안겨 있었던 애니가 서로 기댄 채 추위와 공포에 떨고 있었다. 어른들은 아이들을 안고 조금 전의 그 농가로 데려가 간단한 요기로 아이들의 몸을 녹이고 나서, 이웃들의 도움으로 아이들을 집으로 안전하게 데려왔다.[10]

찰스와 에마는 켄트 주의 시골생활을 서서히 익혀갔다. 다운은 런던과는 전혀 달랐고, 메이어와 훨씬 비슷했다. "큰 숲"이 고워가와 다르듯, 시골경제는 돈으로 얽힌 도시의 관계와는 달랐다. 이곳 사람들은 서로 긴밀하게 의존하며 살았다. 그들은 값어치가 엇비슷한 물건끼리 물물교환을 했다. 인간관계는 무엇보다 중요했으며, 그것은 집안에서 시작되었다. 다윈의 집안도 믿음직스러운 하인인 파슬로의 지휘 아래 자리를 잡아감에 따라 나머지 하인들을 동네에서 구해야 했는데, 동네에서 예의범절을 지키며 이웃들과 좋은 관계를 유지하지 않으면 사람을 구하기 어려웠다. 에마에게는 요리사가 가장 중요했고, 찰스에게는 마부가 가장 중요했다. 현관이나 식탁에서 파슬로를 도울 하인도 하나 필요했다. 봄이 오면 정원사도 구해야 했다. 그리고 곧 유모도 한 사람 더 필요할 터였다.

메리가 죽은 지 몇 달 뒤 에마가 다시 임신을 했다. 머지않아 네 살 밑의 세 아이를 돌보아야 하는 어린 베시에게는 노련한 도우디가 필요했다. 그래서 "머리카락이 붉고 눈동자가 밝은 녹청색"이며 얼글에 천연두를 앓은 흔적이 있는 스코틀랜드 출신의 성실한 유모 브로디가 들어왔다. 브로디는 구혼자까지 물리쳐가며 가난한 작가 윌리엄 메이크피스 새커리의 미친 아내와 아이들을 돌본 것으로 자신의 진가를 입증했다. 다운하우스의 일은 파리에 있는 새커리의 집에 비하면 휴가나 마찬가지였다. 사실은 베시가 브로디에게 "건방지게 구는" 문제가 있었는데, 평온한 집안 분위기를 끔찍이 중시하는 에마는 "엄벌"로 집안의 평화를 다스렸다.

에마가 집안을 건사하는 동안, 찰스는 자신의 새 저택을 돌아보며 겨울을 보냈다. 그리고 비글호 지질학의 "두 번째 아주 작은 부분"인 화산섬에 관한 책을 쓰는 일도 시작했다. 또한 그는 "켄트의 돼지로 변하지" 않기 위해, 매달 하루나 이틀 저녁을 런던에서 보내며 "과학자들과 소통을 유지할" 생각이었다. 하지만 그 생각을 하자 속이 메스꺼워졌다. 런던만 다녀오면 항상 "녹초가 되어서 다음 날은 아무것도 할 수가 없었다."[11] 그러나 시골생활은 회복에 도움이 되었다. 식물학 연구를 소홀히 하고 있다는 비판을 받고 있는 히첨 교구의 헨슬로 목사처럼, 찰스는 과거에 목사관이었던 집에서 신선놀음하듯 소일하는 생활에 재미를 붙였다.

다운하우스는 높은 지대에 노출되어 있어서 "황량한 분위기"가 감돌았다. 집 옆에 있는 오래된 숲을 채우고 있는 성장이 저해된 왜소한 나무들—주목, 전나무, 뽕나무, 밤나무 등—은 강한 햇볕과 거센 바람을 막아주기보다는 황량함을 더욱 강조할 뿐이었다. 집 뒤편에는 6헥타르에 이르는 넓은 건초밭이 있었는데, "보기 흉한 먼 지평선"과 집을 분리해주는 것은 산울타리뿐이었다. 동네 사람들이 지나다니는 길들도 집에서 너무 가까웠다. 찰스를 지켜주는 보호막은 사실상 오래된 지형뿐이었다. 남쪽으로는 거대한 백악질의 벼랑이 켄트의 저지대로부터 그의 택지를 차단시키고, 북쪽으로는 런던으로 이어지는 길과 마을 사이에 깊은 계곡이 가로놓여 있었다. 그리고 동쪽과 서쪽에는 "지나갈 수 없는" 계곡 바닥이 있었다. "우리는 정녕 세상의 끝에 살고 있습니다." 그는 폭스에게 이렇게 자랑했다. 하지만 이런 곳조차도 그에게는 아직 안전하지 않았다.

일단 바람이 너무 거세었다. 바다가 65킬로미터나 떨어져 있었지만, 남서풍이 불면 아이들이 응접실 창틀에서 소금 맛을 볼 수 있을 정도였다. 그리고 그해 겨울에는 탁 트인 북쪽 면이 바람을 심하게 맞았다. 그는 고독, "조용한 일상", 판에 박힌 일상 말고는 아무 일도 일어나지 않는 생활을 간절히 원했다. "나는 조용히 저녁을 먹은 후 잠깐 어울릴 수 있는 친척들을 제외하고는, 누구의 식사초대도 받을 수 없고 누구도 초대할 수 없습니다."[12] 이런 사람이라면, 기술로 자연을 보완하는 방법으로 방비를 강화할 수밖에 없었다.

찰스의 머릿속에는 수많은 개조계획이 들어 있었다. 로버트 박사가 상속할 재산에서 "딱 300파운드"를 먼저 보태주었다. 일단 위층의 침실들을 개조할 필요가 있었다. 에마에게 "진정으로 멋진" 자기만의 방을 마련해줄 것이다. 또한 친척들이 묵을 방들이 필요했다. 당장 공부방도 하나 필요했다. 아이들에게 공부를 가르칠 가정교사가 곧 올 것이기 때문이었다. 아래층에는 부엌과 식기실이 마땅치 않았다. 응접실과 그 위층의 부부용 주主침실은 넓기는 했지만 너무 평범했다. 이 방들에서는 해가 지는 "큰 숲" 방향에 자리잡은 정원이 바라다보였다. 각 방에 활모양으로 돌출한 멋진 베란다를 만들고, 빛과 온기를 받을 수 있도록 세 개의 창을 낼 것이다.[13] 이리하여 완벽한 새 단장을 위한 모든 공사계획이 완성되었다.

봄이 되자 벽돌공과 목수들이 왔다. "나리, 어떻게 이런 집을 살 생각을 하셨습니까." 한 인부가 이렇게 말했는데, 따지고 보면 칭찬이었다. 건축가는 이곳의 노동력이 런던에 비하면 정말 싸다고 말했는데, 사실이었다. 집 밖에서는 벌써 보안구조물을 강화하는 공사가 시작되었다. 텃밭에는, 밭을 따라 높은 벽을 90미터쯤 세워서 택지의 북쪽 경계를 만들기로 했다. 지면을 장식하고 대문 밖에 둔덕을 올려 "집을 훨씬 더 아늑하게 만드는" 다른 "큰 공사들"도 시작될 예정이었다. 둔덕 너머에는 과수원을 만들기로 했다. 그리고 럭스테드로 옆에 있는 좁다란 땅을 사들여 완충지대로 삼아야 할 것 같았다.[14]

그 도로는 정말 골칫거리였다. 겨우 이륜 경마차가 다닐 수 있는 길일 뿐이었지만, 북쪽에서나 남쪽에서나 쉽게 접근할 수 있다는 게 문제였고, 그 길은 찰스의 서재 창으로부터 겨우 몇 미터 앞을 지나갔다. 이대로라면 행인들이 얼마든지 서재 안을 들여다볼 수 있었다. 찰스는 "사생활이 보장되지 않는 것이 현재로서 가장 참기 힘들"었고, 그래서 1843년 4

월에 교구총회로부터 도로를 낮추고 주변 벽을 세울 수 있도록 허가를 얻어냈다. 당국의 응답은 "대단히 정중"했다. 공사는 즉시 시작되었다. 그는 그 일을 도울 "무엇이든 알고 있는 부류"인 빈손이라는 사람을 고용했다. 찰스는 "빈손이 노련한 사기꾼이 아닌가 하는 생각이 들었지만, 그는 쓸모 있는 사람"이었다. 그 사람은 "1파운드의 선물과 또 다른 선물에 대한 기대효과"로, 옮겨야 할 흙의 양을 척척 계산했는데, 약 150세제곱미터였다. 곧 예비작업이 시작되었다. 그것은 길이 150미터의 길을 따라 부싯돌 섞인 흙을 45~60센티미터 깊이로 힘들여 파내는 대공사였다. 여기서 나온 부싯돌은 집의 끝에서부터 택지의 북쪽 끝까지 높이가 1.8미터가 넘는 벽을 세우는 데에 쓰였다. 그런데도 공사비는 모두 합쳐서 110파운드밖에 들지 않았다.

공사는 여러 달 계속되었지만, 생활에 가장 지장을 주는 일은—모두가 바라는 대로— 아기가 태어날 때쯤이면 끝날 예정이었다. 마침내 벽이 다 세워져 안정감이 생겼을 때, 찰스는 작은 마무리 공사를 했다. 그것은 방문객이 대문으로 다가올 때 누구인지 염탐할 수 있도록 서재 창문 밖에 거울을 다는 일이었다.[15]

찰스의 활동 중심은 그가 "주연구실 18×18"이라고 부른 장소였다. 덧문 달린 두 개의 커다란 창으로 들어오는 희고 투명한 북쪽의 빛이 천장에 천장돌림띠가 둘러진 방을 비추어주었는데, 이 빛은 글을 쓰고 해부를 하고 현미경을 보기에 이상적이었다. 뿌연 대리석으로 둘러싸인 벽난로가 해가 들지 않는 것을 대신해주었고, 벽난로의 굴뚝기둥은 책과 파일들을 보관할 수 있는 오목한 공간들을 넉넉히 만들어주었다. 벽난로와 창문 사이의 모서리에는 팔걸이가 달린 의자 한 개를 두었고, 가까운 거리에 책상들을 놓았다. 반대쪽 모서리에 난 문을 열면, 현관에서 부엌까지 이어지는 긴 복도가 나타났다. 사람 사는 소리는 위층의 아이들 방과, 저택 반대편 끝에 있는 하인들의 방에서 들렸다.[16] 그는 세상으로부터 단절된 자신의 외딴 연구실에서 명료한 생각을 할 수 있었그, 그의 내면을 분열시키고 있는 모순을 해소할 수 있었다. 그곳은 시간만 주어진다면 세상을 움직일 수도 있는 아르키메데스의 지레와 같은 지점이었다.

　　그러나 집 밖에서는 흙을 움직이는 공사가 한창이었어도, 서재에서 지구를 움직이는 일은 아직 큰 진척이 없었다. 봄에 진화론의 개요에 손을 대보려고 했지만, 공사소리 때문에 진행하는 것이 불가능했다. 사실 그는 다운에서의 첫 1년을 지지부진하게 보냈다. 이따금씩 과거에 일어난 커다란 격변들에 대해 생각해보았던 게 고작이었다. 그는 로이 계곡의 기이한 평행길들을 설명하는 자신의 가설―먼 옛날에는 해변이었다는 가설―이 이미 허물어지고 있는 것이 아닌가 하는 불안에 시달렸다. 스위스의 자연학자 루이 아가시가 새로운 빙하시대 가설을 제기했는데, 이 가설에 따르면 로이 계곡은 옛날에 빙하에 막혀서 생긴 빙하호수였고 '평행길들'은 그 빙하호수와 육지가 맞닿았던 곳이었다. 다윈은 아가시의 빙하격변설에 몸을 부르르 떨었다. 자신은 땅의 점진적인 융기와 침강이 열쇠라고 생각했기 때문이다.[17]

　　몇 해 동안 화산에 관한 원고를 방치해두었다가 다시 집어든 지금, 그는 아직도 할 일이 태산이라는 사실을 알고 비참한 기분이 들었다. 그는 비글호 공책들을 뒤적이고, 자신이 채집한 "괴물 같은 암석들"에 대한 전문가들의 보고들을 끌어모았다. 심지어는 지질학회를 두 번이나 급히 찾아가서, 책, 지도, 유리질의 흑요석 단괴를 "내가 시간이 별로 없으니 금방 볼 수 있도록 준비해달라고" 큐레이터에게 부탁했다. 그는 이 일을 하는 내내, 갈라파고스 제도로, 세인트헬레나 섬으로, 생자고 섬으로 뱃멀미에 시달리며 항해를 다녔던 발견의 나날들, 흑요석 층과 어센션 섬

위로 뿜어져 나오는 화산 "폭탄"을 처음으로 보았던 일을 떠올렸다. 그러한 낭만적인 장소들이 그에게 갖는 의미는 엄청난 것이었다. 그에 비하면 어렵고 지루한 150쪽짜리 『화산섬』이 지질학계에 과연 얼마만큼의 의미를 지닐까. "선생님께서 꼭 제 책을 읽으셨으면 좋겠습니다. 선생님조차 읽지 않는다면 누가 그 책을 읽겠습니까!" 다윈은 스승 라이엘에게 체념하듯 이렇게 말했다.[18]

다윈은 동료 지질학자들의 인정을 갈구했다. 인정은 그의 사회적 지위를 지탱해주었고, 비글호 항해 보고들을 마무리할 수 있도록 힘을 불어넣어 주었기 때문이다. 그해에 쓴 다른 글들은 다윈이 훨씬 더 이단적인 생각을 하고 있었음을 보여준다. 그는 번식이 흥미진진한 주제라고 생각했다. 다운하우스의 실생활에서도 중요한 일인 번식은 유래의 수수께끼를 푸는 열쇠였기 때문이다. 다윈은 10년 전 브라질의 바다에서 채집한 산란 중인 모악동물에 관해 짧은 논문을 썼다. 그는 여전히 이 동물의 알과, 이것이 터졌을 때 방출되는 알갱이 같은 물질들에 관심을 갖고 있었다. 또한 『가드너스 크로니클Gardeners' Chronicle』에 기고한 겹꽃〔장미나 국화처럼 여러 겹의 꽃잎으로 된 꽃을 말하며, 홑꽃의 수술, 암술과 악편 등이 꽃잎으로 변한 것〕을 피우는 특이한 용담에 관한 논문에서는, 한 그루의 식물에 핀 꽃들이 "수술의 형태가 변하여 점차 작은 꽃잎과 아린〔芽鱗: 나무의 겨울눈을 싸고 있으면서 나중에 꽃이나 잎이 될 연한 부분을 보호하고 있는 단단한 비늘조각〕으로 변해가는 일련의 단계"를 취할 수 있다는 사실을 보여주었다. 아마 환경의 어떤 변화가 "식물의 생애 초기"에 이런 "형태의 변화"를 결정했을 것이다. "이 이론에 어떤 진리가 들어 있지 않을까?"[19]

망설이는 듯하면서도 도발적인 이 질문에는 독자들이 알아챈 것보다 훨씬 더 큰 의미가 감추어져 있었다. "형태의 변화", 환경적 원인 같은 어휘들에는 이중의 의미가 담겨 있었다. 이들은 개체의 발생어 관련된 말이지만, 진화론자들은 여기에 더 넓은 함의를 담았다. 올챙이는 개구리로 형태가 변하지만, 진화론자들은 물고기에서 파충류로, 원숭이에서 사람으로의 '변형'에 대해서도 말했다. 언어는 일종의 연막이었다. 식물의 변형은 안전하게 논할 수 있는 주제였을 테니까. 하지만 이것은 찰스의 내적 모순을 잘 보여주었다. 그는 자신도 모르게 정통파 성직자 자연학자, 교구목사관에서 신선놀음하듯 소일하는 무해한 영혼의 행세를 하기 시작했으며, 이것은 이러지도 저러지도 못하는 그의 입장을 더 악화시키고 있었다. 또한 다윈은 목사관이었던 집에서 살고 있었을 뿐 아니라, 교구목사인 자연학자들 가운데 가장 유명한 사람인 갈버트 화이트 목사의 삶을 모방하기 시작했다.

화이트 목사의 『셀본의 박물학과 고대 유물들』은 거의 50년 가까이 성직자와 시골사람들에게 계절의 리듬을 관찰하도록 영감을 불어넣었다. 이 책은 자연의 사소한 현상을 기록하고, 나아가―화이트 목사가 손수 실천하여 유명해졌듯이― 자연일지를 작성하라고 가르쳤다. 찰스는 십대 시절에 그 책을 탐독했으며, 1843년 2월에 그의 친구인 제닌스 목사가 새로 펴낸 판으로 다시 읽었다. 그러고 나서 5월에 독사관에서 나온 가장 유명한 책 두 권을 다시 읽었다. 페일리의 『자연신학』과, 윌리엄 커비와 윌리엄 스펜스 목사가 쓴 『곤충학 입문』이 그것이었다.[20] 그리고 같은 달 그는 자신의 자연일지를 적기 시작했으며, 그것을 "잡기장The General Aspect"이라고 불렀다.

그의 관찰들은 주로 이곳저곳을 산책하며 기록한 지질학적 내용으로 채워졌다. 부싯돌, 사람들이 다니는 길들, 농가 등이 거론되었다. 10월에서 4월까지 볼 수 있는 "미끌미끌한 적토", 초봄에 피는 아름다운 꽃들, 여름날 벌통 속의 꿀벌들이 날갯짓하는 "이상한" 소리도 언급되었다.

그러니까 러벅 경이 새로운 모델의 향사였다면, 다윈은 목사관이었던 집에서 첫 사계절을 맞는 동안 그 교구를 자신의 교구로 삼고 그곳의 자연사를 도맡아 하는 자연의 "교구목사"(시골사람들이 부르기 좋아했던 명칭)가 되었던 것이다. 그는 목사처럼 아주 친절한 태도로, 뜨거운 여름날 머리 위에서 윙윙거리는 소리와 관련하여 시골사람들이 흔히 저지르는 실수를 지적했다. "이곳의 노동자들은 저 소리는 '공중벌'이 내는 소리라고 말하는데, 어떤 남자는 그런 꿀벌과는 종류가 다른 야생 벌이 꽃에 찾아든 모습을 보고도 '저것은 공중벌이 틀림없어'라고 말했다."[21]

온 집안이 수리 중이고 일꾼들도 신경이 쓰여서, 찰스는 지인들에게 호의와 충고를 베풀며 하릴없이 시간을 때웠다. "기운을 내서…… 웨일스의 여기저기를 산책해보십시오." 그는 여전히 울적해하는 폭스의 기분을 북돋웠다. "웨일스의 멋진 풍경은 모든 이의 가슴과 마음을 건강하게 만들어주지요." 귀가 점점 들리지 않는다는 오스트레일리아에 있는 코빙턴에게는 보청기를 보내주었다. 찰스는 마치 자신이 진짜 교구목사이기라도 한 양 사방에 자선을 뿌렸다. 그는 자신의 후임으로 지질학회 간사가 된 사람의 아들이 이민을 간다는 말을 듣고, 최근에 뉴질랜드 총독으로 임명된 피츠로이에게 부탁편지를 써주었다. 동물학회 큐레이터 조수였다가 해임된 조지 워터하우스—비글호의 포유류 표본을 기재한 사람—에게는 영국박물관에 자리를 얻을 수 있도록 추천장을 써주었다. 심지어는 리처드 오언과 함께 워터하우스의 아들의 대부가 되어주기도 했다(그 아이는 찰스 오언 워터하우스라는 세례명을 얻었다). 무엇보다 의미 있었던 일은 (비록 그는 아직 그렇다는 사실을 몰랐지만), 해군 군의관이자 식물학자인 젊은 조지프 후커의 소식을 들은 것이었다. 로스 함장을 따라 남극을 탐험하고 있는 후커는 큐에 있는 왕립식물원의 원장 윌리엄 후커 경의 아들이었다. 다윈은 윌리엄 경에게 조지프가 돌아오면 "티에라델푸에고와 파타고니아 남부에서 채집한 식물표본들을 기꺼이 그에게 맡기겠노라"고 약속했다.[22] 이런 관대함은 나중에 보상을 받게 된다.

1843년 7월 첫 주에 에마의 아버지가 죽어가고 있다는 소식이 왔다. 찰스와 임신 7개월에 접어든 에마는 소식을 듣자마자 메이어로 멀고 슬프고 애타는 작별여행을 떠나 임종 이틀 전에 그곳에 도착했다. 74세의 조사이어는 껍데기뿐인 사람 같았다. 한때 세상을 주름잡는 기업가이자 휘그당 정치인이었던 그는 환각에 시달리는 병자가 되어 침대에 누운 채 덜덜 떨리는 힘없는 손으로 삶의 마지막 실타래를 부여잡고 있었다. 찰스에게는 "더없이 고귀하고 순수하고 진실했으며, 겸손한 태도로 사람들을 끌어당겼던" 존경스러운 외삼촌이었다. 비글호에 오를 수 있었던 것도 외삼촌이 거들어준 덕분이었다. 외숙모 베시도 이제는 병색이 완연한 노인이 되어, 남편의 애처로운 텅 빈 몸뚱이에 슬퍼할 기력조차 없었다. 그녀의 삶은 "죽음보다 더 슬퍼" 보였다. 메이어는 그 어느 때보다 침울했다. 이제는 부모를 헌신적으로 돌보아온 에마의 곱사등이 언니 엘리자베스만이 남았다. 사냥과 파티를 즐기던 옛날의 그 가을은 다시는 돌아올 수 없었다. 조사이어는 12일에 평화롭게 숨을 거두었다. 여자들은 종교에서 위안을 구했다. 그들은 아버지가 신에게 무관심했던 것이 걱정이 되어 더더욱 종교에 매달렸다. 찰스는 그곳에 좀 머물다가, 집으로 돌아가기 전에 여름의 연례행사인 슈루즈버리 순례를 했다.[23]

집에 돌아오니 워터하우스의 편지가 기다리고 있었다. 워터하우스는 영국 자연학자들에게 무엇보다 중요한 문제인 분류에 대한 충고를 구했다. 기존의 분류는 자연을 질서정연하게 정리하는 것, 모든 생물의 제자리를 찾아주는 것을 의미했다. 각각의 생물은 정해진 지위에 따라 정해진 위계체계 안에 배열되었다. 대부분의 분류학자들은 혼돈스러운 세계에 질서를 부여함으로써 영구불변한 창조생물학을 올려놓을 단단한 토대를 제공하고 있었다. 다시 말해 그들은 신의 설계를 밝히고 있었다. 다윈은 종에 관한 비밀 공책을 작성하기 시작한 날부터 줄곧 "자연의 분류"라는 문제에 대해 고민해왔다. 다윈의 눈에는 제대로 접근하는 사람이 거의 없었으며, 누구보다 워터하우스가 그랬다. "나는 오래전부터, 당신이 질문한 것과 같은 문제들을 해결하기 어렵게 만드는 근본적인 이유를 알고 있었습니다. 그것은 결국 우리가 무엇을 찾고 있는지를 모르기 때문입니다." 다윈은 이렇게 답장을 썼다. 왜 분류를 하는가? 무엇을 보여주기 위해 분류를 하는가?

워터하우스는 돈도 권력도 없는 봉급쟁이에 지나지 않았다. 다윈이 추천장에서 워터하우스를 "나보다 훨씬 뛰어난 사람"이라고 칭찬한 것은 워터하우스의 방대한 동물학 지식을 가리킨 것이었다. 워터하우스는 무엇보다 기재를 하는 사람이었다. 그 밖의 일에서는 다윈의 눈에 워터하우스는 원들 위에서 정처없이 헤매는 사람으로 보였다. 워터하우스의 자연은 수레바퀴들로 이루어져 있었기 때문이다. 모든 생물집단—종, 속, 과—은 원 위에 놓여 있었다. 워터하우스의 이러한 원형분류 속에서 자연은 안전하고 목적 없이 돌아갈 뿐이었다. '생명의 사슬'도 없고, 생물이 생물 위에 선형적으로 쌓아올려지지도 않았다. 그러므로 워터하우스는 생명의 사슬을 에스컬레이터로 둔갑시켜 인간을 향해 상승시키려 할 라마르크주의류의 진화론자들에게 이용당할 염려가 없었다.

다윈은 이미 워터하우스의 신뢰를 얻었다. 이제는 그를 변화시킬 차례였다. 사실 현명한 늙은 자유사상가인 아버지를 떠나온 지 1주일밖에 되지 않았으며 사랑하는 외삼촌의 죽음을 겪은 지 2주일밖에 지나지 않은 탓에, 다윈은 삐딱해지고 있었다. 그는 다음과 같이 매정하게 말했다.

대부분의 저자들은 분류가 신이 생물을 창조할 때 따른 법칙들을 발견하려는 노력이라고 말합니다. 그러나 이것은 참으로 공허한 말입니다. 분류는 창조의 질서를 의미하는 것도 아니고, 인간이라는 한 유형과 얼마나 가까운지를 따지는 것도 아닙니다. 사실 분류는 아무것도 의미하지 않습니다. 내 의견으로는(내 의견을 야유해도 좋습니다), 분류는 생물을 실제 **유연관계**, 예컨대 혈족관계라든지 공통 조상으로부터의 유래에 따라 무리짓는 것입니다.

다윈은 한 동료에게 자신의 속을 살짝 내보였을 뿐이지만, 이것은 공개석상으로 나온 것이었으며 지금까지와는 다른 매정한 말투는 두려움을 가리기 위한 수법이었다. 다윈은 실제 계통, 계보, 혈통을 믿었다.[24] 다윈이 제시하고 있는 체계는 아름답다고는 말할 수 없으며, 어수선하고 우연한 것에 훨씬 더 가까운 체계로서, 화석이 제공하는 타당한 역사적 측면에 부응하는 체계였다. 이것은 다윈 본인조차 깜짝 놀랐을 만큼 엄청난 기세로 터져나온 폭탄선언이었다.

이것이 끝이 아니었다. 며칠 뒤 다윈은 예리한 편지 한 통을 다시 보내 워터하우스를 비판했다. 다윈은 같은 논지를 거듭 강조했다. "**당신이 무엇을 목표로 삼고 있는지를 분명하게 설명할 수 없는 한, 자연의 분류에 관한 모든 규칙은 헛된 것입니다.**" 다윈은 실제 계통관계를 반영하지 않는다면 어떤 것도 분류의 기준이 될 수 없다고 주장했다. 그런 다음에 자신의 신조를 되풀이했다.

나는 (그저 쓸데없는 생각이나 가설처럼 보일 것이 틀림없는 내 믿음을 가지고 왜 당신을 괴롭히고 있는지 모르겠지만) 만일에 지금까지 살아왔거나 지금 살고 있는 모든 생물을 한데 모은다면…… 모두를 — 예컨대 모든 포유류를—더는 나눌 수 없는 하나의 거대한 집단으로 연결하는 완벽한 연쇄가 나올 것이라고 생각합니다. 그리고 포유류 안의 모든 목, 과, 속은 단지 아직 **멸종하지 않은** 그 연쇄상의 구성원들의 관계를 보여주는 데에 유용한 인위적인 용어일 뿐입니다.

찰스는 이단적인 주제를 건드렸지만, 그러고 나서 다시 불안해졌다. 진화를 반대하는 사람들의 눈에 "쓸데없는 생각처럼" 보일 것이라는 사실을 알면서 왜 포유류와 인간의 계통을 가지고 워터하우스를 괴롭히고 있는 것인가?[25] 그는 자신을 드러내며 자기분열에 시달렸다.

"하지만 뭘 어쩌자고 이런 이야기를 하고 있는 것은 아닙니다." 찰스는 재빨리 이렇게 덧붙이고는, 초점을 워터하우스에게로 돌려 그를 공격했다. "명료하게 생각해보기를 바랍니다……." "당신이 뜻하는 것이 정확히 무엇인지……." "나는 그것을 꼭 듣고 싶습니다……." 그런 다음에 인사를 하고 추신을 붙였다. "**이 편지를** 갖고 있다가 내게 돌려주시겠습니까? 먼 훗날 지금 이 순간 내가 무슨 생각을 했는지 알고 싶을 것 같기 때문입니다." 물론 진짜 이유는 보안이었고, 워터하우스는 다윈의 요구에 응했다. 하지만 워터하우스는 아들의 대부가 자신을 대하는 무정한 태도를 참을 수 없었다. 그는 협박을 받은 느낌이었다. 아니 박해를 당한 기분이었다. "당신은 나를 말뚝에 박아놓고 내가 조금밖에 움직이지 않는다고 불평을 하는군요. …… 내가 무엇을 추구하고 있는지 설명**하겠습니다.**" 그리고 워터하우스는, 자연을 어떻게 "상징적으로 표현할 수 있는지", 영적인 인간이 어떻게 "완벽함의 기준"인지를 논했다.[26]

일꾼들은 길을 파고—"아, 돈이 자꾸만 사라지는구나!"—에마는 해산을 도우러 온 언니 엘리자베스와 함께 아버지의 죽음을 슬퍼하는 가운데, 여름이 그렇게 흘러갔다. 9월은 화창했다. 벽도 세워졌고, 런던을 떠난 지 어언 1년이 지난 지금은 찰스의 몸도 많이 건강해졌다. 불쌍한 메리가 태어난 날과 거의 비슷한 25일에 헨리에타가 무사히 태어나자, 다윈은 안도했다. 그러고 나서 10월에 마침내 『동물학』 시리즈의 다섯 번째인 마지막 책이 나왔다. 찰스는 슈루즈버리 여행으로 그것을 자축했다. 그곳에서 그는 옛날에 주로 가던 곳들을 한가로이 거닐며, "세 꼬마와" 그들을 보살피는 "사랑하는 여인"에 대한 "사랑을 깊이" 느꼈다. 또한 어머니의 흔적도 발견했다. 그것은 "딱 웨지우드가의 필체로" 쓴 어머니의 "아주 오래된…… 사려 깊고 친절한 편지" 두 통이었다.

워터하우스는 직업을 얻었지만, 뒤이어 나온 그의 논문은 그가 독자적인 길을 걷고 있음을 보여주었다. 실은 더 나빠졌다. 리처드 오언의 부추김을 받은 워터하우스는 모든 동물 집단이 "알아볼 수 있을 만큼 분명하게 서로서로 섞이고 있다"고 믿는 이단자들을 공격했다. 다윈의 짐작대로라면 다윈 자신은 동물 집단들 사이에 **살아 있는** "고리"가 존재한다고 생각하는 "중죄인들 가운데 한 사람"으로 지목받고 있었지만, 실상 그는 중간종은 오직 **조상에만** 존재한다고 생각했다. 어쨌든 워터하우스의 포유류들은 서로 전혀 관련이 없는 원 위에 놓였으며, 이것은 이 동물들의 실제 관계를 아무것도 설명해주지 못했다.

"**사악한 원들.**" 다윈은 이렇게 내뱉었다. 이 원들은 "엄청난 해악"을 끼치고 있었다. 물론 기재하는 방법은 중요하며, 워터하우스는 "동물들의 중간고리가 〔현재〕 존재한다고 하더라도 그것이 얼마나 드문지를 지적했다는 점에서 훌륭한 기여를 했다." 이것은 어떤 면으로는 다윈에게 도움이 되었다. 다윈은 "중간고리들"은 모두 **멸종**했다고 생각했기 때문이다. 이 중간고리들은 계통수의 분기점에 위치하는 공통조상들이지, 현생하는 동물들 사이에 위치하는 중간역이 아니었다. 분류는 기하학이 아니라 계통을 세우는 일이며, 오직 진화를 통해서만 설명할 수 있었다. 다원은 자신의 길을 가로막고 있는 그러한 상징적인 원들을 치워버려야 했다. "당신을 비판하는 나 자신의 무모함이 놀랍습니다만, 나는 당신의 사악한 원들이 모두 사라져버리기를 바랍니다." 다윈은 편지의 말미에서 이렇게 배짱을 부렸다.[27]

"살인", 다윈은 그것을 살인에 비유했다. 그는 새로운 친구인 식물학자 조지프 달턴 후커에게 편지를 쓰고 있었다. 후커는 4년간의 항해를 마치고 막 돌아와 있었다. 1844년 1월 11일, 다윈은 그 편지에서 종변형에 관한 이야기를 하고 있었다. 『화산섬』은 막 인쇄에 들어갔고, 지금은 1842년에 써놓은 종의 기원에 관한 개요를 숙고하는 중이었다. 젊고 활기차고 외국에서 갓 돌아온 후커는 앞날이 창창했다. 다윈은 그런 후커를 습격했다. 새로 세운 다운의 벽 뒤편 서재에서, 다윈은 용기를 내어 자신의 엄청난 비밀인 모든 동물은 공통조상에서 유래했다는 믿음을 털어놓았다.

　후커는 이 계시에 대한 준비가 전혀 되어 있지 않았다. 소년 시절 "개골거리는 조"라 불리던 후커는 엄격한 청교도 가풍 속에서 자랐으며, "조소하고 회의하는 자"를 경멸하고 "신이 모든 세상사를 주관한다는 사실"을 받아들이도록 교육받았다. 글래스고의 의학 교육은 아마도 자유분방했을 것이다. 심지어 찰스의 형 이래즈머스조차 글래스고의 학생들이 대학 내에서 풋볼을 즐기는 광경을 보고 경악했을 정도였으니까. 또한 해군에서 군의관 보좌관으로 근무한 경험은 그의 시야를 더욱 넓혀주었을 것이다.[1] 그러나 아무리 그래도 그의 근본은 절제하는 국교도였으며, 다윈가의 형제들이 갖고 있던 자유사상의 뿌리 같은 것은 전혀 없었다.

그런데 다윈은 왜 하필 후커에게 털어놓았을까? 다윈은 그를 "친애하는 경"이라고 부를 정도로 잘 알지도 못했는데 말이다(다윈이 "구세계의 격식"을 치워버리고 친밀감을 담아 격의 없이 "친애하는 후커"라고 부르기까지는 6주가 더 걸렸다). 다윈이 후커에게 털어놓은 이유는 후커 역시 "소금에 푹 절여진 자"였기 때문이 아니었을까. 후커는 로스 함장 휘하의 HMS 에러버스호를 타고 "길고 영광스러운" 남극 항해를 하고 1843년 9월에 막 돌아와 있었다. 또 하나, 후커가 섬의 식물상에 친숙한 혈기왕성한 일꾼이었고, 비글호 식물표본을 맡아달라는 다윈의 의뢰를 기쁘게 받아들인 것도 이유 중 하나였을 것이다.[2]

다윈은 예전에 지나가는 길에 후커를 두 번쯤 본 적이 있었다. 오래전인 1839년의 일이었다. 그때 항해를 준비하는 스물한 살 청년이었던 후커는 에러버스호의 군의관(비글호에서도 리오에 갈 때까지 군의관으로 복무했던) 로버트 매코믹과 함께 채링크로스가를 걸어가다가 다윈과 마주쳤다. "생기 넘치는 표정, 짙고 굵은 눈썹, 부드러운 목소리, 같이 항해를 한 동료에 대한 솔직함과 진심이 우러나는 인사." 이것이 다윈을 본 후커의 첫인상이었다.[3] 다윈은 후커보다 여덟 살이 많았으며, 항해를 다녀온 경험이 있었다. 물론 두 사람의 세계일주 항해에는 분명한 차이가 있었다. 다윈은 함장의 말벗 자격으로 자비를 들여 항해를 했지만, 후커는 봉급을 받는 군의관 보좌관으로서, 젊은 빅토리아 여왕의 영국 해군에 고용살이 신분으로 참가했다. 다윈은 자신의 여행을 세상에 알리는 멋진 『항해기』도 펴냈다. 다윈은 몰랐지만, 후커는 그 『항해기』의 교정쇄를 벌써 읽었다. 라이엘이 가지고 있던 교정쇄가 후커가 항해준비를 하고 있을 때 후커의 아버지에게 넘어갔던 것이다. 후커는 매일 아침 일어나자마자 "그 내용을 먹어치울 수 있도록" 늘 베갯머리에 그 책을 두고 잤다. 그 교정쇄를 읽은 후커는 절대 그것을 당해낼 수 없다고 생각하고, 다윈의 발자취를 "멀찌감치 떨어져서" 따라가는 것조차 포기했다. 하지만 다윈의 항해기는 "여행하고 관찰하고 싶은 소망"을 키워주기도 했다. "내가 잉글랜드를 떠나기 전날, 완성본 한 부를 라이엘 씨가 작별선물로 주었다. 항해를 하는 동안 내 좁은 방의 책장을 차지하고 있던 책들 가운데 이 책만큼 내게 많은 가르침과 영감을 준 책은 없었다." 후커는 훗날 이렇게 기억했다.[4] 이러한 젊은이의 숭배도 다윈이 후커에게 비밀을 털어놓게 하는 데에 한몫했다.

항해를 하며 세계와 그 세계가 움직이는 방식을 직접 본 두 젊은이는 1843년 말에 서로에게 마음이 끌렸다. 사실은 다윈이 먼저 끌렸다. 귀국한 후커를 환영하는 긴 편지에서 다윈은 후커에게 남아메리카 식물상의 폭넓은 함의를 생각해보고 그것을 유럽의 식물상과 비교해보라고 요구했다. 다윈은 이 요구를 "신뢰"의 표시처럼 보이도록 말했고, 후커는 자신이 그럴 "자격이 없지" 않다는 것을 보여주고 싶었다. 후커는 즉시, 태즈메이니아에서 티에라델푸에고에 이르는 남반구 전체에 걸쳐 식물들이 놀라운 유사성을 보이고 있는 점에 관한 논문의 초고를 작성했다.[5] 후커는 자신감이 넘쳤고, 자료를 완전히 장악했다. 깊은 인상을 받은 다윈은 답장에서, 상대를 무장해제시키는 그 특유의 어조로 불쑥 그 고백을 해버렸다.

다윈은 그 편지에서, 자신은 7년 동안 "매우 주제 넘는 일에 매달려" 살았으며, 어쩌면 그것은 "아주 어리석은 일"일지도 모른다고 말했다. 그는 이어서, 자신은 갈라파고스 제도의 생물과 남아메리카의 화석에 깊은 인상을 받은 뒤로 "농학과 원예학 관련 서적들"을 포함하여 종과 관련이 있는 모든 것을 "맹목적으로" 긁어모았으며, 주저하면서도 서서히 하나의 결론에 도달할 수밖에 없었다고 말했다. "나는 (내가 처음에 가졌던 생각과 달리) 종이 영구불변하지 않다는 사실을 거의 확신합니다(이것은 살인을 고백하는 것과 같습니다)." 그런 다음에 그는 그것이 비록 살인이었다 해도, 책임은 자연에게 있다고 항변했다. 자신은 그저 **맹목적으로** 채집을 했을 뿐 범죄를 저지를 의도는 없었으며, 진화와 같은 엄청난 사실을 고의적으로 주장할 의도 따위는 전혀 없었다고 말했다. 젊은 청교도인 후커는 얼떨결에 재판관의 자리에 앉아 형량의 감경 사유를 판단해야 하는 처지에 놓이고 말았다. 피고는 지금 그것은 살인이 아니라 과실치사라고 항변하고 있었다. 불안에 사로잡힌 다윈은 서둘러 다음과 같은 말을 덧붙였다. "당신은 괴로워하며 이렇게 생각할 것입니다. '내가 대체 이런 사람에게 편지를 쓰느라 시간을 낭비하고 있었다니!'라고 말입니다."[6]

그런데 왜 그것이 사회에 대한 궁극적인 모욕인 '살인'인 것일까? 1844년 1월에 종변형론은 여전히 폭동과 혁명, 나아가 선정적인 저급 신문과 결부되어 있었다. 다윈이 자신의 죄를 인정하는 그 순간에도, 극단주의자들이 런던의 거리 곳곳에서 자신들이 발행하는 싸구려 신문을 강매하고 있었다. 조지 홀리오크(당시 출옥한 상태였다)가 발행하는 저급한 무신론 잡지 『무브먼트*The Movement*』의 그 주에 나온 호외 『이성의 계시』의 진화론자들은 기독교와 페일리의 자연신학을 공격하는 기사를 실었다. 사실 그들이 말하는 진화는 다른 진화였다. 생명이 자기개선을 위해 노력한다는 것이 그들이 말하는 진화였다. 여기에는 맬서스의 약육강식 메커니즘은 없었다. 그렇다 해도 종변형론은 국교회 사회를 깨부수는 데에 몰두하고 있는 거리의 무신론자들에 의해 널리 퍼져나갔다. 다윈의 성직자 친구들 — 폭스, 제닌스, 헨슬로— 은 급진적인 라마르크주의자들 때문에 십일조 수입을 빼앗길 처지였다. 이 혁명가들은, 부유한 성직자들에게 노동의 산물에 견줄 만한 가치가 있는 무언가를 가지고 있는지 증명해보라고 외쳤다.[7] 이러한 탓에, 1844년 1월에 이들은 진화론을 연상시키는 위험분자들이었다. 라마르크주의가 살인죄의 함의를 띠고 있었던 것도 이런 이유 때문이었다.

다윈은 라마르크와 점점 더 거리를 두었다. "신은 '진보의 경향', '천천히 앞으로 나아가려 하는 동물들의 의지에서 비롯되는 적응' 따위의 라마르크가 내뱉은 허튼소리로부터 나를 지켜줄 겁니다." 다윈이 생각하는 맬서스주의적 "변화의 수단들"은 이 프랑스 혁명가가 주장하는 어떤 것과도 비슷하지 않았다. 그는 후커에게, 요컨대 "나는 (추정컨대!) 종을 다양한 목적에 놀랍도록 잘 적응하게 하는 간단한 방식을 발견했다고 생각합니다"라고 말했다.

다윈은 후커에 대한 믿음이 잘못된 것이 아니기를 바라며 이 고백을 후커에게 보내고, 목이 빠지도록 답장을 기다렸다. 하지만 2주가 지나도 아무 대답이 없었다. 후커는 채집하여 눌러놓은 꽃표본을 대조 확인하고 항해생활로 무뎌진 다리를 시험하느라 바빴다. 그달 말, 길고 침착한 답장이 마침내 도착했다. 후커는 여느 때처럼 남아메리카 식물에 대한 장황하고 허물없는 편지를 보냈다. 후커는 우쭐한 기분이 드는 한편 다윈의 관심에 약간 신경이 쓰였다. 그는 다윈이 자신이 쓴 한 글자 한 글자를 눈여겨보고 있다는 것을 알고 자신의 말이 만족스럽지 않을까봐 불안했다. "선생님이 저를 그토록 주목하고 계시니 말하기가 조심스럽습니다. 제 보잘것없는 문장에 선생님이 품고 계신 환상이 깨질까 두렵습니다." 후커는 종에 관한 이야기를 별로 많이 하지 않았지만, 격려의 말을 아끼지 않았다. 심지어 그는 10년 앞까지 내다보며 두 사람 사이에 새로이 싹튼 우정을 간직해나가기 위해 최선을 다하겠다고 말했다. 정말 "종이 점진적으로 변하는 것일 수도 있습니다. 저는 이 변화가 어떤 방법으로 일어나는지, 선생님의 생각을 듣고 싶습니다. 그 문제에 관한 현재의 견해들은 어떤 것도 저를 만족시켜주지 못하기 때문입니다."[8]

다윈으로서는 이보다 더 좋은 반응은 기대할 수 없었다. 후커가 자신을 신뢰한다는 것이 증명되었기 때문이다. 종변형은 이제 다윈의 편지에서 비록 눈에 보이지는 않더라도 항상 행간에 깔려 있는 유령 같은 존재가 되었다. 후커는 자신이 선택된 이유를 알아챘다. 경계경보가 해제되자, 다윈은 이 젊은 친구에게 과제를 맡기기 시작했다. 후커에게 다윈의 눈으로 섬의 식물상을 바라보도록 압력을 넣었던 것이다. 갈라파고스의 새들과 조개껍데기들은 모두가 그 제도의 고유종이지만 남아메리카의 조상들과 관련이 있었다. 그렇다면 갈라파고스의 식물도 마찬가지가 아닐까? 다윈은 자신의 수많은 의문들에 대한 후커의 의견을 타진해보고, 생명의 법칙을 찾는 일에 후커를 조수로 썼다.

이렇듯 사실상 죄를 사하여 받은 다윈은 안도하는 마음으로 2년 전에 써두었던 종에 관한 개요를 다시 살펴보았다. 그동안에도 틈틈이 그 내용을 만지작거려온 터였다. 그러나 이제부터는 거기에 본격적으로 살을 붙여야 할 때였다. 그는 이 글을 더 매끄럽게, 그리고 덜 전문적이고 덜 난해하게 만들기로 했다. 다윈은 본래 형식을 그대로 가져갔다. 1부에서는 육종가들이 가축에게 쓰는 기법을 바탕으로 자신이 생각하는 변화의 메커니즘—변이와 선택— 을 설명하고, 2부에서는 공통조상으로부터의 유래를 보여주는 전반적인 증거들을 다룰 것이다. 이 무렵 아직 그는 자연선택은 오직 간헐적으로만 작동하는 것으로 알았다. 다윈은 평상시에는 동식물이 야생에서 큰 변이를 일으키지 않는다고 생각했다. 동식물은 환경이 변하지 않는 한 아주 잘 적응된 상태로 머물러 있다. 환경이 변할 때만 번식체계가 영향을 받는다. 이것은 안정을 깨는 효과를 낳는다. 다시 말해 "생물체의 조직"이 "집에서 기르는 가축의 경우"와 같이 "가변적인 상태"로 되는 것이다.[9] 그 결과 새로운 변종이 생기고, 경쟁이 일어나며, 선택이 최적자를 골라낸다. 1844년 시점에 다윈은 자연선택을, 균형을 회복하는 자동적인 피드백 고리의 일종으로 이해했다.

그해 봄에 개요는 189쪽짜리 완전한 논문으로 늘어났다. 다윈은 이 논문의 위력을 감지했으며, 그것이 진리라고 생각했다.[10] 또한 그는 몇 달 동안 이 일에 매달리면서, 출간은 불가능하다는 사실을 깨달았다. 그것은 사회적 범죄가 될 테고, 어쩌면 더 심한 취급을 받을 수도 있기 때문이었다.

아직까지 종변형론은 부유한 신사계급이 지배하는 이 섬나라를 아니꼽게 쳐다보는 강경파들이 휘두르는 무기였다. 7월 첫 주, 다윈이 마을 교사에게 완성된 원고의 필사를 맡겼을 때 페미니스트인 에마 마틴이 자신의 선동적인 팸플릿 『신의 존재에 대한 대화』를 출판했다. 그녀는 이 책에서 진화에는 창조주가 필요 없다는 주장을 했다. 책이 출간된 뒤 그녀는 온 나라를 돌며 시장이나 사회주의자들이 모이는 곳에서 강연을 하다가, 신도들의 불안을 불러일으킨다는 혐의로 소환되었다. 예전의 이교도 집단은 사라져가는 듯했으며, 실제로 '악마의 사제' 테일러 목사가 한 달 전에 망명지에서 죽었다. 하지만 다른 사람들이 나타나 이 개혁운동을 계속 이어갔으며, 엄격한 빅토리아 시대 사람들은 이들의 행동에 충격을 받았다. 마틴이 대표적인 사례였다. 그녀는 사회주의자로서의 신조를 위해 침례교도인 남편과 헤어졌고, 항상 돈에 쪼들려 구호물품으로 근근이 살았으며, 늘 아이들을 데리고 다녔다. 그녀는 이 도시에서 저 도시로 쫓겨다녔고, 가는 곳마다 교구목사와 치안판사들에게 박해를 당했다. 이것은 애엄마가 할 짓이 못 되었다. 그러나 마틴은 친구인 홀리오크처럼 청중을 매료시키는 연설가였다. 그녀는 온 나라를 누비며 "종교의 **충복**"을 맹비난했으며, 그녀가 성직자를 비난하는 연설어는 언제나 3,000여 명의

군중이 모여들었다.[11]

그러니 안 될 일이었다. 출간은 자살행위였다. 성직자에 대한 비난은 점점 거세지고 있었으며, 다윈의 친구와 친지들 가운데에도 교구목사들이 있었다. 출간을 했다가는 자신이 속한 특권계층을 배신했다는 비난을 살 수도 있었다.

다윈은 필사를 위해 진화 논문을 보낸 뒤, 7월 5일에 아내에게 힘든 편지를 썼다. 그는 이 편지를 숨겨두었다가 자신이 "갑자기 죽을" 경우에 열어볼 수 있도록 할 작정이었다. 병이 날 수도 있고, 콜레라가 목숨을 앗아갈 수도 있다(전염병은 여전히 주기적으로 찾아왔다. 다윈은 훗날 콜레라의 증상을 완화하는, 아편을 기본으로 하는 처방전을 필사했다). 그 편지에는 "가장 중대한 마지막 요청"이 담겼다. 그것은, 자신이 죽으면 그 논문을 출간해달라는 것이었다. 아마 자신이 에마보다 먼저 죽기를 바라는 마음도 얼마쯤은 있었을 것이다. 다윈은 아내에게 그런 부탁을 하는 것이 괴로웠다. 두 사람은 종교에 관하여는 통탄할 만큼 다른 견해를 지니고 있었기 때문이다. 하지만 다윈은 그 논문에 대한 굳은 확신을 가지고 있었다. "만일 내 생각처럼 내 이론이 사실이라면, 만일 한 사람의 유능한 판관에게라도 그 이론이 받아들여진다면, 과학에 큰 발전을 가져오게 될 것"이다.[12] 에마가 해야 할 일은 그 논문을 보충하여 출간할 유능한 편집자에게 다윈의 책들, 자료들과 함께 400파운드를 주는 것이었다. 그리고 다윈은 에마나 그녀의 오빠 헨슬레이가 그 일을 추진해주기를 바랐다.

다윈은 이 사람 저 사람의 이름을 지우고 보태가며 가능성 있는 편집자들을 물색했다. 맨 처음으로 라이엘이 떠올랐다. 아니면 에드워드 포브스는 어떨까. 포브스는 다재다능한 사람이었다. 생물지리학자이자 식물학자이며, 심해생물 채집의 선구자로서 불가사리에 관한 저서도 있었다. 아니면 헨슬로가 "여러 면에서 최선"일 수도 있었다. 그러나 역시 후커가

"**상당히 좋은**" 선택이었다. 오언의 이름도 생각났지만, 그가 종변형을 혐오한다는 생각이 떠올라 지워버렸다. 마땅한 사람이 없었다. 모두가 도덕적 입장이 걸렸다. 라이엘은 『지질학 원리』에서 라마르크를 반박하기 위해 혼신의 힘을 다했고, 포브스는 유물론을 혐오하는 고高교회파 국교도였으며, 헨슬로는 성직자였고, 오언은 자연이 "스스로 발달한다"고 주장하는 급진파의 선동에 맞서 싸우는 토리당원이었다.[13] 오언은 비교해부학을 연구하는 것은 그러한 파괴적인 이론을 뿌리 뽑기 위해서라고 공언했다. 아무리 많은 뇌물을 바친다 해도 그러한 책을 출판하도록 오언을 설득하지는 못할 것이다. 지금 다윈은 이 후보자들이 불가능할 정도로 공명정대한 입장을 취하여 자신들의 사회적 의무를 무시하고 자신들의 신조와는 철저히 상반되는 일을 하기를 기대하고 있는 것이었다.

과연 그들이 그러한 일을 해야 할 이유가 있을까? 그것이 우정으로만 되는 일일까? 포브스는 "잘 쓰인 나쁜 책은 영원히 마르지 않는 샘물을 오염시키는 것과 같다"고 믿었다. 그런데 그 유독한 철학을 매력적인 것으로 만들기 위해—그 몇 달 뒤 세지윅이 진화론을 논한 어떤 책을 평하면서 한 말을 빌리면, "아위와 비소로 만든 쓴 약에 금박을 입힌 것"을 만들기 위해—그들이 다윈의 문장을 매끄럽게 가다듬는 일을 할 수 있을까? 가당치도 않았다.[14] 다윈의 신뢰는 그들에게 가혹한 것이었다. 대체 누가 그 일을 맡아줄 수 있을까.

다윈은 후커에게 이 논문에 관한 이야기를 하지는 않았지만, 후커와 그 내용을 논의해보고 싶어 견딜 수가 없었다. 이따금씩 다윈은 후커가 아직 어리며 신사의 출셋길을 닦을 재력이 없다는 사실을 잊곤 했다. 다윈은 호화로운 환경에서 세계의 식물에 관한 논의를 할 수 있도록 후커에게 애시니엄 클럽에 가입하라고 집요하게 권했다가, 후커가 이미 오래전에 시도했는데도 가입할 수 없었다는 사실을 알게 되었다. 두 사람은 지질학회에서 만날 수도 없었다. 이 젊은 식물학자는 가입비인 6기니와 연례회비 3기니를 낼 능력이 없었기 때문이다. 그 논문을 끝낸 찰스는 "기운과 용기"를 내어 7월의 화창한 어느 날 에마와 함께 큐 식물원에 있는 후커의 집을 방문했다. 이것은 마침내 그들이 제대로 만나는 자리였다. 실제로 본 후커는 "매우 매력적인 젊은이"였다고 라이엘은 다윈에게 들었다.[15] 얼마 뒤 에마는, 아직 독신으로 사과잼과 케이크 만들기에 도전하고 있는 후커와 요리법을 주고받는 사이가 되었다.

1주일 뒤 다윈은 비글호의 항해 성과를 담는 세 번째 지질학 책의 집필을 시작했다. 『남아메리카에 대한 지질학적 관찰』은 팜파스, 고원, 안데스 산맥 등을 설명하며 이 땅들이 어떻게 라이엘이 말하는 점진적 과정을 통해 솟아올랐는지를 보여주는 책이 될 터였다. 안데스 산맥이 격변에 의해 솟아올랐다는 오르비니의 헛소리는 다윈에게는 재고할 가치도 없는 것이었다. 다윈은 팜파스는 담수에서 서서히 솟아오른 것이지, 바다가 육지를 침범하여 동물들을 휩쓸어버리는 격변을 통해 만들어지지 않았다는 사실을 알았다. 그는 9월까지 "융기와 자갈 섞인 단구, 파타고니아와 칠레와 페루의 평원에 관하여" 60쪽 분량을 썼는데, 결과는 "매우 훌륭했다."[16]

매주 후커에게 보내는 정기적인 편지에서, 다윈은 보류 중인 그 논문의 아슬아슬한 내용도 조금씩 흘렸다. 예를 들면, 왜 어떤 장소에는 종이 풍부한데, 어떤 장소에는 그렇지 않을까? 이 문제를 푸는 열쇠는 섬에서의 종의 탄생이었다. 갈라파고스 제도가 그것을 보여주지 않았던가. 갈라파고스 제도에서는 그 섬들로 이주해온 조류와 파충류가, 새롭게 출현한 화산 노두에 만들어진 다양한 생태적 지위에 맞추어 다양화했다. 각각의 섬은 그 섬만의 독특한 동물상을 선보였다. 또 다른 장소에서는 가라앉고 있는 대륙이 섬으로 갈라지면서 종을 고립시키고, 변화하는 서식환경에 따라 새로운 적응을 재촉하고 있었다. 그는 자세한 내용까지는 들어갈 수 없었지만, 다음과 같은 의견을 피력했다.

> 최초의 창조나 새로운 형태의 생산에…… 격리가 중요한 요인으로 작용하는 것 같네. 그러므로…… 지질학적으로 최근에 자주 일어난, 육지가 침강하여 섬으로 바뀌고 다시 육지와 재결합한 사건을 겪은 땅에는 많은 생물형태가 있을 것이라고 기대해야 할 걸세.

후커는 예외를 제시했다. 포클랜드 제도와 아이슬란드는 고유종이 거의 없었다. 이곳의 식물들은 남아메리카나 유럽의 식물들과 똑같았다. 또한 다윈의 논증을 받아들인다 하더라도, 외딴 섬에 도달한 종이 어떤 과정을 통해 그렇게 다양한 형태로 퍼져나가는 것인가? "라마르크의 헛소리"를 믿어야 하는가? 그렇지 않으면 세상에 나돌고 있는 다른 "괴상한" 이론들을 믿어야 하는가? 종이 변화를 할 수도 있겠지만, "저는 라마르크가 말한 것처럼 종이 체계적으로 자신을 바꾸려 한다고는 생각하지 않습니다." 다윈도 라마르크의 말이 "틀림없는 헛소리"이며 다른 견해들도 전혀 나을 바가 없다는 점에는 동의했지만, "가축에서 일어나는 변이의 측면에서 그 문제에 접근한" 사람은 아직 아무도 없다고 말했다.[17] 후커는 몰랐지만, 이것은 그 논문의 내용을 알리는 또 하나의 아슬아슬한 단서였다.

9월 말, 진화 원고가 다운하우스로 돌아왔다. 찰스는 『남아메리카』의 집필을 중단하고, 깨끗하게 다시 베껴 적은 그 원고를 수정하기 시작했다. 원고는 그 교사의 손을 거치며 231쪽으로 늘어나 있었다. 이 무렵 다윈은 속이 아파 고생하며 여름을 보낸 뒤 회복기를 맞고 있었다. 에마는 다윈이 집에서 편하게 쉴 수 있도록 각별히 신경을 썼다. 이제 집안은 에마의 손에서 완벽하게 정리정돈되어 있었다. 다운하우스를 방문한 제시 이모에 따르면, 그곳은 "아름답고, 놀랍도록 깨끗하고, 조용한 집"이었고, 에마는 "세상에서 가장 사랑스러운 안주인"이었다. 가구는 간소하면서도 우아했다. 에마가 특별히 자신의 공간으로 꾸민 "매력적인 응접실"에는 슈루즈버리에서 가져온 선물—안락의자, 터키식 긴 의자, 찬장—과, 결혼선물로 받은 그녀가 아끼는 브로드우드 그랜드피아노가 놓여 있었다.[18] 에마는 찰스가 서재에서 일을 하는 오후시간이면 이 응접실에 앉아서 윌리와 애니가 정원에서 유모들과 함께 노는 모습을 지켜보는 것을 좋아했다. 그러던 어느 날 찰스가 그 진화 논문을 들고 응접실로 들어왔다. 그는 떨리는 목소리로 에마에게 그것을 읽어봐 달라고 부탁했다.

다윈은 에마를 개종시킬 희망 같은 것은 품어본 적이 없었다. 옛 상처를 건드리는 일은 웬만해서는 하고 싶지 않았다. 하지만 사후에 그 원고를 에마에게 맡겨야 한다면, 그것이 에마의 감정을 상하게 하지 않는지 확인해보는 게 좋지 않을까. 그녀의 의견은 늘 관습적이고 무난했기 때문에, 그녀는 언젠가 세상 사람들이 할 말을 가장 부담 없이 타진해볼 수 있는 대상이었다. 에마는 원고뭉치를 들고 앉아 모호한 문단들을 지적하고, 다윈의 의견에 동의하지 않는 부분은 여백에 표시를 남겼다. 인간의 눈은 "작지만 유용한 각각의 변칙들이 점진적으로 선택됨으로써 생겼을 가능성이 있다"는 다윈의 주장에 대해서는 "지나친 가정임/편집 요망"이라는 메모를 남겼다. 다윈은 그 문단을 좀 더 약하게 수정했다. 하지만 그때부터 그는 눈과 같은 복잡하고 통합된 기관이 점진적으로 진화했다는 문제만 나오면 늘 진땀을 흘렸다.[19] 그러나 다윈은 자신의 진화론이 지닌 생명력에 대해서는 추호의 의심도 없었다. 설사 에마가 그 이론에 대한 축복을 거두어들인다 해도.

1840년대 중반 무렵, 종변형론은 거리와 비루한 해부학 실습장에서 나와 응접실로 들어가고 있었다. 이 문제는 이제 사회주의 혁명가들과 공화주의자 의사들만의 것이 아니었다. 무엇보다 한 권의 책이 이러한 거대한 지각변동에 큰 공헌을 했다. 1844년 10월에 대중적인 정기간행물들을 내는 에든버러의 출판업자 로버트 체임버스가 『창조의 자연사에 관한 흔적들』을 익명으로 펴내 지식인 계층을 자극했다.

　골프를 즐겨 치고 일중독자이며 대중과 가까이 호흡했던 체임버스는 당시 의과대학에서 널리 퍼지고 있던 진보적인 해부학과 진화론을 잘 알았고, "진보에 대한 이 새로운 과학관"을 대중이 이해하기 쉽게 만들어보기로 했다. 그 책은 잘 쓰였으며 잘 팔려나갔다. 또한 읽는 이를 혹하게 하는 책이었다. 자연이 스스로 발달한다는 이론은 지금까지 한 번도 시도된 적이 없는 신문잡지 같은 논조로 소개되었다. 행성의 융합에서부터, 최초의 생명이 전기화학적으로 출현한 일, 일련의 화석들(이것이 책제목의 '흔적'이 말하는 것이었다), 인간의 출현에 이르기까지, 체임버스는 온 우주의 진화를 두루 다루었다. 그는 이러한 발달 과정을 단지 흥미로운 읽을거리로서만이 아니라 엄숙한 복음주의 사회에 대한 통쾌한 자극으로서 썼다. 이것은 구 엘리트 계층의 장식적인 지식과는 다른, 개혁을 위한 과학이었다. 체임버스는 과학자들의 전문적 접근법과, 온정주의 가치들을 신성시하는 활기 없는 본성을 유감스럽게 생각했다. 그는 "평범한 독자들"에게 다가가고 싶었다.[20] 그는 진보와 야심의 시대에 수많은 대중이 열렬히 요구했던 것을 제공했다. 그것은 바로, 자연이 높은 곳을 향해 움직이고 있다는 사실을 재확인해주는 것이었다.

　반면 다윈이 겨냥하는 독자는 엘리트 계층이었다. 이들은 지식인 사회를 지배하는 자들이요, 교구민들을 인도하는 자들이었다. 체임버스가 "성직자의 개"라고 비방했던 이 사람들은 다윈의 가장 친밀한 친구들이었다. 다윈은 민중을 선동하는 책을 출판해서 폭스, 헨슬로, 제닌스 같은 성직자 자연학자들과 소원해지고 싶은 생각은 추호도 없었다. 그의 책은 "책임 있는" 지식을 제공하게 될 것이며, 새로운 과학 특권계급, 즉 재능 있는 특권계급의 필요를 충족시켜주는 책이 될 터였다. 다윈은 과학의 "무혈 쿠데타"를 일으킬 생각이었다.[21]

『흔적』은 큰 반향을 불러일으켰다. 엄청난 부수가 팔려나갔고, 즉시 재판이 찍혔다. 심지어는 후커조차도, 그 책이 어처구니없는 실수들이 보이긴 해도 잡문치고는 꽤 훌륭하다고 평했다. 그러나 이 저자는 참으로 "기묘한 놈"임이 틀림없었다! 다윈은 이 책이 별로 유쾌하지 않았다. 문장은 완벽했지만, "지질학은 형편없었으며, 동물학은 더 나빴다." 후커는 이 책을 "아흐레 동안의 기적"이라고 불렀지만, 그 9일은 90일처럼 느껴졌으며, 그런 이야기를 하는 동안 벌써 3쇄가 인쇄에 들어갔다. 새 판이 나올 때마다 내용이 수정되고 다듬어졌으며 실수들은 숨어내져서, 한 토리당원 자연학자는 체임버스의 "괴상망측한 논리가 더는 역겨워 보이지 않는다"며 불끈했다. 비평가들은 저자가 초판을 낼 때 "무지와 억측"에 빠져 있었기에 망정이지 처음부터 수정된 판으로 시작했다면 "더 큰 일 날 뻔했다"고 안도했다.[22]

불안정한 차티스트 시대에 과학은 도덕적 함의를 띨 수밖에 없었기 때문에, 과학이 엉뚱한 자들의 손에 들어가면 위험할 수도 있었다. 그래서 구시대 온정주의의 수혜자들인 성직자들은 그 문제에 정면으로 맞섰다. 후커가 다윈에게 쓴 편지에서 웃음거리로 삼았듯이, 괴팍한 과잉반응들도 있었다. "웃기는 일입니다. 리버풀의 어떤 목사는 『흔적』을 읽고 난 뒤 모든 지질학자에게 그 반증을 부탁하는 편지를 보냈고, 뻔뻔하게도 그 지질학자들의 답변을 책으로 펴냈습니다." 하지만 이것이 이야기의 끝이 아니었다. 한 명을 빼고 모든 지질학자가 "그 목사가 자신의 저작을 참조했다고 말했습니다." 이 사건은 부유한 전문가들 사이에 종변형에 대한 반감이 얼마나 넓게 퍼져 있는지를 보여주었다. 국교회파 전문가들은 저 높은 곳에 있는 신이 자연과 사회의 위계질서를 적극적으로 직접 관리하고 있다고 생각했다. 이러한 신의 섭리를 파괴하고, 현상現狀에 대한 초자연적 구속을 부정하고, 평등주의적 진화를 도입하는 것은, 곧 문명의 붕괴를 뜻했다. 더 적나라하게 말하면, 교회의 특권이 무너진다는 뜻이었다. 탁 터놓고 말하기를 좋아하는 솔직한 잉글랜드 북부 사람인 애덤 세지윅 목사는 "그러한 신념은 파멸과 혼란"을 가져올 것이라는 종말론적 예언을 했다.[23] 그 신념이 불만 많은 노동자계급의 귀에 들어가는 날에는 "도덕과 사회의 구조가 뿌리째 흔들리고", "사회분열과 치명적 재앙"이 닥칠 것이라고.

그 불만세력들은 그렇게 생각하지 않았다. 세지윅은 영국과학진흥협회의 강연에서, 새 종은 "이전의 형태가 변형을 일으킴으로써 생기는 것이 아니라, 창조력의 거듭된 작동으로" 생긴다고 말했다. 이에 대해, 한 무신론자가 외쳤다. 당신이 "신의 대변인"인가? 그것을 어떻게 아는가? 증거가 어디 있는가? 저급 신문들은 분노로 들끓었다. 세속국가를 건설하기 위해 싸우고 있는 격분한 숙련공들은 신의 뜻을 말하는 『흔적』의 겉포장을 무시하고, 이 책 속의 과학이 "종교국가가 머지않아 도달할 전이적 상태"를 표현하고 있다고 생각했다. 그들은 "인간"은 그 단계를 거쳐 "무신론자로 나아갈 것"이라고 말했다.[24]

심지어 다윈도 『흔적』에 대한 도가 지나친 세지윅의 서평이 "성직자의 교조주의" 냄새를 풍긴다고 생각했으며, 그런 글은 "과학을 잘 모르는 일반인 독자들의 호응을 결코 얻지 못할 것"임을 알았다. 급진적인 퀘이커교도와 유니테리언파 교도도 이 책에 이의를 제기했다. 그러나 이들은 봉건적인 십일조로 재정을 불리고 있는 국교회를 아니꼬운 눈으로 쳐다보았으며, 기득권의 부패한 특권을 비난했다. 이들은 구습에 얽매지지 않는 지식을 선호했다. 많은 사람들이 『흔적』을 좋아했다. 이 책은 비록 결함투성이기는 했지만, 다윈의 친구인 생리학자 윌리엄 카펜터는 "매우 아름답고 흥미로운 책"이라고 말했으며, 체임버스가 책을 손보는 것을 돕기까지 했다. 어떤 이들은 이 책이 "편협한 성인聖人들"의 목을 조르는 것을 보며 좋아했고, 어떤 이들은 창조가 자연 법칙에 의해 일어나는 것이 훨씬 더 품위 있는 생각이라고 느꼈다. 카펜터 같은 유니테리언파 교도들은 "인류의 공통선조들의 증조할아버지는 침팬지 또는 오랑우탄이었다"는 사실은 믿지 않았지만, 자연 법칙만큼은 굳게 믿었다. "미래를 완벽하게 알고 있는" 신이 창조의 순간에 하나의 법칙을 만들었고 그 뒤로 우주는 그 법칙에 따라 발달한 것이 분명해 보였다.[25]

급진적인 퀘이커교도와 침례교 의사들은 자연을—영적인 옷을 벗겨내고—자연 법칙에 맡겨야 한다고 주장했다. 그들 대부분은 신이 세상을 만드는 데는 진화가 더 좋은 방법이라고 생각했다. 신은 창조의 순간에 도덕적·물리적 법칙들을 만들고 그것을 자연과 성서를 통해 모두에게 알렸다. 그러므로 성직자들의 위계질서는 필요 없으며, 국교회도 마찬가지였다. 이들은 톰 페인처럼 교회와 국가의 "간통관계"를 신랄하게 비판했다. 어떤 이는 그것을 귀족주의 정부와의 "간음"이라고 불렀다. 이들은 이 "금지된 포옹"으로부터 교회를 떼어내려 했다. 세지윅은 이러한 성적인 수사에 대해 같은 방식으로 대응했다. 그는 『흔적』에서 진화와 자연발생은 "불법적인 결혼"으로 맺어져 끔찍한 괴물을 낳았으며, "이 부정한 기형아의 머리"를 부수어 "그 꼼지락거림을 끝장내는 것"이 자비를 베푸는 것이라고 말했다.[26]

세지윅이 서평을 쓴 것은 처음 있는 일이었는데, 이 일 자체가 많은 것을 말해주었다. "가차 없는 멸시, 냉소, 조롱이 내가 써야 할 무기다."

그는 이렇게 이를 부득부득 갈았지만, 이처럼 지나치게 큰 망치를 사용한 것은 어느 정도는 목적을 물거품으로 만드는 결과를 초래했다. 다윈은 세지윅의 격분을 "두렵고 떨리는" 심정으로 읽었다. 이것이 옛날에 마운트에서 하룻밤을 묵고 웨일스로 가는 지질학 여행에 자신을 데려갔던 케임브리지 대학 학생감 세지윅의 본모습이었다. 이 모든 야비한 언사는 오히려 『흔적』을 냉정하게 바라보는 것을 막았다. 세지윅의 극적인 말투는 그의 명분만 훼손했다. "흔적 씨"가 조심스러운 『설명: '흔적'의 속편』(또다시 베스트셀러가 되었다)으로 답했을 때, 다윈은 "사실들"은 별개로 치더라도 그 "정신"만큼은 세지윅을 부끄럽게 만들 것이라고 생각했다. 대체로 다윈은 복잡한 감정을 느꼈다. 그는 『흔적』이 물을 흐렸다고 비난했지만, 그 책이 독을 빨아들여 주었다는 점을 반겼다. 또한 체임버스에게 선수를 빼앗기긴 했지만, 그 책은 사람들이 자연이 발달한다는 생각에 익숙해지게 만들어주는 역할을 했다. 이 책은 다윈에게 한 가지 교훈을 확실하게 깨우쳐주었다. 개나 말, 인간과 같은 특정 동물의 계통사를 자세하게 다루지 말 것. 그것은 대문짝만 한 과녁을 세우는 것과 같다.[27]

　　익명으로 출판된 것이 난리법석을 더 키웠다. 이런저런 소문이 파다했다. 세지윅은 처음에는 그 책의 저자가 유혹에 약한 여성 지식인일 것이라고 생각했다. 사적인 자리에서는 바이런의 발칙한 딸 에이다 러브레이스를 지목했다. 그러나 온갖 사람이 저자로 거론되고 있는 이 와중에, 다윈의 치우친 기호를 알고 있었던 몇몇 사람이 다윈을 지목하기 시작했다. "괴상하고 터무니없지만 훌륭하게 쓰인 『흔적』이란 책을 읽어보았습니까?" 다윈은 폭스에게 이렇게 물었다. "최근에 나온 어떤 책보다 많은 것을 이야기하고 있는 책인데, 어떤 사람들은 그 책을 내가 썼다고 말합니다. 그 사실에 울어야 할지 웃어야 할지 모르겠습니다." 런던의 지질학자들은 『흔적』의 오류와 체임버스의 다른 책들에 있는 오류를 비교하는 편지들을 바쁘게 주고받더니, 그 책의 저자가 체임버스임을 금방 알아냈다. 다윈이 그 사건을 결말지은 것은 몇 년 뒤였다.[28] 그는 체임버스가 런던에 있을 때 체임버스의 집에 들러 한 시간쯤 이야기를 나눌 기회가 있었는데, 그때 체임버스가 연구하고 있던 로이 계곡에 관한 이야기를 나누었다. 그런데 어찌된 영문인지, 그 직후『흔적』의 여섯 번째 개정판의 저자증정본이 도착했다. 이 일로 다윈은 그 책의 저자가 체임버스임을 확신했다.

한번은 체임버스의 미래의 사위가 체임버스에게 왜 당신은 "가장 위대한 저서"의 저자임을 밝히지 않느냐고 물었다. 체임버스는 "열한 명의 아이들이 있는 집 때문이라고 말했다." 그런 다음에 천천히 다음과 같이 덧붙였다. "열한 개의 이유가 있는 셈입니다." 1845년경, 다윈에게도 세 가지 이유가 있었고, 또 하나의 이유가 곧 생길 예정이었다. 또한 사회적 존경도 그가 잃게 될 것들 가운데 하나였다. 『항해기』로 다윈은 유명해졌다. 그 책 덕분에 다윈은 세계 과학계로 가는 입장권을 얻었으며, 여행자들 사이에서 평판이 높았다. 성공이 눈에 보였다. 거대한 나무늘보 밀로돈 다위니*Mylodon Darwinii*에서부터 무게를 잴 수 없을 만큼 작은 아스테롬팔루스 다위니*Asteromphalus Darwinii*에 이르기까지, 다윈의 이름을 따서 이름붙여진 동식물들이 수두룩했다. 세계를 여행하는 사람이라면, 갈라파고스 제도에서 물고기 코시푸스 다위니*Cossyphus Darwini*를 잡거나 파타고니아 암석에서 펙텐 다위니아누스*Pecten Darwinianus*의 조개 껍데기를 채집할 수 있을 터였다.[29] 런던의 학자들도 다윈을 높이 평가했다. 1844년에 다윈은 지질학회의 부회장이 되었으며, 자신의 논문을 발표하고 싶어하는 야심 찬 지질학자들은 다윈을 목표로 삼았다. 여기서 입 한 번 잘못 놀렸다가는 이 모든 게 위험해질 터였다.

게다가 친구들은 난처한 입장을 더욱 난처하게 만들었다. 다윈의 성직자 친구들은 세지윅만큼이나 고지식하고 편협한 과학을 했다. 다윈은 이런 보수적인 도덕적 태도를 잘 이해했다. 다윈은 무엇이 그들을 화나게 할지 잘 알았다. 그래서 그는 "추론이라는 죄" 같은 스스로를 책망하는 표현을 썼다. 추론은 많은 사람들에게 비난받을 죄였다. 후커는 자연학자들이 손쉬운 길로 추론을 택한다고 통렬하게 비판했으며, 이런 날카로운 공격은 다윈에게 큰 타격을 주었다.[30] 그리하여 다윈은 폭스와 제닌스에게 비밀을 말하고 싶어 견딜 수 없었는데도 참기로 했다. 대신 그는 전략적으로 움직였다.

『흔적』이 출간되던 달, 다윈은 제닌스에게 명금류의 치사율에 대해 질문하고 있었다. 개체수의 폭발적 증가를 막는 맬서스주의적 "억제력"에 대한 질문이었다. 제닌스는 그런 것을 물어보기에 딱 알맞은 사람이었다. 제닌스는 완벽한 목사 자연학자 스타일로, 골동품 수집가처럼 사실을 긁어모으는 사람이었다. 다윈은 그런 제닌스를 늘 지지해왔다. 제닌스가 수집하는 "사소한 사실들"―새의 서식지라든지 부리의 크기―은 자연의 가장 내밀한 작동 메커니즘을 들여다볼 수 있는 창이었다. 다윈은 그런 사소한 사실들을 킁킁거리며 별난 점, 눈에 잘 띄지 않는 점, 틀에서 벗어난 점 같은 단서들을 모으는 것이 즐거웠다. 그는 "이상하고 신기한 사소한 사실들 속에 파묻혀 있으면 백만장자"가 된 기분이라고 웃으며 말했다. 제닌스의 사소한 단편적 사실들은 책상물림 분류학자들이 혐오하는 종류였지만, 그것은 새로운 과학의 재료였다. 다윈은 제닌스의 "사소한 사실들"을 설명하는 일이 바로 자신이 몸담고 있는 과학이라는 것을 넌지시 내비쳤다.

다윈은 위험한 주제를 부드럽게 끄집어냈다. 자신은 제닌스가 관찰한 새의 치사율에 관한 사실들을 포함한 "거대한 사실뭉치"를 토대로 도덕적으로 비난의 여지가 없는 결론을 이끌어낼 수 있었다고 말했고, 자신의 의도는 순수한 것이었음을 강조했다.

> 내가 정반대의 신념에서부터 서서히 이끌어낸 일반 결론은, 종은 변화하며, 동류의 종들은 공통의 부모에게서 유래한 후손들이라는 사실입니다. 나는 내가 그러한 결론을 내림으로써 얼마나 많은 비난을 받을 수 있는지를 잘 압니다. 하지만 적어도 나는 정직하게, 그리고 오래 숙고한 끝에 이 결론에 이르렀습니다.

제닌스는 맬서스주의적 "억제"가 그럴듯한 설명이라고 생각했다. 살아남은 새끼들은 부모의 영역으로부터 사망률이 높은 장소로 내쫓긴다. 제닌스는 이 과정을 경쟁과 진보로 보지 않고 억제와 균형이라는 정적인 시스템으로 보았다. 자연이 창조 이래 전혀 변하지 않았다는 견해를 지지하는 모든 목사처럼, 제닌스는 생명이 스스로 발달한다는 생각을 비난했다. 제닌스는 다윈의 교묘한 말을 꿰뚫어보며, 다윈이 "불가피한 결론"이라고 한 말에 담긴 함의를 비판했다.[31)

다윈은 움찔했다. "내가 가장 과감한 생각을 했을 때도, 종의 불변성이라는 문제에는 두 가지 측면이 있음을 증명할 수 있다는 입장 이상으로 나아간 적은 없습니다. 다시 말해, 모든 종이 **직접** 창조되었는가, 아니면 법칙이 개입되어 창조되었는가(개체들의 삶과 죽음의 경우와 마찬가지로) 하는 것입니다." 다윈은 이 문제를 초자연이냐 자연 법칙이냐의 문제로 양극화하고, 후자를 생물형태는 변화한다는 것과 같은 말로 보았다(많은 사람들은 그렇다고 보지 않았지만). 그리고 자신은 어쩔 수 없이 그 결론에 이르렀으며, 성지를 짓밟는 것이 신경 쓰인다는 점을 강조했다. 다윈은 이 모두가 "터무니없는 추측"으로 보일 것임을 인정했다. "나는 바보 같은 짓을 하는 사람으로 보일 수 있는, 그것도 충분히 생각한 끝에 그런 바보 같은 짓을 하는 사람으로 여겨질 수 있는 입장으로 스스로 걸어갈 정도로 대담한 사람입니다."[32] 요컨대 의도는 순수했다는 것이다. 객관적이고 중립적인 '과학자'—아직은 낯설게 들리는 새 용어—라는 그의 이미지가 만들어지고 있었다. 만일 "그 구조가 무너진다면", 그것은 자연 탓이지 그의 탓이 아니었다. 영적인 영향을 벗겨 자연을 세속화시키는 것이 거북하다면 자연을 탓하라는 것이었다. 다윈은 제닌스에게 자신의 진화론을 자세히 설명한, 새로 옮겨 적은 그 진화 논문을 읽어보라고 제안했다. 하지만 그 제안은 받아들여지지 않았다.

다윈은 그래도 성직에 있는 친구들을 단념하지 못했다. 그나마 자연학자를 직업으로 삼고 있는 젊은 학자들과는 대화를 계속할 수 있었다. 후커가 열심히 도왔다. 후커는 다윈에게 참고목록을 제공하고, 묻혀 있는 책들을 찾아냈다. 다윈은 자신이 원하는 책들을 주문했다.

자네는 킹돈이 번역한 캉돌의 『식물기관학』은 사지 말라고 말했는데, 언젠가 내게 그것을 빌려주겠다는 뜻인가? 쥐시외의 책을 주문하겠네. 참, 변이에 관한 프랑스 논문을 구해주겠다는 말을 잊지 말게. 또 『보스턴 저널』에 실린 빙하 논문도 보고 싶네. 쿠소이의 산호초 논문은 구했네.

후커는 자신은 아무것도 바라는 게 없으며 "선생님을 위한 정보수집가로 만족합니다"라고 말하면서, 식물분포에 대한 정보를 아낌없이 제공했다. 다윈은 "약간의 허영심"은 나쁘지 않다고 생각했다. 그래서 "자네가 원하는 게 있으면 말하게. 자네 본인보다 그것을 더 잘 이용할 사람은 없을 테니까"라고 말했다. 하지만 그렇다고 해서 다윈이 자신의 유순한 친구로부터 "지식을 뽑아내기 위한" 질문공세를 멈춘 것은 아니었다. 그는 후커의 도움은 "다른 누구에게서 얻는 도움보다" 크며 "그 가치는 아무리 높이 평가해도 모자란다"고 주장했다.[33)]

다윈은 후커의 도움에 의존하게 되었으며, 후커를 다운으로 끈질기게 초대했다. 사실상 괴롭히는 수준이었다. 결국 후커는 "시골로 내려가 선생님의 서식지를 볼" 계획을 세웠다. 첫 방문이 이루어진 12월 7일 주말에, 다윈은 섬의 식물상에 대한 후커의 지식을 뽑아냈다. 다윈은 후커에게서 가차 없이 정보를 짜냈다. 다윈은 이것을 "펌프질"이라고 불렀다. 이것은 두 사람의 회동에서 규칙적인 절차가 되었다. 다윈은 아침을 먹은 뒤 후커를 서재로 데리고 가서 20분 동안 여러 가지 질문을 했다. 후커는 어떤 질문은 곧바로 대답했고, 어떤 질문은 생각을 해본 뒤 대답했으며, 나머지 질문들은 큐 식물원으로 가져가서 연구를 해야 했다. 다윈은 후커의 대답을 쪽지에 적어 서재의 의자 옆쪽 벽에 걸려 있는 주머니들에 넣었다. 주머니마다 특별한 주제에 관한 쪽지들이 담겨 있었다.[34)] 이때부터 다윈은 자신의 홈그라운드에 편안하게 앉아서 자신의 젊은 조수가 그곳에 들르도록 끈질기게 괴롭히는 한편, 후커의 답례초대는 건강상의 이유로 거절했다.

집착에 가까운 질문들은 편지에서도 계속되었다. 중립적인 태도를 견지하고 있었던 후커는 진화 논의에 익숙해지자, 『흔적』, 라마르크, 그밖의 다른 사람들이 골치 아픈 사실들―예컨대, 태즈메이니아와 지구 반대편의 티에라델푸에고에 같은 식물이 나타난다는 것과 같은 사실들―을 설명하는 방식들을 수시로 비웃었다. 하지만 다윈이 설명해내야 할 문제가 바로 이러한 상궤를 벗어난 사실들이었다. 그는 이 문제를 얼렁뚱땅 넘어가려 하지 않았다. 지식인 계층의 생각을 돌리기 위해서는 사악한 추론이나 선정적인 저널리즘이 아니라 이러한 근거가 반드시 필요했다. 다윈은 분포와 변이에 관한 자료들은 모조리 끌어모았다. 그는 보고서들을 훑어보고, 편지를 보내 수많은 질문으로 친구들을 괴롭히며, "모든 변이에는 이유가 있음이 틀림없다"고 계속 주장했다.

그러면 그 이유가 무엇인가? 그 이유는 외적인 것, 다시 말해 환경인가? 다윈은 이제 그렇다는 확신이 들지 않았으며, 어떤 내적인 원인으로 변화가 일어난다는 쪽에 무게를 두기 시작했다. 더 닳은 사례연구들이 필요했다. 그는 뭔가 특별한 게 없는지 킁킁거리면서, 절도강박증 환자처럼 잡동사니 같은 사실들을 열심히 끌어모았다. 후커는 다윈이 "다른 사람들이 해놓은…… 쓸모없는 관찰을 활용하는 능력"을 가지고 있다고 말했는데, 정말 그랬다.[35] 에니스킬른 백작의 이상한 주목이든, 마당에 있는 도킹종種의 닭이든, 갈라파고스 뱀의 꼬리든, 얼룩덜룩한 식물이든, 다윈은 모든 변이를 세밀하게 조사했다.

다른 자연학자들도 이용을 당했다. 특히 탐사항해를 떠나는 사람들이 그 대상이었다. 동식물의 분포가 "창조법칙의 열쇠"를 쥐고 있기 때문에, 다윈은 정확한 생물지리적 정보가 필요했다. 생물지리학은 지극히 영국적인 학문이었다. 그렇기 때문에 다윈은 지극히 영국적인 과학이었다. 생물지리학은 바다를 지배하려는 영국의 야심이 낳은 학문이었다. 그 무렵 영국 해군은 분주히 전 세계의 바다를 측량하러 다녔다. 해마다 미숙한 군의관 보좌관들이 대영제국의 측량선에 올랐다. 이들은 자연학자의 일까지 겸하여 일지를 채우며, 후커-다윈 부류의 수많은 선배들처럼 "소금에 푹 절여져" 돌아왔다. 해군성의 보퍼트 대령은 세계 어느 곳에서 어떤 정보가 필요한지 말만 하면 곧장 알아봐 주겠다고 말하기까지 했다. 조만간 어느 배든 그곳을 지나갈 테니까.[36] 실제로 그해—1845년—에 갑각류를 연구하는 젊은 해리 굿서는 프랭클린 함장과 함께 다윈의 요구를 적은 목록을 가방에 담아 후커가 탔던 배인 에러버스호와 테러호를 타고, 대서양에서 태평양으로 빠져나가는 해로인 카나다의 북서항로를 찾기 위해 출항했다.

　여섯 달이라는 짧은 기간에 후커는 어느덧 다윈의 대들보가 되었다. 후커는 다윈이 자신에게 너무 강한 애착을 보이고 너무 큰 기대를 품으며 자신을 "지나치게 치켜세우는" 것 같아서 걱정이 되었다. 그러다 1845년 2월에 그 끝이 왔다. 후커가 에든버러 대학에 "다 죽어가는" 그레이엄 교수를 대신하여 식물학을 가르치러 가게 되었기 때문이다(그레이엄 교수는 다윈이 그 학교에 다니던 시절부터 교수였다). 이 소식은 다윈에게 큰 충격이었다. 후커로서는 출셋길이 열리는 것인지 몰라도, 다윈은 "이 일을 진심으로 한탄"하지 않을 수 없었다. "자네가 멀리 떠난다고 생각하니 마음이 겨울같이 춥네. …… 자네는 내가 자네가 그곳에 가게 된 것을 얼마나 애석하게 생각하는지 상상도 못할 걸세. 나는 우리가 살아 있는 동안 자주 보며 살기를 바랐다네. 정말 큰 실망이 아닐 수 없네." 다윈은 너무나 동요한 나머지 여름에 스코틀랜드를 방문하겠다는 말까지 했다. 다윈은 후커가 강의를 한다는 것이 "대단하게" 여겨졌다. 하지만 후커도 자신이 그 스트레스를 감당할 수 있을지 걱정했다. 다윈은 마치 아버지가 아들에게 말하듯, 몸조심하고 "착한 소년처럼 산책을 자주 하라"고 당부했다. "자네가 쇠약해진다는 것은 생각하기도 싫으이."[37]

지난가을 아버지와 주고받은 긴 "양피지 대화"를 통해 다윈은 땅에 투자해야겠다는 결심을 했다. 다운의 제일가는 지주인 존 러벅 경도, 주식시장이 붕괴할 경우를 대비하여 보험을 들어두는 것도 괜찮다며 그 결정에 찬성했다. 다운 주변의 땅은 "터무니없이 비싸다"고 존 경에게 들었던 터라, 다윈은 아버지와 수전 누이의 전례를 따라, 자신의 유산을 링컨셔의 비옥한 농지에 투자하기로 했다. 그는 수전에게 쓴 편지에서 기대에 찬 말투로 이렇게 말했다. "우리가 함께 나타나 임대인들을 놀라게 하면 정말 멋지겠지요!"

링컨셔는 향사가 별로 없는, 태만한 교구목사와 부재지주들의 땅이었다(미래의 옥스퍼드 주교 새뮤얼 윌버포스는 그 마을의 향사들에게, 마을의 시골뜨기들이 "어설픈 과학"을 배워 신이 부여한 의무를 잊는 일이 없도록 교육에 신경 쓰라고 충고했다). 찰스의 부동산 대리인은 해안에서 몇 킬로미터 들어간 비스비 마을 근처에서 130헥타르의 땅을 찾아주었다. 그곳에는 "부지런하고 착한 소작인"이 사는 그럭저럭 괜찮은 농가가 있었고, 좀 떨어진 곳에 부속건물들이 있었다. 그 교구의 목사에게 1년에 내야 하는 십일조는 약 70파운드였는데, 그 정도는 "별로 비싸지 않은" 것이었다. 교회는 새로 지은 지 별로 안 되었으며 "빌린 돈도…… 다 갚았기" 때문이었다. 그래서 향사로서 해야 할 의무는 거의 없었다. 어느 모로 보나 국채보다 훨씬 수익률이 좋은 투자였다. 매입가 1만 2,500파운드를 써서 "3.25퍼센트를 임대료로, 에누리 없이 꼬박꼬박 챙기게 될 테니까."

1845년 3월에 찰스는 일을 서둘러 매듭지었다. 아니, 정확히 말하면 로버트 박사가 일을 매듭지어 찰스에게 넘겼다. 그러한 일은 로버트 박사 담당이었기 때문이다. 그 농장은 연간 400파운드의 수익을 내는 썩 괜찮은 투자였다. 그 국가적인 재앙만 없었더라도. 하지만 그 일은 몇 달 앞의 일이었고, 예상할 수 없는 일이었다. 당시 찰스는 폭스에게 흐뭇하게, "나는 곧 링컨셔의 향사가 된답니다!"라고 말했다. 다윈은 미래를 생각하고 있었다. 가족은 계속 불어나고 있었다. 에마는 다시 임신했고, "늘 그랬듯이 힘들어했다." 7월 9일에 "사내아이"가 태어났다. 다윈은 헨슬로의 아들 조지에 대한 "즐거운 기억"을 떠올리며 아들의 이름을 조지라고 지었다. 어쩌면 다윈은 아들이 아버지처럼 "자연학자가 되었으면" 하는 바람을 가졌을지도 모른다.[38]

한편 이 아이의 아버지는 일을 하느라 정신없었다. 다윈은 『남아메리카』의 집필을 중단하고 『항해기』를 수정하는 일을 시작했다. 존 머리가 자신의 '콜로니얼 라이브러리Colonial Library'의 한 권으로서 염가본을 내자고 제안했기 때문이었다. 이 제안은 대환영이었다. 『항해기』는 1,400 부가 팔렸는데도 다윈은 예전의 출판업자로부터 "한푼도 받지 못했다."[39] 머리는 저자를 어떻게 대우해야 하는지 아는 사람이었다. 그는 다윈에게 판권료로 100파운드를 지불했으며, 다윈의 요구에 응하여 50파운드를 더 올려주었다.

여름 내내 다윈은 비글호 표본에 대한 최신 정보를 보태가며 『항해기』 개정 작업에 매달렸다. 갈라파고스 제도를 다녀온 지 어언 10년이 지났지만, 여태 다윈은 그 섬에 대한 재해석 작업을 계속하고 있었다. 이 정도면, 갈라파고스 조류에 관한 존 굴드의 연구와 자신의 이론을 바탕으로 해서 갈라파고스 제도의 동물상을 재해석할 시간은 충분히 가졌다고 봐도 좋았다. "갈라파고스 제도는 하나의 작은 세계다. 아니, 아메리카 대륙에서 몇몇 이주자들이 우연히 건너와 살고 있는, 아메리카 대륙에 붙은 하나의 위성이라고 해야 할 것이다." 다윈은 이렇게 설명했다. 갈라파고스 제도는 "그 섬만의 창조"를 이루어낸, 용암에 뒤덮인 새로운 에덴이었다. 이곳에서 "우리는 어떤 위대한 사실, 미스터리 중의 미스터리인 지구상에 새로운 생명이 처음 출현하는 사건에 가까이 다가갈 수 있을지도 모른다."

그러나 핀치는 아직 다윈의 진화론의 증거로서는 사소한 부분을 차지하고 있었다. 물론 이 무렵 그는 여러 가지 부리 모양을 보여주는 핀치의 다양한 형태들을 그렸다. "매우 가까운 관계에 있는 하나의 소규모 새 집단이 보이는 구조상의 완만한 이행과 다양성을 고려하면, 이 제도에 원래 있었던 얼마 안 되는 새들 가운데 한 종이 다양한 목적을 위해 모양과 형태를 바꾸었다고 생각하게 될 것이다." 이것은 큰 단서였으며, 다윈이 앞으로 핀치의 진화에 대해 말하게 되는 내용이 다 나온 것이나 마찬가지였다. 또한 이제는 섬마다 서로 다른 거북이 산다는 확실한 증거도 확보했다. 더 정확히 말하면, 그 증거를 더 오래된 책 한 권에서 발굴했다. 그것은 1815년에 미국 배인 에섹스호를 타고 항해를 다녀온 포터 선장이 쓴 책이었는데, 그 책의 보고에 따르면 찰스 섬과 후드 섬에는 등딱지가 말안장형인 거북이 살고, 제임스 섬에는 "더 둥글고 검으며" 더 맛 좋은 거북이 살았다. 또 다른 증거들도 있었다. 『항해기』의 초판 교정쇄를 머리맡에 두고 잤던 후커가 개정판을 낼 때 식물학 조언자로 나섰다. 그는 꽃피우는 식물들 역시 대체로 "섬마다 고유하다"고 확인해주었다. 다윈은 갈라파고스 제도에 관한 장을 다시 쓰면서 이런 질문을 던졌다. 이 모든 "새로운 조류, 새로운 파충류, 새로운 조개껍테기, 새로운 곤충들, 새로운 식물들"이 생긴 이유가 무엇일까? 바다에서 최근에 올라온 이 작은 섬들에 남아메리카에 사는 종들과 미묘하게 다른 수많은 생물들이 만들어진 이유가 무엇일까?[40] 하지만 이것은 수사적 의문에 불과했고, 다윈은 그 답을 이미 알고 있었다.

다윈은 『항해기』의 개정 작업을 하면서 또 하나의 빚을 갚았다. 『산호초』와 『화산섬』은 둘 다 "절반쯤은 라이엘의 머리"에서 나왔다. 다윈은 『항해기』의 새 판에 라이엘에게 바치는 헌사를 넣고, 모두에게 책이 나올 때까지 비밀을 흘리지 말라는 맹세를 받아두었다. 다윈의 말에 따르면, 그것은 "제가 선생님께 지질학적으로 얼마나 많은 빚을 졌는지"를 보여주는 증표였다. 그러나 개정판에는 이러한 찬사와 더불어 라이엘에 대한 신랄한 빈정거림도 담겨 있었다.

6월 초에 라이엘은 아내와 함께 다운하우스에 들렀다(다윈은 후커에게 이런 충고를 했다. "과로하지 않도록 말려줄 아내를 얻도록 하게. 라이엘 부인은 인정사정 봐주지 않고 라이엘 씨를 말리지."). 라이엘의 『북아메리카 여행』이 곧 나올 예정이었고, 라이엘은 미국으로 새로운 여행을 떠날 계획이었다. 아마 아메리카가 화제로 올랐을 때 이야기는 자연스레 노예제 쪽으로 흘러갔을 것이다. 『북아메리카 여행』을 훑어본 다윈은 오싹한 기분이 들지 않을 수 없었다. 노예제 폐지에 몸 바친 "순교자"들을 지지했던 마티노와 달리, 라이엘은 그런 노예제 폐지론자들이 아무런 도움이 되지 않는다고 생각하고 있었기 때문이다. 다윈은 "지질학적으로는" 라이엘에게 빚을 졌을지 몰라도, 노예제 문제에는 대경실색하여 뒷걸음질을 쳤다. 8월의 어느 밤, 울분에 못 이겨 뜬눈으로 밤을 보낸 다윈은 라이엘에게 편지를 쓰면서 이 "혐오스러워서 참기 힘든 문제"에 대한 분노를 폭발시켰다. 어떻게 당신은 노예 부모에게서 그 아이들을 강제로 떼어내는 "잔인한" 이야기를 소개한 뒤에 아무렇지도 않게 "사업에 실패한 백인들을 동정하는" 내용을 쓸 수 있는가?

다윈은 『항해기』가 자신의 손을 떠나기 직전, 이 감정을 좀 정화시킨 노예제도에 대한 허심탄회한 비판을 마지막 몇 페이지에 집어넣었다.

나는 노예국가를 다시는 방문하지 않아도 된다는 사실이 정말 다행스럽다. 나는 지금도 먼 데서 비명소리가 들리면, 당시의 고통스러웠던 심정이 생생히 떠오른다. 그때 나는 페르남부쿠〔브라질〕 근처의 한 집 앞을 지나가다가 너무나도 애처로운 비명소리를 들었지만, 그 소리가 불쌍한 노예가 고문을 당하는 소리인 줄은 짐작조차 하지 못했다. …… 리우데자네이루 근처에서 나는 여자노예의 손가락을 짓누르기 위해 나사못을 가지고 다니는 노부인이 사는 집 맞은편에 머물렀다. 나는 젊은 물라토 하인이 매일 매시간 가장 하등한 동물의 정신도 견딜 수 없을 정도의 욕설을 듣고 매를 맞고 학대를 당하는 집에 머문 적도 있다. 나는 예닐곱 살 난 소년이 내게 깨끗하지 않은 물을 주었다는 이유로 (내가 미처 말릴 사이도 없이) 말채찍으로 민머리를 세 대씩이나 맞는 것도 보았다.

"가슴 아픈 만행"에 대한 열거는 계속되었다. "나를 사랑하듯 이웃을 사랑하겠다고 맹세한 사람들, 신을 믿으며 신의 뜻이 온 누리에 임하기를 기도하는 자들이 알량한 변명을 하며 이런 짓을 자행하고 있는 것이다!" "나는 격분하지 않을 수 없다." 다윈은 "상류층"이 부리는 배불리 먹는 노예들만을 보고 노예제를 "참을 만한 악"이라고 부르는 사람들을 저주했다.[41] 다윈은 마지막에 덧붙인 이 대목은 라이엘의 글에 대한 응답이 아니라 단지 "감정의 폭발"일 뿐이라고 주장했지만, 이런 변명은 공허하게 들렸다.

머리는 새로운 판에 기뻐했으며, 큰돈을 벌었다. 그는 다윈에게 12권을 증정하며, 자신이 확보한 새 저자의 비위를 맞추었다. 한 부는 9월에 미국으로 막 떠나려 하는 라이엘에게, 또 한 부는 에든버러에 있는 후커에게 보냈다. 현재 후커는 그레이엄이 죽은 뒤 공석이 된 식물학 교수 자리에 입후보한 상태였는데, 표를 모으러 다니는 것은 "정말 진저리나는 일"이었다. 다윈은 이제는 누가 "민들레와 데이지"를 구별하는 것을 가르쳐줄 것인가 하는 생각을 하면서 마지못해 추천서를 써주었다.[42] 결국 후커가 그 자리를 얻지 못했을 때 다윈은 크게 안도했다.

후커의 편지들은 계속해서 추천도서 목록을 잔뜩 담고 도착했다. 휴잇 왓슨은 후커가 특별히 추천하는 저자였다. 그는 에든버러 대학에서 공부를 한 골상학자였으며, 1831년에 그레이엄 금메달을 받은 사람이었다. 후커는 왓슨에 대해, 식물 분포에 관한 지식으로는 따를 자가 없는 "영국 식물학자들의 우두머리"라고 평했다. 1845년에 왓슨은 3년 전 아조레스 제도를 다녀온 결과물들을 담은 책을 집필하고 있었다. 그런데 논란을 부추긴 것은, 왓슨이 『흔적』에 자극받아서 한창 작업하고 있는 "전진적 발달"에 대한 일련의 논문들이었다. 후커는 왓슨에게는 어떤 "철학"이 있다고 말했는데, 그 말은 그가 보기 드물게 통계학적 성향을 지닌 식물지리학자라는 뜻이었다. 종의 "인구통계학적 연구"는 왓슨의 장기였다. 그는 공문서 담당관이 인구조사를 실시하듯 식물 개체군의 추세를 이해하려 했다. 급진주의자인 왓슨은 빅토리아 시대가 시도하는 인구통계조사에 깊이 공감하는 사람이었다. 그는 급진주의자일 뿐 아니라 무신론자였고, 성미가 급했으며, 게다가 종변형론자였다. 후커는 왓슨을 한마디로 "배교자"라고 말했다. 다윈은 큰 흥미를 느꼈다.

왜 흥미를 느꼈을까? "자네는 이제부터 내게 열 배는 더 놀라게 될 걸세." 다윈은 답장에 이렇게 썼다. 다윈의 배교적인 "유래에 관한 견해들"도 이단적이기는 마찬가지였기 때문이다. 후커는 그리 큰 인상을 받지 못했다. 섬의 식물상을 보면 볼수록 종의 변화를 받아들이지 않게 되었기 때문이다. 그것은 "능동적인 행위자"일 수는 있지만, 그저 종을 "뒤흔들어" 약간 동요하게 만들 뿐이라는 생각이었다. 하지만 후커가 그렇게 생각한 것은 그 동요를 확대하는 다윈의 "매우 위대한" 메커니즘인 자연선택을 전혀 몰랐기 때문이었다. 두 달 뒤에야 다윈은 "이 문제에 관한 (깔끔하게 베껴 적은) 대략의 개요"에 대해 논평을 해달라며 후커에게 원고를 내밀었다. 그런데 이때도 다윈은 "너무 경솔한 부탁"이 아닐까 하는 생각을 하고 있었다.[43] 어쩌면 그랬을지도 모르겠다.

다윈은 점점 더 자주 후커를 다운으로 초대했다. 마침내 후커는 처음 다운을 방문한 지 1년 뒤인 12월에, 여러 명의 전도유망한 자연학자들과 함께 주말을 보내러 다운으로 왔다. 다방면의 전문가가 다 모였다. 후커는 식물학 전문가였고, 워터하우스는 동물학 전문가였다. 에드워드 포브스는 생물지리학으로 모두를 놀라게 했으며, 현재 영국박물관에서 인도산 화석들을 연구하고 있는 사근사근한 성격의 휴 팔코너는 고생물학을 대표하는 사람이었다. 다윈은 자신의 집에서 젊은피를 "펌프질"할 수 있는 이런 모임을 즐겼다. 다윈은 "내 탁자 둘레에 영국에서 가장 유망한 네 분의 자연학자를 모시게 되었다"며 기뻐했다.[44]

포브스를 직접 만나는 것은 이번이 처음이었다. 쾌활하고 호감 가는 사람인 포브스는 다윈보다 여섯 살 아래였고, 에든버러 대학 출신이었다 (그도 맥케이 부인의 하숙집에 살았다).[45] 그는 지중해로 탐험을 떠나 심해 해양생물을 채집하기도 했지만, 아버지가 파산한 뒤로 지금은 런던에 돌아와 지질조사국에서 일하고 있었다. 그는 과감한 이론을 피력하기도 했는데, 다윈은 그가 주장하는 잃어버린 대륙에 대해 듣고 싶었다. 그것은 아일랜드에서 포르투갈로, 나아가 아조레스 제도를 지나 대서양까지 뻗어 있는 초대륙이 옛날에 존재했다는 가설이었다.

포브스가 그러한 가설을 끄집어낸 것은 근연식물의 분포양식을 설명하기 위해서였는데, 다윈으로서는 유감스럽게도, 귀가 얇은 후커가 포브스의 말에 솔깃해했다. 사실 후커는 항상 "불안정한 물처럼" 이리저리 흔들거렸지만, 지금은 식물의 이동수단으로서 다윈이 주장하는 것―바다에 떠내려가거나 바람에 실려가는 것 등등―은 "이제 진부해졌다"고 주장하고 있었다. 후커는 종이 여러 곳에서 창조되었다기보다는 하나의 "창조의 중심"에서 이주한다는 사실은 받아들였다. 그런데 동물, 식물, 씨앗, 알들이 대체 어떻게 이동하여 섬에 정착할까? 포브스가 주장하듯, 섬들을 아우르는 마른 땅―대륙의 연결―이 넓게 퍼져 있었을까? 그랬다면 그 땅은 지금 어디로 갔을까? 사라진 아틀란티스라는 개념은 다윈을 동요하게 했다. "현생 종이 출현한 이후의 어느 시점에 그렇게 넓은 땅덩어리가 바다 깊숙한 곳으로 가라앉는다는 것은…… 엄청나게 대담한 발걸음"이었다. 다윈은 어리벙벙했다. 섬의 형성, 바다 밑으로의 침강, 종의 고립은 다윈의 진화론을 구성하는 요소들이기도 했지만, 다윈은 이보다 훨씬 느린 과정을 생각했다. 해류와 새들에 의해 퍼져나갈 수도 있지 않는가. 한 종이 생존하는 동안 초대륙이 가라앉았다는 가설은 지나치게 무모해 보였다. 포브스는 이런 무모한 추측으로 "그의 평판을 손상시킬 것"이다.[46] 포브스가 다운으로 왔기 때문에, 다윈은 이 문제에 정면으로 부딪쳐볼 수 있었다.

그 주말은 멋지게 흘러갔다. 온갖 뜨거운 쟁점들에 대해 "왕성한 토론"이 벌어졌다. 아마도 팔코너와 다윈은 초대륙 가설을 침몰시키려 했을 테고, 성격 좋은 포브스는 교묘하게 응수했을 것이다. 아마 종 문제는 우회했을 것이다. 모든 손님이 종변형을 반대하는 사람이었기 때문이다. 누구보다 포브스가 그랬다. 포브스는 지층에 따른 화석의 변천상은 한 동물이 다른 동물로 "**실제의 변화, 즉 형태상의 변화**"를 했음을 입증하는 증거라는 관점을 부정했다.[47] 어류와 파충류와 유인원은 스스로 변형을 일으킬 수 없다. 이 동물들은 스스로 발달하는 능력을 가지고 있지 않다. 포브스는 극단적인 관념론자였다. 종은 신의 생각이 구체화된 것이며, 신의 마음속에서만 실제 변화가 일어날 수 있었다.

유물론적 사고를 지닌 많은 유니테리언파처럼, 다윈은 이러한 초자연적인 플라톤주의를 혐오했다. 플라톤주의에 따르면, 종의 변화는 창조주의 마음속에서만 일어날 수 있고, 속屬은 "신의 생각이 생물형태로 구현된 것"이었다. 이러한 생각은 물리적 메커니즘을 발견하려는 모든 시도를 무력화했다. 또한 다윈은 다른 사람들에게서도 긍정적인 생각을 전혀 뽑아낼 수 없었다. 후커는 "종의 기원에 관한 모든 추론을 일단은 거리를 두고 지켜보겠다"는 입장을 취했다. 그는 "각각의 종은 저마다의 기원을 가지고 있으며 변하지 않는다는 오래된 전제"를 강력히 지지했으며, 그것을 계속 고집했다. 다윈은 좀처럼 수그러들지 않는 이 허튼소리에 약간 화를 냈으며, "우리가 언젠가 그 문제에 관해 공식석상에서 한번

붙게 되는 게 아닌지” 불안했다.[48] 다윈은 동지가 없다는 사실에 서서히 좌절하기 시작했다.

그렇다고 후커의 도움에 감사하지 않은 것은 아니었다. 오히려 그 반대였다. 다윈은 “다른 어떤 사람보다도” 후커에게 많은 빚을 졌음을 여러 차례 강조했다. 급기야 1846년 새해에, 다윈은 이 친구와 큐 식물원에서 함께 지내려는 “과감한 발걸음”을 계획하기에 이르렀다. 이 일이 왜 과감한 것이었냐 하면, 다윈은 “말 그대로” “지난 5년 동안 가까운 친척집이나 여관이 아닌 곳에서 잠을 잔 적이 한 번도 없었기” 때문이다(폭스에게는 더 심하게 이야기했다. 그는 결혼한 이후로 안전한 집이 아닌 곳에서는 잠을 잔 적이 없었다). 다윈은 결국 큐 식물원에 가지 않았지만, 이 계획은 다윈이 날이 갈수록 더욱 후커에게 의지해가고 있었음을 잘 보여준다.

다윈은 친구에게 계속해서 압력을 가했다. 그는 후커가 2월에 영국지질조사국의 식물학자로 임명되었다는 소식을 듣고 몹시 기뻐했다. 후커는 그곳에서 포브스와, 국장인 헨리 드 라 베슈 곁을 충성스럽게 지키는 “한가한 개들”과 함께 일하게 될 것이다. 이는 후커가 다운에서 두 시간 거리인 채링크로스가에 뿌리를 내리게 되었다는 뜻이었다. 다윈은, 말과 침대를 준비해놓을 테니 언제 한번 켄트의 백악층을 조사하러 오지 않겠느냐고 물었다. 또한 영국과학진흥협회의 모임이 다가옴에 따라, 다윈은 후커가 “모임이 끝난 뒤 이곳에 와서 조사를 할 수 없는 이유가 딱히 있는지” 물었다.[49] 이렇듯 상대를 줄기차게 꾀어내면서도 답례여행은 거절했던 것을 보면, 다윈은 세상을 등진 은둔자라기보다는 단지 주변상황을 통제할 필요가 있었던 사람에 더 가까웠다. 다윈은 자신의 집에서 자신의 문제를 푸는 것, 그러니까 익숙한 환경이 필요했던 것이다.

다윈은 교구 문제에서만큼은 아직 헨슬로의 학생으로 남아 헨슬로의 사례를 보며 마을 사람들을 돌보는 법을 배웠다. 헨슬로는 자신의 교구인 서포크의 노동자들을 위해 기적을 행하고 있는 것처럼 보였다. 그는 저축 공제회, 공제조합, 도서관, 학교를 세웠을 뿐 아니라, 작물품평회를 조직 했고, 농부들을 대상으로 강습회를 열었으며, 목사관 잔디밭에서 불꽃놀이를 했다. "이런 일들은 시골사람들에게 참으로 놀라운 선물입니다"라고 찰스는 감격했다. 그런데 이런 행동이 "주위의 아무 활동도 하지 않는 선량한 목사들의 부러움을 사지" 않는다니, 얼마나 애석한 일인가.[50]

대부분의 성직자들은 헨슬로 같은 적극성과 재치를 갖고 있지 못했다. 젊은 "윌로트 씨"—다윈가는 '목사'라고 부르는 것을 항상 피했다—는 찰스의 신임을 얻었고, 찰스는 교구교회의 보수비용으로 5파운드를 기부했다. 하지만 그 심약한 목사는 마을의 분쟁을 제대로 해결하지 못해 쩔쩔맸다. 어느 날 윌로트는 다윈에게 충고를 구하러 다운하우스에 왔지만, 함께 온 헤이스의 교구목사 옆에서 입도 벙긋하지 못했다. 헤이스의 교구목사는 마을의 교사가 종교적으로 "불건전"하다는 "엄청나게 어처구니없는" 험담을 늘어놓더니, 주위를 둘러보며 무시무시한 목소리로 "이러다 큰일이 날 것"이라고 선언했다. 큰일이란 물론 부도덕을 뜻했다. 그러나 찰스는 "불건전한 종교는 종교가 없는 것만 못하다"는 헤이스 교구목사의 결론에 반대했다.[51]

3월에 윌로트 목사가 갑자기 세상을 떠났다. 그리하여 윌로트가 했던 두 가지 중점사업인 주일학교와 석탄·의류공제조합은 윌로트만큼이나 미숙한 목사보인, 이웃마을 판보로에서 부임한 존 이네스 목사에게 맡겨졌다. 전성기를 누리던 옥스퍼드 고교회파 출신인 이네스는 후커와 나이가 같았다. 다윈은 다운에 이사 온 직후인 몇 년 전에 이네스를 본 적이 있었다. "친애하는 비호자"인 헨슬로에게 배운 대로, 다윈은 이네스가 마을 사람들을 교육하고 그들이 겨울을 날 석탄과 의복을 확보하는 것을

도왔다.[52]

다윈은 링컨셔의 발전을 추구하는 지주로서도 몇 가지 시도를 했다. 비스비 농장은 다운에서와 같이 다윈에게 사회적 가치를 입증할 새로운 기회를 열어주었다. 다윈은 작년 9월에 슈루즈버리로 아버지를 만나러 갔을 때 자신의 땅을 둘러보고는, 토건업자들에게 오래된 건물들을 허물고 새로운 농가를 짓도록 했다. 이 일을 하려면 로버트 박사가 1,000파운드를 지불해야 했지만, 새 단장은 불가피했다. 중개인도 "훌륭한 소작인"을 두기 위해서는 그렇게 하는 것이 좋다고 강력히 권했다. 그리고 다윈은 헨슬로가 교구 주민들에게 작은 밭을 빌려주어 그들을 돕고 있다는 이야기를 듣고, 자신도 똑같은 일을 했다. 티에라델푸에고에서 다윈은 원주민들이 밭을 가꾸는 일을 도운 적이 있는데, 마찬가지로 링컨셔에서도 자급자족은 장려되어야 했다(그렇게 하면, 다윈이 마을의 빈민들을 지원하기 위해 내야 하는 구빈세도 줄어들 것이다). 비스비에 재건축이 이루어지는 동안, 다윈은 중개인에게 자신의 땅에 사는 모든 노동자에게 밭을 마련해주라고 지시했다. 그리고 비스비 학교를 지원하기 시작했다. 그는 매년 지대에서 10파운드를 학교 지원금으로 기부하기로 했다.[53]

그런데 지금은 밭을 나눠주는 것 이상의 조치가 필요한 시기였다. 1845년, 영국의 감자농사는 치명적인 감자마름병 때문에 흉작을 면하지 못했다. 이것은 이후 몇 차례 들이닥친 흉작의 전초전이었고, 거의 빵과 감자만을 먹고사는 빈민들은 속절없이 굶주림과 비참한 삶으로 내몰리고 말았다. 아일랜드가 가장 심한 타격을 입었다. 아일랜드에서는 이 19세기 최악의 자연재해로 향후 5년 동안 70만 명이 굶어죽고 100만 명이 이주를 하게 된다. 처음에는 강 건너 불구경이었던 다윈은 작물병 전문가인 헨슬로처럼, 감자마름병이 "가슴 아프지만 흥미로운 문제"라고 생각했다.[54] 흥미로운 문제. 한동안 감자가 없어도 사는 데에 아무런 지장이 없는 향사 자연학자에게는 그렇게 보였을 것이다. 하지만 교구의 빈민들은 굶어죽고 있었다.

굶주림과 죽음의 그늘은 차츰 다운하우스에도 드리워졌다. 찰스의 집에서 일하는 노동자들은 감자가 몇 주 먹을 분량밖에 남지 않은 긴급한 상황에 처했다. 옥수수 수입관세 때문에 밀가루 가격이 오르자, 문제는 더 악화되었다. 1주일에 12실링의 임금을 받는 다윈의 잡역부는 1주일에 밀가루 값으로 그 돈에다가 1실링을 더 써야 했다. 다윈의 계산은 이랬다. "이것은 마치 우리가 빵 값으로 50에서 100파운드를 더 지불해야 하는 것과 같습니다. 이 지독한 옥수수법을 시급히 철폐해야 합니다." 향사인 다윈은 자신의 재산으로 충분히 살아갈 수 있었다. 허리띠를 졸라매면 그럭저럭 1년에 1,000파운드 정도로 살 수 있었으며, 그렇게 절약을 한다면 자신이 "엄청난 부자"라고 느낄 수도 있었다. 그래도 다윈은 지역 경제가 무너지고 있는 것을 두고 볼 수만은 없어서, 자신의 책임을 다하려고 애썼다. 그는 "신사들이 감자를 사지 말아야 한다"는 헨슬로의 의견에 동의했고, 아마 에마도 요리사에게 감자 구매를 중단하라고 말했을 것이다. 에마는 심지어 마을 빵집에서 빵으로 바꿔먹을 수 있는 빵 표를 대문 앞에서 나눠주기도 했다. 찰스는 이 문제를 자연학자의 관점에서 접근하여, 자신이 칠레에서 가져온 감자씨앗을 이용하면 피해를 입은 농작물을 대신할 수 있지 않을까 하고 제안하기도 했다. 하지만 그는 이 씨앗들도 감염되었다는 것을 알게 되었다.[55]

다윈은 이 재앙을 보면서 자신이 추구하는 자유무역 원리가 옳다는 것을 확인했다. 디즈레일리와 완고한 농부들이 어떻게 생각하든, 보호무역은 폐지되어야 한다. 빵 값을 높이는 수입 옥수수에 대한 관세는 폐지되어야 한다. 다윈은 자유무역을 주창하는 맬서스주의자로서, 큰아들에게 유산을 물려주는 장자상속제를 혐오했다. "토지재산의 격차를 줄이고 소규모 자유토지 보유자를 늘리기 위해” 장자상속제는 반드시 폐지되어야 한다. 그렇게 하면 경쟁을 통해 아들들 가운데에서 더 현명하고 부지런한 “최적자”를 가려낼 수 있을 것이다. 인지세도 폐지해야 했다. 이 제도는 “잔인할 정도로 부당한 것으로서” “가난한 사람이 밭 한 뙈기 사는 것도” 어렵게 만들기 때문에, “분개하지 않을 수가 없습니다.”[56] 다윈은 과학 안에서나 밖에서나 변함없이, 경쟁의 가치를 추구하는 자유무역주의자였다.

하지만 그의 부富도 비극이 초래하는 인간성 상실로부터 그를 보호해줄 수는 없었다. 계절에 맞지 않는 폭풍우가 몰아치던 6월에 에마가 윌리와 애니를 데리고 텐비에 있는 이모 집에 가 있는 동안, 다윈은 집에 몇 가지 공사를 더 했다. 전부터 만들려고 했던 공부방 하나와 침실 두 개가 마침내 위층에 생기게 되었다. 또한 새로운 뒷문이 생기면, 사람들이 부엌에서 나오는 것을 차단할 수 있을 것이다. 결국 “우리만 쾌적하고 하인들은 불편하게 하는 이기적인 집수리”처럼 보였다. 찰스는 메스꺼워서 아편환을 복용하며, 집 안에서 벽이 헐리고 일꾼들이 말싸움을 벌이는 슬픈 광경을 지켜보았다. 다운의 건축가이며 십장인 존 루이스는 결국 이 싸움질에 질려 그 패거리 모두를 해고해버렸다. 그러자 배를 곯은 데다 돈도 받지 못하게 된 한 노동자가 개조공사가 반쯤 진행된 방 안에서 울음을 터뜨렸다. 가슴이 아팠던 찰스는 에마에게 구구절절한 사연을 적어 보냈다. 그 남자의 “아내가 멀리서 아기를 데리고 왔는데, 아내는 매우 아픈 상태였소. 그 불쌍한 남자는 비참해서 울음을 터뜨렸다오.” 정에 약한 이 집안 사람들에게 그것은 너무도 가혹한 처사로 보였다. 다윈 부부는 “그 남자를 다시 쓰도록 루이스를 설득했다.”[57]

같은 달, 의회가 마침내 대책을 마련했다. 굶주림으로 곡물법을 폐지하라는 요구가 극에 달했기 때문이었다. 아일랜드 대기근 사태 뒤로 토리당 내각의 총리 로버트 필 경은 자유무역주의자로 변신하여 옥수수 관세를 낮추었다. 그런데 아이러니하게도 이 조처가 다윈의 재정에 타격을 주었다. 옥수수 가격이 떨어지자 농장의 수익도 떨어졌고, 이에 따라 비스비의 소작인이 지불할 수 있는 지대도 줄었다. 다윈은 중개인에게 "너무 많이 깎았다"고 불평하면서 지대를 15퍼센트 내려주었다. 그리고 그 마을의 "향사들"―야보로 경이나 로버트 크리스토퍼 의원―은 지대를 얼마를 깎았는지를 알고 싶어했다. 그러다가 그는 불현듯 자신이 토리당의 보호무역주의자와 비교를 하고 있다는 사실을 깨닫고 곧장 마음을 고쳐먹었다. "나는 입으로는 자유무역주의자라고 외치면서, 좋은 소작인을 두기 위해 지대를 필요 이상으로 삭감하기는 싫어한다." 다윈은 지대를 깎는 것을 불평하지 않기로 했다. 강경파 토리당원들과 돈에 쪼들리는 농장경영자들은 옛날의 보호무역주의로 돌아가고 싶어했지만, 다윈은 "결코 절망할 이유가 없다"고 생각했다. 그는 "좋은 시절이 오기를 기대합시다"라고 말하며 소작인을 격려했다.[58]

다시 구토가 시작되었다. 이 오래된 구역질은 어느 때보다 지독하게 다윈을 괴롭혔다. 그의 위는 다운으로 이사를 오고 나서부터 단 하룻밤도 편안하지 않았으며, 그는 하루에 단 몇 시간밖에는 일을 할 수 없었다. 친구들은 다윈이 건강염려증이라고 생각했는데, 그것은 다윈이 맨날 병 평계를 댔기 때문이었다. 어디로든 외출을 한다는 것은 생각만 해도 끔찍한 일이었다. 특히 "진저리나는" 런던, "지옥 폐하가 사는 지하왕국"에서 올라오는 숨 막히는 스모그로 가득한 "그 옛날의 바빌론"으로는 다시는 가고 싶지 않았다. 외출은 사람을 "녹초로 만드는" 아무짝에도 쓸모없는 일이었다. 작년에 다윈은 케임브리지에서 열리는 영국과학진흥협회에도 가지 않았는데, 그 까닭은 "즐겁기보다는 고역일 것 같았기" 때문이었다. 아버지를 만나러 슈루즈버리에 갔을 때도, 집에 사람이 많았지만 구석에 처박혀 조용히 지냈다.

그것은 결코 꾀병이 아니었다. 그는 정말 구토 때문에 괴로웠다. 하지만 아무도 병명을 몰랐다. 온갖 처방이 동원되었다. 그의 아버지는 당을 뺀 식단을 처방해보기도 했고, 쓰디쓴 "인도산 에일"을 써보기도 했다. 그리고 한 달 동안 코담배를 끊기도 했는데, 그 시도 역시 "이참에 완전히 끊으라"는 후커의 매정한 핀잔 말고는 별다른 효과가 없었다. 심지어는 돌팔이 의사에게 의지해보기도 했다. 다윈은 최면술에 속아 넘어가는 사람을 비웃고, 어린 소녀들에게 최면술을 시도하는 해리엇 마티노를 비웃으며 "병든 여자들은 잘 속는 병적인 경향이 있다"고 투덜거린 사람이었다. 그런 그가 "돌팔이 요법"이기는 마찬가지임을 알면서도, 양극전지를 이용해 몸 안에 자극을 주는 직류전기요법을 하루에 한 시간씩 시도했던 것이다. 칼라일은 온 나라를 휩쓸고 있는 이러한 유행—최면술, 직류전기요법—을, 사람을 원숭이의 자식으로 만드는 것만큼이나 불명예스러운 "악마의 법칙"이라고 불렀다.[59] 이런 것들은 모두 다 광신적인 이단의 늪지에서 흘러나오는 진흙이었다. 다윈은 이런 요법들을 시도하긴 했지만, 대체의학을 그다지 신뢰하지 않았고 또 치료가 될 거라고 기대하지도 않았다.

자기 일에 몰두하는 사람이었고 몇몇 사람의 눈에는 자기중심적으로까지 비쳐졌던 찰스는 끊임없이 관심을 요구했다. 이웃들은 배를 곯고 인부들은 망치질을 하던 그해 봄, 에마의 노모가 평온하게 눈을 감았다. 메이어 저택은 팔렸고, 웨지우드가는 곧 뿔뿔이 흩어질 터였다. 엘리자베스는 새 집으로 이사를 갈 예정이었다. 웨지우드가의 50년, 그들의 황금시대가 막을 내렸다. 하지만 에마는 고향에 가지 않고 다운에 남아 찰스를 보살피고 돌보았다. 그러다 6월의 어느 날 에마가 아이들을 데리고 그녀가 제일 좋아하는 제시 이모를 보러 가자(이런 일은 에마에게 "좀처럼 없는" 일이었다), 찰스는 홀아비가 된 기분이었다. 그는 에마가 돌아오기를 손꼽아 기다렸고, 에마에게 예정보다 일찍 돌아오라고 다그쳤으며, 날마다 아프다고 하소연했다. 그러던 어느 날 오후, 그는 여름날의 집에 홀로 앉아 뇌우를 보던 중 정신이 번쩍 들어 자신의 행복을 깨달았다. "나는 감사할 줄 모르는 투정쟁이 늙은 개라오. …… 풍족한 세속적인 조건 속에서 사랑스러운 아이들…… 무엇보다 당신 같은 아내와 함께 풍족하게 사는 나는 얼마나 행복한 사람인가 하는 생각이 들었소." 에마는, 그녀의 언니 엘리자베스의 말에 따르면, 이기심이 없는 아내였다. 엘리자베스는 에마의 입에서 불평소리가 나오는 것을 한 번도 들어본 적이 없었다고 말했다. 찰스는 점점 더 자신은 "그렇다고 분명히 말할 수 있으며, 죽을 때도 그렇게 말할 것"이라는 생각이 들었다. 찰스는 "사랑하는 아내에게, 신의 축복이 함께하기를" 빌었다.[60]

다운은 성소나 마찬가지였다. 이곳의 시골생활은 무엇과도 바꿀 수 없는 소중한 것이었다. 후커는 "불편한 시골"이 뭐가 좋은지 의아해했지만, 다윈은 일부러 이곳을 선택했던 것이다. 다운은 다윈의 은거지였고, 다윈은 그곳을 점점 더 안전한 곳으로 만들어갔다. 그는 1846년 초에 러벅에게서 집 뒤편에 있는 0.6헥타르의 땅을 임대해서, 그곳에 울타리를 치고 집 주위에 관목과 나무를 심어 집을 가렸다. 그는 여기에 길이 400미터의 사색의 길을 만들고, 매일 한낮에 이 "모랫길"에서 건강을 위해 산책을 하기로 했다. 다윈은 여전히 습관의 동물이었다. 이제 그의 생활은 완전히 "시계바늘"처럼 규칙적으로 돌아갔다. 아침—일—편지—일—산책—점심—편지—낮잠—일—휴식—차—독서—취침. 그는 이런 단조로운 일상을 좋아했고, 다운의 시간 가는 속도는 그것을 가능하게 했다. 그는 모든 사람에게 이렇게 말했다. "나는 죽을 때까지 여기서 살 겁니다." 에마도 고독을 좋아했으며, "아프고 불평 많은 불쌍한 남편"과 함

께하는 지루한 인생을 군소리 없이 견뎌냈다.[61]

다윈은 1년 내내 『남아메리카』의 집필에 매달렸다. 재무성의 보조금도 거의 바닥났기 때문에, 다윈과 출판업자가 자금을 댈 수밖에 없었다. 그다지 많이 팔릴 것 같지 않았지만, 양측 모두 마지못해 돈을 냈다. 8월에 전체의 3분의 2가 인쇄에 들어가자, 다윈은 다시 "비교적 자유로운 사람"으로 돌아갈 기대에 부풀었다.[62] 9월에 마침내 서문을 끝내고, 영국과학진흥협회에 참석하기 위해 에마와 함께 사우샘프턴으로 출발했다.

늘 그렇듯이 회합은 지루했다. 게다가 이번 회합은 더욱이 그럴 수밖에 없었다. 회보가 어안이 벙벙할 정도로 어려운 오언의 전문논문으로 채워져 있었기 때문이다. 그 논문은 어류, 파충류, 포유류의 상동인 뼈들을 비교하는 것이었다. 오언은 후커에게 경외심을 불러일으키는 해부학계의 "대가"였고, 다윈도 오언의 전문분야에 대해서는 자신은 "무식하다"고 털어놓았을 정도였다. 신기하고 흥미로운 일도 있었다. 회의 후반에, 오언이 새로운 화석 포유류 몇 점을 기재했는데, 거기에는 다윈의 제안으로 (전에 비글호에 승선했던) 설리번 함장이 오 과의사협회에 보낸 라마만 한 크기의 톡소돈들이 포함되어 있었던 것이다. 다윈은 회의장을 어슬렁거리는 수많은 대의원들 가운데 한 명일 뿐이었다. 그는 엘리트 지질학자이며 신사계급이었지만, 오언의 범주에 드는 사람은 아니었다. 다윈은 학회를 그다지 좋아하지 않았지만, 그래도 학회는 친구들을 만나고 새로운 사람들, 전도유망한 인물들을 볼 수 있는 기회였다. 그는 제닌스가 말라 보인다고 생각했고, 표절 혐의로 포브스의 얼굴을 납작하게 하고자 몸소 참석했던 "배교자" 휴잇 왓슨을 놓친 것을 애석해했다. 뭐니 뭐니 해도 가장 재미있는 순서는 학회에 수반되는 친목여행이었다. 일요일에는 윈체스터 대성당으로 소풍을 갔는데, 일행 중에는 아마Armagh의

주임사제도 있었으며, 다윈은 "일생에서 이보다 더 즐거울 수 없는 하루를 보냈다."[63]

다음 달에 설리번이 가족을 데리고 다윈의 집을 방문했다. 다윈은 "정말 왁자지껄한 좋은 사람들"이라고 환호하면서, 후커도 "자연학자들의 재결합"에 동참하도록 끌어들였다. 그들은 포클랜드 제도, 화석, 피츠로이 같은 지나간 시절의 추억에 대해 이야기꽃을 피웠다. 설리번은 남아메리카에서의 일을 멋지게 해내고 여섯 상자 분량의 파타고니아산 화석을 가지고 고향으로 돌아왔다. 설리번이 다운에 머물 때 우연히도 피츠로이의 편지가 도착했다. 피츠로이도 뉴질랜드 총독에서 해임을 당해 고향에 돌아와 있었다. 설리번은 피츠로이가 해임당한 것이 "그 옛날의 귀족적인" 거만 때문이라고 말했다. 피츠로이는 "비글호에서 하던 대로, 불같은 성질 탓에 아무에게 **아무 말이나** 하며, 경솔하고 어이없는 짓"을 일삼았다. 한번은 피츠로이가 "격분하여 사절단에게 공격을 퍼붓자, **사절단**이 미쳐 날뛰는 그를 남겨둔 채 모자를 집어들고 방에서 나가버린" 일도 있었다. 그는 "자신이 여전히 군함의 함장인 줄 알았던" 것이다.[64]

다윈은 해군성에서 피츠로이의 주소를 받아 그에게 짧은 편지 한 통을 썼다. 하지만 다윈은 편지를 쓰면서 그야말로 한 시대가 막을 내렸다는 것을 깨달았다. 비글호의 일은 거의 끝이 났다. 버릴 것은 아무것도 없었다. 심지어는 갑판의 먼지, 식물 뿌리에 붙어온 흙조차도, 미생물이 포함되어 있는지를 조사하기 위해 베를린의 크리스티안 에른베르크에게로 보냈다. 다윈은 항해 성과를 정리하는 마지막 책인 팜파스와 땅의 융기에 관한 책을 거의 완성했는데, 피츠로이에게 한 말에 따르면 그것은 "지루한 지질학" 책이었다. 판매도 별로 기대하지 않았다. 다윈은 라이엘에게 『화산섬』의 운명을 보라며 한탄했다. "**18개월!!!**을 공들여 썼지만", 그 책을 사본 사람은 거의 없었다. 다윈은 지질학자들은 서로의 책을 읽지 않으며 책을 쓰는 유일한 이유는 "열심히 한다는 증거"를 보이기 위해서가 아닌가 하는 생각마저 들었다. 다윈은 그것을 확실히 증명했다. 그는 이제 인정받는 지질학자였다. 더는 피츠로이 함장 옆에 납작 엎드린 초심자가 아니었다. 다른 변화들도 있었다. 다윈은 피츠로이에게 이렇게 말했다. "나는 지난날 비글호에서 당신의 '파리채' 노릇을 하던 때와는 힘에서나 열정에서나 다른 사람이 되었습니다."

10월 1일에 다윈은 『남아메리카』의 마지막 교정지를 돌려보냈다. 그러나 완전히 끝난 것이 아니었다. 제본업자들이 "바보 같은 장난"을 저질러놓았던 것이다. 그들이 지질학 부분의 유일한 컬러도판을 앞뒤를 바꾸어 제본해놓는 바람에, 완성된 책 전부에서 그것을 잘라 올바른 방향으로 다시 붙여야 했다.[65] 하지만 이것도 저자의 운명이었다.

비글호 표본의 정리는 이제 따개비 한 종만 기재하면 끝이었다. "일을 끝마쳐서 제가 얼마나 기쁜지 모르실 겁니다." 1846년 10월 5일에 헨슬로에게 쓴 편지에서 다윈은 이렇게 말했다. 표본을 기재하는 일은 시간이 많이 걸렸다. 어언 10년이었다. 헨슬로의 예상은 그리 빗나가지 않았다. "표본들을 기재하는 데에는 채집하고 관찰하는 데에 걸린 시간의 두 배가 걸릴 것이라는 선생님의 예상이 터무니없다고 생각했는데, 그대로 되었습니다."

따개비가 유혹의 손짓을 하고 있었다. 다윈은 짤막한 논문 한 편이면 될 것이라고 예상했다. 그리 오래 걸리지 않을 것이다. 개조공사는 끝이 났으며, 서재에 칠도 새로 했다. 집은 이제 평화로웠다. 기이한 종이긴 했지만, 어쨌든 한 종만 기재하면 되는 일이었다. "몇 달이면 될 터"였다. "길어야 1년쯤"이 될 것이다. 그는 낙관적으로 예상했다. 이 일이 끝나면 "그동안 모아둔 종에 관한 메모들"을 살펴볼 것이다. 이 메모들을 정리하려면 "아마 5년은 걸릴 것이며, 그러고 나서 출간하면 나는 모든 건전한 자연학자에게 엄청나게 낮은 평가를 받게 될 걸세." 다윈은 후커에게 말했다. "그래서 이 일은 나중으로 돌리려 하네."[1]

이 따개비는 1835년에 칠레 남부 해안에서 채집한 "특이하게 생긴 작은 괴물"이었다. 후커는 다윈에게 그것이 "상당히 새롭고 신기하며" 흥미로운 표본이라고 들었다. 별종이라는 말에 딱 맞는 표본이었다. 이것은 세계에서 가장 작은 따개비로서, 콘콜레파스속屬*Concholepas*의 고둥에 구멍을 뚫고 기생생활을 하는 생물이었다. 다윈은 이 특이한 생물을 어떻게 분류해야 할지 전혀 감을 잡을 수 없었다. 이름을 붙이는 것만도 머리가 아팠다. 늘 그렇듯이 라틴어라면 끔찍했기 때문이다. "이름을 어떻게 지어야 할지 도저히 모르겠군." 다윈은 이렇게 말하며 후커에게 손을 벌렸다. 현미경 아래에 놓고 보았더니 관절이 있는 것 같아서, 그들은 아르트로발라누스*Arthrobalanus*라는 이름을 골랐다("관절이 있는 발라누스"라는 뜻이었다. 발라누스속은 해변에서 흔히 볼 수 있는, 껍데기가 고깔 모양인 따개비다). 하지만 다윈은 이 이름이 썩 마음에 들지는 않았다.

다윈은 "아르트로발라누스 씨"를 해부하기 시작했다. 후커는 큐 식물원에 일이 산더미같이 쌓여 있었는데도 다윈을 도왔다(그는 아직 갈라파고스 제도의 식물표본들을 기재하고 있었다). 다윈의 현미경은 유감스러운 점이 많았다. 그래서 후커는 유능한 광학기기 업자에게 연락을 취했고, 새로 가져온 3실링 6펜스짜리 렌즈는 기적을 일으켰다. 다윈은 해부 기술을 몸에 익히고, 피곤한 해부작업을 오래 계속할 수 있도록 손목 아래에 나뭇조각을 받쳤다. 후커가 다윈에게 제공한 것은 기술적인 충고만이 아니었다. 후커가 손수 만든 양념들이 속속 다운에 도착했다. "가시도치의 가시가 유리관보다 훨씬 낫더군. 그리고 처트니 소스는 정말 훌륭해." 다윈은 소포 꾸러미 하나를 받고 이렇게 답장을 보냈다. 모든 것을 내팽개치고 다윈을 도우려는 후커의 마음은 다윈을 아주 기쁘게 했다. "자네는 내가 아는 사람 중에서 가장 좋은 사람일세." 그들은 더더욱 가까워져갔다. 후커가 귀국한 뒤로 겨우 3년이 지났지만, 다윈은 후커가 마치 "50년 지기"처럼 느껴졌다.[2]

이 문제에 관심을 갖고 있는 사람들에게 경과보고서가 전달되었다. 다윈은 피츠로이에게, 칠레에서 가져온 "핀머리만 한 작은 동물의 해부"를 2주 동안 계속했으며, "앞으로 한 달을 더 해도 날마다 더 아름다운 구조를 발견할 수 있을 것 같습니다!"라고 보고했다. 여러 해 동안 산호초, 평행길, 화산, 빙하 같은 거대한 지질학 프로젝트에 매달려 지낸 뒤라서 다윈은 "눈과 손"을 쓰는 섬세한 해부학 일을 하는 것이 좋았다.

아르트로발라누스는 기이한 따개비였지만, 정상인 종과 비교를 해봐야만 얼마나 특이한지 알 수 있을 터였다. 다윈은 다른 종의 따개비들을 빌려오기 시작했다. 그는 오언에게 편지를 보내 외과의사협회에 있는 비교할 만한 표본들을 빌려달라고 부탁했다. 종의 차이뿐 아니라 성장단계들도 비교해봐야 했다. 특히 따개비류의 유생을 조사할 필요가 있었다. 몇 점으로 시작한 표본들은 곧 홍수를 이루었다. 외래산 수정고둥에서부터 구멍 뚫는 따개비에 이르기까지 온갖 종류의 바다생물의 껍데기를 전문적으로 연구하는 패류학자들이 자신들이 가지고 있는 모든 표본을 빌려주겠다고 나섰다. 많은 탐험가들이 조개껍데기를 상업적으로 거래했다. 19세기 중엽에 이 사업은 크게 번성했다. 이상하고 특이한 종들은 경매에서 높은 가격으로 거래되었다. 자신들의 과시용 진열장에 전시할 품목을 늘리기 위해, 신사들과 수집가들이 서로 질세라 비싼 값을 불렀기 때문이다. 기차가 새로 생겨 대중들을 바닷가로 실어나르게 되면서부터는, 대중들조차 조개껍데기 채집에 뛰어들었다.[3] 그러자 판매업자들은 표본의 가치를 올리기 위해 전문적인 분류에 열을 올렸다. 다윈은 따개비에 점점 깊이 빨려 들어갔다. 연구의 규모가 눈덩이처럼 불어나고 있었다.

다윈은 따개비류의 다른 집단을 살펴보기 시작했다. 괜한 일을 하는 것은 아니었다. 포괄적인 연구는 평판을 높여줄 것이기 때문이었다. 사람들은 따개비에 관한 최신 자료에 목말라 있었다. 1847년에 하버드 대학에 새로운 자연사 교수로 취임한 루이 아가시는 영국과학진흥협회에서 한 강연에서, 그러한 연구가 "절실히 요구된다"고 말했다. 현재로서는 모든 것이 "혼돈상태"였기 때문이다. 최근까지도 따개비는 완전히 잘못 이해되어 있었다. 사실 따개비들은 얼마 전에 동물계의 한 영역에서 다른 영역으로 통째로 옮겨왔다. 원래 따개비들은—껍데기에 덮여 있다는 점에서—홍합과 달팽이의 친척인 연체동물로 여겨졌다. 그런데 1830년에, 육군 군의관 존 톰슨은 고착생활을 하는 성체가 아니라 자유유영을 하는 유생에 대한 연구로 이들의 "가면"을 뚫었다.[4] 따개비류는 갑각류, 즉 가재와 게의 친척으로 밝혀졌던 것이다. 정말이지 놀라운 발견이었다. 해안가의 바위에 달라붙어 있는 따개비가 그 옆에서 종종걸음을 치는 게의 사촌인 줄 누가 알았겠는가. 또 물속을 부유하는 그들의 깃털 같은 필라멘트가 발이 변형된 것인 줄 누가 알았겠는가. 따가비는 물속에 누워 다리를 흔드는 새우와 비슷한 생물이었던 것이다. 따거비를 게와 새우와 같은 집단으로 묶음에 따라, 따개비의 해부적 특징을 전면적으로 재검토하는 것이 불가피했다. 새로운 분야가 활짝 열린 것이다.

다윈은 왜 이렇게 큰 규모의 연구를 기꺼이 시작했을까? 여기에는 더욱 절실한 또 하나의 이유가 있었다. 후커가 프랑스 식물학자 프레데릭 제라르의 저서 『종에 관하여』를 보고 나서 "많은 종을 미세하게 분류해보지 않은 사람은 종 문제를 검토할 권리가 없습니다"라고 불평했기 때문이다. 후커의 말은 다윈의 폐부를 찔렀다. 다윈은 이 말을 사사로운 공격으로 받아들여, 자신은 종의 기원을 논할 권리가 없다는 뜻으로 해석했다. 다윈은 자신이 비록 "종을 충분히" 분류해보지는 않았지만 그게 그렇게 중요한 것이냐고 반문하면서, 이렇게 덧붙였다. 그렇다고 해도 "내가 변이라는 문제와 관련하여 수많은 사실들을 축적하고 또 추론하면서 오래전부터 옳다고 확신한 추정은 조금도 달라지지 않네." 그 연구는 적어도 "9년" 동안 "다른 무엇에도 견줄 수 없는 즐거움"을 주었다. 이것은 서글픈 푸념이었을 것이다. 다윈은 이런 비판을 받을 줄은 꿈에도 몰랐다. 후커는 사실 다윈을 염두에 두고 그런 말을 한 것이 아니었기에, 다윈이 오해를 하자 무척 당황했다. 그렇지만 내심 다윈이 "종에 관하여 지나치게 이론적으로 치우치는 경향이 있다"고 생각하고 있었던 것 역시 사실이었다. 후커는 추론으로 내달리는 다윈의 열정을 무디어지게 할 수 있는 것이 있다면, 그것은 하나의 동물집단에 대한 철두철미한 연구밖에는 없을 것이라고 생각했다.

이 일은 다윈이 어느 때보다 결연한 마음가짐을 갖게 만들었다. 만일 수백 종의 표본을 다루고 장황한 논문들을 써내는 박물관 큐레이터만이 그 위대한 문제에 관해 이야기할 자격이 있다면, 나는 그 권리를 따내고 말겠다. 따개비는 그 자격을 줄 것이다. 그리고 제라르처럼 변이를 빈틈없이 감시할 것이다.[5] 따개비의 모든 변종을 철저히 조사하면, 유리한 입장에서 자연선택을 논할 수 있을 것이다.

그러므로 따개비는 진화론 연구와 전혀 무관한 일이 아니었다. 사실 다윈은 이 일을 진행함에 따라 공책에 메모해놓은 종에 관한 추론들을 증명할 가장 특별한 증거를 발견하기 시작했다.

다윈은 그 주제로 점점 깊숙이 밀고 들어갔지만, 도구 때문에 길이 막혔다. 다윈이 갖고 있는 단순한 렌즈들은 해상도가 너무 낮아서 핀머리만 한 해부 표본이 자세히 보이지 않았다. 그는 유능한 현미경 기술자인 카펜터에게 조언을 구해 성능이 좋은 복합현미경 한 대를 주문했다. 하지만 이미 다윈은 이것이 매우 지루한 일이며, 손목과 눈을 피로하게 만든다고 생각하고 있었다. "나는 석 달 가까이 현미경을 들여다보고 있었는데도 세 개의 속밖에는 밝혀내지 못했네!!!"[6] 그는 후커에게 이렇게 불평했다. 넉 달 뒤에도 고작 두 개의 속을 더 밝혔을 뿐이었다. 이것은 정말이지 시간을 엄청나게 잡아먹는 일이었으며, 다윈은 그럴 가치가 있는지 의문이 들기 시작했다.

1847년 말, 패류학자들의 격려가 다윈에게 자극이 되었다. 그 가운데 가장 흥미로운 인물이었던 휴 커밍도 다윈이 따개비류를 전부 연구해야 한다는 데에 한 표를 던졌다. 커밍은 심장마비를 겪은 뒤 부분마비가 와서 꼼짝없이 누워 지내는 신세였지만, 1827년에서 1840년대 초까지는 이를테면 정부의 공인을 받은 패류 약탈자였다. 엄청난 부자였던 그는 자비를 들여 종범선 디스커버러호를 건조하고, 세계 곳곳의 자연의 보물을 수탈하기 위한 의장을 갖추었다. 커밍은 전 세계 일곱 군데의 바다를 누비며 섬들을 뒤져 진주, 외래산 조류, 열대식물, 귀한 조개껍데기들을 약탈했다. 이따금씩 그는 그 종의 마지막 남은 것을 가져오기도 했는데, 최소한 한 종이 그가 다녀간 뒤로 멸종했다. 폴리네시아, 남아메리카, 필리핀에서 커밍은 수만 점의 조개껍데기를 실어왔다. 그는 이 노획물을 거래했는데, 쉽게 상상할 수 있는 일이듯 "커밍의 조개껍데기들이 경매장에 도착하면 패각류 시장이 들썩거렸다"고 한다.[7] 커밍은 셈이 밝은 투기꾼이었다. 이득만 따지는 커밍의 방식은 많은 사람들에게 "야비한 행위"로 비쳤다. 적어도 후커는 그 사람을 좋게 보지 않았다. 그러나 다윈은 커밍이 언제나 정정당당하다고 생각했다. 다윈은 1845년부터 커밍과 알고 지냈으며 커밍이 갖고 있는 갈라파고스의 조개껍데기를 조사했다(물론 커밍의 조개껍데기들은 커밍이 다윈에게 그 주제에 관한 이전의 모든 책은 무시해도 좋다고 조언했을 정도로 완벽했다). 침대에 누워 지내는 신세가 된 커밍은 자신의 "멋진 수집품 전부"—따개비 보물창고—를 다윈에게 맡기고 다윈을 독촉했다.

학자 쪽에서는 특히 영국박물관의 J. E. 그레이가 따개비 논문의 필요성을 역설하며 자신이 관리하고 있는 박물관 소장 표본들을 다윈에게 맡기고 싶다고 제안했다. 다윈은 제안을 받아들였다. 그러면서 그는 영국박물관 이사회에 공식적으로 매우 이례적인 요구를 했다. 보통의 경우 전문가들은 박물관 안에 들어와서 연구를 했지만, 다윈은 따개비류를 자신의 집으로 보내달라고 부탁했다. 블룸즈버리까지 여행할 상황이 아니었기 때문이다. 그는 박물관의 표본들을 다운으로 가져다주되, 한꺼번에 보내지 말고 조금씩 보내달라고 했다. 한 종을 보존액에 담그고, 세척하고, 자르고, 분류하는 데는 적어도 이틀이 걸리기 때문이었다. 다윈은 당근도 제시했는데, 자신이 직접 처리한 표본도 연구가 끝난 뒤에 박물관에 기증하겠다고 약속했다. 이사회는 다윈의 요구를 받아들였다.

다윈은 도처에서 표본을 모았다. 심지어 사라진 프랭클린 원정대를 수색하러 우울한 항해를 떠나는 후커의 옛 함장 제임스 로스 경에게도 북극해의 따개비를 채집해주겠다는 약속을 받아냈다(북서항로를 발견하러 떠난 에러버스호와 테러호는 도중에 캐나다의 유빙괴流氷塊에 갇혀 모든 선원과 함께 침몰했다). 대영제국이 팽창함에 따라(이 북서항로 탐사의 비극은 태평양으로 가는 이 해로를 영국이 얼마나 절실히 필요로 했는지를 잘 보여준다), 제국의 수도로 들어오는 새로운 동물종의 물결은 계속 이어졌다. 자연세계가 말 그대로 영국인들의 발 앞에 놓였다. 동물학회나 지질학회에 연고가 있고 자기 맘대로 시간을 쓸 수 있었던 다윈은 이 결정적 연구—한 아강에 속하는 모든 종에 이름을 붙이고 기재하는 일—를 수행할 적임자였다.

이 일도 어떤 면에서는 제국 건설의 파생물이었다. 곤충학자 윌리엄 커비는 옛날에, 이름을 붙이는 것은 곧 소유하는 것이라고 말한 바 있었다. 과학이란 일종의 은유적인 횡령이었다. 한 동물에 "이름을 붙이고 기재를 하면…… 그것을 영원히 소유하게 되는 것이며, 개별 표본의 가치는 심지어 상업적 견지에서조차 증가한다." 그 영광을 위해 분류학자들은 서둘러 발표를 했다. 하지만 다윈은 그런 사람들과 분명한 선을 그었다. 그는 동물에 학명을 붙이는 것과 관련한 새로운 규약을 검토하며, "사심 없는" 과학자들은 다 어디로 갔느냐고 휴 스트릭랜드에게 물었다. 자신이 기재한 모든 종에 마치 사유재산이라도 되는 양 자신의 이름을 붙이는 자연학자들의 행위는 다윈에게는 허영심의 발로에 지나지 않았다. 이런 선점권 경쟁이 수많은 성급한 "세례"를 초래하고 있었다.[8] 다윈은 이보다는 훨씬 품위 있는 속도로 연구를 할 터였다.

　따개비 논문의 결정판을 만들어내기 위해서는 화석종도 필요했다. 다윈은 처음에는 브리스틀 연구소의 표본들을 거절했지만 다시 그것을 받겠다고 편지를 썼으며, 지질학회에도 화석종의 표본들이 필요하다고 알렸다. 일은 힘들고 지루했다. 현생종의 표본은 해부해야 했고, 화석종은 분해하고 절단해야 했다. 그는 수많은 종들에 둘러싸인 채 점점 지쳐 갔으며, 알코올 냄새는 이제 구역질이 날 지경이었다. "제발, 한 주제에 이렇게 많은 시간을 들이는 것이 잘하는 짓이었으면 좋겠네." 다윈은 후커에게 넋두리를 했다.[9]

다윈이 자신의 속마음을 털어놓은 1844년의 그날 이후, 후커는 점점 더 중요한 역할을 맡게 되었다. 후커는 찰스의 고해신부이자 절친한 친구였고, 종이라는 "범죄적" 문제에 대한 의견을 타진하는 공명판이었으며, 생물지질학 지식의 마르지 않는 원천이었다. 그들의 우정은 바야흐로 꽃을 피웠다. 다윈은 후커의 주말 방문을 즐겼으며, 후커가 일을 하느라 더 오래 머물면 더욱 좋아했다.

현재 후커는 "일주일 연속" 다운에 머물고 있었다. 후커는 자신의 일을 싸들고 와서 식당 탁자에 앉아 일을 했으며, 에마는 후커를 편안하게 해주었다. 식당을 지나 찬장으로 가는 길에 "부인은 배나 다른 맛있는 음식을 가지고 와서 매력적인 웃음을 지으며 내 옆에 그것을 놓아주었다. 저녁에는 항상 나와 함께 [피아노] 연주를 했으며, 이따금씩 부인이 연주하는 단순한 가락에 맞추어 휘파람을 불어보라고 청하기도 했다."[10] 후커는 다윈 가족의 일원이 되어가고 있었다.

후커는 1847년 1월 셋째 주를 다운에서 지냈다. 그는 이곳에서 논문들을 마무리하고 화석들을 손질하면서 지질조사국에 제출할 산호와 그 현생 친척들에 대한 보고서를 끝마쳤다. 두 사람은 가볍게 산책을 하면서 그 주제에 관하여 열띤 논쟁을 주고받았다. 하지만 다윈의 건강은 눈에 띄게 나빠져 있었다. 후커의 지식을 펌프질하는 일조차도 이제는 힘에 부쳤다. 30분 정도 토론하고 나면 "휴식을 취하지" 않으면 안 되었다. "그 토론은 항상 그를 지치게 해서, 머릿속에서 윙윙거리는 소리가 나고, 그가 '눈 속의 별'이라고 부른 것이 나타나기도 했다. 이 별이 나타나면 거의 항상 머리에 심한 습진이 돋았고, 그럴 때 그는 거의 아무것도 분간할 수 없는 상태가 되었다."[11]

이때 후커는—마침내—다윈의 진화 논문을 가지고 돌아갔다. 게다가 다윈은 후커가 알았든 몰랐든 지난 14개월 동안 충분한 힌트를 흘렸다. 이제 때가 왔다. 후커의 의견은 최초로 듣는 전문가의 의견일 될 것이다. 다윈은 걱정이 되었다. 마침내 그 문제를 후커와 이야기하고 그의 견해를 들을 수 있는 순간이 온 것이다. 하지만 그러기 위해서는 다윈이 런던으로 가야 했다. 그는 여러 차례 약속을 잡았다가는 메스껍고 아파서 취소했고, 그래서 화가 났다. 결국에는 후커가 한 페이지 분량의 간결한 메모를 적어 다운으로 보냈다.

후커는 그 231쪽짜리 원고를 어떻게 생각했을까? 런던의 자유사상가들은 모두, 지층에 새로운 화석종이 순차적으로 출현하는 일을 자연 법칙으로 설명할 수 있다는 견해를 받아들였다. 그러나 이 법칙이 무엇이냐는 문제에 대해 답할 수 있는 사람은 거의 없었다. "배교자" 왓슨이나 타락한 로버트 그랜트(다윈의 옛 지도교사) 같은 몇몇 사람들은 급진적인 종변형론자였다. 또 다른 사람들은 자신들의 무지를 내세우며 "창조"에 대한 관습적인 이야기를 늘어놓았을 뿐이다. 그리고 후커처럼 뚜렷한 입장을 밝히지 않는 사람들도 있었다. 그것이 "멋지고 유익한 주제"라는 것은 후커도 오래전부터 인정해왔다. 하지만 그는 자신의 "의견은 아직 정립되지 않았기 때문에" 입장을 정할 근거를 찾을 때까지는 "종이 불변한다는" 쪽에 설 생각이었다. 다윈은 지금 그 근거를 제공하면서, 후커가 어느 돛대에 자신의 깃발을 꽂을지 궁금해하고 있었다. 하지만 후커는 거기에 대해서는 아무 말도 하지 않았다. 대신 그는 생물의 연속적 창조를 부정하는 다윈의 긴 열변은 "괜한 수고였다"고 주장했다.

만물을 주재하는 신에 대해 이러쿵저러쿵 이야기할 필요는 없습니다. 최초의 생물을 만들어낼 수 있는 창조주는 그 이후로도 계속 그 생물들을 이끌 수 있습니다. 창조주가 그것을 하느냐 아니냐를 따지는 것은 무의미한 논의입니다.

후커는 자신이 알고 싶은 것은 "창조"의 메커니즘이라고 했다. 그는 다윈의 의도를 한참 잘못 알았던 것이다. 만일 다윈이 창조주의 선견지명을 보여주고 싶었다면, 그는 동물이 "쓸모없는 흔적기관을 지니고 있는" 이유를 논하며, 이후에 출현하는 종에서 그것이 유용한 기관으로 바뀔 수 있기 때문임을 지적했을 것이다.[12] **이것이** 신의 의도를 예증하는 것이며,

자연이 신의 설계임을 증명하는 것이었다. 하지만 이렇게 하는 것은 다윈의 전략을 완전히 망치는 것이었다.

마침내 다윈은 피드백을 받고 있었다. 그것은 침착한 피드백이었다. 불운한 『흔적』에 대한 세지윅의 서평에서와 같은 연극적 말투나 무례함은 찾아볼 수 없었다. 다윈은 낡은 생각을 지닌 국교회 성직자를 상대하고 있는 게 아니었다. 후커는 "많은 것을 암시하는", 지질학적으로 정확한 비판을 제공함으로써 다윈의 기대에 부응했다. 그뿐이 아니었다. 후커는 그 진화 논문을 돌려주기 전에 주석을 달았다. 같은 종이 여러 곳에서 창조되었다는 생각을 반론하는 대목은 "아주 좋다"고 평했으며, 종을 "무한히 다양한 변종"으로 갈라지게 하는 인위선택을 요약한 부분에는 "괜찮은 생각"이라고 적었다. 그러나 가축의 변종들이 한두 종류의 야생종에서 갈라지는 방식은 전혀 "명쾌하지 않다"고 생각했다.[13]

다윈은 그동안 이 일을 위해, 즉 자연이 종을 만드는 방식을 자세히 논하기 위해 젊은 후커를 키워왔던 것이다. 하지만 후커는 전체를 관통하는 논증에 그리 큰 인상을 받지는 못했던 것 같다. 훗날 후커는 이 일을 되돌아보며, 당시에는 자신이 "그 논문의 중요성을 완전히 파악하지 못했다"고 인정했다. 그렇지만 후커는 다윈에게 생물지리학 단편지식들을 물어다주는 일을 멈추지 않았다.[14]

그런데 후커의 다음 행보는 전혀 예상치 못한 것이었다. 진화 논문을 가져가던 날, 그는 폭탄선언을 했다. 자신이 또 다른 항해를 계획하고 있다는 것이었다. 1839년에서 43년까지 '남극 식물학 조사'를 다녀온 뒤로 후커는 늘 열대를 보고 싶어했다. 그러나 후커가 그렇게 빨리 떠날 줄은 누구도 예상하지 못했으며, 심지어 본인도 이렇게 갑자기 남극의 얼음에서 열대 해변으로 가다가 "큰 유리잔"처럼 금이 가면 어쩌나 하는 농담을 했을 정도였다. 돌아온 지 겨우 4년이었으니 또 다른 항해가 불가능한 일처럼 보였던 것도 당연했다. 다윈은 후커를 너무나도 잘 알게 되었고, 후커와 너무나도 가까워졌으며, 후커에게 몹시 의존했다. 갑자기 진화 논문을 논의하려던 계획에 먹구름이 끼었다. 이 일은 다윈을 혼란스럽게 만들었고, 그들의 우정에 어두운 장막을 드리웠다. 그 소식을 들은 다윈은 풀이 죽어 괴로워했다. 후커의 도움이 없다면 "길을 잃고" 말 것이다. 다윈은 후커가 갑자기 잉글랜드를 떠나버릴까봐 불안하고 그 논문을 "몽땅 잊어버릴까봐" 두려워, 후커에게 그 논문에 대한 의견을 듣기 위해 계속 런던으로 가려고 했지만, 구역질이 멈추지 않았다. 그는 3월과 4월 내내 거의 줄곧 아팠고, "종기와 부스럼"으로 고생했으며, 후커에게 보내는 편지를 늘 다음과 같은 변명의 서명으로 끝맺었다. "매우 비참한 친구 C. 다윈으로부터."[15]

5월에 그들 사이에 처음으로 일어난 사소한 입씨름은 상황을 악화시켰다. 살인, 고백, 창조 같은 관념적인 문제들이 있었는데도, 싸움의 발단이 석탄이었다는 것은 아이러니다. 여러 달 동안 그들은 석탄의 기원을 놓고 대립했다. 당시 후커는 지질조사국에 제출하기 위해 석탄의 기원을 분석하고 있었다('세계의 작업장'인 영국은 성장을 계속하는 자국의 산업을 위해 세계 석탄생산량의 절반이 넘는 양을 캐고 있었기 때문에, 정부기관인 그 지질조사국은 석탄층의 지도 작성에 특히 힘을 쏟고 있었다). 다윈은 고대의 석탄식물은 맹그로브〔열대 홍수림〕처럼 따뜻하고 얕은 바다에서 자랐을 것이라고 상상했다. 그리고 석탄이 "해저의 이탄"이라는 사실이 "20년 안에 일반적으로 인정받는다"는 데에 5대 1로 걸어도 좋다고 말하며 후커를 타박했다. 다윈은 분위기 파악을 하지 못하고, 다른 가설들에 대해서는 "말할 가치도 없다"라고 말함으로써 후커를 자극했다. 후커는 자제심을 잃고 말았다. 다윈은 석탄층을 만든 고사리가 해생海生이라고 "우기지만", 그것은 확실히 육생陸生이다. 종에 관해서는 다윈이 무슨 추론을 하든 자기 마음이지만, 화석식물에 관해서는 자신이 전문가다. 후커의 "잔인한 공격"을 받은 다윈은 현기증이 났다. 후커의 급한 성미가 마침내 드러난 것이었다. 후커는 금방 화를 냈다가 금방 기분이 좋아지는 스타일이었다. 하지만 다윈도 잘한 것은 없었다. 며칠 뒤 그는 인도화석 전문가인 팔코너까지 끌어들여, "그러한 극악무도한 허튼소리는 철저히 논박해야 한다"는 말을 받아냈다. 어쨌든 이번 일로 다윈은 후커의 어두운 면을 감지했다. 훗날 다윈은 세상에 "이보다 더 사랑스러운 사람"도 없지만 이보다 더 "성마른" 사람도 없다고 회고했다. 비록 "그 구름은 금방 지나갔지만" 말이다.[16]

그 당시 다윈이 소중하게 여기는 또 하나의 이론이 타격을 받고 있었다. 그것은 로이 계곡에 있는 평행길이 태고의 해안선이었다는 가설이었다. 루이 아가시는 옛날에 빙하가 그 계곡을 댐처럼 막았고 빙하가 녹은 물이 호수를 이루었다는 가설로 이미 거의 모든 사람을 설득한 상태였다. 게다가 스코틀랜드 지질학자 데이비드 밀른이 거기에 새로운 증거를 보탰다. 밀른은 다윈이 옳다고 확신한 상태로 로이 계곡에 갔다가 회의를 품고 돌아왔다. 그는 평행길은 호숫가였다는 생각으로 돌아섰다. 하지만 다윈은 자신의 해안선 가설을 고집했는데, 그것은 상하로 움직이는 대륙에 대한 강박관념 때문이었다. 산허리에 드러난 마른 해변은 융기의 증거였다. 대륙이 융기하고 침강한다는 것을 보여주는 이 증거가 무효가 되면, 섬을 만드는 메커니즘을 포함한 자신의 지질학 체계 전부가 위험에 처하게 된다. 대륙이 가라앉아 고립된 섬을 만들고, 이에 따라 격리된 종은 새로운 장소에 적응하기 시작하는 것이다. "내가 이렇게 생각한다고 말하면 밀른 씨는 아마도 내가 고집이 세다고 생각하겠지만", 아가시의 로이 계곡 이론은 "도저히 불가능한 어이 없는 이론이라고 생각합니다." 그러면서도 다윈은 그 비판이 신경 쓰였다. 그는 아가시의 빙하호수설에 동요했다. 그는 노심초사하며 자신의 이론이 옳다고 주장하는 일련의 편지들을 보냈다. "지난 며칠 동안 로이 계곡(내 가설을 공격한 뻔뻔한 놈(밀른 씨))에 대해 너무 많이 생각하고 너무 많은 편지를 썼더니 넌더리가 다 나는군." 그는 후커에게 볼멘소리를 했다.[17]

그의 몸 상태는 점점 더 나빠졌다. 모든 여행은 "위胃의 뜻"에 맡겨야 했기 때문에, 연기되기 일쑤였다. 그러나 병이 주는 위로도 있었다. 병은 모든 방문을 사양하고 배심원 의무를 피하고 모임에 나가지 않을 수 있는 좋은 구실이 되었기 때문에, 심리적 안정감을 가져다주었다. 또한 만찬도 피할 수 있었다. 4월에는 왕립학회의 엘리트 계층이 모이는 철학 클럽Philosophical Club의 회원 후보가 되는 것을 거절했다. 사교계의 파티에 매력을 느끼지 못했던 것은 아니었다. 마음 한구석으로는 지식인들이 춤을 추고 엘리트 지질학자들이 지식을 뽐내는 노샘프턴 경의 야회에 가고 싶은 생각도 있었다. 그곳에서 로더릭 머치슨은 아마도 어깨에 잔뜩 힘을 주고 자신의 실루리아계 조사의 군사적 엄밀성을 자화자찬할 것이고, 오만한 오언은 모아와 메가테리움 화석을 뽐낼 것이다. 또한 비글호의 조개껍데기들을 분류했던 윌리엄 브로더립은 여성들에게 울지 추기경의 모자만 한 해면을 보여줄 것이다.[18] 이 화려한 모임에서, 부유한 후원자들은 그들이 양성할 만한 젊은 제자들을 만날 수 있었다. 후커는 환자를 부축하듯 다윈을 데려다주겠다고 제안하기까지 했다. 하지만 그는 가지 않겠다고 했다. "뱃속의 상태"가 너무 좋지 않았다. 원인 모를 구역질과 부종은 모든 일의 면책사유가 되었다. 병이 유용한 변명거리이기는 했지만, 그는 실제로도 그만큼 아프고 쇠약해지고 있었으며, 비스무트와 아편을 복용하고 있었다. 다윈은 점점 더 가족의 울타리 안으로 도망쳐 에마의 보살핌을 즐겼으며, 자신이 아끼는 제자가 떠난다는 사실을 믿지 않으려 했다.

후커는 마침내 『남극 식물상*Flora Antarctica*』과, 지질조사국에 제출할 석탄식물에 관한 보고서를 끝마쳤다. 후커는 유명해지고 있었다. 지질조사국 국장 드 라 베슈가 후커의 "석탄 연구"를 열렬히 칭찬하는 소리가 다윈의 귀에까지 들려왔을 정도였다.[19] 또한 후커는 많은 논문을 발표하고 있었으며, 그 결과 그해 4월에 왕립학회의 회원으로 선출되었다. 후커는 6월에 서른 살이 되었고, 이제는 정착을 해야 할 때였다. 헨슬로의 장녀 프랜시스를 사랑했기 때문에 더욱 그러했는데, 다음 달 옥스퍼드에서 열린 영국과학진흥협회에서 둘의 관계는 공식화되었다.

다윈은 자신의 진화 논문을 들고 옥스퍼드 모임에 참석하여, 그 논문에 대한 후커의 반응을 좀 더 깊이 살필 작정이었다. 설령 출산이 임박한 에마를 집에 혼자 남겨놓고 떠나야 한다 하더라도. 이것은 엄청난 희생을 해야 하는 결단이었다. 에마를 생각해도 그랬지만, 다윈은 지난 5년 동안 낯선 이의 집에서 잠을 잔 적이 없었기 때문이다. 그는 자신의 엄숙한 규칙을 깨기로 했다. 두려웠지만 그는 마음을 단단히 먹고 후커의 친척집에 머물 수 있는지 물었다. 단, 평화와 사생활을 보장하는 방이라야 했다. 다윈은 "소중한 내 몸"을 위해 "터무니없는 소란"을 피우는 줄은 알지만 꼭 "혼자 쓸 수 있는 안전하고 조용한 방"이어야 한다고 말했다. 그는 몇 가지 안을 놓고 고민한 끝에, 후커의 삼촌인 옥스퍼드 대학 맥덜런 칼리지 부학장의 집에 묵기로 했다. 하지만 그러고도 다시 "나는 식사를 혼자서 하고 방도 혼자서 쓸 수 있어야 한다"는 다짐을 받아두었다.[20] 그리고 실제로 그렇게 했다. 다윈은 방에서 식사를 했으며, 남극에서 채집한 따개비를 넘겨줌으로써 이미 신뢰할 만한 사람임을 입증한 로스 함장의 저녁 초대도 거절했다.

다윈은 지질학 모임에 참석했지만, 그 자리에 있던 신사들이 진화에 대한 추론을 얼마나 크게 혐오하고 있는지를 뼈저리게 깨달았을 뿐이었다. 어쨌든 그들의 눈앞에는 더 만만한 먹잇감이 있었다. 로버트 체임버스가 고대 해안에 관한 발표를 하기 위해 에든버러에서 와 있었다. 이것은 다윈의 연구과제이기도 했기 때문에, 틀림없이 다윈은 그 자리를 지키며 그의 친구들이 체임버스를 습격하는 장면을 지켜보았을 것이다. 그때의 기록에 따르면 이렇다.

> 체임버스는 자신의 결론을 보증할 수 없는 수준으로까지 밀어붙였고, 이에 대해 버클런드, 드 라 베슈, 세지윅, 머치슨, 라이엘로부터 혹독한 비판을 받았다. 라이엘이 나중에 내게 말한 바에 따르면, 그는 『흔적』의 저자가 하는 식의 추론은 과학계 인사들 사이에서는 허용되지 않는다는 것을 C〔체임버스〕에게 똑똑히 알려주기 위해서 일부러 그렇게 한 것이었다.[21]

과학자들 사이에서만이 아니었다. 일요일에 새로운 옥스퍼드 주교 새뮤얼 윌버포스가 세인트메리 교회에서 과학의 잘못된 방법을 경고하는 설교를 했다. 그것은 "반쪽 지식인", 추론의 "가증스러운 유혹"에 넘어간 사람들을 제대로 겨냥한 일격이었다. 다시 말해, 그것은 발달에 관한 개념을 응접실의 화제로 만든 체임버스 개인에 대한 공격이나 마찬가지였다. 학자들은 환호했다. 교회는 지질학자, 천문학자, 동물학자들로 "꽉 찼다." 모두가 윌버포스가 과녁을 제대로 맞혔다며 감격했다. 과학은 조용하고 비세속적이고 존경받을 만한 사상가들의 영역이었다. 윌버포스에 따르면, 선동가들은 스스로 지탱하는 우주를 추구했는데, 이것은 "의심으로 가득한 가짜 영혼들"만이 지지할 수 있는 견해였다. 그러한 현혹된 영혼들은 "창조주의 활동양식"을 이해하지 못하고, 신사의 엄중한 책임도 알지 못한다. 엄연한 사실 앞에 겸허하게 행동하라는 이 경고는 또한 차례의 인신공격이었다. 신도석에 앉아 있던 체임버스는 흥분을 감추지 못하며, 주교의 경고는 전진적 발달 이론을 탄압하려는 시도라고 비난했다. 지질학자 앤드루 램지는, 체임버스가 "순교자의 심정으로" 집에 돌아갔을 거라고 일기에 적어놓았다.[22]

다윈은 이 설교를 놓쳤다. 헨슬로 일가와 함께 드롭모어에 있는 헨슬로의 저택과 토지를 둘러본 그 일요일은 아마도 그에게는 "천국 같은 날"이었을 것이다. 하지만 그 주의 나머지 날들은 옥스퍼드에 머물면서, 자신의 진화 논문을 들고 후커를 쫓아다니며 그의 의견을 구하고, 자신의 동료들이 체임버스를 공격하는 것을 지켜보았다. 이 상황에는 아이러니한 면이 있었다. 하지만 뜻밖일 것까지는 없었다. 영국과학진흥협회는 성직자와 신사들의 연합으로서, 그들이 하고 있는 지질학이라는 과학은 기존 질서를 떠받치는 근본바탕을 제공했다. 그들이 국외자를 공격하는 것은 아니었다. 라이엘은 캔터베리 대주교를 지질학회의 만찬에 초대하기도 했다. 그들은 한 잡지 출판업자가 생산한, 유해한 결과를 초래하는 엉성한 과학을 반대했다. 다윈도 그 엉성함을 들어 라이엘 앞에서 『흔적』을 마음껏 욕했는데, 이것은 그 책과 거리를 두기 위해서였다. 다윈은 『흔적』을 쓴 저자의 "지적 빈곤"을 비난했고, 그 책을 "문학적 호기심"의 발로라고 깎아내렸다.[23]

그럼에도 다윈이 이곳에 온 이유는, 수많은 신사들의 고결한 자연관에 타격을 입힐 한 논문에 대한 반응을 몰래 떠보기 위해서였다. 그리고 그 목적은 달성되었다. 다윈은 후커를 만나 그를 데리고 뉴 칼리지의 예배당으로 가서 오르간 연주를 들었다. 천상의 음악이 그의 등뼈 "위아래로" 전율을 흘려보냈다.[24] 다윈은 그 논문의 핵심 부분들을 하나하나 짚어주며 의견을 구했다. 우선, 섬에 생물이 자연적으로 퍼졌다는 것, 즉 씨앗과 식물이 바람과 파도에 의해 퍼져나갔다는 부분에 대한 후커의 비판을 들었다. 후커는 태즈메이니아와 티에라델푸에고처럼 지구 반대편에 위치한 두 섬의 산지山地에서 똑같은 식물이 자란다는 사실을 들어 반론을 제기했다. 이 놀라운 분포가 어떻게 자연적인 이주로 설명된다는 말인가? 정말 어떻게 그럴 수 있을까? 다윈은 이 문제를 더 연구해보기로 했다. 하지만 지금으로서 두려운 것은, 후커의 반른이 포브스가 주창하는 말도 안 되는 가설인 가라앉은 초대륙설에 힘을 더해주지 않을까 하는 점이었다.

이번 회의에서는 하나 이상의 인연이 맺어졌다. 후커는 자신이 헨슬로의 사위가 된다는 소식을 발표했다. 그와 프랜시스가 약혼했다는 것이다. 이로써 후커는 찰스와 더 단단한 인연을 맺게 되었고, 찰스는 신뢰할 수 있는 과학적 인연이 자신을 둘러싸고 있다는 것이 든든했다. 요즘 후커는 누가 봐도 행복한 사람이었다. 그러나 프랜시스조차도 후커의 방랑벽은 치유해주지 못했다. 여행을 가겠다는 후커의 결단과 그의 약혼 사이에서 찰스는 "기뻐해야 할지 슬퍼해야 할지" 알 수 없었다. 그 여행은 "후커를 생각하면" 기쁘고, "자신을 생각하면" 슬픈 일이었다.[25]

후커는 아직 자리를 잡지 못한 상태였다. 정부가 후커의 아버지가 원장으로 있는 큐 식물원에 자리를 주지 않았기 때문이었다. 그는 귀족의 후원을 얻으러 다니는 것이 지긋지긋했다(큐 식물원은 아직까지 귀족과 그 부인들이 산책을 하는 공원이었다). 후커의 아버지 윌리엄 경은 후커가 느긋하게 기다리기를 바랐고, 그사이에 에러버스호의 항해기라도 쓰면 어떻겠느냐고 권했다. 실제로 존 머리는 다윈의 『항해기』의 자매편으로 그것을 출간해주겠다는 제안을 하기도 했다. 하지만 후커는 거절했다. 후커는 다시 여행을 떠나고 싶어 몸이 근질거렸다. 그는 어떤 항해라도 상관없다고 로스 함장에게 애원했다. 그는 보르네오로 가는 해군성 탐사와 고아로 가는 동인도회사 여행에 신청했다. 그러나 번번이 돈이 장애물이었다. "나에게도 재산이 많았다면." 후커는 다윈이 재산 덕분에 함장의 식탁 동료가 될 수 있었다는 사실을 알고 이렇게 한탄했다. 지금 후커는 "열대로 갈 수만 있다면 어떤 희생도 감내할 준비가" 되어 있었다.[26] 그 러던 중 그는 시킴 계곡과 티베트를 답사하는 여행을 계획하고 있는 탐사대에 자신의 이름이 올라 있다는 사실을 갑작스럽게 알게 되었다. 그곳은 그가 어렸을 때부터 꿈꾸어왔던, "라마를 숭배하고" 아찔한 산봉우리들이 솟아 있는 매혹적인 땅이었다. 또한 그만큼이나 갑작스럽게, 그는 큐 식물원을 위해 히말라야 식물을 채집하는 데에 쓸 정부지원금을 따내게 되었다. 모든 일이 너무도 갑자기 일어나는 바람에, 그는 눈코 뜰 새 없이 바쁘게 움직였다. 다윈의 절실한 기대 따위는 까맣게 잊고 있었다.

후커의 약혼녀가 어떻게 생각했는지는 모른다. 하지만 다윈은 7월에 에마가 엘리자베스를 순산했음에도 크게 낙담했다. 다윈은 여름과 가을 내내, 결연한 심정으로 30킬로미터의 길도 마다않고 큐 식물원에 가려고 여러 차례 시도했다. "나는 종에 관한 초고의 나머지 부분에 대해 이야기를 나누기 위해 꼭 가야만 하네." 하지만 번번이 "또다시 심하게 부어오르는" 부스럼과 사람을 녹초로 만드는 구토 때문에 소파에 뻗어버리고 말았다. 결국 후커를 한 번밖에는 더 만나지 못했다. 그것은 간신히 큐 식물원까지 마차를 타고 갈 수 있을 만큼 몸이 회복된 8월 20일의 일이었다. 다윈은 후커의 행운을 빌어주었다. 작별인사는 감동적이었지만, 미련을 감출 수는 없었다. "멋진 항해와 여행이 될 걸세. 그러나 나는 그 항해가 빨리 끝나기만을 바랄 것이네. 좀 이기적이긴 하지만, 나는 그때까지 자네를 지독히도 그리워할 걸세." 유일한 위안은 후커를 끌어당겨 줄지도 모를 "아름다운 자석" 프랜시스였다.[27]

그러고 나서 찰스는 슈루즈버리로 갔다. 그의 아버지가 건강이 좋지 않았기 때문이다. 슈루즈버리에서 머무는 며칠 동안 찰스도 괴로운 몸으로 소파에 누워 지냈다. 그는 타는 듯한 부스럼 때문에 아파서 "끙끙거리고 툴툴거리며" 불워-리턴의 비극과 재난의 대서사『폼페이 최후의 날』을 읽었다. 후커는 11월 초에 다운에 오려고 했다 이 일은 다윈에게 "살아 있는 사람에게서 받아본 가장 커다란 우정의 증표"로 비쳤다. 물론 이것은 다윈의 감정상태를 반영하는 과장된 표현이었다.[28] 며칠 뒤 후커는 영국 군함 사이돈호에 올랐다. 그는 인도의 새 총득으로 부임하는 댈하우지 경과 특별실을 함께 쓰기로 되어 있었다. 결국 다윈은 한 번도 진심에서 우러나오는 작별의 마음을 담아 후커를 포옹해주지 못했다.

찰스는 이제 혼자 힘으로 해나가고 있었다. 하지만 혼자는 아니었다. 서재 바깥의 복도를 토닥거리며 지나다니는 작은 발자국 소리가 그 사실을 확인시켜주었다. 이제 일곱 살이 된 애니는 종종 서재로 불쑥 들어와 상기된 얼굴을 내밀었다. 애니는 찰스가 담배를 끊기 위해 위층으로 치워둔 항아리에서 코담배를 조금씩 집어다 주는 장난을 치곤 했다. 다윈은 이것 때문에 애니가 더욱 사랑스러웠다. 한편 에마는 또다시 일곱 번째 아이를 임신했다. 런던에 유행성 독감이 돌고 있었기 때문에, 병에 걸릴까 봐 늘 노심초사하는 찰스에게는 런던을 피할 이유가 하나 더 생겼다. 그는 꼭 참석해야 하는 지질학회 모임이 있을 때만 런던에 갔다. 어쨌든 에마와 아이들, 따개비들, 게다가 급속히 가까워지고 있는 새로 부임한 상냥한 교구목사 존 이네스까지, 다윈이 원하는 모든 동무가 다운에 있었다. 그러나 다윈은 그래도 후커가 그리웠다. 그들이 떨어져 지낸 몇 달은 몇 년처럼 느껴졌고, 다시 만나려면 아직 몇 년을 더 기다려야 했다. 그것도 후커가 위험한 히말라야 등반에서 무사히 돌아와야 가능한 일이었다. 찰스는 그때까지 종의 기원에 대한 자신의 감정을 꾹꾹 눌러두어야

할 것이다.

눈덩이처럼 불어나는 따개비들 때문에 사실 종 연구를 할 수도 없었다. 예상대로라면 이제 따개비 연구를 끝내고 자연선택에 관한 연구로 돌아가야 했다. 하지만 다윈은 앞으로 2년은 더 이 냄새나는 해부를 할 각오를 하고 있었다. 모든 작업이 계획보다 더 오래 걸려 다른 일에 손을 댈 겨를이 없었다. 그러나 애국심에 호소하는 요청은 거절할 수가 없었다. 1848년 2월에, 영국 과학계의 우두머리인 존 허셜 경이 연락을 해왔다. 허셜 경은 해군성 제1군사위원의 간청으로 해군 군인들을 위한 과학조사 지침서를 집필하고 있는 엘리트 팀에 다윈도 합류해줄 것을 부탁했다. 존 허셜 경이 부르면, 과학자들은 기꺼이 달려갔다. 다윈은 지금 하고 있는 해부를 마칠 때까지만 기다려달라고 답장을 썼다. 1주일쯤 걸릴 것이고, 그러고 나서 요청에 응하겠다고 했다. 다윈은 리처드 오언에게는 이렇게 말했다. "허셜 경과 당신 같은 사람들이 그 일을 위해 시간을 내는데, 내가 어찌 거절할 수 있겠습니까."[1]

해군성 지침서에서 다윈은 영국 신사는 누구든지 원하면 외국으로 지질학 조사를 떠날 수 있다고 설명했다. 약간의 준비와 최소한의 장비만 있으면 되었다. 사실, 군함의 사관들이라면 누구나 갖추고 있을 호기심과 규칙적인 습관만 있으면 충분했다. 배에 오르면 지층의 퇴적, 절벽의 침식, 빙하, 산호초 등 다윈이 관심을 갖고 있는 과거의 지질구조물을 형성한 "지금도" 천천히 "작용하고 있는 원인들"을 관찰할 수 있는 이상적인 위치에 서는 것이었다. 지질학 조사자들은 배 위에서는 갑판에 내려앉은 흙먼지를 채집해야 하고, 해안에 상륙해서는 화석, 화산, 산호 표본을 집중적으로 조사해야 한다. 이 지침서를 쓰는 데에는 예상 외로 5주나 걸렸다. 하지만 미래의 해군성 군사위원들을 훌륭한 라이엘, 훌륭한 다윈으로 훈련시키는 것은 가치 있는 일이었다.

집 안에는 따개비뿐 아니라 긴장도 쌓여갔다. 다윈은 가족 걱정과 사시사철 그칠 줄 모르는 위장병 때문에 애를 태웠다. 81세 노인인 아버지의 병세는 심각해서, 찰스는 "지난 6개월 동안 아버지의 몸이 얼마나 변했는지"를 보고 충격을 받았다. 또한 에마의 상태도 언제나 불확실했다. 이것은 삶과 죽음의 문제들이었다. 이 일들을 생각하다 보니 옛날에 의과대학에서 해부했던 악취나는 송장들이 떠오르면서 기분이 안 좋아졌다. 겉으로는 평화로운 2월 12일 주말이었다. 그날, 라이엘 부부와 오언이 지질조사국의 젊은 악동들인 에드워드 포브스와 앤드루 램지와 함께 다운에 머물며 다윈의 서른아홉 번째 생일을 축하했다. 램지는 더없이 즐거운 시간을 보냈다. 램지가 본 다윈은 "즐거운 집, 좋은 아내, 좋은 가족, 너무 높지도 낮지도 않은 사회적 지위, 적당히 넉넉한 재산, 자기 시간에 대한 주도권"을 지닌 "부러운 사람"이었다.[2] 그는 집주인의 내면의 동요를 거의 알아채지 못했다. 그도 그럴 것이 다윈은 내색을 별로 하지 않았으며, 단지 일요일에 러벅 경의 저택 주변에서 식후 산책을 할 때 자신은 빠지겠다고 했을 뿐이었다.

다윈은 램지가 알아차렸듯이 혜택받은 사람이었지만, 그 특권은 1848년의 암울한 시기에 벼랑 위에 서 있었다. 그 주말에 이탈리아를 휩쓴 폭동이 영국 가까이에서 폭발할 조짐을 보이고 있었다. 프랑스는—알렉시스 드 토크빌의 말에 따르면—"화산 위에서 잠을 자고 있는 것"이었다. 실제로 22일에 파리에 바리케이드가 출현했고, 시위자들이 총에 맞고 군대는 반란을 일으켰으며, 온건파 개혁가 아돌프 티에르가 이끄는 임시내각이 출범했다. 프랑스 왕은 24일에 자리에서 물러나 잉글랜드로 망명을 떠났다. 런던에는 무성한 소문이 떠돌았다. 토리당 지도자인 로버트 필 경이 26일 토요일에 연 파티에서, 다윈의 동료들—라이엘, 오언, 버클런드, 드 라 베슈—은 프로이센 대사로부터 파리 폭동에 관한 생생한 이야기를 전해들었다. 프로이센 대사관에는 혁명세력의 바리케이드를 뚫고 탈출한 직원이 있었던 것이다. 그들은 "파리에는 재산의 공유와 비혼非婚을 주창하고, 잃을 것이 있는 사람들에게 엄청난 두려움의 대상인 3만 명의 공산주의자들이 있다"는 이야기를 들었다.[3] 여성들이 가고 난 뒤에는, 혁명이라든지, 현명한 몇 가지 개혁으로 왕위를 보전할 수는 없었는지 같은 흥분된 이야기들이 오갔다. 필 경은 라이엘에게—다음 날 발표될 예정인—새로운 공화제 정부의 정책들이 영국 해협 양국의 자본주의자들을 위협함에 따라 영국에 재정위기가 올까봐 걱정이라고 말했다.

필 경의 파티에 참석한 손님들은 다윈이 지질학회와 애시니엄에서 교류하는 신사들과 성직자들이었다. 그 가운데 몇몇은 2주 전 다윈의 집에 다녀갔던 사람들이었다. 이들 모두가 개혁파가 조용해지기를, 보통선거권을 요구하는 급진파 대중들이 진압되기를 바랐다. 다윈의 친구들은 두려워하고 있었다. 라이엘은 오래전부터 "폭민 통치"를 한탄했고, 은행가의 아들인 포브스는 폭동세력을 보면 주저하지 않고 몸소 경찰봉을 들었으며, 오언의 명예포병대는 노동자계급이 시위를 할 때마다 경찰을 지원했다.[4]

파리에서 유혈사태가 일어나 민중들이 시를 장악했을 때, 에마의 이모는 혁명이 "정치적인 것이 아니라 사회적인 것"이 되었다는 데에 약간 안도의 한숨을 내쉬었다. 그렇다 해도 그녀는 새로운 지도자들이 "노동자계급에게 한 약속을 실현할 수 있을지" 의문이었고, 만일 실현하지 못할 경우에 일어날 "그들이 풀어놓은 괴물의 복수"가 두려웠다. 그런데 프랑스의 노동자들은 양보를 얻어냈지만, 영국의 노동조합은 정부의 비타협적인 태도 앞에서 좌절했다. 프랑스의 "노동권"은 영국에는 없었다. 실업은 40년대 내내 높은 수준을 유지했다. 설상가상으로, 선거권 확대에 대해서는 어떤 약속도 이루어지지 않았다. 영국의 괴물들은 복수를 계획

하기 시작했다. 급진파가 장악한 런던에서는 〈라 마르세예즈〉와 파리 시
민들에 대한 칭송이 울려퍼졌다. 영국 해협 건너편의 폭동은 차티스트 지
도자들에게 새로운 자극을 불어넣어, 그들이 거대한 시위를 계획하도록
부추겼다.

부자들 사이에 공포가 번졌다. 15만 명의 차티스트들이 4월 10일
에 케닝턴 스퀘어에 집결하기로 예정된 가운데, 영국의 수도는 열기에
휩싸였다. 차티스트들이 선거권을 요구하는 청원서를 들고 의회로 행진
하려고 시도하고 있는 이때, 앞으로 무슨 일이 일어날지는 누구도 예상
할 수 없었다. 여왕은 자신의 안위를 위해 궁을 떠났고, "무력으로 폭동
을 진압하기 위한" 계획이 수립되었다. 몇 주 사이에 8만 5,000명의 특별
경관—대부분이 신사들과 그들의 고용인, 하인들이었다—이 지원했고,
7,000명의 군대가 동원되었다. 은행, 다우닝가, 외무성 등 모든 공공건물
에는 모래부대를 쌓았고, 그곳의 공무원들이 특별경관으로 지원했다. 중
앙우체국의 직원들에게는 수류탄이 지급되었고, 영국박물관의 일부 직
원들은 머스킷 총으로 무장했다.[5] 이 모두는 시위자들이 파리에서처럼
건물을 점령하지 못하게 하려는 조치였다.

다윈의 동료들도 마찬가지로 안절부절못하며 과학기관들에서 보초
를 섰다. 채링크로스가에서는, 특별경관으로 지원한 램지가 자신의 삼엽
충 표본을 지키기 위해 어깨에 경찰봉을 메고 포브스와 함께 지질조사국
을 순찰했다. 지질조사국 국장 드 라 베슈는 해적이 가지고 다니는 날이
휜 무거운 단검을 한 아름 가져다놓고 봉쇄에 대비했다. 오언은 외과의사
협회에서 보초를 섰다. 기골이 장대한 그는 폭도들에게 맞설 준비가 되어
있었고, 나중에는 필 경의 안전을 확인하기 위해 그 토리당 지도자의 집
으로 향했다. 웨스트민스터 대수도원의 주임사제인 버클런드 목사는 쇠
지레로 무장하고 수도원에서 대기했다. 다윈은 한때 버클런드가 지질학

수업을 하면서 익룡처럼 퍼드덕거린 것 때문에 그를 유쾌한 "바보"라고 생각했던 시절도 있었지만, 지금 그 바보짓은 끝났으며, 버클런드는 시인 묘역을 통해 대수도원으로 들어오는 폭도들을 가만두지 않겠다고 벼르고 있었다. 그의 제자 윌리엄 브로더립(다윈의 조개껍데기를 동정한 사람)은 템스 경찰법원의 판사로서 그곳에서 차티스트들을 단죄했다.[6]

이런 광기 어린 준비에 모두가 공포 분위기를 느꼈다. 다윈도 예외가 아니었다. 이 무렵 다윈의 독서는 새로운 경향을 띤다. 차티스트 시위에 대한 두려움이 히스테리로 바뀌어가던 3월에, 다윈은 티에르의 『프랑스 혁명사』를 읽기 시작했지만, "지루하고 서툴다"며 내던졌다. 그다음에는 메리 울스턴크래프트의 선동적인 책 『여성의 권리 옹호』와, 울스턴크래프트의 남편인 자유주의자 윌리엄 고드윈이 아내에 대한 추억을 엮은 『회상록』에 도전했다. 그러나 토크빌의 『미국의 민주주의』 쪽이 훨씬 더 재미있었다. 이 격동의 시기에 다윈은 구역질이 점점 더 심해져서, 3월의 지질학회 평의회 모임에도 참석하지 못했다.[7] 런던은 전투 직전의 상황이었는데, 만일 다윈이 런던에 갔다면 선동가들의 요구—토지세, 재산세, 부유세—에 큰 충격을 받았을 것이다. 런던에서 다윈은 시위자들이 비방하는 유한계급의 신사로서, 극단주의자들의 말에 따르면 가난한 자들의 등골을 빼먹고 사는 사람이었다. 그의 아버지는 병들었고, 부양해야 하는 가족은 점점 늘어나고 있는데, 상황이 고약하게 흘러가면 투자한 돈이 휴지조각이 될 수도 있는 상황이었다.

게다가 그는 벽장 속의 진화론자였다. 이것이 문제의 핵심이었다. 그의 국교도 친구들이 진압하고 있는 폭도들 가운데 일부는 종변형과 무신론 과학으로 무장하고 있었다. 오언과 포브스는 적들을 저지하며 그의 특권을 보호해주고 있었다. 하지만 만일 그들이 그의 비밀을 안다면, 반역자라고 비난하지 않겠는가? 10년 전에 "전체 구조가 무너질 것이다"라고 외쳤을 때, 그는 이런 종류의 폭동을 염두에 둔 것이 아니었다. 어쨌든 당시에는 초심자로서 혼자 추론했을 뿐이었지만, 지금의 그는 향사이자 한 집안의 가장이며, 지질학계의 엘리트였다. 그의 이론은 중간계급의 맬서스주의를 핵심으로 하며 맬서스의 자본주의를 기반으로 하고 있지만, 열혈 토리당원들의 눈에는 배신자로 보일 수 있었다.

주변세계가 붕괴할 위기에 처해 있는 이때, 다윈은 다운에 태평하게 앉아 지루한 해부를 계속했다. "열심히 노력하면 안 될 일이 없다"고 속으로 중얼거리면서. 그의 창조론자 동료들이 거리의 급진주의자들을 저지할 계획을 세우고 있던 3월 말, 다윈은 중대한 돌파구를 찾았다. 표본들 가운데 대부분에 작은 기생생물이 붙어 있는 것 같았다. 다윈은 지금까지는 기생생물들을 항상 떼어냈지만, 이번에는 그것을 자세히 살펴보았다. 따개비들은 대개 자웅동체(한 개체에 암컷 생식기와 수컷 생식기가 모두 있는 생물)다. 하지만 커밍이 보내온 필리핀의 표본들 가운데 예외가 하나 발견되었다. 이것은 아직 기재되지 않은 종이어서, 다윈은 이블라 쿠밍기 *Ibla cumingii*라고 명명했다. 이 종은 자웅이체였을 뿐 아니라 수컷과 암컷이 아무런 관련이 없는 생물처럼 보일 정도로 달랐다.

헨슬로가 이 소식을 가장 먼저 들었다.

암컷은 통상적인 모습이지만, 수컷의 몸은 암컷과 같은 부분이 전혀 없고 크기도 매우 작습니다. 그런데 정말 이상한 것은 다음의 사실입니다. 수컷, 때로는 두 마리의 수컷이 움직이는 유생이기를 멈춘 순간 암컷의 주머니 안에서 기생생물이 된다는 겁니다. 이들은 이렇게 달라붙어 아내의 살 속에 절반쯤 파묻힌 채로 평생을 보내며, 다시는 움직이지 않습니다.

이것은 동물계에서 거의 찾아볼 수 없는 번식방식이었다. 그런데 다윈은 이것을 어떻게 발견했을까? 그는 헨슬로에게 자신이 "미덕에 대한 본능"과 비슷한 "진리에 대한 본능"을 갖고 있는 것 같다고 말했으니, 이 본능이 그를 도왔을 것이다.[8]

그런데 이 말은 은근한 도전처럼 보였다. 국교도 창조론자가 여러 수컷이 한 암컷에 기생하는 따개비의 일처다부제에서 어떤 미덕을 발견할 수 있었겠는가? 만일 이런 짝짓기 방식이 존재하는 것이 사실이라면, 거기에는 신을 찬양할 만한 구석이 거의 없었다. 자연이 "시간의 가장 고귀한 자손"인 인간으로부터 멀어질 대로 멀어져버린 것이니까. 우위에 있는 암컷이 자신의 치맛자락을 붙잡고 늘어지는 의존적이고 퇴화한 수컷을 참아내고 있는 꼴이라니! 다윈은 자신의 오랜 친구를 툭 찔러보았다. "이상하지 않습니까. 자연이 이 하나의 속屬을 자웅이체로 만들어놓고, 암컷의 몸 밖에 배우자들을 붙여두었다는 것이." 나중에 그는 비슷한 증거로 라이엘을 괴롭혔다. 이블라속의 암컷은 두 개의 각판 각각에 하나씩의 주머니를 갖고 있는데, 그 안에 "자신의 작은 남편을 넣어가지고 다닙니다." 1센티미터가 약간 넘는 암컷은 자신의 작은 배우자에게 "착취 당하며" 살아가는 것처럼 보였다. 이 수컷들은 크기가 암컷의 10분의 1이며, 거의 배胚 수준에 머물렀다. "납작하고 자줏빛을 띤, 벌레 같은" 수컷의 몸에서 가슴체절의 대부분은 흔적만 남았으며, 사실상 쓸모가 없었다. "정말이지, 자연의 기획과 기적은 끝이 없습니다." 다윈은 이렇게 비꼬았다.[9]

이 모두는 다윈의 맥 빠진 관심을 되살려냈고, 그는 자신이 "세상에서" 가장 흥미로운 따개비를 발견했다고 발표했다. 놀라운 발견은 계속되었다. 이블라속의 두 번째 종에서—이번에는 **자웅동체**였다—그는 또 다시 기생하는 수컷을 찾아냈고, 자웅동체와 함께 사는 이 수컷들을 "보충" 수컷이라고 불렀다. 이 수컷들은 유생처럼 생긴 작은 주머니였으며, 몸길이가 0.4센티미터였다. 더욱 뜻밖이었던 것은, 이 자웅동체는 수컷 생식기가 퇴화되고 있었던 데다, 생식기 이외의 모든 기관이 흔적으로만 남은 작은 배胚 수준의 수컷을 동반하고 다닌다는 사실이었다. 다윈은 문득 예전에 떼어낸 모든 기생충이 의심스러워졌다. 좀 더 자세히 살펴보기로 했다. 어떤 것은 따개비와 무관한 실제 기생충으로 판명되었다. 하지만 이블라속과 비슷한 속인 스칼펠룸속의 기생생물들은 크기가 더 작은 수컷들이었다.

다윈은 스칼펠룸속의 여섯 종을 동정했는데, 모두가 서로 다른 정도의 종 분화를 보였다. 이것은 그가 앞서 세운 진화론 가설을 멋지게 입증해주는 증거였다. 1838년 공책에서 그는 "매우 하등한 일부 생물집단에서 나타나는 성 분리"의 방식에 대해 다음과 같은 추론을 했다. 수컷과 암컷이 이성 생식기의 "미발달 흔적들"을 보유하고 있는 연체동물은 원시적인 자웅동체에서 진화한 것이다.[10] 하지만 당시 그는 이러한 성 분화를 예증할 더 완전한 단계별 증거들이 필요했다. 그런데 지금 그 증거를 찾은 것이었다. 따개비는 일련의 단계들을 보여주었다. 다시 말해 완전한 자웅동체에서, 축소된 수컷 생식기와 작은 "보충" 수컷을 갖고 있는 자웅동체를 거쳐, 수컷 생식기가 완전히 퇴화되고 "단순한" 수컷 동반자를 데리고 다니는 암컷에 이르렀다.

다윈은 후커가 인도에서 보내온 반가운 첫 편지에 대한 답장에서, 갈수록 신기해지는 자신의 발견에 관해 이야기했다. 그는 후커에게 이블라속의 수컷 이야기를 했는데, 그것은 "이 기생하는 수컷들과…… 유연관계가 가장 가까운 속"은 수컷 생식기가 아주 작아져 있는 자웅동체에 붙어서 사는 "보충 수컷"임을 알아내는 데 도움을 준 자신의 "종 이론을 자랑하기" 위해서였다.

자웅동체인 종은 드러나지 않는 작은 단계들을 거치며 자웅이체로 변해 가는 것이 틀림없다는 사실을 내게 확신시킨 나의 종 이론이 없었다면, 나는 이 사실을 알아보지 못했을 걸세. 증거를 보게. 자웅동체의 수컷 생식기가 점점 퇴화되어가면서 독립적인 수컷이 만들어지고 있지 않은가. 하지만 이것이 무엇을 의미하는지는 설명하기 어렵네. 어쩌면 자네는 나의 따개비들과 나의 종 이론이 지옥에 떨어지기를 바랄지도 모르지만, 나는 자네가 뭐라고 하든 상관하지 않겠네. 나의 종 이론은 진정한 복음이니까.[11]

후커는 다윈의 격한 감정에 편승하지 않았다. 또한 그는 다윈이 지옥에 떨어지기를 바라지도 않았다. 사실 후커는 이것이 아주 놀라운 증거라고 생각했다. 다윈은 자신이 하고 있는 분류학적인 연구의 가치를 스스로에게, 또 후커에게 납득시키고 있었다. 이제 그들은 앞으로 필요한 연구가 무엇인지 알 수 있었다. 연구가 진행됨에 따라, 성과 유래가 다윈의 비밀 의제의 맨 윗자리로 올라왔다. 새로운 "복음"이 만들어지고 있었다.

다윈의 매혹은 계속되었다. 그가 발견한 작은 수컷들은 "진정으로 경이로웠다." 이들은 "전체 동물계에서 같은 경우를 찾아볼 수 없을 정도로 모든 기관이 흔적으로만 남아" 있었다. 다윈은 후커에게 숨 돌릴 틈도 없이 급하게 최신 소식을 전했다. "이 수컷들은 입도 위도 없다네." 유생은 "자웅동체에 자신의 몸을 고정시키고 거대한 고환으로 발달하지!" 이들은 "단지 정자 주머니"로서 성장했다. 또한 1대 1의 관계일 필요도 없었다. 다윈은 몇몇 자웅동체에서 보충 수컷을 최대 열 마리까지 발견했다. 작고 입이 없는 이 기생자는 아무것도 먹지 않으며, 금방 죽어 다른 수컷으로 대체되었다. 자연히 배우자가 금방금방 바뀌었다. 후커는 이 모두를 수월하게 이해할 수 있었는데, 다르질링에서 보낸 답장에서 배우자

열 명쯤은 약과라고 썼다. "따개비의 보충 수컷들은 정말 경이롭지만, 최근에 저의 관심을 더 끄는 것은 보티아족族의 보충 남성들입니다." 보티아족은 그에게 노동력을 제공한 히말라야의 "조야한" 부족으로, "한 아내가 남편을 열 명까지 둘 수 있도록 법으로 정해져" 있었다.[12] 후커는 다윈이 말하고자 하는 바를 파악했던 것이다. 모든 종류의 원시적인 것은 빅토리아 귀족계급 신사들의 타고난 미덕을 결여하고 있었다.

다윈이 따개비에 대한 뜻밖의 발견에 경탄하는 동안, 4월 10일의 차티스트 시위는 평화롭게 끝났다. 5월에 다윈은 후커에게 보내는 편지에서 "지옥행"을 각오하며 따개비 이야기를 하던 중, 그 옛날의 석탄 이야기를 불쑥 꺼냈다. 석탄은 전에 둘 사이에 언쟁을 불러일으켰던 문제로서, 그들의 의견이 많은 부분에서 일치하지 않는 유일한 주제였다. 후커는 그 문제를 완전히 매듭짓기 위해 인도에서 석탄의 기원을 밝혀줄 증거를 찾고 있었고, 다윈은 답장에서 좋은 시도라고 응답했다. 만일 "내가 죽기 전에" 그 문제가 해결되지 않는다면 "나는 결코 다운의 교회묘지에서 편히 잠들 수 없을 것"이라고 하면서. 이 말은 경쾌한 농담처럼 들리지만, 이때 다윈의 의식 밑바닥에는 죽음에 대한 근심이 흐르고 있었다. 다윈은 같은 편지에서, "죽음에 대해 이야기하면 좋지 않은 내 위가…… 더 안 좋아지는 것 같네"라고 말했다. 아버지가 쇠약해지는 것을 지켜보면서 다윈의 구토 증상은 심하게 나빠졌다.

몸집이 비대한 로버트 박사는 이제는 숨 쉬는 것도 힘들어했으며, "곧 죽을 것 같은 기분"을 느꼈다. 1주일 뒤 찰스는 최악의 일을 각오하고 무거운 마음으로 슈루즈버리로 갔다. 에마는 임신 중이라 집에 남았지만, 날마다 찰스와 그의 아버지에 대한 건강보고서를 받아보았다. 로버트 박사가 손수 진단한 본인의 병세는 한편으로는 좋고 한편으로는 나빴다. 박사의 진단에 따르면, 자신은 조금 더 살겠지만 그러다 갑자기 죽을 것이라고 했다. 찰스는 마운트에 도착한 첫 며칠 동안은 그저 조금 아팠을 뿐이다. 그는 에마의 편지에서 위로를 느꼈으며, "내가 듣고 싶은 모든 소식"을 쓰라고 에마를 부추겼다. 에마는 찰스에게 여러 신문을 부쳐주었다. 하지만 그는 프랑크푸르트의 새로운 의회와 프랑스의 국민의회에 대한 신랄한 보도가 실린 "비난받아 마땅한"『글로브Globe』만을 즐겼다. 그런데 그의 건강은 서서히 나빠지더니, 며칠 만에 "위의 상태를 5분 동안도" 잊을 수 없는 지경이 되었다. 먼 곳에서 찰스를 달래 주는 에마의 위로편지는 계속되었다.[13]

　　로버트 박사는 말하는 데에 곤란을 겪기 시작했고 다리도 약해졌다. 찰스는 아버지의 몸이 마침내 무너지고 있다는 것을 알았다. 이런 식으로 2주가 지나갔다. 불안과 초조에 시달린 2주간이었다. 밤낮으로 간호하던 다윈도 과로와 긴장으로 지치기 시작했다. 그는 현기증이 났고 오한과 구토발작을 일으켰으며, 그러고 나자 기운이 없어서 몸을 가눌 수 없었다. 그는 에마에게 보내는 편지에서 다음과 같이 전했다. "발작은 갑자기 찾아왔소. 눈앞에서 바퀴살이 맹렬히 돌고 어두운 구름이 드리우더니, 오싹오싹 오한이 들고 극심한…… 구역질이 났소." 약해진 그는 집에 돌아가고 싶었다. "도시의 소음들, 불한당들이 떠들어대는 소리들, 사생활에 대한 그리움" 때문에 시골의 은거지가 애타게 그리웠다. "당신이 그립구려." 그는 에마에게 구슬픈 편지를 보냈다. "당신이 없으면, 아플 때 정말 비참한 기분이 든다오." 에마에게서 멀리 떨어져 있는 다윈은, 자신이 태어난 고향에서 있으면서도 안전한 기분을 느끼지 못하고 에마의 보살핌의 손길을 그리워했다. 찰스는 다시 관심의 중심에 있고 싶었다. "내 어머니여, 당신의 곁에서 당신의 보호를 받고 싶소. 그래야만 안심이 된다오."

그는 5월 30일에 로버트 박사의 여든두 번째 생일을 축하할 때까지 마운트에 머물렀다. 그런 다음에 한시름 놓고 에마의 품으로 돌아왔다. 다시 다운의 시계 같은 생활이 시작되었다. 하지만 그는 따개비 일에 열의를 느끼지 못했다. 사실 구역질을 계속하면서 그 작은 송장들의 내장을 뽑아내는 일이 즐겁기는 어려웠을 것이다. 에마가 임신 7개월째에 접어듦에 따라, 그는 자신이 하는 일의 출산을 걱정하기 시작했다. "힘만 많이 들지, 이대로는 따개비 책인지 뭔지는 낳지도 못할 것입니다. …… 한 종에 들어가는 시간이 정말 터무니없이 많습니다." 에마의 출산이 점점 가까워오고 있었다. 작은 고통에도 엄청나게 민감한 찰스는 에마의 출산 때 새로운 마취제인 클로로포름을 쓸 생각이었다. 십대 시절에 구역질나는 수술 장면을 본 뒤로, 그는 사람들이 고통받는 모습을 끔찍이도 싫어했다. 클로로포름은 신이 내린 선물이었다. 그는 그것을 입이 마르고 닳도록 칭찬했다. 에든버러 대학 교수 제임스 심슨이 1847년에—찰스가 21년 전에 공포에 질려 뛰쳐나온 바로 그 병원에서—직접 그것을 들이마시고 기절한 지 얼마 지나지 않아, 찰스는 이 마취제를 직접 시험해보고 있었다. 그는 치통에 시달리는 이네스 목사에게 잇몸에 이 마취제 한 방울을 떨어뜨리라고 했고, 이 마취제를 출산에 이용하는 방법에 대해 런던의 의사에게 조언을 구했다.[14] 그의 셋째 아들 프랜시스는 8월 16일에 태어났다. 아마도 고통 없이 태어났으리라.

그해 여름 다윈은 사람을 거의 만나지 않았다. 그의 몸 상태는 거의 날마다 나빠졌다. 그가 욕설을 지껄이고 구토를 참아가며 굼벵이처럼 일을 하는 동안, 그의 친구들은 하나둘 유명해졌다. 라이엘은 스코틀랜드에 새로 지은 발모럴 성〔영국 왕실의 사저〕에서 9월에 빅토리아 여왕으로부터 작위를 받았다. 후커는 히말라야에서 장미, 목련, 진달래의 새로운 종들을 발견하며 큰 성과를 올리고 있었다. 그는 약혼했으며, 포브스는 결혼했다. 이제 "노총각은 다 갔군." 다윈은 이렇게 농담을 했다.[15] 그는 위통의 포로가 되어 다운에 머무르며, 지질학회 평의회에만 어쩔 수 없이 참석했다. 하지만 회의에 다녀오면 항상 녹초가 되었다. 저녁초대를 사양하는 일이 점점 많아졌다. 자발적으로 선택한 다운의 망명생활 속에서 그는 책을 통해 대리인생을 살았다. 책에서 사실들을 얻고, 이국적인 장소로 도망쳤다. 죽음의 공포에 시달리고 있던 그는 다시 종교와 관련한 책에 관심을 돌렸다.

　　찰스와 에마는 거의 매일 함께 책을 읽었다. 소설, 여행기, 역사책, 전기 등 주제를 끊임없이 바꾸었다. 대부분은 런던 도서관에서 우편으로 부쳐왔고, 일부는 이래즈머스에게 빌렸다. 찰스가 아버지 때문에 우울증에 빠져듦에 따라 필시 에마가 남편의 독서에 간섭을 했을 것이다. 찰스는 에마가 읽던 『복음서의 진본성에 대한 증거』라는 책에서 희망을 얻었다. 이 책은 하버드 대학의 구속사救贖史 교수였던 앤드루 노턴이 객관적인 학식을 바탕으로 쓴 두 권짜리 두툼한 책이었다. 토머스 칼라일이 "유니테리언파의 교황"이라고 불렀던 노턴은, 복음서들은 가공되지 않은 진실로서 "그 저자는 복음서와 같은 이름의 사람들"이라고 주장했다.[16] 만일 에마가 예수를 믿으면 영생을 얻는다는 약속의 근거를 찰스에게 주고 싶었다면, 이 책들만 한 것이 없었을 것이다.

　　그러나 "현기증, 우울증, 오한, 수차례의 구토발작"이 엄습하는 가운데, 찰스는 또다시 이단에 뛰어들었다. 그는 만성 질병으로 죽은 젊은 성직자 존 스털링의 일생에 매료되었다. 아마 다윈은 스털링에게서 자신의 그림자를 보았을 것이다. 스털링은 케임브리지 출신이었고, 시골 서식스의 목사보였으며, 병과 의심, 환멸에 시달렸다. 스털링도 런던에서 칼라일의 그룹에 있었고, 그 시기에 다윈과 마찬가지로 "최고의 도덕적 · 지적 에너지"를 발휘했다. 1840년경 스털링은, 다윈이 언제나 그랬던 것처럼 "우리의 존재를 지배하는 법칙들과 제1원리들에 대한 깊고 체계적인 지식을 얻을 가능성을 믿는" 것을 주저하지 않았다. 다윈은 자신의 마음속 깊은 곳에 있는 두려움도 스털링의 삶에 비쳐 보았다. 스털링의 아내는 아이를 낳다가 죽었으며, 본인도 1844년 9월에 요절하면서 자신의 친구에게 이렇게 단언했다. "우리는 다시 만날 걸세. …… 기독교는 내게 엄청난 위안과 축복이라네. 비록 내가 기독교의 원전에 나오는 모든 말을 다 믿지는 못하지만."

다윈도 몹시 아팠기에 타락한 목사의 이 이야기에 동화되었지만, 스털링이 계속해서 기독교에 정서적 애착을 보인 점만큼은 마음에 들지 않았다. 다윈은 자신의 육촌이자 성직자인 폭스에게, "단지 나는 뭐든지 다 믿는 여자들과…… 같은 열정으로 믿을 수 없는 것뿐입니다"라고 자신의 심정을 토로했다.[17] 어쩌면 다윈은 완전히 믿음을 버렸던 것인지도 모른다.

아버지의 죽음을 극도로 염려하던 다윈은 다른 사람들의 종교적 여정을 추적했다. 이번 여름에 그는 콜리지의 책들도 읽었다. 에마의 아버지는 콜리지에 매료되었다. 콜리지는 케임브리지 대학을 중퇴한 사람으로 잠시 종교적·정치적 급진주의에 빠지기도 했으나, 이후 웨지우드가가 그의 후원자가 되었다. 이때 콜리지는 다시 일종의 국교회 보수주의로 돌아서서 『친구』와 『명상을 위한 길잡이』에 자신의 종교적 여정을 기록했는데, 다윈이 읽은 것이 이 책들이었다. 콜리지에게 기독교는 입증해야 할 이론이 아니라 "삶이고, 사는 과정"이었다. 이렇게 생각하기 위해서는 다윈으로서는 이룰 수 없는 신앙의 도약이 필요했다. 콜리지는 종교적인 감정이 영혼에 내재되어 있으며 유전되는 본능과는 아무런 관련이 없다고 생각했지만, 다윈의 이단적인 공책에는 그렇지 않다고 적혀 있었다. 콜리지는 틀렸다.

그러면 회의론자들은 어떻게 되는가? 다윈은 자신의 죽어가는 아버지와 자신을 생각했다. 콜리지는 기독교에 대한 믿음이 없는 것은 "의지가 노예상태가 된" 탓이라고 생각했다. 그는 이 "악마의 자식들"은 천벌을 받게 될 것이라고 말했다. "당신들 가운데 누구나가 겪는 병인 죽음에 대한 두려움을 극복할 수 있는 사람"이 있는가? 콜리지는 회의론자들에게 물었다.[18] 그러고 나서 에마가 가장 좋아하는 요한복음의 한 구절을 약간 바꾸어 대답했다.

아버지의 목숨이 다해가는 것을 지켜보면서도, 다윈은 꿈쩍도 하지 않았다. 콜리지의 책에 구제는 없었다. 다윈은 페일리나 노턴 같은 사람들의 논증—증거를 바탕으로 하는 기독교 신앙—으로부터 너무나 많은 것을 배웠기 때문에, 기독교의 교의가 막연한 감정을 바탕으로 존속할 수 있다고 생각할 수는 없었다. 다윈은 영혼과 육체, 이성과 본능에 대한 콜리지의 구분을 오래전에 폐기했다. 콜리지가 뭐라고 주장하든, 그것은 결국 복음주의일 뿐이었다. 콜리지의 종교적 호소에 힘을 불어넣는 것은 여전히 지옥불이었다. 로버트 박사는—이래즈머스도, 그리고 어쩌면 찰스 자신도—영원히 지옥불에 불타야 할 처지였다. 이것은 기괴한 교의였다.

로버트 박사에게 죽음이 가까워왔다. 찰스는 10월 10일에 슈루즈버리로 갔다. 그는 그곳에 2주간 머물렀으며, 자신도 앓았다. 다운으로 돌아갈 즈음, 아버지는 "고즈넉하고 유쾌"했고, 찰스는 이 모습을 영원히 간직하게 된다. 11월 13일 월요일에 에마가 친척들을 방문하러 간 사이에, 찰스는 캐서린에게서 아버지가 빠르게 쇠약해지고 있다는 소식을 들었다. 수많은 고통스러운 밤을 보낸 그는 이제 통증을 느끼지 않는 듯했다. 고통이 사라진 아버지의 얼굴은, 캐서린의 말에 따르면 "그다지 괴로워 보이지" 않았다. 비록 거의 말을 하지 못하고 숨을 헐떡거리긴 했지만, 로버트 박사는 죽음을 맞아들이고 있었다. 육중한 몸집으로 미동도

하지 않고 온실에 앉아 있는 아버지의 모습은 "그 무엇보다 아름답고 애잔한 장면"이었다. 다음 날 피할 수 없는 편지가 도착했다. 로버트 박사가 오전 8시 30분에 의자에 앉은 채 숨을 거두었다고 했다. 수전이 "내내 아버지 곁을 지켰다."[19] 수많은 고통스러운 나날을 보냈지만, 끝은 평화로웠다.

죽음을 이해하기에는 너무 어린 다섯 살 난 헨리에타―에티―는 그 소식을 접한 아버지의 반응을 보고 "겁이 난 데다" "아버지의 감정에 동조하여 심하게" 울었다. 찰스는 비탄에 잠겼고, 에마는 급히 집으로 돌아왔다. 에마의 "동정과 애정"이 절실했다. 다윈은 슬픔을 가누지 못해 토요일에 열린 장례식에도 참석하지 못했다. 그는 자신이 에마를 기진맥진하게 만들었다고 자책하면서 슈루즈버리로 가긴 했지만, 장례식이 이미 시작된 이후에 도착하여, 매리앤 누이와 함께 마운트에 머물렀다. 그녀도 장례식에 참석할 수 없을 만큼 진정을 하지 못했다. 장례식은 "오직 의식일 뿐"이라고 다윈은 생각했다. 하지만 그는 장례식을 보지 못한 것을 두고두고 애통해했다. 또한 몇 주가 지나도 유언집행인으로서의 역할을 수행할 수 있을 만큼의 기운을 되찾지 못했다.[20] 그해의 나머지와 다음 해까지도, 그는 세상과 단절한 채 다운에 틀어박혀 지냈다.

다윈은 누구도 만나고 싶지 않았다. 존 러벅 경의 아들인 십대 소년 존만이 예외였던 것 같다. 다윈의 현미경에 매료된 이 소년이 찰스를 완전한 절망에서 구해내는 데에 도움이 되었다. 그 소년과 함께 그는 생명으로 가득한, 상상을 초월하는 미생물의 세계로 도피했다. 다윈은 존에게 일종의 과학적 아버지가 되어 그 소년을 위해 똑같은 광학장치를 사주었다.[21] 그는 자신에게 현명한 지침을 주었던 자신의 아버지처럼 하는 연습을 하고 있었다.

*　　*　　*

사라지지 않는 두려움과 과로에 시달리며 아홉 달을 보낸 찰스는 만성우울증에 빠졌다. 현기증과 절망감이 자꾸만 엄습해왔다. 겨우내 그는 매주 끔찍한 구토발작에 시달렸다. 손이 떨리기 시작하여, "사흘 증 하루는 아무것도 할 수가 없었다." 걱정스러운 새로운 증상들도 나타났다. 불수의적 경련, 의식이 가물가물해지는 느낌, 눈앞에 검은 반점들이 보이는 현상. 그는 난생처음으로 "이러다 곧 죽을지도 모른다"고 생각했다. 슬픔에 잠긴 미혼의 누이들인 수전과 캐서린이 다운에 지내러 왔을 때도 다윈은 그들을 피했으며, 아버지의 죽음에 대한 이야기는 한마디도 하지 않았다. 다윈은 자신이 다음 순서가 될지도 모른다는 끔찍한 두려움을 도저히 입밖에 낼 수가 없었다.

다윈을 위로할 수 있는 사람은 에마뿐이었다. 여동생 패니가 스물여섯의 나이에 비극적인 죽음을 맞은 뒤로, 에마는 성서에서 깊은 위안을 찾았다. 에마는 지금 자신의 내부에 있는 이 힘의 원천으로부터 활력을 끌어내어 사랑의 끈으로 찰스를 감싸고, 찰스의 일상의 필요를 돌보며 그를 위해 기도했다. 그들은 영생의 문제가 나오면 서로를 똑바로 바라보지 못했다. 요한복음이 여전히 그들 사이에 가로놓여 있었다. 사실 찰스는 에마가 아는 것보다 훨씬 더 많은 종교적인 의심을 품고 있었다. 하지만 에마는 이 힘든 시기에 기독교의 증인이 되어 남편이 마음의 안정을 찾도록 도울 수 있었다.

로버트 박사가 죽고 비극적인 석 달이 지난 1849년 2월, 울적한 다윈은 해리엇 마티노의 새 책에 몰두했다. 그와 이래즈머스는 과학이라면 뭐든 쉽게 믿는 마티노의 태도에 인내심을 잃어가던 중이었다. 다윈이 여자들은 모든 것을 믿는다고 성토한 것도 최면술에 대한 마티노의 "열광" 때문이었는데, 지금 마티노는 거기서 빠져나왔다. 그녀의 『동방의 삶, 현재와 과거』는 성스럽지 않은 성지 순례기였다. 신성과 얼마나 거리가 멀었으면 출판업자 존 머리가 이 책의 "이교도적 경향"이 마음에 들지 않는다며 퇴짜를 놓았을 정도였을까.[22] 마티노는 뭐든 쉽게 믿는 여자들의 통상적인 습성에서 이 정도까지 벗어났던 것이다.

그 책은 여행기라는 얇은 허울을 뒤집어쓴 비판적인 종교사로, 다윈의 구미에 잘 맞았다. 중심에 흐르는 주제는 죽음이었고, 글에는 무덤이 가득했다. 이집트에서 시나이 사막을 건너 팔레스타인까지, "망각의 검은 장막"이 그녀를 뒤따랐다. 그 동방의 땅에서 부활절에, 그녀는 나사로의 무덤, 사해, 감람산에 있는 선지자들의 무덤, 유다가 자신의 목을 매단 빈자들의 공동묘지, 그리고 "벌레가 죽지 않고 불이 꺼지지 않는" 기혼 계곡을 방문했다. 이 모두는 성묘교회[예수가 십자가에 못 박힌 골고다 언덕을 에워싸고 있다]에서 펼쳐지는 부활절 인형극과 극명한 대조를 이루었다. 다윈은 상과 벌에 대한 기독교도의 믿음은 이교도적 미신에 바탕을 두고 있다는 마티노의 전언傳言에 흥미를 느꼈다. 그리고 예나 지금이나 세상은 거의 바뀌지 않았다. 마티노는 손상되지 않은 부자 이집트인의 무덤을 보고 경탄했다. 그 이집트인의 가족, 행적, 그 사람이 기대한 내세가 무덤에 그려져 있었다. "그의 삶과 죽음은 우리와 얼마나 비슷한가!" "이 이집트인을, 오늘날 해군에서 퇴역하여 시골에 살고 있는 신사와 비교해 보라. 서로 다른 점보다 같은 점이 훨씬 많지 않은가!"[23]

그러나 어떤 시골 신사는 달라졌다. 다윈은 미신과 인연을 끊었고, 마티노의 여행기를 즐겼다. 그렇다 하더라도 죽음에 대한 생각은 여전히 그를 무겁게 짓눌렀다. 마흔 살 생일을 일주일 앞두었을 때도 기분이 나아질 조짐이 전혀 보이지 않았다. 사회생활을 너무 오래 피했던 터라 그는 좀처럼 답장을 쓸 수가 없었고, 노력을 요하는 일을 거의 할 수 없었다. 그는 따개비 일이 그토록 오래 걸리는 이유에 대해 오언에게 "그칠 줄 모르는 구토 때문"이라고 설명했다. 그러면서 이렇게 덧붙였다. "나는

지난 네다섯 달 동안 내 시간의 적어도 5분의 4를 잃어버렸습니다." 더는
이렇게 살 수 없었다.[24] 뭔가 조치를 취해야 했다.

친구들은 다윈을 걱정했다. 비글호의 옛 동료 설리번 함장은 3년간의 휴가를 얻어 가족과 함께 포클랜드 제도로 떠나면서 작별인사를 하러 다운에 들렀다가, 찰스의 상태를 보고 깜짝 놀랐다. 찰스는 힘이 없어서 제대로 걷지도 못했다. 설리번 함장은 비글호의 "철학자 선생"에게 제임스 걸리 박사의 물치료 시설을 권했다. 효과를 본 사람도 있다는 것이다.

찰스는 설리번의 제안에 솔깃했다. 폭스도 아름다운 맬번 언덕에 있는 걸리 박사의 최신식 물치료 시설이 좋다는 이야기들을 들었다고 했다. 그곳은 문을 연 지 7년이 되었으며, 이미 통풍질환에 시달리는 부자들이 모이는 최고의 사교장으로 자리잡았다. 여름 몇 달 동안 매력적이고 박식한 걸리 박사는 100여 명의 소화불량 환자들을 받았다. 비용은 문인들이나 놈팡이들이나 똑같이 1주일에 2기니였다. 테니슨도 여기서 치료를 받았고, 나중에 칼라일, 매콜리, 디킨스도 다녀가게 된다. 찰스는 걸리 박사가 어마어마한 돈을 벌어들이고 있다는 것을 알 수 있었고, 그래서 선뜻 신뢰가 가지 않았다. 또한 치료 자체도 의심스러워 돌팔이 요법으로 치부하고 싶어졌다. 런던에 있는 주치의 헨리 홀런드 박사도 이 치료를 보증해줄 것 같지 않았다. 사실 홀런드는 다윈의 병증에 당혹스러워하고 있었다. 다윈 같은 사례는 처음이었다. 그는 다윈의 병을 일종의 "억제된 통풍"으로 진단했다.[1] 아버지의 통풍과 달리 찰스의 통풍은 몸의 내부인 위에 증상이 나타나는 것일 수 있다는 것이었다. 홀런드는 혈액 속의 독소가 유전적 소인을 활성화시키고 있을 거라고 생각했다. 하지만 원인을 찾았다 해도 홀런드 박사가 할 수 있는 일은 아무것도 없었다.

만일 전문가들이 증세를 치료하지 못한다면, 그의 아버지가 죽기 전에 말했듯이 다른 시도를 해본다고 잃을 건 없었다. 찰스는 물치료에 대해 직접 알아보기 위해 걸리의 책『만성질환에서의 물치료』를 읽어보았다. 몸에 냉수를 끼얹는 요법은 혈액순환을 촉진하고, 위의 염증이 일어난 신경조직에 혈액공급을 떨어뜨리기 위한 것이었다. 그러나 걸리는 소화불량을 치료하는 데는 시일이 걸린다고 말하며 두 달 동안 시설 내에 체류할 것을 권했으며, 기적은 기대하지 말라고 했다. 에마는 걸리가 돌팔이 같지는 않다고 생각했다. 찰스는 약간 불안해하면서도 한번 시도해보기로 했다. 직접 해봐야 "걸리의 말과 그의 물치료에 신빙성이 있는지 아닌지 입증이 될 것"이라는 결론을 내렸다. 그에게는 이것도 실험의 하나였던 것이다. "그래서 내 따개비 일은 유감스럽게도 미루어둘 수밖에 없게 되었습니다. 하지만 몸이 절반만 회복되면, 지금 상태로 2년 동안 하는 일보다 더 많은 일을 6개월에 할 수 있을 것입니다."[2] 그러나 그는 미루어두는 게 얼마나 오래가 될지는 인식하지 못하고 있었다.

온 가족이 이사를 해야 했고, 에마는 여섯 아이와 "가방과 짐"을 맬 번까지 옮길 생각을 하니 겁이 났다. "무척 성가신 일입니다. …… 하지만 적어도 6주나 두 달은 머물러야 걸리 박사의 치료를 제대로 시험해볼 수 있을 것입니다. 아이들을 이모들에게 맡긴다 해도 그것은 너무나 긴 시간입니다." 1849년 3월 8일에 식구들 모두가 안개 자욱한 우스터셔로 떠났다. 큰 아이들은 새로 온 가정교사 톨리 양과 하인들에게 맡기고, 찰스와 에마는 갓난아이 프랜시스를 데리고 따로 움직였다. 240킬로미터의 여행은 이틀이 걸렸고, 프랜시스는 가는 내내 울어댔다. 맬번 언덕은 미개발된 황무지에 자리하고 있었는데, 웨일스 남부로 선로를 연장하려고 서로 경쟁하는 철도회사들이 이 땅을 놓고 싸우고 있었다. 다윈 일행은 런던에서 첼튼엄 앤 그레이트 웨스턴 철도편으로 글로스터에 도착했고, 여기서부터 전용마차를 타고 유료도로를 통해 목적지인 광천지鑛泉地까지 덜커덩거리는 길을 세 시간 동안 달렸다. 도착했을 때는 온 가족이 회복이 필요한 상태였다. 마을의 주민은 수천 명이었지만, 우스터 비컨〔맬번 언덕지대에서 가장 높은 언덕〕 바로 밑의 가파른 비탈면에 옹기종기 모인 흰 석조건물들은 깨끗하고 고급스러워 보였고, "한갓진 평화로움"의 분위기를 풍겼다.3) 다윈의 식구들은 우스터 도로에서 400미터쯤 떨어진 "롯지"라는 이름의 집을 빌렸다. 아이들은 노스 힐의 울창한 산비탈에서 뛰어놀 수 있을 테고, 찰스는 늘 누려왔던 조용한 사생활을 지키면서도 걸리 박사와 닿을 수 있을 것이다. 다윈은 다시 기운이 나기 시작했다.

찰스와 걸리 박사는 흥미로운 조합이었다. 그들은 거의 동년배였는데, 둘 다 1825년에 에든버러 대학에 입학했다. 그러나 걸리는 파리로 떠났다가 1829년에 졸업했다. 당시 에든버러 대학을 나온 수많은 급진파 의학도들이 그랬듯이 걸리도 이단적인 과학에 심취했고, 진화론에 동조했다. 그는 급진주의자답게 온갖 종류의 비정통 시술─동종요법, 물치료법, 최면술─을 믿었지만, 찰스는 이 가운데 어느 것도 믿지 않았다. 찰스는 동종요법에 대한 불신을 결코 떨쳐버리지 못했으며, 나머지 요법에 대해서는 거의 언급도 하지 않았다. "모든 것을 믿는 것"은 걸리라는 사람이 갖고 있는 하나의 "유감스러운 단점"이었다.4) 그럼에도 걸리는 진단에 신중을 기했다. 또한 그는 찰스를 친절하게 보살폈는데, 아버지의 죽음을 겪고 마음이 약해진 찰스는 이 점이 무엇보다도 고마웠다.

이리하여 차가운 물치료가 시작되었다. 찰스는 수전 누이에게 물치료의 전 과정을 옆에서 물방울이 튈 만큼 생생하게 적어 보냈다.

7시 15분 전에 일어나서, 찬물에 담근 거친 수건으로 2~3분간 몸을 문지릅니다. 며칠이 지나니 몸이 바닷가재처럼 빨갛게 되었습니다. 세척을 담당하는 사람이 있는데, 매우 좋은 사람입니다. 그는 몸 뒤를 문질러주고, 그동안 나는 앞을 문지릅니다. 이것이 끝나면 큰 컵으로 물 한 잔을 마시고, 되도록 빨리 옷을 입고 나서 20분 동안 걷습니다. …… 동시에 압박붕대를 두르는데, 이것은 아마포를 넓게 접어 물에 적신 것으로, 그 위에 고무방수포를 씌웁니다. 이것을 두 시간마다 한 번씩 찬물에 담가 "신선하게 만들면서", 하루 종일 걸치고 다닙니다.

그는 설탕, 소금, 베이컨, 각종 흥분성 음료를 끊었다. 사실상 "좋은 것은 전부" 끊은 셈이었다. 단, 규칙에는 반하지만 이따금씩 약간의 코담배를 피울 수 있도록 허락을 받았다. 걸리는 동종요법 약을 처방했는데, 찰스는 "눈곱만큼의 믿음도 없지만" 주는 대로 먹었다. 가족들은 걸리를 좋아했고, 찰스는 권위가 있지만 자상한 그의 목소리가 꼭 로버트 박사 같다고 느꼈다. 둘 사이는 급속도로 가까워져서, 나중에 다윈은 걸리를 "나의 친애하는 걸리 박사"라고까지 불렀다. 찰스는 그를 처음 보았을 때부터 "그는 매우 친절하고 세심한 사람"이라고 느꼈고, 비록 그가 "증상에 고개를 갸웃거리긴 했지만" 치료는 효과를 보이고 있었다.[5]

다른 환자들도 그랬다. 마비가 일어난 신사들, 병약한 여성, 쇠약한 아이들을 마을 곳곳에서 볼 수 있었다. 그들은—엄청난 수고와 비용을 감수하고—치료를 기대하며 이곳에 온 사람들이었고, 대부분은 치료가 되고 있다고 생각했다. "맬번은 항상 즐겁다." 한 동시대인은 이렇게 관찰했다. "환자들은…… 일반적으로 도취되어 있는데, 물에 취한 것이 분명하다." 이러한 분위기는 환자의 가족에게 이로운 영향을 미쳤는데, 다윈의 가족도 예외가 아니었다. 봄이 되어 꽃이 피자, 눈부신 휴가를 즐기는 기분이었다. 이들은 이때를 늘 행복한 시간으로 기억했다. 찰스는 네 살짜리 조지를 데리고 장난감 상점에 가서 악기를 사주었다. 에마는 선물을 사러 다니고, 애니와 윌리를 데리고 언덕에서 산책을 했다. 애니는 커다란 밀짚모자를 쓰고 털실로 짠 검은 재킷을 입고 무용교습을 다니면서 카드리유 춤을 배웠다. 프랜시스는 프리오리 교회에서 세례를 받았다. 이러한 축제 분위기는 찰스의 기운을 더욱 북돋워주었다. 그는 안정되기 시작했고, 느긋하고 만족스러운 기분을 느꼈다. 그는 "오랜만에" 딱정벌레 사냥을 나갔다 와서, 헨슬로에게 소택지로 식물채집을 다니던 일을 추억하는 편지를 썼다. 심지어는 말까지 사서 그 "즐거운 나날"을 다시 누려보기도 했다.[6] 구토는 가라앉았고, 몸이 떨리는 증상도 사라졌다. 체력이 회복되었고, 몸무게도 늘었다. 에마는 곧 다시 임신을 했다.

그의 위장병에 대해 신경에 원인이 있다는 진단이 내려졌다. 과도한 정신노동의 결과라는 것이다. 그 탓에 생긴 순환장애를 압박붕대로 치료하기로 했다. 다윈은 인도에서 구슬땀을 흘리고 있는 후커에게 그 방법을 다음과 같이 설명했다. "땀이 줄줄 흘러내릴 때까지 알코올램프로 몸을 덥히고, 그런 다음에 차가운 물에 적신 수건으로 몸을 격렬하게 문지른다네. 또한 하루에 두 번 찬물이 담긴 대야에 발을 담그고, 하루 종일 위胃 부위에 젖은 압박붕대를 두르고 있어야 하네." 4월 중순쯤 그는 구토에 시달리지 않은 지 한 달째를 맞았고, 하루에 11킬로미터를 걸었다. 5월 초, 걸리는 완쾌 진단을 내렸다. 찰스는 기분이 좋아서, 물치료가 결국 엉터리가 아니었다고 인정할 수밖에 없었다. 다른 것은 몰라도 그 치료 덕분에 그는 일을 중단하고 쉴 수 있었고, 박해와 죽음에 대한 과도한 불안으로부터 해방되었다. 물치료가 엉터리든 아니든, 이것은 대단한 묘기였다. 그러나 몇 달 동안 억지로 즐긴 게으른 생활은 다른 쪽으로 해를 끼치기 시작했다. 머지않아 그는 자신의 정신이 지체되고 있다고 불평을 했다.[7] 다운과 그의 "사랑하는 따개비들"이 그를 손짓해 불렀다. 그는 하루 빨리 집으로 돌아가고 싶었다.

다윈 일가는 6월 30일에 마침내 다운으로 돌아왔다. 찰스는 애초의 계획보다 더 오래 떠나 있었다. 실제로, 다운을 그렇게 오래 떠나 있는 일은 다시는 없었다. 우리는 "6주가 아니라 16주를 머물렀습니다." 그는 폭스에게 이렇게 말했다. 하지만 그럴 가치가 있었다. 구역질은 없어졌고, 머리는 맑아졌으며, 손은 이제 떨리지 않았다. 그는 해부바늘을 다시 들 준비가 되어 있었다.

집에서도 치료를 계속했다. "그러나 문제가 생길까봐 강도를 줄여서" 실시했다. 그는 마을 목수를 불러다 정원에 있는 깊이가 90미터나 되는 커다란 우물 근처에 교회 모양의 작은 오두막을 짓고, 그 안에 욕조를 들여놓았다. 욕조 안에는 발판을 넣고 2,400리터의 물을 담을 수 있는 커다란 물통을 머리 위에 설치했다. 목수의 아들 존 루이스는 이 일을 다음과 같이 회상했다.

나는 날마다 물통에 물을 가득 채워야 했습니다. …… 다윈 씨는 밖으로 나와서 작은 발판을 가져다놓습니다. 그리고는 그 발판에 올라가서…… 줄을 당기면, 5센티미터 정도의 관을 통해 그의 몸에 물이 떨어졌습니다. 이것을 관수기라고 불렀습니다.

15세 소년 루이스는 다윈이 시도한 다른 요법인 아침 다이빙도 도왔다.

그는 보통…… 7시에…… 일어났습니다. 나는 서재 밖 잔디 위에 커다란 욕조를 준비해놓아야 했습니다. …… 다윈 씨는 나와서〔오두막으로 들어가〕의자에 앉아 알코올램프를 켜고 담요로 온몸을 돌돌 말고서, 머리를 흔들 때 땀이 비 오듯 떨어질 때까지 그렇게 있습니다. 그때 다윈 씨가 파슬로 씨에게 "서두르지 않으면 나는 녹아버릴지도 몰라!"라고 외치는 소리가 들립니다. 그러고 나서 그는 잔디에 준비해둔 얼음물 욕조로 풍덩 뛰어듭니다.

집사 파슬로는 다윈의 세척사 역할을 맡아 다윈의 몸이 빨갛고 쓰라리게 될 때까지 문질렀다. 그는 이미 자신이 "완치"되었다고 여겼지만 조심하는 편이 좋았고, 하루하루의 진전을 점검하기 위해 건강일지를 적기 시작했다. 물치료는 확실히 "엄청난 발견"이었다. "5~6년쯤" 일찍 시도했더라면 얼마나 좋았을까.[8]

안정을 취한 뒤 가장 먼저 손에 든 것은 따개비였다. 그는 계속해서 표본을 부탁하는 편지를 보냈다. 심지어 맬번에 있을 때도 비글호 시절의 하인이었던 심스 코빙턴에게, 현재 그가 머물고 있는 뉴사우스웨일스에서 표본을 채집해달라는 편지를 썼다. 코빙턴은 그 일을 전문가처럼 노련하게 했다. 하지만 이 표본들을 처리하는 일은 그가 "치료의 노예"로 있는 한 더딘 작업이 될 수밖에 없었다. 걸리는 하루에 지적 활동은 최대 2~3시간만 허락했고, 일을 할 때도 "정신적 흥분"은 최대한 자제하라고 당부했다. 걸리는 자신의 환자를 잘 파악하고 있었던 것이다.

그렇다 해도, 어쩔 수 없는 용무들이 있었다. 9월에 버밍엄에서 열리는 영국과학진흥협회 회의가 그랬다. 그는 이 모임을 피하기가 어려웠다. 부회장들 가운데 한 사람으로 선출되었기 때문이기도 했고, 또 그것과는 무관하게 올버니 핸콕이 구멍 뚫는 따개비에 관해 쓴 논문을 듣고 논평을 하고 싶었기 때문이기도 했다. 에마도 동행하여 다윈을 감시했다. 그러나 그 모임은 그리 "대단치" 않았다. 그는 "그 모든 청산유수 같은 말"에 점점 싫증이 났고, "H. 드 라 베슈 경이 크고 거친 목소리로 쏟아내는 공허하고 시끄러운 발표"는 귀에 거슬렸다. 모든 장소는 "너무 넓고 지저분"했다. 결국 구역질이 재발하고 말았다. 그는 자포자기의 심정으로 맬번의 걸리 박사를 황급히 찾아갔다. 그러고 나서 집으로 돌아와, 하루 종일 좋지 않은 기분으로 침대에 누워 있었다. 확실히 그 치료는 "은둔의 삶"을 사는 동안만 효과를 발휘하는 듯했다. 2주가 지나도 그의 위는 회복되지 않았다. 그는 이 일로 교훈을 하나 얻었다. 몇 주 뒤에 왕립학회 평의원으로 선출되었지만, 그는 뻔뻔하게도 그 다음 해 내내 모임에 한 번밖에는 참석하지 않았다.[9] 이러한 장기결근을 왕립학회의 젊은 개혁가들은 눈감아주지 않았고, 자연히 다윈은 재선되지 못했다.

그러는 내내도 다윈은 줄곧 "아르트로발라누스 씨"에 매료되어 있었다. 이 "특이하게 생긴 작은 괴물"은 그가 성가신 해부를 다시 시작하도록 만들었고, 심지어 3년이 지난 지금까지도 계속해서 놀라움을 불러일으켰다. 사실 "누구누구 씨"라는 호칭은 잘못된 것이었다. 이 표본들은—이블라속과 스칼펠룸속처럼—껍데기에 작은 수컷들을 달고 다니는 암컷으로 밝혀졌기 때문이다. 이 속도 과감할 정도로 형태가 축소되어 있었다. 수컷은 "몇 개의 근육이 가장자리를 둘러싸고 있고 눈", 더듬이, 거대한 생식기를 담고 있는 "단순한 주머니"에 불과했다. 마치 성기가 먼저 생기고 수컷이 뒤따라 생긴 것 같았다. 어쨌든 진짜 "아르트로발라누스 씨"는 "돌돌 말린 거대한 페니스" 꼭대기에 흔적만 남은 머리가 달린 생물에 지나지 않았다. 정상적인 따개비의 몸체를 구성하는 나머지 14개의 체절은 흔적조차 없었다.[10]

이 체절구조를 이해하고 났을 때, 다윈은 따개비가 게 같은 친척들로부터 어떻게 갈라졌는지를 알았다. 1840년대의 다른 비교해부학자들처럼, 그는 모든 동물이 몇 개의 기본 패턴에 따라 만들어졌다는 사실을 받아들였다. 이 기본 패턴들은 생명의 "원형"이었다. 이 생명의 기본 설계도를 연구함으로써 동물학자들은 서로 다른 생물들 사이의 상동성을 밝혀낼 수 있었다. 예를 들어 포유류와 조류에서, 팔과 날개, 지느러미발은 상동구조들이다. 이 구조들은 기본 설계도상의 똑같은 부분에서 유래한다. 리처드 오언이 이 접근법의 옹호자였다. 다윈도 에든버러 대학에서 그랜트 밑에서 공부를 한 뒤부터 상동성을 다루어왔는데, 그가 이 상동구조를 해석하는 관점은 오언과는 판이하게 달랐다.

다윈은 오언의 연구를 칭찬했고, 오언에게 자신도 "매우 작은 규모에서" 상동의 비밀을 풀었다고 수줍게 털어놓았지만, 자신이 내린 해석을 결코 입 밖에 내지 않았다. 다음은 오언의 새 책 『팔다리의 본질에 관하여』에 다윈이 끼적여놓은 메모다.

나는 오언이 말하는 "원형"을 그렇게 관념적인 것으로만 보지 않고 현실적인 일반화로서 본다. 즉, 이 최고로 완벽한 기능과 가장 일반적인 형태가 척추동물의 조상형태일 수도 있다고 생각한다. 나는 창조된 원형, 그 강의 부모가 존재한다고 하는 점에서는 그와 같은 생각이다.

다윈은 오언과 마찬가지로 창조주의 존재를 믿었다. 하지만 오언은 콜리지 부류의 관념론자였고, 오언의 "원형"은 신의 머릿속에만 존재했다. 다윈은 그 대척점에 있는, 물질적인 사건에 뿌리를 둔 유니테리언파 전통의 상속자였다. 다윈이 생각하는 원형은 역사적으로 실존하는 부모였다.[11] 그는 상동성이 혈연관계를 암시한다고 생각했고, 그 상동구조들을 이용해 따개비가 게나 바닷가재와 실제로 어떤 관계인지를 밝혀내려 하고 있었다.

　파리에서 앙리 민느-에드바르트는 갑각류의 원형이 21개의 체절을 갖고 있다는 사실을 밝혀냈다. 다윈은 이 원시적인 생물에서 다양한 게, 바닷가재, 따개비들의 공통조상을 떠올렸다. 민느-에드바르트의 모델을 이용해 다윈은 이들이 어떻게 갈라졌는지를 증명할 수 있었다. 그는 따개비에서 겉으로 보이는 형태 모두는 게의 머리 부위에 있는 첫 세 개의 체절에 상응하지만, 그것이 "놀랍도록 변형되어" 그 안에 "몸의 나머지 부위를 전부 담을 수 있을 만큼 비대해졌다"고 추론했다.[12] 14개의 체절—마지막 네 개는 완전히 사라졌다—은 이 껍데기 안으로 접혀 들어갔고, 이 동물의 깃털 같은 발만이 물속에서 먹이를 걸러내기 위해 이따금씩 튀어나온다. 크기가 작은 수컷에서는 심지어 이 체절들도 퇴화되어 흔적으로만 남았다.

　다윈은 이 관계를 풀었을 때 "의기양양"했다. 또한 이 결과는 따개비의 생활사를 해명하는 데에도 도움이 되었다. 다윈이 루이 아가시에게 보낸 편지에서, 따개비의 변태는 아주 소극적으로 말해도 기이하다고 말했다. 자유유영을 하는 유생에서, 생식기관의 일부인 수란관輪卵管이 "변형되어 분비샘으로 바뀐 뒤 접합제를 분비합니다." 더 기이한 것은, 이 도관이 열리는 곳이 하필 더듬이 끝이라는 사실이다. 유생은 머리끝에서 접합제를 분비하여 자기 자신을 바위에 붙이며, 이런 식으로 물구나무를 선 상태에서 고착생활을 하는 성체의 일생을 시작하는 것이다. 처음에는 다윈도 이 모든 과정이 "지극히 불가능한 일"처럼 보였지만, 따개비들은 이런 불가능을 이루어내는 괴물들이었다.[13] 게의 수란관이 접합제 샘으로 변하는 것은 발이 먹이를 낚는 그물로 변하는 것보다 훨씬 더 놀라운 일이었다. 이것은 동물이 새로운 환경을 이용하기 시작하면서 한 기관이 어떻게 기능을 바꾸는지를 보여주는 무엇보다 극적인 증거였다.

이 무렵 다윈의 이름은 비글호『항해기』덕에 국제적으로 알려져 있었다. 그리하여 다윈은 그 이름을 이용해 세계 곳곳으로 편지를 보냈다. 미국은 인심 좋은 반응을 보였다. 아가시는 한 상자 분량의 따개비를 실어보냈다.『동물학』시리즈의 공저자인 어거스터스 굴드 박사는 현재 미국 태평양 원정대가 채집한 표본들을 기재하는 작업을 하고 있었는데, 그도 한 상자를 보내왔다. 그 대가로 두 사람은 보충 수컷과 접착제 샘에 대한 최신 보고를 받아보았다. 가을에는 유럽의 주요 채집물들도 다운에 속속 도착했다. 민느-에드바르트가 다윈이 파리박물관의 표본을 받아볼 수 있도록 손을 써주었고, 생리학자 요하네스 뮐러는 베를린에서 몇 가지 표본을 보냈다. 다윈은 이미 제임스 로스 경의 극지방 표본도 받았다. 유럽에서 그 밖의 다른 표본들도 왔는데, 하나가 도착하지 않고 있었다. 코펜하겐 대학에서 보낸 요한 포르크하메르 교수의 표본이 영국 해협을 건너면서 사라졌던 것이다. 다윈은 표본을 기재하는 "넌더리나게 지루한 일"에 깔려 점점 지쳐가고 있었다. 이것은 후커에게도 영향을 끼쳤다. 후커는 따개비 소식으로 꽉꽉 차서 도착하는 편지들을 참아내야 했고, 마침내 그도 지치기 시작했다. 후커는 이제 생각해보니 진화에 대한 추론을 듣는 편이 훨씬 나을 뻔했다고 말했다. 이 상황의 아이러니를 간파한 다윈은 "이제 와서 그런 말을 하면 안 되지" 않느냐며 타박했다. 애초에 "내가 종에 대한 논문을 나중으로 미룬 것"은 "따개비를 연구하겠다는 내 계획에 대찬성한 자네" 때문이었으니까.[14]

겨울이 다가오면서 새로 다진 체력의 효과가 나타났다. 구토가 가라앉았을 뿐 아니라 근육경련, 어지럼증, 눈앞의 반점 등 모든 병적인 증후가 사라졌다. 사실 여름에 에티와 윌리가 잠깐 고열을 앓은 뒤로는 온 가족이 "건강"했다. 그래도 찰스는 물고문을 계속해야 했다. "주 5회 알코올 램프 찜질, 그 뒤에 냉수욕 5분, 날마다 5분씩 관수욕, 물에 적신 천 두르기"는 까다로운 절차였다. 겨울이 시작되자 물은 더 차가워졌다. "4도 아래의 물에 5분 동안 몸을 담그면 살을 에는 듯"했다. 하지만 이렇게 하면 놀랍도록 몸이 가뿐했다. 또한 다른 이점들도 있었다. 이것은 핑계거리를 제공했는데, 비단 일을 줄일 수 있는 것만이 아니었다. 그는 이미 "신문을 뺀 모든 독서"를 포기했다. 또한 이제는 정당한 의학적 권위를 이용해 사교활동을 피했다. "나는 과학계 친구들로부터 이렇듯 차단되어 지낸 적은 처음이라네." 그는 산에서 야영을 하고 있을 후커를 이렇게 위로했다.[15]

　사실, 차단되었다는 것은 적절한 말이 아니었다. 적어도 다윈은 자유인이었기 때문이다. 당시 후커는 죄수 신세였다. 다윈은 어느 날 "무료하게 신문을 뒤적이다가" 자신의 친구가 납치되었다는 보도를 읽고 깜짝 놀랐다. 11월 7일에 시킴에 파견된 정부 관료가 후커와 함께 티베트에서 히말라야 고개를 통과해 돌아오는 길에 그 지방의 반反영국 통치자에게 붙잡혔다. 이것은 불만을 표명하고 양보를 얻어내기 위한 상습적인 수법이었다. 후커는 그다지 나쁜 대우를 받지는 않았다. 그렇다 해도 후커의 최우선과제를 알고 있는 다윈은 "그의 채집물들이 파괴되어 못쓰게" 될까봐 "두려웠다." 그러나 실제로는, 좀 우스꽝스럽게도, 그 반대였다. 후커는 남쪽으로 끌려가는 와중에도 진달래 씨앗을 채집해도 좋다는 허락을 받았다. 후커 일행은 6주 동안 붙잡혀 있다가, 댈하우지 경이 군대를 다르질링으로 이동시키며 협박한 탓에 크리스마스 직전에 풀려났다. 그러한 산적행위를 중단시키고—후커의 말에 따르면—토후들이 "영국인을 농락할 수 없다"는 것을 보여주기 위한 조치로, 시킴의 남부지방이 신속하게 대영제국에 합병되었다. 이것은 후커가 원정대에 건넨 조언에 따른 것이었다. 앞으로 히말라야에서는 식물채집을 좀 더 안전하게 할 수 있으리라. 다윈은 후커의 모험이 너무 아슬아슬하여 안심할 수가 없었다. 그는 절친한 친구를 잃을까봐 두려웠다. 라이엘은 후커의 동료들 가운데 네 명이 이 여행에서 죽었다는 소식을 듣고 "제발 가엾은 조지프 후커가 무사하기를" 기도했고, 여기에 다윈도 "아멘!"을 보탰다. 다윈은 이 납치 사건으로 좋은 일이 한 가지는 생기지 않을까 하고 기대했다. 다시 말해, 다윈은 "윌리엄 후커 경과 후커 부인이 자네의 귀국을 강력하게 요구할 것"이라고 편지에 써보냈다.[16]

후커의 납치가 근심의 끝은 아니었다. 1849년 말경 새로운 걱정거리들이 불길하게 쌓이고 있었다. 11월에 애니부터 시작해 에티, 두 살짜리 엘리자베스(리지)가 차례로 성홍열을 앓았다. 포르크하메르가 보낸 화석은 아직도 행방을 알 수 없어, 그는 애를 태우며 기다렸다. 결국은 도착했지만, 초조하게 몇 주를 기다려서 받은 것이었다. 다윈은 또한 노리치의 약제사이자 아마추어 지질학자인 로버트 피치로부터 귀한 따개비 화석 몇 점을 받게 되어 기대에 부풀어 있었다. 하지만 피치의 소포가 새해 초에 도착했을 때, 표본 하나가 열세 조각으로 부서져 있었다. 다윈은 이 사고 탓에 자신의 평판이 나빠지고 피치와의 협력관계가 엉망이 되는 것은 아닐까 망연자실한 가운데 그것을 공들여 붙였다. 한편 다윈이 화석과 성홍열을 걱정하는 동안, 매콜리만큼이나 "터무니없이 자신만만한" 미국의 한 지질학자가 그의 산호초 이론을 검토하고 있었다. 그러나 다윈은 예일 대학의 그 지질학자 제임스 드와이트 데이나의 견해가 자신과 아주 조금밖에 다르지 않다는 사실을 알고 평정을 되찾았다. 그래도 "자식만큼이나 내 이론을 아낀다"고 고백한 사람으로서 데이나의 『지질학』을 읽는 것은 감정 소모가 큰 일이었다. 그는 자신의 연구가 제대로 평가받지 못하고 있다고 생각할 때마다 늘 그랬듯이, 안절부절못하며 그것을 읽었다.

　마침내 에마의 출산이 다가왔다. 이번이 여덟 번째 출산이었다. 1월 15일에 에마의 진통이 시작되었을 때, 찰스는 피치의 화석을 이어붙이고 있었다. 의사를 부르러 보냈지만 의사는 도착하지 않고, "그녀의 진통은 너무나 급하고 심하게 진행"되었다. "나는 클로로포름을 달라는 그녀의 애원을 무시할 수가 없었습니다." 찰스는 폭스에게 이렇게 말했다. 그는 클로로포름을 자신이 직접 처치해야 했다. 그것은 "어떻게 해야 하는지도, 산파술에 대해서도 잘 모르는 상태에서 해야 했기에 긴장되는 일"이었다. 그는 에마의 코 위에 클로로포름을 적신 천을 놓았다. 효과는 즉시 나타났다. 이 시술에 대해 잘 몰랐던 그는 에마를 위험할 정도로 오래—한 시간 반 동안—무의식 상태에 빠지게 했다. 아기가 나오기 10분 전에 의사가 도착했고, 에마는 아무런 고통을 겪지 않은 채 깨어나 아기가 아들이라는 소식을 들었다. 아이의 이름은 헨슬로의 첫아이와 제닌스 목사의 이름을 따서 레너드라고 지었다. 클로로포름은 "정말 대단하며 축복과 같은 발견"이라고 다윈은 헨슬로에게 말했다.[17] 물치료가 그를 구해주고 있듯이, 클로로포름은 에마를 구해주었다. 이 모든 의학발전 덕분에 그들은 그해 겨울의 최악의 위기를 거의 고통 없이 지나갔다. 그는 몇 개월 만에 최고로 기분이 좋았다.

　레너드가 태어난 지 며칠 후, 다윈은 화석을 기재하는 일을 시작했다. 따개비 화석은, 죽은 후 곧바로 뿔뿔이 흩어져 이음매가 떨어진 각판 밖에 남지 않은 것이 많았다. 하지만 극소수에, 그 이외의 것이 남아 있기도 했다. 피치는 20년이 넘는 세월에 걸쳐 "누구도 따라잡을 수 없는 콜렉션"을 구축했지만, 그러는 동안 완전한 화석(조각조각 떨어지지 않은 채로 화석이 된 것)은 두 개밖에는 발견하지 못했다. 노리치의 백악층에서 출토된 피치의 희귀한 화석을 눈으로 본 다윈은 너무 기뻐서 환성을 질렀다. 그 폴리키페스속屬의 화석은 각판이 완전한 상태로 보존되어 있었기 때문에 그 내부에 동물의 주형cast이 들어 있을 가능성이 있었다. 그는 몹시 기뻐서 피치에게 감사의 편지를 썼다. "당신은 '이차암〔기존의 암석이 풍화와 침식을 받아 생긴 퇴적물들로 구성된 암석을 가리키는 용어로서, 퇴적암과 같은 의미가 있다〕으로부터' 출토된 것으로서는 내가 지금까지 본 어떤 것과도 '비교할 수 없을 정도로 멋진 표본'을 가지고 있습니다."[18]

그는 또한 제임스 보워뱅크가 제공한 손상되지 않은 화석들 가운데 하나에서 그 내부를 보기 위해 각판을 제거했는데, 이렇게 하면 "100배는 더 많은 사실을 알 수 있기" 때문이었다. 보워뱅크는 본업은 양조업자였지만, 부업은 해면동물 전문가였다. 그는 양조장 보워뱅크 주식회사를 운영했지만, 대부분의 시간을 자연사에 할애했고, 그의 『런던 점토층의 과실 화석의 역사』는 높은 평가를 받았다. 그는 뛰어난 따개비 표본들을 갖고 있었는데, 그것이 지금 다윈의 손에 들어와 있었다. 더 중요한 것은, 그가 영국산 화석에 관한 연구서를 출판하기 위한 새로운 전문가 단체인 고생물지협회를 운영하고 있다는 사실이었다. 2월에 그는 다윈을 이 협회에 가입시켰고, 다윈의 도판 작업을 맡은 화가인 제임스 드 칼 소워비에게 협회가 돈을 지불하기로 했다. 항상 비용을 의식하지 않을 수 없는 다윈으로서는 지출을 줄이게 되어 매우 기뻤다(다윈의 급여 지불명부에는 해부 표본의 도판 제작과 기재논문의 라틴어 번역을 의뢰한 소워비의 형인 조지의 이름이 이미 올라 있었다).

레이협회〔Ray Society: 보통의 출판사에서는 취급하지 않는 자연사 관련 연구서를 출판하기 위해 1844년에 창립한 단체〕가 따개비의 현생종에 관한 연구서를 출판하기로 함에 따라 두 곳의 출판사가 확보되었지만, 아직 갈 길이 멀었다. 그 주에 화석상자들이 도착했고, 그는 초초하게 상자들을 열어보았다. 두 개의 표본이 "약간 금이 가 있었지만 **완벽하게 붙일**

수 있는” 상태라고, 다윈은 “비통하고 불명예스러운” 심정으로 피치에게 보고했다. 세 번째 것은 상처가 좀 더 많았다. 그러고 나서 각각의 종을 아주 세밀한 사항까지 기재하는 힘든 일이 시작되었다. 다윈은 마침내 하나의 일과에 안착했다. 그것은 용감하게 5분 동안 얼음물에 돌을 흠뻑 적시고, 그런 다음에 두 시간 동안 따개비 일을 하는 것이었다. 그러나 걸리 박사가 정한 두 시간의 시간제한 때문에 일은 더디게 진행될 수밖에 없었다. 피치는 시간이 흐름에 따라 불안해졌다. 다윈은 자신의 굼벵이 같은 일 속도에 대해 이런저런 사과를 하는 편지를 계속해서 보냈다. 그러다 마침내 폭발하여 “나는 지금보다 더 빨리는 할 수가 없습니다”라고 말했고, 화석은 가능한 한 빨리 돌려보내겠다고 약속했다.[19]

　　따개비 일을 시작한 지 어언 4년째였고, 이 시간은 마치 영원처럼 느껴졌다. 어떤 날들은 억지로 일을 했다. 이것은 한 종씩 차례로 조사하여 만각아강 전체를 아우르는 일이었다. “일이 너무 힘듭니다.” 그는 라이엘에게 하소연했다. 언제 끝날지는 “하늘만이 알 겁니다.” 이 일은 끝이 보이지 않았다. 연초에는 40~50개의 화석으로 시작했지만, 지금 그의 수중에는 200개의 화석이 있었다. 다운하우스는 박물관이 되어가고 있었다. 그는 한 권짜리 연구서로는 불가능할 것 같다는 다소 불길한 생각이 들기 시작했다. 따개비의 화석종과 현생종에 관한 책은 각각 두 권짜리로 나와야 할 것 같았다. 곧 출판될 첫 권은 자루 달린 따개비에 집중하기로 했다. 그것은 뻣뻣한 줄기로 자신의 몸을 유목流木이나 선체에 부착시키는 종류다. 그러한 유형들은 지질학적으로 오래된 종류였다. 그러한 종류 가운데 그때까지 알려진 가장 오래된 종류였던 폴리키페스는 쥐라기와 백악기의 바다에 살았던, 공룡과 같은 시대의 생물이었다.[20] 1850년 6월에 다윈은 이 책을 위한 기재를 거의 끝냈다. 하지만 제임스 소워비가 도판 작업을 꾸물거리고 있었다.

그달에 찰스는 맬번으로 다시 돌아갔다. 에마가 남편 돌보랴, 아기 돌보랴 시간을 둘로 쪼개면서부터, 그는 따개비의 압박을 견뎌내지 못했던 것이다. 그는 일을 하지 못한 채 하루를 날려버리고, "흥분과 피로"를 호소하고, 런던 여행을 취소하기 시작했다. 치료를 다양하게 한 것이 약간의 도움이 되었다. 그것은 알코올램프 찜질과 관수욕을 번갈아 하는 것이었다. 이제 구토는 하지 않았다. 몸무게는 거의 77킬로그램까지 늘었다. 하지만 그래도 뭔가 문제가 있었다. 낙천적인 걸리의 격려를 받으며 에마와 함께 일주일을 보낸 것이 이것을 해결해주었다. "나의 물치료 의사는 내게 계속해서 희망을 줍니다." 찰스는 기쁨으로 빛났고, 맬번의 모든 사람은 그에게 "얼굴이 활짝 폈다"고 말했다.[21] 이 광천지에서 보낸 재충전의 1주일은 지난 일을 되돌아볼 시간을 제공했다. 한발 뒤로 물러나 이 분류학 오디세이를 평가할 시간을. 그토록 많은 표본을 검토한 뒤에 얻은 가장 중요한 결론이 무엇인가? 포로상태에서 풀려나 지금은 안전하게 지내고 있는 후커가 이렇게 물어왔다. 젖은 수건으로 몸을 두드리면서 다윈이 한 대답은, 따개비는 무한히 다양하다는 것이었다.

이 무렵 후커는 히말라야에서 다윈의 생각을 실제로 검증하려는 시도를 하고 있었다. 그는 다윈의 지질학 책들을 참고로 삼아, 단구段丘와 평행길들을 찾고 있었다. 그리고 후커는 다윈이 가축의 품종에 빠져 있다는 사실을 알았기 때문에, 개, 코끼리, 소에 대한 자세한 정보를 편지에 적어 보냈다. 다윈은 이에 대한 답장에서, 후커에게 일련의 새로운 주문을 내렸다. 누에를 보내라. 그 지방의 벌집을 잊지 말라. 그러나 더 미묘한 영향도 나타났다. 후커는 이제 다윈의 진화론적 생각들이 "나를 사로잡았다"고 인정했다. "그것이 나를 어떻게 바꾼 것은 아니지만." 사실 후커는 인도에서는 그다지 도움이 되는 증거를 얻지 못했다. 그는 식물상이 열대에서 온대의 언덕지대, 히말라야의 눈 덮인 산으로 점진적으로 이행하는 모습을 볼 수 있지 않을까 기대했다.[22] 하지만 이 기대는 충족되지 않았다. 그래서 후커는 다윈에게 따개비를 연구한 결과 이론을 손볼 생각이 없는지 물었다. 그는 그 일을 계기로 다윈이 좀 더 신중을 기하게 되었을지도 모른다고 기대했던 것이다.

그러나 아니었다. 그 일은 그의 이론의 토대를 약하게 하기는커녕 변이는 도처에 존재한다는 사실을 증명해주었다. 10년 전 다윈은 변이가 자연에서 예외적인 존재라고 생각했지만, 따개비는 그 생각을 바꾸어놓았다. 폭넓게 분포하는 따개비류의 종들은 "놀랍도록 다양"했다. "모든 종"의 모든 부분이 변화하는 경향을 보였다. 자세히 보면 볼수록 종의 안정성은 점점 더 환상처럼 보였다. 많은 박물관 큐레이터들이 변종은 자연의 산물임을 인정하고 있었는데, 다윈은 여기서 한발 더 나아가 이 변종들이 새로운 종으로 가는 초기 단계라고 생각했다. 그런데 한 가지 점은 확실했지만, 이 모든 변이는 각각의 종을 정확하게 정의하려는 그의 시도를 조롱하고 있었다. 어디까지가 변종이고, 어디부터가 새로운 종의 시작일까? 거의 언제나, 그것을 구별하기는 불가능했다. 그는 이 "괘씸한 변이"는 고마운 면도 있다고 말하여 후커의 정곡을 찔렀다. "분류학자는 지긋지긋하게 만들지만, 추론가는 즐겁게 해주니까."[23]

실제로 그는 이리 뛰고 저리 뛰고 있었다. 그는 표본들을 별개의 종으로 기재했다가, 다시 생각해보고 그것을 모두 한 종의 변종으로 기재했고, 그랬다가 마음을 바꾸고 논문을 찢고 모든 것을 처음부터 다시 시작했다. 매번 "나는 이를 갈며, 종을 저주하고, 내가 대체 무슨 죄를 지어서 이런 벌을 받는지 묻는다네."[24] 오늘날의 종은 어제의 변종이기 때문에, 그는 결국 변종들을 몽땅 기존의 인정된 종에 집어넣음으로써 고르디우스의 매듭을 끊었다. 이제 그런 것은 중요하지 않았다. 세상에 절대적으로 변치 않는 형태 따위는 없었다. 그러므로 어차피 정확한 분류는 불가능했다.

다윈은 이것과 관련하여 좀 창피한 마음이 들었다. 몇 년 전에 그는 워터하우스에게 분류는 "논리적 과정", 혹은 계통관계를 따지는 것이라고 훈계했다. 다시 말해 "생물들을 실제 **관계**, 혈족관계, 공통조상으로부터의 유래에 따라 집단별로 나누는 것"이라고. 하지만 말이 쉽지 실제는 어렵다. 어쨌거나 『흔적』의 실패는, 유연관계를 나무 모양으로 제시하지 말라는 경고였다. 그 연구서에서 결정적 대목에 이르렀을 때, 다윈은 관례에 따라 따개비의 각각의 과에 속하는 속들을 열거했다. 그는 유연관계에 대한 고찰을 하긴 했지만, 계통수를 그리려는 시도는 하지 않았다.[25] 그렇게 했다면 비밀을 누설하는 결과가 되었을 것이다.

맬번에서 두 번째 체류하는 동안 찰스는 기운을 많이 되찾았다. 찰스는 "옷을 입고 벗는 것을 제외하고는" 수생생활의 습성을 상당히 좋아하게 되었다고 인정했다. 그의 위는 여전히 "24시간 동안 괜찮은" 날이 하루도 없었고, 그는 끈기 있게 어떤 희생도 감내할 마음으로 "관수욕 등등"을 위해 정원으로 돌아갔다. "나는 다시 튼튼한 사람이 되는 모든 희망을 버렸단다." 그는 액침표본을 풍성하게 보내준 코빙턴에게 보내는 감사의 편지에서 구슬프게 이렇게 전했다. 그러나 적어도 그 죽음의 신을 저지해놓긴 했다. 놀라운 물치료는 아무리 비싼 대가를 지불해도 값싸게 보였다. 심지어 건강을 반쯤만 회복해도, 그것은 "2년 전의 내 상태와 비교하면 측정할 수 없는 가치를 지니는 것"이었다.[26]

찰스가 맬번에서 집으로 돌아왔을 때, 차가운 그림자가 다시 그의 가족을
뒤덮었다. 그는 자신의 병이 유전적 결함이라는 사실에 망연자실했다. 이
제 아이들에게 병의 기미가 나타날지도 모를 일이었다.

　　1850년 6월 말에 그가 화석을 부지런히 손질하고 있을 때, 웨지우드
가의 조카들이 들이닥쳤다. 열두 살 아래의 아이들이 모두 열네 명이었
고, 게다가 찰스와 에마의 아이들이 일곱이었다. 그들은 함께 뛰어놀았
고, 세븐옥스 근처에 있는 놀 파크로 소풍을 갔다. 그런데 다윈의 큰딸인
애니가 아프다고 했다. 그런데 그것은 관심을 끌려는 아홉 살짜리의 잔
꾀가 아니었다. 손님들이 떠나고 애니는 몇 주 동안이나 몸이 좋지 않았
다. 애니의 수업은 본인에게나 가정교사 톨리 양에게나 인내심을 시험하
는 일이 되어버렸다. 애니는 아무런 이유 없이 갑자기 울음을 터뜨리곤
했으며, 때때로 한밤중에 깨어나 훌쩍훌쩍 울었다. 찰스는 애니의 문제도
"소화장애"가 아닌지 덜컥 겁이 나기 시작했다.[1] 확실히 애니는 예전의
애니가 아니었다.

　　지난 2년 동안 애니는 특별한 모습으로 아버지의 사랑을 독차지했

다. 로버트 박사도 가장 좋아하는 딸 수전이 있었고, 수전은 아버지가 눈을 감을 때까지 아버지에게 아낌없는 관심을 쏟았다. 항상 죽음을 의식하고 두려워하던 찰스도, 자연히 같은 이유로 큰딸에게 애착을 느끼게 되었다. 또한 애니는 에마를 많이 닮았다. 나이에 비해 키가 크고 긴 갈색 머리카락과 회색 눈동자를 지닌 애니는 밝고 다정한 아이였다. 애니는 아버지가 모랫길에 산책을 나가기 전에 아버지 옷의 주름을 펴주고 머리카락을 빗어 "멋있게 만들어주는 것"을 좋아했다. 애니는 입맞춤을 해주면 아주 좋아했다. 또한 다른 사람의 감정을 놀랍도록 잘 읽어서 더더욱 아버지의 눈에 쏙 들었다. 1년 전 맬번에서 애니는 톨리 양에게 물치료가 얼마나 힘든지를 약간 이야기하고 나서, "그래서 아빠를 몹시 화나게 만들어요"라고 부루퉁하게 덧붙였다. 그 말에 그 자리에 있던 애니의 아버지는, 그 치료를 하고 있으면 가끔 화가 난다고 인정했다.[2]

그런데 지금 이 모든 것이 달라졌다. 애니의 밝은 기운이 꺾이고 있었다. 애니는 조사이어 웨지우드와 캐롤라인 웨지우드의 딸들과 함께 도킹 근처의 리스 힐에 월귤나무 열매를 따러갔지만, 8월 며칠간의 이 즐거운 나날이 애니를 회복시켜주지는 못했다. 10월에는 톨리 양이 다른 아이들과 함께 애니를 데리고 해변 마을인 램스게이트에서 3주를 보냈다. 찰스와 에마가 마지막에 합류했지만, 애니가 열과 두통을 호소하여 다른 이들이 모두 돌아간 후에도 에마가 애니와 함께 그곳에 남아야 했다. 11월과 12월에 에마는 애니를 데리고 홀런드 박사의 진찰을 받기 위해 런던으로 갔는데, 홀런드 박사는 찰스의 위 질환이 유전되었다고 생각했다. 박사가 아이를 위해 할 수 있는 일은 거의 없었고, 아이는 점점 더 부모에게 달라붙었다. 밤에는 더 나빠졌다. 애니는 울며 통증을 호소했다. 집을 떠나 여행을 한 것이 아이를 불편하게 만들었던 것이다.[3] 홀런드 박사는 찰스가 물치료를 시도하기 전에 기댔던 마지막 기항지였다. 그래서 애니의 증세가 계속된다면 찰스는 아이를 데리고 맬번으로 갈 생각이었다.

이 무렵 에마가 다시 임신을 했다. 찰스는 "관심 있는 일을 시작할 기분"도 아니라, "비참한 노예처럼" 무심하게 따개비를 기재하고 있었다. 몸 상태는 그 이상 기대할 수 없을 정도로 양호했지만, 애니 때문에 걱정이 이만저만이 아니었다. 에마는 입덧이 끝났을 때 찰스와 함께, 이스트 서식스의 하트필드에 있는 언니들을 방문해 즐거운 한때를 보냈다.[4] 집에 돌아오자 다시 시계 같은 생활이 시작되었지만, 충성스러운 하인들 덕분에 힘든 일은 없었다. 찰스가 서재에 틀어박혀 그 섬세한 생물들을 들여다보고 있는 때가 아니면, 둘이서 오랜 시간 독서를 할 수 있었다. 다윈은 계속해서 종교서적을 섭렵했다. 지난번에 종교에 관한 독서를 했던 때로부터 그의 건강은 극적으로 좋아졌고, 죽음에 대한 두려움도 잠잠해졌다. 그렇다 해도 그는 이제 조금이라도 정통적인 것은 그대로 두고 볼 수 없었다. 그는 이미 기독교 신앙의 저편을 응시하기 시작했기 때문이다.

그는 유니버시티 칼리지의 라틴어 교수인 프랜시스 뉴먼에게 관심을 느꼈다. 유니테리언파와 자유사상가들 사이에서 뉴먼은 시대를 대표하는 인물이었다. 그는 기독교 이후의 새로운 종합을 희구하는(『흔적』을 애독하는) 진화론자였다. 찰스는 이미 그의 저서 『영혼』을 읽었다. 이 책의 뒷부분 장들은 "관수욕만큼이나 충격적"이라는 것이 에마의 독실한 이모의 비판이었다. 하지만 찰스는 그 장들을 읽고 틀림없이, 관수욕을 할 때만큼이나 기운 나는 느낌을 받았을 것이다. 그 책에서 뉴먼은 인간의 영혼이 불멸한다는 사실을 성서를 가지고 증명하려는 시도를 포기했다. "인류 대다수"의 경우는, 그들의 구제가 영혼이 불멸하느냐 아니냐에 달려 있다 해도, 성서를 통해 그것을 증명하는 것이 어려운 일이었기 때문이다. 또한 뉴먼은 "영원한 지옥이라는 끔찍한 교의"도 부정했다. 그는 축복된 내세가 존재한다는 확신은 오직 "신의 영혼과 우리의 영혼의 완전한 공감"에서만 나올 수 있다고 주장했다.

에마는 이렇게 느꼈지만, 찰스는 뉴먼이 주장하는 이러한 직관적 영성에 거북함을 느꼈다. 리스 힐에서 돌아온 뒤 뉴먼의 『히브리 군주제의 역사』를 펼쳤을 때, 다윈은 자신이 왜 거북했는지를 확실히 알았다. 뉴먼의 이 책은 독일의 앞선 연구성과를 바탕으로 구약의 연대기를 비판하고 있음에도, "신의 마음과 인간의 마음의 관계는…… 예전과 조금도 달라지지 않았다." 어떻게 그럴 수가 있는가? 셈족〔유대인〕의 부족들이 죽음, 굶주림, 전쟁을 경험하는 가운데서 "신의 신성"에 대한 믿음이 생겨났다는 게 말이 되는가? 말도 안 된다. 다윈은 종교적 본능은 사회와 함께 진화해온 것이라고 주장했다. "기독교 세계에 지옥불을 지른" 원시적인 유대교의 신은 야만적인 폭군일 뿐이었다.

뉴먼은 찰스의 의심을 점점 더 공고히 하고 있었다. 1850년에 잉글랜드에 가톨릭 교구가 부활함에 따라 야만적인 종교습성이 다시 고개를 들고 있다고 생각하는 사람이 많았다. 찰스는 이 기회를 빌려—뉴먼의 도움을 받아서—자신이 실제로 무엇을 믿고 있는지에 대해 깊이 생각해보았다. 그는 옛 공책에서 자신이 도덕성과 내세에 대해 고찰할 때 종교를 공격하는 경향을 보인 것은 사실임을, 적어도 다운의 사적인 공간에서 스스로에게게만큼은 솔직히 인정할 수 있었다. 확실히 아버지가 세상을 떠난 지 2년이 지난 지금, 그는 신을 믿지 않는 자의 운명을 생각해도 불안하지 않았다. 독서와 물치료 덕분에 심신이 안정되었으며, 자유사상을 드러내놓고 논해도 무사한 뉴먼의 사례는 안정감을 되찾는 데에 도움이 되었다.[5]

그러나 애니는 아직도 위험에서 헤어나오지 못하고 있었다. 크리스마스가 오고 가는 동안 이유를 알 수 없는 애니의 위통이 그칠 날이 없었다. 후커가 돌아오고 있다는 소식에 기운이 난 찰스는 이런저런 약을 써

볼 용기를 냈다. 1851년 새해가 되었을 때, 그는 토주석吐酒石 연고를 자신의 위 부위에 문지르기 시작했고, 아마 애니에게도 시도했을 것이다. 3월경 애니는 바깥에서 뛰어놀고 처음으로 말에 올라탈 수 있을 정도로 건강해졌다. 한편 찰스는 빌린 따개비 표본들을 돌려주기 시작했다. 그는 마침내 피치의 표본들을 돌려주었고, 화석 따개비에 관한 책의 제1권이 인쇄에 들어갔다. 그러고 나서 애니의 열 번째 생일 직후, 유행성 감기가 다윈의 집을 공격했다. 그도 애니도 앓아누웠다. 에마의 침대 옆에는 가엾은 애니가 앓아누워 있었고, 찰스는 소파에 기대어 앉아 강장제를 마시고, 뉴먼의 강렬하고 고뇌에 찬 영적인 자서전 『신앙의 단계들』을 읽었다.[6]

찰스는 이 책을 읽으면서 다시 자신의 그림자를 보았다. 뉴먼의 오디세이에 그려진 뉴먼은, 성직자가 될 뻔했지만 39개 신조에 양심의 가책을 느끼고 지옥의 존재를 부정하고 유니테리언파를 통과해("그것이 30분 동안도 평온한 장소가 될 수 없음을 알고"), 자유종교의 가장자리에 이른 사람이었다. 이 책의 강렬하고 감정적인 어조는 이 시기의 찰스에게 깊은 인상을 주었다. 만일 사람이 신을 화나게 했다는 이유로 영원한 벌을 받아야 한다면, "아이의 칭얼거림은 영원한 지옥에 가야 할 악이란 말인가!" 뉴먼은 이렇게 추론했다. 찰스는 불쌍한 애니를 쳐다보았다.

그는 종교적으로 예전의 그가 아니었으며, 뉴먼의 경우와 마찬가지로 성서는 그의 손에서 해체되었다. 구약은 창조의 전설과 기괴한 도덕을 담고 있으며, 신약은 모순과 신화들로 가득했다. 뉴먼이 "기독교의 난공불락의 요새"라고 부른 요한복음은 예수가 했다는 그 말들이 실제로는 예수가 한 것이 아닐 수도 있다는 증거들과 함께 무너져 내렸다. 그 성실한 유대인 랍비(요한)는 "형체도 없이 녹아" 뉴먼의 믿음에서 사라졌고, 찰스의 믿음에서조차도 사라졌다. "나는 아무런 마음의 동요를 느끼지 않고, 영혼이 텅 빈 것 같지도 않으며, 내면의 실질적인 변화도 느끼지 않았다." 뉴먼은 이렇게 회상했다.[7] 기독교의 미덕과 현대과학의 엄밀함을 결합시킨 이러한 순수한 유신론 종교만으로도 우리 삶의 진정제는 전혀 모자람이 없었다.

찰스는 『신앙의 단계들』을 다 읽고 책 표지를 덮었다. 그리고 공책에 "대단한" 책이라고 적었다. 그것은 에마가 일요일에 교회에 가 있는 동안 읽기에 좋은 책이며, 의문을 최후까지 추구할 용기가 있는 한 신사의 이야기로 보였다. 기독교에 대한 정서적 애착만으로는 충분치 않았다. 믿음은 이성, 도덕, 역사적 증거에 따라야 했다. 찰스의 할아버지가 "추락하는 기독교도를 붙드는 깃털침대"라고 한 유니테리언파에서 멈추어서도 안 되었다. 기독교는 영원히 부정되어야 했다. 영원한 처벌을 비난하는 도덕적 논리로 보면, 기괴한 교의를 설파하는 신약은 눈감아줄 수 없는 것이었다. 진화—새로운 "복음"—는 마음, 도덕, 종교적 믿음을 인류라는 종의 사회적 발전의 일부로 설명했다.

감기에 걸려 누워 지내면서 찰스는 여러 날 동안 곰곰이 그러한 생각을 했다. 하지만 그는 더 힘이 나는 느낌이 들기 시작했지만 애니는 계속 기운을 차리지 못했다. 에마가 도와줄 수 있는 것은 아무것도 없어 보였다. 결국 부부는 걸리 박사에게 아이를 데려가기로 했다. 3월 24일 월요일, 애니는 소파에서 에마 옆에 앉아 울고 있었다. 애니의 짐이 다 꾸려졌고 마차도 준비되어, 떠나야 할 시간이었다. 애니가 적적하지 않도록 에티도 유모 브로디와 함께 떠날 예정이었다. 하지만 애니는 엄마에게 달라붙어 흐느껴 울었다. 엄마 없이 맬번에 있으면 얼마나 외로울까. 한 달 동안이나 떨어져 있어야 했다.[8] 엄마는 곧 아이를 낳을 예정이다. 그래서 아빠가 믿을 수 있는 사람들에게 애니를 맡기러 가는 것뿐이다. 그런데 찰스는 시드넘 역으로 가는 마차에 애니를 태우면서, 마치 애니가 영원히 떠나는 것 같은 느낌이 들었다.

그레이트 웨스턴 철도의 열차가 덜컹거리며 세번 계곡을 오르고 요금징수소들을 지나 맬번 언덕으로 달리는 동안, 찰스는 안도감을 느낄 수 있었다. 그와 에티 사이에 포근하게 앉아 있는 애니는 곧 믿을 만한 의사, 그의 목숨을 구해준 것이나 마찬가지인 사람의 치료를 받고 괜찮아질 것이다. 봄이 들판과 산울타리를 알록달록하게 수놓고 있었다. 찰스는 처음 맬번에 왔던 2년 전이 떠올랐다. 인간은 얼마나 위태로운 존재인가. 그는 또다시 그런 기분이 들었다.

안전하게 맬번에 도착한 찰스는 마을과 우스터 계곡이 내려다보이는 몬트리얼 하우스에서 엘리자 파팅턴이 관리하는 숙소에 묵기로 했다. 애니가 괜찮아지면, 에마가 아이들을 데리고 산책하곤 했던 그 언덕에서 에티와 애니가 함께 뛰어놀 수 있을 것이다. 애니를 진찰한 걸리 박사는 애니를 투시력이 있는 사람에게 보여보기를 권했다. 찰스는 심히 의심스러웠지만 그렇게 해보기로 했다. 물치료도 처음에는 엉터리처럼 보이지 않았던가. 그리고 걸리의 딸이 심하게 아팠을 때도 걸리는 투시력이 있는 여자를 데려다가 아이의 몸 상태를 보고하도록 했고―어쨌거나―그 아이는 건강을 되찾았다. 그러나 찰스는 애니를 살펴볼 여자를 먼저 시험해볼 생각이었다. 그는 지폐를 넣어 봉한 봉투를 그 여자에게 주면서 여자가 액수를 맞힐 수 있는지 보기로 했다. 여자는 그 따위의 일은 자신의 직업적 위엄에 걸맞지 않는다고 비웃으며, 그녀의 "집에 있는 하녀"도 할 수 있는 일로 치부했다. 그리고 나서 여자는 몸을 돌려 애니를 오래 열심히 응시하더니, 애니의 내면에 일어난 끔찍한 일들을 무시무시할 정도로 상세하게 묘사했다. 찰스는 그 여자가 걸리로부터 얻은 "어떤 무의식적인 단서들"을 이용하고 있는 것이라고 추측했다.[9]

그렇다고 해도 애니의 문제의 근원이 위에 있다는 것은 의심의 여지가 없었고, 누군가가 그것을 치료할 수 있다면 그 사람은 걸리일 터였다. 찰스는 안심할 수 있을 때까지 계속 머물다가, 28일 금요일에 딸에게 한 달 동안 못 볼 거라고 말하며 작별의 입맞춤을 하고, 톨리 양이 곧 올 거라고 약속하고 나서 런던으로 출발했다. 다음 날 아침에 그는 할리 가街에 있는 라이엘을 방문했다. 후커가 런던에 돌아와 있다는 소문이 들렸다. 일요일에 다윈 형제는 리전트 공원이 바라보이는 헨슬레이와 패니 웨지우드의 집에서 호화로운 만찬을 가졌다. 그 모임은 즉흥적인 재회로 변했는데, 칼라일이 불쑥 방문했고, 에마의 일흔 살 된 결혼하지 않은 이모 패니 앨런과 성직자 친구 한 명도 합류했다. 옛날에 어울리던 패거리에서 해리엇 마티노만이 빠졌다. 하지만 없는 편이 차라리 잘된 일이었다. 패니 이모가 마티노에게 혹평을 퍼부었을 테니까. 마티노가 헨리 앳킨슨이라는 이름의 말 많은 자칭 과학자와 주고받은 편지들을 묶은 책이 얼마 전에 출간되었는데, 이 『인간 본성과 발달의 법칙에 관한 서간집』은 이미 런던 문인들의 분노를 사고 있었다. 지금 마티노는 자기 자신을, 최면술을 하고 진화론을 믿는 무신론자로 치장하고 있었다. 패니 이모는 이런 "끔찍한" 책을 펴낸 "두 범죄자"의 대담함에 경악을 금치 못했다. 찰스는 흥미를 느꼈다. 그는 이래즈머스에게 그 책을 빌리겠다고 확실하게 말해두었다.[10]

월요일에 다운으로 돌아갔을 때, 상황은 밝아 보였다. 그의 건강은 정상으로 되돌아왔고, 애니는 그가 얻어줄 수 있는 최고의 의학적 처치를 받고 있었으며, 귀한 따개비 표본들은 흠집 없이, 오래 기다린 원래의 주인들에게 되돌아가고 있었다. 그리고 5년에 걸친 노동의 첫 번째 결실인, 고생물지협회가 인쇄한 화석 따개비 연구서 제1권이 우편으로 도착했다. 더 좋은 일은 후커가 소문대로 여러 표본을 비롯해 인도산 종들에 관한 산더미 같은 사실을 안고 무사히 돌아온 것이었다.[11] 후커는 곧 결혼할 예정이었다. 패니 헨슬로가 지금 후커의 인생에서 최우선이었다. 그래도 후커가 큐에 돌아와 있으며 언제라도 다운을 방문할 수 있다고 생각하니 안심이 되었다. 찰스는 집에서 느긋하게 지내면서 몇 주 안으로 다가온 재회의 날을 기대했다.

그런데 그럴 수가 없었다. 4월 15일 화요일 늦게 긴급한 전갈이 왔다. 애니가 다시 재발했고 심각하다는 소식이었다. 애니는 고열이 나고 구토를 하고 있다고 했다. 브로디가 애니 옆을 지키고 있었고, 톨리 양은 어찌해야 할지를 몰랐다. 집에서 누군가 가야 했고, 걸리 박사는 찰스를 불렀다. 이 소식에 다운하우스는 소용돌이에 휩싸였다. 에마는 현재 임신 8개월째를 맞고 있었기 때문에 감히 그곳에 간다는 생각을 할 수가 없었다. 설령 에마가 가겠다고 해도 찰스가 허락할 수 없었다. 에마는 최악의 상황에 대비해 마음의 준비를 하고 식구들을 다독였다. 그리고 에마는 패니 웨지우드에게 맬번으로 가서 찰스와 함께 있어달라고 부탁했다. 그러면 패니의 여섯 아이들은 어떻게 하고, 또 에티는 어떻게 할 것인가? 에마는 오빠 조사이어와 캐롤라인 부부에게 그 아이들 모두를 데리고 리스힐로 가달라고 부탁했다. 그리고 새로 태어날 아기는? 예정보다 일찍 해산할 것 같지는 않았지만, 이미 에마는 큰 충격을 받은 상태였다. 만일의 경우를 대비해 런던에 있는 패니 이모에게 다운으로 와달라고 부탁했고, 저지에 있는 언니 엘리자베스에게도 "가장 빠른 증기선"을 타고 와달라고 했다. 클로로포름도 잊지 말고 가져오라고 했다.[12]

찰스는 소지품, 기분전환을 위해 읽을 책 몇 권, 한 아름의 고통스러운 생각들을 꾸려 다음 날 출발했다. 전에 그는 아버지의 장례식에 늦어서 급하게 이 길을 달려 세번 계곡으로 갔다. 그 일이 있은 뒤 그는 자신도 곧 죽을 것 같은 두려움에 시달리며 맬번 언덕으로 도피했다. 마차가 유료도로를 따라 급하게 달리는 동안, 그 언덕들이 다시 모습을 내밀었다. 그 언덕의 암석들에는 멸종한 조개껍데기들과 삼엽충 화석이 섞여 있었다. 그가 도착한 날은 세족목요일〔洗足木曜日: 예수 그리스도가 성만찬을 제정한 것을 기념하기 위해 지키는 부활절 전 목요일〕이었다.

몬트리얼 하우스는 혼란 그 자체였다. 애니는 아주 조금 나아진 듯했지만, 브로디와 톨리 양은 안절부절못하고 있었다. 걸리 박사는 88명의 환자들을 돌봐야 했기 때문에 짬을 내기가 어려웠다. 에티도 언니 걱정을 하지 않도록 챙겨줘야 했다. 모두가 불안하고 기력이 없었다. 이렇게 모두에게 희망이 절실히 필요하다는 것은 무슨 일이 일어날지 누구도 알 수 없다는 뜻이었다. 찰스는 애니의 침대 옆에 왔을 때 감정의 소용돌이에 휘말렸다. 자신의 조잡한 의학지식, 의사처럼 처신할 수 있는 능력이 아무짝에도 쓸모없는 것으로 입증될 것만 같았다. 애니를 처음 보았을 때 그는 완전히 무너져 내려, 괴롭고 비참함 심정으로 소파에 털썩 주저앉았다. 수척해진 얼굴과 야윈 몸, 장뇌〔침투성이 있고 곰팡이 냄새가 다소 나는 방향성 유기화합물〕와 암모니아 냄새. 그는 예전에 그런 곳에 있었던 때가 떠올랐다.[13] 에든버러에서 그는 고통에 몸부림치는 아이를 보고 공포에 질려 도망쳐나온 적이 있었다. 이번에 그 아이는 다른 누구도 아닌 자식이었다. 그는 마음을 가다듬고 모든 사람이 용기를 잃지 않도록 해야 하고, 간호사로서 대진代診의사로서 침착하게 처신해야 했다. 출산예정일을 눈앞에 둔 에마에게도 소식을 전하지 않으면 안 되었다. 하지만 침착하고 신중해야 했다. 두 사람의 생명이 걸려 있었으니까. 찰스는 슈루즈버리에서 아버지의 병상을 지킬 때 그랬던 것처럼 에마의 위로가 애타게 그리웠지만, 지금은 그녀의 희망을 지지해주어야 할 때였다. 그는 에마에게 자신들의 불쌍한 딸에 대한 불가피한 사실만을 알릴 뿐, 자신이 얼마나 고통받고 있는지는 알리지 않을 작정이었다.

그날 밤 고비가 왔다. 찰스는 최선의 결과를 바라는 마음에, 걸리가 초반에 보여준 낙관적인 예측을 철석 같이 믿고 있었던 터였다. 그는 하늘이 무너지는 것 같았다. 애니는 맥박이 불규칙해지며 반혼수상태에 빠졌다. 걸리가 급히 달려와서, 죽음 전에 나타나는 불면과 오한을 불안하게 지켜보았다. 아침이 되기 전까지는 어떻게든 결판이 날 거라고 생각한 걸리는 밤새 그곳에서 대기하겠다고 했다. 오전 6시에 애니는 구토를 했고, 이것은 아직은 힘이 남아 있다는 증거였다. 찰스는 비참한 상태였다. 그는 남은 눈물을 삼키며 에마에게 "생사를 넘나드는 투쟁"을 시시각각으로 보고했다. "아, 어떻게 하면 좋소. 정말 비통하구려." 그는 자신의 심정을 전하며, 에마에 대한 걱정스러운 마음을 덧붙였다. "신이 당신을 지켜줄 거요." 애니는 온종일 브랜디와 묽은 죽을 한 모금도 넘기지 못했다. 한 차례 담낭의 "밝은 초록색" 액을 토해내 모두를 놀라게 하기도 했다. 초저녁 무렵, 애니는 "끔찍하게 지쳐 있었다." 하지만 더 나빠지지는 않았다는 것이 걸리의 소견이었다. "그 사람은 아직 희망을 가지고 있소. **희망이 있다고 확신하고 있다오.**" 성聖금요일〔부활절 전의 금요일〕에 해가 질 때, 찰스는 에마에게 기쁜 소식을 전했다. "이 얼마나 다행이오."[14]

　　에마가 다음 날 아침 찰스의 편지를 불안하게 살펴보며 위안을 찾는 동안, 패니가 에티를 그 아이의 사촌들에게로 데려다줄 하인과 함께 맬번에 도착했다. 두 어린 자매는 이것이 마지막이 될 거라고는 꿈에도 생각하지 못한 채 작별의 입맞춤을 나누었다. 애니는 밤새 기운을 회복했다. 걸리의 표현에 따르면, "한고비를 넘겼다." 찰스는 감히 "밝고 빛나는 얼굴을 한 예전의 애니를" 그려보았다. 그리고 에마에게 전보를 쳤다. 그 메시지는 오후에 다운하우스에 도착했고, 그때 에마는 애니의 꽃밭에 나가 꽃을 따고 있었다. "이렇게 행복할 수가요! 신이여, 정말 감사합니다!" 에마는 서둘러 답장을 썼다. 이제 다음 편지가 도착할 월요일 아침까지 "마음 놓고 기다릴" 수 있었다.

이 답장을 쓰는 동안에도 애니는 회복되고 있었다. 찰스와 패니는 온종일 희망을 갖고 지켜보았다. 열이 내렸고, 맥박도 돌아오고 있었다. 먹은 것을 토해내지도 않았다. 애니는 평화롭게 누워 있었다. 사실 지나치게 평화롭다는 생각이 들 정도였다. 그리고 시시각각 더욱 편안해지는 것처럼 보였다. 패니는 에마에게, 찰스는 "슬픔에 맥을 못 추고 동요하고" 있지만 아프지는 않다고 전했다. 찰스는 애니를 한시도 떠나지 않으려 했지만, 그날은 패니를 믿고 두 번이나 밖으로 나가서 언덕을 홀로 거닐었다. 바람도, 풍경도, 사방에 완연한 봄기운도 다시 태어난 생명처럼 느껴졌다. 내일 에마는 교회에 가서 하느님에게 감사를 드리겠지. 찰스가 애니에게 돌아왔을 때, 걸리 박사가 왔다. 그는 애니가 조금 토했지만 "혀에 차도를 보이는 결정적 징후"가 보인다고 말했다. 그것은 "무엇보다 중요한 조짐"이라고 했다.[15]

밤새 패니와 찰스가 애니의 병상을 지켰다. "애니를 헌신적으로 돌보는 불쌍한 톨리 양"은 처음으로 밤새 숙면을 취했다. 애니는 다시 구토를 약간 했고, 묽은 죽을 그저 조금 먹었다. 브로디가 애니의 얼굴과 손을 닦아주는 동안, 애니는 브로디의 목에 팔을 두르고 입을 맞추었다. 그러고 나서 애니는 평화롭게 잠이 들었다. 자정이 지난 한밤중에 찰스는 촛불에 둘러싸여 에마에게 속마음을 털어놓았다. "당신에게 편지를 쓰는 동안은 편안하게 울 수 있소." 그렇지 않으면 "나는…… 항상 일어섰다 앉았다, 한시도 가만히 앉아 있을 수가 없다오." 아침이 되자마자 걸리 박사가 왔다. 그전에 애니가 다시 조금 토했지만, 걸리는 애니가 더 나빠지지 않았다고 성급하게 단언했다. 애니가 이대로 이틀만 더 버텨준다면 회복될 가능성이 높다고 했다. 하지만 부활절 일요일에 프라이오리 교회의 종이 울릴 때, 애니가 다시 토하기 시작했다. 방광도 마비되어, 애니가 애처롭게 발버둥치는데도 카테터를 이용할 수밖에 없었다. 처치가 끝났을 때, 기운이 다 빠진 애니는 약간의 브랜디와 물을 먹었다. "고마워요." 애니가 작은 목소리로 인사를 했다. 걸리는 애니를 진찰하더니, 애니의 맥박이 "되레 더 좋아졌지, 더 나빠지지는 않은 것이 확실하다"고 보고했다. 저녁에는 애니가 "확실히 더 좋아졌다"고 선언했다. 찰스는 무슨 생각을 해야 할지 알 수가 없었다. "희망을 가졌다 포기했다……, 사람의 진을 빼는구려." 그는 에마에게 괴로운 심정을 토로했다.

월요일에는 약간 차도가 보이는 듯했다. 아침 일찍 애니의 방광과 장이 자발적으로 활동을 했다. 찰스는 이것이 좋은 징후라고 생각했다. 그는 "바보처럼 기뻐하며" 애니가 다운의 정원을 즐겁게 돌아다니는 장면을 떠올렸다. 평소처럼 "겨자를 만들어요"라고 말하면서. 그는 애니에게 꼭 나을 거라고 말했다. 애니가 "고마워요"라고 순하게 대답했다. 그러나 걸리가 아침 8시에 와서 그의 희망을 무참하게 꺾었다. 설사는 좋지 않은 조짐이라고 말했다. 게다가 애니의 맥박이 떨어지고 있었다. 그때 에마의 편지가 도착했다. 그 편지를 읽어 내려가던 찰스는 감정이 북받쳤다. 에마가 꽃을 꺾으러 애니의 정원에 나갔다는 대목을 읽는 순간에는 눈물이 왈칵 쏟아져내렸다. "당신이 지금 여기서 이 불쌍한 아이의 완벽한 온화함, 인내, 감사하는 마음—'정말 고마워요'라고 말하는 그 아이의 말을 듣는 것은 얼마나 슬픈지—을 눈으로 볼 수 있다면 얼마나 좋겠소." 그는 흐느끼며 아내에게 답장을 썼다. 오후가 되자 애니는 점점 약해져서 의식이 몽롱한 상태가 되었고, 그런 다음에 잠이 들었다. 깨어났을 때, 애니는 "에티는 어디 있어요?"라고 물었다. 저녁 늦게 애니는 패니에게 차 한 숟가락을 받아먹고 나서 힘찬 목소리로 "정말 맛있어요"라고 고마움을 표현했다. 의사가 말한 대로, 이렇게 하루만 더 버텨준다면 나을 것이다. 찰스는 에마에게 애니가 틀림없이 "곧 좋아질 것"이라고 말했다.

다운에서 에마는 뱃속의 생명을 살리는 것 외에는 할 수 있는 일이 없었다. 그녀는 전보에 적힌 말 한마디 한마디에 울고 웃으며 기도를 했다. 월요일 아침에 우편물이 올 시각, 에마는 마음속으로 애원하고 또 애원했다. 그녀는 찰스와 패니의 편지를 허겁지겁 뜯어보았지만, 그들의 말을 어떻게 해석해야 할지 알 수가 없었다. 애니의 병세는 기복이 심해서 종잡을 수가 없었다. 에마는 희망을 가지려 애쓰면서 찰스에게 자신과 아기는 건강하다고 말했다. "만일에…… 아이가 빨리 나올 경우에 대비해 모든 일을 생각해두었어요. 하지만 그럴 것 같지는 않아요." 화요일에는 좀 더 좋은 소식이 왔다. 에마는 찰스의 편지에서 "호전되고 있는" 기색을 느끼고 더욱 희망을 가졌다. 수요일 아침에 편지가 도착하기 직전, 그녀는 긴장을 풀고 "애니를 위해 해줄 게 있다는 생각에 즐거워하고" 있었다. 그녀는 찰스에게 보내는 편지에 "애니가 음식을 조금씩 먹을 수 있게 될" 때를 위해 간단한 요리법을 적고 있었던 것이다. 그러고 나서 패니의 편지가 도착했고, 이 편지는 에마를 절망에 빠뜨렸다. "아, 우리는 어쩌면 좋은가요." 그녀는 요리법 옆에 이렇게 적었다. "정말 가슴이 찢어지는군요."16)

걸리가 예고한 대로 화요일이 고비였다. 하지만 애니는 나아지지 않았다. 격렬한 설사가 시작되었고, 애니는 설사를 한 번 할 때마다 약해졌다. 기진맥진한 찰스를 대신해 패니가 끔찍한 진실을 전했다. 애니가 가망 없이 몸부림치며 병상에 누워 있는 동안 찰스의 위도 굴복했던 것이다. 그는 병실에서 뛰쳐나가 구토를 했다. 이 발작은 온종일 계속되어 저녁에는 아버지와 딸 둘 다 기진맥진했다. 그는 에마에게 편지 한 줄 쓸 기력도 없었다. 애니는 점점 쇠약해지고 있었다. 이제는 걸리 박사도 그 사실을 시인했다.17)

에마가 그 소식을 듣고 물거품이 된 희망 앞에서 슬피 우는 동안,

맬번의 사투는 끝으로 치닫고 있었다. 애니는 밤새 계속해서 쇠약해졌고, 이따금씩만 의식이 돌아왔다. 의식이 왔다 갔다 하는 사이에 애니는 두 번쯤 노래를 부르려고 했다. 폭풍을 부르는 구름을 남풍이 언덕 저편으로 날려보내 바람은 때 이르게 따뜻했다. 4월 23일 수요일 아침, 애니는 침대에 평화롭게 누워 있었다. 호흡은 부드럽고 온화했다. 애니의 수척한 몸뚱이가 시트 밑으로 어렴풋이 드러났다. 열어둔 창문 옆에 드리워진 커튼이 바람에 살랑살랑 흔들렸다. 찰스는 기진맥진하여 미동도 않고 앉아서 흐느끼며 조용히 그 시간을 기다렸다. 그는 침대 너머 창문 밖으로 우스터 비컨 아래의 광대한 회색 허공을 응시했다. 그의 생각은 갈피를 잡을 수 없이 흐트러졌다. 에마가 가장 좋아하는 시 「인 메모리엄*In Memoriam*」 속의 계관시인처럼.

> 신과 자연은 다투고 있는가
>
> 자연이 그런 악몽을 주고 있으니?
>
> 자연은 종자에 관하여는 그리도 세심하면서
>
> 일개 생명에는 이리도 무심한가

애니의 숨이 점점 얕아졌다. 패니가 브로디, 톨리 양과 함께 들어왔다. 바람이 불었다. 찰스와 패니는 침대에 더 가까이 다가섰다. 애니는 의식 없이 잠자코 누워 있었다. 낮 12시 정각이었다. 천둥소리가 들리기 시작했다. 멀리서 들리는 거대한 굉음은 자연이 치는 조종弔鐘이었다. 그들은 애니에게 더 가까이 몸을 당겨 숨이 멈추는 소리를 들었다. 애니는 그렇게 세상을 떠났다.[18]

브로디는 자제심을 잃었고, 톨리 양은 발작을 일으키며 쓰러졌다. 패니가, 자신도 슬픔을 가누기 힘들었지만, 서둘러 그들을 도왔다. 찰스는 아이의 작고 야윈 얼굴에 마지막으로 입을 맞추고 창가로 갔다. 비가 내리고 있었다. 억수같이 퍼부었다. 꺼져버린 생명의 무덤인 흠뻑 젖은 땅이 그의 비통한 눈물을 조롱하고 있었다.

> "종자는 매우 소중히 여긴다고?" 아니다.
> 깎아지른 절벽과 채석장에서 캐낸 돌에서
> "천 가지 종자가 사라지고 있다."
> 자연은 외친다.
> "나는 아무것도 돌보지 않는다. 모두가 사라지리라."

이것은 막다른 길이었다. 찰스의 희망은 십자가에 못 박혔다. 그는 에마와 같은 방식으로 믿을 수 없었고, 에마가 믿는 대상도 믿을 수 없었다. 이제 그에게는 붙잡을 지푸라기도, 약속된 부활도 없었다. 기독교의 믿음 따위는 그에게는 부질없는 것이었다.

찰스는 무거운 발을 이끌고 자신의 방으로 들어가 침대에 누워서 몇 시간 동안 고통에 몸부림쳤다. 그의 위도 덩달아 몸부림쳤다. 그는 걸리 박사를 만나기 위해 눈물을 그치고 진정을 했다. 걸리는 사망원인을 "장티푸스성 열성熱性 질환"이라고 말했다. 하지만 에마에게 편지를 쓸 때 그는 다시 무너져내렸다. 애니는 "영원한 안식에 들어갔소. …… 탄식 한 번 없이." 그 아이의 "솔직하고 사랑스러운 행동"을 떠올리면 쓸쓸한 마음을 가눌 길이 없었다. 이 "사랑스러운 아이가 떼를 썼던 일은" 아무리 떠올려봐도 기억에 없었다. "애니에게 신의 축복이 있기를." 그는 끝내 흐느껴 울었다. "우리는 점점 더 서로를 소중히 여기지 않으면 안 되오." 6시 정각쯤 패니가 들어와 찰스가 아직도 비통하게 울고 있는 것을 보았다. 그는 눈물이 구역질을 막아주고 있다고 말했다. 그러나 지금은 다른 것 때문에 괴로웠다. 에마와 함께 있고 싶어 견딜 수가 없었던 것이다. 하지만 사랑하는 아이를 묻기 전에 어떻게 그럴 수 있단 말인가? 장례의식, 무덤, 이런 것들을 과연 버텨낼 수 있을지. 패니는 찰스에게 다음 날 아침 첫 기차를 타고 돌아가라고 말했다.[19] 장례식에는 자신이 참석하겠다고 했다.

이것은 찰스가 듣고 싶었던 말이었다. 그는 목요일에 아침 일찍 일어났다. 몸은 여전히 좋지 않았다. 그는 여러 사람들에게 메모를 남겼다. 브로디에게는 세탁물을 챙기라고 당부하고, 톨리 양에게는 책을 들고 오라고 당부했다. 패니에게는 무신론자 "마티노 양"의 책을 이래즈머스에게 돌려주라고 부탁했다. 그리고 "친애하는 패니, 다시 한 번 당신에게 신의 가호가 있기를. 고맙습니다"라고 덧붙였다. 그런 다음에 그는 맬번과 맬번의 모든 기억을 등지고, 애니의 영락한 얼굴을 다시 한 번 마음속으로 그려보고 나서 서둘러 그곳을 떠났다. 그는 잠시도 꾸물거리지 않고 곧장 달려 이른 저녁에 다운에 도착했다.[20]

수요일에 아무 소식이 없자 에마는 사투가 끝났음을 알았고, "마치 그 일이 오래전에 일어난 것 같은" 느낌을 받았다. 그녀는 그 충격을 "품위 있게, 추하지 않게" 견디며 "조용히" 눈물을 흘렸다. 그녀가 "위안을 얻을 유일한 희망"은 찰스가 돌아오는 것이었지만, 그녀는 희망을 품을 힘도 사라진 듯했다. 에마는 찰스가 몸져눕게 될 거라고 생각했다. 아마 심각할지도 모른다. 그녀는 감히 떠올릴 수도 없는 일이지만 그가 죽을 수도 있다고 생각하며 두려움에 휩싸였다. 하지만 이것은 비합리적인 두려움이라고 자신을 다독였다. 그리고 생각지도 않게 찰스가 문 앞에 나타났을 때 희망이 얼마쯤 되살아났다. 그들은 서로 끌어안고 흐느껴 울었다.[21]

이튿날 아침 9시에 애니는 프라이오리 교회묘지에 묻혔다. 패니가 애니의 마지막 안식처를 선택했다. 성모 마리아의 기쁨이 묘사된 웅장한 창문이 있는 북쪽 수랑袖廊에서 그리 멀지 않은, 레바논삼목 아래였다. 목사가 장례식을 거행했다. 패니는 무덤 옆에 섰고, 그 옆에서 헨슬레이가 브로디와 톨리 양을 다독였다. "그대들의 사랑스럽고 행복한 애니만큼, 진실한 슬픔 속에 묻힌 아이는 없었을 겁니다." 패니는 찰스와 에마에게 이렇게 전했다. 그리고 나중에 걸리 박사가 와서 자상하게도 찰스와 에마가 괜찮은지 물었다.[22]

가족이 다시 모였을 때, 큰 아이들은 극심한 상실감을 느꼈다. 11세 윌리는 여러 날 동안 슬픔에서 헤어나지 못했다. 일곱 살 에티는 애니를 마지막으로 본 놀이동무라는 특별한 부담을 견뎌야 했다. 에티는 이미 리스힐에서 슬픈 소식을 들었지만, 집에 돌아와서 애니가 죽기 이틀 전에 자신을 불렀다는 말을 듣더니 가슴이 무너지는 듯 구슬프게 울었다. 에티는 이 일을 평생 잊지 못했다. 에마가 자신의 언니의 죽음을 겪고 그랬던 것처럼. 얼마 뒤부터 에티는 애니를 다시 만나는 문제에 대해 고민하기 시작했다. "그런데 엄마, 천사들은 다 남자인데 여자들은 어디로 가요?" 에티는 톨리 양이 피아노를 치며 노래를 부르는 동안 눈물을 뚝뚝 흘리며 이렇게 말하기도 했다. 에마는 에티가 기분이 안 좋아 보이면 애니를 생각하고 있었느냐고 물었다. 그러면 에티는 하염없이 눈물을 쏟아냈다. 에티는 언니가 벌이 필요 없는 "착한" 아이였다는 것을 알고 있었으며, 이제 자신도 그런 착한 아이가 되고 싶어했다. 에마는 에티가 왜 그렇게 염려하는지 궁금했다. 에티는 어느 날 밤 침대에 누워 이렇게 대답했다. "지옥에 가는 것이 무서워요." 에마는 "애니가 천국에 잘 있을 것"이라며 에티를 거듭 안심시켰다. 이튿날 밤에 에티가 다시 물었다. "엄마는 나와 함께 천국에 갈 거라고 생각하세요?" "그래, 그러기를 바라. 우리는 애니

를 다시 만나게 될 거야." 에마가 한숨을 내쉬며 대답했다.[23)]

　　실은 에마와 찰스 둘 다 마음이 심하게 흔들리고 있었다. 사실 아이를 종교적으로 안심시키는 일은 그들 자신이 그렇게 하는 것보다는 쉬운 일이었다. "측은한 에마는 건강하게 잘 견뎌내고 있어요." 찰스는 런던에 있는 이래즈머스에게 편지를 썼다. 그러면서 형에게 『타임스』와 "그 밖에 발행부수가 많은 한두 개의 신문에" 부고를 내달라고 부탁했다. 하지만 그는 이런 말도 덧붙였다. 에마는 "몹시 비통해하고 있으며, 신은 우리가 어디서도 한 가닥의 위로의 빛을 찾을 수 없다는 것을 알고 계실 겁니다." 에마의 상처는 결코 치유되지 않았다. 에마는 "하늘의 뜻이라고 생각하게 되기를" 바랐지만, 정말 그럴 수 있었는지는 의심스럽다.[24)] 그녀가 따로 챙겨 수년 동안 소중하게 간직한 기념품들—어린애다운 쪽지들, 뜨다 만 뜨개질거리, 머리타래—이, 하늘이 부활절에 앗아가 버린 자신의 사랑하는 딸을 항상 떠올리게 해주었을 테니까.

　　찰스의 반응은 더욱 극명했다. 4월 29일에 폭스에게 쓴 편지에 따르면, 그는 "비통하고 잔인한 상실"에 처했다. 그는 "야비하고 끔찍한 열이" 딸의 생명을 앗아가는 것을 그저 무력하게 지켜볼 수밖에 없었다. 그는 맬번의 언덕 위에서 전개된 그 끔찍한 수난의 장면을 구경만 하고 있어야 했고, 애니가 "작은 천사처럼 평화롭게" 숨을 거두는 모습을 눈앞에서 지켜보았다. 그에게 딸의 죽음은 막다른 길이자 새로운 시작이었다. 이 사건은 죽음의 기독교적 의미에 대한 지난 3년 동안의 고민에 마침표를 찍었다. 그 일은 자연의 비극적 우연성을 새롭게 보게 만들었다. 폭스에게 편지를 쓴 다음 날, 그러니까 애니가 세상을 떠나고 정확히 일주일 뒤, 다윈은 이런 새로운 태도로 애니를 추억하는 간략한 회고록을 썼다. 이 회고록은 오직 "먼 훗날" 자신과 에마를 위한 것이었다. "그때도 우리가 살아 있다면." 이 글은 비통함에 찌들지 않은, 다윈이 남긴 글 가운데 가장 아름다우며 가장 강렬한 감정이 담긴 글이었다.

　그는 애니를 인간 본성의 가장 고귀하고 가장 선한 면을 지녔던 아이로 묘사했다. 육체적으로도, 지적으로도, 도덕적으로도 애니는 완벽에 가까웠다. 애니의 몸짓은 "유연하고, 생명력과 활력으로 충만했고", 애니의 마음은 "순수하고 투명했으며", 애니의 행동은 "관대하고 우아하고 미심쩍은 구석이 없었으며……, 시기나 질투가 없고, 온순했으며, 격렬하지 않았다." 그는 "애니는 꾸중 들을 일을 한 적이 거의 없었으며, 어떤 일로든 벌을 받은 적이 없었다"는 사실을 거듭 강조했다. "언짢은 눈길(내가 애니를 그러한 눈길로 본 적이 거의 없었다는 게 얼마나 다행인지)은 아니었지만 배려가 빠진 눈길로 한 번만 쳐다봐도, 몇 분 내로 애니의 안색이 달라졌다." "아주 짧은 기간 동안인데도 에마와 떨어질 때…… 심하게 울었던 것"도, 아주 어렸을 때 애니가 "엄마, 엄마가 죽으면 우리는 어떻게 해요?"라고 놀라 소리쳤던 것도, 그 아이가 이처럼 섬세했기 때문이었다. 애니의 완벽한 성품은 그 아이의 사랑스러운 태도에서 아주 잘 드러났다. 아기였을 때부터 애니는 부모를 껴안아 기쁘게 해주었고, "입맞춤을 해주면 몹시 좋아했다." "애니의 얼굴에 떠오르는 모든 표정에는 사랑과 다정함이 듬뿍 묻어났으며, 그 사랑스러운 기질은 애니의 모든 습관에 영향을 주었다." 찰스는 무엇보다도 애니의 얼굴을 또렷이 기억했다. 애니의 눈물, 입맞춤, "빛나는 눈동자와 해사한 웃음", 그 "예쁜 입술"을. 그는 애니의 순결한 모습들을 마음속에 거듭 떠올리며, 그것을 2년 전 은판 사진법으로 찍은 사진과 비교했다. "기쁨을 주는 그 얼굴을 우리가 아직까지도 이렇게 절절히 사랑하고 있으며, 또한 영원토록 사랑할 것임을 그 아이가 지금 알 수 있다면. 애니에게 축복이 있기를."[25]

　애니는 죽을 이유가 없었다. 다음 세상에서는 말할 나위도 없고 이 세상에서 벌을 받을 짓조차 하지 않은 아이였다. 찰스의 말을 빌리면 "행복한 삶을 살아야 하는" 애니는 병에 굴복했고, 자연의 낫이 애니를 습격하여 그 아이를 무자비하게 짓눌렀다. 그 고통은, 천벌까지 필요 없이 그것만으로도 충분히 "비통하고 쓰라렸다." 그럼에도 애니가 이 역경을 딛고 살아남았다면 얼마나 좋았을까. 그는 애니의 얼굴, 사랑스러운 입맞춤, 에마와 헤어질 때 애니가 쏟았던 눈물이 계속 생각났다. 언젠가는 그도 에마와 헤어져야 할 것이다.

바로 그날 에마의 진통이 시작되었다. 출산은 클로로포름의 도움이 있다 해도 위험한 일이었다. 43세 생일을 이틀 남겨놓은 산모에게는 특히. 하지만 진통은 거짓 신호였다. 에마는 이미 많은 것을 견뎠지만, 아직도 2주를 더 기다려야 했다. 에마는 출산을 몹시 고대했다. 그녀는 아기를 돌보는 일은 "커다란 위로"가 될 거라고 말했다. 그러나 5월 13일에 호레이스가 무사히 태어났는데도 에마의 슬픔은 조금도 가시지 않았다. 새로운 생명이 다운하우스에 왔지만, 그녀는 자신을 돕던 두 손이 그리웠다. 그리고 이 아이를 마지막으로 출산은 더는 안 된다고 생각했다.

애니의 잔인한 죽음은 찰스가 질질 끌고 가던 도덕적이고 공정한 우주에 대한 넝마 같은 믿음을 산산조각 냈다. 훗날 다윈은, 비록 오래 끌기는 했지만, 이 시기가 자신의 기독교적 믿음에 종언을 고했다고 말했다. 그는 또한 집안에서도 믿음의 문제에 관해 훨씬 자유로워졌다. 언제나 힘들고 위험했던 아홉 번의 임신을 겪는 동안, 에마는 그들이 영원히 함께할 것이라는 안심이 필요했다.[26] 그러나 이제 더는 아이를 갖지 않기로 함에 따라 이별에 대한 위협도 사라졌다. 그들은 분명 앞으로 오랫동안 함께할 것이다. 이제 찰스의 입장은 믿지 않는 자였다.

제5부

1851~1860

26장

자본가 신사

1851년 여름의 태양이, 세계에서 가장 부유한 제국의 평화와 진보를 보증하듯 빅토리아 여왕의 영국에 쨍쨍 내리쬤다. 오스트레일리아에서는 금이 발견되었고, 리빙스턴[스코틀랜드의 선교사이자 탐험가]은 잠베지 강에 막 도착했으며, 영국 해협의 양편을 잇는 최초의 성공적인 전신 케이블이 부설되고 있었다. 새로운 시대가 제국의 희망찬 내일을 약속하며 밝아오고 있었고, 국내에도 이에 못지않은 상서로운 징후들이 있었다. 자유무역과 자유방임주의 경제가 일부 계층에게 유례없는 번영을 가져다주었으며, 이와 함께 나머지 사람들의 기대도 커지고 있었다. 구시대의 정치적 충성은 허물어지고, 옛날의 휘그당에서 새로운 '자유당'이 생겨났다. 유럽 정부의 절반을 휩쓸었던 혁명의 바람은 영국에 아무런 해도 입히지 않은 채 지나갔고, 남아 있던 내란에 대한 두려움은 아침 이슬처럼 사라졌다. "영국에 혁명이 일어날 확률은 달이 떨어질 확률과 마찬가지"였다.[1]

만국박람회는 영국의 성공 자축연이나 마찬가지였다. 이것은 런던 하이드 공원에서 열린 예술과 산업을 총망라한 최초의 국제 박람회였다.

이 박람회는 5월 1일에 유리와 철로 지은 거대한 건물인 수정궁에서 개막했다. 강하지만 깨지기 쉽고 넓지만 불붙기 쉬운(이 건물은 1936년에 불탔다) 조지프 팩스턴의 걸작 수정궁은 영국의 경제적 패권을 상징하는 건축물이었다. 수정궁의 높이 솟은 신랑身廊과 수랑袖廊은 위엄의 느낌을 드높였다. 거대한 온실 같은 내부에는, 융성하는 자유 기업의 첫 번째 열매들, 거대한 엔진, 모국에서 짜낸 수많은 제조품들이 전시되었다. 달 학회의 불턴과 웨지우드, 프리스틀리와 이래즈머스 다윈이 품었던 꿈이 이곳에 풍성하게 실현되어 있었다. 전시물의 절반은 영국의 공장들에서 온 것이었다. 개막식에서 빅토리아 여왕의 남편 앨버트 공은 "현대과학……의 도움으로" 일구어낸 사회화합의 결과물인 이 전시물들을 여왕에게 경의의 표시로 바쳤다.[2]

영국인들은 앞을 다투어 이 눈부신 장관을 보러 몰려들었다. 개막식이 열린 지 3주일 뒤에는 평일 입장료가 1실링으로 떨어졌다. 철도회사들이 특별요금을 책정하자 당일치기 여행이 크게 유행했다. 1851년에 처음으로 철도여행을 한 사람의 수가 그 이전에 철도여행을 했던 사람의 총수를 넘을 정도였다. 지주, 주주, 사업가, 대중이 한 장소에서 만났다. 그들 모두는 "어떤 보이지 않는 세력에 지배받고 압도당한 것"처럼 보였다. "단 하나의 큰 소리도 들을 수 없고, 단 하나의 불규칙한 움직임도 볼 수 없었다. 사람들의 물결은 조용히 구불거리며 흘러간다."[3] 과학을 기반으로 한 산업으로부터, 새로운 경의와 사회적 지위가 생겨나고 있었다.

종교계 인사들이 만국박람회의 공을 신에게 돌리는 동안, 문인 자유사상가들은 다른 쪽으로 고무되어 있었다. 많은 이들이 직업을 구하려는 세속적인 필요로 런던으로 왔다. 이들은 시인과 교수, 의사와 변호사, 소설가와 자연학자, 저널리스트와 정치인들이었다. 그들 가운데 일부는 일하지 않아도 먹고 살 수 있을 만큼의 재산을 갖고 있었지만, 다수는 버둥거리며 살고 있었다. 대부분이 삼십 대 또는 사십대 초로, 성공하기 위해 기를 쓰고 있었다. 이들 모두는, 수정궁이 상징하는 새로운 시대는 자유주의적이고 진보적인 개혁을 요구할 것이며, 자연의 통역사들은 영국 국교회의 특권계급이 향유하는 지위와 보상을 요구할 정당한 자격이 있다고 생각했다. 이들은 불안정한 연합을 형성했는데, 그 연합의 신조는 실증주의, 공화주의, 세속주의, 유물론, 심지어는 신을 믿지 않는 훨씬 극단적인 '주의'까지 온갖 사상을 망라했다. 이러한 엘리트 지식인들은 자연을 경쟁적인 시장으로 새롭게 규정하기 시작했다. 이들은 진보, 기술, 그리고 도덕과 인간을 자연 법칙에 맞추어 설명하는 일에 헌신한, 진화의 새로운 후원자들이었다. 이들은 변화의 주축이 되어 세상을 다윈에게 안전한 장소로 만들고 있었다.

　　이 동맹의 중심은 스트랜드가 142번지에 있는 존 채프먼의 집이었다. 채프먼은 의학을 공부한 사람으로 한때 걸리 박사의 동종요법사이기도 했지만, 현재는 출판사를 운영하고 있었다. 그는 아직 서른이 되지 않았지만, 구태의연한 제도나 사상에 해결책을 제시하는 일련의 눈길을 끄는 문예서들을 출판했다. 그 가운데는 뉴먼의 저서들, 앳킨슨과 마티노의 서한집, 다윈의 에든버러 시절 친구이며 공장 경영에서 은퇴한 W. R. 그레그의 의욕이 앞선 첫 저서들, 허버트 스펜서라는 이름의 신진 저널리스트의 책 등이 포함되어 있었다. 이 목록을 엮어낸 사람은 재능을 지니고 있지만 아직은 무명이었던 메어리언 에번스—나중에 조지 엘리엇으로 알려진 사람—였다. 에번스는 채프먼과 그 아내와 한 집에 살면서 가정불화를 유발했다. 채프먼은 상황이 좋지 않았던 『웨스트민스터 리뷰』를 인수하여, 그것을 자신이 확보한 저자들의 논단으로 재창간하고 있었다. 그 저자들은 그해 여름, 자유사상과 개혁이라는 새로운 기치를 열렬히 지지하며 채프먼의 금요 야회에 왔다. 다른 반체제 인사들도 여기에 합류했다. 에번스가 "세상의 선봉"이라고 부른 이 사람들 가운데에는 철학자 존 스튜어트 밀과 유니테리언파 생리학자 윌리엄 카펜터, 『흔적』의 저자 로버트 체임버스가 있었고, 또한 나이를 먹으면서 유연해져서 온건한 "세속주의" 운동을 시작할 준비를 하고 있는 무신론자 홀리오크도 있었다.[4] 그리고 조만간 다혈질의 젊은 해군 군의관 토머스 헨리 헉슬리가 여기에 합류하게 된다.

더운 몇 주가 흘러가는 동안 에번스는 새로운 잡지의 취지서를 만드느라 고생을 했다. 채프먼은 자신의 집단이 표방하는 공동의 신념—진보, 악폐의 개선, 재능에 대한 보상—을 충실히 담아낼 문서가 필요했다. 8월 말, 네 쪽짜리 취지서가 지식인들에게 배포되었다. 이것은 대단히 중대한 순간이었다. 처음으로 진보적 진화가 중간계급의 집단적 지지를 얻는 순간이었으니까. 숙련공 선동가들이 투옥의 위험을 감수하고 주창했던 것이, 이제는 나라를 대표하는 문예평론지 가운데 하나의 "기본 원리"가 되었던 것이다. 채프먼과 에번스는 그것을 "진보의 법칙"이라고 불렀다. 이 두 편집자는 "인간의 제도는 자연의 산물과 마찬가지로 점진적인 발달의 결과이며, 그에 걸맞게 강하고 영속적이다"라고 선언했다.[5]

하지만 『웨스트민스터 리뷰』의 필자들은 어떤 종류의 "발달"을 지지하고 있었을까? 그들이 의견일치를 본 대목은, 진화가 끊임없이 계속되는 완벽한 자연 과정이라는 사실밖에는 없었다. 『흔적』은 이 견해를 따랐으며, 뉴먼과 카펜터는 이 책의 내용을 지지해왔다. 하지만 『흔적』은 잡문에 불과했고, 결함이 있었다. 채프먼의 무리 가운데 이 책이 지금 그대로 좋다고 생각하는 사람은 아무도 없었다. 체임버스 자신도 그렇게 생각했다. 체임버스는 지금 10번째 개정판을 위해 책을 대폭 손보고 있었다. 빈틈없고 과학적으로 올바르며 세련된 진화 개념이 절실히 필요했고, 채프먼의 반체제파 집단은 그러한 것을 찾으러 다녔다. 채프먼은 리처드 오언에게 물었지만 별 소득이 없었다. 어쨌든 오언의 발달 가설은 플라톤주의적인 관념론이었다. 그것은 신의 마음속에만 존재하는 어떤 것이었다. 진화의 '법칙'이 있다면, 그것은 인간의 삶을 유물론적으로 설명할 수 있어야 했다. 그것은 수정궁의 장관들을 설명할 수 있어야 했다. 즉, 산업의 위업을, 영국의 우월성을, 그리고 무엇보다도 진보를 설명할 수 있어야 했다.[6] 채프먼의 친구들 가운데 오직 한 사람이 이 어려운 문제에 의연히 맞서고 있었다.

허버트 스펜서는 자신이 일하는『이코노미스트』의 사무실에서 싼 값으로 생활하고 있었다. 이곳은 채프먼의 집 맞은편으로, 스트랜드가의 "영원한 마차 소음"에 노출되어 있었다. 에번스는 그 여름 동안 스펜서에게 취지서에 관한 의견을 구했다. 스펜서는 더비 출신이었고, 감리교파와 유니테리언파의 피를 물려받았다. 작년에 채프먼의 출판사에서 나온 그의『사회정역학Social Statics』은 비국교도들이 생각하는 도덕적 우주를 은혜로운 자연 과정으로 재규정하려는 시도였다. 스펜서는 오래전부터 진화를 받아들였다. 그는 진화를, 각 개인이 획득하고 이어받은 변화의 축적으로 보았다. 진보는 필연이었다. 진보는 "생물 창조 전체의 기초를 이루는 법칙"이며, 문명은 "자연의 일부로서, 배 발달이나 꽃의 개화와 하나"였다. 그렇다면, 악은 결국 사라지고 인간이 "완벽한 존재가 된다"는 사실은 보증되어 있는 것이었다.[7]

만국박람회가 열리던 여름, 스펜서는 진보에는 그 이상의 의미가 있다는 사실을 깨달았다. 채프먼 일파에 속한 또 한 사람인 조지 루이스는 스펜서에게 프랑스 동물학자 앙리 민느-에드바르트의 "생리적 분업"이라는 개념을 소개했다. 그리고 카펜터는 스펜서에게, 진화는 "일반적인 것"에서 "특수한 것"으로의 연속적인 변화라고 설득했다. 진화는 생물을 그 생물이 사는 환경에 맞게 연마하는 것, 즉 민느-에드바르트의 분업에 비유하면 각각을 저마다의 일에 적응시키는 것이었다. 스펜서는 동물에게 해당되는 이 진리가 사회에서도 성립한다고 믿게 되었다. 진보는 특수화를 통해 이루어진다. "위대한 분업의 원리"는 "문명의 원동력"이며 만국박람회는 "인류 전체가 도달한 발달의 현 상황"이라는 앨버트 공의 말이 바로 이것이 아니던가?[8]

하지만 아직 뛰어넘어야 할 거대한 장벽 하나가 의연히 버티고 있었다. 이 장벽은 인간은 완벽하다는 신념에 반세기에 걸쳐 찬물을 끼얹어왔다. 즉, 먹여야 할 입은 항상 너무 많고 주변에 식량이 넉넉했던 적은 한순간도 없어서, 고통스러운 생존투쟁은 불가피하다는 것이었다. 이것이 맬서스가 말하는 "인구의 원리"였고, 대부분의 자유주의자들은 이 원리를 신성불가침한 것으로 여겼다. 인류에 허락된 유일한 희망은 모든 부부가 자식을 부양할 수단을 가질 때까지 금욕하는 것이었다. 하지만 맬서스 목사가 말하는 그러한 "도덕적 억제"를 인류 대다수는 한 번도 실천한 적이 없었다.[9] 만일 과거의 경험이 조금이라도 숙고할 만한 가치를 갖는다면, 스펜서의 신념은 실현 불가능하다는 판결이 내려지는 것이었다.

사실, 『웨스트민스터 리뷰』의 필자들은 맬서스의 원리를 놓고 완전히 의견이 갈렸다. 홀리오크처럼 노동자계급에 대한 연민을 지니고 있는 사람들에게는 맬서스의 원리가 사악한 발상이었다. 그것은 가난을 빈민의 탓으로 돌리고 부자들을 축복하는 구빈원의 이데올로기였다. 하지만 면화 왕들과 그들을 옹호하는 자들 편에 있는 사람들—예를 들어 그레그와 마티노—에게는 맬서스의 원리가 책임감과 자기개선을 촉진하는 은혜로운 자연 법칙이었다. 이렇듯 의견일치를 보지 못하고 있는 상황이 염려스러웠던 채프먼은, 『웨스트민스터 리뷰』를 인수할 때 스펜서에게 첫 호에 인구에 대한 글을 써달라고 의뢰했다.

스펜서의 「동물 번식의 일반 법칙으로부터 연역한 인구론」이라는 제목의 논문은 실제로는 2호에 실렸다. 이 논문에는 모든 이에게 호소하는 무언가가 있었지만, 가장 환호할 사람들은 잘 먹고 잘 사는 부자들이었다. 스펜서의 견해에 따르면, 고통을 동반하는 맬서스주의 원리는 진리이며, 자동수정 능력을 지니고 있었다. 생존수단을 초월하여 불어나는 인구는 "멸종으로 가는 대로"이며, "우리가 최근에 아일랜드에서 목도했듯이" 사람들은 대량으로 죽어나간다. 살아남은 사람들은 "그 세대에서 선택된 자들"이다. 그들은 도덕적 억제와 앞을 내다보는 눈을 지닌 덕분에, 그러한 "자기 보존"의 힘을 다음 세대로 전승한다. 진보는 보증되고, 결국 원하는 사람과 필요한 식량이 완벽하게 균형을 이루는 상황, 즉 먹여야 하는 입의 수가 식량을 초월하지 않는 상황이 올 것이다.[10]

다윈의 식구들은 만국박람회가 개막한 지 두 달이 지나서야 이곳을 찾았다. 찰스는 자루 달린 따개비에 관한 책을 완성하여 그것을 직접 출판사에 전달하고 싶었고, 에마도 호레이스를 낳은 뒤라 몸조리를 할 시간이 필요했다. 다윈의 식구들 모두는 7월 30일 수요일에 멋진 메이페어 지구의 파크가에 있는 이래즈머스의 저택에 도착했다. 수정궁은 거기서 마차 한 번만 타면 금방 닿을 수 있는 거리였으니, 아주 운이 좋았다. 모든 전시를 구경하기 위해서는 여러 차례 다녀와야 했다. 각각 여덟 살과 여섯 살인 에티와 조지는 지루함을 느꼈다. 그래서 이래즈머스가 아이들에게 과자를 계속 물려야 했고, 그 다음부터는 아이들은 집에 남도록 했다. 하지만 찰스와 에마에게는 그런 장관은 난생처음이었다. 오직 자연—지진, 열대우림, 푸에고의 야만인—만이 이보다 더 큰 경이를 불러일으킬 수 있을 터였다. 빙글빙글 회전하는 거대한 펌프와 인쇄기, 시끄럽게 덜커덕거리는 직조기, 멋진 보일러, 쉿쉿 소리를 내는 엔진, 금은이 세공이 되어 있고 유리로 덮여 있는 벨벳 스탠드, 엄중한 경비를 받고 있는 고가의 보석들이 든 보물상자들. 이 보물들은 모두 이국에서 가져온 것이었다. 하지만 찰스는 금방 지쳐버렸다. 그 거대한 유리집은 사람들로 꽉 차서 너무 더웠다. 찰스는 두통에 시달리며 집으로 돌아왔다. 그날 이후 다시 위가 탈이 나서, 그는 여러 날 동안 고생을 했다.[11]

다윈은 후커가 그리웠다. 후커는 라이엘처럼 박람회의 "심사위원"—전시내용에 관한 보고서 작성을 의뢰받은 과학계의 판사—으로 일했고, 그 일을 함으로써 명예뿐 아니라 100파운드의 보수를 얻었다. 찰스가 만국박람회에 왔을 즈음, 후커는 신부와 함께 파리에 가서 다른 심사위원들과 함께 루이 나폴레옹이 접대하는 와인과 만찬을 즐기고 있었다. 런던에서 찰스는 하인을 시켜 레이협회에 방대한 분량의 따개비 원고 원본을 전달하도록 했다. 장장 5년이 걸린 그 연구의 결과를 "대중수송수단의 허술한 자비에 맡길 수는" 없었다. 또한, 그 원고를 소중히 다루겠다는 다짐을 받지 않고서는 다운(19세기 중반에 이 마을은 철자를 Down에서 Downe으로 바꾸었다. 아일랜드 다운 주와의 혼동을 피하기 위한 조치였다. 다운하우스Down House는 예전의 철자를 그대로 유지했다)으로 떠날 수 없었다. 다윈은 레이협회에 다음과 같이 당부했다. 원고를 "믿을 만한 심부름꾼"을 시켜 인쇄소에 보내고, 즉시 사실 확인을 해주시오. 하지만 이것이 지나친 걱정임을 모르지 않은 다윈은, "어리석을 정도로 잔소리가 많아서 미안합니다"라고 덧붙였다.[12]

다운으로 돌아오자, 오늘이 어제 같고 어제가 오늘 같은 일상이 다시 시작되었다. 일찍 아침을 먹고, 우편물이 도착할 때까지 따개비를 조사한다. 우편물을 살펴본 다음에는 따개비를 좀 더 조사하고, 활기찬 산책을 하고 점심을 먹는다. 오후에는 책을 읽고 편지를 쓰고 낮잠을 자면서 쉰다. 그런 다음에 차 마시는 시간까지 다시 한 차례 따개비를 살펴본다. 차를 마신 다음에는 백개먼 놀이[2개의 주사위를 던져 그 점수에 따라 말을 움직이는 놀이]를 하고 잠자리에 든다. 찰스에게 밤은 "**언제나** 괴로운" 시간이었다. 그는 결코 마음 편히 잠들 수가 없었다. 이런저런 생각들과 장면들이 머릿속에 아른거렸다. 진절머리 나는 해부, 사회적 추태, 귀찮은 편지들. 안전한 집으로 돌아왔지만, 만국박람회에 다녀온 여파로 아직 상태가 좋지 않았다.[13] 미래도 마음을 괴롭히는 요인이었다. 신사는 앞날의 계획을 세워야만 했다. 그는 현명하게 앞날을 내다본 덕분에 상당한 부와 함께 그토록 원했던 안전한 삶을 얻었다. 하지만 먹여야 하는 일곱 개의 작은 입이 생긴 지금, 책임감은 전보다 훨씬 커졌다. 이제 가족은 완성되었다. "만일 또 다른 아이가 온다면, 삼가 조의를 표합니다." 찰스는 폭스에게 이렇게 말했다. 이제는 장기계획을 세워야 할 때였다.

　딸들은 적합한 가정교사 아래서 에마를 본보기 삼아 잘 자라줄 것이다. 문제는 다섯 아들들이었다. 그들은 지금과 같은 생활을 계속하려면 견실하고 훌륭한 직업을 가져야만 한다. 찰스는 이 "걱정거리"에 대해 필요 이상으로 고민을 했다. 가족의 재산은 아들들의 손에 달려 있었다. 물론 그들에게 물려줄 재산이 있다면.[14]

　돈이 문제의 본질이었다. 찰스와 에마는 장부상으로 볼 때 잘 해나가고 있었다. 두 사람의 연수입은 3,000파운드가 좀 넘어, 그들은 전국의 불로소득 생활자의 상위 몇 퍼센트에 속했다. 이 모두가 물려받은 재산을 기민하게 투자한 결과였다. 1만 4,000파운드의 자산가치가 있는 링컨셔의 비스비 농장 외에도, 찰스는 아버지가 죽은 뒤 약 4만 파운드 상당의 유산을 물려받았다. 로버트 박사는 찰스에게 링컨셔의 서터튼 펜에 있는 농장, 포위스 백작에게 꿔준 1만 3,000파운드에 대한 저당증서, 영국과 미국의 산업에 막대한 투자를 할 수 있을 만큼의 넉넉한 자금을 남겼다. 에마도 아버지의 유언에 따라 상당한 액수를 물려받았다. 에마의 자산은 오빠 조사이어와 다윈의 형 이래즈머스 다윈에게 위탁해둔 상태였다. 이것은 남편의 채권자로부터 아내를 방어하기 위한 그 당시의 예비 조치였다. 웨지우드가의 재산은 액수로 따지면 2만 5,000파운드가 넘었다. 여기에는 일가 소유의 기업에서 나오는 이익, 운하와 철도의 주식, 한 슈롭셔 향사의 자식에게 빌려준 큰 금액에 대한 저당증서 등이 포함되어 있었다.[15] 모두 합쳐 에마와 찰스는 8만 파운드 이상을 투자하고 있는 것이었다.

자금의 대부분은 안전한 투자선—대부분 철도 주식—에 들어가 있었고, 그 비율은 점점 증가하고 있었다. 찰스는 새로운 철과 증기의 시대에 투자하고 있었다. 1851년 시점, 영국에는 총 1만 900킬로미터의 철로가 깔려 있었는데, 이것은 서유럽 다섯 개 국가의 철도망을 모두 합친 길이보다 일곱 배가 긴 것이었다. 이것은 피라미드나 중국의 만리장성의 건설과 비견할 만한 성취였지만, 이로 인해 많은 이들이 값비싼 대가를 치렀다. 철도 붐은 난투극을 방불케 했다. 광란의 투기는 시장의 가열을 부르고, 자유방임주의가 이를 거들었다. 하룻밤 새에 부가—그리고 이와 함께 인생도—만들어졌다 사라졌다. 대학자들은 영국과학진흥협회 모임이 열리는 장소까지 시속 96킬로미터의 고속철도를 타고 이동할 수 있었지만, 목적지에 더 빨리 도착하기 위한 철도회사들 간의 경쟁이 아무런 규제 없이 전개된 탓에 무시무시한 대량살상사고도 일어나고 있었다. 충돌사고는 너무 흔해서 신문들은 큰 사고만을 보도할 정도였다. 어떤 사고는 사고당사자의 부주의 때문에 일어나기도 했다. 찰스의 친구 휴 스트릭랜드는 1853년에 헐에서 열린 영국과학진흥협회에 참가하고 집으로 돌아오는 길에, 레트포드 역 근처에서 기차에 치여 죽었다.[16] 산을 깎고 뚫은 선로를 따라 지층을 조사하던 그는 한 방향으로 석탄열차가 지나가는 것을 지켜보고 서 있다가 반대방향에서 오던 급행열차에 치였다.

찰스는 철도 주식에 도박을 하기에는 너무나 주의 깊었다. 그와 에마는 철도 붐이 잦아들고 있을 무렵 유산을 상속받았지만, 그래도 찰스는 호기를 기다려 주식시장이 불황일 때 뛰어들었으며, 그마저도 위험이 적은 쪽으로 투자를 했다. 1847년에 봄의 대폭락 이후 이자율이 오르자, 그는 수천 파운드를 리즈 앤 브래드포드 철도에 쏟아붓기 시작했다. 몇 년 뒤, 런던 앤 노스 웨스턴 철도에서 너무 늦게 발을 빼 800파운드를 잃었지만, 1854년에는 2만 파운드를 그레이트 노던 철도에 투자하여 수년 동안 그 수익으로 살았다. 그는 어느새 약삭빠른 자본가가 되어 있었다. 찰스는 당시 그가 투자할 만한 다른 농장을 알아보고 있던 링컨셔의 부동산 업자에게 다음과 같이 말했다.

철도보증증권이 지금 낮은 가격이기 때문에, 나는 그러한 증권에…… 투자하는 쪽이 더 현명하다고 판단했습니다. 이율을 5퍼센트 가까이 얻을 수 있다고 하면, 토지로부터 얻을 수익을 상회하는 그 이익으로 남은 생애 동안 (내가 수입의 전부를 쓰는 것은 아니기에) 복리로 손해보충기금을 조성하여, 혹시라도 금값이 하락하면 그것을 메울 수 있을 것이기 때문입니다.

그해에 찰스의 연수입은 총 4,600파운드에 달했으며, 그 절반은 재투자되었다.[17]

하지만 찰스의 이런 금융 노하우는 거저 얻어진 것은 아니었다. 그는 수년 동안 신문을 읽고, 주식시장을 관찰하고, 전문가의 충고를 구했다. 안절부절못한 적도 자주 있었다. 장부상으로 볼 때 그와 에마는 평생 동안 먹고 살 돈이 있었지만, 현실적으로 따지면 그들의 미래—그리고 아들들의 미래—는 한순간에 위험에 처할 수 있었다. 그들의 수입은 대부분 주식시장의 변동에 취약했기 때문이다. 주식이 떨어지면, 기업들—특히 철도회사가 악명 높았는데—은 도산하고, 이와 함께 투자자들도 파산했다. 하나의 공황은 다른 공황으로 이어질 수 있고, 그러면 철도 거품은 터질 것이다. 그는 다시 땅이 훨씬 안전한 투자처라고 생각하기 시작했다. 찰스는 "점점 불어나는 대가족"을 고려해야 한다고 설명하면서, 부동산 중개인에게 값이 5,000파운드쯤 되는 부동산을 찾아봐줄 것을 부탁했다. "나는 안전하고 현명한 투자를 하기 위해 최선을 다해야 합니다."[18]

다운에서 미래를 대비해야 할 필요가 있는 대가족은 다윈가만은 아니었다. 그 마을에는 자식이 줄줄이 딸린 마을 사람들이 "대단한 사람들"보다 훨씬 많았다. 찰스는 자신의 "비호자"인 헨슬로의 예를 따라, 마을 사람들의 경제생활에 관여했다. 지금은 이네스 목사의 부탁으로, 마을의 석탄·의복공제조합의 회계를 맡고 있었다. 이 친절한 목사보는 다운하우스에 정기적으로 들르는 사람이었는데, 언젠가 두 사람이 코담배를 나눠 피우다가 찰스가 상조회를 창설하면 어떻겠느냐는 제안을 했다. "마을 사람들"에게 검약을 가르쳐, 질병, 노년, 죽음에 대비하도록 하면 어떨까. 매달 적은 액수의 보험료를 내면, 안 좋은 일을 당할 경우 주당 몇 실링의 생활비와 장례비 5파운드가 지급될 것이다. 이네스는 그 계획을 환영했고, 1850년에 다운 상조회가 정식으로 출범하여, 교구교회 건너편에 있는 조지 앤 드래곤 인에 "조합 사무실"을 마련했다. 헨슬로는 규칙과 규약을 정하는 일에 도움을 주었다. 조합 사무실에서 욕설을 하면 2실링 6펜스의 벌금을 물리고, 술에 취하거나 싸움을 하면 5실링의 벌금을 물리며, 수당을 받는 동안 술을 마시거나 도박을 하거나 취직을 하면 협회에서 추방하도록 한다. 다윈은 후견인이자 회계 일을 맡아 마을 사람들의 예탁금을 잉글랜드 은행에 투자했다.[19] 아버지로서의 그의 책임은 이제 집안의 울타리 밖으로까지 뻗어나가게 되었다.

찰스는 장부를 빈틈없이 관리했다. 이렇게 하는 것은 불확실한 시대에 공적인 불명예와 사적인 가난에 대비하는 찰스 나름의 보험이었다. 실제로 1850년대 초의 징후들은 암울했다. 또 하나의 실체 없는 "걱정거리"가 그를 엄습하고 있었다. 그것은 금값이었다. 금은 대규모 이주를 불러일으켰다. 1849년에 이 반짝이는 물질이 캘리포니아에서 발견되었고, 2년 뒤에는 오스트레일리아에서 발견되었다. 사람들은 부를 찾아 몰려갔다. 1852년 한 해만 해도 8만 명이 넘는 사람들이 영국에서 오스트레일리아로 갔다. 두려운 것은, 이들을 따라 자본도 유출될 것이란 사실이었다. 금값이 오르면, 대대적인 주식 투매가 뒤따를 것이다. 투매가 일단 시작되면 손을 쓰기에는 이미 늦는다. 찰스와 에마의 유가증권명세서는 휴지조각이 될 것이며, 가족은 파산하고 말 것이다. 그렇게 되면 그는 자식들을 데리고 "이민을 가야 할 것이 확실"했다. 안락한 생활을 영위할 유산이 없는 상태에서는 영국에 가족의 내일은 없기 때문이다. 찰스의 가족들 모두는 "아무 일이나 찾아서 몇 년 동안 노예처럼 일해야 하고, 한푼도 벌지 못할 것"이다.

　"나는 지금 부자지만, 미래를 생각하면 식민지 중의 한 곳에 정착하면 좋겠다는 생각이 강하게 드는구나. …… 자본가 신사가 뉴사우스웨일스에서 얼마나 성공할 수 있을지 네 생각을 말해다오. …… 돈을 안전한 곳에 투자할 경우 얼마나 이익을 볼 수 있을까? 먹는 것은 괜찮은지……. 네가 가지고 있는 땅은 얼마나 되는지 궁금하구나." 찰스는 오래전에 지구 반대편으로 이주한 비글호 시절의 하인 코빙턴에게 이러한 편지를 썼다. 사실 찰스가 "내가 가장 꿈에 그리는" 장소라고 말한 곳은 "북아메리카 미국 중부와 대서양 연안주들"이었다. 대영제국의 식민지들도, 경제가 추락할 경우 도피처이자 미래의 희망이 될 수 있었다. "영국인은 분명 고귀한 인종이며, 정말 다행인 것은 우리가 오스트레일리아와 뉴질랜드를 손에 넣었다는 점이다." 그는 코빙턴에게 보내는 편지에서 이렇게 덧붙였다. 코빙턴은 답장에서 찰스를 부추겼지만, 그들의 편지는 곧 통상의 화제로 돌아갔다. 찰스는 금에 대한 소식을 듣고 싶어했다. 그는 금광 채굴에 대한 "모든 위대하고 새로운 제도"가 미국인 이민자들에 의해 "계획되고 시행되었다"는 사실을 듣고 놀랐다. 오스트레일리아는 "확고한 공화국"이 되고 있다고 코빙턴이 말했다. 이 말에 찰스는 오스트레일리아가 두 세계의 최고를 모아놓았다는 인상을 받았고, 머지않아 오스트레일리아에 대해 구할 수 있는 모든 책을 읽기 시작했다.[20]

이민을 가야 할 또 하나의 이유가 있었다. 1851년 12월 2일에 루이 나폴레옹이 쿠데타로 권력을 잡았다. 새로운 나폴레옹 제국의 망령이 애국적인 영국을 혼란에 몰아넣었다. 에마의 이모 제시는 "프랑스의 몰락은 신의 뜻 같다"고 말했다. "나는 무슨 일이든 일어날 수 있다고 생각한다. 심지어 침략도." 설리번 함장은 다운에서 저녁을 먹으며 프랑스군이 상륙해서 런던 근교의 몇몇 주들이 점령당하는 시나리오를 이야기하여 모두를 놀라게 했다. 이 말을 듣고 찰스는, 프랑스군이 협공 작전을 전개해 웨스터럼 도로와 세븐옥스 도로에서부터 밀려들어 다운을 포위하는 악몽에 시달렸다. 나폴레옹의 침략으로 고립된 마을을 상상하는 것—제시 이모는 (개인적인 안면이 있었던) 나폴레옹을 "짐승"이라고 불렀다—을 편집증으로만 볼 일은 아니었다. 찰스의 친구들도 낭패감에 어쩔 줄을 몰랐다. 가톨릭을 혐오하는 라이엘은 그 독재자, "그리고 그의 근위병과 예수회 수사들"을 저주했다. 영국이 "오래된 녹슨 대포"를 닦고 앨버트 공이 그의 형제에게 "프로이센제 후장총後裝銃"을 달라고 애원했던 것을 보면, 위협은 실제로 존재했다. 내각이 무너진 것도, 파머스턴 경이 지역 민병대 혹은 전국 민병대를 부활해야 하느냐 마느냐를 두고 논쟁을 일으킨 그 이듬해였다.[21]

물론 프랑스군은 침략하지 않았고, 다윈가는 다운에서 변함없이 안전하게 살아갔다. 다윈가의 재산은 아들들이 그것을 물려받을 준비를 하고 있는 사이에도 두 배 세 배로 불어났다. 아들들의 교육 때문에도 찰스는 아무데도 갈 수 없었으며, "걱정거리"에 대한 불평불만은 곧 의례적인 것이 되었다. "아이들의 직업은 어떡하고, 금은 어떡하고, 프랑스는 어떡합니까." 찰스는 폭스에게 푸념을 했다. 실제로는 계속되는 불확실함은 오직 한 가지였다.[22] "걱정거리들 가운데 최악은 유전적인 허약함입니다."

다윈가의 미래의 가장인 12세 윌리는 "나이에 비해 뒤처졌다." 다윈은 이 아이의 교육에 대해 고민이 많았다. 그는 런던 북쪽의 토트넘에 있는 브루스캐슬 학교를 고려해보았다. 1페니 우편제도의 창시자인 롤런드 힐이 세운 그 학교는 계급의 구별을 강화했고, 엄격한 규율을 강조했으며, 현대 언어와 과학 교육에 힘을 쏟았다. 이런 점은 윌리에게 도움이 될 것이다. 윌리는 이미 나비를 채집하는 열정을 발휘함으로써 "유전의 원리"를 보여주고 있었기 때문이다. 찰스는 그 학교를 견학했다. 학교는 좋아보였고, 1년 수업료가 "추가요금을 포함하여 약 80파운드로 저렴"했다. 하지만 한 집안의 장남을 맡기기에는 "형편없는 실험"처럼 느껴졌다. 찰스는 이미 서리 주 미첨 교구의 목사인 헨리 와튼에게, 윌리에게 "오직 라틴어 문법"만 가르치는 데에 한 학기에 75파운드를 지불하고 있었다. 윌리는 거침없이 잘 해내고 있었다. 라틴어를 정복할 수 있는 소년이라면 무엇이든 정복할 수 있을 텐데, 그 과정에 혼란을 줄 이유가 있을까? 찰스는 그렇게 생각했다. 브루스캐슬에는 "새로운 시도"가 너무 많았다. 그 결과를 누가 예측할 수 있단 말인가?

안전하게, 저명한 이웃 존 러벅 경의 예를 따르는 편이 좋겠다. 존 경은 장남 존을 "명문 학교들" 가운데 하나인 이튼 학교에 보냈다. 그 무렵,

어언 17세가 된 존이 이른 아침에 아버지와 함께 시티[런던의 상업·금융 중심지]행 기차를 타기 위해 하이 엘름 저택을 나서는 모습을 볼 수 있었을 것이다. 그곳에는 두 사람이 공동경영을 맡고 있는 은행이 있었다. 보통 첫째들은 운이 나쁘기 쉽다. 그런데도 청년 존은 훌륭한 자연학자로 성장하고 있었다. 찰스는 존에게 해부하는 법을 가르쳐주었고, 존이 "매우 호감 가는 유쾌한 청년"이라고 생각했다. 그런데 이튼 학교가 공립학교라는 점이 문제였다. 참으로 고민되는 결정이었다. 찰스는 "구태의연하고 틀에 박힌 어리석은 고전교육"을 혐오했고, 슈루즈버리 학교에서 겪었던 일을 생생히 기억했다.[23] 그는 심지어 레이협회에서 발행하는 도토리 모양의 따개비를 다룬 연구서 제2권에서 끔찍한 라틴어 기재를 빼버렸을 정도로 라틴어를 싫어했다. 하지만 후회하는 것보다야 안전한 선택이 나았다. 윌리를 웨지우드가의 외삼촌들에 이어 럭비 학교에 보내자. 한 해에 모든 경비를 포함해 120파운드면, 가정교사보다 훨씬 싼 값이었다. 윌리는 1852년 2월에 입학했다.

윌리는 그 학교에 아주 잘 적응했다. 와튼 목사 밑에서 윌리는 사춘기의 질풍노도를 극복하는 법, "무뚝뚝한 태도"를 버리고 만나는 사람들을 "**누구든** 기쁘게 해주기 위해" 노력하는 법을 배웠다. 찰스는 윌리를 상류사회의 구식 학교에 보낸 것을 결코 후회하지 않았다. 럭비 학교는 속속들이 국교회 학교였다. 현 교장의 전임자와 후임자 모두가 캔터베리 대주교가 되었다. 하지만 한 세대 전에 토머스 아널드가 실시한 개혁조치들이 소기의 성과를 거두어, 그 학교는 미래의 은행가, 기업가, 정치인들을 길러내면서 대영제국을 떠받치는 한 파벌이 되고 있었다. 성격을 형성하고 정신력을 발달시키고 의무감을 기르려는 의도가 커리큘럼에 녹아 있었으며, 찰스는 이를 열렬히 지지했다. 한 가지 바라는 점이 있다면, 럭비 학교가 성격을 발달시키는 데에 좀 더 힘썼으면 좋겠다는 것이었다.

종합적으로, 윌리가 "명문 학교의 부드러운 시련을 잘 이겨내는 것"을 보고, 다윈은 한 소년을 "세상의 유혹들"에 노출시키는 부담이 앞으로는 줄어들리라 확신했다. 유일한 후회는 아직 어린 나이에 윌리를 "가족의 사랑"에서 떼어놓은 점이었다. 다윈은 아들이 그리웠다. 그리고 그는 머지 않아 "고전에의 집중"이 윌리의 마음을 "수축시키는 효과"를 냄으로써 "추론과 관찰이 중요한 역할을 맡는 분야에 대한 관심을 막고 있다는 사실"을 알아챘다. 그는 다른 아들들은 집에서 가깝고 "다양한 공부를 할 수 있는 작은 학교"에 보내겠다고 공언했다.[24]

윌리가 여름방학을 맞아 집에 왔을 때, 온 가족은 멋진 시간을 보냈다. 최고 인기인은 키다리 삼촌 이래즈머스였다. 이래즈머스는 여러 주 동안 다운에 머물렀다. 아이들은 런던에 갈 때마다 겨우 며칠밖에는 삼촌을 보지 못했다. 그런데 지금 삼촌은 그들의 차지였다. 그들만의 정원의 소굴들로 이리저리 끌고 다닌다든지, 원하는 것을 들어줄 때까지 두들겨 팬다든지 하는 난리법석은 이래즈머스에게는 전혀 익숙하지 않은 것이었다. 하인이 있었지만, 이래즈머스는 마흔일곱의 나이에 혼자 사는 총각이었다. 표정이나 태도는 활기가 없었고, 기질은 우울하여, 말로는 표현할 수 있는 어떤 운명에 자신을 맡기기라도 한 듯한 분위기를 풍겼다. 하지만 이래즈머스는 만찬에서는 반짝반짝 빛이 났다. 그런 자리에서 그는 장난스러운 위트로 "우주를 녹이는 용매"가 되었고, 조카들을 무척 즐겁게 해주었다. 이래즈머스는 조카들을 매우 사랑했다. 특히 헨슬레이와 패니 웨지우드의 여섯 아이들을, 그 아이들과 아이들의 어머니가 자신의 가족이기를 바라는 남자라고밖에는 볼 수 없는 방법으로 사랑했다. 그리고 아이들은 이래즈머스를 숭배했다. 이래즈머스는 조카들과 함께 까불고 뛰어놀면서 염세적인 기분에서 도망쳤다. 그는 엎드려 기면서 조카들의 놀이동무가 되어주었다.[25] 어린 다윈들은 그 즐거움을 결코 잊지 못했다.

그 여름에 다윈의 아이들 가운데 셋의 생일이 있었다. 조지와 리지는 7월에 하루 차이로 연달아 생일을 맞았다. 생일파티도 열렸다. 하지만 학교 친구들은 아무도 참석하지 않았고, 동네 친구들도 오지 않았다. 그 집 아이들은 친구들과 터놓고 지내지 않았으며, 그들 가까이에 있는 사람들은 이래즈머스 삼촌과 집안 식솔들뿐이었다. 찰스는 날마다 아이들 가운데 적어도 한 명을 데리고 모랫길을 산책했지만, 몇 시간 동안이나 따개비를 가지고 자취를 감추었다. 소년들은 서재를 "비밀의 장소, 신성한 장소"로 보기 시작했다. 그곳은 "정말 긴급한 용무가 아니면" 들어가서는 안 되는 곳이었다. 한 아이가 마침내 뇌물을 쓰는 방법—에마가 아이들의 협조를 이끌어내기 위해 종종 쓰던 책략—을 꺼내들었는데, 그것은 만일 아버지가 밖으로 나와 놀아주면 6펜스 백동화를 준다는 제안이었다.[26] 물론 찰스는 거부할 수 없었다. 하지만 아이들은 이래즈머스가 떠난 뒤에는 그래도 심심했고, 늘 묘안을 짜내야 했다.

호레이스는 새로운 유모가 지켜보는 놀이방에서 장난감을 내팽개쳤다(브로디는 애니가 죽은 이후 회복을 하지 못했다). 두 살이 된 레니는 온 세상이 자기 것인 양 아장아장 휘젓고 다녔다. 더 큰 아들들은 언제나 붙어다녔다. 책을 보지 않을 때는 윌리가 대장이었고, 조지와 네 살짜리 프랭키가 필사적으로 그 뒤를 쫓았다 이 장난꾸러기들은 난간을 타고 꼭대기층 계단통을 넘어가, 천장에 매달린 그네 위에서 위험천만하게 흔들거리면서 "쿵쾅거리고 소리를 지르고" 법석을 떨었다. 정원에 있는 그네는 쌍둥이 주목 사이에 걸려 있었다. 이것은 딸들의 차지였다. 죽마는 두 가지가 있었다. 짧은 것은 "소녀들도" 그 위에 서서 "걸어다닌 적이 있었고", 또 다른 한 쌍은 소년이 올라가면 이래즈머스만큼 껑다리가 되는 것이었다. 이 죽마들은 바깥에서 사용하는 용도로, 아이들을 이것을 타고, 히말라야에 있는 아버지의 친구 후커 씨가 히말라야를 활보하듯 뒷동산

을 올랐다.[27]

에티와 리지는 보통 집 근처에서 놀았다. 이 두 딸은 4년 터울로 태어났는데, 에마는 그 틈을 메울 시간이 거의 없었다. 항상 찰스를 돌보아야 했고, 그 사이사이에는 아기들을 보살펴야 했다. 그래서 딸들은 요리사, 가정교사, 유모에게 번갈아가며 애착을 형성했으며, 에티는 허락이 떨어질 때면 엄마를 도왔다. 때때로 그 마을에 있는 이모할머니〔모계로 보면 고모할머니〕 새라 웨지우드의 집까지 걸어가기도 했다. 이모할머니의 커다란 집, 페틀리스 저택은 연못 바로 건너편에 있었는데, 들판을 가로질러 400미터쯤 가면 되는 거리였다. 이모할머니는 1847년에 그곳으로 이사를 왔다. 그녀는 죽을 날을 기다리는 미혼의 70대 노인이었다. 이모할머니와 마주치는 것은 "좀 겁나지만, 그런 일은 좀처럼 없었다." 하지만 그 집의 하인들은 인간적인 매력이 있었다. 그들은 뒷문을 두들기면 언제나 명랑하게 반겨주었다. 마사 헤밍스는 외기 쉬운 곡조들을 가르쳐주었고, 모리 아줌마는 맛있는 생강빵을 주었다. 다윈의 딸들은 정원에서 노닐 수 있었는데, 그곳에 피어난 꽃들은 "신비로운 매력"을 내뿜었고, 가을에는 자두를 땄다.[28]

하지만 이런 일들이 집 안에서의 무료함을 달래주지는 못했다. 바쁜 어른들과 아기들, 그리고 그 사이에 있는 남자 형제들 틈에서 딸들은 너무 자주 독립적으로 되어야 했고, 그마저도 둘이 따로따로일 때가 많았다. 서리의 리스 힐에 있는 조사이어와 캐롤라인의 집을 방문하는 드문 여행이 약간의 도움이 되었다. 그곳에는 세 명의 사촌누이들이 있었기 때문이다. 가족은 9월에 일주일 동안 그곳에서 지냈다. 에티는 금방 어울렸지만, 가장 어린 리지는 이방인처럼 굴었다. 다섯 살이 되자, 리지의 잘 어울리지 못하는 성격이 겉으로 드러나기 시작했다. 리지는 툭 하면 말문이 막혔고, 말의 사용법이 이상했으며, 점점 더 혼자만의 세계에 몰입했다. 뭔가에 열중하려 할 때면 꼭 "찰스가 그러는 것처럼 손가락을 비비꼬았다." 최근에는 "한 시간 동안 혼잣말을 하는" 습관이 생겼다. 게다가 리지를 걱정하던 그녀의 어머니는 "리지가 방해받는 것을 별로 좋아하지 않는다"는 사실을 알아챘다. 이 작은 원숭이는 "몸을 부들부들 떨고……낯을 마구 찡그린다." 찰스는 이렇게 관찰했다. "가엾은 아이다."[29]

그들이 함께 하는 유일한 일은 교구교회에 가는 것이었다. 리지, 레니, 그리고 호레이스는 그곳에서 세례를 받았다. 에마는 정기적으로 성사를 받았다. 일요일이면 아들들은 가장 좋은 재킷을, 에티와 리지는 드레스를 차려입고, 다 함께 럭스테드로路를 올라 새라 이모할머니 집을 지나서 마을 중심가로 갔다. 찰스도 이따금씩 동행했지만, 요즘 들어서는 묘지 대문 앞에서 헤어져 혼자서 산책을 했다. 이네스 목사는 이것을 이해했다. 그는 다윈이 교구 사업을 지원하는 것에 만족할 뿐, 다윈 부인과 아이들 외에 다윈이 예배에 오기를 기대하지 않았다. 에마는 아이들을 데리고 맨 앞에 마련된 성서대 바로 밑의 대가족용 지정석으로 갔다. 성서대에 녹색 베이즈 천을 덮고 벽에 백도제 칠을 하고 나니 오르간 소리가 더 아름답게 들렸다. 이 모두는 찰스의 기부에 일정 부분을 빚지고 있었다. 사도신경을 암송할 때만큼은 에마는 자신의 종교적 전통을 따랐다. 신도들은 고개를 돌려 성찬대를 바라보았지만, 그녀는 앞을 바라보며 삼위일체설과 관계된 모든 의식을 거부했다.

매주 외출은 새로운 얼굴들을 만날 기회였다. 아이들은 멍하니 바라볼 뿐 좀처럼 섞이지 못했다. 작업복을 입은 노동자들—토요일 밤의 숙취 탓에 더 심한 모습을 하고 있는 사람들도 있었다—이 아내와 함께 아기를 안고 깨끗이 씻긴 아이들을 데리고 왔다. 가족과 함께 온 상인들은 친밀한 이야기꽃을 피웠다. 위엄이 느껴지는 켄트 주 주장관인 존 러벅 경은 여덟 아이들을 따라 교회 밖으로 나왔다.[30] 다윈 일가는 자신들과는 다른 사람들을 관찰하고 거리를 두었는데, 일요일에는 유독 그랬다.

전前 감리교도이며 지금은 상승 중인 계급에 속하는 스펜서 같은 사람은, 다윈가 같은 부유한 대가족이 진보의 선두—"그들 세대에서 선택된 사람들"—라고 보았다. 스펜서의 이론, 다윈의 이론에 점점 가까워지고 있는 인류의 상승에 관한 이론에 따르면 그랬다. 진보, 인구, 진화를 둘러싼 이론이 런던 문예계의 자유사상가들 사이에서 유행하고 있었다. 사회적 네트워크가 형성되기 시작했고, 이것은 언젠가 다윈을 따뜻하게 맞이해줄 네크워크였다.

　스펜서는 진화의 증거들을 찾아내기 위해 오언이 외과의사협회에서 하는 강연에 참석했다. 하지만 오언은 종변형론을 몹시도 싫어했는데, 고교회파의 "파충류들"이 그가 자연숭배자이며 이교도적 교리를 추구한다고 비난하고 있었기 때문에 더더욱 혐오하게 되었다. 물론 오언은 이러한 혐의를 단호하게 부인했다. 스펜서는 그래도 자신의 새로운 인구론을 읽어보라고 오언에게 권해보기로 했다. 아니, 정확히 말하면 채프먼이 그렇게 했다. 이 위대한 비교해부학자가 과연 반체제파의 주장에 고개를 끄덕일까? 오언은 『웨스트민스터 리뷰』에 실린 스펜서의 논문을 이미 읽어보았다고 채프먼에게 말했지만, 대답은 부정적이었다. 그는 그 논문의 가치를 인정하지 않는다고 했다. 스펜서는 오언이 "새로운 견해에 조심스러운 태도를 보인다고 알려져 있는 것"을 위로로 삼고, 계속해서 지지를 구하러 다녔다.[31]

　스펜서의 논문의 복사본이 "지도급 인사들"에게 건네졌고, 그들은 논문을 받고 정중한 감사를 표했다. 해초海鞘류에 관한 일련의 전문 연구로 이름을 알린 검은 눈동자의 젊고 눈치 빠른 한 자연학자의 손에도 그 논문이 들어갔다. 그 사람은 토머스 헉슬리였다. 27세인 헉슬리는 야심이 큰 사람이었는데, 영국 해군 측량선 래틀스네이크호에 올라 4년간 의 일정을 마치고 때마침 만국박람회에 맞추어 돌아와 있었다. 질풍노도 의 성격에 운도 돈도 없었던 그는 근근이 생계를 이어가며 직장을 구하러 다녔지만, 그것은 번번이 좌절로 끝났다. 대학은 그를 거절했고, 해군성 은 래틀스네이크호에서의 연구작업을 출간할 돈을 지원하지 않기로 했 으며, 왕립학회도 마찬가지였다. 헉슬리는 오언에게 (다시) 추천장을 써 달라고 애원해볼 생각이었다. 이번에는 국무장관에게 직접 보내는 추천 장이었다.

헉슬리는 분노하고 있었다. 과학에 있어서, 영국은 온갖 명성을 원하 면서도 그것을 위한 비용은 지불하지 않았다. 그래서 먹고사는 데에 걱 정이 없는 신사가 아니고는 과학자가 될 수가 없었다. 지금의 그는 왕립 학회 회원으로 막 선출되었을 뿐, 싸구려 셋방인 세인트존스 우드에 살고 있는 신세였다. 3년 전 오스트레일리아에서 헤어진 약혼녀를 데려오기는 커녕 괜찮은 집을 얻을 돈도 없었다. "도덕적 구속"이라고? 웃기는 이야 기였다. 맬서스의 이 이야기는 헉슬리를 "격노케" 했다. 몇 달 동안 악착 같이 강의를 하면서 돈줄을 찾아다닌 그는 절망에 빠졌다. 1년 전 영국과 학진흥협회에서 후커를 얼마나 부러워했던가. 후커는 아버지의 뒤를 이 어 큐 식물원 원장이 될 것이며, 헨슬로 교수의 딸과 약혼을 했다. 그녀 는 지금 후커의 곁에 있었다. 헉슬리의 처지로 말하면, 어머니는 얼마 전 에 세상을 떠났고, 그 뒤로 아버지는 보살핌이 없으면 안 되는 폐인이 되 었다.[32] 스펜서의 논문이 9월에 도착했을 때, 헉슬리는 무너지기 일보 직 전이었다.

뭔가가 둘 사이에 스파크를 일으켰던 것 같다. 그것은 스펜서의 낙관 적인 이론일 수도 있고, 스펜서가 논문을 보내며 첨부한 솔직한 편지였을 수도 있다. 헉슬리는 스펜서를 곧장 찾아갔고, 그들은 금방 친구가 되었

55. 50세 무렵의 에마. 열 번째 아이를 낳은 후.

56. (왼쪽 아래) 10대 초반의 병약한 헨리에타. 애니의 죽음으로 충격을 받은 탓에, 헨리에타는 평생 병에 대한 병적인 두려움에 시달리며 살았다.

57. (오른쪽 아래) 막내딸 엘리자베스(1847년생). 조용하고 신경질적인 응석받이였다.

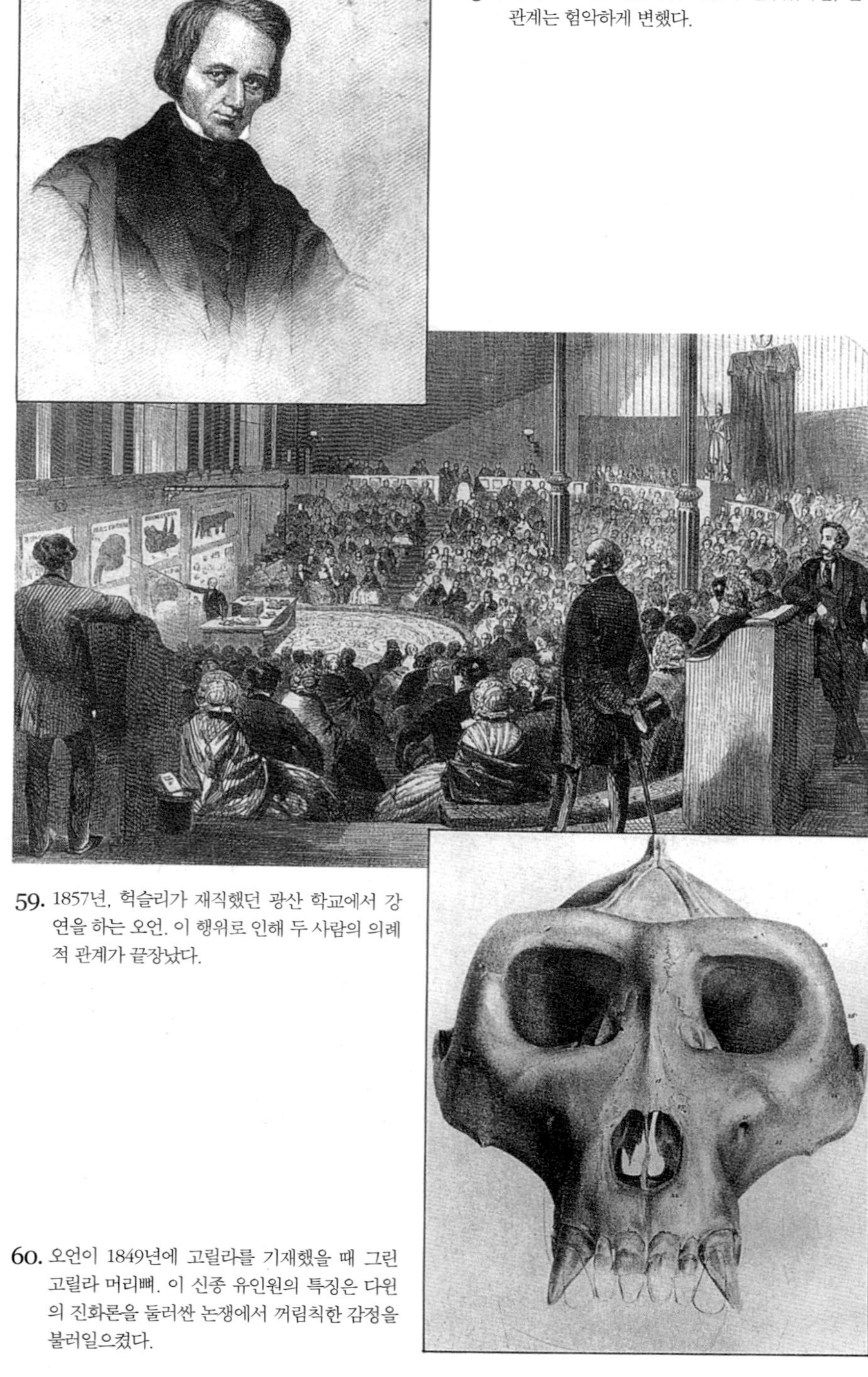

58. 리처드 오언. 처음에는 다윈의 친구였지만, 둘의 관계는 험악하게 변했다.

59. 1857년, 헉슬리가 재직했던 광산 학교에서 강연을 하는 오언. 이 행위로 인해 두 사람의 의례적 관계가 끝장났다.

60. 오언이 1849년에 고릴라를 기재했을 때 그린 고릴라 머리뼈. 이 신종 유인원의 특징은 다윈의 진화론을 둘러싼 논쟁에서 꺼림칙한 감정을 불러일으켰다.

61. 앨프리드 러셀 월리스. 말레이 제도에서 귀국한 젊은 동물 채집가. 그의 편지로 인해 다윈은 『종의 기원』을 쓰기 시작했다.

62. 노스요크셔의 히스 언덕에 자리한 일클리 웰스 물 치료 호텔. 다윈은 이곳에서 "지옥 같은 나날을 보내며", 편지를 첨부한 『종의 기원』의 증정본을 지인들에게 보냈다.

63. 1854년에 고릴라에 관한 강의를 하는 T. H. 헉슬리. 그는 종교비판을 위해 진화론을 이용했다.

64. (삽입된 그림) 아일랜드인들을 유인원에 빗대어 중상하는 만화. 아일랜드인이 소리를 질러대는 민족주의자 편집자 '고릴라 씨'로 묘사되어 있다. 『펀치』는 이렇게 묻는다. "당장에 닥치게 해야 하지 않겠는가?"

65. 토리당의 고관 디즈레일리를 천사로 묘사한 만화. 디즈레일리가 1864년에 옥스퍼드 교구협회에서 "사람은 원숭이인가 천사인가. 문제는 이겁니다. 나는 천사설을 지지합니다"라고 말함으로써 윌버포스 주교를 지지한 후 발표된 그림.

66. 1860년대의 다운하우스 뒤쪽(알려져 있는 것으로는 가장 오래된 사진).

67. 1863년 무렵 집에서 찍은 가족사진. 왼쪽에서 오른쪽으로, 레너드, 헨리에타, 호레이스, 에마, 엘리자베스, 프랜시스, 손님.

8. 초췌한 가장의 모습. 1860년대에 『인간의 유래』에 몰두
하고 있을 무렵의 사진.

69. (아래) 다운하우스의 하인들. 1870년대 후반의 사진이다. 집사 잭슨과 그의 아내, 마부 존, 말
사육사 프레드, 하급 정원사 토미 프라이스, 요리사 에번스 부인, 수석 가정부인 제인과 그녀
의 조수 해리엇, 보모 메리 앤. 말을 타고 있는 소년은 다운에 살았던 찰스의 손자 버나드인 듯
하다.

70. 다윈이 나무를 심은 지 40년이 지난 후 모랫길의 모습.

71. 젊은 시절에 말을 아주 잘 탔던 다윈이 1870년대 후반에 늙은 말 토미에 올라탄 모습. 이 무렵 다윈은 자신이 편지에 파묻힌 집배원 같다고 생각했고, 이 사진에 다음과 같이 적어놓았다. "야호, 오늘은 편지가 없다!"

72. 1869년 바머스에서 부모와 함께 휴가를 보내는 다윈가의 자식들. 왼쪽에서 오른쪽으로, 헨리에타, 프랜시스, 레너드(서 있는 청년), 호레이스, 엘리자베스.

A LOGICAL REFUTATION OF MR. DARWIN'S THEORY.

Jack (who has been reading passages from the "Descent of Man" to the Wife whom he adores, but loves to tease). "So you see, Mary, Baby is Descended from a Hairy Quadruped, with Pointed Ears and a Tail. We all are!"

Mary. "Speak for yourself, Jack! I'm not Descended from Anything of the Kind, I beg to say; and Baby takes after me. So, there!"

IN THE HANDS OF THE SANSCULOTTES.

Fain we would turn our eyes; spare easy blame;
　Nor take her plight for text wise saws to spin.
Has she passed through the famine, and the flame,
By her endurance half redeemed her name
　From its foul taint of wantonness and sin,
To sink to this extremity of shame!

If willing captive of this ruffian-swarm,
　How fallen—fair, frail Paris—from the pride
With which the harlot-houri plied her charm
Of beauty, weird and witch-like, and the harm
　Of those Circean spells that none defied,
But her sweet smile was potent to disarm.

Or if unwilling victim, blacker still
　Her infamy, and deeper yet her fall,
Whose nerveless arm and palsy-stricken will,
For fear of less enduring greater ill,
　Leave her of shameful fear the shameless thrall,
And, changeful in all else, a coward still.

Beneath the canopy of lurid smoke,
　Brooding above the blood that stains her stones,
Pale phantoms of old terror, new awoke,
The Furies of red Ninety-three invoke,
　All but the fiery hearts and trumpet tones
Of the wild zealots that the invader broke.

Out of the gathering woes—wherewith close bound,
　Like the scathed scorpion in its ring of fire,
Mad tail on helpless head writhes rancorous round,

Slaying and slain with suicidal wound,—
　Comes "*Vive la République!*" from those whose ire
Lays the Republic death-struck on the ground.

Till none can say if other hope remain,
　Than to seek shameful safety from the foe!
So dyeing deeper her disgrace's stain,
And turning all men's pity to disdain,
　Making us own her due in her worst woe,
And bidding those that smote her smite again.

WELL SAID, SIRE!

"I am impelled above all things to give expression to my humble thanks for the Historic Successes which have blessed the armies of Germany."
Emperor to the Reichstag, March 21.

A brace of approximate words well expresses
　The difference 'twixt Gallic idea and Teutonic:
The German aspires to Historic successes,
　The Frenchman's are nothing unless Histrionic.

A Case for the Police.

Last Thursday night, as the family were retiring to rest about half-past ten o'clock, great consternation was caused in the household of two highly-respected maiden ladies residing in a genteel villa on the banks of the Thames, not five minutes walk from a railway station and omnibuses both to the City and West End, within a convenient distance of two packs of hounds, and in the centre of a good shooting country, by the alarming discovery of a thief in the—candle!

A Great "Mess."—Our Army.

73. 『인간의 유래』를 빈정거리는 『펀치』의 풍자만화. 수염을 기른 잭이 그녀의 조상은 동물이라는 이야기로 메리를 지분거리고 있다(왼쪽). 한편 1871년의 파리 코뮌에서, 귀가 뾰족하고 털이 많은 불한당들이 여성을 강간하려 하는 모습(오른쪽)은 그러한 터무니없는 진화론 논의가 어떤 결과를 불러오는지를 경고하고 있다.

NATIONAL (BLACK) GUARDS.

Paris. "MURDER! THIEVES! HELP!!"

74. (위) 1867년의 에른스트 헤켈(왼쪽 인물). 말
을 과장되게 하는 젊은 생물학자였으며, 독
일에서 다윈주의를 앞장서 옹호했던 사람이
다. 그는 신을 "실체가 없는 척추동물"이라고
불렀다.

75. 교황 다윈. 1868년에 헉슬리가 편지에 그려
보낸 그림. 헉슬리는 "다윈 씨의 성소에 예
배"를 하고 싶어하는 독일인 자연학자들의
중개 역할을 맡았다.

76. 여성의 맥을 짚고 있는 다윈. 『인간과 동물의 감정 표현』에서 다윈은, "예쁜 소녀가 청년의 의도적인 시선을 느꼈을 때 얼굴이 빨개지는 것"은 몸에서 "겉으로 보이는 부위들"을 의식한 탓에 "모세혈관의 혈액순환"에 변화가 나타났기 때문이라고 썼다.

77. 죽기 직전의 이래즈머스 다윈. 함께 찍힌 이들은 다윈의 아들들로, 왼쪽에서 오른쪽으로 호레이스, 레너드, 프랜시스, 윌리엄.

78. 1858년에 다운하우스에 새로 증축한 응접실. 죽기 얼마 전 권태로운 다윈은 서재의 시계보다 이곳의 시계가 더 빨리 가지 않는지 확인하려고 이곳으로 나와 보곤 했다.

79. 1881년에 신축한 다윈의 서재. 모자와 망토가 항상 준비되어 있었다. 조지프 후커, 찰스 라이엘, 조사이어 웨지우드 1세의 초상화가 걸려 있는 이 서재에서 다윈은 지렁이에 관한 마지막 책을 집필했다.

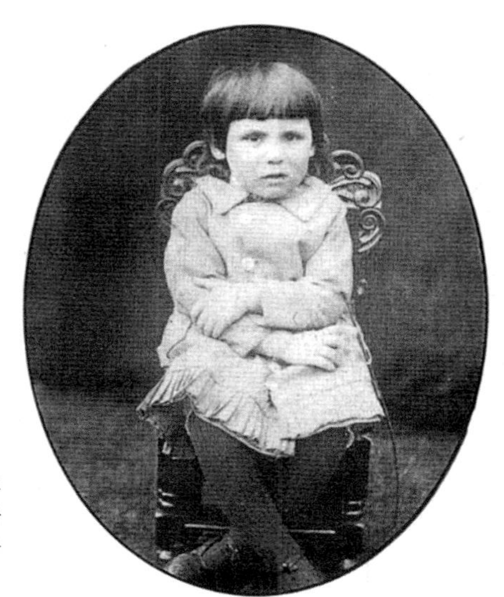

80. (오른쪽) 찰스와 에마의 첫 손자인 버나드 (1876년생). 아이 어머니가 아이를 낳고 바로 세상을 떠나, 아버지 프랜시스와 함께 다윈 사후까지 다운하우스에서 살았다.

81. 1874년 무렵의 다윈. 아들 레너드가 찍은 사진.

다. 스펜서가 다섯 살 위였는데, 그도 헉슬리처럼 교장의 아들이었다. 스펜서는 이미 성공을 맛보았다. 적어도 그는 자신의 펜을 굴려 괜찮게 살고 있었다. 그들은 둘 다 여자 문제를 안고 있는 총각이었다. 비록 스펜서의 문제는 좀 달랐지만 말이다. 스펜서는 자신에게 푹 빠져 있는 메어리언 에번스에게서 좀처럼 벗어날 수가 없었다. 헉슬리와 스펜서는 오후는 동물원에서 보내고, 저녁나절은 코번트 가든에서 보냈다. 스펜서는 헉슬리와 좀 더 쉽게 만나기 위해 세인트존스 우드로 이사를 했다. 그들은 스파링 파트너가 되었다. 헉슬리는 『웨스트민스터 리뷰』의 집필진처럼 자유사상가였지만, 자연사를 바라보는 시각이 독특했다. 그는 오언이 말하는 영묘한 "원형"—척추동물 구조의 신화적인 이상형—을 용납하지 않았으며, 진화론은 더 말할 것도 없었다. 그는 『흔적』의 저자를 괴짜로 치부했고, 그가 가장 잘 아는 진화론자인 스펜서는 전문가의 조언이 필요하다고 생각했다. 그것은 질 낮은 과학이며 경력에 해가 될 것이라고 헉슬리는 충고했다. 자연에 불변의 상승 같은 것은 없다. "존재의 **연쇄**"를 논하는 사람들은 항상 족쇄에 갇힌다. 헉슬리와 함께 켄싱턴에 있는 루이스의 집에서부터 말을 타고 수정궁을 지나 돌아오면서, 스펜서는 자신도 헉슬리만큼이나 그 상징을 받아들이지 않는다고 응답했다. "진정한 상징"은 나무였다.[33]

건강은 그럭저럭 버텨주고 있었다. 다윈은 계속 건강상태를 기록했다. 날마다 아침저녁으로 풀스캡판版〔보통 17×13인치 크기〕의 일기장에 자기만 알아볼 수 있는 메모를 끼적였다. 작은 필기체로 빽빽이 쓴 탓에, 한 쪽이 한 달분에 달했다. 암호를 사용해 물치료를 기록하고, 특수용어를 사용해 자신의 느낌을 표현했으며, 둘 사이에는 불쾌한 증상들을 적기 위한 공간을 남겼다. 이것은 거의 집착에 가까운 메모였다. "아주 좋다"라고 쓰고 밑줄을 두 줄 긋는 것은, 따개비 일을 세 시간 연속으로 할 수 있을 만큼 상태가 좋다는 뜻이었다. "안 좋다"는 통증이나 고통 때문에 일을 못했거나 위통에 시달렸다는 뜻이었다. 1852년 말로 가면서, 원기왕성한 "밑줄 두 줄"인 날이 점점 늘어났다. 그는 매달 밑줄 두 줄인 날을 합산하여 그것을 대략적인 건강지표로 삼았다. 1년이 넘도록 그 지표는 10대에 머물렀다. 즉, 일 년의 절반이 몸이 좋지 않았다는 뜻이다. 그러나 12월에는 밑줄 두 줄인 날이, 두 번째로 높은 기록인 24일을 기록했다. 그래도 밤에는 몸이 좋지 않았다. 다윈은 그런 경우를 "잠 못 이룸"이라는 표현으로 묘사했다.[1] 그렇다 해도 낮에는 유쾌할 정도로 생산적이 되었다. 그리고 그 정도면 건강해졌다고 생각한 그는 모험을 감행했다.

다윈은 물치료를 중단하기로 했다. 이 물세례는 애니가 죽을 때까지 거의 종교적인 의식처럼 수행했던 것이다. 정원의 오두막에서 아침마다 하는 물세례는 그에게 구원이었다. 심지어 집을 떠나 있을 때도 아침마다 차가운 물을 끼얹거나 물에 적신 천을 감쌌다. 하지만 맬번에서의 상처는 그 의식과 관련된 모든 것에 영향을 주었다. 심지어 걸리가 허락한 코담배까지 싫어졌다. 애니가 그것을 집어다주곤 했기 때문이다. 걸리도 애니를 살리지 못했기 때문에, 더 이상은 그의 수호성인이 아니었다. 그럼에도 어쩌다 한 번씩은 몸에 물을 적셨지만, 신뢰는 이미 흔들리고 있었다. 다윈은 다른 치료법을 시험해보았다. 그 가운데 하나가 놋쇠와 아연으로 된 줄을 사용한 "전기줄" 요법이었다. 그는 이 줄을 목과 허리에 감고, 그런 다음에 식초로 몸을 흠뻑 적셨다. 하지만 몸이 따끔거리고 흉한 자국이 남았을 뿐 이 방법은 아무런 효과가 없었다. 마침내 다윈은 자신의 건강지표는 물과 상관없다는 판단을 내리고, 11월 말에 물을 끊었다. 물치료는 마음을 편안하게 하는 데에 도움을 줄 뿐이었다. 하지만 정말 마음이 산란한 순간에는 그마저도 소용이 없었다.

그리고 마음을 산란하게 만드는 것은 여전히 런던이었다. 런던에 다녀오고 난 다음에는 극심한 구토에 시달렸다. 심지어 런던에 간다는 생각만 해도 몸이 좋지 않았다. 어디에 있든 누구와 함께 있든, 고통스러운 생각이나 신경 쓰이는 생각을 해도 마찬가지였다. 후커가 1주일 동안 다운에 와 있는 동안, 다윈은 그 기간의 거의 절반을 앓았다. 그들은 종 문제에 관하여 논쟁을 벌였고, 이 스트레스는 결국 다윈을 소파에 눕게 만들었다. 두 사람은 11월 18일에 세인트폴 대성당에서 열리는 웰링턴 공의 장례식에 참석하기 위해 만날 예정이었다. 그날은 다윈의 아버지의 4주기 기일이기도 했다. 다윈은 몸이 좋지 않아 아버지의 장례식에 참석하지 못했던 일이 떠올라 여행 전날 밤 이중으로 괴로웠다. 혼자서 이런저런 생각에 시달린 그는 몇 주 만에 처음으로 몸이 좋지 않았다.[2] 하지만 다음 날 국가적 장관에 몰입하자—다윈은 그 장엄함에 흠뻑 빠졌다—다시 기분이 좋아졌다.

축축하고 차가운 날씨였음에도 수만의 인파가 "철의 공작"에게 마지막 경의를 표하기 위해 참석했다. 그 가운데에는 젊은 헉슬리도 있었다. 대성당에 일찍 도착한 헉슬리는 맨 앞의 "좋은 자리"에 앉았고, 8시부터 3시까지 그곳에 꼼짝 않고 앉아 있었다. 다윈과 헉슬리는 한 번도 만난 적이 없었기 때문에 다윈은 헉슬리를 알아보지 못했겠지만, 헉슬리는 다윈에게 과학 논문을 한두 편 보낸 적이 있었으며, 그들은 현재 서신 교환을 하고 있었다. 헉슬리는 다윈이 추천장을 써주었지만 토론토 대학의 교수직을 얻지 못했고, 여전히 이런저런 소일거리들을 전전하며 살고 있었다. 그 가운데 하나는 영국박물관에서 해초류의 목록을 작성하는 일이었다. 헉슬리는 다른 해양 무척추동물에도 관심을 갖고 있었다. 다윈은 헉슬리에게 따개비 책의 첫 권을 보내주었다. (헉슬리의 수입으로는 그 가격—레이협회의 회비—을 감당할 수 없었기 때문이다.) 헉슬리는, 기술적인 트집거리들을 별도로 하면 그 책은 그런 종류들 가운데 "가장 유려하고 완벽한" 것이며, "전문 해부학자가 아닌" 유명한 지질학자의 연구들 가운데 "가장 주목할 만한 성과"라고 평했다.[3] 1853년 4월에 지질학회에서 두 사람이 마침내 얼굴을 마주보았을 때, 헉슬리는 이 책의 서평을 써보겠다는 이야기를 꺼냈다.

다윈은 매우 기민한 사람이었다. 그는 수년 동안 따개비를 얻어내기 위한 편지를 써온 사람으로서, 또한 아버지에게서 돈을 얻어내기 위한 편지를 써온 사람으로서, 어떻게 하면 자신이 원하는 것을 얻어낼 수 있는지를 잘 알고 있었다. 지금 그에게 필요한 것은 호의적인 서평이었다. 그래서 다윈은 헉슬리에게 미끼를 던졌다.[4] 다윈의 선반 위에는 멋진 해초류 액침표본들이 있었다. "만일 선생이 그것을 가져가 연구하고 싶다면, 나로서는 정말 기쁠 것 같습니다." 그리고 요하네스 뮐러가 독일어로 쓴 극피동물에 관한 책은 어떤가. "이것은 내게는 별 소용이 없지만, 그 가치를 아는 사람에게는 도움이 되지 않을까요?" 어쨌든 "선생처럼 유능한 사람이 내 연구에 대한 서평을 써준다면 큰 기쁨일 겁니다." "맹세코, 나는 지금까지…… 누군가에게 서평을 써달라고 제안했던 적이 한 번도 없었습니다. 하지만……." 그런 제안을 한 이상, 다윈은 헉슬리가 서평에서 언급하기를 바라는 "대단히 흥미로운 대목들"을 구체적으로 밝혔다. 접합제 샘, 상동, "특이한 짝짓기 형태" 등을. "아마 나는 이런 점들의 흥미로움을 지나치게 과장하고 있는 것인지도 모르겠습니다." 변명을 하자면, "나는 밤이나 낮이나 오직" 따개비만을 "생각하는 사람이 되어버렸기 때문입니다."

헉슬리는 미끼를 물지 않았지만, 이 만남은 앞날에 보탬이 되는 것이었다. 다윈은 지지를 원하는 성공한 자연학자 신사였다. 후원자들은 이보다 이상한 모습을 띠는 경우가 많았다. 그러니 이 관계는 두 사람 모두에게 손해는 아니었을 것이다.

다윈은 "나의 작은 친구들, 보충 수컷들"을 공식적으로 발표하는 첫 책의 출간에 기뻐했다. "나는 아무도 그 수컷들의 존재를 믿지 않을까봐 매우 두려웠습니다." 그는 올버니 핸콕에게 말했다. "그런데 오언, 데이나, 그리고 당신이 그것을 믿는다니, 진심으로 만족합니다." 그 밖에, 도토리 모양의 껍데기를 지닌 따개비들을 다루는 제2권에 보고할 더더욱 흥미로운 발견들이 있었다. 이들의 사촌인 자루 달린 따개비들 때와 마찬가지로, 다윈은 이 괴물들의 전혀 예상치 못한 형태에 매혹되었다. 핸콕의 표본 알키페*Alcippe*처럼 비정상적인 형태를 만날 때마다, 그는 "거의 광분"에 휩싸였다. 놀랍게도 이 기생성 따개비는, 크기가 작은 수컷들이 존재하는 것은 마찬가지였지만, 아르트로발라누스와 전혀 같지 않았다. 어쨌든 도토리 모양의 따개비들은 그가 지금까지 해명하려 시도한 것 가운데 "가장 난해한 생물"이었다. 이 따개비의 암컷들은 정말 불쾌한 인생을 살았다. 아마도 몸 상태가 좋지 않은 날의 다윈과 같은 기분이 아니었을지. 암컷들은 "양껏 식사를 한 후 남는 것을 토해내야 합니다. 입 외에는 나갈 구멍이 없기 때문이지요!" 게다가 수컷은 더 이상하다고, 다윈은 라이엘의 호기심을 자극했다. "세상에서 가장 있으나 마나 한 생물입니다. 그들은 입도 없고, 위도 없고, 흉곽도 없고, 팔다리도, 배도 없습니다. 오직 주머니 같은 몸 안에는 수컷 생식기뿐입니다." 다윈은 "한 암컷에 접합제로 영원히 붙어 사는" 이러한 살아 있는 무용지물을 12개체 발견했다.[5]

하지만 이런 성적 매력에도 불구하고, 따개비는 여전히 괴로운 일거리였다. 다윈은 "지금까지의 어느 누구보다, 속도가 떨어진 배의 수병이라도 이 정도는 아닐 정도로" 따개비를 증오하게 되었다. 그는 도판을 그리는 화가 소워비 외에는 아무도 만나지 않고, 기껏해야 한 달에 한 번, 그것도 어쩔 수 없을 때만 런던에 가면서, 책상에 사슬로 묶인 "노예처럼 일하고 있었다." 건강지표가 떨어진 탓에 마감이 계속 미루어졌고, 이 오디세이의 7년째 해가 쏜살같이 지나가고 있었다. 어린 자식들은 이 일이 아버지의 평생 직업인 줄 알았다. 이 아이들은 아버지가 다른 일을 하는 것을 본 적이 없었다. 사실 그들은 모든 어른은 비슷한 일을 해야 하는 줄 알아서, 한 아이가 이웃 사람에게 이렇게 묻기도 했다. "저 사람은 어디서 따개비 연구를 해요?" 하지만 이제는 끝이 보였다. 그해 가을에 "영원할 것 같은 따개비 일"이 거의 끝나가고 있었다.[6] 다윈은 조용히 그 기쁨을 음미했다. 하지만 마무리를 하던 11월에, 생각지도 못한 소식을 접할 마음의 준비는 전혀 되어 있지 않았다.

다윈은 런던으로 불려갔다. 왕립학회는 "자연철학계의 기사 작위"인 왕립학회 메달을 다윈에게 수여하고 싶어했다. 왕립학회 메달은 전통적으로 왕립학회가 발행하는 학술지에 논문을 발표하는 자연학자에게 수여되었지만, 그해—사상 처음으로—모든 연구자에게로 기회가 확대되었다. 그 상은 원래 다윈의 비글호 항해 지질학을 다룬 삼부작과 무척추동물에 관한 연구를 기리는 것이었지만, 평의회의 최종모임에서 "선생님이 계셨다면 그 소리에 〔파묻힐〕 정도로 따개비에 대한 찬사의 환성"이 쏟아졌다며 후커가 흥분된 목소리로 보고했다. 그 소식을 듣고 다윈의 눈에 눈물이 고였다. 그런 소식을 "좋아하는 사람……"에게 듣는 것은 "가슴이 두근거릴 정도로 기쁜 일"이었다. 물론 다윈은 늘 그렇듯 겸양의 태도로, 그 상의 경쟁자였던 식물학자 존 린들리가 "나보다 오래전에" 그 메달을 받지 못한 것은 "터무니없는 일"이라고 말했다. (그리고 그 뒤로 몇 년 동안 린들리를 후보자로 미는 배려를 잊지 않았다.) 이 상은 그의 경이로운 연구를 갑자기 가치 있게 만들었다. "일이 잘 풀리지 않아서 모든 것이 덧없다는 생각을 할 때 다른 사람들이 나의 노고를 알아준다는 어떤 가시적인 증거를 보는 것은 기쁜 일"라며 다윈은 후커에게 기쁨을 표현했다.[7]

다윈은 1853년 11월 30일의 왕립학회 연례모임에서 직접 그 메달을 수여받았다. 연단에 올라 빽빽이 늘어선 대학자들 앞에서 감사의 말을 하는 것은 언제나 끔찍한 일이었다. 양 옆에는 두 명의 간사가 있고, 뒤에는 회장이 앉아 있었다. 위에는 아름답게 장식된 천장에 거대한 상들리에가 드리워져 있었으며, 사방의 벽에는 200년 동안의 영국 과학계 인사들이 유화 속에 담긴 채 그를 응시하고 있었다. 그는 왕립학회 메달은 커다란 "금괴" 같다며, 오스트레일리아의 금광에서 힘들게 금을 캐고 있는 코빙턴에게 자랑을 했다. "중량은 금화 40개 정도구나." 하지만 그 수여식으로 인해 다윈은 1년 만에 물치료를 잠깐 동안 다시 시도했다. 물은 효과가 있었다. 건강지표가 다시 올라가자, 그는 이 아침의 기도를 멈추었다. 그러고 나서 오래 미룬 안도의 한숨을 내쉬며 900쪽에 달하는 따개비 책 제2권의 작업을 끝냈다.

1846년에 몇 달쯤으로 예상하고 시작한 구멍 뚫는 별난 따개비에 대한 연구는 거의 8년 만에 끝났고, 전체 아강을 아우르는 두 권의 연구서라는 결실을 맺었다. 이것은 다윈이 일생에 했던 연구들 가운데 가장 오랜 기간에 걸친 연구였으며, 그 사이사이에 그는 최악의 질병, 비극, 절망을 견뎌야 했다. 만일 다윈이 이 시점에 "죽었다면", 그는 열대 여행가이자 갑각류의 가장 작은 원형을 정복하기 위해 외로운 은둔의 삶을 살았던 신사 지질학자로 기억되었을 것이다. (실제로, 소설가 불워-리턴은 다윈을 "삿갓조개류에 관한 두 권의 방대한 책"을 쓴 한 우물을 판 과학자 "롱 교수 Professor Long"으로 길이 기억했다.) 다윈은 욥과 같은 대단한 인내로 세계적인 따개비 권위자가 되었다. 화석 형태를 100쪽에 걸쳐 다루고, 현생종을 1,000여 쪽에 걸쳐 다룬 그의 저서는 기념비적이고 결정적인 연구였다. 이 연구로 다윈은 단지 지질학 전문가만이 아닌 동물학 전문가로 우뚝 섰다. 더 중요한 사실은, 이 연구가 다윈에게 종에 관해 말할 수 있는 자격을 주었다는 것이다.[8] 수년 전 후커가 한 말을 곧이곧대로 받아들인 다윈은 마침내 이 권리를 얻어냈다. 이제는 그 누구도 다윈만큼 자격이 있는 사람은 없었다.

손목이 시큰거리고 눈이 따끔거리도록 일을 한 뒤, 다윈은 며칠 동안 옛 사랑 지질학을 그리워했다. 그는 단조로운 생활을 사랑했지만, 친구들이 왔다 갈 때면 심한 부러움을 느꼈다. 미국 여행에서 돌아온 라이엘은 "석탄기紀 층에서 세 점의 파충류 골격"을 발굴한 이야기로 다윈의 질투심을 자극했다. 라이엘은 12월에 다시 마데이라로 항해를 나갈 예정이었다. 다윈은 다운에 남아 공중누각을 짓고 있었다. "선생님이 그 가파른 계곡들을 오르내리는 생각을 하면 부러워서 견딜 수가 없습니다. …… 저는 종종 제가 화산섬을 조사할 때 느꼈던 그 기쁨을 떠올립니다. 제가 두드렸던 암석들, 스코리아상狀〔다공질 화성 쇄설물〕의 검고 뜨거운 절벽들이 내뿜던 냄새 하나하나까지도 다 기억이 납니다." 다윈은 더 이국적인 장소들에 대한 몽상에 빠졌다. "태즈메이니아는 최근에 내가 동경하고 있는 곳이라네." 식민지 정부가 후커의 『태즈메이니아의 식물상』에 자금지원을 하고 있다는 소식을 듣고, 다윈은 후커에게 이렇게 말했다. "내가 선택한 땅이 매우 자랑스럽게 느껴지는군."

　위험한 산악지대를 생생하게 묘사한 후커의 『히말라야 여행기』는 대리만족을 주었다. "마치 직접 본 것처럼 생생해." 다윈은 푹 빠져서 읽은 감상을 후커에게 전했다. "다리를 건너는 장면에서는 아슬아슬한 느낌마저 들었다네." 다윈의 손에 증정본이 도착한 것은 1854년 2월의 일이었는데, 거기에는 깜짝 놀랄 일이 하나 더 있었다. 후커가 자신에게 헌사를 바쳤던 것이다. 남극항해를 다녀온 뒤로, 후커는 책으로 자신의 친구를 기리고 싶다는 희망을 품어왔다. 그것은 "선생님이 쓴 『비글호 항해기』에 대한 애정 때문"이었다. 후커는 아주 짓궂게 다윈의 반응을 떠보기도 했다. 『비글호 항해기』를 라이엘에게 바쳤을 때 라이엘이 어떻게 반응했느냐고 다윈에게 물었던 것이다. 사실을 알아챘을 때, 다윈은 웃으며 이렇게 말했다. "고약한 사람 같으니라고. 자네가 이런 여우라는 걸 누가 알겠는가?"[9]

　후커의 항해는 완료되었고, 방랑벽도 끝났다. 이제는 집에 머물며 "생이 끝날 때까지 식물학의 길을 터벅터벅 걸어가는 것"으로 만족했다.

후커는 마침내 자리를 잡아가고 있었다. "30년 동안 갈구했던 것으로 만족합니다." 후커는 가장으로 성숙해가고 있었다. 아들이 1853년에 태어났고, 1854년 6월에는 몸무게가 5킬로그램에 육박하는 커다란 딸이 태어났다. "클로로포름을 썼나?" 다윈이 경험자로서 물었다. 그것은 "환자뿐 아니라 지켜보는 사람도 진정시켜주지." 후커의 별이 막 떠오르고 있었고, 그 별은 점점 더 밝게 빛나고 있었다. 다윈은 한 지인에게 후커를 다음과 같이 언급했다. "우리는 머지않아 그가 유럽에서 으뜸가는 식물학자가 되는 것을 보게 될 것입니다." 그러자 그 사람은 이렇게 맞받아쳤다. "선생, 그는 **이미** 유럽에서 으뜸가는 식물학자입니다." 이 유럽 제일의 식물학자는 지금 다윈의 친한 친구였다. 다윈은 더 바랄 것이 없었다. 그는 10년 동안 묵혀둔 종 논문을 편집할 400파운드와 관련하여 에마에게 써둔 비밀편지를 끄집어냈다. 그리고 표지에 망설임 없이 이렇게 적었다. "지금까지 종 논문을 편집할 최고의 적임자는 후커라고 생각하오."[10]

또 한 사람의 편집자 후보가 빠르게 성장하고 있었다. 그해 런던에서 다윈은 쾌활한 에드워드 포브스를 다시 만났다. 포브스는 좋아 보였다. 그는 에든버러 대학의 자연사 교수직을 희망하고 있었다. 이제는 늙어서 골골거리는 제임슨은 그 자리에 너무 오래—무려 50년을—있었으며, 말도 친절하게 하지 않았다. 제임슨 교수의 지루한 강의를 결코 용서할 수 없었던 다윈은 그를 "시들고 바싹 마른 나뭇가지"라고 묘사했고, 또 다른 사람들은 그를 "까맣게 탄 미라"라고 부르기도 했다.[11] 포브스는 오래전부터 그 자리를 탐내왔고, 제임슨이 4월에 죽었을 때 마침내 원하는 것을 얻었다.

이 무렵 다윈은 비교적 건강했다. 그는 보험을 들어두는 기분으로 위에 좋다고 알려진 레몬을 하루에 두 번씩, 한 개를 통째로 빨아먹었고, 사회로 나가도 좋을 만큼 안전한 기분이 들었다. 1854년 봄, 다윈은 마침내 왕립학회의 엘리트 모임인 철학 클럽의 입회요청을 수락했다. 몇 년 뒤 이곳은 진화과학의 산실이 되지만, 다윈은 당분간 진화의 젊은 파수꾼들과 교제를 나누게 될 것이다. 헉슬리와, 헉슬리의 훌륭한 친구들인 호전적인 아일랜드인 물리학자 존 틴들, 조지 비스크를 필두로 한 핵심 구성원들이 이듬해에 회원으로 선출되었다. 그 클럽은 다윈에게 아주 잘 맞았다. 3월에 다윈은 "지인들과의 만남을 내 쪽에서나 그들 쪽에서나 너무 끊고 지내온 것을 후회하면서 런던에 좀 더 자주 가야겠다고 아내에게 말한 것이 이삼일 전의 일이었다"고 후커에게 털어놓았다. 이제 다윈은 새로운 얼굴들을 만나고, 명사 취급을 받고, 새로운 사람들 사이에 오가는 가십을 들을 수 있었다. 다윈은 이 새로운 사람들이 자신의 종 이론을 뒤에서 지지해주기를 바랐다. 스스로도 놀랍게도, 다윈은 런던 여행을 즐기게 되었다. "내 위가 아주 잘 적응을 한다네." 그는 5월에 후커에게 쓴 편지에서 이렇게 인정했다. "지난번 런던 방문 때는, 클라레를 퍼마시며 방탕한 상류사회의 사치를 즐기는 것이 내가 원한 바가 아니었나 하는 생각이 들 만큼 그것을 즐겼다네. 우리는 앞으로도 이 원리에 입각하여 행동할 걸세. 그래서 여왕이 수정궁을 개장하는 것을 보러 가려고 정기승차권 두 장을 거리낌 없이 끊는 낭비를 했지."[12]

　　철 프레임에 유리를 씌운 팩스턴의 거대한 구조물은 해체되어 런던 남부의 시드넘으로 이전되었다. 그 구조물이 차지하고 앉은 널찍한 장소에는 아름다운 정원, 인공호수가 조성되었고, 심지어는 오언이 만든 실물 크기의 콘크리트제 공룡까지 설치되었다. 후커 부부는 다운을 방문하고 집에 가는 길에 수정궁을 구경하는 여정을 짤 수 있었다. "천국 같았습니다." 후커 부부는 어느 주말에 그곳에 다녀와서 다윈에게 보고했다. "저희 둘 다, 결혼한 뒤로 이보다 행복한 닷새를 보낸 적이 없다고 말했을 정도니까요." 여왕은 자주 그곳을 방문했으며, 한번은 루이 나폴레옹을 데리고 오기도 했다. 마침 그날은 찰스와 그 일행이 방문했을 때였지만, "엘리자베스 이모가 기절을 하여" 무척 "놀랐고, 기분이 좋지 않았다."[13]

일반적으로 찰스는 이러한 사회적 행사를 좋아했다. 그는 왕립학회 회의에 참석하는 것보다 수정궁 주위를 산책하는 것이 더 좋았으며, 선택할 수 있는 경우에는 실제로 그렇게 했다. 그는 헉슬리에게 "이 이야기가 알려지면 난리가 날 테니, 제발 비밀로 해달라"고 부탁했다. 헉슬리는 왕립학회에 남아 있는 오래된 아마추어 체질을 뿌리 뽑으려는 의도를 품고 있었기 때문에, 이 사실을 누설할 사람이 결코 아니었다. 하지만 변함없이 시골 신사로 지내는 찰스는 전문가적 개혁을 갈망하는 새로운 세대와는 많이 달랐다. 여러 면에서 그는 두 발을 오래된 학파에 담그고 있었다. 헉슬리가 "과학적인 젊은 영국"을 이야기할 때, 그것은 새로운 기준, 새로운 지위, 새로운 보상을 떠올린 것이었다. 과학은 늙은 성직자들의 손아귀에서 벗어나 개혁을 이루어야 했다. 다시 말해, 자연 법칙으로 돌아가야 했다. 또한 과학은 새로운 상업의 장인들에게 유용한 것이 되어야 했다. 계략가, "무능한 자", 시골 교구목사는 모두 퇴출되어야 할 대상들이었다.[14] 하지만 이 전문가 집단에게는, 국교회파 옥스브리지 출신이 내세우는 온정주의 가치를 대신할 새로운 그들만의 철학, 경쟁적이고 자본주의적인 새로운 구속이 필요했다. 구태의연하고 정적인 창조의 위계질서를 대체할 역동적인 생명과학이 필요했다. 하지만 지금으로서는 헉슬리도 그러한 과학을 제시하게 될 사람이 누구인지 알지 못했다.

학회들은 급변하고 있었다. 왕립학회 내에 커다란 동요가 일고 있었고, 심지어는 다윈이 1854년에 새로운 시대에 대한 기대를 품고 가입한 나른한 린네학회에조차 새로운 바람이 불고 있었다. 왕립학회는 지금 새로운 피로 넘쳐났다. 메달이 누구에게 주어지고 있는지를 보면 그것을 알 수 있었다. 헉슬리는 1852년에 왕립학회 메달을 받았고, 틴들은 1853년에 다윈과 함께 거명되었으며, 후커는 1854년에 식물의 "기원과 분포"에 관한 연구로 그 메달을 받았다. 후커의 경우는 다윈이 끌어주고 밀어준 것이 성과를 거둔 것이기도 했다. 다윈은 이 젊은피들이 모두 "과학계의 거인"이 될 사람들이라고 예견했고, 이들에게 그 영예를 주어 더욱 박차를 가해야 한다고 생각했다.[15]

실제로 비非옥스브리지 집단이 이미 권력의 자리로 진출하고 있었다. 헉슬리는 1854년 11월에 피커딜리 대로의 저민가街에 있는 왕립광산학교의 정규교사직을 얻는 행운을 거머쥐었다. 그러다 그는 "중간계급 호사가들에게 진절머리가 나서" 1년 뒤 노동자들을 대상으로 한 유명한 강의를 시작했다. 틴들은 1853년에 왕립연구소의 자연철학 교수직을 차지했으며, 곧이어 헉슬리를 도와 『웨스트민스터 리뷰』의 과학 섹션을 운영하게 되었다. 후커는 아버지의 뒤를 이어 곧바로 큐 식물원에 안착하게 된다. 이들 모두는 "세계의 중심" 런던에 기대를 걸었다.[16] 이곳이야말로 그들이 정착하여 이름을 떨칠 장소라고.

사회와 더불어 생물학에도 자유주의의 바람이 불고 있었다. 안에서 보나 밖에서 보나 실질적인 변화가 일어나고 있었다. 심지어 성직자 신분을 갖고 있는 사람조차 그랬다. 옥스퍼드 대학의 기하학 새빌리언좌座 교수 (그리고 보이스카우트의 창설자)인 베이든 파월 목사는 진화에 동조했다. 이 목사는 자타가 공인하는 극단적인 자유주의자였으며, 신학을 바탕으로 자신의 논증을 펼쳤다. 신은 법칙을 만드는 자다. 기적은 창조의 시점에 공표된 칙령을 파기하는 것이다. 그러므로 기적을 믿는 것은 무신론적 행위다. 이상 증명 끝. 이것은 걸핏하면 기적을 꺼내드는 창조론자들에게 한 방 먹이는 영리한 반격이었다. 파월 목사는 매우 이색적인 영국 국교회 변증가였다. 이와 관련하여 후커는 다음과 같이 불평을 하기도 했다.

"이 목사들은 어떤 주제라도 전혀 어려울 게 없다는 태도로 교의의 추상적 관념들을 상대하는 습성이 몸에 배어 있는 탓에…… 마치 우리가 신도석에 있고 자신들은 설교단에 서 있는 것처럼 〔과학의〕 길을 단숨에 내달립니다. 베이든 파월……의 자신감 넘치는 태도를 한번 보십시오."[17]

후커도 방향을 돌리고 있었다. 그는 다윈의 새로운 복음을 완전히 받아들이지는 않았지만, 하버드 대학 식물표본관의 식물학자 에이서 그레이에게 "나는 모든 종이 애초부터 그 형태로 창조되었음을 마음속으로부터 무조건 받아들이는 것은 아닙니다"라고 털어놓았다. 사실 그는 "창조"가 공허한 말에 불과하다고 생각했다. "종의 창조는 말은 쉽다"는 점에서 다윈과 같은 의견이었다. "이 개념은 삼위일체의 신만큼이나 공허하며…… 미신이나 다름없는 것입니다. 즉, 인간의 마음으로는 이해할 수 없는 것에 대한 믿음인 겁니다."

후커를 여전히 붙들고 있는 문제는 모든 이가 공통으로 직면하고 있는 문제, 즉 생명 그 자체의 기원이었다. 후커는 "생명의 불꽃까지 거슬러 올라가는" 것까지는 다윈의 생각을 따라갈 수 있었지만, 그 앞은 어떠했을까. 물론 이 질문은, "창조의 힘*vis creatrix*, 혹은 무엇이라고 부르든, 종의 탄생만큼이나 불가사의한 사실"에 관한 것이었다. 하지만 국교회파의 창조론에 대한 대안을 화학 수프에서 찾는 무신론자들과 달리, 다윈은 궁극적인 기원으로까지는 들어가지 않았다. 다윈은 지구에 생명이 처음으로 출현한 일은 불가사의한 문제라는 뜻의 말을 후커에게 했다. 자연학자가 관계해야 할 대상은 그 다음에 일어난 변화였다. 그것과 최초의 생명입자의 기원은, 물질의 기원이 "화학 친화력의 법칙"과 관계가 없는 것과 마찬가지로 서로 관계가 없는 문제였다. 단도직입적으로 말해 자연학자가 대답해야 할 오직 하나의 질문은 "한 속에 속한 종들이 공통조상을 가지고 있느냐 아니냐다"라고 다윈은 강조했다.[18]

이처럼 초점을 좁힘으로써 다윈의 연구계획은 훨씬 더 전문적인 것, 훨씬 덜 관념적인 것이 되었다. 다윈이 과학에서 쿠데타를 일으키고자 한다면 그래야만 했다. 이로써 다윈의 연구는 엉성한 우주론, 즉 그의 성직자 스승들을 격노하게 만드는 종류의 연구와 거리를 두게 되었다. 라이벌 진화론자들은 모두가 개혁을 추구하는 반국교회적 의도를 드러냈다. 허버트 스펜서가 『사회정역학』에서 전개한 진보의 "법칙"은, 1852년에 평판이 좋지 않은 잡지 『리더The Leader』에서 "발달 가설"로 일반화되었다. 그 1년 뒤, 로버트 체임버스는 『흔적』을 매끈하게 손질하여 10판을 다시 출간했다. 이제 우울한 60대 노인이 되어 헉슬리와 포브스의 비웃음을 사는 신세가 된 로버트 그랜트는, 한 종이 다른 종에서 "직접 유래"했음을 계속해서 주장하고 있었다. 여기에 더해, 1854년의 어느 길모퉁이에서 발길을 멈추거나 혹은 플리트가街 주변의 한 신문가판대에 들러 1페니를 내고 상스러운 『런던 인베스티게이터』를 산다면, "인간의 기원"을 폭로하는 충격적인 기사를 읽을 수 있었다.[19] 개혁운동을 펼치는 이런 무신론 신문들은, 적자適者와 부자가 약자와 병자를 죽인다는 것보다는 협력을 강조했다. 이런 신문들은 저마다 "창조"에 대한 우주론적인 대안을 제공했다. 즉, 그것은 엄격한 법칙에 의해 떠받쳐지는, 아래에서 추진력을 얻어 매끄럽게 상승하는 진보였다. 그리고 이런 신문들은 모두가, 자연주의 꾸러미의 일환인, 생명이 원자에서 비롯된다는 개념을 선전했다. 이것은 균일화를 도모하는 진보적이고 민주적인 활동이었다.

그러한 움직임에 라이엘은 아연실색했다. 이들의 주장대로라면 인간은 "고귀한 지위", 즉 창조에서 있어서의 특별한 지위를 잃고 비천한 신분으로 떨어질 것이기 때문이다. 라이엘은 여전히 인간의 위엄을 떠받치면서, 인간의 지위를 강등시키는 급진주의자로부터 그것을 보호하고 있었다. 그는 여전히 생명의 역사에서 진보를 인정하지 않는(그러므로 종변형을 인정하지 않는) 입장을 고수했다. 어떤 종에도 계보 따위는 없었다. 신이 불멸을 부여한 가장 고귀한 종은 더 말할 나위도 없었다. 1851년 무렵, 라이엘은 지질학회에서 "인간의 조직과 비슷한…… 더 완벽한 조직을 향해 점진으로 이행하는 것과 같은 진전은" 존재하지 **않았다**고 단언하는 연설을 하기도 했다.[20]

찰스 라이엘 경은 세련된 휘그당원이었고, 종교적 신념은 유니테리언파였으며, 유산을 물려받은 부자였다. 그는 유럽 대륙을 여행하거나 스코틀랜드에 있는 가족 저택에 머물지 않을 때는 할리가街의 집을 자택으로 삼았다. 그에게 정치는 종교와 하나였으며, 종교는 과학과 하나였다. 인간의 "고귀한 지위"는 본인의 지위나 다름없었기 때문에, 그는 그것을 악착같이 방어했다. 마데이라 제도에서 돌아온 라이엘과 라이엘 부인은 후커 부부와 함께 다운에 여러 날을 머물렀다. 그때 종 문제가 의제로 올랐고, 그 토론으로 인해 피곤했던 다윈은 이틀 밤이나 잠을 이루지 못했다. 라이엘은 다윈이 말하는 "추악한 사실들"에 놀라 펄쩍 뛰었다. 이후 라이엘은 처제와 결혼한 찰스 번버리에게 보낸 편지에서, 이 이상한 사실들이 "찰스 다윈의 '종'에 관한 책에 등장하게 될 것"이라고 경고했다.[21] 라이엘은 위험한 조짐을 눈치챘고, 종의 변화가능성을 다시 곰곰이 생각해보며 이번에도 자연계에서의 인류의 지위를 걱정했다.

공책들만큼이나 오래된 다윈의 전략은, 종 문제에서 벗어나지 않음으로써 창조론이 스스로 허물어지게 만드는 것이었다. 게다가 다윈의 진화론을 추동하는 맬서스주의적이고 자본주의적이며 경쟁적인 메커니즘은 라이벌 관계에 있는 어떤 진화론과도 달랐다. 다윈은 맬서스의 "가장 논리적인 저작"에 대한 자유의지론자와 사회주의자들의 공격에 콧방귀를 뀌었다. 먹이가 많을수록 동물의 수도 많아지고, 그것이 결국 투쟁을 초래하게 된다는 논증에 의문을 품은 자가 많았다. 어떤 사람들은 그 반대를 주장했다. 그들은 비옥한 토양에 식물을 심으면 실제로 생산력이 **떨어진다**고 생각했다. 다윈은 이것이 말도 안 되는 얘기라고 생각하며 모판과 비료를 가지고 그것을 증명하기 위한 실험을 했다.[22] 사회는 자연스럽게 진보하여 개선된다고 보는 윌리엄 고드윈의 낙관주의는 다윈이 생각하는 진화가 아니었다. 다윈의 진화론은 유토피아적 협력을 바탕으로 한 장밋빛의 필연적인 진보를 약속하지 않았다. 대신 다윈의 진화론은 많은 개혁론자들의 요구를 떠받쳤다. 즉, 자유무역과 무한경쟁에 대한 요구, 구시대의 "부자연스러운" 독점과 특권을 타파하라는 요구를. 다윈의 진화론은 자연을 중간계급의 협력자로 만드는 이론이었다.

　　하지만 다윈은, 민중을 선동하는 허술한 진화론을 주장하는 작자들을 경멸하는 헉슬리 같은 초심자의 생각을 바꿀 수 있었을까? 헉슬리는 "인간을 강등시키는 것을 즐기는 냉소주의자들"을 경멸했다. 헉슬리는 그랜트가 자신의 사명을 착각하고 있으며, 스펜서가 과학을 오해하고 있다고 생각했다. 『웨스트민스터 리뷰』에 기고하는 동료 저자들이 자연은 개선된다고 주장하는 진화론에 동조하고 있었던 반면, 헉슬리는 그렇지 않았다. 헉슬리는 훗날 양심의 가책을 느꼈을 정도로『흔적』을 맹렬히 공격했다. 그는 전진적 종변형론은 "젠체하는 헛소리"라고 그 특유의 노골적인 말투로 선언했다. 이러한 앙심은 일면 자신이 처한 궁핍한 생활에서 비롯된 것이기도 했다. 헉슬리는 "허풍"으로 큰돈을 버는 저자들을 경멸했다. 헉슬리는『흔적』이 아무것도 설명해주지 않는다는 이유로 그 책을 싫어했다. 헉슬리에게『흔적』의 주제인 "법칙에 의한 창조"는 뜻 모를 이야기일 뿐이었다. 자연 법칙은 생명의 발달을 일으키는 신의 칙령이라는 말은 "전혀 이해할 수 없는 개념"이었다. 그것은 "창조에 관한 설명"을 전혀 제공하지 않으며, 좀 심하게 말하면 "질서정연한 기적"과 같은 얘기였다.[23]

  "선생은 법칙에 대한 체임버스의 생각을 정말 훌륭하게 분석했군요." 다윈은 그 공격이 자신을 겨냥한 것이 아님을 알고 달콤한 말로 헉슬리를 추어올렸다. 하지만 다윈은 나머지 점들에서는 복잡미묘한 심경을 느꼈으며, 헉슬리가 그 불운한 책을 너무 심하게 공격한다고 생각했다. "나는 공정한 비판은 내릴 수 없을 듯합니다"라고 다윈은 헉슬리에게 빈정거렸다. "나로 말할 것 같으면, 종에 관해서는 『흔적』만큼이나 비정통적인 입장이니까요. 하지만 나는 내 생각이 『흔적』만큼 그렇게 황당무계하지는 않기를 바랍니다." 다윈은 헉슬리의 서평이 예리했다는 후커의 평가에 동의했다. 아니, 그것은 "그 불운한 『흔적』에 대해 내가 본" 최고의 서평이었다. "하지만 나는 헉슬리가 너무 심하다는 생각이 드는군. 자네는 '가재는 게 편'이라고 말하겠지만, 나는 『흔적』의 저자에게 동정을 느끼네."[24] 아마도 다윈은 그랬을 것이다. 다윈은 몇 년 뒤 같은 입장에 처할 자기 자신의 모습을 보았을 것이다. 헉슬리는 자신의 편으로 끌어들여야 할 사람이었다.

다윈이 헉슬리의 서평을 읽었던 1854년 9월, 현생 따개비에 관한 연구서 제2권이 출간되었다. 그것은 무려 684쪽에 달하는 방대한 책이었다. 다윈은 여기저기에 있는 지인들에게 부지런히 그 책을 보냈다. 프랑스와 독일의 동물학에 정통한 데다 다윈의 책을 참고 삼아 스스로 따개비를 해부하기도 했던 헉슬리는, 여분으로 갖고 있던 액침표본을 동봉하여 책을 보내야 할 권위자들의 주소를 보내주었다. 7일에 후커에게 쓴 편지에서, 다윈은 이렇게 말했다. "지난 몇 주 동안 빈둥거리고, 이런저런 일을 처리하고, 수많은 따개비들을 세계 곳곳으로 돌려보내느라 지루하게 시간을 허비했네. 하지만 하루이틀 내에, 종에 관한 옛 메모들을 검토하는 일을 시작할 작정일세."

마침내 자연선택에 관한 연구를 재개할 길이 닦였다. 때가 무르익었다. 젊은 개혁가들이 부상하고 있었고, 『웨스트민스터 리뷰』의 진화론자들이 자리를 잡았으며, 과학의 사회적 토대는 눈에 띄게 변하고 있었다. 그리고 다윈은 이제 필요한 자격도 갖추었다. 이틀 뒤, 다윈은 수첩에 다음과 같이 적었다. "종 이론에 관한 메모들을 정리하기 시작했다."[25]

다음 달에 라이엘과 후커가 찾아와 다윈이 "추악한 사실들"을 가지고 무엇을 하고 있는지를 알았다. 라이엘은 좌절했고, 후커는 동요했으며, 다윈은 조심했다. 신중할 것, 아직도 이것이 절대적인 명령이었다. 그 문제는 다른 모든 것에 파급을 미칠 너무나도 중대한 사안이기 때문이었다. 공책을 덮은 때로부터 15년이라는 세월이 흘러 창조의 초자연적 조직이 넝마가 되었음에도, 다윈은 여전히 후커에게 자신은 "**양쪽의 논증을 모두 제공할 것**"이라고 말하고 있었다. 다윈은 "종이 변한다는 입장만을" 지지하지는 않을 생각이었다. 그와 같은 대단히 민감한 문제에 관하여 심지어 친한 사람들의 반응조차도 확신할 수 없었던 다윈은 스스로를 혼란스러운 입장에 몰아넣는 희생을 감내했다. 다윈은 성직자인 육촌 폭스에게 자신의 계획을 말했다.

> 자연사에서 내가 모을 수 있는 모든 사실(지리, 분포, 고생물학, 분류, 교배, 사육동물과 재배식물 등등)을 고찰함으로써(아아, 나는 얼마나 무식하단 말입니까), 야생의 종이 변한다는 입장과 변하지 않는다는 입장, 이 두 가지 입장의 가부를 따져볼 생각입니다. 나는 두 가지 입장 모두에 대해 온 힘을 다해 모든 논증과 사실을 제공할 것입니다. 모든 방면에서 나를 도와주고 있으며 귀한 자료를 제공하는 사람들이 내 주변에 **많이** 있습니다. 하지만 나는 종종 그 주제가 내게 너무 벅찬 것이 아닐까 하는 의심이 들곤 합니다.[26]

균형과 의심은 겉포장이었다. 겉포장과 달리, 다윈은 자신이 하고 있는 일이 무엇인지를 정확히 알고 있었다. 15년 동안 그는 한쪽 입장을 흔들림 없이 지켜왔다.

다윈은 자신의 이론이 상대의 자료를 얼마나 잘 설명할 수 있는지 보기 위해, 출간을 앞두고서 늘 검증을 받았다. 그리고 그 검증을 늘 그렇듯 겸허하게 받아들였다. 하지만 그렇게 하다보면, 종에 관한 소론을 읽은 후커에게 으르렁댔듯이, "분노에 치를 떨고, 적대적인 사실들을 그렇게 많이, 게다가 얄미울 정도 교묘하게 들이대는 자네를 욕하지" 않을 수 없었다. 후커의 검증에는 "찬성도 반대도" 없었다. 다윈은 자신의 견해에 대한 적대감을 분명히 읽어낼 수 있었다. 후커는 본인이 일명 "고무줄 이론"이라고 부른 것에 대해, 여전히 식물학상의 의문을 품고 있었다. 다윈은 그 공격을 이를 악물고 참았다. "내 고무줄 이론에 대한 그런 근거 없는 모욕들을 산더미처럼 모은 자네는 터무니없는 악당일세. 모든 것을 그 이론에 맞출 수 있는 이론의 미덕을 고무줄 이론이라고 부른다면, 숙녀의 미덕도 고무줄 같다고 말해야 할 걸세." 하지만 다윈은 곧 이 말을 후회하면서, 늘 그렇듯 변명을 했다. "나는 심하게 아파서, 발달상태가 낮은 동물과 다름없다네." 다윈은 그 주에 많은 손님을 치렀는데, 이번에는 종기로 고생을 했다. 다윈은 다른 기회에 후커에게 다시 자책의 말을 했다. "종 문제에 대한 자네의 충고는 나를 혼란과 수치심에 휩싸이게 한다네. 내 기분을 몹시 불편하게 만들지."[27]

혼란과 수치심. 오래된 생각들이 다시 고개를 들었지만, 이것은 사실 공허한 말들이었다. 실제로 몸이 아플 정도로 마음이 불편했다 해도, 따개비 연구를 끝내고 왕립학회 메달을 받은 다윈은 더 큰 자신감을 느끼고 있었다. 그는 『항해기』, 지질학 책들, 그리고 따개비 연구로 국제적인 명성을 얻었다. 아메리카의 식물들에 대한 정보를 보내준 에이서 그레이

교수가 비용을 전액 부담하겠다면서까지 다윈을 하버드 대학에 초청했을 정도였다. (물론 다윈은 건강 문제로 그 초청을 거절했다.) 다윈은 후커가 자신의 편으로 한 걸음 다가올 때마다 더 과감해졌다. 그리고 후커도, "내가 연구하는 속과 종이 불변한다는 생각을 통째로 의심하고 있다"고 그레이에게 말한 것을 보면, 그 발걸음을 재촉하고 있었다. 아니, 다윈에게 인정했듯이, 후커는 이제 더 이상 모든 종이 "한 속의 자식들이든 말든" 조금도 개의치 않았다.[28]

다윈이 따개비에서 손을 뗐을 무렵, 크림전쟁이 시작되었다. 1853년 내내 전쟁준비가 꾸준히 진행되고 있었다. 다윈이 왕립학회 메달을 받던 11월, 오스만 제국에 거점을 마련하고 싶었던 러시아가 흑해의 시노프 항구에서 투르크 함대를 격파했다. 이 전쟁에 걸려 있는 것은 프랑스 국왕에게 넘어가 있던 기독교 성지 관리권만은 아니었다. 전쟁은 지중해의 통제권과 인도와 근동으로 통하는 무역로가 누구의 것인지도 결정하게 될 것이었다. 영국인들은 그것들을 절대로 잃을 수 없었다. 영국 함대는 그해 여름에 다르다넬스 해협 밖에 닻을 내렸고, 가을에는 콘스탄티노플 맞은편으로 이동하여 명령을 기다렸다.

영국은 전시체제에 들어갔다. 다운의 지체 높은 집안은 특히 그랬다. 이제 (다윈의 도움으로) 자연학자로서 논문을 발표하기도 한 존 경의 아들은, 켄트 주의 포병대에 참여하여 훈련을 하기 위해 도버로 진군했다. 다윈 일가는, 군사연습을 구경하기 위해 해리 웨지우드 일가와 함께 코브햄의 육군기지로 갔다. 일행에는 사촌지간인 12명의 아이들이 있었고, 그 가운데 여덟 명이 소년이었다. 또한 아이들을 안내하는 역할을 맡은 사람은 포클랜드 제도에서 막 돌아온 설리번 함장이었는데, 그 이상의 적임자는 없었다. 일행이 도착했을 때는 전투가 이미 시작되어 있었다. 1만 명이 넘는 군인들이 소름이 끼치는 함성과 우레 같은 말발굽소리를 울려냈다. 이것은 평화로운 시기에 영국 군대가 벌인 가장 큰 규모의 군사연습이었다. 실제로 한순간은 진짜 전쟁이라는 착각이 들기도 했다. 다윈가와 웨지우드가의 분견대는 자신들이 제13 경용기병輕龍騎兵 부대의 공격에 처해 있는 것을 알고 간신히 도망쳐나오기도 했다. 이러한 스릴을 맛보았던 사흘간은 잊을 수 없는 경험이었고, 누구보다 이것을 즐긴 사람은 찰스였다.[1]

집으로 돌아왔을 때 함대가 다시 출항한다는 소식이 들려오자, 기분은 완전히 바뀌었다. "우리는 러시아와의 전쟁이 가장 두렵다. 제발 그것을 피하면 좋겠다." 찰스는 코빙턴에게 보내는 편지에 이렇게 적었다. 하지만 피할 수 없었다. 신문들이 러시아 제국에 대한 복수를 부르짖는 가운데, 함대는 러시아의 흑해 함대를 섬멸하라는 명령을 받고 보스포러스 해협을 통과했다. 프랑스군이 가담했고, 1854년 3월 28일에 연합군은 선전포고를 했다. 찰스는 발트 해에 현역으로 복귀하여 군함 라이트닝호의 지휘를 맡은 설리번과 연락을 계속했다.[2] 살상은 끔찍했지만—연합군만 해도 1만 5,000명이 죽었다—세바스토폴에 있는 러시아군의 해군기지는 끄떡도 없었다.

다윈의 아이들은 전쟁에 심취했으며, 에마는 피아노로 "말달리는 가락"을 연주하여 아이들의 흥을 돋우었다. 윌리엄이 학교로 떠나 있었기 때문에 조지가 대장을 맡았다. 그 전에 조지는 일곱 살짜리다운 천진난만함으로 웰링턴 공을 면직했다. 조지가 "공은 죽고, 도도는 세상에서 사라졌다"는 알쏭달쏭하고 재미있는 말을 일기장에 적어놓은 것을 보면, 불멸에 대한 아버지의 태도가 아이에게 전염되었던 것인지도 모른다. 어쨌든 코브햄 군사연습을 보고 온 조지는 이제 성마른 작은 군인이 되어 있었다. 자신은 하사가 되고 프랭키에게 일등병을 시키며, 아이들은 유년기의 전쟁의 기술을 익혔다.

그들은 가상의 이름과 키를 정했다. 조지는 계단 밑 창고의 벽에, 자기 키를 180센티미터로, 프랭키의 키는 나이와 계급에 맞게 그보다 약간 작게 잴 수 있는 짤막한 키 재는 자를 만들어놓았다. 아이들은 총의 각 부위의 이름을 익히고 훈련도 했다. 그러고 나서 배낭을 짊어지고 장난감 총을 메고, 야영 천막을 설치하기 위해 모랫길을 행진했다. 조지는 생강빵과 우유를 데우기 위해 썩은 나뭇가지로 불을 지피고, 프랭키는 형이 나팔을 불어 임무를 해제할 때까지 보초를 섰다. 아무도 감히 간섭하지 못했다. 아버지가 산책을 하러 나와 보초에게 입맞춤을 하려고 다가가면, 프랭키는 신경을 곤두세우며 손수 만든 총검을 내밀었다. 집 안에서도 가상의 전쟁은 계속되었다. 아이들은 장난감 양철 병정들을 가지고 놀았다. 거기에는 칼을 치켜올린 용맹한 기병대가 있었고, 영국군 기병대처럼 보이도록 에마가 군복을 봉랍으로 붉게 물들여준 프랑스 용기병 연대도 있었다. 2층의 긴 복도에서는 안전을 위해 끝부분에 납으로 누름돌을 붙인 다트와 나무방패를 가지고 놀았다. 누이들은 깜짝 놀랐다. 심지어는 내성적인 리지조차도 "조지는 진짜 군인 같아요. 여자들한테는 말도 안 걸어요"라고 부루퉁하게 말했다.[3]

세바스토폴에서 요새 포위공격이 시작되었고, 전선戰線은 발라클라바, 인케르만으로 이동했다. 살육 소식이 사상 최초로 전장으로 나간 특파원으로부터 시시각각 급전으로 타전되고 있었다. 영국 국민이 3,000명의 영국군이 죽었다는 보도를 접하는 동안, 또 다른 죽음에 대한 소식이 전해졌다. 1854년 11월 18일에, 후커에게 초대륙이 필요할 수밖에 없는 이유를 설명했던 호남 포브스가 신부전증으로 세상을 떠나고 말았다. 감정이 고조되어 있던 다윈과 그의 친구들은 순간 망연자실했다. 헉슬리는 "그렇게 어안이 벙벙한 순간은 처음"이었다. 램지는 "그 소식을 믿을 수가 없었다. 나의 슬픔은 짧은 발작처럼 터져나왔으며, 그것을 억누르느라 힘들었다." 포브스의 죽음은 잔인하고 아이러니한 운명의 반전이었다. 그는 일생의 소망이던 에든버러 대학의 교수직을 얻어놓고, 7개월 만에 죽고 말았다. 라이엘은 "한 활기찬 과학자 친구를 잃은 것은 내게는 엄청난 손실이며, 게다가 그는 겨우 39세였다"라고 슬픔을 표현했다. "무서운 일입니다." 같은 나이인 다윈은 죽음에 대한 자신의 두려움을 떠올리며 한탄했다.[4] "유독 많았던 그의 친구들과 자연과학계에 얼마나 커다란 손실입니까!" "그의 측은한 아내에게 진심으로 애도를 보냅니다. 나도 자식을 잃었기 때문에 애통한 죽음에 대해 조금은 압니다."[5]

다윈은 동시에 자연의 전쟁에 대해 생각하고 있었다. 씨앗이든 과실이든, 개구리든 달팽이든, 파도에 실려온 생물들이 어떻게 낯선 땅에 거점을 마련하고 원래의 거주자들을 몰아낼 수 있을까. 그는 점점 더 투쟁이라는 개념에 몰두했다. 투쟁은 어떻게 일어나며, 그 결과는 무엇일까.

　이론의 중요 대목에 대한 마지막 재검토가 진행되고 있었다. 크림 반도로부터의 암울한 보도와 포브스의 죽음이라는 비극적인 소식을 접한 다윈은 다운에서 불편한 11월의 날들을 보내고 있었다. 그달에는 "밑줄 두 줄"인 날이 보름밖에 되지 않았으며, 1주일 동안 "잠 못 이루는" 밤을 보내며 동물의 다양성과 절멸에 대해 곰곰이 생각했다. 다윈은 극히 불리한 처지에 있는, 상궤를 벗어난 종들에 대해 생각했다. 나머지 창조물로부터 동떨어져 있는, 알을 낳는 특이한 오리너구리 같은 종들을. 이들은 적응을 못하고 결국 사라져버릴까? 이들과 정상적인 동물들을 연결하는 중간단계들은 이미 멸종해버렸을까?[6] 이런 생각을 하니 새로운 질문들이 물밀듯이 쏟아져나왔다. 동물들은 어떻게 하여 떠올릴 수 있는 모든 형태로, 심지어는 알을 품고 오리 같은 부리를 지닌 포유류로까지 적응방산했을까? 무엇이 한 종을 둘로 갈라지게 했을까? **선택**은 어떻게 하여 이런 분기하는 생명의 "나무"를 만들어낼 수 있었을까? 다윈은 생명의 나무를 1837년 공책에서 처음으로 떠올렸다. 또한, 만일 동물들이 한 동물로부터 다른 동물로 가로 방향으로 분기해나간다면, 자연계에서 "고등함"과 "하등함"이라는 오래된 개념은 어떻게 되는 것일까?

열쇠는 나무였다. 1850년대에 자연학자들은, 옹이투성이 나무가 분기하여 가지를 퍼뜨려나가는 형태에 생명을 비유하는 것을 일반적으로 받아들이고 있었다. 심지어 캘커타에서도 아시아협회 박물관 큐레이터인 에드워드 블라이드—다윈에게 인도의 가축에 대한 풍성한 자료를 보내준 "매우 영리하고 특이하고 자유분방한 사람"—가 생명을 "가지를 내고, 그 가지가 갈라지고 다시 갈라지고 또 갈라지는" 나무와 비교했다. 이것은 다윈이 떠올린 이미지와 정확히 같았다. 다윈은 오래전부터 자연을 "**불규칙하게 분기하는**" 나무로 그려왔다. 하지만 왜 자손은 부모로부터 벗어나 다른 길을 갈까? 이 분기를 어떻게 설명할 것인가?

"나는 마차를 타고 가던 중 불현듯 해법이 떠올랐던 도로를 정확한 지점까지 기억할 수 있다." 다윈은 왜 분기가 일어나는지에 대한 해답이 떠오른 순간을 훗날 이렇게 회고했다. 아마도 그것은 유레카의 순간이었을 것이다. 하지만 그는 앞으로 이 해법을 가다듬고 적용하는 데에 3년을 바쳐야 할 것이다.[7]

다윈의 맬서스주의적 통찰력이 인구론에서 나왔다면, 다양성이 어떻게 만들어지는지를 설명하는 그의 메커니즘은 산업의 진보에 대한 청사진과 매우 비슷했다. 다윈은 산업에 많은 투자를 했던 사람이었다. 그의 웨지우드가 사촌들은 공장의 조직화를 일구어낸 선구자들 가운데 하

나였다. 그들은 노동력의 명확한 분업을 바탕으로 하는 생산라인을 생각
해냈다. 이것은 각각의 직공에게 하나의 전문화된 일을 맡김으로써 생산
성을 올리는 것이었다.[8] 이러한 노동력의 기계화와 그것이 생산에 미치
는 영향을 다윈은 아주 잘 알고 있었다. 어린 시절에 조사이어 외삼촌 집
에 자주 들락거렸으니 당연히 그랬을 테고, 또 다윈가의 서재에는 경제학
과 제조업에 관한 책들이 가득했다.

　　주식에 투자해서 생활하는 모든 신사는 "분업"을 이해하고 있었다.
분업은 증기기관을 동력으로 삼는 사회에서 전문화나 속도와 같은 말이
었다. 분업은 부와 호황을 약속했다. 산업의 분업을 자연에 비유적으로
확대적용할 수 있을 듯했다. 분업은 그 시대의 유행어였다. 앨버트 공은
분업을 "과학, 산업, 예술"의 모든 분야에서 덜커덩거리며 돌아가고 있는
문명화의 엔진이라고 불렀다.[9] 왕년에 철도 측량사로서 자신이 맡은 지
선支線을 따라 일했던 허버트 스펜서만 분업을 과학에 도입하고 있었던
것은 아니었다.

　　다윈은 노동자가 전문화할 때 산업이 팽창하듯이, 생명도 마찬가지
임을 알아차렸다. 하지만 자연은 "훨씬 효율적인 작업장"을 가지고 있
었다. 다윈은 자연선택이 경쟁에 처한 동물 간의 "생리적 분업"을 자동
적으로 증대시킨다고 주장했다. 북적이는 지역에서 일어나는 과도한 경
쟁—다윈은 이것을 자연계의 종種공장이라고 불렀다—은 비어 있는 생
태적 지위를 이용할 수 있는 변종에게 이익을 준다. 이러한 변종들은 새
로운 기회를 잡아 그 빈틈을 활용할 것이다.[10] 섬의 격리는 생각했던 것
만큼 중요하지 않은 것이 분명했다. 경쟁은 개체들을 사방으로 확산시켜
과밀한 집단에 숨통을 틔워주는 역할을 한다. 수많은 개체들은 스트레스
가 없는 구석진 빈틈을 찾음으로써 경쟁으로부터 탈출하는 것이다. 새로
운 변종은 부모의 계통에서 적극적으로 벗어나고, 그 결과 교잡으로 인한

희석효과가 약해진다. 런던 같은 복잡한 대도시에서 각기 숙련된 기술을 필요로 하는 온갖 종류의 상업이 직접적 경쟁 없이 나란히 공존할 수 있듯이, 종은 자연계의 시장에서 비어 있는 생태적 지위를 발견함으로써 압력에서 벗어나는 것이다. 동물의 기능이 다양해질수록 한 지역이 지탱할 수 있는 종수도 증가한다.

비유의 확대는 완성되었다. 자연은 스스로의 개선을 도모하는 "작업장"이고, 진화는 생명의 역동적인 경제다. 부의 창출과 종의 생산은 비슷한 법칙을 따른다. 분업은 인간의 방책일 뿐 아니라 자연의 방책이기도 하다. 하지만 경제원리는 영국에서 당파정치와 무분별하게 뒤섞였기 때문에, 다윈은 분업이라는 주제를 도입할 때 경제학자가 사용하는 용어가 아니라 동물학자 민느-에드바르트가 사용한 용어를 인용했다.[11] 정치적 색채가 붙으면 자연선택이 표적으로 내몰릴 우려가 있었기 때문이다. 진화론이 성공하기 위해서는 과학이라는 강고한 기반 위에 서 있는 것으로 보이지 않으면 안 되었다.

조사이어 외삼촌의 작업장에서와 같이 자연의 작업장에서도 진보가 보증되고 있다면, 다윈이 생각하는 스스로 진화하는 자연은, 비국교도 면화 왕과 도자기 제왕들의 팽창하고 다양화하는 왕국과 같았다. 그리고 사실 1850년대는 생산이 가속화하는 10년간으로서, 경제 법칙이 자연 법칙만큼이나 철통처럼 지켜지던 호황기였다. 하지만 공장장들의 견해와 노동자들의 견해는 매우 달랐다. 다윈은 공장장들과 투자가들과 같은 편에 서 있었고, 그 밖의 다른 사람들과는 결코 의기투합하지 않았다.

다윈은 기계화가 노동자들을 가난하게 만든다고 생각하는 비판자들의 의견을 무시했다. 에마의 이모부인 경제학자 장 시스몽디도 그런 비판자들 가운데 하나였다. 잔인한 경쟁, 비인도적인 분업, 이윤의 "부당한" 분배 등을 시스몽디는 "사회악"으로 간주하고 격렬히 비판했다.[12] 그러므로 다윈에게는 대안적인 모델을 취할 기회도 있었다. 하지만 다윈은 그 것을 거부했다. 다윈은 크림반도에서의 국가 간 투쟁처럼, 자연의 투쟁도 끔찍한 희생을 낳는다는 것을 인정했다. 하지만 이것은 진보와 다양성의 대가로서 불가피한 것이었다. 시스몽디와의 생각의 골은 깊어서, 땅 소유권 문제에까지 이르렀다. 시스몽디는 일하는 사람이 땅을 소유해야 한다고 생각했다. 다윈이 시스몽디의 의견을 받아들이지 않은 것도 사실 그리 놀랍지는 않은데, 다윈은 링컨셔의 부재지주였기 때문이다.

진화론과 실용주의 경제학은 완벽하게 어울렸으며, 많은 비국교회도 산업가들에게 진화론은 자연스러운 생각으로 비쳤다. 하지만 그 누구도 다윈처럼 진화론과 경제학 모두에 깊이 발을 담그고 있지는 않았다. 경제학자들은 노동력의 전문화, 자유로운 시장, 수송비를 줄일 철도망을 요구해왔다. 이들의 실용주의 정신은 철도에 대한 투자열뿐 아니라 자유방임주의 자연관을 낳았다. 다윈은 자신의 돈을 투자한 곳에 자신의 생각을 대입한 셈이었다. 그는 철도회사에 수만 파운드를 쏟아부었으며, 자연의 "작업장"의 경쟁, 전문화, 노동집약성을 밝히는 데에 인생의 20년을 바쳤다. 그는 산업의 편에서 자연을 생각하고 있었다.

그해의 크리스마스는 우울한 기분으로 보냈다. 프랭키와 레니가 열이 났고, 22일에는 프랭키가 발작을 일으켰다. 찰스는 가족들의 힘을 북돋워주고자, 생활의 변화를 주어 런던에 한 달 동안 머물기로 했다. 그들은 1855년 1월 18일에 베이커가街에 집을 구했지만, 날씨 때문에 집안에 옴짝달싹 못하고 갇혀 있어야만 했다. "크림전쟁 시기의 끔찍한 겨울"이었다. 영하로 내려가는 추운 날씨에 템스 강마저 얼어붙었다. 찰스는 에마처럼 추위를 심하게 탔기 때문에, "더럽고 눈 쌓인" 런던에 발을 들여놓은 것을 후회했다.[13]

다윈 일가가 런던에 있는 동안, 애버딘 경의 내각이 크림전쟁에 소홀히 대처한 것을 추궁당해 실각하고, 이를 선동했던 파머스턴이 총리가 되었다. 사회에는 장송가가 울려퍼지고 있었다. 영국은 모두 3만 명의 장병을 잃었다. 그들 가운데 절반이 질병과 추위의 희생자들이었다. 웨지우드가의 여자들은 군대에 보낼 옷을 모았고, 그러고 나서 시드니 스미스가 쓴 『회상록』의 "즐겁고 명랑한 분위기"에 몰입함으로써 신문마다 흘러넘치는 "삶의 엄정한 현실"을 잊으려고 애썼다. 하지만 그래봐야 소용이 없었다. 또한 런던 사회도, "고귀한 플로렌스 나이팅게일"이 인내하고 있는 고난을 생각하면 즐거울 수가 없었다. 호너가와 라이엘가에서 파티가 열렸지만, 화제는 적군과 아군을 통틀어 전사자가 50만 명이라는 이야기로 흘러갔다.[14] 다윈 일가는 2월 15일에 다운으로 돌아와 다운하우스의 눈 속에 둘러싸였을 때에서야 안도를 했다.

영국 함대가 세바스토폴을 봉쇄하고 있는 동안에도 다윈은 계속해서 종이 어떻게 바다를 건너 퍼져나가는가 하는 문제를 고민했다. 어떤 한 종이 해안에 상륙했을 때 그곳을 차지하고 있는 식물들과 성공적으로 경쟁할 수 있었는가 하는 문제와는 별도로, 이들은 어떻게 이주를 했을까. 다윈은 여전히 후커의 초대륙 이론을 침몰시킬 방책을 찾고 있었다. 후커에 따르면 티에라델푸에고에는, 태즈메이니아나 오스트레일리아와 남아프리카 한가운데 있는 외딴 섬인 케르겔랑 제도에서 자라는 것과 똑같은 식물들이 자랐다. 이 유사성은 "지금까지 알려진 이주의 법칙들로는 결코 설명할 수 없을 만큼" 컸다. "따라서 저는 그 남쪽의 식물상이 커다란 하나의 단편일지도 모른다는 것, 즉 하나의 거대한 남반구 대륙의 잔유물이라는 가능성에 서서히 무게를 싣고 있습니다." 가설상의 대륙들에 대한 다윈의 혐오는, 신이 똑같은 생물을 서로 다른 장소, 즉 "복수複數의 창조의 중심"에 창조했다는 또 다른 대안에 대한 혐오만큼이나 깊었다. 식물들은 바다를 건너 새로운 땅을 정복할 수 있으며, 그는 그 사실을 입증해보일 터였다.

다윈에게 섬과 표류생물은 또 다른 이유로도 중요했다. 그게 아니라면, 섬마다 다른 갈라파고스핀치와 거북들을 어떻게 설명할 수 있겠는가?[15] 만일 섬과 대륙들이 적어도 수백만 년 동안 지금 있는 그 자리에 계속 있었다면, 유일한 질문은 동물과 식물들이 어떻게 그곳으로 이주를 했는가 하는 것이었다.

다윈은 이 문제에 대해 결코 두 마음이 아니었다. 식물, 씨앗, 알, 동물들은 바람이나 물이나 부유물에 실려 우연히 그곳으로 이주를 해온 것이다. 하지만 증거가 필요했다. 따라서 늘 그랬듯이 가장 엉뚱한 장소들로 편지를 보내기 시작했다. 다윈은 케르겔랑 제도에 난파된 적이 있었던 한 선원을 수소문하여, 해변으로 밀려온 유목流木을 기억하는지 알아보았다. 그것이 이주에 대한 단서를 줄 수도 있기 때문이었다. 다윈은 또한 다른 쪽으로도 알아보았다. 그는 자연학자들에게 편지를 보내, 오리의 위에서 씨앗을 발견한 적이 있는지, 혹은 허드슨스베이사社의 한 직원이 말해준 것처럼 유빙에 실려 바다를 떠다니는 씨앗을 본 적이 있는지 물었다. 하지만 아무리 조사해봐도, 후커가 제기한 사실들은 "생물이 세계 곳곳으로 퍼져나간 일에 관해 알려진 모든 설명 가운데 가장 이상한 것"처럼 보였다.[16] 문제는 모두가—후커를 포함하여—씨앗이 바다에 빠지면 죽는다고 생각한다는 것이었다. 하지만 정말 그럴까?

1855년 3월 말, 다윈은 그 답을 알아보기로 했다. 시간 많고 인내심 있고 신선놀음하듯 사는 시골 교구목사처럼, 그는 평범하기 짝이 없는 일련의 실험들을 했다. 그는 한 화학자에게 소금을 샀다. 그리고 집안의 텃밭에서 기르는 갓, 무, 양배추, 양상추, 당근, 셀러리의 씨앗들을 소금물을 담은 작은 병들에 넣었다. 몇 개의 병은 정원에 두고, 몇 개의 병은 눈을 담은 용기에 묻어 지하실에 두었다. 추위가 영향을 미치는지 알아보기 위해서였다. 그리고 정기적으로 각각의 병에서 몇 개의 씨앗을 꺼내 유리 접시들에 심고, 싹이 트는지를 관찰할 수 있도록 서재의 벽난로 선반 위에 올려두었다. 싹이 텄다. 소금물에 일주일 동안 담겨 있었던 씨앗들은 거의 모두 싹을 틔웠다. 다윈은 기뻐하며 후커에게 그 사실을 알렸다. 그러면서 "가장 쉽게 죽을 것 같은" 씨앗을 보내라, 그리고 얼마나 오래 견딜 수 있을지를 추측해보라며 자신의 친구를 고약하게 조롱했다.[17] 소금물에 2주 동안 담가둔 뒤에도 그 식물들은 여전히 싹을 틔웠다.

후커는 다윈의 조롱을 "선량한 기독교도처럼" 받아들였다. 이것은 큐 식물원의 새로운 부원장으로 선출된 사람다운 태도였다. 후커는 다윈에게 실험을 좀 더 큰 규모로 시도해보라고 제안하면서, 그 목적에 맞는 외래산 씨앗들을 계속 보내주었다. 하지만 다운하우스에는 큐 식물원 같은 시설이 없었다. 다윈은 이미 40~50개의 병을 가지고 실험을 하고 있었다. 더 이상은 감당할 수가 없었다. 사실 벽난로 선반도 다 찼으며, 물도 격일로 갈아주어야 했다. 그렇지 않으면 "끔찍한 냄새가 났다." 또한 다윈은 소금물에 넣어둔 씨앗의 "만기일"에는 약속도 취소해야 했다.[18]

이 프로젝트는 목사관의 사업으로 번졌다. 다윈은 헨슬로 목사에게 의뢰하여, 여학생들에게 씨앗을 한 번 모아올 때마다 6펜스 백동화 한 개를 주도록 했으며, 비글호의 균류 표본을 기재했던 노샘프턴셔의 목사보 마일즈 버클리에게는 씨앗 자루를 항구도시 램스게이트로 보내 해협의 물에 담가달라고 부탁했다. 한편 믿음직한 폭스 목사는 도마뱀과 뱀의 알을 찾아오는 소년에게는 상을 주겠다는 공고를 붙여주었다. 설령 바보 같아 보이는 일일지라도, 다윈이 해보지 않은 일은 거의 없었다. 그 밖에 어떤 실험을 했는지는 다윈이 말을 하지 않아서 알 수 없지만, 그는 후커에게 이런 말을 했다. "자네가 알면 비웃을 걸세. 내가 생각해도 터무니없는 일들이라 차마 말할 수가 없군.”[19]

다윈은 원예가들이 보는 『가드너스 크로니클』에, 갓, 양상추, 당근, 셀러리가 40일 동안 소금물에 잠겨 있은 뒤에도 발아를 했고, 무는 그 기간이 이보다 짧았으며, 양배추는 거의 싹을 틔우지 않았다고 보고했다. 또한 자신이 **왜** 그런 실험을 하고 있는지도 설명했다. “신문 같은 일회성 매체에서는” 포브스의 아틀란티스 가설은 일고의 가치도 없다고 말하는 것조차 서슴지 않았다. 다윈은 재빨리 계산을 해보았다. 지도책에는 대서양의 해류가 하루에 평균 33노트의 속도로 움직인다고 나와 있었다. 그렇다면, 42일이면 씨앗이 1,400해리를 이동할 수 있다는 계산이 나온다. 이것은 마침 딱 알맞은 수치였는데, 이 거리는 대서양 한가운데에 있는 섬인 아조레스 제도까지의 거리였기 때문이다. 바다 밑바닥에서 아틀란티스를 끌어올려야 할 필요는 전혀 없었다. 아틀란티스가 솟아올랐다는 주장은 무모한 생각이었다. “이것은 풀 수 있는 매듭을 끊는 것일세.” 다윈은 이 매듭을 천천히 신중하게 풀어가고 있었다. 유럽산 식물의 씨앗들은 해수에 실려 아조레스 제도를 정복할 수 있었을 것이다. 적어도 거리는 문제가 아니었다. 그는 여기서 다음 단계로 나아갔다. “실제로 알고 싶은 것은 아조레스 제도의 식물 목록일세. 그래서 할 수 있는 한 많은 씨앗들을 모아 실험해보는 거야. 꼭 그렇게 해보고야 말겠네!”[20] 그리고 다윈은 그렇게 했다. 그는 영국 대사에게 편지를 써서, 무슨 씨앗이 아조레스 제도의 해안으로 떠밀려왔는지 물었으며, 헨슬로의 여학생들을 시켜서 그에 상응하는 영국산 씨앗들을 채집하도록 했다.

씨앗의 꼬투리가 이 거리를 여행할 수 있다는 사실은, 맥시코 만류에 실려 노르웨이로 온 열대 씨앗들에 의해서도 증명되었다. 영국 대사는 두 가지 유형을 다윈에게 보냈다. 후커의 동정에 따르면, 이 씨앗들은 카리브산崖 식물의 씨앗이었다. 후커는 이 씨앗들을 큐 식물원에 심었고, “후커로서는 이루 말할 수 없이 유감스럽게도" 그 씨앗들을 싹을 틔웠다. 게다가 기록도 갱신되었다. 몇몇 셀러리와 양파 씨앗들은 85일이 지난 뒤에도 싹을 틔웠다. 심지어 더 신기한 것은, 그 셀러리가 소금물에 잠기는 시련을 겪지 않은 씨앗보다 더 빨리 싹을 틔웠다는 사실이었다. 하지만 영광의 1위는 놀랍게도, 민감한 고추에게 돌아갔다. 이것은 차가운 소금물에 거의 다섯 달 동안 잠겨 있은 뒤에도 싹을 틔웠다. 다윈의 아주 단순한 실험들이 말하는 바는 너무나도 명백했다. 하버드 대학의 그레이는 『아메리카 과학 저널』에 다윈의 실험에 대한 신문기사를 다시 게재하면서, 왜 그 전에는 아무도 이것을 생각하지 못했을까 하고 자책했다.

하지만 진짜 문제는, 다윈이 말했듯이 씨앗의 이주가 아니었다. 다윈은 『가드너스 크로니클』에 생존기간의 집계를 보고하면서, 일부러 마지막에 한 가지 중요한 사실을 슬쩍 흘렸다. 그는 이렇게 말했다. 이 씨앗들이 "새로운 집"에 도착한 순간, "시련이 시작된다." 그 씨앗은 교두보를 마련할 수 있을까? 원래부터 그곳에서 극심한 생존투쟁을 겪어온 생물들이 홀로 새로운 땅에 도착한 이민자에게 공간과 먹이를 내어줄까?[21] 영국 함대가 여전히 세바스토폴에서 전투를 하고 있는 상황에서, 이 이야기는 현 시국과 흥미롭게 맞물려 마치 자연에서나 인간사회에서나 전투와 식민지쟁탈전이 전개되고 있다는 이야기처럼 들렸을 것이다. 하지만 다윈의 의도는 자신의 이론의 주된 주제들 가운데 하나를 슬쩍 잠입시키는 것이었다. 이것은 앞으로 수년 동안 원예가들, 추론이라는 함대의 사령관들만이 아닌 수많은 사람들을 논쟁에 휘말려들게 할 주제였다.

전쟁은 지루하게 질질 끌었다. 영국 국민들은 지루한 투쟁이 아니라 극적인 승리를 원했고, 찰스의 눈에는 마치 전쟁의 지휘자들이 "매우 잘못하고" 있는 것처럼 보였다. 하지만 설리번 함장은 영웅담을 한 아름 안고 돌아왔고, 새로운 명령을 받고 발트 해로 다시 떠날 준비를 하고 있었다. 찰스는 대령에게 경의를 표했다. "장병들은 그 어느 때보다도 숭고한 일을 하고 있으며, 잉글랜드인의 이름을 더욱 자랑스럽게 만들고 있다." 그는 감회에 젖어 코빙턴에게 보내는 편지에 이렇게 적었다. 조지도 자신의 "진흙 요새"에서 흡사한 감정을 느꼈다. 세바스토폴이 마침내 함락된 1855년 9월, 감사의 축포가 전국에 울려퍼졌다. 다윈은 이 소리를 결코 잊지 못했다.[22]

투쟁과 선택. 이것은 다윈의 체계를 떠받치는 양대 축인 주제였다. 하지만 자연이 분기한다는 견해를 실증하기 위해서는 더 많은 증거가 필요했으며, 그가 구상하고 있는 전문화(특수화)라는 구도는 새로운 질문들을 계속 떠올리게 해주었다. 예를 들면, 포유류, 파충류, 어류가 아무리 다양하다 해도, 배胚 발생으로 거슬러 올라가면 이들의 겉모습은 뚜렷하게 수렴한다. 뱃속의 포유류와 어류는 성체들보다 훨씬 더 비슷했다. 다윈은 이것이 "공통의 유래"를 보여주는 놀라운 증거라고 생각했다. 하지만 이것을 어떻게 자연선택으로 설명할 것인가?[23]

　　처음부터 다윈은 이러한 발생학적 증거를 수중에 넣고 그것을 써먹으려 했다. 하지만 그는 일반 통념은 다르다는 것을 오래전부터 알고 있었다. 의사들은 기형아가 자궁에서 형성되며, 모든 변이는 자궁에서 유래한다고 추측했다. 하지만 정말 그럴까? 혹시 변이를 일으키는 유전적 소인이 유전되고, 실제 변이는 이후에 좀 더 성장했을 때나 성체가 되었을 때 나타나는 것이 아닐까? 선택은 오직 이 변이들이 겉으로 나타났을 때 작용하여 그것을 유지할지 버릴지 결정할 수 있는 것이 아닐까. 그러니까, 사람들은 특정 질병을 일으키는 유전적 소인을 가지고 있으며, 이 질병은 특정한 나이에 이르러서야 나타나는 것이다. 그렇다면 배아들은 선택의 작용을 받지 않은 상태이기 때문에, 성체들보다 겉모습이 훨씬 비슷할 것이다. 변화—분기—는 개체가 성장을 시작할 때까지는 숨어 있다. 애니가 죽은 뒤부터, 다윈은 자신이 앓고 있는 병의 원인이 유전이며, 그 유전적 소인은 지금도 다른 자식들의 몸 안에 잠자고 있다는 사실을 점점 확신하게 되었다. "내가 가장 두려운 것은 유전적 병약함입니다." 다윈은 폭스에게 보내는 편지에 이렇게 썼다. "그 아이들로서는 차라리 죽는 편이 더 나을지도 모릅니다."[24] 이것은 그가 하고 있는 생각이 옳다는 것을 확인해주는 소름끼치는 증거였다.

배의 유사성과 변이에 선택이 작용하는 방식을 실례를 통해 예증할 필요가 있었기 때문에, 다윈은 가축으로 눈을 돌렸다. 애호가들은 태어난 무리들 가운데 최고를 선별교배하여 새로운 변종을 만들어냄으로써 자연을 모방해왔다. 이 일은 도대체 어떤 메커니즘으로 일어날까? 알아볼 방법이 한 가지 있었다. 다윈은 공책에 메모를 하던 시절부터 가축화에 관한 책과 자료들을 읽어왔다. 이제는 본격적으로 들어가, 애완용 동물들을 직접 연구해야 할 때였다. "어린 비둘기들을 구하자." 그는 이미 1년 전쯤에 진화 논문에 이렇게 적어두었다.[25] 인위선택으로 털이나 꼬리가 잘리고 두건을 쓰게 된 품종들—이들은 모두 하나의 조상에서 유래한 품종들이다—의 갓 태어난 새끼들이 서로 비슷하다는 것을 밝히자. 그러면 자연의 모델을 완성할 수 있을 것이다.

씨앗 실험을 막 시작하던 1855년 3월에, 다윈은 여기저기에 질문지를 보내기 시작했다. 그는 폭스에게 집요하게 질문을 했다. "당신은 노아의 방주를 갖고 있으니 분명 비둘기들도 갖고 있으리라고 생각합니다. (그 비둘기들이 공작비둘기라면 좋을 텐데요!) 내가 알고 싶은 것은, 새끼 비둘기들이 몇 살쯤 되면 구별이 가능할 만큼 충분히 발달한 꼬리깃을 갖느냐 하는 겁니다. 나는 비둘기 새끼들을 본 적조차 없는 것 같습니다." 처음에는 단지 정보를 원했을 뿐, 깊숙이 개입할 의도는 없었다. 비둘기 새끼들이 필요했던 이유는 "몇 살 때, 어느 정도로 차이가 나타나는지 보기 위해서"였다. 방법은 두 가지였다. 하나는 직접 교배를 해보는 것인데, 이것은 "끔찍하게 지루한 일"이 될 터였다. 또 하나는 새끼들을 돈을 주고 사는 것인데, 이 경우—이 일은 서민의 취미활동이었기 때문에—돈을 들이기 전에 먼저 그 일에 대해 잘 알아두어야 했다. "내가 아무것도 모른다는 것을 드러내보이면 속기 십상일 테니까요."[26]

사육과 재배는 언제나 종변형론자들을 매료시켰다. 파리와 에든버러의 종변형론자들은 일찍이 사육과 재배의 잠재력을 알아보았고, 비방자들조차도 이것이 자연의 "가변성"을 보여주는 최고의 증거라고 생각했다. 하지만 책상물림 과학자들 가운데 자신의 손에 흙을 묻히려는 사람은 거의 없었고, 그들은 자신이 원하는 사실을 증명하기 위한 일을 까다로운 패트릭 매슈 같은 수목 육종가에게 맡겼다. 하지만 다윈은 자료수집을 쉼없이 계속해왔다. 그는 특이한 사냥개, 누에, 잡종 거위, 식민지에 자라는 야생동물과 가축에 관한 온갖 풍문들을 수집했다. 사실상 선택, 유전, 육종에 관한 사실들은 무엇이든 모았다. 15년 동안 그는 돼지와 가금류에 관한 안내서들을 꾸준히 탐독해왔으며, 기이한 변종들에 대해 조사하면 할수록 "동물학자들이 왜 변종의 실제 구조를 조사하는 일에 가치를 두지 않는지" 도통 이해가 가지 않았다.[27]

다윈의 행보가 왜 새로운 것인지 알기 위해서는 당시 과학계의 분위기를 알 필요가 있다. 대부분의 자연학자들은 비둘기와 가금류를 경시했다. 과학은 농장에서 이루어지는 것이 아니었다. 아마 신사들은 사냥용 별장에서 관상용으로 오리를 기르고, 영국의 자연 정복을 기념하기 위해 동물원을 세웠을 것이다. 하지만 이러한 동물 사육은 진지한 철학과는 동떨어진 세계였다. 철학자의 사색의 대상은 더 숭고한 목표—즉, 야생종과, 신의 창조에 있어서의 그것의 위치와 의미를 알아내는 것—였다. 과학자가 비둘기와 가금류를 무시한 것은 그래서였다. 누구도 비둘기와 가금류가 미스터리 중의 미스터리를 푸는 열쇠를 쥐고 있으리라고는 기대하지 않았다.[28]

하지만 틀을 벗어난 과학을 하려면 틀을 벗어난 곳에서 도움을 찾아야 했다. 다윈은 보통의 틀에서 한참을 벗어난 곳을 보았다. 그는 농장이나 사냥터 관리인들이 잘 아는 문제로 눈을 돌려, 가축가금 품평회, 축산학, 농장의 오랜 구전지식, 가금사육가들이 보는 잡지인 『폴트리 크로니클Poultry Chronicle』을 훑어보았다. 또한 육종과 유전에 관해 가장 잘 알고 있는 사람들인 품종 애호가들과 양묘사들에게 질문지를 보내기 시작했다.

다윈은 1854년 크리스마스 전에 이미 야생오리와 집오리의 골격을 비교하기 위해 사체를 끓이기 시작했다. 여기에는 잠재된 미식가적 관심도 수반되었다. "오, 맛있게 잘 익은 제철의 오리 냄새!" 하지만 1855년 여름에 그의 열정을 사로잡은 것은 그 자신도 놀랍게도, 비둘기였다. 따개비, 씨앗 등 다른 여러 가지와 마찬가지로, 이 프로젝트도 독자적인 생명을 갖게 되었다. 상인들의 속임수에 대한 걱정은 이제 사라졌다. "애호가들의 세계"에 들어선 다윈은 육종가들과 함께 술을 마시고, 그들의 클럽에 가입하여 전승되는 지식과 가십을 수집했다. 정말이지, 이것은 커다란 변화였다. 그는 자신의 집 정원에 비둘기집을 만들어, 최고의 공작비둘기와 파우터종을 한 쌍에 1파운드씩 주고 사들여놓고, 이들이 "내 즐거움이며 에티의 기쁨"이라고 선언했다. 그는 아몬드텀블러종과 런트종도 주문했으며, 곧 동물원의 조류사육장에 버금가는 비둘기집을 갖게 되었다. 그는 라이엘에게 비둘기들을 보러 오라고 말했다. "누구에게나 권할 수 있는…… 최고의 즐거움이랍니다."[29] 그는 "그 기술"—몸의 비례, 행동거지, 부리를 판단하는 법, 원하는 조합을 갖고 있는 새끼들을 선택하고 교배하는 법—에 관한 책들을 닥치는 대로 그러모았다.

곧 열정이 모든 것을 앞질렀다. 끓이고 치수를 재는 일은 어느덧 일과가 되었고, 다윈은 품종과 그 새끼들을 가려내는 일에 도사가 되었다. 이 무렵 그의 편지들은 잔악한 분위기를 풍겼다. 나는 "그들의 겉을 봅니다. 그런 다음에 골격표본을 만들어 내부를 들여다보지요." 대상은 비둘기만이 아니었다. 폭스는 다윈에게 죽은 오리새끼와 병아리들을 아낌없이 보내주었고, 매스티프[몸집이 크고 털이 짧은 맹견]와 칠면조도 자청해서 보내주었다. "당신이 제공해준 동물들에 큰 감사를 표합니다." 다윈은 답례편지를 썼다. "나는 불독과 그레이하운드 새끼들을 소금에 담가놓았습니다. 그리고 마차용 말과 경주마의 망아지들을 주의 깊게 측정했습니다." 말에, 개에, 오리새끼까지. "나는 너무 깊이 들어가고 있습니다." 다윈은 비둘기들을 죽이는 온갖 수단을 시도했다. 클로로포름은 시간이 너무 오래 걸려서 지켜보는 것이 괴로웠다. 더 좋은 방법은 볏에 청산가리(시안화칼륨)를 넣는 것이었다. 그것이 내뿜는 청산은 효과가 빨라서 고통을 없앨 수 있었다. 하지만 아무리 신속하게 처리한다 해도 비둘기들의 죽음은 그에게 영향을 끼쳤다. "나는 내가 그들을 죽여 골격표본을 만드는 짓을 한다는 것을 견딜 수 없을 만큼 그들을 사랑한다네." 그는 후커에게 쓴 편지에서 구슬프게 말했다. 귀엽고 어리바리한 병아리들이 의식을 잃는 것을 지켜보는 것은 언제나 슬픈 일이었다. "나는 흉악한 짓을 저질렀다네. 태어난 지 열흘 된 천사같이 작은 공작비둘기와 파우터를 살해했지." 사체들은 계속 쌓여갔고, 측정된 골격과 측정되지 않은 골격표본들이 여기저기 널려 있었다. 사체들이 우편으로 계속 도착하고 있었는데, 상자가 찌그러져 내장이 삐져나와 있기도 했다. 그 자신조차 인정했듯이, 그곳은 "공포의 전당"이 되고 있었다.[30]

에티는 이 새들을 넋을 잃고 바라보았지만, 사체가 가성칼리와 산화은 같은 마녀의 비약 속에서 썩어갈 때 풍기던 악취를 에마는 어떻게 생각했을는지. 처음에는 찰스도 썩은 고기에 완전히 질려버렸다. 부패한 살점들이 "(이러한 일에 경험이 별로 없는) 나와 내 하인에게 심한 구역질을 일으켜서 이 일을 그만둘 뻔했다." 다윈은 전문가의 충고를 구하면서 "이것은 정말이지 지독히도 싫은 일"이라고 인정했고, 다음해부터는 골격표본을 만드는 일을 전문가의 손에 맡겼다.[31]

폭스—"가장 친절한 살인자"—는 자신이 가지고 있는 모든 오리 변종의 새끼들을 죽여서 급송하고, 이웃 농가에서 동물들을 받아오기 시작했다. 화석을 수집하는 필립 에저턴 경의 체셔 저택이 폭스의 목사관과 붙어 있었는데, 그는 언제나 협조를 잘 해주었다. 하지만 필립 경은 문득 다윈이 왜 이런 일을 하는지 궁금해졌다. 그래서 1855년 9월에 글래스고에서 열린 영국과학진흥협회의 회의에서 다윈과 마주쳤을 때, 다윈이 폭스에게 전한 바에 따르면, 다음과 같이 물었다. "도대체 내가 왜, 당신이 그[폭스]의 가금류 우리를 터는 일을 거들어야 합니까?"[32] 토리당 의원이고 리처드 오언의 후원자이며 체통 있는 국교회 과학의 대변인이었던 에저턴은 진짜 대답을 들었다면 아마 화를 냈을 것이다

다윈은 자연이 경험이 풍부한 애호가의 눈으로만 구별할 수 있는 수많은 작은 변이들로 이루어져 있음을 증명해보이고 싶었다. 열광적인 애호가들은 1.5밀리미터만큼의 차이도 구별할 수 있었다. 그리고 이들만이 포착할 수 있는 이 작은 차이들이 여러 세대에 걸친 선택적 육종을 통해 부풀려진다. 애호가들이 이 사소한 변형으로부터 어마어마한 변화를 빚어낸 결과, 오늘날의 파우터, 공작비둘기, 런트, 텀블러 같은 품종들이 생겨나게 되었다. 사실 이 차이들은 너무나 커서, 만일 이 새들이 야생의 새들이라면 동물학자들은 이들을 전혀 다른 종으로, 어쩌면 다른 속으로 분류할 수도 있을 정도였다. "다윈은 자신이 가지고 있는 일반 집비둘기의

15가지 변종 가운데에서 3개의 속과 15개의 종"에 상응하는 것을 "발견했습니다." 라이엘은 깜짝 놀라 이렇게 보고했다. 다윈이 전문가에게 의뢰해 혈액 샘플을 조사했더니, 심지어 이 비둘기들의 적혈구조차 모양이 달랐다. 다른 가축의 품종들에서도 이 같은 다양성이 나타났다. 다윈은 영국박물관의 워터하우스에게 집에서 기르는 토끼의 골격에 나타나는 변이들을 지적하며, "이 차이가 서로 다른 종만큼 크지 않느냐"고 물었다. 그 이상이라는 것이 워터하우스의 대답이었다.[33] 이것 역시 하나의 종이 최고의 동물학자들조차 속일 만큼 크게 변형된 경우였다. 집토끼와 집비둘기들은 극히 작은 변이들에서 시작하여 새로운 속으로 착각할 만큼 큰 차이로 벌어진 것이었다.

다윈은 이와 같은 사람의 눈으로 지각할 수 없는 변이들이 자연의 맬서스주의적 선택을 해명하는 열쇠를 쥐고 있다고 생각했다. 약하고 잘 적응하지 못한 변종들은 애호가들의 손에 의해 제거되듯 자연의 손에 의해 제거된다. 잘 적응한 개체들은 번성하며, 여러 세대를 지나면서 특정한 추세가 만들어진다. 마치 보이지 않는 육종가가 있는 것처럼, 적응적 특성들은 부풀려진다. "인위선택"은 자연을 조각하는 장인의 솜씨를 보여주지만, 자연의 "선택하는" 손은 무한히 더 우월하다.

다윈은 "선택하는 손"을 직접 보았는데, 그 손은 무지렁이의 투박한 손이었다. 그가 감탄한 깃털들은 주로 숙련공들의 작품이었다. 노동자들은 늘 자신들이 만든 비둘기들을 자랑스럽게 생각했으며, 힘겨운 하루 일과가 끝나면 비둘기집에서 위로를 구했다. "나는 온갖 종류의 애호가들, 스피털필즈[런던 이스트엔드의 타워햄리츠 자치구 안에 있는 지역]의 직공들, 그리고 인류라는 종의 온갖 특이한 표본들과 매우 친한 사이입니다"라고 다윈은 말했다.[34] 물론 실제로 친하게 지낸 것은 아니었다. 다윈은 그들과 늘 일정한 거리를 두었다. 심지어 그는 자신에게 정보를 끊임없이 제공하는 교육받은 애호가들과 가금류 저널리스트들에게조차 사례를 했다. 이 사람들은 보수를 받는 기술자처럼, 다윈이 알아낸 사실들을 점검해주고 그의 원고를 검토하는 대가로 돈을 받았다. 과학의 대가들의 무관심에 어처구니없었던 이 애호가들은, 자신들이 자랑스럽게 여기는 품종들에 관심을 갖는 다윈이 반가웠다. 다윈의 아버지 같은 친절함은 그들의 뒷마당 취미에 품질보증마크를 찍어준 셈이었다. 하지만 다윈은 노동자 계급의 애호가들 사이에서 끝까지 냉정하게 신사의 위신을 지켰다.

이러한 태도는 다윈이 가장 좋아했던 클럽에서도 마찬가지였다. 다윈은 런던의 프리메이슨 선술집에서 모이던, 회원자격이 특권계급에만 한정되어 있는 비둘기애호 클럽인 필로페리스테론 클럽에서 가장 편안해했다. 이곳은 피커딜리 근처에 있는 클럽다운 속물스러운 매력을 빠짐없이 갖고 있었으며, 이 클럽의 품평회는 상이 걸려 있지 않았음에도 수백 명의 참가자들을 끌어들였다. '필로' 클럽은 지저분한 애호가 단체들을 피하기 위해 만들어진 것이었다. 그래서 약간의 눈총을 사기도 했다. 서민들은 '필로' 클럽이 "상원의원 잡는 *끈끈이*"로나 적당한 곳이라고 생각했다.[35] 평범한 육종가들에게 벨벳 조끼 따위는 아무짝에도 쓸모없는 것이었다. 이들이 좋아한 곳은 시티나 런던 남부의 자치구에 있는 값싼 비둘기애호 클럽들이었다. 다윈도 자치구 클럽에 가입했다. 이러한 장소에서 "향사"라고 불렸던 다윈은, 인류학 연구의 사명을 띤 기분으로 상류 클럽과 하층 클럽을 가리지 않고 모든 클럽을 방문했다. 스피털필즈의 떠들썩한 맥주홀에서부터 웨스트엔드의 호화로운 거리에 이르기까지, 다윈은 그 고장 사람들의 눈을 통해 자연을 바라보려고 시도하고 있었다.

변두리 선술집들은 평상시라면 다윈이 나타날 장소가 아니었다. 하지만 다윈은 이곳에 앉아 주변 사람들의 말을 엿들었다.

나는 어느 날 저녁, 자치구에 있는 한 싸구려 선술집에서 일단의 비둘기 애호가들 사이에 앉아 있었다네. 그때 불트 씨가 자신의 파우터들의 크기를 키우기 위해 〔더 큰〕 런트와 교배를 했다는 사실을 엿들었지. 진지한 표정, 알쏭달쏭하다는 표정, 고개를 격하게 주억거리는 행동. 이 모두는 이 괴상망측한 처치에 대해 애호가들이 보인 반응인데, 자네가 이 모습을 직접 보았다면, 교잡이 품종개량과 얼마나 관계가 없는 일인지 알아차렸을 걸세.[36]

다윈은 애호가들과 어울리는 것을 대신할 만한 방법을 전혀 찾을 수 없었다. 그것은 그들의 민간 전승담을 들을 수 있는 유일한 길이었다.

그리고 다윈은 그 민간 전승담을 듣기 위한 통과의례도 거쳤다. 다윈이 전혀 동떨어진 세상인 럭비 학교에 있는 윌리엄에게 한 말에 따르면, 그 자치구 클럽은 "각종 신기한 사람들"로 북적였다.

저녁을 먹은 뒤에 한 명이 내게 도자기로 만든 파이프를 건네며 "이것이 당신의 파이프요"라고 말했단다. 마치 내가 담배를 피우는 것이 당연한 일인 것처럼. 또 다른 특이하고 작은 남자는(주목할 점은, 나도 얼마 전에 알아채기 시작했는데, 모든 비둘기 애호가는 키가 작다는 사실이다)⋯⋯ 내게 작고 신통찮은 폴리시헨종을 보여주면서, 그것을 50달러에는 팔지 않을 것이며, 그 암탉에는 검은 도가머리가 있기 때문에 200달러는 받아야겠다고 말했지.[37]

하지만 이 특이하고 키가 작은 직공과 행상인들은 엄격한 기준에 맞추어 비둘기 품종들을 완성하는 기술을 갖고 있는 사람들이었다. 그들은 비둘기들의 깃을 죄거나 북돋우고 왕관을 씌움으로써 여자들의 변화하는 패션 유행만큼이나 경이로운 형태들을 만들어낼 수 있었다. 인위선택이 실제로 행해지고 있는 현장을 이 향사에게 처음 보여준 사람들은 바로 이들이었다.

하지만 인위선택과 자연선택의 비교에 권위를 부여한 것은, 맥주홀을 찾아다니고 『폴트리 크로니클』을 사고 직접 비둘기들을 교배한 다윈의 헌신적인 노력이었다. 그는 가장 더럽고 가장 설마 했던 장소에서, 선택에 의한 종변형의 유비를 발견했던 것이다.

1856년, 진화론의 청년 친위대가 조직되고 있었다. 헉슬리, 후커, 틴들, 그리고 그들의 동료 과학자들은 전략을 논의하고, 적을 가려내고 있었다. 그들의 최우선 과제들 가운데 첫 번째는 런던의 과학 강사로서 더 큰 힘을 쥐고, "대중들"—그리고 그들의 지갑—에 대한 더 큰 "지배력"을 얻는 것이었다.[1] 이들은 케임브리지의 성직자 자연학자들에 비해 자신들이 받고 있는 금전적 보상이 터무니없이 낮다고 생각했으며, 여기에 심한 반감을 품었다.

헉슬리는 빠르게 두각을 나타내고 있었다. 그는 연체동물, 해파리 등 해양생물에 대한 전문가이고, 광산학교의 교사이며, 현재—1856년—는 왕립연구소의 풀러좌座 교수였다(그는 100파운드의 봉급으로 이 직위를 수락했다). 또한 같은 해에 다윈의 도움과 존 러벅의 도움으로, 카펜터의 뒤를 이어 런던 대학의 시험관이 되었다. 그는 성직자가 성직록聖職祿을 모으듯 자신의 자리를 늘려가고 있었고, 과로와 함께 봉급도 올라갔다. 헉슬리는 매우 예리한 사람이었다. 다윈도 그가 "매우 영리"하다는 사실을 인정하면서, 가장 빨리 생각을 바꿀 것으로 기대하고 있었다. 후커는 헉슬리가 두려울 정도로 영리한 사람이라고 보았다. 후커는 헉슬리의 강의가 "너무 벅차고" 헉슬리가 말하는 사실들이 "너무 혁명적"이어서, 절반도 알아듣기 힘들었다. 다윈은 헉슬리의 강의를 들은 적이 없었지만, 그 역시 기가 죽어서 헉슬리가 연구하는 연체동물에 대해 아는 사실은 "굴 파이를 먹어본 것이 고작인 사람"이 알고 있는 정도밖에 없다고 단언했다.[2]

헉슬리가 조직하고 있는 런던의 교사들은 과학계의 아웃사이더들로서, 그들은 신학의 담장 안에 갇힌 케임브리지의 사고방식, 학연으로 얽힌 특권계급의 인맥을 경멸했다. 이 사이에서 다윈은 모순되게도, 헉슬리의 '고해신부' 역할을 하고 있었다. 헉슬리 일파는 한때 신학대학을 다녔던 다운의 은둔자가 그들의 야망에 부합하는 성상파괴적인 과학을 제공하리라고는 꿈에도 생각지 못했다.

어쨌든 당장은 그들 나름의 전략이 있었다. 그 가운데 하나는 치밀하게 조직되고 엄격하게 규제되는 새로운 '직업'을 만드는 것이었다. 이것은 대중에게 '과학자'로 자신들을 파는 것을 의미했다. 다시 말해 그들은 공익을 제공하고 합당한 보수를 받는 존경할 만한 훌륭한 두뇌노동자 집단을 지향했다. 아무리 새로운 것이라 해도 '지식'은 상품이었다. 과학자는 그 자체로 정당성을 갖고 있어야 한다. 과학은 신학에 충성할 이유가 없다. 헉슬리는 분주히 돌아다니며 주교들을 괴롭히고, 과학과 신학의 분열공작을 펼쳤다. 적절한 보수를 지급한다면, 재능 있는 인재를 데려오고 호사가들을 쫓아낼 수 있을 것이다. 『웨스트민스터 리뷰』의 과학 섹션에는 그들이 비집고 들어갈 틈이 없었다. 곧 헉슬리 집단은 자신들의 생각을 담을 학술지와 자신들만의 클럽을 계획하게 되었다. 이들 과학의 상인들에게는 함께 저녁을 먹고, "서투른 일꾼들"의 방해를 받지 않고 책략을 짤 수 있는 "지식 리조트"가 필요했다.[3]

관계는 여러 모로 *끈끈*해지고 있었다. 정규직을 얻은 헉슬리는 1855년에 오스트레일리아에서 약혼녀 헨리에타를 데려왔다. 6년 동안 떨어져 지냈던 두 사람은 후커, 틴들, 카펜터 집안 사람들이 참석한 가운데 결혼식을 올렸다. 다윈은 축하편지를 보냈지만, "행복은 일에는 좋지 않네"라는 경고를 잊지 않았다. 신혼여행은 친구들과 함께, 남성의 오락으로 유행하고 있던 등산을 하며 보냈다. 그들이 꿈꾸는 정상은 옥스퍼드의 교회 첨탑들이 아니라 티롤의 최고봉이었다. 헉슬리는 알프스에 있는 틴들과 합류해 등반을 하고, 크리스마스는 후커와 해군 군의관 친구 조지 버스크와 함께 스노던산에서 아름다운 풍경을 감상하며 보낼 생각이었다. 호전적이고 성미가 급한 헉슬리는 선량한 증오를 품은 사람이자 신실한 친구로서 후커, 틴들, 다윈 같은 사람들의 가치를 알았으며, 그들 모두에게 "필요할 때는 언제든지 나를 공격하라"고 요구했다.[4]

이 젊은피들은 이미 오언 같은 능구렁이들을 습격하고 있었다. 오언은 1856년에 영국박물관 자연사 소장품의 새로운 관리책임자로 임명되었다. 옥스브리지 출신의 성직자들과 정치인들의 총애를 받고 있던 오언은 이 젊은피들이 싫어하는 모든 것을 상징했다. 새로운 척도가 요구되었다. 구태의연한 빈껍데기 권위에 경의를 표하는 것이 아니라, 동료 과학자들에 대한 새로운 책임감이 필요했다. 이 소장파들은 오언의 공손한 신비주의에 질색을 했다. 사적인 기행이라면 그들이 알 바 아니었지만. 헉슬리는 "신앙을 버린 원두圓頭당원〔1642~49년의 내란 당시 왕당에 적대하여 머리를 짧게 깎았던 청교도의 별명〕"처럼 번쩍이는 눈동자와 신랄한 재치로 오언에게 육체적·정신적 공격을 가했다. 그는 이 척추동물 전문가를 "인간 마음의 어떤 〔알려진〕 '원형'에도 해당되지 않는" "괴짜 어류"라고 불렀다. 헉슬리의 친구들은 이 "동물학의 전제군주"를 계속 저격했다. 때로는 거의 진짜 저격 직전까지 가기도 했다. 오언이 반격으로 헉슬리의 "맹목"을 공격했을 때, 카펜터는 헉슬리에게 "시력이 있다는 것을 증명하기 위해 살점의 적당한 부위에 총알을 박아넣으라"고 부추겼다. 이 초심자들은 존경심이 부족한 만큼 허장성세는 확실히 넘쳤다. 오언은 그들 모두가 출판한 논문을 다 합친 것보다 많은 논문을 발표했겠지만, 그들은 이 감독관이 감독받기를 원했다. "놈의 보고를 평가하고 비판할 수 있을 만큼 유능한 과학자 집단 앞에" 놈을 세우고 책임을 묻자.[5] 카펜터는 이렇게 촉구했다. 이 단체는 물론, 헉슬리가 이끄는, 아무에게도 책임이 없는 단체였다. 구질서 속으로 과학자의 직업화라는 싸늘한 바람이 불고 있었다.

이런 움직임이 일고 있던 1856년 4월, 다윈은 다운에서 모임을 소집했다. "우리가 다윈 선생님의 집에 모이게 된 일을 매우 기쁘게 생각합니다. 그곳에서 우리가 과학을 발전시키기 위해 다 함께 노력할 수 있는 계획들을 논의할 수 있기를 바랍니다." 후커는 헉슬리에게 보내는 편지에 이렇게 썼다.[6]

다윈이 헉슬리가 다운에 꼭 오기를 원한 데에는 다른 이유들도 있었다. 헉슬리의 해부학은 대단했지만, 헉슬리는 잘못된 방향으로 가고 있는 것처럼 보였기 때문이다. 헉슬리는 진화론을 증오하고, 화석기록의 전진적 이행에 대한 논의를 혹평했다. 다른 모든 이와 마찬가지로, 헉슬리는 생명이 끊임없이 상승하고 있다는 『흔적』의 주장을 무시했다. 하지만 헉슬리는 나아가 오언의 진보관 역시 거부했는데, 이 점이 다윈을 난처하게 만들었다. 오언은 화석동물들은 현생종보다 전문화가 덜 되어 있었다고 상상했다. 오언은, 각각의 계통을 거슬러 올라가면 좀 더 일반적인 동물형태를 만나게 되며, 마침내는 그 원형―즉, 그 이후의 모든 동물이 만들어지기 위한 이상적인 틀―에 도달하게 된다고 생각했다. 오언은 고전적 사례가 된 한 예를 제시했다. 오늘날의 서러브레종 말은 발끝―하나의 발굽―으로 선다. 하지만 그 전에는 몸집이 더 작은 멸종한 종인, 각각의 발에 두 개의 작은 발톱이 더 있는 히파리온*Hipparion*이 있었다. 이보다 더 앞에 존재했던, 맥과 비슷하게 생긴 팔레오테리움*Palaeotherium*은 완전한 세 개의 발가락이 있는 발을 갖고 있었다. 오언은 이런 종류의 전문화가 생명의 상승을 보여주는 전형적인 예라고 생각했다.[7] 그리고 다윈도 그렇게 생각했다.

하지만 헉슬리는 그렇게 생각하지 않았다. 그는 오언을 증오했고, 오언의 "은유적 신비주의"를 증오했으며, 생명의 진보를 주장하는 사람들이 하는 이런저런 말들을 모조리 부정했다. 더 큰 문제는, 오언이 라이엘의 비진보적인 지질학을 공격하면서 그 말의 사례를 처음 꺼냈다는 사실이었다. 오언은 후커가 질릴 정도로 고약한 말을 했다. 나아가 라이엘과 그의 과학을 무척 존경하는 헉슬리를 화나게 했다. 다윈 역시 오언의 신비주의적인 이론이라면 질색이었고, 그의 애매한 플라톤주의적 사고를 "혐오했다."[8] 하지만 다윈은 이 대단한 사람의 화석체계만큼은 높이 평가했다. 흐리멍덩한 합리화가 문제지만, 오언은 말의 혈통을 있는 그대로 추적하고 있었다. 오언의 화석체계는 진화론적 관점으로 번역될 수 있었다. 다시 말해, 그것은 계통을 완벽하게 보여주고 있었다. 다윈으로서는 자신의 새로운 설명이 나올 때까지 오언의 화석체계가 손상 없는 상태로 기다려주는 편이 좋았다. 그래서 다윈은 헉슬리가 이것을 파괴하고자 기를 쓰는 모습을 보며 난처했던 것이다.

헉슬리의 견해는 불안하고 심지어 불가사의하게까지 보였다. 헉슬리는 종을 별난 방식으로 바라보았다. 그는 종이 마치 구의 표면을 덮고 있는 것처럼 생각했다. 각각의 종은 원의 중심에 있는 원형으로부터 같은 거리만큼 떨어져 있었다. 헉슬리의 구에는 중간 형태를 위한 자리가 없었으며, 더 고등한 형태와 더 하등한 형태가 있을 가능성도 없었다. 다윈은 난감했다. 이것은 기하학이지 계통학이 아니었다. "나는 선생이 말한 사실에 놀랐습니다." 다윈은 이렇게 말했다. 다윈은 헉슬리가 종의 진보를 모조리 부정한다는 사실에 깜짝 놀랐고, 헉슬리가 생각하는 원형—추상적인 원의 중심—에 당혹스러움을 느꼈다. 그 미숙함, 그리고 형태는 구부러지지도 변하지도 않는다는 생각은 마치 프톨레마이오스 체계처럼 보였다. 헉슬리의 원형은 다윈이 헉슬리에게 다음과 같이 말할 때 떠올린 조상과는 아무런 관련이 없는 것이었다. "상상 속의 그 원형은…… 한층 더 발달할 수 있고, 일반적으로 발달하고 있는 게 아닐까요."[9] 하지만 다윈도 이렇듯 반신반의하고 있었다면, 헉슬리의 입장에서 **진화하는** 원형은 분명 터무니없어 보였을 것이다.

다윈은 헉슬리의 반진화론 논증의 위력이 어느 정도인지를 가늠해 보고자 헉슬리가 쓴 서평들을 자세히 검토했다.[10] 하지만 그것으로는 충분하지 않았다. 그래서 다윈은 헉슬리를 다운의 모임에 초대했던 것이다. 그는 헉슬리의 반론을 직접 듣고 싶었다.

후커 부부는 4월 22일 화요일에 도착하기로 되어 있었다. 또한 꼼꼼한 성격의 T. 버넌 울러스턴도 초대되었다. 울러스턴은 케임브리지 출신의 조용하고 교양 있는 곤충 전문가였고, 게다가 덤으로 "매우 멋지고 유쾌한" 사람이었다. 그는 분명히 다윈의 마음에 드는 사람이었을 것이다. 그 무렵 울러스턴은 영국박물관에서 다윈의 딱정벌레 표본들을 배열하고 있었다. 울러스턴은 새 책 『종의 변이에 관하여』를 다윈에게 바쳤고, 이 책에서 곤충이 갖고 있는 "정당한 자기적응 능력"—"정해진 특정 한도 내에서" 변이하는 경향—을 강력히 옹호했다.[11] 그는 다윈과 같은 관심사를 지녔으며, 다윈처럼 건강이 좋지 않았다. 마데이라 제도에 관한 울러스턴의 책(울러스턴은 요양을 위해 그곳에 갔다)은 섬의 격리와 기후 변화가 딱정벌레의 변이를 일으키는 주된 원인임을 보여주었고, 울러스턴은 자신의 논점을 입증하기 위해 다윈의 『항해기』를 여러 차례 인용했다. 그는 올바른 길로 향하고 있는 것처럼 보였다.

모임을 완성해줄 구성원으로, 다윈은 배교자 휴잇 왓슨을 초대했다. 다윈은 작년 가을에 이 열정적인 무신론자이자 골상학자를 만났고, 그가 "약간 빈정대기 좋아하는" 사람이라는 인상을 받았다. 그래서 다윈은 급진주의자들을 대할 때 항상 그랬듯이, 처음에는 왓슨을 의심했다. 하지만 왓슨이 식물자료를 자꾸 제공하자, 다윈은 왓슨의 "투명한 마음과 예리한 지성"을 높이 평가하게 되었다. 그리고 곧 그 사람에 대해 "최고의 인물"이라는 평가를 내리게 되었다. 왓슨 역시 마음을 열고 진화론에 대한 자신의 견해를 털어놓았다.

하지만 왓슨은 결국 그 주말에 올 수가 없었다. 헉슬리도 불확실했다. 헉슬리는 기진맥진한 상태였고, 그의 아내는 입덧으로 고생하고 있어서 아무 데도 가고 싶지 않았을 것이다. 또한 화요일은 헉슬리가 강의를 하는 날이었다. 다윈은 "약간의 변화"를 주면 두 사람 모두에게 도움이 될 것이라고 제안했지만, 큰 기대를 하지는 않았다. 에마는 헨리에타가 "가능한 한 조용히 지낼 수 있도록 신경을 쓰고, 원한다면 2층에서 계속 머물 수 있도록 침실에 편안한 안락의자를 마련해두겠다"고 약속했다.[12] 헉슬리 부부는 결국 토요일에 다운으로 왔다. 이것은 그들의 첫 방문이었다. 아마 시드넘까지는 기차로 이동하고, 다윈의 마차가 그곳으로 마중을 나갔을 것이다.

후커는 이런 자리를 좋아했다. 그는 "오래 걷고, 엎드려 기면서 아이들과 장난을 치고" 정원을 산책했다. 손님들은 한가롭게 모랫길을 거닐었다. 그러면서 후커와 헉슬리는 과학의 개혁을 계획했으며, 울러스턴은 딱정벌레에 정신이 팔렸다. 다윈은 회색 사냥용 외투를 입고 손에는 막대기를 든 채 "친절한 태도"로 앞장서서 자신의 비둘기들을 가리켰다. 얼마 전에 결혼한 존 러벅도 26일 저녁에 동참했다. 그날 밤에 헉슬리 부부가 도착했다. 다음 날 아침을 먹은 뒤, 다윈은 의사가 '수술'을 하듯 한 사람씩 차례로 서재로 불러 '면담'을 했다. 답이 필요한 질문들을 적은 한 뭉치의 종잇조각이 준비되었다. 그날은 헉슬리에게 묻기 위한 종잇조각들도 있었다.

라이엘은 그 주말의 모임에 대한 소식을 전해 듣고 매우 놀라워했다. "헉슬리, 후커, 울러스턴이 지난주에 다윈 씨의 집에 모였답니다." 라이엘은 동서인 식물학자 찰스 번버리에게 이 소식을 알렸다. "그들(전부 네 사람)은 종[의 불변성]을 논박했는데, 그들이 의도했던 것보다 훨씬 더 멀리 나간 듯합니다. 그래도 그들 가운데서는 울러스턴이 가장 덜 비정통적인 견해를 지닌 사람입니다. 나는 그들이 어떻게 라마르크주의의 교의를 통째로 부정하는 이야기로까지 나갈 수 있었는지 이해가 가지 않습니다."[13] 사실 이 논박은 다윈과 후커만의 논박이었다. 물론 그들은 울러스턴도 동참할 것이라고 기대했다. 다윈은 울러스턴이 "정당한 변이"를 논하는 것을 보고 그를 전향자 후보로 생각했다. 하지만 실상은 그렇지 않았다. "가장 덜 비정통적"이라는 말은 과소평가였다. 울러스턴의 견해는 그의 머릿속에 있는 종만큼이나 경직되어 있었다. 울러스턴은 아주 사소한 변이들만을 예외적으로 인정할 뿐이었다.

다윈은 울러스턴이 인정하는 예외가 결국에는 울러스턴을 무릎 꿇게 만들 것이라고 판단했다. 그래서 그는 울러스턴을 인정사정없이 몰아세우고, 할아버지 이래즈머스가 만들어낸 말을 그에게 적용했다.

나는 유니테리언파가 추락하는 기독교도를 붙드는 깃털침대라는 말을 듣고 자랐습니다. 나는 당신이 지금 그러한 깃털침대 위에 있다고 생각합니다. 하지만 나는 당신이 훨씬 더 아래로 떨어질 것이라고 믿습니다. "당신의 작은 예외들"이 상당히 많아지고 있는 것 같지 않습니까? 내가 (그리고 나 같은 지독한 철면피들이) 불쌍한 소수파이기 때문에 옳을 가능성이 있다는 당신의 논증은 참 재미있게 들립니다. 어쨌든 **몇몇 다른 사람들이** 곧 내 편이 될 거라고 생각하니 기분이 좋군요.

울러스턴의 "재미있는 논증"—소수파는 결국 옳을 가능성이 있다—은 그저 말로만 양보하는 척한 것이었다. 출처는 마태복음의 한 구절인 "생명으로 인도하는 문은 좁고 길이 협착하여 찾는 이가 적음이니라"다. 하지만 성서 구절을 비튼 그 말을, 기독교도를 이미 졸업한 다윈은 자신에게 유리하게 해석했다. 진화를 믿는 자신과 "다른 지독한 철면피들"이 그런 소수파라면, 이들이 생명으로 인도하는 길을 발견한 자들이며, 지옥으로 떨어질 사람들은 울러스턴처럼 말끝을 흐리는 자들일 것이다.[14] 심지어 다윈이 **몇몇 다른 사람들**—바라건대, 후커와 헉슬리—을 구원할 구세주가 될 수도 있었다.

하지만 부유한 교구목사의 아들인 울러스턴은 이러한 해석에 충격을 받았다. 그는 곤충이 다른 대부분의 생물보다 "훨씬 더 큰 정도까지" 변이할 수 있다고 인정했지만, 그렇다 해도 변화의 힘은 여전히 "분명하게 제한되어 있다"고 주장했다. 각각의 종은 "오직 특정 한계" 안에서만 "변이를 할 수" 있다고 울러스턴은 다윈에게 말했다. "그 한계를…… 뛰어넘을 수는 없습니다." 그 정도의 변이는 아무런 "위험"을 제기하지 않는다고 울러스턴은 자랑스럽게 말했다. "더 넓은 견지의 발달에 관한 문제를 손대지 않기 때문"이었다. 울러스턴에게 종변형론은 "기괴한" 이야기였다. 다윈은 좌절했다. 그리고 후커에게, "그 정도까지 나간 사람"이 "거기서 한 발짝 더 나갔을 뿐인 사람"들을 "유해하고", "터무니없고", "근거 없다"고 비난하다니, "참으로 웃기는 일"이라고 투덜댔다. "이런 견해의 밑바닥에는 신학이 깔려 있지. 나는 울러스턴에게 그가 이단자를 화형시키는 칼뱅 같다고 말했다네."[15]

헉슬리의 반대론의 배후에 있는 것은 신학은 아니었다. 헉슬리는 자연을 "질서정연한 기적"으로 취급하고 있다는 이유로 『흔적』을 혹평하지 않았던가. 하지만 헉슬리는 종의 진보적 변형이라는 개념은 치명적인 난센스라는 입장에는 훨씬 더 단호했다. 훗날 헉슬리는 다윈과의 "첫 면담"에 대해, 자신이 종 사이의 "뚜렷한 구분"을 "예의도 차리지 않고 젊은이다운 자신감으로" 주장했을 때 다윈이 "나는 꼭 그렇게 생각하지는 않는다"고 친절하게 대답하면서 재미있다는 듯한 웃음을 짓는 것을 보고 영문을 몰라 어리둥절했던 일을 회상했다. 헉슬리가 쓴 서평과 그가 한 강의들을 분석하며 "한탄"했던 다윈은 물론 헉슬리의 입장을 잘 알고 있었다. 다윈은 이 총명하고 무모한 젊은이의 생각을 알고 솔직히 낙담했다.[16] 그래서 다윈은 다운에 온 헉슬리에게 일련의 질문 사격을 퍼부었다. 하지만 자연선택설은 절대 내보이지 않았다.

헉슬리는 서재에서 자신의 반론을 능숙하게 펼쳤다. 그는 아주 오래전의 화석 동물들조차 형태가 거의 변하지 않은 현생 근연종이 있다는 것, 갑각류는 어류가 될 수 없다는 것, 중간 형태들이 발견되지 않고 있다는 것, 화석의 역사는 개체의 배 발생을 반영하고 있지 않다는 것 등을 지적했다. 헉슬리가 가자마자, 다윈은 일련의 메모를 했다. 그는 헉슬리의 트집에서 흠을 찾아내고, 헉슬리의 추론의 오류를 밝혀내고, 구면에 배치된 헉슬리의 정적인 자연을 분기하는 역동적인 나무로 재배치했다. 요컨대 다윈은 헉슬리의 반론을 하나씩 뒤집었다.[17]

전략적인 차이들도 드러나고 있었다. 다윈은 과학에서 무혈 쿠데타를 일으키려 하고 있었지만, 헉슬리는 생각이 달랐다. 헉슬리는 약간 호전적인 데가 있었다. 그는 과학의 요새를 부수고, 퀴비에, 오언, 아가시

같은 황제들을 베고, 그 앞잡이들에게 맞서는 성상파괴자였다. 5년 전 애시니엄 클럽의 회원으로 선출된 후커는 헉슬리도 회원이 되기를 바랐다. 하지만 다윈은 헉슬리의 지나친 배짱이 걱정스러웠다. 헉슬리의 과학 능력과는 별도로, 그의 어조는 "너무나 셌다." 다운에서 회합을 가진 지 2주 뒤, 다윈은 헉슬리를 후보자로 지명하지 않기로 결정했다. 어차피 자신이 지명하더라도 오언이 반대표를 던질 게 뻔했기 때문이다. "오언은 아마 얼굴을 붉히고 불쾌한 미소를 지으며 느리고 부드러운 목소리로 이렇게 물을 걸세. '헉슬리가 이 영예에 합당한 일을 뭘 했는지 말해주시겠습니까? 내가 아는 유일한 사실은 그가 퀴비에, 에렌베르크, 아가시 같은 권위 있는 학자들과 의견이 다르며, 그것을 논박한다는 것입니다.'" 다윈은 후커에게 "잠시 기다리는 게 좋겠다"고 충고했다. "훌륭한 자연학자를 애시니엄 클럽에 가입시키려고 열심히 노력을 해놓고 실패한다면, 아무것도 안 하느니만 못할 걸세."[18] 두 사람은 헉슬리가 2년쯤 지나면 좀 온화해질 것이라고 추측했다.

이 새로운 과학자들은 마치 군대의 핵심 간부들처럼 진영을 공고히 하고 있었다. 이들은 외부 "공격자들"을 색출하고, 결속을 강화하고, 공동의 정책과 공동의 적을 내세웠다. 이들 모두는, 다윈의 과학이 전문성이 뛰어나고 신학에 오염되지 않은 과학이라는 점에서 다윈에게 호의적이었다. 오언은 소외되고, 배제당했다. 거기에는 그의 관념론적인 이설들도 문제였지만, 거만한 태도도 한몫을 했다. 도덕성도 작용했다. 헉슬리는 항상 그것을 문제 삼았기 때문이다. 헉슬리가 재직하고 있는 광산학교에서 1856년에서 57년까지 오언이 객원강좌를 열었다. 이 강좌는 누가 봐도 대성공을 거두었고, 소수의 귀족과 숙녀들도 참석하여 "창조에 있어서의 신의 권능"이 밝혀졌다고 말했다. 아가일 공작(체신장관)은 거의 모든 강좌를 빼놓지 않고 들었으며, 아프리카에서 돌아온 리빙스턴도 마찬가지였다. 분명 이런 환대만으로도 헉슬리는 속이 쓰렸을 것이다. 사교계 명사들이 자신의 적에게 박수를 치기 위해 자신이 소속된 기관으로 행차하는 것을 지켜봐야 했으니까. 게다가 오언은 교활하게도 자신을 "교수"로 선전하여 헉슬리의 지위를 침범했다. 이 대목에서 헉슬리는 폭발을 했다. "그 작자에게 정나미가 떨어졌습니다. 그에게 인사를 하느니 차라리 내 돈을 사취하려는 사람에게 인사를 하는 편이 낫겠습니다."[19]

하지만 오언은 당한 만큼 갚아주었다. 이따금씩은 몇 배로 갚아주었다. 후커조차도 헉슬리가 욱하는 성격 때문에 궁지에 빠질까봐 걱정했다. 후커는 최근에 있었던 일을 다윈에게 급히 전했다.

제가 듣기로, 오언은 지질학회에서 헉슬리의 적응에 관한 견해에 대해 날카로운 말투로 맹렬한 공격을 했으며, 비정한 적의 얼굴을 하고 신랄한 어조로, 냉정하고 차분하게 힘을 주어가며 논문을 읽었습니다. 유감스럽게도 헉슬리는 (붉으락푸르락했지만) 자신을 잘 방어하지 못했으며, 오언을 맹렬하게 쑤셔댄 카펜터도 인기 있는 옹호자는 되지 못한 것 같습니다. 이런 분규는 참으로 난처한 일이고, 모르는 사이에 헉슬리에게 나쁜 영향을 미칠 것이 틀림없습니다.

다윈도 헉슬리의 별난 행동을 내심 즐겼으면서도, 헉슬리에게 다시 한 번 충고를 했다. "부디 오언에게는 (그가 어떤 사람이든) 힌두교도 행세는 하지 마세요. 선생의 고해신부가 걱정이 이만저만이 아닙니다."[20]

다운 회합 직후에 다윈은 자신의 이론을 공개할 전략을 짜기 시작했다. 다윈의 추론에 흥미를 느낀 라이엘은 (그 추론의 범위까지는 알지 못한 채) 다윈에게 다른 사람이 먼저 발표할 수도 있으니 그 이론을 서둘러 발표하라고 권했다.

라이엘에게 경각심을 불러일으킨 것은『자연사 연보』라는 평범한 잡지에 발표된 종의 "도입"에 관한 신중하고 수수께끼 같은 한 논문 한 편이었다. 라이엘은 다윈에게 그 사실을 귀띔해주었고, 활기찬 성격의 에드워드 블라이드는 그 논문을 극찬했다. "전체적으로 손색없는 논문입니다!" 그 논문은 생계를 위해 새 박제, 딱정벌레 표본, 이국적인 나비들을 파는 표본 사냥꾼이며 여행가인 앨프리드 러셀 월리스가 보르네오 섬에서 쓴 것이었다. 월리스는 열대 계절풍 때문에 집 안에 갇혀 있을 때 남는 시간을 이용해 이 논문을 작성했다. 블라이드의 말에 따르면, "월리스라는 친구"는 "다양한 가축 품종들이 명백히 종으로 발달하고 있다"는 사실을 보여줄 수 있도록 "문제를 잘 정리해놓았다."

이 논문은 안이한 다윈을 뒤흔들어놓았어야 마땅한 것이었다. 하지만 월리스의 신중한 표현방식이 다윈을 헷갈리게 했다. "모든 종은 더 앞에 존재했던 근연종과 시간적으로나 공간적으로 맞물려 나타났다"는 말은 오언의 "미리 예정된 연속적인 생성"과 같은 말로 들렸다. 즉, 창조의 연속성을 알쏭달쏭하게 표현해놓은 것 같았다. 다윈은 다른 사람들과 마찬가지로 월리스가 말하고자 하는 바를 알아차리지 못했다. "전혀 새롭지 않다." 다윈은 자신이 갖고 있는『자연사 연보』의 여백에 이렇게 적었다. "나처럼 나무 유비를 사용"했지만 "그가 하고자 하는 말은 결국 창조론으로 보인다."[21] 다윈은 월리스의 암호 같은 말을 잘못 해석하고, 그 사람을 그저 또 한 사람의 젊고 기민한 창조론자로 간주했다.

하지만 라이엘은 그렇지 않았다. 라이엘은 종에 관한 생각을 공책을 적기 시작할 정도로 크게 흔들렸다. 그는 세상이 다시 종변형론을 향해 곤두박질치고 있다는 두려움을 느끼며, 그것이 인류에 미칠 결과들을 공책에 적었다. 라이엘은 그 문제를 이렇게도 저렇게도 돌려보며 모든 각도에서 검토해보았다. "자연의 저자"는 어떻게 지구상에 종을 도입했을까? 새로운 종이 그것에 선행하는 종과 비슷한 이유는 "전능한 신"이 새로운 종을 비슷한 조건에 끼워맞추었기 때문일까?[22] 라이엘은 지금 이 주제를 직접 붙들고 씨름하고 있었다.

다운에서 라이엘이 동요하는 것을 지켜본 다윈은, 라이엘이 절대적으로 신뢰할 수 있는 사람임을 알고 있었기 때문에, 마침내 자연선택설의 모든 내용을 라이엘에게 자세하게 설명했다. 라이엘은 다윈의 비둘기집을 둘러보고 런트종과 텀블러종을 비롯하여 그 당시 영국에 알려진 그 밖의 모든 품종을 보면서 감탄을 했다. 그는 다윈의 생각에 진심으로 동의하지는 않았지만, 우선권 확보를 위해 다윈에게 발표를 강력히 권했다.

라이엘은 심하게 동요하며 다운을 떠났다. 언제나 그랬듯이 그는 준엄한 함의들을 보았다. 집에 돌아온 라이엘은 선택교배로 생겨난 비둘기들에 대해 곰곰이 생각하다가 인간이 "오랑우탄으로부터" 선택에 의해 유래했다는 추론에 이르렀다. 그는 곧바로 문제의 핵심으로 들어갔다. 동물들은 아무래도 좋다. 하지만 **인간**이 단지 더 나은 짐승일 뿐이라면? 인간이 어떤 구대륙 원숭이에서 "개량된" 존재라면? 이것은 차마 떠올릴 수 없는 생각이었다. 인간은 다르기 때문이다. 그렇기는 하지만, 다윈이 옳다면 "지구의 지질학 역사 전체는 인간의 역사"가 되는 것이 아닌가. 이것은 숭고하고 엄숙한 생각이었다. 25년 전에 라마르크를 반박했던 다윈의 스승 라이엘은 지금 불장난을 하고 있었다. 그는 주저하면서도 무언가에 홀린 듯, 다윈이 주장하는 "종을 만드는" 메커니즘에 매달렸다. 라이엘이 철학 클럽에서 이 문제를 제기했을 때 그의 난처한 입장은 더욱 깊어졌다. 젊은 과학자 일단에게 이 이야기를 해보니, 종의 고정성은 흘러간 옛이야기가 되었음이 명백해보였다. 설령 그들이 아직 "그것을 대체할 매우 명료한 교의"를 갖고 있지는 않았다 하더라도. 자연선택설을 발표할 시기는 무르익었다. 그것은 결국 젊은 과학자들의 수중에 들어가게 될 것이란 사실을 라이엘은 알았다. "다윈이 당신과 나를 설득하여 종에 대한 믿음을 버리게 만들 수 있든 아니든, 많은 사람들이 결국 종이 무한히 변할 수 있다는 교의로 돌아설 것입니다." 라이엘은 후커에게 이렇게 예견했다.[23]

라이엘의 압력으로, 다윈은 예전에 적어놓은 메모들을 점검하기 시작했다. 그 밖의 다른 신사 자연학자들도 그것이 초래할 결과를 깨닫지 못한 채 다윈을 격려했다. 라이엘의 동서인 번버리는 다윈의 "종에 관한 추론들"에 흥미를 느꼈고, 다윈이 출판을 밀어붙이기로 했다는 사실에 기뻐했다. 번버리는 다윈이 대부분의 사람들보다 더 급진적인 생각을 하고 있다는 사실을 알았지만, 그런 다윈이라 할지라도 "변이의 폭이 무한하다"고 단언하지는 않을 것이라고 확신했다. "그는…… 이끼가 목련으로 변하고, 굴이 참사의원으로 변한다고 주장하지는 않을 것입니다." 굴파이를 즐기는 수많은 참사의원들이 그런 이야기를 들었다면 소스라치게 놀랐을 것이다. 번버리는 다윈에게, "복수複數의 창조"나 "종변형"에 관한 논의에 휘말려들기 쉬운 독단을 피하고 "신중함과 공평함"을 기할 것과, "모든 사실과 모든 입장의 논증"을 제시할 것을 조언했다.[24] 물론 그것은 다윈이 계획하고 있는 바였다.

하지만 막상 정리를 해보니, 그것은 무리한 요구였다. 다윈은 처음으로 세부계획이라든지 자신의 편파성과 같은 현실적인 문제에 부딪쳤다. 뒤죽박죽인 사실들 속에서 "공평한 개요를 제시하는 것은 절대로 불가능한 일"이었다. 아마도 "변화를 일으키는 행위자인 선택을 언급하는 것으로" 끝내야 할 것 같았다. 하지만 빈약한 논문으로는 과학의 요새, 그가 설득하고 싶은 사람들 사이에서 쿠데타를 일으킬 수 없을 것이다. 위엄 있는 대작—두툼하고 심오하고 참고문헌이 달린 책—이라야만, 이들의 생각을 바꿀 가망이 조금이라도 있을 터였다. 하지만 한편으로, 우선권을 확보하지 못하면 20년 세월이 물거품이 될 것이다. 게다가 『흔적』의 저자, 온갖 저급한 신문과 잡지, 『웨스트민스터 리뷰』의 필진 등 수많은 종변형론자의 이야기가 흘러넘치고 있는 상황이니, 시간이 얼마 없었다. 다윈은 우왕좌왕하고 있었다. "어떻게 생각해야 할지 모르겠습니다. 우선권을 확보하고자 책을 쓴다는 것이 어쩐지 내키지 않지만, 만일 누군가가 저보다 먼저 제 이론을 발표한다면 화가 날 것입니다."

그건 그렇고, 어디다 발표할 것인가? "편집자나 평의원에게 내 자신을 적극적으로 드러낼 생각은 **없다네**." 따라서 학술지는 제외되었다. 결국은 얇은 연구서가 최선이 아닐지. "내가 뭔가를 출판한다면, 그것은 매우 **얇고** 작은 책으로, 내 견해의 개요와 곤란을 밝히는 정도가 될 걸세." 다윈은 후커에게 이렇게 말하며 조언을 청했다. "하지만 정확한 참고문헌도 없이 미발표 연구에 관한 개요를 낸다는 것은 끔찍하게 터무니없는 일"이었다. 이렇게 생각한다면 어떻게 그 일을 할 수 있겠는가?[25] "다른 사람이 그렇게 한 것을 보았다면 비웃었을 걸세."

결국에는 우선권에 대한 두려움이 이겼다. 1856년 5월 14일에 다윈은 발표를 할지 말지에 대한 최종 결정은 나중으로 미루고, 대략적인 개요를 쓰기 시작했다. 후커는 "예비 논문"을 내는 것의 이점을 이해할 수 있었지만, 그것 때문에 완전한 저서의 영향력이 줄어들지 않을지 염려했다. 폭스도 가벼운 책을 내는 것을 반대했다. 왓슨은 생각이 달랐다. 그는 어서 하라, 지금 발표를 하라, 완벽을 기하는 것은 나중에 하면 된다, 라고 말했다. "그래서 나는 시작을 했지만, 이 작업은 끔찍하게 불완전한 것이 될 것입니다." 다윈은 이렇게 말했다. 자기 회의가 다시 시작되었다. 그는 고통스러운 기분, 그가 "흔들흔들 덜컹덜컹"이라고 불렀던 감정을 느꼈다. "라이엘이 애초에 이 논문의 일을 내 머릿속에 집어넣지 않았으면 얼마나 좋았을까 하는 생각을 너무나도 **간절히** 하기 시작했습니다."[26]

　　시기는 상서로웠다. 크림전쟁이 마침내 끝났고, 그 2주 뒤인 5월 29일 밤 왕립학회 모임에 참석하기 위해 런던에 머무르고 있을 때, 다윈은 평화조약의 체결을 경축하기 위해 색색가지 로켓 1만 개가 동시에 발사되는 것을 보았다. 러시아는 패했고, 동방의 무역로는 안전하게 확보되었다. 영국의 미래는 밝아보였다. 진정한 제국주의의 시대, 영국이 지배하는 평화의 시대가 밝아왔다. 그리고 젊은피들은 "종교적 교의에 구속되지 않는 자유롭고 순수한 새로운 과학을" 영국의 성공 이야기의 일부로 만들겠다는 결의를 다지고 있었다.[27]

처음에는 온전히 책에만 마음을 쏟지는 않았던 모양이다. 48세인 에마가 아홉 번째 아이를 가졌다. 그들은 아이가 더 이상 생기지 않으리라고 철석같이 믿고 있었다. 그런데 다윈이 1856년에 원고를 쓰기 시작할 무렵, 에마는 자신이 또다시 임신을 했다는 사실을 알고 까무라칠 만큼 놀랐다. 마지막 아이라고 생각한 호레이스를 낳은 것이 5년 전이었다. 에마는 또다시 "비참한 상태"가 되었다. 그녀는 5월과 6월 내내 입덧을 했고, 7월 경에는 메스꺼움이 물러간 대신 "전반적인 무기력감"을 느꼈다.[1]

다윈은 또한 초대륙 가설 때문에 또다시 분개했다. 점점 더 많은 자연학자들이 그 시류에 편승하고 있었기 때문이다. 울러스턴은 마데이라 제도를 아프리카 대륙과 연결시켰고, 또 다른 사람들은 태평양의 사라진 땅을 만들어내고 있었으며, 그 옛날의 아틀란티스 대륙도 여전히 파도 밑 어딘가에 있었다. 다윈은 이 문제로 "완전히 폭발할" 지경이었다. "피가 부글부글 끓었다가 식었다가 하는 일이 반복되고 있습니다." 초대륙이라니, 말도 안 되는 생각이었다. 모든 잃어버린 대륙을 합치면 "지금 존재하는 바다의 절반"이 현생종의 생존 시기 내에 육지였다는 애기였다. 이런 식의 대륙의 연장으로 무엇을 설명할 수 있는가? 만일 이 땅들이 옛날에 붙어 있었다면, 왜 오스트레일리아에 자라는 반크시아속屬 식물들이 뉴질랜드에는 없는가? 대륙빙하가 동식물을 북극에서 밀어내렸다는 것으로도 아메리카와 유럽 대륙에 나타나는 공통된 형태들을 설명할 수 있지 않을까? 왜 바다 한가운데의 섬에서 옛날에 대륙이었던 시절에 쌓인 지층이 발견되지 않는가? 그는 이 문제 때문에 "미칠" 지경이었다. 하지만 좀 더 "겸손해지자"고, 그리고 그 엉터리들이 "요리사가 팬케이크를 만들 듯 뚝딱뚝딱 대륙을 만들더라도" 그냥 내버려두자고 스스로를 타일렀다.[2]

7월 중순경 다윈은 북극 종의 이주에 관하여 40쪽의 초고를 썼다. 써놓고 보니 그럴듯한 이론처럼 보였다. "이 모두가 착각인지 아닌지는 신만이 아시겠지." 다윈은 더 이상 책의 분량을 갖고 고민하지 않기로 했다. 수박 겉핥기식의 개요로는 안 된다. 반드시 완전한 책이어야 한다. 하지만 그 완전함이라는 게 어느 정도인지는 알 수 없었다. 다윈은 라이엘에게, 그 책을 그에게 바치고 싶다고 말했다. 라이엘 경은—지난날 라마르크를 혐오했던 것을 생각하면—용감하게 맞서고 있었다. "그는 종이 변할 수 있다는 쪽으로, 기차와 같은 속도로 생각을 돌리고 있으며", "서문의 첫머리에 그에게 바치는 헌사를 써넣을 수 있도록" 허락했다고 다윈은 후커에게 말했다.[3]

그러나 이것은 어디까지나 남들 앞에서의 태도였다. 라이엘은 속으로는 아직도 고뇌하고 있었다. 라이엘을 괴롭히는 것은 다윈에게는 문제가 된 적이 없는 한 가지 쟁점, 즉 인간의 강등에 대한 두려움이었다. 1856년에 라이엘은 인간의 조상이 짐승이라고 말하는 것은 수치스러운 생각이며, 인간을 내세를 부정하는 족속으로 "강등시키는" 일이라는 생각에서 좀처럼 벗어날 수 없었다. 그는 중요한 것은 과거가 아니라 미래라고 자신을 설득해보았다. 수억 명에 이르는 야만인 또는 반半야만인 인종이 존재하며, "짐승의 수준을 가까스로 벗어난 백치들과 미치광이들이 수백만 명씩 태어나고 있다면, 인간의 위엄은 어디에도 없는 것이 아닐까?" "매우 하등한 야만인 인종이 진보를 이루지 못한 채 1,000년 동안 존재하고 있다면, 그들과 침팬지의 중간단계에 해당하는 인종이 있다 해도 이상하지 않은 것이 아닐까."

라이엘은 자신의 공책에서 이 문제를 이리 뒤집어보고 저리 뒤집어보며 도덕적인 결과에 대해 고뇌했다. 하지만 아무리 고민해봐도, 인류가 그 고귀한 "지위"를 잃어버리고 짐승의 본성에 빠질 것이라는 두려움을 떨칠 수가 없었다. 자연이 이성이 없는 것에서 이성을 진화시킬 수 있을까? 이것이 문제의 핵심이었다. 라이엘은 "도덕적 혐오"를 애써 물리쳐가면서, 인간의 유인원 조상을 정당화해보려고 했다. "두 명의 백치 부모에게서 태어난…… 분별 있는 인간"을 생각해보라. 이것은 짐승에게서 야만인이 태어나는 것과 아무런 차이가 없다. 셰익스피어가 평범한 부모에게서 태어났다는 사실을 생각해보라. 그는 이 문제를 천재의 출현, 위인의 출현 같은 자기 나름의 언어로 치환하는 작업을 계속했다. 무엇이 이 뛰어난 존재―인간―를 지구상에 불러들였을까? 아무도 "천국 앞에 끔찍한 괴물들이 가득하다"고는 생각하지 않는다. 라이엘은 인간이 세상에 슬그머니 등장했다고 생각하면 할수록, "선악을 아는 인간"이 처음으로 출현한, 도덕상의 기적이 일어난 순간이 필요하다고 느꼈다.[4]

야만적인 상태에서 셰익스피어의 고귀함으로 상승할 수 있다는 것은 빅토리아 시대의 신사들이 그나마 위안으로 삼을 수 있는 이야기였다. 하지만 이 생각은 다윈이 이미 듣고 있는 인종차별적인 이야기와 직결되었다. 앵글로색슨 신사들이 흑인 집사보다 뛰어나다는 일반 통념을 고려하면, 진화는 조상의 순결함에 먹칠을 하는 것이었다. 라이엘은 불가항력적으로 이 문제에 끌려들었다. 무수한 세대를 거슬러 올라가면 흑인과 백인의 공통조상을 발견하게 될까? 그 공통조상은 유인원의 후손일까? 이 생각은 "거의 모든 사람에게…… 충격을 줄 것"이다. 어떤 대학도 이 사상을 인정하지 않을 것이다. 그것을 가르치다가는 "보나 마나 교수직에서 쫓겨날 것"이다. 인종은 1850년대에 감정적인 문제로 번지고 있었다. 불굴의 로버트 녹스(시체도둑 버크와 헤어 스캔들에 연루된 바로 그 의사)는 인종전쟁이 도래할 것이라는 꺼림칙한 예언으로 새로운 악명을 얻었다. 그는 인종을 서로 다른 종으로 간주했다. 루이 아가시 같은 사람들은 각각의 인종이 별개의 창조물이라고 생각했다. 다윈이 편지를 주고받는 지인들 가운데 한 사람은, "자신들의 조상을 존경하고 흑인의 피가 섞이는 것을 거부하는 그런 사람들로서는 아가시가 종변형론자들과 줄기차게 싸우고 있는 것이 참으로 다행스러운 일"이라고 생각했다. 다윈은 이를 강하게 비난할 작정으로 자신의 진화론적 "이설"을 즉각 밝히며, 자신이 "종에 대해 최악의 입장에 가깝다"고 분명하게 말했다. 하지만 이러한 인종차별주의는 너무도 뿌리가 깊었기 때문에, 진화론이 하나 이상의 문화적 금기를 위협하고 있는 것은 분명해 보였다. 아가시는 "내게 큰 돌을 던질 것이며, 그 밖에도 많은 사람들이 나를 격렬하게 비난할 것입니다"라고 말했다.[5]

　　동요하고 있는 사람은 라이엘만이 아니었다. 다른 사람들도 조심스럽게 생각을 전환하고 있었다. 다윈은 "지난 몇 년 동안에 걸친 후커와 헉슬리의 종에 관한 생각의 변화"에 놀랐다. 라이엘처럼 후커는 아직 반론을 제기하면서, 왜 같은 환경조건에서 똑같은 종이 진화하지 않았는지 의문을 제기했다. 하지만 다윈은 "기후의 직접적인 작용은 아주 작은 원인밖에는" 차지하지 않는다는 생각을 되풀이하여 이야기하면서 후커의 반론을 일축했다. 다윈은 이미 급진주의자들이 주장하는 환경결정론의 영향에서 완전히 벗어나 있었다. 생명은 스스로 상승하지 않을 뿐 아니라 환경에 의해 빚어지지도 않는다. 이러한 입장에 서 있지 않았다면, 경쟁에 의한 진화라는 다윈표標 진화는 후커와 헉슬리 부류에게 전혀 먹혀들지 않았을 것이다. 그래도 다윈은 여전히 초조하고 신경이 날카로웠다. 자신이 국교회파 엘리트들에게서 떨어져 나와 대중 속으로 들어가고 있다는 사실을 자각한 그는 오싹했다. 다윈은 후커가 제공한 그동안의 도움에 무한한 감사를 표했다. "내 책은 한심한 것이 되겠지만", "자네 덕분에 조금이나마 덜 한심한 작업이 될 걸세." "나는 이 책 때문에 의기충천하다가도 때로는 의기소침해진다네. 나는 종의 기원이라는 문제에 대해 마음의 결정을 끝냈지만, 그것이 얼마만큼의 가치가 있을지는 하늘만이 알겠지."[6]

다윈은 다시, 자신이 처음에 겨냥했던 독자에 신경을 쓰기 시작했다. 그것은 얄팍한 논문이어서도 안 되고, 『흔적』처럼 자극적이고 참고문헌도 없는 돈벌이를 목적으로 한 책이어서도 안 된다. 오직 수많은 증거를 토대로 한 전문적인 책이어야만 한다. 그렇지 않고서는 왕립학회에서 자신의 지위를 확고하게 다져가고 있는 개혁적인 젊은피들의 생각을 바꿀 수 없을 것이다.

그러는 내내 다윈은 대륙을 만들어내는 사람들, 특히 고집 센 후커를 향해 이를 앙다물었다. 다윈은 "그 주제를 머릿속에서 쫓아버릴 수가" 없어서 안달복달 속을 태웠다. 대륙들이 막무가내로 올라오고 내려앉는 동안, "동식물을 퍼뜨리는 수단에 대해서는 좀처럼 알려진 것이 없다." 다윈은 분포에 관한 장을 정리하면서 반증실험을 시작했다. 그는 거듭된 실패에도 아랑곳없이, 개구리의 알을 소금물에 담그고 달팽이의 알을 물에 띄우는 실험을 계속했다. 결국에는, 알에서 부화한 뱀의 새끼들이 오리 사체의 발로 기어 올라가서 거기서 물 없이 하루 동안 살 수 있을 것이라는 생각에 이르렀다. 그리고 이 생각은 또 다른 실험들로 이어졌다. 다윈은 뱀은 물에 뜨지 않을 것이라고 추측했다. 새들이 뱀을 목적지 섬으로 데려갈 것이다. 식물에 관해서는, 후커가 문제로 삼은, 에드워드시아를 비롯한 몇몇 종들이 뉴질랜드와 남아메리카에는 도달할 수 있었지만 왜 다른 데는 갈 수 없었는지를 증명하려는 노력을 계속했다. 후커는 다윈에게 외래산 종의 씨앗들을 계속 보내주었지만, 때로는 다윈의 자극에 못 이겨서 보내는 경우도 있었다. "혹시 내게 잘 익은 에드워드시아의 꼬투리를 보내는 것이 두려운 게 아닌가. 내가 그것을 뉴질랜드에서 칠레로 띄워보낼까봐!!!" 다윈이 후커를 이렇게 긁어댔던 것이다.[7]

하지만 사방에 곤란한 문제들이 쌓이고 있었다. 소금물에 씨앗을 담그는 일은 이미 예기치 못했던 심각한 장애에 부딪쳤다. 많은 씨앗들이 살아남았지만, 거의 전부가 물 아래로 가라앉았다. 수면에 뜰 수가 없다면 먼 해안으로 떠밀려갈 수 없다. 이것은 해결할 수 없는 문제처럼 보였고, 다윈은 그 "지긋지긋한 씨앗들"을 저주했다. "이 배은망덕한 악당들을 소금물에 담그느라 이 고생을 했는데, 다 헛수고였다니." 다윈은 한 발 물러나, 과실과 씨앗 꼬투리 덕분에 물에 뜬 나뭇가지들이 강을 떠내려가 섬에 도달했다는 가설을 세웠다. 하지만 이 가설도 곧 휴지조각이 되었다. 과실이 주렁주렁 달린 식물을 소금물 속에 넣었지만 "결과는 참혹"했다.[8] 이 식물들은 한 달도 못 되어 물탱크 밑바닥에서 썩어갔다. 절망적이었다.

다윈은 동식물을 퍼뜨리는 다른 장치를 찾아나서기 시작했다. 바다에 떠다니는 부빙은 어떨까? 아니면 그 오리발은? 오리의 발 이야기는 우습게 들릴 수도 있지만, 연못에서 떠낸 "한 숟가락의 진흙"에서 29가지 식물이 싹을 틔웠다. 이 실험에 대한 소문이 나자, 갖가지 이상한 것들이 우편으로 도착하기 시작했다. "진흙이 덕지덕지 묻은 자고새의 발을 막 소포로 받았다네!!" 다윈은 의기양양하여 후커에게 보고했다. 여덟 살이 된 프랭키가 배부른 오리의 사체를 물 위에 띄워보라는 짓궂은 제안을 했다. "말이 나오자마자 실행에 들어갔지. 모이주머니에 씨앗을 채운 비둘기 사체를 30일 동안 소금물에 띄워두었는데도, 씨앗들이 쑥쑥 잘 자랐다네." 물론 다윈은 청소동물들이 1,000개 가운데 999개의 사체를 처리할 것임을 인정했지만, "한 개는 이것을 피할 수 있을 것"이다. "나는 파도에 떠다니는 육지새의 사체를 본 적이 있다네." 자연은 후커처럼 고집이 세지는 않은 것 같았다.

씨앗을 먹는 새라는 발상에서 또 다른 이색적인 실험들이 고안되었다. 다윈은 새의 배설물을 수집하기 시작했다. 그는 현미경으로 들여다보면서 이 배설물들을 일일이 헤집어, 소화되지 않은 씨앗들을 족집게로 집어내어 싹을 틔웠다. 좀 더 곡절이 많은 수송방법도 생각해볼 수 있었다. 다윈은 물고기에게 귀리를 먹이면서, 이 물고기가 왜가리에게 잡아먹혀 먼 섬으로 날아가는 것을 상상해보았다. 잘 되는 실험도 많았지만, 실패로 돌아간 실험들도 있었다. 모든 게 "엉망이 되어버린" 날도 있었다. "공작비둘기들이 귀소하는 파우터들의 깃털을 뽑아놓질 않나, 동물원에 있는 물고기들에게 씨앗을 먹였더니 모두 뱉어버리질 않나, 씨앗들은 바닷물 속에 가라앉아버리질 않나. 심술궂은 자연은 내가 원하는 대로 움직여주지 않는군요."[9] 다윈은 폭스에게 푸념했다.

가축의 육종과 인위선택에 관한 첫 번째 장은 측정을 하고 실험을 진행하느라 아직 미완성인 상태였다. 다윈은 계속해서 비둘기를 사들였고, 어느덧 스캔더룬종, 폴란드종, 래퍼laugher종(진짜 웃는 것은 아니다) 등을 포함해 모두 90여 품종이 되었다. 새의 박제들이 모든 대륙에서 도착하고 있었고, 이따금씩은 살아 있는 새들도 왔다. "감비아에서 **살아 있는**

비둘기와 가금이 막 도착했습니다!" 이 소식을 들은 폭스는 깜작 놀랐다. 이 "고마운 비둘기들"의 가치는 다윈에게는 거의 절대적인 것이었다. 이 비둘기들이 유래에 관한 놀라운 유비를 제공해주었기 때문이다. 다윈은 "이 품종들에 일어난 점진적인 변화를 추적하기" 위해 산더미 같은 옛 기록들을 훑어보았다. 그러니까, 다운의 애호가 자신이 갖고 있는 "화석" 기록을 뒤적이며, 이 품종들을 야생의 조상까지 거슬러 올라가 추적하고 있었던 것이다.

제2장도 계속해서 가축화에 관한 장으로, 10월 13일에 끝이 났다. 분포에 관한 내용도 넣었다. 그리고 나서 다윈은 "운 없는 놈" 후커에게, 원고가 곧 그의 무릎에 상륙할 것이라고 경고했다. 사흘 뒤 다윈은 왕립 학회 모임에서 후커에게 그 원고를 건넸다. 그러면서 "너무 길고, 지루하고, 가설적"인 그 원고가 "얼마나 형편없는지" 알고 싶다는, 상대를 무장 해제시키는 특유의 한마디를 덧붙였다.[10] 다윈은 마침내, 그동안의 신선 놀음이 결실을 거둘지, 자신의 생각이 "회의주의의 왕"을 만족시킬지 알 게 될 것이다.

런던에 있는 동안 다윈은 동식물을 퍼뜨리는 수단에 관한 또 다른 오 싹한 아이디어를 동물원에서 시험해볼 수 있었다. 그는 모이주머니를 귀 리로 채운 죽은 참새 몇 마리를 가지고 와서 이 참새의 사체를 배터러수 리[배터러라는 이름은 '독특한 곡예비행을 하는 새'란 뜻]와 흰올빼미에게 먹이로 주었고, 그리고 나서 이들이 게워낸 내용물을 집으로 가져왔다. 다윈은 후커에게 "그 맹금들은 마치 신사들처럼 행동했다"고 보고했다. 그리고 씨앗 몇 개가 배터러수리의 위액을 무사히 견뎌냈다. 다윈은 올 빼미가 게워낸 내용물을 심은 뒤 "만세!" 하고 환성을 질렀다. 올빼미의 위 속에 "21.5시간 동안 있었던 씨앗이 싹을 틔운" 것이었다. 다윈은 평 소의 정확함을 조금 빠뜨린 표현으로 이렇게 발표했다. 이것은 "신만이 아는 거리만큼 씨앗을 실어나를 것이다." 이로써 "새가 씨앗을 먹는 것이 식물을 퍼뜨리는 효과적인 수단"임이 증명되었다. 씨앗들은 신비의 초대륙을 가로질러 날아갈 필요 없이, 오싹한 죽음의 비행에 몸을 싣고 이동할 수 있는 것이다.

그 "즐겁고 유익한" 원고를 읽으면서 흔들리고 갈팡질팡한 후커는, 다윈의 말하고자 하는 바가 갑자기 이해되면서 "**변화에 대한**" 더욱 뚜렷한 그림이 그려졌다. "종에 관하여 이렇게 흔들린 적은 처음입니다." 후커는 마침내 이렇게 털어놓았다. 그는 연필로 자신의 의견을 적어넣었다. "읽기에 좀 딱딱한" 대목은 있었지만, 다윈이 두려워했던 것처럼 차라리 불태워버리는 게 낫겠다는 생각은 들지 않았다. 그는 빙하시대의 이주에 대해서는 확신을 하지 못했지만, 빙산에 의한 수송은 받아들였다. 후커가 내린 평가는 다윈의 예상보다 "**놀라울 만큼 호의적**"이었다. 다윈은 어느 날 점심을 먹으면서 좀 더 이야기를 하려고 런던으로 향했다. 에마가 곧 아이를 낳을 예정이어서 오래 머물지는 않았다. 그는 후커가 아직 이해하지 못한 점들을 계속해서 설득했다. "외적 조건이 미치는 영향은 **대단히 미미하다**"는 것이 가장 중요한 점이었다. 새로운 종을 만들어내는 것은 "**우연히 생긴**" 변이들에 작용하는 선택이었다. 조밀한 집단의 투쟁 속에서 일어나는 선택은, 환경의 영향보다는 "동류" 간의 경쟁에 더 큰 영향을 받는다.[11]

책은 점점 진행되고 있었지만, 다윈은 이 작업으로 인해 심한 정신적 피로에 시달렸다. 방대한 책을 목표로 잡았기 때문에, 최종 분량을 생각하면 한숨부터 나왔다. "슬프게도 이 책은 엄청나게 두꺼운 책이 될 것 같습니다." 그는 진저리를 내며, 이 중노동은 "나를 엄청나게 혹사시키고 있어서 가슴 두근거림이 생겼다"고 불평했다. 부담 속에서 허우적대는 동안, 옛날의 증상들이 재발하기 시작했다. 에마가 오래전에 알아차렸듯이 "찰스의 건강은 언제나 정신의 영향을 받았는데", 그는 지금 불안에 시달리고 있었다.[12] 그는 일에 치여 무너질까봐 두려웠다. 신경이 극도로 날카로웠다. 물치료가 필요했다.

하지만 적어도 아기가 태어날 때까지는 에마가 우선이었다. 그녀는 지금 편지 한 통 쓰는 것조차 "엄청나게 힘든" 상태였다. 그 밖에 급히 처리할 일들도 있었다. 팔십대 노인이 되어 여전히 다운의 저택에 틀어박혀 살고 있던 새라 이모(조사이어 웨지우드 1세의 마지막 남은 자식)가 지난 9월에 대퇴골 골절로 다리를 못 쓰게 되었다가, 11월 6일에 갑자기 세상을 떠났다. 그래서 찰스가 장례식을 치르고 친척들을 맞아야 했다. 다윈의 슬픈 보고에 따르면, 묘지에서 이네스 목사는 "매우 감동적인 기도를 제대로 읽지 못했고" 늙은 하인들은 많이 울었다. 그러고 나서 모두가 유언장을 읽으러 페틀리스 저택으로 갔다. 새라 이모의 재산은 매각할 예정이었는데, 찰스가 경매를 관장하기로 했다. 22일에, 아직 럭비 학교에 있던 윌리엄을 뺀 모든 아이가 이별의 파티를 위해 마지막으로 그 낡은 대저택으로 갔다. 앞으로 이곳을, 그리고 모리 아줌마의 생강빵과 마사 헤밍스의 노래를 얼마나 그리워하게 될까? 에티는 특히 상처가 컸다. 그것은 애니의 죽음 이후에 처음 겪는 커다란 상실감이었다. 이제 열세 살이 된 에티는 그 주말에 감기에 걸렸고, 증상은 점점 심해졌다. 의사는 "미열"이라고 진단하며 한동안 침대에서 아침을 먹도록 권했다.[13]

2주 뒤, 새라 이모의 물건들을 팔기 직전에 에마는 여섯 번째 아들 찰스 워링을 낳았다. 그녀의 언니 엘리자베스가 다시 출산을 도우러 왔고, 출산은 언제나 그렇듯 긴장된 시간이었다. 그 무렵에는 클로로포름의 위험을 둘러싸고 논란이 일고 있었기 때문에, 찰스는 에마에게 평상시보다 적은 양을 사용했다. 그가 처음에 썼던 1시간 반의 효력을 발휘하는 양에 한참 못 미치는 양이었다. 사실 "나는 그녀가 그것을 달라고 소리칠 때까지 주지 않았다네." 다윈은 몇 달 후, 후커의 네 번째 아이가 태어난 뒤 후커와 의견을 교환하며 이렇게 말했다. 울러스턴은 다윈이 그의 "자연동물원에 또 하나의 ♢을 추가하게 된 일"을 축하했다. 하지만 아이가 "지능이 모자란 상태로 태어났다는 사실"을 알게 되었을 때, 다윈은 분명 변덕스러운 자연의 우리에 갇힌 것 같은 기분, 번식력과 무익함을 시험하는 자연의 괴기스러운 실험에 말려든 것 같은 기분이 들었을 것이다.[14]

새라 이모의 재산에 대한 경매가 12월 9일부터 10일까지 열렸고, 입장권을 소지한 사람만 입장할 수 있었다. 이모의 마차가 11파운드에 팔리고, "아메리카제製 시계"가 구매가격의 두 배에 팔렸다. 다윈은 이어서 꽃병들, 팔걸이의자…… 그녀가 세상을 떠날 때까지 애지중지했던 물건들이 팔려나가는 것을 지켜보았다. 그녀는 "스파르타인처럼 검약하게" 살면서 곤궁한 사람들에게 자신의 재산을 나누어주었다. 죽을 때도 그렇게 죽었다. 기념비는 세우지 않기로 했다. 그녀의 아낌없는 베풂이 그녀를 영원히 기억하게 할 것이다. 조사이어 웨지우드의 부의 잔재, 영국 최초의 위대한 기업가의 마지막 유산은 수많은 자선단체에 전달될 것이고, 약간은 하인들에게 돌아갈 것이다. 낭비가 자연의 필연이라 해도 아랑곳없이 희생하는 삶을 사는 것, 이것은 오랜 세월 명예롭게 지켜져온 부자들의 의무였다.[15]

출생과 죽음, 그리고 병마 속을 헤쳐나가며 다윈은 제3장까지 왔다. 이제 "진저리나는" 원고량 때문에 "글쓰기의 만족"은 전혀 느낄 수 없었다. 아무리 가차 없이 쳐내고 응축해도, 분량은 속수무책으로 늘어났다. "번식과 불임"에 관한 최근의 장은 "100페이지쯤까지 썼지만 아직 충분히 썼다고 볼 수 없다"고 다윈은 후커에게 불평을 늘어놓았다. 정말 그랬다. 그는 헉슬리의 자웅동체 해파리에서부터 벌과 타화수분에 이르기까지 모든 것을 집어넣었다. 이 모두는 줄기찬 공격으로 적을 무력화시키기 위한 것, 이계異系교배로 태어난 자손이 "극심한 생존투쟁"을 더 잘 이겨낸다는 것을 입증하기 위한 것이었다.[16] 그런데 이 이야기는 다윈에게는 너무나도 절실히 와닿는 문제였다.

근친결혼은 오래전부터 그를 괴롭혀온 문제였다. 현재 다윈가와 웨지우드가는 그와 에마를 포함하여 네 쌍이 사촌끼리 결혼을 했다. 다윈이 낳은 10명의 아이들 가운데 둘이 어려서 죽었으며, 불길한 징후는 나머지 아이들에게도 드리워져 있었다. 조지는 병이 나서 학교에서 돌아왔고, 에티는 아침마다 침대에 맥없이 누워 있었고, 리지는 아직도 이상한 행동을 보였으며, 새로 태어난 아기는 정상이 아니었다. 찰스는 근본적인 원인은 유전이라고 생각했다. 자신의 허약한 체질이 전달되었고, 에마의 웨지우드 혈통이 이것을 더 강화시켰던 것이다. 생존투쟁은 이미 시작되었고, 그는 아이들의 건강이 언제든 무너질 수 있음을 각오했다. 아홉 살쯤이 중대한 고비였다. 애니가 병이 난 것이 그 무렵이었다. 애니가 죽은 뒤부터 이 생각이 계속해서 그를 괴롭혔고, 그는 자연이 이 치명적인 결함을 지닌 아이들을 앗아갈 수도 있다는 것을 각오했다. 이제 17세가 된 윌리엄을 뺀 모든 아이가 잠재적 희생자였다.

그 책에서 다윈은 근친교배의 "악한" 영향과 이계교배의 좋은 영향을 길게 논했다. 늘 그랬듯이. 그는 도덕적 의미를 찾고 있었다. 출생, 죽음, 만성 질병에는 어떤 합리적 설명이 필요한데, 자연이 그것을 제공하고 있다고 생각했던 것이다. "친척끼리 결합을 하면" 자손들의 "활기가 전반적으로 줄어들고", "병약할" 가능성이 높다. 생존투쟁은 불가피하게 피해자를 낳으며, 다윈의 아이들은 희생자가 되는 것을 면할 수 없었다. 여기서 미덕을 찾아보기는 어렵지만, 자연은 더 좋은 세상을 만들고 있었다. "생존자들"은 더 "혈기왕성하고 건강한 자들이며, 따라서 인생을 최대로 즐길 수" 있다. 그는 경매를 진행한 그 다음 주에 3장을 끝냈다. 마지막 부분은 급진주의자들의 자애로운 인구 연구의 오류를 보여주고 맬서스의 비관적인 연구를 옹호하며 끝을 맺었다.[17] 자연의 무자비한 낫을 피할 방도는 없으며, 피하려는 시도는 결코 미덕이 아니다.

다윈은 자신이 과로하고 있음을 알았다. 신경은 긴장되었고, 가슴의 두근거림도 여전했다. 폭스는 몇 달 전에 요통 때문에 걸리 박사의 물치료를 시도했는데, 그곳에 있는 동안 애니의 묘비가 잘 있는지 확인해주었다. 찰스는 "우리 불쌍한 아이의 무덤"을 한 번도 본 적이 없었고, 맬번에 대한 생각만으로도 물치료를 떠났던 그 괴로운 기억이 되살아났다. 그는 다른 치료들을 시도했다. 혹시 위액을 강화할 필요가 있을지도 모른다는 생각에, 산酸을 조제해 마셔보기도 했다. 하지만 그는 여전히 맥을 추지 못했으며, 책의 분량은 터무니없이 불어나고 있었다. 비둘기 박제는 "세계 곳곳에서 쇄도하고" 있었고, 달팽이도 마찬가지였다.[18] 그는 얼마나 더 버틸 수 있을지 불안했다.

크리스마스 직전에 다윈은 스무 해 동안 묵혀둔 종변형에 관한 공책들을 꺼내서, 다시 작업하기 좋도록 30개에서 40개 정도의 커다란 묶음으로 분류했다. 이제 그것을 다시 살펴볼 시기였고, 게다가 마침 집안이 조용한 시기이기도 했다. 아기가 태어난 뒤 러벅 부인이 시끄러운 어린 아들들을 맡아주겠다는 제안을 했지만, 집안의 하인들이 에마가 평화롭게 산후조리를 할 수 있도록 아이들을 잘 다스렸다. 에티는 매일 아침 엄마의 침대에 함께 누워 있었고, 리지는 생쥐처럼 조용했다. 윌리엄과 조지는 런던에서 패니와 헨슬레이의 아들들과 함께 크리스마스를 보내고 윌리엄의 생일인 27일에 돌아올 예정이었다. 조지는 찰스 프리처드 목사(아버지의 케임브리지 대학 동창)의 지도 아래 수학과 과학의 기초를 다지기 위해 8월에 클래펌 문법학교에 입학하여 첫 학기를 보냈는데, 할 이야기가 무척 많았다. 1856년도 저물어갈 무렵, 온 식구들은 가정교사 톨리 양에게 작별인사를 했다. 그해의 연말은 10년의 세월을 함께 지낸 그녀가 다윈 가족과 함께 보내는 마지막 크리스마스였다.[19]

집필은 1857년에도 계속되었다. 다윈은 후커, 왓슨, 그레이가 제공한 식물자료를 분석했다. 수많은 종을 포함하는 "커다란 속"은 계속 넓어지면서 변종을 "제조하는" 공장의 역할을 하고 있음을 입증하기 위해, 다윈은 풀스캡판 종이 300장 분량의 일람표를 만들었다. 변이에 관한 그 장은 1월 말에 마무리되었으며, 예외 없이 풍부한 예들로 압도하는 모습이었다. "나는 마치 크로이소스〔기원전 6세기 리디아의 마지막 왕으로, 큰 부자로 유명함〕처럼 어마어마한 사실들에 파묻혀 있으며, 그런 상태는 계속될 전망입니다."[20]

　　1주일쯤 뒤에 다윈은 "생존투쟁"에 관한 장을 한창 써나가고 있었다. 이 장에서는 변종들이 어떻게 솎아내어지는지, 수많은 개체들이 "자연의 전쟁"에서 어떻게 쓰러지는지를 보여줄 작정이었다. 분기에 관한 다윈의 새로운 이론은 소름끼치는 이미지를 불러일으켰다. 자연은 아비규환의 빈민가가 되었다. 모두가 그곳을 벗어나려고 안간힘을 쓰며, 그 부랑자 집단에서 도망치기 위해 필사적이다. 오직 극소수만이 살아남아 새로운 왕국을 만들어 더 나은 삶을 산다. 대부분은 가난에 허덕이며 부질없는 생존투쟁에 갇혀 살아간다. 이웃들끼리 서로 앞서 가기 위해 밀치고, 약자는 발밑에 깔린다. 희생과 소모가 만연한다. 아니, 그것은 필연이다. 자연은 버리고, 낭비하고, 방탕하다. 자연의 실패작들은 쓰레기장에 버려져 썩는 육종가들의 실패작 런트들처럼 제거된다. 빅토리아 시대의 구빈법 사회에서, 이 이미지가 유달리 암울한 것은 아니었다.

　　오히려 빅토리아 사회에서 충격적인 것은 저속한 이미지였다. 한 대목에서 다윈은 자웅동체인 해파리들이 자기 몸 안에서 수정을 하기보다는 다른 개체와 번식을 한다는 사실을 증명하려고 시도하고 있었다. 그는 종의 활력을 유지하기 위해서는 그래야 한다고 생각했다. 이계결혼이 인간에게 유익한 것과 마찬가지였다. 다윈은 헉슬리에게, 해파리들의 입으로 들어가는 물에 정자가 포함되어 있지 않은지 물었다. 이것은 모범생이 던진 느리고 약한 공이었다. "그 남세스러운 행위를 생각하면, 어느 정도는 그럴 수도 있을 것 같다는 생각이 듭니다." 헉슬리는 특유의 상스러운 어법으로 그 공을 받아쳤다. "이 생물들에서 자연은 아무리 봐도 너무 **저속해지고 있군요.**" 다윈은 이 음란한 이야기를 후커와 함께 나누었다. 자신이 마치 고귀한 신의 섭리에 맞서 자연의 악행을 부르짖고 있는 것처럼 여겨졌다. 맙소사! "악마의 사제가 아니면 누가 쓸 수 있겠나! 이런 꼴사납고 소모적이며 실수를 연발하는, 저속하고 끔찍할 정도로 잔혹한 자연의 소행들에 대한 책을."[21]

하지만 다윈은 가짜 성직자복을 걸치고 다운하우스의 설교단 위에 올라서 있는 악마의 사제이고, 그가 오랜 시간을 끌며 쓰고 있는 설교는 준엄한 고발처럼 읽힐 것이다. 고통을 통한 진보, 죽음을 통한 삶. 다윈은 이것을 직접 목격했다. 다른 사람들도, 만일 정직하다면 그랬을 것이다. 국교회 성직자들에게 자연의 표면 아래에서 벌어지고 있는 야만적인 행위를 납득시키는 것은, 런던 빈민가 거주자들의 야만적인 생활을 알리는 것만큼이나 어렵지 않은 일이었다. (모든 사람은 헨리 메이휴의 기념비적인 탐사서적 『런던의 노동자계급과 빈민』을 읽었고, 다윈도 읽었다.) 크림전쟁에서 자행된 살육을 보라. 이 참혹함은 런던에서 개최되고 있는 거리 사진전을 통해 마침내 사람들의 가슴속에 생생히 새겨지고 있었다. 다윈의 조부 이래즈머스 다윈의 말 "전쟁 중인 세상은 거대한 도살장이다!"라는 문구를 그 누가 의심할 수 있으랴. 심지어 시인 테니슨도 "자연은 피

로 물든 이빨과 발톱"이라는 시구로, 듣기 좋은 교리에 격하게 항의하고 있었다.[22]

이것은 국교회 대부제 페일리의 『자연신학』에 나오는 "행복한" 자연과 얼마나 다른 모습인가. 세상은 50년 만에 완전히 뒤바뀌었다. 페일리의 장밋빛 안경을 통해서 보면, 세상은 영원히 계속되는 여름날 오후이며, 목사관 정원은 만족한 생명들로 떠들썩하다. 하지만 그러한 광경은 더 이상 없다. 산업사회가 팽창하고 있다는 것은, 점점 더 많은 사람들이 허기와 분노를 안고 공장도시들로 몰려들고 있다는 뜻이었다. 빠듯하게 살아가고 있는 사람들은 오래전부터 페일리가 그리는 이미지를 공격해왔다. 노동자계급의 선동가들은 페일리가 현상을 정당화하고 있다고 비난했다. 조지 홀리오크는 두 살 난 딸이 영양실조로 죽은 뒤로 오랫동안 『페일리 본인의 말로 페일리를 반박함』을 써왔다.[23] 다운에서는 다윈이, 자연의 "지독히 잔인한" 얼굴을 똑바로 응시하고 있었다. 페일리에게 도전할 순간이, 한때 그의 문장을 좋아했던 다윈에게도 찾아왔다.

맬서스주의의 안경을 통해서 보면, 페일리의 목사관 정원은 전쟁터였다. 하지만 다윈도 시인했듯이, "쾌활한 풍경 속의 만족한 표정이나 생명의 빛에 충만한 열대림"을 보면 "아마도 이 사실을 믿기 어려울 것이다."

그러한 시기에 대부분의 생물은 아마도 커다란 위험 없이 먹이가 넘치는 상태에서 살 것이다. 그럼에도, 자연은 늘 전쟁 중이라는 견해가 훨씬 진실에 가깝다. 이 투쟁은 대개는 알과 씨앗, 작은 묘목, 유충, 새끼들에게 닥친다. 하지만 이 투쟁은 모든 개체의 일생에 이따금씩 닥치고, 더 일반적으로는 여러 세대에 걸쳐 이따금씩 일어나 심각한 피해를 끼친다.[24]

만일 번식률이 높으면 그래야 한다. 한 마리의 바다 민달팽이가 60만 개의 알을 낳을 수 있을 때(다윈은 포클랜드 제도에 있을 때 이 수치를 계산했다), 오직 대량살상만이 남대서양이 바다 민달팽이로 들끓는 것을 막을 수 있을 것이다.

2월 23일에 다윈이 맬서스주의에 입각한 사례를 적고 있을 때, 피츠로이 함장과 그의 아내가 다운에 점심을 먹으러 왔다. 피츠로이는 슬픔을 겪을 만큼 겪은 사람이었다. 첫 아내가 세상을 떠났고, 최근에는 그의 유일한 딸이 죽었다. 하지만 자애로운 신의 섭리가 자연의 질서를 정해놓았다고 믿는 피츠로이는 아마 이 엄혹한 관점에 공감하기 어려웠을 것이다. 이제는 다른 사람들도 비록 공감은 하지 못할지라도 다윈의 비밀을 알고 있었다. 폭스는 계속해서 다윈의 버팀목이 되어주었다. 그는 자연의 낫이 자신의 육촌 형제를 베어버릴까봐 두려운 마음에, 다윈이 과로를 하지 못하도록 경고하고 휴가를 권했다. 물론 다윈은 소금물에 담근 달팽이와 개구리들, 자신의 비둘기들과 씨앗들을 떠날 수 없었다. 그 책은 방대할 것이라고 폭스는 들었다. 심지어 다윈 본인도 살아서 그 책이 인쇄되는 것을 볼 수 있을지 의심스러웠다.

다윈은 지금 딜레마에 빠져 있었다. 인정을 필사적으로 갈구하면서도 그것이 두려웠고, 죽음을 크게 염려하면서도 일종의 구제를 찾고 있었다. "내가 지금이든 사후든 겉만 번지르르한 명성에는 되도록 가치를 두지 않기를 바랍니다." 그는 폭스에게 푸념을 했다. "만일 내가 나를 제대로 알고 있다면, 내 책이 영원히 익명으로 출판된다는 사실을 안다 해도 똑같이 열심히 일할 것입니다. 즐거움은 덜 하겠지만 말입니다."[25] 요컨대, 다윈은 사명감을 느끼고 있었다. 그는 자진해서 하고 있는 이 일의 가치를 절대적으로 믿고 있었다.

다윈의 두려움은 온갖 책동을 일삼는 주변의 과학계 요인들 때문에 한시도 누그러들 새가 없었다. 한마디도 인쇄되지 않았는데, 벌써 장애물이 나타나고 있었다. 라이엘은 인간이—어떤 식으로든—유인원 부모에게서 태어나 세상에 슬그머니 등장했다는 사실을 체념하고 받아들였는지 모르지만, 오언은 아니었다.

　　리처드 오언은 누구보다 많은 유인원을 해부해본 사람이었고, 인간의 기원에 관한 위험한 가설들을 짓밟기 위해 자신이 얻어낸 결과들을 이용했다. 선교사 토머스 새비지가 지금까지 세상에 알려지지 않았던 거대하고 "형언할 수 없이 포악한" 유인원인 고릴라가 서아프리카에 살고 있다고 발표한 직후인 1849년에, 오언은 다시 위협에 직면했다. 지금 오언은 새로운 부류의 반대자들에게 괴롭힘을 당하고 있었다. 이들은 채프먼과 스펜서 일단, 그리고 『흔적』의 저자였다. 확실히 더 강력한 해독제가 필요했다. 오언은, 라이엘이 "지독히도 하등한" 유인원의 특징들이라고 부른 툭 튀어나온 이마와 날카로운 송곳니는 결코 변할 수 없는 것이라고 단언하며 청중을 안심시켰다. 인간은 유인원의 후손이 아니다.

오언은 한 노선장에게서 고릴라 머리뼈 네 점을 얻었다. 그 머리뼈들은 신성한 부족 표시들로 뒤덮여 있었다. 이 야만행위의 흔적들은 쉽게 없앨 수 있었지만, 고릴라가 "유독 꺼림칙한" 창조물이라는 느낌은 쉽게 지워지지 않았다. 인류를 조롱하는 듯한 "찡그린 인상"은 마치 불길한 풍자화처럼 보였다. 고릴라는 중요한 인질이 되었다. 1854년에 영국과학진흥협회에서 했던 오언의 강연은 유인원은 직립할 수 없으며 인간으로 간주될 수 없다는 이야기에 초점이 맞추어졌다. 짐승은 다른 종으로 변형을 할 수 없다. 따라서 인간은 안전하며, 그 위엄은 흔들리지 않는다. 하지만 압력은 계속되었다. 다윈조차도 종변형에 관하여 오언의 생각을 떠보았다(그리고 오언이 종변형론에 "격렬히 반대하는 입장"임을 알았다). 그러므로 오언은 1857년경에 이미 다윈이 그 문제에 관한 책을 쓰고 있다는 사실을 알았음이 틀림없다.[1]

'고릴라'는 1850년대 말에 갑자기 모든 사람의 입에 오르내리는 말이 되었다. 검은 가죽을 뒤집어쓴 이 새로운 유인원에 대한 관심이 돌풍처럼 일었고, 성질이 포악하며 여자를 낚아채기도 한다는 소름끼치는 소문과 외설스러운 이야기들은 이 열기를 더욱 부추겼다. 사로잡힌 유인원을 보는 것은 전율 그 자체였다. 동인도회사의 무역 덕분에, 침팬지와 오랑우탄의 새끼들은 그동안 영국의 항구들에 간헐적으로 도착하여 동물원으로 잡혀갔다. 하지만 고릴라는 한 번도 온 적이 없었다. 사실 유럽의 어느 누구도 살아 있는 고릴라를 본 적이 없었다. 1855년이 되어서야 대중들은 마침내 눈이 휘둥그레져서 이 그로테스크한 짐승을 보았다. 움브웰의 순회 동물서커스단은 최고의 흥행몰이를 위해 부둣가에 가장 값비싼 자릿값을 지불했는데, 이 서커스단이 고릴라의 어린 암컷 한 마리를 구했다.[2] 움브웰의 쇼는 그해에 잉글랜드 서부지방에서부터 옥스퍼드를 지나 요크셔에 이르기까지 수백 킬로미터를 순회했다. 맨 앞에서 브라스

밴드가 포효하는 코끼리와 함께 행진하는 가운데, 이 떠들썩한 행렬은 엄청난 군중을 끌어들였다.

하지만 어슬렁거리는 무지한 군중 앞에서 이루어진 이러한 고릴라의 데뷔는 인간의 야만화를 둘러싼 두려움만 높였다. 존경받는 학자들은 이 야단스러운 쇼를 경멸했으며, 그 악영향을 걱정했다. 선정적인 신문들을 보면, 이들이 그런 반응을 보였던 것도 이해할 만하다. 비인격적인 냉담한 우주 안에서 "인간은 아무것도 아니다"라는 자신들의 구호를 뒷받침하기 위해서라면 어떤 지식이든 가리지 않고 자신들의 것으로 만드는 노동자계급의 투사들은, 벌써 인간의 조상이 원숭이라는 사실을 사람들에게 널리 알리고 있었다.[3]

이런 종류의 선동은 단호히 저지할 필요가 있었다. 라이엘처럼 오언은 인간이 창조에서의 고귀한 태생적 지위를 잃을까봐 두려웠다. 이 와중에 종변형론을 맛본 학자들은 호전적인 투사들에게 좋은 무기를 제공함으로써 불난 데에 부채질하고 있었다. 이것은 배신행위였다. 도덕적으로 비난받아 마땅한 이런 과학은 철저히 짓밟아주어야만 하고, 거기에는 오언이 적임자였다. 오언은 이 무렵 전 유럽에서 유명했다. 얼마 전에는 왕립학회의 코플리 메달을 받았고, 옥스퍼드 대학은 명예박사학위를 수여했으며, 프랑스 정부는 레지옹 도뇌르 훈장을 수여했다. 그는 인맥도 풍부하여, 전직 수상 글래드스턴이 여는 조찬에 참석했으며, 주교나 백작들과도, 그 젊은 반항아들의 분노를 살 만큼 허물없이 지냈다(오언은 이미 여왕이 하사한 리치먼드 파크에 있는 "궁중저택"에 살고 있었다).[4] 1857년에는 영국과학진흥협회의 회장으로 당선되었다. 과학계의 향사들이 신뢰할 만한 유인원 권위자인 오언에게로 눈을 돌린 것은 당연한 일이었다. 그들은 고릴라와 관련하여 자신들을 안심시켜줄 사람이 필요했다.

오언은 결코 반동적으로 반응하지 않았다. 그는 창조는 쉼 없이 계속되고 있는 진행 중인 사건이라고 발표했다. 그는 상세한 내용으로 들어가지 않은 채, 대충 그것을 "미리 예정된 연속적인 생성" 과정이라고 불렀다. 이것은 신의 뜻에 의한 진화의 일종으로 생각할 수 있었다. 그렇지만 고릴라가 인간으로 변하도록 내버려두는 것은 오언으로서는 용납할 수 없는 일이었다. 그는 창조에 의한 도약을 구상했다. 하지만 증거가 필요했다. 주변 사람들은 오언이 이 증거를 어디서 찾을지 궁금했다. 곤혹스러운 성직자들은 아마 그에게 고릴라와 인간의 유사성에 대해 질문했을 것이다. 무엇이 인간을 짐승보다 훨씬 높은 지위에 있게 합니까? 한 사람은 이렇게 물었다. 신경과 근육이 인간의 손과 혀를 특별하게 만듭니까? "아니면, 인간의 마음이 짐승과 거의 똑같은 해부구조 위에서 작동하는 것입니까?"[5] 이것은 도덕적 함의가 들어 있는 질문이었다. 따라서 오언은 신중하게 다룰 필요가 있었다.

오언은 인간을 따로 분류할 수 있게 하는 요소가 필요했고, 그것을 뇌에서 찾았다. 그는 유인원의 뇌를 연구하는 데에 한 세대를 바친 사람으로서 "대단한 권위"를 가지고 있었으며, 다윈의 조롱에 따르면, 그래서 "당연히 옳을 수밖에" 없었다. 1857년에 오언은 인간이 소小해마라는 특별한 엽을 가지고 있으며, 대뇌반구가 다른 어떤 포유류보다 커서 소뇌를 완전히 덮고 있다고 발표했다. 이런 이유로 인간은 인간만을 포함하는 하나의 특별한 아강으로 분류되어야 했다. 유인원이 오리너구리와 다른 것만큼이나 인간은 침팬지와 다르다. 다윈은 납득할 수 없어서 두 손을 번쩍 들었다. "나는 인간이 침팬지와 **그토록** 다르다는 것을 도저히 믿을 수 없습니다." 그런 다음에 재치를 발휘하여 이렇게 빈정댔다. "이 말을 듣고 침팬지가 뭐라고 말하는지 들어보고 싶군요."[6]

일하는 속도는 눈에 띄게 더뎌지고 있었다. 병 때문에 일하는 시간이 "터무늬없이 짧아져서” 책을 끝낼 수 있을지도 장담할 수 없었다. 그래도 그는 “자연선택”에 관한 제6장을 꾸준히 써나갔다. 이것은 경쟁하는 변이들 가운데 “누가 살고, 누가 죽느냐”에 대한 이야기였다. 생명의 샘―계속 팽창하며 온 세상으로 퍼져나가는 큰 속屬―옆에서, 자연은 가차 없이 고르고 솎아내며 가장 “유리한 자”를 선택한다. 자연은 최고의 비둘기 애호가이며, 이 세상에 속하지 않을 정도로 탁월한 패류 선별가다. 자연의 기량은 스피털필즈의 키 작은 직공들과는 비교도 할 수 없을 정도로 뛰어나며, 게다가 “자연은 단순히 겉모습만을 따지지 않는다. 자연은 엄격한 눈으로 모든 신경, 혈관, 근육을 꼼꼼히 살피고, 모든 습관, 본능, 미묘한 체질의 차이를 일일이 살핀다. …… 뛰어난 것은 보존하고, 나쁜 것은 가차 없이 제거한다.” 자연의 “산물들에는 훨씬 더 높은 완성도를 보증하는 도장이 찍히는 것이다.” 그는 잠시 생각한 뒤에 이렇게 첨언했다. 여기서 말하는 “자연에 의해서”란 “신이 우주를 지배하기 위해 정해놓은 법칙을 의미하는 것이다.”[7]

변이를 일으키는 원인들에 대해 쓰고 있을 때, 위기가 왔다. 다운하우스의 크로이소스는 자신의 부富 아래 질식해가고 있었고, 그를 구해줄 사람은 아무도 없었다. 3월에 에티의 고통이 심해지자, 에마는 남편을 혼자 두고 에티를 데리고 한 달 동안 바닷공기를 쐬러 헤이스팅스에 갔다. 며칠 뒤, 마침내 “영원히 끝날 것 같지 않은 종에 관한 책”이 그를 제압했다. “이것은 내 능력 밖인 일 같습니다.” 다윈은 라이엘에게 이렇게 한탄했다. 1년 전 패니 앨런의 눈에 비친 그는 “맑은 물처럼 상쾌하고 빛났다.” 하지만 지금 그는 에너지를 완전히 소진한 폐인이었다. 몸에 활력을 불어넣어 줄 물, 마사지 수건, 관수욕이 필요했다. 그러려면 (이 무렵 맬번에서 병에 담겨 상업적으로 팔리고 있던) 광천수가 필요했지만, 맬번에 갈 생각은 차마 할 수가 없었다. 애니 생각을 하면 가슴이 찢어지는 것 같았

기 때문이다.[8]

　다윈은 더 가까운 곳에 있는 에드워드 레인 박사의 시설에서 "2주일 간의 물치료와 휴식"을 취하기로 했다. 그곳은 잉글랜드 남쪽의 조각조각 꿰매어 이어놓은 듯한 풍경 너머로 60킬로미터쯤 가면 나오는 파넘의 히스 언덕에 위치하고 있었다. 환자들은 옛날에 조너선 스위프트가 살았던 호화로운 무어 파크 대저택에서 쉬면서 긴장을 풀고 따뜻한 모래 투성이 히스 황야를 거닐었다. 레인 박사도 걸리처럼 에든버러 출신이었지만, 그는 아직 30대 초반에 경력이 3년밖에 안 된 의사였다. 다윈은 그가 "너무 어리다"고 생각했지만, "이것이 그의 유일한 단점이다"라고 평했다. 더 중요한 점은 "그는 신사이며 박학다식하는 것"이었다. 또한 레인 박사는 "걸리 박사처럼 이런저런 황당무계한 것을 믿지" 않았다. 투시력과 속임수 등 다윈조차도 참아야 했던 희한한 환자용의 기상천외한 처치는 그곳에서는 전혀 이루어지지 않았다. 다윈은 곧바로 레인에게 애착을 느끼게 되었다. 박사는 드라이스데일 부인의 딸과 훌륭한 결혼을 했는데, 다윈은 이들을 "내가 만난 사람들 가운데 가장 좋은 사람들 축에 든다"고 평했다.

　레인 박사는 걸리처럼 다윈의 증세를 아주 잘 알아냈고, 다윈의 몸 상태에 걸리처럼 놀랐다. "다윈 씨처럼 심한 고통을 수반했던 사례는 떠올리기 힘듭니다. 아주 심할 때는 거의 고통에 몸을 가누지 못할 정도였습니다." 하지만 다윈은 이 고통을 대단히 금욕적으로 견뎠으며, "가장 평범한 서비스를 감사하는 마음으로 받음으로써" "온화하고 점잖은" 성품을 보여주었다.[9] 레인은 코담배를 끊도록 했지만, 다윈은 집안의 스트레스와 무겁게 짓누르는 일에서 벗어나 있는 것만으로도 즐거웠다. 히스 들판에 접하여 외따로 우거져 있는 소나무와 은빛 자작나무들 사이를 산책하는 것은 경이로운 경험이었다. 다윈은 그곳의 환자들이 지루한 사람들이었다고 일축했지만, 레인은 다윈이 저녁 식탁에서 오가는 농담에 껄껄대며 웃고, 수다스러운 아일랜드 여자와 그녀의 유령 이야기에 매혹되었다고 기억했다. 또한 식탁에 소금을 뿌리고 거기에 빵을 찍어먹는 그 여자의 행동도 무척 재미있어했다고 전했다.

치료를 시작한 지 1주일쯤 지나자, 다윈은 활기를 되찾기 시작했다. 그는 정말 "몸이 좋다"고 후커에게 수다스럽게 지껄여댔다. "정말 설명할 수 없을 정도라네. 나는 튼튼한 기독교도처럼 걷고 먹으며, 밤에 잠도 푹 잔다네. 내게는 물치료가 확실히 효과가 있지만, 어째서 효과가 있는지는 도무지 모를 일일세. 물치료는 뇌를 무디게 만드는지, 나는 집을 떠난 뒤부터 종에 대한 생각은 눈곱만큼도 하지 않았다네." 그러고 나서 그는 방금 했던 말과 모순되게, 털투성이 고산식물들에 대한 장황한 이야기를 늘어놓았다. 게다가, 그는 이제 자신의 과학에 확신을 갖고 있었다. "나는 때때로 내가 보잘 것 없는 자료편집자일 뿐이라는 생각이 들기도 하지만, 내 연구 전체를 얕보지는 **않는다네**. 종의 기원을 둘러싼 논의에 기초를 놓을 만큼 많은 사실이 판명되었다고 생각하기 때문이지."[10]

다른 사람들도 그렇게 생각했다. 앨프리드 러셀 윌리스는 세상의 반대편에서 연락을 취하면서 다윈을 돕고 있었다. 그는 다윈에게 집에서 기르는 가금류의 박제를 보내주었다. "운송비 때문에 내 재산이 거덜나게 생겼습니다!" 다윈은 우는 소리를 했지만, 그것은 극동지방에 머물고 있는 최고의 수집가를 부리는 대가였다. 다윈은 무어 파크에서 윌리스의 도움에 감사를 전하는 유쾌한 편지를 썼다. "나는 우리가 비슷한 생각을 하고 있으며 어느 정도 비슷한 결론에 이르렀다는 것을 확실히 알 수 있습니다." 이 편지는 먼 곳에서 고립감을 느끼고 있고, (다윈이 진행하고 있는 논문의 주제이기도 한) 종의 도입에 관한 그의 논문이 무시당했을까봐 걱정하는 윌리스를 안심시켜주었을 것이다. 하지만 이 유쾌함 밑에는 더 깊은 동기가 있었다.

> 올여름이면 내가 종과 변종이 어떻게 서로 달라지는가 하는 질문……에
> 관한 첫 공책을 펼친 지 스무 해(!)가 되는군요. 나는 지금 이 연구를 출
> 판할 준비를 하고 있습니다. 하지만 쓰다 보니, 그 주제가 너무 방대해
> 서……2년 내에 출판할 수 있을지 잘 모르겠습니다. …… 편지상으로 내
> 견해들을 설명하는 것은 정말 **불가능합니다.** …… 나는 명확하고 구체적
> 인 생각을 오래전부터 천천히 채택해왔습니다. 그것이 옳은지 그른지는
> 다른 사람들이 판단할 문제겠지요.[11]

월리스—창조론자든 아니든—는 다윈으로부터 저작권은 자신에게 있다
는 가장 친절한 형태의 통지를 받고 있는 것이었다. 용의주도한 다윈은
자신의 견해를 드러내지 않고도 권리를 분명하게 주장하고 있었다.

고마운 클로로포름처럼, 뜨거운 히스 황야는 다윈의 뇌를 무디게 해
주었다. 그러나 그는 이것마저도 다른 환자들과는 다른 눈으로 보기 시
작했다. 요양소는 환자들의 마음을 안정시키기 위해 일부러 히스 언덕
에 지어진 것이었다. 하지만 모두에게 안정을 주는 그곳이 다윈의 눈에
는 전투장으로 보였다. 울타리가 쳐진 곳에는 키가 큰 전나무 묘목들이
있는 반면, 탁 트인 히스 들판에 자라고 있는 전나무는 가축들에게 뜯어
먹힌 탓에 왜소했다. 이 사실을 알아차린 다윈은 억제와 균형, 고요함 아
래 감추어진 동요에 대해 다시 곰곰이 생각해보았다. 26년 동안(그는 나
이테를 세어보았다) 뜯어먹힌 한 옹이투성이 전나무는 키가 겨우 7.5센티
미터밖에 되지 않았다. "참으로 놀라운 일"이었다. "1제곱미터의 초지에
서도, 각 식물의 성질과 비율이 이러한 힘들에 의해 결정되고 있다는 것
이." 요양소조차도 살육의 전장으로부터 탈출할 비상구가 되지 못했다.

안전한 천국은 없었다. 다윈의 강박관념은 그를 둘러싼 세상을 통째로 뒤바꾸고 있었다.

다윈은 5월 초에 감기에 걸린 채로 집으로 돌아와 새로운 공격에 대비했다. 그는 변이에 관한 방대한 장에 돌입하여, 변이가 생기는 이유를 찾았다. 그는 동물의 변이에 대하여—따개비류에서는, 변이가 가장 많이 생기는 것은 가장 비정상적으로 발달한 기관들인 점에 주목하면서—논하는 경우에조차, 그것을 식물에서 증명하기 위해 후커의 호된 비판을 받아야만 했다.[12] 다윈은 자신의 집에 있는 초지에도 새로이 눈을 돌려, 경쟁관계에 있는 16종류의 씨앗을 실험적으로 심어보았다. 싹을 틔운 식물들은 서로서로 남의 성장을 방해하여, 과연 꽃을 피울 때까지 살아남는 것이 있을지 의심스러울 정도였다.

며칠 뒤에 에마가 에티를 데리고 헤이스팅스에서 돌아왔다. 에티는 아무리 봐도 "조금도 나아지지 않은 것" 같았다. 그들은 호레이스의 여섯 번째 생일에 맞추어 돌아왔고, 집에는 많은 손님이 도착하기 시작했다. 웨지우드 일가가 오기로 되어 있었고, 찰스의 누이들인 수전과 캐서린도 올 예정이었다. 1주일 뒤, 다운하우스는 시끌벅적한 소리로 가득했다. 아이가 열 명, 어른이 여섯 명이었고, 거기에 더해 집안의 식솔들과, 손님들의 시중을 들기 위해 부른 하인들도 있었다. "떠들썩한 것은 좋지만, 너무 많다"고 찰스는 푸념을 늘어놓았다. "불쌍한 에티는 도통 무관심"했다. 손님들은 장애를 갖고 태어난, 아버지와 이름이 같은 아기 찰스의 세례식을 위해 온 것이었다. 아기 찰스는 21일에 교구교회에서 세례를 받았다. 다윈은 감기가 "갑자기 지병인 구토로 바뀌면서", 다시 원점으로 돌아갔다. "맥이 탁 풀렸다." 일, 걱정, 많은 사람들, 이러한 것들이 "무어 파크가 일으킨 놀라운 효과"를 2주 만에 모조리 파괴하고 말았다. 다윈의 건강은 "번개의 섬광처럼" 사라져버렸다.[13]

할 수 있는 일은 오직 한 가지, 두 명의 병자가 레인 박사에게로 되돌아가는 것이었다. 처음에는 29일에 에티가 에마와 함께 갔다. 에마가 2주 뒤에 돌아오면 찰스가 "호위를 교대해" 에티와 함께 지낼 예정이었다. 에티는 여름 내내 그곳에 머무르고 있었다. 다윈은 여전히 "내 **수많은** 지독한 수수께끼들"을 하나하나 짜맞추며 연구를 계속했고, "게으른 향사의 삶을 사는 것보다는 차라리 비참하고 한심한 병자가 되겠다"고 선언했다. 그는 집에서 기르는 말의 기원을 탐구한 홍갈색 조랑말에 관한 기사를 『가드너스 크로니클』에 투고하고, 그리고 나서 그 요양소로 다시 들어갔다.

요양소에서 다윈은 반半구걸조의 자조적인 편지들을 계속 보냈는데, 이것은 정보를 얻어내는 한편 정보 제공자들을 개심시키기 위한 것이었다. 육종가들을 회유하여 걸리버 런트(비둘기 품종)를 얻어내고, 하버드 대학 식물표본관의 에이서 그레이 같은 노련한 장로파 신도들을 회유했다. "제 편지가 그다지 지루하지 않았다고 말씀하시니, 매우 고맙습니다. 믿을 수 없는 일이군요. 제 추론들이 진정한 과학의 테두리를 벗어난다는 사실을 저 자신도 잘 알고 있기 때문입니다." 정확히 말하면, 당시의 기준으로 볼 때의 진정한 과학을. 다윈은 날마다 에티와 주사위놀이를 하며 딸을 자상하게 돌보았다. 맬번의 비극이 다시 되풀이될까봐 두려웠기 때문이다. 하지만 그런 일은 일어나지 않았다. 에티는 건강을 되찾아가고 있는 듯했다. 그래서 찰스는 6월 30일에 훨씬 더 행복한 기분으로 다운으로 돌아왔다.[14] 진저리나는 일, 변이의 법칙이라는 오래된 문제로 다시 돌아온 것이다.

인도에서 세포이 항쟁이 일어난 그해 여름은 길고 더운 여름이 되었다. "인도의 여름" 같은 더위가 계속되는 가운데, 그는 집 안에만 앉아 있지 않고 풀밭으로 나와 비둘기를 관찰하고, 달팽이를 소금물에 담갔다. 7월에는 마침내 "변이"에 관한 장을 끝마치고, 헉슬리에게 한번 살펴봐달라고 부탁하며 원고를 부쳤다. 다윈은 여전히 배의 차이와 종의 구별을 결부시키려 했고, 자신의 이론에 발생학을 필수적인 부분으로 넣으려 하고 있었다. 헉슬리는 성체의 모습이 뚜렷이 구별되는 종들일수록 이들의 배가 더 이른 시기부터 달라지기 시작한다는 점에는 동의했다. 그런데 다윈은 전문화된 기관이 태아일 때 처음 나타난다는 프랑스인 학자의 견해도 인용했다. 헉슬리는 이 사실은 조금도 받아들이려 하지 않았다. 그는 몸은 집과 같아서, 건축가는 "천장 돌림띠, 찬장, 그랜드피아노"가 아니라 벽과 서까래를 먼저 만들어야 한다며 비웃었다. 이 지적은 받아들여졌다. 다윈은 한숨을 쉬며 그 부분을 삭제했다. "그것이 사실이기를 바랐는데, 꽤 유감입니다. 그렇지만 과학에 종사하는 사람은 바람과 애착을 가져서는 안 되는 것이겠지요. 오로지 냉혹한 심장이어야 하는 것을."[15]

늘, 두 보 전진하면 한 보 후퇴였다. 다윈은 1주일 뒤에도 여전히 식물에 나타나는 변종들의 비율을 보여주는 표를 만들고 있었는데, 그때 러벅 경의 아들이 다윈이 가정한 사실들 중에서 "엄청난 실수"를 찾아내는 바람에, "2~3주의 일을 손해"보았다. 그는 식물도감들을 빌려서 처음부터 다시 시작해야 했다. "나는 영국에서 가장 비참하고 어이없고 멍청한 놈일세." 그때부터 다윈은 다운의 "매우 꼼꼼한 교장"인 에버니저 노먼에게 사례를 지불하고 여유시간에 표를 작성해달라고 부탁했다.[16] 또한 후커도 수고를 아끼지 않고 도와주었다.

다른 사람들도 도움을 제공했다. 그레이는 미국의 식물들에 관한 상세한 정보를 제공했다. 그레이는 "신중한…… 추론가"일 뿐 아니라 확실히 "호감 가는 사람"이어서, 다윈은 "지독히 이기적인" 사람으로 비칠 것을 감수하고 자신이 시도하고 있는 일을 그레이에게 밝혔다. 다윈은 21

년간의 노동을 통해 다음과 같은 결론에 이르렀다고 말했다. "솔직히 이야기하겠습니다. 나는 따로따로 창조된 종 같은 것은 없다는 이단적인 결론에 이르렀습니다. 종은 확고하게 정의된 변종에 지나지 않습니다. 나는 이 사실로 인해 당신이 나를 비방할 것임을 알고 있습니다." 종이 조상으로부터 어떻게 변화하는지를, 그는 "농학자와 원예가들"을 통해 이해하게 되었다. "나는 자연이 종을 바꾸고 적응시키기 위해 이용하는 수단이 무엇인지 분명하게 간파했다고 믿고 있습니다." 다윈은, 후커가 이미 지리적 분포에 관한 장을 읽었는데 "종의 영속성에 대해 이 정도로 흔들렸던 적은 처음"이라고 말했다고 썼다.[17]

그레이는 이 편지를 읽고 매료되어, 자신은 오래전부터 "식물에" 변이를 일으키는 "어떤 법칙, 어떤 힘이 내재되어 있다"고 믿어왔다고 말했다. 그러면서 "저는 이것이 당신의 출발점이라고 생각합니다"라고 용감하게 말하고, "변이의 **법칙**을 찾아보시겠습니까?"라고 물었다. 이것이 결정적 단서였다. 다윈은 그레이가 편지를 제대로 이해하지 못했다는 것을 알아챘다. 그들은 비슷한 관심을 가지고 있었지만, 별개의 노선에서 연구를 하고 있었던 것이다. 다윈은 9월 5일에, 월리스에게는 편지로 불가능하다고 말했던 일을 했다. 그는 그레이에게 자신의 견해를 자세하게 써보내면서, 발생학의 "두려운" 문제들, 오랫동안 자신을 정설에 붙들어두었던 사실, "기후 또는 라마르크주의에서 말하는 습관"으로는 설명할 수 없는 사실 등 자신이 직면하고 있는 난점들을 하나하나 설명했다. 그리고 마을 교사에게 부탁해 알아보기 좋도록 옮겨적은 가제『자연선택』의 요약을 동봉했다. 이것을 정독한 그레이는, 자연선택이 생명의 경주에서 이기는 방식을 설명하는 말이라면, 자연선택을 자연을 안내하는 손으로서 인격화하고 원인이 되는 주체로 만들 필요는 없다고 조언했다.[18]

다윈은 그레이에게 비밀을 지키겠다는 다짐을 받았다. "『흔적』의 저자 같은" 사람들이 다윈의 견해를 듣고 "그것을 도용할까봐" 두려워서였다. 아마 종변형론은 더 이상은 불한당들의 영역이 아니었겠지만, 다윈은 여전히 자신의 계획을 망쳐놓을 매문가가 나타날까봐 걱정하고 있었다. 그렇게 된다면 자연선택설은 영원히 신뢰를 얻지 못할 수도 있었다. 그는 이 이론을 제대로 발표해야 했다. 다시 말해, 권위를 갖는 원저작물을 가지고 과학계의 지도자들을 상대해야 했다. 이것은 지금 그 어느 때보다 중요한 문제였다. "창조의 양식"이 최초로 과학계의 의제로 올랐기 때문이다. 어려운 질문들이 등장하고 있었고, 질문들에 대한 답이 나오고 있었다. 심지어 지질학회의 강연에서까지 이 문제가 제기되었다. 아마도 조용하게 제기되었겠지만, 어쨌든 제기된 것은 확실했다. 자유주의적인 회장들은 새로운 생물의 기원이라는 문제에 편견 없는 태도로 접근할 것을 요구하고 있었다. "이것은 최고의 지성이 다룰 만한 가치가 있는 추론"이라고 1857년 초에 어떤 사람이 말했다. 단, "과학 탐구의 결과를 종교적 신조와 결부시키는 치명적인 오류를 피하는" 조건으로. 이 사람은 "창조의 양식"이 과거에는 "탐구가 금지된" 주제였다는 사실을 인정했다.[19] 하지만 이제는 아니었을 것이다. 지금까지 옥스브리지 부류의 정설을 지키는 성채였던 지질학회가 잡음을 듣고 있었다면, 상황은 확실히 변하고 있었다.

다윈은 이 위엄 있는 단체를 상대해야 한다는 사실을 잘 알았다. 그는 그곳의 동료들에게 "자연선택"은 진화의 양식이라는 것을 납득시켜야만 했다. 다윈은 이것을 하기 위한 과학적 지위를 갖고 있었고, 그의 말은 권위를 지녔다. 실제로 그의 지위는 계속 올라가고 있었다. 그해 가을에 독일 자연학자아카데미가 유럽의 학술단체로서는 처음으로 다윈을 회원으로 선출했다. 이것은 그의 일을 더 쉽게 만든 동시에 더 어렵게도 만들었다. 다윈의 말 한마디 한마디가 과학계 엘리트들의 주목을 끌 것이기 때문이었다. 다윈의 스승이었던 그랜트에게 했던 것처럼 다윈의 발언을 괴짜의 말로 무시할 수도 없을 것이다. 또한 『흔적』에 대해 했던 것처럼 커다란 실수들을 지적할 수도 없을 것이다. 하지만 이런 탓에, 다윈을 더욱 위험한 인물로 보는 사람도 있었다. 다윈의 대저작은 새로운 전문가들을 겨냥하고 있었다. 그러니까 다윈은 동창들에게 나무랄 데 없는 신임을 받고 있는 이중스파이처럼, 두 마음을 한 채로 동지들을 모으고 있는 것이었다. 물론 이것은 다른 사람들의 시각이었다. 다윈은 그레이에게 쓴 편지에서 다음과 같이 불평했다. "내 오랜 친구인 팔코너가 사뭇 격렬하게, 하지만 매우 진심 어린 말로 나를 공격하면서 이렇게 말하더군요. '당신은 다른 열 명의 자연학자들이 행하는 선을 합한 것보다 훨씬 더 많은 해를 입힐 것이다'—'나는 당신이 이미 후커를 타락시켜 절반쯤 망쳐 놓았다는 사실을 알고 있다(!!)'" 그리고 다윈은 덧붙여 말했다. "내 오랜 친구도 이 정도로 강한 반감을 품고 있다면, 내가 왜 늘 내 견해가 경멸을 당할 수도 있다고 각오하고 있는지 잘 아시겠지요."[20]

한편, 다윈을 지지하게 되는 젊은 친위대원들은 자신들의 힘으로 세력을 만들어가고 있었다. 후커를 필두로 한 그들은 린네학회에 새로운 에너지를 불어넣고 있었다. 린네학회는 얼마 전에 피커딜리 대로의, 왕립학회가 있는 고급 지구의 버링턴하우스로 이전을 했다. 헉슬리, 틴들, 후커는 여전히 자신들만의 새로운 학술지를 계획하고 있었고, 헉슬리는 『새터데이 리뷰』의 칼럼을 기획하느라 바빴다. 다윈은 이 집단에게 높은 신망을 받았다. 따개비 책들에 대한 헉슬리의 칭찬은 그칠 줄을 몰랐다. 그는 1857년에 했던 강의에서, 그 책들은 지금껏 나온 연구서들 가운데 가장 "훌륭한" 몇몇 안에 든다고 선언했다. 이것은 최고의 지지였다. "선생은 나를 우쭐하게 만들 작정이군요." 다윈은 무척 기뻐하며 이렇게 말했다.[21]

헉슬리는 자연선택설의 내용을 자세히 알지 못했지만, 다윈은 자신의 계통적 접근법을 밀어붙일 기회를 결코 놓치지 않았다. 헉슬리는 자연을 원 안에 원이 든 대칭적인 모습으로 생각하는 이상한 관점을 갖고 있었다. 그런 헉슬리에게, 다윈은 자연의 분류는 "단지 계통을 따지는 것"이라고 말했다. 그리고 이렇게 덧붙였다. "이설이 정설이 될 때마다" 그 깨달음으로 인해 "형질의 평가방법에 관한 엄청난 쓰레기 더미를 치워야 할 것입니다. …… 그리고 비록 내가 그것을 볼 때까지 살지 못할지라도, 우리가 언젠가는 자연의 거대한 계 각각에 대한 진정한 계통수를 갖게 되는 날이 올 겁니다." 하지만 전투적인 헉슬리는 다른 쪽을 보고 있었다. 그는 여전히 오언에게 정면으로 맞서며 호시탐탐 싸울 기회를 엿보고 있었다. 헉슬리는 오언의 "예속적인" 과학의 숨통을 끊어놓기 전까지는 건전한 동물학은 불가능할 것이라고 생각했다. 그때가 와야 비로소 새로운 불사조가 "구태의연한 비교해부학"의 잿더미에서 날아오를 수 있다는 것이다. 분류에 관해서, 헉슬리는 핵심을 완전히 벗어나 있었다. 그는 "계통 사업"은 "실로 흥미로운" 문제일 것이라고 인정하면서도, "내가 보기에 그것은 순수한 동물학과는 관계없는 것으로서, 인간의 계보가 인구조사와 관계없는 것과 같다"고 말했다.[22] 그에게 분류는, 살아 있는 것을 세는 것이지 사자死者들의 가계도가 아니었다.

인디언 여름이 이어지고 있는 동안, 동물 사체들이 계속 도착했고(현재 그는 토끼에 빠져 있었다), 골격표본을 만드는 일도 예전과 똑같이 진행되었다. 하지만 다윈은 비둘기 연구를 마무리하고 있었다. 나아가 내년에는 이 새들을 처분해야겠다고는 생각까지 하고 있었다. 요즘 관심을 집중하고 있는 대상은 씨앗이었다. 그는 씨앗들을 색유리 밑에서 재배하여 "타고난 성질을 파괴하고" 있었다. 이것은 "괴물들"을 만들어내려는 시도였다. 이 괴물이란 그저 사소한 괴물들—단지 변종들—로서, 프랑스에서 조프루아와 그의 아들 이지도르가 목표로 하고 있는 기형생물처럼 대단한 것은 아니었다. 다윈은 후커에게, 그의 식물학 친구들 가운데 식물에 무슨 수를 써서 "변종을 유도해본" 사람이 있는지 물었다. 예컨대 "야생종에 대량의 비료를 준다든지, 몇 년 동안 계속에서 꽃을 모조리 뽑는다든지, 가지를 친다든지 하는 방법으로." 초록색 꽃을 피우는 한 식물을 길러본 뒤 다윈은 "어떤 꽃이든 4~5세대면 어느 정도의 괴물은 거뜬히 만들어낼 수 있겠다"고 판단했다.[23]

더 젊은 세대도 투입되었다. 아버지가 여가시간에 꽃의 친구인 호박벌을 추적하고 벌들에게도 이런저런 수를 쓰는 것을 아들들이 도왔다. 찰스는 모랫길을 산책하다가, 벌들이 가던 길을 멈추고 관목 사이의 같은 장소에서 잠시 제자리 비행을 하는 모습을 보았다. 다윈은 이 벌들이 어떤 비행경로를 택하는지, 벌들이 왜 제자리 비행을 하는지 궁금했다. 올해는 그가 아이들과 함께 관찰을 시작한 지 네 번째 여름이었다. 점심시간 근처의 따뜻한 낮이 관찰하기에 가장 좋은 시간이었다. 소년들은 군사훈련을 받는 사관후보생들처럼 포복을 해가며, 관목 울타리와 딸기 덤불 아래서 벌들을 추적했다. 아이들은 벌이 제자리 비행을 하는 장소를 지도로 작성하고, 비행경로를 따라 제각기 진을 치고 있다가 한 마리가 지나가면 "벌이 지나가요!"라고 소리를 질렀다. 이 소리는 벌의 비행과 함께 찰스가 있는 장소까지 전달되었다. 그는 비행경로가 해마다 똑같으며, 제자리 비행을 하는 장소들이 "3센티미터 이내로 고정되어 있다"는 사실을 알아냈다. 나무 그늘의 잡초를 뽑아내도 그 장소에 밀가루를 뿌려도, 그것은 달라지지 않았다.[24] 벌들은 다니는 길로만 다녔다. 하지만 벌들이 왜 고정된 비행경로를 채택하는지는 결국 알아내지 못했다.

소년들은 집으로 돌아왔다. 프랭키는 아버지의 그림자가 되어, 동물

박제와 실험용 식물들이 가득한 집에서 온갖 종류의 자질구레한 일들을 도왔다. 클래펌에서 돌아온 조지는, 향수병에 굴복하지만 않는다면 확실히 공학자가 될 것이다. 그리고 윌리엄은, 성직자 가정교사에게 또 한 차례 교육을 받은 뒤 케임브리지로 갈 예정이었다. 찰스는 윌리엄이 법정변호사, 나아가 "미래의 대법관"이 되면 좋겠다고 생각했다. 윌리엄이 1년에 쓰는 용돈은 40파운드로―"거의 파슬로의 임금"에 육박했는데―이것도 기본비용만 따진 것이었다. 예술 감상을 위한 외출, 학용품, 최근 집안에서 시작한 취미활동은 가계에 추가 부담을 초래했다. 올 여름에 심취한 취미는 사진이었고, 비용은 결코 만만치 않았다. 찰스는 윌리엄이 7월에 럭비 학교에서 돌아왔을 때 장비값을 마지못해 지불해주었다. 윌리엄은 위층의 방 하나를 확보하더니, 곧 "더러운 손"으로 판유리를 잡고 "집안을 급히 오르락내리락하고", 화학약품이 담긴 용기를 뚫어져라 쳐다보았다.[25] 그러더니 가을에는 그림에 손을 댔다.

　에마도, 에티가 없는데도 눈코 뜰 새 없었다. 호레이스는 에마가 메이어에서 주일학교 교재로 사용하려고 쓴 이야기책으로 읽기를 배우고 있었다. 이 집안의 아이들은 모두, 샐리에게 친절하게 대하는 제인의 이야기, 메리와 그녀의 어머니가 시장을 보는 이야기, 거짓말을 하고 신의 용서를 구하는 아이의 이야기를 듣고 자랐다. 에마는 아이들을 데리고 앉아 인내심 있게, 의무와 읽고 쓰는 능력을 동시에 주입했다. 하지만 이 일도 호레이스가 마지막이 될 것 같았다. 찰스는 뒤떨어진 아이였고, 걷거나 말을 할 조짐을 전혀 보이지 않았다. "개구쟁이처럼 살짝 웃는" "무척이나 귀엽고" 사랑이 넘치는 아이였지만, 찰스는 완전히 수동적이었으며, "흥분을 하면 이상하게 표정을 찡그리고 몸을 떨었다." 찰스는 "파슬로를 무척 좋아했고", 어머니의 특별한 관심을 요구했다.[26]

　늘 올곧게 행동하는 에마를 마을 사람들은 어려워했지만, 그녀는 이

웃에게 널리 인심을 베풀었다. 교구민들은 에마를 의지할 수 있는 사람으로 생각했다. 그녀는 교구목사의 아내처럼 주민들을 돌보았다. 배고픈 사람에게 빵 배급표를 나눠주었고, "노인을 위해 소액의 연금"을 마련했으며, 아픈 사람을 위해 맛있는 음식을 가져다주었고, 의료지원과 간단한 의약품을 제공했다. 언니 패니를 잃었고 몸져누운 어머니를 돌보았으며 병든 신사와 결혼해 마흔 살 때까지 거의 해마다 임신을 했던 그녀는, 인간의 고통을 누구보다 잘 이해했다. 사실 애니가 죽은 뒤로 에마는 병을 삶의 일부로 받아들였고 아픈 게 정상인 것처럼 살아왔다. 그녀는 다른 사람들을 편안하게 해주기 위해, 그들의 고통을 덜어주기 위해 살았다. 다운하우스는 마을 주민들의 병원이자 교구약국이었고, 에마는 전속 간호사였다. 에마는 찰스의 도움을 받아 번역한 다윈 박사의 옛 처방전을 참고하여, 크루프와 "암의 통증"에 대해, "병약한 15~16세 소녀들"을 위해, 자기 나름의 처방을 베풀었다. 하인들은 약을 배달했고, 아이들은 약을 조제하는 것을 도왔으며, 에마의 왕진을 받은 모든 이는 그녀가 "비빌 언덕" 같은 사람이라고 생각했다.[27]

찰스도 마을에서 신망이 두터웠는데, 이번에 새로운 임무를 맡게 되었다. 에마가 아편과 진으로 강장제를 처방하는 동안, 그는 정의를 처방할 준비를 하고 있었다. 켄트의 치안판사가 찰스에게, 다른 향사와 교구목사들과 함께 판사석에 앉아달라는 요청을 해온 것이다. 그는 별로 없는 시간과 에너지를 쪼개야만 했지만, 그 요청을 받아들였다. (아이러니하게도 그는 단 한 건의 재판에 대한 "피로도 감당할 수 없다"는 이유로 배심원 의무를 쭉 피해왔다.) 지방판사가 되니, 보람도 있고 사회적 책임도 느껴졌다. 왕립학회 메달이 과학적 지위를 대변해주었듯이, 이 일은 그의 사회적 지위를 대변해주었다. 찰스는 이네스 목사와 전직 주장관인 존 러벅 경의 추천으로 판사가 되었다. 7월 3일에 그는 "본 카운티에서 여왕폐하를 위해 치안을 유지하고, 카운티에서 일어나는 각종 중죄를 비롯한 법 위반과 다른 사소한 죄들을 심리하고 판결할 것을" 성서 앞에서 맹세했다.[28] 이런 맹세를 한 진화론자를 누가 "비방"할 수 있겠는가?

마치 대가족을 거느리고 있고 심한 스트레스에 놓인 사람에게는 충분치 못하다는 듯, 그는 9월에 증축공사를 시작했다. 사촌들이 왔을 때의 혼잡은 차치하고라도, 아이들 때문에라도 확장은 불가피했다. 일꾼들이 위층에 침실과 커다란 식당을 신축하기 시작했는데, 실질적으로는 북쪽 날개를 신축하는 것이었고, 새로운 방들은 모두가 "멋지고 큼직하게" 지어졌다. "이따금씩 나는 돈을 너무 펑펑 쓰는 것 같아 부끄러운 기분이 드는구나." 찰스는 아들 윌리엄에게 쓴 편지에서 이렇게 말했지만, 그것은 그저 겸손일 뿐이었다. 500파운드의 비용은 그해에 생긴 4,200파운드의 투자소득으로 거뜬히 감당할 수 있었다. 일꾼들은 다윈이 책을 쓰는 동안에는 서재 밖에서 소음을 내서는 안 되었다. "나는 지금 짧지만 대담한 논의를 쓰고 있다네." 그는 후커에게 주요 논점 하나를 알려주었다. "유기체는 완벽하지 않으며, 오직 경쟁자들과 겨룰 수 있을 정도로만 완벽하다는 사실을 보여주는 것이 목적이지."[29] "완벽한 적응"을 둘러싼 안개는 오래전에 걷혔으며, 이제 그는 완벽한 적응이라는 개념을 분명하게 부정했다. 예전에 신학자들이 가르쳤던 것과 달리, 새로운 적응은 완벽할 수 없다. 만일 완벽하다면, 경쟁도 선택도 진보도 없을 것이다. 불완전함이 자연의 법칙이다. 지금 이 사실은 너무나도 명백해보였다.

그리고 이것을 잊지 않도록, 자연은 찰스에게 통렬한 충격을 주었다. 며칠 뒤, 일꾼들이 여기저기서 일하는 가운데 "벽돌과 쓰레기더미 속에서" 일곱 살짜리 레니가 쓰러졌다. 에마가 아이를 안고 서둘러 위층의 침실에 눕혔다. 찰스가 맥박을 짚어보니, 맥박이 "매우 불규칙하고 약했다." 이것도 나쁜 유전 탓으로, 아이의 아버지가 "심장의 두근거림"으로 경험하고 있는 것과 같은 병세였다. 이 "애처로운 꼬마"는 "내 아이들 가운데 셋이 꼭 그랬던 것처럼" 점점 약해지고 있다고 후커는 들었다. 이 증상이 "일시적인 것"이기를 바라면서도 자연은 불완전함을 봐주지 않는다는 사실을 알고 있었던 찰스는 여러 주 동안 "비통한" 기분에 사로잡혔다.[30]

요양소, 아이들의 건강, 표 작성, 씨앗, 골격표본 등의 일들로 인해, 두 개의 장을 쓰는 데에 6개월이 걸렸다. 그는 "앞날은 밝다"고 전망했지만, 집안이 공사장이라 일은 전혀 쉬워지지 않았다. 잡종에 관한 장을 반쯤 썼을 때, 미장이가 일을 끝내고 비계를 떼어냈다. 에티는 돌아왔지만, 좋아졌다고 해도 여전히 약했다. 레니는 이제 이따금씩만 "발작"을 일으켰다. 그래서 찰스는 약간의 호사를 누리기로 하고, 11월에 1주일간 휴식을 취하러 다시 무어 파크로 떠났다. "내가 유일하게 원하는 것은 휴식일세." 다윈은 후커에게 이렇게 말했고, 정말 푹 쉬었다. "오래 산책을 하고, 무위도식하는 신사처럼 풍경을 즐겼다네."[31] 그는 전원 속을 거닐며, 아이들로부터도 일로부터도 걱정에서도 떨어져 고독을 즐겼다.

1857년 크리스마스 무렵, 『자연선택』의 원고는 수북이 쌓여가고 있었다. "잡종에 관한 장을 쓰는 어마어마한 일을 막 끝냈다네. 수집한 모든 사실로부터 이 장을 쓰는 데에 석 달이 걸렸군!" 하지만 한 가지 두려움이 있었다. 라이엘은 그게 뭔지 잘 알고 있었다. 제국의 반대편에 있는 월리스도 마찬가지였다. 월리스는 말레이 제도에서, 『자연선택』에서 인간의 기원도 다루느냐고 물어왔다. 다윈에게는 신중함이 무엇보다도 중요했다. 다윈은 라이엘이 인간의 야만화를 두려워하고 있다는 사실이 신경이 쓰였다. 오언이 뇌를 끌어들여 인간을 난공불락의 요새, 불멸의 영혼이 거처하는 곳으로 만들고 있다는 사실도 잘 알고 있었다. "나는 그 문제는 피할 생각입니다. 편견이 너무 심하니까요." 다윈은 이렇게 답장을 보냈다. "하지만 나는 그것이 자연학자에게 가장 궁극적인 문제이며 무엇보다 흥미로운 문제임을 전혀 부정하지 않습니다." 그 주제는 피한다고 피할 수 있는 문제가 아니라는 사실을 알고 있는 사람들도 있었다. 라이엘은 공책에 중요한 질문들을 던졌다. "인간의 마음과 영혼은 동물의 본능이 발달한 것으로 밝혀질 것인가?" 다윈조차도 인간을 배제하는 것이 어렵다는 사실을 깨달았다. 막 시작한 "본능"에 관한 장에서는, 강아지, 벌, 기생성 벌 사이에 인류 문제도 뒤섞였다. 아기의 습관, 재채기, 바늘코를 빠뜨리는 할머니들, 본능적인 피아노 연주. 이 모두는 거의 부지불식간에 일어난다.[32] 그럼에도 다윈은, 본능은 유전되며 선택에 의해 변형된다는 그 장의 주제를 변함없이 밀고나갔다. 이 사례들이 올바르다면, 인간에 대한 함의도 분명한 것이었다.

　　다윈은 극동에서 채집을 하고 있는 월리스를 칭찬했고, 월리스에게 이론을 세우라고 격려했다. "추론이 없으면, 아무리 훌륭하고 독창적인 관찰도 소용이 없기 때문입니다." 하지만 그는 월리스의 동향을 파악하지 못하고, "나는 당신보다 훨씬 앞서 있다"고 계속 믿고 있었다. 소유권도 여전히 분명히 했다. 자신은 20년 동안 종에 관한 연구를 해왔으며, "절반쯤 쓴" 저서에는 "한 가지 분명한 목적 아래 모인 방대한 사실들이" 담기게 될 것이라고. 하지만 그는 "내 추론들은 편지에서 얘기하기에는 너무 길다"고 말했다. 자신이 경쟁자가 없는 생태적 지위에 있다고 생각하고 마음을 푹 놓은 다윈은, 여유 있는 태도로 한마디를 보탰다. "몇 년 내에 출판할 수 있을 것 같지는 않습니다." 그러고는 따뜻한 마음을 담아 편지를 마무리했다. "부디 당신의 이론이 잘 되길 빕니다."[33] 그랬으니, 월리스가 이제 다윈을, 그 주제에 관한 추론을 듣고 싶어하는 자신의 지지자로 생각하게 되었다고 해도 그리 놀랄 일은 아니었다.

*　　*　　*

제국과 진보의 시대에는 방대하고 대담한 책들이 요구되었다. 1858년 초 다윈은 영국에 사는 대부분의 사람들처럼 헨리 버클의 『영국 문명사』를 탐독했다. 엄청난 각주가 달린 500쪽에 이르는 첫 권은 큰 반향을 불러일으켰다. 다윈은 이것을 "대단히 재기 넘치고 독창적인 책"이라고 평했다. 부유한 상인의 아들인 버클은 다윈이 다운에 몰입해 있던 것만큼이나 런던에 몰입해 있었다. 그는 세기 중반의 수도 런던의 분위기에 역사를 끌어들였다. 야만행위, 성직자의 정략, 미신의 영향력은 점점 희박해지고 "시대의 징후들이 도처에 넘쳐나고 있다"고 버클은 선언했다. 진정한 종교는 물리학이 가르치는 "우주의 장엄한 원리와, 한 치도 어긋나지 않는 규칙성"을 믿는 것이어야 한다.[34] 이 모두는 버클을 『웨스트민스터 리뷰』의 마음에 쏙 들게 만들었다. 사회의 개선과 도덕은 신의 변덕에 의지하지 않고도 통계적이고 과학적으로 설명될 수 있다는 것, 이것은 세속주의자들이 오랫동안 불러왔던 노래였고, 지금 버클의 『영국 문명사』는—『흔적』과 더불어—큰길에서 당당히 팔리며 큰 인기를 누리고 있었다.

　이래즈머스는 이 책을 대단하다고 생각했으며, 그 "명료하고 유려하고 쉬운 문체"는 『자연선택』이 목표로 삼을 만한 것이라고 말했다. 찰스는 결국 『영국 문명사』를 두 번 읽었고, 헨슬레이 웨지우드의 집에서 "그 대단한 버클"을 한 번 만났다. 하지만 다윈은 버클이라는 사람이 별로 마음에 들지 않았다. 버클은 쉬지 않고 재잘거리며 대화를 독점했다. 둘은 그 책에 나오는 "경이로운 인용문헌의 수"에 대해 이야기를 나누었는데, 찰스가 도중에 어린 조카 에피 웨지우드의 노래를 듣기 위해 벌떡 일어나서 버클을 발끈하게 만들었다. "다윈 씨는 대화보다는 책이 훨씬 훌륭한 것 같다." 버클은 다른 사람에게 이렇게 험담을 했고, 이를 전해들은 다윈은 질세라 "내가 자신의 대화에 귀를 기울이지 않았다는 얘기를 하고 싶었을 것이다"라고 말했다.[35]

과학계의 새로운 피 모두는 버클에 대해 들었거나 버클을 알고 있었다. 버클은 스펜서, 헉슬리와 어울려 일요일 오후 산책을 함께 했으며, 틴들과 함께 도덕의 출현에 대해 논쟁을 벌였다. 스펜서는 생명과 문명의 진화가 하나라고 생각하는 사람이었다. 그는 이미 두 번째 저서 『심리학 원리』에서 "인간과 인간 아래의 생물이 갖고 있는 모든 형태의 마음의 발생"을 다루었고 지금은 그 밖의 모든 것을 다루는 10권짜리 저서를 계획하고 있었는데, 그의 목표는 모든 지식을 "진화의 관점"에서 체계화하는 것이었다.[36]

하지만 버클의 기세는 반발을 불렀다. 라이엘이 알아챘듯이, "사람들을 생각하게 만드는" 데에는 동요라는 대가가 따랐다. 구식 고집쟁이들은 새로운 세속주의에 겁을 먹고 "팔짱을 끼고 일어섰다." 후커는 1월에 마침내 헉슬리를 애시니엄에 가입시켰고, 이 둘은 나머지 사람들인 틴들, 버스크, 버클을 데려올 계획을 세우고 있었다. 하지만 구시대의 신사들은 버클을 떠올리기만 해도 얼굴이 하얗게 질려서, 버클에게 반대표를 던지겠다고 위협했다.[37]

다윈은 사회풍조의 변화에 위안을 느끼긴 했지만, 자신이 쓰고 있는 대담한 책은 이보다 더 큰 동요를 불러일으킬 것임을 감지했다. 버클이 아직 끝마치지 못한 저서도 이에 못지않게 방대했지만, 논란거리로는 다윈의 책 근처에도 못 미쳤다. 그것은 누구와도 대립하지 않는 흐리멍덩한 호사가의 작품이었다. 하지만 『자연선택』에는 왕립학회 메달을 받았고 지방판사를 맡고 있으며 신학대학에 다녔던 향사의 이름이 올라가게 될 것이다. 3월에 이 책은 거의 완성에 가까워가고 있었다. 23개월을 작업한 끝에, 다윈은 10장을 끝마쳤다. 이것은 전체의 3분의 2로서, 25만 단어 분량이었다.[38] 완성된 책은 스펜서의 무거운 책들보다 무게가 있고, 버클의 가벼운 책들보다 뛰어날 것이다. 그것에 견줄 만한 책은 라이엘의 세 권짜리 『지질학 원리』 정도밖에는 없을 것이다.

다른 곳에서도 사회적 노선들이 점점 더 날카로워지고 있었다. 앞으로 유인원과 조상 문제를 담당할 주인공들이 입장을 분명히 하기 시작했다. 3월에 헉슬리는 오언의 인류아강을 공격했다. 헉슬리는 이 문제로 오언을 단단히 혼내줄 수 있다는 것을 알았고, 이 선전활동의 승리를 즐겼다.

이미 오언은 왕립연구소에서 인류와 유인원에 관한 진부한 강연을 했다. 스펜서는 1855년에 그 강연을 듣고 "전혀 논리적이지 않다"고 평했다. 헉슬리는 지금, 오언이 섰던 그 연단에 서서 정반대의 노선을 펼쳤다. 1858년 3월에 왕립연구소에서 있었던 '인간의 종으로서의 독특한 지위'에 관한 강연에서, 헉슬리는 비비, 고릴라, 인간을 비교하고, 이들의 완전한 연속성을 강조했다. 고릴라가 비비와 크게 다르지 않은 것처럼, 인간은 구조상으로 고릴라와 다르지 않다. "우리는 비비와 고릴라 사이의 연결고리들은 알고 있지만, 고릴라와 인간의 연결고리들은 알고 있지 못한 것이 사실입니다. 하지만 이것이 이 문제에 영향을 주지는 않습니다. 이정표가 늘어서 있다는 이유로 한 길이 다른 길보다 더 짧다고 우길 사람은 아무도 없을 것입니다." 게다가, 헉슬리는 자신이 어디까지 무사히 나갈 수 있을지 확신하지 못한 채로 한 발을 더 내딛었다. "뿐만 아니라 나는 정신 능력과 도덕 능력도 동물과 우리 인간이 본질적으로, 근본적으로, 같다고 생각합니다." 그는 계속해서, "나는 본능적 행위와 이성적 행위 사이에 뚜렷한 선을 그을 수 없습니다"라고 말했다. 여기서 내릴 수 있는 결론은 오직 하나, "본성의 뿌리로 내려가면 인간은 세상의 나머지 생물들과 하나"라는 것이었다.

물론 또 다른 관점에서 보면 "막대한" 차이가 있었다. 인간은 말을 사용하고, 그래서 전통을 갖고 있다. 이로 인해 인간은 "무한히 진보해가기 위한 필수조건이 그 본성에 심어져 있는 유일한 생물"이 되었다. 헉슬리는 이 점을 인정했지만, 성상파괴적 의도를 감추는 것은 불가능했다. 그는 오언과의 대결을 향해 돌진했다. 인간은 그의 논쟁적인 방식을 통해 진보와 진화의 구도 속으로 들어가고 있었다.

이 같은 적의에 찬 복수혈전은 냉정하게 고찰되어야 할 『자연선택』에 그리 좋은 징조라고 말할 수는 없었지만, 이로써 앞으로의 논쟁에서 고릴라가 중심 역할을 차지하게 되었다. 헉슬리와 오언이 서로의 목을 겨눌 때, 유인원과 도덕성은 서로 뒤얽혀 논쟁을 부추기게 될 것이다. 또한 헉슬리의 비정통적 성향은 오언에 대한 증오에서 촉발되었지만, 그것이 헉슬리를 진화론 쪽으로 몰아가고 있었다. 실제로 다음번에 왕립연구소에서 열린 강연에서, 헉슬리는 종 문제를 예전보다 더 열린 태도로 다루었다. 그는 여전히 "그 문제는 현재로서는 해결할 수 없다"고 믿었지만, 만일 해결이 가능하다면, 해답은 "틀림없이 변형가능성을 주장하는 쪽에서 나올 것이다"라고 말했다.[39] 지금까지는 그러한 점을 추호도 인정하려 하지 않았던 그가 이렇게 말했던 것이다.

헉슬리는 자연선택설에 대해 사실상 아무것도 알지 못했지만, 다윈의 방대한 책이 상당히 진행되었다는 사실은 알고 있었다. 그리고 헉슬리는 자신이 그동안 잘못된 방향을 바라보고 있었다는 것을 깨닫기 시작했다. "신학과 성직자의 지위"가 "타협할 수 없는 과학의 적"이라고 주장하면 주장할수록, 그는 특정 유형의 진화론이 자신의 목적에 도움이 된다는 것을 더욱 확실하게 깨달았다.[40] 실제로 오언에게 맞서면서, 또 오언이 뇌의 액침표본을 가지고 허튼소리를 지껄이는 것을 보면서, 헉슬리는 마음과 도덕에 관한 오언의 이론과 상반되는 이론을 채택하는 것이 유리하다는 사실을 알아차렸다. 헉슬리의 투사적 태도가 결국 헉슬리를 다윈의 방향으로 밀고 있었다.

헉슬리가 강연을 하고 있을 무렵, 다윈은 아직 "큰 속"에 대한 기계적인 계산을 계속하고 있었는데, 어려움 없이 지나가는 일은 하나도 없었다. 다윈은 후커에게 "결과가 나쁘게 나와" "상심이 크다"고 투덜댔다. 또다시 일이 그를 제압하고 있었고, 4월에 위가 "끔찍한 상태"가 되자 다윈은 무어 파크로 돌아갔다. 이곳에서 그는 휴식과 안정을 취하고, 에마를 안심시키는 편지를 썼다.

> 날씨가 아주 좋구려. 어제는…… 습지 저편까지 나가 한 시간 반쯤 산책을 했소. …… 풀밭에 눕자마자 깜빡 잠이 들었는데, 주변에서 지저귀는 새들의 합창 소리에 잠이 깼다오. 다람쥐들은 나무를 조르르 오르고, 딱따구리가 시끄러운 웃음소리를 내는데, 내가 본 그 어떤 것보다 유쾌하고 전원적인 풍경이었고, 나는 짐승이나 새가 어떻게 만들어졌는지 따위는 조금도 생각하지 않았소.

다윈은 집안에서는 당구 실력을 닦고, 소설을 읽고, 나폴레옹 암살 기도에 관한 『타임스』의 보도를 탐독했다. 또한 크라이스트 칼리지에서 그가 옛날에 쓰던 방을 차지한 윌리엄에게 충고를 써보냈다. 다윈은 아들에게 "케임브리지에 있다 보면 자칫 게으름의 유혹에 빠지기 쉽다"며 이를 경계하라고 조언했다. 다윈은 이 유혹을 너무나도 생생히 기억했다. 그는 근처에 있는 올더숏의 병영들을 방문했다가 군사연습을 넋을 잃고 구경했으며, 빅토리아 여왕이 군대를 사열하는 것을 지켜보았다. 이것은 삶에 새로운 활력을 주었고, 5월 초에 집으로 돌아왔을 즈음에는 무엇이든 할 수 있을 만큼 건강했다. 그 일은 "단기간에 나를 사나이로 만들어주었고", 그는 그것을 이용하기로 했다.[41]

다윈은 또다시 일에 몰두했다. 그리고 『자연선택』의 두툼한 원고를

"난해하고 애매하다"는 경고와 함께 후커에게 보냈다. 다윈은 늘 그랬듯이 후커가 그것을 "허튼소리"라고 할 거라고 예상했지만, 물론 그가 그렇게 말할 리는 없었다.[42] 그는 날마다 종을 저주하면서 느슨한 문장들을 갈고닦았다. 하지만 6월 18일에 우편배달부가 도착하는 순간, 그가 쌓아 올린 세계가 와르르 무너져내렸다.

다윈은 그동안 사회적 지위를 잃을까봐, 그리고 물론 반발이 클까봐 두려워하며, 그 오랜 세월 동안 끔찍한 시련과 정신적 고뇌를 겪어왔다. 그리고 병 때문에 늦어지고, 손대서는 안 되는 것을 손대는 일로 인한 방황을 거쳐서, 마침내 20년 만에 출판 가까이에 와 있었다. 그런데 조용한 금요일 아침, 세상 반대편에서 우편물 한 개가 도착했다. 안에는 월리스가 쓴 스무 장 가량의 원고가 들어 있었다. 아이러니하게도, 이것은 다윈의 격려에 대한 응답이었다.

다윈은 일생의 역작이 산산이 "부서지는 것"을 보았다. 그는 라이엘에게 "선생님의 경고가 참혹한 현실이 되었습니다"라고 하소연을 했다. 다른 이가 그를 "앞질렀던" 것이다.[43]

32장

정체를 드러내다

다윈이 주의 깊게 정돈해놓은 세계가 허물어지기 시작했다. 에티가 디프테리아에 걸려 심하게 아팠고, 『타임스』는 날마다 레인 박사의 간통 재판에 대한 점점 더 자극적인 기사를 보도했다. 다윈은 건강이 다시 나빠지고 있었지만, 그가 좋아하는 물치료사는 오명을 쓰고 추방될 위기에 처해 있었다. (증인으로 선 다른 의사들과 마찬가지로 다윈도 피고를 지지했으며, 정사에 대한 그 여자 환자의 자극적인 증언은 성적 망상이라는 병적 사례가 틀림없다고 확신했다.) 발육이 현저하게 더뎌 늘 걱정인 막내 찰스 워링은 1858년 6월 23일 밤에 마을에 유행하던 성홍열에 걸렸다. 다윈은 감정의 소용돌이 속에서 헤어나오려 분투하면서, 월리스의 편지에 대해 생각했다.

정말이지, 월리스의 진화 메커니즘은 자신의 것과 똑같아 보였다. 다윈은 라이엘에게 편지를 썼다. 서글프고 또 믿기 힘들지만, "월리스가 제가 1842년에 쓴 종에 관한 개요를 손에 넣었다 해도 이보다 더 멋지고 간략하게 요약할 수는 없었을 것입니다!"[1] 그런데 다윈은 몰랐지만 둘 사이에는, 원고에는 나타나지 않았다 할지라도 상당한 차이가 있었다.

앨프리드 러셀 월리스는, 표본 거래를 업으로 하는 사회주의자였다는 데에서 극명하게 드러나듯이, 다른 세상 출신이었다. 그는 자신의 재산으로 살아갈 수 있는 부유한 향사 자연학자도 아니었고, 헉슬리 같은 직업 교사도 아니었다. 그는 웨일스 변경지방에서 가난한 변호사의 아들로 태어났고, 14세에 런던에 와서 건축업자의 견습공이 되었다. 밤에는 토튼엄코트 대로 바로 옆에 있는 사회주의자들의 집합소인 '과학의 전당'에서 지냈다. 그곳에서는 커피가 무료였고, '사회주의 전도사들'이 사유재산과 종교를 반대하는 장광설을 늘어놓으며 사람들을 선동했다. 이곳에서 월리스는, 비록 가까워졌다 멀어졌다 하긴 해도 일생 동안 그와 함께 할 정치적 가치들을 체득했다. 그 가치들 가운데 많은 부분은 일을 하면서 더 굳건해졌다. 1840년대 초 월리스는 웨일스로 돌아가 토지 측량 견습생으로 일했는데, 그때 토지의 경계를 다시 그려주는 일로 돈을 벌었다. 이것은 인클로저 법령이 공포된 뒤 공유지에 울타리를 쳐 향사들에게 분배하면서 생긴 일거리였다. 월리스는 훗날 이 일을 "빈자들에 대한 합법적인 강도짓"이라고 말했다.

독학한 사회주의자인 월리스는 인류를 자연 법칙의 지배를 받는 전진하는 세계의 일부로 보았으며, 과학의 전당에 드나들던 시절에 도덕성은 문화의 산물이며 이것은 어느 인종에나 해당되는 사실이라고 배웠다. 자신과 같은 배경을 지닌 수많은 사람들과 마찬가지로, 월리스는 "독창적"인 『흔적』에 금세 끌렸고, 자연이 상승한다고 말하는 그 책의 견해에 만족했다. 월리스는 그 책을 읽고 종 문제에 대해 생각해보게 되었다. 당시 21세였던 그는 "자연에 존재하는 아름다움과 조화, 다양성에 큰 감흥을 느꼈고…… 인간과 인간의 관계와 관련해서는, 정의의 문제에 그만큼이나 열정적으로 몰두했다."[2]

홈볼트의 『남아메리카 여행기』와 다윈의 『항해기』에 자극을 받은 월리스는 돈을 아껴서, 표본을 채집하고 『흔적』의 내용을 검증하기 위해 열대로 갈 여비를 모았다. 그리하여 1848년에는 아마존으로 갔고, 그 다음에는 (런던에서 1852년에서 1854까지 2년 동안 휴식을 취한 뒤에) 말레이 제도로 갔다. 말레이 제도는 적도 근처에 흩어져 있는 수많은 섬들로 이루어진 거대한 군도이며, 그 가운데 하나인 보르네오 섬은 오랑우탄의 땅이었다. 이곳에서 월리스는 인간의 조상에 대한 단서를 얻기를 기대했다. 런던의 한 딜러 앞으로 보내는 딱정벌레와 나비 표본, 새 박제가 여비를 제공해주었다. 상자 한 개당 라벨을 붙인 딱정벌레 1,000마리를 포장해서 보내야 했지만, 이것은 생계수단이었다. 바로 이곳에서 월리스는 다윈에게 장황한 편지와 함께 부탁받은 표본들을 보내주고 있었다. 2월에 보낸 최근 편지는 화산섬인 테르나테 섬에서 부친 것이었다. 월리스는 뉴기니로 가는 도중에 향료 제도라 불리는 몰루카 제도에 도착했다.

월리스는 이 섬에서 열병에 걸려 있는 동안에 자신의 진화론을 구상했다. 말라리아만이 유일한 이상징후는 아니었다. 사회주의자들의 세상이 뒤집어지고 있었다. 예전에 맬서스는 그들의 악귀였지만, 1850년대 말 맬서스의 『인구론』은 그 정도로 금기는 아니었다. 새로운 세대의 사회주의자들은 맬서스가 거론한 인구과잉의 증거를 이용해 산아제한의 필요성(이것도 사회주의자들이 입버릇처럼 말하는 것이었다)을 강조하는 전술로 작전을 변경하려 하고 있었다.[3] 월리스는 맬서스의 『인구론』 제6판을 읽었고, 향료 제도에서 열이 나고 으슬으슬 떨려서 침대에 몸져누워 있던 어느 날 오후, 월리스도 인구과잉에 대한 맬서스의 논리를 인간에서 동물로 전환했다.

그렇긴 해도, 월리스가 도출한 이론은 다윈의 이론과는 달랐다. 선택에 대해, 월리스는 개체들 간의 극심한 경쟁을 상정하기보다는 환경이 부적합한 개체를 제거한다고 보았다. 게다가 월리스는 보르네오 섬에 사는 다야크족을, 다윈이 야만적인 푸에고인들을 바라본 관점과 달리, 인류평등주의에 입각한 사회주의자의 관점으로 보았다. 그리고 월리스는 다윈이 제쳐놓은 질문을 제기하려 하고 있었다. 즉, 자연선택의 **목적**이 무엇인가? 진화의 힘은 정의로운 사회를 실현하기 위해 작동한다는 것, 이것이 핵심이었다. 다시 말해, 자연선택의 목적은 "완벽한 인간이라는 이상을 실현하는 것"이었다.[4]

다윈의 진화론은 그러한 유토피아를 그리지 않았다. 하지만 1858년의 그날 다윈의 눈앞에 놓여 있었던 것은 월리스의 20쪽 분량의 편지가 전부였고, 게다가 이것은 『자연선택』의 요약과 너무나 비슷해 보였다. 월리스의 논문은 "변이들"이 "생존투쟁"을 하면서 부모 종으로부터 "점점 더 멀어진다"고 주장했다. 여기에도 인구과잉의 논리가 들어 있었다. 한 쌍의 새는 전혀 억제하지 않으면 15년 만에 1,000만 배로 불어나지만, 생존투쟁을 통해 약자는 굴복하고 "가장 완벽한 건강과 활력을 지닌 개체"만 남는다. 이 체계는, 월리스의 설명에 따르면, "증기기관의 원심속도 조절기〔회전하는 물체의 원심력을 이용해서 원동기의 회전속도를 자동적으로 정한 값으로 유지하기 위한 장치〕처럼, 불편함이 나타나면 그것이 확연해지기 전에 억제하고 고친다."[5] 자연은 그런 장치 없이 스스로 작동하는 증기기관이며, 변이가 쌓이면 부모보다 뛰어난 변종으로 부모를 극복하게 한다.

다윈은 "이보다 더 놀라운 우연의 일치를 결코 보지 못했는데", 그것은 얼마쯤은 다윈이 자신의 생각에 비추어 월리스의 원고를 읽었기 때문이었다. 월리스는 다윈에게 그 논문을 라이엘에게 보내달라고 부탁했다. 다윈은 구슬픈 편지를 동봉하여 그것을 라이엘에게 보냈다. 월리스는 출판을 언급하지 않았지만, 다윈은 "물론, 즉시 편지를 써서 월리스에게" 마음에 드는 "학술지를 택하여 〔그 논문을〕 보내라고 권할" 작정이었다.

하지만 "나의 독창성은, 그것이 아무리 대단한 것이라 할지라도 그것으로 모두 끝장일 것입니다." 라이엘은 이 문제를 곰곰이 생각하고 나서 해결책을 내놓았다. 그것은 두 사람이 그들의 발견을 공동으로 발표하는 것이었다. 다윈은 이런 행동이 월리스의 공을 가로채는 것으로 보이지 않을까 두려웠지만, 찜찜한 마음을 애써 털어내며 라이엘의 제안을 받아들였다. 후커가 다윈이 1844년에 쓴 종에 관한 소론을 보았고, 하버드 대학의 에이서 그레이는 그 소론의 긴 요약본을 지니고 있었다.

> 따라서 저는 제가 월리스에게서 아무것도 도용하지 않았음을 분명하게 말할 수 있고 증명할 수도 있습니다. 제 견해에 관한 개요를 약 10쪽 정도의 분량으로 발표하게 된 것을 무척 기뻐해야 마땅하겠지만, 과연 이렇게 해도 제 명예가 지켜질 수 있는지 자꾸만 의심이 듭니다. …… 월리스 또는 어느 누군가가 제가 좀스럽게 행동한다고 생각한다면, 차라리 제 책 전부를 불태워버리는 쪽을 택하겠습니다.

설사 라이엘이 이 일을 예견했다 할지라도, 이보다 더 괴로운 과학적 불운은 있을 수 없었다.

그 마을에서 세 명의 아이가 성홍열로 죽었기 때문에, 다윈은 찰스에게서 눈을 뗄 수가 없었다. 다윈은 후커는 어떻게 생각하는지 물어봐달라고 라이엘에게 부탁했다. 마치 내부자 거래를 하듯 일종의 선매 논문을 내는 것이 비윤리적인 일이 아닌가 하는 두려움이 들었기 때문이다. 하지만 다윈은 그런 걱정을 할 상황이 아니었다. 아기 찰스가 이틀 후 죽고 말았기 때문이다. 29일에 후커가 편지를 보내왔지만, 다윈은 "나는 지금은 아무 생각도 할 수가 없네……"라고 답장을 보냈다. 그날 밤 늦게, 다윈은 다시 편지를 썼다. "나는 아주 기진맥진한 상태라서 아무것도 할 수가 없지만, 월리스의 논문과 내가 에이서 그레이에게 보냈던 편지의 요약본을 자네에게 보내겠네. …… 거기에 신경 쓸 겨를은 없지만…… 필요한 일이 있다면 뭐든 하겠네. 여러 가지로 고마우이." 그리고 다윈은 이 일의 전권을 후커와 라이엘의 손에 넘겼다.[6]

그들은 공동논문을 발표하는 것에 합의했다. 발표 장소는 금방 결정되었다. 지질학회는 부적합한 데다 이론을 좋아하지 않았으며, 동물학회는 오언이 왕처럼 군림하고 있었다. 남은 곳은 피커딜리에 있는 건물로 새로 이사한 린네학회뿐이었다. 후커는 여전히 이 유서 깊은 노부인을 되살리려고 노력하고 있었는데, 논란을 불러일으킬 다윈과 월리스의 공식 발표는 이 학회에 활력소가 될 터였다. 새로운 회장인 토머스 벨(비글호의 파충류 표본을 기재한 사람)이 학회를 맡으면서부터 모임은 훨씬 활기를 띠었다. 그때는 학술지를 내고 있었고, 발표되는 논문들은 무표정한 청중 앞에서 낭독하고 끝나는 게 아니라 회의에서 토론되었다.

여름철의 휴회가 다가오고 있는데, 이것을 어떻게 끼워넣을 것인가? 한 불운한 바람이 이 우울한 6월의 날들에 좋은 쪽으로 작용했다. 다윈의 오래된 친구인 수줍음 많은 로버트 브라운이 죽었을 때 연기되었던 회의를 메우기 위해, 평의회는 휴회 전 한 차례의 임시모임을 열기로 했다. 날짜는 7월 1일 목요일로 정해졌다. 6월 30일 마감이 임박한 시간에, 후커와 라이엘은 다윈과 월리스의 논문을 의제에 끼워넣었다. 다음 날 저녁, 간사는 어리둥절한 30여 명의 회원들 앞에서 그것―다윈의 1844년 소론의 요약, 1857년에 다윈이 그레이에게 보낸 편지의 일부, 그리고 월리스의 논문―을 읽고, 이어서 지난번 연기된 모임에 상정되어 있었던 6편의 논문을 읽었다. 마지막은 앙골라의 식물상에 관한 논문이었다. (새로운 이론보다는 "새로운 사실"이 아직까지도 그 학회의 존재이유였다.)[7] 다윈은 슬픔에서 헤어나오지 못한 데다 몸이 아파서 집에 머물렀다. 하지만 그는 이런 상습적 결근을 계속하는 것으로 앞으로 다가올 폭풍의 10년을 헤쳐나가게 된다.

마침내 발표를 했다. 20년에 걸친 불안과 좌절 끝에, 자기 자신을 드러냈다. 하지만 불꽃놀이는 없었으며, 오직 김새는 폭죽뿐이었다. 회의는 너무 길었고, 발표들은 줄을 이어 급하게 이루어졌으며, 반응은 침묵뿐이었다. 그러나 청중들은 "숨을 죽인 채" 수군거렸다. 벨은 적대적인 반응을 보였지만, 회원들은 후커와 라이엘의 암묵적 지지에 당황하는 기색이 역력했다.

다윈의 마음의 평화를 위해서는 아마도 이런 무반응이 최선이었을 것이다. 하지만 그것은 섭섭한 위로였다. 회장 벨은, 나중에 그가 기록한 바에 따르면, 올해는 "과학의 〔우리〕 분야에 당장 혁명을 불러일으킬 주목할 만한 발견이 딱히" 없었다고 한탄하며 회장을 떠났다.[8] (하지만 의미심장한 점이 있었는데, 부회장은 곧 발표할 자신의 논문에서 종의 불변성에 관한 모든 내용을 즉시 빼버렸다.)

하지만 찰스는 신경 쓸 경황이 없었다. 린네학회가 열리고 있는 동안, 그와 에마는 이네스 목사의 위로를 받으며 교회묘지에 아들을 묻고 있었다. 게다가 전염병에 대한 두려움 때문에 "슬퍼할 겨를도 없었다." 다음 날 아침에 찰스는 에티를 제외한 모든 아이를 서식스에 있는 친척 집으로 대피시켰다. 나흘 뒤, 그는 생각을 정리하여 후커에게 소식을 알렸다.

우리 가족은, 지금 모든 아이를 집에서 내보냈기 때문에 공포에서 다소 벗어났다네. 그리고 헨리에타도 움직일 수 있게 되면 즉시 내보낼 생각이네. 첫 번째 간호사는 목에 궤양과 편도선염이 걸렸고, 두 번째 간호사는 지금 성홍열을 앓고 있지만 다행히 회복되고 있다네. 우리가 얼마나 두려움에 떨었는지 아마 상상이 갈 걸세〔결국 마을에서 여섯 아이가 성홍열로 죽었다〕. 이루 말할 수 없이 비극적인 2주간이었지.

비극은 2주로 끝나지 않았다. 그의 큰누나 매리앤이 7월 18일에 60세의 나이로 세상을 떠났다. 그녀의 다 자란 다섯 아이들은 캐서린에게 입양되어 마운트에서 살게 될 것이다. 찰스는 매리앤을 "존경스러운 여성"이라고 기억했지만, 그들은 그리 친하지는 않았다. 다윈은 누이가 "오래 끌었고 막판에는 극심했던 고통"을 끝내고 마침내 안식을 취하게 된 것을 "신에게 감사"했다.[9]

어쨌든 다윈은 린네학회의 진행상황에 "충분히 만족했다." 놀라 입을 다문 반응은 이론을 더욱 완전한 상태로 발표하는 일을 위해서는 좋은 징조였다. 책을 완성시키기 전에, 먼저 그 일을 서둘러야 할 것 같았다. 다윈은 아픈 아이들과 아픈 위를 이끌고 바닷바람을 쐬러 와이트 섬으로 갔고, 7월 20일에는 샌다운에 있는 킹스헤드 호텔에서 『자연선택』의 "요약"을 쓰기 시작했다. 처음에는 단지 "최대한으로" 응축시킨 한 편의 논문을 린네학회의 학술지에 발표할 작정이었다. 하지만 늘 같은 상황의 반복이었다. 요약은 터무니없이 불어났다. 8월에 들어섰을 무렵에는 사육동물에 관한 내용만 해도 44쪽에 달했다. 바닷가에 머물고 있는 동안의 상황이 이 정도였다. 10월이 되자 그 원고는 "턱없이 길어져서", 어쩔 수 없이 책을 내는 쪽으로 다시 방향을 돌렸다. 그는 내내 소화불량에 시달렸다. 봄에 끝낼 생각이었는데, 불안감이 위에 나쁜 영향을 주었다. 결국에는 무어 파크로 돌아가 물치료를 했다. 신세 한탄은 이제 무섭도록 친숙하게 되어버렸다. "나처럼 한 주제에 이렇게 몰두하는 것은 사람이 할 짓이 못 되네." 다윈은 후커에게 이렇게 말했다.[10]

이 모든 과정을 승인하는 월리스의 편지가 1859년 1월에 도착했다. 그는 관대했을 뿐 아니라 다윈을 자극했다는 사실에 만족스러워했다. 월리스는 후커에게, 만일 자신의 논문만 발표했더라면 자신은 "많은 고통과 후회"에 시달렸을 것이라고 말했다. 여전히 찜찜한 마음이었던 다윈은 "라이엘과 후커가 그들이 공정한 행동방침이라고 생각하는 일을 하는 데 있어서, 나는 아무것도 한 일이 없습니다"라고 월리스에게 재차 확언했다. 월리스는 진화에 대한 라이엘의 견해를 궁금하게 생각했다. "나는 라이엘이 좀 놀랐을 거라고 생각합니다." 다윈은 대답했다. "하지만 그는 아직 굴복하지는 않았으며…… 만일 자신이 '잘못된 길로 빠지면', 『지질학 원리』의 다음 판은 어떻게 하느냐고…… 기겁을 합니다. 하지만 그는 매우 솔직하고 정직한 사람이기 때문에, 나는 그가 결국은 잘못된 길로 빠질 것이라고 생각합니다."

다윈은 라이엘의 고뇌가 얼마나 깊은지 결코 알지 못했다. 종변형론 때문에 고뇌하는 다윈의 스승은 여전히 짐승에서 불멸의 인간이 유래했다는 사실을 정당화하기 위해 고군분투하고 있었다. 동물과 인간의 친족 관계는 "인간의 동물적 본성"에만 국한되며, "도덕적이고 지적이고 발달하는 부분"은 인간에게만 창조된 것이 아닐까? 라이엘은 헉슬리와 틴들에게 이 생각을 꺼내보았지만, 그들이 몸과 마음 모두에서 종변형을 받아들이고 있음을 알게 되었을 뿐이었다. 라이엘은 그들과 거리를 두고, 인류가 탄생할 때 "도덕"이 섬광처럼 생겼다는 생각, 불멸이라는 선물이 내려지는 신성한 순간이 있었다는 생각으로 기울었다. 진화론을 받아들이는 것은 작위를 받은 구세대 지질학자로서는 어려운 일이었다. 그래도 다윈은 실망하지 않았다. "그의 나이, 지금까지의 견해, 사회적 지위를 고려할 때, 나는 이 문제에 대한 그의 태도는 영웅적인 것이라고 생각합니다."[11]

*　　*　　*

젊은피들은 빠르게 움직이고 있었다. 오언을 공격한 지 얼마 지나지 않아, 헉슬리는 이번에는 종변형론을 과학을 신학으로부터 떼어내는 견고한 쐐기로 이용하려 했다. 헉슬리는 합당한 보수를 받고 과학에 종사하는 공무원, 제국의 요구에 부응하는 새로운 유형의 직업적 권위를 세우기 위한 운동을 벌이고 있었는데, 종변형론은 이 목적에 잘 맞았다. 권위는 하나의 목소리에서 나오며, 그 메시지가 종교적으로 희석되는 것은 어떤 경우에도 용납할 수 없었다.

성직자에 대한 헉슬리의 증오는 극에 달했다. "인간의 기원" 문제를 사용하면, 세속적인 생물학의 "길을 감히 막아서는 것은 무엇이든", "인간이 변형된 원숭이라는 말은 인간이 변형된 흙이라는 말만큼이나 존중받을 만한 것"임을 의심하는 사람이면 누구든, 눈치 보지 않고 공격할 수 있었다. 이런 강경한 태도가 헉슬리를 더욱 더 다윈의 진영으로 몰고 갔다. 헉슬리는 성직자와 화해하는 것을 절대로 원하지 않았다. 이것은 논쟁을 더욱 선동적인 방향으로 몰아가려는 그의 목표를 무력화하기 때문이었다. 헉슬리는 1월에 다음과 같이 선언했다. 만일 창세기가 지질학과 모순되지 않는다는 것을 정설이 입증할 수 있다면, "나는 출애굽기에 강간, 살인, 방화가 명백히 지시되어 있다는 것을 증명해보이고 말겠다는 마음이 들 겁니다. …… 그런 점에서 볼 때, 오래된 병에 새 와인을 부으려는 시도는 위험한 것입니다." 헉슬리는 구시대의 성직자들을 불안에 떨게 했으며, 그들에게 새로운 전문가들을 위해 자리를 비우라고 요구하고 있었다. "새로운 개혁"이 시작되고 있었다. 이것은 교회의 특권에 대항하는 새로운 폭동이었다. "만일 내가 30년을 더 살고 싶다면, 이는 오직 과학의 발이 적들의 목을 짓밟는 것을 내 눈으로 보고 싶기 때문입니다."[12] 이것은 생계를 유지하기 위해 아등바등 살아가면서 케임브리지의 성직자는 1년에 1,000파운드의 봉급을 받는다는 것을 알아버린 사람의 발언이었다.

헉슬리는 스펜서와 채프먼, 그리고 대부분이 진화를 믿고 있는 『웨스트민스터 리뷰』의 필진들과 같은 전선으로 뛰어들고 있었다. 그들은 다른 쟁점들에 대해서도 대열을 정비하고 있었다. 스펜서는 이상적인 원형, 신의 생각의 육화, 동물이 오랜 세월 질서정연한 행진을 계속하는 가운데 신의 말씀이 육체를 얻어갔다는 것 따위의 리처드 오언 부류가 주장하는 과학을 혹독하게 비판했다. 스펜서는 이것을 "끔찍한 헛소리", 성직자에게 바치는 뇌물이라고 부르면서, "단단히 짓밟아주기" 위해 나섰다. 더 간단한 유물론적 설명이 필요했다. 동물들은 "적응에 적응을" 거듭하며 서서히 발달해왔다.

수년 동안 헉슬리는 비교해부학을 이용해 오언의 철학을 빈정거려왔다. 작년 6월(1858년)에, 헉슬리는 명망 높은 왕립학회에서 쿠데타를 일으켰다. 회장석에 앉아 있는 오언 앞에서 오언이 떠받들어 모시는 영묘한 원형을 짓밟았던 것이다. 다윈이 월리스의 논문을 우편으로 받던 날 아침에, 후커는 헉슬리가 전하는 이 기분 좋은 소식을 읽고 있었다. "나는 리처드 그 작자, '렉스 아나토미코룸'〔빈정거림이 담긴 오언의 학명. '해부학의 왕' 정도의 의미〕이 오늘 아침에 어떤 기분일지 궁금하군요. 내 평판은 지독히 나빠졌지만, 그것은 우리 '민주주의자들'에 대한 화풀이일 뿐입니다."[13] 오언은 소외당하고 있었고, 배제당하고 있었다. 미래의 다윈주의 장군들은 다윈이 그의 오랜 친구와 화해하는 것을 불가능하게 만들고 있었다. 증오는 이미 걷잡을 수 없이 번져갔다. 진화를 둘러싼 공식 싸움은 불가피했다. 이것은 책 때문에 번민에 휩싸인 다윈을 더더욱 곤경에 빠뜨렸다.

다윈의 "지병인 극심한 구토"와 현기증이 다시 도졌다. 2월에 또다시 무어 파크에 머물며 수건찜질을 한 덕분에 50번째 생일에는 기운을 차렸지만, 3월에 다시 무너졌다. 후커는 다윈의 "요약"을 한 장章씩 차례로 검토했다. 3월 15일에 검토가 끝난 한 장을 받아본 다윈은, "내가 두려워했던 것만큼 심하게 공격하지는 않았구려"라고 말하며 기뻐했다. "자네는 수많은 오류들을 찾아내지 못했군. 거의 기억에만 의존해서 쓴 것이라 특히 걱정이네." 그리고 추신으로 "나는 내일 (총괄을 제외한) 마지막 장을 끝마칠 예정이네……"라고 덧붙였다. 그런데 그렇게 되지 못했다. 그것은 후커의 아이들 때문이었는데, 후커가 어쩔 줄 모르는 심정으로 헉슬리에게 전한 바에 따르면, 사정은 이러했다.

나는 주말까지 다윈 씨의 원고를 검토하는 일을 마치겠다고 말했습니다. 그런데 그때, 내 아이들이 그 원고의 앞쪽 4분의 1을 망쳐놓았다는 사실을 알고 가슴이 철렁 내려앉았습니다. 받았을 때 450그램이 넘었던(다윈은 900그램에 해당하는 우표를 붙였다) 원고가 끔찍한 사고로, 아내가 아이들이 그림을 그리는 종이를 넣어두는 서랍으로 들어갔고, 아이들은 물론 거기에다 신나게 그림을 그려젖혔습니다. 잔인한 처사라고 할 정도는 아니어도, 잔혹한 일이라고 생각합니다. 가엾은 다윈 씨는 일을 마무리할 힘도 낼 수 없을 만큼 상태가 좋지 않기 때문입니다. 그가 마음 좋게 넘어가기보다는 차라리 화를 내주었으면 좋겠습니다만.

이 시기에 다윈의 식구들은 다윈이 기운을 내도록 온갖 방법을 시도했다. 다윈은 심지어 아버지의 금시계와 웨지우드 도자기를 팔아 당구대를 사고, 이것을 서재 옆방에 설치했다. 다윈은 날마다 이것에 의존하여 "머리에서 끔찍한 종들을" 쫓아냈다.[14]

다윈은 4월 내내 원고를 붙들고 씨름하면서, 참고문헌을 빼고, 문장을 다듬고, 난해한 점들을 설명하기 위해 그려놓은 수많은 그림들을 덜어냈다. 그리하여 마침내 『자연선택』의 핵심이 15만 5,000단어 속에 응축되었다. 이것은 시대의 전형에서 가장 벗어난 과학책이었다. 폼을 잡기는 했지만 잘 팔릴 책이었다.

라이엘이 중개인으로 나서서 존 머리에게 출판을 의뢰했다. 머리는 『지질학 원리』, 후커의 『히말라야 여행기』, 다윈의 『항해기』, 레어드의 『니네베와 바빌론의 유적 발견』, 그로트의 『그리스 역사』, 그리고 농부들을 위한 『비료 안내서』에 이르기까지, 런던 최고의 도서목록을 보유하고 있는 출판업자였다. 그는 벌써 가을에 낼 책들을 기획하고 있었다. 조난당한 존 프랭클린 탐사대를 찾으러 떠난 수색대의 보고, 웰링턴의 공문서집, 새뮤얼 스마일스의 『자조』 등이 계획되어 있었다. "머리가 제 책의 주제를 알고 있습니까?" 다윈은 물었다. 약간 걱정이 앞섰다. 머리는 결국 "이단적 성향"을 들어 마티노의 『동방의 삶』을 출판하지 않겠다고 하지 않았던가. 다윈은 라이엘에게 쓴 편지에 다음과 같은 추신을 붙였다. "제 책은 그런 주제를 다루는 책으로서 어쩔 수 없는 면을 고려하면 크게 이설이 **아니라는** 것을 머리에게 설명하는 게 좋을까요?" 이 말은 곧, "나는 인간의 기원을 논하지 않는다, 창세기에 대한 어떤 논의도 끼워넣지 않겠다 등등"의 뜻이었다. 머리는 라이엘에게 안심해도 된다는 말을 듣고는, 자신의 철칙을 깨고 완성된 원고를 보지 않은 채로 출판에 동의했으며, 다윈에게 수익의 3분의 2를 주겠다고 제안했다.

실용적인 사람인 머리는 제목에 더 신경을 썼다. 다윈은 제목을 『자연선택에 의한 종과 변종의 기원을 둘러싼 소론의 요약』이라고 붙일 생각이었는데, 육중한 제목을 좋아하는 빅토리아 시대 사람들의 성향을 고려한다 해도, 머리는 그 제목이 판매에 도움이 되지 않을 것이라고 생각했다. 다윈은 견본으로 본문의 장들 일부를 머리에게 보냈다. 후커의 아이들이 도화지로 썼던 분포에 관한 "건조하고 지루한" 장도 포함되어 있었는데, 다윈은 "그가 이것을 읽을 작정이라면 가엾은 일"이라고 후커에게 말했다. 다윈은 그것이 "과학에 몸담고 있는 사람들과 반쯤 몸담고 있는 사람들 사이에서는…… 분명 어느 정도는 인기가 있겠지"만 문인들에게는 그렇지 않을 것이며, 참신한 것에 덤벼드는 중간계급 사이에서『흔적』처럼 선풍을 불러일으키기에는 "심히 건조하고 복잡하다"고 생각했다.[15] 머리가 출판을 해주기로 한 것은 분명 500부만 찍기로 했기 때문이었을 것이다.

5월 말에 다윈의 건강이 다시 나빠졌지만, 1주일간의 물치료 덕분에 교정지를 볼 수 있을 만큼 튼튼해졌다. 교정 작업은 원기가 없어서는 할 수 없는 일이었다. 그는 인쇄된 문장들을 보고 경악해서 대폭으로 수정을 가했다. 종이가 시커멓게 되도록 수정을 하고, 얼룩덜룩한 원고에 핀으로 쪽지까지 붙였다. 그러면서 추가되는 비용은 자신이 대겠다고 했다. 6월 말까지 그는 내용을 쳐내고 수정하는 일을 계속했다. "엄청나게 많이 고쳤습니다." 다윈은 라이엘에게 말했다. 그리고 후커에게는 자신이 "비참한" 수렁에 빠졌다고 한탄했지만, 후커도 다윈이 가장 좋아하는 식민지인 태즈메이니아의 식물상을 다룬 저서의 교정지를 보느라 "수렁에 빠져" 있었다. 그 수렁에서 후커는 다윈에게 격려를 보냈다. 물론 후커는 자신의 노력을『종의 기원』과 비교하려 하지는 않았다. 후커는 그것이 "왕의 깃발 옆에 남루한 손수건을 놓는 것과 같다"고 기꺼이 인정했다.

헉슬리도 너그러움을 베풀었다. 그는 오직 하나의 트집을 잡았을 뿐이었다. 헉슬리의 말에 따르면, 하나의 조상에서 유래한 가축 품종들(예를 들면, 똑같은 야생 개의 후손들인 불독과 그레이하운드)을 교잡시켜 태어나는 자손은 뚜렷이 구분되는 두 야생종의 경우와는 달리 불임이 아니다. 불임의 자손이 태어날 정도의 분리를 육종가들이 이루어낼 때까지는—

즉, 하나의 부모에서 새로운 종을 실제로 만들어낼 때까지는—자연선택과의 유비는 불완전하게 남는다는 것이다. "선생은 내 가설에서 결함을 발견했다고 말하는군요." 다윈은 일단 헉슬리를 진정시켰다. "그런데 그것은 선생이 내 가설의 본질을 이해하지 못하고 있음을 보여주는 증거입니다. 내 가설은 단지, 탄탄한 부분만큼이나 많은 결함과 구멍이 나 있는 넝마일 뿐입니다." 하지만 "나는 그 넝마가, 완만한 길을 짧은 거리만 가면 되는 시장까지 내 과일을 담아서 옮길 수 있을 정도는 된다고 생각합니다. 나는 선생이 혹시 그 변변치 못한 넝마를 악마처럼 흔들어 그 과일을 산산조각 낼까 두렵습니다. 변변치 못한 넝마라도 있는 게, 시장에 아무것도 들고 가지 않는 것보다는 낫기 때문입니다."[16]

9월쯤 다윈은 "아이처럼 허약"했고, 아주 가벼운 것조차도 들 수 없는 상태가 되었다. 그는 일이 다 끝나면 긴 온천여행을 갈 생각이었다. 요크셔의 황량한 황야지대에 접한 일클리에 새로 문을 연 요양소가 모든 곳에서 멀리 떨어져 있어서 좋을 듯했다. 다윈은 구토와 우울의 발작을 참아가며 겨우겨우 일을 해나갔다. 그는 "나의 저주받은 책을 어서 끝내고" "내 마음에서 이 주제를 몽땅 추방"하고 싶은 "정상이 아닐 정도로 강한 의지"로, 수정된 교정쇄를 붙들고 꾸역꾸역 작업을 계속해나갔다. 머리는 수정으로 인해 초래된 72파운드의 엄청난 비용을 자신이 부담하고, 판매 예상치를 올려잡았다. 그리하여 1,250부를 찍기로 계획을 수정하고, 출간일을 11월로 정했다. 제목은 머리의 선택압을 받아 진화를 거듭하다가, 최종적으로 『자연선택에 의한 종과 변종의 기원에 관하여』로 결정되었다. 다윈은 『종과 변종의 기원에 관하여』로 제목을 다시 말쑥하게 다듬었다.[17]

깨끗하게 다시 인쇄된 그 "끔찍한 책"의 교정쇄가 라이엘에게 전달되었다. 다윈은 여전히 라이엘의 판결을 "바보처럼 노심초사하며" 기다렸고, "다른 사람 10명보다" 라이엘 한 사람이 "마음을 바꾸기"를 애타게 바랐다. 라이엘은 실제로 다윈에게 "엄청난 칭찬"을 전했으며, 다른 사람들은 "곧 나올 다윈의 종에 관한 책을…… 찰스 라이엘이 몹시 기대하고 있다"는 사실에 주목했다. 어쨌든 번버리가 시인했듯이 "우리의 먼 친척이 해파리라고 생각하면 분하지만…… 그것은 분명히 매우 흥미롭고 중요한 책"이었다. 라이엘은 아직도 도저히 알 수 없는 대상을 붙들고 씨름하고 있었으며, 여전히 "인간의 위엄이 위험에 처했다"고 느꼈다. 인간의 체면을 살려주면서도 영혼이 없는 유인원 조상을 인정하는 방법은 없을까? 다윈은 그다지 공감을 하지 못했다. "이렇게 말씀드려서 죄송하지만, 저는 인간의 위엄에 대하여 '위안을 주는 견해'를 전혀 갖고 있지 못합니다. 저는 인간이 진보할 것이라는 데에 만족하며, 머나먼 미래에 우리 자신이 야만인으로 비추어질지 아닐지에는 별로 관심이 없습니다."[18]

10월 1일에 지독한 15개월이 끝이 났다. 그날 다윈은 구토 발작을 하는 가운데 교정지 수정을 마무리했다. 그동안 위에 통증을 느끼지 않고 한 번에 20분 이상 글을 쓴 날이 거의 없었다. 다음 날 억수 같은 비가 내리는 가운데, 다윈은 욕조 안에서 폭풍 전의 고요에 빠져들기 위해 일클리로 요양을 떠났다. 새로운 물치료 시설에서 홀로 지내고 싶지 않았던 그는 재미있는 버틀러 양(무어 파크에서 유령 이야기를 들려주었던 늙은 아일랜드 여인)에게 함께 가자며 감언이설로 꾀었다. 그녀가 거기 있으면 "안전하고 집에 있는 것 같은 느낌"일 것이라고 털어놓으며.

일클리의 웰스 하우스는 룸볼즈 무어의 변두리에 있는 조경이 잘 된 땅에 자리잡은 대저택이었다. 그곳에서는 마을과, 나무로 뒤덮인 와퍼데일이 한눈에 내려다보였다. 3년 전에 문을 연 이 시설은 볼링장, 당구대, 상류층 환자의 변덕을 일일이 맞추어주는 한 팀의 컨설턴트들을 보유하고 있는, 문명화된 은거처로서는 최고의 장소였다. 수욕장은 수원에 설치되어 있었는데, 낙엽수들로 얼룩덜룩한 근처 언덕 위에 벽돌로 지은 테라스하우스였다. 당나귀들이 병자들을 저택에서 그곳으로 싣고 가는 데에는 20분쯤이 걸렸다. 찰스가 좁은 흙길을 덜커덩거리며 올라가던 날은 가시금작화와 각종 히스들이 북서풍에 나부껴, 물에 뛰어들기 전부터 한기가 느껴졌다. 그해는 겨울이 일찍 와서, 17일에 식구들이 합류했을 때는 미처 겨울 준비를 하지 못한 상태였다. 모두가 당시를 "비참할 정도로 추웠던" 시간으로 기억했다.[19]

일클리에서 보낸 두 달은 재발과 회복이 반복된 나날들이었고, 이따금씩은 끔찍한 밑바닥까지 추락했다. 교정쇄가 제본되어 나오기까지 10일을 남겨놓은 시점에 다윈은 후커에게 괴로운 심정을 토로했다. "요즘 나는 아주 상태가 좋지 않다네. '끔찍한 위기'에 휩쓸리고 있지. 한쪽 다리가 상피병처럼 부어오르고—눈은 거의 뜨지 못하고 있고—두드러기와 심한 종기로 뒤덮였네. 하지만 모두가 이 치료를 받으면 효과가 있을 거라고 말하는군. 마치 지옥에서 살고 있는 기분일세." 시련에 처한 욥처럼, 다윈은 친구들의 지지를 구했다. 그는 자연선택설에 대해 후커, 라이엘, 헉슬리를 납득시키면 "이 문제는 안심"이라고 생각했다. 하지만 친한 친구들을 빼면, 앞길이 순탄치 않으리라고 예상했다. 비웃음 정도로 끝나면 다행이고, 최악의 경우에는 "무신론자로 낙인찍혀" 사회적으로 무책임한 자라는 치명적인 이미지를 달고 다니게 될 수도 있었다.

11월 2일에 머리가 견본쇄를 보냈다. 표지에 고급 녹색 천을 씌우고 활자는 진한 크림색 종이에 인쇄한 정가 15실링의 그 책을 본 다윈은 "내 자식이 태어난 것 같다"며 기뻐했다. 출간을 2주 앞둔 11일과 12일에, 그는 20년 동안 두려워했던 순간에 직면했다. 다윈은 그 온천에서 증정본들에 동봉할 편지들을 썼다. 편지들은 전부 자신을 탓함으로써 상대를 무장해제시키는 말들로 채워졌다. 두 부는 하버드 대학의 루이 아가시

("도전을 하겠다든지 허세를 부리는 심정으로" 보내는 것이 아닙니다)와 그레이("엄청나게 어려움이 많았습니다")에게로, 나머지는 헨슬로("선생님이 저를 제자를 인정하지 않을까봐 두렵습니다"), 제닌스("내가…… 어처구니없이 틀렸을지도 모릅니다"), 캉돌("당신은 전혀 동의하지 않을 것입니다"), 옥스퍼드 대학의 지질학자 존 필립스(당신은 "이것이 혐오스러운 내용이라며 격렬히 비난할 것입니다"), 팔코너("아, 당신이 얼마나 노발대발할지…… 당신은 나를 산 채로 십자가에 매달고 싶어질지도 모릅니다"), 그리고 오언(아마 "혐오스러울" 것입니다)에게 보냈다.

다윈이 사람들의 반응에 대해 마음의 준비를 단단히 할 때, 다시 한 번 "오싹한 냉기"가 온몸을 훑고 지나갔다. 포효하는 바람은 자기회의의 폭풍, "나는…… 인생을 공상에"—그것도 위험한 공상에—"바쳤다"는 줄기찬 두려움에 비하면 아무것도 아니었다. 그날 밤 다윈은 후커의 열렬한 반응과 라이엘의 개방적인 태도를 떠올리고 나서야 겨우 "평화롭게 쉴 수" 있었다. 하지만 극동에 있는 월리스에게 『종의 기원』 한 부를 보내며 쓴 편지에서 말한 것처럼, "대중이 어떻게 생각할지는 신만이 알 터"였다.[20]

첫 반응은 호의적이었다. 온천에 안전하게 피신해 있던 다윈은 책이 출간된 11월 22일에 이미 1,250부보다 많은 예약주문이 들어왔다는 소식을 들었다. 프랭클린 탐사대 수색에 관한 대작이 7,600부쯤 팔렸고 『자조』가 3,200부쯤 팔렸지만, 다윈은 『종의 기원』에 1,500부의 주문이 쏟아진 사실에 적잖이 놀랐다. 이것은 엄청난 성공이라서, 그는 일클리에서 즉시 2쇄를 위한 수정에 들어갔다. 그때 때마침 한 낭만적인 시골 교구목사의 편지 한 통이 도착했다. 소설가로 유명했으며 기독교 사회주의자로 매도당하고 있는 찰스 킹즐리가 그 사람이었다. 킹즐리는 그 책에 대해 칭찬

을 아끼지 않았다. 그 책에 "경외심을 느꼈습니다." 킹즐리는 말했다. "만
일 당신의 말이 옳다면, 나는 내가 그동안 믿었던 것의 대부분을 포기해
야 할 것입니다." 그리고 그는 기꺼이 그럴 모양이었다. 킹즐리는 "신이
스스로 발달할 수 있는 원시 형태들을 창조했다는 사실을 믿는 것은……
신이 미리 만들어둔 빈틈을 메우기 위해 새로운 간섭이 필요하다고 믿는
것만큼이나 신에 대한 고귀한 생각"임을 발견했다. 다윈은 뛸 듯이 기뻐
하여 이 문구를 마지막 장에 집어넣고, "어느 유명한 작가이자 성직자"가
보낸 편지의 일부라고 밝혔다.[21]

　　서평은 또 다른 차원의 문제였다. 킹즐리의 편지를 받은 다음 날『애
시니엄』—런던의 지식인들이 반드시 읽어야 하는 것—이 분위기를 주도
했다.『종의 기원』이 신경을 건드렸다는 것은 의심의 여지가 없었다. 그
책에 '인간'은 거의 언급되어 있지 않았음에도, 신문잡지에서는 좀처럼
인간의 문제를 피할 수 없었다.『애시니엄』은 다윈이 인간이 원숭이에서
유래했다고 주장하고 신학자들을 모욕했다며 과장하여 반응했다. 서평자
는 배심원단이 소집될 것임을 예고했다. 다윈은 "교회, 대학, 강의실, 박
물관"에서 심판을 받아야 한다는 것이다.『새터데이 리뷰』는, 이미 늦었
다고 평했다. 그 책은 이미 학계를 넘어 "응접실과 거리로" 들어가고 있
다는 것이다. 보수파들은 이 책이 엉뚱한 사람들의 손으로 들어가고 있는
것을 보았고, 다윈조차도 워털루 역 밖에서 통근자들이 앞다투어 그 책을
사려 한다는 소식을 듣고 당황했다.『애시니엄』은 다윈의 "신조"를 인간
은 "어제 태어났으며, 내일 멸망할 것이다"라고 사뭇 조악하게 요약했다.
인간은 더 이상 불멸의 존재가 아니라 우연의 산물이라는 말이었다. 이
말은 에마의 약점을 건드렸고, 찰스를 분노하게 했다. "그 서평자가 불멸
의 문제를 *끄집어냄*으로써 성직자들을 선동하여 나를 그들의 자비에 맡
긴 것은 비열한 처사라고 생각하네." 다윈은 후커에게 투덜댔다. "그는

결코 자기 손으로 나를 불태우지 않을 걸세. 대신 그는 나무를 준비해놓고 검은 야수들[성직자들]에게 나를 잡는 방법을 알려주겠지."22)

하지만 무시하면 그만이었다. 12월 9일에 일클리에서 집으로 돌아오기도 전에, 다윈은 머리가 2쇄로 3,000부를 찍으려 하고 있으며, 프라이부르크 대학의 하인리히 브론 교수가 독일어 번역판을 준비하고 있다는 소식을 들었다(나중에 밝혀진 바에 따르면, 그것은 삭제판이었다). 또한 다윈이 가장 "개종시키고" 싶어했던 사람들이 생각을 돌리고 있었다. 후커는 이미 승선했고, 라이엘은『종의 기원』을 "몹시 흡족하게" 생각했으며, 헉슬리는 다윈이 당황할 만큼 "엄청난 칭찬을 넣은" 서평을 썼다. 헉슬리는 칼라일의 영웅, 자연의 힘을 대변하는 선지자 무함마드처럼 자신의 "부리와 발톱"을 날카롭게 갈며 "짖고 소리를 질러대는 똥개들"의 창자를 뽑아놓을 준비를 했다.23) 똥개들은 물론 큰소리로 짖어대는 오언의 독설이었다. 헉슬리는 싸움을 하고 싶어 몸이 근질근질했으며,『종의 기원』은 그 구실을 제공했다. 다윈은 이러한 공개적인 논란에 직접 나서려 하지 않았다(그는 항상 "너무 아팠지만", 아니었다 해도 공개토론에 가담할 생각은 없었을 것이다). 하지만 그는 다운에 안전하게 앉아서 이따금씩 자신의 사도들을 부추기고 선동했다.

커다란 물음표가 오언의 머릿속에서 떠나지 않았다. 이 런던 최고의 비교해부학자는 오만으로 민감한 내면을 감추고 있었지만, 다윈에게는 정중하게 대해왔다. 증정본을 받고 제일 먼저 답장을 보내준 것만으로도 황송한데, 오언은 자신은 오래전부터 종의 "예정된" 탄생에 "현존하는 영향력"이 관여하고 있다고 생각해왔다고 주장했다. 그는『종의 기원』을 결코 "이설"로 보지 않았다. 이것은 특별히 고무적인 일이었다. 12월 초에 다윈은 오언을 만나 오래 이야기를 나누었는데, 그때 오언은『종의 기원』이 "종의 형성 양식에 관하여 지금까지 출간된 책들 가운데서" 가장 설명이 잘 된 책임을 확신했다. 그렇다 할지라도 오언은 무거운 의심들을 품고 있었다. 그는 아직도 종변형론이 인간을 야만화한다고 생각했다. 오언은 섭리를 중심에 놓고 접근하는 종변형 반대론자였다. 그는 1858년에 영국과학진흥협회의 회장으로서, 지질학적 시간 동안 "창조의 힘이 지속적으로 작용해왔다"는 내용의 강연을 했다. 과학진흥협회 회장의 강연은 "과학계의 여왕 연설 같은 것"이었기 때문에, 이것은 분명한 정설로 떠올랐다. 동물종은 "연속적이고 지속적"으로 지구상에 출현했다. 하지만 이것은 한 종이 서서히 다른 종으로 변하는 것이 아니라, 저마다 선행자의 자궁에서 어떤 창조의 법칙에 따라 도약적으로 출현하는 것이다.

종변형론을 혐오했던 오언이 왜 그런 관대한 반응을 보였을까? 그것은 어쩌면 다윈이 오언에게 (몇 달 뒤 에이서 그레이에게 한 말처럼) 자신은 "모든 것을 설계된 법칙의 결과로 보는 편이다"라고 말했기 때문이 아니었을까. 이 말은 신이 직접 개입을 하기보다는 자연 법칙을 정해놓았다는 뜻이었다. 하지만 오언은 "설계된 법칙"이라는 말만 갖고서, 그들 두 사람이 공통의 관념적 바탕을 공유하고 있다고 짐작했다. 다시 말해, 둘 다 신의 직접적인 "창조력"을 믿는다고 생각했던 것이다. 그래서 오언은 다윈을 정중하게 대했고, 다윈은 "그는 감춰진 영혼 밑바닥으로 나만큼이나 멀리 내려가고 있다"는 인상을 받았던 것이다.[24]

하지만 다윈의 "설계"는 오언의 "예정된" 자연과는 하늘과 땅 차이였다. 카펜터, 사우스우드 스미스, 그 밖의 다른 유니테리언파처럼, 다윈은 자연이 물질적인 인과관계로 이어진 간섭할 수 없는 연쇄라고 보았다. 여기에 신의 섭리는 없다. 다시 말해, 자연적인 원인들은 "연속적으로 작동하는" 신의 의지를 표현하고 있지 않다. 여기에는 창조주가 각각의 잠자리를 일일이 직접 설계하고 갱신한다는 세지윅의 국교도적 관점이 들어설 자리가 없다. 다윈은 라이엘에게 만일에 진화의 각 단계가 신의 섭리에 의해 계획된 것이라면, 전체 진화 과정은 기적이며 자연선택은 필요 없다고 설명했다. 다윈은 그레이에게 "설계된 법칙"을 거론하긴 했지만, "세세한 부분은 그것이 좋든 나쁘든 우리가 우연이라고 부를 수 있는 것의 작용에 맡겼다." 선량한 유니테리언파처럼 다윈은 합리적이고 법칙에 따르는 자연이 악에 대한 해결책을 제시한다고 보았다. 모든 것이 신이 정해놓은 일이라면 왜 "비극"이 존재하는가? 다윈은 그레이에게 물었다. "나는 자비롭고 전지전능한 신이 살아 있는 애벌레의 몸을 파먹고 살도록 뚜렷한 의도를 가지고 맵시벌과 科(기생성 벌)를 설계하고 창조했다는 생각을 도저히 납득할 수 없습니다." 그러한 우연한 적응들은 법칙이 지배하는 세상에서만 일어날 수 있으며, 신의 책임이 아니었다.[25]

이렇게 말하는 사람은 이미 깃털침대에서 굴러떨어진 전직 유니테리언파였지만, 그는 어느 정도 존경을 받을 수 있는 유신론을 붙들고 있었으며, 오언과 그레이 같은 부류 앞에서는 그것을 몽땅 설계라는 말을 붙여 처리했다. 하지만 다윈의 신은 부재지주였으며, 자연은 그 자체로 충분했다.

익히 예상할 수 있듯이, 카펜터가 다윈의 편으로 넘어왔다. 그는 "질서, 연속성, 진보"의 세계만이 전지전능한 신에게 어울린다고 확신했다. 12월에 그는 유니테리언파 잡지 『내셔널 리뷰』에 싣기 위해 『종의 기원』에 대한 서평을 쓰고 있었다. 카펜터는 개의 한 품종 또는 민달팽이의 한 종이 다른 종에서 유래했다는 견해에 대한 "모든 신학적 반론"은 "간단히 헛소리"라고 선언했고, 그러한 문제에 관한 자신들의 교의를 고집하는 "'편협하기 짝이 없는' 종파적 기관들"을 비웃었다. 카펜터는 인간의 진화 문제는 보류했지만, 그것이 장애물이기 때문은 아니라고 단언했다. 생존투쟁은 "필연적으로, 거기에 가담하는 품종들의 진보적 향상을 일으키는" 경향이 있다고 말하는 것만으로도 충분하다는 얘기였다.[26]

이 시점에 다윈이 자신과 오언 사이에 조심스럽게 놓아두었던 다리가 폭파되었다. 그것은 물론, 헉슬리의 소행이었다. 다윈은 12월 26일에 『타임스』에 실린 한 익명의 서평을 읽고 무척 기뻐했다. "과학에 대해서는 아기처럼 무지한" 그 신문의 고정 서평가가 그 책을 헉슬리에게 넘겼던 것이다. 어떻게 "선생은 올림포스의 제우스를 구워삶아 순수과학에 세 단 반의 지면을 얻어냈습니까? 구시대의 고집쟁이들은 세상이 끝났다고 생각하겠군요." 다윈은 그 서평이 "다른 보통의 정기간행물들에 실린 10편의 서평"보다 더 마음에 들었다. 하지만 그 서평에는 늘 그렇듯 오언을 찌르는 "심술궂은" 가시가 들어 있었는데, 헉슬리의 성격상 그것은 피할 수 없는 것이었다. 다윈은 헉슬리에게 보내는 편지에서 불쑥 다음과 같은 말을 덧붙였다.

> 나는 진심으로 오언이 안됐다는 생각이 드는군요. 그는 미친 듯이 날뛸 겁니다. 칭찬이 자신 외의 다른 사람에게 돌아간 것은 그의 눈에, 자신에게로 와야 할 칭찬을 도둑맞은 것으로 비칠 것이 틀림없기 때문입니다. 과학은 너무나 좁은 분야라, 두목은 오직 한 사람만 있어야 하는가 봅니다![27]

오언이 미쳐 날뛰었든 아니든, 그는 런던 과학계의 심판자였고, 그 책에 대한 불평불만들을 줄줄이 받았다. 케임브리지에서 세지윅이, 수단에서 리빙스턴이, 내각에서 아가일 공작이, 하버드에서 제프리스 위먼이 오언에게 불평의 편지를 보내왔다. 리빙스턴은 아프리카 평원에서 생존투쟁은 전혀 찾아볼 수 없다고 말했고, 세지윅은 섭리가 없는 세상은 의미가 없다고 생각했고, 아가일은 다윈이 "진실의 몇 토막"을 포착했을지도 모른다고 생각했지만, 위먼은 그 진실 안에 변이의 우연성은 포함되지 않는

다고 확신했다.[28)

헉슬리의 서평이 발표되고 닷새 뒤에 후커의 서평이『가드너스 크로니클』에 실렸다. 다윈이 그 잡지의 독자들에게 유명했기 때문에, 후커는 땅의 아들들의 구미에 맞추어 서평을 썼다. 후커는『종의 기원』이 원예학 구전지식을 확장한 책인 것처럼 다루었다. 후커는 "원예가의 기술"에 의해 창조된 딸기 변종들처럼, 최고의 종들이 자연에 의해 선택되고 있다고 썼다. 또한 후커는 그 책은 제일 먼저 농학자의 마음속에서 "결실을 맺을 것"이라고 쓰면서 독자들의 열광을 부채질했다.

후커는 그 책이 만만한 상대인 것처럼 말했지만, 실은 후커 자신마저도 여러 주에 걸쳐 그 책을 통독해야 했다. 그는 다윈에게『종의 기원』을 먼저 출간한 것은 참으로 잘한 결정이라고 말했다. "이 책 없이〔『자연선택』의〕세 권이 나왔다면, 19세기의 자연학자들은 모두 다 질식했을 것이기 때문"이었다.[29) 사실『종의 기원』의 난해함은 그 책을 훨씬 수준 있는 과학책으로 보이도록, 즉 얄팍한 기호에 영합하는 경박한『흔적』과는 좀 다른 책으로 보이도록 했다.

하지만『종의 기원』에 실제로 열광한 사람들은 휴잇 왓슨과 늙은 로버트 그랜트 같은 급진적인 무신론자들이었다. 그들은 물론 종변형론자들이었고, 다윈의 메커니즘보다는 다윈의 저작이 갖추고 있는 규모와 힘에 더 관심이 많았다. 왓슨은 다윈을 "자연사에 있어서 금세기 최고의 위대한 혁명가"라고 (누구보다 먼저 재빨리) 치켜세웠다. 68세가 된 그랜트는 여전히 유니버시티 칼리지에서 매주 진화론을 가르치고 있었는데, 그는 분류에 관한 얇은 책 한 권을 내면서 그 책의 헌사를 기쁜 마음으로 자신의 예전 동료에게 바쳤다. "당신은 진리의 지팡이를 한 번 휘두름으로써, "종을 팔고 다니는 사람들"이 쌓아놓았던 유해한 가스를 모조리 쓸어버리는 바람을 일으켰습니다."[30)

제6부

1860~1871

다윈의 이론은 수태된 지 20년이 지나서 책으로 출간되었다. 어떤 사람들에게는 그것이 개혁시대가 낳은 때늦은 산물처럼 보였다. 이 책이 제시하는 암울하고 동정 없는 생존주의는 낙관적인 1860년대보다 구빈법의 시대였던 1830년대에 더 잘 맞아 보였다. 아이러니하게도, 맬서스는 한물 간 이야기가 되어가고 있었다. 따라서 진화론이 받아들여지는 곳에서조차도 허셜이 "난장판 법칙"이라고 부른 자연선택설은 받아들여지지 않는 경우가 많았다.

맬서스를 혐오하는 마르크스와 엥겔스는 『종의 기원』을 인간과 자연에 대한 "통렬한 풍자"라고 평했다. 마르크스는 다윈의 세속적이고 투쟁하는 자연을 "역사 속의 계급투쟁에 대한 자연과학적 근거"로 이용할 수도 있었겠지만, "다윈이 짐승과 식물들에서 영국사회의 모습을 보았다"며 비웃었다. 그것은 분업, 공장, 구빈원의 패배자들을 동반하는 기술시대의 자연이었기 때문이다. 최악은 "홉스의 만인의 만인에 대한 투쟁"이었다. 사람들은 이 "만인의 만인에 대한 투쟁"이 전달하는 암묵적 메시지에 겁을 먹었다. 때마침 자유방임주의가 미친 듯이 날뛰고 살인적인 경쟁이 일어나고 있는 시대였다. 어느 풍자적인 기사는 다윈이 "'힘이 정의'이기 때문에 나폴레옹도 정의고 속임수를 쓰는 상인들도 정의다"라는 사실을 입증했다고 썼다. 또 다른 기사는 『종의 기원』이 "행동과 인간 사고에 대한 법칙들을 상습적으로 가장 저급하고 야비한 동기로 전락시키는" 열광적인 자유시장 지지자들을 기쁘게 해줄 것이라고 썼다.[1]

하지만 국내로 들어오면, 1830년대의 맬서스주의 패거리들은 열광적으로 반응하고 있었다. 이래즈머스는 그 책은 "내가 지금까지 읽었던 어떤 책보다 흥미로운 책"이라고 생각했으며, 한 부를 옛 애인인 해리엇 마티노에게 부쳤다. 이제 58세가 된 그녀는 잉글랜드 북서부의 호수 지방에 살면서 여전히 서평을 쓰고 있었으며, 아직도 익명의 숭배자들에게 샴페인을 받을 만큼 생생했다. 1860년 1월에는 『종의 기원』을 읽을 넉넉한 시간이 주어졌다. 차가운 북동풍이 시베리아에서 심한 눈보라를 몰고 와, 영국인들을 벽난로 주위에 옹기종기 모여 있게 했기 때문이다. 마티노는 "눈 쌓인 풍경" 속에서 그 책에 빠져들었다. 그녀는 이래즈머스에게 아무리 감사를 해도 모자랄 것 같은 기분을 느꼈다. 아마 "평생 '고맙다'고 인사해도 이 고마운 마음을 다 전할 수 없을" 것 같았다.

나는 그동안에도 당신의 동생이 지닌 대단한 지성을 자주 칭찬했던 것으로 기억합니다. 하지만 나는 이 책에 나타나 있는 성실함과 군더더기 없음, 명석함과 근면함, 그리고 그 많은 사실을 수집하고 게다가 현명한 처리를 통해 그것을 그토록 대단한 지식으로 바꾼 인내심을 보면서, 이루 말할 수 없는 흡족함을 느낍니다. 이 나라의 과학인들 가운데 얼마쯤이 그가 확고한 길을 발견했다고 생각하는지 정말 궁금하군요. …… 그것은 그리 중요하지 않습니다. 사실 이러한 책의 수혜를 볼 사람들은 다음 세대일 테니까요.

그녀는 누가 『타임스』의 리뷰를 썼으며 오언은 『종의 기원』에 대해 어떻게 생각했는지를 물었다. 하지만 이것은 "그러한 경우에 대한 오언의 태도와 언사를 신뢰해서"가 아니라 "그가 뭐라고 생각할지 약간의 궁금증이 들어서"였다.[2]

해리엇은 그 책을 무신론서로 읽었으며, 자신의 동지인 조지 홀리오크에게 그 책을 다음과 같이 간단명료하게 요약해주었다. "놀라운 책입니다! (이 내용이 사실이라면) 한편으로는 계시의 신학을 뒤집어엎고, 다른 한편으로는 자연신학을(적어도 목적인과 설계에 관하여) 뒤집어엎고 있습니다. 지식의 폭과 양은 숨이 멎을 정도입니다." 다른 합리론자들도 그녀만큼이나 매료되었다. 다윈이 자랑스럽게 말한 바에 따르면, "위대한 버클은 극찬을" 했다. 또한 존 채프먼은 "이 세기의 가장 중요한 책들 가운데 하나"로서 "어마어마한 정신적 혁명을 일으킬 것"이며, "이 책이 보여주는 명석함, 지식, 공정함은 특별히 위대하고 경이롭다"며 공식적으로 칭찬을 했다.[3]

단, 마티노는 한 가지 점에 관하여 불만을 표시했다. 다윈은 모든 동물과 식물을 태고의 "조상"까지 거슬러 올라갔다. 하지만 이 과정을 시작시킨 자연발생을 둘러싼 제2의 폭풍이 일어나는 것을 피하기 위해, 최초의 생물은 "창조되었으며", 그것은 "최초의 숨이 불어넣어진 생물"이라고 했다. 해리엇은 "나는 신학적으로 들리는 두세 가지 표현이 있는 것이 유감스럽다"고 불평했다. 그녀는 이 표현들이 "원래의 의미와는 관계없이" 사용되었을 것이라고 추측했다. "그렇다면 이 표현들은 사용되지 말았어야 했습니다. 그 이론은 창조의 개념을 필요로 하지 않습니다. 나는 찰스 D가 창조설을 믿지 않는다고 확신합니다."[4]

마티노는 같은 점을 지적한 짧은 편지를 패니 웨지우드에게 보냈다.

나는 C. D.가 신이라는 일반적인 의미로 "창조자"라는 말을 사용함으로
써…… 두세 차례 옆길로 샌 것이 유감스럽네요. …… 그 이외의 점에서
는 찰스 다윈에게 동의하는 사람들이, 혹시 그의 견해가 "신학"에서 "유
래하고 있다거나" "그것을 바탕으로 하고 있다"는 점 때문에 그에게서 등
을 돌리지나 않는지 궁금하군요. …… 나는, 그가 우리의 조상을 찾아 맨
처음의 생물 형태들이나 하나의 원시생물까지 거슬러 올라갔다 해도, 그
나 그의 견해는 그 몇 가지 생물 혹은 하나의 생물이 어떻게 하여 등장했
는가 하는 문제와는 전혀 관계가 없다고 생각합니다. 그가 논하고 있는
것은 "종의 기원"이지 생물체의 기원은 아니기 때문이지요. 후자의 추론
에 손을 대는 것은 불필요한 혼란을 부를 뿐이라는 점, 이것이 내가 말하
고 싶은 점입니다.[5]

유니테리언파의 인정, 세간의 환호, 젊은 배교자들의 낙관주의는 다윈의
케임브리지 스승들이 느낀 정신적 고통과는 한참 동떨어진 세상이었다.
영국 국교회의 높은 자리에 있는 늙은 성직자들은 여전히 자연이 신의 말
씀에 의해 적극적으로 유지되지 않는다는 것을 불길하게 느꼈으며, 세상
을 난투장으로 바꾼 사악한 자본주의가 사회의 조화를 파괴했듯이, 그것
이 온정주의 사회의 지배구조를 위협할까봐 두려웠다. 세지윅은 쌀쌀하
게 반응했다. 늙고 보수적인 세지윅은 이제 런던 과학계의 주변인물로 밀
려났지만, 그의 고뇌는 절실했다. 그는 다윈의 책 한 부를 받고 다음과 같
은 답장을 보냈다.

나는 그 책을 읽으며 기쁨보다 고통을 더 많이 느꼈다네. 대단히 감탄한

부분도 있고, 옆구리가 시큰거리도록 비웃은 대목도 있고, 완전한 오류이
며 몹시 해롭기 때문에 비통한 심정으로 읽은 부분도 있었지. 자네는 귀
납법이라는 진정한 방법론을 버리고, 우리를 달로 데려다준다는 윌킨스
주교의 기관차만큼이나 무모한 장치를 끌어들였더군.

이 늙은 학생감은 몹시 화를 냈다. 그는 다윈이 물질적 자연과 그 도덕적
의미 사이의 연결고리를 끊으려 한다고 비난했다. 이 고리는 신의 사랑을
나타내는 증거이며, 이것이 없다면 사회구조는 안전하게 지켜질 수 없었
다. "〔그 고리를〕 끊는 것이…… 가능하다면, 인류는 야만화하여" 오물통
에 "처박히는 엄청난 타격을 입을 것이다." 세지윅은 자신을 "원숭이의
아들이며 자네의 오랜 친구"로 칭하며, 에마의 폐부를 찌르는 감정적인
한마디로 편지를 마무리했다. "만일 자네와 내가" 자연과 성서에 신의 계
시가 들어 있음을 인정한다면, "우리는 천국에서 만나게 될 걸세." 찰스
의 내세에 의문을 던지는 이 구절을 읽은 에마는 평정을 잃었고, 헨리에
타에게 그 편지를 보여주기를 거부했다.[6]

　헨슬로는 이보다는 도량이 컸다. 그는 자신의 처남인 제닌스 목사
에게 이렇게 말했다. "이 책은 사실과 관찰의 경이로운 집적체이며, 많
은 정당한 추론을 포함하고 있다는 사실에는 의심의 여지가 없소. 하지
만 그 책은 가설(진짜 이론이 아니라는 뜻) 치고는 너무 멀리 갔소. 그것은
많은 것을 주전원으로 설명하려 했던 시대의 천문학을 떠올리게 하는구
려. 새로운 난점이 생길 때마다 새로운 주전원을 궁리해내고 있기 때문이
오." 헨슬로는 세지윅보다는 관대하게 반응했지만, 결국 그도 견해를 달
리하기는 마찬가지였다. "다윈은 인간이 이해할 수 있는 것 이상을 시도
하고 있소. 한때 악의 기원을 설명하려 했던 사람들처럼 말이오. 우리로
서는 답을 발견할 수 없는 의문에 매달리고 있는 것이라오."[7] 헨슬로는

공개적으로는 『종의 기원』을 "올바른 방향으로 가는 길에 발 한 번 삐긋한 것"으로 평했지만, 자신의 이름을 다윈의 지지자들과 결부시킨 신문에는 항의를 했다.

이러한 국교회파의 비난은 개인사에도 영향을 미쳤다. 다윈은 기사 작위를 놓칠 위기에 처했다. 1859년 6월에 취임한 자유당 총리 파머스턴 경은 서훈자 후보로 다윈의 이름을 빅토리아 여왕에게 올렸다. 앨버트 공도 여기에 동의했다. 앨버트 공은 과학의 친구였으며, 오언의 친구였다. 그리고 1859년 9월에는 영국과학진흥협회의 회장을 지냈는데, 이곳에서 라이엘이 곧 출간될 다윈의 책에 대해 이야기를 했고, 그는 앨버트 공의 지원으로 비슷한 영예를 받았다. 작위를 받게 되었다면 다윈은 놀라고도 기뻤을 것이다. 그런데 그때 『종의 기원』이 나왔던 것이다. 옥스퍼드 주교 새뮤얼 윌버포스를 포함하여 여왕의 고문을 맡고 있던 성직자들은 그 일을 없었던 일로 만들어버렸다. 작위를 내린다는 것은 곧 그 책을 인정한다는 것을 뜻하기 때문이었다. 따라서 파머스턴 경의 요청은 기각되었다.[8]

모든 국교회파가 반대한 것은 아니었다. 찰스 킹즐리는 차티스트들의 편에 섰던 때처럼 열렬하게 진화론의 전위파를 지지했으며, 헉슬리와 대화를 시작했다. 헉슬리는 1860년 2월에 킹즐리에 대해 다음과 같이 말했다.

킹즐리는 확실히 고결하고 공정한 마음을 지닌 목사인데, 전반적으로 그 사람이 내 생각을 바꾸려는 마음보다 내가 그 사람의 마음을 바꾸려는 마음이 더 강하다는 생각이 듭니다. 무엇보다도 그는 뛰어난 다윈주의자로서, 에일즈버리 부인에게 멋지게 응수해주었던 일을 내게 들려주었지요. 그 부인이 킹즐리가 그러한 이설을 선호한다는 사실에 놀라움을 표하자,

킹즐리는 이렇게 대답했다고 합니다. "부인, 부인과 제가 똑같은 독버섯에서 비롯되었다는 사실보다 제게 더 기쁜 일은 없습니다." 이 말을 들은 그 경박한 노부인은 킹즐리가 자신을 놀리는 것인지 흠모하는 것인지 알 수가 없어 아무 말도 못했다고 합니다.[9]

하지만 일반적으로 이 젊은 세대들은 성직자들을 상대하고 있을 시간이 없었다. 그들의 전략은 대결을 요구하는 것, 즉 신과 과학을 동시에 섬기는 사람들의 배척을 요구하는 것이었기 때문이다.

헉슬리의 검투사 같은 태도가 사람들의 이목을 끌고 있었다. 헉슬리는 2월에 왕립연구소에서 다윈의 "종과 품종, 그리고 그 기원"에 관한 이론을 주제로 강연을 했다. 그는 다윈의 도판, 파우터종과 텀블러종의 머리뼈,『자연선택』원고묶음을 챙겨들고 강의실에 도착했다. 그는 공정하려는 시도를 함으로써 모든 사람을 "실망시키고 불쾌하게" 만들어놓고 "들끓는 바다"를 떠났다. 적어도 헉슬리는 이렇게 말했다. 사실 실망을 시킨 것은 얼마쯤 계산된 것이었다. "청중 가운데에는 주교와 주임사제가 있었기 때문에, 나는 그들을 기쁘게 하기 위해 과학과 성직자의 **대립**을 부채질하는" 대결구도로 "마무리를 했지요. 아마 그들의 귀에 잘 전달되었을 겁니다."[10]

헉슬리는 고위성직자들을 공개적으로 자극하고, 과학을 성직자의 손아귀에서 빼내기 위해『종의 기원』을 이용함으로써 오언 같은 청중을 분노하게 만들었다. 헉슬리의 전매특허인 은유의 기술은 날이 갈수록 완벽해져갔다. 성직자 측의 저항은 갈릴레오 시대 이래 "모든 전투에서 망가져 덜커덩대고" 있다. "현재의 크누트 왕들은 엄숙하게 왕위에 올라 큰 파도야 거기 머물러라, 라고 명한다."『종의 기원』은 "새로운 혁명"을 포고했다. 예를 들면 이런 식이었다. 헉슬리는 종교의 이름을 빌려 "공연히 참견하는 자들"을 비난했으며, 질문 하나를 던지며 강연을 마무리했다. 잉글랜드는 과연 이 사상의 "혁명"에서 귀중한 역할을 맡게 될 것인가?

> 그것은 여러분 대중이 과학을 어떻게 다루느냐에 달려 있습니다. 즉, 여러분이 얼마나 과학을 소중히 여기는가, 얼마나 과학을 존경하는가, 과학을 인간 사상의 모든 분야에 적용함에 있어서 과학의 방법론을 얼마나 충실하고 절대적으로 따르는가에 달려 있습니다. 그렇게 한다면, 이 나라 사람들의 미래는 과거보다 훨씬 더 위대해질 것입니다. 하지만 과학을 침묵시키고 짓밟는 사람들의 말에 귀를 기울인다면, 우리의 자식들은 안개 속의 아서 왕처럼 잉글랜드의 영광이 사라지는 것을 보게 될 것이고, 나는 그것이 걱정입니다.

성직자가 아닌 세속인들의 전문지식이야말로 영국의 기술과 제국을 구제할 수 있다. 나라의 건강은 직업 과학자의 건강과 직결되어 있다. 이것은 목사용 칼라를 두른 교조주의자들로부터 멀찌감치 떨어져 있는, 새롭게 대두한 화이트칼라 전문가의 이익을 위한 이기적인 구실이었다. 『종의 기원』에 관한 첫 대중강연에서 헉슬리는 미래의 발판을 마련한 것이었다. 하지만 다운의 향사이며 결코 화이트칼라는 아니었던 다윈은 헉슬리의 강연을 높이 평가하지 않았다. 다윈은 번지르르한 수사는 "시간낭비"라고 생각했다.[11] 헉슬리의 강연은 크누트 왕이나 아서 왕이 아니라 『종의 기원』의 심원한 비밀에 관한 것이어야 했다.

그렇지만 3월경에는 다윈도 지지자들의 목록을 작성하고 있었다. 다윈 역시 모든 사람을 아군 아니면 적군, "우리 편" 아니면 "저쪽 편"으로 나누는 편향된 눈으로 사태를 바라보았다. 헉슬리는 다윈의 복음—즉,

악마의 복음—을 전파하는 "친절하고 유능한 대리인"이 되어 있었다. 짐짓 종교적인 분위기를 풍기는 비유에서 드러나듯이, 일종의 종파주의가 헉슬리, 후커, 다윈 사이의 동지의식을 더욱 굳건하게 만들었다. 물론 어느 측이 사탄인가에 대해서는 보는 사람에 따라 생각이 달랐겠지만. 헉슬리는 후커에게 이렇게 말했다. "우리들처럼 고압파이프식 보일러의 원리를 바탕으로 조립된 사람들에게는, 싸우지 않는 것은 곧, 몸을 낮추고 악마에게 세상을 맡기는 것과 같습니다. 그런데 나는 그것을 보느니 차라리 마흔 살 전에 산산조각 나버리는 게 낫겠습니다."[12]

오언은 미지수 같은 존재였다. 사람들은 『종의 기원』에 관한 오언의 공식 판결을 애타게 기다리고 있었다. 사실 그는 영국박물관의 자연사 관련 소장품을 관리하는 책임자로서 그 책에 대처하지 않을 수 없는 입장에 놓여 있었다. 오언은 자연사를 전문으로 하는 자연사박물관 설립의 실현 가능성을 검토하기 위해 의회가 설치한 위원회에, "자연사 철학의 현 상황을 보면" 확장이 어느 때보다 절실히 필요한 순간이라고 말하며 자문을 구했다.

올해 전체 지식인 사회가 종의 기원에 관한 책 한 권 때문에 흥분에 들떠 있습니다. 그 결과가 무엇일까요? 관람객들이 영국박물관을 찾아와 이렇게 묻습니다. "비둘기의 모든 변종을 보여주십시오. 텀블러종은 어디에 있고, 파우터종은 어디에 있습니까?" 나는 부끄럽게도 이렇게 대답할 수밖에 없습니다. "나는 아무것도 보여줄 수가 없습니다." …… 그런 종의 변종들, 혹은 미스터리 중의 미스터리인 종의 기원을 이해할 수 있도록 돕는 현상들을 보여줄 만큼의 공간이 지금 우리에게는 허락되어 있지 않습니다. 하지만 분명 그런 공간이 어딘가에는 있어야 합니다. 그렇다면, 영국박물관 말고 어디서 그 공간을 얻겠습니까?

하지만 『종의 기원』이 아무리 정부의 금고를 열 지레로서 쓸모가 있다 해도, 그 책은 악용될 경우 위험한 무기가 될 수 있었다. 헉슬리의 종교적 도발과 유인원과 관련한 자극적인 발언이 그런 목적을 달성하고 있었다. 4월에 『에든버러 리뷰』에 『종의 기원』에 관한 오언의 서평이 실렸을 때, 예민한 다윈은 밤잠을 이루지 못할 정도로 큰 충격을 받았다. "의도가 나쁩니다." "악의에 차 있고, 교묘합니다." 그리고 "…… 타격입니다." 다윈은 자신의 심경을 이렇게 표현했다.[13]

오언은 오언대로 헉슬리의 공격 태세로 배척을 당한 탓에 격노해 있었다. 그는 서평에서 『종의 기원』이 "창조론자들"을 조야하게 희화화했다며 비분강개했고, 창조론자들은 정녕 동물들이 희박한 공기에서 "기본 원자"로 출현하여 "별안간 생물 조직이 되었다"는 얘기를 믿느냐고 다윈이 물은 것을 두고 노발대발했다. (오언은 그것이 "본말이 전도된 무가치한" 질문이라고 말했다. 다윈 본인도 최초의 "조상"이 "창조되었다"고 쓰지 않았던가! 그러면 그들은 어떻게 창조되었다는 건가? 오언은 매섭게 따져 물었다. 설마 "기본 원자로부터"라고 말하지는 않겠지.) 헉슬리 때문에 신경이 곤두서 있던 오언은 다윈이 "선입견의 맹목"을 들먹인 것을 기억해두었다가, 다윈이 허깨비들을 세워놓고 있다고 비난했다. "미리 예정된 생물들의 연속적인 생성 작용"이라는 오언의 추한 "공리"가 무시될 거라고? 대부분의 지질학자들이 "미스터리 중의 미스터리"가 자연 법칙으로 설명된다는 사실을 믿지 않는다고? 오언은 아무도 종변형론을 받아들이지 않는다는 사실은 중요하지 않다고 주장했다. 선택이 자연계에서 찾을 수 있는 유일한 창조의 법칙이라고 가정한 점에서 다윈은 오류를 범한 것이다.[14] 우연에 기대지 않고 섭리에 따르는 다른 견해가 있다. 새로운 종은 자연스러운 탄생에 의해 단번에 출현했다.

다른 이들도 이 싸움에 가담하여 오언의 편임을 확실히 했다. 헉슬리 때문에 분노한 많은 자산가 신사들은 과학을 제대로 된 방향으로 이끌고 가는 것이 자신들의 의무라고 믿었다. 신문세 폐지를 담은 예산안을 지지하고 있던 파머스턴 내각의 국새상서부장관인 아가일 공작은 오언이 내린 판정을 결정적인 것으로 보았다. 자연선택에 의한 창조는 상상조차 할 수 없는 것이다. 그것은 잔인하고, 낭비가 많으며, 혼란스럽다. 반면 "탄생에 의한 창조"는 우리의 경험과 일치한다. 번식 과정 그것만이, 우리가 아는 한 "창조행위"를 할 수 있는 "유일한 법칙"이다.[15] 물론 세속의 전문 과학자의 필요를 변호하는 헉슬리와 후커는 오언의 판정을 유해한 것이라고 부르며 대항했다. 이것은 자신들 과학자들의 연대를 산산조각 내고, 주교나 귀족들의 부활을 허락하기 때문이었다.

오언의 반감은 헉슬리가 "사람은 변형된 유인원일지도 도른다"라는 결론을 내렸을 때 더 악화되었다. 서평에서 오언은, 다윈의 "사도들"이 근시안적인 지지를 하고 있다고 격렬히 비판했다. 그는 우선 후커를 공격했다. 그런 다음에, 왕립연구소에서 열린 헉슬리의 강연을 몸서리치면서도 끝까지 들은 오언은 헉슬리에게로 주의를 돌렸다. 잉글랜드가 그 "위대함"을 『종의 기원』과 같은 책에 빚지고 있다니! 오언은 이 책이야말로 "과학의 남용"을 가장 정확하게 상징하는 것으로 생각했다. 약 70년 전 "한 이웃나라가" 바로 이런 것 때문에 "일시적인 쇠락을 겪었다"는 것이다. 혁명에 동요하는 프랑스의 예는 앞으로도 다윈을 비판할 때마다 심심찮게 거론된다.

사도들의 간부진은 방위를 위해 결속했다. "그는 헉슬리의 강연을 잔악하게 혹평했더군요." 다윈은 오언의 서평을 읽고 라이엘에게 푸념을 했다. "그리고 후커에게도 너무 심했습니다. 따라서 우리 세 사람은 오언의 반감을 함께 음미하고 즐기게 된 셈입니다." 헉슬리로서는 이것은 미리 계산한 결과였다. 오언은 배척을 당하고 희화화의 대상이 되고 있었고, 이것은 오언의 대단한 자존심으로는 참기 힘든 일이었기 때문이다. 오언이 복수에 나선 이유를 모르는 사람은 없었다. "오언에게 그런 일을 할 때 앞으로 무슨 일이 일어날지 미리 다 예상하고 있었던 겁니까?" 헉슬리는 한 숭배자로부터 이런 말을 들었다. 다윈의 설명은 이것과는 좀 다른, 다소 경박한 것이었다. "런던 사람들은 제 책이 많은 사람들에게 회자되니까 그가 시기심에 불타오르는 것이라고 말합니다." 다윈은 헨슬로에게 이렇게 설명했다. "오언이 나를 너무 싫어하는데, 그런 미움을 받는 것은 고통스러운 일이군요."[16]

다윈의 사도들은 권리 주장을 계속해갔다. 헉슬리는 4월에 『웨스트민스터 리뷰』에 서평을 발표하여 처음으로 "다윈주의"라는 구호를 사용했다. 그는 사도들을 모이게 할 깃발을 제공했다. 더 이상 그들은 무국적의 국가가 아니었다. 그들은 영국 과학계를 정복하는 일에 본격적으로 착수했다. 헉슬리는 오언을 비난했고, 『종의 기원』을 "자유주의의 병기고에 있는 휘트워스의 총"〔영국의 기계공학자 조지프 휘트워스가 1857년에 제작한 육각형의 총구를 지닌 라이플총으로, 조준의 정확성, 사정거리, 위력에서 기존의 총을 능가했다〕이라며 환영했으며, "과학의 우세"가 "지금까지 과학이 좀처럼 침투하지 못했던 사상계의 영역으로까지" 미치게 하겠다는 뜻을 표명했다. 이 서평이 실린 4월, 다윈과 헉슬리의 운명이 돌이킬 수 없게 뒤엉켜버린 것은 누가 봐도 분명한 일이었다. 다윈은 헉슬리의 서평이 "정곡을 찌르는 멋진 표현들"로 가득한 "대단한 *서평*"이라고 인정했다. 헉슬리가 "그 주제"를 거의 "진전시키지" 않고 있다는 사실은 이제 아무래도 좋았다.[17]

다윈은 지극히 개인적인 공격을 받고 있었다. 대부분의 서평가들은 향사 과학자가 이설을 주장했다는 사실에 깜짝 놀라면서도 존경심을 품고 글을 썼다. 하지만 그의 옛 친구들은 대개 부정적인 반응을 나타냈다.

울러스턴은 콜리지와 함께 자연은 "성가신 추상개념"이며 아무것도 선택할 수 없다고 주장했다. 혹평들은 다윈을 우울하게 만들었다. 공격은 "뜨겁고 격렬하게" 쏟아졌다. 자연선택을 제대로 이해하고 있는 사람은 극소수였고, 다윈은 "나는 설명하는 데에 아주 소질이 없음이 틀림없다"며 괴로워했다. 대부분의 사람들은 선택이라는 말은 선택자가 있다는 것을 암시한다고 생각했으며, 왜 다윈이 그 사실을 알지 못하는지 의아해했다. "'자연선택'은 좋지 않은 용어인 것 같습니다." 다윈은 라이엘에게 이렇게 인정하면서 덜 의인화된 표현인 "자연보존Natural Preservation"은 어떠냐고 의견을 물었다. 하지만 라이엘은 다윈의 구제할 길 없는 악필을 잘못 읽어 그것을 "자연 박해Natural Persecution"로 알아들었다. 이 말은, 상황이 상황이었던 만큼 다운하우스에 한바탕 실소를 불러일으켰다.[18]

환호하든 혐오하든, 『종의 기원』을 무시할 수 있는 사람은 아무도 없었다. 미국에서 세 곳의 출판사가 이 책을 무단으로 출판하려 했지만(당시는 국제저작권협약이 없었다), 하버드 대학의 그레이가 나서서 두 곳은 포기하게끔 하고, 뉴욕의 애플턴 출판사와 "뭐든 얻으면 낢는 거다"라는 금언에 따라 5퍼센트 인세를 받는 조건으로 계약을 성사시켰다. 다윈은 『아메리카 과학 저널』에 실린 그레이의 서평을 책의 맨 앞에 묶어 공동 저작물의 형태로 내기를 (그래서 반대세력을 가라앉히기를) 희망했다. 다윈은 그 식물학자가 『종의 기원』에 "세례를 베풀어주는 것"이 "싫든 좋든 보호수단이 될 것"이라는 데에 만족했다. 그러나 그런 일은 일어나지 않았다. 미국판 『종의 기원』은 5월에 그레이의 소개글 없이 출간되어 2,500부를 찍었다. 그래도 다윈은 매우 기뻐했다. 다윈은 그레이에게, 나는 미국인 독자들 사이에서 "내 책이 그처럼 성공을 거둘지 꿈에도 생각하지 못했습니다"라고 말하며, 수입 가운데 22파운드를 그레이의 몫으로 주었다. 예전에 "나는 미국에 그 원고를 보낸다는 생각을 비웃었지요."[19]

다원주의의 사도들은 어떤 승리를 얻을 수 있을지 모든 가능성을 따져 보고 있었다. 포위공격을 당하고 있다고 느끼는 이 사도들로서는 가시적인 진전이 필요했다. 그러고 보면, 1860년 6월 30일 토요일에 영국과학 진흥협회의 한 분과회의에서 오간 재치 있는 대화가 워털루 전쟁을 빼고는 19세기의 가장 유명한 "승리"로까지 과대포장된 것은 운명적인 일이 었는지도 모른다.

    1860년의 회합장소는 옥스퍼드였다. 이곳은 영국 국교회 고교회파의 아성이었으며, 새뮤얼 윌버포스 주교의 교구였다. 다원주의에 관한 미리 정해진 토론은 없었지만, 뉴욕 대학의 존 윌리엄 드레이퍼 교수가 다윈과 사회 진보에 관해 연설을 하기로 예정되어 있었다. 따라서 그 주교가, 만일 요구를 받는다면, 유창한 분풀이를 쏟아낼 것임을 의심하는 사람은 아무도 없었다. 하지만 미꾸라지 샘〔윌버포스는 1847년에 아리우스주의자라는 비난을 받던 렌 딕슨 햄든을 헤리퍼드 주교직에 임명하는 것을 반대하는 13인의 주교들의 청원서에 서명했다. 그는 햄든에게서 정설을 지지하겠다는 만족스러운 다짐을 받아내려 했지만, 햄든은 그런 다짐을 하지 않았다. 그럼에도 윌버포스는 청원서에서 자신의 이름을 슬그머니 뺐다. 이 사건으로 그에게 비누처럼 잘 빠져나간다는 뜻으로 'soapy Sam'이라는 별명이 붙었다〕이 『흔적』을 가지고 체임버스를 골탕 먹인 1847년 회의 때와는 사정이 많이 달라졌다. 지금은 그 주교와 견해를 달리하는 런던의 과학 집단이 힘을 쥐고 있었기 때문에, 윌버포스가 만장일치의 지지를 모은다는 보장은 이제 없었다. 무엇보다도 주교가 지금 참석하고 있는 장소는 세인트 메리 교회가 아니라 신설된 지 얼마 안 된 박물관 안이었다. 심지어 옥스 퍼드 대학 안에서조차 과학은 이제 자신만의 건물을 소유하고 있었다. 그런 한편, 이곳은 **여전히** 옥스퍼드였고, 고딕 양식을 되살린 박물관은 자연의 신에게 기도하는 예배당이었다. 들어가는 입구 위에는 천사의 상이 서 있었고, 이 입구를 통과하면 유리지붕이 덮인 밝은 안뜰로 들어서게 된다. 이곳에서 교수들은, 자신들이 "과학의 사원"에 서서 "우주의 저자가 자신의 창조물들에 자신을 체현시킨" 온갖 종류의 자연의 설계를 보며 기뻐하고 있다는 몽상에 빠졌다.[20]

문제의 그 토요일에는 "식물학과 동물학"의 정기모임이 있었지만, 드레이퍼 교수와 주교가 엄청난 군중을 끌어모았다. 적어도 700명은 족히 되었다. 성직자들이 가운데에 모여 앉았고, 학부생들이 뒤편에 자리를 잡았다. 그리고 그 주변을 옥스퍼드 대학의 학생감들, 과학 교사들, 그리고 귀부인들이 둘러쌌다. 구성원의 면면들을 보면 분위기는 확실히 반다윈주의로 정해져 있는 듯했지만, 이때는 불확실한 시대였다. 1847년 회의에 참석했던 똑같은 런던 집단의 일원들이 여전히 자리하고 있었지만, 13년의 세월이 그 수를 줄어들게 했다. 대부분의 참석자들은 첨탑 사이에서 위화감을 느꼈고, 학생감들과 같이 앉아 있는 것을 언짢게 여겼다.

지질조사국의 일원들은 어떠한가. 이들은 급료를 받는 중간계급의 젊은 전문가들로서, 자신들의 자율성을 잃지 않으려 안간힘을 쓰고 있었다. 앤드루 램지는 지질조사국의 출세지상주의자였다. 1847년에 그는 추론의 "가증스러운 유혹"에 굴복하는 자들을 향한 미꾸라지 샘의 일격에 박수를 보냈다. 하지만 그는 수년 동안 헉슬리, 후커와 나란히 강의를 해왔다. 그들이 재직하고 있는 광산학교에는 계통관계를 나타내도록 조개껍데기를 줄줄이 붙인 판자들이 사방의 벽에 걸려 있었다. 램지는 다윈에게 자신은 오랫동안 "작은 기적들의 변천사"를 연구해왔지만 지금은 종변형론자로 돌아섰다고 말했다.[21] 그는 1847년의 램지가 아니었다. 1860년에 그는 다윈의 지질학 증거에 뚫려 있는 난감한 구멍들을 메우는 일에 전념하고 있었다.

런던의 청중은 바뀌었는지 몰라도, 윌버포스는 1847년에 장황하게 상류계급의 말투로 말했던, 이전과 똑같은 새뮤얼 윌버포스였다. 그는 다윈의 "치사하고 교활한 여우 같은 논증"을 따라 "예기치 못한 늪과 덤불로 갈" 각오를 하고 있는 유연한 킹즐리와는 전혀 달랐다. 자유주의적인 신문인 『데일리 텔레그래프』는 그 주교가 "구태의연한 생각에서 한 발짝도 나아가지 못한 사람들"인 "구식 토리당원" 가운데 한 사람이라고 비방했다.[22] 그 모임에 앞서 윌버포스를 미리 준비시킨 장본인은 전날 윌버포스와 함께 묵었던 오언이 아니었을까. 아마 그랬을 것이다. 두 사람은 포트와인을 함께 마시며 틀림없이 다윈의 책에 관한 이야기를 나누었을 것이다. 하지만 오언은 생명의 "지속적인 창조"를 믿는 사람이었다. 따라서 오언은 새뮤얼 윌버포스를 창세기의 기적을 넘어서는 더 계몽된 시각으로 나아가게 만들었을 것이다. 그것은 다윈주의도 아니었지만, 전통적인 관점도 아니었다.

헉슬리는 언제나 싸움을 하고 싶어 근질근질했다. 그는 면도칼처럼 날카로웠지만, 급한 성미 탓에 능력을 충분히 발휘하지 못했고, 오언은 여러 차례 헉슬리를 이겼다. 후커는 날카로움은 덜했을지 몰라도 헉슬리보다 냉철하고 명료했다. 후세에 전해진 이야기는 이 피 튀기는 충돌에서 윌버포스가 끽소리도 못할 정도로 논박을 당했다고 묘사하고 있지만, 다윈이 최초로 전해들은 상세한 보고는 사뭇 다른 풍경을 전하고 있다.

다윈은 레인 박사가 리치먼드의 서드브룩 파크에 새로 문을 연 물치료 시설에서 쉬고 있었다. (레인은 간통 혐의에서 무죄방면되어 이사를 했다.) 다윈은 그곳에서 "삶에 완전히 지친" 상태로 후커의 긴 편지를 읽었다. 후커는 지난번 옥스퍼드 회의에 두 사람이 함께 참석했던 때를 기억했다. 그리고 후커 역시 변화를 알아챘다. 성직자의 옥스퍼드는 더 이상 그 매력을 간직하고 있지 않았다. "선생님도 없고 아내도 없이 이곳에 있으니 도랑물처럼 지루합니다. 저는 물 밖에 나온 물고기 같은 기분으로 예전에 알았던 거리들을 슬슬 돌아다니고 있습니다. 분과회의에는 얼씬도 하지 않을 작정입니다." 실제로 후커는 이틀 동안 회장에 들어가지 않은 채 대학 캠퍼스를 빈둥거리며 정원을 구경했다.

그 토요일에 미리 계획된 일은 분명 아무것도 없었다. 헉슬리는 그 회의가 열릴 때까지 옥스퍼드에 머물 생각조차 없었다. 하지만 회의 하루 전날 하필 로버트 체임버스가 길에서 우연히 헉슬리를 만나 "우리를 버릴 작정이냐"며 불만을 토로했다.[23] 물론 체임버스는 한때 의례적으로 모욕을 당했던 사람으로서 누군가가 자신의 복수를 대신 해주기를 바라고 있었다. 후커도 열의가 없기는 마찬가지였다. 다윈에게 전한 바에 따르면, 그는 어슬렁거리다가 회장 앞까지 왔지만, 기분이 별로 좋지 않았다. "그래서 지금까지 그랬던 것처럼 들어가지는 않을 작정이었습니다. 하지만 아무것도 하지 않는 것도 지루하기는 마찬가지였습니다." 후커는 다윈에게 보낸 편지에서 그날의 풍경을 이렇게 묘사했다.

> 드레이퍼라는 이름의 멍청한 미국인이 쓴 "다윈주의 가설에 따른 문명화" 혹은 그 대충 그러한 제목의 논문이 낭독되고 있었는데, 그것은 저의 기분을 조금도 나아지게 하지 않았습니다. 그처럼 공허한 내용도 처음 들어보았고, 그처럼 자신감 과잉인 사람도 처음 보았습니다. 마치 허버트 스펜서나 버클을, 추론이라는 양념을 넣지 않고 반죽한 파이 같았습니다.

드레이퍼는 미국에서 28년을 살았지만, 영국에서 태어나 런던 대학을 나왔다. 그는 그 회의에서 가장 많은 인기를 끌어모은 사람이었는데, 그가 다윈의 이론을 사회에 적용한 이론을 발표하기로 되어 있었기 때문이었

다. 그의 졸릴 정도로 지루한 강연은 한 시간이나 계속되었다. 하지만 다
윈에게 전한 바에 따르면, 후커는 "최대한 집중력을 모아 경청했고, 아무
도 중간에 일어서 나가지 않았으며, 아무도 움직이지 않았다."[24] 후커는
편지를 계속 써나갔다.

> 미꾸라지 샘이 뭐라고 대답하는지를 듣기 위해 끝까지 남아 있었던 겁니
> 다. 모임의 규모가 너무 커서 회장은 도서관으로 옮겨졌고, 그곳에는 700
> 명에서 1,000명 정도가 꽉 들어찼습니다. 온 세계가 옥스퍼드의 샘이 하
> 는 말을 들으러 그곳에 온 듯했습니다. 옥스퍼드의 샘이 자리에서 일어
> 나, 타의 추종을 불허하는 기백과 추함, 공허함, 불공정함으로 가득한 말
> 을 30분 동안에 걸쳐 청산유수처럼 쏟아냈습니다. 그가 오언의 코치를
> 받고 있다는 것을 알 수 있었습니다. 그는 아무것도 아는 게 없었습니다.
> 『리뷰』〔윌버포스가 얼마 전에 『쿼털리 리뷰』에 발표한 『종의 기원』에 관
> 한 혹평〕에 없는 이야기는 한마디도 하지 않았으니까요. 그는 선생님을
> 바보 취급하고, 헉슬리를 맹렬하게 매도했습니다.

후커가 전하지 않고 있는 대목을 말하면, 그 주교는 꽉 찬 회장에서 두 시
간 가량 이어진 지루한 강연이 끝나자 의사진행에 활기를 불어넣고자 농
담을 한마디 했는데, 이것이 완전히 초점을 빗나가버렸다. 주교는 헉슬리
쪽을 돌아보며, 그의 원숭이 조상이 할아버지 쪽인지 할머니 쪽인지를 물
었다.[25] 헉슬리는 이것을 받아, 상대의 "잔인한 공격"에 앙갚음을 했다.

> 헉슬리는 형세를 뒤집었지만, 수많은 청중에게 자신의 목소리를 전달할
> 수도 없었고, 관중을 자유자재로 휘어잡을 수도 없었습니다. 그는 샘의
> 약점을 언급하지도 못했고, 청중의 지지를 얻는 쪽으로 문제를 몰아가지

도 못했습니다. 논쟁은 열기를 띠어갔지요. 브루스터 부인〔브루스터 법칙을 발견하는 등 광학에 중요한 업적을 남겼으며, 에든버러 대학 학장에도 올랐던 물리학자 데이비드 브루스터와 결혼한 두 번째 부인〕이 실신을 했고, 다른 사람들도 나서면서 흥분은 점점 높아졌습니다.

후커는 이름을 언급하지 않고 그때 "머리가 희끗희끗한 매부리코의 노신사"가 청중들 한가운데에서 벌떡 일어나 "다윈 씨의 책"과 "헉슬리 교수의 발언"에 이의를 제기했다고 전했다. 그 사람은 피츠로이였다. 피츠로이는 정부의 기상국장이었는데, 그가 옥스퍼드에 온 것은 폭풍에 관한 논문을 발표하기 위해서였다. 그 함대 사령관은 군인 같은 자세로 "처음에는 두 손으로, 그리고 나중에는 한 손으로 커다란 성서를 머리 위로 들어올리며 청중들을 향해, 인간 말고 신을 믿으라고 준엄하게 간청"했다.[26] 그는 『종의 기원』이 자신에게 "너무나도 통렬한 고통"을 주었다고 말했다. 청중들이 아우성을 치며 그를 앉히는 장면은 슬픈 광경이었다. 후커는 계속해서 편지에서 다음과 같이 보고했다.

피가 끓어올랐습니다. 겁쟁이가 된 기분이었습니다. 그럼에도 제 자신이 우위에 있다는 사실도 알고 있었습니다. 그래서 그 아말렉족〔유목생활을 했던 고대 부족으로, 히브리인을 공격했던 사람들〕 샘의 엉덩이와 허벅지를 사정없이 갈겨주겠다고 마음먹었습니다. 비록 입에서 심장이 튀어나온다 해도 말입니다. 도전할 준비가 되었을 때 저는 회장(헨슬로)에게 발언권을 신청했습니다. 회장인 헨슬로는 **논거**를 갖춘 사람에게만 발언권을 허락했기 때문입니다. 네 사람이 극적인 웅변술만으로 발언하다가 청중과 회장에게 목이 졸렸지요〔입을 다물게 만들었다는 뜻〕. 게다가 이제부터는 모든 연사는 연단으로 올라가도록 했습니다. 따라서 제가 연단에 올라섰을 때, 제 오른쪽 무릎 앞에 새뮤얼이 앉아 있었지요. 거기서 저는 그를 강타했습니다. 청중들의 박수가 터져나왔지요. 저는 우선 그의 추한 입에서 나온 열 마디를 곧장 들이받았고, 그런 다음에는 몇 마디 예를 더 들어, 첫째로 그가 선생님의 책을 읽었다는 것은 절대로 불가능한 일이라는 사실, 둘째로 그가 식물학의 식자도 모른다는 사실을 증명했습니다. 그러고 나서 제 자신의 경험과 사고의 전향에 관하여 몇 마디를 더 했고, 마지막으로 옛날의 가설과 새로운 가설의 상대적인 입장에 관한 소견 몇 가지를 서둘러 설명하고, 청중들에게 몇 마디 주의를 주면서 이야기를 마쳤습니다. 샘은 말문이 막혀 한마디 대꾸도 하지 못했습니다. 그 회합은 4시간의 전투 끝에 선생님이 그 분야의 왕으로 남은 채 곧바로 해산했습니다. 그 전투에서 상처를 입었고 전에는 (고맙게도) 제 면전에서 저를 칭찬한 적이 없었던 헉슬리는, 제 연설이 멋졌으며 전에는 제가 어떤 사람인지 잘 몰랐다고 말하더군요. 저는 옥스퍼드의 검은 윗도리와 흰 옷깃을 걸친 사람들에게 축하와 감사의 인사를 받았습니다.[27]

그는 확실히 1847년의 후커가 아니었다. 그는 임무를 훌륭하게 완수했으며, 그 주교는 자신의 교구에서 체면을 완전히 구겼다. 다윈은 서드브룩 파크에 안전하게 앉아서 후커의 편지를 읽으며, 자신이 없는 자리에서 자신의 몸이 이리 밀쳐졌다 저리 밀쳐졌다 하는 얘기를 듣고 몸을 떨었다. 실제로 그는 몸을 가눌 수 없는 상태였다. 다윈은 답장에서, "나는 48시간 동안 쉬지 않고 두통에 시달려서 매우 비참한 상태라네. 자네의 편지가 도착했을 때는 기운이 다 떨어져서 내가 나 자신에게나 다른 사람들에게 쓸모없는 짐짝 같다는 생각을 하고 있었지." "어떻게 대중 앞에서 연설가들처럼 그런 주장을 펼 수 있는지, 나로서는 도저히 이해불능일세. …… 내가 옥스퍼드에 있지 않았던 것이 얼마나 다행인지 모르겠네. 거기에 있었다면, 필시 견딜 수 없었을 걸세."

헉슬리가 아니라 후커가 그날의 주인공인 것처럼 보였다. 다윈은 그 "끔찍한 전투"에 대한 **헉슬리 본인**의 의견을 물었다. "나는 종종 내 친구들이 (다른 누구보다 당신이) 나를 미워할 만하다고 생각합니다. 나는 너무 많은 소동을 일으켰으니까요. …… 나는 당신의 용기가 참 대단하다고 생각합니다. 나 같으면 그렇게 많은 청중 앞에서 주교에게 응답을 하느니 차라리 그 자리에서 죽고 말았을 겁니다."[28]

그런데 헉슬리의 얘기는 사뭇 달랐다. 그는 조상에 대한 질문을 받았을 때, "내 할아버지가 원숭이라 해도 도덕적 책임감은 전혀 달라지지 않는다고 생각한다고 말했다"고 전했다. 후커가 말했듯이 이것은 재미없는 대답이었고, "요리조리 잘 빠져나가는 새뮤얼은 이것이 한 학자를 조롱할 좋은 기회라고 생각하고" 헉슬리를 맹렬히 공격했다.

하지만 그 자는 너무나도 저속한 방식으로 그 작전을 수행했고, 저는 그 자를 응징하기로 했습니다. 일단 그 자의 말하는 방식이 거슬렸고, 그 자가 지껄인 거만한 허튼소리도 이유 중 하나였습니다. 그래서 저는 일어나서 다음과 같은 취지로 이야기를 했습니다. 저는 주교님의 연설을 귀 기울여 들었지만, 새로운 사실이나 새로운 논증은 전혀 찾아낼 수 없었습니다. 예외라면 조상에 대한 내 개인적 선호에 의문을 제기한 것 정도일까요. 이런 일이 아니었다면, 내 자신에 대한 그런 식의 논의가 화제에 오르는 일 따위는 없었을 겁니다. 하지만 비록 그러한 화제라 해도, 저는 진정한 주교님의 질문에는 언제든 응할 마음이 있습니다. 누가 제게 이런 질문을 했다고 칩시다. 너는 비참한 원숭이를 할아버지로 갖겠는가, 아니면 뛰어난 능력을 타고나고 엄청난 재산과 영향력을 갖고 있지만 그러한 능력과 영향력을 엄숙한 과학토론에서 헛소리나 지껄여대는 데에 사용하는 인간을 할아버지로 갖겠는가. 나는 주저하지 않고 원숭이라고 답하겠습니다.

그 말에 청중 사이에서 걷잡을 수 없는 웃음이 터져나왔고, 그들은 저의 나머지 논증을 대단히 집중해서 들었습니다. 제가 말한 이후에 러벅과 후커가 엄청난 기세로 연설을 하여, 우리는 함께 그 주교와 그의 신도들의 말문을 막았습니다.

헉슬리는 자신이 "아주 침착하게 말을 했다"고 주장했지만, 목격자의 보고에 따르면 그는 "분노로 얼굴이 새하얘졌으며" 너무 흥분해서 "제대로 말을 하지" 못했다고 한다. 그의 성마른 성격이 또다시 그의 발목을 잡았던 것이다.

과학에 참견을 하기 위해 "자신의 자리를 이용한" 토리당 주교 미꾸라지 샘은 그 신세대들이 싫어하는 모든 조건을 갖추고 있었다. "이리저리 말을 돌리며 술술 잘도 지껄여대는 그 인간의 일방적 진술"에 대해 "가장 심한 경멸을 품고 있었던" 사람은 헉슬리였다. 어쨌든 후커처럼 헉슬리는 "이후 24시간 동안 옥스퍼드에서 최고의 인기인"은 자신일 것이라고 믿으며 돌아갔다. 두 선동가의 상충하는 주장을 접한 다윈은 정확히 누가 승리한 것인지 알 수 없었지만, "우리 편"이 승리한 것만은 틀림없다고 생각했다. (다른 편의 월버포스는 자신이 헉슬리의 코를 납작하게 만들었다는 것에 만족하며 돌아갔으며, 회장을 가득 메운 청중의 대부분은 재미있는 무승부 대결이었다고 판결했다.)[29]

할머니가 원숭이라는 얘기를 거론하는 것은 여성성을 신성하게 생각하는 빅토리아 시대의 감수성을 자극하는 다소 위험한 공격방법이었다. 하지만 그것은 비록 영리한 공격은 아닐지라도, 충격요법이 될 수 있었다. 세지윅도 『흔적』에 그와 같은 공격방법을 취함으로써 그러한 타락으로부터 "우리의 영예로운 처녀들"을 구했다. 처녀들은 교회를 상징했으며, 그 순결함은 더러운 진화론자들에 대항하는 개념이었다. 윌버포스도 헉슬리의 정당한 반격이 없었다면 자신의 책략을 성공시킬 수 있었을지도 모른다. 헉슬리는 논점을 올곧음의 문제로 재편성하여, 다윈이 제기한 깨끗하고 결백한 "진리"를 과학자들의 신형군〔新型軍: 청교도혁명 때인 1645년 2월에 조직된 의회파 군대〕의 기치로 채택했다. 이렇게 함으로써 헉슬리는 수사에 주교가 갖고 있지 못한 진솔함을 실었지만, 또 한편으로는 헉슬리만큼 "청교도 복음주의가 내건 도덕적 전제요건을 잘 체현하고 있는 사람은 없었다."[30]

혁슬리의 전략은 도덕적인 혁신력을 갖춘 과학이 부패한 교회에 맞서 싸우는 구도를 제시하는 것이었다. 그는 옛 급진주의자의 책략을 가져와 그것을 이용해 직업 과학자들의 위상을 높이고 있었다. 이제부터 신과 과학을 동시에 섬기는 사람의 말은 그 누구도 듣지 않을 것이다. 후커의 말에 따르면, 세지윅 같은 성직자 지질학자들은 "건초 다발들 사이에 있는 당나귀들 같은" 사람들이었다.[31] 윌버포스는 더 나빴다. 이 당나귀들은 과학이든 신학이든 여물통을 하나만 골라야 한다. 과학의 권력은 새로운 전문가들에게로 엄밀하게 제한되어가고 있었다.

서드브룩 파크에서 다윈은 후커의 보고를 "무척 기뻐하며" 숙독했다. 그는 헉슬리의 편지를 다시 읽어보고, 그것을 집에 있는 에마에게 부쳤다. "집에 돌아가면 다시 읽을 작정"이었다. "'상은커녕 욕'만 갑절"로 먹는다고 생각했던 다윈은 말 잘하는 대변자들에게 고마움을 느꼈다. 그렇지만 그는 파우터와 가금류들에 대한 조용한 토론 쪽이 더 좋았다. 리치먼드의 휴양시설에서 다윈은 헉슬리를 꾸짖는 편지를 보냈다. "어떻게 살아 있는 주교를 그런 식으로 공격할 수가 있습니까? 참으로 한심한 사람이군요! 훌륭한 지위에 대한 공경심이 전혀 들지 않습니까?"[32] 하지만 이런 짐짓 과장된 호통에도 불구하고, 다윈 역시 주사위는 던져졌으며 이제 옛 스승들과 화해하기는 틀렸음을 잘 알았다.

　다양하게 각색된 이야기가 돌기 시작하면서, 이 일화는 확실히 전설이 되었다. 아버지에 이어 현재 크라이스트 칼리지에 다니고 있는 윌리엄 다윈은 한 개인교사에게 그러한 이야기를 들었다. 그 회합이 있은 뒤에 눈먼 헨리 포셋(다윈의 신봉자로서, 얼마 안 있어 케임브리지 대학의 정치경제학 교수가 되었다)과 역시 케임브리지 사람인 동행이 "우연히 그 주교 곁에 있게 되었고, 그때 포셋의 동행이 포셋에게 그 주교가 『종의 기원』을 정말 읽었다고 생각하느냐고 물었다"고 한다. 그 질문에 눈먼 포셋이 큰 소리로 대답했다. "'아닐세, 내가 장담하는데 그는 한 글자도 읽지 않았네.' 그러자 옆에서 듣고 있던 주교가 험악한 인상으로 돌아서서 그 맹인에게 호통을 치려고 했지만, 그 사람이 맹인인 것을 알고 아무 말도 하지 않았다"는 얘기였다.[33]

　사람들이 샘이 『종의 기원』을 읽었기를 바란 것은 그가 토리당 잡지인 『쿼털리 리뷰』에 서평을 써주고 60파운드의 원고료를 받았기 때문이었다. 주교의 서평은 영향력 있는 삼인방의 서평(『에든버러 리뷰』에 실린 오언의 서평과 『웨스트민스터 리뷰』의 헉슬리의 서평)을 완성하는 완결편이었고, 7월 말에 다윈은 윌버포스의 서평을 읽었다. 그것은 교묘한 서평이었다. 주교는 심지어 다윈의 할아버지 이래즈머스가 60년 전에 쓴 진화론풍 산문에 대한 패러디까지 발굴해냈다. 다윈가의 기풍이 전혀 바뀌지 않았음을 보여주기 위해서였다. (이것의 정치적 메시지는 분명했다. 그 패러디의 출처는 정부가 후원하는 반동적인 『안티 자코뱅』이었는데, 이 잡지는 프랑스 혁명 뒤에 영국과 프랑스의 공화주의자들을 탄압하기 위해 창간된 주간지였기 때문이다.) 하지만 토리당 주교들이 중재에 나서던 시절은 끝

났다. 조금도 찬성할 수 없었던 다윈은 연필을 들고 그 서평을 꼼꼼히 읽
어 내려갔다. 윌버포스는 이렇게 주장했다. 만일 "종변형이 실제로 일어
나고 있다면", 우리는 오늘날 빠르게 번식하는 무척추동물에서 종변형을
볼 수 있어야 한다. 하지만 그것을 볼 수 없기 때문에 "순무의 가장 적합
한 품종들이 인간이 될 수 있다는 견해를 믿을 하등의 이유가 없다." 다
윈은 이 부분에 "황당무계"라고 적었다. 이것은 미꾸라지 샘이 헉슬리를
조롱한 것에서와 같이 진실이 번지르르한 망언에 희생된 사례였다. 동물
분류에 관한 윌버포스 주교의 설명은 다윈을 더더욱 분노하게 했다. "모
든 창조는 신의 마음속에 영원히 존재하는 생각들을 그대로 옮겨온 복사
본이다!" "말뿐인 말." 다윈은 이렇게 적었다. 이것은 오언이 쏟아내는
말과 같은 종류의 말이며, 타락하여 땅에 떨어진 유니테리언파 교도들이
혐오할 말이었다.[34]

다윈을 둘러싼 커다란 소란은 그렇다 치고, 자유주의파 신학자들이 자신들의 세계에서 그보다 더 격렬한 반발을 불러일으키고 있었다. 스스로를 "그리스도에 대항하는 7인"이라 지칭하는 일곱 명의 저자가 『종의 기원』이 출간된 지 겨우 세달 뒤에 『소론과 평론*Essays and Reviews*』이라는 겉으로는 순수해 보이는 제목의 선언문을 출판함으로써 윌버포스 부류에 응답했다. 이 7인은 옥스퍼드 대학 교수, 시골 성직자, 럭비 학교 교장, 그리고 일반인도 포함된 잡다한 무리였다. 하지만 종교개혁을 겪은 독일의 성서비판주의를 아직까지 접하지 못한 영국에서, 다른 사람들도 아닌 국교회 성직자들이 기적이 비합리적이라고 선언한 일은 유례없는 분노를 불러일으켰다. 『소론과 평론』은 출판 2년 만에 2만 2,000부가 판매되었고(『종의 기원』이 20년 동안 판매된 부수에 육박하는 양), 격렬한 출판 전쟁을 불러일으켰다. 400권의 책과 소책자들이 뛰어들어 5년에 걸쳐 서로 대립하는 쟁점들을 옹호하고 반론하는 가운데, 양 진영의 태도는 단단하게 굳어져갔다.[1]

　『소론과 평론』이 성직자들의 정신을 딴 데로 돌리는 동안 『종의 기원』은 연막 뒤로 숨었다. 두 책을 관련시키는 사람들도 있었다. 7인 가운데 과학을 가장 잘 아는 사람인 베이든 파월은 『소론과 평론』의 교정쇄에 "다윈 씨의 걸작"이라는 추천의 말을 집어넣는 한편, 기적을 믿는 것은 무신론적 사고라는 다윈의 논증을 다시 말했다. 끊어지지 않는 인과의 연결은 창조주의 의도를 보여주는 증거이며, 따라서 『종의 기원』은 믿음에 있어서 큰 은혜다. 이 책은 "머지않아 사람들의 사고방식에 완전한 혁명을 불러일으켜, 스스로 진화하는 자연의 힘이라는 위대한 원리는 세상의 인정을 받게 될 것이다." 파월은 이렇게 썼다. 다윈을 중상모략하던 자들이 파월에게로 눈을 돌렸다. 세지윅은 파월이 그러한 헛소리를 "탐욕스럽게" 붙잡고 늘어진다며 험악한 심기를 드러냈다. 토리당색의 서평들은 파월이 "이단자 일당"에 합류했다며 비난했다. (하지만 파월이 변명의 기회를 얻기도 전에 그에게 주어진 시간이 다하고 말았다. 파월은 1860년 6월, 영국과학진흥협회의 논쟁이 있기 2주 전에 심장마비로 사망했다. 죽지 않았더라면, 그는 옥스퍼드 회의에서 연단 위에 올라가 주교와 맞섰을지도 모른다.) 다윈을 호되게 비난한 뒤에 윌버포스는 이번에는 『쿼털리 리뷰』에서 『소론과 평론』을 공격했다. 게다가 그는 『타임스』에 보내는 투서로 다시 한번 강압적인 주먹을 휘둘렀다. 그 투서에 서명을 한 캔터베리 대주교와 25명의 주교들은 이 이단자들을 종교재판에 회부하겠다고 위협했다.[2]

　　우르르 몰려가는 주교들은 절대 믿을 수 없는 족속이었다. 다윈은 자신이 가장 좋아하는 격언을 중얼거렸다. "주교의 자리는 악마의 꽃밭이다." 그런 다음에 그는 손에 마취약 병을 들고 자신의 꽃밭에서, 최근에 시작한 악마의 실험을 실시했다. 그것은 식충식물인 끈끈이주걱을 클로로포름에 취하게 하는 실험이었다. 다윈은 러벅, 버스크, 라이엘, 카펜터 등(수학자이자 궁정 인쇄실에 있는 윌리엄 스포티스우드도 포함하여)과 함께 주교들의 투서에 대한 반론 편지에 서명했다. 『소론과 평론』을 "종교교육을 더욱 탄탄하고 폭넓은 기반 위에 세우기 위한" 시도로서 지지할 수 있다고 주장했던 것이다. 후커는 서명을 하지 않았는데(헉슬리도 마찬가지였다), 그것은 서명자들이 "가령『종의 기원』같은 문제에서 한편으로 치우친 사람들"일 경우 과학이 "자신들의 종교적 견해"를 강요한다는 인상을 줄 수 있기 때문이었다.[3] 하지만『종의 기원』을 지지하는 과학자들이 유니테리언파의 강경세력과 함께, 자유주의적인 성직자들과 연대하고 있다는 사실은 감추려 해도 감출 수 없는 사실이었다. 그렇다고 해서 이러한 연대가 소용이 있었던 것은 아니다.『소론과 평론』의 저자들 가운데 두 사람이 1862년에 이단으로 기소를 당해 직업을 잃었다.

헉슬리가 오언을 또다시 공격하면서, 과학계의 노선 대립도 첨예해지고 있었다. 혐의는 위증이고, 쟁점은 유인원의 뇌였으며, 싸움은『소론과 평론』사태만큼이나 악의에 가득 차 있었다. 영국과학진흥협회에서 오언은 인간의 뇌와 유인원의 뇌가 두 가지 점에서 다르다는 지론을 다시 되풀이했다. 인간에게는 소해마라는 특이한 엽이 있으며, 인간의 커다란 대뇌 반구들은 소뇌를 완전히 덮고 있다는 점에서 특이하다는 것이었다. 헉슬리는 이 두 가지 차이를 부정했으며, 오언의 견해가 틀렸음을 증명하겠다고 약속했다. 결과가 어느 쪽으로 나든 진화론과는 관계가 없었을 것 같지만, 이 두 사람이 관련된 이상, 싸움이 다윈의 "없는 몸"을 대신한 대리 전쟁이 될 것이라는 데에 의심을 품는 사람은 없었다.[4]

피 튀기는 언쟁은 헉슬리가 재창간한『자연사 리뷰』에서 시작되었다. 이 잡지는 오언을 타도대상으로 삼았다. 이 잡지는 다윈주의자들의 최초의 기관지로서, 헉슬리, 러벅, 버스크와 같은 "유연한 마음을 지닌 젊은이들"(다윈의 사람이 되기 위한 기준)이 인수하여 재단장한 것이었다. 논조는 "국교회파를 조용히 해치우는 것"이라고, 헉슬리는 후커에게 흐뭇하게 말했다. "그리고 만일 적들을 베기를 바란다면, 당신이나 다윈, 라이엘에게는 이 지면이 절호의 기회가 될 것입니다." 1861년 1월에 발행된 제1호는 인간과 유인원의 관계에 관한 헉슬리의 논문을 실음으로써 무대를 설치했다(헉슬리는 한 부를 윌버포스에게 부치는 호기를 부렸다). "오언을 부수기에 완벽하고 끔찍한 분쇄기가 아닙니까(게다가 선생은 "버터 바른 천사"처럼 매끄럽고 교묘하게 해냈군요)!"라며 다윈은 매우 흡족해했다. "그토록 대단하고 탄탄한 추론가인 오언이 보기 좋게 망신을 당했네요!"5)

세상이 이렇게 뒤숭숭한 가운데서도 다윈은 변함없이 다운의 집에서 조용한 생활을 계속했다. 그는 미완성의 "큰 책" 『자연선택』에서 『종의 기원』과 중복되는 맨 앞의 장들을 쳐냈다. 하지만 아무것도 버려지지 않았다. 다운에서 모든 것은 재활용되었다. 카펫이 길이 들듯 오래된 원고들은 계속 검토되었고, 아무리 사소한 것이라도 모든 사실은 어딘가에 재배치되었다. 다윈은 비둘기와 가금류 연구를 다시 시작했는데, 『자연선택』에서 잘라낸 쪽들은 육종가들이 사육동물을 만들어내는 방식에 관한 별개의 책 속에 들어가게 될 것이다. 어느 때보다 지금 이 책이 절실히 필요했다. 라이엘과 그레이는 아직도 변이가 신의 뜻에 의해 계획되며 자연의 행로는 예정되어 있다고 믿었다. 집비둘기가 그러한 믿음을 눌러놓게 될 것이다. 비둘기 목둘레의 장식깃은 초자연적으로 선택되지 않았다. 야생 조류라고 왜 달라야 하는가? 다윈은 그레이에게 다음과 같이 설명했다.

당신은 "변이가 어떤 유익한 노선을 따라 이끌려가고 있다"고 생각합니다. 나는 그렇게 생각하지 않습니다. 당신은 공작비둘기의 꼬리에서 몇몇 사람들의 변덕을 만족시키기 위해 깃털의 수와 방향이 달라진 변이들이 만들어진다는 사실을 알고 있을 겁니다. 하지만 만일 그 공작비둘기가 야생 조류이고, 자신의 비정상적인 꼬리를 어떤 특별한 목적, 가령 바람을 받는 돛처럼 사용했다면…… 모두들 그것이 "멋지게 설계된 적응"이라고 말할 것입니다.

다윈은 라이엘에게 "저의 코 모양이 설계된 것인지" 물었다. 만일 그렇다면, "저는 더 이상 할 말이 없습니다. 그렇지 않다면, 애호가들이 비둘기의 코뼈에 나타나는 개별적인 차이들을 선택함으로써 하고 있는 일을 생각해보십시오." 자연에 나타나는 변이가 계획된 것이라고 추정하는 것은 "비논리적"이다. 코는, 육종으로 만든 부리가 그렇듯이 자연의 산물이다. 새로운 책은 이 사실을 확실히 각인시키게 될 것이며, 농장과 숲에는 "설계되지 않은 변이라는 막대한 영역이 마련되어 있다"는 사실을 보여줄 것이다.[6]

그러면서도, 다윈은 섭리를 들먹이며 "나의 신 '자연선택'"을 변호하는 그레이의 방식을 이용하기를 주저하지 않았다. 겨울 동안 그는 비둘기를 손에서 놓고 『종의 기원』의 제3판을 준비했다. 새 판에는 역사적 개요라는 형식적인 장을 첨가하여 "선임자들"의 목록을 피상적으로 나열하는 동시에, 자기선전을 위한 교묘한 서문을 붙였다. 에이서 그레이는 『애틀랜틱 먼슬리』에 다윈의 이론을 지지하는 세 편의 논문을 발표했다. 다윈은 그레이에게 이 기사들을 묶어 소책자로 출판하자고 설득했을 뿐 아니라, 제목을 섭리를 암시하는 내용에 걸맞게 정하라고 권하기까지 했다. 그레이가 '자연신학과 모순되지 않는 자연선택설'이라는 제목을 제안했을 때 다윈은 만족해하면서 비용의 절반을 부담했으며, 250부를 영국으로 수입했다. 다윈은 신학자들의 뾰루지에 향유를 바르고 있었다. 그는 여러 정기간행물에서 이 소책자를 선전하고, 과학자, 평론가, 신학자들에게 100부를 보냈다. 물론 윌버포스도 잊지 않았다. 다윈은『종의 기원』의 제3판에서 '역사적 개요'의 바로 앞부분에, 신학적 해석에 연연하는 독자들은 패터노스터 대로의 트뤼브너 서점에서 1실링 6펜스에 구입할 수 있는 이 책자를 읽어보라고 권했다. 하지만 기쁜 마음으로 이런 종교적 승인을 베푸는 한편, 그는 세상의 그레이들에게 자연선택은 그 자체로 충분하다는 것을 설득하기 위해 사육동물에 관한 책의 집필을 "꾸물꾸물" 계속했다.[7]

헉슬리의 가족과 다윈의 가족은 최근 몇 년 사이에 더욱 가까워졌다. 다운하우스의 문은 언제나 열려 있었고, 에마는 언제든지 도와줄 준비가 되어 있었다. 헉슬리 부부는 영국과학진흥협회 모임이 있고 석 달 뒤에 큰아들 노엘을 성홍열로 잃었다. 네 살 가까이 되었던 아이의 갑작스러운 죽음으로 임신 6개월인 헨리에타는 기진맥진했고, 그녀의 남편은 무너지기 일보 직전이었다. 헉슬리는 아이의 시신에 다가서서 자신을 빤히 쳐다보는 푸른 눈동자와 헝클어진 금발을 쳐다보며 "신이 아이를 데려갔다는 사실"을 합리적으로 이해해보려고 애썼지만, 이 비극은 깊은 상처를 남겼다. 그런데 헉슬리가 "논쟁할 마음이 전혀 없는 상태로" 장례식에 참석했을 때,

장례를 집전하는 목사가 자신의 의무에 따라 다음과 같은 성서 구절을 읽었습니다. "죽은 자가 다시 살지 못할 것이면, 내일이면 죽을 몸, 먹고 마시자 하리라." 이 구절을 듣고 제가 얼마나 충격을 받았는지 말로는 다 설명할 수가 없습니다. 〔그 목사는〕 아내도 없고 아이도 없는 겁니다. 그게 아니라면, 그 목사는 자신이 제시한 대안이 인간의 본성에서 가장 선하고 고귀한 면을 모독한 것이라는 사실을 알 겁니다. 저는 경멸의 웃음을 지

을 수밖에 없었습니다. 뭐라고요! 회복할 수 없는 상실을 마주하고 있기 때문에…… 인간이기를 포기하고, 소리를 지르며 짐승처럼 굴어야 한다고요? 왜 그래야 합니까? 이럴 때 어떻게 행동해야 하는지는 유인원들도 이보다는 잘 압니다. 그들의 새끼를 총으로 쏘면 그 불쌍한 짐승들은 슬피 웁니다. 그리고 곧장 배를 채우는 것으로 슬픔을 달래는 일 따위는 하지 않습니다.

1861년 3월에, 황망한 헨리에타와 헉슬리는 어린아이 세 명을 데리고 다운에 와서 2주간 머물렀다. 에마는 진심을 다해 헨리에타를 위로했다. 헉슬리는 광산학교에서 노동자들을 위한 강의를 시작하기 위해 런던에 남았다. 강의 내용은 인간과 유인원의 관계에 관한 것이었고, 헉슬리의 보고에 따르면, 노동자계급의 청중은 그의 강의를 열심히 경청했다. "강의를 듣는 노동자들은 매우 충실한 학생들이며, 청중이 너무 많아 강의실이 미어터진다오." 헉슬리는 기쁜 소식을 전하며, 슬픔을 극복하고 있는 아내를 위로했다. "다음 주 금요일 저녁쯤에는 그들 모두가 자신들이 원숭이라고 확신하게 될 거요."[8]

  며칠 뒤에 헉슬리와 오언의 설전은 주간지 『애시니엄』으로 번졌다. "죽은 자를 죽이는" 기사가 몇 주에 걸쳐 게재되었다. 헉슬리의 논박은 송장이 부활할 때마다 점점 더 신랄해졌다. 다윈주의의 전체 진영이 헉슬리 편으로 모여들어 모두가 의식처럼 한마디씩 오언을 반박했다. 오언의 유인원 뇌 가설의 오류는 보존액 속에서 형태가 변한 뇌 표본을 사용한 것에서 비롯되었다고 말하는 이들도 있었고, 미숙한 해부기술자 탓이라고 말하는 사람들도 있었다. 헉슬리 편에 선 기독교도들은 대뇌의 차이는 심리라든지 인간 조상에 관한 논쟁과는 아무런 관련이 없다고 주장했다. 하지만 오언은 헉슬리에게 "인간이 변형된 유인원에서 유래했다는 가설을 옹호하는 자"라는 오명을 씌워 여론을 자신 쪽으로 몰아가려 했다. 결국 『애시니엄』은 오언의 반론들 가운데 하나를 "뇌로 검증한 인간의 유인원 기원설"이라는 제목으로 실었다. 하지만 오언의 이 책들은 역풍을 불러일으켰다. 헉슬리는 이미 사적인 자리에서 "유인원 인간"이라는 자극적인 용어를 사용하고 있었고, 다윈은 그 용어는 "그 자체로 완전한 논문이요 이론"이라며 매우 흡족해했다. (하지만 사실 다윈은 20년 전부터 비밀스럽게 "원숭이 인간"에 대해 생각해왔던 사람이었다.) 그런데 오언이 그 용어를 걸고 논쟁을 시작했기 때문에, 이제 헉슬리는 그 문제를 공식적인 자리에서 떳떳하게 논할 수 있게 되었다.[9] 오언이 뇌 구조에 관한 문제를 인간 조상에 관한 문제로 바꿈에 따라, 헉슬리는 가장 민감한 측면에서 다윈주의를 입증함으로써 오언의 패배를 공식적으로 선언할 수 있게 되었던 것이다.

다윈은 목요일마다 『애시니엄』을 손에 들고 헉슬리의 조롱 섞인 대응에 자지러지게 웃었다. "아주 좋았지만, 너무 신사적이었던 것 같습니다." 다윈은 어떤 호를 읽고 난 뒤에 이렇게 평했다. "오언이 나를 공격하는 것이기 때문에 나는 객관적으로 지켜보고 있을 수가 없군요. 등을 치며 확실히 하라(!)고 소리치고 싶은 심정이 들 수밖에요. 오언이 반론을 할지 어떨지 궁금하군요. 선생은 그 불쌍한 친구를 너무 괴롭히는 것 아닙니까."[10] 물론 동정하는 척하는 것일 뿐이었다. 다윈은 난도질당하고 있는 그 불쌍한 친구에게 이미 털끝만큼의 동정도 느끼지 않았다. 오언에 대한 "악마 같은" 증오로 펄펄 끓어 넘치고 있었던 다윈은 헉슬리를 계속 부추겼다.

이러한 신경증적인 분위기 속에서 헉슬리의 해부학자 동료들은 뒤얽힌 사태를 어떻게든 풀어보려 했다. 옥스퍼드에 있는 헉슬리의 한 제자는 "더 고등하고 신성한 인간의 생명은 단지 뇌 주름이 많은 결과만은 아니다"라고 주장했다.[11] 하지만 지금 헉슬리는 그러한 것은 아무래도 상관 없었다. 오언의 죄는 위증이고, 그것은 그저 징조에 지나지 않는다는 것을 모두가 믿게 만들어야 했다. 오언이 내세우고 있는 아첨하는 이데올로 기 전체가 심판의 대상이었다. 헉슬리는 재미있는 쇼를 연출할 작정으로, "그 거짓말을 일삼는 사기꾼을 처리해버리기 전에, 헛간문에 걸린 솔개 처럼 그 자를 못 박아 걸어두고 악행을 일삼는 모든 자의 견본으로 삼겠 다"고 약속했다. 헉슬리는 검찰관이 되어 유죄의 증거를 폭로했다. 오언 은 종교에 오염되어 있는 탓에 선악을 판단할 수 없고, 성직자들처럼 "과 학을 더럽히는" 악행을 저지르고 있다. 다윈이 거느린 새로운 전문 과학 자들이 훨씬 더 자연에 충실한 사람들이다.

이것은 강력한 호소였다. 오언과 윌버포스를 탄핵한 것은 떠오르는 지적 엘리트 계급에게 호소하기 위한 조치였다. 이 새로운 세력은 국교회 의 구체제를 경멸하는 자들이었기 때문이다. 예의를 중시하는 구세대의 눈에는 헉슬리의 행동이 정도를 지나친 것으로 비쳤고, 그들은 헉슬리의 "공격적 태도"를 혐오했다. 하지만 헉슬리가 "거짓말을 거짓말이라고 인 식시키는" 자신의 노력을 떠벌린 것은 의도적인 작전이었다. 도덕에 호 소하는 것은 헉슬리 집단에게 도움이 되었다. "좋은 게 좋은 거라는 식으 로 처신하는 부류"의 비위를 맞춘다 해도 돌아오는 것은 없었다. 헉슬리 는 만일 자신이 "그들이 생각하는 우주의 최고사령관이라면", 이 타협주 의자들을 지옥에서도 "가장 뜨거운 불지옥"에 떨어뜨릴 태세였다.[12]

이 선전활동은 엄청난 성공을 거두었고, 거점을 한 번 "칠" 때마다 새로운 다윈주의자들이 우후죽순으로 생겨났다. 이 저격은 2년 동안 계 속되었고, 평생 그의 뒤를 따라다니는 악명을 남겼다. 헉슬리가 1861년 에 동물학회 평의회에 들어갔을 때, 오언은 그곳을 떠났다. 1년 뒤에 헉 슬리는 왕립학회 평의회에 오언이 선출되는 것을 저지하는 운동에 나섰다. 어떤 "신사들의 단체"도 "의도적이고 계획적으로 거짓을 일삼는" 구성원을 받아들여서는 안 된다는 이유였다.

헉슬리의 호전성은 라이엘을 곤란하게 만들었다. 라이엘 역시 헉슬리가 옹호하고 있는 유인원 조상 때문에 괴로워하고 있었기 때문이다. 수년 동안 라이엘은 인류의 계통에 그러한 나쁜 피가 섞였다는 사실을 부정해왔다. 하지만 이제는 그 문제에 정면으로 맞설 수밖에 없었다. 라이엘은 책을 찾아보면서 인간의 계보가 오래되었음을 증명하는 유물과 화석을—어떻게든—받아들여보기로 했다. 다윈은 인간의 "위엄"이 상실되는 문제에 거의 공감을 느끼지 않았기 때문에, 자신의 늙은 친구를 이렇게 놀렸다. "**우리의** 조상은 동물이었습니다. 그 동물은 물에서 숨을 쉬고, 부레를 가지고 있었고, 커다란 꼬리와 불완전한 머리뼈를 가지고 있었지요. 그리고 확실히 자웅동체였습니다! 인류의 계보는 정말 재미있지 않습니까." 더 재미있는 것은 "인류가 그러한 속도로 진보하면 19세기 신사들도 후세에는 단지 야만인으로 보일지도 모른다는 사실입니다."[13]

인간의 위엄이나 설계 문제에 관하여 헉슬리는 다윈보다 더 도움이 안 되었다. 그는 신에 대한 신인동형론적 관점과 "알지도 못하고 알 수도 없는, 감정과 인격이 없는 존재"라는 관점을 대항시키는 것을 지나치게 즐겼다. 후자는 세속적인 다윈주의자들을 지배하는 정통 신념이 되고 있었다. 또한 헉슬리는 인간과 유인원을 떨어뜨려 놓으려 하지도 않았다. 그는 라이엘에게, 뇌가 작은 인간과 고릴라의 뇌 차이보다 인간의 뇌들 사이에 더 큰 차이가 있다고 말했다. "그렇다면, 머리를 종의 구별 방법으로 삼는 일을 포기하는 게 마땅합니다. 약점을 잡았다고 해서 사태가 그리 개선될 거라고 생각하지는 않습니다만."[14]

1861년 4월에 라이엘은 잉글랜드와 프랑스의 고고학 유적지들을 답사하면서 석기들이 하이에나의 멸종한 종들과 함께 출현하는 것을 확인했다. 그는 인류의 역사가 그 정도로 오래되었다는 사실을 30년 동안 부정해왔지만, 이제 그 증거는 부정할 수 없을 만큼 압도적이었다. 팔코너는 1858년에 데번 주의 어촌마을인 브릭섬의 한 동굴에서 빙하기 이전 시대의 타제석기의 일종인 긁개를 발견했고, 라이엘은 1859년에 프랑스 아브빌 유적지의 석기 발굴장을 답사한 뒤에 자신이 생각을 바꾸었다는 사실을 알렸다. 베드포드의 한 자갈채취장에서 석기를 조사한 라이엘은, 태고의 인류가 살았던 빙하기 이전 시대를 좀 더 분명하게 그려볼 수 있었다. 다윈은 뛸 듯이 기뻤다. "대단합니다. 선생님이 인류에 그토록 오랜 계보를 부여하시다니요." 다른 사람들은 그 계보를 더욱 늘리고 있었다. 새로운 화석 인류가 때마침 출토되었던 것이다. 그것은 뒤셀도르프 근처의 한 동굴에서 나온 네안데르탈인의 머리뼈였으며, 1858년에 해부학자 헤르만 샤프하우젠이 기재했다. 네안데르탈인은 후퇴한 전두, 툭 튀어나온 눈썹뼈, 짐승 같은 인상을 지니고 있었다. 라이엘은 헉슬리에게 이 고대 인류에 대해 물었고, 헉슬리도 흥미를 보였다. 버스크는 샤프하우젠의 논문을 번역하여 『자연사 리뷰』 4월호에 실었고, 헉슬리도 외과의사협회에서 이 "뒤떨어진" 머리뼈의 캐스트를 조사했다. 지금 헉슬리의 머릿속에는 새로운 강의계획이 떠오르고 있었다.[15] 그것은 화석 인류에 대한 것이었다.

그해 봄에 헨슬로가 심장병으로 죽어가고 있었다. 후커는 장인의 병상을 밤낮으로 지키며 장인이 "친구들, 교구 주민들, 식물학 학교의 어린 학생들과 차례차례 작별을 고하는 모습"을 지켜보았다. 지난 두 달 동안 후커는 다윈에게 헨슬로의 마지막 나날을 전하는 고뇌 어린 편지들을 보내왔다. 이 편지들을 받으며 다윈은 이럴까 저럴까 고민한 끝에, 결국 4월 23일에 가보지 못해 미안하다는 편지를 썼다. 참으로 우울한 날이었다. 그날은 애니가 눈을 감은 지 10년이 되는 날이었다. 오늘날의 다윈이 있는 것은 모두 헨슬로 덕분이었다. 비글호 여행, 저술을 위한 보조금, 그의 지지와 격려, 교구에 대한 충고들. 게다가 애니, 조지, 레너드의 이름은 헨슬로의 자식들의 이름을 딴 것이었다. 하지만 다윈은 마지막 방문을 하지 않기로 했다. "나는 그곳에 가 있는 것이 영 내키지가 않네. (자네가 나를 지켜준다 해도) 구역질을 하느라 엄청난 소리를 낼까봐 걱정이 된다네." 다윈은 후커에게 이렇게 썼다. 본인의 건강이 위태로웠다. 같은 달에 린네학회에서 몇 분 동안 연설을 한 뒤에 다윈은 "24시간 동안 구토를 해야" 했다. 이 결정으로 그는 큰 죄책감에 시달렸다. "내 약한 몸이 지금처럼 원망스럽기는 처음일세."[16] 다윈은 결국 헨슬로를 두 번 다시 보지 못했다. 5월 18일에 헨슬로가 세상을 떠나자, 다윈은 가족용 『존 스티븐스 헨슬로 목사에 대한 회상록』에 들어갈 담담한 몇 마디 말을 써 보냈지만, 그렇게 한다고 해서 마음이 달래지지는 않았다.

다윈은 몸 상태가 계속 좋지 않은 가운데, 자식들을 걱정했다. 막내 호레이스가 애니가 죽은 나이가 되자, 다윈은 유전병이 드러날까봐 노심초사했다. 11세인 레니는 동네 목사에게 개인지도를 받고 있었는데, 수업에서 "더디고 뒤처지는" 것 같았다. 찰스는 아들이 뒤처지는 것이 단지 "병 때문에 시간을 많이 빼앗긴 탓이기만 한 건지" 두려웠다. 클래펌 학교를 다니는 16세의 조지는 충치 치료를 위해 집에 왔다. 클로로포름을 마신 아들의 의식이 사라질 때 찰스는 그 모습이 죽는 것과 너무나 똑같아서 오래된 기억을 떠올리며 심한 구역질을 했다.

헨리에타의 상태가 가장 불안했다. 그녀는 늘 약하고 파리한 18세의 병자였다. 작년에는 장티푸스를 앓다가 거의 죽을 뻔하기도 했다. 여러 달 동안 세 사람이 돌아가며 24시간 병상을 지켜야 했다. 고열과 소화불량에 시달리는 헨리에타를 보며 찰스는 "끊임없는 불안"에 시달렸으며,

아버지의 그런 "나약한 동정의 감정"은 때때로 헨리에타를 "동요하게 하여", 그녀는 "아버지가 방 안에 있는 것을 견딜 수 없어 했다." 헨리에타가 회복되지 않자, 에마는 어찌할 줄을 몰랐다. "그동안은 낙담에 굴복하지 않도록 스스로를 잘 추슬러왔지만", 지금 에마는 "하루하루를 겨우 버티고 있을" 뿐이었다.[17]

이런 고통스러운 생각, 자식의 죽음, 친구의 죽음 속에서, 에마는 남편에게 자신의 마음을 담은 또 한 통의 감동적인 편지를 썼다. 그것은 결혼한 지 얼마 지나지 않아 그녀가 썼던 편지를 떠올리게 하는 편지였다. 에마의 간청에 실린 간절함은 요즘 그녀가 그만큼 고통스럽다는 것을 보여주는 증거였다. "유일한 위안"은 모든 고통을 "신이 주셨다고" 생각하는 것이며, "고통과 병은 그것이 우리의 정신을 더욱 고양시키고 우리가 미래의 상태에 희망을 걸게 만들기 때문에 쓸데없는 것이 아님을 믿는 것입니다."

> 나는 당신의 인내심, 다른 이들을 깊이 동정하는 마음, 자제력, 그리고 무엇보다도 당신을 돕는 아주 사소한 일들에도 감사하는 마음을 볼 때, 당신이 이 귀한 감정들을 행복한 일상을 살아가기 위해 신에게도 바쳤으면 좋겠다는 마음이 들어요. …… 나는 이 성서 구절을 자주 생각해요. "주께서는 주를 믿고 따르는 사람에게 참된 평화를 주신다." 누군가를 기도하게 만드는 것은 감정이지 이성이 아니에요.

찰스는 기독교와 단절했으며 지옥불 위협을 혐오했지만, 에마는 찰스에게 미래에 고통받지 않기 위한 보험으로서가 아니라 현재의 행복을 위해 기도하라고 말하고 있었다. 따지고 보면, 에마는 찰스가 두 사람의 사랑이 영원히 계속될 내세에서 겪을 고통의 의미를 발견하기를 바랐던 것이다. 하지만 천국에 간다는 것은 확실한 희망이 아니었다. 찰스는 그 편지 맨 아래에 "신이 당신을 축복하기를"이라고 짤막하게 적었을 뿐이다. 이 괴로움도 죽어 사라지면 끝이라고 생각하고 말 수 없는 것은 결국 에마의 흔들림 없는 믿음 때문이었다. 그는 어찌할 바를 몰랐다. 에마가 그를 홀로 남겨둘 때마다 언제나 그랬듯이.[18]

그해 봄에 헉슬리가 노동자와 상인들을 대상으로 행한 인간과 유인원에 관한 강의들은 큰 성공을 거두었다. 집필 준비를 위해 열심히 연구하고 있던 라이엘도 노동자들 사이에 앉아 청강을 했는데, "청중의 규모와 집중도는 놀라울 정도"였다. 대규모의 무지한 작자들에게 고릴라가 인간의 조상이라고 가르치는 장면은 라이엘이 가장 두려워한 것이 현실화된 순간이었겠지만, 그 노동자들은 품위가 있었으며, 라이엘은 그들이 "유인원에 관하여 선생이 하는 이야기라면 뭐든 집어삼킬" 태세였다고 인정했다.

헉슬리의 강의가 열광적인 반응을 불러일으켰던 것은 몇십 년 전부터 급진적인 출판물에서 인류의 기원을 추적해왔기 때문이었다. (헉슬리가 강의를 하는 동안에도, 세속주의 잡지인 『리즈너 *The Reasoner*』가 "인류의 기원에 관한 신학이론들"에 맞서 싸우기 위한 진화론 시리즈를 실으며, 반기독교 선교사들을 인류의 화석과 다윈의 저서로 무장시키고 있었다.) 그러니까 급진적인 노동자들은 그 신출내기 개종자가 자신들에게 강의를 하기 오래전부터 진화론자들이었던 것이다. 선동적인 소책자들은 유물론에 입각해 인류의 조상을 설명함으로써 성직자들의 권위를 무너뜨리려는 시도를 해왔다. 『종의 기원』은, 이에 앞서 『흔적』과 프랑스의 혁명적 과학이 그랬듯이, 유용한 수단이었다. 한 재봉사는 다윈에게 서명본을 주면 자신이 옷을 지어주겠다고 제안했으며, 어느 제빵사는 『종의 기원』을 논한 원고뭉치를 보내 다윈을 질리게 했다. 이들은, 자신들과 같은 입장에 서 있으며 인간을 "생명의 하층사회"와 결부시키는 해부학자에게는 준비된 청중이나 다름없었다. 선동적인 신문의 기자들은 헉슬리의 "자극적이고 엄숙하기조차 한" 말들을 보도하기 위해 기쁜 얼굴로 메모를 했다.[19]

헉슬리는 다윈의 새로운 독자층을 사로잡고 있었다. 모든 내용은 용의주도하게 맞추어졌다. 헉슬리는 그들을 이끄는 반기독교 선교사들처럼 성상파괴적인 말로 시작했다. 그는 "회의주의 정신에 물든" 사람들을 칭송하고, 지겨운 전통들을 내던졌다. 많은 급진적인 지면에 쓰여 있었던 것처럼, 헉슬리는 인간이 유인원과 비슷한 모습으로 만들어졌다는 사실을 내비쳤다. "우리의 흐릿한 복제본"인 침팬지와 "얼굴을 마주하면 좀처럼 생각을 하지 않는 사람도 하나의 충격적인 사실을 의식할 수밖에 없다." 이 냉정한 해부학에는 약간의 기술자적 냉소주의가 가미되었다. 헉슬리는 고릴라가 일종의 거울을 제공해준다면서, 이렇게 말했다. "자연은 마치 인간의 오만을 예견한 것 같다. 자연은, 지능이 결국 승리를 거둠으로써 가진 것 없는 노예가 역사의 전면에 등장하고 정복자는 인간은 그저 티끌일 뿐임을 깨닫게끔, 로마의 엄격함으로 예정해놓았던 것이다."

하지만 헉슬리는 인류를 강등시키느라 안달인 선정적인 신문의 냉소주의자들과는 거리를 두었다. 인간은 짐승에서 유래했을지도 모르지만, "짐승 그 **자체**는 결코 아니다." 기원이 같다는 것이 곧 "야만화"는 아니다. 인간은, "이성도 지성도 없는 야만적인 존재"에서 유래했다고 해서 "그 고귀한 지위로부터 강등되지는" 않는 것이다. 헉슬리는 노동자들 사이에 어색하게 앉아 있는 라이엘을 배려하여 이렇게 주장했다.

헉슬리는 오히려, 진화는 자기개선의 한 형식이라고 말하며, 억압받는 대중이 "전통적인 편견 같은 맹목적인 영향력에서 벗어난다면, 인간의 능력이 대단하다는 사실을 증명하는 최고의 증거들을, 인간이 하등한 혈통에서 유래했다는 사실에서 발견하게 될 것이라고 강조했다. 또한 더 고귀한 미래를 얻을 수 있다는 믿음의 합리적 근거를, 과거로부터의 오랜 진보 과정에서 보게 될 것"이라고 했다. 이 같은 "기원은 하등하지만, 미래는 고귀하다"는 도식은 포트와인을 홀짝이는 귀족들에게는 받아들여지지 않았을 것이다. 하지만 야망을 품은 청소부들이나 진취적인 점원들은 이 계급상승의 개념을 크게 반겼다. 다른 사람들도 헉슬리의 취지를 포착했다. 한 기고가는 그 계보에 살을 붙였다. "인간의 유래는 귀족명감에 실려 있는 한 법관귀족의 계보와 비슷하다. 윌리엄 1세〔정복왕 윌리엄〕 시대에 살았던 한 먼 조상은 가발상인의 74대손으로 잘 나가는 대법관이 되었다."[20] 정확한 지적이었다. 이렇듯 진화는 초라한 혈통에 과학적 위엄을 부여하고 더 나은 미래를 약속했다.

아마도 이것은 다윈이 그리는 이미지는 아니었을 것이다. 헉슬리는 무정한 경쟁도 약육강식도 언급하지 않았다. 하지만 헉슬리의 강의는 한 가지 목적을 달성했다. 그것은 활활 타오르는 인류의 기원을 둘러싼 논쟁에서 연기를 걷어치운 것이었다. 한때 금기시되던 이 질문은 이제 필수적인 질문처럼 보였으며, 부위별로 베어져 사방으로 배분되었다. 라이엘은 인류의 오랜 역사를 논하는 책을 구상하고 있었고, 러벅은 덴마크에서 발견된 조개껍데기 언덕에 관한 논문을 발표했으며, 팔코너는 브릭섬에서 더 많은 석기를 발견했다. 그 가운데에는 멸종한 곰의 앞다리뼈를 깎아서 만든 막대도 있었다. 이제 다윈 집단에서 인류의 역사가 오래된 화석의 시대까지 거슬러 올라간다는 사실, 멸종한 하마가 살았던 시대에도 인류가 살았다는 사실을 부인하는 사람은 없었다. 공룡을 창으로 찌르는 호모 올리티쿠스가 있었다는 헉슬리의 가설은 약간 도를 지나친 것이었지만.[21]

이러한 과열된 분위기를 고려하면, 토끼 뼈들을 끓이는 일에 관한 다원의 변함없는 집념은 평범한 축에 들었다. 다윈은 지금 사육동물에 관한 원고에 푹 빠져 있었다. 그는 조류의 머리뼈 표본들을 빌려왔고, 더 많은 동물 사체를 구하기 위한 부탁편지들을 보냈다. "가능하다면, 내게 흰색 앙골라토끼의 성체 표본을 하나 더 구해주십시오." 다윈은 한 육종가에게 이렇게 부탁했다. "골격이 필요하니까 죽은 녀석이어야 하는데, 머리를 쳐서 기절시키면 안 됩니다."

7월과 8월에 다윈은 잠시 일을 중단하고 헨리에타를 데리고 데본 주 브릭섬 건너편에 있는 어촌마을 토키에 머물렀다. 이곳의 따뜻한 태양 아래서 찰스는 네발로 기어다니며 야생 난초에 찾아드는 곤충들을 관찰했다. 특이하게 생긴 꽃잎들이 벌들을 꿀샘으로 안내함으로써 벌들이 적소에 들어오도록 유혹했다. 꽃가루 주머니들은 이렇게 곤충들의 주둥이에 달라붙어 다른 꽃의 암술머리로 옮겨졌다. 1830년대 후반에 메이어와 마운트의 정원에서 관찰을 한 뒤로 다윈은 벌들이 매개하는 타화수분에 대해 생각해왔고, 자신의 이론에 비추어, 타화수분된 꽃들이 더 튼튼한 자손을 생산한다는 것을 확신했다. 난초는 이 목적을 달성하기 위한 최상의 장치를 보여주었다. 토키에서 집으로 돌아왔을 때 다윈은 다운 주변의 흙무더기에서 작은 난초들을 찾았다. 목가적인 태양 아래서 돌아다니는 것은 비둘기들을 끓이는 일보다 백배는 더 좋았다. 이 유혹은 너무도 강렬해서, 그는 "지긋지긋한 수탉, 암탉, 오리들"을 내려놓고 방향을 틀었다.[22] 다시 한 번 다윈은 옆길로 빗나갔다.

빅토리아 시대의 영국에는 난초 취미가 크게 유행했다. 하지만 이것은 뒷골목이나 싸구려 술집에 적합한 취미가 아니었다. 난초 개량은 귀족의 취미였다. 부유한 난초광들은 온실에 매혹적인 난초들을 심고, 난초 사냥꾼들을 열대지방에 파견했다. 다윈이 관심을 보이자 여기저기서 귀한 표본들이 밀려들었다. 난초는 궁극의 판단 기준이었다. 꽃의 기발함을 이보다 더 잘 보여주는 예가 또 있을까? "꽃의 형태와 색깔에서 누가 실용적인 목적을 찾을 생각을 하겠습니까?" 헉슬리는 전에 이렇게 회의적으로 물은 적이 있었는데, 물론 다윈이 그런 사람이었다. 다윈은 가장 난해한 사례를 택해 그것을 해독했다. 난초의 꽃잎들은 벌과 나방을 꽃가루에 닿을 수 있는 특정 장소로 안내하는 정교한 장치였다. 모든 돌출과 돌기는 이 목적을 위한 것이다. 자연선택은 쓸모없거나 하찮거나 그저 예쁘기만 한 꽃은 설명할 수 없지만, 기능이 있는 꽃들은 설명할 수 **있었다.**

다윈은 꽃의 복잡성에 빠져들었고, 꽃의 기발함에 이루 말할 수 없는 기쁨을 느꼈다. 카타세툼 *Catasetum*이라는 난초는 세 유형의 꽃을 피우는—암꽃, 수꽃, 양성꽃(다윈이 연구를 시작할 때까지 각각이 독립된 종으로 여겨졌다)—정말 특이한 식물인데, 곤충에 민감하게 반응하여, 곤충이 유도된 길을 통과할 때 끈적끈적한 꽃가루 덩어리를 붙인 화살을 쏜다. 다윈은 이 터무니없는 장치를 헉슬리에게 설명했는데, 헉슬리한테서 돌아온 대답은 이러했다. "제가 그 사실을 믿을 거라고 생각하셨다니요!"[23]

그 주제는 우아했으며, 돋보이기에는 금상첨화였다. 다윈은 모든 꽃의 상동인 부위들을 조사하고, 이들을 "하나의 똑같은 조상기관의 변형"으로 보았다. 따개비에서처럼 꽃의 상동기관들은 저마다 조금씩 변형되어 다른 역할에 맞추어져 있는데, 필요가 생길 때마다 전략을 바꾸고, 꽃가루라는 소포를 배달하기 위해 온갖 우연한 장치들을 채택했다. 다윈은 머리에게 이 연구성과를 책으로 만들어 팔자고 제안했다. 진화론자들이 보기에 멋진 주제가 아니겠는가. 만일 이 주제가 매력적이지 않다면, 구식 고집쟁이들의 눈길을 끌 수 있는 새로운 '브리지워터 시리즈'로 팔면 어떻겠는가. 하지만 그것은 그냥 브리지워터가 아니라 반전이 있는 브리지워터로서, 신이 아니라 일련의 우연들을 가리킴으로써 설계를 멋지게 풍자하는 브리지워터가 될 것이다. 다윈은 이것은 "적에 대한 '측면 공격'"이라고 부르며 그레이를 놀렸다. 그는 이번에도 할아버지의 뒤를 따르고 있었다. 하지만 다윈의 책은 그의 할아버지가 쓴 『식물들의 사랑』과는 다르며, 호색적인 부분은 조금도 없을 것이다. "여성들도 읽을 수 있는 책일 것입니다." 머리는 어쨌든 많은 이들이 읽으리라는 것을 알아챌 만큼 현명했다. 『종의 기원』이 독일어와 네덜란드어로 번역되었고 프랑스어판도 진행 중인 만큼, 저자로서 다윈의 이름값은 점점 높아지고 있었다.

그래도 다윈은 이 기획이 "터무니없는 것"이 아닌지 의심이 들었다. 그 탓에 9월에 이 아이디어를 팔자마자 다시 병이 났다. 할 일은 태산이었고, 문장은 뒤엉켰으며, 위는 음식물을 게워냈다. 악다문 이빨 사이로 터져나온 말은 "나는 절멸하고 말 것이다"였다.[24]

친구들이 늘 고마운 존재인 것은 아니었다. 특히 불독이 성질을 건드렸다. 헉슬리는 불임 문제를 계속 걸고 넘어졌다. 지금까지 육종가들은 개량한 품종들을 교잡하여 생식력이 없는 잡종을 만들어낸 적이 없다는 것이다. 헉슬리는 육종가들이 그런 일을 할 때까지, 즉 그들이 사실상 별개의 종을 만들어낼 때까지, 인위선택과 자연선택의 유비는 불완전한 것으로 남으며, 『종의 기원』의 이론도 입증되지 않은 상태로 남을 것이라고 주장했다. 그래서 다윈은 결국 실험을 시작했다. 수백 시간을 들여 꽃을 수분시키고 씨앗들을 골라냈다. 1862년 1월, 다윈은 앵초에 관한 실험 결과들을 가지고 헉슬리가 비판을 멈추도록 설득했다. 다윈은 앵초와 노란구륜앵초는 구조가 거의 똑같아서 오랫동안 같은 종의 변종들로 여겨져왔는데, 이들을 교잡시키면 생식력이 없는 잡종이 생산된다는 사실을 밝혀냈다.[25] 다윈은 생식불능은 이 두 앵초들 같은 가까운 종들이 분기하는 것을 가능하게 하기 위해 진화했다고 주장했다. 다시 말해, 이것은 두 종이 서로 섞여서 다시 예전의 적응도가 떨어지는 중간단계로 돌아가는 것을 막기 위한 장치였다. 헉슬리는 반신반의했다.

다윈이 씨앗들을 분류하는 동안, 그의 편지들은 부지런히 헉슬리가 있는 에든버러로 배달되었다. 에든버러에서 헉슬리는 진화 전도사가 되어 "스코틀랜드 장로파교회 신도들에게 맞는 순수하고 단순한 다윈주의를 전도하고, 그들의 귀를 기울이게 하기 위한 그 밖의 여러 가지 일"을 하고 있었다.

헉슬리는 런던에서처럼 "'신앙심 깊은 에든버러'에서도 닳은 죄인들을 발견할 수" 있었다. 하지만 당시 타블로이드신문의 화제는 온통 호색적인 유인원 일색이었다. 그것은 프랑스계 미국인 여행가인 폴 뒤 셸뤼 때문이었는데, 그의 저서 『적도 아프리카의 탐험과 모험』에 소름끼치는 고릴라 사냥 이야기가 선정적으로 묘사되어 있었다. 마침 뒤 셸뤼가 잉글랜드에 머물면서 강연회와 담화회에 참석하고, 오언을 방문하고, 가죽과 뼈를 전시하고 있었다. 고릴라 수컷이 인간 여성을 잡아챈다든지, 고릴라 암컷들이 새끼를 껴안고 교성을 지르면서 빗발치는 탄환 속을 헤쳐 나간다든지 따위의 믿기 어려운 이야기들이 선정적인 신문을 가득 채웠다. 고릴라가 빠지면 이야기가 안 되었다. 『펀치*Punch*』의 풍자만화에 등장하는 아일랜드사람의 이름은 으레 "고릴라 씨" 또는 "오랑우탄 씨"였을 정도였다. 점점 더 많은 청중이 헉슬리의 진지한 강의로 몰려와 헉슬리의 말을 경청했다. 자유교회파의 『위트니스』는, 그곳의 청중은 "엄청난 모욕"이 자신들에게 자행되고 있는지도 모른 채 "그 잔인한 야수와 자신들이 친족관계임을 확고하게 주장하는 이야기가 나올 때 우렁찬 갈채를 보냈다"고 기가 막히다는 듯한 어조로 보도했다. 또한 『위트니스』는 미국 남북전쟁으로 노예해방의 열기가 고조되고 있는 분위기에 편승하여, 헉슬리에게 세뇌된 노동자들이 곧 "고릴라해방협회"를 조직할지도 모르겠다고 조롱했다. "고대와 현대를 통틀어, 기독교도와 이교도를 막론하고,

누군가의 입에서 나온 말 가운데 가장 야만적이고 음란한 궤변"이라는 평은 『위트니스』의 독설들 가운데 그나마 가장 부드러운 표현이었다.[26]

이것이 바로 헉슬리의 계략이었다. 헉슬리는 이렇게 분개하는 사람들을 보며 만족했고, 신문을 오려서 후커와 다윈에게 보냈다. "저는 인간이 유인원과 같은 혈통에서 유래했다는 사실에 추호의 의심도 없다는 말을 여러 가지 표현으로 그들에게 이야기했습니다." 헉슬리는 다윈주의에 대한 충성심에 취해 있었다. "모두가 제가 돌을 맞고 성문 밖으로 내쫓길 것이라고 예언했습니다." 헉슬리는 다윈에게 보고했다. 하지만 "저는 우레와 같은 박수를 받았습니다!!" 헉슬리의 흥분은 다윈에게도 전염되어, 다윈은 이렇게 응답했다. "맙소사, 선생은 그 고집불통들을 그들의 성채 안에서 공격한 겁니다. 나는 선생이 습격당할 거라고 생각했습니다."[27]

다윈은 여전히 유유자적하게 난초 연구를 계속했으며, 부차적인 사건에 개입하기를 거부했다. 그의 책이 『영국산 또는 외국산 난초가 곤충에 의해 수분되기 위한 다양한 장치에 대하여』라는 그다지 유망하지 않은 제목을 달고 출간된 5월 15일, 다윈의 측면공격이 윤곽을 드러냈다. 이것은 아름답고 기이한 형태, 불가해한 구조의 진화를 다룬 다윈의 최초의 저작이었다. 이 책에서는 또한 타화수분의 효용도 입증되었다. 난초의 꽃은 꽃가루를 묻힌 곤충들을 받아들일 수 있도록 설계된 것이다. 어쩌다 하나씩만 여기에 저항한다. 벌난초는 자화수분을 하는 듯한데, 아마도 언젠가는 멸종할 것이다. 벌난초의 멸종을 보기 위한 이유만으로 천 년을 살고 싶어했던 사람은 아마 지구상에 다윈뿐이었으리라.

『난초』는 마침 월리스가 귀국한 때에 맞추어 출간되어서 다윈은 그에게 증정본을 보낼 수 있었다. 월리스는 티모르에서 가져온 야생 벌집을 선물로 보내 자신의 귀국을 알렸다. 월리스는 동방에서 8년을 보낸 뒤에 마침내 고향에 돌아왔고, 런던 웨스트엔드의 변두리에 머물고 있었다. 그는 거기서 "의사의 치료"를 받고, 그동안 쌓인 서평들을 훑어보고, 여독을 풀었다. 월리스는 여름 내내 자신이 6년 동안 채집한 12만 5,660점의 표본들을 걸러내고 정리했다. 다윈이 오래전에 런던보다는 훨씬 건강에 좋은 동네에서 그 일을 했듯이.[28]

헉슬리는 유인원, 기원, 네안데르탈인에 관한 자신의 강의들을 묶어 『자연에서의 인간의 위치』라는 제목의 얇은 책으로 만들었다. 두 권짜리 대작은 아니었지만, 그 파급효과는 어마어마했다. 라이엘은 1862년 8월에 이 책의 교정쇄를 읽었다. 라이엘은 이 책을 읽는 것은 "큰 기쁨"이었지만, 몇몇 부분들은 "인상이 좋지 않아서 도움이 되지 않을 것"이라고 충고했다. 하지만 헉슬리에게 "옛 사상들……에 반대하지 않는 것처럼 글을 쓰라"고 조언하는 것은 글을 쓰지 말라는 것과 같았다. 헉슬리는 오언이 소중히 여기는 섭리 이론을 때려부수고 기회가 닿는 족족 오언에게 창피를 주고 싶어서 못 견디는 사람이었다. 그리고 어쨌거나 라이엘의 무리한 주문은 젊은 자연학자들의 강경한 전략에 부딪혀 취소되었다.

헉슬리와 다윈은 유인원과 종의 기원에 관한 의제를 밀어붙임으로써 정설을 지지하는 국교도들을 불안에 떨게 만들었다. 이들은 오언의 대응을 기대했다. 심지어 『애시니엄』도 오언을 재촉하고 있었다. 저쪽 편의 다윈주의자들은 "우리들을 오싹하게 할" 정도로 강한 발언을 계속하고 있다. 다윈은 이미 발언을 했으며, "헉슬리 교수라는 대담하고 유능한 대변자를 찾았다. 거기에 대해 오언 교수는 아무 말도 하지 않을 작정인가?"[29]

오언은 매우 다른 접근법을 취하고 있었다. 그는, 여러 가지 형태를 취하는 복잡한 생활주기를 갖고 있으며, 각 생활형으로부터 "다음 생활형이 만들어지는" 해파리나 간흡충(간디스토마) 같은 생물이 열쇠를 쥐고 있다고 생각했다. 오언은 돌연한 도약, 즉 출산에 비유할 수 있는 직접적인 방식으로 한 종에서 다른 종이 등장하는 것을 생각하고 있었다. 이것을 인간에 적용하면 어떻게 되는 것일까?『'소론과 평론'에 대한 반론』에 실을 「창조의 1주간」이라는 논문을 쓰고 있었던 스코틀랜드 감독교회 주교 길버트 로리슨 목사가 궁금해했던 것이 바로 그 문제였다. 오언은, 인간은 "하등한 동물에서, 예컨대 유인원의 자궁에서, **창조의 법칙**에 의해 (초자연주의적으로) 생겨난다"고 믿고 있는 것인가? 최초의 인간을 창조하기 위해 고릴라의 생식계에 "특별한 창조의 에너지"가 가해졌다는 말인가?

오언을 아무리 추궁해도, 인간이 탄생하는 데에는 사전에 정해진 어떤 자연적 원인이 작용했다는 점을 인정하는 것 이상의 말을 끌어내지는 못했을 것이다. 그는 설사 유인원의 자궁이 그러한 과정을 매개한 기관이었다 해도 종교적으로는 문제가 안 되며, 게다가 놀랍게도 "'원죄'는 우리 몸에 아직까지 남아 있는 유인원의 미변형 부분의 잔재에 지나지 않는다는 것이 증명된다" 해도 문제가 되지 않는다고까지 암시하고 있었다. 그리고 "신의 대리"가 자연적 원인이라고 해도, 우리의 의무나 책임은 작아지지 않는다는 견해도 내비쳤다. 로리슨 목사는 그것이 성서직해주의자들을 나무라는 편지임을 알아채지 못한 채 오언의 편지를『반론』에 공표해버렸다.[30] 하지만 반동적인『반론』—윌버포스 주교가 편집을 했다—에 공표되어 결과적으로 로리슨의 신학적 잡탕의 국물로 사용된 탓에, 오언의 편지는 당연하게도 오언에 대한 다윈과 헉슬리의 반감을 더욱 부추기는 것이 되고 말았다.

오언도 인간이 변화를 할 수 있다는 사실을 부정하지 않았다. 심지어는 호모 사피엔스가 "상상도 할 수 없을 만큼 아주 먼 훗날에" 더 고등한 종으로 바뀔 수 있다는 생각까지 내비쳤다. 오언으로서는 그 메커니즘이 종변형만 아니면 괜찮았던 것이다. 그럼에도 오언은 추방을 당했다. 오언이 역사에서 잊힐 존재라고 확신하고 있는 다윈주의자들에게 집단적으로 버림을 받은 것이다. 다윈은 오언이 "너무나 부정직해서 나는 이제 그가 하는 말은 조금도 신경 쓰지 않는다"고 했으며, 결국에는 헉슬리에게 "오언에 대한 나의 증오는 선생이 품고 있는 증오 이상일 겁니다"라고 털어놓기까지 했다.[31]

다운에서는 단조로운 일상이 계속되고 있었다. 여름 내내 다윈은 "오리 뼈와 비둘기 뼈들을 가지고 노예처럼 일했다." 그는 헉슬리의 비판을 무마시키겠다는 일념으로 건강이 나쁠 때는 대리인까지 고용했는데, 육종가들에게 5파운드를 지불하고 스페인종 수탉과 실크종 암탉을 교배하여 그 사이에서 태어난 병아리들이 생식력이 있는지 알아봐달라고 의뢰했다. 다윈이 하고 있는 일은 품종개량의 취지에 반하는 일이었다. 생식력이 없는 잡종을 생산하도록 함으로써, 육종가들에게 그들이 만든 자랑스러운 변종들을 엉망으로 만들도록 강요하고 있었기 때문이다. 하지만 괜찮다. 어차피 "삶을 테니까." 다윈은 이렇게 모두를 안심시켰다. 이 무렵 다윈은 큐 식물원과 에든버러의 식물원에서 실험할 원예가들까지 고용했다. 그 밖에도 양봉가들과 애호가들에게 벌집과 동물 사체들을 실어보내도록 하고, 육종가들에게는 멜론종에서부터 마스티프종까지 개의 모든 잡종을 조사해보도록 했다.

설리번과 위컴이 10월 21일에 다운을 찾아와 오랜만에 비글호 일행이 다시 모였을 때, 비글호의 철학자 선생은 난초와 *끈끈이주걱*과, 끝이 보이지 않을 정도로 늘어선 씨앗 접시들에 파묻혀 허우적대고 있었다. 또한 여기저기에 가축의 뼈가 널려 있고, 애완동물의 사체들이 악취를 풍기는 보존액 속에서 발효하여 부글부글 끓고 있었다. 이 소화불량 환자는 폭삭 늙어 있었다. 하필 다윈이 안 좋은 상황에 있을 때 그들이 방문한 탓도 있었다. 여름에 에마와 레니가 성홍열을 앓은 직후였고, 다윈은 최신 돌팔이 요법인 "콘디의 오존물 치료제"를 상습적으로 마시고 있었다.

다윈은 난초에 너무 몰입한 나머지, 존 러벅 경의 정원사에게 부탁하여 겨울나기용 온실을 짓고, 난초를 실어오기 위해 짐마차를 큐 식물원으로 보냈다. 비둘기 때와 똑같았다. "자네가 보내준 식물들이 내게 얼마나 큰 기쁨을 주는지 상상도 못할 걸세." 다윈은 후커에게 감사를 표했다. 헨리에타와 "나는 날마다 온실로 가서 그 식물들을 넋을 잃고 바라본다네." 온실의 난초만이 그 괴로운 겨울의 유일한 위로였다. 이번 겨울에 피부에 염증이 생겨서 마치 파충류처럼 껍질이 벗겨졌던 것이다. 다윈은 친구 팔코너에게 습진 때문에 "피부 표피가 10번 정도는 떨어져나갔다"고 끔찍한 증상을 설명했다.[32]

런던에서 오언에 대적할 만한 유일한 화석 전문가였던 팔코너는 1863년 1월에 "일종의 잘못 태어난 새"에 관한 반가운 비밀 정보로 다윈을 신나게 했다. 그것은 독일의 졸렌호펜에서 발견된, 일부가 파충류이며 깃털이 나 있는 화석으로, 다윈으로서는 누가 봐도 무릎에 굴러떨어진 행운이었다. 놀랍도록 잘 보존된 그 새 화석은 오언이 영국박물관에 전시하기 위해 사들인 것이었다. 다윈의 옛 친구 조지 워터하우스가 바이에른에 있는 파펜하임에 파견되어, 450파운드라는 전대미문의 돈을 지불했다(그것이 그 화석의 악명을 더 높여주었다). 전부터 다윈은 언젠가 날개의 발가락뼈가 유합되어 있지 않은 원시적인 새 화석이 발견될 것이라고 예상하고 있었지만, 이 화석은 모든 예상을 뛰어넘는 것이었다. 그는 "그 놀라운 새에 관해" 더 알려달라고 팔코너를 재촉했다.[33] 다윈은 하나둘씩 들어오는 정보를 이어붙여 놀라운 그림을 완성했다. 이 새는 공룡만큼이나 오래되었고, 도마뱀과 같은 긴 꼬리를 지니고 있었다. 게다가 각 날개에는 유합되지 않은 네 개의 발가락이 있고, 발톱까지 나 있는 것을 오언이 찾아냈다.

다윈은 "그 화석은 내 이론을 지지하는 멋진 증거입니다"라고 인정했다. 다른 한편에서는 다윈이 환호하는 만큼이나 큰 걱정을 하며 다윈의 기선을 제압하려는 사람들도 있었다. 뮌헨 자연사박물관의 나이 든 안드레아스 바그너는, "기상천외한 몽상"에 빠져 있는 다윈이 이것이 새의 조상이라고 떠들어댈 것이 분명하다고 추측했다. 바그너는 "다윈주의자들의 잘못된 해석"을 막기 위해, 그것은 소문으로 듣던 비정상 파충류일 뿐이라고 일축했다. 오언도 곤혹스러워했다. 그 화석을 공식적으로 기재한 그는 왕립학회에서 발표한 한 논문에서 그 새에 시조새*Archaeopteryx*라는 학명을 붙였다. 오언은 확실히 새라고 부르긴 했지만, 그것은 원시적인 새로서, 발가락과 꼬리는 그것이 척추동물의 원시적인 원형에 가까운 것이라는 사실을 보여주고 있다고 말했다.[34]

다윈주의자들은 주도권을 되찾기 위해 서둘렀다. 석판 위에서 부리가 발견되었는데, 가장 큰 논란을 빚은 것은 아직까지도 에나멜 광택이 남아 있는 네 개 혹은 다섯 개의 이빨이었다. 『자연사 리뷰』는 그 이빨의 발견을 발표하면서, 이 발견은 시조새가 "종의 기원이라는 커다란 문제"와 관련이 있다는 사실을 분명하게 보여주는 증거라고 선언했다. 후커는 이 발견에서 또 하나의 중요한 사실을 알아냈다. 그것은 오언의 논문에서 포착한 사실이었다. 즉, 후커는 그 화석이 석판 채석장에서 뜻밖에 나타났다는 사실을 가리키며, 그것을 화석기록은 불완전하다는 (『종의 기원』 속의) 다윈의 지적을 증명하는 증거라고 생각했던 것이다. 다운의 집에서 "오존물"을 마시고 딸기의 변종들을 가려내고 있던 다윈은 "긴 꼬리와 발가락을 지닌 새 같은" 멋진 동물의 발견에 매우 기뻐했다. 『종의 기원』의 다음 개정판을 위한 메모가 곧바로 정리되었음은 물론이다.[35]

이번 겨울에 노동자들을 대상으로 한 헉슬리의 강의들은 다윈주의를 대중화하는 데에 기여했다. 이 강좌가 낳은 작은 책이 12월에 출간되었는데, 한 부에 4페니인 소책자 6편을 묶은 것이었다(그 소책자들은 청중 가운데 한 적극적인 문필가가 노트 필기를 해서 출판한 것이었다). 다윈은 칭찬을 아끼지 않았다. "아주 잘 쓴 글이며", "간단히 말해 완벽합니다." 사실 너무 훌륭해서 "나는 그만 일을 접는 게 낫겠습니다." 책의 내용은 좋기도 했고 나쁘기도 했다. 헉슬리는 다윈의 과학을 지지하며 그것이 더 이상은 "현대의 마술"이 아님을 입증하고, 『종의 기원』의 방법론인 추론을 둘러싼 헛소리들을 꼼짝 못 하게 해놓았을지는 모르지만,[36] 여전히 불임의 문제를 과도하게 물고 늘어졌다. 다윈은 신문사의 개들이 포악하게 달려들 것은 예상했지만, 자신과 친한 불독이 이렇듯 계속해서 물어뜯을 것이라고는 생각지도 못했다.

친구들 가운데 다윈이 기대한 만큼 멀리 또 빠르게 움직여주는 사람은 아무도 없었다. 다윈은 그들의 공식적인 찬사를 탐했으며, 자신의 끊임없는 불안을 잠재울 그들의 정서적 지지를 갈구했다. 1863년 2월 4일에 라이엘의 『인류의 오랜 역사』가 도착했다. 다윈은 "대단한 책"이라고 말하며 기뻐했고, 그 책을 가지고 이래즈머스의 집으로 가서 열흘 동안 읽었다. 찰스 라이엘 경의 지지야말로 무엇보다 중요한 것이었다. 다윈은 자신의 옛 스승이 "종의 변화라는 주제 전체"에 커다란 힘을 실어줄 것이라고 기대했다. 하지만 유인원과 불멸성의 문제는 그 60대 노인을 번민하게 했다. 후커도 라이엘이 "자신의 옛 지질학과 생물학 전부를 새로운 상황에 맞게 바꾸는 일은 엄청난 작업"이 될 것이라고 말했다. 그렇지만 후커는 그래도 "그 책의 판매는 **경이로운 수준**"일 것이라고 예상했다. "정말 대단하군!" 다윈은 탄성을 질렀다. 출간 당일에 4,000부가 서점으로 나갔던 것이다. "그는 대중적인 귀를 가지고 있다"는 후커의 생각은 옳았다.[37]

『인류의 오랜 역사』는 무난한 책이었고 또한 엄청난 사회적 주목을 끌었지만, 다윈의 눈에 라이엘은 겁쟁이로 비쳤다. 이 책에는 많은 이야기들이 들어 있었지만, 그만큼이나 많은 이야기들이 빠져 있었다. 일부는 라이엘보다 앞서 그 분야에 뛰어든 고고학자들의 이야기를 "짜깁기한" 진부한 재탕이었다. 하지만 라이엘은 "직접 관찰하기 전에는 아무것도 믿을 수 없다"는 포석을 깔아 자신의 의도를 감추었다. 일부—아주 작은 일부—가 종변형론을 지지하는 증거들을 빈약하게 요약한 것이었다. 라이엘은 (헉슬리에게 지도를 받아) 오언의 뇌 연구를 공격했지만, 어디에서도 "그가 종이 변화한다고 생각하며 그 귀결로서 인간이 유인원 같은 조상에서 유래했다는 사실을 받아들인다고 공개적으로" 말하지 않았다. 라이엘은 노력한 흔적은 보였지만, 한 발짝도 나아가지 못했다. 라이엘은 인류가 오래되었다는 것을 인정했을 뿐, 인간을 강등시키는 것은 끝내 거부하고, 인간 본성의 영적인 부분을 설명하기 위한 "새롭고 강력한 원인들"로 돌아가버렸다.[38]

다운으로 돌아왔을 때, 다윈의 인내심은 바닥을 드러내고 있었다. 라이엘 부부가 며칠간 다운을 방문하기로 해서, 다윈은 그와의 불편한 대면에 대한 마음의 준비를 했다. 다윈은 후커에게 쓴 편지에서 이렇게 말했다. "정말 싫지만, 그에게 꼭 말을 해야겠네. 인간에 대해서는 더 말할 것도 없고, 종에 대해 솔직하게 의견을 밝히지 않은 것을 보고 내가 얼마나 실망했는지를 말일세. 그런데 농담인지 진담인지, 그는 자신이 노교수로서 순교자 같은 용기를 발휘했다고 생각한다는 걸세." 하지만 라이엘로서는 고군분투한 결과였다. 어떤 순교자도, 인간을 "타락한 대천사"로 보는 데에서 고상한 동물로 보는 데까지 전진한 순교자는 없었다. 라이엘은 다윈에게 "나는 현재로서 내가 확신하는 바를 전부 다 밝혔다. 특히 인간이 짐승으로부터 끊어짐 없이 유래했다는 점에 관해서는 내 감정이 허락하는 것 이상으로까지 나아갔다"고 설명했다. "온전한 오랑우탄까지 나아가는" 것을 라이엘에게 기대하는 것은 무리였다. 그는 30년 동안 『지질학 원리』를 9판까지 내며 짐승의 종변형을 반박하는 일에 헌신했던 사람이었다. "선생님의 판단은 이 주제에 있어서 기념비적인 순간이었을 겁니다." 다윈은 불만을 표명했다. 지금 "저로서는 더 드릴 말씀이 없습니다."[39] 다윈은 기분이 나빠져서 라이엘의 초대를 취소했다.

헉슬리의 『자연에서의 인간의 위치』가 2월 말에 나왔을 때, 다윈이 "만세! 드디어 원숭이 책이 나왔도다!"라고 환호했던 것도 놀라운 일은 아니었다. 이 책이 그의 입맛에, 또 후커의 입맛에 더 잘 맞았다. 후커는 "놀랍도록 명민한 책"이라고 평했다. 무엇보다 권두 삽화가 책의 내용 이상으로 그 책을 잘 말해주고 있었다. 그것은 5개의 전신골격이 전차 역에서 줄을 서듯 일렬로 늘어서 있는 그림으로, 맨 끝에는 긴팔원숭이가, 가운데는 구부정한 유인원들이, 맨 앞에는 인간이 있었다. 아가일 공작은 "암울하고 기괴한 행진"이라며 불편한 심기를 드러내면서도, 그들의 뇌를 줄 세우지 않았다는 데에 안도했다. "뜻 모를 말을 지껄이며 엎드려 기는 유인원들"의 행진은 『애시니엄』의 서평자를 오싹하게 했다. 이 주간지는 라이엘과 헉슬리를 똑같이 인간의 위엄을 깎아내리는 냉소주의자로 취급했다. 한 사람은 인류의 역사가 "10만 년"이라고 주장했고, 또 한 사람은 "인간에게는 10만 마리의 유인원 조상들이 있었다"고 주장했다는 것이다.[40]

『인간의 위치』는 오언 논쟁에서 마지막 1온스의 금을 캐냈다. 오언은 헉슬리의 최악의 적이었으며, 오언의 불명료한 표현은 희화화를 자초했다. "미리 예정된 생물들의 연속적인 생성 작용"이라는 오언의 말을 간단히 정리하면, 신은 자연 법칙(그 자체가 일종의 신의 명령)이라는 수단을 통해 종을 세상 속에 끊임없이 재배치하는 "앞을 내다볼 수 있는 지적 존재"라는 뜻이었다. 하지만 헉슬리는 이것이 무슨 소린지 도통 알 수 없는 말이라고 생각했다. 이런 섭리 운운하는 상투적인 표현들은, 점점 늘어나고 있는 합리론적인 다윈주의자들의 짜증을 돋우었다. 오언의 말들은 심지어 교묘하게 회피하는 것처럼 들렸다. 그 치명적인 약점을 뽑아낸 것이 헉슬리의 『인간의 위치』였다.

> 나는 "미리 예정된 생물들의 연속적인 생성 작용"을 언급하는 상투적인 발언들을 수도 없이 들어왔다. 하지만 가설의 첫 번째 의무는 뜻이 분명해야 한다는 것이다. 〔이것은〕…… 뒤로 읽어도 그대로 읽어도 비스듬히 읽어도, 그 의미는 같아야 한다는 것이다.

다윈은 이 "유쾌한 조롱"을 즐겼다. 오언을 못 박는 데에 사용된 연극적 어투는 그 책의 판매에 기여했고, 1,000부를 찍은 『인간의 위치』는 순식간에 팔려, 몇 주 만에 2쇄를 찍어야 했다.[41]

하지만 라이엘에 대한 실망은 무엇으로도 보상되지 않았다. 『인간의 오랜 역사』를 읽는 동안 찰스가 또다시 심한 구토 발작을 일으키는 바람에, 에마는 과감한 조치를 취해야 했다. 다윈은 "생각만 해도 가슴이 찢어지는 것 같았지만", "에마는…… 온 가족이 두 달 동안 맬번에 가 있어야겠다"고 말했다. 그는 뼈저린 기억 때문에 지난 12년 동안 그곳을 피해왔다. 심지어는 지금도 "심한 습진이 도지면…… 맬번에 가지 않아도 될 텐데"라고 생각했다. 하지만 아니었다. 가벼운 습진으로 출발이 연기되고 기력을 빼갔을 뿐이었다. 이러지도 저러지도 못하는 상황에 처한 그는, 변화를 주면 나을지도 모른다고 기대하며 가족을 방문하기로 했다. 하지만 상태는 더 안 좋아져서, 6월에는 긴 소파에 누운 채 덩굴손을 갖고 있는 새로운 식물을 관찰하는 것밖에는 아무 일도 할 수 없었다. 이것은 야생오이 씨앗들을 보낸 그레이 때문에 시작된 일이었다. 이 씨앗들이 싹을 틔워 환자를 사로잡고 있었다. 다윈은 병상에서 밤낮으로, 한 번은 이쪽으로 한 번은 저쪽으로 원을 그리는 올가미 같은 긴 덩굴손의 운동을 관찰했다. 그는 후커에게 "덩굴손들은 보면 볼수록 정말 신기하다"고 말하며 더 많은 외래종을 부탁했다. "이것은 지금의 내게 딱 맞는 소일거리일세."[42)

습진은 나았지만, 마침 걸리 박사가 아프다는 소식 때문에 맬번 여행은 다시 연기되었다. 찰스는 그 여름 내내 "예전보다 더 은둔자 같은 생활"을 했다. "악마 같은 두통"이 시작되었으며, 8월에는 또다시 아침마다 구토를 했다. 그는 구토물을 병에 담아 분석을 의뢰해보기도 했지만, 아무 소용이 없었다. 자고새 사냥이 시작되던 9월에 에마는 마침내 자신의 뜻을 관철시켰다. 그녀는 남편을 데리고 "그리운 시절"을 되살려줄 사냥 소리가 울려퍼지는 곳으로 떠났다. 맬번에서 그들은 예전에 묵었던 집을 피했지만, 그 마을의 슬픈 기억을 피할 방도는 없었다. 찰스와 에마는 애니의 무덤을 본 적이 없었다. 에마로서는 묘지에 발을 들여놓는 것만 해도 충분히 힘든 일이었는데, 기가 막히게도 묘비를 찾을 수가 없었다. 찰스는 공공기물을 파손하는 야비한 자들이 훔쳐갔다고 지레 짐작하고, 무덤을 본 적이 있는 폭스에게 연락을 했다. 폭스는 잡초가 무성한 무덤의 위치를 에마에게 가르쳐주었다.[43)

그런데 무슨 비참한 우연인지, 며칠 뒤인 9월 29일 화요일에, 그들은 후커에게서 짧막한 슬픈 편지를 받았다. "제 사랑하는 둘째 딸이 한 시간 전에 죽었습니다." 후커의 여섯 살짜리 딸 미니는 "심상찮은 증세를 호소한 지 몇 시간 만에" 세상을 떠났다. 의사는 죽기 3분 전에야 위독하다는 것을 알렸고, 후커는 딸의 곁에서 너무나도 안타까운 그 순간을 보냈다. "제 사랑하는 어린 딸을 방금 묻었습니다." 후커는 며칠 후에 다시 편지를 썼다.

> 그 아이는 꽃 중의 꽃이었고, 저의 산책 동무였으며, 제 아이들 중에서 음악과 꽃에 대한 사랑을 처음으로 보여준 아이였습니다. 게다가 제가 아는 한 가장 다정하고 사랑이 넘치는 아이였습니다. 언제가 되어야 그 아이의 목소리가 제 귓전에 아른거리지 않을까요. 언제가 되어야 벽난로 옆에서, 정원에서, 제 손에 쏙 들어오던 그 작은 손의 감촉이 기억나지 않을까요. 제가 가는 곳마다 그 아이가 있습니다.

멜번에서의 기억이 다시 밀려왔다. "나는 '가는 곳마다 아이가 있다'는 자네의 말을 이해할 수 있다네." 찰스는 애도의 답장을 보냈다. "내 가장 친한 친구에게 신의 축복이 있기를." 그 편지를 다시 읽어보다가 찰스는 "우리 불쌍한 아이를 떠올리며" 울었다. 하지만 시간이 약이다. "눈물은 이루 말할 수 없는 괴로움을 엷어지게 해준다네."[44]

걸리는 6개월의 휴식을 명했지만, 찰스가 겪은 것은 6개월에 걸친 구토와의 싸움이었다. 그는 펜을 들 기력도 없이 약해져서 에마가 받아써야할 정도였다. 『종의 기원』의 이탈리아어 번역판이 출간되었다는 좋은 소식도 기운을 불러일으키기에는 역부족이었다. 가족에 관한 깜짝소식에도 별로 놀라지 않았다. 에마의 언니 샬럿을 사별한 찰스 랭턴과 다윈의 쉰세 살 먹은 노처녀 누이 캐서린의 결혼 발표는 찰스 외의 모든 이에게 어리석은 행동으로 비쳤다. 다윈은 날마다 소파에 드러누워 "서서히 비탈길을 굴러떨어지고 있었고", 이번 생은 마감하고 다음 생에는 "더 많은 일을 하면서 살 수 있기를" 소원했다. 손님도 받지 않고 친구들과 자유사상가 순례자들도 멀리했다. 할리가街의 의사들이 와서 병에 소변을 받아갔다. 그러나 아무것도 효과가 없었다. 아무도 다윈의 "뇌 또는 심장"에 무슨 문제가 있는지 찾아내지 못했다. 다윈은 점점 쇠약해져 90미터 정도밖에 떨어져 있지 않은 온실까지도 걸을 수 없었고, 『타임스』조차 읽기 버거워 에마가 "시시한" 소설들을 읽어주어야 했다. 먹기만 하면 구토를 했고, 밤에는 여러 차례 구토를 했다. 한번은 27일 연속으로 구토를 계속하기도 했다. 기진맥진한 그는 "조금이라도 오르막길을 기어 올라갈" 수 있기를 바랐지만, 그럴 수 없다면 차라리 "생이 빨리 끝났으면 좋겠다"고 생각했다.[1]

기력을 앗아가는 구토 발작은 1864년 봄까지 계속되었다. 4월이 되자 다행히 몸 상태가 호전되어 온실에 앉아 있을 수 있게 되었다. 다윈은 수년 동안, 계속은 아니지만 꾸준히 부처꽃*Lythrum*을 교배하면서 언제나 자연의 기묘함에 경탄했지만, 그 무엇도 부처꽃의 세 가지 성보다 더 특이하지는 않았다.[2] 그는 번식의 수수께끼에 매혹을 느꼈는데, 그것은 불임과 진화의 문제와 직결되어 있었고, 또 느긋하게 신선놀음할 수 있는 결정적인 구실을 제공해주었기 때문이었다. 다윈은 부처꽃의 특이한 꽃 형태들에 얽힌 비밀을 풀기 위해 부처꽃에 온갖 방법으로 "불법 결혼들"을 유도했다. 그리고 기운을 되찾으면서는 핀셋으로 씨앗을 받아 새로운 세대를 심었다.

부처꽃은 세 가지 유형의 꽃을 피운다. 암술의 (꽃가루를 받는) 암술머리까지의 길이가 긴 것, 중간인 것, 짧은 것이다. 암술머리가 어느 형태를 띠든 (꽃가루를 만드는) 수술은 나머지 두 형태를 띤다. 다시 말해, 암술머리가 길면 수술은 중간 길이이거나 짧은 길이인 것이다. 지금까지는 자연이 왜 이런 특이한 배열에 의지하는지를 물은 사람도, 그러한 이유를 기능적인 관점에서 생각해본 사람도 없었다. 다윈은 모든 유형의 수술에서 꽃가루를 털어 모든 유형의 암술에 묻히는 방법으로 18가지 번식 조합을 유도해냈으며, 이 꽃들에 맺힌 씨앗의 수를 세어보고, 이 씨앗들을 몇십 개의 꽃병에 심어 씨앗의 생식력을 조사했다.

다윈은 그해 4월에 수백 개의 씨앗을 분류하여 그 결과를 표로 작성하고, 그것으로 린네학회에 발표하기 위한 논문을 썼다. 18가지 가운데 6가지 "결혼"만이 "적법한" 것으로 입증되었고, 이 경우들은 모두 수술과 암술대의 키가 똑같았다. 그가 작성한 표들은 키 차이가 클수록 "사생아일 확률"이 높아지고 생식불능의 빈도가 커진다는 사실을 분명히 보여주었다. 키가 큰 암술대와 키가 작은 수술이 만날 경우(같은 식물에서 이런 경우가 일어난다) 생식력이 없는 씨앗을 생산했으며, 이것은 타화수분이 일어나도록 하기 위해 자연이 만들어놓은 또 하나의 특별한 장치였다.

사생아 운운하는 이야기는 아마 부인들의 모임에 충격을 주었을 것이다. 어쨌거나 그것은 이래즈머스 다윈의 손자한테서 나온 이야기였으니까. (다윈의 할아버지의 사생아 실험은 아직까지도 가십거리를 제공하고 있었다. 다윈은 식물학자 친구인 프랜시스 부트의 미망인이 할아버지의 사생아의 자식이 아닌지 의심하고 있었다.) 하지만 다윈은 꼼꼼하고 감정에 흔들리지 않는 사람으로서, 식물들의 사랑을 냉정하고 분석적으로 계산했다. 어쨌거나 생식력이 없는 씨앗의 수를 세는 일은 낭만이 빠진 자료분석의 시대에 잘 맞았다. 암술대와 수술을 구부려 입맞춤시키는 이래즈머스의 아래 시구와 같은 의인화는 손자에게는 해당되지 않는 것이었다.

그대의 향기로운 제단에 두 명의 기사가 머리를 숙이고 있습니다.
아, 사랑하는 멜리사! 두 명의 기사가 그대 곁에 있습니다.

그렇다고 찰스에게는 장난기조차 없었던 건 아니었다. 베커 부인이 주최하는 문예협회로부터 교화용으로 쓸 만한 자료를 부탁받았을 때, 다윈은 '털부처꽃*Lythrum salicaria*에서 볼 수 있는 세 가지 형태의 성 관계에 관하여'라는 제목의 자료를 보내주었다. "자연은 세 유형의 양성화 사이의 삼각관계라는 지극히 복잡한 결혼형태를 예정해놓았으며, 게다가 각 유형의 암생식기는 다른 두 유형과 다르고, 수생식기도 일부는 다르며, 각각의 꽃에는 두 종류의 수컷이 갖추어져 있다"는 문장이 낭독되었을 때,

얼마나 많은 부인들의 얼굴이 새빨개졌는지는 신만이 알고 있으리라.[3]

다윈이 부처꽃 연구를 마쳤을 즈음, 그의 침실, 서재, 온실은 덩굴과 덩굴손을 뻗는 식물들로 가득했다. 후커가 보내온 외국산과 원예품종의 덩굴식물이 사방을 뒤덮고 있었기 때문이다. 퀸즐랜드의 왁스식물, 실론산 세레페지아스, 시계꽃, 브리오니아. 물론 한 종류씩에서 머물지 않았다. 일곱 종의 으아리, 여덟 종의 금련화……. 5월에 다윈이 덩굴손에 대한 짤막한 논문을 쓰기 위해 책상에 앉았을 때, 친구들은 사뭇 조심스러운 태도로 인간의 변종 문제에 접근하고 있었다.

라이엘의 『인류의 오랜 역사』와 스펜서의 『사회정역학』에 자극을 받은 월리스는 인간의 진화에 관하여 솔직한 발언을 하기 시작했다. 그달에 다윈은 월리스가 발표한 첫 번째 논문을 정독했다. 이 논문은 열렬한 인종차별주의를 표방하며 노예제를 찬성하는 불쾌하기 짝이 없는 인류학회에 제출된 것이었다.

다윈은 인류학회 자체를 혐오했고, 미국의 남북전쟁은 이 혐오감을 더욱 짙게 만들었다. 그레이가 윌더니스 전투 동안에 일어난 "끔찍한 살육"을 편지에 적어 보내왔지만, 다윈은 "노예제 폐지를 위해서는 10년 동안의 전쟁도 할 만한 가치가 있다"는 생각을 단호하게 고수했다. 노예제를 정당화하는 과학적 근거는 없었으며, 인류학회와 대항하는 민족학회도 이에 동의하는 입장이었다. 지금 런던에서는 각 당파의 당원들이 인류 문제에 관한 입장을 생물학의 진리로 떠받치기 위해 분주하게 움직이고 있었다. 백인우월주의를 표방하는 인류학회 회원들은 노예제 폐지를 주장하는 민족학회 회원들(선두는 헉슬리, 버스크, 러벅, 골턴, 월리스였고, 다윈은 명예회원, 이래즈머스는 평의원이었다)과 전투상태에 있었고, 평론의 엄호 속에서 활자에 의한 암살을 자행하고 있었다.[4] 협력의 가치를 옹호하는 월리스는 평화협상가의 역할을 맡아, 진화적 대타협을 바탕으로 휴전을 이끌어내기 위해 애쓰고 있었다. 월리스는 인종들은 오래전에 갈라졌지만(이 대목은 인류학회 회원들을 만족시켜주었다), 모든 인종은 유인원 단계를 벗어난 직후부터는 하나의 혈통에서 유래했다(이 대목은 민족학회의 다윈주의자들을 만족시켰다)고 생각하면 어떻겠느냐는 제안을 했다.

선량한—하지만 이번 경우에는 어중간한—사회주의자 월리스는 인간과 동물의 사회적 차이라는 문제에 손을 댔다. 아무리 원시적인 사회에서도 "분업"을 채택했다. 다시 말해, 하나의 부족에서 일부 구성원들은 사냥을 하거나 물고기를 잡고, 다른 구성원들은 수렵과 채집을 하는 것이다. "상호협력"은 무엇보다 중요해서, 병자는 보살핌을 받고, 식량은 공동으로 분배되고, 내부의 경쟁은 집단 전체의 이익을 위해 자제된다. 사회조직이 튼튼해짐에 따라, 이러한 공동의 "도덕적" 자질들은 자연선택에 의해 완벽한 경지로 가다듬어질 것이다.

경쟁은 개인 사이가 아니라 집단 사이에 일어난다. 창의력과 협력 능력이 가장 뛰어난 가장 근면한 인종이 우위를 차지하며, 이런 투쟁은 "유럽인들이 정복전쟁에서 마주했던 하등하고 정신 능력이 뒤처지는 집단들의 멸종을 부를 수밖에 없다." 이 의견에는 다윈도 동의하여, 그 문단에 밑줄을 진하게 그었다. 북으로부터의 제국의 확대는 토착 부족들을 멸종시키고 있었다. 다윈도 비글호 항해 때 그 사실을 분명히 보았다. 다윈은 그 페이지의 위쪽 여백에 이렇게 적었다. "자연선택은 지금도, 뉴질랜드인과의 경쟁에 처한 열등한 인종에게 작용하고 있다. 고지 뉴질랜드인, 예컨대 마오리 인종은 토착종 쥐처럼 절멸하고 있다."[5] 수많은 유럽인 이주자들, 쥐, 농장주들이 이주지에 엄청난 파괴를 일으키고 있었다.

여기까지는, 월리스의 정치적 비전이 담긴 협력 윤리가 다윈주의와 부딪치지 않았다. 실제로 다윈도 서로를 보살피는 행위는 자연선택의 산물이라는 입장이었다. 하지만 그런 다음에 월리스는 진로를 틀었다. 건물, 불, 의복, 농업의 출현이 인간을 환경의 주인으로 만들었다는 것이다. 인간의 몸은 기본적인 인종의 차이를 보일 뿐 더 이상은 자연의 힘에 지배당하지 않는다. 지능이 선택보다 우선하기 때문이다. 월리스의 주장에 따르면, 인간의 몸은 피부색이나 털색을 제외하고는 진화를 멈춘 반면, 지능의 진보는 지난 수만 년 동안 조금도 약해지지 않고 계속되었으며, 그 결과 인류는 직립 유인원의 몸을 가지고 있지만 유토피아를 만들 수 있는 마음을 갖게 되었다.

월리스가 말하는 자연선택된 집단 도덕성은 사회를 매우 다윈주의적이지 않은 방향으로 몰아가고 있었다. 이 오랜 사회주의자의 생각은, 이러한 도덕체제 아래 실현될 천년왕국을 향해 낙관적으로 달려갔다. 모두가 "저마다의 행복을 일구어낼 것이며", 통치는 불필요해지고, 자유는 일상이 될 것이다. "인간의 균형 잡힌 도덕 능력 덕분에, 어느 누가 다른 이의 자유를 넘보는 일은 결코 일어나지 않을 것이기 때문이다." 억압적인 정부는 사라지고("모든 이가 자신을 통치하는 법을 알게 될 것이기 때문에"), 그 자리에는 "이로운 공공의 목적을 위해 일하는 자발적인 협회들이 들어설 것이다."[6] 월리스는 지적 선택이 평등사회를 이끌어낼 것이라는 낙관적이고 무정부주의적인 어조로 논문을 끝맺었다.

다윈은 자신의 과학이론으로 유토피아로 가는 길을 열고 있는 것에 아마도 당혹감을 느꼈으리라. 다윈은 월리스에게 뇌와 몸을 구별한 것이 "멋진 생각이며 설득력이 있다"고 말했지만, 선택이 느슨해진다는 견해에는 반대했고, 정치적인 견해에 대해서는 언급을 피했다. 다윈이 추론했듯이, 오스트레일리아의 원주민은 그 "끊임없는 전쟁"을 떠올리면 알 수 있는 것처럼 지금도 선택에 처해 있었다. 또한 영국 사회는 오직 가차 없는 경쟁을 통해서만 활력과 진보를 유지할 수 있을 것이다. 병자와 뒤처

진 사람들은 솎아내어져야 마땅하다. 다윈은 자신의 온정주의적 사명을
다하기 위해 자선단체에 기부를 하고, 사촌 간 결혼으로 병약하게 태어
난 아들들을 걱정하는 가운데에서도 그렇게 믿고 있었던 것이다. 다윈은
"자연선택에 어긋난다는 이유로 장자상속제"를 비판했으며, 때마침 러벅
에게 부탁하여 장남 윌리엄을 은행업계에 들여보냈다.

　　윌리스는 고개를 저었다. 전쟁은 적자를 골라내는 것이 아니었다.
"가장 강하고 용감한 자들"이 가장 먼저 죽기 때문이다. 또한 윌리스는
각각의 인종이 자기들만의 미적 기준에 따라 배우자를 선택하고 있다는
"성선택"에도 그다지 동의할 수 없었다. 그 점에 대해 다윈이 유럽의 귀
족들은 중간계급보다 더 잘생기고 예쁘다고 주장한 것에도 반대했다. 월
리스는 그것은 단지 유한계급의 "매너"와 세련됨을 미와 "혼동"했을 뿐
이라고 말했다.[7] 정치적 신조가 두 사람을 갈라놓고 있었다.

월리스는 온갖 아이디어로 가득 차 있었다. 보르네오의 동굴에서 "우리
의 선조"가 나올지도 모른다는 생각을 라이엘에게 불어넣은 것은 윌리스
였다. 이래즈머스는 동생에게, 라이엘이 탐사대를 보내려 하며, 브릭섬
동굴의 발굴조사자들을 지원하는 일에 박차를 가하고 있다는 정보를 주
었다. 그뿐 아니라 라이엘은 정부로부터 사라와크의 통치자로 임명된 제
임스 브룩 경과의 만남까지 마련하여, "비록 잃어버린 고리까지는 아니
더라도 오랑우탄의 멸종한 종들"을 발굴할 수 있을 것이라고 브룩 경을
부추겼다.[8] 결국 자금지원은 나오지 않았지만, 그 영국 영사는 거대한 동
굴들을 찾아내는 일에 합의했다.

　　그 동굴에서 어떤 화석이 나왔다 하더라도 사태는 혼란스러웠을 것
같다. 네안데르탈인에 대한 해석은 아직 갈팡질팡했다. 어떤 학자는 "지
능이 낮은 백치"라고 말했고, 또 어떤 학자는 짐승 같은 "생각과 욕망"을

갖고 있는 원시인이라고 말했다. 즉, 호모 사피엔스가 아닌 첫 인간, 호
모 네안데르탈렌시스라는 것이다. 그 화석 머리뼈가 노아의 홍수 이전 시
대의 도구 위에 놓인 채로 발견되었기 때문에, 기독교계 출판계는 성서
에 바탕을 둔 시간 해석을 새롭게 고치지 않을 수 없었다. 퀘이커교계의
『프렌드』는 비록 그것이 "아담 이전"의 인간이라 해도, "달에 살고 있을
지도 모르는 사람들과의 관계를 따질 수 없는 것처럼, 아담의 자손과 가
까운 관계인지" 아닌지는 알 수 없다고 논했다. 저교회파의 『모닝 애드버
타이저』는 "그 '인간'은 창세기에서 말하는 '살아 있는 영靈'이 없는 인간"
이 아니겠느냐고 지적했다. 그것은 야만인으로서, "먼 옛날의 박쥐나 도
마뱀만큼이나 하잘 것 없는 동물에 불과한 듯하다"는 것이다. 이러한 억
측과, 도덕적 가치관을 뒤엎으려는 헉슬리의 시도를 지켜본 와이즈먼 추
기경은 "머리뼈 한 점" 또는 "오래된 물고기 뼈 한 점"으로 "성서의 교리
를 재단하는 것"은 터무니없다는 내용을 담은 교서를 발표하기에 이르렀
다. 추기경은 남성의 "완성된 지능"과 여성의 "성숙한 품위"가 비비에게
서 유래했다고 가르치는 교수들을 비난했다. 그리고 도덕적 · 영적 진리
에 관한 우리의 신념을, 과학적 진리의 열쇠를 쥐고 있다고 주장하는 자
들의 판단에 맡기겠느냐고 물었다.[9]

　　이러한 사태가 진행되는 동안에도 『소론과 평론』 논쟁은 계속되었
다. 『소론과 평론』이 내세우는 자유주의적인 국교회주의는 어느새 국가
적인 스캔들이 되었다. 고위 성직자들은 그 저자들이 주장하고 있는 기적
을 부인하는 역동적인 기독교에 분노했다. 그것을 묵인하면 39개 신조는
무의미해지고, 국교회 자체가 위험에 처하게 된다. 『소론과 평론』의 저자
들 가운데 성직에 있는 두 사람은 성서와 영원한 처벌에 관한 느슨한 견
해를 취했다가 이단죄를 선고받고, 추밀원의 사법위원회에 항소했다. 이
에 대해 사법위원회는 "소송을 기각하고, 원고 교회측이 소송비용을 부

담하라"는 "터무니없는" 판정을 내렸다. 윌버포스는 분노했고, 사법위원회에 대해 반대표를 던진 캔터베리 대주교와 뉴욕의 대주교에게 감사를 표명하는 편지에 서명한 13만 7,000명의 평신도들도 물론 마찬가지였다. 법적 통로가 막히자, 교회 관계자들은 단결하여 항의에 나섰다. 복음교회파와 고교회파의 고위 성직자들은 그들의 오랜 반목을 접어두고 손을 맞잡았다. 성서의 영감과 영원한 고통을 변호하는 선언문이 옥스퍼드에서 작성되었고, 2만 4,800명의 성직자들에게 회람되었다. 윌버포스는 1만 1,000명의 서명을 받아들고 캔터베리 주교회의에 참석해, 그 6월에 『소론과 평론』에 대한 "주교회의의 유죄선고"를 얻어냈다.[10] 이러한 반발은 진화론에는 좋지 않은 조짐이었다.

하지만 다윈은 이런 일들을 잘 몰랐다. 세상 사람들이 도저히 알 수 없는 일을 붙들고 격투를 벌이는 동안, 그는 덩굴식물들을 붙들고 이들이 어떻게 진화했는지를 알아내려 하고 있었다. 집안의 모든 탁자와 창턱에는 덩굴이 엉켜 있었다. 덩굴과 덩굴손의 회전운동에 걸리는 시간을 재고 빛의 효과를 확인하기 위해, 선반이란 선반에는 모조리 화분을 올려놓은 탓이었다. 더운 여름날들에는 홉이 심어진 들판에 나가, 기둥을 뱀처럼 감아 올라가는 홉을 관찰했다. 실내에도 홉을 들여놓고, 아파서 침대에 머무는 날에는 가지 끝에 추를 매달아서 감아 올라가는 속도를 늦출 수 있는지를 조사했다. 집 주변에 엉겨붙은 포도나무들은 덩굴의 회전운동에 걸리는 시간을 재기 위에 페인트칠을 해놓은 탓에 초현실적인 모습을 띠었다.

으아리도 갈고리 모양의 돌기를 이용해 자신을 단단히 고정시켰다. 포괄적인 연구가 아니면 의미가 없는 다윈은 이처럼 잎으로 감는 덩굴식물들도 조사하기 시작했다. 그는 이들이, 줄기로 감는 덩굴식물과 덩굴손으로 감는 덩굴식물을 잇는 진화적 고리라고 추측했다. 으아리는 다윈의 추측을 확증해주었다. 갈고리 모양의 돌기는 잎자루가 변형된 것이며, 덩굴손은 잎자루 또는 꽃자루가 길게 늘어나 올가미 밧줄 같은 형태로 변한 것이었다. 이러한 변형은 식물들이 잡아 걸고 감아 올라갈 수 있게 함으로써 그들의 생존투쟁에 도움을 주었다. 난초의 번식 장치처럼, 이들도 종의 생존을 확보하기 위한 장치였다. 막간의 여흥은 언제나 그랬듯이 방대한 프로젝트로 불어났다. 그레이가 보내준 야생오이 씨앗 탓에 다윈은 여름 넉 달 동안 탈선을 했고, 9월 13일에 완성한 논문은 분량이 심하게 불어나서 린네학회는 그것을 118쪽짜리 연구서로 출간했다. 제목은 '덩굴식물의 운동과 습성'이었다.

논문을 완성한 다음 날, 다윈은 아무 일도 없었던 것처럼 집에서 기르는 오리와 거위들로 돌아갔다. 몸은 아직 완전히 회복되지 않아서 아주 사소한 동요에도 무너질 수 있는 상태였다. 10월에는 라이엘과 10분 동안 이야기를 나누었을 뿐인데도 "하루 종일 끔찍한 구토 발작"에 시달려, "산 무덤 속에 갇힌" 기분이 들었다. 이것은 라이엘이 종변형론을 지지해주지 않는 데에 대해 다윈이 여전히 큰 반감을 품고 있었음을 보여주는 증거였다. 이 무덤 속에서 다윈은 계속해서 동식물 애호가들을 꾀는 편지를 보내고, 아낌없는 선물을 뿌렸다. 다윈은 궁핍한 육종가들을 지원하고, 원예가가 인도로 갈 수 있도록 차비를 대주고, 자신의 추종자들에게 자필서명을 보내주었다.[11] 다윈에게는 이러한 단조로운 일상이 절실했다. 그는 편지를 통해 세상과 소통하는 쪽이 훨씬 편했다.

다윈은 편지들을 통해 대리만족을 했다. 특히 아들들의 편지를 즐겼다. 케임브리지 대학의 신입생인 조지는 아버지에게 대학생활을 꾸준히 전해왔고, 클래펌 학교에 다니는 프랭크는 수학의 괴로움을 다시 떠올리게 했다. 프랭크는 교장인 리글리 목사가 내주는 지겨운 "대수 계산들"에 대해 한탄했다. 성장이 뒤처지고 몸이 약한 레니와 호레이스는 여전히 집에 머물면서 마을 성직자들에게 개인교습을 받고 있었다. 집안 사람들 모두가 이 아이들을 노심초사하며 응석받이로 키웠다. 다운의 교구목사였던 이네스 목사가 적당한 학교에 입학시키라는 분별 있는 조언을 해주었지만, 찰스 역시 이 아이들의 미래가 걱정되어 견딜 수가 없었다.

이네스는 현재 브로디 이네스라는 새로운 이름으로 다윈과 편지를 주고받고 있었다. 이네스는 스코틀랜드 고지에 있는 땅을 상속받으면서 이름을 바꾸고, 아내와 병약한 아들을 데리고 그곳에서 은퇴생활을 하고 있었다. 교구는 믿음직스럽지 못한 목사보 토머스 스티븐슨에게 맡겨졌다. 성직록聖職祿 없이 유능한 성직자를 데려오는 것은 불가능했다. 브로디 이네스는 여전히 성직수여권자로서, 다윈에게 대리인과 정보제공자의 역할을 부탁했다. 수년 동안 그들은 석탄·의류공제조합과 상조회를 짊어졌기 때문에, 이네스 목사는 떠날 때 다윈을 마을학교의 회계관리자로 지명했다. 다윈은 할 일이 산더미 같았지만, 헨슬로 목사의 제자답게 그 일을 기꺼이 받아들였다. 가난한 이웃들의 세속적인 필요를 돌보는 일은 그들의 영적인 필요를 채워주는 일만큼이나 중요한 임무였고, 스티븐슨 목사보가 종교적인 문제에 대해 보고를 할 때 다윈은 이네스 목사에게 교구의 정치 문제를 부지런히 알렸다. 그들은 죽이 잘 맞았다. 자유당원과 토리당원으로 정치적 입장은 달랐겠지만, 다윈과 브로디 이네스는 둘 다 지주라는 점에서 이해관계가 일치했다. 이네스는 엘긴의 황야에서 사냥 이야기로 다윈을 기쁘게 하는 한편, 스코틀랜드 소작인들의 도덕성을 개탄했다. "그들은 누가 봐도 정직과는 담쌓은 사람들이면서, 잉글랜드의 비국교도들만큼이나 종교에 대해 할 이야기가 많습니다. 이것만 봐도 알 만하지 않습니까?"[12]

헉슬리 일당이 다윈을 방어하면서부터, 다윈은 예전보다 마음 편히 지내게 되었다. 1864년에 이 방어는 극적으로 공고해졌지만, 그 무렵에는 모든 측면에서 공격의 수위가 눈에 띄게 높아져 있었다. 국교회 주교회의에서는 복음주의파 과학자들이 자신들의 신앙은 신의 말씀이나 신의 창조물과 조화를 이루고 있다는 것을 재확인하는 선언서를 발표하고, 그것을 영국 국교회의 "40번째 신조"로 만들려고 시도했다. 게다가 그들은 그것을 영국과학진흥협회로 들고 갔다. 헉슬리의 "위험한 무리"가 "요즘" 그 협회에서 "기독교의 정식 성직자의 지위에 있는 사도들까지 경험한 회의론을 떠받치기" 위해 이설을 퍼뜨리고 있기 때문이라는 것이었다.[13] 하지만 그들이 협회의 대의원들에게 복음을 설파하며 협회가 수십 년 동안 유지해온 형식상의 종교적 중립성을 파괴함에 따라, 분열과 균열이 표면으로 드러났다.

　　반대편의 다윈주의자와 급진적인 국교반대자들은 격렬히 저항했다. "새로운 개혁"을 짓밟으려 하는 편협한 토리주의자들에게 분노한 그들은 진화론에 입각한 자연주의를 지키기 위해 단결했다. 11월 3일에 앨버말 가街에 있는 세인트조지 호텔에서, 헉슬리, 후커, 틴들, 버스크, 스펜서, 러벅, 그리고 그 밖의 두 사람이 모인 가운데 프리메이슨 같은 다윈주의 비밀결사가 결성되었다. 그것은 어떠한 종류의 신학에도 "구속되지 않고" 과학에 헌신하는 만찬모임이었다. 스포티스우드도 가입하여 회원은 모두 아홉 명이 되었다. 이 결사는 나중에 "X클럽"으로 불리게 되지만, 열 번째 회원을 모집하지는 않았다. 이 모임의 목표는 자연을 반동적인 신학으로부터 해방시키고, 과학을 귀족의 후원으로부터 해방시키며, 지적 엘리트 집단이 잉글랜드의 문화를 이끌어가도록 하는 것이었다. 그들은 왕립학회 내부에서 작전모의를 하면서 자신들의 동지들이 회원이 될 수 있도록 회원 선출방법을 바꾸었고, 머지않아 회장 인사도 좌지우지하게 되었다.[14]

X클럽이 처음으로 취한 행동은 "왕립학회의 유서 깊은 올리브 관"인 코플리 메달을 다윈이 받도록 한 것이었다. 버스크와 팔코너가 다윈을 후보로 추천했다. 케임브리지 세력이 세지윅을 반대편에 내세워 맹렬한 운동을 펼쳤음에도, 표결은 10대 8로 다윈의 승리로 돌아갔다. 이 결과에 일부 나이 든 회원들은 충격을 받았다. 이들은 "『종의 기원』 같은 비정통적인 과학에 메달을 수여하는 것을" 끔찍이 싫어했다고 라이엘이 알려주었다. 그 한 가지 징후가 회장 강연이었다. 회장은 11월 30일의 강연에서 수상 결정을 뒤흔드는 일종의 거부의사를 슬쩍 집어넣었다. 평의회가 "수상 이유"에서 『종의 기원』을 "일부러 뺐다"고 발표한 것이다. 이 일은 분노를 불러일으켰다. 러벅, 후커, 헉슬리, 버스크는 항의를 했다(그리고 다윈도 이 소식을 듣고 발끈했다). 헉슬리는 평의회가 그러한 사실에 동의한 적이 없음을 입증하기 위해 의사록을 요구했고, 회장의 불쾌한 발언을 기록에서 삭제하려 했다. 회장의 모욕은, 라이엘의 강연으로 다소 누그러졌다. 라이엘은 자신이 "새롭게 어느 쪽으로 향하고 있는지"는 모르겠지만, 그럼에도 종이 고정되어 있다고 생각했던 자신의 "오랜 신념은 포기하지 않을 수 없는 상황"이라고 선언했다. 코플리 메달은 다윈에게 활력을 주었고, X클럽의 힘을 더 키워주었으며, 국교회 복음주의자들을 격분하게 했다. 물론 헉슬리는 "그 상이 선생님의 우군에게 준 만족감"을 다윈에게 전했다.

다윈은 메달수여식에 참석하지 않았다. 단상과 의식을 떠올리기만 해도 속이 울렁거렸기 때문이다. 버스크가 대신 메달을 받아 이래즈머스의 집에 갖다놓았다. 다윈은 "나처럼 힘 빠진 늙은 개가 아직 완전히 잊히지는 않았다"는 사실에 짐짓 놀라는 척했지만, "그런 것을 받는다고 달라질 건 별로 없다"고 말했다. "내게 진정으로 값진 메달은 동그란 금덩어리가 아니라" 헉슬리와 후커의 축하다. 하지만 동생의 영예에 관한 이래즈머스의 결정적인 한마디는 다윈의 점잔빼는 반응보다 한 수 위였다. 이래즈머스는 메달이 집에 도착했다고 알렸지만, "보기에도 안 좋고, 너무 가벼워서 촛대로 쓸 수도 없다"고 말했다.[15]

『자연사 리뷰』는 헉슬리가 기대했던 것만큼 "대중에게 호소력을 발휘하지" 못했다. 따라서 X클럽의 회원들은 에너지와 돈—각자 100파운드씩—을 추렴하여 새로운 주간평론지 『리더*The Reader*』를 창간했다. 다윈은 축복해주었지만, 스펜서는 그 이상을 원했다. 스펜서는 『리더』에 활력을 불어넣어줄 다윈의 특별한 편지를 싣고 싶어했다. 그 보답으로 『리더』는 코플리 메달 수상자를 발표하는 회장 강연을 (불쾌한 부분을 빼고) 게재함으로써 다윈에 대한 지지를 표명했다. 『리더』는 아마도 빅토리아 시대의 영국에서 자유주의적인 과학자, 신학자, 인문학자의 결속을 도모한 마지막 시도였을 것이다. 헉슬리와 함께 골턴이 편집을 맡았으며, 헉슬리는 1864년의 마지막 호에 '과학과 교회의 정책'이라는 제목의 통렬한 논설을 실었다. 여기서 헉슬리는 깊은 신앙심은 신학이 전혀 없어도 성립할 수 있다는 유명한 주장을 했다. 그리고 종교는 중요하다고 말하며, "바퀴벌레 없애자고 배를 다 태울 수는 없는 노릇"이라고 세속주의자들에게 충고했다. 하지만 그렇다 해도 교회의 병폐는 뿌리 뽑아야 했다. 독설에 가까운 도발적인 발언에서 헉슬리는, 과학은 "오랜 숙적과 평화 조약을 맺을 의도"가 전혀 없으며, 신학에 대한 "완전한 승리와 무제한의 우위가 아니면 결코 만족할 생각이 없다"고 못 박았다.[16]

빈정거리는 토리당의 적수들은 문제를 양극화함으로써 헉슬리보다 한술 더 떴다. 국교회를 변호하는 유대인 정치가이며 자신의 소설 『탕크레드*Tancred*』에서 『흔적』을 풍자했던 기지 넘치는 작가인 벤저민 디즈레일리는 이색적인 검은색 벨벳 사냥코트와 챙이 넓은 중절모자를 쓰고 옥스퍼드 교구협회에 나타나 윌버포스에게 이렇게 말했다. "문제는 이

겁니다. 사람은 유인원인가, 천사인가. 주교님, 나는 천사설을 지지합니다." 생각이 짧은 토리당원들은 이런 식으로 저항을 했다. 다윈은 토리당의 문인들을 원래 좋아하지 않았고, 유대인의 농담은 더 싫었다. 그는 『탕크레드』를 되돌아보며 조소를 떠올렸다. 갑자기 출세한 『탕크레드』의 저자—"구약성서와 신약성서 사이의 공백 페이지"라는 작자—가 마침 유대인 천사의 모습으로 『펀치』의 풍자화에 등장했을 때, 다윈은 몹시 즐거워했다.[17]

3주 뒤 반대파는 더 진지한 방향으로 나아갔다. 교황 피우스 9세가 「오류에 대한 교서요목」을 첨부한 회칙을 발표한 것이다. 「교서요목」은 최근 잉글랜드인들이 소중히 여기는 모든 것—"진보…… 자유주의…… 현대문명"—에 대한 가톨릭교회의 적의를 표명한 것이었다. 이것은 교황 무류성[로마 가톨릭 신학에서 교황은 최고의 교사로서 그리고 특정 조건하에서 신앙이나 윤리에 관한 문제를 가르칠 때 잘못을 범할 수 없다는 교리] 선언을 향한 첫 단계였다. 헉슬리는 여기에 대항하는 "회칙"을 『리더』에 발표했고, 이 "난도질하는" 반론은 잡지를 지지하는 광교회파를 뿌리 뽑아버리고 말았다.[18] 이런 강경한 논조에 편집진의 무능까지 겹쳐 이 출판사업은 끝이 났고, 다윈주의의 선교사들은 각자 자기 당파의 정기간행물을 찾아 독자의 길을 걷기 시작했다.

다윈으로서는 교황에 응답한 X클럽 회원들만으로도 우군은 충분했다. 이제는 융화주의자인 오래된 동료들을 버릴 여유가 있었다. 다윈은 이미 설계 문제를 둘러싸고 그레이와 막다른 길까지 왔으며, 『종의 기원』의 새로운 판에서는 그레이의 소책자를 선전해주는 일을 그만두었다. 라이엘도 계속해서 다윈을 실망시켰다. 선택은 실질적인 "창조의 법칙"이 아니라는 아가일 공작의 의견에 라이엘이 동의했다는 사실을 들었을 때는 화가 나서 참을 수가 없었다. 공작이 고상한 연설에서, 생명은 위에서 내려오는 것이며, 벌새의 은은한 훈색은 자연의 효용을 말하는 다윈의 허술한 견해를 부정하는 사례라고 주장했다는 이야기를 들었을 때는 더더욱 비위가 상했다. 빛나는 아름다움은 그러한 조잡한 법칙으로는 설명할 수 없다는 것이었다. 오언도 동의했다. 오언은 다윈의 비관적인 맬서스주의를 뚫고, 자연이 지향하는 순수한 빛을 볼 수 있었다. "싹을 틔워 자라는 옥수수 씨앗 한 개처럼, 잉태되어 발생을 시작하는 한 개의 수정란처럼, 진정한 영혼은 드문 예외"일지도 모른다고, 오언은 아가일 공작에게 말했다. "왜냐하면 진리에 이르는 문은 좁기 때문이다." 그러나, 이런 식의 우회로를 통해 도덕률이 인도되는 것이 "창조주의 뜻"이라면 그러할지어다. 모두가 같은 의견이었다. 선택은 인도를 받고 있으며, 자연은 우연에 기대는 눈먼 불구가 아니다.

다윈은 실망했다. 미를 위한 미를 이야기하는 공작의 발언은 정치가가 다 그렇듯이 공작이 자기 말만 할 뿐 들을 줄은 모르는 사람임을 보여주었다. "제 난초 책을 너무나도 잘 알고 있는 그 공작은 그 책에 단단히 데었나 봅니다"라고 다윈은 라이엘에게 불평했다. 부리와 날개의 사소한 변이들이 아무런 실용적 차이도 만들어내지 않는다는 지적은 터무니없는 것이었다. 다윈은 극적인 종의 출현, 아가일이 "새로운 탄생"이라고 부르는 현상을 부정했다. "아주 좋은 이론일지는 모르지만, 제 이론은 아닙니다. 보통의 새보다 0.01인치만큼 더 긴 부리를 가진 새의 탄생을 '새로운 탄생'이라고 부르지 않는 한."[19] 다윈이 생각하는 변종은 아주 작은 단계들을 밟아 앞으로 또는 옆으로 나아가는 것이지만, 이것을 알아채는 눈을 가진 사람은 정치가가 아니라 비둘기 애호가였다.

이 모든 억지트집 뒤에는 인간에 대한 질문이 도사리고 있었다. 네안데르탈인, 유인원, 흑인 조상. 이것은 부담스러운 질문이었고, 많은 사람들에게 두려운 질문이었다. 오랫동안 굳건하게 지켜져왔던 것, 수백 년 동안 행동을 지배해왔던 법칙들이 위협받고 있었던 것이다. 헉슬리가 일반인들을 대상으로 행한 강의에서 종교의 명령을 자연 법칙으로 바꾸려 했던 것은 그러한 이유 때문이었다. 헉슬리는 과학에 대한 복종이 같은 결과, 즉 사회질서와 올바른 도덕을 이끌어낼 수 있다고 생각했다. 하지만 충격적인 대혼란, 다시 말해, 구세주임을 자처하는 유물론의 습격을 피할 방도는 없었다. 빈민가에서 궁전까지, 자연계에 있어서의 인간의 위치가 중대한 문제가 되었다. 1865년 1월에 베를린으로 3주간의 여행을 다녀온 뒤, 라이엘은 프로이센 왕녀와 나눈 "다윈주의에 관한 활발한 대화"에 대해 자세히 전했다. 왕녀가 "『종의 기원』, 헉슬리의 책, 『인류의 오랜 역사』 등등을 매우 잘 알고 있다"는 얘기였다. "높은 지위에 본능적인 공경"을 느꼈던 다윈은 라이엘의 편지를 열심히 읽었다.[20]

2월이 되었을 때 다윈은 몹시 쇠약해져서, 라이엘의 새로 나온 『지질학 원리』가 무거워 침대에 누운 채로는 읽을 수 없을 정도였다. 그는 그 책을 반으로 쪼개고 표지를 떼어버렸다. 그리고 뜯겨져 여기저기 흩어진 책장들 속에 누워, 류머트열(급성관절류머티즘)로 고통스럽게 세상을 떠난 팔코너의 일을 생각하며 우울한 기분에 빠졌다. 휴 팔코너는 몇 년 전 다운 회합에 참석한 특별한 소수 가운데 하나였다. 몇 주 전까지만 해도 그는 코플리 메달을 위해 애를 써주었다. 다윈은 갑자기 덮쳐온 생생한 악몽들로 인해 심한 충격을 받은 상태였다. 후커는 "더 좋은 세상에서 만난다"는 식의 말들을 두서없이 지껄이는 편지로 악몽을 가중시켰다. 다윈은 쓴웃음을 지으며 답장을 썼다. "개인의 사멸"은 온 지구가 얼어죽는다는 가설에 대한 다윈의 "최악의 공포"에 비하면 아무것도 아니다. 물리학자 윌리엄 톰슨 경은 태양이 점점 식어서 미래의 어느 날 지구가 얼어붙는다고 말했다! 신이 창조한 사회를 믿지 않는 사람은 어디서 위안을 구해야 하는가? 그리고 다윈은 이렇게 덧붙였다. "언젠가 태양이 식어서 우리 모두가 얼어죽는다면", 인류의 점진적 진화 따위는 전혀 중요하지 않다. "선량하고 계몽된 인간이 북적이는 모든 대륙이 이렇게 종말을 맞는다면, 수백만 년의 진보가 다 무슨 소용이란 말인가. …… 세상의 영화는 정녕 헛되도다!"[21]

4월에 다윈은 또다시 끔찍하게 아팠다. 그는 오리와 거위 실험을 중단했다. 과연 사육동물에 관한 책을 끝낼 수 있을지 의심스러웠다. 그는 할리가의 의사를 해고하고, 더 나은 사람을 수소문했다. 버스크가 "통풍 문제" 전문가를 추천해주었지만, 아무도 그의 "억제된 통풍"에 전혀 손을 쓰지 못하는 것 같았다. 어쨌든 다윈은 의학을 그다지 신뢰하지 않았으며, 후커도 도움이 되지 않았다. "억제된 통풍"이 대체 뭐기에 의사들이 이름 모를 온갖 병을 거기다 갖다 붙이는 겁니까? 후커는 물었다. "정말 **억제되어** 있다면, 의사들은 그것이 통풍인지 어떻게 압니까? 또 만일 겉으로 드러난다면, 왜 그것을 **억제되어** 있다고 부르는 겁니까?"[22] 에든버러 의과대학 출신이라는 것은 거의 위안이 되지 않았다.

그러나 웃을 일이 아니었다. 다윈의 상태는 구토가 거의 여덟 달 동안이나 지속될 만큼 나빠졌다. "저렇게 고통스러운 인생이 있을까." 에마의 이모는 동정을 했다. "오! 저 두 사람에게도 빛나는 해가 떠오르는 날이 있겠지." 하지만 그해 여름의 태양은 빛나지 않았다. 마치 또 다른 죽음이 임박해 있는 듯, 그림자가 드리워져 있었다. 다윈은 몇 주 동안 침대에 누워 있었고, 에마가 큰 소리로 읽을거리들을 읽어주었다. 런던도서관에서 빌려온 소설들이 주를 이루었는데, 행복한 결말이기만 하면 괜찮았다. 우편으로 도착한 것은 좀 더 난해한 책들이었다. 에마는 프리츠 뮐러의 강력한 변호서 『다윈을 위하여』와, 인종의 뿌리를 남아프리카 부시맨까지 더듬어간 프리드리히 롤레의 『인류』를 그 자리에서 대충 번역하면서 읽어주었다. 독일에서 다비니스무스Darwinismus라고 불리는 다윈의 사상들은 빠르게 앞서나가고 있었다. 아무래도 독일에는 비판적 성서 해석과 눈치 보지 않는 유물론 논의가 자유롭게 행해진 오랜 전통이 있었기 때문이다.

다윈은 러벅이 정치에 투신했다는 이야기를 듣고 다시 상심했다. 러벅은 켄트 서부 선거구에서 자유당 후보로 출마했다. "오, 이런. 오, 이런. 오, 이런!" 다윈은 이것이 어마어마한 정신적 낭비라며 한탄했다. 『타임스』의 "편협한 시각"에서 볼 때나 정치가 과학보다 흥미로운 것이었다. 에마는 러벅의 책 『선사시대』를 읽어주며 다윈의 기운을 북돋우려 했고, 다윈은 야만인들에 관한 이야기에 기운을 차렸다. 게다가 러벅이 토리당의 현직 의원에게 패했다는 소식을 듣고, 과학의 위대한 뇌를 하나 구했다면서 더욱 기운을 차렸다. 그런데 러벅이 패한 것은 과학 때문이었다. 『선사시대』는 선거운동이 한창일 때 출간되었는데, 그것은 켄트의 부동표를 잡는 데에 아무런 도움을 주지 못했다. 유권자들은 석기시대 야만인들에 대한 전문지식이 메이드스톤의 교통 문제를 해결하는 데에 적합하지 않다고 생각했기 때문이다.[23]

다윈은 자신의 병에서 벗어나느라 피츠로이가 현실도피를 하기까지 아무것도 몰랐다. 5월 초에 그 함장의 죽음을 알리는 소식이 날아들었다. 기상국에서 그의 일기예보가 조롱을 받자 스트레스를 극심하게 받은 피츠로이는 다시 우울한 기분에 빠져들었다. 다윈도 비글호에서 피츠로이가 노발대발하고 신경쇠약으로 무너지는 모습을 보았다. 이번 일에는 모든 이유가 겹쳤다. 부하였던 설리번이 피츠로이를 제치고 피츠로이가 탐내던 자리인 해사국의 최고해군장교로 승진했다. 또한 피츠로이는 『종의 기원』의 일로 고민했고, 우울증 발작을 겪었으며, 거기에 과로가 겹쳤다. 건강이 무너지고 귀가 들리지 않자 그는 또다시 감정의 폭풍우에 휘말렸다. 그러던 4월 30일 일요일, 그는 우울 발작을 일으켜 욕실에 들어가 자신의 목을 긋고 말았다.

이 소식을 듣고 다윈은 정신이 번쩍 들었다. "나는 내 인생에서 이토록 복잡한 인물을 결코 알지 못한다. 늘 사랑을 받을 만한 사람이었고, 나도 한때는 그를 진심으로 좋아했다. 하지만 성질이 나쁘고 걸핏하면 화를 내서, 나는 점점 그를 좋아하지 않게 되었고, 그와 엮이지 않기를 바라게 되었다. 그와 두 번 격렬하게 싸웠는데, 두 번 다 나로서는 영문을 모르고 당한 경우였다. 하지만 그의 성격에 고귀함과 기품이 있었던 것만은 확실하다."[24]

며칠 뒤에 다윈은 존 채프먼에게 연락을 취했다. 지금 채프먼은 『웨스트민스터 리뷰』와 다른 책의 발행인일 뿐 아니라 소화불량, 구토, 정신병의 전문가였다. 채프먼은 스펜서와 헉슬리의 친한 친구였고, 신경증에 시달리는 반체제인사들 사이에서 중요한 역할을 담당하고 있었다. 채프먼의 진단에 따르면, 반체제파의 신경증 환자들은 적대적인 사회에서 합리적인 주장을 밀어붙이다가 "녹초가 된" 사람들이었다. 채프먼은 신경이 극도로 예민한 환자들을 전문으로 진찰했다. 이 환자들은 "교양이 풍부하고 정신이 매우 발달된 사람들이라서, 흔히 미묘한 정신적 영향에 마음이 지배되고 복잡하게 뒤얽히고 뒤틀리는데, 이것이 육체적 질병과 관련이 있는지 관련이 있다면 어느 정도나 관련이 있는지는 판별하기 어렵다." 영웅적인 진화론자인 다윈은 가장 까다로운 사례였다. 채프먼은 우선 자신의 저서 『뱃멀미』를 다윈에게 미리 살펴보라고 보내주었다. 그는 등뼈를 얼얼하게 해서 마취효과를 내면 신경과민이 무뎌진다고 추정하여, 등쪽 허리 부분에 얼음주머니를 대는 처치를 권했다.

다윈은 채프먼을 다운에 초대하여 자신의 증상을 끔찍할 정도로 자세하게 열거했다.

나이 56~57세. 25년 동안 밤낮을 가리지 않고 극히 돌발적으로 헛배가 불러온다. 이따금씩 구토를 한다. 두 번은 여러 달 동안 계속되었다. 구토 전에는 오한, 히스테리성 울부짖음, 죽을 것 같은 느낌, 반실신상태가 오고, 색이 엷은 소변이 다량으로 나온다. 현재 구토가 계속되고 있고, 방귀가 나오기 전에는 항상 귀가 윙윙거리고 둥둥 떠다니는 느낌이 드며, 시야의 초점이 맞지 않아 검은 반점이 보인다. 피곤한 기색이 보일 때가 특히 위험한데, 이때 머리에 증상이 나타난다. 에마 없이 혼자 있으면 긴장된다…….

열거는 계속되었다. 채프먼 박사는 전임 의사들만큼 놀랐을 것이다. 이 환자는 신경이 과민한 정도가 아니라 날이 서 있었다. 채프먼 박사는 다윈에게 등뼈에 차는 얼음주머니를 주고 하루에 세 차례, 한 번에 90분 동안 차갑게 하도록 지시했다.[25] 다윈은 우선 조금은 기운이 나는 느낌이었고, 에마의 이모가 기도했던 대로 희망의 빛이 비추어지자 사육동물에 관한 책에서 가장 큰 논란을 불러일으키는 장을 썼다.

　　등에 얼음찜질을 하면서, 다윈은 유전에 관한 자신의 새로운 가설을 논하는 40쪽 분량의 글을 썼다. 그 일을 끝냈을 때는 가슴이 두근거렸다. 가설에 이름을 붙이는 것을 가지고도 집 안에서 온갖 수선을 피웠을 정도였다. 다윈은 모든 세포가 자신을 대표하는 부분을 하나씩 내놓는다는 개념을 전달하기 위해 이 가설에 "범생설pangenesis"이라는 이름을 붙였다. 이 입자—제뮬gemmule—이 온몸 구석구석에서 와서 생식기관에 모인다는 생각을 표현하기 위해 "범pan"이라는 말을 붙인 것이지만, "아내는 이 가설이 범신론만큼이나 사악하게 들린다고 말했다." 얼음주머니는 효과가 있는 듯했으며, 다윈은 "범생설"을 헉슬리에게 보내며 검토를 부탁했다. 헉슬리에게만 보여주었으며, 그것이 "성급하고 조악한" 가설이라고 비굴할 정도로 겸손하게 말했다. 이것은 다윈이 좋아하는 모든 모자를 걸기 위해 만든 투박한 모자걸이였다. 범생설은 식물의 싹, 잘린 다리를 재생시키는 영원蠑蚖, 사용하고 사용하지 않음에 따라 신체기관이 강해지거나 쪼그라드는 현상, 유성생식 등 모든 것을 설명할 수 있었다. 이 가설은 다윈이 런던 시절에 생각했던 몇 가지 근본 생각들을 통합한 만능의 자손이었다. 무엇보다도 그는 선택에 의해 변형된 몸 조직들이 어떻게 후대로 전달될 수 있는지를 설명하기 위해 범생설이 필요했다. 왜 파우터─뒤뜰의 육종가들이 머리와 몸통의 깃털을 조작한 비둘기들─가 새끼 파우터를 낳는가?

범생설의 요지는 "각각의 세포가 그 내용물 가운데 하나의 원자 또는 하나의 제물을 내놓고, 이들이 모여 알이나 싹을 형성한다"는 것이었다. 그러니까 몸의 모든 부분이 알을 만드는 데에 민주적으로 참여한다. 실제로 다윈은 전체 몸을 군체에 비유했다(옛날에 관찰했던 군체를 이루는 폴립처럼). 이 군체에 속하는 각각의 개체가 "생식 세포질"을 대표하는 입자를 내놓는 것이다.[26] 꽃가루와 알을 이루고 있는 미립자에 매료되었던 학생시절의 열정이 40년이 지나서도 여전히 맥동하고 있었다.

하루 네 시간 동안 얼음주머니를 달고 다닌 지 한 달 뒤, 다윈은 모든 면에서 지쳤다. 범생설이 그의 손을 떠난 가운데, 그는 기진맥진하여 누워 지내면서 헉슬리가 자신의 자식 판Pan을 좋아해주기를 바랐다. 헉슬리는 "눈과 집중력을 가다듬고" 다윈의 말을 신중하게 검토했다. 그는 범생설이 미덥지 않았지만, 『종의 기원』에 뒤통수를 맞았던 터라 다윈의 아직 태어나지 않은 신 판을 목 조르는 일에 신중을 기했다. "앞으로 반세기 후 누군가가 선생님의 논문을 뒤적이다가 범생설을 발견하고 이렇게 말할 것입니다. '현대이론에 대한 놀라운 예견이 여기에 있다. 헉슬리가 이것의 발표를 가로막은 것은 멍청한 짓이었다.'"[27] 하지만 그 말의 메시지는 분명했다. 퇴짜였다.

다윈은 또다시 심한 메스꺼움에 시달렸다. 헉슬리가 자신의 신을 교살한 것이 증세를 악화시켰다. 비관에 빠진 다윈은 아무것도 효과가 없다는 것을 깨닫고 7월에 채프먼과 얼음주머니를 끊었으며, 그해의 남은 날들은 침대에 누운 채로 보냈다.

다윈은 침대에 누워 세상 돌아가는 것과 옛 친구들의 사이가 틀어지는 것을 구경했다. 라이엘이 격렬한 언쟁에 휘말렸던 것이다. 라이엘은 『인류의 오랜 역사』에 덴마크 고고학에 관한 러벅의 논문 속 문단들을 통째로 가져다 실었다. 이런 종류의 "편집" 행위는 다윈의 눈에도 비열해 보였다. "라이엘은 러벅의 문장을 통째로 가져와놓고 전혀 개의치 않았다"는 사실을 다윈도 인정했다. 이것은 "몹시 불쾌한 일"이었다. 하지만 후커는 이런 원한의 진짜 배경이 따로 있다는 것을 알려주었다. "이 사태의 발단이 무엇인지 말해드리겠습니다. 선생님이 믿지 않을지도 모르지만, 문제는 이겁니다. 라이엘 부인이 버스크 부인을 방문하지 않고, 버스크 부부를 자신의 파티에 초대하지 않기 때문입니다. 러벅 부부와 헉슬리 부부는 여기에 반감을 품고 있습니다." 라이엘은 정기적으로 "버스크의 지식을 뽑아내었음에도"(그들은 같은 거리에 살았다), 낮은 계급 출신의 버스크의 아내는 냉대했다. 이것은 X클럽의 회원들 모두가(적어도 그들의 아내들은) 구사회의 요구조건을 만족시킨 것은 아니었다는 증거다.

하지만 시대가 변하고 있었고, 더불어 공식 과학의 지배세력도 변하고 있었다. X클럽의 회원들은 영국과학진흥협회로 계속 파고들어 그곳의 복잡한 정치 메커니즘을 조작했다. 그들은 힘 있는 자리로 올라가고 있었다. 후커는 아버지가 죽고 나서 큐 식물원 원장으로 임명되었고, 러벅도 곧 의원이 될 터였다.[28]

헉슬리의 권력은 대중을 끌어모으는 능력에서 비롯되었다. 1866년

1월에는 런던 사람들이 헉슬리의 "시민을 위한 일요강좌"의 첫 강좌를 듣기 위해 세인트마틴스 홀로 몰려들어 2,000명이 발길을 돌려야 했다. 예니 마르크스(카를 마르크스의 딸)는 억지로 밀고 들어갔다가 "사람들 속에 끼어 질식하는 줄" 알았다. 그녀는 제1인터내셔널〔런던에서 조직, 1864~76년〕의 기념일에 그 홀에서 춤을 춘 적이 있었지만, "신의 집에 양들이 풀을 먹으러 오는 날" 그곳에서 "매우 진보적인" 과학 강연을 듣는 것은 색다른 경험이었다. 헉슬리의 강연은 유물론의 구원을 찬양하는 찬송가였다. 그는 "촘촘하게 엮인 교회의 거미줄"로부터 사람들을 구제해 틴들의 결정론적 물리학, 버클의 진보적인 역사학, 다윈의 진화하는 생명이라는 밝은 신세계로 안내하는 자애로운 구세주였다. 이것은 더 이상 정체된 세계가 아니라, 헤라클레이토스의 만물이 유전하는 세계이며, 터너의 그림 〈비, 증기, 속도〉처럼 "증기기관의 굉장한 움직임 탓에 초점이 흐려질 정도로 빠르게 흐르는 세계"였다.[29]

헉슬리의 수사는 현란했으며, 국외자의 눈에는 호전적으로 들렸다. 오언은 세인트마틴 교회의 강당에서 헉슬리가 "젊은 남녀들에게" 설파하는 "극단적 견해들"에 노발대발했다. 헉슬리는 너희는 고릴라의 자식이라는 말로 노동자들을 현혹시키더니, 이번에는 "믿음이라는 공통의 기반을 공격함으로써" 그들을 선동하고 있었다. 라이엘은 다음 일요일에 열린 카펜터의 강연을 듣고 그만큼이나 깜짝 놀랐다. 카펜터는 칼뱅주의 교의를 "거칠게 공격했다." 안식일에 속인들에게 설교를 행한 일은 너무나 충격이어서, 주일준수협회는 세인트마틴스 홀을 폐쇄해버렸다. 헉슬리는 "자연의 가능성은 무한하다"는 입장에 무신론 딱지를 붙이는 것은 부조리하다고 불평하며 무신론 혐의를 물리치기 위해 진저리나게 싸웠다. 하지만 그는 뭔가 새로운 간판, 신이 존재한다는 증거는 존재하지 않는다는 의심을 정당하게 만들어주고, 신앙을 "부도덕"의 영역에 전념시키

는 입장을 가리키는 새로운 "주의"의 필요성을 매년 더 강하게 느끼게 되었다.[30]

멀리서 경탄하는 것이 다윈이 할 수 있는 일의 전부였다. 새로운 의사가 처방한 급격한 감식(소량의 "토스트와 고기") 탓에 그는 "반쯤 굶어죽을" 지경이었다. 독서를 아주 조금만 해도 머리가 "격렬하게 울리기" 시작했다. 그래서 "집안의 착한 여자들"이 "진보적"인 책들을 읽어주면서 다윈의 지적 허영심을 채워주는 일을 떠맡았다. 하지만 에마는 레키〔아일랜드의 역사가〕의 『합리론의 융성』과 문화와 종교를 진화론으로 설명한 타일러의 『인류의 초기 역사』를 큰 소리로 읽을 때 자신의 희생정신을 시험받는 기분이 들었다. 15분쯤 자신의 의지에 맡겨질 때 다윈이 생각해낸 즐거움은, 중급 수준의 『자연사 연보』의 지난 호들을 훑어보는 것이었다. 식이요법은 효과가 있는 듯했다. 체중이 7킬로그램 가까이 줄어, 의사에게 일어나 걸으라는 지시를 받았다. 사실 뛰어다닐 수 있을 정도로 회복이 된 그는 판사 모자를 쓰고 동네에 나가, 말들을 비참한 상태로 기르고 있는 이웃의 지주를 처벌하는 판결을 내렸다.[31]

하지만 이렇듯 굶주린 몇 달은 상흔을 남겼다. 새로 찍은 사진이 야위고 총기를 잃은 초췌한 모습으로 나왔던 것이다. 1년 전에는 튼튼하고 거룩해보여서, 후커는 그의 모습이 교회에 걸려 있는 프레스코화 속의 모세 같다고 말했다. 그 사진을 태워버리고 다시 찍으라는 것이 이래즈머스가 내놓은 도움이 안 되는 제안이었다. '카르테Carte'(사진 들어간 명함)는 당시 필수품이었으며, 다윈은 해마다 얼굴이 상해가는 것을 보여주는 비참한 기록을 갖게 되었다. 그는 카르테를 열심히 수집했으며, 자신의 파리한 얼굴사진이 박힌 카르테를 영국과 독일의 과학자들에게 보냈다. 사진이 다윈의 인물평에 보탬이 되었을 것 같지는 않지만, 독일에서는 그 사진이 무시무시한 다비니스무스에 그에 걸맞은 험상궂은 얼굴을 부여했다.[32] 그 사진은 빠르게 진화론의 얼굴이 되어갔으며, 그 사진이 들어간 명함이 상점의 진열창에 판매용으로 걸릴 정도로 유명해졌다.

그 사진 속에는 냉혹한 슬픔도 깃들어 있었을 것이다. 매리앤이 남긴 아이들을 돌보며 마운트에 살고 있는 수전 누이가 요즘 들어 자주 기절을 했다. 1866년 1월에 캐서린은 수전이 죽어가고 있음을 알고 모두에게 작별인사를 보냈고, 그 몇 주 뒤 수전은 편안하게 눈을 감았다. 로버트 박사가 오래전에 "대단한 영혼"이라고 불렀던 누이였지만, 누이의 인생은 충족되지 못한 야망과 고생으로 점철된 인생이었다. 죽음은 "신의 자비"였다. "고통을 질질 끌며 늘려가는 것은 참으로 끔찍한 일"이었으니까. "슈루즈버리는 정말 슬픈 곳이 되었구나! 한때는 너무나도 밝게 빛나던 곳인데." 에마의 이모는 탄식을 했다. 찰스와 이래즈머스도 수전의 부동산을 처리하고 유언을 고쳐쓰기 위해 마운트에서 만났을 때 그렇게 느꼈다.[33]

이번 의사가 처방한 걷기와 식이 치료 덕분에 찰스는 적어도 기운을 차렸고, 텁수룩한 수염을 보호막 삼아 다시 세상으로 나갔다. 그의 모세 같은 얼굴은 털투성이 가면 뒤로 사라져버렸다. 유행이 그랬기 때문에 괜찮았다. 심지어 헉슬리도 검은 수염을 길렀으니까(이것이 실수였음을 깨달았지만). 어쨌든 『종의 기원』의 저자는 이제 익명으로 다닐 수 있었다. 수정궁의 인파들 속을 걸어도, 낯선이가 그를 알아봄으로써 벌어지는 해프닝은 더 이상 없었다. 문제는 그의 친구들도 똑같이 그를 알아보지 못했다는 것이다. 다윈은 4월 27일에 왕립학회의 야회에 참석할 만큼 기력을 회복해, 산에서 내려온 모세 같은 모습으로 등장했다. 그를 본 후커는 깜짝 놀랐고, 그가 다윈이라는 걸 알게 된 다른 사람들 또한 놀라움을 감추지 못했다. 초췌한 얼굴에 수염을 기른 신사는 친구들한테나 모르는 사람들한테나 똑같이 자기소개를 해야 했다. 그 속에는 영국 황태자도 있었다. 그 젊은 황태자는 작은 목소리로 뭐라고 말했는데, 다윈은 그 말을 알아듣지 못했다. 당황한 다윈은 "가능한 한 깊숙이 인사를 하고" 급히 달아났다.[34]

그는 몸은 부서지고 있을지언정, 과학적 무지로 인한 공격은 참을 수가 없었다. 그레이, 라이엘, 오언, 아가일 등 모두가 자연선택도 육종가들의 선택처럼 생각과 방향을 필요로 한다는 것을 다윈이 왜 알아차리지 못하는지 의아해했다. 자연이 "더 좋아하고" "선호한다"고 쓴 다윈의 표현이 무엇보다 그것을 잘 나타내고 있지 않은가. 선택하는 손은 지적 존재이며, 그것은 신의 긴 팔이 개입하고 있음을 증명하는 것이다. 다윈은 자기가 장치한 폭탄에 자기가 맞은 꼴이었다.

스펜서가 손쉬운 탈출구를 제시했고, 월리스가 다윈에게 그것을 알려주었다. 이 사회주의자는 지금 스펜서의 끝없는 낙관주의에 흠뻑 빠져 있었다. 아들의 이름을 허버트 스펜서 월리스라고 지은 것만 봐도 충분히 알 만했다. "나는 당신의 아들이 아버지만 닮고 이름이 같은 사람은 닮지 않기를 바랍니다." 당황한 다윈은 이렇게 정중하게 답장을 썼다. 스펜서는 저서 『생물학 원리』에서 "자연선택"을 대신하여 "최적자생존"이라는 말을 지어냈다. 이 말을 사용하면 "선택한다"라든지 "선호한다"와 같은 의인법을 피할 수 있었다. 월리스는 자신이 가지고 있는 『종의 기원』을 넘겨가며 "선택"을 지우고 "생존"을 넣었더니 그 이점이 분명했다고 주장했다.

다윈은 스펜서의 대작을 힘겹게 읽어나가다가 "싫증나는 스타일"에 막혀 중간에 그만두면서, 스펜서는 "매우 영리하며", 그 내용을 결국 이해하지 못한 자신은 매우 둔한 것이 틀림없다고 생각했다. 스펜서가 관찰을 좀 더 하고 생각을 좀 덜 했더라면. 어안이 벙벙하게 만드는 스펜서의 저서 『종합 철학체계』를 읽은 후커는 "공허한 말잔치"라고 감상을 표현했다. 다윈도 전부 몇 권이 될지 알 수 없는 이 대작을 주문했지만, 그역시 후커의 말에 동의할 수밖에 없었다. 다윈은 월리스에게, "최적자생존"을 사용하면 자연의 선택과 애호가들의 선택 사이의 유비가 사라진다고 말했다.[35] 그렇다 해도 이 어구는 마구잡이식 비판을 멈추어주고 의인화 문제에서 벗어나게 해줄 수 있을 것이다. 그래서 다윈은 지금 집필하고 있는 『사육·재배하에서의 변이Variation under Domestication』에서는 신중하게 이 어구를 사용하기로 했다.

1866년에 처음으로, 다윈주의—아니면 적어도 유래—가 노팅엄에서 열린 영국과학진흥협회를 점령했다. 그 소식은 신문에 대서특필되었다. 국교회파의 『가디언』은 다윈의 이론이 "모든 분야에서 뜨고 있다"고 보도했다. "어느 쪽을 돌아봐도, 그러한 견해가 이 시대 과학자들의 마음을 깊이 감화시키고 있음을 인식하지 않을 수 없다." 협회 회장인 물리학자이자 변호사 W. R. 그로브는 자연은 본질적인 변화를 연속적으로 이루어가고 있다는 신중한 견해를 취했다. 그로브는 지체없이 긴 옷과 가발을 걸치고 판사석에 앉아, 과학의 배심원들을 향해, 사건의 요점은 진화론은 왕위의 이익을 해치지 않는다는 것이라고 정리해주었다. 현미경 슬라이드 위의 꿈틀거리는 작은 생물에서부터 거대한 우주에 이르기까지의 연속성이 요지였다. 따라서 우리는 "우리 종의 역사에서도 그 연속성을 볼" 각오를 해야 한다.

이른바 인간의 자연권이라고 하는 혁명적인 생각은…… 변화된 환경, 필요, 습성으로부터 서서히 일어나는 진보적인 변화들을 다루는 연구보다 훨씬 논거가 박약하다. 우리의 언어, 사회제도, 법률, 우리가 자랑하는 국가체제는 시간과 함께 성장했고, 연속적인 투쟁의 결과로서 서서히 이루어진 적응의 산물이다. 다행히 이 나라는, 개조보다는 개선이 낫다는 것을 실제 경험으로부터 배워왔다. 다시 말해, 우리는 자연 법칙에 따르고, 격변은 피하는 것이다.[1]

잉글랜드는, 자연은 자연의 방식으로 일한다는 사실을 발견했다. 윌버포스와 세지윅의 처지는 거꾸로 뒤집히고 말았다. 진화론은 이성의 여신을 우러러보는 데에 전혀 위협이 되지 않으며, 진보적 개혁을 통해 안전과 평화를 가져올 뿐이다.

다윈은 속은 기분이었다. 자연의 진보와 사회질서를 논한 회장 강연은 "두루뭉술한 일반론"이었기 때문이다. 하지만 그로브가 『종의 기원』의 언급을 피한 것은 사전조율에 따른 것이었다. 그는 미리 후커를 불러 "논적들 앞에서 다윈주의를 밀고나갈" 방책을 상의했다. 헉슬리가 수장을 맡고 있는 생물학 분과에서는 후커가 섬으로의 이주에 관한 강연을 하며 "자연선택설을 축복했으며", 월리스를 수장으로 하여 새롭게 신설된 인류학 분과에서는 다윈의 견해에 입각한 최고의 강연이 행해졌다.

후커는 자신의 강연을 야만인 비유로 매듭지었다. 그는 1860년의 옥스퍼드 회합에 참석했던 반진화론 진영의 학자들을 "매달 차오르는 달을 신의 새로운 창조"라고 생각하는 야만인 부족으로 풍자했다. 후커는 다음과 같이 말했다. 이 야만인들은 "가장 계몽된 나라의 선교사들"이 달의 실제 운동에 대해 설명하는 것을 열심히 들었다. "성직자들은 처음에는 새로운 교의를 맹렬하게 공격했다. 그들의 사원은 구태의연한 교의의 상징들로 치장되어 있었으며, 종교의식의 절차와 찬송의 문구도 그것에 따라 선택되었다." "하지만 의사들은…… 그 선교사들의 편을 들었다. 많은 이가 성직자들에 대한 앙심 때문에 그리했지만, 소수의 사람들은 정말 그렇다고 확신하기 때문인 것처럼 보였다." 그리고 600년 같은 6년이 흐른 지금, 장로들도 새로운 교의를 정식으로 믿게 되었으며, 자신들을 야생으로부터 끌어내준 "그들을 주재하는 우두머리"(그로브)에게 박수를 쳤다. 2,000명의 청중이 이 이야기를 열광적으로 들었고 "그 결론에 깜짝 놀랐다"고, 후커는 다윈에게 자랑스럽게 보고했다. 다윈은 이미 그 일을 자세히 알고 있었다. 그 자리에 있었던 패니 웨지우드가, 처음에는 모두가 놀라서 할 말을 잃은 것 같더니 나중에는 "폭소가 터져나왔던" 풍경을 생생하게 전해주었기 때문이다.[2]

하지만 기독교계 신문들은 결코 웃을 수 없었다. 『메서디스트 리코더*Methodist Recorder*』는 그로브의 강연에 "놀라고 슬퍼"했다. 배척을 당한 오언도 마찬가지 심정이었다. 조롱은 "저 회합의 유행"이며, 호언장담과 냉소는 다윈주의자들의 주된 "무기"라고 오언은 푸념했다. 그는 다윈주의자들은 설계 논증을 "경멸하여 추방하고", 고귀한 감정을 고의적으로 짓밟았다고 했다. 다운의 자연학자도 오언의 욕설을 비껴가지 못했다. "다윈은 그의 할아버지만큼이나 착한 사람이지만, 그만큼이나 대단한 얼간이다."[3]

아이러니하게도, 헉슬리와 틴들이 노동자들에게 행했던 성직자를 비난하는 강연이 유물론의 정점에 이르렀을 때, 급진파 청중 그 자체는 분열되기 시작했다. 각 당파는 완전히 다른 방향들로 멀어져갔다. 차티스트 운동이 무너진 뒤로, 많은 중년 활동가들은 심령술의 물결에 휩쓸렸다. 미국에서 일시적으로 유행한 탁자 돌리기나 강신술降神術이 1860년대에는 이미 확고하게 정착한 상태였다. 방을 어둡게 하고, 영혼이 신호를 보내면 손을 드는 것이다. 어떤 '과학'도, 심지어는 골상학도 이 정도로 인기를 끌지는 못했다. 누구나 참가하여 체험할 수 있다는 점이 크게 작용했을 것이다. 로버트 체임버스도 휩쓸려, 『흔적』을 개정할 때 심령주의적인 색채를 가미했다. 나이 든 급진주의자들은 심령술을, 나이 든 여성들이 흔히 생각하는 식으로가 아니라 민주주의의 해방구, 성질이 다른 새로운 위안의 종교로 여겼다. 그들은 인간의 영혼에는 전진하려는 경향이 있어서, 그것이 사회의 협력을 이끌어낸다고 믿었다.[4] 보이지 않는 힘이 자본주의를 허물고 천년왕국을 불러올 것이다. 중진 사회주의자인 로버트 오언도 심령술에 빠졌고, 1839년 웨일스 차티스트 운동의 주모자로서 사형집행을 유예받은 존 프로스트조차 심령주의에서 광명을 발견했다.

런던의 신사계급의 응접실에서도 교령회가 열리기 시작하여, 성직자 없이 새로운 예루살렘으로 가는 길을 열고 있는 냉철한 과학자들을 곤혹스럽게 만들었다. 이제 기계공강습소〔1820~60년의 기능공 교육기관으로, 취지는 서로 다른 직종의 기계공들이 길드의 배타성을 배제하고 서로 가르치고 배워 인간의 지식에 보탬이 되는 것이었다〕에서, 헉슬리가 변호하는 진화 가능성은 심령주의의 확실성과 겨루지 않으면 안 되는 상황이 되고 말았다. 1864년에 『리더』는 '과학과 심령술'이라는 가차 없는 어조의 기사를 실었는데, 이것을 읽은 다윈은 그 글을 누가 썼는지 궁금했다(후커는 그 기사가 교령회에 대한 틴들의 반론이라고 확신했다). 헉슬리는 자신의 동생 조지의 집에서 한 영매의 정체를 폭로하기도 했지만, 심령술이 자살률을 줄이는 데는 도움이 된다고 생각했다. "목숨을 끊어, 1기니를 받고 교령회에 불려 다니는 '영매'에 의해 쓸데없는 소리를 지껄이느니, 개똥밭에 굴러도 이승이 낫다."[5]

하지만 과학계에서 빛 못 보고 개똥밭을 구르는 인생으로는 첫손에 꼽힐 월리스는 독자적인 행보를 보이고 있었다. 골상학자이고 최면술사이며 오래전부터 사회주의자였던 월리스에게는, 천년왕국사상의 이상들이 빚어낸 자조정신이 있었다. 월리스는 잉글랜드에서 가장 유명한 영매였던 마셜의 교령회에 1865년에 처음으로 참가했다. 다윈의 외사촌 헨슬레이는 이 사실을 알았고, 몇 년 뒤 월리스가 고차원적인 영적 존재를 인정했을 때 모두가 이 사실을 알게 되었다. 그의 집에서는 테이블이 기울어지고, 그 반대쪽으로 신선한 꽃이 출현하여 테이블을 장식하는 일이 일어났다. (그는 보통 그 꽃들이 어디서 왔는지를 추적하기 위해 "국화 15송이, 얼룩덜룩한 아네모네 6송이, 튤립 4송이……" 같은 식으로 분석했다.) 그리고 그는 『심령 현상의 과학적 측면』이라는 제목의 소책자를 찍어서 주변 사람들에게 끈질기게 권하고 다니기 시작했다. 월리스가 주최하는 교령회에 초대받은 헉슬리는 "육체를 떠난 영들의 가십" 따위나 지루하게 듣고 앉아 있기 싫다면서 참석하지 않았다.[6] 헉슬리로서는 성직자들로부터 빼앗은 힘이 홀린 여자들의 손에 맡겨지는 것을 보고 싶지 않았다. 이러한 영적인 속임수는, 냉철한 과학자들이야말로 새로운 도덕의 권위자라는 진지한 메시지를 희석시켰다. 하지만 최악의 사태가 다가오고 있었다. 월리스가 보이지 않는 영혼을 설명하기 위해 진화론을 손보고 있었던 것이다.

10월에 다윈 부부는, 다윈을 과장되게 추앙했고 왕성한 집필활동을 했던 독일인 동물학자로서 결국 "독일의 다윈"이라는 이름을 얻게 되는 동물학자 에른스트 헤켈을 만났다. 이것은 정반대인 두 사람의 만남이었다. 32세인 헤켈은 프로이센 공무원의 아들이었다. 그는 복음주의 교육을 받고 괴테의 범신론 철학을 숭배한 탓에, 뷔르츠부르크 대학에 다닐 때 신비주의적인 자연숭배에 이끌렸다. 그는 줄지어 논문을 발표하고 있는 뛰어난 현장 자연학자였지만, 그와 다윈은 다른 세상에서 온 사람들이었다.

　헤켈은 수년 동안, 독일에서의 다윈주의—다비니스무스—의 발전을 장황하게 설명하는 아부의 말들과, 다윈주의로 전향한 사람들의 명단을 적어보냈다. 헉슬리는 예나 대학에 새로 부임한 이 동물학 초빙교수에 대해, "독일에서 가장 유능한 젊은 동물학자들 가운데 한 사람"임을 보증했다. 헤켈은 괴테의 대학이기도 한 자유주의적인 예나 대학을 "다윈주의의 아성"으로 바꾸고 있었다. 다윈이 들은 바에 따르면, 다비니스무스에 관한 헤켈의 강의를 150명이나 되는 학생이 수강하고 있었다. 헤켈의 학생들은 다운의 자연학자를 숭배하도록 배웠다. 그 가운데 안톤 도른이라는 학생은 따개비 유생에 흠뻑 빠져서, 다윈에게 편지 한 통을 받은 것을 마치 "과학의 작위"를 수여받은 것처럼 여겼다. 이 학생들은 1859년을 19세기의 가장 중요한 해로 기억했다. 『종의 기원』의 출판에 비하면, 롬바르디아를 둘러싼 전쟁이나 교황령의 종언終焉조차 아무것도 아니라고 생각했다. 다윈이 본 대학에서 학생을 가르치던 (그리고 곧 예나 대학에 부임하게 되는) 영국인 생리학자 빌헬름 프라이어에게, 독일인의 이런 반응은 "우리의 견해가 결국 지배적인 견해가 될 것이라는 희망의 중요한 근거"라고 말한 것도 놀라운 일은 아니었다.[7]

　『종의 기원』은 헤켈에게도 "심대한 영향"을 미쳤다. 헤켈은 다윈이 가기 두려워하는 곳으로 돌진했다. 선택과 투쟁을 사회로 확장하고, 그것이 "사람들을 더 높은 문화적 단계로 추동한다"고 주장함으로써 독일에서 논쟁을 촉발시킨 사람이 바로 헤켈이었다. 진보는 "전제군주의 무기로도, 이단으로 배척하겠다는 성직자의 위협으로도" 폐지할 수 없는 자연 법칙이었다. 헤켈에게 『종의 기원』은 모든 이의 "개인적·과학적·사회적 견해"에 영향을 미치는 정치문서였다. 그리고 그는 이 사실을 증명하고 있었다. 헤켈은 1864년에 그의 젊은 아내가 비극적으로 죽은 뒤(그는 슬픔을 자아내는 죽은 아내의 사진을 다윈에게도 보냈다) 슬픔을 이기기 위해, 생물학의 모든 지식을 다윈주의 해석에 따라 체계적으로 재배치하

는 영웅적인 일에 자신을 던졌다.[8] 『생물체의 일반 형태』는 놀랍게도 1
년 만에 쓰인 기념비적인 저서였고, 1866년 8월에 그 초교가 다윈의 손
에 들어왔다.

　　다운하우스에서 이루어진 그들의 만남은 헤켈에게는 종교적 체험과
도 같았다. 다윈의 손이 그의 손을 쥐는 순간, 헤켈의 심장은 "폭풍처럼"
두근거렸다. 다윈의 인상을 헤켈은 다음과 같이 적고 있다.

　　〔다윈은〕 키가 크고 거룩해보였다. …… 아틀라스 같은 넓은 어깨에는 사
　　상의 세계를 짊어지고 있었다. 우리가 괴테에게서 볼 수 있는 제우스 같
　　은 이마는 높고 넓은 창공 같았고, 지적인 쟁기질로 인해 깊은 골이 패어
　　있었다. 온화하고 친근한 두 눈 위에는, 우뚝 솟은 눈썹이 큰 차양처럼 드
　　리워져 있었고, 품위 있는 입은 은빛으로 반짝이는 희고 긴 수염으로 둘
　　러싸여 있었다.

위압당한 헤켈은 서투른 영어로 알아듣지 못할 말을 숨도 쉬지 않고 지
껄여댔다. 다윈도 무슨 말인가를 했지만, 헤켈도 자신이 하는 말을 알아
듣지 못하기는 마찬가지라는 사실을 알아차렸다. 두 사람은 한동안 서로
를 멀뚱히 쳐다보다가 웃음을 터뜨렸다. 말을 천천히 하자 효과가 있었
고, 점심을 먹는 동안 마침내 의사소통이 이루어졌다. 단, 헤켈이 다시 흥
분하기 전까지였다. 헤켈은 팔을 휘둘러가며, "여태 진화론의 명쾌한 진
리를 받아들이지 않고 있는, 가발을 쓴 완고한 교수들을" 맹비난하기 시
작했다. 아무도 헤켈이 뭐라고 하는지 알아들을 수가 없었고, 에마는 겨
우 참고 있는 것처럼 보였다. 다윈은 그저 헤켈의 넓은 어깨에 손을 올려
놓으며 고개를 끄덕이고 미소를 지었을 뿐이다. 헤켈에게 이것은 신의 은
총과도 같았다.

82. 1875년에 죽기 직전의 찰스 라이엘. 홀로 된 라이엘은 이 무렵 실명한 상태에서 내세 문제에 사로잡혀 지냈다. 다윈은 자신도 비슷한 처지라면 같은 불안으로 "밤마다 고통스러웠을" 것이라고 인정했다.

83. 인간과 유인원 사이의 '잃어버린 고리'를 빈정거리는 『펀치』의 풍자만화. 다윈이 1877년에 케임브리지 대학에서 명예 박사학위를 받을 때 케임브리지 대학생들이 높은 층계석에서 원숭이 모양의 인형을 매단 것에서 아이디어를 얻었다.

84. 다운하우스의 베란다에서 쉬는 다
원. 1880년 무렵의 사진으로, 모랫
길을 산책할 때의 옷차림을 한 모습.

85. 조지 로머니스. 다윈의 영향으로 기독
교 신앙을 버리고 정신의 진화에 관한
연구를 계속했다.

86. 다운 근처의 하이 엘름스 저택의 서재에서 연구 중인 존 러벅. 다윈의 이웃으로, 어린 시절에 다윈의 제자가 되었다. 자유당 하원의원이며 박식한 과학자로, 웨스트민스터 대수도원에 다윈이 묻힐 수 있도록 힘을 보탰다.

87. 다윈은 영국의 영웅들 사이에서 불멸의 존재가 되었다. 과학계, 국가, 교회의 지도급 인사들이 참석한 대수도원의 묘소 풍경.

88. 장례식 입장권.

FUNERAL OF MR. DARWIN.

WESTMINSTER ABBEY,

Wednesday, April 26th, 1882.

AT 12 O'OLOCK PRECISELY.

Admit the Bearer at Eleven o'clock to the **CHOIR** (Entrance by West Cloister Door, Dean's Yard)

G. G. BRADLEY, D.D.

Dean.

N.B.—No Person will be admitted except in mourning.

89. 세속의 '19세기의 태양' 다윈. 세상에서 주교, 성서, 종교계의 도깨비들을 제거함으로써 인간을 계몽시켰다

90. 1885년에 사우스켄싱턴가街의 자연사박물관에서 황태자에게 다윈의 조상을 헌정하는 헉슬리(오른쪽)

91. 성인처럼 묘사된 다윈. 1870년대 초기의 사진을 바탕으로 만들어진 것. 다윈의 가족은 고뇌하는 '악마의 사제'라는 이미지를 대체하는, 평온하고 만족한 표정을 띤 초상을 원했다.

다윈은 "이렇게 유쾌하고 따뜻하고 솔직한 사람은 처음 본다"는 인상을 받았다. 헤켈은 곧 다윈 집단 전체와 인연을 맺게 되었다. 하이 엘름스 저택의 러벅이 헤켈을 만나러 달려왔으며, 다윈은 후커에게도 헤켈을 소개했다. 그들은 서로를 칭찬하는 말을 아낌없이 주고받았다. 헤켈이 헉슬리를 "영국에서 가장 유명한 동물학자"라고 칭찬하자, 헉슬리는 헤켈이 독일 자연학자들의 지도자라고 찬사를 보냈다.[9)]

여전히 『동식물의 변이』에 매달리고 있었던 다윈은, 몇 주 동안 범생설에 관한 장을 정리했다. 범생설에 대해서는 불안감이 남아 있었다. 이 이론은 "맹랑한 꿈으로 분류"될지도 몰랐다. 아니면 더 나쁠 수도 있었다. 가설상의 제뮬들에 뜨악하여 머리를 긁적이고 있는 후커에게 다윈은 그것이 "터무니없고 형편없는 추론"이라고 말했다. 그것은 "허버트 스펜서에게나 적격인" 추론이라고.

스펜서의 추론이 도움이 되지 않았다는 뜻은 아니었다. 스펜서는 『종합 철학체계』에서 우주를 설명하기 위해 진화론을 일반화했다. 여기에는 다윈의 X클럽 친구들의 사회적 야망이 우주적 규모로 투영되어 있었다. 게다가 스펜서는 정치적으로 선량한 사람이었다. 11월에 스펜서는 자메이카 총독 에어를 둘러싼 논쟁에 다윈을 휘말려들게 했고, 곧이어 영국 지식인 사회를 긴장시켰다. 1년 전에 이 자메이카 총독의 군대가 지역 농민의 폭동을 잔혹하게 진압한 것이 사건의 발단이었다. 그 과정에서 400명이 넘는 흑인이 처형되었고, 600명이 채찍형에 처해졌으며, 1,000명의 용의자의 집이 파괴되었다. 노예제를 반대하는 급진주의자들과 자유주의 정치인들은 자메이카 위원회를 결성하여, 에어 총독을 재판정에 세우기 위한 운동을 개시했다. 월리스, 라이엘, 헉슬리, 스펜서가 동참했고, 다윈도 소추비용으로 10파운드를 기부했다. 에어 변호단과 원조위원회도 기금을 만들어 수많은 성직자, 귀족, 군인들을 모집했다. 틴들이 기부를 했고, 킹즐리 목사도 합류했고, 심지어 후커도 여기에 동조했다. 후커는 에어 총독 소추단이 내세우는 원리는 "이렇다 할 근거가 없다"고 다윈에게 말했다.[10]

『펠 맬 가제트*Pall Mall Gazette*』에 게재된 기사는 다윈주의자들을 흥분시켰다. 이 잡지는 "종의 발달"에 관한 헉슬리나 라이엘의 견해에 "영향을 받은 자들이 흑인negro에게 '인간과 형제'라는 호의적인 인식을 하사하고 있으며, 이것을 유인원에게로까지 확장하고 싶어한다"고 비열하게 조롱했다. 헉슬리는 모든 것을 헌법상의 문제로 귀결시키는 반론으로 맞받아쳤다. "영국의 법률에 따르면, 선한 사람이라고 해서 누군가가 나쁜 사람이라는 이유로 그 사람을 교살할 수는 없다." 만약 영국법이 그것을 허용한다면, 나는 "잠시도 지체하지 않고 텍사스나 다른 조용한 곳으로 이민을 가겠다." 다윈에게, 이 문제는 뿌리 깊은 것이었다. 다윈은 어떤 종류의 잔혹함도 참을 수 없는 사람이었으며, 흑인에 대한 에어 변호단의 태도는 피츠로이가 내세웠던 노예제 옹호론을 떠올리게 했다. 다윈은 저들의 오만에 화가 났다. 게다가 거기에 동의할 수 있는 자가 친구들 사이에도 있다는 데에 놀랐다. 에어를 옹호하는 압력단체의 일원이 집안에도 있다는 사실을 알았을 때, 다윈은 폭발하고 말았다.

26세인 윌리엄은 지금 사우샘프턴에서 한 은행의 공동경영자로 일하고 있었다. 윌리엄이 에어 변호단에 동조하고 있다는 의혹이 불거져나온 것은 8월이었다. 그때 사우샘프턴에서 열린 에어 총독을 기리는 연회에 참석한 사람들의 명단에 윌리엄이 "우연히" 올라 있었던 것이다. 그것을 본 다윈은 격노하여, 대법관에게 이 실수를 바로잡아 달라고 요청하는 편지를 썼다. 하지만 얼마 지나지 않아 진실이 밝혀졌다. 11월에 이래즈머스의 집에서 윌리엄이, 자메이카 위원회가 소추기금을 빼돌려 만찬을 즐기는 데에 쓰고 있다고 비난했던 것이다. 찰스는 아들에게 무시무시하게 화를 내면서, 그런 식으로 생각한다면 "당장 사우샘프턴으로 돌아가라"고 호통을 쳤다. 결국 윌리엄은 하룻밤을 더 머물렀는데, 찰스는 다음 날 아침 7시에 윌리엄의 방으로 가서 윌리엄의 침대에 앉았다. 밤새 한숨도 못 잔 아버지는, 너무 심하게 화를 내서 미안하다고 아들에게 사과를 했다.[11]

10월 초에 오랫동안 앓고 있었던 수전이 세상을 떠난 뒤로 찰스가 이래즈머스의 집을 방문한 것은 이번이 처음이었다. 형제는 올해 들어 누이 둘을 잃어, 감정적인 시기를 보내고 있었다. 그들은 수전의 유품을 나눠가졌고, 찰스는 인도제 체스의 말에 관한 우선권을 가졌다. 이래즈머스는 경매가 진행 중인 마운트에 갔다가 막 돌아온 상황이었다. 찰스는 경매에 참석했던 후커에게 그 이야기를 들었다. 후커는 웨지우드 도기 수집광으로, 아마 귀한 물건을 찾아 런던의 더러운 골동품 상점들을 뒤지고 다니기도 했을 것이다. 다윈도 우스갯소리로 인정했다시피 다윈 일가가 "고 조사이어 W의 퇴화한 자손들"임을 알고 있었던 후커는, 원형돋을새김장식 몇 점을 구할 수 있을 것이라는 희망을 품고 마운트를 찾았다. 하지만 그는 빈손으로 돌아왔다.[12] 마운트 저택은 휑뎅그렁했다. 게다가 이제 슈루즈버리와의 마지막 끈이 끊어졌다. 후커는 마운트가 해체되는 순간에 그곳을 방문했던 것이다.

한편 다운에서는, 500쪽씩 모두 두 권으로 된 헤켈의 저서 『생물체의 일반 형태』가 다운하우스의 우편함에 꽂혔다. 이 책들은 마치 기를 죽이기 위해 만든 책 같았고, 다윈은 충분히 기가 죽었다. 그는 수많은 계통수들 사이에서 길을 잃고, 신조어들의 무게에 깔려 허우적대면서, 우거진 숲을 헤쳐나갔다. "수많은 새로운 용어들은 나처럼 그리스어에 약한 사람에게는 정말 끔찍한 것입니다." 예를 들면, 태아의 성장 과정을 뜻하는

‘개체발생ontogeny’, 품종의 진화사를 뜻하는 ‘계통발생phylogeny’, ‘생태학ecology’ 등이 있었다. 게다가 다윈의 독일어 실력 또한 그리스어보다 낫다고 하기 어려웠다. 사전에서 계속해서 단어를 찾아야 하는 괴로운 작업이 계속되었다. "문법은 전혀" 몰라서, 각 문장을 의미가 떠오를 때까지 읽고 또 읽었다. (구문은 화를 돋우었다. 다윈은 독일 사람들은 ‘이렇게 써야지’ 하고 마음먹으면 그냥 쓸 수 있는 게 분명하다고 생각했다.)

끈기 있게 독서를 계속해나가다 보니, 불쾌한 사실이 언뜻 보였다. 헤켈은 진화론을 정당한 테두리 밖으로 확대하고 싶은 야망을 품고 있는 듯했다. 헤켈은 선택설을 단지 "그 확대된 테두리 안에 인간 지식의 전체 영역을 포괄하는 보편적인 발달이론"의 한 조각에 지나지 않는 것으로 여겼다. 다윈이 입고 있는 순수한 영국적인 빛—페일리의 설계론, 맬서스의 비관론, 비둘기 육종에 관한 구전지식, 해양탐사 같은 후광들—이 헤켈의 책에서 왜곡된 렌즈를 통과하고 있었다. 이것은 비스마르크의 통일 독일에 맞추어 빚어낸 다비니스무스였다. 해부학과 발생학의 배경에는 성직자를 탄압하는 애국주의가 있었고, 모든 것이 통일된 진화론적 우주론 속으로 섞여 들어갔다. 이런 억지스럽고 도발적인 일을 할 필요는 없었다.[13]

그런 한편, 헤켈의 책은 정치적인 힘을 발휘했다. 헤켈의 자유주의적인 다비니스무스는 언론의 자유와 자유무역을 보증하는 국가체제에 대한 요구와 결부되어 있었다. 가장 조야한 예로, 헤켈의 다윈주의에서 유인원 조상설은 특권 귀족계급을 균일화할 수 있는 잠재력을 갖추고 있었다. 헤켈의 말에 따르면, 귀족과 개는 자궁에서는 모두 한 종류이기 때문이다. 또 다른 차원으로 보면, 생물의 진화와 국가의 진화를 지배하는 법칙들은 통일 독일에서 게르만족이 우위를 떨칠 것이라는 희망을 제공했다. 헤켈은 게르만 민족에 대해 거의 메시아적이라고까지 말할 수 있는 이상을 품고 있었다. 그것은 모든 영靈이 아버지 조국에 귀속되어 있다는 믿음이었다. 그리고 그는 부지런히 그 근거를 댔다. 예나 대학에 온 비스마르크를 환영하며, 헤켈은 이렇게 선언했다. "1866년 쾨니히그레츠 전투에서 울려퍼진 총성이 구舊독일연방의회의 종언과 독일제국의 빛나는 새 역사의 개막을 알릴 때, 이 예나 대학에서는 문phylum의 역사가 탄생했다."[14] 헤켈은, 문은 그 구성원들의 종족으로서의 통일성을 진화론으로 설명하는 고차 분류군이며, 새로운 프로이센을 만들어낸 것과 똑같은 투쟁과 선택을 통해 발달했다고 말했다.

논쟁을 불러일으키는 『생물체의 일반 형태』는 인상적인 책이었지만, 독서는 애를 먹였다. 다윈은 몇 주 동안이나 이 책을 붙들고 씨름했다. 다윈은 헉슬리에게 "그는 우리 두 사람을 칭찬하며 빈번하게 인용하고 있습니다"라고 알려주었다. "문장마다 끙끙거리고 욕하는 대신 술술 읽을 수 있었다면, 나는 이 책을 훨씬 좋아했을 겁니다." 크리스마스 무렵에도 "여기저기 한두 쪽 정도"를 정복했을 뿐이었다. 다윈의 유일한 희망은 번역이었다. 하지만 다윈주의 노선에 따라 "생물학을 체계화하려는" 헤켈의 시도를 헉슬리가 아무리 반긴다 해도, 다윈은 "엄청난 경비 없이는" 번역서를 내는 것이 불가능하다고 생각했다.

그렇지만 진짜 문제는 헤켈의 다비니스무스가 반성직자 포장에 싸여 있다는 점이었고, 번역서를 내려면 그 포장지를 벗겨내야만 했다. 헤켈에 따르면, 종의 불변성은 "권위에 대한 맹목적 믿음이 만들어낸……터무니없는 교의"였다. 여기서 권위는 물론 기독교의 권위였고, 기독교는 "실체가 없는 척추동물"을 창조주 신으로 떠받드는, 시대에 뒤떨어진 조야한 종교였다. 이 어조 그대로 번역을 했다가는 난리가 날 것이 틀림없었다. 헉슬리는 "권말의 논쟁적인 보주"에 나와 있는 말인, 이따금씩은 "온갖 종류의 사기와 협잡에 대항하여 공개적으로 출전의 춤을 추는 것이 좋다”는 구절에 크게 공감하며 대리만족을 느꼈다.[15] 하지만 헉슬리도 고상한 잉글랜드에는 충격이 너무 클 것이라는 사실을 잘 알고 있었다.

사실, 헤켈은 다윈의 또 다른 추종자인 사회주의자 카를 포크트에 비하면 점잖은 편이었다. 독일인인 포크트는 1848년 혁명 이후 제네바에서 망명생활을 하고 있었는데(그곳에서 『흔적』을 독일어로 번역했다), 지금은 『변이』를 번역하겠다고 나섰다. 하지만 다윈은 헉슬리가 추천한 빅토르 카루스를 번역자로 선택할 만큼 지각이 있었다. 카루스는 라이프치히 대학 교수로서 『자연에서의 인간의 위치』를 번역했다. 카루스도 다윈에게, 교회를 괴롭히는 혁명가인 포크트 같은 사람에게는 번역을 맡기지 말라고 경고했다. 실제로, 포크트의 언어 선택은 심히 걱정스러운 것이었다. 영국에서 선정적인 신문 외에 누가 감히 중세 암흑시대의 “원숭이” 머리뼈를 타락한 기독교 선교사의 것으로 보고 그것을 “사도의 머리뼈”라고 부를 것인가.

그렇다고 카루스가 헤켈의 저서에 완전히 만족했느냐 하면 그것도 아니었다. 어쨌든 헤켈은 우주에는 도덕적 질서가 존재하지 않는다는 증거로 “종교재판”을 가리키는 사람이었다. 그러한 헤켈의 나쁜 장난을 멈출 수 있는 사람은 다윈뿐이라고 카루스는 말했다. 헤켈은 다윈이 아닌 다른 누구의 말도 듣지 않을 것이다. 다윈은 헤켈을 자제시킬 작정으로, 신학이라는 종기를 창으로 찌르면 “분노를 불러일으킬 것이며, 분노는 맹목을 부른다”고 충고했다. “불필요하게 적을 만들지” 말라. “그게 아니라도 세상에는 고통과 고민이 충분히 많으니까.”[16] 하지만 헤켈은 타협하려 하지 않았고, 격렬한 공격만이 편견을 극복하고 급진적인 개혁을 맞아들일 수 있다고 답했다.

다윈은 크리스마스 직전에 『변이』의 원고를 마지막 장만 빼고 인쇄소에 넘겼다. 그는 마지막 장에 그레이를 위한 특별 선물을 끼워넣고 있었다. 그것은 신이 변이를 유도한다는 그레이의 개념을 철저히 때려눕히는 논증이었다. 수많은 논자들이 그레이의 인도引導설을 이용하고 있었기 때문에(어느 정도는 다윈이 『종의 기원』에서 그레이의 소책자를 선전한 덕분이었다), 그것을 더 이상 "방치하기는 어려웠다."

다윈은 수년에 걸쳐 완성시킨 유비를 내놓았다. 절벽 아래 굴러다니는 돌들을 떠올려보라. 이 돌들은 자연 속에서 쪼개진 것이다. 건축가가 이 암석을 사용해 집을 짓는다고 가정해보자. "그 건축가가 건축물을 세우기에 알맞도록 창조주가 암석이 쪼개지는 방식을 미리 지정해두었다고 주장하는 것이 과연 합리적인가?" 분명 아닐 것이다. 다윈은 다시 물었다. 그렇다면, 육종가가 품종을 만들어내기 위해 이용하는 작은 변이를 "창조주가 특별히 예정해두었다는 사실을, 한층 더 큰 확신을 갖고 주장할 수 있을까?" 그럴 수 없을 것이다. 마찬가지로, 자연 속의 변이들도 예정되어 있는 게 아니다. 변이는 "일반 법칙들"에 의해 생기고, 그 가운데 일부가 우연히 사용되는 것이다. 그리고 자연선택이—건축가로서—사용할 변이들을 골라, 식물과 "인간을 포함한" 동물들을 개량한다.[17]

"인간을 포함한"이라는 말은, 인류의 탄생을 알리기 위해 하늘이 열리는 일 따위는 없었다는 암시였다. 인류도 자연의 산물이며, 우연의 산물인 것이다. 다윈은 『변이』에 이 주제를 다루는 장을 첨가하고 싶었지만, 이 책은 지금도 "터무니없이 두꺼워서" 머리는 이미 원고를 400쪽씩 나누어 두 권으로 만들고 있었다. 머리가 이 책의 검토를 의뢰한 사람은 책이 소화하기 어렵다고 판단했고, 그래서 머리는 750부단 찍기로 했다. 1867년 3월에 조판공들이 『사육 · 재배되는 동식물의 변이*The Variation of Animals and Plants under Domestication*』라는 더 나은 제목을 생각해냈을 때 머리는 인쇄부수를 두 배로 늘렸지만, 그 무렵 다윈은 이미 인간에 관한 장을 따로 "짧은 소론"으로 구성하여, 유인원 조상설, 성선택, 인간의 표정을 집중적으로 다루기로 결정한 상태였다. 그는 인류의 기원에 관한 "내 견해를 숨긴다고 조롱을" 당하는 것에 지쳐서, 마침내 솔직히 말하기로 했다.[18]

번역 계약은 일사천리로 진행되었다. 카루스가 독일어판을 맡고, 블라디미르 코발레프스키가 러시아어판을 맡기로 했다. 논쟁적으로 재포장된 『종의 기원』의 외국어 번역본들로 인해 겪었던 마음고생을 생각하면, 코발레프스키의 번역은 그래도 신뢰할 만했다. 맨 먼저 독일에서 나온 『종의 기원』의 브론의 번역본은 비판적 주석과 부록이 붙어서 나왔다. 클레망스 루아예는 자신의 프랑스어 번역판에 성직자를 비판하는 긴 서문을 붙였을 뿐 아니라, 제목까지 바꾸어 상처에 소금을 뿌렸다. 코발레프스키는 겨우 스물다섯 살밖에 되지 않은 열정적인 사람으로, 헉슬리와 라이엘의 책을 훌륭히 번역해내고 있었기 때문에 걱정하지 않아도 될 것 같았다. 그렇지만 코발레프스키는 러시아의 그리스정교 전제정치에 대항한 자신의 허무주의적 혁명운동에 진화론을 이용하고 있었다. 다윈은 교정쇄가 나오자마자 상트페테르부르크로 보냈다. 코발레프스키는 번역을 해야 하는 일인데도 모든 일을 멈추고 매달려, 머리의 출간일보다도 앞서 끝마쳤다. 이리하여 러시아어판이 『변이』의 최초의 판이 되었다.[19]

다윈은 그해 봄에 성선택설에 매달려, "현저하게 **가축화된 동물**"인 인간에 나타나는 변이의 원인들을 설명했다. 왜 인종들 사이에 육체적인 모습과 감정적인 특성이 다르게 나타나며, 그런데도 왜 모두가 하나의 종에 속할까? 왜 남성과 여성은 털과 습성이 다른가? 다윈은 수염, 큰 입, 또는 커다란 엉덩이에서 진화적 이점—자연선택이 작용할 여지—을 전혀 찾을 수 없었다. 따라서 다윈은 그 원인을 짝짓기 게임에서 찾았다. 자연이 선택을 하는 게 아니라 개체(개인)가 선택을 하는 것이고, 인종 차이나 성 차이는 아내를 얻고 남편을 유혹하는 데에 성공할 수 있는 특성이 무엇인지를 보여준다. 미적 선호의 결과가 해부학적 특성으로 번역되어 나타나는 것이다.

다윈은 연체동물에서부터 원숭이에 이르기까지 온갖 증거를 구했지만, 주로 새들의 폼 나는 깃털과 구애의식을 집중적으로 살폈다. 그는 런던동물원에서 바우어새들의 색깔 선호를 조사하기 위해, 그 새들에게 소모사梳毛絲를 선택하도록 했다. 또한 육종가들에게는 싸움닭 수컷들의 깃털을 잘라낸다든지 얼룩덜룩하게 색칠하여 이러한 기형이 "성공적으로 아내를 얻는 데"에 지장을 주지 않는지 살펴보도록 했다. 그리고 비둘기 수컷들을 진홍색 염료로 염색하여, 이것이 다른 비둘기들, 특히 암컷들 사이에서 얼마나 많은 경탄 혹은 경멸을 불러일으키는지 조사했다. 다윈은 곤충의 몸 색깔도 성선택된 것이라고 유추하여 잠자리 한 마리를 "멋진 색깔로 칠하는" 실험을 시도했지만, 잘 되지는 않았다.[20]

아가일 공작의 저서 『법칙의 지배』는 성선택설에 관한 책의 필요성을 더 절실하게 만들었다. 헉슬리가 "소小공작"으로 깎아내린 아가일 공작(다윈은 "선생은 실제 살아 있는 공작을 두고 어떻게 그런 말을 할 수가 있습니까?" 하고 놀라워했다)은, 『종의 기원』을 섭리를 바탕으로 비판한 글들을 긁어모아 맛좋은 잡탕을 만들어놓았다. 다윈은 초조했다. "공작의 책은 매우 잘 쓰였으며, 아주 흥미롭습니다. 또한 솔직하고 교묘하며, 무척 거만합니다." 다윈은 킹즐리에게 이렇게 말했다. 다윈은 그 책을 깎아내리고, 그 책에 관해 라이엘에게 편지를 썼으며, 윌리엄에게 푸념을 했다.[21] 그럼에도 자신의 책이 나오면, 이 호사가의 황당무계한 이야기는 쑥 들어갈 것이며, 아가일의 교묘한 문장 하나하나마다 천 개의 반증이 제공될 것이라고 확신했다.

아가일의 지적 유산이 무엇인지는 뻔히 들여다보였다. 아가일은 오언의 강의를 듣고 제대로 배운 것 같았다. 아가일의 비판에 따르면, 자연 선택은 "새로운 형태들이 생긴 뒤 그것이 어떻게 성공을 거두고 확고히 자리를 잡고 널리 퍼져나가는지"는 설명할 수 있지만, 그 기원에 대해서는 어떠한 단서도 주지 않는다. 따라서 『종의 기원』은 잘못 붙여진 제목이며, 『종의 선택*The Selection of Species*』이라고 하는 게 옳았다. 그러면 무엇이 변이를 일으키는가? 아가일은 설계론에 관한 새로운 합의를 채택하고 있었다. 즉, 종의 출현은 예정되어 있고, 자연 법칙은 신의 의지의 소산이라는 것이다. 천벌의 규칙은 여전히 유효하다. 아가일은 『법칙의 지배』에서, 혼돈과 무질서가 자연을 덮치고 있지도 않고 뒷골목 하층민들이 그 성채를 괴멸시키고 있지도 않다고 선언했다.

공작은 글래드스턴이 제출한 새로운 개혁법안이 1866년에 하원을 통과하도록 힘쓰는 와중에 이 책을 엮었다. 그는 자연도 이와 비슷하게, 저 위에서 명하는 개선에 의한 개혁으로 돌아간다고 생각했다. 오언과 마찬가지로 공작은, 무작위적인 변이가 진보의 원천임을 절대로 받아들일 수 없었다. 그는 어떤 미지의 원인이 "변이들을 정해진 방향"으로 인도한다고 썼다. 라이엘도 이 견해에 동의했고, 그레이도 그랬다. 오언도 마찬가지였다. 사실 『법칙의 지배』에서 생물을 인도하는 힘과 관련하여 "명령에 따라 작용하고, 방향성에 따르고, 그 방향은 선견지명에 의해 정해져 있다"고 말하는 것은 오언이라 해도 과언이 아니었다.[22]

하지만 이 책의 진정한 가시는 아가일 공작이 벌새를 논한 대목이었다. 공작은 문제의 핵심을 찌르는 의문을 제기했고, 이것은 다윈을 움찔하게 만들었다. 은은한 빛을 내는 벌새에서 왜 청옥색이 아닌 황옥색의 도가머리가 선택되는가? 목덜미의 장식털이 왜 루비색이 아니라 에메랄드색으로 반짝거리는가? 이것은 신을 즐겁게 하기 위한 아름다움이다. 여기에 세속적인 이유 따위는 없으며, 투쟁으로는 설명할 수가 없다.

아가일은 다윈이 이 모든 것을 맹목적인 자연선택으로 설명하려 한다고 비판했다. 하지만 다윈에게 선택은 창조적인 것이었다.

〔공작 각하는〕 자연선택을 업신여기고 있습니다. 하지만, 소의 개량품종을 만든 것은 어떤 의미에서 〔축산 전문가〕라 해도 최초의 변이는 물론 자연에서 생겼다는 사실을, 공작께서도 인정할 것이라고 생각합니다. 하지만 이 변이들은 선택이 일어날 때까지는 중요하지 않습니다. 나는 그런 의미에서 자연선택은 무엇보다 중요하다고 생각합니다.

다윈은 이렇게 항변했지만 소용없었다. 아가일이 주장하는 이런 창조적 진화론은 반다윈주의자들에게 엄청난 인기를 끌었다. 이들은 오언과 합세하여, 아가일 공작의 "건전한" 개입은 다윈의 "유해한 오류들"에 대한 "시기적절하고 효과적인 해독제"라며 환영했다. 모든 것은 "자연적이든 초자연적이든, 의지가 전혀 개입되지 않는 변함없는 법칙의 지배를 받는다"고 주장하는 다윈과 헉슬리의 신념을 반박할 사람으로 이보다 더 적임인 사람은 없어 보였다.[23]

헉슬리는 『법칙의 지배』를 읽어보려 하지도 않았다. 후커는 그 책을 대충 훑어보았는데, "치솟는 혐오감과 참을 수 없는 분노"를 느꼈다고 했다. "흔적기관들이 **괜찮아 보이도록** 계속 손을 델 수밖에 없는 신", 오언의 기본 설계도에 맞추기 위해 쓸모없는 기관들을 첨가하는 하늘의 건축가를 상상해보라. 다윈도 후커의 의견에 동의하면서, 아가일이 생각하는 신은 "우리보다 조금 더 영리한 인간"이라며 조롱했다. 그런 한편으로, 글을 쓰는 공작은 "보통 인간이 아니었다." 어쩌면 아가일 공작은 "일반 법칙으로 판단할 수 없는 사람"이 아닐지.[24]

월리스가 날카로운 서평에서 아가일의 견해를 조목조목 논박하며 벌새의 화려한 깃털색을 철저히 파헤쳤다. 이것을 신을 위한 미美로 돌리는 것에는 함정이 있었다. 냄새나는 벌레나 뱀은 어떻게 설명할 것인가? 월리스는 난초의 현란한 꽃도 벌을 유혹하는 기능을 한다는 예로 공작을 공격했다. 그러면서 창조주가 지속적으로 개입을 해야 한다는 말은 창조주에게 앞을 내다보는 창조적 통찰력이 없음을 의미한다는 것을 일깨워주었다. 사소한 땜질은 개혁법안에나 어울리는 것이며, 자연은 처음부터 제대로 한다.

자연이 어떻게 제대로 하느냐는 또 다른 문제였다. 월리스와 다윈의 견해차는 점점 더 벌어지고 있었다. 다윈은 자연선택이 건축가로서의 신을 대신하듯, 성선택이 예술가로서의 신을 대신하도록 했다. 동물은 스스로 육종가가 되어 새로운 변종들을 만들어내며, 인간도 결혼상대를 선택하는 행위를 통해 자기 자신의 모습을 바꾸어왔다. 하지만 다윈이 새의 화려한 깃털을 성선택 탓으로 돌릴 때마다, 월리스는 자연선택이 초래한 다른 적응을 지적했다. 암컷 새들의 칙칙한 빛깔은 개방된 둥지에서 살아남기 위한 위장색이다. 나방의 야단스러운 색깔은 포식자에게 불쾌감을 주는 경고색이며, 이런 종류를 흉내내어 의태를 하는 나방들도 있다.

월리스는 성선택이 인종을 만드는 "주된 요인"임을 인정하지 않았다. 그는 이 일에 관해서라면 자연선택만으로도 충분하다고 생각했다. 다윈에게 이것은 "가장 큰 타격"이었다. 새와 곤충과 관련한 아무리 많은 증거를 갖다 대도 월리스의 생각을 돌릴 수는 없을 것 같았다. 지금 다윈은 자신이 평생을 바쳐 변호해왔던 이론에 이의를 제기하는 변절자 악당 노릇을 하고 있는 셈이었다. 한편 월리스는 자연선택을 한결같은 마음으로 고집하면서 다윈보다 더한 다윈주의자로 나서고 있었다.[25]

아가일의 비판에 월리스가 반론을 내놓을 때마다 새로운 비판이 우르르 제기되었다. 그리고 최악의 순간이 기다리고 있었다. 다윈에게 적대적인 사람들 가운데 가장 악명 높았던 집단은, 글래스고 대학 교수 윌리엄 톰슨 경(나중에 켈빈 경으로 알려짐)과 긴밀한 관계를 맺고 있는 물리학자들이었다. 톰슨 경은 지구의 나이를 다시 계산하여, 서투르고 비경제적인 자연선택이 작용하는 데에 족쇄가 되는 시간제한을 설정했다. 6월에 해저전선 부설사업에서 톰슨 경의 파트너로 일했던 공학자 플레밍 젠킨은 훨씬 더 매몰찬 논리를 들이댔다. 젠킨은 하나의 변이는, 교잡에 의해 보통의 개체들이 북적이는 대해로 되돌아가 버리면 존속할 방도가 없다고 주장했다. 피는 항상 섞인다. 흑인을 아내로 맞은 백인 선원은 "물라토" 자식을 낳는다. 아프리카의 해안에 고립된 한 명의 노련한 선원은 아무리 뛰어나고 재주가 많다 해도, 혼자서 "흑인의 나라를 표백시킬 수" 없다. 그러기 위해서는 몇 척의 배가 백인을 가득 싣고 와야 한다. 젠킨이 말했듯이, 돌연변이가 동시에 많이 출현하여 그것이 고정되어야 종은 바뀔 수 있는 것이다.

하지만 이것은 "연속적 창조설"과 같은 말이었다. 아니. 적어도 신이 진화를 이끈다는 말과 다름없었다. 젠킨이 판세를 뒤집었던 것이다. 다윈도, 동시에 무더기로 출현하지 않는 한 "기형"의 변이들은 존속할 수 없다는 젠킨의 말에 설득당했다.[26] 다른 사람들은 냉큼 난제를 내팽개치고, 모든 돌연변이는 사전계획에 따라 고정된다는 아가일의 "탄생 창조설"에서 위안을 구했다. 이것은 전면퇴각이었다.

7월에 『지질학 원리』 제10판을 위한 개정작업을 하던 라이엘은 어찌할 바를 모르고 있었다. 반라마르크주의의 책을 친다윈주의적인 책으로 바꾸려고 시도했지만 잘 되지 않았던 것이다. 라이엘의 전향을 학수고대하던 다윈은, 라이엘이 처음으로 "종에 관하여 분명하게 이야기하려" 한다는 사실을 알고 매우 기뻤다. "인간의 멋진 본성에 지나치게 신경을 쓴"

인간에 관한 장은 (교정쇄 단계에서는) 실패작이었지만 말이다. 그 부분은 "너무 길고…… 유급성직자에 관한 부분을 빼면 너무 정통적"이었다. 이 것은 70대 노인인 라이엘을 안심시켜주었을 리가 없는 감상이었다.

한편 라이엘은 다윈의 『변이』의 교정쇄에서, 색다른 비둘기와 토끼 에 대한 이야기, 그리고 그러한 품종이 그들의 조상에 해당하는 야생종으 로부터 어떻게 만들어지는지를 읽고 매우 흡족했다. 이 모두는 "실제 자 연학자들을 충분히 설득할 수 있는 내용이라서" 그들을 『종의 기원』을 지 지하는 방향으로 몰고 갈 것이라고 라이엘은 관대하게 평했다.[27]

다윈은 이러한 지지가 필요했다. 『변이』는 다윈의 저작들 가운데 가 장 긴 책이어서, 교정쇄를 손보는 일은 사람을 기진맥진하게 만들었다. 모든 페이지에 "엄청난 수정"을 가했다. 여름 동안에 두 번이나 펜을 내 려놓고 이래즈머스의 집에서 1주일간 휴식을 취했지만, 아무 소용이 없 었다. 다운에 돌아오면 휴식을 메우기 위해 과로를 했기 때문이다. 그는 카루스와 코발레프스키의 끊임없는 편지, 색인과 관련한 정기적인 문의, 수정분의 새로운 교정쇄를 처리했을 뿐 아니라, 성선택과 인류에 관한 사 실들을 강박에 가까울 정도로 확인하고 보충했다.

다윈의 염려와 병적 공포, 라이엘의 머뭇거림, 아가일의 도발에도 불 구하고, 세상은 바뀌고 있었다. 킹즐리는 세상이 밟고 있는 기묘한 타원 궤도를 상징했다. 이 목사는 신이 자신을 위해 아름다움을 창조했다고 설 교하는 한편, 케임브리지의 "가장 뛰어난 사람들"이 "세상이 다윈주의라 고 부르는 것, 당신과 나, 그리고 몇몇 다른 사람들의 편, 사실과 과학의 편으로 넘어오고" 있다는 사실에 기쁨을 감추지 못했다.

젊은 문학석사들은 당신의 말에 귀 기울이는 것을 싫어하지 않을 뿐 아니 라 몹시 기대하고 있습니다. 그리고…… 나이 든 자들은 (이들은 물론, 극복해야 할 오래된 생각을 훨씬 더 많이 갖고 있는 사람들인데) 전체 문제를 3년 전과는 사뭇 다른 태도로 직시하고 있습니다. 틀림없이 전향을 하고 있긴 하지만 아직 "두려운" 단계에 있는 사람들을 "상처 입힐까봐" 이름을 구체적으로 언급하지는 않겠지만, 나는 지난 겨울 이래로 일어난 이 변화에…… 적잖이 놀라고 있습니다.

진화론이 케임브리지에서 대유행을 하고 있다(!)는 말이었다. 킹즐리는 다윈이 인간의 조상을 "털북숭이 짐승"으로 만들었음을 알고 있었다. 그 밖에 다른 사람들은 아무도 그것을 몰랐을까? 아니면, 지금 이 견해는 세속주의자들 사이에서 멋있는 사상으로 통했던 것만큼이나, 옥스브리지에서 논쟁할 수 있는 문제가 되었던 걸까? 한때 다윈의 최악의 악몽은 홀리오크가 정리한 세속주의 소책자 『자유사상가들과의 30분』 같은 범죄자 사진대장에 출현하는 일이었다. 그런데 지금, 케임브리지의 현대사 교수인 킹즐리 목사가 다윈 찬가를 부르고 있는 와중에, 그 책자에 다윈의 간략한 전기가 에마 마틴, 로버트 오언, 루크레티우스와 나란히 실렸다.[28]

다윈은 『변이』의 작업을 서둘렀다. 교정쇄는 7개월 동안 삭제하고 고친 끝에, 11월 15일에 마무리되었다. 에마는 남편이 쉬면서 "파이프 담배 한 대를 피우거나 소처럼 되새김질하기를" 바랐지만, "여가를 즐기는 것"도 힘이 들었다. 그는 누가 이 방대한 책을 읽을지 걱정이 되었다. 그래도 그는 한숨을 돌리고 후커에게 홀가분한 기분을 털어놓는 동시에, 두 권의 책을 간단히 해치우는 방법을 알려주었다. "1권은 마지막 장만 빼고 전부 건너뛰게(마지막 장도 대충만 읽으면 되네). 2권도 주로 건너뛰게. 그러고 나면 아주 좋은 책이라는 말이 나올 걸세."[29]

파우터 비둘기를 처음 교배하고 끓이기 시작한 지 13년 만에, 문제의 책이 번화가의 서점에 깔렸다. 그것은, 종이 실제로 가변적임을 각인시키는 책인 『사육·재배되는 동식물의 변이』였다. 물론 지금 이 책은 그 밖의 여러 가지 역할을 담당하고 있었다. 즉, "근친교배의 폐해"를 지적하고, 다윈이 최근에 섬기게 된 "위대한 신, 판Pan"을 소개하고, 변이를 일으키는 원인은 신의 설계라는 그레이의 생각을 끝장내는 것이었다.

출간일인 1868년 1월 30일에, 다윈은 프리츠 뮐러에게 다음과 같은 편지를 썼다. "책을 보면 알겠지만, 이 책의 대부분은 읽히기를 기대하고 쓴 것이 아닙니다. 하지만 '범생설'만큼은 당신의 생각을 꼭 듣고 싶습니다." 다윈은 책을 보내는 모든 이에게 같은 부탁을 했지만, 돌아온 반응은 실망스러웠다. 후커는 "제뮬" 따위는 수수께끼인 채로 두는 편이 더 좋았을 것이라고 생각했다. "조상의 그 많은 분명치 않은 잠재력을 한 개의 세포에 포장하는 제뮬의 위력은, 원자나 윤리, 시간, 중력, 신만큼이나 우리의 이해력을 초월하기 때문입니다." 다윈도 이 의견에 동의하게 되었다. 게다가 아직 헉슬리의 "호통"이 남아 있었는데, 헉슬리는 범생설을 창세기와 같은 범주에 넣었다. 다윈은 갑자기 그 책을 보기만 해도 메스꺼워졌다. 사회에서 추방당하는 것이 아닌지, 사회적 지위를 잃는 것이 아닌지 같은 오래된 불안감이 다시 고개를 들었다. 다윈은 후커에게 보내는 편지에서 "몇 페이지만 읽어도 토할 것 같다"고 썼다. 다윈은 판Pan은 감쌌지만, 나머지 부분에 대해서는 "저런 책은 될 대로 돼라"는 기분을 느꼈다.[1]

대중들의 반응은 이보다는 좋았으며, 머리조차 수요를 너무 낮게 잡았다. 1,500부가 일주일 만에 다 팔렸다. 수요가 엄청나게 많아, 11일에 재판이 나왔을 정도였다. 그날 오후, 『펠 멜 가제트』의 조지 루이스는 "품위 있고 침착한" 설명이라는 칭찬을 하며 그 책의 새 출발을 축복해주었다. 다윈은 자신을 "격앙된 논쟁의 열기에도 동요하지 않는" 사람으로 묘사한 것을 읽으며 웃었다. 그 서평은 전체적으로 그를 의기양양하게 했다. 『애시니엄』은 늘 그렇듯 즉각 혹평을 퍼부었지만, 그러리라 예상했던 일이었다. 다윈은 토요일 아침마다 도착하는 『애시니엄』의 냉소적인 기사에는, 비록 무감각하지는 않더라도 단련이 되어 있었다. "그 필자는 나를 비방하고 증오합니다." 다윈은 필자의 정체에 관하여 짚이는 구석이 있었다.[2] "나를 이렇게 심하게 헐뜯을" 수 있는 사람은 오직 한 사람, 오언뿐이다.

그래도 다윈은 범생설에 관하여는 전전긍긍했다. 그는 "사랑하는 자식"처럼 그 이론을 애지중지했으며, 그것을 신처럼 믿었다. 범생설은 그의 비옥한 상상력이 낳은 자손이었으며, 유전 현상을 설명해주기 위해 하늘에서 내려온 신이었다. 범생설이 "세상의 축복도 저주도 받지 않고 사라질까봐" 두려웠던 다윈은 이 이론을 적극적으로 "변호"하기로 결심했다. 하지만 신의 존재나 자식들의 건강상태와 마찬가지로, 범생설의 지위는 늘 불확실했다. 다윈의 마음은 이랬다 저랬다 변했다. 후커와 헉슬리의 반응은 "위대한 신, 판을 사산된 신으로 여기고" 포기하고 싶게 만들었다. 하지만 월리스의 열광은 그를 다시 낙관적으로 만들었다. 그 뒤에 그레이가 범생설을 호의적으로 다루어주자, 다윈은 그 "아기가…… 오래 살 것" 같다는 기분이 들었다. "부모로서 확신이 있습니다!"[3]

실제 부모로서의 확신도 점점 커져갔다. 오랫동안 다윈은 병약한 자식들이 과연 생존투쟁에서 성공할 수 있을지 불안에 시달려왔다. 윌리엄이 최적자였다. 이 아들은 은행 관리자로 성공하여, 안주할 수 있는 지위를 점했다. 하지만 나머지 아이들의 미래는 어떻게 될까? 그 아이들은 아버지의 뒤를 이어 과학의 길을 걷게 될까, 아니면 유전적 허약함이 이 아이들의 발목을 잡고 말 것인가? 18세가 된 레너드는 클래펌 학교에서 호레이스를 돌보고 있었는데, 영국육군사관학교 합격자명단의 상위에 이름을 올려 울리치 학교에 진학하게 되었다. 입학시험 성적은 진학자들 가운데 2등이었다. "그렇게 약했던 레니가 그런 영예에 오르리라고 누가 예상했겠는가." 찰스는 감격했지만, 그 의미에는 의구심이 들었다. 그는 "몇 명이나 지원했는지 궁금"했다. 레니는 견실한 공학교육을 받게 되겠지만, 얻을 수 있는 학식의 폭은 한정될 것이다. 어쩌면 그 아이에게는 그것이 잘 맞을지도 몰랐다. 가문의 "수집벽"이 "시시한 우표수집"으로 끝난 아들이었기 때문이다.

레니보다 한 살 아래인 호레이스의 장래는 아직 수수께끼였다. 호레이스는 기계에 관심이 많았다. 그러니 만일 건강이 따라준다면, 프랭크의 뒤를 따라 케임브리지로 가서 자연과학을 공부하면 좋을 것 같았다. 조지는 허약한 다윈가의 아들이 어디까지 이룰 수 있는지를 입증해보이고 있었기에, 아버지의 관심이 조지에게 쏠렸다. 23세인 조지는 곧 수학 학위를 받을 예정으로, 지금 교차로에 서 있었다. 범생설이 서평가들의 손으로 넘어갔을 무렵, 전보 한 통이 왔다. 조지가 차석이라는 뛰어난 졸업성적을 거두었다는 소식이었다. 축하편지를 쓰는 찰스의 손이 떨렸다. "이런 대단한 성적을 결코 기대하지 못했기" 때문이었다. 케임브리지 대학 수학 졸업시험에서 차석을 한 학생을 배출한 리글리 목사의 클래펌 학교는 "완전히 축제 분위기"였다. 모두가 반나절의 휴가를 얻어 근처의 수정궁으로 갔다. 조지는 이튼 학교의 과학교사가 되지 않겠느냐는 제안을 받았지만, 그 제안을 거절하고 변호사 공부를 하기로 했다. 조지는 트리니티 칼리지의 특별연구원 자리를 거절할 수 없었다. 이래즈머스 삼촌의 말에 따르면, 그것은 "이 세상에서 가장 부러운 지위"였다.[4]

다윈도 영예를 모으고 있었다. 『종의 기원』은 이제 여섯 개 나라의 말로 번역되었다. 어디를 가든 자연학자들은 그 책에 나오는 논증들을 붙들고 씨름했으며, 지식인들은 그 함의를 둘러싸고 논쟁을 벌였다. 좋든 싫든, 그 책은 비범한 연구였다. 조지의 전보가 도착한 지 며칠 뒤 축하편지가 밀려들어오는 가운데, 다윈은 프로이센의 왕이 자신에게 푸르르메리트 훈장을 수여하기로 했다는 소식을 들었다. 그러고 나서 몇 주 지나지 않아, 상트페테르부르크의 제국 과학학술원이 다윈을 객원회원으로 선출했다. 다윈은 혁명가 블라디미르 코발레프스키에게 급히 연락을 취해, 러시아어판 『변이』의 속표지에 그 직함을 넣었으면 좋겠다는 뜻을 전했다. 사실 시간은 충분했는데, 그 무렵 코발레프스키는 번역을 잠시 멈추고, 러시아의 농업위기를 해결하기 위한 구제위원회 일로 일주일에 1,600킬로미터를 돌아다니고 있었기 때문이다.[5]

　　프로이센 대사관으로부터 소식을 들은 다음 날, 다윈은 다시 성선택 연구를 시작했다. 그는 정보수집을 위해 하루 평균 8∼10통의 편지를 보내며, 짧은꼬리원숭이의 갈기, 사슴의 뿔, 자주따오기의 번식기에 나는 장식깃, 왕부리새의 부리 색조 등 기상천외한 사실들의 백만장자가 되어

갔다. 짝짓기 상대가 좋아할 가능성이 있는 목덜미 장식이나 눈꼴무늬는 하나도 놓치지 않았다. 다윈은 큰맘 먹고, 하버드 대학의 루이 아가시에게 연락을 취하기도 했다. 아가시는 아마존에서 돌아와 있었는데, 그가 그곳에 간 것은 빙하기는 전 지구적인 규모로 일어나 옛 창조와 새로운 창조를 단절시켰다는 자신의 가설을 증명할 빙하 흔적을 찾기 위해서였다. 아가시의 묵시록적인 빙하덮개는 "다윈주의 견해"를 질식시키기 위한 "황당무계한 소리"임을 모르는 사람은 없었다. 다윈은 아가시를 "빙하에 미친 사람"으로 여겼지만, 그렇다고 해서 아가시에게서 아마존 어류의 산란에 관한 정보를 캐내지 못할 이유는 없었다. 다윈은 이 측은한 사람의 반다윈주의적 획득물을 유용한 전리품으로 바꿀 작정이었다. 본인이 알아채지 못하게 그것을 슬쩍 빼내면 되는 것이다.

다윈의 성선택은 어류처럼 변형을 하면서 독자적인 생명력을 갖추어갔다. 성선택은 하나의 "거대한 주제"로 불어났다. 다윈은 무릎을 땅에 대고 동물계의 가장 하등한 거주자들을 조사했다. 따개비 시절에 도움을 주었던 사람들이 다시 동원되었다. 올버니 핸콕은 몸 색깔이 현란한 바다 민달팽이류에 관한 두툼한 자료를 보내주었고, 또 그 밖의 각양각색의 사람들이 게의 번식이나, 장님딱정벌레, 잔인한 거미, 알록달록한 나비의 구애에 관한 자료를 보내왔다. 그런데, "어느 정도는 수컷의 자의식을 필요로 하는 성 차이가 하등한 수준의 생물에서 어떻게 일어나는 걸까?" 다윈이 아니면 누구도 궁금해하지 않는 질문들이 나왔다. 귀뚜라미의 울음소리는 성선택된 것일까? "울 수 없는" 매미는 번식을 할 수 있을까?[26]

다윈은 상업 육종가들을 독점하기 시작하여, 곧 그들에게 최고의 품종들에 얼룩을 묻히고, 훼손을 가하고, 꼬리를 바싹 자르도록 했다. 비둘기들은 색칠을 하고, 싸움닭들은 꼬리깃을 뽑도록 했다. 멋쟁이새의 분홍빛 가슴을 황갈색으로 물들여 이 새들의 성행위 능력을 염탐해줄 애호가도 수소문했다. 또한 공작의 꼬리에서 눈꼴무늬를 기꺼이 잘라내 줄 부유한 신사를 찾아다녔다. "하지만 고작 자연학자 한 명을 기쁘게 하기 위해 한 계절 내내 감상할 새의 아름다움을 희생할 사람이 있을까?"

다윈은 강박관념에 사로잡힌 듯 불안해하면서 일에 매달렸고, 그러다보니 다른 것을 할 여유가 거의 없었다. 어느 날 후커가 헨델의 〈메시아〉를 듣고 황홀감에 빠졌다는 이야기를 전해들었을 때, 다윈은 자신의 영혼이 "메말라 옛날만큼 음악을 즐길 수 없다"고 말할 수밖에 없었다. 지금은 파이프오르간보다 난초가, 할렐루야 코러스보다 산호초가 훨씬 더 그의 심금을 울렸다. "나는 과학을 뺀 모든 것에 관하여는 시든 이파리일세."[7] 하지만 과학에서만큼은 관공서 하나는 거뜬히 채울 만큼의 자료를 보유하고 있었다. 그의 1인 자료처리소는 언제나 그렇듯 통제 불능 상태였다. 3월 무렵, 그곳은 애호가, 농가, 어장, 인구통계학자, 채집가, 식민지 이주자들이 날마다 보내오는 산더미 같은 편지들로 흘러넘쳤다.

다윈이 이 일을 하게 된 데에는 아가일의 자극도 일부 작용했다. "장식이나 아름다움은 그 자체가 존재이유이자 목표이자 목적"으로서 인간을 기쁘게 하기 위한 창조주의 변덕이라고 주장하는 아가일 공작에게, 벌새의 보석 같은 깃털색을 설명하기 위해서였다. 월리스도 비늘과 깃털에 주목하고 있었으며, 이파리를 닮은 나방이나 보호색을 하고 알을 품는 새들이 어떻게 선택되는지, 화려한 뱀이나 무지개빛깔의 곤충들은 자신들이 독을 품고 있음을 어떻게 알리는지, 혹은 어떻게 독을 품은 종류처럼 의태를 하는지를 연구하기 시작했다. 하지만 월리스는 토파즈와 에메랄드 빛깔을 띤, 꿀을 마시는 새들에는 관심을 기울이지 않았다. 이것은 다윈의 영역이었다. 애벌레의 눈꼴무늬들은 뱀의 얼굴을 흉내내는 의태겠지만, 공작새 꼬리의 눈꼴무늬는 암탉을 즐겁게 해주기 위한 것이다. 따라서 후자는 의식적인 선택행위의 결과가 틀림없었다.

아주 작은 변이가 과연 운명의 연인들의 눈에 띌까? 월리스는 고개를 저었다. "공작새 꼬리의 3센티미터, 혹은 극락조 꼬리의 6밀리미터 차이가…… 암컷의 눈에 띄어 선택될까요?" 다윈은 그렇다고 확신했다.

소녀는 잘생긴 남자를 보았을 때, 그 남자의 코나 구레나룻이 다른 남자보다 3밀리미터만큼 더 높거나 낮은지, 더 길거나 짧은지 의식하지 않고도, 그 남자의 전체적인 외모에 반해 그와 결혼하겠다고 말합니다. 나는 암탉의 경우도 그럴 것이라고 생각합니다.

작은 차이가 그런 효과를 내더라도, 평가의 대상은 전체적인 "멋진 외모"다. 암탉들은 자신의 눈에 아름답게 보이는 짝을 선택한다. "공작새의 꼬리가 이런 식으로 생겼다고 생각하는 것은 억지처럼 보일 수도 있지만, 나는 그렇다고 생각하며, 이와 같은 원리를 약간 변형하면 인간에게도 적용할 수 있다고 생각합니다."[8]

3월에 에마와 딸들이 4주 동안의 휴식을 위해 그를 런던에 데려갈 때도, 다윈은 연구를 가져갔다. 그의 정원사도 찬성했다. 한 달을 떠나 있는 것은 실험에 "치명적일 게" 틀림없기 때문이었다. 그래도 마음이 놓이지 않아, 이래즈머스의 집에서 1주일을 지낸 뒤에 엘리자베스 웨지우드가 소유하고 있는 리전트 공원의 저택으로 옮겼다. 그곳은 동물원까지 걸어서 10분 거리였다. 다윈은 이곳에 머무는 동안, 오찬을 즐길 때나 "길 건너편"의 헨슬레이의 집으로 가서 자유사상가이자 페미니스트인 프랜시스 파워 코브와 함께 인류의 유래에 관해 토론할 때를 빼고는, 동물원에서 시간을 보내면서 사육사들과 어울리고, 코끼리가 울음소리를 내도록 만들고(눈물이 맺히는지 보기 위해), 꿩의 과시행위를 지켜보았다. 나아가 그는 옛날에 적어두었던 형이상학 공책들을 다시 넘겨보면서 원숭이의 사회적 본능을 조사하고, 원숭이 우리에 뱀을 집어넣어 무리의 반응을 조사하는 간단한 실험을 하기도 했다.

이례적으로 활기찼던 이번 여행은 건강이 좋아지고 있다는 신호였다. 다윈은 조지가 링컨스 인 법학원에 들어가서 법을 공부할 수 있도록 도와준 그로브에게 감사인사를 전하기 위해 피커딜리에 있는 왕립연구소에 가고, 영국박물관에서 돼지에 관한 강연을 하고, X클럽의 모임에 참석했으며, 큐 식물원에도 갈 뻔했다.[9]

아마 존 머리를 만나 이야기를 나누며 새로운 책의 판매계획도 짰을 것이다. 다윈은 자비출판을 많이 해봤지만, 그가 지금 마음에 두고 있는 계획에 비하면 그레이의 소책자를 수입한 것 같은 일은 하찮은 일이었다. 독일의 다비니스무스의 열풍이 대단하다고 하는데, 영국에는 이것을 뒷받침할 마땅한 책이 아직 없었다. 지금 다윈주의가 마주하고 있는 반응은 청천벽력 같은 침묵이었다. 라이엘의 『인류의 오랜 역사』는 나약한 데다 목표하는 방향이 달랐고, 헉슬리의 노동자계급용 소책자들은 판매가 시원찮았을 뿐 아니라 다윈주의에 경고딱지를 붙이는 결과를 불렀다. 헉슬리의 『자연에서 인간의 위치』는 유인원은 아주 잘 다루었지만, 자연선택에 관해서는 침묵했다. 아가일 공작의 졸렬한 『법칙의 지배』가 모든 칭송을 가져가고 있는 이 상황에서, 특단의 조치가 필요했다.

다윈은 다윈주의 성전聖典에 충실한 진정한 사도를 찾아 그물을—멀리 아마존까지—넓게 던졌다. 그는 프리츠 뮐러의 『다윈을 위하여』를 번역하면 어떻겠느냐고 머리에게 제안했다. 뮐러도 포크트처럼, 실패로 끝난 1848년 혁명 이후 독일을 떠난 망명자였다. 하지만 뮐러의 경우는 브라질로 가서, 참새우와 따개비를 연구하면서 교사생활로 근근이 생계를 꾸려가고 있었다. 머리가 재정 면의 위험을 우려하자, 다윈은 자신이 직접 출판을 의뢰하고 무려 100파운드에 이르는 돈을 지불했다. 다윈은 번역자를 구하고, 일의 진행을 감독했으며, 광고비를 지불하고, 서평용과 증정용의 책을 준비했다. 제목으로는 무엇이 좋을까? 번역자는 『다윈을 위한 도움』이라는 터무니없는 제목을 제안했는데, 이것은 너무 노골적인 농담 같은 제목이었다. 라이엘이 『다윈을 위한 사실과 논증』이라는 안을 내놓았고, 이 안이 채택되었다. 책의 속표지에 인쇄하는 서명에는, 저자명인 "뮐러"보다도 책제목 속의 "다윈"을 큰 활자로 인쇄하라는 지시가 내려졌다. 머리는 한 부에 6실링의 가격을 매기고 1,000부를 찍었으며, 출판업자도 후원자도 이로 인해 꽤 이익을 보았다.[10]

그해 봄 내내, 헉슬리의 한 제자가 다윈에게 영원의 번식과 관련한 신기한 자료들을 계속 보내왔다. 그는 세인트 조지 마이바트라는 사람으로, 동물학을 잘 아는 인텔리였으며, 가톨릭교로 개종한 지 25년이 된 사람이었다. 마이바트는 점잖은 해로 학교Harrow School 졸업생으로서 행동거지에 위엄이 있었으며, 그로스베너 스퀘어에 있는 그의 아버지가 운영하는 '마이바트 호텔'(훗날의 클라리지 호텔)에 몰려드는 명사들 사이에서 자랐다. 마이바트는 링컨스 인 법학원에서 변호사자격증을 땄지만, 이웃 건물인 왕립외과의사협회에서 오언의 강의를 들은 뒤 법률가를 그만두었다. 하지만 그의 인생에서 진정한 전환점은 헉슬리를 만난 1859년이었다. 답답하고 음침한 오언에 비해, 헉슬리는 솔직하고 자극적이었으며 동물학에 뛰어났다. 마이바트는 헉슬리의 "옴폭하게 들어간 검은 눈동자"와 예민한 기지에 매료되었으며, 허위를 가차 없이 폭로하는 태도에 경외심마저 느꼈다. 마이바트는 자신이 어느새 다윗과 골리앗 사이에 있게 된 것을 알게 되었다. 그는 오언과 헉슬리에게 각각 얻어낸 추천장으로 1862년에 파딩턴에 있는 세인트메리 병원에서 쉽게 동물학 강의를 맡을 수 있었다. 그 뒤로도 마이바트는 광산학교에서 헉슬리의 강의를 계속 들었으며, 헉슬리의 가족을 만나기도 했다.[11] 그리고 지금은 헉슬리의 그늘 아래 다윈과도 가까워지고 있었다.

다윈은 마이바트에게 수많은 질문들을 퍼부으며, 번식기에 있는 영원의 구애, 등의 돌기, 몸 색깔에 관한 마이바트의 지식을 길어올렸다. 마이바트는 다윈을 힘껏 도왔다. 그는 뛰어난 기술을 지닌 해부학자여서, 영원의 근육이나 유인원의 사지에 대해서도 자세히 알고 있었다. 하지만 더 커다란 쟁점들인 인간과 도덕성으로 들어가면, 그 입장이 점점 모호해졌다. 마이바트는 "진심으로" 다윈주의자였다. 적어도 그 자신은 그렇게 말했다. 마이바트는 헉슬리의 『자연에서의 인간의 위치』를 뒤쫓아 원숭이와 여우원숭이를 연구하고, 생명과 정신에 대한 논쟁을 벌였다. "저는 '자연선택'에 관해서라면, 완전하게 받아들입니다." 마이바트는 다윈에게 이렇게 말했다. 하지만 그는 인간의 "시체"와 고릴라의 사체가 아무리 비슷하다 해도, 인간의 "지성, 도덕성, 종교심의 본질"은, 인간과 "유인원의 차이를 유인원과 화강암 덩어리의 차이보다" 더 크게 벌려놓는다는 말을 덧붙였다. 그런 사람이라면, 헉슬리의 수업을 그리 오래 견디지는 못할 터였다.

마이바트의 회심과 타락은 바울로처럼 맹목적이지는 않았던 것 같다. 마이바트는 교회에 대한 믿음을 유지함으로써 양다리를 걸쳤다. 그의 마음속 깊은 곳에는 오언의 과학에 대한 애착이 남아 있으며, 이와 더불어 인류의 강등에 대한 두려움도 도사리고 있었다. 사실 마이바트는 자신의 "의심과 곤란은 헉슬리 교수의 강의에 참석했을 때 처음 생겼다"고 다윈에게 밝혔다.[12] 1868년의 시점에, 마이바트는 이도 저도 아닌 태도로 다윈주의의 변방을 서성이고 있었다.

한편 집필을 진행하던 다윈은, 아가일 공작의 주장을 지지하는 가장 중요한 문제에 도달했다. 바로, 새들의 눈부신 아름다움을 둘러싼 문제였다. 다윈에게 의뢰를 받은 사람들은 여전히 멋쟁이새의 가슴을 황색으로 물들이고 흰 비둘기를 염색하면서 암컷의 열정의 한계를 시험하고 있었다. 그런데 아가일의 비판이 신문잡지를 통해 눈덩이처럼 불어나면서, 상황이 급해졌다. "칠기에 그려진 공작과 보헤미아 유리에 그려진 꿩"을 만들어낼 수 없다면, 다윈이 자랑하는 선택은 어떻게 되는 건가? 『에든버러 리뷰』는 『변이』를 논하며 이런 의문을 제기했다. 선택이 일어나려면 유용함이 있어야 하는데, 화려함에는 그런 것이 없다. 다윈은 천상의 만물상을 끌어들이지 않기 위해서라도, 새들이 배우자의 멋진 깃털을 선택할 수 있다는 사실을 증명해내야 했다.

후커는 아가일 공작의 『법칙의 지배』를 이리저리 살펴보면서, 올해의 영국과학진흥협회 회장으로서 그 책을 공격할 만반의 태세를 갖추었다. 후커는 아가일 공작의 고자세가 "정말 불쾌"했다. "악의와 시기 때문에 나를 조롱하는 사람은 좋아할 수 있습니다. 하지만 높은 말 위에 올라앉아 나를 조롱하는 사람은 견딜 수가 없습니다." 그 책에는 오언의 냄새가 물씬 풍겼다. 흔적기관과 관련한 "매우 가소롭다"는 식의 거만한 발언을 보면, 의심의 여지가 없었다. 흔적기관은 동물의 조상이 아니라 기본 설계도와 관련이 있다는 오언의 신념은 다윈주의자들의 손에서 박살이 났다. 한 비평가가 우스갯소리로 말했듯이, 다윈이 "사라지지 않고 남아 있는 귀의 뾰족한 끝" 같은 우리의 원숭이 잔재들을 가리켰을 때, 그것은 다른 백만 개의 사실들보다 훨씬 더 적들을 "불쾌하게" 만들었다. 흔적기관은 쉬운 문제였다. 진짜 문제는, 훈색과 눈꼴무늬가 창조주의 변덕으로 생길 수 있는 것이 아님을 입증하는 일이었다.

후커와 이야기해봐도 그렇고, 서평들을 살펴봐도 그렇고, 러벅과 타일러 부류의 연구들을 읽어봐도 그렇고, 제목을 『인간의 유래』라고 짓기로 결정한 새로운 책이 성선택설과 유인원 조상설에서부터 도덕과 종교의 진화에 이르기까지 넓은 범위를 아우르는 책이 되어야 한다는 사실은 분명했다. 옛 공책들에 그 밑거름이 준비되어 있었다. 실제로, 후커는 "도덕과 정치를 자연사의 다른 분야처럼 논하면 매우 재미있을 것"이라고 생각했다. 이 분야를 자연선택설에 비추어 고찰하고 있는 사람은 비단 다윈과 후커만은 아니었다. 사회를 다윈주의적으로 생각하는 일이 지적 사업으로 급성장하고 있었다.[13]

질 높은 잡지들은 그러한 기사들로 가득했다. 다윈은 자신의 책에 도움이 될 만한 개념들을 추려내고자 손에 펜을 들고 이 모두를 읽었다. 사회주의자 월리스는 협력이 집단을 뭉치게 하여 생존투쟁을 이겨낼 수 있게 해준다는 사실을 처음으로 주장한 사람이었다. 다윈이 보기에 이것은 맛은 좋아도 수상한 음식이었지만, 적어도 도덕적 자질이 유전된다는 증거인 것만은 분명했다. 다윈의 육촌 프랜시스 골턴이 더 영양가 있는 푸딩을 제공했다. 퀘이커교 집안 출신이며, 무기제조업자이자 버밍엄의 은행가의 상속자인 골턴은 다윈의 전례를 따라서 의학을 포기하고 케임브리지에서 수학 학위를 땄으며, 그런 뒤에 여행과 과학을 즐기는 삶에 안착했다. "유전적 재능과 성질"이 골턴의 특기 분야였으며, 『맥밀런스 매거진Macmillan's Magazine』에 실린 골턴의 논문은 다윈에게 지적 자극을 주었다. 그 논문은 알코올중독과 우둔함에서부터 절주와 천재성에 이르기까지, 모든 도덕적·정신적 성질이 유전되는 것임을 강조했다. 인종과 계급은 개별 구성원들의 성질을 대표한다고 생각하는 골턴은, "인류의 고귀한 변종"이 허약한 변종에 확실히 승리하기 위해서는 "말과 소"처럼 교배를 잘 해야 한다고 주장했다. 무엇보다, 진보하는 문명을 "지적 무정부상태"로부터 지키려면 과학의 "지도자들"이 권세를 얻어야 한다고 했다.[14]

골턴의 노선은 다윈이 옛날에 활동했던 플리니우스학회 때의 친구이자 현재는 랭커셔의 공장경영자에서 은퇴한 W. R. 그레그와 일맥상통했다. 『프레이저스 매거진*Fraser's Magazine*』에 실린 사회 속의 자연선택에 관한 그레그의 논문은 "부적합한 자들"에 대한 악의에 찬 공포심을 불러 일으켰다. 다윈은 그 글을 열심히 읽으며, 중상위계급들—가족을 부양할 수단을 가질 때까지 결혼을 연기하는 자들—의 수가 압도당하고 있는 문제를 곰곰이 생각해보았다. 게으른 부자들은 대가족을 부양할 돈이 있기 때문에 중상위계급을 압도하고, 게으른 빈자들은 맬서스가 주장한 "도덕적 억제"를 못하기 때문에 중상위계급을 압도한다.

경솔하고 비루하고 포부가 없는 아일랜드 사람은 토끼처럼 불어난다. 검소하고 미래를 계획하고 자존감과 야망이 있는 스코틀랜드 사람은 자신의 도덕률에 엄격하고 신앙심이 깊고 지적으로 현명하고 잘 연마되어 있지만, 좋은 시절을 죽도록 노력하며 독신생활로 보내고 뒤늦게 결혼하여 자손을 적게 남긴다. 어느 땅에 애초에 1,000명의 색슨인과 1,000명의 켈트인이 살았다고 치자. 그러면 10세대가 지난 뒤에는, 인구의 6분의 5는 켈트인이 차지하겠지만, 토지, 권력, 지식인층의 6분의 5는 인구로는 6분의 1밖에 되지 않는 색슨인들에게로 갈 것이다. 영원히 계속되는 "생존투쟁"에서 수적 우위를 차지하는 것은 오히려 열등한 인종이고, 그 이유는 훌륭한 자질 때문이 아니라 결점 때문인 것이다.

좋은 유전자가 사회에서 빠져나가고 있다면, 진보는 요원한 일이 아닐까? 역동적이고 경쟁적이고 발전하는 사회 구성원들이 성공의 덫에 걸려 질식하고 있는 것이다. 자연선택은 이들을 버린다. 다윈은 맬서스주의의 궁극적 딜레마에 부딪혔다.

원군을 보내준 것은 『포트나이틀리 리뷰*Fortnightly Review*』에 실린

'물리학과 정치학'에 관한 월터 배젓의 논문들이었다. 다윈은 다시 연필을 손에 들었다. 유복한 은행가이자 『이코노미스트』의 편집자인 배젓은 진보가 사회의 지휘구조에 달려 있다고 주장했다. 문명은 복종, 법에 대한 존중, "군사동맹"과 함께 시작되었다. 부족이 일사불란하게 뭉칠수록, 전투에서 승리하여 성공할 확률이 높다. 새로운 인종과 국가유형은 부족 간의 유혈전쟁을 통해 출현하며, 선택에 의해 연마되고 강화된다. 그리고 이것은 도덕적으로 이롭다. "전쟁에서 이기는 형질들은 바로 우리가 전쟁에서 획득하고 싶어하는 형질이다." 다윈은 이 논리에 흠뻑 빠져들었다. 식민지의 영국인을 생각하면 의문의 여지가 없었다. 다윈은 "방랑하고 교잡하는 국가야말로 가장 변이하기 쉬울 것이다"라고 단서를 붙였다. 왜냐하면, 그러한 국가는 끊임없는 경쟁에 직면하기 때문이다. 그럼에도 다윈은 "선사시대 정치"에 관한 배젓의 분석에는 동의했고, 이 논문을 후커에게 읽어보라고 권했다.[15]

후커는 영국과학진흥협회의 회장직에 오른 최초의 다윈주의자였다. 이는 적어도 "과학의 의회"에서는 다윈의 사람들이 집권당의 자리를 차지하고 있다는 분명한 증거였다. 후커는 "여왕 연설"을 할 생각에 괴로웠다. 이 강연은 중요했다. 기자들이 이것을 마치 "글래드스턴 씨의 예산 연설"처럼 보도했기 때문이다(예산 연설 쪽이 약간 더 열광을 불러일으켰을 뿐이다). 다윈은 후커보다 더 허둥댔다. "그러한 연설을 해야 하다니, 영혼 깊은 곳으로부터 자네를 동정하네. 내가 다 오싹하군." 후커도 떨렸다. "이 연설만 끝낼 수 있다면, 실패로든 대실패로든, 아니면 더 심하게 끝난다 할지라도, 기꺼이 100기니를 내겠습니다." 처음에 후커는 "자연선택설의 부정조足"에 관하여 연설할 생각이었다. 다윈이, 뉴턴의 중력 가설도 "대단히 비범한" 라이프니츠에 의해 부정되었다는 사실을 지적하며 힌트를

주었기 때문이다. 하지만 회장 강연이 다윈주의당黨의 선언문이 될 것이
라는 말이 다윈주의자들의 귀에 들어갔다. 윌리스는 후커의 연설이 "순
수하고 간소하게 다윈주의를 '선전'하기를" 기대했다.[16] X클럽 회원들은
이 기회를 잘 이용하기로 하고, 당의 작전본부에 모여 헉슬리가 감사의
말을 하고 틴들이 이어서 지지발언을 하기로 입을 맞추어두었다.

당원들이 작전을 짜고 후커가 리허설을 하고 있을 때, 다윈 일가는
휴가를 떠났다. 그들은 기차를 타고 가서 페리를 갈아타고 와이트 섬으로
갔다. 이래즈머스도 동행했으며, 찰스의 커다란 늙은 애마 토미도 일행
에 끼어 있었다. 다윈은 폐인이 다 되어 있었지만, 바닷공기를 쐬자 기운
이 났다. 그렇지만 집에서 멀리 떠나 있는 데다 실험도 할 수 없는 생활은
비참했다. 다윈은 "무위도식자의 생활"을 해야 하는 것이 영 불만이었다.
그들은 사진가 줄리아 캐머런에게서 6주 동안 못가의 오두막을 빌렸다.
이 초췌한 진화론자는 캐머런의 소박하고 우울한 암갈색 인화지에 찍히
기에 완벽한 피사체였다(다윈 부부는 캐머런이 촬영한 초상사진을 "최고"라
고 칭찬했다). 다윈의 주변에는 더 시심 넘치는 피사체들도 나타났다. 테
니슨은 몇 차례나 찾아왔고, 미국인인 롱펠로와 토머스 애플턴도 방문했
다. 그리고 아일랜드 시인 윌리엄 올링엄은 다음과 같은 기록을 남겼다.

다윈 부부를 방문했습니다. 아래층에서는 후커 박사가 강연을 위한 원고
를 쓰고 있습니다. 그는 「피터 벨」〔워즈워스의 시〕의 앵초를 삽입하려는
데, 정확한 문구가 생각나지 않아 괴로워합니다. 위층에는 다윈 부인, D
양〔헨리에타〕, 그리고 다윈 씨가 있습니다. 다윈 씨는 안색이 누렇고, 병
약하며, 매우 조용합니다. 그는 자신이 원하는 시간에 식사를 하고 사람
들도 자신의 선택에 따라 만나는 등 병자의 특권을 한껏 누리는데, 이것
은 학문하는 사람에게는 큰 도움이 됩니다.[17]

후커는 다윈 일가와 합류하여, 2층에 있는 누렇게 뜬 병자의 영광을 위해 강연 원고를 작성하고 있었다.

다윈을 뺀 다윈주의자들이 영국과학진흥협회의 대회합을 위해 노리치에 모였다. 모든 파벌의 진화론 순례자들이 이 모임을 위해 총출동했다. 제네바에서 온 열렬한 유물론자 카를 포크트는 사회주의자 동료 월리스에게, "독일에서는"『변이』를 읽고 "모두가 전향하고 있다"고 말했다. 빅토르 카루스는 모임이 끝난 뒤 다운에 가서 경의를 표하고 싶다는 희망을 품고 라이프치히에서 왔다. 저마다의 입장에서『종의 기원』을 높이 치켜드는 수많은 분파들이 모였기 때문에, 마찰은 불가피했다. 세인트 조지 마이바트는 자신의 고해신부인 로버츠 신부와 함께 왔다. 이 신부는 런던 드루어리레인가街의 빈민가에서 금욕적인 삶을 살고 있었으며, 다윈주의에 입각해 윤리를 설명하려는 시도로부터 세인트 조지를 떼어놓으려 했다. 이렇듯 예전의 개혁도 아직 효력을 발휘하지 못하고 있는데, 헉슬리의 "새로운 개혁"에 희망이 있을까? 헉슬리는 노리치 대성당의 신랑身廊에서 이 두 사람과 마주쳤을 때, "아이고, 신이 신자를 다시 손에 넣게 되었군요!"라고 슬쩍 비꼬아주었다.

후커의 강연은 X클럽 회원들에게는 대성공이었다. 그것은 온갖 뜨거운 화제들이 다윈주의의 솥에 끓여진 스튜였다. 난초, 덩굴손, 기원, 그리고 "약화되고 있는 기득권." 후커는 인류의 초기 역사와 관련하여, 낡은 신학이 종언을 구하고 고대 인류가 떠오르고 있다고 조망했다. 후커는 라이엘의 영웅적 연구를 치하했으며, 다윈의 영웅적 연구에는 더욱 찬사를 보냈다. 또한 "가장 위험한 양날의 칼인 자연신학"을 비판했다.『변이』는 박수갈채를 받았고,『애시니엄』은 혹평을 당했으며, 자연선택은 모든 "철학적 자연학자"가 머리에 넣어두어야 할 지식의 일부로서 당당히 자리매겨졌다.[18] 어떤 회장도 이보다 더 많은 이야기를 할 수는 없었을 것이다.

다윈은 8월 21일에, 그날자 『타임스』, 『텔레그래프』, 『스펙테이터』, 『애시니엄』을 들고 휴가지에서 집으로 돌아왔다. 모든 신문이 후커의 강연에 대한 기사를 실었다. 다윈은 그 기사들을 게걸스럽게 읽고 난 뒤, 또 다른 신문들을 한 뭉치 주문했다. 토리당색의 신문들은 신학을 언급한 부분에 관해 법석을 떨었다. 『존 불』은 후커가 "다윈 씨의 최신 망상을 과대선전했다"고 분개하면서 그의 강연은 "별 볼일 없는 이야기를 장황하고 쓸데없이 진지하게 늘어놓은 것"이라고 호되게 비판했으며, 이것이 후커의 주가를 천정부지로 올려놓았다고 말했다. 후커는 다윈에게, 자신이 마치 "호가스의 그림 속 이교도처럼 담배를 피우면서 교회 창문을 통해 광신적인 열기에 들뜬 회중을 가만히 들여다보고 있는 기분"이라고 말했다.

하지만 이 상황에서, 누가 안에 있고 누가 밖에 있는 것일까? 다윈주의자들이 후커와 함께 교회의 과학을 침략함에 따라, 다윈당의 사기는 드높았다. 월리스는 다윈에게 "다윈주의"가 "뜨고 있다"고 들뜬 어조로 말했다. "오히려 문제가 있다면, 자연사를 아는 사람들 가운데 반다윈주의자가 하나도 남지 않아서 그동안 보아왔던 훌륭한 토론이 없어졌다"는 것이었다. 자유주의를 표방하는 『텔레그래프』는 후커를 전적으로 지지했고, 국교회를 대표하는 『가디언』은 다윈주의가 "승리를 거두었다"고 평했으며, 심지어 심술궂은 『잉글리시 처치맨』조차 "조야한 무신앙주의"가 과학계의 표준이 되었음을 인정했다.[19]

다윈의 사도들이 "스승보다 더 과감하게 자신들의 결론을 밀어붙일" 각오를 하고 있다는 사실을 모든 평론이 지적했다. 헉슬리는 다윈에게 쓴 편지에서 그 점을 짓궂게 상기시켰다.

흠이 있다면, 〔생물학〕 분야에서 흘러나와 어느 틈엔가 퍼거슨의 "불교

사원”에 관한 강연에까지 침투해버린 무서운 “다비니스무스”입니다. 선생님은 생전에 본인의 사상이 승리하는 것을 목격하는 드문 행복을 누릴 겁니다.

물리학 분야에서도, 결국에는 과학이 마음과 뇌의 관계에 얽힌 “수수께끼”를 풀고 둘이 하나임을 밝혀내게 될 것이라는 희망을 틴들이 표명했다. 헉슬리가 보기에 틴들은 지나치게 낙관적이었다. 헉슬리는 물리학의 미래를 어떻게 생각하느냐는 틴들의 질문에, 다음과 같이 그럴듯하게 요약해주었다. “양고기 조각에 들어 있는 분자의 힘이 주어지면, 그것으로부터 햄릿 또는 파우스트를 연역해내는 것이다.”[20]

하지만 다윈은 틴들의 강의내용을 몹시 즐겼다. 틴들과 헉슬리는 새로운 부류의 인기강사들을 선도하고 있었다. 그들의 강의는 청중을 사로잡았고 종교계 신문들이 진땀을 흘리게 만들었다. (헉슬리가 어디 가겠습니까. 그는 이번에도 “이렇다 할 이유도 없이 성직자들을 두 번이나 화나게 했지요.” 후커는 다윈에게 이렇게 보고했다.) 틴들과 헉슬리의 강연에는 설득력과 통찰력이 있었으며, 어떻게 해서든지 청중을 지배하고 특권계급과 호사가들의 잔당을 쓸어버리겠다는 의욕이 넘쳐흘렀다. 과학은 속박에서 벗어나고 있었고, 오래된 옥스브리지 세력의 제약을 뿌리치고 있었다. 진화론이라는 딴마음을 품은 X클럽의 회원들은 “그간 지질학적 추론에 끊임없이 찬물을 퍼부어왔던 움직임”을 성토했다. 틴들은 “상상력을 두려워해야 할 능력으로 간주하는 과학계의…… 토리당원들”을 경멸했다. 틴들과 헉슬리의 저항은, 다윈의 새로운 자연주의에 대한 구속을 걷어치우는 것을 목표로 했다. 이로써 틴들은 과학자들에게 “다윈의 지적 지평을 제한하는 움직임에 주의하라”고 경고할 수 있었다. 이것은 함부로 간섭하지 말라는 공식 요구였다.

틴들의 호소는 모든 분야에 미쳤고, 이런 행동은 그를 위험한 존재로 만들었다. 이 전투적인 시기를 맞아, 틴들은 영국과학진흥협회에서 노동자를 대상으로 한 강좌를 시작하여 대성공을 거두었다. 화학물질에서 만들어지는 아기나 생각하는 능력을 갖고 있는 로봇 같은 의미심장한 이야기들이 나올 때마다, 청중의 표정이 흥분으로 들썩거렸다. 틴들이 말하는 근사한 결정론적 우주체계에 따르면, 성직자나 극빈자나 모두 똑같이 불의 영혼이며 태양의 자식이었다. 누구나 똑같이 자기 뜻대로 어떻게 할 수 없는 필연에 굴복한다. 틴들은 "지금 시점에서 우리의 모든 시, 모든 과학, 모든 미술—플라톤, 셰익스피어, 뉴턴, 라파엘—은 잠재적으로 태양의 불길 속에 놓여 있는 것이다"라는 가슴 벅찬 말로, 자신의 결정론적 우주체계의 아름다움과 불가피성을 표현했다.

다윈의 신형군新型軍은 복음주의자들의 윤리적 엄격함을 이어받았다. 이들은 일부는 실증주의자였고, 심정적으로는 다윈주의자였으며, 모두가 X클럽 회원이었지만, 이들 한 사람 한 사람은 무신론자도 유물론자도 아니었다. 사실 이들을 한데 묶어 규정할 수 있는 꼬리표는 없었다. 이들은 성서의 은유를 휘둘렀지만, 신학에 반대하는 자세로 일관했다. 이들은 실증적 사실들을 묵묵히 따르는 것을 도덕적인 일이라고 생각하여, 논적을 "믿음의 죄"로 십자가에 매달았다. 새로운 자연과학의 복음을 끈질기게 거부하여 끝까지 회심하지 않는 자는 "과학계의 지옥에 떨어질 것"이라고 선언했으며, 다윈주의를 따르는 과학자를 종교개혁의 진정한 계승자로 표현했다. 이 모두는 마이바트가 "나는 단 하나의 힘만을 믿는다"는 틴들의 "새로운 교의"를 곱절로 경멸하도록 만들었다. "무서운 '다비니스무스'"는 범신론적인 상부구조와 결합하고 있으며, 그것을 떠받치고 있는 것은 공격적인 중간계급 주창자들이라는 것이다.[21] 다윈은 그저 당혹스러운 눈으로 쳐다볼 뿐이었다.

헤켈의 저작에서 다비니스무스는 더욱 무섭게 비대해져서, 생명과 마음, 사회, 정치, 학문 그 자체까지 끌어안았다. 그럼에도 다윈은 여전히 헤켈의 『생물체의 일반 형태』의 축약번역본을 원하고 있었다. 다윈은 비용의 일부를 부담하겠다고 제안했으며, 노리치의 레이협회는 "공격적인 이설"의 어조를 누그러뜨리는 조건으로 그 책을 출간하는 데에 동의했다. 헉슬리는 엄청난 삭제가 필요하다고 주장했다. 신은 기체라는 조롱도 삭제되어야 하며, 분량도 "최대한 축약해야" 했다. 헉슬리는 "이설이라 할지라도, 그것을 대놓고 주창하지만 않는다면 이 나라는 별로 신경 쓰지 않는다"는 부조리한 경고를 했다. 영국에서는 무신앙도 예의를 갖추어야 한다는 뜻이었다. 헤켈은 실제로 번역을 위한 간추린 판을 준비했다. 하지만 여전히 극복할 수 없는 문제들이 있었고, 결국 이 계획은 없었던 일이 되었다. 그 책은 "너무 심오하고 길었다."[22]

한편으로는 헤켈이 쓴 또 다른 책 『창조의 역사』에 가려 빛을 못 본 탓도 있었다. 다윈은 자신의 집에 도착한 또 한 권의 방대한 책을 보고 깜짝 놀랐다. 그는 허버트 스펜서의 속도로 책을 잉태할 수 있는 이 "불굴의 일꾼"에게 경이로움을 느꼈다. 헤켈은 이번에도 대량의 계통도를 가지고 다윈이 발 들여놓기를 두려워하는 영역에 뛰어들었다. 이 책은 숨 돌릴 틈을 주지 않았으며, 번득이는 추론들로 가득했다. 헉슬리도 "헤켈에게 동의하든 동의하지 않든, 가만히 있는 것보다는 잘못된 길이라도 가는 게 낫다"고 인정했다. 헉슬리는 마침내 불가피함을 인정하고 헤켈의 접근법을 받아들였다. 동물학회에서 헉슬리는 자고새와 비둘기의 계통을 상징적으로 보여주는 나무를 그렸다. 그는 한때 다윈에게 불가능하며 잘못된 일이라고 말했던 일을 하고 있었던 것이다. 헉슬리는 "모든 생물은 어느 것으로부터 어느 것으로 진화해왔다"는, 경로에 의미를 두는 "기원起原적 분류"를 만들어냈다. 그는 나아가 새들의 조상을 찾아, 타조처럼 생긴 조상을 거쳐 공룡으로까지 거슬러 올라갔다.[23] 헉슬리는 10년 동안의 트집과 경고를 거듭한 끝에 이제야 다윈의 입장에 이른 것이었다.

누가 뭐래도 헤켈의 덕분이었고, 헉슬리는 빚을 갚았다. 헉슬리는 대서양 횡단 해저전선 부설을 위한 해저조사선이 심해에서 건져올린 세포핵이 없는 원시적인 점액상의 생물에 바티비우스 헤켈리라는 학명을 붙였다. 하지만 유감스럽게도, 이것은 생물이라기보다는 체액 덩어리에 더 가까운 것임이 밝혀졌다. 어쨌든 이러한 경의 표명은 독일인들이 본거지를 추월하고 있음을 암묵적으로 인정하는 것이었다. 헉슬리는 또한 "다윈 씨의 성소에 예배"를 하고 싶어하는 독일인 순례자들의 중개인 역할을 했다. 아니, '교황 다윈' 배알이라고 하는 편이 더 맞을지도 모르겠다. 어쨌든 헉슬리가 다윈에게 보낸 편지에 그려진 그림에는, 다윈이 향로를 흔드는 시제를 거느린 교황으로 등장하고 있으니까. 다운에서는 시종 파슬로가 그 교수들을 서재로 안내했다. 그곳에서 방문객들은 다비니스무스가 독일 대학들에 끼친 엄청난 영향을 얼굴을 빛내며 보고하고, 교황을 황홀하게 바라보았다. 헤켈이 가르치는 예나 대학은 빠르게 다비니스무스의 중심지가 되고 있었다. 본 대학에서는 빌헬름 프라이어가 헤켈을 능가하여 강의에 500명의 학생들을 끌어모았다. 헉슬리에 의해 교황의 자리에 오른 며칠 뒤, 다윈은 더 큰 영예를 안았다. 그것은 프라이어의 대학이 주는 명예박사학위였다.[24]

그해 가을은 수많은 영예로 빛난 계절이었다. 감동적인 헌사가 세계 각지에서 쏟아졌다. 계통수를 풍성하게 실은 프랑스의 화석 연구서, 스미소니언 연구소의 아마존 탐험 보고서, 윌리스의 『말레이 제도』가 다윈에게 헌사를 바쳤다.[25] 『난초』의 프랑스어판이 곧 나오기로 되어 있었기 때문에, 후커는 심지어 프랑스 학술협회도 끝내 항복하여 다윈을 회원으로 선출할 것이라고 예상했다.

　　다윈의 자식들은 이때를 아버지의 가장 사교적인 몇 달로 기억했다. 하버드 대학 식물표본관에서 과중한 업무를 떠맡아 "과로로 초주검" 상태가 된 에이스 그레이가 잉글랜드에서 긴 휴가를 보내기 위해 아내와 함께 영국을 방문했다. 그레이 부부는 고속증기선을 타고 2주에 걸쳐 대서양을 건너 9월 중순에 도착했다. 그레이는 후커가 있는 큐 식물원에 머물렀는데, 후커는 그레이 부부를 데리고 몇 차례 다운을 방문했으며, 한 번은 다윈이 틴들을 함께 부르기도 했다. 그레이 부부는 몇 차례의 주말 방문에서, 느긋하게 어질러져 있는 분위기, 낡은 가구, 변함없는 일상 등 다윈 부부의 가정생활을 엿보았다. 에마와 찰스가 저녁마다 즐기는 백개먼 전투는 손님들의 구경거리가 되었다. 그레이 부인은 에마를 응원하고, 그녀의 남편은 패자를 위로했다. ("다음번엔 내가 박살을 낼 거요!" 찰스는 화난 척 아내에게 소리를 치기도 했다.) 그레이 부인은 다윈이 "몹시 매혹적"인 사람이라고 느꼈다. 큰 키, 다부진 인상, 윗입술만 반듯한 일자로 살짝 들여다보이게 뒤덮인 빽빽한 은빛 수염. 하지만 "가장 사랑스러운 미소도, 가장 감미로운 목소리도, 가장 유쾌한 웃음소리도" 다윈의 고뇌의 흔적을 가리지는 못했다. 그의 "얼굴은 고통과 병의 흔적을 보여주고 있었습니다. …… 그는 한 번에 오랫동안 우리와 함께 머물지 못했으며, 이야기를 좀 많이 했다 싶으면 가서 쉬어야 한다고 말했습니다. 특히 많이 웃었을 때는."

　　마치 옛날의 모임 같은 분위기였다. 그레이의 친구이며 『북아메리카 리뷰*North American Review*』의 편집자인 찰스 엘리엇 노턴이 가까운 키스턴의 목사관에 머물고 있었는데, 아내와 열아홉 살의 딸 새라 세지윅을 데리고 다운에 점심을 먹으로 들르곤 했다(새라 세지윅은 윌리엄의 눈길을 사로잡았다). 또 한번은 월리스와 에드워드 블라이드가 방문을 했다. 둘 다 열대에 다녀온 여행가들이어서, 다윈은 이들에게서 벌새와 아름다운 나비들에 관한 지식을 캐냈다. 지난 10년 동안 다운하우스에 이렇게 많은 사람들이 드나들기는 처음이었다. 다윈은 어느 날 저녁을 먹기 전에, "죽도록 피곤하지만 않다면, 이런 모임을 마음껏 즐길 텐데요"라고 즐겁게 말했다.

　　영국인들 사이에 섞인 그레이는 후커, 헉슬리, 틴들에게 압도당한 기분이었다. 그레이는 『변이』 앞에서 신학적 궁지에 몰렸으며, X클럽에서 『종의 기원』을 둘러싼 대화는 피할 수 없는 것임을 깨달았다. 그레이는 후커의 회장 강연도, 틴들의 몽상도 눈감아주기 어려웠으며, 잉글랜드의 유행 한 가지("거룩해 보이는 흰 수염")를 챙겨 하버드로 돌아가면서, 얼마간 남아 있었을 "다윈주의 논의"에 끼고 싶은 욕망일랑은 털끝만큼도 남기지 않고 깨끗하게 버리고 떠났다. 그는 "헉슬리 일당과 '섞이고' 싶은 생각이 추호도" 없었다.[26]

11월의 총선거에서, 처음으로 투표권을 가지게 된 100만 명의 유권자는 토리당의 후보들을 대패시키고, 자유당의 새로운 지도자 윌리엄 글래드스턴을 압도적인 표차로 다우닝가 10번지의 총리 관저로 보냈다. 그렇지만 X클럽의 대표는 아깝게 패배하고 말았다. 러벅이 다윈의 도덕적 지원(과 마차 대여)을 받으며 다시 켄트 서부 선거구에서 출마했지만, 토리당의 현직 의원에게 근소한 차이로 패했던 것이다. 다운의 교구목사였던 브로디 이네스는 안도의 한숨을 돌렸다. 이네스 목사는 다윈이 버밍엄의 하원의원이자 노동자계급의 영웅인 존 브라이트를 "독재자로 만들려" 한다며 다윈을 책망해왔다. 하지만 이네스에게는 지금 당장 해결해야 할 더 긴급한 지역의 정치 문제가 있었다. 이네스는 스코틀랜드에 있는 가족 저택에서, 다운의 현직 목사보를 응징하기 위해 다윈과 합동전선을 펼치고 있었다.

브로디 이네스가 "가난한 유급성직자 임지任地"의 관리를 맡긴 태만한 목사보 스티븐스 목사는 작년에 다원을 떠났다. 전부터 성직록의 책임으로부터 벗어나고 싶었던 이네스는, 다원에게 다운의 성직자를 지명하는 특권인 "성직추천권"을 사라고 제안했다(다원은 "나는 적임자가 아니다"라며 거절했다). 스티븐스의 후임으로 부임한 목사보들은 더 심했기 때문에, 브로디 이네스는 그들의 소행을 걱정하는 편지를 다원에게 쉬지 않고 보냈다. 새뮤얼 호스먼 목사는 겨우 석 달을 머물렀다. 빚더미에 올라앉은 호스먼은, 다원이 사정도 모르고 그 목사와 학교의 경리 업무를 나누어 맡는 바람에, 공금을 빼돌렸다. 다원은 이네스에게 호스먼은 "악한이라기보다는 그저 바보"라고 보고했지만, 이네스는 "호스먼이 미쳤다"고밖에는 생각할 수 없었다. 호스먼은 소송하겠다는 협박을 일삼다가 쫓겨났지만, 얼마 지나지 않아 후임자 존 로빈슨 목사가 "야밤에 소녀들과 산책"을 한 일로 전임자의 불명예를 계승했다.[27]

그렇다고 밝혀진 것은 아니지만, 다운하우스에 진을 치고 브로디 이네스의 눈과 귀 역할을 하는 사람이 이네스에게 보고한 바에 따르면, 그해 가을에 그런 소문이 돌았다.

> 아내 말로는, 앨런 부인이 자신의 하녀들 중 한 명과의 일로 인해 로빈슨 씨에게 매우 분개하더랍니다. 유죄를 입증하는 증거가 있는 것 같지는 않습니다. 나는 들은 이야기를 전하는 것뿐이니, 이 일에 내 이름을 언급하지는 마십시오. 우리 집 하녀들이 아내에게 말한 바에 따르면, 지금 분위기로는 아무도 교회에 갈 것 같지 않답니다…….

브로디 이네스에게서 온 답장에는, 로빈슨을 고발하고 싶은 자가 있다면 앞으로 나서라고 쓴 "요청장"이 동봉되어 있었고, 이 요청장을 교구 내에 회람시켜달라는 부탁이 들어 있었다. 이 편지는 다윈을 고민에 빠뜨렸다. 요청장을 돌리면 자신이 "개인의 명예를 훼손하는 행위"에 가담하고 있다는 것을 공표하게 되기 때문이었다. 그렇다고 그냥 가만히 있을 수도 없었다.

지금 "로빈슨 씨에 대한" 나쁜 소문은 "파다하게" 퍼져 있었다. 다윈은 마을을 돌아다니면서 탐정처럼 조사를 했다. 브로디 이네스는 크리스마스 직전에 판사 다윈의 판결을 들을 수 있었다.

앨런 씨가 직접 본 것은 아무것도 없습니다. 그 소녀의 이름은 이서 웨스터입니다. 앨런 씨 댁의 요리사가, 로빈슨 씨가 그 집 근처의 길가에서 그 소녀와 이야기를 나누는 모습을 보았답니다. 앨런 씨가 부인에게 들은 말로는, 그 소녀의 어머니(예전에 앨런 씨 댁에 고용되었던 사람입니다)가 로빈슨 씨에게 자기 집을 찾아오지 말아달라는 편지를 보냈다고 합니다. 또한 방탕한 생활을 하고 있는 것으로 추정되는 어떤 소녀가 살고 있는 마을 안의 한 집으로 로빈슨 씨가 들어가는 모습이 목격되었습니다. 앨런 씨는, 이 두 번째 이야기의 출처는 잉글하트 부인이며, 소녀의 어머니에 대한 이야기의 출처는 지방행정관 부인인 버클 부인으로 알고 있다고 말했습니다.

모두가 자신이 직접 본 게 아니라 남에게 들은 말을 증언한 것이었다. 그래서 다윈은 소문의 출처인 앨런 부인을 심문하며, 단련된 눈으로 부인의 감정을 관찰했다.

부인의 태도로 판단컨대, 부인은 많은 것을 알고 있었습니다. 하지만 부인은 긴장해서 얼버무리면서 확실하게 말을 하려 하지 않았습니다. 누구에게 들은 말인지 하나도 생각나지 않는다는 겁니다. 그 마을 소녀라는 아이가 누구인지도 생각이 나지 않는다고 합니다. 게다가 앨런 부인의 요리사도 확실히 말하고 싶어하지 않았고, 로빈슨 씨가 소녀와 이야기를 나눈 때가 낮이었는지 밤이 깊었을 때인지도 말하지 않았습니다.

"만일 확실한 증거를 얻을 수 있다면, 그것은 소녀의 어머니에게서겠지요." 하지만 "아마 그녀도 말하지 않을 겁니다." 다윈은 이와 같이 사건을 정리해서 그 요청장을 이네스 목사에게 돌려보냈고, "성가신 일을 만들어 진심으로 미안하다"고 전했다. 브로디 이네스는 "자신의 오랜 친구를 곤란한 난관에서" 구해준 데에 대해 큰 고마움을 표했다. 어쨌든 로빈슨이 약속한 시간은 얼마 남지 않았다. "나는 상주할 목사가 곧장 와주면 좋겠습니다."[28]

한편 다윈의 집에서는 다른 종류의 성 추적이 속도를 올리고 있었다. 다운하우스는 대영제국을 가로지르는 통신망의 중추가 되어, 더듬이를 세계 속의 작은 영국들을 향해 뻗치고 있었다. 우편주머니는 날마다 다윈의 성선택 연구를 돕기 위한 보석들을 가져다주었다. 스리랑카(실론)에서부터 캘커타까지의 식물학자들은 원숭이 갈기와 인도인의 수염에 관한 보고를 보내왔으며, 말라카 제도에서부터 니카라과까지의 광산기술자들은 원주민의 습성에 대해 가르쳐주었다. 지브롤터의 타일 제조업자들은 메리노종 양들을 주의 깊게 살펴봐주었고, 포르투갈의 와인 수출업자들은 그 지방의 꼬리 없는 개에 흥미를 가져주었다. 라플란드 사람들은 순록의 뿔을 측정해주었고, 뉴질랜드 사람들은 과감하게 마오리족의 미적 감각을 다루어주었으며, 퀸즐랜드에서부터 빅토리아까지의 선교사와 치안판사들은 원주민의 풍습을 관찰하기 위해 개종과 투옥을 멈추어주었다. 심지어 옛 비글호의 수병이었던 필립 킹도 도움을 주었다.[29] 정보를 수집하여 비교대조하고, 사실을 추적하여 증명하고, 옛날의 공책에 기록한 추론을 지구 전체로 확대하는 것. 다윈은 이런 일에 매우 뛰어난 사람이었다.

진화론에 대한 이해는 점점 깊어가고 있었지만, 그럼에도 다윈이 주장하는 맹목적이고 실수투성이며 우연에 좌우되는 진화 메커니즘에는 친구들이고 적들이고 할 것 없이 모두가 반대했다. 이 점에서는 라이엘과 그레이도, 오언이나 아가일과 같은 입장이었다. 이들 가운데 누구도 다윈의 메커니즘을 받아들이지 않았다. 1만 개의 변이 가운데 한 개가 우연히 쓸모가 있는 다윈의 "난장판" 과정에 맡겨도 인간이 진화할 시간이 충분히 나올까? 스코틀랜드의 물리학자들이 지구의 나이를 수백만 년이나 오그라뜨려 놓은 상황이었다. 우연히 생기는 변이를 기다리는 것은 시간이 많이 걸리는 일인 데다, 시간마저 줄어들고 있었다. 라이엘은 한때 거의 무한에 가까운 시간이 있었다고 보았고, 1859년에 다윈은 공룡이 지배했던 시대부터만 따져도 3억 년의 시간이 있었다고 상정했다. 하지만 윌리엄 톰슨이 지구는 냉각하고 있는 구체라는 전제〔톰슨은 지구가 전도傳導에 의해 열을 잃고 있으며, 이러한 냉각이 지구 나이의 상한을 정하게 한다고 결론지었다〕를 바탕으로 계산한 최근의 수치에 따르면, 지각이 고정된 때로부터 1억 년밖에는 지나지 않았다. 이것은 다윈의 '무작정 되는 대로'식의 굼벵이 과정에는 "터무니없이 부적합"한 시간이었다.[1] 신의 섭리를 주장하는 사람들에게는 물론 부족한 시간이 아니었다. 무작위적인 변이 대신에 "인도를 받는" 변이를 끌어들여 모든 과정이 창조주의 제어 아래 물 흐르듯이 흘러가도록 하면, 속도를 올리는 데에 아무런 문제가 없었기 때문이다. 물리학자들이 다윈을 골치 아프게 만들고 있었다.

톰슨은 윌리스의 교령회에 출몰하는 "불쾌한 귀신" 같은 존재였다. 다윈은 톰슨이 생물의 진화에 필요한 시간을 이렇듯 싹둑 잘라버린 것에 경악했다. 본인의 지질학 계산에 자신이 없어진 다윈은, 케임브리지에서 수학 학위를 받고 막 돌아와 있는 조지에게 톰슨의 계산을 확인해달라고 부탁했다. 다윈은 "세상이 이렇게 짧았다는 사실"을 믿을 수 없었다. 초기 실루리아기의 바다생물이 등장하기 전에 끝없는 시간이 있었음이 틀림없다. "그렇지 않다면 내 견해는 틀린 것인데, 그럴 리가 없다. 증명 끝." 수백 미터의 두꺼운 퇴적물이 그렇게 짧은 시간 동안에 쌓일 수 있었을까? 아니면, 오래된 지층은 풍화하여 사라져버렸을까? 말이 되지 않았다.

그럼에도 다윈은 이 비판에 대응하여, 1868년에서 69년으로 넘어가는 겨울 동안에 『종의 기원』의 새로운 판(제5판)에 성형수술을 감행했다. 이따금씩 칼질이 좀 깊게 들어간 대목들도 있었다. 다윈은 유용한 변이가 더 많이 출현하는 원인을 환경에서 찾았다. 이렇게 하면 진화 과정이 빨라지고, 새로 생긴 변종이 교잡에 의해 개체군 속에 다시 섞이게 될 위험이 줄어든다. 그리고 과도하게 사용한 기관은 (대장장이의 이두박근처럼) 커지며 이러한 변화가 자손에게 전달될 수 있다("사용유전使用遺傳")는 오래된 개념도 되살려냈다.[2] 이 모두는 변이에 집중적인 방향성을 부여함으로써 진화가 더 빨리 일어날 수 있도록, 놀랍도록 다양한 생물이 고작 1

억 년 동안에 출현할 수 있도록 해주었다. 수정작업은 1869년 2월 10일, 다윈의 60세 생일 이틀 전에 끝났다.

일주일 뒤에, 지질학회 회장인 헉슬리가 "법무장관" 역할을 맡아, 지질학회에 시간 문제에 대한 조언을 했다. 헉슬리의 간결한 성명은 사기를 북돋우기 위한 것이었다. 누구보다도 다윈의 사기를 높이기 위한 것이었다. 헉슬리는 진화론의 원외활동단을 대변하여 다음과 같이 선언했다. "생물학은 지질학에서 시간을 빌린다. 만일 지질학 시계가 틀렸다면, 모든 자연학자는 변화의 속도에 대한 저마다의 가설을 수정해야 할 것이다." 헉슬리가 태양은 열을 가하고 육지는 식는다는 것이 얼마나 괴팍한 변화인지를 지적하며 강연을 끝마쳤을 때, 지질학 시계의 오류와 관련한 "만일"은 큰 가능성으로 부풀어올랐다.

다윈은 헉슬리의 강연이 아주 "대단했다"고 생각했다. 하지만 헉슬리에게 과학의 여왕인 물리학의 명예를 훼손했다는 비난이 쏟아졌다. 톰슨의 한 동료는, 헉슬리가 그의 친구들인 지긋지긋한 "노동조합주의자들"처럼, 물리학자들이 제공한—생물학자들의 수고를 덜어준—정교한 메커니즘을 때려부수었다고 비난했다. "교육받은 과학자들이 베틀 짜는 직공들이 저지르는 끔찍한 오류에 빠졌다는 사실은…… 유례없는 심리현상으로서, 마음과 뇌의 기이한 병들에 대해 자극적인 글을 쓰는 자들의 관심을 끌 만하다." 톰슨의 계산은 이러한 생물학의 야후[사람의 모습을 한 짐승]들에게 오히려 너무 관대한 것이다. "1,000만 년, 또는 1,500만 년"이 지구의 실제 나이인 것이다. 이 수치가 사실이었다면, 진화적 적응이 끼어들 여지는 사라져버렸을 것이다.

이 글을 읽은 다윈은 "기가 죽었다." 그의 지구가 더욱더 줄어든 것이었다. 솔직히 다윈은 그 수치를 조금도 믿지 않았다. 다윈은 그 서평에서 후커에 대한 "심한 조롱"과 헉슬리에 대한 실체 없는 비판을 보고 위안을 느꼈다. 자신이 혼자가 아니라는 사실을 알았기 때문이다. "이 서평은—내게 그 사실을 보여주려 했던 것은 아니겠지만—헉슬리가 얼마가 똑똑한 친구인지를 보여주고 있네. 서평자는 헉슬리의 능력에 감탄하지 않을 수 없었으니까." 다윈은 후커에게 이렇게 말했다. 조지는, 성서를 가지고 다니는 에든버러 대학의 자연철학 교수이며 톰슨의 동료인 P. G. 테이트가 그 최신 수치를 계산했으리라고 추측했다. 조지는 또한, 톰슨의 측정치는 무시할 성질의 것이 아니라는 인상을 주었다. "제가, 군의 수학으로 아버지를 주눅 들게 하지 말라고 그러더라고 전해주십시오." 후커가 다윈의 기를 살려주었다. "헉슬리의 강연을 한 번 더 읽힌 다음에, 대학으로 돌려보내십시오."[3]

올 봄에 다윈은 과학 문제 말고도 유쾌하지 않은 일을 겪었다. 4월에 키스턴 스퀘어에서 자신의 늙은 애마인 토미를 타고 달리던 중, 말이 발이 걸려 넘어지면서 그를 바닥에 내동댕이치고 그 위를 덮쳤던 것이다. 다윈은 심한 타박상을 입었고, 의사는 몇 달 동안 휴식을 취하라고 권고했다. 그럼에도 다윈은 몇 주 내에 회복했으며, 에마의 감시 아래 일을 다시 시작했다. 하지만 토미를 더 이상 믿을 수 없다는 데에는 부부가 의견이 일치했다.[4] 60세가 된 찰스에게는 더 안전한 말이 필요했다. 하지만 그는 그런 말을 찾지 못했고, 승마를 즐기던 날은 이로써 끝이 나고 말았다.

헤켈에게 형이상학의 도리에 대해 훈계했던 헉슬리는, 에든버러에서 '생명의 물리적 바탕'이라는 제목의 일요"일반인 설교"를 하고 나서 자신이 이단 혐의를 받고 있다는 사실을 알았다. 헉슬리의 강의는, 생명과 마음은 미화된 화학 과정이라고 말한 대목에서 유물론처럼 들렸던 것이다. 하지만 헉슬리는 유물론은 심령주의만큼이나 말도 안 되는 이론이라고 주장했다. 하지만 소용이 없었다. 『포트나이틀리 리뷰』에 실린 헉슬리의 강의는 커다란 반향을 불러일으켰으며, 그의 강의가 실린 호는 7판까지 찍는 기염을 토했다. 종교계의 필자들은 입에 거품을 물었다. "대중을 위한 일요 야학"을 열고, "일요 과학학교"를 추진하고, 런던의 "일요강좌협회"의 회장을 맡고 있는 그 작자는 다윈주의의 화신이며, 새로운 세속적 신앙을 퍼뜨리는 대사제가 아닌가?[5] 그들은 헉슬리를 영혼이 없는 물질 인간이며, 부도덕한 무신론자로 묘사했다.

헉슬리의 정체에 대해 논란이 있었다 해도, 사실 헉슬리는 이러한 비판의 어느 것에도 해당하지 않았다. 4월에 한 자유주의적인 종교인 집단이 영국의 반목하는 지식인들 사이에서 종교적인 합의를 이끌어내려는 마지막 시도를 했을 때, 헉슬리는 자신의 태도를 분명히 밝혔다. 그들의 월례토론회인 "형이상학협회"는 온갖 신앙과 이단을 모아놓은 모임이었다. 주교와 대주교들이 실증주의자, 이신론자, 유니테리언파 교도들과 한자리에 있었으며, 거기에 양념으로 좀 특이한 무신론자도 섞여 있었다. 헉슬리는 다윈주의 일파를 대표하여 틴들, 러벅과 함께 참가했는데, 누군가가 자신을 낙인찍기 전에 미리 스스로를 규정하는 꼬리표를 꺼내들었다. 헉슬리는 "불가지론자"라는 명칭을 만들어냈다. 불가지론자는 신의 존재를 부정하지도 확증하지도 않는다. 세계가 물질로 만들어졌는지, 영혼으로 만들어졌는지, 아니면 그 밖의 다른 것으로 만들어졌는지에 대해서는 아는 체하지 않는다. 이 문제는 "달세계 정치"를 논하는 것처럼 논해도 끝이 없고, 보람도 없기 때문이다. 다윈의 과학은 그러한 쓸데없는 말싸움을 넘어선, 알 수 있는 세계만을 상대하는 것이었다. 헉슬리에게 다윈주의는 "그저 '비종파적'인 것만이 아닌…… 완전히 '비종교적'인 것"이었다.[6]

헉슬리는 전투적인 논쟁을 좋아했으며, 반동적으로 반응하는 적이 필요했다. 가톨릭교가 그것을 제공했다. 헉슬리는 늘 로마 가톨릭교회를 "우리의 최대 적", 최고의 장애라고 비방했다. 헉슬리는 가톨릭교회를 예수회 민병대로 묘사하면서, 과학이 초래한 변화에 맞서 싸우도록 훈련된 신부들은 국교반대파의 시민군에 버금가는 존재이며, "잘 훈련된 나폴레옹 친위대의 퇴역군인" 같다고 말했다. 이러한 전략적인 공격은 가톨릭교회 쪽에 있는 헉슬리의 추종자 조지 마이바트를 괴롭혔다. "원숭이와 비슷한 사람"에 대한 이야기를 듣는 것은 고통스러웠으며, 가톨릭교회는 "생사를 걸고 과학과 현대문명의 진보에 저항한다"는 말을 듣는 것도 괴로웠다. 설사 교황이 최근에 내놓은 격렬한 비난 속에 그런 뜻이 들어 있었다 해도 말이다(마이바트는 자유주의자로서, 교황 피우스 9세의 「교서요목」을 진지하게 받아들이지 않았다). 또한 포크트의 선동적인 저서 『인간학 강의』과 헤켈의 『생물체의 일반 형태』 같은 유럽 대륙의 개혁적인 저작들도 도움이 되지 않기는 마찬가지였다. 마이바트는 고뇌에 빠졌다. 다윈에게 보낸 마이바트의 편지들은 절망의 토로였다.

> 저는 '자연선택설'의 저자에 대해서는 감사하는 마음과 진심으로 존경하는 마음 외에 다른 감정이 전혀 없습니다. 하지만 이 이론을 단지 더 높은 가치들을 공격하는 무기로 이용하는 사람들, 인간의 그 '기원'이 무엇이든, '목적'을 향해 나아가는 것을 방해하는 수단으로 이용하는 사람들은 가슴 깊이 혐오합니다.

마이바트의 말은 헉슬리를 염두에 둔 것이었다. 마이바트는 "이탈리아를 돌아다닐" 때, "대부분의 철도 역사"에서 헉슬리의 『자연에서의 인간의 위치』가 수많은 "외설스러운 책들 속에 섞여" 판매되고 있는 것을 보고는 "놀라움과 슬픔"을 금치 못했다.[7] 헉슬리의 공격적인 자세가 다윈의 추종자들을 떨어뜨리고 있었다.

월리스와 관련해서도 성가신 일이 일어나고 있었다. 다윈은 라이엘의 『지질학 원리』 제10판에 대한 월리스의 서평을 불안한 마음으로 기다렸다. 고교회파의 『가디언』은 이미 라이엘의 온건한 다윈주의에 호의적인 서평을 썼다. 월리스는 이에 대해 "토리당원들이 급진적인 개혁법안을 통과시키고, 교회의 정기간행물들이 다윈주의를 칭찬하는 상황이라면, 천년왕국이 눈앞에 있는 것이 틀림없습니다"라고 말했다. 하지만 다윈이 우려하는 것은, 월리스가 주장하는 영적인 힘에 의해 추동되는 진화였다. "나는" 당신의 서평이 "몹시 신경이 쓰입니다." "당신이, 당신과 내가 공동으로 낳은 자식을 처참하게 살해하지 않았기를 진심으로 바랍니다." 뼈아프고 애타는 심정이 반영된 말이었다. 월리스의 서평은 4월에 나왔다. 다윈은 송장이 된 자식을 확인했으며, 형체를 알아볼 수 없을 만큼 파헤쳐진 모습에 경악했다. 다윈은 월리스의 문장들 속에 수많은 탄식의 감탄부호를 꽂아넣었으며, "안 돼"라는 말을 적고 밑줄을 세 번씩 그었다.[8]

월리스는 인류의 확장된 의식을 선택의 영역에서 완전히 빼버렸다. 야만인들은 필요보다 훨씬 큰 마음의 능력을 갖고 있다. 그들은 고릴라의 뇌보다 약간 큰 뇌 정도면 충분하지만, 실제로는 영국의 지식인만 한 뇌를 갖고 있다. 이것은 과잉지능이다. 자연선택은 당장 쓸모가 있는 것만을 상대하기 때문에, 야만인들에게 그러한 뇌를 부여할 수 없었을 것이다. 하지만 영적인 힘이라면 가능했을 것이다. 아마존과 동남아시아에서 표본을 채집하면서 원주민과 함께 생활한 이 사회주의자는 야만인을 높이 평가했다. 다윈은 교활하고 식인 풍습도 있는 듯했던 푸에고인들에 대한 경험을 토대로 야만인에 대한 편견을 갖고 있었지만, 월리스는 그런 견해를 공유하지 않았다. 보르네오 섬의 다야크족과 함께 생활하는 동안,

월리스는 이렇게 말한 적이 있었다. "비문명인들을 보면 볼수록, 인간 본성에 대해 더 좋은 인상을 갖게 됩니다." 그들의 뇌는 과한 선물이지만, 어떤 부족들은 그것을 이용해서, 그들을 절멸시키려 하는 이주자들보다 더 높은 도덕성을 발달시키기도 했다.

큰 뇌는 문명의 발달을 위해 없어서는 안 되는 전제조건이었다. 하지만 자연선택은 앞을 내다보는 눈이 없다. 자연선택은 미래의 필요가 아니라 그날그날의 생존에 대비할 뿐이다. 그리고 치열한 자본주의 탓에 도덕적 장애인이 된 빅토리아 시대 영국인의 "사회적 야만"을 보면, 자연선택은 더 나은 문명을 만들어낼 힘이 없는 것이 분명했다. 월리스는 더 고차원적인 영적인 힘이 인류의 운명을 인도한다고 생각했다. 영적인 힘이 뇌를 진화시켰으며, 이것이 인간을 구원하여 천년왕국으로 안내할 것이다.

"나는 슬플 만큼 당신과 생각이 다릅니다. 그리고 그것이 참으로 유감스럽습니다." 다윈은 월리스에게 쓴 편지에서 이렇게 말했다. 누구보다 확고한 진화론의 변호인이 엉뚱하게 초자연적인 지능을 끌어들이고 있다니, 한심하기 이를 데 없는 노릇이었다. 또한 "믿기지 않을 만큼 이상하기도" 했다. 다윈은 사정도 모르고, 뇌에 관한 문단들은 "다른 누군가의 손에 의해 삽입된 것"이라고 단언할 뻔했다. 월리스의 답장을 받아보니, 그 누군가의 손은 다름아닌, 보이지 않는 영적인 손이었다. 월리스는 "과학이 아직 밝히지 못한 힘과 영향력이 존재한다"는 사실을 알게 된 뒤로 생각이 바뀌었다고 고백했다.[9]

배신의 봄은 절망의 여름으로 바뀌고 있었다. 6월 3일에, 헉슬리의 도움으로 마이바트는 왕립학회의 특별연구원이 되었다. 이것은 원숭이 연구에 대한 마이바트의 의욕을 무엇보다 잘 보여주는 증거였으며, 곧 닥칠 잔인한 일격에 대한 기미는 조금도 엿볼 수 없었다. 열이틀 뒤, 마이바트는 변절했다. 마이바트는 헉슬리의 얼굴을 마주보며, 인간 본성과 도덕성을 둘러싼 다윈주의 견해들에 대한 반론을 발표할 계획이라고 말했다. "내 뜻을 분명하게 밝히자마자, 그의 안색이 예전에는 한 번도 보지 못했던 빛으로 바뀌었습니다." 마이바트는 이렇게 술회했다. "그럼에도 헉슬리의 표정에는, 어쨌거나 놀랍고 슬프다는 기색이 비쳤습니다. 섭섭함을 비치면서도 매우 단호한 어조로, 종이라는 문제만큼 사람을 붙여놓았다가 갈라서게 하는 것도 없다고 말할 때, 그는 부드럽고도 친절했습니다." 마이바트는 특별한 측근 집단으로 데려오기 위해 공을 들였던 사람이었다. 마이바트의 도망은 변절로 보였다. 쓸쓸한 역습이 시작됨에 따라, 다원주의자들은 결속을 강화했다.

사실 마이바트가 가톨릭계의 『먼스*The Month*』에 자연선택설을 비판하는 익명의 기사를 발표했을 때, 금은 이미 가 있었다. 마이바트는 자연선택의 수많은 난점들을 제기했다. 태반류인 개와 유대류인 다스마니아승냥이가 기적처럼 수렴하고 있는 것을 자연선택으로 어떻게 설명할 수 있는가? 초기 단계의 날개는 어떻게 설명할 것인가? 반쪽만 발달한 날개를 어디에 쓸 수 있단 말인가? 자연선택은 동물이 진화의 모든 단계에서 제대로 기능한다는 것을 전제로 하지 않던가. 이것은 난문들이었다. "초기 단계의 기관들이 과연 쓸모가 있었느냐 하는 것은 정말 곤란한 문제입니다. 서로 비슷한 복잡한 기관들이 어떻게 독립적으로 기원했느냐 하는 문제도 그렇습니다." 윌리스는 『먼스』를 읽고 나서 다원에게 이렇게 시인했다. 다원은 그 익명의 기사를 읽으며 빽빽하게 주석을 달았다. 다원은 마이바트가 주장하고 있는, 분명한 목적을 위해 작용하는 내적인 힘을 인정할 수 없었다. 또한 생명이 신의 의지에 따라 떠밀려 나아간다는 견해도 받아들일 수 없었다. 라이엘, 그레이, 아가일에 동의할 수 없는 것과 마찬가지였다.[10]

마이바트와 윌리스가 물을 흐려놓았다면, 아가일은 가라앉은 앙금을 휘저었다. 그 결과물이 베스트셀러가 된 더욱 허무맹랑한 책 한 권이었다. 인도 담당 국무장관이 된 아가일은 시간을 쪼개 글래드스턴의 아일랜드 정책을 추진하고, 인도의 철도를 체계화했으며, 다른 모든 사람들처럼 인간에 대한 책을 펴냈다. 『원시인류』는 화이트홀〔런던의 관청소재지〕의 집무실에서 인도의 경영을 고민하는 자유당원 공작에게 기대할 수 있을 만한 수준의 글이었지만, 대중들은 이런 것을 좋아했다.

아가일은 선사시대의 긴 역사는 인정했지만, 인간이 더 야수 같았다는 흔적은 찾을 수 없다고 주장하며 러벅에게 도전했다. 인류가 "완전한 야만의 상태"로부터 아무 도움 없이 올라왔다는 것은 불가능해보였다. 하지만 높은 상태에서 추락할 수는 있다. 현대의 야만인은 석기시대의 자취가 아니라, 더 적응도가 높은 인종들에게 밀려 최악의 지역으로 쫓겨나 퇴화한 존재인 것이다. 또한 인류의 조상들은 도덕적으로도 야만적이지 않았다. 게다가 자연선택이 어떻게 인간의 이 모든 특성을 만들어낼 수 있었을까? 인간의 분홍빛 피부와 가냘픈 골격을 보라. 이것을 상쇄할 이성이라는 선물이 먼저 주어지지도 않은 상태에서, 선택이 이런 가냘픔을 서서히 진화시킬 수 있었다고? 이렇게 무력한 야만인이 어디에서 생존투쟁을 견딜 수 있었겠는가? 한 신문이 정확한 대답을 내놓았다. "영국과학진흥협회의 연로한 고위층 인사 한 명을 발가벗겨서 드 셸뤼 씨의 고릴라 앞에 놓고, 생존투쟁이 얼마나 짧고 모진지 똑똑히 보라."[11]

아가일은 단호했다. "인간은 인간다운 정신을 갖고 나서야 짐승의 흔적을 잃을 여유가 생긴 것이 틀림없다." 그리고 존 경이 말하는 야만인이 철기를 알지 못했다고 해서, 그것이 "의무나 신에 대한 무지"를 뜻하는 것은 아니라고 말했다. 다윈은 아가일의 논증이 대단히 교묘하고 다소 장황하다는 인상을 받았다. 다윈은 진정한 『인간의 유래』를 써내려가면서, 그 조상들이 없는 상황에서 누구도 인간이 "더 작고 약해졌다"고 단정할 수 없다고 지적했다. 어쨌든 다윈은 아가일의 주장을 뒤집으며, 인간의 허약함은 사회적 결속을 장려했으며, 이와 더불어 도덕 감각을 발달시켰다고 덧붙였다. 러벅은 영국과학진흥협회에서 이 문제에 대해 다시 강연할 준비를 했다. 그것은 야만인의 습성은 석기시대의 잔재이며, "이전의 야만 상태를 보여주는 증거"라는 주장이었다.[12] 그리고 그는 푸에고인에 관한 다윈의 관찰을 방패 삼아, 『선사시대』의 제2판에서 이 점을 단단히 각인시켰다.

러벅이 과학진흥협회 모임을 준비하는 동안, 낙마사고에서 회복된 다윈은 "집안 여자들"에 이끌려 불평하고 투덜대면서 휴가를 떠났다. 그들은 6월 10일에 바머스 계곡의 카디온을 향해 출발했고, 가는 길에 슈루즈버리에 들렀다. 마운트 저택을 찾았는데, 새로운 주인들은 향수에 잠긴 다윈을 졸졸 쫓아다녔다. "5분만 나를 온실에 혼자 내버려두었더라면, 마치 휠체어에 앉은 아버지가 내 앞에 있는 것 같은 느낌이 들었을 텐데." 다윈은 한숨을 내쉬었다. 히스의 보라색 꽃이 만발한 북웨일스 언덕에서 옛날 생각을 떠올린 다윈은 우울한 기분에 젖어들었다. 학생 때처럼 그 언덕 꼭대기까지 힘차게 달리고 싶었지만, 그는 지금 집에서 80미터 거리도 겨우 걸을 수 있는 신세였다. "편안한 무덤 속에 고이 잠들고 싶은 기분이다." 다윈은 조지를 따라 병상에 누웠으며, 그동안 다른 아이들은 마음껏 뛰어놀고 단체사진을 찍기 위해 포즈를 취했다.

그 휴양지에는 다른 명사들도 있었다. 어느 날 오후에 완만한 언덕을 터벅터벅 걸어 올라가던 다윈은 누군가가 자신을 부르는 소리에 걸음을 멈추었다. "우거진 관목"의 틈새를 뚫고 보니, 180미터 정도 떨어진 길 위에, 여성과 동물의 권리 보호운동을 하고 있는 코브 양이 보였다. 코브는 밀 씨가 쓴 여성해방론에 관한 책 『여성의 종속』에 대한 이야기를 하고 싶어 못 견뎌 했다. 그녀는 그것이 인간의 유래에 관한 다윈의 연구에 딱 맞는 책이며, 특히 성선택에 관한 장들에 많은 참고가 될 것이라고 말했다. 거기에 대해 다윈은 밀이 생물학으로부터 "뭔가를 배우는 편이 좋겠다"는 대답을 돌려주었다. 남자의 우위는 "생존투쟁"의 산물이고, 남성 특유의 "정력과 용기"는 "여성을 차지하기 위한" 투쟁의 결과물이다. 이 말을 듣고 코브는, 다윈의 명백한 윤리적 오류들을 해결하는 데에 도움이 될 칸트의 "도덕 감각"에 관한 책을 빌려주겠다고 제안했다. 다윈은 정중하게 거절했다.[13]

11월에 『네이처Nature』가 창간됨으로써, X클럽은 영구적인 발표의 장을 얻었다. 그 지면을 이용해 후커가 서평을 쓰고 헉슬리가 괴테를 칭송하는 동안, 다윈은 『네이처』의 또 다른 지지자인 프랜시스 골턴이 쓴 『유전적 천재』를 읽고 있었다. 그리고 나서 다윈은 육촌 골턴에게 칭찬의 편지를 썼다. "당신은 어떤 의미에서 적을 개종시킨 겁니다. 나는 바보들을 제외하고는 모든 인간이 지능에 그다지 차이가 없으며, 오직 열정과 노력에서 차이가 날 뿐이라고 항상 주장해왔기 때문입니다. 그리고 나는 여전히 후자는 매우 중요한 차이라고 생각합니다."[14]

집에 돌아온 다윈은 뼈빠지게 일을 하며 그해를 마감했다. 그는 "조잡한 문장들을 가다듬고", 성선택에 관한 장을 끝내기 위해 고군분투하고, "언제까지나 계속되는 암컷과 수컷, 암탉과 수탉에 지긋지긋해하면서" 하루하루를 보냈다. 그러다 보니 그는 "오리처럼 멍해"졌다. 세계 곳곳에 흩어진 이주자들과 제국 건설자들은 여전히 잡동사니 정보들을 계속 보내오고 있었다. 중국으로 떠난 아들들은 그의 눈 역할을 했고, 케이프타운의 식민지 사무소에서는 아프리카 나방에 관한 정보를 보내왔으며, 인도에서부터 시에라리온에 이르기까지 다윈에게 "표정에 관한 질문들"이 적힌 질문지를 받은 사람들은 현지의 원주민들을 면밀하게 관찰했다. 『인간의 유래』에는 적어도 제국의 발자취가 찍히게 될 것이다.

모든 눈이 다윈을 향하고 있었다. 다윈을 뺀 모두가 인류의 흥망성 쇠에 대해 이야기했다. 그들은 다윈이 분명한 의견을 표명하여 혼탁한 물을 맑게 해줄 것이라고 기대했다. 머리가 새로 발간한 문예월간지『아카데미*The Academy*』는 창간호에서 다윈의 새로운 저작을 소개했다. 언제나 그렇듯이, 독일인들이 남들보다 먼저 뛰어들어『인간의 유래』를 번역하기 위한 경쟁에 나섰다. 다윈으로서는 카루스가 하면 안심할 수 있었지만, 의욕이 넘치는 포크트가 한다고 생각하면 등골이 오싹했다. 다윈은 이래즈머스의 집에서 프란시스 코브에게, 포크트가 런던에서 "용기를 얻기 위해 인간의 심장이나 눈만을 먹는 형태로 점점 모습을 바꾼 식인 풍습이 최후에 도달한 상징적인 의식이 미사라고 설명하는 강연을" 했다고 말했다. "영국에서 그러한 화제를 입에 올린 사람에게 무슨 품위를 더 기대하겠습니까." 이것이 다윈의 유일한 코멘트였다.『인간의 유래』가 그런 조롱을 일삼는 냉소주의자의 손에 들어가게 둘 수는 없었다.

이러한 논쟁적인 문제에 대해 솔직한 입장을 밝혀야 한다는 생각에, 다윈은 두려워 견딜 수가 없었다. 비평가들이 벼르며 기다리고 있었다. "나는 책을 낼 때마다, 처형이라고까지는 말할 수 없어도 도처에서 비난이 쏟아질 것이라고 예상합니다." 다윈은 마이바트에게 반쯤 비난조로 말했다. [15)]

찰스는 연구의 열정에 불을 지펴가며 길고 추운 겨울 동안에도 원고를 계속 써서, 인간의 "정신 능력"과 "도덕 감각"에 관한 장들을 마무리했다. 그는 이것을 칸에 부쳤다. 그곳에는 어느덧 결혼할 때가 된 스물일곱 살의 헨리에타가 자유롭게 여행을 하고 있었다. 문장가이며 깐깐한 도덕주의자인 헨리에타는 아버지의 문장을 가다듬고, 체면을 갖추었다. 헨리에타가 손을 본 곳들 가운데 일부는 너무 복음주의적인 냄새가 나서 다윈은 걱정스러웠다. 마치 설교를 읽고 있는 것 같았다. "내가 목사가 될 줄 누가 알았을까!"

　게다가 무신론적인 논조를 고려하면, 그냥 목사도 아닌 반기독교 목사였다. 다윈의 견해에 따르면, "종교에 빠져드는 감정"은 원숭이가 사육사에게 보이는 애정, 혹은 헨리에타의 애완견 폴리가 주인에게 보이는 "깊은 사랑"과 기본적으로 다르지 않았다. "신에 대한 고귀한 믿음"도 생득적이고 보편적인 것이 아니라 사회질서를 유지하기 위한 매우 고차원적인 구속일 뿐이었다. 모든 믿음과 관습은 동물의 본능과 야만인의 미신에서 기원했다. 이것은 옛날에 공책을 채우던 시절부터 해왔던 오래된 생각이었다. 하지만 『종의 기원』이 열광을 불러일으킨 지 10년이 지난 지금도, 그런 견해를 출판하면 가족이 다칠 수 있었다. 따라서 헨리에타가 맡아야 할 역할은 잘못된 유추를 빼는 것이었다. 헨리에타가 원고를 다듬을 때, 그녀의 수호천사인 에마가 뒤에서 코치를 했다. 에마는 편지에서, 도덕과 종교를 논하는 것은 "매우 흥미로운" 일이겠지만 "또다시 신을 멀리하게 되는 것은 싫다"고 말했다.[16]

　찰스는 금방 다시 치쳤고, 에마는 휴식을 위해 "그를 어딘가로 강제로 데려가겠다"는 협박을 실천에 옮겼다. 그는 이번에는 순순히 따라갔다. 목적지는 케임브리지였다. 프랭크가 훌륭한 성적으로 수학 학위를 받고 졸업할 예정이었으며, 호레이스가 프랭크의 뒤를 이어 트리니티 칼리지를 다니고 있었다. 때는 5월 중순이었고, 대학의 뒤뜰은 "천국과도 같았다." 30여 년의 세월이 흘러 이 고풍스러운 거리를 다시 찾는 감회는 남달랐다. 호레이스의 건강상태를 확인하기 위해 헨리에타와 베시가 아버지와 동행했고, 일행은 불 호텔에 묵었다. 떠들썩한 시장과 우후죽순처럼 들어선 상점들 외에도, 세인트존스 칼리지에는 새로운 예배당이 생겼고, 그레이트세인트메리 칼리지의 예배당은 새 단장을 했으며, 옛날에 식물원이 있던 자리에는 박물관과 강의실이 들어서 있었다. 찰스는 학생시절에 산책을 하던 생각을 떠올리며 내내 "그리운 헨슬로" 생각을 했다. 그가 없는 케임브리지는 "케임브리지가 아니었다."

떠나기 전날, 그들은 세지윅 교수와 우연히 마주쳤다. 늙어서 "고독하고 쓸쓸하게 살고 있는" 세지윅은 "사랑하는 가족과 함께 있는" 찰스를 보자 "기뻐서 어쩔 줄 몰랐으며", 찰스를 앉혀놓고 오랫동안 이야기를 나누었다. 세지윅은 마치 『종의 기원』 같은 책은 출간된 적이 없다는 듯이 찰스를 대했다. 예의를 차리느라 그랬을지도 모르지만, 찰스는 세지윅의 뇌가 "흐려졌다"고 생각했다. 세지윅은 자신의 자랑이자 기쁨인, 화석과 암석들로 가득한 우드워디언 박물관을 구경시켜주고 싶어했다. 찰스는 시간이 늦었지만 차마 거절할 수가 없었다. 옛날의 학생감은 긴 옷자락을 휘날리고 지팡이를 짚고 비틀거리며 앞장서서 거리를 헤치고 나갔다. 찰스는 "완전히 녹초가 되었으며", 다음 날 아침에 겨우 몸을 끌고 기차를 탈 수 있었다. "나를 죽이고 있다고는 상상도 못했을 여든여섯 노인에게 그런 식으로 죽임을 당할 뻔하다니, 정말 굴욕이 아닌가."[17]

무사히 집에 도착한 다윈은 세지윅의 신성하게 창조된 인간을 관에 넣어 못을 치는 작업을 계속했다. 다윈이 무엇을 하려는지를 깨닫지 못한 자들도 있었다. 옥스퍼드 대학의 새로운 명예총장인 토리당원 살리스버리 경은, 민법 명예박사학위를 수여하겠다며 6월의 학위수여식에 다윈을 초청했다. 다윈은 케임브리지에 갈 만큼은 건강했지만, 건강이 좋지 않다고 말하며 거절했다. 고교회파의 본거지에서 수여하는 영예는 아무리 좋게 봐도 의심스러웠으며, 어쨌거나 그는 헉슬리의 말처럼 타협의 산물로서 지명된 후보자였기 때문이다. 헤브루어 레기우스좌座 교수로 존경을 받고 있는 에드워드 퓨지 목사가 후보자들에 대한 소문을 들었을 때, 한바탕 "난리법석"이 났다고 했다. 퓨지는 "1순위 후보보다 더 질 나쁜 일곱 명의 악마를 제외한다"는 조건으로 "선생님의 학위 수여"에 동의한 것 같습니다. 그렇지만 "선생님이 출석할 수 있었다면 좋았을 텐데요"라고, 헉슬리는 빈정거리며 웃었다. "선생님을 위해서가 아니라 그들을 위해서 말입니다. …… 누가 뭐래도 선생님은 악마의 두목이니까요."[18]

다른 영예들은 받아도 되는 것이었다. 모스크바의 제정러시아 자연사협회는 다윈을 명예회원으로 선출했으며, 남아메리카 선교사협회도 같은 영예를 수여하겠다고 했다. 더러운 차림새의 제미 버튼을 마지막으로 보았을 때 다윈은 야생의 푸에고인들은 결코 길들일 수 없다고 악담을 했고, 피츠로이의 실패는 그들의 습성을 깨는 것이 불가능하다는 사실을 증명했다. 하지만 어떤 인간도 "복음의 단순한 메시지를 이해하지 못할 만큼 하등하지" 않다고 굳게 믿으며 그 협회의 각종 기록들을 줄줄 외는 설리번은 다윈을 참회하게 만들었다. 한 국교회 전초지가 티에라델푸에고에 건설되어 원주민을 개종시키고 옷을 입히는 데에 성공했으며, 전략적인 혼 곶 지역은 영국의 선박이 안전하게 닻을 내릴 수 있는 곳이 되었다고 했다. 그 증거로 설리번은 제미의 아들의 단정한 모습이 찍힌 사진을 보내왔다. 문명의 축복을 전파하는 데에 열심인 다윈은 수년 동안 선교단에 작은 기부를 해왔다. 그러니 그는 그 협회의 명예회원이 되는 것이 자랑스러웠을 것이다. 다만 다윈은 설리번에게 경고의 메시지를 남겼다. "나는…… 인간도 일부 다루는 또 다른 책을 곧 낼 예정입니다. 아마도 많은 사람들이 사악한 책이라고 비방할 것이라는 점을 알고 계십시오."[19]

다윈을 가장 기쁘게 한 선거는 러벅이 당선된 선거였다. 다윈의 이웃은 1870년 2월에 메이드스톤 선거구로 돌아와 불과 100표 차이로 하원에 입성했으며, 다윈은 그가 당선되자마자 일거리를 맡겼다. 다운의 전보 배달이 아주 열악한 상태라서, "모든 주민"은 새로 당선된 국회의원이 그 상태를 개선하도록 우편국에 압력을 넣어줄 것을 원했다. 또한 영국에 곧 인구조사가 실시될 예정이었다. 한때 제자였던 러벅이 힘을 써준다면, 이 조사를 인류학 설문지로 바꿀 수 있을지도 모른다. 다윈은 지난 수년간에 걸쳐 수십 장의 질문지들을 돌려, 농장주, 군의관, 선교사, 식민지 여행자들로부터 직접적인 보고를 받아보았다. 그런데 지금, 나라 전체를 근친결혼을 둘러싼 의문에 관한 정보망으로 활용할 절호의 기회가 온 것이다.

다윈은 비둘기들을 무수히 교배해왔다. 지금은 타화수분한 식물과 자가수분한 식물의 성장을 비교하는 실험을 하고 있었다. 하지만 인간에 관해서는 공백이었다. 『인간의 유래』는 증거가 부족했다. 영국은 살아 있는 실험실이며 인구는 계속 불어나고 있지만, 아직까지 근친결혼 가정의 출산율을 조사한 사람은 없었다. 다윈가와 웨지우드가에서 찰스의 세대만 따져도 네 쌍이 사촌끼리 결혼을 했기 때문에, 이 질문은 다윈에게는 개인적인 질문이기도 했다. 만일 자신의 병약한 아이들이 근친결혼의 희생자라면, 영국 인종이 같은 피해를 입고 있는 것이 분명했다. "귀머거리, 벙어리, 맹인 등등의" 장애가 근친결혼과 관련이 있는지 없는지를 조사하는 것은 가치 있는 일이 아닐까.[20]

질문은 이것이었다. 사촌지간인 부부와 그렇지 않은 부부의 경우, 무사히 성장한 자식의 수에 차이가 있을까? 대가족일수록 적자라고 생각하면 될 것이다. 러벅은 7월 22일에 인구조사법안의 제2독회가 열렸을 때 하원에 다음과 같이 질문했다. 자연학자들이 "가까운 친척끼리의 결혼이 식물계와 동물계에서 유해하다"고 주장하는데, 그렇다면 "인종의 경우도…… 그러한지 아닌지 확인하는 것이 바람직하지" 않겠습니까? 러벅은 법안 심의위원회 단계에서, 해당 인구조사 질문지에 "사촌 간 결혼 여부를 묻는 항목을 집어넣은" 수정안을 제기했다. 격렬한 논쟁이 벌어졌다. 야당은 그것이 일종의 "심문"이라며 으르렁댔으며, "지금껏 들어본 적이 없는 잔인한 질문"이라고 성토했다. 만일 "그 철학자들"의 뜻을 들어주면, 다음에는 자연히 "자식의 수, 건강상태, 지능 정도와 같은 질문들을 추가로" 요구할 것이다. 그러면 의회가 사촌끼리 결혼을 할 수 있는지 아닌지를 결정해야 할 날이 올지도 모르며, 이것은 연인들에게 "정신적 고통"을 가져다줄 것이다.[21] 수정안은 2대 1로 부결되었다.

찰스는 이를 악물고 원고를 끝내기 위해 매진했다. 이 무렵에는 의회의 일은 잊히고, 프랑스와 프로이센의 전쟁 이야기가 화제로 떠올랐다. 날마다 수만 명의 병사가 목숨을 잃고 있었다. 8월에는 다윈의 가족도 전쟁 외의 다른 생각을 하지 못하게 되었다. 울리치 사관학교에 있는 레너드는 자신은 프로이센 편이라고 선언했다. 그러나 전쟁에 나가고 싶어 안달인 레너드의 동료 군인들은 프랑스를 지지했다. 프랑스가 승리하면 영국과 전쟁을 할 가능성이 높다는 것을 알았기 때문이다. 에마는 나폴레옹 1세의 음모에 관한 책을 읽고 나서, 친프로이센 열정을 불태웠다. 에마는 프랑스의 "국민들은 진실에 가치를 두지 않는다"고 생각했다. 자신을 속이며, 적의 능력을 제대로 알지도 못한 채 "전쟁…… 속으로 뛰어드는" 나라라니, "망조가 아닌가!" 찰스도 이 비난의 합창에 가담했지만, 그는 헤켈, 프라이어, 카루스 같은 친구들이 걱정되었다. 이 전쟁은 "모든 과학을…… 오랫동안 멈춰세울 것"이다.[22]

크림전쟁 때처럼 다운하우스에서 전쟁게임이 다시 시작되었다. 하지만 이번에는 새로운 군대가 조직되었다. 헉슬리의 일곱 아이들이 다운에 와서 2주 동안 머물렀으며, 그 사이에 "장군"―헉슬리가의 가장―은 리버풀에서 열린 영국과학진흥협회의 모임에 참석할 수 있었다. 이 대중의 과학자는 숱한 정치운동 끝에 회장이 되었다. 그러나 『타임스』는 이 일에 분개했다. 이 대중지는 "호통꾼" 헉슬리를 향해 야유를 퍼부었다. "헉슬리 씨는 너무나 무분별한 사람이다. 이제 '무분별한' 대주교만 나오면 완벽하다!" 그들은 헉슬리를 흉내내어 호통을 쳤다. 타블로이드 신문들은 그것까지는 안 되더라도, "무분별한 회장"과 약간의 재미를 기대했다. 하지만 헉슬리는 차분한 태도로 불가지론자는 결코 말썽꾼이 아니라고 모두를 안심시켰으며, 생명의 기원에 관한 신중한 강연을 했다. 타블로이드 신문들은 헉슬리의 연설이 "개구쟁이답지 않다"며 야유했다. "지긋지긋한 교정쇄"를 붙들고 격투를 벌이고 있던 다윈은 갑자기 그 옛날의 개구쟁이 친구가 그리웠다. 그래도 틴들이 변함없는 활약을 하면서 과학에서 가설과 은유를 사용하는 것을 정당화하여 다윈을 즐겁게 해주었다.[23]

다윈은 전쟁 때문에 마음이 어수선했다. 9월 말에 나폴레옹 3세가 스당에서 항복을 했다. 포위된 파리는 대혼란에 빠졌으며, 스트라스부르는 함락되었다. 재앙은 끔찍했고 나라는 황폐화되었지만, 그럼에도 프랑스인들은 프로이센의 강화講和 조건을 거절하고 영광을 위해 전투를 계속했다. "나는 독일이 프랑스에게 멋지게 승리한 것을 기뻐하지 않는 영국인은 아직 한 명도 보지 못했습니다." 다윈은 브라질에 있는 프리츠 뮐러에게 자랑스럽게 보고했다. "자만에 찬 호전적인 나라에게 지극히 당연한 벌입니다." 라이프치히에서 카루스는 전쟁이 한창인 와중에 『인간의 유래』를 번역하겠다고 하여 다윈을 놀라게 했다. 카루스는 전쟁이 판매에 해가 되지는 않을 것이라고 보고하는 한편, "로망스인"과 "게르만인"의 투쟁이 되도록이면 덜 원시적으로 수행되기를 바랐다. 다윈은 카루스의 심정에 공감하며, 수정한 교정쇄를 급히 보내주겠다고 약속했다. 그 전에 코발레프스키가 베를린에서 편지를 보내 영국이 프로이센에 동조하고 있는 것을 한탄한 적이 있었는데, 다윈의 교정쇄가 도착하지 않자 코발레프스키는 자신이 정치적으로 부적절한 말을 내뱉은 것이 아닌지 걱정했다. 그는 봉쇄된 파리에 있는 친척을 보러 가야 하기 때문에 재빨리 번역을 끝내야 한다고 다윈에게 전했다.[24]

다윈은 책이 출판되었을 때 세상의 비위를 건드리게 될까봐 걱정하면서 "몸서리나는" 수정작업을 계속했다. "피곤해서 죽을 지경입니다." 다윈은 11월에 교정쇄의 마지막 쪽에 이르렀을 때 월리스에게 이렇게 말했다. 또한 "당신에게 좋은 평가를 받지 못할까봐 두렵다"고 썼다. 가족과 친구들은 기분이 더 나쁠 것이다. 헨리에타가 가지를 쳐냈음에도, 다윈은 『인간의 유래』가 이들의 감정을 상하게 할 것이라고 생각했다. 이미 폭스는 그 책에 대해 떠도는 "애석한 이야기들"을 듣고, 자신의 가계도에 비합법적인 유인원이 있다는 사실을 부정했다. 설리번도 신경이 쓰였다. 설리번과 그의 선교단은 분개할 것이다. 크리스마스에 다윈은 "아프고 불쾌한" 가운데, 『인간의 유래』가 "당신과 다른 사람들에게 혐오감을 줄" 것이라는 경고의 편지를 다시 한 번 보냈다.[25] 그는 다가올 폭풍에 대비하고 있었다.

교정쇄는 1871년 1월 15일에 손을 떠났다. 다윈은 그 책이 "출판할 가치가 있는지"는 의심스러웠지만, 수중에 남아 있는 감정 표현에 관한 자료들을 가지고 곧장 다음 책에 착수했다. 그 책의 가치를 의심하는 사람들은 또 있었다. 1주일도 지나지 않아, 마이바트의 교묘한 비판서 『종의 기원에 관하여On the Genesis of Species』가 나왔다. 이 책은 다윈의 생전에 출판된 것으로서는 가장 통렬하고 포괄적인 자연선택 비판서였다. 또한 『인간의 유래』에 대한 선제공격이기도 했다. 측근 집단 가까이에 있던 사람에게서 나온 공격이라는 점에서, 다윈은 심하게 "동요했다." 그는 너무 화가 나서 말조차 할 수 없었다.

링컨스 인 법학원에서 공부를 한 마이바트는 마치 중앙형사재판소의 법정에 선 변호사라도 된 것처럼, 다윈주의를 "순전한" 자연선택설로 교묘하게 희화화했다. 마이바트는 다윈주의를 피고석에 세우고, 배심원들을 설득하기 위한 온갖 반대증거를 버무려냈다. 그 무렵 다윈주의의 주장들 대부분은 혐의를 둘 여지가 없는 것이 되었으며, 책의 판매로 판단컨대 설득력이 충분했다. 마이바트는 누적효과를 노리고 반증에 반증을 거듭했다. 그는 톰슨의 지구 연령이라는 귀신을 불러내고, 범생설을 황폐화시키고, 반만 진화한 날개를 조롱하고, 수렴진화한 종들의 문제점을 제기하고, 다윈, 헉슬리, 월리스의 차이를 이용했으며, 다윈주의가 형이상학에 참견을 하고 있다는 비판으로 마무리를 했다. 마지막 비판이 마이바트의 진짜 목적이었다. 즉, 선택설은 거짓일 뿐 아니라, 도덕과 종교에 적용하면 위험하다는 것을 보여주는 것이 그의 목적이었다. 마이바트는 다윈이 이러한 적용을 하려 한다는 것을 알고 있었던 것이다.

마이바트는 개인적으로 다윈이라는 사람에게는 "공감과 존경"을 느낄 뿐 그 밖의 다른 감정은 없다고 공언했다. 그는 진지하게 쓴 편지에서, 다윈과 만나서 이야기를 나눌 날을 고대했다. 마이바트는 다윈주의의 무모한 확장은 열정적인 지지자들 탓이라고 말했으며, 다윈이 "[그들의] 불필요한 반종교적 추론에 더 거세게 항의하지 않는 것"을 유감스럽게 생각했다.

당신의 견해를 인정하는 것은, 많은 사람들에게는 신에 대한 믿음을 포기하고, 영혼불멸과, 내세에 주어지는 보상과 벌에 대한 믿음을 버리는 것을 뜻합니다. …… 나는 그러한 믿음의 붕괴는 인류의 덧없는 행복이라는 관점에서 볼 때, 너무나도 막중한 문제라고 생각합니다. …… 신이여, 부디 영국에 살고 있는 우리가 18세기 중반에 프랑스에서 일어났던 종교의 붕괴와 같은 길을 답습하지 않게 하소서. 프랑스는 지금, 피와 눈물로 그 대가를 치르고 있습니다!

다윈이 무신론, 무정부주의, 국가의 붕괴라는 오랜 방정식에 몸을 움츠릴 때, 파리는 포위되어 있었다. 개와 고양이가 잡아먹혔고, 굶주림에 찌든 거리에서 쥐 한 마리가 1프랑에 팔렸다. 마이바트의 집단 가운데에는 더 직접적인 피해를 입은 사람도 있었다. 자르댕 다클리마타시옹Jardin d'Acclimatation(런던동물원을 모델로 한 파리의 동물원)에 투자를 한 오언은, 그 동물원에 있는 외국산 포유류들이, 심지어는 사랑받는 코끼리들조차 시민들을 먹이기 위해 도살됨에 따라 자신의 주식이 휴지조각이 되는 것을 지켜봐야 했다. 다윈의 오랜 악몽이 되살아나기 시작했다. 이런 신경증적인 분위기에서는 반발이 있기 마련이었다. "갈팡질팡하는 진자가" 자연선택에 타격을 입힐 수 있음은 물론, 『인간의 유래』의 저자는 검은 망토를 두른 무정부주의자로 묘사될 수도 있었다.[26]

견본쇄가 나와서, 마이바트, 월리스, 코브 등 일련의 비평가들에게 전달되었다. 서평을 기다리는 동안, 다윈은 또 하나의 굴욕을 맛보아야했다. 교구는 현재 헨리 파월 목사의 손에 맡겨져 잘 돌아가고 있었지만, 근처 교구의 목사보로 파견된 전임자 로빈슨이 그 전의 목사보 호스먼과 손을 잡았던 것이다. 호스먼은 자신이 학교 공금을 챙겨 달아났다고 말한 다윈을 명예훼손으로 고소하려 했다. "나는 재판을 받게 되면 초주검이 될 겁니다." 예전의 수록목사와의 우정을 전보다 더 소중히 여기고 있는 다윈은 브로디 이네스에게 한탄을 했다. 그 사건이 "재판으로 가는 일은 절대 없을 겁니다." 이네스는 다윈은 안심시켰다. 그런 한편 이네스는 서로를 위로하는 두 사람의 동맹관계가 언뜻 부조리하게 느껴졌다. "이것 참! 만일 당신의 자연학자 친구들과 내 국교회 의식주의자들이 우리 둘이서 세속적인 문제를 의논하는 것을 들으면, 그들은 기후가 변하기라도 하는 듯, 파리가 봉쇄에서 풀려났기라도 한 듯 반응하겠지요. 어쨌든 나는 이 둘 모두가 일어났으면 하는 바람입니다만."

하지만 아름다운 파리는 함락되고, 프로이센 군대가 밀어닥쳤다. 파리에 대한 오랜 기억을 간직하고 있는 찰스와 에마는 파리 사람들에게 동정심을 느꼈다. 에마는 한 독일인 방문객과 말다툼까지 해서 그 손님을 화나게 만들었다. "우리는 서로 분통을 터뜨렸지만, 그런 뒤에 화해를 했다"고 에마는 패니 이모에게 전했다. 유럽 대륙의 소인이 찍힌 편지들은 마른침을 삼키고 열었다. 카루스는 독일어판의 번역을, 한 차례 병을 앓아 조금 지연되었을 뿐, 착착 진행하고 있었다. 헤켈은 딸을 낳아서 이름을 에마라고 지었다고 알려왔다. 코발레프스키 부부는 『인간의 유래』의 교정쇄를 들고 프로이센 전선을 통과해 40킬로미터를 이동하여 파리에 도착했는데, 원고는 가는 길에 몇 장만 잃어버렸을 뿐 무사했다. 그는 러시아의 내무부 장관이 "유물론에 관한" 책을 출판금지하고 그런 책은 몰수하겠다고 위협했다는 사실을 알고도 번역을 계속했다. 다윈은 그것이 "무시무시한 전제정치의 일면"이라며 분개했다.[27]

『인간의 유래』는 이런 시기에 판매에 들어갔다. 각 권이 450쪽에 이르는 두 권짜리 방대한 책이었고, 가격은 24실링이었다. 3주 만에 2판이 인쇄에 들어갔으며, 3월 말까지 4,500부가 인쇄되었고, 다윈은 거의 1,500파운드를 벌었다. 다윈은 헨리에타에게 "꽤 괜찮은 수입"이라고 자랑스럽게 보고하면서, 수고비 30파운드를 주겠다고 했다. 첫 반응은 다소 놀라웠다. "모두가 별로 충격을 받지 않고서 그 책에 대해 이야기를 합니다." 비방하는 소리도 거의 없었고, 다윈주의에 반대하는 장광설도 거의 들리지 않았다. 그럴 리가 없다고 생각한 다윈은 머리에게 "눈에 잘 안 띄는 신문들, 특히 종교계 신문"에 서평이 났는지 확인해달라고 부탁했다. 그 정도로 뜻밖이었던 것이다. 대부분의 서평은 약간의 불만을 토로했을 뿐, 그게 다였다. 『에든버러 리뷰』에 실린 서평처럼, 그 서평들은 그 책이 대중들 사이에서 "분노, 경이, 경탄이 뒤섞인 감정의 폭풍을 일으키고" 있다는 사실을 인정했다. 모두가 어떤 식으로든 진화가 일어났음을 마지못해 인정했지만, 인간의 "영적인 능력"이 짐승의 본능에서 선택된 것이라는 사실은 받아들이지 않았다. 이것을 받아들이면 "열심히 살던 사람들이 고귀하고 도덕적인 삶을 살기 위해 노력할 이유가 없어질 것"이기 때문이었다.

그동안 헉슬리와 틴들로부터 원숭이 인간과 유물론에 대해 많이 들어왔고, 골턴, 그레그, 배젓으로부터 문명의 생존투쟁에 대해 익히 들어왔던 사람들은, 단지 '다윈'의 이름에 끌려 『인간의 유래』를 덥석 집어들었던 것 같다. 사실 이 책의 내용은 나쁜 소식이라기보다는 오래된 소식에 가까웠다. 다윈은 이것은 "영국의 관용이 증가하고 있다는 증거"라고 생각하며 한시름 놓았다.[28]

그렇기는 했지만, 그것만은 아니었다. 그 책은 많은 면에서 저자와 닮아 있었다. 두툼하고, 편안하고, 나이에 걸맞게 차분하고, 일화로 가득하며, 다소 구식이라는 점이 그랬다. 톡톡 튀는 맛은 별로 없었으며, 헉슬리나 헤켈, 또는 포크트의 스타일과는 전혀 달랐다. 마치 친절한 삼촌처럼, 그 책은 인내력을 요구하기보다는 즐겁게 해주는 쪽이었다. 그 책은, 영국인이 진화하여 유인원으로부터 기어 올라오고, 야만인을 정복하기 위해 투쟁하면서 점점 수를 불려 전 세계로 퍼져나가는 모험담을 들려주었다. 다윈이 옛날에 노심초사하며 적었던 공책에서는 그러한 이야기가 도저히 있을 법하지 않은 위험한 이야기처럼 보였다. 인간의 조상에 대하여 다윈이 비밀리에 시작한 공격은 뻔뻔한 신념행위로서, 오직 급진주의자와 그 동류 집단만을 위한 것이었다. 하지만 지금은 물질적 진보, 사회적 기동성, 제국주의적인 모험에 익숙해진 야심 있는 독자층이 그것을 열심히 읽었다. 낭만적인 계보, 장대한 계통사는 그들에게 잘 맞았다. 이들

은 많은 사람들이 그랬듯이 유인원은 무시했지만, 『인간의 유래』를 하나
의 장대한 가족사로 받아들였다.

　이 책에는 티에라델푸에고의 야만인 요크 민스터에서부터 "우리 시
대의 위대한 철학자 허버트 스펜서"에 이르기까지 빅토리아 시대의 모든
인생이 들어 있었다. 각각의 인종은 자연선택의 추진을 받고 사용유전使
用遺傳의 도움을 받아 문명의 사다리를 타고 올라가고, 이 과정에서 이기
적인 본능은 이성, 도덕성, 영국의 관습들에 자리를 내어준다. 충성과 용
기는 증가한다. 여성의 정숙함과 남성의 절제도 마찬가지다. 노예제, 미
신, 무분별한 전쟁은 사라지고, "미덕이 승리를 거둘 것"이다. 하지만 맬
서스주의적 투쟁은 결코 부정할 수 없는 것이다. 영웅이 있으면 불운한
사람도 있고, 승리한 문명이 있으면 정복당하는 "야만인들"도 있다. 팽
창하는 나라가 있으면 소멸하는 나라도 있고, 대가족이 있으면 소가족
도 있다. "지적으로 월등한 사람"이 열등한 사람보다 자손을 더 널리 퍼
뜨리며, 더 나은 계급이 "무절제하고 방탕하고 범죄를 저지르는 계급"을
앞선다. 심지어는 부자들이 무절제하게 자식을 많이 낳는 빈자들보다 더
많은 자손을 남기는 경향이 있다. 그것은 빈자들의 자식은 유아사망률이
높기 때문이다. 그럼에도 불구하고 이 모든 과정을 통해 고귀한 인도주
의가 널리 퍼져나간다. 인간 본성의 "가장 고귀한 부분"이 "사회의 열등
한 구성원들"에게 동정심을 갖도록 지시하며, 이로써 사회는 "약자가 살
아남아 그 성질을 퍼뜨림으로 인해 생기는 악영향"을 "불평 없이" 감내
할 것이다.[29]

　다윈의 가족이야말로 이 구도에 완벽하게 들어맞았다. 『인간의 유
래』는 바로 다윈가의 이야기였다. 자연선택과 성선택이 이 가족을 만들
고 망가뜨렸다. 찰스는 "꼬리를 과시하는 공작의 수컷"처럼 뽐내며 에마
에게 구애했고, 수줍고 감수성이 예민한 에마는 다윈이 세계일주를 하고

돌아왔을 때 보여준 "용기, 불굴의 투지, 결연한 활력"이 마음에 들어서 다윈을 선택했다. 에마의 "모성본능"과 여성 특유의 직관력은 그들의 결혼을 지탱하는 버팀목이었다(설사 그런 자질이 "과거 하등한 문명"의 잔재라 할지라도). 부를 물려받은 그들은 생존투쟁에서 앞선 출발을 했다. 그리고 "자본의 축적"은 문명화한 서양인들이 패권을 확대하여 하등한 인종을 정복하는 데에 없어서는 안 되는 요건이었다. "일용할 양식을 위해 노동할 필요가 없는" 부자들은 사회의 생명 중추였다. "고도의 지적인 일은 모두 이들에 의해 수행되며, 그러한 일을 바탕으로 모든 종류의 물질적 진보가 이루어진다." 하지만 다윈 부부의 아들들은 경쟁에 노출되어 자연이 정한 지표에 닿기 위해 발버둥치지 않으면 안 된다. "가장 유능한 자가 최고의 것을 상속하고 최대한의 자식을 기르는 것이 법률이나 관습 탓에 가로막혀서는 안 된다."

다윈은 계속해서 이야기를 하고 동물을 칭찬하면서, 개인적인 소감으로 그 책을 마무리했다. 다윈은 "사육사의 목숨을 구하기 위해 무시무시한 적에게 맞서 용감하게 싸운 영웅적인 작은 원숭이", "놀란 개들이 득실거리는 장소로부터 어린 동료를" 구한 늙은 비비의 이야기를 했다. 다윈은 "내 생각을 말하자면", 벌거벗은 하등한 야만인의 자손이기보다는 차라리 이런 동물들의 "자손인 것이 더 낫겠다"고 진심을 털어놓았다.[30]

파리에는 평화가 찾아오고, 프로이센 군대는 물러갔다. 하지만 이번에는 폭동이 일어났다. 성난 시민들이 정부군을 공격했던 것이다. 사회주의자와 공화주의자들이 이끄는 이 시민들은 도시에서 정부군을 쫓아냈으며, 정부를 부정하고 3월 26일에 파리 코뮌(파리 혁명정부)을 수립했다. 1주일 뒤 2차 파리 봉쇄가 시작되었는데, 이번에는 정부군에 의한 봉쇄였다.

그리하여 다시 동물 도살이 시작되었다. 영국의 신문들은 파리 코뮌 지지자들을 맹렬히 비난했으며, 『타임스』는 다윈을 맹비난했다. 다윈이 권위의 토대를 무너뜨리고 있다는 것이었다. 만일 도덕의 발달에 관한 다윈의 견해를 인정한다면, 옳고 그름을 둘러싼 영원한 원리들은 그 힘을 잃어버릴 것이다. 양심이 "지극히 살인적인 혁명"에 제동을 걸 수도 없을 것이다. 『타임스』에 따르면, 프랑스에서는 "방종한 철학"이 도덕 원리를 좀먹어 끔찍한 결과를 불렀다. "이러한 시기에, 이 책에 들어 있는 그런 파괴적인 추론들을, 높은 평판이라는 권위를 갖고 발전시킨 사람에게는 엄중한 책임을 물어야 할 것이다."[31]

다윈은 그 기사가 책의 판매에 나쁜 영향을 미칠까봐 걱정하는 와중에도 그 필자를 "형이상학과 고전으로 무장한 지루한 수다쟁이"라며 무시했다. 이른바 "세상을 깨우치는 신문"이라는 『타임스』에서부터 다윈을 "털북숭이 얼굴을 한 늙은 유인원"이라고 부른 웨일스 사람에 이르기까지 심술쟁이들이 아무리 긁어대도, 다윈은 이제 끄떡도 하지 않았다. 브로디 이네스의 말에도 상처입지 않았다. "인간은 처음부터 인간으로 만들어졌습니다." 그 늙은 토리당원은 이렇게 꾸짖었다. 그런 다음에 인간은 "일을 하는 깜둥이"와 "일을 시키는 유능한 사람"으로 갈라졌다는 것이다. 이네스는 이것이 "급진주의자들"이 훼방을 놓기 전에 건재했던 신의 체제라고 했다. 이에 대해 다윈은, "이 문제에 관한 한, 당신보다 내가 훨씬 앞서 있다고 생각한다"고 대답했다. 심지어 20만부가 팔리는 저속한 대중지인 『패밀리 헤럴드』가 "만일 다윈주의가 사실이라면, 사회는 산산조각 나고 말 것"이라며 펄펄 뛰어도, 다윈은 태연했다. 사실 칭찬도 많고 논의해야 할 진지한 논제도 많아서, 그런 어리석은 잡소리들은 대수롭지 않게 들렸다. 요즘 진지한 잡지들은 "다윈주의와 종교, 다윈주의와 도덕, 철학과 다윈주의"를 다루는 논문들로 가득 차 있었다. 다윈은 이

모두를 열심히 챙겨 읽었다.[32]

양심이 초자연적인 것이라는 주장을 변호하는 코브의, 친절하기는 하지만 순진한 글은 한 귀로 듣고 한 귀로 흘렸다. 한편『포트나이틀리 리뷰』의 총명한 편집자 존 몰리는 높이 평가했다. 몰리는 도덕성의 바탕, 옳고 그름의 구별은 사회적 존재의 조건들에 기인하고 있다는 점에 동의했다. 하지만『아카데미』에 실린 월리스의 서평에는 그리 큰 인상을 받지 못했다. 월리스의 반론들은 이제 와서는 "거의 판에 박힌 얘기들"처럼 들렸다. 하지만 이래즈머스의 말에 따르면, 그것은 "완벽한 아름다움"을 띠는 반론이며, 게다가 관대하고 예의바른 것이라고 했다. "월리스-다윈 논쟁은 미래에, 과학사의 빛나는 몇 대목 가운데 하나로 기억될 것"이며, 신사와 신사가 어떻게 논쟁을 벌이는지를 보여주는 훌륭한 본보기가 될 것이라고 이래즈머스는 예언했다.[33]

반면, 마이바트 소동은 껄끄러운 대목이었다. 다윈은 지나치게 개인적인 감정으로 내달렸고, 마이바트는 너무 아무렇지 않게 행동했다. 다윈이 표정에 관한 원고를 붙들고 씨름하는 가운데 거울을 앞에 놓고 자신이 부들부들 떠는 모습을 관찰하고 있을 때 마이바트의 편지가 도착했다. 다윈은 스토킹을 당하고 있었다. 그 편지에서 마이마트는 선전포고를 했지만, 그러면서도 "우리의 견해가 그리 많이 다르지 않기를 진심으로" 바란다고 썼다. 두 사람의 논쟁은, 형이상학, 과학의 기본 전제에 관하여 이루어질 것이라고 했다. 그리고 마이바트는 거듭 강조해서 말했다. "내가 당신이 취한 입장에 맞서 싸우고 있는 것은 맞지만(그래야만 한다는 의무 때문에), 나는 당신과 싸우고 있다기보다는 당신의 과학 연구가 유포시킨 다른 견해들의 주인공들과 싸우는 겁니다."

다윈은 표적이 되었다는 사실, 그것도 상대가 변절자라는 사실에 조바심이 났다. 신학이 마이바트를 교화주의자로 만들어버렸지만, 마이바트는 허풍쟁이로 치부해버릴 수 있는 사람은 아니었다. 며칠 뒤에 다윈은 거친 초고를 완성한 상태인 표정에 관한 원고를 내려놓고, 『종의 기원』의 새로운 판을 계획하기 시작했다. 다윈은 머리에게 염가판으로 만드는 게 어떻겠느냐고 제안했다. 지금 랭커셔의 노동자들은 여럿이 돈을 모아 15실링짜리 5판을 사고 있었기 때문이다.[34] 다윈은 이 노동자들이 『종의 기원』을 저마다 한 부씩 살 수 있도록 하고 싶었다. 6판에서는 마이바트를 공격할 것이다. 반만 진화한 날개를 비웃고, 유대류의 개과와 태반류의 개과의 유사성은 선택으로는 설명할 수 없는 것이라고 주장한 마이바트에게 도전장을 내밀 것이다. 또한 미지의 내재적인 힘이 분명한 목적을 향해 진화를 추동한다는 주장도 논파해줄 것이다.

5월과 6월이 쏜살같이 지나갔다. 다윈은 옛 공책의 자료들을 싹싹 긁어모으고 방어를 구축하고 자신의 평판을 떠받치며, 여름까지 바쁘게 달려갔다. 파리는 쑥대밭이 되었고, 파리 코뮌의 지지자들은 무너졌다. 그리고 다윈이 코발레프스키에게 쓴 편지에 따르면, 파리 코뮌 지지자들이 "영원한 불명예"를 남기고 있는 동안, 마이바트의 조야한 저서 『종의 기원에 관하여』가 "자연선택설에 커다란 악영향을 미치고, 특히 내게 큰 피해를 주고" 있었다. 다윈은 자신을 변호하고, 자신의 입장을 지키고, 철학적인 원군을 기다리기로 굳게 마음먹었다. 마이바트의 구체제가 되살아나도록 놔두지는 않을 것이다.

6월에 이래즈머스의 집에서 일주일을 머무는 동안에, 미국에서 특별한 손님이 왔다. 미국 최고의 과학 기획자인 에드워드 유먼스가 이래즈머스의 저녁모임에 초대되었던 것이다. 유먼스는 새로 기획하는 "국제 과학 시리즈"라는 대중적인 총서에 헉슬리, 틴들, 스펜서, 러벅 같은 명사들을 집필자로 끌어들이기 위해 뉴욕에서 건너왔다. 다윈은 8월에 에든버러에서 열리는 영국과학진흥협회의 어느 소모임에서 유먼스의 계획이 검토되어야 한다고 주장했다. 다윈은 미국의 과학 발전에 "관심이 많았고", 여름방학 때 조지와 프랭크를 미국에 보낼 생각이었다. 유먼스는 다윈에게 브루클린의 "한 성직자 클럽"에서 인간의 유래에 관한 강연회가 열리고 있다는 이야기를 해주었다. 다윈은 주제보다도 청중의 면모가 더 놀라웠다. "뭐라고요? 온갖 교파의 성직자들을 한곳에 모아둔다고요? 만약 이 나라에서 그런 일을 하면, 지독한 싸움이 벌어질 겁니다!"[35]

다운에서는 또 다른 미국인이 다윈을 기운 나게 했다. 그레이의 학생으로, 항해력을 편집하여 겨우겨우 생활하는 수줍음 많은 젊은 철학자인 천시 라이트가 마이바트의 『종의 기원에 관하여』를 분석하여 혹평을 한 논평을 보내왔던 것이다. 그 논평은 『북아메리카 리뷰』에 실릴 예정이었다. 다윈은 이 외국인의 논평은 국내에 있는 자신의 가장 날선 비평가를 제압하는 데에 유용할 것이라고 보았다. 그는 외국으로부터 원군을 끌어오는 데에는 달인이었다. 다윈은 "나와는 비교가 안 될 정도로 유능한 비평가"인 월리스에게 그 기사를 영국에 수입해야 할지 어떨지 물었지만, 돌아온 대답은 그 글이 무겁고 애매하다는 것뿐이었다. 다윈은 헨리에타에게도 의견을 물었지만, 헨리에타는 그저 "흥미로운" 정도라고 생각했다.[36] 다윈은 망설였다.

그때 『인간의 유래』에 대한 마이바트의 서평이 도착했다. 그것은 다윈에게 "독단주의", 논점 회피, 가짜 형이상학의 혐의를 뒤집어씌운, 길고 치명적인 해부였다. 게다가 그것은 익명의 글이었지만, 다윈은 자신을 갈가리 찢어놓고 있는 그 "놀랍도록 교묘한" 해부가 누구의 솜씨인지 잘 알았다. 『종의 기원』의 새로운 판을 작업하느라 "모든 것에 넌더리가 나 있었는데", 이 서평은 그를 절망 속으로 몰아넣었다.

『쿼털리 리뷰』에 실린 이 가톨릭 개종자의 서평은 "다윈주의의 논리적 귀결이 무엇인지를 있는 그대로 숨김없이" 폭로했다. 마이바트는 깜빡 졸았던 토리당원들을 흔들어 깨워 자신의 옛 스승 앞에 맞세웠다. 『인간의 유래』는 "교양 있는 사람들 대다수"가 간직해온 유서 깊은 확신을 교란시키려는 의도를 갖고 있다. 이 책은 "이 나라의 어설픈 교육을 받은 계층들"을 동요시킬 것이다. 도덕성은 결코 "짐승의 본능에서 발달한 것"이 아니다. 만일 그렇다면, 사회가 "옳은지 그른지", "왜 우리가 사회에 복종해야 하는지" 알 사람이 있을까. 사람들은 자기 멋대로 행동하고, 자기 좋을 대로 법과 관습을 깨뜨릴 것이다. 인간은 초자연적인 영혼으로 창조된 "도덕적인 자유 행위자"다. 인간에게는 "정당하게 복종을 요구할 수 있는 절대 불변의 〔신의〕 법칙에 대한 자각"이 있다.[37]

다윈은 범죄자에 악당이 된 기분이었다. "나는 곧, 이 세상에서 가장 야비한 사람으로 보이게 될 것입니다." 다윈은 분통을 터뜨렸다. "이제껏 살았던 사람들 가운데 가장 오만하고 혐오스러운 괴물이." 다윈은 마이바트의 "편협함, 오만함, 무교양, 그리고 그 밖의 수많은 훌륭한 자질들"에 화가 치밀어올랐고, 속에 쌓인 울화는 위장을 좀먹었다. 돌연 마이바트에 대한 라이트의 논평이 완벽해 보였다. 이 논평은 거꾸로 자연선택설을 훌륭한 과학의 모델로 보고, 마이바트를 나쁜 형이상학의 사례로 삼았다. 마이바트가 주장하는 내적 원동력은 진화를 그 어느곳으로도 인도하지 않는다.[38] 다윈은 라이트의 도움을 빌리면 판세를 뒤집을 수 있을 것 같았다.

다윈은 라이트에게 급히 편지를 보냈다. 그의 논평을 소책자로 다시 찍기 위한 허가를 요청하는 것이었다. 그러고 나서 에마에게 이끌려 한 달 동안 휴가를 떠났다. 찰스는 엉망인 상태여서, 크로이던 역에서는 에마가 한순간도 눈을 뗄 수 없을 정도로 "현기증이 나고 몸이 불편"했다. 부부는 노스다운스 지방에 있는 작은 마을 앨버리에 머물렀다(이곳은 맬서스가 목사보를 지냈던 곳이다). 그곳에서는 고사리로 뒤덮인 모래투성이 언덕과 소나무 숲이 바라다보였다. 때는 화창한 8월이었고, 앉아서 쉬거나 산책을 하는 것 말고는 달리 할 일이 없었다. 하지만 찰스의 머릿속은 "불안정하고 비참했다." 그는 독서를 조금 했다. 곤충에 관한 러벅의 최신 논문, 자연선택설을 호되게 비판한 톰슨의 영국과학진흥협회 강연 기록 등을 읽었다. 하지만 생각은 곧 마이바트의 일에 이르렀다. 라이트의 허가가 도착해서, 다윈은 머리에게 그 소책자를 750부 인쇄하자는 편지를 썼다. 이번에도 피해를 최소화하기 위한 작전이 개시되었다. 우선, "200부 정도"를 모든 과학 관련 잡지와 학회, 그리고 "각종 클럽과" 생각나는 "모든 개인에게" 보내자.[39] 일반 대중용은 그 나머지로도 충분할 것이다.

다윈 부부는 헨리에타의 결혼식에 맞추어 8월 31일에 돌아왔다. 구혼은 짧은 회오리바람 같았다. 헨리에타의 약혼자인 리처드 리치필드는 통통하고 근시가 있는 변호사로, 영국 국교회 교무위원회에서 국교회의 재산을 관리했다. 그리고 퇴근 후에는 런던의 노동자 대학에서 음악, 수학, 과학을 가르쳤다. 리처드는 노래하는 것을 무척 좋아했으며, 지휘를 잘했다. 헨리에타는 리처드의 "달콤한" 웃음과 "길고 텁수룩한 갈색 턱수염"은 말할 나위 없고, 그의 예술가적 면모에 끌렸다. 결혼식은 간소하게 열렸으며, 피로연은 없었다. 친구들과 친척들도 초대하지 않았다. 찰스는 절대 안정을 취해야 했기 때문이다. 하지만 집사 파슬로와 함께 교회에 들어섰을 때, 다윈은 낯선 사람들이 신도석에 앉아 있는 것을 발견했다. 찰스의 경호원 역할을 해온 파슬로는 깜짝 놀랐다. 자신이 그 마을의 "모든 얼굴"을 안다고 생각했기 때문이다. 실은, 리치필드가 가르치는 노동자 대학의 학생들 가운데 몇 명이 결혼식 날짜를 알고, 리치필드를 놀라게 해주려고 런던에서부터 기차를 타고 오링턴 역에 내려 교회까지 6킬로미터를 걸어서 온 것이었다.

헨리에타는 신접살림을 런던에 차렸는데, 키우던 폭스테리어 폴리는 두고 갔다. 그때부터 폴리는 찰스의 뒤를 졸졸 따라다니게 되었다.[40]

머리는 9월에 그 소책자 몇 부를 부쳐왔다. 제목은 『다윈주의』였다. 라이트는 "다소 자극적인 제목"이 판매에 도움이 될 것이라고 기대했다. 다윈주의라는 말은 다윈의 축복을 담고 있었다. 즉, 형이상학과 종교의 뜻 모를 주문이 아니라 과학의 안전한 개념임을 다윈이 보장한다는 말과도 같았다. 헉슬리는 휴가를 보내고 있던 스코틀랜드에서 책을 받아보았다. 그는 그 책이 "도움이 될 것"이라고 말했다. 그런데 우연히도 그는 이미 더 도움이 되는 일을 끝내놓았다. 골프를 치다가 며칠 시간을 내어, 마이바트의 『종의 기원에 관하여』와 『쿼털리 리뷰』에 실린 서평을 응징하는 비평을 썼던 것이다. 헉슬리의 말에 따르면, 마이바트는 "나쁜 친구"는 아닌데, "처치 곤란인 로마 가톨릭교와 자신의 영혼에 대한 불안에 미혹되어, 다윈에게 무례하게" 구는 용서받을 수 없는 죄를 저질렀다. 더 나쁜 것은, 마이바트의 비판이 실제로 사람들을 동요시키고 있다는 사실이었다. 단죄가 필요하다. 헉슬리는 으르렁거렸다. 벌을 주라고 "악마가 내 귀에 대고 속삭입니다."[41]

절망과 구토로 괴로워하며 『종의 기원』을 붙들고 씨름하고 있던 다윈은 헉슬리의 편지를 받고 기운이 샘솟았다. "진자가 지금은 우리 편을 공격하고 있지만, 곧 저쪽 편을 공격할 것이라고 확신합니다. 언젠가 죽는 운명인 인간의 힘으로 진자의 방향을 올바른 쪽으로 돌려놓는 데에 당신의 절반만큼의 수완이라도 발휘할 수 있는 자는 없을 겁니다." 일주일 뒤 헉슬리의 교정쇄가 도착하여 다윈을 더욱 기운 나게 했다.

헉슬리는 자신이 가장 좋아하는 일인 성서해석학에 푹 빠져 있었다. 그는 과학에서 옆으로 한 발짝 비켜나 가톨릭교회 쪽에서 습격을 가했다. 마이바트의 입장은 과학적으로 문제가 많을 뿐만 아니라 신학적으로도 치명적인 것임을 보여주었던 것이다. 마이바트의 말에 따르면, 진화론은 가톨릭의 신부들, 즉 아우구스티누스, 아퀴나스, 그리고 최근의 위대한 스콜라 철학자인 수아레스 등의 견해와 일치할 수 있었다. 헉슬리는 이 견해를 부정했다. 그리고 라틴어로 된 난해한 성서해석학 자료를 들이밀며, 자신의 고집불통 제자는 다윈주의만큼이나 스콜라 철학을 이해하지 못하고 있음을 증명했다.

> 수아레스가 가톨릭 교의를 제대로 말한 것이라면, 진화는 완전한 이단이다. 나는 분명히 그렇다고 믿는다. …… 실제로, 내가 보기에 진화론의 가장 커다란 미덕 가운데 하나는, 진화론이 인류 최고의 지적 · 도덕적 · 사회적 사업의 강력하고 끈질긴 적인 가톨릭교회와 타협의 여지가 없을 정도로 완전히 대립하는 입장을 갖고 있다는 사실이다.

헉슬리는 이처럼 교회와 진화론을 대립시키는 전투적인 일을 즐겼으며, 『종의 기원에 관하여』는 그저 행동을 개시할 기회를 제공했을 뿐이었다. 헉슬리는 다윈주의를 버린 제자 마이바트에게, "교회의 진정한 자식이면서 과학의 충성스런 병사가 될 수는" 없다고 말했다.[42] 얼굴을 마주보고 했던 한마디는 더욱 냉정했다. 마이바트는 양다리 걸치기를 그만두라는 말을 들었다.

헉슬리는 권위를 실어 말했다. 그것은 한때 오언의 방식이었다. 세상이 바뀐 것이다. "마이바트의 신학을 완패시켰군요." 다윈은 환성을 질렀다. "선생이 쓴 비평의 그 대목만큼 마이바트를 괴롭히는 게 있을까요. …… 그는 앞으로 어떤 글을 쓰더라도, 더는 내게 굴욕을 주지 못할 겁니다." 어머니의 병환 때문에 조용히 지내던 후커에게는, 헉슬리의 비평이

"신의 선물"과도 같았다. 헉슬리는 "충실한 지지자들의 방어자"였다. 후커는 다운에 있는 친구에게 편지를 써서, 마이바트의 굴욕에 "저보다 더 행복하지는 않으실 것"이라고 말했다. 다윈은 곧장 답장을 보내, "나는 자네가 생각하는 것만큼 좋은 기독교인이 못 되는 것 같네. 복수가 이처럼 통쾌할 수가 없으니까"라고 말했다.[43]

그래도 다윈은 여전히 비참했다. 과학은 버림을 받았고, 자연선택설의 방어는 무시를 당했기 때문이다. 헉슬리는 마이바트가 내세우는 형이상학의 기반을 공격한 것에 지나지 않았다. 아말렉인을 헉슬리 특유의 교묘한 솜씨로 혼내주었을 뿐이다. "마이바트의 책이 준 인상"을 고려하면, 자연선택설을 어떻게든 받쳐세우지 않으면 안 되었다. 그러나 조짐은 걱정스러웠다. 라이트의 소책자는 상황을 바꾸지 못했다. 10월 말까지 겨우 14부가 팔렸을 뿐이었다.[44] 앞날을 생각하면 걱정이 태산이었다.

제7부

1871~1882

다윈은 여전히 날마다 모랫길을 걸었다. 무성하게 자란 나무들이 뒤덮고 있는 그의 개인 전용도로는 25년 세월 동안 닳고닳아서 매끈해졌다. 이 사색의 길은 그동안 이루 말할 수 없을 만큼 많은 목적지로 그의 마음을 이끌었다. 1871년의 가을도 어느덧 저물어 너도밤나무가 이파리를 떨굴 때, 다윈은 모랫길을 천천히 걸으며 지난날을 되돌아보며 지친 심신을 달랬다.

　올해 그는 부쩍 늙어버렸다. 어느덧 허리가 굽고 백발이 성성한 찰스는 자신의 나이인 예순두 살보다 더 늙은 기분이 들었다. 아이들은 어른이 되어 그와 에마를 베시에게 맡기고 떠났다. 윌리엄은 사우샘프턴에서 은행가로 일했고, 조지는 변호사 공부를 하고 있었고, 프랭크는 런던에서 의학을 공부했고, 레너드는 육군공병대에 입대했으며, 호레이스는 케임브리지에서 학위취득 예비시험을 치르고 있었다. 모두가 멋진 인생을 꾸려가게 될 것이다. 건강이 받쳐주기만 한다면 말이다. 자식들은 여전히 몸을 돌보기 위해 자주 집에 다녀가곤 했다. 그러나 헨리에타는 이제 집에서 볼 수 없었다. 거드름피우는 멋쟁이 청년 리처드 리치필드에게 헨리에타를 빼앗긴 것은 다윈으로서는 "청천벽력 같은" 일이었다. 그의 인생은 더 이상 예전 같지 않을 것이다. 그를 달래줄 사람은 이제 에마밖에 없었다. "어머니처럼 하거라." 찰스는 딸에게 충고했다. "그러면 앞으로 리치필드 군이 너를 사랑할 뿐 아니라 숭배할 것이다. 내가 너희 어머니를 숭배하듯이 말이다."[1]

위장병이 그를 가장 늦게 만들었다. 지금도 모랫길을 한 바퀴 돌때마다 속이 요동을 쳤다. 에마는 남편의 주의를 딴 데로 돌릴 수 있었는지는 몰라도 생각을 억제하지는 못했고, 마이바트의 도전이 전개되면서 이 되새김질이 구토로 이어졌다. 다윈은 자신이 공격에 노출되어 있음을 잘 알았다. 진화론은 승리를 거두었지만, 자연선택설의 운명은 시간만이 알고 있을 것이다. 그러면, 인간의 마음과 도덕성이라는 "성채"는 어떠한가? 『인간의 유래』에서 다윈은 이 종교의 마지막 보루를 습격하여, 인간의 가장 신성한 형질들을 설명했다. 하지만 이 성채는 함락되지 않았고, 마이바트가 수호하는 인간은 자랑스럽게 난공불락의 존재로 건재하다. 이것은 다윈의 가장 뼈아픈 좌절이었다. 원숭이에서 인간을 만들어냈다는 악명에, 패배까지 덧붙여질 것인가? 이 최악의 이설은 어쩌면 혼자만 간직했어야 했는지도 모른다. 『인간의 유래』를 출간한 것은 어쩌면 실수였는지도 모른다.[2]

하지만 위험한 비밀을 내뱉었으니, 끝까지 지켜야 한다. 산책은 한 바퀴만을 남겨두고 있었다. 다윈은 『종의 기원』의 수정작업을 마무리하기 위해 성큼성큼 걸어 서재로 향했다. 몇 달 동안 중단했다 다시 붙들었다 한 끝에, 마침내 12월에 이 힘든 작업이 완성되어가고 있었다. 마이바트를 논박하는 새로운 장을 포함해 2,000여 개의 문장이 추가되거나 수정되었다. 그리고 이때 처음으로 "진화evolution"라는 말이 등장했다. 용어해설도 넣었다. 무엇보다 기운이 나는 일은, 머리가 반값의 대중용 염가판을 중심으로 하는 새로운 판매계획을 세웠다는 사실이었다.[3] 이번이 마이바트의 반박에 대답할 마지막 기회가 될 것이다.

공격은 대가답게 이루어졌다. 다윈은 마이바트의 『종의 기원에 관하여』를 관통하는 가장 질긴 실을 베었다. 아가일과 오언 부류가 단단하다고 믿고 있었고 월리스조차 우려했을 만큼 강한 매듭을 끊어버렸던 것이다. 일부만 진화한 구조들—반만 진화한 날개, 초기 단계의 눈—은 기능을 할 수 없는 실패작일 뿐일까? 완전한 구조는 단 한 번의 창조적 도약으로 생길 수 있을까? 다윈은 이에 아랑곳하지 않고 유유히 사실들을 쌓아올렸다. 그는 기능을 바꾼 기관의 몇 가지 사례를 제시함으로써 이 문제를 제거했다. 물고기의 부레가 양서류의 폐가 되고, 호흡관이 연장되어 날개맥이 있는 곤충 날개가 되었다. 마이바트는 핵심을 잘못 짚은 것이다. 초기 형태의 폐, 눈, 날개는 호흡을 하거나 보거나 펄럭일 필요가 없다. 늘 그렇듯이 다윈은 자연의 특이한 예들을 열거하며 각각이 어떻게 서서히 발달했는지를 보여주었다. 고래수염〔먹이섭취 기관〕, 몸의 한쪽으로 이동하는 가자미목目 물고기들의 눈, 잡기에 적당한 꼬리, 불가사리의 차극〔叉棘: 집게 모양의 기관〕 등. 다윈은 수많은 상세한 사실들 속에 마이바트를 파묻는 한편, 자신은 요리조리 빠져나갈 구멍을 만들었다. 몇몇 경우에는 자연선택을 격하시키는 후퇴도 감행했다. 즉, "올바른 방향으로 자발적으로 일어나는 변이"라든지, 많이 사용함으로써 성장한 기관을 인정했다. 그렇다 해도 마이바트가 주장하는, 자연선택을 무력화시키는 내적인 힘 또는 완전한 날개나 폐로의 기괴한 도약만은 결코 인정할 수 없었다.

많은 것이 걸린 싸움이었기에, 마이바트도 물러서지 않고 불가사리와 고래의 예를 들어, 인간의 "지적 능력"과 도덕성이라는 신성한 성채를 방어했다. 다윈이 꺼내든 칼은 적의 형이상학적 심장을 겨누고 있기도 했다. 다윈의 백만 가지 특이한 사실들은 자연선택을 입증하기 위한 것일 뿐 아니라, 마이바트의 신학적 충성의 근거를 깎아내리기 위한 것이기도 했다. 다윈이 문제의 본질은 가톨릭교에 대한 마이바트의 광신적 열광임을 확신함에 따라, 마이바트와 그 스승의 온화한 관계는 불쾌하게 변해버렸다. 마이바트는 뭐가 문제인지 이해할 수 없었다. 마이바트의 "자연 법칙"은 오언, 아가일, 그레이의 법칙들과 마찬가지로 신의 칙령이며, 인도하고 지령하는 의지력의 표현이었다. 이 힘이 우주 속에서 엄밀한 과학적 질서를 유지하며, 생명을 조화로운 물결에 실어 앞으로 민다. 하지만 아름다운 조화를 갖춘 한 물고기나 개구리가 인도와 지령을 받아 다른 물고기나 개구리로 도약하는 것은 다윈의 눈에는 부자연스럽고, 지나치게 비쳤다. 이 정도면 과학은 "기적의 영역"으로 들어가는 셈이었다.[4]

이 논쟁은 한때 금기였던 영역으로 다윈을 밀었다. 『종의 기원』의 교정쇄를 힘들여 수정하는 가운데, 다윈은 먼 미국에 안전한 거리를 두고 있는 한 저명한 자유사상가에게 힘찬 지지의 편지를 보냈던 것이다.

프랜시스 애벗은 자유종교협회라는 급진적 집단이 발행하는 주간지 『인덱스』의 편집자였다. 자유종교협회는 불만을 품은 유니테리언파와 철학적 회의주의자들의 강경한 입장을 대변하는 집단이었다. 그들은 "성서, 교회, 기독교의 권위에 복종"하지 않고도 "개혁정신"을 장려할 수 있는 기고자들을 찾고 있었다. 다운에서 점심을 먹은 적이 있는 찰스 엘리엇 노턴이 자유종교협회의 창립자였다. 애벗은 다윈에게 자신이 쓴 성명서 「시대의 진리」를 보내며 지지하는 논평을 부탁했지만, "뭔가를 발표할 만큼 [종교에 대해] 깊이 생각해본 적이 없는 것 같다"는 다윈의 불충분한 변명이 담긴 답장을 받았을 뿐이다. 하지만 다윈은 『인덱스』를 구독하여 열심히 읽었으며, 결국 애벗의 성명서를 지지하게 되었다. 대담하게도 이 소책자는 50개의 신랄한 제안을 통해 "기독교에 대한 믿음이 소멸"하고 인도주의적인 "자유종교"가 발달할 것이라고 예측했으며, 여기에 "개인의 영적 완성과 인류의 영적 화합을 실현할 유일한 희망이 걸려 있다"고 주장했다. 이것은 곧 진화론이 주장하는 "진리들"과 일맥상통했기 때문에, 다윈은 열렬한 답장을 보냈다. "나는 이 성명서의 주장들을 진심으로 높이 평가하며, 거의 모든 말에 동의합니다."

"거의"는 나중에 끼워넣은 말이었다. 케임브리지 대학을 졸업할 때 분위기에 휩쓸려 39개 신조에 서명했듯이, 지금 다윈은 신경을 진화론에 대한 최종 발언을 쓰며 분개한 상태에서 50개의 후後기독교 신조에 지지를 표명했다. 또한 다윈은 이례적으로 자신의 지지발언을 『인덱스』에 실어도 좋다고 허락했다. 다윈의 발언은 영국인의 눈이 닿지 않는 바다 건너편 나라에서, 크리스마스 호에 등장했다. 다윈의 지지는 거기서 멈추지 않았다. 몇 년 뒤 『인덱스』가 어려운 시기에 처하자, 찰스와 윌리엄은 윌리엄이 일하는 은행의 도움을 받아 상당한 액수의 돈을 보내어 자유종교를 위한 "당신의 고귀하고 결연한 투쟁"에 깊은 공감을 표했다.[5]

다윈은 외국에 있는 자신의 또 다른 반기독교 지지자인 에른스트 헤켈을 격려했다. 성직자를 공격하는 헤켈의 폭탄선언들은 한때 다윈의 간담을 서늘하게 했다. 그러나 그것은 오래전의 일이었고, 지금은 상황이 바뀌었다. 헤켈이 표방하는 것의 대부분이 『인간의 유래』에 차곡차곡 정리되어 있었다. 그리고 다윈은 서서히 은퇴를 준비하면서 자유의 봉화를 넘기려 하고 있었다. "더 심각한 연구를 할 만큼 내 기력이 버텨줄지 의심스럽습니다." 다윈은 독일의 동물학자에게 솔직한 마음을 털어놓았다. "할 수 있는 한 연구를 계속하겠지만, 내가 언제 멈추는가 하는 것은 별로 중요하지 않습니다. 나만큼, 아니 나보다 훨씬 뛰어난 수많은 사람들이 연구를 계속 이어갈 테니까요. 그런 사람들 가운데 당신이 첫손에 꼽힙니다."[6]

다윈은 막다른 골목에 도달했다. 종교적 논란에 시달리면서 기운이 다 빠졌으며, 그 논란이라면 이제는 지긋지긋했다. 장장 10년이었다. 이제는 대답할 말도 없고, 했던 말을 되풀이하는 데에도 지쳤다. 『종의 기원』의 마지막 개정을 끝낸 지금, 더 이상 할 말이 뭐가 있겠는가? 세상은 그의 견해에 대해 알아야 할 것은 다 알고 있다. 더 깊이 이야기하면 더 심한 비방이 시작될 것이고, 에마에게 상처를 주게 될 것이다. 에마는 여전히 종교에 대해 슬프도록 생각이 달랐기 때문이다. 앞으로는 의견을 드러내지 않을 것이다.

『종의 기원』의 수정원고를 넘기자, 머리는 자신의 계획을 실행에 옮겼다. 그는 작은 판형으로 활자를 다시 짰다. 이 때문에 이 보급판은 오자투성이가 되었지만, 분량이 142쪽이나 줄어서 종이값만 해도 한 부에 6펜스를 줄일 수 있었다. 게다가 머리는 인쇄용 판을 뉴욕의 애플턴 출판사에 50파운드에 팔았고, 그 이익을 책의 정가에 반영시켜 정가를 6실링으로 낮출 수 있었다. 이 정도면 노동자들도 살 수 있는 가격이었다.[7]

논란은 끝났고, 자연선택설은 방어되었다. 다윈은 1872년 1월에, 미처 끝내지 못한 일을 다시 시작했다. 이것 외에는 다른 어떤 일에도 눈길을 돌리지 않을 작정이었다. 그런데 마이바트가 다시 한 번 다윈을 자극했다. 쾌활한 어조로 "행복한 새해를 맞기를 바란다"는 인사를 전하며, 『인간의 유래』에 "근본적인 지적 오류"가 있다는 사실을 인정하기를 종용했던 것이다. 그들의 편지는 이 무렵 아슬아슬했다. 그 어느 때보다 의례적인 말에 필사적으로 매달렸고, 나쁜 의도가 없다고 말하면서도 불신감을 풀풀 풍겼다. 다윈은 이만하면 충분하다고 생각하고, 마이바트와 연락을 끊어버렸다. 더 이상의 의사소통은 의미가 없다. 인생은 짧다. 두 사람은 각자의 길을 갔다. 마이바트는 창조의 가장 고등한 창조물을 걱정했고, 다윈은 가장 하등한 창조물인 지렁이를 연구했다. 다윈은 "힘이 조금이라도 남아 있을 때" 논쟁을 불러일으키지 않는 주제들로 방향을 돌리고 싶었다.[8]

늘 그렇듯, 편지 친구들이 호의를 제공해주었다. 다윈의 산더미 같은 편지에 지렁이에 얽힌 일화들이 출현하기 시작했다. 모두가 다윈의 질문에 대답해주었다. 세 대륙에 있는 동료들뿐 아니라 웨지우드가, 다윈가, 그리고 심지어는 프랭크의 웨일스인 여자친구 에이미 럭까지도. 다윈은 마운트에서 처음으로 낚시를 하던 시절부터, 메이어에서 연애를 하던 시절부터, 흙을 순환시키는 이 벌레가 마음에 들었다. 지금 그는 옛날부터 마음속에 챙겨두었던 폴더에 메모를 채워넣었다. 이것은 또 다른 책의 서주였다. 대륙에 관한 추론을 하며 시작된 다윈의 지질학 이력은 정원에서 흙을 파는 것으로 끝날 것이다. 이 진화론자는 지렁이를 향해 내려오고 있었던 셈이다.

다윈의 일도 지렁이처럼 느리게 진행되었다. 책을 쓰는 일에는 끝없는 시간이 걸렸다. 지금도『인간의 유래』에서 따로 떼어낸 완성하지 못한 책이 있었다. 마이바트 소동 때문에 아홉 달이 늦어졌다. 지금 다윈에게는『인간과 동물의 감정 표현』을 완성하는 것이 최우선과제였다. 다윈은 런던에서 다섯 주를 머물며 이래즈머스를 방문하고,『종의 기원』의 새로운 판을 마이바트의『종의 기원에 관하여』에 대비시켜 호의적으로 다루는 서평을 써달라는 부탁을 넣었다. 출간일은 2월 19일이었다. 수정한 부분이 많아서 가격이 7실링 6펜스로 올라갔지만, 그래도 판매는 한 달에 60부에서 250부로 늘어났다. 그는『감정 표현』원고로 돌아가면서, 이번 책은 독자층이 더 넓을 것이라고 생각했다.[9]

이 책은『인간의 유래』에서 머리 부분만 잘라낸 것이지만, 그 자체로 설 수 있는 내용이었다. 몸통 부분에 못지않은 책이라는 것은 출간 뒤의 인기가 증명해줄 것이다. 이런저런 인종들이 기쁨과 슬픔, 즐거움과 고통을 어떻게 표현하는지를 묻는 다윈의 질문지에 대한 대답이 선교사, 기업가, 식민지의 정부 직원들로부터 쏟아져 들어왔다. 다윈은 봄베이 사람들의 수염 많은 얼굴, 가우초의 제스처, 오스트레일리아 원주민의 습관, 싱할라족의 몸짓 등에 관한 편지꾸러미들을 비교대조했다. 마치 그 옛날의 골상학자들처럼, 다윈은 일상의 얼굴에 인간의 유래에 대한 증거가 들어 있음을 보여주었다. 특히 45년 전 에든버러 대학에 다니던 시절 플리니우스학회에서 보았던 골상학자들이 그랬듯이, 다윈은 찰스 벨 경의 신앙심으로 가득한 저서 『표정의 해부학과 생리학』을 주요 표적으로 삼았다. 인간의 표정근육은 신이 인간의 정교한 감정들을 표현하기 위해 창조한 것이 아니다. 이 근육들은 진화한 것이다. 자연에서 원숭이의 얼굴을 보라. 야만인, 백치, 미친 사람들의 표정을 보라. 그러면 그 사회적 기원을 이해할 수 있다. 이 견해에 공감하는 사람이라면 누구라도, 인간과 동물이 감정뿐 아니라 감정을 표현하는 수단도 공유하고 있다는 사실을 알 수 있을 것이다.

오래전에 오랑우탄 제니는 "버릇 나쁜 어린아이처럼" 행동함으로써 인간 같은 면모를 보여주었다. 침팬지의 공포, 분노, 소리 없는 웃음을 연구하던 다윈은 아버지가 되어서 자기 아이들의 표정에 매혹되었다. 그는 아기침대 옆에서 숱한 시간을 보내며 매 순간의 시선과 울고불고 하는 모습을 눈여겨보았다. 웃다가 찡그리다가 입꼬리를 내리는 연속된 표정은 유인원 조상설을 확인해주는 증거였다. 최근에는 이 표정들을 포착하기 위해 최신 기술을 이용했다. 수백 장의 사진들이 다운하우스로 쏟아져 들어왔다. 겁이 나서 움찔하는 배우, 칭얼거리는 아기, 요크셔의 시설에 있는 "정신박약자의 끔찍한 표정"등 이들의 "하등한" 표정들은 유인원과 비슷한 원시인을 떠올리게 했다.[10]

『감정 표현』의 원고는 증거들로 넘쳐났다. 뒤엉킨 문장을 저주하고 문단들을 빼고 고쳐 쓰면서, 다윈은 자신의 감정에 대해서도 쓸 수밖에 없었다. 그는 아이가 "순간적이고 압도적인 위험……에 처했을 때" 자신이 느꼈던 공포심, 가족의 죽음을 겪었을 때 느꼈던 "미칠 것 같은 슬픔"과 "절망감", "행복했던 지난 시절"은 "두 번 다시 돌아오지 않는다"는 눈물겨운 기분을 떠올렸다. 다윈도 그랬지만, 영국 남자는 "지독히 슬픈 일이 아니면 좀처럼 울지 않는다." 그럼에도 그는 눈물을 흘렸던 경험을 통해 그러한 감정을 알았고, 낯선 사람의 표정을 읽는 법을 배웠다.

> 한 노부인이 편안하지만 깊은 생각에 잠긴 표정으로 기차의 객실에서 내 맞은편 옆자리에 앉아 있었다. 노부인을 보고 있는 동안 나는 부인의 입 주위 근육이 약간, 그러나 분명히 수축하는 것을 보았다. 하지만 부인의 안색은 전과 다름없이 차분했기 때문에, 나는 이런 근육수축이 얼마나 무의미한지, 사람이 얼마나 쉽게 속을 수 있는지를 생각했다. 하지만 그런 생각을 떠올린 것도 잠시, 노부인의 눈에 금방이라도 쏟아질 것 같은 눈물이 그렁그렁 맺히며 표정이 흐려졌다. 부인이 슬픈 기억을 떠올렸을 가능성은 이제 거의 확실해졌다. 어쩌면 오래전에 잃은 자식을 떠올리고 있었을지도 모른다.[11]

다윈은 객관적인 관찰자가 아니었다. 그는 부인을 보며 감정이입을 했다. 오래전에 잃은 자신의 아이를 생각하면 아직도 눈물이 나오려 했다. 살아서나 죽어서나, 애니는 아버지의 마음을 열었다.

네덜란드와 헝가리의 국립과학아카데미가 자신을 명예회원으로 선출했다는 소식에 기운을 내어, 다윈은 봄 내내 그 책을 붙들고 씨름했다. 교정쇄는 여느 책과 다름없이 악몽이어서, 다윈은 깔끔하게 다듬으라는 지시와 함께 교정쇄를 레너드와 헨리에타에게 맡겼다. 하지만 늘 그렇듯이 다듬는 정도로 될 일이 아니었다. 그의 구제불능인 문체는 대대적인 수술이 필요했다. 다윈은 굴욕감과 일의 지연에 화가 났다. "그 일도, 내 자신도, 세상도 지긋지긋"했다. 『감정 표현』은 콜로타이프 인쇄 도판 일곱 장이 들어가서, 사진이 들어간 최초의 책이 되었다. 하지만 만드는 문제가 만만치 않았다. 특히 비용이 문제였다. 1,000세트를 찍는 데에 75파운드의 비용이 들어, 7,000부를 찍는다고 하면 도판제작비로 인해 "수익에 커다란 구멍"이 날 것이라고 머리는 경고했다.[12] 하지만 다윈이 지불할 수 있는 것은 걱정뿐이었다. 8월에 캐롤라인 누이와 에마의 오빠 조사이어와 함께 리스 힐에서 보낸 일주일 동안의 휴가가 걱정으로 얼룩졌지만, 그래도 그는 그곳에서 교정쇄를 손보는 일을 끝냈다.

집에 돌아와보니, 월리스의 편지가 기다리고 있었다. 그 편지는 자연선택설을 공동으로 창안한 두 사람의 생각이 얼마나 달라졌는지를 극명하게 보여주었다. 월리스는 런던에서 동쪽으로 40킬로미터 떨어진 곳으로 이사했는데, 그의 측량기술이 새로운 가족 저택을 짓는 데에 유용하게 쓰였다. 여전히 인세와 서평으로 생계를 유지하는 월리스는 다윈이 도와주었음에도 정규직 일자리인 박물관 관장 자리를 얻는 데에 실패했다. 영적인 힘과 성선택설을 둘러싼 두 사람의 견해 차이는 도저히 좁혀질 수 없는 것이었다. 둘 다 완강했지만, 월리스는 여전히 한번 빠지면 헤어나지 못하는 사람이었고 언제나 최신 화제에 솔깃했다.

이번에 월리스의 귀를 사로잡은 것은 찰턴 배스티언의 『생명의 시작』이었다. 빅토리아 시대의 영국인들은 고심한 흔적이 보이는 이 두 권짜리 책에 담긴 충격적인 과학을 좋아했는데, 이번에는 유니버시티 칼리지의 병리학 교수가 그것을 제공했다. 그 책에는 세균과 그 기원이라는 미심쩍은 주제가 들어 있었다. 세균이 원시지구의 화학 스프에서 처음 생겨나서 진화를 거듭해온 것은 틀림없는 사실이었다. 그런데 배스티언은 이 과정이 오늘날에도 계속되고 있음을 입증했다. (배스티언은 여든 살이 된 로버트 그랜트의 학생들 가운데 한 명이었으며, 그 무엇도 이들을 말릴 수 없었다. 이들은 여전히 그들만의 진화론을 꿋꿋하게 개척해가고 있었다.) 월리스는 다윈의 흥미를 당길 수 있을 것이라고 기대하고 "선생님의 『종의 기원』 이후 이보다 더 중요한 연구는 없습니다"라고 알렸고, 자신은 "철저한 신봉자"가 되었다고 선언했다.

다윈은 아니었다. 자연발생설은 만일 사실로 입증된다면 "대단히 중요한 발견"이 될 것이라고 대충 인정했을 뿐이다. 헉슬리는 다윈처럼 예의를 차리지 않았다. 그는 펄펄 끓는 인산염 속에서 벌레들이 도망쳐나오는 배스티언의 연금술 스프를 조롱했다. "이것이 사실이라면, 성체화聖體化는 식은 죽 먹기일 겁니다." 옛날에 원시수프가 있었던 것은 맞지만, 지금은 아니었다. 배스티언의 이론을 반증하는 사실들은 너무나 많았다. 게다가 다윈은 수십 년 동안, 따져봐야 할 사실치고 안 따져본 게 없는 사람이었다. 어쨌든 그는 논란을 초래하는 과학에서 손을 떼겠다고 맹세했으며, 끈끈이주걱을 관찰하며 지내는 편이 더 좋았다. 다윈은 이 식충식물의 비밀을 제대로 풀기 위해 20년을 기다렸으며, 이제는 다른 데로 관심을 돌릴 마음이 전혀 없었다. 다윈은 단호한 추신을 붙여 월리스에게 알렸다. "나는 옛날부터 관심을 가져왔던 식물 연구를 다시 시작했습니다. 이제 이론은 모두 포기했습니다."[13]

9월 말 무렵, 다윈은 다시 쇠약해지고 있었다. 일할 때와 잠잘 때를 빼면 편안한 기분을 느끼지 못했으며, 잠을 자도 회복이 되지 않았다. 에마는 이것이 "피곤하고 건강에 나쁜" 현미경 탓이라고 생각하고, 조지, 프랭크, 호레이스에게 구원을 요청했다. 에마는 비참한 일로부터 남편을 떼어놓기 위해, 아들들에게 셋집을 찾아보라고 했다. 호레이스가 몇 킬로미터 떨어진 곳인 세븐옥스 커먼에서 적당한 집을 찾아냈고, 온 가족이 합심하여 찰스를 서재에서 끌어내는 데에 성공했다. 찰스도 3주간의 휴식이 기적을 일으킨다는 것을 인정할 수밖에 없었다. 두 달 만에 한 번씩 일어나는 이 마법은 말짱한 정신을 유지해주고, 죽음으로 미끄러져가는 속도를 늦추어주었다. 다윈은 오직 "늙고 약해질 뿐", 머리가 말을 듣지 않는 날이 올까봐 두려울 뿐, 더 이상 아프지 않았다.[14]

친구들은 다윈의 형편을 봐주었다. 『감정 표현』을 러시아어로 번역하고 있는 코발레프스키는 다윈이 회복을 하는 동안 다운으로의 여행을 연기했다. 후커조차도 방문을 연기했다. 하지만 후커는 큐 식물원의 원장으로서 신경 쓸 일이 있었다.

1년 넘게 후커는 "상관 때문에, 과학자로서나 관료로서, 또는 신사로서 처할 수 있는 가장 끔찍한 입장"에 놓여 있었다. 그의 상관은 글래드스턴 내각의 노동 장관인 액턴 스미 에어턴이었다. 에어턴은 신랄하고 뻔뻔하며, 고압적으로 경비를 깎는 사람이었다. 그는 현실적인 대중추수주의자로서 "무모한 저돌성"으로 유명했으며, 늘어나는 "건축가, 조각가, 원예가"를 줄이겠다는 공약을 걸고 의원으로 당선되어, 큐 식물원의 예산을 깎기 위해 열을 올렸다. 큐 식물원은 나랏돈으로 운영되었다. 후커는 에어턴의 은밀한 목적이 후커 부자가 땀과 눈물로 30년 동안 만들어 놓은 영국 최고의 식물원을 폐쇄하고, 과학연구를 포기하고, 제국이 필요로 하는 것을 무시하는 것, 그렇게 하여 이곳을 돈 안 드는 시민공원으로 바꾸는 것이라고 생각했다.

후커는 총리에게 호소하고 국가재정위원장에게 에어턴을 비난했지만, 아무 소용이 없었다. 그러자 큐 식물원의 정치적 입지를 강화하기 위해 X클럽이 행동에 나섰다. 그들은 탄원서를 작성하고 다윈과 다른 과학자 동지들의 서명을 받아 글래드스턴에게 제출했다. 러벅은 의회에서 그 문제를 제기했다. 그런데 의회에 제출된 문서들 가운데, 후커도 본 적이 없는 큐 식물원에 대한 공식 보고서가 있었다. 작성자의 이름은 이 모든 일의 의도를 알려주었다. 그 보고서는 에어턴의 요청으로, X클럽이 혐오하는 인물인 리처드 오언이 작성한 것이었다. 후커와 그의 추종자들을 혐오하는 그 늙은 독재자는 큐 식물원이 소장하고 있는 식물들을 영국박물관으로 가져와 자신의 손으로 관리하기 위해 교활한 수를 쓰고 있었다. 다윈은 분노로 이를 갈며 후커에게 말했다. "그동안은 그를 싫어하는 내 자신을 매우 부끄럽게 생각했지만, 지금부터는 그에 대한 미움과 경멸을 죽는 날까지 소중히 간직하겠네."[15]

결국 후커의 자리는 지켜졌다. 하지만 10월에 다윈에게 실험을 위한 끈끈이주걱과 파리지옥을 보낼 때도 후커는 여전히 에어턴의 눈치를 봐야 하는 신세였다. 그것만으로도 충분히 기운이 빠졌지만, 그때 후커는 큰일을 당해 모든 싸울 의욕을 잃었다. 오랫동안 병석에 있었던 노모가 세상을 떠나, "쉰다섯 살의 남자"를 "마치 고아가 된 것 같은" 기분이 들게 만들었던 것이다. 세븐옥스에서 그 소식을 전해들은 다윈은 그 마음을 헤아려보려 애썼다. 자신의 어머니가 세상을 떠났을 때 어떤 마음이었는지 기억나지 않았기 때문에, 다윈은 다른 죽음을 떠올렸다. "아내의 죽음을 제외하면, 한 남자에게 어머니를 잃는 것보다 더 지극한 슬픔은 없을 걸세. 그렇기는 하지만 자식을 잃는 슬픔도 그 못지않게 비통하고 견디기 힘들다는 것은 겪어보지 않은 이는 모르지." 후커와 다윈은 합쳐서 다섯 자식의 죽음을 겪었다. 그들은 수년 동안 가장 깊은 속마음을 나누어왔으며, 앞으로는 점점 더 그렇게 될 것이다. 두 사람의 친밀한 우정에 나이 차이는 아무런 장벽이 되지 않았다. 기력이 쇠해가는 다윈은 자신을 일으켜 세워주고 연구에 생명을 불어넣는 후커의 강한 "애정"이 절실

히 필요했다.[16]

　　11월에 다윈은 식물과 동물의 신경계와 소화계에 존재하는 유사성을 찾기 위해 식충식물들의 역량을 시험해보았다. 어떤 신기한 화학 기작이 끈끈이주걱의 끈적끈적한 촉모〔觸毛: 선모가 달린 털〕들이 수축하여 먹이를 잡도록 만들까? 다윈은 집안에서 찾을 수 있는 온갖 종류의 물질을 촉모에 발라보았다. 우유, 오줌, 침, 알코올, 심지어 진한 홍차까지도. 또 그 더듬이는 무엇을 소화시킬 수 있을까? 그는 구운 쇠고기, 채소, 완숙으로 삶은 계란을 먹여보았다. 특이한 식이를 시도하는 늙은 소화불량 환자가 시도해보지 못할 것은 아무것도 없었다. 놀랍게도 이 식물들은 잘 자랐다. 끈끈이주걱은 동물과 비슷한 소화액을 분비하여 동물처럼 먹이를 먹었다. 소화액을 낸다는 것 자체만도 "새롭고 놀라운 사실"이었다. 그래서 다윈은 독을 먹여보았다. 스트리크닌, 퀴닌, 니코틴은 모두가 어느 정도 치명적이었다. 하지만 모르핀은 거의 영향을 주지 않았으며, 코브라 독은 자극제로 작용했다. 다윈은 끈끈이주걱이 신경계를 지닌 "위장한 동물"이 아니라는 증거를 발견했노라고 웃으며 말했다. 그렇긴 해도 끈끈이주걱은 "인간 몸뚱이의 가장 섬세한 부분"보다도 훨씬 더 민감했다. 한 알갱이의 2,000만 분의 1이라는 상상도 할 수 없을 만큼 적은 양의 인산암모늄이 촉모를 180도로 구부러지게 만든다는 사실은 경이로웠다.[17]

　　파리지옥, 통발류, 벌레잡이제비꽃에도 비슷한 음료와 음식을 대접하고 독을 넣었다. 이 식물들은 세계 곳곳에서 실려와 다운하우스의 정원에 있는 온실에 옮겨 심어졌다. 각각의 화분에 심긴 식충식물들이 온갖 부정한 수단으로 먹이를 붙이고 잡고 삼키는 모습은 마치 범죄자사진 대장을 보는 것 같았다. 다윈의 고문과 속임수는 이 식물들에게는 합당한 처사였다. 실험이 진행됨에 따라, 그는 『식충식물』을 쓰기 시작했다. 하지만 이 일은 어쩔 수 없이 심한 부담을 주었다. 『감정 표현』이 5,000부가 넘게 판매되어—놀라고 눈썹을 치켜뜨고 얼굴을 붉히는 빅토리아 시대 영국인들을 즐겁게 했다는—소식을 들어도 기운이 나지 않았다. (심지어 『애시니엄』조차도 큰 인심을 써서, "감정을 진화론으로 설명하려 한 것"은 "저자의 통찰력과 창의력에 걸맞은 멋진 시도"라고 평했다.) 다윈은 지쳤으며, 그 어느 때보다 "만성병자"였다. 크리스마스가 되기 전에 1주일 동안 이래즈머스의 집으로 피신을 갔지만, 아무런 소용이 없었다. 다윈은 의기소침하여 안개 속에 앉아서 유언장을 썼다. 아들들 각각에게 부동산의 6분의 1씩을 주고, 딸들에게는 6분의 1을 나누어주라고 이래즈머스가 제안했다. 그거면 "자식들에게는 충분"할 것이다.[18]

　런던에서 헉슬리를 본 것도 도움이 되지 않았다. 이 늙은 불독도 과로에 시달리고 가족을 데리고 새집으로 이사하느라 축 처져 있었다. 소화 불량 증세가 그치지 않는 것은 헉슬리가 일을 지나치게 많이 벌이고 있다는 증표였다. 그는 왕립학회 간사와 사우스켄싱턴에 새로 개교한 사범학교의 생물학 교사를 맡고 있었고, 에어턴 사건에서는 후커의 보좌관 역할을 했으며, 이와 동시에 여성들의 의학교육을 반대하는 사람들에게 반론을 제기하고 있었다. 헉슬리는 "휴식을 취하지 않으면 온갖 놀라운 일들이 일어날 것"이라고 의사들이 경고했다고, 훨씬 날씨가 좋은 지중해 연안에 있는 헤켈의 학생 안톤 도른에게 보내는 편지에 썼다. 게다가 헉슬리는 얼마 전에 애버딘 대학의 명예총장으로 선출되었다(다윈이 거절한 이후에). 하지만 두 사람이 만났을 때 건배는 들지 않았다. 헉슬리는 "엄격한 금욕주의 원리"에 따라 물만 마시면서 건강을 되찾으려고 발버둥치는 중이었기 때문이다. 헉슬리는 어쨌든 축하를 할 기분도 아니었다. 한 이웃사람이 그의 축축한 지하실 때문에 소송을 제기해, 소송비용으로 그를 파산시키겠다고 위협하고 있었기 때문이다.[19]

다윈도 나름의 고민이 있었다. 조지와 호레이스가 아파서 집에 와 있었다. 다윈도 자신의 건강을 지키기 위해, 식충식물에 관한 원고를 쓰는 것을 중단하고 덩굴식물에 관한 옛날의 연구서를 새롭게 고치는 한결 여유로운 일을 시작했다. 다윈의 가족은 저주를 받은 것 같았다. 그들은 유전 법칙 때문에 고사 위기에 처해 있었다. 골턴이 "유전적 개량"에 관한 최신 견해를 보내왔을 때에서야 찰스는 겨우 기운을 되찾았다. 찰스의 육촌 골턴은, 사회는 "재능을 타고난 사람들 사이에 일종의 카스트 의식"을 만들어냄으로써 품종개량을 통해 몸과 마음이 허약한 사람들을 제거해야 한다고 주장했다. 우량한 가족들을 등록시키고, 이들의 자식들끼리 결혼시키며, 이 사람들이 아이를 낳도록 보조금을 제공하라. 이런 식으로 훌륭한 유전자의 유출을 막으면 영국 국민의 질이 높아질 것이다. 찰스는 이런 식의 슈퍼맨 만들기가 실현 가능한 일인지 의심스러웠다. 비둘기의 품종개량처럼, 각각의 "우등한 대가족" 속에서 특별한 자식만이 육종가의 선택을 받게 될 것이다. 다윈가에서는 윌리엄만이 건강을 누리고 있었다. 하지만 이 월등한 자식들은 당연히 등록되는 것을 거부하고 "자신들의 일가를 고집"함으로써 이 계획을 수포로 만들 것이다. 대안은 강제로 등록시키는 것인데, 이 방법은 정치적으로 문제가 많다. 그것은 편협하기 짝이 없는 "유토피아주의자"의 특효약이었다. 설사 그것이 "인종을 개량할" 수 있는 "유일한" 방안이라 할지라도 말이다. 차라리 "유전의 중요한 원리"를 널리 알려 사람들이 스스로 그 "원대한" 목적을 추구하도록 하는 편이 더 낫다.

골턴의 계획은 다윈의 가족에게는 너무 늦은 처방이었다. 그들에게는 단기적인 구제방안이 필요했다. 1873년 3월에 다윈은 다시 몸이 안 좋아졌다. 그는 "집에 있는 편이 더 좋았지만", 자신의 처지를 알고 뜻을 굽혔다. 에마는 부지런히 서둘러, 남편을 웨스트엔드의 한 저택으로 데려가

쉬게 했다. 편안하고 안전하게 지낼 수만 있다면 런던에 두려울 일은 없었다. 리치필드 부부와 헨즐레이 웨지우드 부부는 항상 다윈의 건강을 챙겨주는 안심할 수 있는 사람들이었다. 그런데 헉슬리의 건강이 나빠졌다는 소문이 돌았다. 소송사건이 모든 면으로 헉슬리를 무너뜨리고 있었다. X클럽 회원들의 부인들이 모금운동을 제안했고, 에마는 이 소식을 다윈에게 전했다. 다윈은 『감정 표현』으로 받은 인세 1,000기니 가운데 300기니를 내놓았다. 그리고 X클럽 회원들인 후커, 틴들, 스펜서, 스포티스우드에게도 호소하여 돈을 걷었는데, 그 액수가 상당했다. 18명으로부터 2,000기니가 넘는 돈이 모였다. 다윈은 그 돈을 러벅의 은행을 통해 헉슬리의 계좌로 직접 송금했다. "존경과 큰 사랑을 받는 형제"가 "완전한 휴식"을 얻기에 충분한 액수이기를 바란다고, 다윈은 4월 23일에 헉슬리에게 알렸다. "우리는 공공의 이익을 위해 행동했다고 확신합니다."[20]

그런데 운명은, 그들의 동료애를 조롱이라도 하듯, 바로 다음 날 그들에게서 소중한 이를 빼앗아가 버렸다. 라이엘의 아내가 장티푸스로 세상을 떠나고 말았다. 라이엘 부인은 남편보다 열두 살 아래였기 때문에, 일흔다섯 살의 남편은 아내보다 오래 살 거라고는 전혀 예상치 못했다. 이래즈머스가 그 소식을 에마에게 알렸고, 에마가 찰스에게 부드럽게 전했다. "관 속에서 꽃들에 둘러싸인 그 매력적인 얼굴은 너무나도 고요하고 아름다웠다"는 후커의 고즈넉한 묘사는 찰스를 더욱 비통하게 했다. 다윈은 라이엘 부인의 살아생전 모습을 생생하게 기억했다. 30여 년 전 남자들이 지질학 이야기를 나누는 것을 조용히 경청하던 부인의 놀라운 인내심을. 다윈은 감정이 북받쳐 올랐지만, 그것을 말로 표현할 수가 없었다. 그는 애도의 말을 여러 번 고쳐쓰다가, 마침내 자신의 늙은 친구에게 이렇게 썼다. "선생님은 지금 한 남자가 세상에서 겪을 수 있는 가장 커다란 불행을…… 겪고 계시는 겁니다. 부디 신께서 선생님이 이 지극한 슬픔을 이겨낼 힘을 주시기를.”[21]

5월 말에 패니와 헨슬레이의 딸 에피가 그녀를 끈질기게 쫓아다닌 구혼자 토머스 (‘시터’) 패러와 런던의 리틀포틀랜드가街에 있는 유니테리언파 예배당에서 결혼식을 올렸다. 이곳은 라이엘 부부가 다녔던 교회였다. 토머스 패러는 에피보다 스무 살이 많았는데, 유력한 상무부 사무차관이었다. 게다가 식물 애호가인 법정변호사로, 찰스에게 정보를 제공하는 사람들 가운데 하나였으며, 헉슬리 기금에도 기부를 했다. 신혼부부는 애빈저 홀에 신접살림을 차렸다. 웨지우드 부부가 사는 리스 힐에서 멀지 않은 곳이라서, 다윈 가족에게는 또 하나의 편리한 휴양지가 생긴 셈이었다.

6월에 찰스는 끈끈이주걱에 대한 연구를 다시 시작했지만, 기분전환을 할 일도 있었다. 헉슬리가 자비로 휴가를 떠나기 전에 가족을 모두 데리고 다운으로 왔기 때문이다. 이번에는 에마가 “공공의 이익”을 위해 일곱 명의 아이들을 떠맡아 헉슬리의 아내를 쉬게 해주었다. 헉슬리가 후커와 함께 유럽 대륙으로 떠나자마자, 아이들은 온실을 구석구석 누비고 다니며 모든 실험에 참견을 하기 시작했다.

마치 50년대의 여름날처럼 아이들이 집안 여기저기를 기어올랐다. 옛날의 장난감들이 다시 나왔으며, 옛 놀이판이 다시 벌어졌다. 그것을 보며 에마는 아련한 옛 생각에 젖어들었다. 헉슬리의 아이들은 7월 6일 일요일에 더 큰 축제에 참여하게 되었다. 리치필드가 맡고 있는 노동자 대학 노래수업의 학생들이 다운하우스에 왔기 때문이었다. “장미꽃이 만발하고 들판에는 건초더미가 그득하게 쌓인 눈부신 날”에 찰스와 에마는 모처럼 즐거운 한때를 보냈다. 손님은 약 70명이 왔는데, 많은 젊은 노동자들은 오핑턴 역에서 걸어서 도착했고, 나머지는 헨리에타와 그녀의 남편과 함께 마차를 타고 왔다. 손님들은 응접실에 모였다가—찰스의 기쁨이자 자랑인—새로 설치한 베란다와 정원으로 나갔다. "그곳에는 긴 탁자들이 늘어서 있었고…… 차와 딸기가 제공되었으며, 사람들은 라임나무 아래서 노래를 부르고, 잔디밭에서 춤을 추고, 마당에서 게임을 했다." 모두가 참여하여 즐거운 시간을 보냈으며, 집주인의 "진심과 친절"에 감동했다.[22]

다윈은 헉슬리의 아이들을 성심을 다해 보살폈다. 다윈은 아침식사를 할 때 아이들의 곱슬머리를 어루만지며 "많이 먹으라"고 일렀다. 아이들은 아침을 먹고 나면 모랫길로 나가, "비둘기집 뒤에 정원사가 쌓아놓은 섶나뭇단에서 가져온 개암나무 창으로 무장하고…… 인디언" 놀이를 했다. 점심식사 직전에는 다윈이 그곳으로 나와 "푸른 눈을 빛내며" 폴리와 함께 산책길을 왕복했다. 아마 간식시간에는 "집시처럼 깜부기불에 감자를 구워" 먹었을 것이다. 그러면 조금 전의 그 키 큰 사람이 넓은 검은 망토를 입고 보드라운 펠트 모자를 쓰고서 아이들 곁으로 돌아와, 항상 "유쾌한 말"을 건넸다. 저녁나절은 고요했다. "백발이 성성하고 얼굴이 사과 같은" 살찐 파슬로가 아이들을 챙겨주었고, 그러는 동안 다윈과 다윈 부인은 거실에서 밝은 램프를 밝혀놓고 의례적인 백개먼 놀이를 했다.[23]

다운하우스는 천국이었지만, 교구는 연옥처럼 뒤숭숭했다. 견실한 새 목사 조지 스케츨리 핀든이 1871년 11월에 교구를 맡았는데, 핀든은 교리를 강조하여 교회를 개혁하려 하는 고교회파의 일원으로, 브로디 이네스 같은 물렁한 사람이 아니었다. 핀든은 교회건물을 개량하고 예배의식을 가다듬고 성직자의 권위를 다시 세우려 했다. 핀든은 피츠로이가 비글호에서 그랬듯이 교구를 자신의 지배 아래 두려고 했다. 이런 핀든의 입장은 심지어 다운에 오기 전부터 그를 다윈가와 반목하는 상황에 처하게 했다. 사실 그들은 다른 세계에 속하는 사람들이었다. 핀든은 1861년에 윌버포스 주교에게 성직서임을 받고 캐링턴 경의 가정목사로 일했다. 핀든은 토리당의 거물들과 고위 성직자들과 어울리면서, 그들에게 새로운 수록목사직과 교회 부흥 비용을 얻어냈다.[24]

다운의 상류층 집안들은 가능한 한 핀든과 잘 지내려고 노력했다. 다윈가도 작년에 교회에 50파운드를 냈으며, 목사 봉급용으로 35파운드를 기부했다. 겨울에 찰스는 시간을 내어, 핀든이 현재 트로우머 로지에 살고 있는 에마의 언니 엘리자베스에게 목초지를 구매하는 문제에 대해 조언을 하기도 했다. 하지만 그 목사는 은밀한 공작을 꾸미고 있었다. 우선, 핀든 목사의 교회 부흥 계획은 교구총회를 당황하게 하여, 불운한 성직 수여권 소유자인 이네스가 다윈에게 어떻게 된 일이냐고 물어오게 만들었다. 그다음으로, 핀든은 학교의 운영권을 찬탈했다. 수년 동안 그 학교는 교구의 가난한 사람들을 위해, 다윈, 러벅, 그리고 수록목사로 구성된 비공식 위원회가 운영을 맡아왔다. 1870년에 교육법—지방세 지원과 정부 감독관 제도를 도입했다—이 시행된 뒤로도, 운영위원회는 학교의 독립성을 거의 그대로 유지해왔다. 또한 운영위원회는 신앙의 자유를 인정하는 "양심조항"을 계속 고집하여, 아이들이 국교회 교리를 주입받지 않도록 보호했다. 핀든은 이 모든 것을 끝장내버렸다. 그는 운영위원회장과 회계감독을 맡았으며, 손수 교과과정을 짰다. 앞으로 다운의 80명의 아이들은 그 목사로부터 39개 신조에 대한 수업을 받아야 했다.

핀든은 자신의 권리 안에서 행동했다고는 해도, 그는 너무나 많은 사람의 마음을 상하게 했고, 국교회 교리수업은 마지막 남은 인내심을 무너뜨렸다. 다윈은 학교 운영위원회에서 탈퇴했으며 교회에 매년 내왔던 기부금도 삭감했다. 그리고 공개적인 논쟁에서 손을 뗐듯이, 상조회를 빼고는 교구에서 해왔던 모든 책임에서 손을 뗐다. 그 대신 『식충식물』에 "죽기살기로 매달렸다."[25]

8월 5일에 다윈 부부는 애빈저 홀에 가서 얼마 전에 결혼한 패러 부부와 함께 며칠을 보냈다. 이것 자체가 역사적인 일이었는데, 찰스가 직계가족 외에 다른 사람의 집에 머문 것은 25년 만에 처음 있는 일이었기 때문이다. 하지만 에피와 시터가 시체를 집안에 두고 그들을 맞이하리라는 것은 생각지도 못한 일이었다. 일이 터진 것은 2주 전이었다. 하인들이 연락을 받고 현장으로 달려갔더니, 자유당 지도자 그랜빌 백작이 망연자실한 모습으로, 땅바닥에 떨어진 시체 위에 포개져 있었다. 함께 말을 타던 동료가 자신의 승마술을 한창 뽐내던 외중에, 말이 발을 삐끗하여 주인을 말머리 쪽으로 내동댕이쳤던 것이다. 그 시체가 지금 다윈 부부가 앉아 있는 응접실에 놓여 있었고, 그 사람은 바로 새뮤얼 윌버포스였다. 주교는 성직복을 입고 가터 훈장의 리본을 어깨에 걸친 채, 보석을 박은 십자가 대신 십자 모양의 장미로 장식한 모습으로 바닥에 똑바로 누워 잠들어 있었다. 윌버포스의 시신은 검시가 이루어지고 고관대작들이 조문을 하는 이틀 동안 그 상태로 안치되어 있었다. 글래드스턴은 친구의 미소를 머금은 싸늘한 얼굴 옆에 무릎을 꿇고 앉아 울음소리가 들릴 만큼 크게 흐느꼈다. 그리고 주교는 마을 교회에서 울리는 종소리와 함께 마지막 길을 나섰다.

윌버포스는 비록 진화론에 대해서는 당황하여 어쩔 줄을 몰랐지만, 다윈을 언제나 "훌륭한 사람"으로 생각했다. 그가 그런 식으로 죽었다니, 도저히 납득이 가지 않았다. 물론 헉슬리는 거짓눈물을 지으며 틴들에게 이렇게 빈정거렸다. "마침내 그의 뇌가 현실과 만났지만, 결과는 치명적이었습니다."[26] 하지만 낙마사고라면 남의 일 같지 않은 이도 있었다. 찰스는 토미가 발을 삐끗하여 자신의 몸 위로 쓰러졌던 1869년 가을의 일을 떠올렸다. 찰스와 에마는 윌버포스 주교의 비운에 애도를 표하고 나서, 윌리엄과 함께 열흘을 보내기 위해 사우샘프턴으로 떠났다.

집에 돌아왔을 때 후커가 들렀다. 후커는 헉슬리가 재기하고 있다는 소식을 수다스럽게 전했으며, 다윈의 최신 관심사인 특정 식물종의 이파리 표면에 생기는 "흰 가루"에 대해 심문을 당할 각오를 했다. 다윈은 이 가루 덕분에 직사광선 아래서 물을 끼얹었어도 이파리가 타버리지 않는 것이라고 확신했지만, 큐 식물원 원장인—그리고 지금은 왕립학회 회장이기도 한—후커의 승인이 필요했다. 그런데 너무 열띤 토론 탓인지, 다윈은 녹초가 되었다. 몸져누운 가운데 "심각한 쇼크가 연속적으로 머리를 관통하더니" 기억이 사라져버려서, 다윈은 후커가 했던 말을 하나도 기억할 수가 없었다. 전에는 이런 일이 한 번도 없었기 때문에, 에마는 발작이 아닌지 걱정했다. 그들은 헉슬리의 주치의인 앤드루 클라크를 불렀다. 클라크는 "변변치 않은 식사" 탓이라고 진단하고, "뇌 쇼크는 그 부작용일 뿐"이라고 말했다. 9월 중순경, 찰스는 다시 식충식물 연구로 돌아갔다. "정말 다행이지 뭔가. 정신을 놓느니 차라리 죽는 게 낫지." 다윈은 후커에게 안도의 한숨을 내쉬었다.[27]

정신을 놓기는커녕, 다윈의 머리는 여전히 생생하게 돌아가며 과로를 하고 있었다. 온실을 왔다 갔다 하는 틈틈이, 다윈은 『네이처』에 실을 따개비에 관한 논문을 쓰고, 안톤 도른이 나폴리에 해양생물학연구소를 설립하는 것을 돕기 위해 75파운드를 부쳤으며, 무수한 선물들에 대해 감사 편지를 썼다. 카를 마르크스는 『자본론』의 새로운 판을 "진정한 숭배자"로부터라고 써서 보냈다. 몇 십 쪽밖에 읽지 않았는데도, 다윈은 그 책이 "위대한 책"이라는 것을 알았다. 하지만 독일어는 눈을 핑핑 돌게 했고, 그 책의 취지는 자신의 생각과 "많이 다르다"고 생각되었다. 다윈은 자신이 "정치경제학의 심오하고 중요한 문제를 더 깊이 이해할 수 있어서 지금보다 더 이 책을 받을 만한 자격이 있었다면" 좋았을 것이라는 애매한 감사의 편지를 썼다. 그러면서, "학문의 확장"을 위한 그들 각자의 노력은 틀림없이 "결국에는…… 인류의 행복에 이바지하게" 될 것이라고도 썼다.[28]

헤켈의 『창조의 역사』는 달랐다. 찰스는 같은 독일어로 된 이 책을 마르크스의 책보다 훨씬 더 많이 읽었고, 이 새로운 판을 과도할 정도로 많이 칭찬했다. 이 책이 "진화론의 교의를 퍼뜨리는 데에 엄청난 도움이 될 것"임을 알았기 때문이다. 또 한편으로는, 『종의 기원』의 내용에 흥미를 갖고 있는 "젊고 유망한 자연학자들"은 기회가 있을 때마다 격려를 해줄 필요가 있기 때문이기도 했다.

그리고 다윈은 그러한 격려를 하는 데에 능숙했다. 아버지로서 자신의 아들들을 격려하고 자극해본 경험이 풍부했기 때문이다. 요즘은 프랭크가 의학공부에 흥미를 잃고 있었다. 프랭크는 이래즈머스의 집에서 살고 있었는데, 삼촌의 호사가적 취미는 전염성이 강했다(그렇다고 해서 찰스가 의학에서 더 나은 모범을 보여주었던 것은 아니지만). 아버지와 아들은, 프랭크가 우선 동물 조직에 관한 학위논문을 마친 다음에 다운으로 돌아와 아버지의 식물학 연구를 돕기로 합의했다. 육아실로 쓰던 2층 방이 미리 연구실로 개조되었다.[29]

조지도 비틀거리고 있었다. 긴장하면 위가 과민해지는 탓으로 거의 2년 동안을 온천장에 다니며 시간을 허비한 바람에, 그의 법률가로서의 경력이 망가지고 있었다. 10월 초에 케임브리지로 돌아왔을 때, 조지는 성공하기 위해 안간힘을 쓰면서 당시 화제로 떠오르고 있던 문제에 관한 논문들을 쓰기 시작했다. 그 가운데 『컨템퍼러리 리뷰』에 실린 한 편은, 우등한 집안을 등록시키자는 칼턴의 우생학적 제안을 지지하는 것으로, 정신이상, 범죄성, 악덕을 비롯한 모든 유전적 결함을 사유로 하는 이혼을 인정하도록 법을 개정해야 한다고 주장했다. 아버지는 그 논문을 칭찬했지만, 조지가 가장 최근에 제안한 것은 문제가 달랐다.

이번에 조지는 기도, 종교적 가르침, "내세의 보상과 처벌" 같은 아버지가 그동안 공식석상에서 조심스럽게 피해왔던 모든 문제를 깔보았다. 문제는 전략이었다.

이 논문을 발표하는 것을 적어도 몇 달 정도는 미루는 편이 좋겠다. 좀 기다리면서, 발표를 함으로써 생길 문제들을 상쇄할 만큼 네 논문이 새롭고 중요한 것인지 생각해보거라. 이 주제에 관하여 이미 산더미 같은 논문들이 나와 있다는 사실도 기억하면 좋겠지. 다른 사람에게 고통을 주고, 네 자신의 영향력과 평판에 손해를 입힐 수 있다는 문제도.

볼테르는 "기독교에 대한 직접 공격은…… 그 효과가 오래가지 않으며", "좋은 방법은 천천히 은밀하게 측면공격을 하는 것밖에는 없는 듯하다"고 하지 않았던가. 혹은 라이엘의 경우는 어떤가? 라이엘은 성서에 반대하는 말을 단 한마디도 하지 않음으로써 훨씬 더 효과적으로 대홍수 등등에 관한 믿음을 흔들어놓지 않았는가. 심지어 영국의 위대한 무신론자 철학자인 존 스튜어트 밀조차도 "종교 비판"에는 입을 다무는 것으로 자신의 저서들이 "옥스퍼드 대학의 교과서"가 되도록 만들지 않았는가. 『종의 기원』의 저자도 신중했다.

젊은 학자는 (저자명을 붙일 거라면) 대단히 훌륭하고 새로운 것만을 발표하는 게 무엇보다 중요하다는 것이 내가 얻은 오래된 교훈이다. 그래야 대중은 그 사람을 믿으며, 그가 쓴 것을 읽는다. …… 네가 확신을 갖고 기술한 문단이 한두 개쯤 눈에 띄더구나. 이것만은 알아둬라. 적은, 이렇게 성가신 문제에 관하여 자신의 의견을 세상에 내미는 자가 대체 어떤 사람인지, 나이는 몇이나 되었는지, 뭘 전공했는지 같은 것을 묻는다는 사실을. 이러한 냉소는 상대하지 않으면 그만일 수도 있다. …… 하지만 내 조언은 기다리고, 기다리고, 또 기다리라는 것이다.

찰스는 한쪽 눈을 "적"에게서 떼지 않은 채, 20년 동안을 기다려왔다. 조지도 충동적으로 행동해서는 안 된다. 가족에게 해가 미칠 수 있는 유해한 견해를 공표해서는 안 된다. "나는 네가 몇 년은 공표할 전망이 없는 연구주제에 매달리면 좋겠구나."[30]

종교에 관해 솔직히 말한다는 것은 "무척이나 어려운" "도덕적 문제"였으며, 다윈은 그 문제에 관하여 "아직까지도 결단을 내릴 수 없었다." 다윈은 『종의 기원』에서 신학의 언어를 자유롭게 사용했고, 『인간의 유래』에서 종교의 진화를 논했지만, 그것은 오직 개인적 신념을 매우 신중하게 제안한 것일 뿐이었다. 심지어는 지금도, 자신을 추종하는 한 네덜란드인 학생에게 그가 말해줄 수 있는 최선은, 신이 존재하는가 하는 것은 "인간의 지능으로 답할 수 없는 문제다"라는 정도가 고작이었다.[31]

다윈의 추종자들 대부분도 같은 결론에 도달해 있었다. 올해 11월, 다윈은 뚱뚱한 우주유신론자 존 피스크의 회오리바람 같은 방문을 받았다. 피스크는 철학자에서 계몽가로 변신한 하버드 대학 출신의 상냥한 사람으로, 자신이 영웅으로 숭배하는 사람들을 배알하기 위해 유럽을 여행하고 있었다. 청년시절에 접한 뉴잉글랜드 회중주의에 반대해왔고, 『우주철학의 개요』의 집필을 끝마친 피스크는, 알 수도 생각할 수도 없는 힘을 모시는 스펜서의 신전에 무릎을 꿇었다[스펜서는, 아직 알려지지 않았고 앞으로도 알 수 없는 어떤 절대적인 힘 때문에 생기는 '영향 증식의 법칙'이 우주와 생물계의 모든 발전을 이해하는 단서가 된다고 생각했다]. 피스크는 전염성 있는 유머로 X클럽 회원들의 환심을 샀고, 심지어 틴들조차도 포복절도하게 만들었다. "오랫동안 실체 없는 이름으로만 그 사람들을 알아온 사람으로서, 그들을 직접 보는 것만큼 즐거운 일은 없군요." 피스크는 고국에 보낸 편지에 이렇게 썼다. "그들의 책을 읽는 것으로는 피와 살을 지닌 사람으로서의 그들을 알 수 없습니다."

살과 피, 그것이야말로 가식 없는 피스크가 추구하는 것이었다. 피스크는 뉴욕에서, 고국을 버린 한 런던 사람으로부터 헉슬리를 조심하라는 얘기를 들었다. "뭐요, 그 소름끼치는 신앙심 없는 영감탱이 억슬리요?" 피스크는 런던 악센트로 혀를 굴리며 이 이야기를 전해 폭소를 자아냈다. "힝글랜드에서는, 그놈이라면 아주 치를 떱니다. 소름끼치는 놈이걸랑요!" 거물급, 잔챙이 할 것 없이 모든 억슬리 부류가 너희들의 추장은 "식인종"이다, 라는 말을 듣는 데에 이골이 나 있는 상황이었지만, 피스크는 그 식인 괴물이 그 누구보다 "매력적이고 근사한" 부류에 드는 남자이며, 게다가 "여성처럼 부드럽다"고 기쁘게 보고했다.

나는 헉슬리에게 완전히 반했습니다. 그는 아폴로만큼이나 잘생겼답니다. …… 내 인생에서 그렇게 당당한 눈은 처음 보았지요. 눈은 검고, 얼굴은 열정으로 이글이글 불타고 있습니다. …… 그는 진정이 느껴지는 사람입니다. 느끼지 않으려야 않을 수가 없을 만큼. 또한, 정말 솔직하고 진심어리고 겸손해 보이지요. 그렇듯 명쾌한 정신의 소유자를 만난다는 것은 정말이지 큰 기쁨이 아닐 수 없습니다! 마치 방석을 가르는 살라딘의 검 같습니다.

다운 순례는 피스크의 유럽 순방의 하이라이트였다. 피스크는 감격에 젖어 다음과 같이 보고했다.

> 노신사 다윈은 지금까지 내가 보았던 어느 누구보다 매력적이고 상냥하고 멋있는 할아버지입니다. 전체적인 인상은, 내가 만나본 그 누구보다 강인하지요. 그와 그가 하는 모든 일에는 사람을 끌어당기는 조용한 힘이 있습니다. 그는 헉슬리처럼 열렬히 불타고 있지는 않아요. 그는 부드러운 푸른 눈을 갖고 있는, 누구보다 온화한 노인입니다.

피스크는 다윈을 갈릴레오의 틀에 넣고 보았으며, "긴 흰머리와 텁수룩한 흰 수염"은 다윈을 "초상화 속의 인물처럼" 보이게 했다. 사회로부터 단절되어 살아가는 대학자의 "악의 없는 천진난만함"은 어마어마한 매력이었다. "그를 다시 보지 못하게 될까봐 두렵습니다. 그의 건강이 아주 좋지 않기 때문입니다. …… 영국에 머문 날들 가운데 오늘이 가장 소중한 날이었지요."[32] 다운을 휩쓸고 간 이 회오리바람을 다윈과 에마가 어떻게 생각했든—에마는 어리둥절했고 찰스는 녹초가 되었음이 틀림없다—미국의 금박시대[미국 역사에서 물질주의와 정치부패가 팽배했던 1870년대를 일컫는 말]의 전형적인 스펜서주의자였던 명랑한 존 피스크는 분명 행복하게 돌아갔을 것이다.

건강을 회복한 다윈은 무미건조한 『인간의 유래』의 개정판을 준비해야 했다. 이미 두세 권의 책을 진행하고 있었기 때문에, 그는 다른 일로 방해받고 싶지 않았다. 따라서 누군가 도와주지 않으면 이 개정판은 영영 나올 가망이 없을 것 같았다. 그때 월리스가 떠올랐다. 글을 써서 겨우겨우 먹고사는 월리스에게는 일이 필요할 것이다.

다윈은 11월에 월리스에게 조심스럽게 말을 꺼냈다. 동료를 부린다는 것이 염치없게 여겨졌기 때문이다(그렇지만 사실 다윈은 런던 시절부터 해부자와 문서작성자를 고용하는 일에는 익숙한 사람이었다). 한 시간에 7실링이 월리스가 부른 값이었다. 라이엘이 『지질학 원리』를 편집하는 것을 도울 때 시간당 5실링을 받았지만, 그것은 "이번과 같은 일"에는 너무 싼 값이었다. 상당한 수정이 필요할 테고, 다윈의 끔찍한 필체는 노동을 배가시킬 것이다. 월리스는 일에 들어간 시간을 일일이 기록할 것이며, 내용물에 대한 "비평을 제공하는 것은 생각"조차 하지 않을 작정이라고 했다. 사회주의자에게 노동은 곧 돈이기 때문에, 월리스는 무엇보다 정당한 명분을 갖고 이 말을 꺼냈다. "제가 정치에 발을 들여놓았다는 사실을 아마 아시겠지요?" 월리스가 다윈에게 물었다. 사실 월리스는 정치에 몸을 푹 담그고 있었으며, 『데일리 뉴스』에서 나라의 석탄 비축분을 내셔널 트러스트National Trust가 관리해야 한다거나 광산을 개인의 손에서 몽땅 몰수해야 한다는 주장을 했다.

그런데 에마가 찰스의 거래에 제동을 걸었다. 에마는 그 일을 조지에게 맡기라고 했다. 조지는 문학적 소양 외에는 부족한 게 없으며, 게다가 그 일을 무료로 해줄 것이다. 찰스는 그러기로 했다. 그 주제가 전문적이며 조지의 능력 밖이라는 점은 상관없었다. 다윈은 훨씬 더 조심스럽게 월리스에게 말했다. 만일 "아들이 그 일을 할 수 없으면, 다시 연락을 하여 당신이 제안한 조건을 기꺼이 받아들이겠습니다." 한편으로, "나는 정치활동이 자연과학을 대신하지 않기를 바랍니다."[33]

그렇지만 다윈 부부도 교구의 정치와 무관하지 않았다. 찰스가 한밤중에 일어나 도둑놈의갈고리[소리에 반응하는 식물]가 몸을 떠는 모습을 지켜보는 동안—"활발히 활동하고 있는 녀석의 작은 귀만 빼고는 사방이 죽은 듯 잠들어 있었다"—에마는 마을 노동자들을 위한 겨울 독서실을 계획하고 있었다. 지난번의 독서실은 대성공을 거두었다. 이것은 평범한 교구에서 온정주의를 실천하는 모범사례로서, 천 개의 조용한 시골마을 들에서 그런 종류의 사업이 시행되고 있었다. "훌륭한 신문들과 몇 권의 책을 제공하고, 마을에서 존경받는 가장이 매일 저녁 감독을 한다." 동네 남자들은 일주일에 1페니를 내면, "선술집에 갈 필요 없이" 이곳에 와서 담배를 피우고 게임을 할 수 있다. 장소로는 학교 교실이 이상적이었고, 러벅은 이번에도 교실을 빌려줄 것이다. 에마는 학교 운영위원회에 청원 을 할 때 목사가 협조를 해주기를 바랐다.[34]

핀든은 2년 동안은 독서실을 용인했지만, 더 이상은 아니었다. "커피 를 마시고, 당구나 다른 게임"을 하는 것은 괜찮지만, "담배를 피우고 침 을 뱉은 자취"가 다음 날 아침에 아이들이 등교할 때 그대로 남아 있었기 때문이다. 이것은 "학교 건물의 오용"이었기 때문에, 핀든 목사는 그것을 반대했다. 몰인정한 토리당 목사에게 당하고만 있을 수 없었던 에마는 찰 스에게 런던의 교육부에 연락을 취하도록 했고, 호의적인 답장이 왔다. 단, 다음 날 수업이 시작되기 전까지 교실을 깨끗하게 치워놓는다는 조건 이었다. 다윈 부부와 러벅 부부는—그리고 엘리자베스 웨지우드도—이 계획을 운영위원회에 제출하면서 기물이 파손될 시에는 수리비용을 내 겠다고 제안했다.

결전의 날은 크리스마스 바로 전날이었다. 에마는 운영위원회에 낼 최종 청원서를 작성했고, 거기에 찰스가 서명을 했다. 다윈 부부는 "노 동자계급에게 자기향상과 오락의 기회를 가능한 한 많이 제공하는 것" 은 무엇보다 중요한 일이라고 생각했다. 사실, "이 나라의 노동자들은 음 주 같은 조야한 종류 외에는 오락을 즐길 기회가 거의 없기 때문에, 독서 실이 단지 오락 장소로 비친다 할지라도 그들에게" 그런 시설을 "제공하 는 것이 바람직"했다. 운영위원회는 에마의 손을 들어주었고, 핀든은 매 우 퉁명스러운 보고서를 제출할 수밖에 없었다. 핀든은 다윈이 자기 몰래 교육부와 접촉한 사실을 알고 분노했다. "1871년 교육법 제15조에 의거하여 학교의 유일하고 정당한 대리인은 오직 나 한 사람뿐이기에, 그러한 절차는 법에 위반되는 것이라고 생각합니다. 지금까지 내가 그 기관과 연락을 취하고 있었던 점을 고려하면 더욱 그러합니다."[35]

다윈의 위치에 있는 신사가 지위를 이용해 명령에 따르도록 강요하는 것은 쉬운 일이었다. 그리고 에어턴 사건에서 총리에게 청원을 한 일에 비하면, 그것은 사소한 일이었다. 그렇기는 해도, 교구는 허약한 정치 세계여서 이 일은 피해를 남겼다. 교구목사와 마을의 유력인사들이 서로 협력하지 않을 때 시골의 질서를 유지하는 것은 어려운 일이었기 때문이다. 이 법석을 생각하면 다행이게도, 움직이는 식물이 그를 여전히 매료시켜 옹졸한 핀든으로부터 관심을 돌리게 해주었다.

1874년 1월 10일에 찰스는 "늙고 무력한" 기분으로, 앤드루 클라크 박사의 진찰을 받으러 에마와 함께 기차를 타고 런던에 갔다. 그는 출판사들을 돌며, 머리와 『인간의 유래』에 대해 이야기를 나누고, 스미스 엘더와 『산호초』의 개정판에 대해 이야기를 나누었다. 그러고 나니 완전히 녹초가 되었다. 이래즈머스와 함께하는 오후는 마땅히 휴식을 제공했어야 하지만, 요즘 이래즈머스는 교령회에 빠져 있었다.

10년 넘게, 영매와 영이 테이블을 톡톡 두드리며 교신하는 소리가 런던의 교양 있는 사람들의 응접실에 울려퍼졌다. 귀족 부인들은 "체현" 〔영이 들어간 물질 또는 사람〕을 초대했으며, 사회의 최상류계급이 이 최신 오락에 기대를 품고 참석했다. 헉슬리는 그답게, 영이 초래하는 현상이 존재하는지를 고차원적으로 조사하는 연구에는 조금도 관심이 없었다. 하지만 월리스는 여전히 자연이 진보적인 영을 체현하고 있다고 여겼으며, 저명한 화학자 윌리엄 크룩스(원소 탈륨을 발견한 사람)는 "심령의 힘"의 위력을 입증하기 위해 실험적인 교령회를 실시하기도 했다. 프랜시스 골턴이 한 실험에 참가했다가, 거기서 벌어진 일들을 목격하고 "눈이 휘둥그레졌다.” “저속한 속임수”가 아니었다는 것이다. 골턴은 찰스에게, 이상야릇한 일이 정말 벌어지고 있었다고 말했다.[1]

다윈은 저속한 것에 잘 속는 월리스라면 요령껏 무시할 수 있었지만, 골턴의 말은 그럴 수가 없었다. 게다가 이제 친형이 영에 혹하여 친구들 앞에서 속아 넘어가려 하고 있었다. 어느 날 오후, 그의 친구들이 이래즈머스의 식탁 주위에 둘러앉았다. 골턴과 리치필드 부부, 헨슬레이와 패니 웨지우드, 그리고 그들의 장녀 스노, 조지 루이스, 스노의 문학적 스승인 매어리언 에번스(조지 엘리엇), 『미들마치』의 저자를 몹시 만나보고 싶었던 찰스와 에마, 그리고 아들 조지가 참석했다. 조지가 영매 찰스 윌리엄스를 데려왔다. 그리고 이 사슬에 또 한 사람 헉슬리가, 다윈의 간청으로 “영매가 관련되는 한 익명으로” 끼었다. 조지와 헨슬레이가 윌리엄스 양 옆에 앉아서 영매의 손과 발을 단단히 눌렀다. 그들은 커튼을 치고 문을 닫았다. 루이스만 농담을 늘어놓았을 뿐, 모두가 어둠 속에 쥐죽은 듯 앉아서 영이 움직이기를 기다렸다.

스무 개가 넘는 눈과 귀가 긴장하고 있었기 때문에, 방은 점점 갑갑해졌다. 찰스는 “너무 덥고 피곤”해서 흥을 깨고 양해를 구한 뒤 이층으로 올라가 누웠다. 찰스가 빠진 상태에서 쇼가 시작되었다. 그것은 “모든 이를 깜짝 놀라게 했다.” 종이 울리고, 촛대가 뛰어오르고, 바람이 세차게 몰아치고, 불꽃이 번쩍이더니, 탁자가 움직였다. 찰스가 돌아왔을 때, 탁자가 모든 사람의 머리 위로 올라갔으며 막판에는 의자들이 그 위로 올라갔다는 이야기를 들었다. 의자들은 분명히 탁자 위에 올라가 있었다. 윌리엄스가 이 “놀라운 기적 혹은 사기”를 어떻게 일으켰는지 다윈은 도저히 이해할 수가 없었다. 골턴은 이것이 “멋진 교령회”였다고 말했지만, 찰스는 전혀 동의하지 않았다. “그러한 쓰레기를 믿어야 하다니 한심할 따름”이라고 찰스는 안전한 다운으로 돌아왔을 때 후커에게 한탄

을 했다.[2]

　이래즈머스가 "영의 사진"을 찍는 일에 손을 대는 와중에, 헉슬리가 다윈의 흔들리는 신념을 떠받치기 위해 행동에 나섰다. 헉슬리는 조지와 함께 윌리엄스의 또 다른 교령회를 주선했다. 두 사람은 윌리엄스 옆에 앉아서 이상한 움직임을 적발함으로써 그 영매는 "사기꾼"일 뿐임을 증명하여 다윈을 안심시켰다. 하지만 다윈은 이미 에마에게, 이래즈머스의 집에서 일어난 사건들은 "모두 사기"이며, 그것이 사기가 아님을 납득시키려면 "대단히 유력한 증거"가 필요할 것이라고 말했다. 에마는 찰스의 고집을 간파했다. 심령 현상의 해석에 관하여 중립적인 입장이었던 에마는 스노에게, 다윈은 그것을 절대 믿지 않을 것이며, 생각조차 하기 싫어한다고 말했다. 실망한 스노는, 찰스 삼촌은 전부터 "소망이 신념을 왜곡시키게 놔두지 않았다"고 회상했다. "맞다"며 에마는 고개를 끄덕였다. "하지만 그이는 자신의 주의대로 행동하지 않아." 그러자 스노가 되받아쳤다. "그렇다면 그건 고집 아닌가요." 이 말에 에마가 웃으며 말했다. "오, 그래. 그이는 전형적인 고집쟁이지."[3]

　겨울이 지나가고 있었지만 봄이 올 기미는 보이지 않았다. 다윈은 러벅에게 그동안 임대해서 사용했던 모랫길을 팔라고 말했지만, 러벅이 비싼 값을 불러 둘의 관계가 냉랭해졌다. 그 밖에, 다윈은 식물 실험과 책의 수정 사이를 오가는 단조로운 일상을 간신히 버텨나가고 있었다. 헨리에타가 『산호초』를 수정하는 작업을 도왔지만, 뒤쪽의 장들은 상당 부분 다시 써야 했다. 시간과의 싸움에서는 도무지 길이 보이지 않았다. 식물학 책들은 진전이 없었고, 다윈의 몸도 마찬가지였다. 클라크 박사의 치료법을 계속 따르는 것은 불가능했다. 식이요법은 듣지 않았고, 박사가 조제해준 "스트리크닌"은 "해로웠다." 그것이 끈끈이주걱을 죽인 것도 놀라운 일

은 아니었다.[4]

『인간의 유래』도 손을 보는 중이었다. 『종의 기원』만큼 대폭적인 수정은 아니었지만, 힘들기는 마찬가지였다. 조지가 원고를 통합하여 새로운 색인을 만드는 동안, 찰스는 야만인의 자살, 나비의 구애, 양의 거세가 초래하는 효과 등 많은 내용을 끼워넣었다. 편지에서 가져온 일화들과 잡지에서 오려낸 내용들이 자리다툼을 벌였고, 엄청나게 쌓인 참고문헌이 방대한 주석 뒤에 붙었다. 성선택은 세력을 그대로 유지했지만, 자연선택은 다소 억제되었다. "고도로 문명화된 나라의 경우, 진보는 자연선택에 부차적으로 의존한다." 다윈은 낙관적으로 적었다. "왜냐하면 그러한 나라들은 야만인 부족들처럼 서로를 밀어내고 몰살시키지 않기 때문이다." 하지만 키질은, 폭력성이 덜해질 뿐 그 효과는 조금도 줄어들지 않은 채로 계속된다. 정신의 유전에 관한 골턴의 연구는 설득력이 있었다. "한 집단 내에서 지능이 뛰어난 구성원이 결국에는 열등한 구성원보다 성공하고, 더 많은 자손을 남길 것이다. 이것은 자연선택의 하나다." 오늘날의 진보의 성패는 "뇌가 민감한 젊은 시절에 받는 훌륭한 교육"과 "가장 유능하고 뛰어난 사람들의 가르침이 주입된 수준 높은 인재"에 달려 있다.[5]

다윈의 뇌는 오래된 원한을 매듭짓는 데에 뛰어났다. "세상에 오언 같은 악마가 또 있을까. 나는 그가 정말 싫다네." 오언이 최근에 벌인 허튼수작에 화가 난 다윈이 후커에게 소리를 쳤다. 나이 많은 다윈주의자인 린네학회 회장, 식물학자 조지 벤덤을 축출하려는 음모가 발각되었는데, 그것을 물밑에서 조종한 사람은 영국박물관의 식물학 관리책임자이며, 그것을 부추긴 사람이 오언이라는 것이다. 벤덤의 배후에 후커가 있었기 때문에, 이것은 큐 식물원의 식물들을 자기 밑으로 가져오는 데에 실패한 오언의 분풀이처럼 보였다. 헉슬리의 일격이 남긴 오래된 상처가

10년 동안 전혀 치유되지 않은 채 곪아왔던 것이다. 틴들이 중재에 나서 보기도 했지만, 오언이 "비열하고 못된" 헉슬리가 먼저 위증 혐의를 취소해야 한다고 요구하여 일이 중단되고 말았다.

오언의 이중성을 새롭게 확인한 이상, 다윈은 오랜 원한을 악화시키기를 서슴지 않았다. 다윈은 죽은 자를 마지막으로 다시 베기 위해 유인원 뇌 논쟁을 부활시켰다. 『인간의 유래』의 최종판에는, 오언의 패배를 공식적으로 기록하고 최근의 혹평가들을 꼼짝 못하게 만들 내용이 새롭게 들어갈 것이다. 고맙게도 헉슬리가 위험을 무릅쓰고 자신의 오래된 견해를 설득력 있게 다시 제공해주었다. 헉슬리는 이 정도면 "적을 납작하게 만들어줄" 수 있을 것이라고 뽐냈다. "해부학자가 아닌 그 누구도" 그것을 알지 못하겠지만.[6]

다윈은 『인간의 유래』의 수정 원고를 4월에 탈고했다. 『종의 기원』의 염가판이 성공을 거두자 고무된 머리는 반값인 12실링짜리 염가판을 계획했다. 하지만 찰스는 마침내 진화론에서 손을 뗐다. 심지어 교정쇄조차 볼 생각이 없었다. 그래서 교정쇄는 조지에게 넘겨졌다. 진화론에 관하여는 더 이상 어떤 책도 쓰지 않겠다고, 다윈은 와이트 섬에서 은퇴생활을 하고 있는 폭스에게 말했다. 남은 힘은, 점잔을 빼면서도 야만적인 식충식물에 쏟을 것이다.

다윈은 모든 손을 끌어들였다. 큐 식물원에 있는 후커와 후커의 조수 윌리엄 시스텔턴-다이어, 식충식물의 소화액을 분석하는 유니버시티 칼리지의 생리학자 존 버든 샌더슨, 여전히 신학자들의 공격으로부터 다윈을 보호해주고 있는 하버드 대학 식물표본관의 에이서 그레이. 그리고 슈루즈버리 출신의 존 프라이스조차도 희귀한 통발류를 제공해주었다. 봄내내 표본들이 도착하여 온실을 어지럽히는 가운데, 식탁 위의 남은 음식물이 이 식물들에게 제공되었다. 다윈은 정보를 알아내는 요령을 여전히 잘 알고 있었다. 새로운 사실들에 관한 편지를 받아보기 위해서는, 앵초의 꿀샘을 싹둑 자르는 방울새에 관하여 『네이처』에 짧은 편지를 투고하기만 하면 되었다.[7] 어쨌든 지금은 프랭크가 돕고 있어서 부담이 훨씬 가벼웠다.

　　다른 아들들은 집을 떠나 자신의 성공을 위해 노력하고 있었다. 호레이스는 학위를 받고 기술자 견습생으로 일하고 있었고, 레너드는 금성의 통과를 관찰하기 위해 영국 육군공병대와 함께 뉴질랜드에 파견되어 있었다. 연구에 든든한 힘이 되어주는 프랭크는, 에이미 럭과의 결혼을 앞두고 마을에 있는 브로디 이네스가 살았던 집으로 이사를 했다. 결혼식은 7월 23일에 열렸고, 그때 오래전의 러벅처럼 또 한 사람의 "과학적 아들"이 다윈 가족과 함께 했다. 이 사람은 버든 샌더슨의 학생들 가운데 한 명으로, 케임브리지 대학에서 프랭크와 함께 공부한 조지 로머니스였다. 로머니스는 한때 성직자가 되려 했지만, 해양 무척추동물을 매우 좋아하고 호기심이 많은 탓에 진로를 바꾼 부유한 스물여섯 살 청년이었다. 재밌게도, 전부 어디서 많이 들어본 얘기지 않은가.[8]

여전히 병약한 조지는 교정쇄에 몰두하여 사촌 간 결혼에 관한 통계를 분석했다. (조지는 "우리의 계급"이 더 낮은 계급에 비해 사촌 간 결혼이 세 배가 더 많다는 사실을 알아냈다.) 조지는 골턴의 인간육종 계획을 바탕으로 「결혼의 자유의 유익한 제한에 관하여」라는 논문을 이미 발표했다. 마이바트는 그 논문을 읽고 매우 놀랐다. 다윈과 절교한 마이바트는 조지의 논문을 『인간의 유래』에 대한 공격을 재개할 완벽한 구실로 삼았다. 인간 개량을 위해 결혼의 결합을 느슨하게 하여 이혼의 바탕을 넓혀야 한다는 조지의 제안보다 더 다윈주의자들의 사회적 경향을 분명히 보여주는 증거가 있는가? 마이바트는 『쿼털리 리뷰』의 7월호에서 익명으로 중상을 했다. 그는 이것이 도덕상의 무정부주의라고 했다. 드레스덴에 머물고 있던 마이바트는 경솔한 의견과 그릇된 해석을 바탕으로 그 글을 썼다. 조지는 범죄성이나 악덕이 원인인 경우에 한하여 이혼을 옹호했지만, 마이바트는 이 말을 곡해하여 마치 조지가 "매우 억압적인 법"을 옹호하고 "인구 억제를 위해 악덕을 장려"하려 하는 것처럼 부당하게 비난했다. 그러면서, 국가의 타락, 혁명적인 프랑스와 이교도적인 로마의 그림자를 떠올렸다. "이 저자가 속한 학파가 옹호하는 원리에 따른다면, 이교도 시대에 일어난 어떤 끔찍한 성 범죄라도 비호할 수 있을 것이다."

"악덕", "성 범죄", "억압적인 법" 같은 표현은 명예훼손이었다. 이것은 조지의 아버지를 헐뜯고, 그 가족의 사회적 지위를 공격하고, 다윈주의 "학파" 전체를 도덕적 구정물 속에 처박는 표현이었다. 찰스는 그 글을 쓴 사람이 누군지 모르는 상태에서도 분노가 끓어올랐다. 찰스는 조지에게 법적 조언을 구하라고 지시하는 한편, 『쿼털리 리뷰』의 발행인인 존 머리에게 경고를 했다. 두 사람이 "싸움을 하게 되면" "대단히 추악" 하겠지만, 『쿼털리 리뷰』가 다음 호에 조지의 반론을 싣든지, 아니면 내가 다른 출판사로 옮기든지, 둘 중 하나가 될 것이라고.[9]

찰스는 8월에 사우샘프턴에서 휴가를 보냈는데, 믿음직한 아들이 있었음에도 내내 기분이 좋지 않았다. 찰스는 조지를 위한 반론을 쓰고, 오렌지당원인 존 틴들이 그달에 벨파스트에서 열리기로 되어 있는 영국과학진흥협회에서 할 강연의 초고를 읽으며 생각을 애써 딴 데로 돌렸다. 이 회합은 X클럽의 잔치가 될 예정이었다. 『쿼털리 리뷰』가 저주한 "학파"의 절반인 헉슬리, 후커, 러벅, 틴들이 강연을 하기로 되어 있었기 때문이다. 하지만 틴들의 높고 날카로운 호소는, 호전성이 사방에서 솟구치고 있음을 강조하는 역할을 했을 뿐이다. "우리는 우주론의 모든 영역을 신학으로부터 떼어낼 것을 요구하고, 그것을 실행할 것입니다." 틴들은 아일랜드 사투리로 선언했고, 이것은 틴들을 신성모독죄로 기소해야 한다는 요구를 불러일으켰다. 새로운 "다윈주의 진화론자들의 종파"에게서 나온 이런 복음주의적인 요구 앞에서, 마이바트의 자세는 위협적이라기보다는 오히려 방어적으로 보였다. 논평가들은 이미 다윈주의자들의 종교적 독단, "선교에의 열기", 청교도적 열정을 비난하면서, 열광은 "분별을 압도하기 쉬우며", "잠재된 불관용 정신"이 "가증스러운 파벌주의로 물들었다"고 논평했다. 파벌주의에 물든 벨파스트에서, 다윈은 개혁된 생물학의 수장으로 지명되었다. "그는 빙하처럼 침착하게 생물학을 압도하고 있다." 찰스는 자신에 대한 글을 읽었다. "하지만 계속해서 바위를 갈아 으깨다 보면, 상대방이 논리적 분쇄를 가하지 않는다는 보장이 없다."[10]

정말이지, 그대로 되었다. 가톨릭교도 마이바트가 곧 이 방법을 발견하게 된다. 자신을 먹여 살리는 저자를 잃을까봐 머리가 『쿼털리 리뷰』의 편집자에게 압력을 가한 결과, 10월 호에, 혐의를 전면부인하는 조지의 반박문이 명예훼손자의 "사과문"과 함께 실렸다. 하지만 그 사과문이라는 것을 읽어보면, 마이바트의 본심은 뒤통수를 치려는 것임이 뻔히 들여다보였다. 조지 다윈이 "본인이 부인하고 싶어하는 모든 것을, 실은 찬성해왔다고까지 말하는 것은 아니지만, 그가 옹호하는 교의들은 극히 위험하고 유해하다는 것만은 밝히지 않을 수 없다"는 것이 마이바트의 말이었다. 이것은 죄는 미워해도 죄를 범한 사람은 미워하지 말자는 식의 궤변이었다. 다윈은 격노했으며, 이것을 개인적인 공격으로 받아들였다.

"마침내 그는 내게 고통을 주려는 자신의 목적을 달성했습니다. 그 작자가 지금까지 내게 거의 간사한 수준으로까지 아첨했던 것을 생각하니 괘씸해서 견딜 수가 없군요!" 마이바트는 신앙이라는 명목으로 저지르지 못할 일이 없을 것 같았다.

　　분노가 끓어오르고 있던 그때, 다윈은 라이엘을 생각하며 종교에 대한 반감을 누그러뜨렸다. 눈이 거의 보이지 않게 된 데다 건강이 위태로웠던 라이엘은 틴들의 "두려움 없는 대담한 발언"이 염려스러웠음에도, "자네와 자네의 진화론"을 격려한 틴들을 너그럽게 칭찬했다. 라이엘은 요즘 들어 부쩍 내세의 문제에 몰입했으며, 그것은 겉으로도 드러났다. 하지만 다윈은 위로를 해줄 수가 없었다. 많은 사람들이 내세가 있다는 것을 직감으로 받아들인다. "그런데 저는" 에마를 포함하여 "그러한 사람들과는 생각이 크게 다른 것 같습니다. 타고나는 확신이란 것이 저에게는 없기 때문입니다." 그렇다 해도 "선생님과 같은 처지에 놓인다고 생각하면" 겁이 나는 것은 사실이었다. 다윈은 자신도 맹인이 되어 에마도 없이 죽음을 눈앞에 두고 있다면, 내세의 문제가 "밤마다 고통스럽게 떠오를 것"이라고 생각했다.

　　낮이 되어 현미경 앞으로 돌아오고 나면, 그러한 생각은 사라졌다. 다윈은 식물에 몰두했고, 마이바트를 파멸시킬 궁리를 했다. 헉슬리와 후커는 어떤 응징이 가장 좋은지 알고 있을 것이다. 한편, 다윈은 핀든에게 울분을 터뜨린 뒤, 건강 문제를 이유로 학교 운영위원회에서 공식 사임했다.[11]

　　11월 13일에 『인간의 유래』의 새로운 판이 출간되었다. 머리는 이익이 크게 줄어들 것임을 알고도 가격을 9실링으로 떨어뜨렸다.

　　그날, 후커의 아내 패니가 갑자기 세상을 떠났다. 정상의 위치에 오른 후커는 그렇지 않아도 극도로 힘든 상태였다. 왕립학회의 15개 위원회를 맡고 있었고, 큐 식물원의 예산을 더 많이 따내기 위해 새로운 디즈레일리 내각과 힘겨루기를 하던 중이었다. 집에는 여섯 아이가 있었고, 그 가운데 셋은 아직 어렸다. 패니는 집안을 돌보고, 후커가 글을 쓰고 교정을 보는 것을 도왔으며, 큐 식물원을 둘러보는 고관귀족들을 안내했다.

과연 식물학자 헨슬로의 딸다웠다. 패니는 후커가 동양에서 돌아온 뒤로 23년 동안 완벽한 반려자였다. 지금 후커는 다시 히말라야를 돌아다니고 있는 것처럼 고립감과 절망적인 고독을 느꼈다. 후커는 "망연자실하여" 자신이 당한 불행을 실감할 수가 없었다. 장례식이 끝난 뒤 집으로 돌아갈 생각을 하니 아득하여, 후커는 다운으로 피신할 수 있게 해달라고 부탁했다. 다운하우스는 종종 그랬듯이 간호시설로 변신했다. 후커는 며칠 동안 그곳에 머물렀고, 후커의 아이들은 에마가 보살폈다. 집으로 돌아갔을 때, 후커는 아무것도 할 수 없었다. 큐 식물원의 집에 발을 디디는 순간 "완전한 적막감"이 엄습하여, 후커는 그대로 다운으로 돌아가고 싶은 충동을 느꼈다. 찰스는 자기 나름의 해법을 전수하며 후커를 격려했다. "일에 몰두하여" 괴로운 생각을 내쫓으라고.[12]

하지만 후커는 자꾸만 "회상의 수렁에 빠졌다." 다윈은 2주를 기다린 다음에, 마이바트의 악행에 관한 문제를 제기했다. 후커는 그 사과란 것이 가증스러웠다는 데에 동감하면서, 마이바트가 그 익명의 글의 저자임을 밝히고 그것을 철회하게 만들어야 한다고 제안했다. X클럽 회원들의 공동서신으로 마이바트를 설복해야 한다는 것이다. 헉슬리에게는 그것이 자신의 옛날 제자가 진화론과 교회에 양다리를 걸친 일을 응징하는 또 하나의 구실이었다. 헉슬리는 한 서평에서 그 기회를 잡았다. "내가 잘못 알고 있는 게 아니라면, 『쿼털리 리뷰』는, 로마 제국의 엄청난 부도덕을 다시 불러들이는 추론을 하고 있다는 그 학파의 일원에 나도 들어가 있다는 사실을 알고 있을 것이다." 헉슬리는 노기를 띤 어조로 썼다. 헉슬리는—다윈의 웃음기 없는 열의와 기이한 대조를 이루는—평상시 아말렉인을 괴롭힐 때의 쾌감을 추구하며 자신의 종파주의적 레퍼토리를 반복했다. 왜곡과 위조는 로마의 예수회가 가장 좋아하는 무기이며, "익명으로 헐뜯기"는 그들의 관습으로서, 그 절정은 "네로Nero나 코모두스

Commodus의 부도덕"이 아니라 보르자가家의 비밀의 독약이다.

X클럽은 결속을 강화하면서 방어막을 만들고 있었다. "선생님은 엘리시움〔그리스 신화에서 선량한 사람들이 죽은 후에 사는 곳〕에 쉬는 축복받은 신들처럼 처신하고, 지옥의 악마들과 싸우는 일은 열등한 신들에게 맡겨야 합니다." 헉슬리는 크리스마스 전에 다윈에게 이렇게 조언했다. 헉슬리 자신은, 이런 상스러운 행위는 용인할 수 없다는 뜻을 한 가톨릭 사제를 통해 마이바트에게 전했다. 마이바트는 그 전의 오언처럼 못 박히고 있었고, 본인도 그 사실을 알았다. 마이바트는 급히 변명과 이의제기를 봇물처럼 쏟아냈으며, 일을 바로잡으려면 어떻게 해야 하느냐고 은밀히 헉슬리에게 물었다.

헉슬리는 다윈과 함께 마이바트를 과학계에서 파문할 궁리를 했다. 이런 종류의 도덕적 중상에 대한 가장 모질고 효과적인 응징은, 죄인을 조용히 무시하고 냉대하는 것이다. 다윈은 크리스마스 기분에 젖지도 못하고, 이럴까 저럴까 손가락으로 책상을 두드렸다. 에마, X클럽 친구들, 심지어 조지까지도 헉슬리의 충고를 들으라고 했지만, 다윈은 "남자답게" 자신의 생각을 다 털어놓고 싶은 욕구를 억누를 수가 없었다. 진실을 악의적으로 곡해하고 자신의 가족을 근거 없이 헐뜯는 행위를 용서할 수 없었다. 1875년 1월 12일, 더 이상의 사과가 오지 않을 때, 다윈은 행동에 나섰다. 그는 쌀쌀하고 딱딱한 편지를 보내, 마이바트와는 다시는 연락하지 않겠다고 공언했다.[13] 마이바트의 벌레는 다윈주의의 갈고리에 걸려 몸부림쳤고, 야비한 행위를 저지른 죄로 죽음을 맞았다. 용서는 두 번 다시 없었다. 몇 년이 흐른 뒤에도, 헉슬리와 후커는 마이바트가 제출한 애시니엄 클럽의 가입 신청에 반대표를 던지고 있었다.

다윈은 『식충식물』에 매진했지만, 언제 끝날지 모르는 원고 때문에 괴로웠다. 문장은 질퍽거렸고, 2월 무렵에 그는 급기야 진창에 빠져 허우적거리는 신세가 되었다. 다윈은 "나는 목적 없는 인생이 어떤 기분인지 잘 안다. 모두가 다 부질없게 느껴지지"라고 동정하는 것밖에는, 울적함에 사로잡힌 조지에게 아무런 도움을 줄 수가 없었다. 그는 심지어 "자살할 준비가 되어 있다"는 말까지 해서 후커를 놀라게 했다. 고독한 노인이 된 라이엘이 22일에 세상을 떠나자, 다윈은 "우리들도 모두 곧 떠날 것 같은" 기분이 들었다. 라이엘이 『종의 기원』을 지지하지 않은 뒤로, 두 사람의 관계는 서먹서먹했다. 한때 세상이 다 알았던 두 사람의 우정에 냉엄한 종지부가 찍혔다. 후커가 웨스트민스터 대수도원에 라이엘을 안치하는 일을 주선했지만, 다윈은 관을 메라는 요청을 거절했다. "장례식 중간에 쓰러져 의식을 잃을 것이 분명하네."

3월에 다윈은 진창에서 기어나와, 완성된 원고를 내려놓았다. 식충식물들이라면 진절머리가 났다. 다윈은 월터 오울리스가 그려서 생일선물로 보낸 자신의 유화 초상화를 물끄러미 바라보았다. 그 그림속의 그는 "매우 거룩하고, 날카롭고, 애수에 잠긴 늙은 개"로 보였고, 지금의 기분을 훌륭하게 반영하고 있다는 생각이 들었다. 하지만 이 늙은 개는 아직 묻지 않은 뼈가 한 두 개 더 있었다. 다윈은 그 원고를 머리에게 전하고, 런던에서 이래즈머스와 헨리에타와 함께 2주일을 지냈다. 만우절에는 헨즐레이 웨지우드의 집에서 교령회가 열렸지만, 라이엘이 저 세상으로 간 상황에서 그것은 사려 깊지 못한 일처럼 여겨졌다. 그것은 재미없지는 않아도 처연한 농담이었으며, 그저 유행을 좇는 따분한 사람들을 즐겁게 하기 위한 "어리석은 짓"처럼 보였다.[14)]

여기저기서 인생이 삐걱거리고 있었다. 핀든 탓에 교구도 골칫거리를 하나 더했다. 1년 동안 핀든 목사는 다윈의 식구들 모두를 끊어냄으로써 다윈을 그 교구의 마이바트로 만들었다. 다윈은 "엄청나게 모욕을 당한 기분이라서" 지금은 중재자를 통하지 않으면 한마디도 전할 수 없을 정도였다. 교구민을 위한 두 번의 저녁 강연을 열기 위해 학교 교실을 빌리는 일을, 다윈을 대신하여 존 러벅이 추진했는데, 운영위원회는 승낙을 했지만 핀든이 반대를 했다. 핀든은 독이 든 감미로운 웃음을 지으며, 자신의 권위를 공격한 반기독교도와 협력하기를 거부했다.

> 다윈 씨의 견해가 성서에 의거한 종교적 신조에 유해할 수 있음을 예전부터 알고 있었습니다. 하지만 나는 이 교구에 오면서 내 힘이 닿는 한, 나의 의견 차이가 이웃으로서의 우호적인 감정에 끼어드는 일이 없도록 하겠다고 굳게 결심했습니다. 지성에서나 도덕성에서나 그토록 천부적인 재능을 지닌 사람이라면 신의 은총으로 결국에는 더 선량한 마음을 갖게 될 것임을 믿기 때문입니다.

존 경은 핀든의 말을 무시하고 외교적으로, 교실을 둘러싼 싸움을 중재하려 했다. 당사자인 찰스는 헨리에타를 옆에 두고서, 또 한 명의 성직자로부터 양보를 끌어내기 위한 장황한 자기변호의 편지를 썼다. 그는 "F씨가 D부인과 내게 머리를 숙인다면 우리도 그렇게 하겠다"고 고압적으로 써서, 거만한 태도는 고교회파의 토리당원만의 전유물이 아니라는 사실을 보여주었다. 교구에는 사죄를 끌어내줄 X클럽이 없었기 때문에 평화를 회복하는 것은 "매우 어려운 일"이 될 듯했다.

　불편한 심기는 여실히 드러났다. 공식적인 자리에서 논쟁을 하지 않겠다고 맹세한 뒤로, 기독교에 대한 다윈의 개인적 적의는 증가하고 있었다. 핀든과 마이바트는 다윈을 인내심의 한계로까지 몰아갔다.[15] 그런 종류의 독단에는 자유주의적인 인도주의를 처방할 필요가 있고, 닫힌 마음은 개혁적인 과학을 퍼부어 열 필요가 있었다.

봄에 런던에서 휴식을 취하는 동안 다윈은 과학의 진보에도 힘을 쏟았다. 그는 증가하고 있는 생체해부 반대운동가들을 따돌리기 위한 지연 작전을 배후에서 조종하고 있었다. 만성 건강염려증을 앓고 있는 헨리에타가 생체해부 반대운동에 뛰어들었다. 빅토리아 시대에 집안에 갇혀 가정을 다스리는 수많은 여성들처럼, 그녀는 고통을 당하는 동물들과 자신을 동일시했다. 빅토리아 시대의 여자들은 생체해부 반대론자의 핵심 성원을 이루었고, "생체해부자에 의해 희생되는 동물들에게서 자신들의 비참한 처지를 읽어냈다." 헨리에타는 여성운동가 프랜시스 파워 코브가 작성한 청원서를 지지했다. 코브는 동물생체실험에 대한 단속을 지지하는 일반인들을 이끌고 있었다. 대주교, 시인, 정치인들이 서명한 코브의 청원서는 심지어 실험하는 과학자들의 손에서 도덕적 판단을 빼앗는 법안의 제정까지도 요구했다. 다윈은 전형적인 영국인과는 거리가 있는 사람으로서, 동물을 아끼고 사랑하지만 동료들의 자치권을 더 아꼈다. 다윈은 헨리에타에게 "생리학은 살아 있는 동물들을 갖고 실험을 해야만 진보할 수 있다"고 경고했다. "추상적인 진리를 추구할 때" 이러한 실험이 자유롭게 행해져야 한다. 동물실험의 오용은 "인도주의 감정을 드높임으로써" 막을 수 있다. 다시 말해, 그 법안은 과학의 진보에 치명적이다. 토끼몰이를 즐기면서도 안 그런 척 위선을 떠는 하원의원들이 코브의 "철없는" 법안을 통과시킨다면, 영국의 생리학은 "침체하거나 완전히 멈추고 말 것"이다.[16]

생각하면 할수록 걱정이 되었다. 코브의 간섭을 막을 더 나은 패를 마련해야 했다. 다윈이 반대청원을 제출하려고 하고 있을 때 헉슬리가, 여우사냥을 즐기는 하원의원들이라면 사냥을 계속하기 위해서라도 과학을 구제할 것이 틀림없다는 사실을 알아차렸다. "만일 생리학 실험이 법으로 금지된다면, 다음번에는 반박하기 더 좋은 사냥, 낚시, 사격 차례가 될 테니까요." 이 모든 것에 대한 자유를 두루 보존하기 위해, 그들은 생리학자들이 그들의 법안을 제출하기를 은근히 바랄 것이다. 런던에 있는 동안 다윈은 선제 법안에 대한 지지를 끌어모으는 일에 전력을 다했다. 반대파가 "생체실험법안"이라고 이름 붙인 그 법안을 이번 회기에 의회에 제출하려면 "하루도 지체할 시간이 없었다."

　　다윈도, 헉슬리도, 살아 있는 동물로 실험을 하지 않았지만, 버든 샌더슨처럼 그런 실험을 하는 친구들은 쉽게 넘어왔다. 다윈은 헨리에타도 설득을 했고, 딸의 변호사 남편은 법안 작성을 도왔다. 법안의 목적은 제약이 아니라 규제였다. 실험가들에게 면허를 발급하면 그들의 자유를 보장하는 동시에 동물의 고통을 최소로 줄일 수 있을 것이다. 다윈은 "왕립학회 회장이 승인한 문서라고 말할 수 있도록" 그 법안의 초안을 후커에게 보내 고무도장을 받기로 했다. 그런 다음에 그 법안을 외무장관인 더비 경에게 주면서, "과학을 반대하는 성급한 법안"을 저지할 수 있도록 토리당 내각의 유력인사들에게 말을 잘 해달라고 부탁했다.[17]

　　실로 대단한 로비였다. 다윈의 이름이 빗장을 열었고, 더비 경은 다윈에게 내무장관의 책상 위에 과학자들의 법안을 올려놓았다고 말했다. 다운에서 핀든 목사는 여전히, 코뿔소 등에 붙은 곤충처럼 "불필요한 개입" 어쩌고 하는 말을 떠들고 다녔는데, 다윈은 식충식물들에 둘러싸인 채로 어떤 개입을 할 수 있는지를 보여주었다. 헉슬리와 다윈의 새로운 제자 로머니스가 4월 17일에 다운에 왔을 때, 법안의 일은 절차, 즉 누가, 언제 그것을 제안하는가 하는 문제만을 남겨놓고 있었다. 집안에서 그 주제는 남자들만의 영역이었다. 처음으로 다운하우스를 방문한 로머니스는 잘난 척하고 떠들다가 다윈에게, "집안 숙녀들 앞에서는" 동물실험에 대한 이야기를 하지 말라는 주의를 들었다.

　　어쨌든 한 숙녀가 남자들보다 한발 앞섰다. 5월 4일에 코브의 법안이 상원에 제출되었다. 과학자들의 대안, 다윈의 말에 따르면 더 인도주의적인 그 대안은 여드레 뒤에 하원에 도착했다. 이에 대응하여 내무장관은, 왕립위원회에 "과학적 목적을 위해 살아 있는 동물로 실험을 하는 행위"에 관한 의견을 구하는 조치를 취했다. 그때 생리학자들이 자신들의 법안의 의도를 놓고 사이가 틀어졌는데, 이것이 결과적으로 유리하게 작용했다. 다윈은 왕립위원회의 회원으로 선임된 헉슬리에게 희망을 걸었고, 위원회는 "시끄러운 분위기가 가라앉을 때까지 기다리기"로 했다.[18]

다윈은 말 그대로 글을 쓰는 회전식 벨트 위에 갇혀 무덤을 향해 점점 더 빨리 걷고 있었다. 한 권의 책이 끝나면 다음 책이 시작되었고, 지루해서 뒷전으로 밀어놓은 책이 꼭 두 권은 있었다. 『식충식물』은 순식간에 다 팔렸고, 7월에 1,000부를 더 찍은 것도 2주 내에 다 팔렸다. 이제는 '다윈'의 이름만 달고 나오면, 아무리 이상한 주제라도 인기를 끌었다. 식물 실험들을 소개한 450쪽짜리 책이 『종의 기원』의 초판보다 더 빨리 팔리리라고 누가 상상할 수 있었겠는가?[19] 『동식물의 변이』의 개정판이 뒤따라 출간되었는데, 여기에 덧붙여진 내용들은 지난 7년 동안 다운에 쇄도했던 수백 통의 편지와 수십 편의 연구서에서 추려낸 것이었다. 그 결과, 이 책은 초판보다 더 특이한 과학책이 되었다. 염소의 턱수염에 관한 의견을 바꾸고, 중국의 송나라 시대에 있었던 금붕어의 선택에 관한 약간의 정보를 추가했으며, 로버트 체임버스의 육지증六指症 딸 이야기를 걷어냈다. 절제한 여분의 손가락이 재생하는 것 같다는 이야기였다(육지증인 체임버스가 "우리 집안은 파충류 유형으로 돌아가는 경향을 보이고 있다"고 농담을 한 것을 다윈이 초판에서 곧이곧대로 썼던 것이다).[20]

그다음에는 "위대한 신, 판"을, 모습은 바꾸되 그 위력은 온전하게 다시 등극시켰다. 이 신은 많은 숭배를 받지 못했지만, 이번에는 새롭게 로머니스가 그 제단에 머리를 조아렸다. 다윈을 아버지처럼 우러러보게 된 로머니스는 해파리 연구를 옆으로 치워놓고, 채소들을 접붙이는 실험을 시작했다. 접가지와 밑그루 양쪽의 형질을 지닌 잡종을 만들어내기 위해 "제뮬들"(혹은 로머니스가 제뮬이라고 기대한 것)을 잡다하게 섞으려는 시도를 했던 것이다. "세상은 동물실험에서 훨씬 많은 영향을 받는다"는 것은 다윈도 인정했지만, 식물에서의 성공도 탄력이 될 터였다.

　　다윈은, 골턴도 시도를 했지만 실패했다는 사실도 알았다. 골턴의 집은 토끼들로 넘쳐났다. "범생설"에 흥미를 느낀 골턴이 수혈 실험을 시도한 탓이었다. 하지만 순혈종의 실버-그레이종의 암컷과 수컷에 일반 집토끼의 피를 수혈해도, 그 새끼는 순혈종이었다. 13번의 출산에서 얻은 88마리의 자손들 가운데 혼혈은 전혀 확인할 수 없었다. 다윈은 자신이 혈액에 "제뮬"이 있다고 말한 적이 없다고 항변했지만, 그의 용감한 얼굴은 조금 굳어졌다. 골턴은 유전은 민주적인 과정이 아니라는 의심이 들었다. 정자와 난자에 모이는 제뮬은 온몸 구석구석에서 평등하게 오는 것이 아니다. 생식세포 안의 제뮬이 결정권자로서, 그것이 모두를 지배하고 있는 것이 아닐까. 자손의 성질은 생식세포의 유전자 구성으로 결정되는 것이지, 부모의 몸에 일어난 변화로 결정되는 것이 아니다.[21]

　　하지만 다윈은 많이 쓰여서 튼튼해진 기관이 자식에게도 유전될 수 있다는 개념을 포기하고 싶지 않았다. 그는 수십 년 동안, 숙련공들의 체격이 후손에게 전달된다는 증거를 수집해왔다. 대장장이의 자식들이 망치질하는 이두근을 가지고 태어난다거나, 부모의 상처가 아이에게도 나타난다는 증거를. 그는 점점 더 이러한 증거에 의지하여 범생설을 이론의 필수적인 부분으로 만들었다. 『인간의 유래』에서는 이와 같은 방식의 유전이 인간의 진화를 이끌어내는 강력한 요인으로 제시되었다. 다윈에게는 헉슬리처럼 그 아기 신을 교살할 동기가 없었을 것이다. 그래서 그는 판을 전혀 건드리지 않은 채, 생물은 유전된 제뮐에서 발달한다는 입장을 고수했다. 자식이 부모의 약점을 공유하고 있다는 사실을 쓰라린 경험으로 알고 있었던 탓이었다. 또한, 그는 자식들이 자신의 정신적 능력도 공유하고 있다고 생각하고 싶었을 것이다. 젊은 시절에 뇌를 혹사함으로써 변화한 제뮐이 자신의 특별한 정신적 재능을 자식들에게 전달했다고.[22]

그 증거가 프랭크였다. 프랭크의 자연사에 대한 애정은 찰스가 프랭크 나이에 가졌던 것과 비슷했다. 프랭크는 거의 매일, 그 마을에 있는 자신의 집에서 다운하우스로 와서, 온실에서 소일하면서 식물을 수정시키는 실험을 하거나 2층 연구실로 올라가 무엇인가를 했다. 찰스는 이 새로운 조수가 무척 자랑스러워, 프랭크를 린네학회의 특별연구원으로 추천했다.

다윈은 명성으로 인해 이런저런 얼치기들에게 시달림을 당했다. 설교를 하고 영혼을 구제하겠다는 사람들, 논문을 발표하고 싶거나 아니면 단지 다윈의 인정을 바라는 외국인들, 교수직을 얻고 싶어하는 강사나 특별연구원 자격을 얻고 싶어하는 과학자들이 번거롭게 했다. 대부분은 정중하게 대접했지만, 마지못해 응대한 사람도 얼마쯤 있었다. 개중에는 절대로 포기하지 않는 끈질긴 사람들도 있었다. 버밍엄의 무례한 외과의사 로버트 로슨 테이트가 그런 사람이었는데, 그는 지금 다윈을 붙잡고 놓지 않았다. 서른 살의 테이트는 난소와 자궁 적출술의 전문가였으며, 곁다리로 식물생리학 연구를 조금 했다. 평판이 올라가고 있던 그는 부인과의사로서의 경력을 좀 더 그럴듯하게 치장하기 위해 왕립학회 특별연구원 자격을 탐냈다. 몇 달 동안 뻔뻔스러운 아부를 한 뒤, 그는 10월에 다윈에게 벌레잡이식물에 관한 자신의 논문을 왕립학회에 보내 출간하게 해달라고 강요하다시피 했다. 그 논문은 마치 "과학에 대한 중요한 공헌"인 것처럼 보였지만, 다윈은 그것을 제대로 읽어보지도 않았다.[23]

　다윈 자신의 출판물만 해도, 깨어 있는 모든 시간을 잡아먹었다. 책 값에 대해, 발행부수와 판권에 대해 머리와 끊임없이 절충을 해야 했다. 그의 번역가인 라이프치히에 있는 빅토르 카루스와 파두아에 있는 지오반니 카네스트리니는 다윈의 속도를 따라잡기 위해 여러 권을 동시에 진행하고 있었지만, 아무리 해도 다윈을 당해낼 수가 없었다. 『동식물의 변이』는 인쇄 중이었으며, 예전에 쓴 식물학 연구서 『덩굴식물의 운동과 습성』은 "아들 조지가 그린 도판"과 함께 11월에 출간될 예정이었다. 그 밖에도 찰스는 『식물의 타가수정과 자가수정의 효과』에 관한 "졸렬한" 문장들을 쓰고 있었다. 오직 런던의 귀족으로부터의 초대만이 그의 손을 멈추게 할 수 있었다. 카드웰 경은 왕립위원회에서 생체해부에 관한 증언을 해달라고 요청했다.[24]

　헉슬리는 다윈이 꼭 출석해야 한다고 말했다. 젊은 오스트리아인 의사 에드바르트 클라인이 "동물이 괴로워하든 말든 알 바 아니다"라며 엉망인 영어로 지껄여 위원회를 경악시켰던 것이다. "마취는 오직 동물들을 조용히 시키기 위한 방편일 뿐이라는 겁니다." 헉슬리가 내뱉듯이 말했다. 클라인은 모든 과학자가 다 그런 것처럼 취급하고, 실험의 세세한 부분을 일부러 상세하게 왜곡시켜 말함으로써 위원들을 메스껍게 만들었다. "그 작자 한 사람이 열광적인 동물 애호가 전부를 합친 것보다 더 미련한 짓을 저질렀습니다." 하지만 헉슬리는, 이 일은 "다윈의 영지 밖에서는 말하지 않는 게 좋겠다"고 당부했다. 클라인의 증언을 수습하려면 권위 있는 사람의 말이 필요했다. "놀라운 동시에 어처구니가 없었던" 다윈은 증언에 응하기로 했다. 11월 3일에 다윈은 급히 런던으로 갔다. 카드웰은 문 앞까지 나와 다윈을 맞았으며, 특별히 마련한 큰 의자에 다윈을 앉히고 "공작처럼" 대접했다. 위원회는 생리학의 중요성과 동물에 대한 "인도적 의무"를 둘러싼 다윈의 "신념고백"을 요구했다. 용건은 그뿐이었다. 다윈의 10분간의 증언은 아슬아슬한 생체해부 옹호자의 2시간의 변명을 상쇄하는 가치가 있었다. 크게 힘들지 않은 일이었지만, 마차를 타고 이래즈머스의 집에서 내린 찰스는 그날 밤 "몸이 좋지 않았다."[25]

올해의 크리스마스는 다운에서 파슬로 없이 보내는 첫 크리스마스였다. 다윈은 36년 동안 충실하게 일해 준 보답으로, 50파운드의 연금과 마을 내 백레인로路에 있는 홈코티지를 주어 파슬로를 은퇴시켰다. "뺨이 붉고…… 옆면의 구레나룻이 곱슬곱슬한" 익살스러운 작은 남자 잭슨이 새로 왔지만, 존경할 만한 옛 집사를 대신할 수는 없었다. 다른 하인들도 들어오고 나갔지만, 다운하우스에는 항상 마부 한 사람과 남자 하인 한 사람, 하녀 둘, 그리고 적어도 두 명의 정원사가 있었다. 요리사인 에번스 부인은 파슬로 다음으로 오래되었지만, 찰스가 보기에 그녀의 요리에는 뭔가가 부족했다. 그래도 그녀의 급료는 1분기에 8파운드도 되지 않을 정도로 값쌌기 때문에 불평할 수는 없었다. 사실 잭슨을 제외하고는 아무도 더 많이 받는 사람이 없었으며, 올해 하인들의 봉급 총액은 86파운드밖에는 되지 않았다.

이것은 다운하우스 지출 내역의 아주 적은 부분이었다. 크리스마스에 에마는 한해 장부를 결산했다. 찰스는 매번 그랬듯이 "암울한 예상"만 하며 적자와 파산을 각오했다. 심지어 재산이 불어나고 있는 외중에도 걱정을 했으며, 1페니의 지출에도 벌벌 떨었다. 아이들이 독립했기 때문에, 가장 지출이 큰 품목인 고기값이 221파운드로 줄어, 가계비 지출은 5년 동안의 최저기록을 갱신했다. 전체 지출은 900파운드였다. 이것은 인세를 비롯한 소득과 이자를 합친 총수입의 겨우 10퍼센트였다. 지방세와 소득세는 무시해도 될 수준이어서, 하인들의 급료보다도 적었다. 맥주와 브랜디, 과자와 샴페인, 아들들의 용돈을 공제해도, 4,658파운드를 새로

운 투자에 돌릴 여유가 있었을 만큼, 올해는 지금까지 두 번째로 많은 흑자를 기록했다.[26]

통상적으로 이 집안에서는 3파운드짜리 기름방울에서부터 상조회비에 이르기까지, 모든 것이 기록되고 계산되었다. 그들의 시계태엽 같은 삶은 계산에 의지해 굴러갔으며, 계속적으로 결산이 이루어졌다. 심지어 게임도 종교적 계율을 따르듯 기록을 했다. 찰스는 거실 한쪽에 쑤셔박아 두는 전용 공책에 꼼꼼하게 기록했다. 저녁마다 정확히 두 번의 백개먼 놀이를 한 뒤에, 그와 에마는 점수를 기입했다. 이 습관은 손님들을 놀라게 하고 또 즐겁게 했다. 몇 년 전에 에이서 그레이가 방문했을 때도, 그레이 부인을 매우 즐겁게 해주었다. 찰스는 1876년 1월 28일에, 그때까지의 총 전적을 집계하여 발표했다. "에마는 남자들이 자랑하는 것을 듣는 것을 좋아하는데, 자랑은 남자들을 아주 기운 나게 하지요." 에마는 "가엾게도 2,490번밖에는 못 이긴 반면, 나는 무려 2,795번이나 이겼습니다!"[27]

하지만 이즈음 새로운 공책은 없었다. 메이어에서 사냥을 하던 시절 이래로, 삶의 모든 측면이 기록되었다. 다윈은 항상 세고, 분류하고, 키질하고, 선별해왔다. 케임브리지 시대에는 딱정벌레를, 비글호 시절에는 새들을, 그리고 읽은 책들을, 또한 건강일지에는 "밑줄 두 줄"인 날들을. 모두가 대략 끝이 났다. 1866년 이후로는 씨앗을 심어 손수 기른 수천 가지 식물들을 기록해왔으며, 꽃가루받이 실험들은 지금 『타가수정과 자가수정』이라는 책으로 결실을 맺었다.

진화에 대한 최초의 메모를 시작했을 때부터 다윈은 자가수정을 한 식물들의 자손이 더 약할 것이라고 추측해왔다. 『종의 기원』에서 그 점을 지적했지만, 그것은 다윈에게는 개인적인 문제이기도 했다. 식물이든 결혼이든, 이계교배가 최선이었다. 자화수분과 사촌 간 결혼으로 태어난 자손들은 생존투쟁에서 불리했다. 『난초』에서는, 벌이 오직 타화수분만을 할 수 있도록 자연이 만들어놓은 기이한 적응들을 설명했고, 10년 동안 다윈은 이런저런 조건 아래서 식물들을 교배하면서, 타화수분이 이롭다는 것을 통계적으로 증명하려고 시도했다.[28]

이것은 대단한 인내를 요하는 방대한 규모의 실험이었다. 곤충이 수분을 매개하는 일을 막기 위해, 식물들은 얇은 천으로 덮었다. 다윈은 한 무리는 타가수정을 시키고, 또 한 무리는 자가수정을 시켰다. 씨앗을 맺으면 주의 깊게 거두어들여 이름표를 붙인 다음에, 동일한 조건 아래에서 키웠다. 번식할 때가 되면, 불임성을 조사하기 위해 다시 수정을 시켰는데, 타가수정시켰던 무리는 다시 타가수정시키고, 자가수정시켰던 무리는 다시 자가수정시켰다. 이 방법을 10세대까지 계속했고, 모든 단계에서 식물의 길이, 개화시기, 씨앗이 든 콩깍지의 수와 무게, 한 콩깍지에 들어 있는 씨앗의 수를 기록했다. 실험에 사용한 종류는 특이한 종만은 아니었다. 나팔꽃, 디기탈리스, 제비꽃, 수란, 페튜니아, 그 밖의 수십 종을 동시에 실험했다. 따라서 온실은 터져나갈 듯했고, 공간이 한정되어 있었기 때문에 많은 식물을 한 화분에 빽빽하게 심을 수밖에 없었다. 그 다음에는, 일본겨울앵초, 양귀비, 열대식물 등을 시도했다.

수천 그루를 붓으로 꽃가루받이했으며, 수만 개 씨앗의 개수를 세었다. 이것은 사람을 환장하게 만드는 일이었다. 씨앗 한 개 한 개가 "작은 악귀로 변해 다윈의 손에서 도망쳐 엉뚱한 더미로 들어가고", 현미경의 시야 밖으로 "튀어나갔다." 코안경을 걸친 다윈의 눈앞에는 집계할 데이터를 기록한 대장이 쌓여 있었다. 통계 처리는 골턴이 점검해주었다. 얻어낸 수치는, 식물을 변화시키는 데에 "선택압"이 작용하고 있음을 양적으로 증명해주었다. 타가수정한 식물은 길이, 무게, 활력, 번식력에서 자가수정한 식물보다 현저하게 뛰어났다. 다윈은 마지막에 "왜일까"라는 질문을 던졌다. 자연은 "정당한 결혼"—태생이 다른 것 사이의 결혼—을 축복하기 때문이라는 것이 그 대답이었다.

사람이나 식물이나 그것은 같으며, 개인적인 차원에서 보면 너무나도 명백했다. 사촌 간 결혼에 관한 질문을 인구조사에 추가하려 한 시도가 실패로 돌아간 이후, 조지는 『펠 맬 가제트』에 난 결혼발표와 정신병원에서 모은 자료를 분석했다. 다윈이 인용한 조지의 통계에 따르면, 사촌 간 결혼에서 폐해가 초래될 가능성이 "조금 있지만", "상위계급에서" 전혀 다른 환경에서 성장한 경우는 눈감아줄 수 있는 정도였다.[29] 그러면 찰스와 에마는? 그들은 병약한 새싹을 생산한, 생식력이 있는 결합이었다. 명백하게, 메이어 홀과 마운트 저택의 침대들은 너무 비슷했다. 이 부부는 잘된 교배는 아니었던 셈이다.

『타가수정과 자가수정』은 다윈의 가장 방대한 식물학 책이 되어가고 있었고, 집필은 여름까지 질질 끌었다. 다윈은 짧은 휴식을 취하며 속도를 조절했다. 아니, 에마가 그렇게 하도록 했다. 그럼에도 그는 대부분의 시간을 "내 인생의 유일한 즐거움"인 일에 빠져서 보냈다.

실패조차도 이 즐거움을 앗아가지는 못했다. 헤켈이 범생설에 반대하고 나섰고, 테이트의 논문은 왕립학회에서 불명예스럽게 거절당했다. 로머니스는 몰래 심령 현상에 대한 조사를 시작했지만, 다윈은 본인이 고백했듯이 "그 문제에 관하여는 지독한 고집쟁이"였다. 그리고 "동물학대" 법안이 의회에 제출되었지만, 결과는 왕립위원회의 권고에도 불구하고 코브의 뜻대로 되었다. 다윈은 『타임스』에서 "여린 가슴과…… 심각한 무지"로 모든 동물실험에 반대하는 여성들을 향해 화를 냈다.

이 모든 일을 겪으면서도 다윈은 좌절하지 않았다. 5월경 수정에 관한 책의 초고가 완성되었지만, 그는 잠시도 쉬지 않고 『난초』의 개정판에

뛰어들었다.[30]

에마가 그 직전에 가까스로 찰스를 끄집어냈다. 헨슬레이와 패니가 런던 동부에 위치한 서리 주의 시골마을에 집을 지어 찰스와 에마를 초대했는데, 두 사람은 거기에 응했다. 찰스와 에마에게는 어서 알려주고 싶은 좋은 소식이 있었다.

그것은, 그들이 곧 할머니 할아버지가 된다는 소식이었다. 프랭크의 아내 에이미가 임신 5개월이었다. 찰스와 에마는 이 소식을 발표하려는 기대에 부풀어 있었다. 그러고 보니 두 사람이 결혼한 지 어언 2년이었다. 헨슬레이와 패니도 함께 축하해주었다. 70대인 헨슬레이 부부는 자신들에게도 손자가 생기기를 바라며, 미래를 기대하는 다윈 부부와 함께 몇 주를 보냈다.

찰스에게는 시간이 얼마 없었다. 아직도 해야 할 일이 너무나도 많았다. 『난초』를 수정해야 했으며, 식물에 관한 책을 두 권 더 계획하고 있었다. 지렁이에도 여전히 관심이 있었기 때문에, 지렁이들 곁으로 돌아가기 전에 지렁이의 습성에 관한 책을 쓸 수 있기를 바랐다. 자신이 묻히는 것을 보게 될 손자가 곧 태어날 것이다. 그러면 그다음은? 찰스는 자신이 "다른 세상의 망자"가 되어 이 세상을 돌아보는 상상을 했다. 손자가 자라면 내 이름에 항상 신경을 쓰면서 『종의 기원』의 저자가 어떤 사람인지 궁금해하지 않을까. 자신도 할아버지 이래즈머스에 대해 더 알고 싶지 않았던가.

햇볕은 따사롭고, 그의 곁에서는 새로운 생명이 꿈틀거리고 있는 가운데, 찰스는 사후에 가족에게 전할 이야기를 쓰기로 결심했다. 1876년 5월 28일 일요일에 시작을 했다. 그는 풀스캡판의 새 종이에, "내 정신과 성격의 발달에 대한 회상"이라고 적었다. 그러고 나서, 말썽꾸러기였던 어린 시절, 방황했던 학창 시절, 그랜트 박사의 영향을 받은 에든버러 의대 시절, 케임브리지에서 교외 공개강좌에 흥미를 느꼈던 일, 헨슬로 교수와의 산책, 비글호에서 피츠로이와 다투었던 일, 그리고 과학에 대한 점점 커져가는 사랑까지 순식간에 써내려갔다. 이 내용들 모두는 출판을 위한 것이 아니었다. 옛 친구들에 대한 격의 없는 평들이 너무 많았으며, 상세한 정보와 가벼운 자기비판은 더욱이 공개할 수 없는 것이었다. 이것은 가족에게 보여주기 위한 글이다.

순조로운 출발을 한 그는, 다운에서 거의 매일 오후에 한 시간 동안 집필을 했다. 이것은 아침식사 후의 일과인 『자가수정과 타가수정』을 고치는, 머리털을 쥐어뜯는 작업에 비하면 쉬운 일이었다. 이야기는 런던 시절—지질학, 『항해기』, 그리고 라이엘—에 이르렀다. 그런데 찰스는 여기서 이야기를 끊고, "종교적 믿음"이라는 제목의 절을 집어넣었다. 연대순으로 써 내려가면서, 인생의 분기점인 결혼에 대해 쓰던 중이었다. 하지만 찰스는 범위를 더 넓게 잡았다. 에이미의 해산이 몇 주밖에 남지 않은 시점에서, 찰스는 에마와의 오래된 갈등에 대해 허심탄회하게 이야기해보기로 했다.

솔직하지 못할 이유는 없었다. 이것은 사적인 지면이니까. 처음에는 신앙을 포기하지 않으려 했고, 복음서들을 지지하는 "증거를 만들어내려고"까지 했다. 그러다보니 망설임이 오랫동안 계속되었다. 하지만 성직자가 되기 위한 이력이 서서히 "자연사"했듯이, "기독교가 신의 계시"라는 믿음도 서서히 시들해져갔다. 그리고 치명적 타격이 가해지자, 두 번 다시 돌이킬 수 없었다. 흔들리는 마음이 도덕적 확신으로 굳어지고 나니, "어떻게 기독교의 교의가 진리이기를 바라야 마땅한지 이해할" 수가 없었다. 만일 그것이 진리라면, 신약성서의 "평이한 말들은 누가 보더라도, 믿지 않은 사람들—여기에는 내 아버지, 형제, 친한 친구들 대부분이 포함된다—은 영원히 벌을 받는다는 말을 하고 있는 것인데, 이것이야말로 저주받아 마땅한 교의가 아닌가."[1]

이것은 절실한 말이었다. 아버지가 죽은 뒤의 비통한 세월들이 떠올랐다. 하지만 더 일반적인 문제는 어떠할까? 신의 존재와 영혼불멸을 믿는 마음은, 수많은 상반된 증거가 있는 가운데서 어떻게 정당화할 수 있을까? 인간의 마음은 진화해온 것이기 때문에, "마음속의 확신과 감정"은 믿을 수가 없는 것이다. 눈먼 자연은 다른 본능들과 마찬가지로 그러한 신앙에도 생존가치를 부여했던 것이다. 그는 그러한 이유로 이따금씩 스스로를 유신론자로 느꼈을 것이다. 하지만 자신의 기분도 타인의 기분도 믿을 수 없는 것이었다.

이것은, 성서에 충실하고 감상적인 에마의 신앙심에 대한 기분 나쁜 공격이었다. 다윈은 자신이 쓴 내용이 너무 엄청나서 오싹했다. 그 글은 부부의 깊은 갈등을 드러내어 가족 앞에 발가벗겨놓았다. 글을 쓰는 가운데, 에마에 대한 애정이 눈물이 되어 흘렀다. "너희들 모두는 너희들의 어머니가 모든 도덕적 자질에서 나보다 훨씬 뛰어나다는 사실을 잘 알 것이다. …… (네 어머니는) 나의 현명한 조언자이며 힘이 되는 안식처"였다고 그는 덧붙였다. 다윈은 결혼 후 받은, 자신의 내세의 운명을 걱정하는 에마의 "아름다운 편지"가 생각났다. 그 편지는 에마 쪽의 이야기였기에, 그는 가족에게 그것을 알려두고 싶었다. 그런 다음에 그의 감상적인 생각은 애니에게 향했다. 그 아이가 살아 있었다면 지금쯤 "얼마나 사랑스러운 여인으로 성장했을까. …… 애니의 사랑스러운 행동을 생각하면 지금도 이따금씩 눈물이 고인다.”

안절부절못했던 기억들이 떠올랐다. 그는 두 번이나, 해산을 기다리며 죽어가는 가족을 돌보았다. 프랭크가 태어나기 몇 달 전에는 아버지를, 호레이스가 태어나기 직전에는 애니를. 그리고 지금은 에이미가 출산을 준비하는 동안 “죽은 사람”처럼 자신의 인생을 돌아보고 있었다.

다윈은 7월 내내 이 자서전을 썼다. 그는 고워가 시절의 일화들을 써넣고, 『종의 기원』과 다른 책들을 썼던 일을 되살려냈다. 그리고 마지막으로, 『타가수정과 자가수정』이 출간된 뒤에는 “아마도 힘이…… 다 소진될 것이다”라고 쓰고, 그때에는 “나도” 아기 예수를 보기 전에는 죽지 않을 것이라는 계시가 있었던 독실한 신도 시므온처럼, “‘주여, 이제는 말씀하신 대로 이 종은 평안히 눈감게 되었습니다’라고 말할 수 있을 것이다”라고 끝을 맺었다.[2]

다윈은 손자가 태어날 날이 가까이 온 8월 3일에 원고를 끝내고, 몇 년째 계속 쓰고 있는 『난초』와 교구의 책무로 돌아갔다. 그는 핀든 목사의 “수록목사 기금”에 러벅이 낸 돈과 같은 액수인 25파운드를 냈다.[3] 이 기부는 다운의 둘째가는 향사로서, 미래를 위해 면목을 세우기 위한 것일 뿐이었다. 9월 7일에 아기—버나드—가 다운하우스에서 태어났다. 아기는 건강했지만, 아기 어머니가 산욕열에 걸렸고, 이어 경련을 일으켰다. 그녀는 의식불명 상태에 빠졌고, 사흘째 되는 날 예후가 좋지 않았다. 프랭크가 뜬눈으로 침대 곁을 지키며 아내의 칠흑 같은 머리카락과 가냘픈 얼굴을 쓰다듬었다. 11일 아침 7시에 찰스가 병실로 들어왔고, 가족들은 에이미가 운명하는 것을 지켜보았다. 에이미는 겨우 스물여섯 살이었다.

프랭크는 충격에 빠졌다. 베시는 쓰러졌으며, 에마는 슬픔을 가누지 못했다. 찰스에게 이 일은 지금까지 일어났던 일 가운데 “가장 끔찍한 일”이었다. 프랭크가 겪은 일은 자신이 겪었던 “불쌍한 애니의 죽음”

보다 더한 일이었다. 에이미가 "자신이 사랑하는 남편을 영원히 떠나간다는 사실을 모르고 죽었다"고 생각하면 그나마 위안이 되었지만, 그렇다 해도 그것은 "비참한 위로"였다. 아들 프랭크는 다윈이 가장 두려워하는 일을 겪고 있었다. 에마보다 오래 산다는 것은 생각만 해도 끔찍한 일이었다.[4]

정상적인 생활로 돌아오기까지는 몇 달이 걸렸다. 프랭크는 슬픔을 가눌 수 없어서, 아기를 데리고 다운하우스로 들어왔다. 그는 자서전을 깨끗하게 옮겨적고 『난초』의 교정쇄를 수정하는 등 아버지를 위한 단순 잡무를 맡았다. 찰스는 아들을 위해 집을 증축하기로 했는데, 이 탓에 집안이 또 한 번 소란스러워졌다. 일꾼들과 우는 아이가 합세하여 일상을 훼방 놓았던 때가 벌써 20년 전의 일이었다. 증축한 2층짜리 건물은 집의 북쪽 면으로 붙였는데, 아래층에는 당구 전용실을 만들고, 위층에는 프랭크를 위한 침실 겸 드레스룸을 만들었다. 찰스의 서재 옆에 있는 옛날의 당구실은 프랭크의 서재로 쓰게 되었다. 그리고 일꾼들이 복도 끝에 새로운 현관을 만들었다.[5]

10월에 찰스와 에마는 헤켈의 또 한 차례 회오리 같은 방문에 앞서 긴장을 했다. 에마는 솔직히 끔찍했다. 헤켈은 이번에도 온 집안을 휩쓸고 다니며, "귀청이 떠나갈 만큼" 큰 소리로 "막무가내 영어"를 쏟아냈다. 그래도 에마는 헤켈이 "따뜻하고 애정이 넘치는 사람"이라고 생각했다. 찰스는 진귀한 소식으로 헤켈을 대접했다. 헉슬리의 제자이며 훌륭한 화석어류학자로 유니버시티 칼리지에 그랜트의 후임으로 재직하고 있는 격정적인 레이 랭케스터가, 런던을 들쑤시고 다니는 미국인 영매의 정체를 『타임스』에 폭로했다는 소식이었다. 그 결과, 헨리 슬레이드라는 이름의 그 영매는 중노동을 동반한 징역 3개월형을 선고받았다. 월리스를 증인으로 세운 변호에도 불구하고! 에마는, 경솔하게 믿는 자들은 건달들에게 당해봐야 정신을 차린다며 분개했다. 하지만 찰스의 반응은 달랐다. 그는 그 사건에 "공공의 이익"이 걸려 있다고 생각하고, 소송비용으로 몰래 10파운드를 송금했다〔재판비용을 슬레이드를 고소한 랭케스터가 부담해야 했기 때문〕.[6]

찰스와 에마는 교구의 정치 문제로 여전히 골치가 아팠다. 하지만 그들은 약간의 성공을 거두었다. 독서실은 크리스마스 전에 문을 열었는데, 핀든이 온갖 수로 방해공작을 벌였던 탓에 에마의 기쁨은 더욱 컸다. 『난초』와 『타가수정과 자가수정』이 출간되고, 꽃들에 관한 다음 책을 쓰기 시작한 찰스도 1877년 2월에 작은 성공을 거두었다. 농장의 경기가 좋지 않아 임금이 떨어지고 일자리가 줄자, 그 마을의 노동자들이 상조회를 해체하고 수익금을 분배하기를 원했다. 회계를 맡고 있는 다윈만이 그것을 막고 나섰다. 노동자대표단이 다운하우스를 방문하여, 특별회의를 열어 다윈이 거기서 연설하기로 했다.

몹시 쌀쌀한 어느 토요일 밤에, 다윈은 검은 오버코트와 보드라운 펠트 모자를 걸치고 조지 앤 드래곤 인으로 터벅터벅 걸어갔다. 그리고 연기가 자욱한 흡연실에, 거나하게 취한 농장노동자들에 둘러싸여 앉았다. 그는 만일 상조회가 와해될 경우 그들이 받게 될 손실에 대해, 검약에 대해, 손에 몇 푼을 쥐기 위해 장기적인 안전을 포기하는 일의 어리석음에 대해 열변을 토했다. 지금보다 사는 게 더 힘들어지면 어쩔 것인가? 상조회도 없으면, 누가 그들의 가족을 부양할 것인가? 흡연실에서 갑론을박이 벌어진 가운데, 찰스는 푸른 연기가 자욱한 그곳을 떠났다. 결국, 찰스가 투하한 "폭탄"이 낭비하는 사람들을 괴멸시켰다.[7] 노동자들은 타협을 하여, 잉여금을 분배하되 상조회의 장부는 계속 유지하기로 했다.

다윈은 교구의 온정주의자로서, 머리가 관리하는 저자인 새뮤얼 스마일스가 설파하는 자조의 가치를 장려하고 있었다. 다윈은 『자조』에 감명을 받았으며, 나중에도 스마일스가 쓴, 자력으로 성공한 사람들의 전기를 애독했다. 그것은 영웅적인 검약, 근면, 진취적 기상을 칭찬하는 이야기들로, 마티노가 지어낸 구빈법 이야기와 그리 다르지 않았다. 스마일스의 가치들은 잉글랜드를 쌓아올리고 진화론을 위대한 이론으로 만들었다. 자유롭게 경쟁하는 사회에서 자기 이익을 추구하는 속박되지 않는 개인은, 급진적인 휘그당원들과 자유무역주의자들의 시대가 된 지난 반세기 동안의 정치적 이상이었다. 이것은 다윈이 『인간의 유래』에 담은 선언이기도 했으며, 다윈은 여전히 변함없이 "완전한 자유당원"이었다.[8]

이것은 완전한 글래드스턴주의자를 의미했다. 다윈은 생각이 다른 외교정책에서조차 이 자유주의의 원로의 뜻을 따랐다. 12월에 다윈은, 투르크군이 1만 5,000명의 불가리아인 반란자를 학살한 처참한 "불가리아 참사"에 항의하기 위한 세인트제임스 홀 시위의 주최자들 가운데 한 사람으로 이름을 올렸다. 구원운동에도 총 50파운드를 기부했으며, 투르크인 이슬람교도로부터 불가리아인 기독교도를 보호하기 위해 러시아군 파병을 요청한 글래드스턴의 정책을 지지했다. 하지만 이것은 비굴한 지지로 비쳤다. 종교심에 불타는 민중을 선동하여 친투르크 정책을 펼치는 토리당을 공격하는 기회주의자라는 것이 글래드스턴에 대한 자유사상가들의 평가였다. 마르크스에 따르면 글래드스턴은 위선자로, 자유주의 신조보다 기독교 신앙을 앞세우고, 오스만 제국 황제보다는 러시아정교의 차르를 선호하는 고교회파였다. 마르크스는 다윈에게는 더 많은 것을 기대했으며, "불결한 시위행동"에 대한 다윈의 비굴한 지원을 비난했다.

하지만 그의 정치적 충성은 결실을 맺어, 머지않아 빅토리아 시대의 자유주의를 수호하는 올림포스의 신들이 조용한 잠에 빠진 다운 마을로 내려왔다. 자유당의 무보직 하원의원들의 근거지를 순회하던 글래드스턴이 하이 엘름스 저택으로 러벅을 방문하여 주말을 보내게 되었던 것이다. 과학옹호 취지서를 가져온 라이언 플레이페어 하원의원과, 생체실험 법안의 지지자도 함께 왔다. 그 지지자는 『포트나이틀리 리뷰』의 편집자이며 『인간의 유래』를 크게 선전해준 존 몰리였다. 게다가 성서를 앞세워 호언장담하는 글래드스턴에 대한 경멸로 검은 눈동자를 번득이는 헉슬리까지 함께 왔다. 3월 10일 토요일에, 그 신들은 다윈의 집 앞에 나타나 다윈의 응접실로 들어왔다. 그 원로는 터키의 만행에 대한 집주인의 관심을 당연하게 생각했으며, 마치 자신이 제우스라도 된 양 "식을 줄 모르는 열의로 번개화살을 쏘아대며", 자신의 최신 소책자의 교정쇄 일부를 낭독했다. 다윈은 아연하여 거의 2시간 동안 아무 말도 하지 못했다. 다운 하우스를 빠져나가기 전에, 글래드스턴은 앞으로 어떤 진화가 일어나느냐고 물었다. 동방의 문명이 쇠락함에 따라 미래는 미국으로 넘어갈 것인가? 아마 이것은 디즈레일리에게 묻는 게 더 좋을 질문이었겠지만, 다윈은 곰곰이 생각하고 나서 과감하게 그렇다고 말했다. 그는 글래드스턴의 "꼿꼿하고 주의 깊은 모습"이 마을로 사라지는 것을 지켜보면서, 몰리에게 속삭였다. "저렇게 대단한 사람이 나를 방문했다니, 참으로 영광이 아닙니까!" 글래드스턴은 그날 밤 일기에서 집주인의 "유쾌하고 범상치 않은" 풍모에 관한 소감만을 짧게 남겼을 뿐이다.[9]

심지어 토리당원들도 다윈주의자들에게 경의를 표하는 것을 주저하지 않았다. 그런데 이것은, 이해할 만한 일이지만, 다윈주의에 대한 경의는 아니었다. "다윈주의를 좋아하지 않는" 아가일 공작은 큐 식물원의 원장인 후커에게 영예를 수여하지 않은 반면, 디즈레일리 내각의 신임 인도 담당 장관인 확고한 국교도 솔즈베리 경은 기사작위 명단에 후커의 이름을 올렸다. 그 작위는 후커의 수십 년에 걸친 히말라야 식물상에 관한 기념비적인 연구에 찬사를 보내는, 인도성印度星 작위라는 매우 특별한 작위였다. 후커는 그 작위를 수락하며 다윈에게, 자신은 "왕이 수여하는 다른 어떤 작위보다도 '인도성 작위'를 받은 사람으로서 후손에게 길이 기억되고 싶다"고 말했다.[10] 왕립학회 회장인 조지프 경은 다윈주의가 더이상 사회의 걸림돌이 아님을 세상에 알렸다.

다윈의 사도들이 높은 지위로 나아가고 있었기 때문에, 다윈은 평판이 나쁜 급진주의자들과 엮이는 게 더욱 싫었다. 급진주의자들은 다윈이 거절하는데도 자꾸만 지지를 호소했다. 런던 이스트엔드에 사는 몸집이 크고 소란스러운 법률사무소 사무원 찰스 브래들로는 그 시절의 유력한 세속주의자였다. 호전적인 무신론자인 브래들로는 1868년 이래 모든 선거에서 노샘프턴의 비공인 자유당 후보로 출마했다. 결과는 늘 낙선이었지만, 그는 노동조합을 빼면 급진파로서는 최고의 정치조직을 갖고 있었다. 선거개혁에 대한 그의 적극적인 요구와 피임법 공약은 잘 어울리는 한 쌍이었다. 산아제한은 노동자들을 맬서스의 가난의 덫에서 구해내고, 가정의 노예에서 해방해줄 것이다. 글래드스턴이 방문한 지 2주 뒤, 브래들로는 미국인 의사 제임스 놀턴의 자가피임법을 출간하여 고상한 그 나라를 격분시켰다. 『철학의 열매』라는 6펜스짜리 소책자는 유해한 음란물로 지정되어, 브래들로와 그의 공동발행인 애니 베전트(성직자 남편과 헤어진 무신론자이며 두 아이의 어머니인 에마 마틴의 후계자)는 6월 18일에 올드 베일리, 즉 런던 중앙형사재판소에서 재판을 받았다. 다윈이 후커의 작위 수여에 대해 전해들은 바로 그날이었다.

그 소송사건은 언론에 대대적으로 보도되었다. 그런 악명 높은 사건이 신문의 1면을 차지한 것은 30년 전의 홀리오크 재판 이후 처음이었다. 그 사건은 급진주의자들을 갈라놓았다. 심지어 담배를 피우는 늙고 점잖은 홀리오크조차도, 그것은 그러한 "신맬서스주의적" 허튼소리를 부도덕하고 파괴적인 생각이라고 비난하는 기독교 대중 앞에 내놓고 놀림감으로 만든 재판이었다며 분노했다. 피임은 "악덕"이기 때문에, 맬서스는 이 것을 인구를 억제하는 방법으로 용납할 수 없었다. 제정신을 가진 사람이 라면 누가 섹스와 아기를 분리하여 여자들을 음탕하게 만들고, 남자들을 타락시키고, 가족을 파괴하겠는가? 피고들은 의학과 과학의 전문가들에 게 "가족 제한의 교의"가 다른 출판물에서는 자유롭게 논의되고 있다는 사실을 증언해달라고 요구함으로써 반격을 가했다.[11]

다윈은 재판 2주 전에 소환을 받고 깜짝 놀랐다. 피고 브래들로와 베 전트는 『인간의 유래』의 저자가 자신들을 지지해줄 것이라는 엄청난 오 산을 하고 있었다. 다윈은 미신으로부터 인류를 해방시키지 않았던가. 다 윈은 일초도 망설이지 않고 답장을 써서, 오랜 병 탓에 "모든 사교모임 과 공식행사"에서 빠질 수밖에 없으며, 만일 법정에 출두하면 "엄청난 고 통"이 뒤따를 것이라며 요청을 거절했다. 하지만 그 밑에는 가족, 평판, 치안판사로서의 지위에 대한 오랜 두려움이 소용돌이치고 있었다. 그는, 만일 증언을 강제한다면 피고들을 변호하는 것이 아니라 고발자 측에 설 수밖에 없다는 말로 편지를 마무리했다. 왜냐하면 그는 산아제한을 "오 래전부터 반대해왔기" 때문이었다.

그 증거로 다윈은 『인간의 유래』에서 발췌한 한 구절을 보냈다. "인 간의 자연증가율은, 수많은 명백한 폐해를 일으킨다 해도, 어떤 수단들에 의해 큰 폭으로 감소시켜서는 안 된다." 쉽게 말해, "잉태를 막는 인위적 인 수단"을 쓰지 말아야 한다는 것이다. 그렇게 하지 않으면, 악몽 같은 결과를 초래할 것이다. 피임 행위는 "비혼 여성을 확산시키고, 가족의 끈 을 단단하게 묶어주는 정절을 파괴할 것이다. 이 끈이 약해지는 것은, 인 류에게 일어날 수 있는 최악의 폐해가 될 것이다." 어떤 타협도 있을 수 없다. "내 판단은 여러분의 견해와는 엄청난 거리가 있습니다." 그는 다 시 소환될 경우를 대비해, 그달에 휴가를 보낼 리스 힐과 사우샘프턴의 주소를 써서 편지를 보냈다. 하지만 소환장이 오지 않기를 바랐으며, 결과를 곧장 알고 싶었다. "법정에 서는 것을 걱정하느라, 내 건강을 위해 꼭 필요한 휴식을 망칠지도 모르기 때문"이었다.

"휴식"이란 물론 집에서 떨어진 체류지에서 힘껏 일하는 것이었다. 고맙게도, 그 무신론자들은 소환장을 철회하여 다윈이 안심하고 지렁이들에 전념할 수 있게 해주었다.

다윈은 다시 대지로 돌아와, 자신만의 방식으로 소박한 생물의 지위를 드높였다. 지금까지의 일과 마찬가지로, 그는 아주 사소하고 눈에 띄지 않는 변화에서 출발하여, 그 변화가 초래하는 큰 규모의 결과로 시점을 이동했다. 지렁이들이 성을 파묻고, 지진이 안데스 산맥을 들어올리고, 반점과 작은 알갱이가 모여 눈이나 날개가 되는 것에서와 같이, 다윈은 아주 작지만 누적되는 창조적인 효과를 찾았다. 그는 윌리엄스의 집에서 스톤헨지로 당일여행을 다녀왔다. 지렁이의 배설물이 고대의 큰 바위들을 어떻게 파묻었는지를 보기 위해서였다. 스톤헨지는 처음이었다. 에마는 기차로 2시간에 마차로 40킬로를 여행하면 남편이 "초주검이 될 것"이라고 생각했지만, 불타는 태양 아래서 땅을 팠는데도, 다윈은 너무나도 멀쩡했다.[12]

식물들의 성생활에 대한 15년의 관여가, 7월 중순에 『동종 식물에서의 꽃의 이형성』으로 결실을 맺었다. 에이서 그레이에 대한, 보기 드물게 매력적인 헌사가 담겼다. 이 책은 안전한 섹스와 높은 번식력을 위한 전략이라는 또 하나의 오래된 주제를 계속 추적한 결과였다. 두세 개의 성을 지닌 꽃들의 존재이유를 해명한 것만큼 "아주 작은 발견"으로 "그렇게 큰 기쁨"을 맛보았던 적은 없었다. 그것은 따개비의 "보충 수컷"을 발견했을 때의 떨림과도 같았다. 이형화주 식물〔개체에 따라 암술대의 길고 짧음이 다른 것]에서 개개의 암술은 같은 길이의 수술과 결합했을 때 자손을 가장 많이 생산했으며, 그런 조건의 수술은 반드시 다른 꽃에 존재했다.

『꽃의 이형성』은 자연의 복잡한 "결혼"에 관한 연구를 마무리하는 것이었다. 이것은 식물의 은밀한 사생활을 염탐한 일기장이었다. 다윈은 꽃들 사이의 모든 종류의 간통을 주선하고, 자신의 안경을 통해 그들을 염탐했다. 일일이 손으로 수많은 꽃가루받이를 한 뒤에, 셀 수도 없이 많은 깨알 같은 씨앗들을 세었다. 그런 다음에는 그 결과를 그에 걸맞은 섬세한 필치로 기술하여, 타화수분만이 "적법"한 결혼임을 입증했다.[13] 『꽃의 이형성』에 대한 첫 서평들이 나오기도 전에, 그는 식물의 운동을 다루는 다음 책에 열중했다. 시간을 허비할 수도 "게으름을 피우는 것을 용납"할 수도 없었다.

사실, 게으름을 피울 틈이 있었을 것 같지도 않다. 그는 계속해서 씨앗과 표본을 수집했으며, 큐 식물원의 후커와 시스텔턴-다이어로부터 얻어낼 수 있는 모든 것을 얻어냈다. 수많은 사람들과 편지를 교환하는 일도 계속했다. 지렁이에 관한 구전지식과 나비에 대한 이야기에서부터 술취한 원숭이들에 대한 이야기에 이르기까지, 모든 정보를 수집했다. 10월에는 없는 시간을 쪼개, 글래드스턴의 번개화살을 슬쩍 피하여, 호메로스 시대 그리스인들의 색깔 감각에 관하여 글래드스턴을 비판하기까지 했다[글래드스턴은 고대의 언어들에는 현대 유럽 언어들만큼 정확하고 일관되게 색깔 이름을 지시하는 단어가 없었음을 지적하면서, 색깔 언어는 색깔 감각의 생물학적 진화에 따라 진화했다고 주장했다. 호메로스 학자이기도 했던 글래드스턴은 자신의 저서에서, 호메로스 시대의 그리스 문학에는 색깔 용어가 사실상 없었기 때문에, 그리스인들은 오늘날의 우리들만큼 색깔을 구별하지는 못했을 것이라고 썼다]. 그렇지만 정치적 지지는 흔들리지 않았다. 러시아의 젊은 식물학자 클리멘트 티미랴제프는 어느 날 오후에 다운하우스에 들렀을 때, 다윈이 투르크에 대한 러시아 황제의 전쟁을 무조건 지지한다고 선언하는 것을 들었다. 하지만 몇 달 뒤, 러시아가 영국 국경을 넘어 영국인의 이권을 침해하려는 조짐을 보이자, 다윈은 글래드스턴의 중립정책에 동조했다. 그는 "전쟁반대 선언"을 지지하며, 공개 서명모임에 앞서 그 선언에 서명을 했다.[14]

에마는 여전히, 한 달 또는 두 달에 한 번씩 남편을 서재에서 빼내어 쉬도록 했지만, 그마저도 갈수록 어려워지고 있었다. 올해 가을에는 항상 다녀왔던 사우샘프턴에 가지 못했다(막 약혼을 한 윌리엄은 300파운드의 축하금을 받았다). 하지만 노스다운스 시골마을의 애빈저 홀에서 보낸 1주일은 그것을 보상해주었다. 그런데 거기서 몇 킬로미터 떨어진 도킹에는, 자신의 목가적인 새 집을 팔아야 할 처지에 놓인 월리스가 살고 있었다. 하지만 다윈은 월리스를 피했다. 영매 슬레이드를 둘러싼 재판 이후로 두 사람 사이는 삐걱거렸고, 성선택을 둘러싼 의견에서는 가망 없는 불협화음을 냈다. 월리스는 마이바트만큼이나 구제불능으로 보였다. 물론 비교할 수 없이 더 유쾌하긴 했지만 말이다. "어려운 문제"에 대해 그와 논쟁을 벌이는 것은 부질없었다. 둘의 만남은 휴가를 망칠 것이다. 그러나 다윈은 그러한 뜻을 좀 더 완곡하게 전달했다. "나는…… 당신을 보러 가고 싶지만, 마차를 타는 일이 너무 힘들어서 용기가 나질 않습니다."[15]

11월에 다윈은 학위를 받으러 케임브리지 대학에 갔다. 이제는 그의 모교조차도 입장을 선회했다. 지금 케임브리지 대학에서는, 가운을 입은 다윈주의자들이 학생들을 가르치고, 새로운 연구실을 운영하고, 자신들의 제자들을 각계각층에 앉혔으며, 후커와 그의 동료 시험관들은 학생들에게 자연선택을 시험문제로 출제했다. 남은 일은, 저항을 그만두고 다윈에게 명예법학박사 학위를 수여하는 것뿐이었다. 의식이 거행되는 날인 17일 토요일에, 평의원 회관은 텁수룩한 수염을 기른 이 대학자를 보고 싶어하는 사람들로 꽉 찼다. 학부생들은 높은 층계석을 가득 메우고도 모자라 조각상 위에 올라서거나 창가에 섰다. 그들은 식장을 가로질러 줄을 매달아, 기다리고 있는 관중들의 머리 위로 원숭이 꼭두각시를 내려보냈다. 학생감이 올라가 그것을 낚아채자, 관중들의 환호와 야유가 교차했다. 그러고 나서 진짜 "잃어버린 고리"가 출현했다. 그것은 현란한 리본으로 장식한 두툼한 고리로, 식이 거행되는 내내 공중에 매달려 있었다. 긴 법복을 입은 다윈이 불려 나오자, 학생들이 우레와 같은 환성을 질렀다. 그는 밝은 얼굴로 답례를 했다. 이어서 주홍색의 족제비털 가운을 입은 부총장이 권표權標를 받드는 사람 두 명과 함께, 다윈을 앞쪽으로 이끌고 갔다. 다윈이 거기에 선 것은 50년 전 입학선서를 행한 날 이후 처음이었다.

대학 대표 연사가 앞으로 나와 공식적인 찬사의 연설을 했는데, 이따금씩 "고함과 야유가" 흘러나왔다. 베시와 아들들과 함께 관중 속에 앉아 있던 에마는, 아무리 "지루하고 장황한 연설"이라 할지라도 "너무 무례하다"고 불만을 표했다. 산호초, 비둘기, 파리지옥, 따개비, 덩굴식물, 화산 등 다윈이 다루었던 모든 것이 화려한 라틴어로 치장되어 거론되었다. 연사가 숨을 고르기 위해 잠시 멈추었을 때, 관중석으로부터 한 씩씩한 목소리가 울려퍼졌다. "진심으로 감사합니다." 여기에 만장의 갈채가 쏟아졌다. 왁자지껄하면서도 경의에 차 있는 그 분위기는 케임브리지식의 고요함이었고, 연사는 열성적인 학생감처럼 "불쾌한 원숭이 부족"과 고위 성직자를 떨어뜨려놓기 위한 변증을 계속했다. "그럼에도 우리는, 그 역시 위대한 철학자였던 로마의 웅변가의 말 '모레스 인 우트로케스 디스파레스'—두 종족의 도덕성은 다르다—에서 위로를 얻을 수 있을 것입니다." [16]

그러고 나서 학위수여식이 이어졌으며, 이후에는 각종 축하연들이 열렸다. 에마가 두통을 호소하여, 찰스는 그날의 주인공이었음에도 케임브리지 철학회가 주최한 만찬에서 빠져나왔다. 후커는 참석할 수 없었지만, 우스꽝스럽게도 그의 새로운 아내가 큐 식물원에서 바나나 한 다발을 보냈다. 윌리엄을 제외한 다윈의 아들들과 로머니스가 참석하여, 20년 전에 다윈에게 영예를 수여하지 않은 그 대학을 부드럽게 공격하는 헉슬리의 건배의 말을 함께 나누었다. 일요일에는 조지와 함께 트리니티 칼리지에서 "멋진 오찬"을 즐기고, 새로운 대학 건물들을 둘러보았다. 에마는 "비단 가운을 걸친 법학박사와 함께 산책을 하며 우쭐한 기분"을 느꼈다. 그녀는 이 유명한 은둔자를 보고 눈이 휘둥그레지는 학생감들의 모습을 보며 즐거워했다. 공학교수 제임스 스튜어트는 그 "강건해 보이는 은발의 남자"에게 경탄을 하며, 자신의 연구실을 구경시켜주었다. 그의 눈에 비친 다윈은 "무거운 망치로 바위를 쳐서 대충 다듬은 사람" 같았다. 그는 마치 고대의 거석기념물 같은 분위기를 발했으며, 헉슬리나 다른 모든 명사를 "무색케 만드는" 존재였다. 이 사람은 "천재"이며, "정말 '드문' 종류의 사람"이었다."[17]

다윈은 아직 아들 프랭크의 아내 에이미의 죽음에 사로잡혀 있었다. "영혼을 바쳐 사랑할 아내가 없는 삶은 정말 지루한 공백이다." 그는 윌리엄의 약혼녀 새라 세지윅에게 이렇게 말했다. 11월 말의 결혼식은 과거를 가슴에 묻는 데에 도움이 되었다. 새라는 자신이 "매우 미국인 같다"고 수줍게 밝혔지만, 다윈 부부는 어쨌든 며느리를 사랑했으며, 보스턴에 살고 있는 새라의 친척 찰스 엘리엇 노턴에게도 호감을 가졌다. 새라는 찰스가 미국인들에 대해 언제나 높이 평가했던 솔직함을 갖고 있었다. 게다가 "잘 믿고 털어놓는 성향"을 지녀서, 그녀의 존재는 향유와도 같았다.

다윈 일가는 조용한 겨울을 보냈다. 프랭크의 어린 아들인 "아바두바" 버나드는 온 가족의 귀염둥이였다. 찰스는 모두가 버나드를 잡고 놓아주지 않은 탓에 손자를 자주 볼 수 없다고 불평했다. 다 자란 자식들도 이따금씩 다운에 얼굴을 내밀었다. 조지는 아버지의 시야를 훨씬 뛰어넘는 수준의 수리천문학을 공부하고 있었고, 레오는 채텀의 영국 육군공병대에서 화학을 가르치고 있었으며, 헨리에타는 남편이 충수염에서 회복을 하는 사이, 크리스마스가 지나서까지 머무르고 있었다. 응접실에서는 리치필드가 에마의 피아노 악보 목록을 만드는 "애정 없이는 할 수 없는 고생"을 해주었다. 그러는 동안, 복도 건너편에서는 찰스와 프랭크가 움직이는 식물을 상대로 아침부터 밤까지 고된 일을 했다.[18]

이것도 애정 없이는 할 수 없는 고생이었다. 봄이 되자, 서재는 코를 톡 쏘는 정글로 변했다. 벽난로 선반 위에 올려둔 비스킷 깡통들에서는 씨앗이 싹을 틔웠고, 바닥에 놓아둔 화분들에서는 양배추와 강낭콩이 자랐으며, 탁자 위에는 한련, 시클라멘, 선인장, 도둑놈의갈고리가 어지러이 널려 있었다. 다윈은 물 만난 물고기처럼 모든 뿌리와 꽃에 흠뻑 빠졌다. 모두가 그의 친구들이었다. 그는 그 식물들의 "생기"에 공감을 느꼈다. 그는 식물들에게 겸손하게 말을 걸며 그들의 교묘한 구조를 칭찬하고, "내가 원하지 않는 짓을 하는" 식물들을 향해 "요 녀석들이!" 하고 꾸짖었다. 때때로 한 송이의 꽃이 눈길을 사로잡기도 했는데, 그럴 때면 "섬세한 모양과 색깔에 대한 애정"으로 자식처럼 그 꽃을 부드럽게 쓰다듬었다. 그 식물들은 에마가 오후 나절에 큰 소리로 읽어주는 사랑이야기들처럼 그의 마음을 움직였다. 게다가 그 식물들이 스스로 움직일 때, 그는 어느 때보다 흥분했다.[19]

이 식물들은 어떻게 움직이는 걸까? 브라질의 숲속을 홀로 누빌 때, 그는 들끓는 생명력을 경험했다. 덩굴식물들은 몸을 비비 꼬고, 야자나무들은 와들와들 떨고, 얽혀 붙는 덩굴손은 허공을 더듬어 찾는 듯했다. 그의 서재에서도 식물들은 감고, 잡아 걸었다. 하지만 이곳에서는 현장을 포착할 수 있었다. 부자는 움직임을 재기 위한 방법을 고안하고, 심지어는 식물들이 곡예를 하게 만들기까지 했다. 그들은 씨앗을 거꾸로 발아시켜, 뿌리의 끝이 방향을 전환하여 지면으로 향하는 모습을 한 시간에 한 번씩 관찰하여, 그 미미한 지그재그 운동을 기록했다. 그 뿌리는 장애물을 만나면, 몸을 이리저리 비틀어 길을 찾았다. 또한 다윈 부자는, 싹을 묶고 훼방 놓고 괴롭혀도, 심지어는 완전한 어둠속에서도, 그것이 위쪽을 향한 나선형 운동을 지속한다는 것을 확인했다. 다윈은 처음에는 이 지그재그 운동이 진동에 대한 반응일 것이라고 생각했다. 하지만 프랭크가 탁자를 두드리고 문을 쾅 닫고 바순으로 세레나데를 연주하면서, 그 추측이 틀렸음을 증명했다. 모든 식물의 모든 부분은 끊임없이 자발적으로 움직여, 연속적이고 리드미컬한 회전운동을 행했다. 두 사람은 그것을 "회선운동"이라고 불렀다.

밤에는 식물의 수면 운동을 추적하여, 식물들이 고개를 숙이거나 이파리를 접는 모습을 포착했다. 그리고 이러한 움직임이 생존을 위해 꼭 필요하다는 사실을 증명했다. 찰스와 프랭크는, 밤에 고개를 숙이거나 접을 수 없도록 이파리를 묶는 실험을 함으로써, 1878년 3월 무렵 수십 그루의 식물을 죽였다. 그들은 실내 화분용 화초들을 관찰했다. 이 식물들은 낮 동안 밖에 내놓았던 것만 잠을 잤다. 그리고 열대식물들도 관찰했는데, 이들은 전혀 잠을 잘 필요가 없었다. 복잡한 일련의 실험을 행한 결과, 햇빛에 노출되는 것이 결정적인 요인이라는 결론에 이르렀다. 모든 사례에서, 이파리들은 자발적인 조정을 함으로써 햇빛이 닿는 표면을 지키고 있었다.[20]

연구는 쉼 없이 계속되었다. "그것을 시도해볼 때까지는 쉬지 않겠다.” 찰스는 또 다른 “바보 같은 실험”을 꿈꾸며 이렇게 말했다. 프랭크의 눈에는 “마치 외부의 힘이 아버지를 강제하고 있는 것처럼” 비쳤다. 말할 나위 없이, 몸에 가해지는 부담은 엄청났다. 옛날의 병이 다시 도졌다. 3월에 그는 런던에 가서 클라크 박사에게, “견딜 수 없을 만큼 고통스러운” 현기증 발작에 대해 진찰을 받았다. 클라크가 처방한 “수분 다이어트”를 실행했더니 “와인글라스 한 잔의 물”을 갈망할 정도로 목이 탔지만, 효과는 있는 듯했다. 클라크는 그 유명한 환자에게 돈을 받지 않으려 했다. 따라서 변함없이 인심 좋은 다윈은, 사상균병 내성이 있는 감자를 개발하는 장려금으로 100파운드를 보냈다. 물론 기부를 받는 벨파스트의 육종업자가 “견실하고 반듯한” 사람인지 먼저 알아보고 나서였다.

옛 비글호 동료 설리번은 지금 해군 원수로 승진했는데, 그의 관심은 견실하고 반듯한 사람이 아니라 야만인에게 가 있었다. 설리번은 한 고아를 지원하기 위한 도움을 구하고 있었으며, 비글호에 승선했던 장교들 모두가 돈을 기부하고 있었다. 남아메리카 선교단이 벌인 문명화 사업의 성공에 좋은 인상을 갖고 있던 다윈도, 언제나 그랬듯이 기부를 했다. 그 고아는 제미 버튼의 손자였다.[21]

로머니스는 지금 다윈의 첫째가는 제자였다. 철두철미한 다윈주의자인 로머니스는 큐 식물원에서 후커와 함께 연구를 하고, 생체해부 문제에서는 헉슬리를 지원하고, 심지어는 해파리의 신경 반응에 관한 연구로 퉁명스러운 스펜서를 감동시키기까지 했다. 헉슬리, 후커, 다윈은 로머니스를 린네학회와 왕립학회 회원으로 선출했다. 보통 야심가가 아닌 로머니스는 머리를 조아리는 개심자였는데, 따지고 보면 그리 놀랄 것도 없었다. 케임브리지 대학 때는 철저한 복음주의자로 학부생 시절에 「기독교의 기도와 일반 규칙」이라는 논문을 써서 상을 받기도 했는데, 이 모든 열정이 지금은 진화의 제단에 바쳐진 것이니까. 다윈은 그의 새로운 신이었다.

로머니스는 다윈에게 긴 편지를 쓰고 비위를 맞추며 스승을 그림자처럼 따라다녔다. 로머니스의 "존경과 애정"은 진심이었기 때문에, 다윈은 "하찮은 결점들"에도 불구하고 그를 좋아하지 않을 수 없었다. 다윈은 로머니스의 저돌적인 태도, 전망이 별로 없는 가설들을 검증하려는 결의를 높이 샀다. 그리고 "열심히 노력하면 안 될 일이 없다!"라는 자신의 좌우명으로 로머니스를 부추겼다. 범생설 실험들은 완전히 실패로 돌아가고 있었지만, 다윈은 여전히 감자 접붙이기 실험을 위해 자신의 집 텃밭을 제공했다. 심령주의의 반증도 막다른 길에 몰렸다. 로머니스는 "유령이냐 얼간이냐"의 문제에 해결을 보지 못했다. 영매들의 속임수가 "사악하고 눈꼴사납다"고 생각했던 다윈은, 어쨌든 로머니스가 "영리한 악당"인 윌리엄스를 포함한 영매들에 대해 부정적인 결과를 낸 것을 환영했다.[22]

하지만 속으로는 로머니스의 새로운 믿음도 흔들리고 있었다. 그해 봄에 누이가 정신착란에 빠져서 죽어가는 것을 보며, 그는 누이와 자신이 언젠가 다시 만날 것이라는 확증을 얻고 싶었다. 그는 슬레이드 재판에서 피고측 변호를 맡았던 사람 가운데 하나였던 한 저명한 심령주의자를 찾아냈다. 그것은 가련한 만남이었다. 로머니스는 "끔찍하게 아프고 몹시 슬픈" 모습으로, 무시무시한 의심을 토로했다. 하지만, 확신을 원하고 사실을 간청했음에도 로머니스는 빈손으로 돌아올 수밖에 없었다. 며칠 후 누이는 숨을 거두었다.[23] 다윈은 그 소식을 듣고 로머니스를 다운으로 초대했다.

이 상황은 다분히 감정적인 문제였다. 다윈주의자 집단에 가입하고 4년 동안, 로머니스는 자신을 비현실적인 회의론자로 규정했다. 그는 머리로는 진화론을 믿었지만, 가슴은 거기에 따르려 하지 않았다. 그는 걸어다니는 패러독스였으며, 찰스와 에마 사이의 딜레마를 체현하고 있는 사람이었다. 다윈은 영원한 저주라는 기독교 교리에 자신이 얼마나 큰 도덕적 반감을 품고 있는지를 이야기했다. 기독교는 두 사람 모두에게 더는 고려의 대상이 아니었지만, 로머니스는 아무리 노력해도 신도 영혼불멸도 믿을 수 없었다. 설상가상으로, 그는 구혼 중이었고 곧 독실한 기독교도인 아내를 맞이할 예정이었다. 그는 다윈의 도움을 구했다.

"종교에 대해 솔직한 의견을 밝힌다"는 것은 다윈도 오래전에 경험한 "지독하게 곤란한" 문제였다. 로머니스가 2년 전에 처음으로 진화론에 빠져들었을 때, 다윈이 유신론을 악의적으로 부정하는 문서를 공표하려고 하는 그를 말린 적이 있었다. 지금 로머니스는 다시 자신의 신념을 확신하며 그것을 공표하고 싶은 충동을 느끼고 있었다. 슬픈 심정도 심정이었겠지만, 한 명에게라도 고하고 싶었던 것이다. 오래전에 로버트 박사가 찰스가 에마에게 속마음을 털어놓는 것을 말릴 수 없었듯이, 그를 막을 방법은 없었다. 다윈은 로머니스에게 책을 내려면 익명으로 내어, 논증이 그 자체의 가치로 평가받도록 하라고 충고했다. 또한 이성적인 신앙심도 진화의 산물이라고 생각하는 것도 도움이 될 것이라고 말해주었다. 다윈은 자신의 메모와, 결국 사용하지 않게 된 『자연선택』의 본능에 관한 장을 넘겨주며, 로머니스를 비교심리학 연구로 이끌었다. [24]

다윈의 격려는 도움이 되었다. 로머니스는 8월에 열린 영국과학진흥협회에서 마음의 진화에 관한 강연으로 기립박수를 받았다. 『타임스』의 보도에 따르면, 그는 실제 조상 대신 "야만인, 어린아이들, 백치들, 교육받지 않은 농아들" 같은 흉한 대용물들을 나열했다. 이 수상한 대용물들은 "인간과 짐승이 우리가 생각하는 것보다 훨씬 더 지적으로 많은 공통점을 갖고 있으며, 심지어는 도덕적으로도 그럴지도 모른다"는 사실을 입증하는 듯했다. 각각의 대용물은 저마다 어떤 하등한 단계에 "구속되어” 있는 것이었다. 다윈은 강연 원고를 기분 좋게 읽었다. “대단원”의 찬사는 특히 마음에 들었다. “원숭이 새끼를 기르며 그 마음을 관찰해보면” 어떨까요? 다윈은 조언을 했다. 여기에 프랭크가 실현 가능성이 먼 제안을 덧붙였다. “프랭크는 당신이 집안에서 백치, 농아, 원숭이, 아기를 길러야 한다는군요!”

　적어도 백치는 필요 없었다. 다윈 일가가 나름의 퇴보의 사례를 제공해주었기 때문이다. 헨슬레이는 심령술에 정상이 아닐 정도로 매달렸고 그가 가장 좋아하는 영매인 윌리엄스가 9월에 사기꾼으로 밝혀진 뒤에도 전혀 굴하지 않았다. 게다가 윌리엄스를 초자연적인 힘을 갖춘 사기꾼이라고 부를 정도로 어이없이 굴었으며, 윌리엄스의 한 교령회에서 유령과 더러운 옷가지 등등을 보았다고 주장했다. 참으로 “진귀한 심리현상”이 아닌가! 다윈은 놀라워했다. 다윈은 그 이야기가 눈덩이처럼 불어나기를 바라며, 윌리엄스의 정체를 신문에 폭로하려 했다. 그는 초월적인 존재를 가지고 장난치는 영매들을 혐오했다. 푼돈 몇 푼 벌자고 사람들의 두려움과 슬픔을 가지고 놀다니![25]

　11월에 로머니스는 새 책을 손에 들고 찰스와 에마가 머물고 있는 리치필드의 집으로 달려왔다. 그는 다윈 부부에게 자신의 약혼녀를 소개했으며, 새로운 저서인 “자연철학자”에 의한 『유신론의 공정한 검토』를 선물했다. 다윈은 큰 기대를 하지는 않았다. 형이상학에 이성의 빛을 던지느니 차라리 “촛불 한 개로 한밤중의 하늘을 비추는 것”이 더 나았다. 어쨌든 다윈은 그 책을 훑어보겠노라고 약속했는데, 집으로 돌아와 책을 집어든 그는 책을 좀처럼 내려놓을 수가 없었다. 로머니스는 비극적인 인간처럼 보였다. 그는 “존재라는 고독한 수수께끼”를 “이루 말할 수 없이 슬픈 기분”으로 받아들였으며, 다윈보다 무신앙으로 더 멀리 전향한 사람이었다. 신이 없는 우주는 “아름다운 영혼을 잃었으며”, “낮 동안에 일하라"는 성서의 교훈은, "밤이 오리니 그때는 아무도 일할 수 없느니라" 라는 마지막 말에 눌려 무시무시한 위압감을 띠고 있었다. 철학은 "단지 죽음에 대한 명상이 아니라 소멸에 대한 명상"이 되어버렸다.

다윈은 로머니스에게 급히 편지를 보냈다. 자신은 종교적인 책을 끝까지 읽어낼 인내심이 없는데, 그럼에도 『공정한 검토』를 "엄청나게 흥미롭게" 읽었다고 말했다. 그렇다고 해서 그 책에 납득을 한 것은 아니었다. 로머니스의 논증은 우주가 시작될 때 조직하고 진화시키는 성향을 지닌 물질과 에너지를 창조한 신이 존재했을 가능성을 배제하지 않았다. 게다가 의심하는 것이 "이성적"으로 보인다고 해서, 신의 존재를 의심하는 것이 "더 인간답다"라고는 할 수 없다고 주장했다. 만일 유신론이 옳다면, "이성 그 자체가 그 올바름을 확증하는 유일한 도구는 아닐 것이다." 우리의 본능적인 감정들이 천국의 존재를 가르쳐줄 수도 있다. 하지만 누가 그것을 확실하게 알 수 있을까? 막 약혼을 한 로머니스는 그런 알 수 없는 것에 대해 차분히 생각하기에는 적합하지 않은 "'백치 같은' 정신상태"였다. "내가 너무 괴롭혀서 나를 저주하고 싶을지도 모르겠군요"라고 다윈은 사과를 하면서 "미래의 로머니스 부인"을 위해 편지에 자신의 사진 한 장을 넣어 보냈다.[26]

세상은 다윈의 종교적 견해들을 알고 싶어했다. 공식적인 영예가 쏟아져 내리는 가운데, 다윈은 일종의 델포이의 신탁소가 되었다. 뻔뻔스럽게 설교를 보내는 사람들, 복음주의자들, 심령술에 심취한 염탐꾼들이라면 정말 지긋지긋했다. "온 유럽 바보들의 절반이 세상에서 가장 멍청한 질문을 내게 써보내고 있습니다." 다윈은 때로는 딱 잘라 박대했다. "미안하지만, 나는 성서가 신의 계시라고 믿지 않으며, 그러므로 예수 그리스도가 신의 아들이라고 생각하지도 않습니다." 간혹은 신중한 답변도 했다.

질문자가 저명한 사람인 경우에는 특히 그랬다.[27]

　"나는 계시 같은 것이 있었다고 생각하지 않습니다. 저 세상의 일에 관하여는, 누구든 서로 대립하는 애매한 가능성들 사이에서 스스로의 힘으로 판단을 내릴 수밖에 없습니다." 이것은 헤켈과 함께 공부하는 젊은 백작의 질문에 대한 대답이었다. 주교 E. B. 퓨지의 설교에 대해서도 부정적으로 답했다. 『종의 기원』을 집필할 때 "이른바 인격적인 신에 대한 〔내 자신의〕 믿음은 퓨지 주교의 그것만큼이나 확고"했지만, 그 책은 "신학과는 아무런 관련"도 없다는 것이었다. 캔터베리 대주교에게도 완강하게 부정했다. 다윈은 과학과 종교의 조화를 꾀하기 위해 램버스 궁전에서 열리는 독실한 과학자들의 "사적인 회의"에 참석하지 않겠다는 뜻을 전했다. 거기서 "어떤 유익한 견해가 나오리라고 기대하지 않기" 때문이었다.

　회피와 부정이 선언보다는 안전했다. 다윈은 남들 앞에 의견을 꺼내 보이는 것을 원치 않았다. 헉슬리가 주교들을 꾫리고 틴들이 범신론의 향연을 벌일 때, 그들을 응원할 수는 있을 것이다. 하지만 그는 평화를 유지할 작정이었다. 그의 수록목사 친구는 이런 태도를 칭찬했다. 당시 브로디 이네스(그가 퓨지의 설교를 보냈다)는 온화한 병든 향사에게 "옹졸하고 난폭한" 신학적 공격이 퍼부어지고 있는 것을 한탄했다. 그들은 교구의 일을 제외하고는 대부분의 일에서 의견이 달랐으며, 이네스는 자신의 친구가 기독교를 멸시하고 있음을 약간은 알아챘다. 그럼에도 이네스는 웃으며 말했다. "다른 사람들도 다윈과 브로디 이네스같이 지낸다면 일이 얼마나 잘 풀리겠습니까."[28]

　찰스가 실제로 무엇을 믿는지는 "자신을 뺀 나머지 사람들에게는 전혀 대수롭지 않은 것"이었다. 다운하우스 밖에서는 오직 이래즈머스와 몇몇 친한 사람들만이 그것을 알았다. 그가 어떤 신조를 공개적으로 지지

한 것은 미국 잡지 『인덱스』의 경우뿐이었다. 하지만 1879년 초에 가족사에 손을 댔을 때, 그는 자신의 마음을 조금 더 열어보였다.

그 계기가 된 것은 다윈의 할아버지 이래즈머스에 관한 한 편의 열정적인 에세이였다. 이 에세이는 독일의 과학 정기간행물 『코스모스*Kosmos*』에 다윈의 70세 생일을 기념하여 실렸다. 다윈은 3월에 필자인 에른스트 크라우제와 연락을 취해, 그 글을 단행본으로 영역하고 거기에 다윈이 쓴 이래즈머스의 전기를 앞에 붙여 출판하기로 합의했다. 할아버지의 기록을 정확히 전달하는 일은 시급했는데, 그것은 새뮤얼 버틀러의 파렴치한 저서 『진화론, 낡은 것과 새로운 것』이 출간되었기 때문이었다. 이 책은 다윈의 할아버지를 다윈주의 신전의 꼭대기에 올려놓으며 『종의 기원』을 "지적 속임수"로 취급했다. 찰스는 버틀러의 책을 크라우제에게 보내며, 어차피 버틀러는 과학에 무지한 사람이기 때문에 반론에 "많은 수고를 들일" 필요는 없다고 일렀다.

다윈은 신나게 그 전기를 썼다. 먼지 쌓인 옛 편지들과 원고들을 뒤적이면서, 그는 마치 "죽은 사람과 대화를 나누는" 기분이 들었다. 5월경 할아버지 이래즈머스가 찰스의 옆에 모습을 드러냈다. 그렇다고 해서 이래즈머스의 과학이 크게 쓸모가 있었던 것은 아니었다. 할아버지의 가설은 너무 거칠었다. 하지만 더 큰 틀에서 보면, 두 사람은 사회적, 진화론적 세계관에서 공통점이 있었다. 이래즈머스는 인도적인 자유주의자로, 교육개혁과 기술의 진보에 헌신했다. 할아버지의 지성과 도덕적 자질들은 걸출했으며, 할아버지 역시 급진적인 무신론자로 중상을 받았다. 이것은 용기를 주는 사실이었다.[29]

든든해진 다윈은 3년 동안 묵혀두었던 자서전으로 돌아갔다. 다윈은 아버지에 관한 호의적인 기술을 추가했다. 아버지의 비상한 관찰력과 기억력, 아버지의 놀라운 사업 감각을. 다윈의 아버지는 비록 엄밀한 의미에서 과학적인 마음을 갖고 있는 사람은 아니었지만, "거의 모든 것에 대해 이론을 세웠다." 또한 아버지의 동정심과 현명함은 아들들의 도덕적 등대였다. 찰스는 특히 아버지가 여성들을 대하는 태도를 잘 기억했다. 아버지가 여자들의 감정을 얼마나 잘 다루는지, 그리고 종교적인 의심을 감추라던 결혼 전 아버지의 충고도. 지나고 보니, 그것은 훌륭한 충고였다. 아내들이 자유사상을 지닌 남편들의 영혼 구제를 지나치게 걱정하여 남편들까지 괴롭게 하는 예를 숱하게 보았기 때문이다.

찰스는 자신의 구제가 요원한 일로 보였고, 그것 때문에 고통스러웠다. 그는 종이 위에다 자신의 죄를 스스로 사했다. 나는 "인격적인 신의 존재나 벌과 보상이 따르는 내세의 존재에 흔들림 없는 확신"을 가져본 적이 없는 사람이지만, 천벌을 받을 것이라는 두려움을 갖고 살지는 않았다. 대신 나는 조상들에게 물려받은 "사회적 본능"과 명료한 양심에 따라 살아왔다. 다윈가는 자유사상가 집안이지만, 부도덕한 행위나 죄를 물려받았다고는 생각하지 않는다. "나는 어떤 중대한 죄를 범했다는 가책을 전혀 느끼지 않는다." 그는 에마와 가족에게 확언했다. "나는 성실하게 과학에 종사하여 내 인생을 바친 것은 잘한 일이었다고 생각한다."

자서전을 쓰는 동안, 다윈의 속마음을 궁금히 여기는 또 한 통의 편지가 도착했다. 당신은 신의 존재를 믿는가? 유신론과 진화론은 양립할 수 있는가? 다윈은, 인간은 말할 나위 없이 "열렬한 유신론자인 동시에 진화론자"가 될 수 있다는 답장을 썼다. 찰스 킹즐리와 에이서 그레이를 보라. 다윈 자신으로 말하자면, "신의 존재를 부정한다는 의미에서의 무신론자는 절대 아니었다." 하지만 신의 존재는 여전히 커다란 불확실함으로 다가왔다. 꼭 분류를 확실히 해야 한다면, 헉슬리과科라고 하는 것이 적당할 것이다. "나는, 항상 그렇다고 할 수는 없지만 대체로, (그리고 늙어감에 따라 점점 더) 불가지론자가 나의 마음 상태를 가장 올바로 표현해주는 말이라는 생각이 듭니다."[30] 그는 이따금 자신의 불가지론적 입장에 대해 불가지론적으로 되긴 했지만, 이 사상적 입장은 10년이 흘러 존중받는 것이 되었다.

전기의 집필은 그가 잘하는 일이 아니었다. 할아버지에 대한 소묘는 너무나도 힘들었다. 막판에는 진저리를 치면서, 여름 내내 교정쇄를 만신창이로 만들었다. 헨리에타의 말은 그보다 더 심했다. 그 글은 너무 길고 너무 솔직해서 감당이 안 될 정도라는 것이다. 크라우제가 독일어 원고를 매만지는 동안, 헨리에타가 아버지의 원고를 손보며 종교적으로 위태로운 대목을 걸어냈다. 최종원고에 만족한 유일한 사람이었던 존 머리가 『이래즈머스 다윈』을 1,000부나 찍자는 모험적인 제안을 내놓고, 이익을 나누었다. 찰스는 그 일에 뛰어든 것은 "완전히 바보 같은 짓"이었다고 후회하며, "내 일이 아닌 것에 손대는" 짓은 "다시는 하지 않겠다"고 맹세했다.[31]

다윈은 요즘 들어 더욱 빨리 지쳤으며, 그것을 체념하고 받아들였다. 하지만 여전히 하루에 몇 시간씩 새싹과 뿌리 연구에 정력적으로 매달렸다. "달리 할 일이 없습니다." 그는 비글호의 옛 동료 설리번에게 한숨을 지으며 말했다. "일이 년 더 빨리, 또는 더 늦게 나가떨어진다고 달라질 건 없습니다." 아직도 생생한 에마가 남편을 항상 감시했다. 감시가 없으면, 그는 죽도록 일할 테니까.

1879년 6월에 에마는 남편을 끌고 도킹으로 가서 주말을 보냈으며, 8월에는 리치필드 부부와 힘을 합하여 찰스를 데리고 호수 지역에 가서 한 달을 지냈다.[1] 찰스는 집을 떠날 즈음의 "끔찍하게 가라앉는 기분"에서 회복되자, 여행을 즐겼다. 일행은 코니스턴워터 호숫가에 지어진 워터 헤드 호텔에 짐을 풀고, 퍼니스 수도원이나 그래스미어로 여행을 다녔다. 그리고 리치필드와 함께 노동자 대학에서 강의하는 친구인 존 러스킨을 만나기 위해 여러 차례 호수를 건너가기도 했다.

러스킨은 옥스퍼드 대학의 슬레이드좌 교수직에서 얼마 전에 은퇴하고, 미술에 집중하기 위해 브랜트우드 코티지에 정착했다. 그에게 다윈주의는 불필요한 분쟁을 불러일으키는 이해할 수 없는 소리일 뿐이었지만, 그는 "찰스 경"을 예의바르게 맞았으며, 자신의 침실에 걸려 있는 터너의 그림들을 구경시켜주었다. 다윈은 아무리 흥미를 짜내보려 해도, 그림들 속에서 "러스킨이 본 것을 조금도" 이해할 수 없었다. 다만 티치아노의 그림을 싫어한다는 의견을 밝혔는데, 집주인은 거기에 "반색했다." 그러고 나서 침실의 대화는 슬며시 성선택으로 넘어가서, 공작, 영장류, 구애에 관한 이야기들이 오갔다. 다윈 일행이 떠나면 러스킨은 곧바로 공작의 깃털을 그린 멋진 습작 몇 점을 보내주었는데, 자신의 손님이 그런 대상들을 둘러싼 열광에 얼마나 진절머리를 내는지는 미처 몰랐던 것이다. 사실 가시를 곤두세우기로 치면 러스킨도 만만치 않았다. 자신의 어린 신부가 음모가 있다는 사실에 기겁하여 결혼생활을 지속하지 못한 성문제를 안고 있었던 러스킨은, 다윈이 "특정 종의 원숭이가 갖고 있는 선명한 색의 엉덩이"에 보이는 "깊고도 민감한 관심"에 대해 자기 나름의 의미심장한 해석을 가미했다. 다윈은 그 해석을 들었을 때 웃으면서 러스킨의 말이 맞다고 말했다.[2]

　　다윈이 집으로 돌아왔을 때 헤켈이 다운을 찾아와, 과학의 자유에 대하여 한 시간 동안 "**열변을 토하여**" 다윈을 녹초로 만들었다. 멋쟁이 리치필드는 "그의…… 넘치는 남성미에서 어떤 호감"을 발견했지만, 정작 에마는 잘 모르겠다고 생각했다. 찰스는, 고맙게도 말을 하지 않는 식물들에게로 조용히 물러났다. 그는 또 한 사람의 정원사를 고용했으며, 벨파스트 감자 실험에 애를 태웠다. 작년에 거기에 100파운드를 퍼부었기 때문이다. 그 육종가는 지금 모든 연구가 위기에 처해 "큰 곤란"을 겪고 있었다. 상무부가 아일랜드 사람들에게 식량을 공급하기 위한 연구에 돈을 대주지 않을까? 다윈은 사무차관인 '시터' 패러—에피 웨지우드의 남편—를 찾아갔지만 소용이 없었다. "그러한 경우는 장관들이 결정을 내리기 대단히 어렵다"고 시터는 둘러댔다. 그들은 언제나 "하원의 트집쟁이들"을 상대해야 했기 때문이었다. 찰스는 "정치인들은 쓸데없는 말싸움에 시간을 허비하느라 정작 좋은 정책은 돌보지 않는다"며 분노했다.[3]

사실 패러의 생각은 다른 데에 가 있었다. 그는 (첫 번째 결혼에서 얻은) 유일한 딸에게 꼭 맞는 배필을 찾아주고 싶었다. 그런데 아이다는 다윈의 아들들 가운데 가장 어리고 가장 허약한 호레이스에게 푹 빠져 있었다. 호레이스는 기계에 관심이 많았지만 직업이 없었으며, 아직까지 용돈으로 생활하면서 기계 상점들을 들락거리고 있었다. 호레이스의 앞날은 유망하지 않았다. 호레이스와 아이다가 약혼했다는 이야기를 꺼냈을 때부터 시터는 그런 식의 이야기를 떠벌리고 다녔다. 호레이스에게 보내기에는 아이다가 아까웠다. 아이다의 아버지는 이튼 학교, 옥스퍼드 대학의 베일리얼 칼리지, 링컨스 인 법학원을 나온 세속적인 사람이었기 때문에, 사윗감으로 은행가나 변호사를 원했다. 병약한 데다 출세하지도 못한 호레이스 다윈은 가당치도 않았다.

에마와 찰스는 "괴로웠고", 헨슬레이 부부는 곤란했으며, 콩깍지가 쓰인 남녀는 완강했다. 하지만 그들은 일을 잘 풀어, 크리스마스 전에 결혼 문제의 해결을 보았다. 다윈은 패러에게, 아들에게 안정되게 살기에 충분한 유산을 물려줄 것이라고 확약했으며, 그 증거로 호레이스에게 5,000파운드어치의 철도 주식을 주었다. 결혼식은 1880년 1월 3일에 리치필드 부부의 집 바로 옆에 있는 런던 브라이언스턴 스퀘어에 있는 세인트메리 교회에서 열렸다. 하지만 양가의 관계는 여전히 냉랭했으며, 결혼 피로연에서 두 가족은 한마디도 나누지 않았다.[4]

이에 비하면 사소하지만, 다른 소동이 기다리고 있었다. 다운의 학교 운영위원회에서 일하고 있는 프랭크가 핀든 목사를 위원장 자리에서 내쫓으려는 운동에 말려들었던 것이다. 이 목사가 점잖게 물러날 리가 없었다. 프랭크가 들은 바에 따르면, 그는 교구의 "합법적으로 임명된 장"으로서 다른 권위 아래 시중들 생각이 없었다. 또한, "내가 고교회파의 일원임을 알면 이해하겠지만, '각종 위원을 맡는 것'이 성직자의 직무의 일부로서 적합한" 것도 아니라고 했다. 민주주의는 핀든에게는 무리였다. 그는 운영위원회에서 사퇴하겠다는 의사를 밝혔다. 하지만 핀든은 그 분풀이로, 프랭크의 아버지에게 편지를 보냈다.[5] 그것은 불쾌한 편지였지만, 에마와 베시는 오래전부터 이웃 교구인 케스턴에서 예배를 보고 있었다.

성직자들은 헤라클레스의 요람 옆에서 목 졸려 죽은 뱀들처럼 잠자코 있었지만, 새로운 적들은 마치 용의 이빨을 뿌려 거두어들인 전사들처럼 계속 생겨나고 있었다. 다윈을 가장 괴롭힌 것은 다윈주의의 사도였다가 적으로 변신한 변절자들이었다. 마이바트가 그랬고, 지금은 새뮤얼 버틀러도 그 대열에 합류했다. 거기다, 추방당한 진화론자들이 사이좋게 어울리는 모습을 상상하면 끔찍했다. "버틀러의 『진화론, 낡은 것과 새로운 것』을 읽어봤습니까?" 마이바트가 오언에게 물었다. "보기처럼 무모하지는 않습니다. '자연선택설'의 부푼 거품을 터뜨리는 데에 도움이 될 것 같습니다."[6] 오언, 마이바트, 그리고 버틀러는 악마의 삼위일체를 이루었다.

새뮤얼 버틀러는 옛날에 다윈이 다녔던 슈루즈버리 학교 교장의 손자였다. 새뮤얼의 아버지는 다윈과 함께 케임브리지 대학을 다니며 성직자가 될 준비를 했으며, 다윈과 함께 딱정벌레 채집을 다니기도 했다. 그의 아들인 버틀러도 성직자가 되려 했지만, 그는 『종의 기원』을 읽고 열렬한 다윈주의자가 되어 신앙을 버렸다. 그가 익명으로 쓴, 반기독교적인 풍자소설 『에레혼Erewhon』과 부활에 대한 교활한 공격 『공정한 안식처』는 다윈의 칭찬을 받았다. 버틀러는 다운을 두 번 방문했으며, 런던에서 찰스와 이래즈머스와 함께 식사를 했고, 『감정 표현』의 도판 작업을 도와

주기까지 했다. 하지만 그는 이론異論을 제기한 마이바트의『종의 기원에 관하여』를 읽고 자연선택설에 대한 환상을 버렸으며, 다윈주의를 이용하는 유물론자들에게 질려 그것에서 더 멀어졌다. "내가 두려운 상대는 주교와 대주교들이 아닙니다." 버틀러는 말했다. "헉슬리와 틴들 같은 사람들이 나의 진정한 적입니다." 버틀러는『종의 기원』을 다시 읽으며, 다윈이 진화론의 선임자들을 무시함으로써 세상을 기만하고 있다는 확신에 이르렀다. 버틀러가『진화론, 낡은 것과 새로운 것』을 쓴 것은, 그 선임자들의 주장을 지지하고, 역사적인 기록을 바로잡아, 이래즈머스 다윈을 타락한 손자보다 위에 놓고, 물질이 아니라 정신이 자연의 구동력이라고 주장하기 위해서였다. 생명은 습성의 변화를 통해 의식적으로 진화하는 것이지, 자연선택에 의해 기계적으로 진화하는 것이 아니라고 그는 주장했다.[7]

버틀러는『이래즈머스 다윈』을 인신공격으로 받아들일 준비를 했다. 다윈은 당연히, 크라우제의 글을 있는 그대로 번역했을 뿐임을 서문에서 밝혔다. 게다가 다윈은 크라우제의 독일어 원문이『진화론, 낡은 것과 새로운 것』이 출간되기 전에 나왔다는 사실을 지적했다. 하지만 버틀러는 자신의 책이 나온 다음에 쓰였을 수밖에 없는 번역문들을 찾아냈다. 그 가운데 하나가, 이래즈머스를 되살리려는 시도를 "누가 봐도 설득력이 없으며 시대착오적"이라고 폄훼한 부분이었다. 다윈은 번역을 하기 전에 크라우제가 내용을 수정했다는 사실을 시인하면서, 그것은 "흔히 있는 일"이기 때문에 언급할 가치를 찾지 못했다고 말했다. 버틀러는 다윈의 말을, 자신에 대한 모욕은 고의적인 것이라는 의미로 받아들였다. 그리고 그는『애시니엄』(한때 신랄한 반다윈주의의 산실이었다)에 항의문을 발표하여, 다윈은 "편견 없는" 제3자의 입을 빌어 말함으로써,『진화론, 낡은 것과 새로운 것』을 숨어서 비판하고 있다고 비난했다.[8]

에마는 버틀러의 "몹시 불쾌하고 악의적인 편지"를 격렬하게 비난했다. 다윈은 그 편지를 혐오했다. 무지한 신학적 공격은 참을 수 있었지만, 문예계에서 "일구이언과 거짓말"로 비난받는 일은 견딜 수 없었다. 그는 곧, 무신론자 아니면 신맬서스주의자로 알려질 처지에 놓여 있었다. 다윈은 죄를 벗기 위해 필사적이 되었다. 2월에 일주일 동안 다윈은 반론의 초고를 작성하고, 그것을 가족들에게 보내 조언을 구했다. 첫 번째 초고는 아무도 좋아하지 않았으며, 두 번째 초고는 의견이 반으로 엇갈렸다. 리치필드는 법률가로서, 버틀러의 일을 그냥 잊으라고 충고했다. 대답을 하면 "정확히 그가 가장 원하는 결과…… 프랑스인들이 '버틀러-다윈 사건'이라고 말하게 될 일"을 초래할 것이라고 했다. 헉슬리도 이에 동의하면서, 마이바트가 "버틀러를 자극하여 다윈혐오증을 주입했다"고 의심했다. "그것은 끔찍한 병으로, 나는 그 병에 걸려 설쳐대는 〔개〕자식들은 찾아내는 대로 죄다 죽여놓을 생각입니다."

침묵으로 숨통을 막는 것이 대답이었다. 다윈은 헉슬리의 조언을 받아들여, 자기변호의 괴로움을 덜었다. "나는 형 집행을 유예받은 사형수 같은 기분이군요"라고 다윈은 구슬프게 말했다. 버틀러는 당연히 자신이 의도적으로 무시를 당한 다윈 이전의 진화론자라고 느꼈다. 그에게 다윈의 침묵은 죄에 대한 무언의 인정일 뿐이었다.[9]

1880년 봄, 한 세대가 떠나가고 있다는 것을 상기시키는 슬픈 소식이 도착했다. 에마의 오빠 조사이어가 세상을 떠났다는 소식이었다. 향년 85세였다. 누구보다 "좋은" 사람이었다고, 찰스는 헨슬레이에게 애도의 편지를 보냈다. 에마는 찰스가 몸이 좋지 않아서 오빠의 장례식에 참석하지 못했다. 찰스는 몸이 아파서 폭스가 땅에 묻히는 것도 보지 못했다. 폭스와 찰스는 몇십 년 동안 서먹서먹하게 지냈지만, 둘의 우정은 생생한 기억으로 보존되어 있었다. 찰스는 『식물의 운동』의 원고에서 고개를 들어 눈을 감고 50년 전으로 거슬러 올라갔다. 크라이스트 칼리지에서 함께 아침을 먹던 당시 폭스의 "지성으로 가득한 빛나는 얼굴"이 눈에 선했다. 그리고 "마치 폭스가" 자신의 서재에 "있는 듯 또렷하게" 육촌의 목소리가 들리는 듯했다.[10]

헉슬리가 왕립연구소에서 행할 강연의 제목을 "성년을 맞이한 『종의 기원』"이라고 지을 만큼 세월이 흘렀다. 『종의 기원』이 출간된 지 벌써 21년이 지났던가? 찰스는 헉슬리의 강연 제목은 "그 주제가 무르익었음"을 말하는 것이라고 생각했다. 단, 에마가 그 정보를 귀띔해주기 전까지는. 헉슬리는 다윈이 과학의 문을 열었다고 말하려 하고 있었다. 그것은 선동이었으며, 명백한 사실 왜곡이었다. 헉슬리는 1859년에 『종의 기원』이 나오기 전에는, 거대하고 갑작스러운 물리적 격변으로 모든 생물이 한꺼번에 창조되고 사라졌다는 것이 일반적인 이론이었다고 주장했다. (실은 그렇지 않았다. 1850년대에 오언은 예정된 형태들이 연속적으로 창조된다는 이론으로 진화론계에 극적인 발전을 가져왔다.) 그것은 불독의 걸작이라 할 만했다. 찰스는 패러 부부와 함께 애빈저에서 휴가를 보내다가 그 강연에 관한 기사를 읽었다. 두 가족은 응어리를 풀고 다시 말을 주고받았고, 찰스는 시터에게 신문 보도에 대해 기쁘게 이야기했다. 그러고 난 다음에 강연 내용을 읽었는데, 그것은 배신감이 드는 왜곡이었다. 다윈의 중심 이론인 자연선택설, 다윈이 반평생을 바친 그 이론은 언급조차 없었던 것이다.

헉슬리는 선택설에 대해 늘 애매한 입장을 취해왔다. 지금 마이바트와 다른 비판자들이 승기를 잡으려 하고 있었다. 괘씸하게도, 자연선택설은 "진화가 〔실제〕 사실"이라는 믿음을 가로막는 장애물이라는 이유로 내던져졌다. 그래서 불독은 꼬리를 내려야 했던 것이다. 다윈은 자신도 이따금씩 자연선택을 "중요성이 덜한 것"으로 생각했던 적이 있었음을 시인했다. 그렇지만, 특히 식물의 "쓸모없는" 기관의 생존 가치를 발견했을 때, 자연선택이 자연에 만연하다는 사실을 알았다. 어쨌든 한순간도 자신의 "신, '자연선택'"이 존재하지 않는다고 생각한 적은 없었다. 다윈은 자연선택을 실제로 믿는 사람이 거의 없다는 사실이 슬펐다. 그는 세상을 진화론 쪽으로 돌려놓았지만, 아무도 자연선택설 쪽으로 돌려놓지 못했다. 심지어 자신을 옹호하는 사람들조차도.[11]

4월에는 훨씬 좋은 소식이 들려왔다. 글래드스턴의 영리한 선거운동으로 토리당이 참패했다는 소식이었다. 일흔 살의 글래드스턴은 2차 내각을 출범시키며 도덕 십자군으로 나섰다. 영국 국기가 이집트, 트란스발, 아일랜드, 중동에서 모든 인류를 위해 나부꼈다. "자비와 이익이 만났으며, 경제와 평화가 입맞춤을 했다." 에마와 찰스는 도취되었다. 하지만 아들들의 생각은 제각각이었다. 프랭크는 "별로 관심이 없다"며 에마는 어깨를 으쓱해 보였다. "조지는 번지수를 잘못 짚고 있었고", 리치필드 부부의 의견은 "정반대방향"이었다. 하지만 에마와 찰스에게는 지금의 나라가 값진 성취였으며, 그 마을에 사는 엘리자베스 이모도 찰스 부부와 함께 "마음의 축배"를 들었다. 자유주의 물결에 들뜬 찰스는 애벗의 "훌륭한 잡지" 『인덱스』에 큰 액수의 구독료를 보냈다. "진리라는 훌륭한 대의를 위한 〔애벗의〕 존경스러운 노력"이 성공을 거두기를 "진심으로" 바라며.[12] "자유 종교"는 여전히 다윈의 신조였다.

하지만 자유주의에는 한계가 있었다. 자유당의 극단적 입장에 서 있었던 브래들로가 마침내 노샘프턴의 하원의원으로 당선되었다. 놀턴 재판에서 진 이후, 브래들로는 사법 절차에 능숙했던 덕분에 자신과 베전트를 감옥에서 빼낼 수 있었지만, 평판을 회복하기에는 역부족이었다. 지금 이 기독교 국가는 자타가 공인하는 무신론자이자 유죄선고를 받은 음란물 조달자가 하원에 앉기 위해 성서에 대고 맹세하는 꼴을 봐야 하는 상황에 놓여 있었다. 분노한 의원들이 들고 일어났다. 그들은 브래들로를 몰아내기 위해 의회 절차상의 온갖 묘안을 짜냈다. 결국 브래들로는 충성의 맹세를 하지 못하게 되었다. 맹세는 신을 언급해야 했기 때문이다. 퀘이커교도들처럼 종교적 이유로 대신 "확약을 하는 것"도 금지되었다. 무신론자는 비도덕적인 사람이며, 그들이 하는 말은 의미가 없기 때문에, 의회는 무신론자를 받아들일 수 없었다. 노샘프턴은 책임을 지고 다시 선거를 해야 할 것이다.

5월 말경 무신론은 뜨거운 정치적 쟁점으로 떠올랐다. 특별조사위원회는 불만을 피워올리고, 언론은 거기에 불을 붙였으며, '브래들로'는 일상용어가 되다시피 했다. 세속주의자들이 이 싸움에 뛰어들었다. 젊은 해부학 강사이며 진화론 전도사인 에드워드 에이블링은 (둘 다 결혼을 했지만, 한 가지 이상의 방식으로) 베전트와 결합하여 지방유세를 다니며, 기독교의 위선과 시민적 자유의 박탈에 관하여 청중 앞에서 열변을 토했다. 에이블링은 브래들로가 발행하는 『내셔널 리포머』에 기고했다. 사실 이 의회 갈등이 불거졌을 당시, 에이블링은 '다윈과 그의 연구'라는 시리즈를 집필하고 있었다. 그것은 2년 전에 그가 한 학생잡지에 기고했던 기사들의 연장선상에 있는 것이었다. 그때 다윈은 에이블링이 선물한 잡지에 대해 감사편지를 보내며, 앞으로 나오는 연속물들을 보여달라고 부탁했다.[13]

하지만 그것은 2년 전의 일이었다. 지금 다윈은, 요즘 유명세를 얻고 있는 에이블링에게 썼던 그 편지가 자신을 옭아맬까봐 걱정이 되었다. 도덕성이 의심스러운 칠칠치 못한 무신론자들이 사적으로 주고받은 서신을 공표하지 않는다는 보장이 없었다. 교구의 신사로서 그런 타락한 자들과 교류했다고 알려진다는 것은 있을 수 없는 일이었다. 지금은 물불을 가릴 때가 아니었다. 다윈은『식물의 운동』의 원고를 머리에게 부치고 나서, 6월 초에 사우샘프턴에 있는 윌리엄과 새라의 집으로 갔다. 다윈은 윌리엄과 함께, 영국인들의 호기심어린 눈길로부터 안전한 미국에서 출판되는 자유사상지『인덱스』에 대해 이야기를 나누었다. 둘 다 그 잡지를 열심히 읽었지만, 구독한 지 9년이 지난 지금―영국의 신문들이 무신론을 둘러싸고 난리법석을 일으키고 있는 가운데―애벗의『시대의 진리』에 대한 지지는 중지되지 않으면 안 된다는 데에 두 사람의 의견이 일치했다. 특종을 잡으려는 영국인들의 눈에 걸려 영국 신문에 실릴 수도 있는 일이었다. 찰스는 얼마 전에 애벗에게 큰 액수의 구독료를 보냈던 터라, 중지해달라는 말을 하기가 곤란했다. 따라서 윌리엄이 그 일을 맡기로 했다. 윌리엄은 편지 한 통을 보냈다. 그는 온갖 친절한 말로 장식하여 편지를 보냈지만, "아버지께서는…… 당신의 말씀이 이런 목적으로 이용되는 것을 원치 않으십니다"라고 쓰는 대실수를 저질렀다. 물론, 원래 다윈의 말은 선전문구로 쓰기로 했던 것이며, 애벗은 그 증거를 보관하고 있었다.[14] 하지만 어쨌거나 애벗은 요구에 응했다.

다운에는 일이 산더미처럼 쌓여가고 있었지만, 찰스는 별로 걱정하지 않았다. 지렁이가 다시 주된 연구과제가 되었으며, 그는 가족까지 일에 끌어들였다. 심지어 시터도 자신이 예전에 비방을 하고 다닌 일을 보상하기 위해, 애빈저에 있는 로마시대의 유적지에서 흙을 채취해 보내주었다. 다윈에게는, 충고를 해달라, 돈을 빌려달라, 뵙고 싶다는 편지들이 몰려들었다. 지역 연구를 장려하기 위해 버밍엄의 한 위원회에 25파운드를 기부하거나, 루이섬과 블랙히스의 과학협회를 다운하우스로 초대하는 일은 크게 힘 드는 일이 아니었다. 하지만 연구가 급선무였고, 에마는 그렇게 되도록 신경을 썼다. 40년을 함께 보내고 나니 남편의 급선무가 그녀의 급선무가 되었으며, 이제 그녀는 "연구를 하지 못하면 죽는다면,

차라리 연구하다가 죽게 내버려두겠다"고 생각했다.[15]

　　8월경, 다윈은 다시 휴식이 필요했고, 케임브리지에 자리를 잡은 호레이스와 아이다가 그들을 초대했다. 늙은이에게 그 여행은 버거운 것이었다. 전율을 불러일으킬 대단한 구경거리가 있는 것도 아니고, 비단 가운을 입기 위한 것도 아닌 탓에, 다윈은 110킬로미터의 여행에 대해 트집을 잡기 시작했다. 런던의 소란스러운 역에서 기차를 갈아탈 생각을 하니 끔찍했다. 그래서 에마는 제대로 사치를 부려보기로 했다. 에마와 아들들은 찰스가 호화롭게 여행할 수 있도록 특실을 예약했다. 그렇게 하면, 영국 일주를 하는 여왕처럼, 그는 열차를 갈아타지 않고 수행원들의 시중을 받으며 편안하게 여행할 수 있을 것이다. 여행 당일, 다윈은 집에서 10킬로미터 떨어진 브럼리 역에서 여왕처럼 우아하게 열차에 올랐으며, 그를 태운 객차는 런던의 빅토리아 역에서 런던을 횡단하는 지선을 타서 킹스크로스 역에 도착했고, 거기서부터 케임브리지선으로 들어갔다. 그들은 호화로운 특실에 느긋하게 앉아, 창밖으로 지나가는 빈민가와 가스탱크들을 보았다. 에마는 이제는 그 도시가 너무도 낯설게 보여서, 심지어 "어떤 작은 교회"를 세인트폴 대성당으로 착각하기까지 했다.

　　케임브리지에 도착하여 여유로운 1주일 동안의 여행이 시작되었다. 호레이스와 그의 "매력적인 아내"가 새로운 명소들을 구경시켜주었다. 에마는 트리니티 칼리지의 예배당에서 오르간 연주를 들었으며, 직접 연주를 해보기도 했다. 찰스는 에마의 팔을 끼고 세인트존스 칼리지의 교정을 거닐며, 킹스 칼리지 예배당의 "장엄한" 고딕 양식 건축을 감상했다. 그 건물을 보니, 옛날 친구인 허버트와 대식가 클럽에 얽힌 불명예스러운 기억이 떠올랐다. 여학생들의 칼리지가 새로 생겼다는 것만 달라졌을 뿐, 케임브리지의 학생들은 여전히 열심히 놀고, 늦도록 퍼마셨으며, 학생감들을 요리조리 피해다녔다. 찰스는 사방에서 "젊은 날의 풍경들"을 아련하게 떠올리며, 이것이 마지막이 될지도 모른다는 생각을 했다.

집으로 돌아온 다윈은 9월에 『식물의 운동』의 교정쇄를 마무리했다. 그것은 어마어마한 작업이었다. 본문 600쪽에 196컷의 목판화 그림이 들어간 이 책은 그의 가장 방대한 식물학 책이었고, 다윈은 그것이 도랑에 괸 물처럼 따분한 책일 것이라고 생각했다. 다윈은 "나는 사실들을 관찰하여 결론을 만들어내는 기계가 되었다"며 길게 한숨을 내쉬었다. 그래도 기운을 내어 독일어 번역계약을 맺고, 다음 책을 시작했다. 그것은 친숙한 지렁이들에 관한 책이었다. 그러는 동안에도 처리해야 할 편지들은 산더미처럼 쌓였다. 사실의 보고는 파일에 정리하고, 영예의 수여에는 감사의 편지를 쓰고, 초대에는 거절의 편지를 썼다. 오후에는 벽난로가에 놓인 커다란 말가죽 의자에 앉아서 대여섯 통의 답장을 쓰는 것이 일과가 되었다.[16]

10월 13일에 그가 두려워했던 편지가 왔다. 그것은 에이블링의 편지였다. 그는 다윈의 격려를 잊지 않고 있었다. 에이블링은 『내셔널 리포머』에 발표했던 진화 관련 글들을 모아 단행본을 묶고 있었는데, 그 책의 헌사를 다윈에게 바쳐도 되느냐는 허가를 구했다. 그 책은 "내 친구 애니 베전트 부인과 찰스 브래들로 하원의원"이 편집하는 "과학과 자유사상에 관한 국제 총서"의 한 권으로 나올 예정이었다. 편지에는 베전트가 번역한 독일인 의사 루트비히 뷔흐너의 소책자와(뷔흐너의 서슬 퍼런 유물론 저서가 이미 다윈의 책꽂이에도 꽂혀 있었다), 총서의 목적은 영국의 "독자 대중들"에게 "이설을 전파하는 것"이라고 설명하는 선전 팸플릿이 동봉되어 있었다.

이설이 새로울 건 없었다. 『종의 기원』과 『인간의 유래』가 이미 그것을 수년 동안 품위 있게 전파해왔으니까. 소름끼치는 것은 앞으로 어울려야 할 상대들이었다. 다윈은 "비공개"라고 눈에 잘 띄게 표시한 편지지에다 넉 장에 걸쳐 답장을 썼다. 요컨대 헌사를 허락하지 않겠다는 뜻이었다. "그러나 나는 당신이 표하려던 경의의 뜻만은 고맙게 받겠습니다." 헌사를 인정하면 "어느 정도는 내가 전체 출판〔국제 총서〕을 지지한다"는 뜻이 될 텐데, "나는 그 출판물에 대해 아는 바가 없습니다." 다윈은 그 편집자들을 잘 알았지만, 그 사실을 감추었다.

> 더구나, 나는 모든 문제에서 자유사상을 강력히 옹호하는 사람임에도, 내 눈에는 (옳든 그르든) 기독교와 유신론에 대한 직접적인 반론이 대중에게 그다지 효과를 내지 못하는 것으로 보입니다. 사상의 자유를 촉진하는 최선의 길은, 사람들의 마음을 서서히 계몽시키는 것이며, 이것은 과학이 발전하면 자연히 따라올 일입니다. 내가 지금까지 일관되게 종교에 관해 쓰는 것을 피하고 과학에만 전념해온 것은 그러한 이유 때문입니다. 하지만 내가 종교에 대한 직접적인 공격을 어떤 식으로든 도울 경우 내 가족들이 겪게 될 고통을 우려하여, 치우친 태도를 취해왔을 수도 있을 겁니다.

이것은 평생 기독교도들과 친밀하게 지내왔으며, 지금까지 잘 해온 것이 모두 독실한 아내와 딸들 덕분인 남자의 말이었다. "서서히 계몽시키는 것"은 다윈이 늘 추구해온 소중한 가치였으며, 종교적인 조심은 몸에 밴 습관이었다. 게다가 에이블링의 저서의 교정쇄는 너무 위험해서 감당하기 힘들었다. "나는 늙고 힘이 없어서, 교정지를 들여다보면 몹시 피곤합니다. (이것은 현재의 경험에서 말하는 것입니다.)" 다윈은, 예나 지금이나 남에게 휘둘리지 않는 사람이었다.[17]

그해 가을, 생명들이 저물어가는 가운데 친척들이 하나둘 쓰러져갔다. 리스 힐에 사는 캐롤라인 누이는 심장병을 앓았고 관절염으로 몸을 자유롭게 움직이지 못했다. 캐롤라인은 찰스 부부의 방문을 환영했지만, 손님을 치르는 것을 매우 힘들어했다. 패니 웨지우드도 심장병이 있었다. 그럼에도 패니는, 찰스 부부가 이래즈머스를 방문했을 때 차를 준비하는 것을 돕기 위해 휠체어를 타고 퀸앤가街를 달려왔다. 이래즈머스도 건강이 말이 아니었다. 이래즈머스의 퇴폐적인 생활은 하루이틀 일이 아니었다. 시간과 아편이 이래즈머스를 좀먹고 있었고, 끊임없이 고통에 시달렸던 탓에 그는 좀처럼 집 밖으로 나가지 못했다. 에마의 마지막 남은 자매인 몸집이 왜소한 곱사등이 언니 엘리자베스도 눈이 멀고 거의 침대에 누워 지내는 상태라, 집에만 틀어박혀 있었다. 지팡이를 짚고 비트적거리며 걸어 다니는 엘리자베스의 구부정한 모습은 10여 년 동안 다운의 일상적인 풍경이었지만, 지금 그녀는 쭈글쭈글하고 쓸쓸한 늙은이가 되어 트로머 로지에서 꼼짝하지 않았고, 그녀의 하인들은 엘리자베스의 웨지우드가 재산을 탐내는 "거지들과 사기꾼들"을 쫓아내느라 바빴다. 엘리자베스는 11월 7일 일요일에 여든다섯의 나이로 세상을 떠났다. 소규모의 가족들이 교회묘지에 모여 핀든 목사가 주관하는 장례식을 지켜보았다. 에마는 담담하게 받아들였고, 엘리자베스가 고통에서 해방된 것을 "그저 기쁘게" 생각했다.

자연선택설은 계속해서 빗발치는 비판을 받았으며, 와이빌 톰슨 경이 작성한 동물학 보고서를 둘러싸고 마이바트의 유령이 다시 출몰했다. 이 보고서는 정부가 최근에 주관한 과학조사를 위한 세계일주항해에 대한 것이었다. 영국 군함 챌린저호에 승선한 공을 인정받아 기사작위(다윈이 탐냈던 영예)를 받은 톰슨은 "자연선택에만 의존하는 극단적인 변이로 종의 진화를 설명하는 이론"이라며 다윈의 이론을 얕보는 주장을 했다. 다윈은 상처를 받았으며, 유감을 드러냈다. "와이빌 톰슨 경은 종의 진화가 자연선택에만 의존한다고 말한 사람의 이름을 한 사람이라도 댈 수 있는가?" 다윈은 『네이처』에 보낸 편지에서 입에 거품을 물었다. 『동식물의 변이』를 쓴 다윈만큼 "기관의 용불용用不用에 따른 효과"나 "외적 환경의 직접적인 작용"의 효과 등 자연선택 이외의 원인을 그처럼 두수하게 나열한 사람은 없었다. 진화는 복수의 원인으로 일어나는 사건이다. 다윈은 그 점을 분명히 인정했지만, 그러한 조야한 희화화에 따르면 자연선택만이 진화의 원인이었다. 톰슨의 희화화는 "신학자나 형이상학자들이 과학적 주제를 다루는 글을 쓸 때 심심찮게 취하는 전형적인 비판 수법"이었다. 다윈은 "무례한 언사"를 사용하고 싶은 마음이 굴뚝같았지만, 헉슬리가 다윈이 악담을 하는 것을 말렸다.[18]

트집과 억지에 시달리는 가운데서도, 다윈은 계속해서 후원을 베풀었다. 월리스는 여전히 직업이 없었으며, 보잘것없는 액수의 투자조차 불황 속에 바싹 말라갔다. 게다가, 그는 두 아이가 다닐 주간 학교를 찾아 크로이던으로 이사를 했다. 1년에 약 60파운드의 고정 수입과 글을 써서 버는 작은 부수입으로는 "아무리 절약해도" 가족을 부양하기 어려웠다. 그것은 "점점 더 심해져가는 불안"의 원천이었고, 50대 자연학자로서는 곤혹스럽기 그지없는 일이었다. 1년 전 다윈, 후커, 러벅이 힘을 써주었음에도 에핑 숲의 감독직이 물 건너갔을 때, 월리스는 심하게 상심했다. 보다 못한 그의 친구이자 라이엘의 예전 비서인 아라벨라 버클리가 그를 위해 나섰다. 그녀는 다윈에게 "괜찮은 일거리"가 없겠느냐고 물었다.

다윈은 자연사에 대한 월리스의 공로를 생각하며, 국가연금을 따내면 어떨까 생각했다. 후커는 콧방귀를 뀌었다. 월리스는 심령주의에 가세한 일과 지구가 평평하다고 믿는 부자를 상대로 지구가 구임을 증명하여 상금을 챙긴 불명예스러운 행위로 인해, "심각하게 신용을 잃었기" 때문이었다. (실제로는 상금의 지불을 둘러싼 소송이 10년을 끌면서, 월리스에게

500파운드가 넘는 손해를 끼쳤다.) 어쨌든 "절대빈곤에 처하지 않은 사람에게는 기회가 없는데", "월리스의 말투는 절박한 사람의 그것이 아니라, 일을 찾을 수 없어 곤란한 사람의 그것에 지나지 않는다"고 후커가 일격을 가했다. 다윈도 월리스의 나쁜 행실을 "미처" 생각해보지 못했다는 생각에 한풀 꺾여, 버클리에게 가망이 없다는 답을 보냈다.[19]

다윈은 월리스의 얇은 귀에 진절머리가 났고, 월리스의 과학적 판단력에 "상당한 의심을 가졌다." 실제로 로머니스는 월리스를 처음 방문하고 나서, 저 사람은 "점성술에…… 미쳐 있는 듯하다"고 비웃기도 했다. 하지만 다윈은 자연선택설의 발표를 둘러싸고 월리스가 보여주었던 아량을 결코 잊지 않았다. 11월인 지금, 연금 문제를 다시 꺼내야 할 새로운 이유가 생겼다. 지금까지 월리스가 발표한 것 가운데 "최고의 책"인 『섬의 생물』이 비평가들의 갈채를 받았던 것이다. 후커는 고개를 갸우뚱했다. "이러한 사람이 심령주의자라는 사실은 온갖 식물의 온갖 운동보다 불가사의한 일입니다." 후커는 그 책이 "훌륭하다"고 생각했다. 그도 그럴 것이, 그 책이 후커에게 헌정되었기 때문이다. 다윈은 이 순간을 놓치지 않았다. 다윈은 러벅도 월리스 "특유의 사심 없는 태도"를 칭찬하는 또 한 사람으로서 자신의 편임을 알았다. 다윈은 헉슬리도 끌어들여, 둘이서 후커를 설복했다. 헉슬리는 X클럽 동료이며 왕립학회 회장이기도 한 윌리엄 스포티스우드에게 이 문제를 제기했고, 스포티스우드는 글래드스턴에게 제출할 청원서를 작성했다. 다운에서 글래드스턴을 환대했던 다윈은, 그 보답으로 일이 잘 풀릴 것이라 예상했다. 이 연금을 따내는 일처럼 다윈이 "뭔가를 그렇게 간절히 바랐던 적은 좀처럼 없었던 것" 같다. 그는 "기꺼이 런던으로 가서" 다우닝가 10번지의 주인에게 청원서를 손수 건넬 작정이었다.[20]

다윈도 감동적인 추천장을 써서, 월리스의 "자연사에 대한 애정", 직업이 없는 상황, 투자에 실패한 일, 출판물에서 나오는 안쓰러울 만큼 작은 수익, "열대의 기후에 처해진" 일로 인한 병약함을 지적했다. (또한 신의 가호와 가족의 재산이 없었다면 다윈 자신도 그렇게 되었을 것이라고도 썼다.) 최종안이 크리스마스 전에 마련되어, 그는 적극적으로 서명을 모았다. 에마는 그런 찰스에 대해 "월리스의 일에 정신이 팔려서 자신의 일을 할 틈도 없을 정도"라고 말했다. 그 일이란 지렁이 책의 집필이었다. 청원서는 내년에 의회가 열리기 전에 글래드스턴의 마음을 움직여야 했다. 연말연시에 에마가 1년 결산을 하는 동안에, 찰스는 옛날에 "미"를 둘러싼 문제로 논쟁을 했던 상대인 전前 인도 담당 장관 아가일 공작에게 도움을 요청하는 편지를 썼다. 공작의 재촉으로, 청원서는 1881년 1월 첫 주에 글래드스턴의 마음을 움직였다. 그 청원서에는 12명의 훌륭한 다윈주의자들이 서명을 했다.

6일로 예정된 여왕의 의회연설이 있기 전에, 글래드스턴은 다윈에게 편지를 써서, 연 200파운드라는 온당한 액수의 시민연금을 반년 전으로 거슬러 올라가 지급하는 후보 명단에 월리스를 추천하겠다고 알렸다. 다윈은 뛸 듯이 기뻐하면서 58세 생일을 맞은 월리스에게 그 소식을 전하고, 정중한 감사의 편지를 보내야 할 사람들의 이름을 가르쳐주었다.

월리스가 200파운드를 받을 무렵, 에마는 결산을 끝냈다. 그해의 투자가 벌어들인 수익은 8,000파운드로, 찰스는 잉여금을 자식들에게 나누어주었다.[21]

묵은 논란들이 되돌아와 다시 다윈을 괴롭혔다. 버틀러는 헉슬리처럼 역사를 고쳐쓰느라 바쁜 나날을 보내고 있었는데, 그것은 자신과 다른 진화론자들을 다윈주의 일파가 꾸민 음모의 희생양으로 묘사하는 것이었다. 버틀러는 『무의식적인 기억』이라는 책을 통해 "일구이언과 거짓말"

이라는 다윈의 혐의를 되풀이하여 주장했으며, 이래즈머스의 전기에 대해 두 사람이 주고받은 사적인 편지를 공개함으로써 다윈의 상처를 더욱 후벼팠다.

다윈은 그 문제를 둘러싸고 가족들이 언쟁을 벌이는 동안 분노에 치를 떨었다. 아들들은 『이래즈머스 다윈』의 아직 판매되지 않은 책들에, 번역할 때 독일어 원문이 이미 수정된 상태였다고 해명하는 쪽지를 끼워 넣자고 했다. (크라우제가 실제로 버틀러의 책에 있는 문단들을 통째로 차용했다는 사실이 이미 판명되어 있었다.) 하지만 리치필드 부부는 침묵할 것을 권했다. 그들의 친구이자 『콘힐 매거진Cornhill Magazine』의 편집자이며, 『종의 기원』을 읽고 나서 믿음을 잃고 지금은 "다윈을 신처럼 우러러보는", 성직복을 벗은 성직자 레슬리 스티븐이 판정을 내려 이 문제를 매듭지었다. 버틀러 같은 사람에게는 침묵이 "뺨때리기"와 같다는 것이었다. 하지만 다윈의 한 "과학적 아들"은 다윈 일가의 망설임에 얽매이지 않았다. 다윈의 심정을 알고 있던 로머니스는 공개적인 곳에서 큰 소리로 뺨을 때렸다. 자신의 집 우리에서 원숭이 한 마리를 기르기 시작한 로머니스는 지능이 떨어지는 생물을 취급하는 방법을 잘 알고 있었다. 버틀러는 다윈에게는 "심리적으로 신기한 존재"였지만, 로머니스에게는 "모욕할 가치조차 없는 미치광이"요, "그 악의에 찬 성격만 아니었다면 동정의 대상이었을 사람"이었다. "처벌"은 당연한 것이었다. 로머니스는 『네이처』에 투고하여, 버틀러가 다윈을 중상했다고 비난했다.[22]

찰스는 이보다는 품위 있는 주제들인 지렁이와 돼지에게 돌아왔다. 이들이 훨씬 다루기 쉬웠다. 마을에 돼지 질병이 돌아, 엄격한 격리조치가 내려졌다. 눈이 내린 다운에서, 하급판사인 다윈은 매일 기껏해야 농부들이 도로를 건너 동물들을 이동시키는 것을 허가하는 데에 지나지 않는 명령을 내려야 했다. 요즘 들어서는 하루가 다르게 공직의 임무가 버겹게 느껴졌다. "내 인생은 시계처럼 규칙적이고 단조롭습니다." 그는 러시아제 홍차를 한 상자 보내준 코발레프스키에게 감사하는 편지를 썼다. "새 책은, 착실히는 하고 있지만 끔찍히도 느리게 진행되고 있습니다."[23]

인생의 황혼기가 되자, 별난 기억들이 되살아났다. 2월 말에 찰스는 에마와 함께 런던에 가서 리치필드 부부의 집에 머물렀다. 찰스는 청춘을 보낸 우드하우스 오언가家의 새라에게서 일흔 살이 된 그녀의 여동생 패니가 미망인이 되어 런던에 살고 있다는 이야기를 들었다. 그는 잠시라도 좋으니 재회할 수 있기를 기대했다. 어쩌면 마지막일지도 모르니까. 그 밖에, 이번 여행에는 좀 더 위엄 있는 첫 만남이 잡혀 있었다. 그는 오랫동안 자신의 비판자였던 아가일 공작을 방문했다. 집사가 아가일 하우스로 안내했다. 공작은 그를 따뜻하게 맞아주었으며, 윌리스를 도와주어 고맙다는 다윈의 진심어린 감사인사를 받았다. 트란스발 분쟁, 아일랜드의 토지개혁, 다우닝가에서 실각한 이후의 글래드스턴의 건강 등 정치적인 화제가 풍성하게 오갔다. 두 사람은 "정말 친구처럼" 긴 대화를 했다. 공작은 다윈이 두려워했던 것처럼 "오만한 사람이 전혀" 아니었다. 하지만 대화는 어쩔 수 없이 종교 문제로 흘러갔다.

아가일 공작 앞에 앉은 사람은 영국의 과학을 뒤흔들어놓은 장본인이었으며, 사람을 짐승으로 만들고 신을 자연에서 내쫓은 자였다. 아가일도 다른 모든 이처럼, 다운의 현자의 진짜 생각을 알고 싶었다. 아가일은 10여 년을 거슬러 올라가, 흐트러진 논쟁의 실을 다시 집어들었다. 바로, 난초들과 그들의 놀라운 설계를 둘러싼 논쟁을. 다윈은 정말 이들이 우연히 진화했다고 생각하는 것일까? "이것들을 조사해보면 신이 초래한 결과이며 신의 의지의 표현이라고 생각할 수밖에 없지 않습니까?" 여기에 대답을 하기 전에 다윈은 공작을 "매우 단호한 눈길로" 쳐다보았다. 글쎄요. 그는 공작의 견해가 "압도적인 영향력"을 지닐 수 있다는 것은 이해할 수 있었다.[24] 하지만 다윈은 엄숙하게 머리를 가로저었다. 자신은 그 견해를 더 이상 받아들일 수 없었다.

다운으로 돌아와 다윈은 백만 개의 마음이 작동하는 것을 관찰했다. 정확히, 40아르(1에이커)당 5만 3,767마리였다. 지렁이는 영리한 생물이었다. 다윈은 그 영리함을 확인하기 시작했다. 실험은 집안에서 실시되었다. 더 넓은 공간이 필요해져서, 새로 만든 당구실이 연구실로 탈바꿈했다. 유리로 덮인 화분 속에서 지렁이들이 흙을 부수어 흐트러뜨렸다. 다윈은 밤에 더듬더듬 돌아다니며, 불빛을 지렁이들에게 비추었다. 촛불, 파라핀 램프, 심지어 붉고 푸른 슬라이드를 붙인 랜턴까지 사용했다. 강렬한 광선만이 반사반응을 일으켰다. 이때 지렁이들은—버나드가 혀 짧은 발음으로 한 말에 따르면 "토끼처럼"—급히 굴로 도망쳐 들어갔다. 열에는 아무런 반응을 보이지 않았다. 심지어 붉게 달군 부지깽이를 곁에 갖다 대도. 소리에도 민감하지 않았다. 버나드가 휘파람을 불고, 프랭크는 바순을 연주했으며, 에마는 피아노를 쳤고, 베시는 소리를 질렀지만, 한 마리의 지렁이도 꿈틀거리지 않았다. 촉각자극에는 반응을 했다. 숨을 한 번 훅 불자, 지렁이들은 황급히 물러났다. 찰스는 후각을 조사하기 위해, 담뱃잎을 씹거나 향기 나는 탈지면을 물고 항아리에 부드럽게 숨을 내쉬어보았다. 미각도 평가하여 지렁이들의 식성을 알아냈다. 지렁이들은 붉은 양배추보다는 초록 양배추를, 양배추보다는 셀러리를 좋아했고, 모든 것 중에서 당근을 제일 좋아했다.

가장 놀라운 것은 지렁이의 지능이었다. "특정 종류의 음식에 대한 갈망"으로 판단하건대 그들은 "먹는 행위를 즐기는" 것처럼 보였으며, 성욕은 "빛에 대한 두려움……을 극복할 정도로 강했다." 심지어는 "약간의 사회성"도 발견되었다. 지렁이들은 "서로의 몸 위로 기어오른다든지" 접촉을 한다든지 해도 태연한 태도를 보였기 때문이다. 지렁이들이 굴속으로 이파리를 어떻게 끌고 가는지도 관찰했다. 그 습성은 본능적인 것이지만, 그 기술은 어떨까? 온갖 종류의 이파리가 실험에 동원되었으며, 마지막에는 삼각형 모양으로 자른 뻣뻣한 종잇조각들도 투입되었다. 다윈은 끌려들어간 물질을 꺼내며, 대부분이 가장 쉬운 방법으로 끌려 들어갔음을 알아냈다. 즉, 더 좁은 끝 또는 꼭짓점부터 끌려 들어갔다. 이것은 분명 시행착오를 통한 학습 과정이 아니었다. 지렁이들은 "아무리 조잡한 수준이라 할지라도, 물체의 모양을" 어떤 식으로든 인지했다. 아마도 몸으로 "물체의 이곳저곳을 접촉해보는 방법"을 통해서일 것이다. 이 고도의 감각은 "눈이 안 보이거나 귀가 들리지 않는 상태로 태어난……사람"이 지닌 것과 비슷한 종류였다. 이 감각 덕분에 지렁이는 기하학적인 문제를 풀 수 있었던 것이다. 그것은 지능이었다.[25]

아가일이 생각하는 이 세상 밖의 지능이 아닌, 훨씬 흙냄새 나는 문제들이 다윈을 50년 동안이나 사로잡았다. 그는 서재에 틀어박혀 『지렁이의 활동에 의한 부식토의 형성』의 마지막 장들을 썼다. 이것은 "별로 중요하지 않은 얇은 책"이 될 것이라고, 다윈은 3월 중순에 빅토르 카루스에게 전했다. 그리고 확실히 마지막 책이 될 것이다. "나는 이제 힘이 다 빠졌으며, 너무 늙었습니다."

책을 마무리하고 있을 때, 생체해부를 둘러싼 논쟁이 다시 일어나, 다윈은 『타임스』에 연달아 편지를 보냈다. 항상 여자들 때문이었듯이, 논쟁의 한가운데에 있는 것은 코브였다. 여자들은 "생리학의 발전"을 저해함으로써 "인류에 대한 범죄"를 저질렀다. 그들은 고통에 너무 약했고, 죽음에 대해서는 지나친 결벽증을 보였다. 다윈은 흙이 담긴 화분들을 쳐다보다가 죽음에 대한 생각을 했다. 약간의 지능을 가지고 있는 이 수많은 미끈거리는 존재들이 땅을 끊임없이 조각해왔다는 생각을 하는 가운데, 이 늙은 벌레의 머릿속에도 이런저런 상념이 떠올랐다. 지렁이들은 애빈저에 있는 시터의 집 근처 로마시대 유적지에서와 같이 우리의 과거를 파묻고 보존했다. 메이어에서 조사이어 외삼촌이 그 이야기를 처음 꺼냈듯이, 지렁이들은 농부들의 들판을 갈았다. 우리는 저들에게 “고마워해야 한다.” 그리고 저들은 “이곳 다운에서”도 땅을 “2미터 정도” 깊이까지 파 들어가며, 그도 곧 그 깊이에 묻혀 사라질 것이다.[26]

부활절 전 주말에 원고를 끝내고 나니, 딱히 할 일이 없었다. 그는 “몇 년 동안 계속해야 하는 어떤 연구를 시작할…… 마음도 그럴 힘도” 없었다. 일이야말로 그가 진정으로 즐겼던 것이다. “일할 때가 아니면 결코 행복하지 않은” 그는 사반세기 만에 처음으로 완성할 원고 없이 2주일째를 맞고 있었다.

그때 자서전이 떠올랐다. 아이다와 호레이스가 곧 아이를 낳을 예정이었기 때문에, 훌륭한 기록을 남길 또 하나의 이유가 생긴 셈이었다. 부활절이 지나가고 나서, 그는 자서전 원고를 살펴보면서 아버지에 대한 단상들을 집어넣고 종교에 대한 단락들을 손보았다. 그는 에마를 떠올렸으며, 종교를 둘러싼 그들의 견해차를 생각했다. 에마는 “영원히 함께하지” 못할까봐 항상 불안감에 시달렸다. 로버트 박사가 예상했듯이 다윈은 그로 인해 고통스러웠으며, 지금은 미안했다. 마지막 부분에는 에마만이 알 수 있는 한 암시를 끼워넣었다. 그것은 날짜였다. 의심을 감추라는 아버지의 충고를 적은 단락 옆에 그는 이렇게 썼다. “1881년 4월 22일에 옮겨적음.”[27]

그날은 부활절 주간의 금요일. 맬번의 프라이오리 교회묘지에 애니가 묻힌 날로부터 30년이 되는 날이었다. 애니의 빛나는 얼굴, “애니의 반짝이는 눈동자, 해사한 웃음”, “예쁜 입술”과 입맞춤, “에마와 헤어질 때…… 몹시 울었던 일”을 떠올릴 때마다 그는 감정이 북받쳐 올랐다.[28]

자서전을 마지막으로 훑어보는 지금, 그의 옆에는 애니의 은판사진이 있었다. 다윈은 계속 읽어 내려갔다. 자신의 "현명한 조언자이며 용기를 북돋워주는 안식처"였던 에마에 대해, 에마가 결혼 후에 그에게 쓴 "아름다운 편지"에 대해, 그들의 슬픔과 애니의 "예쁜 행동들"에 대해. 그는 마치 "과거를 돌아보는…… 망자"처럼 이 글을 썼다. 에마는 홀로 남겨져 다시 만날 날을 기다리겠지. 에마에게 확신을 주고, 에마의 고통을 덜어줄 방법이 없었다.

다시 눈물이 흘러내렸다. 그것은 이별을 생각하면서 흘리는 눈물, 애니가 죽음의 여행을 떠나기 전에 엄마에게 작별의 입맞춤을 하며 흘렸던 그런 눈물이었다. 다윈은 자서전 원고 옆에 다른 기념품들과 함께 보관해둔 에마의 아름다운 옛 편지를 집어들었다. 남편에 대한 에마의 두려움과 영원한 사랑이 담긴 그 편지를 다시 읽었다. 순간 애니의 얼굴이 떠오르면서 슬픔으로 가슴이 찢어졌다. "내가 죽으면, 내가 이 편지에 수도 없이 입맞춤을 하고 눈물을 흘렸다는 것을 알기 바라오."[29] 이것이 그가 에마에게 해줄 수 있는 유일한 위로였다.

살아갈 이유가 사라졌다. 정복해야 할 산더미 같은 새로운 사실들도 없고, 떠나야 할 새로운 실험 오디세이도 없는 삶은 무가치하게 여겨졌다. 그는 수정 작업을 감당할 수 없어서, 『지렁이』의 교정쇄를 한 번 보고 나서 프랭크에게 넘겼다. 영국박물관의 평의원이 되어달라는 글래드스턴의 요청도 거절했다. 에마가 피아노로 연주하는 한스 리히터의 음악을 들었지만, 런던의 청중을 사로잡고 있는 빈 오페라단의 객원 지휘자도 고작 한 시간 정도 그를 각성시킬 수 있을 뿐이었다. 찰스는 기운을 내어, 뿌리의 세포 구조를 조사하기 위해 식물들을 뽑았다. 그것은 따개비, 종, 꽃의 연구에 비하면 하찮은 일이었지만, 절망감을 물리치는 데에 도움이 되었다.

6월 초에 에마와 리치필드 부부가 다윈을 호수 지역으로 데려갔다. 버나드와 윌리엄도 동행하여 얼스워터 호숫가에 있는 큰 저택에서 편안히 지냈다. 분명 그것은 가족의 행복한 한때여야 했다. 하지만 찰스는 지병을 안고 갔다. 신이 나서 뛰어다니는 버나드도, 에마와 호숫가를 산책하는 것도 도움이 되지 않았으며, 아름다운 풍경도 마찬가지였다. 날씨는 좋지 않았으며, 하늘은 "납덩이 같고", 호수는 "잉크처럼 시꺼맸다." 산을 오르려 했을 때 눈앞에 반점이 나타나더니 그는 거의 기절하다시피 벌렁 뒤로 넘어졌고, 의사가 불려왔다. 의사는 협심증이라는 진단을 내렸고, 그의 심장 상태가 "불안정하다"고 말하며 등산을 하지 말고 안정을 취하라고 명령했다. "내게는 빈둥거리는 것만큼 비참한 일이 없다네." 다윈은 후커에게 한탄했다. "불편함을 느끼지 않는 상태가 한 시간도 지속되지 않는군." 그러니 "이제는 다운의 교회묘지가 이 땅에서 가장 편안한 장소가 아닐지."[1]

생각지도 못한 400쪽짜리 두꺼운 책이 기운을 북돋워주었다. 아일랜드 철학자 윌리엄 그레이엄이 쓴 『과학의 신조』가 그것이었다. 그는 집 안에 틀어박혀 그 책을 처음부터 끝까지 독파했고, 로머니스에게 그 책을 극찬했다. 그레이엄은 신, 자유의지, 도덕, 영혼불멸에 대한 전통적인 믿음들의 대부분은 유물론의 대유행을 견디고 살아남을 수 있다고 단호하게 주장하면서 독자를 안심시켰다. 다윈은 그레이엄의 결론의 상당수에 의문을 품었지만, 한 가지에만큼은 마음이 흔들렸다. 다윈은 그레이엄에게, "당신은 우주가 우연의 결과가 아니라는…… 나의 마음속 확신을 말로 표현했소"라고 말했다. 하지만 이 경우에도, 늘 그랬듯이 "무시무시한 의심"이 고개를 들었다. 마음이 진화한 것이라면, 그러한 확신이 무슨 가치가 있을까? "원숭이의 마음에 확신이라는 게 있다 한들, 그것을 누가 믿을까?" 이 문제는 풀 수 없는 수수께끼였다. 이것이 다윈의 입장이었다.

좀 불쾌했던 것은, 그레이엄이 사회 진보를 이끄는 원동력으로서의 자연선택의 역할을 과소평가하고 있다는 점이었다. 다윈은 이 점에 관하여 아직도 싸우고 있었다. 스페인 정복자와 남아메리카 인디오, 영국인 이주자들과 오스트레일리아 원주민, 세계 곳곳의 식민지 정복자들과 식민지 지배자들 사이에 얼마나 많은 투쟁이 일어났는가. "겨우 몇백 년 전만 해도 투르크인들의 침략을 받은 유럽 국가들이 어떤 위험을 겪었는지 생각해보십시오. 그런데 지금은 그것이 말도 안 되는 일처럼 여겨지지 않습니까! 소위 코카서스 인종이라는 더 문명화된 인종은 생존투쟁에서 투르크인을 완전하게 무찔렀습니다." 집으로 돌아가기 위해 짐을 꾸리면서 다윈은 그레이엄에게 편지를 써서, 맬서스주의적 투쟁이 인류를 앞으로 전진시키는 가운데 "더 문명화된 인종"에 의한 "더 하등한 인종"의 제거는 불가피하다고 단언했다.[2]

다운에는 월리스가 보낸 편지가 기다리고 있었다. 그 편지는 월리스도 끝까지 자연선택의 사회적 힘을 설파하는 선교사로 남을 것임을 보여주었다. 그러나 두 사람은 이제 제각각의 세계에 살고 있었다. 월리스는 미국인 헨리 조지가 쓴 사회주의 소책자 『진보와 빈곤』을 선전하고 있었다. "그것은 지난 20년 동안 나온 것 가운데 가장 놀라운 소설이며 가장 독창적인 책"이라며 월리스는 열광했다. 그 책의 영향력은 아마 "한 세기 전 애덤 스미스의 그것과 맞먹을 것입니다." 월리스는 토지국유화협회 회장으로서 만성적 빈곤과 부의 불평등에 대한 헨리 조지의 해법―"땅을 공유지로 만들자"―을 받아들일 준비가 되어 있었다. 그들에 따르면, 사유지의 "최종 방어"와 투쟁이 불가피하다는 생각은 잘못된 것이며, "사람에 따라 생존할 권리에 우열이 있다"는 믿음은 부도덕한 것이었다. 맬서스의 원리는 동물에게는 적용되겠지만, 사람에게는 아니었다. 월리스와 다윈 사이에는 정치적 거리가 있었다. 두 사람 사이에는 심연이 놓여 있었다. 실은 테르나테 섬에서 보낸 월리스의 편지가 도착했던 1858년의 운명의 그날부터 그랬다.

링컨셔의 지주인 향사 다윈은 월리스에게서 예의바르게 몸을 피하며 자신에게 불똥이 튀는 것을 차단했고, 그런 책은 자신의 마음에 "파괴적인 영향"을 끼친다고 불평을 늘어놓았다. 다윈은, 물론 땅과 빈곤에 대해서는 "뭔가를 해야겠지만", 월리스가 "자연사의 변절자로 변신하지" 않기를 바란다고 말했다. 두 사람은 겉으로는 무척 가까워보였지만, 평생 서로의 핵심을 제대로 짚지 못했다. 그리고 다윈은 빈틈없는 늙은 사회주의자에게 아무 생각 없이 "나는 나를 행복하고 만족하게 만드는 모든 것을 가지고 있다"고 인정할 만큼, 아무것도 개의치 않는 방심한 늙은 자연학자가 되어 있었다.[3]

지금은 평화로운 회상에 젖을 시간이었으며, 편안한 위도 그것을 도왔다. 다윈은 후커에게 그들이 "수많은 토론과…… 유익한 싸움"을 했던 "먼 옛날의 즐거운 기억들"을 이야기했다. 후커는 세계의 식물을 상대하고 있었지만, 여전히 조금도 우쭐거리지 않고 자신의 늙은 동료에게 의지하며 "선생님의 학생으로서" 다윈의 비판을 간절히 청했다. 다윈은 사실들을 술술 말하고, 흠을 찾아내고, "내 신통치 않은 생각들을 쏟아놓으며" 계속해서 상담사 역할을 했다. 두 사람은 많이 유연해졌지만, 둘 다 예리함을 잃지 않았다. "철이 철을 날카롭게 하듯" 그들은 누구보다 혹독한 우정을 다져왔다. 후커는 "공직의 족쇄를 벗어던지고" 큐 식물원에서 은퇴하기를 바라면서도, "기댈" 연구가 없는 다윈의 비참한 신세에 연민을 느꼈다. 60대를 맞은 후커도 쓸모가 다할 날이 가까워오자, "창조에 관한 비관주의적인 견해에 좀처럼 저항할 수 없다는 것"을 느꼈다. 하지만 후커는 "선생님이나 선생님의 생각과 교류를 해온 시절을 돌아보면…… 그러한 견해는 스스로 날개를 달고 날아가버리는 것 같습니다"라며 자신의 "친애하는 친구"를 위로했다.[4]

황혼기의 평온에 잠긴 다윈은 식물 뿌리에만 매달려 지내지는 않았다. 그는 리치필드 부부와 함께 다운의 라임나무 그늘 아래 앉아 여름날의 오후를 편안하게 보냈다. 다윈은 요즘 들어 "가장 행복한 기분"이었으며, 여러 시간 동안 "매우 기분 좋게" 잡담을 즐겼다. 저녁에는 소파에 기대어 앉아 바흐와 헨델의 연주를 몇 번이나 청해 들었다. 로머니스가 아내와 갓 태어난 아기를 데리고 가끔씩 들를 때면, 이 노인은 "예전만큼이나 의욕적이고 선량하고 총명한" 사람이 되었다. 하지만 한밤중이 되어 에마가 곁에서 색색 숨소리를 낼 때면, 그는 자신의 몸이 쇠약해져가는 것을 절감했다.

시간이 다해가고 있었다. 『지렁이』의 출판이 걱정이었다. 다윈은 머리에게, 설사 손실이 생긴다 해도 출간을 앞당기자고 재촉했다.[5] 40년을 숙성시킨 그 책이 마치 관 덮개처럼 그를 짓누르고 있었다.

각종 영예가 그의 노년을 장식했다. 린네학회가 다윈의 유화 초상화를 의뢰했다. 다윈은 8월 첫 주에 런던으로 가서, 헉슬리의 사위인 존 콜리어 앞에 포즈를 취했다. 사람들은 이구동성으로 그 그림이 그와 "가장 비슷하다"고 말했다. 다윈은 이래즈머스의 집에 머물며, 옛 친구 토머스 칼라일의 죽음에 대해 이런저런 이야기를 주고받으며 감상에 잠겨 하릴없이 지냈다. 셋째 주에는, 제7회 국제의학회의의 개막식에 특별초청을 받아 영국 황태자, 독일 황태자, 저명한 의사들과 만찬을 나누었다.

다윈이 황태자들과 함께 포트를 마시던 그날, 다윈을 평생 괴롭혔으며 함께 엮일까봐 다윈이 늘 두려워했던 확고한 무신론자들이 말 그대로 거리에 나앉아 있었다. 브래들로는 자신의 의석이 공석으로 선언된 이후 노샘프턴의 하원의원으로 다시 당선되어 에이블링, 베전트와 함께 하원에 도착했다가, 공문서송달관, 경찰, 토리당 의원 일당의 손에 로비 계단을 질질 끌려 내려와 팰리스 야드에 내동댕이쳐졌다. 다윈은 그 사람들 틈바구니에서 달걀껍질을 밟고 걸으며, 어떤 편견들이 도사리고 있는지를 깨달았다. 일주일 후 에이블링이 자신의 글을 묶은 『학생을 위한 다원』을 보내주었다. 헌사는 빠져 있었으며, 다윈의 학설을 무신론에 제멋대로 적용시킨 것을 사과하는 편지가 첨부되어 있었다. 다윈은 그 답으로 냉담한 감사편지를 보내, 저자들이 내 견해를 "내 눈에 안전해 보이는 수준을 넘어" 적용하는 것은 자신도 어쩔 수 없는 일이라고 인정했다.[6]

며칠 후 이래즈머스가 중태에 빠졌다. 리치필드 부부가 급히 달려갔다. "이래즈머스가 평생 사랑한 사람"인 패니 웨지우드도 달려갔고, 그녀는 마지막 순간까지 이래즈머스의 곁을 지켰다. 이래즈머스는 8월 26일에 조용히 눈을 감았다. 전보는 에마가 받아 그 소식을 찰스에게 전했다. 찰스는 "수년 동안" 이래즈머스가 서서히 죽어가는 모습을 지켜봤다. 이래즈머스는 "행복한 사람"은 아니었지만, 항상 인정이 많고 머리가 명석하고 애정이 넘치는 사람이었다. 어떤 위로도 소용이 없었다. 실제로 후커는 자신처럼 어릴 때 형제를 잃는 것보다 그러한 평생의 친구를 잃는 것이 더 힘든 일이라고 생각했다. 다윈은 아니다, 그렇지는 않다고 대답했다. "앞날이 구만리 같은 아이의 죽음은 평생 지워지지 않는 슬픔을 남긴다네." 다윈의 머릿속에는 항상 애니가 있었다.

장례식은 9월 1일, 온가족이 참석한 가운데 다운의 교회묘지에서 거행되었다. 핀든 목사는, 다윈 부부의 결혼식을 맡았던 에마와 찰스의 여든다섯 된 외사촌 존 앨런 웨지우드 목사 옆으로 비켜섰다. 날씨는 끔찍하게 추웠다. 희미한 새벽빛 속에서 장례식을 거행하는 동안 무덤가에 서리가 내렸다. "늙고 병든" 모습의 찰스는 검은색의 긴 장례식 외투 안에서 몸을 웅크렸다. 관이 내려가는 모습은 "슬픈 꿈" 속의 한 장면 같았다. 대리석 묘비에는 칼라일이 한 말인 "누구보다 진지하고 진실하고 겸손한 사람"이라고 새겨질 것이다.[7]

런던은 결코 예전 같지 않았다. 퀸앤가의 저택은 1주일 만에 팔렸고, 짐도 순식간에 뿔뿔이 흩어졌다. "커다란 상실"에 충격을 받은 찰스는 자신의 죽음을 생각했다. 이래즈머스의 재산의 절반과 자신의 투자액을 합치니 그의 재산은 무려 25만 파운드가 넘는다고 아들 윌리엄이 놀라워하며 말했는데, 그것도 "어머니의 재산을 뺀 것"이었다. 찰스는 유언을 고쳐썼다. 그는 딸들에게는 각각 3만 4,000파운드씩을, 아들들에게는 5만 3,000파운드씩을 증여할 계획이었다. 이만하면 자식들은 건강이 좋지 않다 해도 "부족함 없이" 살 수 있을 것이다. 다윈은 다른 사람들도 떠올렸다. 힘든 시기를 함께 보낸 동료이며 『종의 기원』이 출간될 때 감싸주었던 오래된 친구들인 후커와 헉슬리는 1,000파운드씩을 받게 될 것이다. 그것은 "내가 평생 쏟은 애정과 존경에 대한 사소한 기념"이었다. 집사 잭슨이 증인으로 입회한 가운데 7일에 유언장에 서명했다. 그러고 나서 평소보다 가라앉은 분위기의 파티가 열렸다. 버나드의 다섯 번째 생일이었다.

　찰스는 누나 캐롤라인에게 편지를 보내, 그녀의 상속분인 이래즈머스의 나머지 절반의 재산에 관해 알렸다. 그것은 슬픈 편지였다. 이제 어린 시절을 추억할 사람은 오직 그들 둘만 남았다. 찰스는 어머니의 세밀화 초상화를 동봉했다. 그림 속의 어머니는 "너무나도 사랑스러운 표정"을 짓고 있었다. 아버지의 얼굴처럼 어머니의 얼굴을 생생하게 기억할 수 있다면 얼마나 좋을까. 떠오르는 건 어머니의 "검은색 벨벳 가운"과 "임종 장면", 그리고 누이들과 함께 울었던 일뿐, 더는 생각나는 것이 없었다. 그 소중한 얼굴을 잊은 것은 어쩌면, 식구들 가운데 누구도 "그 끔찍한 상실에 대해 차마 말할 수 없었던" 분위기 탓이었는지도 모른다.[8]

다윈의 슬픈 몽상은 영문 모를 전보 한 통으로 중단되었다.

독일인 루트비히 뷔흐너 박사가 런던 체류 중임. 수요일 또는 목요일 귀

하가 편한 시간에 만나뵐 수 있을지. 금요일에 떠남. 갑작스런 요청 용서
하시길.

이 전보로 다윈의 집에 한바탕 소동이 벌어졌다. 전보를 친 사람은 런던
에서 국제 자유사상가연맹회의에 참석 중이었던 에이블링이었다. 회의
의 의장인 뷔흐너는 57세의 유명인이었다. 한편 서른 살의 에이블링은
악명이 높았다. 뷔흐너는 토지 국유화를 주창하는 사람이며 노동자운동
의 지도자였으니 월리스에게 접근해도 괜찮았을 테고, 아니면 열렬한 유
물론자였으니 틴들을 지명해도 괜찮았을 텐데, 그렇게 하지 않았다. 개혁
운동에 가담하고 있는 다비니스무스의 열기에 힘입어, 다윈은 독일인 의
사들에게 영웅이 되어 있었다. 뷔흐너는 고귀한 동지에게 인사를 한다고
생각했다. 이러한 오싹한 오해야말로, 다운에 평온하게 살고 있는 향사가
언제나 두려워했던 것이다.[9]

　　찰스는 에마에게 의견을 물었다. 유명한 무신론자 뷔흐너를 어떻게
거절할 수 있을까? 거절할 수 없지 않을까? 게다가 에이블링은 지금까지
항상 다윈을 예의바르게 대해왔다. 점심 때 와서 한 시간쯤 머무는 것이
전부일 것이다. 악명 높은 무신론자들을 초대한 자리에서 안주인 노릇을
할 생각에 끔찍했던 에마는 조건을 내놓았다. 브로디 이네스가 근처에 사
니까, 그 사람도 초대하면 어떨까? 그러면 뷔흐너 씨는 "영어로 이야기할
것이며, 강한 종교적 견해를 피력하는 일은 삼갈 것"이다.

　　다음 날인 28일 목요일, 잭슨이 오후 1시 정각에 모두를 식탁으로 안
내했다. (신경질이 난 베시는 2층에서 내려오지 않았다.) 꼭대기 자리에 에
마가 앉았다. 그녀의 잔잔한 얼굴이 여름날같이 화창한 가을 햇살을 받아
은은하게 빛났다. 에마의 맞은편, 하인들이 김이 모락모락 나는 접시들
을 들고 들락거리는 문 근처에 프랭크가 앉았으며, 그 옆이 버나드와 몇

몇 친구들이 앉았다. 한 줄로 나란히 앉은 든든한 자식들의 맞은편에, 찰스와 두 사람의 무신론자가 앉았다. 에이블링과 에마 사이에는, 마치 에마를 방어하듯, 흰 머리카락의 브로디 이네스가 붙임성 좋은 태도로 허리를 쭉 펴고 앉아 있었다. 이 오찬은 다윈의 평생에 걸친 딜레마를 한눈에 보여주는 자리였다. 이것은 오찬이라기보다는 마지막 만찬이라고 해야 적당했다. 그가 사랑했던 모든 사람, 그가 두려워했던 모든 것, 그가 해왔던 일의 모든 역설이, 인생의 마지막 장만을 남겨놓은 시점에 한자리에 모였다. 이 자리에는, 남편의 신앙에 불만이 있는 복음주의자 아내, 친절한 토리당원 목사, 유전적으로 허약한 자식들, 그리고 그의 무신론자 사도들이 모여 있었다. 뷔흐너는 찰스의 오른쪽에, 에이블링은 왼쪽에 앉아, "마치 악의 근원에서 나오는 것과 같이" 악의 기운을 뿜어내고 있는 찰스의 존재감을 즐겼다. 그리고 한가운데에, 교구의 자연학자, 중도 탈락한 성직서임 후보자, 수많은 기대를 파괴하고 거부했던 악마의 사제가 앉아 있었다.

성직자의 참석에 대한 약간의 설명이 필요해보였다. 잡다한 참석자들을 의식한 찰스가 멋지게 처리했다. "BI〔브로디 이네스〕와 나는 30년 동안 친한 친구로 지냈습니다. 우리는 어떠한 문제에 관하여도 의견의 일치를 본 적이 없는데, 이따금씩 서로를 노려보면서 둘 중 하나가 악마임이 틀림없다고 생각하곤 했습니다."[10] 신경은 날카로웠고, 분위기는 무거웠다. 다윈이 농담으로 분위기를 바꾸지 않았다면, 그날의 오찬은 악몽이 되었을 것이다.

첫 코스 요리를 먹는 동안, 지렁이가 화제에 올랐다. 에이블링은 『종의 기원』의 저자가 "그토록 하찮은 대상"을 위해 몸을 굽히고 있다는 사실에 불쾌감을 드러냈다. 이 자유사상의 선교사들의 머릿속에는 빅토리아 시대 영국의 거대한 사회 문제들이 있었기 때문이다. 뷔흐너도 에이블링도, 자신들의 영웅이 농부들이 아니라 그들이 경작하는 흙에 매달려 있으리라고는 전혀 예상하지 못했다. 찰스는 어조를 진지하게 바꾸며 말했다. "나는 40년 동안 지렁이의 습성을 연구해왔습니다." 다윈은 하찮은 것이 거대한 것을 설명해준다고 생각했는데, 그것은 얼마 후 마르크스의 사위가 되는 에이블링으로서는 이해하기 어려운 방식이었다. 달콤한 후식이 나왔고, 찰스는 먹으면 안 되었지만 먹었다. 그런 후 찰스는 프랭크와 두 명의 손님들과 함께 흡연실이자 그가『종의 기원』을 집필했던 옛날의 서재로 자리를 옮겼다.

그들은 담배를 태웠고, 다윈은 평소의 그답지 않게 목소리를 높였다. "당신들은 왜 스스로를 무신론자라고 부릅니까?" 비밀 공책 시절에서 40년이 흐른 노년에 이르러 그는 마침내 그 문제를 공개석상으로 끄집어냈다. 다윈은 자신은 불가지론자라는 말이 더 좋다고 말했다. "'불가지론자'는 '무신론자'를 좋게 표현한 말일 뿐입니다." 에이블링이 공동의 기반을 찾으며 대답했다. "그리고 '무신론자'는 '불가지론자'를 공격적으로 표현한 말일 뿐입니다." 하지만 다윈은 날카롭게 반박했다. "왜 당신들은 꼭 그렇게 공격적이어야 합니까?" 사람들에게 새로운 사상을 강요해서 얻는 게 무엇인가? 자유사상은 교육받은 사람들에게는 "정말로 좋은 것"이지만, 평범한 사람들이 "그것을 받아들일 준비가" 되었을까? 이것은 사회의 평정을 깨뜨리지 않으려는 안정된 향사의 말이었다.

그 무신론자들도 이 사실을 알아차렸고, 에이블링은 따져 물었다. "자연선택과 성선택의 혁명적 진리들"은 "영리한 소수"들만을 대상으로 한 것이었다고 하면 어떤가? 시기가 "무르익을 때"까지『종의 기원』의 출간을 미루었다면 어땠을까? 다윈이 "침묵을 지켰다면" 1881년의 세상은 어땠을까? 확실히 "그의 걸출한 예"는 자유사상가들에게 "지붕 위에서" 진리를 외치도록 격려하는 역할을 했다. 그들은 진짜 다윈을 알지 못했다. 다윈은 사회적 지위를 잃을까봐 두려워, 공표하지 않을 수 없게 될 때까지 진화론을 20년 동안이나 묵혀둔 채 한 세대 동안 온정주의적 질서를 떠받쳐왔던 사람이었다.

집주인과 손님들은 오직 한 가지 주제, 기독교에 대해서만 합의에 이르렀다. 다윈은 기독교는 "증거에 의해 뒷받침되지" 않는다고 시인했다. 하지만 그는―손님들을 비꼬듯―자신은 이 결론에 아주 서서히 도달했다고 말했다. 그는 새로운 사상을 자기 자신에게조차도 강요하지 않은 채 때가 무르익을 때까지 기다렸다. 사실, 그는 한층 더 솔직하게 말했다. "나는 마흔 살이 될 때까지 기독교 신앙을 결코 포기하지 않았습니다."[11] 마지막 조각을 놓아버린 계기는 아버지의 죽음과 애니의 죽음이었다. 심지어 그때도, 솔직하게 말하거나 사람들의 신앙을 격하게 공격하지 않았다. 그는 결코 그 무신론자들이 팔짱을 낄 동지가 아니었다.

10월에 『지렁이』가 나와, 몇 주 만에 수천 부가 팔리는 경이로운 매출을 올렸다. 하지만 그 탓에 수많은 "어처구니없는" 편지들이, 특히 "멍청한" 편지들이 날아들었다! 세상 모든 사람이 질문, 이론, 시시한 관찰을 보내왔다. 결국 지렁이는 가장 흔한 동물이니까. "녹초가 된" 다윈은 에마의 명령에 따라 휴식을 위해 에마와 함께 케임브리지로 도망쳐, 호레이스와 아이다 부부와 함께 "행복한 1주일"을 보냈다. 아이다는 곧 아들을 낳았고, 아이의 이름을 이래즈머스라고 지었다. 그 여행으로 다윈은 "건강을 많이 회복했으며", 뿌리의 절편을 만들 준비를 하고 집으로 돌아왔다.

다윈은 뿌리를 암모니아 용액 속에 담가보았다. 이러한 환경에서 뿌리 세포들 사이에 생존투쟁이 일어날까? "불모의 물질"이 들러붙은 세포들은 "부적합"해질까? 아니면, 뿌리는 본연의 임무를 계속할까? 후자라면, 그것은 뿌리가 "생리적 분업"을 하고 있다는 증거가 된다. 다윈은 "예전보다 더 열심히" 일을 하며, 생명활동을 담당하는 최소의 실체에까지 자연선택설을 확장하고, 평생의 연구를 완성하고자 했다. 그는 1초도 낭비하지 않았다. 다윈의 머리는 현미경과 공책 위를 바쁘게 오갔다. 안경이 어디 갔는지 몰라 "극도로 당황하여" 조끼를 뒤적거리기도 했다.[12] 다윈은 암모니아 가스가 자욱한 가운데서 몇 시간씩 몰두를 했으며, 그럴 때는 불편한 심장조차 잊었다.

　　찰스와 에마는 크리스마스 전에 런던에 가서 헨리에타의 집에서 지냈다. 이래즈머스가 세상을 떠난 뒤로 첫 런던 나들이였다. 지금은 한창 쇼핑을 하고 선물을 교환할 시기였을 것이다. 붐비는 거리는 크리스마스 휴가 분위기에 들떠 있었지만, 웨스트엔드는 이상하리만큼 가라앉고 텅 빈 듯이 보였다. 15일에 찰스는 리전트 공원 맞은편의 콘월 테라스에 있는 로머니스의 집을 예고 없이 방문했다. 로머니스는 집에 없었다. 그 집의 집사는 문간에 서 있는 노신사가 몸이 불편하다는 사실을 알아챘다. 그가 창백하고 일그러진 얼굴을 하고서 가슴을 부여잡고 있었던 것이다. 다윈은 안으로 들어와 쉬다 가라는 제안을 거절하고, 역마차를 타고 에마에게 가기 위해 비틀거리며 돌아나왔다. 그는 길을 건너, 베이커가 쪽으로 비틀거리며 걸어갔고, 집사가 걱정스러운 눈길로 지켜보았다. 몇백 미터쯤 떨어진 모퉁이 가까이에 왔을 때, 다윈은 휘청거리며 공원의 난간을 붙잡았다. 집사가 달려나올 때 그는 몸을 돌려 되돌아가기 시작했지만, 곧 걸음을 멈추고 다시 방향을 돌려 역마차를 불러세웠다.

　　다음 날 아침에 에마의 연락을 받고 클라라크 박사가 왔지만, 찰스는 괜찮아진 것처럼 보였고, 의사도 괜찮다고 진단했다. 에마는 긴장을 늦추지 않고 찰스를 집 안에 붙들어두고 감시했다. 대신 여기저기에 초대편지를 보냈다. 기라성 같은 과학계의 별들이 병문안을 왔다. 로머니스, 후커, 헉슬리, 골턴, 버든 샌더슨, 그리고 지질학자 존 저드. 다윈은 "억지로 그랬는지도 모르지만", 밝고 활발해 보였다. 그럼에도 그는 저드에게, 자신은 "최후통첩을 받았다"고 말했다.[13]

세포에 몰두한 사람에게 그러한 최후통첩은 무시되기 일쑤였다. 집에 돌아온 다윈은 자신을 거세게 몰아붙이는 가운데 새해를 맞았다. 아침에 일찍 일어나 버나드와 함께 아침을 먹고 나서, 끝에 철을 붙인 지팡이로 부싯돌을 탕탕 짚으며 모랫길을 왕복했다. 왕복횟수와 속도는 예전보다 적어지고 느려졌다. 오전에는, 탄산암모늄이 뿌리와 이파리에 미치는 영향에 관한 전문적인 논문을 썼다. 점심 때는 이따금씩 손님이 찾아왔는데, 다윈이 여전히 강력하게 추천하는 종교서를 쓴 그레이엄도 들렀다. 그런 다음에는 끝없이 도착하는 편지들에 답장을 썼다. 미국인 페미니스트에게 여성은 "지적으로 열등하다"고 주장하고, 아우구스트 바이스만의 『진화론 강의』의 번역을 지원하고, 후커에게 그동안 알려진 모든 식물을 정리하는 『큐 식물원의 식물목록 *Index Kewensis*』의 간행을 위해 연간 250파운드를 지출하기로 약속했다. 그런 다음, 3시가 되면 에마가 소리 내어 책을 읽어주는 동안 담배를 한 모금 피우고, 6시에 차를 마시기 전에 또 한 모금을 피웠다. 아마 백개먼 놀이를 두 번 할 때도 코담배 한 모금을 피웠을 테고, 그러고 나서 잠자리에 들 준비를 했다. 새로운 서재는 지금 드레스룸으로 쓰였다. 정확히 10시 30분이 되면, 그는 코를 크게 풀고 "지치고 느린 발걸음"으로 계단을 올라갔다.[14]

2월에는 기침 때문에 "지금까지 이런 적이 없었을 정도로 고생"을 했다. 에마가 처방한 키니네가 효력을 발휘했지만, 일흔세 살의 생일을 맞은 지 일주일 후 심하게 구토를 했으며, 가슴통증도 재발했다. 한동안은 걸을 수도 없었다. 이런 고통 속에서도, 자연이 보이는 기이한 현상에 대한 매혹은 결코 시들해지지 않았다. 어떤 사람이, 물딱정벌레와 거기에 붙어 있는 이매패류 표본을 보내왔다. 찰스는 기운을 차리면 그것을 영국박물관에 가져가 동정해봐야겠다고 생각했다. 이것은 무엇보다 반가운 표본이었는데, 동식물이 이 섬에서 저 섬으로 건너간다는 자신의 가설을 뒷받침하는 일종의 히치하이킹의 예였기 때문이다. 다윈은 오래된 관심사를 죽을 때까지 집요하게 물고 늘어지고 있었다.

3월 7일에 그는 지팡이를 짚고 비틀거리며 모랫길을 걷다가 다시 발작을 일으켰다. 혼자인 데다 집에서 360미터나 떨어진 곳이어서, 공포가 엄습했다. 그는 이 나무에서 저 나무로 기대면서 겨우 집으로 돌아와 에마의 품에 쓰러졌다. 클라크 박사는 협심증이라고 진단하고, 통증을 완화하기 위해 모르핀환을 처방했다. 찰스는 두려움으로 얼어붙었다. 마치 사형수가 된 기분이었다. 자신의 육체에 갇힌 죄수. 죄도 없이 곧 처형당할 운명에 처한 억울한 죄수. 절망적이었다. 그는 여러 날 동안 응접실의 소파에 누운 채 "헨리에타의 신줏단지"인 집안의 오래된 도자기들을 멍하니 쳐다보았다. 그는 죽을병을 앓고 있었다. 머리는 어지럽고 속은 울렁거렸다. 일어섰을 때는 "정신을 잃을 것 같은 느낌"이 들 정도로 심한 통증이 와서, 에마가 급히 부축을 했다. 에마가 베란다에 앉겠냐고 물었지만, 거절했다. 식사도 가족들과 하지 않고 침실에서 혼자 했다. 기진맥진한 그는 잠을 이룰 수도 없었다.[15]

각광을 받고 있는 젊은 의사인 노먼 무어 박사는 찰스의 심장은 단지 약해졌을 뿐이라고 진단했다. 그 말을 듣고 며칠 만에 찰스는 다시 가족들과 저녁식사를 하고, 백개먼 놀이를 하고, 편지를 읽고 답장을 썼다. 런던 여행은 포기했지만, 그 대신 조개가 붙어 있는 딱정벌레를 우편으로 보냈다. 그리고 『네이처』에, 딱정벌레가 몸에 이매패류를 부착시킨 채 이 섬에서 저 섬으로 건너감으로써 히치하이커를 어떻게 분산시키는지를 설명하는 편지를 보냈다. 이것은 옛 생각을 떠올리게 했다. 케임브리지에서 딱정벌레를 채집하던 일, 그리고 씨앗을 소금물에 담그는 실험을 했던 일. 어쩌면 주어진 시간이 좀 더 있을지도 모른다. 그렇게 생각하니 발걸음이 좀 가벼워졌다. 하루는, 병 걸린 자신을 완전히 잊고 아무런 통증도 느끼지 않은 채 2층으로 순식간에 걸어 올라가기도 했다.

가까운 사람들도 위로가 되었다. 3월 23일에는 레오가 약혼녀와 함께 들렀다. 약혼녀가 "어찌나 행복해" 보이는지, 찰스는 그녀를 가벼운 농담으로 놀렸다. 헨리에타도 다녀갔는데, 헨리에타의 친구인 로라 포스터(아직 어린 E. M. 포스터의 고모)도 함께 왔다. 로라도 병에서 회복을 하는 중이었는데, 로라의 빠른 회복은 찰스에게 희망을 주었다. 다윈은 날마다 자신의 증상을 로라에게 설명하며 공감을 나누었다. 이것을 본 에마는 한시름 놓으며 "더 명랑해졌고 찰스에 대해 낙관적"이 되었다. 아름다운 봄 날씨도 도움이 되었다. 에마와 헨리에타는 로라를 부추겨 비둘기집을 지나 텃밭으로, 그런 다음에 높은 담장의 문을 통과해 과수원까지 갔다. 고요한 햇볕 속에서 그들은 나무그늘에 앉았다. 옆에는 크로커스 꽃이 흐드러지게 피어 있었다. 그때 찰스도 나와서 풀 위에 앉았다. 그는 에마의 어깨에 팔을 두르고 자신의 곁으로 끌어당기며 이렇게 속삭였다. "로라, 이 사랑스러운 여인이 없었다면 나는 정말 비참한 남자였을 거요."[16] 그것은 영원과 같은 순간이었고, 건강을 되찾을 것을 알리는 상서로운 순간처럼 보였다.

하지만 찰스는 알고 있었다. 그는 거의 매시간 몸의 변화를 느낄 수 있었다. 그는 병적인 관심으로 자신의 몸을 주시했고, 앞날을 장담할 수 없었지만 그래도 평정을 유지했다. 어느 날 오후, 찰스는 거실의 소파에 누우려고 다리를 질질 끌면서 서재를 나왔다. 거실의 벽난로 곁에는 로라가 앉아 있었다. "시계가 끔찍하게 느리게 가는군요." 그는 로라에게 투덜거렸다. "이곳의 시계는 내 서재의 시계보다 빨리 가지 않나 싶어 나와

봤습니다."

4월 4일 화요일에 로라와 헨리에타가 떠났다. 에마가 찰스와 둘이서 조용히 부활절을 보내기를 원했기 때문이었다. 그날과 다음 날, 찰스는 끔찍한 통증을 겪었다. 그는 몸에 밴 냉정할 정도의 정확함으로 증상을 기록하기 시작했다. "통증이 심함." 그는 냉정하게 적었다. 에마는 무어 박사와 마을 의사인 앨프레이 박사를 부르러 보냈다. 앨프레이는 에마에게 병자를 위층으로 옮기기 위한 특수의자를 어서 마련하라고 재촉했다. 6일에 찰스는 기진맥진한 상태였으며, 저녁에는 통증이 심해서 경련을 멈추는 아질산아밀 알약 두 알을 먹었다. 주말에는 일시적으로 좋아졌다. 10일 월요일에는 조지가 도착해서, 프랭크와 잭슨을 도와 병자를 침실 안팎으로 옮겼다. 찰스는 조지가 와서 기뻤지만, 숨이 차서 오래 말하지 못했다. 그로부터 이틀 동안 밤마다 극심한 통증이 계속되었다. "위의 상태가 극도로 나쁨. 새벽 2시에 잠자리에 듦. 하지만 통증은 없고, 약도 먹지 않음." 그는 목요일에 이렇게 적었다. 금요일에는, "한 차례 발작. 경미한 통증. 약 한 알 복용"이라고 적었다. 그는 마치 마지막 실험을 하고 있는 사람 같았다.[17]

15일 토요일에는 리치필드 부부가 저녁을 먹으러 왔다. 모두가 식탁에 앉았으며, 버나드는 높은 의자에 앉았다. 식탁에 고기가 나온 후, 찰스는 찌르는 듯 격한 두통을 느꼈다. "너무 어지러워서 좀 누워야겠다." 찰스는 쉰 목소리로 말하고 나서 비틀거리며 응접실로 들어갔다. 그는 한동안 벽난로 기둥에 기대어 서 있다가 소파에 푹 쓰러졌다. 1분 정도 의식을 잃었던 것 같다. 조지가 브랜디 한 모금을 먹이고, 아버지를 서재로 부축했으며, 그러는 동안 에마는 하인들을 내보냈다. "쓰러짐." 찰스는 잠자리에 들기 전에 이렇게 기록했다. 그는 마치 밤에는 이파리를 축 늘어뜨리는 식물 같았다.

에마는 "차분하고 침착한 태도를 유지하며" 의사들을 부르지 못하게 했다. 의사들은 찰스를 혼란스럽게 할 뿐이기 때문이었다. 그는 "여러 차례 가벼운 통증"을 느꼈을 뿐, 약을 먹지 않고도 일요일을 무사히 넘겼다. "아프니까 당신의 간호를 받아서 좋군." 찰스는 에마에게 응석을 부렸다. 월요일에는 조금 더 좋아졌다. 그는 양쪽에서 부축을 받은 채 과수원까지 걸어갔다. "평소 수준으로 완전히 회복된 것" 같았다. 그래서 다음 날 리치필드 부부가 떠났고, 조지는 케임브리지로 돌아갔다. 찰스는 계속해서 잘 먹었고, 저녁에는 응접실에 평소보다 늦게까지 머물며 베시와 잡담을 나누었다.[18]

통증이 닥친 것은 자정 직전이었다. 어마어마한 통증이 그를 악마처럼 틀어쥐고 매 순간 손아귀를 더 단단히 조여왔다. 에마를 깨워 서재에서 아질산아밀을 가져다달라고 했다. 그녀는 침실에서 쏜살같이 나왔지만 어쩔 줄 몰라 우왕좌왕하다가 결국 베시를 불렀다. 그들은 몇 분이 걸려 그 알약을 찾았다. 찰스는 고통스러운 가운데 자신이 죽어가고 있다는 것을 알았지만, 소리를 칠 수가 없었다. 그가 의식을 잃고 침대에 쓰러졌을 때 에마와 베시가 돌아왔다. 그들은 하인을 깨웠고, 찰스를 일으켜 브랜디를 먹였다. 브랜디 방울이 수염을 타고 흘러 잠옷으로, 이불로 떨어졌다. 어떻게든 찰스의 머리를 들어올려 브랜디를 입 안에 넣으려 했지만 잘 들어가지 않았다. 이것이 끝인가 싶었던 에마는 정신을 차리지 못했다.

몇 초 뒤에 찰스는 뭐라고 중얼거리며 구역질을 했다. 그러고 나서 그의 눈이 파르르 떨리며 열렸다. 에마는 얼굴을 바싹 갖다 대고 찰스가 자신을 알아보는지를 살폈다. "내 사랑, 나의 소중한 사랑." 찰스는 가까스로 알아들을 수 있게 속삭였다. "아이들 모두에게, 너희들은 내게 늘 좋은 자식들이었다고 전해주오." 찰스는 숨을 제대로 쉬지 못했으며, 고통으로 얼굴을 찡그렸다. 에마는 찰스의 손을 꼭 쥐었다. 너무나 무서워서 아무 말도 나오지 않았다. 찰스가 다시 속삭이기 시작했다. 이번에는 의식이 완전히 돌아와 에마의 눈을 가만히 쳐다보았다. "나는 죽는 것이 조금도 두렵지 않소." 그는 평정을 되찾은 듯했다.

에마가 불러오라고 한 앨프레이 박사는 2시 정각에 도착했다. 앨프레이는 찰스의 가슴에 겨자씨 연고를 발라 통증을 줄여주었다. 7시가 넘어 하인들이 아침식사를 올려보냈지만, 찰스는 겨우 몇 숟가락을 떠먹고 나서 잠이 들었다. 앨프레이 박사는 맥박이 더 강해진 것을 확인했고, 찰스가 의식을 회복했다는 사실에 놀라워했다. 의사는 8시에 떠났다.

그 즉시 찰스가 구토를 하기 시작했다. 구토는 격렬했고 멈추지 않았다. 속에 아무것도 남아 있지 않게 되자, 메스꺼움이 파도처럼 밀어닥쳐 그를 압도했다. 그의 몸은 마치 외부의 힘에 점령당한 듯 요동을 치고 부들부들 떨렸다. 한 시간이 흐르고, 다시 두 시간이 흘렀다. 여전히 메스껍고 헛구역질이 나왔다. "차라리 죽을 수 있다면." 그는 숨을 헐떡거리며 거듭해서 말했다. "차라리 죽을 수 있다면." 에마는 덜덜 떨며 찰스를 꼭 껴안았다. 그때 또다시 경련이 시작되었다. 찰스의 몸은 차갑고 축축했다. 피부는 잿빛을 띠어 유령 같았다. 피가 뿜어져나와 수염을 타고 흘러내렸다. 에마는 이런 고통은 난생처음이었다.

10시가 되기 전에 런던에서 프랭크가 돌아왔다. 베시가 헨리에타를 부르러 잭슨을 보냈고, 헨리에타는 1시에 도착했다. 헨리에타가 2층으로 뛰어올라갔을 때 아버지는 잠이 들어 있었으며, 쓰러지기 일보 직전인 어머니는 프랭크를 안심시키고 있었다. 헨리에타는 어머니에게 아편환을 먹고 좀 쉬라고 했다. 에마는 군말 없이 그렇게 했다. 그녀는 지난 스물네 시간 동안 두 시간도 채 자지 못했다.

찰스는 멍한 상태로 깨어나 자신을 일으켜달라고 했다. 그는 자식들을 알아보고, 눈물을 흘리며 그들을 껴안았다. 프랭크는 아버지에게 스프와 브랜디를 떠먹여주었고, 헨리에타는 가슴을 가볍게 쓸어주었다. 그때 메스꺼움이 올라오며 다시 발작이 시작되었다. "오, 하느님, 오, 하느님." 그는 힘없이 외치다 다시 의식을 잃었다. 헨리에타가 아버지에게 취각제〔냄새를 맡고 정신이 들게 하는 약〕를 주었다. 찰스는 열심히 킁킁거리다가 금세 지쳐 축 늘어졌다. "엄마는 어디 계시냐?" 찰스는 가느다랗고 힘없는 목소리로 물었다. 아이들은 어머니가 쉬고 있다고 대답했다. "잘되었구나." 그는 한숨을 내쉬었다. "너희 둘이서 고생이 많구나." 졸음이 오고, 의식이 혼탁해졌다. 그는 힘이 점점 빠져나가고 있다는 생각이 들었고, "힘없이 덜덜 떨리는 동작으로" 일으켜달라고 손을 뻗었다. 하지만 프랭크가 일으켜주었을 때, 통증이 엄습했다. 그는 앨프레이 박사가 전에 권했던 것을 기억하고 위스키를 약간 달라고 했다.

헨리에타는 시간이 정지된 것 같았다. 프랭크는 이따금씩 아버지의 맥박을 재면서 허락된 시간이 다 되었다는 것을 알았다. 3시 25분에 찰스는 일어나 앉으며, "정신이 몽롱하다"고 말했다. 그들은 에마를 불렀다. 에마는 즉시 와서 남편을 끌어안았다. 찰스의 얼굴이 힘없이 툭 떨어졌지만, 위스키 몇 숟가락을 흘려 넣어주자 다시 정신을 차렸다. 에마는 남편을 누였다. 하지만 어떻게 누워도 통증은 누그러지지 않았다. 그는 몸을 일으키다가 다시 기절했다. 초인종이 울렸다. 의사들이었다. 헨리에타가 의사들을 맞이하러 아래층으로 달려갈 때, 찰스가 에마를 꽉 붙잡았다. 프랭크는 당장 올라오라고 계단 아래로 소리쳤고, 베시도 불러왔다.

찰스는 의식을 잃었다. 의사들은 가망이 없다는 것을 알았다. 오직 깊게 그르렁거리는 숨소리만이 죽음을 예고하고 있었다. 에마는 찰스의 머리를 가슴에 안고 눈을 감은 채 부드럽게 흔들었다. 1882년 4월 19일 수요일 오후 4시, 찰스는 세상을 떠났다.[19]

프랭크는 슬픔을 가눌 길이 없어 아이방에 가서 버나드를 데리고 밖으로 나갔다. 프랭크는 버나드의 손을 잡고 천천히 정원으로 걸어갔다. 응접실 창 밖을 지나갈 때 버나드는 그곳에서 고모들이 모여 울고 있는 것을 보았다. "베시와 에티는 왜 울어요?" 버나드가 물었다. "할아버지가 너무 아파서요?" 텃밭에 이르렀을 때쯤 프랭크는 간신히 말을 할 수 있었다. "할아버지는 이제 더는 아프지 않은 무거운 병이 들었단다." 모랫길에 이르렀을 때, 버나드가 야생 백합을 꺾어 꽃다발을 만들었다.[20]

다음 날 신문들은 다윈이 다운의 세인트메리 교회묘지에 묻힐 것이라고 보도했다. 매장은 다음 주 월요일 또는 화요일에 "가족묘소"에서 이루어질 예정이었다. 다윈은 600년 동안 묘지 문에서 보초를 서온 거대한 주목 아래, 어릴 때 죽은 자식들과 이래즈머스 옆에 눕게 될 것이다. 지난여름 그는 자신의 죽음을 예감하며 이곳에 눕게 될 것이라고 생각했으며, 가족과 마을 사람들의 바람도 분명히 그것이었다.

브로디 이네스가 장례식을 맡겠다고 나섰다. 윌리엄과 조지, 레오와 호레이스가 허둥지둥 집으로 왔다. 소년 때 다윈의 냉수욕을 도왔던 동네 목수 존 루이스는 벌써 관을 짜고 있었으며, 시신은 내관內棺 안에 "고요하게, 거의 살아 있는 것처럼" 누워 있었다. 가족들은 그 둘레에 모여 있었다. 아들들의 "격정적이고 주변까지 휩쓸리게 하는" 슬픔을 지켜보던 에마는 결국 평정을 잃고 흐느껴 울었다.[1]

힘들어도 부고는 써야 했다. 그것은 꼭 해야 하는 일이기도 했지만, 슬픔을 정화시키는 역할을 했다. 에마와 헨리에타는 여성 친구들과 친척들에게 상세한 집안 이야기와 마지막 말까지 언급한 절절한 편지를 썼다. 프랭크와 조지는 아버지의 과학 동료들에게 심장발작 소식을 담담하게 전했다.

골턴과 헉슬리는 목요일 오후에 검은 테가 둘러진 편지를 받았다. 그들은 둘 다 타고난 선전가였다. 두 사람은 옛 친구에 대한 애정과 충성심으로, 즉각 행동에 나섰다. 헉슬리는 『네이처』에 보내는 짤막한 부고를 쓰는 데에 몇 시간을 고심했고, 그런 다음에 애시니엄에 침울한 소식을 전하러 갔다. 골턴은 그날 예정되어 있었던 왕립학회 모임에 갔다.

헉슬리와 골턴은 성직자의 역할을 찬탈하기 위해 투쟁해온 왕립학회 내 영향력 있는 집단의 일원이었다. 골턴은 이 새로운 전문가들을 새로운 "과학 사제"라고 부르면서, 이들의 의무는 "국가의 건강과 안녕"에 영향을 주며, 이들의 높아가는 사회적 신망이 그 반영이라고 생각했다. 과학 사제들이 해야 할 일 가운데 하나가 "진화론 교의의 종교적 중요성"을 강조하는 것이라고 골턴은 생각했다. 그 일을 하는 방법으로서, 다윈의 죽음을 제대로 기념하는 것보다 더 근사한 방법이 무엇이겠는가? 과학 사제들은 위대한 자연학자 동료를 잃었으며, 골턴은 육촌이자 정신적인 아버지를 잃었다. "네 아버지만큼 내가 숭배하고 많은 것을 빚진 사람은 없었다." 골턴은 조지 다윈을 위로했다. "말하자면 내가 자연과 화해한 계기가 된 것이 네 아버지의 『종의 기원』이었다."[2] 다윈 같은 "위대한 인물"에게는 그에 걸맞은 최고의 기념이 필요했다.

골턴은 왕립학회 회장 윌리엄 스포티스우드에게 연락하여, 다윈을 웨스트민스터 대수도원에 매장할 수 있도록 다윈 가족에게 동의를 구하는 전보를 쳐달라고 부탁했다. 그러한 요청은 과학계의 "상원의장석"에서 나오는 것이 한층 공식적이었으며, 친인척 관계가 아닌 과학자에게서 나오는 것이 더 적절했기 때문이다. 스포티스우드는 직위로도 그렇고, 여왕의 인쇄업자로서도 그렇고, 영향력이 있는 사람이었다. 애시니엄의 회원으로 X클럽 회원이기도 한 스포티스우드는 헉슬리-골턴 집단의 일원으로서, 그 계획을 추진하기에 적임자였다. 공적 정당성을 뒤엎는 위험을 범하지 않도록, 모든 일이 올바르게 이루어져야 했다. 적소에서 나온 주의 깊은 말이라면 원하는 효과를 거둘 수 있을 것이다. 왕립학회 회원이며, 조지와 프랭크를 케임브리지 대학에 보냈던 찰스 프리처드 목사라면 다윈 가족의 동의를 받아낼 수 있지 않을까? 그런 한편으로, 『스탠더드』 같은 주요 보수주의 신문이 대수도원 매장을 요구하는 기사를 쓰도록 나서줄 사람도 찾아야 할 것이다.[3]

헉슬리, 후커, 러벅에게 소식이 갔으며, 과학계의 원로들과 X클럽 회원들에게도 기별이 전해졌다. 다윈의 40년 지기인 후커는 슬픔에서 헤어나지 못했다. 후커는 여러 날 동안 협심증에 시달렸고, 지금은 "너무 불안정한" 상태라 어떠한 일을 맡기에도 "적당하지 않았다." 그는 처음에는 "이런 비통한 의식에는 취미가 없다"며 반대를 했다. 하지만 헉슬리와 러벅은 적극적으로 나섰다. 그들은 1875년에 라이엘이 웨스트민스터 대수도원에 묻혔을 때 다윈이 얼마나 기뻐했는지 잘 알았기 때문이다.

다음 날인 금요일에, 헉슬리와 스포티스우드는 애시니엄 클럽에서 골턴의 계획을 논의했다. 그 자리에는 웨스트민스터 대수도원의 참사회원이며 말보로 학교의 교장을 지낸 프레더릭 파라 목사도 합류했다. 60대인 파라는 영국과학진흥협회의 공립학교 교육에 관한 협의회의 위원장을 맡고 있었으며, 헉슬리도 그 협의회의 위원이었다. 스포티스우드와 헉슬리는 새로운 과학의 친구이자 고전 교과과정의 비판자인 파라를 존경했다. 고전을 결코 좋아하지 않았던 다윈도 파라에게 호의를 갖고 있었으며, 언어의 기원에 관한 파라의 연구를 칭찬하면서 파라가 왕립학회 회원이 될 수 있도록 지지했다. 파라는 과학자들에게 물었다. 왜, 다윈은 대성당에 매장되어야 한다는 요구를 들고 웨스트민스터 대수도원 참사회장인 조지 그랜빌 브래들리에게 다가가지 않았는가.

　　자유사상가를 웨스트민스터 대수도원에 묻는 것은 쉬운 일이 아니었다. 실제로 몇 년 전 헉슬리는 브래들리의 자유주의적 성향의 전임자에게 조지 엘리엇의 매장을 허락해달라고 요청하는 일을 맡지 않겠다고 했다. "격렬한 반대에 부딪힐 것이 뻔한 일"을 하라고 압박하는 것은 부당하다고 생각했기 때문이었다. 하지만 다윈은 엘리엇처럼 대놓고 죄를 짓고 살지는 않았다. 헉슬리는 이번에는 대수도원의 참사회장을 설득할 수 있을 것이라고 생각했으며, 거기까지 갈 방법도 알았다. 헉슬리는 요청을 해봐야 거절당할 게 뻔하기 때문에 요청을 하나 마나라는 말을 슬쩍 흘리며 파라를 자극했다. 이것은 악마처럼 엉큼한 수법이었다. 어찌 되었건 헉슬리는 브래들리를 잘 알고 있었다. 작년 11월에 브래들리가 참사회장이 되었을 때, 옥스퍼드 대학 유니버시티 칼리지 학장의 직위를 제안받기까지 했다. 게다가 브래들리가 과학에 지대한 관심을 가지고 있다는 사실도 잘 알았다. 옥스퍼드의 과학 특별연구원 제도에 관해 이야기를 나눈 적이 있었기 때문이다. 1873년에 골턴, 헉슬리, 스포티스우드가 브래들리가 애시니엄 회원으로 당선될 수 있도록 지원했던 것도 브래들리의 이런 관심 때문이었다. 헉슬리는 제대로 접촉한다면 브래들리가 승인할 것이라고 확신했다.[4]

　　헉슬리의 책략은 효과가 있었다. 파라는 헉슬리 일파에게, 청원서를 제출하면 브래들리가 기꺼이 검토할 것이라고 알려주었고, 그렇게 만들기 위해 행동에 나섰다. 한편 스포티스우드는 애시니엄 클럽의 서간용지에 편지를 써서 다윈가의 가장이 된 윌리엄 다윈에게 보냈다.

　　나는 헉슬리, 한 명의 주교, 두 명의 참사회원(그 가운데 한 명은 대주교를 비롯한 여러 성직자들과 두루 친분이 있습니다), 한 명의 공립학교 교

장과 의논을 했습니다. 모두가 이 계획이 실행에 옮겨지기를 열렬히 바라
고 있습니다. 대법관도 만나보았는데, 그는 당연하겠지만 조심스러운 입
장입니다. 애버데어 경은 본인의 입장으로나, 왕립지리학회의 입장으로
나, 그 계획이 꼭 실행되어야 한다고 끈질기게 주장했으며, 귀하의 가족
이 동의해주기를 진심으로 바라고 있습니다.

　　　라이엘 옆에 귀하의 아버지가 누울 자리가 마련되어 있습니다. 런
던 내외의 사정이 허락하는 한, 다음 주 수요일에는 준비를 완료할 수 있
습니다.

그날 금요일 저녁에 헉슬리는 성질 급하게도 "지금 참사회장이 런던에
없는 것이 유감이지만, 웨스트민스터 매장 건은 모두 잘 해결되었다고 생
각합니다"라고 후커에게 말했다.[5]

스포티스우드가 다윈의 가족들과 접촉하는 동안, 파라는 웨스트민
스터 참사회장과 접촉했으며, 러벅은 권력의 회랑에서 지지를 끌어모았
다. 린네학회 회장인 러벅은 다윈이 서거했다는 소식이 도착한 목요일에
다윈에게 경의를 표하는 의미로 휴회를 선언했다. 러벅 본인의 소망은 친
구들과 이웃들이 있는 다운에 묻는 것이었다. 하지만 도리가 소망보다 우
선이었다. 러벅은 헉슬리가 『네이처』에 쓴 부고에서 말한 "영국 지식인들
의 뜻"에 따르기로 했다. 또한 그는 시티의 은행가이자 자유당 하원의원
으로서 오래전부터 중간계급 과학 전문가들의 의견을 존중해왔다.[6] 금요
일에, 러벅은 청원서가 필요하다는 말을 듣고 국회의사당으로 갔다.

당시 하원에서는 아일랜드 문제가 논쟁을 주도하고 있었다. 페니언
단원들의 학살이 계속됨에 따라 자유당은 둘로 갈라졌으며, 글래드스턴
은 자신의 아일랜드 토지법에 깊이 몰두하고 있었다. 그 금요일, 의석에
150명의 국회의원이 참석한 가운데 러벅은 동료들에게 서명을 받으며 돌

아다녔고, 아일랜드 안건은 다윈과 잉글랜드의 자부심을 위해 잠시 보류되었다. 러벅은 "위대한 영국인 다윈 씨가 웨스트민스터 대수도원에 묻혀야 한다는 제안은, 의견과 계급을 막론하고 이 나라 사람들 대부분에게 받아들여질 수 있을 것이다"라고 적힌 청원서를 들고 하원을 떠났다.[7]

러벅은 다음 날 아침에 참사회장에게 청원서를 보낸 뒤, "대단히 영향력 있는 사람들의 서명을 받았다"고 프랭크 다윈에게 말했다. 실질적으로는 자유당의 공문서라고 말할 수 있는 이 청원서에 서명한 28명의 서명자들의 선두는 네 명의 왕립학회 회원으로, 여기에는 교육장관과 하원 부의장 라이언 플레이페어가 포함되어 있었다. 그 아래를 보면, 외무차관과 해군성 장관 G. O. 트레벌리언도 있었다. 그 밖에 법무차관, 체신공사 총재, 해군성 군사위원, 하원의장이 이름을 올렸다. 조용한 하원의원인 아서 러셀도 서명을 했는데, 그는 당시 어린 학생이던 버트런드 러셀의 사촌이었다. 또 한 명의 눈에 띄는 서명자인 헨리 캠벨-배너먼은 훗날 총리가 된다. 러벅이 장담했듯이 "만일 시간이 더 있었더라면 더 많은 사람들이 서명에 참여했을 것"이다. 러벅은 이제 윌리엄 다윈에게 아버지를 웨스트민스터 대수도원에 매장하는 것은 "아주 정당한 일"이라고 말할 수 있었다.[8]

스포티스우드의 전보와 편지에 이어, 다윈의 가족들에게 동의를 열심히 권하는 편지들이 밀려들었다. 토요일에는 『스탠더드』가 감격적인 청원을 실었다. 그것은 이른바, 보통 사람들이 에마와 그 자식들에게 보내는 요청이었다.

다윈은 지금까지 그렇게 살아왔듯이, 그가 사랑했던 조용한 시골마을 저택에서 숨을 거두었다. 다윈이 종의 기원이라는 거대한 수수께끼를 풀 수 있었던 것은 숲 속에서 소박한 동물과 식물을 찾아낸 덕분으로, 그의 많은 친구들은 그러한 숲으로 둘러싸인 곳이 다윈의 영원한 안식처로 가장 적당하다고 생각할 것이다. 하지만 영국인의 이름을 그토록 영예롭게 빛낸 사람, 온 문명세계가 그 죽음을 애도하여 당면한 정치사회적 문제들을 일시적으로 미룰 정도인 사람을 잘 모르는 묘지에 묻을 수는 없다. 그에게 적당한 장소는, 영국인의 역사에 그 명성이 길이 남을 위인들이 있는 곳이다. 고인의 바람이나 유가족의 종교적 감정에 반하지 않는다면, 고인의 시신을 웨스트민스터 대수도원에, 그 고귀한 신전을 세계 어느 곳보다 위대하게 빛내고 있는 위대한 망자들 곁에 안치하는 것이 후손들에 대한 우리의 의무다.[9]

다른 신문들도 이 운동에 편승했다. 핵심은 애국심이었다. 영국을 위대하게 만들고 대영제국을 확장했으며 국내와 외국의 신세계를 문명화시킨 사람이 아니면 누가, 대수도원의 성지에 묻히겠는가? 거기에는 데이비드 리빙스턴과 세포이 항쟁의 영웅들이, 그 위업으로 철의 빅토리아 시대의 초석을 놓은 공학자들인 스티븐슨과 텔퍼드와 나란히 묻혀 있다. 그리고 근처에는, 자연의 힘을 활용한 위인들인 와트, 트레비식, 브루널의 기념비가 있다. 그리고 아이작 뉴턴 경이 이들 모두의 머리 위에 우뚝 솟아 있다. 뉴턴은 아직까지 다른 모든 인물의 업적을 가늠하는 기준이다. 이 기준에 비추어 다윈은 결코 부족함이 없다. 다윈은 진정 "뉴턴 이래 가장 위대한 영국인"이지 않은가? 다윈은 "19세기의 지적 에너지를 특징짓는 것의 모든 것에 대해, 18세기에 로크와 뉴턴이 부여한 것과 같은 충격과 방향성"을 부여하지 않았던가?[10]

　　이런 추모기사들은 뉴턴과의 비교를 통해 웨스트민스터 대수도원에 매장하는 것을 거의 기정사실로 만들었다. 해외에서 찬사가 쏟아져 들어오면서, 이 요구는 더욱 구체적인 모습을 띠게 되었다. 프로이센, 프랑스,

미국의 신문들이 칭찬의 말을 쏟아내자, 영국이 자국의 천재를 홀대한 일은 더욱 두드러져 보였다. 『텔레그래프』는, 프로이센 왕이 무려 15년 전에 프로이센의 최고훈장인 푸르르메리트 훈장을 수여했음에도 잉글랜드는 인색하게도 아직 자국의 최고의 아들을 푸대접하고 있다고 지적했다. 잉글랜드는 작위를 내려 "나라를 영예롭게 하는" 일에 실패했다. 라이엘, 허셜, 뉴턴과 달리, 다윈은 평범한 공학자들처럼 단지 "아무개 씨"로 세상을 떠났다. 더 늦기 전에 일을 바로잡아야 한다. 해외의 경쟁국들이 우리를 앞지르게 해서는 안 된다. 행동에 나서지 않는다면, 불멸의 뉴턴과의 비교는 공허한 말로 끝날 것이다. 다윈은 뉴턴과 같은 영예를 누려야 한다.[11] 국가는 다윈의 시신을 대수도원에 안치해야 한다.

참사회원 파라는 자신의 일을 멋지게 해냈다. 당시 프랑스에 머물고 있었던 참사회장은 국회의원들의 청원을 받아보기도 전에 진심어린 승인을 전보로 보내왔다. 다윈가에도 그 소식이 전해졌다. 토요일 오후, 가족들은 마음이 약해져 찰스가 웨스트민스터 대수도원에 옛 스승인 라이엘의 곁에 누울 운명이라는 것을 받아들였다. 그래도 가족들은 "반대나 이견"이 있을 시에는 승인하지 않을 것임을 분명히 했다.[12] 그리고 그들은 그 제안을 애초에 자신들이 꺼냈다는 소리를 들을까봐 걱정했다. 하지만 X클럽 회원들이 알고 있듯이 선동자가 다윈의 친척인 골턴이긴 했지만, 결국 문제가 되지는 않았다.

장례 일정의 갑작스러운 변경으로, 슬퍼할 겨를이 없었다. 관을 드는 사람을 선별하고, 조객을 초청하고, 이전의 장례 일정을 취소해야 했다. 새로운 장의사들이 고용되었다. 그들은 웰링턴 공작의 장례를 맡았던 제임스가街 27번지의 T. 밴팅과 W. 밴팅 씨였다. 그들은 시신을 수습하여 수요일에 매장할 수 있도록 준비해야 했다. 윌리엄과 조지가 관을 들 사람들을 모았다. 더비 경과 데번셔 공작, 그리고 아가일 공작이 국가를 대표해서 관을 들기로 했다. 데번셔 공작은 다윈의 모교인 케임브리지 대학의 명예총장이기도 했다. "미국인이 다윈 씨의 업적에 큰 관심을 기울이고 있다는 증명"으로 미국 대사 제임스 러셀 로월도 참가했다. 영국 과학계에서는 X클럽의 골수회원들인 스포티스우드, 러벅, 헉슬리, 후커가 관을 들기로 했다. 일을 성사시키느라 애쓴 참사회원 파라도 참가할 것이다. 헉슬리는 월리스에게 청하는 것을 깜빡 했다. 다윈에 대한 이야기에서 영원히 회자되는 인물인 월리스에게도 급히 연락이 갔고, 월리스는 맨 뒤에서 들기로 했다. 장의사들은 입장권을 돌렸다. 헉슬리 부인과 그 아이들도 입장권을 받았다. 어느덧 이십대가 된 레너드 헉슬리는 어쨌든 다윈의 대자代子였다. 매사에 까다롭게 구는 허버트 스펜서의 경우는 문제가 좀 있었다. 그는 과학계의 거물들이 아니라 친구들과 함께 앉고 싶어했기 때문이다. 하지만 스펜서조차도, 그가 반국교 견해 때문에 참석하지 않을 수도 있다고 헉슬리가 입김을 넣은 뒤에, 원하는 자리—성가대석—에 배정받았다.[13]

분주한 일정 속에서 에마는 겉으로는 침착한 모습을 유지했으며, 헨리에타와 베시가 곁에서 에마를 보살폈다. 하지만 에마는 미래에 대해 생각했다. "텅 비고 황량한" 세상에서 앞으로 어떻게 살아야 할지. 그녀는 패니와 헨슬레이에게 자신의 심정을 털어놓았다.

오빠와 언니도 웨스트민스터 수도원의 일을 듣게 되겠지요. 이제는 거의 결정된 걸로 알아요. 우리들로서는 그이를 이래즈머스 곁에 조용히 쉬게 할 수 없다는 사실이 가슴이 아프네요. 하지만 그이는 예의바르고 호의에 감사하는 사람이었으니, 우리가 그의 업적에 대한 인정을 기쁘게 받아들이기를 바랄 거예요. 윌리엄은 틀림없이 그럴 거라고 생각했고, 나도 그렇게 생각하게 되었어요. …… 만일 런던에 온다면 두 분도 꼭 참석해주세요. 그렇지만, 길고 떠들썩한 장례식이 될 것 같아요. 게다가 춥고 몸에도 상당한 무리가 따를 거예요. 그것은 오빠에게도 마찬가지일 거라고 생각해요.

장례식 당일인 수요일, 일흔아홉 살의 헨슬레이는 결국 추위를 무릅쓰고 기운을 내어 장례식장의 통로를 다른 식구들과 함께 걸었다.[14] 에마는 혼자 다운하우스에 남았다. 그녀는 이곳에서 찰스를 더 가까이 느꼈기 때문이다.

분명 마을 사람들은 아무도 수도원에 가지 않았을 것이다. 늙은 파슬로는 참석했다. 하지만 파슬로는 고워가 시절부터 다윈을 충실하게 모셔 온 사람으로서 사실상 다윈가의 식구였다. 하지만 파슬로는 "위대한 사람들"과 가까이 지낸 하층계급 사람으로, 마을 사람들과 가족의 감정을 반반씩 느꼈다. 장례식이 끝나고 얼마 후, 파슬로는 다윈이 마을에 묻히지 않은 것에 대한 마을 사람들의 "큰 실망감"을 회고했다. "그분은 다운을 사랑했습니다. 우리 모두는, 만일 그분에게 어느 쪽이 좋은지 물어봤다면 다운에 묻히겠다고 말씀하셨을 것이라고 생각합니다."

상인들도 약이 올랐다. 조지 앤 드래곤 인의 주인은, 저들이 지역 경제를 망칠 작정이라며 몹쓸 정치인들을 욕했다. "모두가 다윈 씨가 다운에 묻히기를 바랐지만, 정부가 그것은 안 된다고 말했지요. 이곳에 묻혔다면 지역에 큰 도움이 되었을 텐데요. 사람들이 그의 무덤을 보기 위해 숱하게 몰려왔을 테니까요." 세인트메리 교회묘지는 성지가 되었을 테고, 길 건너편에 있는 그의 술집에는 손님들이 줄을 이었을 것이다. 목수 존 루이스도 불만이었다. 루이스에게 주어지는 보상은 돈 이상이었을 것이다. 위대한 이웃의 시신이 자신이 짠 관에 안치되었다는 사실이 널리 알려졌을 테니까. 하지만 투박한 오크 관이 완성되어 시신이 안치된 지하루 만에, 피커딜리에서 말쑥한 장의사가 화려하고 값비싼 관을 들고 나타났다. 어쨌든 국장이라는 것이다. "나는 그분이 바라는 방식으로 관을 만들었던 것"이라고 루이스는 분통을 터뜨렸다. "작업대에서 막 내려놓은 그대로 투박하고, 윤기고 뭐고 아무것도 없는. 하지만 유가족이 그분을 웨스트민스터 대수도원에 보내기로 결정했을 때…… 내 것은 필요 없어져 돌아왔습니다." 대체된 관은, "들여다보고 수염을 깎을 수 있을 정도로 번쩍번쩍할 테죠." 루이스에게는 그것이 정말 화나는 일이었다. "저들은 대수도원에 그분을 묻겠지만, 그분은 항상 이곳에 쉬고 싶어했습니다. 그분은 아마 좋아하지 않을 겁니다."[15]

어떤 신문도 대수도원에의 매장을 종교적으로 걸고 넘어지지 않았다. 『스탠더드』는 그 영예를 제안하면서, "진정한 기독교도는 천문학이나 지질학의 사실을 받아들였듯이, 진화론의 주요한 과학적 사실들을, 더 오래되고 소중한 믿음을 해치지 않고도 받아들일 수 있다"고 주장했다. 금요일자 『타임스』는, 1860년에 있었던 헉슬리와 윌버포스 주교의 충돌을 "과거지사"로 규정했다. 자유당 계열인 『데일리 뉴스』는, 다윈의 교의는 "확고한 종교적 믿음이나 희망"과 모순되지 않는다고 덧붙였다.[16] 일요일에 목사들은 이런 신문들의 논조가 옳다는 것을 앞다투어 증명했다.

아침, 낮, 밤을 가리지 않고 설교단에서는 다윈 찬가가 울려퍼졌다. 웨스트민스터 대수도원에서는, 참사회원이자 여왕 전속 목사인 조지 프로세로가 자신이 속한 광교회파의 방침에 따라 극단주의와 미신을 맹렬히 비난했다. 그는, 새로운 과학에 관하여 어떤 견해를 취하든 그 과학은 다윈 씨의 온건함, 공평함, 참을성 있게 진리를 추구하는 근면함에서 비롯된 것이 틀림없다고 말했다. 그리고 다윈과 같은 학자들에게는, "진정한 기독교 정신의 본질인 자비심"이 살아 숨쉬고 있다고 했다. 그날 저녁 대수도원에서는, 참사회원 앨프리드 배리가 자신이 지난해 가을에 행하

여 큰 영향을 주었던 정치와 경제를 둘러싼 설교를 되풀이했다. 이 설교
는, 다윈주의에는 오래 지켜져온 전제들을 함축하고 있다고 주장했다. 배
리에 따르면, 평등은 부자연스러운 것, "불가능한 공상"이며, 영국이 신
과 더불어 "온 인류"의 진보를 위해 일하기 위해서는 각자가 저마다의 자
리—전문가, 상인, 무역업자, 노동자 등등—를 지켜야 했다. 아직까지는
모두가 자신의 본분을 잘 지키고 있었으며, 다윈의 죽음은 이 견해의 가
치를 좀 특별하게 되새겨볼 좋은 구실을 제공했다. 자연선택은 "결코 기
독교의 교의와 동떨어져 있지 않다." 단, 선택은 "신이라는 지적 존재의
영향력 아래" 작용하며, "내세에 대한 개개인의 영적 적응도"에 의해 지
배되고 있다는 사실을 올바로 이해하기만 한다면.[17)]

　　일요일 오후의 최고 인기인은 세인트폴 대성당의 참사회원 H. P. 리
던이었다. 리던은 "다윈이 미세한 개별 사실들을 관찰하고 기록할 때 취
한 인내력과 세심함"을 칭찬했다. 다윈은 이런 방법으로 현대사상에 "혁
명"을 불러 일으켰으며, "영국 과학계에 큰 족적"을 남겼다. 하지만 겉으
로 드러나지는 않았지만 리던의 설교에는 커다란 불안이 감추어져 있었
다. 개인적으로 그는 영 거북했으며, 이번 일로 얼마쯤 "불안하고 염려
스러운" 기분을 느꼈다고 털어놓았다. 그렇지만 다윈이 발견한 사실들
의 중요성을 어색하게 역설한 것만으로도, 대수도원 매장을 요구하는 합
창을 고조시키기에는 충분했다. 리던이 속한 고교회파를 대변하는 『가디
언』은 다윈의 권위를 마지못해 인정했고, "대수도원의 성스러운 포석鋪
石이 신앙의 은밀한 적을 덮어주는 것 아닌가 하는 불안"을 단호하게 버
렸다. 대수도원의 장례의식은 "신앙과 과학의 화해"를 세상에 분명하게
알리게 될 것이다. 이 점에서만큼은, 세인트폴 대성당의 성공회-가톨릭
주의자들[영국 국교회에서 가톨릭 전통을 강조하는 쪽]과 웨스트민스터 대
수도원의 자유주의적인 광교회파가 하나였다. 생물학의 "새로운 진리"는

"무해"하고, 그 발견자는 세속의 성인聖人이었다.[18]

교회가 다윈을 인정하자, 신문들은 일제히 이번 일에서 자신들이 맡은 역할을 자화자찬했다. 『스탠더드』는 "우리가 토요일에 던진 제안이 실행에 옮겨지고 있다"며 자축했다. 분명 관용은 "가장 최근에 진화한 덕목으로, 성직자의 사고양식에서 가장 가치 있는 것"이었다. 생각하는 대중은 "시대 속에 자신의 지적 발자취를 남긴" 사람을 기릴 수 있을 것이다. 전문가 신사들과 그 가족들은 장례식 입장권을 쉽게 얻을 수 있을 것이다. 입장권은 세인트제임스가街에 있는 밴팅의 사무실에서 화요일 영업시간 내에 얻을 수 있다고 신문은 보도했다.[19]

수많은 사람들이 입장권을 신청했기 때문에, 장의사들은 다음 날 새벽까지도 장례 준비를 끝내지 못했다. 화요일에는 네 마리 말이 끄는 영구차가 다운에서부터 웨스트민스터 수도원까지 26킬로미터를 하루 종일이 걸려 천천히 엄숙하게 달렸다. 부슬비가 흩뿌리고 기온이 섭씨 10도를 밑도는 궂은 날씨였다. 영구차를 따라가던 프랭크, 레오, 호레이스는 몸도 마음도 얼어붙었다. 마지막 준비를 하기 위해 아침부터 런던에 있었던 윌리엄과 조지는 일을 끝내고 급히 수도원으로 향해, 다른 형제들의 도착에 딱 맞게 닿았다. 관을 대수도원의 회랑으로 들고 들어왔을 때는 밤 8시가 지나 있었다. 관을 든 행렬은 세인트페이스 예배당으로 갔다. 그곳은 오래된 램프 두 개가 켜져 있는 휑하고 살풍경한 어두운 방이었다. 춥고 음산한 이 방에서는 죽음의 기운이 사방을 압도했다. 경비대가 배치되어 밤새 시신을 지켰다.[20]

4월 26일 수요일에, 빅토리아 여왕은 윈저 성에서 다음 날 있을 레오폴드 왕자의 결혼식을 준비하고 있었다. 글래드스턴은 다우닝가에서 아일랜드 문제에 열중하고 있었다. 여왕도 총리도 다윈의 장례식에는 참석하지 않을 계획이었다. 둘 다 『종의 기원』의 열렬한 독자는 아니었다. 하지만 그 밖에는, 그 침울한 날에 위원회들은 휴회했고, 판사들은 상복을 입었으며, 국회의원들이 길 건너로 몰려감에 따라 국회는 텅 비었다. 대사관, 과학학회, 그리고 수많은 평범한 집에서 조객이 왔다. 납덩이처럼 무겁게 내려앉은 하늘 아래 사람들은 국장國葬의 위엄과 장관을 보기 위해 대수도원으로 모여들었다. 다윈가와 웨지우드가 사람들은 예루살렘 실에서 대열을 정리했다. 골턴을 포함하여 모두 33명이었다. 상주인 윌리엄이 맨 앞에 섰으며, 파슬로와 잭슨은 가족의 뒤에 섰다. 이전에 국회가 열렸던 장소인 챕터하우스에서는, 과학계, 국가, 교회의 원로, 귀족들이 관의 뒤에서 회랑을 행진하기 위해 대기했다. 이 사람들은 "지금까지 이 나라에 모인 지식인들로서는 최대 규모"였다고 어떤 이는 말했다. 수랑袖廊은 친구들과 손님들로 가득 찼다. 신랑身廊의 남쪽은 검은 테두리가 둘러진 입장권을 지참한 사람들의 자리였다. 런던 시장은 성찬대 앞쪽의 성소에, 다윈의 다른 친족들과 함께 자리를 잡았다. 스펜서는 성가대석에 귀부인들과 함께 외따로 앉아, 자신이 단지 "구경꾼들 가운데 하나"가 된 사실을 후회하고 있었다. 마지막에 문이 열리고, 입장권이 없는 무수한 군중이 들어왔다.[21] 그들은 가스등이 밝혀진 눅눅한 건물로 밀고 들어와, 신랑의 북서쪽 방향에 있는 좋지 않은 자리를 채웠다.

　그리고 정오에, 기다리던 순간이 왔다. 대수도원의 종이 울리고, 참사회원 프로세로가 〈나는 부활이요〉를 노래하는 성가대원들을 포함한 행렬을 이끌고 서쪽 회랑의 입구에서 입장했다. 가족들과 고위 성직자들의 행렬은 유명인의 무덤들을 빠져나와, 촛불이 켜진 성가대석을 천천히 통과해 수랑의 한가운데로 왔다. 그곳의 채광창 아래, 검은 벨벳으로 덮이고 흰 꽃이 흩뿌려진 관이 놓여 있었다. 봉독이 끝난 후 특별히 의뢰한 찬송가가 불렸다. 그것은 대수도원의 부수석 오르간연주자가 작곡한 곡으로, 가사는 잠언에서 가져왔다. 첫 줄 가사 "지혜를 찾는 자와 명철을 얻는 자는 복이 있나니"는 다윈의 평생의 연구에 바치는 헌사였다. 카속〔성직자들이 입는 긴 옷〕을 입은 소년 성가대원들이 부른 마지막 후렴구 "지혜의 길은 즐거운 길이요, 그 모든 길에는 평안이 있다"는, 다윈의 신성에 신성모독적이게도 다윈주의가 그리는 자연관과는 정반대의 이미지를 남겼다. 맨 앞줄에 앉은 윌리엄은 외풍 탓에, 머리가 빠진 정수리가 서늘했다. 다윈가의 모든 이가 그랬듯이 늘 병에 걸릴까봐 걱정했던 윌리엄은 정수리에 검은 장갑을 올려놓고, 온 나라의 눈이 그에게 쏠려 있는 가운데 식이 끝날 때까지 장소에 어울리지 않는 모습으로 앉아 있었다. 식이 끝나자, 다윈의 가족들은 관을 든 사람들과 함께 슈베르트와 베토벤의 음악에 맞추어 신랑의 북동쪽 모퉁이 쪽으로 행진했다.[22]

결국 다윈은—그 자리가 딱 맞는 것이었다 할지라도—라이엘 옆에 묻히지 않았다. 그는 성가대석과 일반석 사이에 놓인 칸막이 북단에 있는 뉴턴의 기념비 바로 아래, 또 한 사람의 은사인 허셜 경 옆에 묻혔다. 바닥은 검은 천으로 덮여 있었고, 천이 끝나는 곳에 마른 모래땅으로 된 묘소가 있었다. 헨리에타와 베시, 그리고 부인들은 자리에 앉고, 나머지는 묘소 주위를 에워쌌다. 미국인 자유사상가들이 정통 신자들과 어깨를 맞대고 섰고, 로머니스와 X클럽의 불가지론자들이 독실한 신자들인 왕립 학회의 늙은 회원들 옆에 섰으며, 자유당의 거물들이 토리당 지도자 스태퍼드 노스코트 경과 샐리스베리 경과 모여 섰다. 관이 내려가고, 성가대가 "몸은 평화롭게 잠들었으나 그 이름은 영원히 살아 있으리"라는 노래를 불렀다. 그리고 나서, 헨델의 〈사울〉 중 "죽은 자의 행렬"에 맞추어 검은 옷을 입고 음울한 표정을 지은 참석자들이 줄지어 행진할 때, 철도사업의 개척자 조지 스티븐슨과 로버트 스티븐슨을 기념하는 스테인드글라스 창유리를 통과한 알록달록한 광선이 그들을 비추었다.[23] 바깥의 하늘은 개고 있었다.

　골턴은 새로운 과학의 사제에 대한 이러한 경의의 표시에 만족했다. 나라의 지배자들이 자연의 지배자에게 경의를 표하고 있었으며, 이 장례 의식은 진화론의 "종교적 중요성"을 눈에 보이는 형태로 깨닫게 해주었다. 하지만 할 일이 아직 남아 있었다. 골턴은 다음 날 『펠 맬 가제트』에서, 다음 주 일요일 예배에서는 평소에 부르는 찬미가 〈테데움〉 대신 〈베네디치테〉를 부르자고 제안했다. 이 찬미의 노래—신께서 만드신 만물이여, 신을 찬미하여라. 신께 지극한 영광과 영원한 찬양을 드려라—는 성직자들이 다윈과 관련하여 "설교 후에 말하고 싶어할" 내용을 응축한 것이었다. 골턴은 참사회원 파라에게 대수도원에서의 일요일 저녁 설교에 대해 코치를 할 때 이 문제를 직접 제기했을 것이다. 다윈을 기념하려는 골턴의 계획은 이것이 끝이 아니었다. 그는 대수도원에 다윈의 흉상을 세우고, 새로운 스테인드글라스를 끼워넣자고 제안했다. 그 스테인드글라스의 패널들은 바위, 식물, 물고기, 새, 짐승 같은, 베네디치테에서 찬미하는 자연의 작품을 상징하게 하고, 여러 나라가 하나씩 다윈의 기념비로서 헌정하면 어떻겠는가.[24]

　과학계와 국가의 고관대작들은 세계가 영국의 자연학자에게 경의를 표한다는 아이디어를 반겼다. 그 가운데 한 사람은 칼라일 주교에게, 그런 대단한 장관인 스테인드글라스가 설치된다면 "조국에 감사하는 마음"이 용솟음칠 것이라고 말했다. 칼라일 주교는 그 주의 일요일에 대수도원에 모인 회중에게, 이 위대한 과학자는 "조국의 가장 현명한 사람들의 판단에 따라" 이곳에 묻혔음을 분명하게 밝혔다. 그리고 그는 같은 취지의 애국적인 말을 계속 이어갔다. "이 죽음이 프랑스에서 일어났다면, 장례식에 성직자는 한 명도 참석하지 않았을 것이며, 만일 성직자가 참석했다면 과학에 종사하는 자는 한 명도 참석하지 않았을 것입니다." 이것은 바로 골턴의 견해였다. 골턴는 그러한 성소에 다윈을 묻는 것의 문화적 중요성을 이해한 최초의 인물이었다. 그는 "장례식이 조장한 감정"의 고양, "국가적인 영예와 영광"이 주는 전율에 대해 이야기했다. 인간을 더 진화시키는 과학자의 도덕적 의무는 "사회구조가 의존하고 있는" 오래된 종교적 이상과 조화를 이룰 때 가장 잘 수행될 수 있다는 사실이 이 장례식으로 증명되었다는 것이다.[25]

진화 스테인드글라스는 아무런 진전이 없었다. 하지만 흉상에 관한 제안은 구체화되어, 벌링턴하우스에서 토요일에 열린 과학자 모임에서, 기금을 모금하기로 결정이 내려졌다. 2주 뒤 왕립학회에서 임시위원회가 꾸려졌고, 스포티스우드가 위원장으로 추대되었다.[26] 이 임시위원회는 대수도원에 청동제 장식판을 설치하기로 했다. 그뿐 아니라, 과학의 로마네크스식 대성당이라고 할 만한 사우스켄싱턴가街의 신축 자연사박물관의 정면통로에 조상을 세우도록 의뢰했다.

1883년에 스포티스우드가 세상을 떠나 대수도원에 묻힌 후, 헉슬리가 기념비위원회 위원장 자리를 이어받았다. 골턴, 러벅, 후커, 61명의 왕립학회 회원, 수석재판관, 다섯 명의 하원의원, 캔터베리 대주교가 거느리고 있는 주교들의 결사가 헉슬리를 도왔다. 고교회파는 손을 뗐다. 리던 참사회원이 자신의 상사인 반다윈주의자 E. B. 퓨지 장로의 견해를 존중하여 도움을 끊었던 것이다. 기이하게 기념비위원회에서 빠진 또 다른 인물은 월리스였다. 그는 기금에 기부를 하지도 않았다. 기부금은 여기저기서 몰려들었으며, 기념회의 과학자들이 외국의 동료들을 끈질기게 설득하여 비슷한 위원회를 출범시킨 결과, 이 활동은 제국 차원으로 규모가 확대되었다. 영국 내에서 가장 많은 기금을 낸 개인기부자들은 대수도원 매장을 선동한 사람들인 골턴, 스포티스우드, 러벅으로, 각각 100파운드씩을 냈다. 에마와 그 가족은 200파운드를 냈으며, X클럽은 개인 명의로 기부를 했다. 인색하기로 소문난 스펜서도 2파운드를 냈다.

　　모두 합쳐서 4,500파운드가 걷혔고, 절반은 자연사박물관에 세우기로 한 조상의 제작비로 쓰였다. 『타임스』가 "자연의 사원"이라고 부른 자연사박물관이 완공된 것은 1880년이었다. 그렇지만 입구 위의 높은 장소에는 아담상이 세워졌고(이것은 세계2차대전 때 무너졌다), 반다윈주의자인 리처드 오언이 여전히 군림하고 있었다. 그래서 다윈상의 공개는 오언이 은퇴한 1885년까지 기다리지 않으면 안 되었다. 그때 또 한 차례 화려한 의식이 열렸다. 황태자가 참석했으며, 에마를 제외한 다윈의 가족과, 찰스의 친한 친구들인 후커, 골턴, 로머니스, 시터 패러, 그리고 설리번이 참석했다. 하지만 이번에 설교단에 선 것은, "교황" 헉슬리를 대신한 과학자들이었다.[27] 그리고 뒤쪽의 회중 속에는 눈에 띄지 않게, 늙은 파슬로가 섞여 있었다.

대수도원의 매장은, 다윈의 생애와 업적이 상징하는 것을 대중에게 실감나게 호소했다. 즉, 그것은 영국이 긴 세월에 걸친 빅토리아 여왕의 시대에 자연을 정복하고 세계를 문명화하는 일에 성공을 거두었다는 자부심을 드러낸 것이었다.

　　지금 모든 종파의 종교 논평가들은 다윈의 "고귀한 성품과 진리 추구에의 열정"을 한목소리로 증명하고 있었다. 『처치 타임스』는 인내, 창의력, 침착함, 근면, 온화함 같은 형용어구를 찾느라 정신이 없었다. 다른 신문들은 여기에 사도 바울로의 미덕인 끈질김과 신념을 보탰으며, 다윈을 "진정한 기독교 신사"로 표현했다. 심지어 대수도원 매장 문제에서는 입을 다물었던 복음주의파의 『리코드』까지, 다윈이 선교단을 옹호함으로써 문명화에 앞장섰다고 썼다. 그리고 남아메리카 선교단협회의 연례회의에서 데리 주교가 했던 연설을 소개하며, 주교가 열광적인 신도들 앞에서 다윈이 『리코드』를 정기구독했다는 사실을 밝혔다는 내용을 보도했다. 『넌컨포미스트 앤 인디펜던트*Nonconformist and Independent*』는 다윈이 보여준 "도덕적 영향력"을 다각도로 논했다.

하지만 누구보다도 다윈을 일관되게 지지했던 이들은 유니테리언파 교도들과 자유종교 사상가들이었다. 이들은 다윈이 자신들과 같은 합리적인 반국교 전통에서 성장했다는 사실을 자랑스럽게 여겼으며, 항상 다윈의 자연주의적 관점을 높이 평가했다. 다윈이 신뢰했던 친구인 윌리엄 카펜터는 다윈이 "신의 정부의 고정불변의 법칙"을 밝히고 "인류의 진보"에 빛을 던졌다고 칭송하는 분석으로 영국과 외국의 모든 유니테리언파 협회를 감동시켰다. 카펜터는 웨지우드가의 일원이라면 그것을 지지해줄 것이라고 믿고 그 분석을 에마에게 보냈다. 다른 사람들도 다윈주의의 "가장 확고한 가르침"인 "무한한 진보의 복음"을 환영했다. 이들은 다윈의 가르침은 "보편적으로 적용가능한 것으로서 생명과 사상에 질서와…… 평안을 가져다주었다"는 사실에 기뻐했다. 뉴욕시에서는 유니테리언파 설교사 존 채드윅이 대수도원의 중요한 그날을 마치 이교도들의 구세주처럼 묘사했다. "이 나라의 가장 위대한 종교의 사원이 대문을 열고 그 불후의 문들을 들어올려 과학의 왕을 초대했도다."[28]

이 애가哀歌들은 다윈의 모범적인 성격, 다윈의 간소한 "일상의 미덕들", 그리고 다윈의 풍족한 사회적 지위를 강조했다. 『새터데이 리뷰』의 평에 따르면, 다윈 씨의 인생은 "이상적인 인생"이었다. 개인적인 부, 비글호에 오르게 된 커다란 기회, "조용한 가정의 행복"에 둘러싸여 "현명한 계획 아래 착실하게 실행한 어마어마한 양의 일." 그리고 무엇보다 "완벽하게 무르익은 다정하고 관대한 품성." 많은 기사가 다윈의 가정적인 대목이 특별히 매력적이라고 말했다. "켄트의 시골집에서 헌신적인 가족에게 둘러싸여, 인류에게 헤아릴 수 없는 가치를 지닌 선물로 인정받고 있는 위대한 저작들에 몰두했던 다윈의 삶보다 더 아름다운 행복의 구도를 떠올리기는 어렵다."

어떤 기사는 국장의 영예를 주객전도시키기도 했다. 웨스트민스터 대수도원이 다운의 자연학자에게 위엄을 부여한 게 아니라는 것이다. 그의 시신은 이미 신성했기 때문이다. "대수도원은 다윈의 시신이 대수도원을 필요로 하는 것 이상으로 다윈의 시신을 필요로 한다"라고 『타임스』는 외쳤다. "과학의 깃발을 든" 이 성인은 지식의 경계를 확장했고, "새롭고 가치 있는 진리의 병합이 끊임없이 이루어지는 새로운 중심을 확립"했으며, 그 돌 아래 매장되는 것으로 대수도원에 "더 높은 존엄, 새로운 존경의 이유"를 부여했다. "대수도원에는 만만치 않은 의회를 설득하고 나라를 움직여온 연설가들과 장관들이 있다. 하지만 그들 가운데 아무도 인간과 그 지성에 대해, 켄트의 소박한 시골집에서 지난 23년 동안 나온 것만큼 완전한 힘을 행사하지 못했다."[29]

무엇보다도, 이런 신문잡지의 보도들은 국가주의와 제국주의를 우렁차게 선전했다. 존 몰리가 편집장으로 있는 충실한 자유당계 신문이자 런던 전문가들의 필수적인 읽을거리였던 『펠 맬 가제트』는 영국이 "나라를 빛낼 한 인물을 잃었다"고 선언했다. 이 신문은 다윈이 글래드스턴을 지지했다는 사실에 주목하며, 다윈을 글래드스턴과 동급의 세계적인 정치인으로 묘사했다. 다윈의 국제적인 지위에 대한 이런 강조는—특히 자유당원들이 그것을 강조했는데—다윈의 과학이 정치적으로 해가 되지 않는다는 인정에서 비롯된 것이었다. 개인들끼리의 경쟁, 자유무역, 공정한 선택에 바탕을 둔 생물과 사회의 진보라는 다윈에게 붙어다니는 이미지는, 빅토리아 시대 중기의 영국에서 그 이미지에 정치적 표현을 부여한 자유당과 더불어 확고히 뿌리내리고 있었다.

"다윈주의 교의는…… 우리 시대 최고 사상들의 거의 모든 것 속에 흐르고 있다." 장례식 날, 몰리의 자유당 신문은 이렇게 뽐냈다.

> 다윈주의는 아직 형태가 완전하게 빚어지지 않은 사회적 관념들을 물들이고 있다. 다윈주의는 법과 역사에 관한 연구에서, 정치 연설에서, 종교 설교에서, 예술 이론에서, 모호한 사회적 추론에서, 수많은 위장된 모습으로 재등장한다. 우리의 소설과 시에도 잠재된 다윈주의 보석들이 가득하다. 다윈주의로부터 벗어나 생각하려고 시도한다면, 우리 시대에서 완전히 벗어나 사고해야 할 것이다.[30]

이러한 이유로 다윈의 시신을 종교적 위엄으로 안치해야 했던 것이다. 대수도원의 매장은 잉글랜드가 겪고 있었던 아직 끝나지 않은 거대한 사회개혁을 축하하는 것이었다. 영국에는 새로운 식민지, 새로운 산업, 그리고 그것을 운영할 새로운 사람들이 있었다. 그리고 무엇보다도, 헉슬리가 말했듯이 새로운 사제들의 입을 통해 말하는 "새로운 자연"이, 여기에 복종하는 모든 이에게 진보를 약속하고 있었다.[31] 다윈의 시신은 이 새로운 자연을 낚아챈 새로운 전문가들의 더 큰 영광을 위해 성소에 안치되었다. 이 매장은 이 전문가들을 신격화하는 것이었으며, 떠오르는 세속주의에 바치는 최후의 의식이었다. 이것은 자연의 시장의 상인들, 다시 말해 과학자들과, 정치와 종교계에 몸담고 있는 그들의 부하들이 권력을 계승했음을 분명하게 보여주었다. 이것은, 명성을 얻고 있는 이러한 전문가들이 그들의 스승에게 보답하는 것과도 같았다. 왜냐하면, 다윈이 창조를 자연주의화하고, 인간 본성과 인간의 운명을 그들의 손으로 가져왔기 때문이다.

사회는 결코 예전과 같지 않을 것이다. "악마의 사제"는 자신의 할 일을 다했다.

감사의 말

바쁜 시간을 내어 우리가 마감을 맞출 수 있도록 도와준 친구와 동료들에게 특별히 감사드린다. 프레드 버크하트, 넬리 플렉스너, 엘리자베스 리덤-그린, 데이비드 콘, 마이크 페티, 짐과 앤 세코드, 스티븐 샤핀은 초고를 읽어주었고, 앨리슨 윈터는 발췌한 내용들을 주의 깊게 들어주었다. 존 새크레이, 짐 세코드, 데이비드 스탠베리는 정보를 제공해주었고, 피오나 어스킨, 마샤 리치먼드, 고드프리 윌러는 원고 자료를 제공해주었다(고故 도브 오스포바트는 다윈이 1856년에 다운하우스에서 헉슬리, 후커, 울러스턴과 만난 일에 대해 기록한 메모를 필사해주었다). 리처드 밀너는 다윈과 월리스에 관한 미출판 연구를 공유해주었고, 스티븐 포콕, 앤 세코드, 그리고 케임브리지 대학 도서관의 다윈 서한 프로젝트 팀은 다윈 서간집의 사전 교정쇄를 제공해주었다. 피터 고트리, 사이먼 샤퍼는 필사와 번역을 도와주었고, 제인 클라크, 토니 코울슨, 커스틴 미칼프, 솔렌 모리스, 마이크 페티는 도판을 제공해주었으며, 제프리 에번스 목사는 슈루즈버리와 하이스트리트 유니테리언파 교회를 안내해주었다.

개인적으로 진 신세는 아무리 감사해도 모자랄 정도다. 존과 앨런 그린은 물심양면으로 무조건적인 지원을 해주었다. 원고에 대한 그들의 상세한 논평은 애정 없이는 절대 할 수 없는 고생스러운 일이었다. 랄프 콜프 주니어는 다윈의 개인적 삶에 대한 통찰력으로 우리에게 끊임없는 영감과 자료를 제공했다. 다윈의 건강 일기를 공유해주고, 우리의 원고를 읽어주고, 대서양 저편에서 국제전화로 원고에 대해 논의해준 콜프에게 진심으로 고마움을 전한다. 닉 퍼뱅크와 딕 올리 또한 원고를 정성 들여 읽고 전문가로서 조언을 해주었다.

고든 무어와 로버트 톨러마슈는 이 프로젝트가 실패로 돌아가고 있을 때 구원의 손길을 내밀어주었다. 사이먼 샤퍼, 애니타 헐, 앨리슨 윈터, 이완 모러스, 나이젤 리스크도 시기적절한 도움을 주었다. 길 노트와 마르쿠스는 일클리와 다른 지역들로의 도피를 제공했고, 화이트 하트의 크리스와 배리 빈센트는 가까운 곳에서 아늑한 장소를 제공했다. 제시카 드레이더와 해리 플랙스너 데스먼드는 이제 아버지를 더 많이 보게 될 것이다. 무엇보다 이들의 인내와 사랑에 감사한다.

다윈의 편지와 원고들을 발췌하여 실을 수 있도록 너그럽게 동의해준 조지 펨버 다윈에게 감사드린다. 다윈 기록보관소와 다른 서고에 보관된 미출판 자료를 인용할 수 있도록 허락한 케임브리지 대학 도서관 평의회에도 감사한다. 그 도서관의 방대한 『찰스 다윈 서간집』은 풍부한 자료를 제공해주고 있다.

원고 자료를 연구하고 인용할 수 있도록 허락해준 다음의 기관과 개인에게도 고마움을 전한다. 미국 철학회 도서관, 레너드 제닌스의 서신을 제공한 에이번주州 도서관과 배스시市 중앙도서관, 리처드 오언 관련 문서들을 제공해준 영국박물관(자연사), 영국도서관의 원고 부서, 다운하우스의 찰스 다윈 박물관과 그 자료를 이용할 수 있도록 허가해준 잉글랜드 왕립외과의사협회, 다윈과 폭스가 주고받은 편지들을 제공해준 케임브리지 대학 크라이스트 칼리지 도서관, 헤리퍼드우스터주州 공문서보관소, 런던 윌리엄즈 박사 도서관, 에든버러 대학 도서관, 프리드리히-쉴러 예나 대학의 에른스트 헤켈 하우스, 런던 중앙등록부, 대학 기록보관소를 이용하게 해준 하버드 대학 도서관, 헉슬리 관련 문서, 램지 관련 문서, 칼리지 기록보관소를 이용하게 해준 런던 과학기술 임페리얼 칼리지, 레너드 제닌스 관련 문서를 제공해준 케임브리지셔 보티섬의 보티섬 홀, 웨지우드-모슬리 컬렉션을 이용하게 해준 킬 대학 도서관과 이를 허가해준 스태퍼드셔 스토크온트렌트 발라스턴의 웨지우드 박물관 이사회, 다운 교구 관련 문서를 이용하게 해준 켄트 주 기록보관소, 런던의 큐와 퀼리티 코트의 공문서보관소, 큐 왕립식물원, 틴들 관련 문서를 이용하게 해준 런던 왕립연구소, 브루엄 관련 문서와 유용한 지식 보급회의 자료를 이용하게 해준 유니버시티 칼리지 런던 도서관, 캐나다 밴쿠버 브리티시 컬럼비아 대학 도서관, 런던의 웰컴 의학사 연구소 도서관, 런던 동물학회 도서관에게 감사드린다.

옮긴이의 말

다윈은 비글호의 공식 자연학자로 고용되었다, 다윈은 갈라파고스 제도에 가서 갈라파고스핀치를 보고 진화론의 중요한 착상을 얻었다, 자연선택설을 생각해낸 것은 맬서스의 『인구론』을 우연히 읽었을 때다, 자연선택설은 『종의 기원』이 출판됨과 동시에 받아들여졌다 등등은 다윈과 다윈의 진화론을 둘러싼 대표적인 오해들이다. 지난 몇십 년 동안 수많은 학자와 저술가들이 이 오해를 한 꺼풀씩 벗겨온 결과, 이제는 다윈이 갈라파고스 제도에서 핀치를 채집하려는 시도를 하지 않았고, 어느 섬의 핀치인지 표시조차 하지 않았다는 사실, 다윈이 『종의 기원』을 20년 동안이나 품고 있다가 1859년에, 그것도 어쩔 수 없이 발표했으며, 자연선택설은 다윈이 죽을 때까지도 세상에 받아들여지지 않았다는 사실이 어느 정도 알려져 있다. 이것을 가능하게 한 것은 다윈의 일기, 연구노트, 초고, 편지, 개인장서 등을 포함한 방대한 자료를 해독하고 분석함으로써 과거의 '다윈 전설'을 해체하고 새로운 다윈상의 구축을 가능하게 했던 '다윈 산업'으로 불리는 수많은 연구들이었다. 우리나라에도 그 연구성과들이 연구자들과 번역서들을 통해 상당 부분 소개되어왔다.

하지만 스티븐 제이 굴드가 '다윈 산업 혁명'이라 부른 그 새로운 전개들의 성과는 단편적으로 소개되었을 뿐이라서, 다윈이 자신의 진화론을 어떻게 전개시켜나갔는지, 왜 그것을 20년 동안이나 발표하지 못하고 감춰뒀는지, 그것을 발표한 이후 세상과 종교계와 과학자들은 어떤 반응을 보였는지, 그 속사정을 자세하게 알기는 쉽지 않았다. 따라서 당시의 시대상황과 사회사상의 흐름을 치밀하게 추적하면서 다윈의 생애와 진화론 탄생의 복잡한 맥락을 풀어내는 본격 전기는, 다윈 탄생 200주년, 그리고 『종의 기원』 출간 150주년을 기념하는 지금 무엇보다도 가치 있는 자료일 것이다.

그동안 다윈 평전의 양대 산맥으로 일컬어졌던 두 권의 전기 가운데 한 권이 바로 에이드리언 데스먼드와 제임스 무어가 함께 쓴 이 『다윈 평전』이다(또 하나는 재닛 브라운의 두 권짜리 야심작이다). 저자들은 초판 서문과 2009년판 서문에서 다윈의 '사회적 초상'을 그리고자 했다는 의도를 여러 차례 밝히고 있다. 그런데 서문을 빼면 그 사회적 맥락을 치밀하게 분석하는 저자들의 목소리를 직접 듣기는 쉽지 않다. 저자들은 독자를 사회적 맥락 속으로 이끌되, 분석하고 설명하기보다는 그 풍성한 맥락을 농밀한 색채와 치밀한 구도의 풍경화로 그려서 보여주고 있는 느낌이다. 그런 다음에 그 배경그림 앞에 엄청나게 많은 직접 인용을 배치함으로써, 이를테면 살아 있는 배우가 다윈의 말을 직접 입으로 말하고, 그의 몸짓을 그대로 보여주는 듯한 효과를 주고 있다. 덕분에 우리는, 저자들이 어떤 결론을 분명하게 내리고 있지는 않지만, 다윈의 이론이 결국은 인간 사회를 설명하기 위한 것이었다는 큰 물줄기를 따라 때로는 세차게, 때로는 잔잔하게, 때로는 빠르게, 때로는 느리게 다윈의 인생 굽이굽이를 휘감아 흐르는 섬세한 필치를 통해 어떤 글보다 다윈을, 다윈의 인생을, 다윈의 연구를 생생하게 느낄 수 있다.

이 책에는 '고뇌하는 진화론자의 초상'이라는 부제가 붙어 있는데, 그렇다면 무엇이 다윈을 고뇌하게 했을까. 다윈의 동시대 인물들을 고뇌하게 했던 것이 '진화론' 자체였다면, 다윈을 고뇌하게 한 것은 '진화론을 어떻게 발표하느냐'였다. 그러니까 이 책의 적어도 하나의 중심 줄기는 다윈이 왜 20년 동안이나 진화론을 발표하지 않고 감춰두었는가 하는 의문을 탐구하는 것이다. 자유사상가의 전통을 친가로부터 물려받고, 삼위일체 교리를 부인하고 이성을 중요하게 여기는 유니테리언파 전통을 외가로부터 물려받은 다윈에게, 자연을 신의 영향에서 해방시켜 자연의 영역으로 가져오기란 사실 그리 어려운 일이 아니었다. 또한 비글호 항해를 하면서 야만의 상태에서 살고 있는 인간의 모습을 직접 본 다윈에게는 모든 생물을 하나의 공통 조상으로 엮는 것도 그리 힘든 일이 아니었다. 자신의 사회적 지위와 안락한 가족, 물려받은 유산과 기민한 투자로 축적한 부를 결코 잃고 싶지 않았던 다윈을 가장 괴롭힌 것은 오히려, 당시 사회변혁운동에 진화론을 이용하던 급진파와 한통속으로 엮여 사회적으로 무책임한 무신론자 취급을 당하는 것이었다. 다윈과 자연선택설을 공동발표했던 월리스도 그렇고, 다윈의 '불독' 헉슬리를 비롯해 다윈의 친위대라 불리는 사람들이 진화론 자체보다는 사회를 바꾸는 데에 진화론을 이용했던 것과는 달리, 다윈은 평생 그러한 움직임과는 분명한 선을 그었다. 하지만 다윈이 구상했던 이론은 그가 의도했든 아니든 국교회의 성직자 사회가 지배하는 당시의 사회구조를 뒤흔드는 것이었고, 새로운 세대의 과학자라기보다는 구질서에 많은 부분을 빚지고 있었던 신사계급의 다윈은 이로 인해 엄청난 내적 고뇌를 겪어야 했다.

이런 고뇌를 해소하기 위한 방편으로 다윈이 선택한 것이 켄트 주의 시골마을로 내려가 교구목사의 신선놀음을 흉내내며 사는 것이었다. 평생 구토 발작, 심장의 두근거림, 몸의 떨림으로 고통받았고, 자신을 헐뜯는 자들의 공격에 지긋지긋할 정도로 시달렸던 다윈의 인생을 신선놀음이라고 할 수는 없다. 하지만 적어도 '자연의 교구목사' 행세를 하며 씨앗이 어떻게 바다를 건너 퍼져나가는지, 비둘기 육종에서 사소한 변이가 어떻게 커다란 차이로 확대되는지, 자화수분한 꽃과 타화수분한 꽃에서 맺힌 씨앗들이 번식력에서 어떤 차이를 보이는지, 덩굴식물의 잡아 걸고 감아 오르는 기관들은 어떻게 진화했는지, 식충식물은 어떻게 먹이를 감지해서 잡아먹는지와 같은 수많은 의문을 제기하고 무수한 실험을 통해 자신의 이론을 확장해나가는 순간만큼은 그에게 신선놀음이나 다름없었다. 다윈의 아내 에마는 남편이 "연구를 하지 못하면 죽는다면, 차라리 연구하다가 죽게 내버려두겠다"고까지 했는데, 그 정도로 연구에 치열한 열정을 보였던 과학자 다윈의 면모를 확인하는 것도 이 책에서 얻을 수 있는 커다란 즐거움이다.

　이 책을 읽는 방법은 그 밖에도 많다. 다윈의 첫사랑 이야기는 미소를 머금게 하고, 다윈이 누구보다 사랑했던 큰딸 애니의 죽음은 읽는 이의 가슴에 잔잔한 파문을 일으키며, 아내 에마와 저녁이면 날마다 (꼭!) 두 번씩 주사위놀이의 일종인 백개먼 놀이를 즐기는 장면에서는 다윈이 마치 잘 아는 동네 친구처럼 느껴지기도 한다. 또한 월리스와 자연선택설을 공동 발표하게 되는 정황이라든지, 다윈의 불독 헉슬리와 윌버포스 주교가 벌인 그 유명한 "당신의 원숭이 조상이 할아버지 쪽이냐 할머니 쪽이냐"를 둘러싼 논쟁, 우리에게 발생반복설로 잘 알려 있는 헤켈과의 만남 등, 과학사의 명장면들을 앞뒤 맥락 속에서 살펴보는 것은 옮긴이에게도 짜릿한 경험이었다.

　『종의 기원』에서 호모 사피엔스에 대한 유일한 언급은 "앞으로 인류의 기원과 역사가 환하게 밝혀질 것이다"라는 조심스러운 주장이다. 당시 인간도 모든 생물을 지배하는 똑같은 법칙 아래 놓여 있다는 말을 비밀 공책 안에서만 할 수 있었던 '고뇌하는 진화론자' 다윈이 일생에 걸쳐 느슨하게 꿰매어둔 진리의 단편들은 그 책을 발표한 지 150년이 흐른 오늘날에는 생물학을 이루는 중심축이 되어 있다. 『다윈 평전』은 이처럼 현대 생물학의 기틀을 놓은 다윈은 물론, 수많은 모순을 안고 살았던 흥미로운 인간 다윈, 그리고 무엇보다 인간이 인간을 바라보는 시각을 획기적으로 바꾼 진화론자 다윈의 삶을 이해하기에 더없이 좋은 길잡이가 될 것이다.

2009년 11월

김명주

도판 목록

가를 받아 실음)

23. '브라질의 숲.' (옥스퍼드 대학, 보들리 도서관)

24. 푸에고의 야만인들. (케임브리지 대학, 고고학 · 인류학 도서관)

25. 지진으로 무너진 콘셉시온의 대성당. (R. 피츠로이, 『어드벤처호와 비글호의 탐사기 제2권』(제2차 탐사 보고서, 1831~1836년), 콜번 출판사, 1839년)

26. 리전트 공원의 동물원. (런던 동물학회)

27. 1838년에 최초로 선보인 오랑우탄. (런던 동물학회)

28. 1839년의 에마 웨지우드. (제임스 무어)

29. '마코앵무 오두막.' (그레이터런던 공문서보관소 및 역사도서관)

30. 유스턴 역으로 행진하는 군대. (『일러스트레이티드 런던 뉴스』의 화보 도서관)

31. 1842년의 찰스와 아들 윌리엄. (유니버시티 칼리지 도서관)

32. 찰스와 에마가 처음으로 보았을 때의 다운하우스. (다운하우스의 찰스 다윈 박물관, 잉글랜드 왕립외과의사협회의 허가를 받아 실음)

33. 다윈의 구舊서재. (다윈 기록보관소. 케임브리지 대학 도서관 평의회의 허가를 받아 실음)

34. 세상에서 가장 작은 따개비, '아르트로발라누스 씨.' (C. 다윈, 『만각아강에 관한 연구서』, 레이협회, 1854년)

35. 1847년에 옥스퍼드 대학에서 열린 영국과학진흥협회 모임. (『일러스트레이티드 런던 뉴스』, 1847년 7월 3일)

36. 40세의 다윈. (런던 웰컴 의학사 연구소 도서관)

37. 그레이트 맬번. (우스터셔 맬번의 맬번 도서관)

38. 애니 다윈. (다윈 기록보관소. 케임브리지 대학 도서관 평의회의 허가를 받아 실음)

39. 애니의 묘비. (제임스 무어)

40. 1854년, 빅토리아 여왕이 참석한 수정궁 재개막식. (윈저 성 여왕 기록보관소 판권 소유. 여왕의 허가를 받아 실음)

41. 허버트 스펜서. (에이드리언 데스먼드)

42. 조지 앤 드래곤 인. (켄트 주 다운의 조지 앤 드래곤 인. 사진은 제인 클라크Jane Clark)

43. 찰스의 형, 이래즈머스. (제임스 무어)

44. 다윈의 자식들 중, 윌리엄. (다윈 기록보관소. 케임브리지 대학 도서관 평의회의 허가를 받아 실음)

45. 헨리에타. (다윈 기록보관소. 케임브리지 대학 도서관 평의회의 허가를 받아 실음)

46. 조지. (다윈 기록보관소. 케임브리지 대학 도서관 평의회의 허가를 받아 실음)

47. 프랜시스. (다윈 기록보관소. 케임브리지 대학 도서관 평의회의 허가를 받아 실음)

72. 1869년, 휴가지에서 다윈가의 자식들. (다윈 기록보관소. 케임브리지 대학 도서관 평의회의 허가를 받아 실음)

73. 『인간의 유래』를 빈정거리는『펀치』의 풍자만화. (『펀치』, 1871년 4월 1일)

74. 에른스트 헤켈. (제임스 무어)

75. 교황 다윈. 헉슬리가 1868년에 편지에 그려 보낸 것. (다운하우스의 찰스 다윈 박물관. 잉글랜드 왕립외과의사협회의 허가를 받아 실음)

76. 여성의 맥을 짚고 있는 다윈. (다윈 기록보관소. 케임브리지 대학 도서관 평의회의 허가를 받아 실음)

77. 죽기 직전의 이래즈머스 다윈. (다윈 기록보관소. 케임브리지 대학 도서관 평의회의 허가를 받아 실음)

78. 1858년에 다운하우스에 새로 증축한 응접실. (다윈 기록보관소. 케임브리지 대학 도서관 평의회의 허가를 받아 실음)

79. 1881년에 신축한 서재. (다윈 기록보관소. 케임브리지 대학 도서관 평의회의 허가를 받아 실음)

80. 찰스와 에마의 첫 손자, 버나드. (다윈 기록보관소. 케임브리지 대학 도서관 평의회의 허가를 받아 실음)

81. 1874년 무렵의 다윈. (제임스 무어)

82. 죽기 직전의 찰스 라이엘. (에이드리언 데스먼드)

83. '잃어버린 고리'를 빈정거리는『펀치』의 풍자만화. (『펀치』, 1877년 12월 1일)

84. 1880년 무렵, 다운하우스의 베란다에서 쉬는 다윈. (다윈 기록보관소. 케임브리지 대학 도서관 평의회의 허가를 받아 실음)

85. 조지 로머니스. (제임스 무어)

86. 존 러벅. (에이드리언 데스먼드)

87. 웨스트민스터 대수도원 묘소 풍경. (제임스 무어)

88. 장례식 입장권. (다윈 기록보관소. 케임브리지 대학 도서관 평의회의 허가를 받아 실음)

89. 세속의 '19세기의 태양' 다윈. (다윈 기록보관소. 케임브리지 대학 도서관 평의회의 허가를 받아 실음)

90. 자연사박물관에서 다윈의 조상을 헌정하는 헉슬리. (『그래픽The Graphic』, 1885년 6월 9일자)

91. 성인처럼 그린 다윈의 초상. (런던 웰컴 의학사 연구소 도서관)

Annotated Calendar — Carroll, *Annotated Calendar of the Letters of Charles Darwin*, 1976.

APS — American Philosophical Society Library, Philadelphia.

ARW — Marchant, *Alfred Russel Wallace*, 2 vols., 1916.

Autobiography — Barlow, *Autobiography of Charles Darwin*, 1958.

BL — British Library, Department of Manuscripts.

BM(NH), OCorr./OColl. — British Museum (Natural History), Owen Correspondence / Owen Collection.

Calendar — Burkhardt and Smith, *Calendar of the Correspondence of Charles Darwin, 1821-1882*, 1985.

CCD — Burkhardt and Smith, *Correspondence of Charles Darwin*, 7 vols., 1985-91.

Charles Darwin — Barlow, *Charles Darwin and the Voyage of the 'Beagle'*, 1945.

Companion — Freeman, *Charles Darwin: A Companion*, 1978.

CP — Barrett, *Collected Papers of Charles Darwin*, 2 vols., 1977.

CUL — Cambridge University Library.

DAR — Darwin Archive, Cambridge University Library.

Darwin's Journal — De Beer, 'Darwin's Journal,' *Bulletin of the British Museum (Natural History), Historical Series*, 2 (1959), 1-21.

Descent — Darwin, *The Descent of Man*, 2 vols., 1871; rev. ed., 1 vol., 1874.

Diary — R. Keynes, *Charles Darwin's 'Beagle' Diary*, 1988.

DON — Barlow, 'Darwin's Ornithological Notes,' *Bulletin of the British Museum (Natural History), Historical Series*, 2 (1963), 201-78.

Down House — Charles Darwin Museum, Down House, Downe, Kent.

ED — Litchfield, *Emma Darwin*, 2 vols., 1915 (otherwise 1904 private edition).

EUL — Edinburgh University Library.

Foundations — F. Darwin, *Foundations of the 'Origin of Species'*, 1909.

Journal — Darwin, *Journal of Researches*, 1839; rev. ed., 1845/60.

KAO — Kent County Archives Office, Maidstone, Kent (collection transferred to Central Library, Bromley, Kent).

LJT — Eve and Creasey, *Life and Work of John Tyndall*, 1945.

LLAS — Clark and Hughes, *Life and Letters of the Reverend Adam Sedgwick*, 2 vols., 1890.

LLD — F. Darwin, *Life and Letters of Charles Darwin*, 3 vols., 1887.

LLJH — L. Huxley, *Life and Letters of Sir Joseph Dalton Hooker*, 2 vols., 1918.

LLL — K. Lyell, *Life, Letters, and Journals of Sir Charles Lyell*, 2 vols., 1881.

LLR — E. Romanes, *Life and Letters of George John Romanes*, 1896.

LLTH — L. Huxley, *Life and Letters of Thomas Henry Huxley*, 2 vols., 1900.

LRO — R. S. Owen, *Life of Richard Owen*, 2 vols..1894.

MLD — F. Darwin and Seward, *More Letters of Charles Darwin*, 2 vols., 1903.

Narrative — Stanbury, *Narrative of the Voyage of H.M.S. 'Beagle'*, 1977.

Natural Selection — Stauffer, *Charles Darwin's Natural Selection*, 1975.

Notebooks — Barrett *et al.*, *Charles Darwin's Notebooks, 1836-1844*, 1987.

Origin — Darwin, *On the Origin of Species by means of Natural Selection*, 1859.

Pedigrees — Freeman, *Darwin Pedigrees*, 1984.

PRO — Public Record Office, Kew, and Quality Court, London.

RBL — Litchfield, *Richard Buckley Litchfield*, 1910.

RFD — Recollections of Francis Darwin, Darwin Archive 140.3, Cambridge University Library.

TBI — Colp, *To Be an Invalid*, 1977.

THP — Thomas Huxley Papers, Imperial College of Science and Technology, London.

UCL — University College London.

W/M — Wedgwood-Mosley Collection, Keele University Library.

Wedgwood — B. and H. Wedgwood, *The Wedgwood Circle*, 1980.

미주

악마의 사제?

1. 지금까지의 다윈 연구조사는 Colp, 'Charles Darwin's Past and Future Biographies.'
2. Greene, 'Reflections;' Churchill, 'Darwin.'
3. J. Moore, 'Darwin's Genesis.' 다윈 산업에 관한 분석은 Ruse, 'Darwin Industry'와 J. Moore, 'On Revolutionizing.'
4. Oldroyd, 'How did Darwin arrive at His Theory?' 334ff; La Vergata, 'Images,' 953–58; R. Young, *Darwin's Metaphor*, 23ff.
5. Churchill, '*Darwin*,' 62; Kohn, *Darwinian Heritage*, 4; Lenoir, 'Darwin Industry,' 115–16; Desmond, 'Kentish Hog'와 'Darwin;' R. Young, 'Darwinism;' Schweber, 'Correspondence.'
6. J. Moore, 'Freethought,' 293; Desmond, *Politics*, 373–414; R. Young, 'Darwin,' 71; Lenoir, 'Darwin Industry,' 117; Rudwick, 'Charles Darwin,' 186 n. 2.
7. Colp, 'Charles Darwin's Past and Future Biographies,' 167; *ED*, 2:203.

1장 추락하는 기독교도를 붙잡는 깃털침대

1. Krause, *Erasmus Darwin*, 45; *LLD*, 2:158도 참조.
2. 유니테리언파에서 더 나아간 자신과 같은 사람들을 이르는 말로, 손자 찰스가 한 말. 다윈이 T. 울러스턴에게 6월 6일[1856년]에 쓴 편지—EUL, Gen. 1999/1/30.
3. King-Hele, *Doctor*, 289와 *Letters*, 127.
4. 다윈이 레지널드 다윈에게 1879년 4월 4일에 쓴 편지—Colp, 'Relationship,' 11; J. Moore, 'Of Love,' 204–205.
5. *Pedigrees*, 35; King-Hele, *Doctor*; McNeil, *Under the Banner*; R. Porter, 'Erasmus Darwin;' J. Browne, 'Botany.'
6. 다윈이 크라우제의 『이래즈머스 다윈』에 붙인 '서문Preliminary Notice'의 정정이 끝난 교정쇄—DAR 210.20; *Wedgwood*, 239; *Autobiography*, 93.
7. King-Hele, *Doctor*, 73, 77, 89, 100–101, 106, 130과 *Letters*, 35–37, 54, 65, 130; McNeil, *Under the Banner*, 9–15; McKendrick, 'Josiah Wedgwood;' *Wedgwood*, 36, ch. 6.

8. Holt, *Unitarian Contribution*, ch. 2; Seed, 'Theologies,' 108–14; King-Hele. *Letters*, 38.

9. McNeil, *Under the Banner*, 83; King-Hele, *Doctor*, 93–94, 135, 142–43과 *Letters*, 284, 286; *Wedgwood*, 8, 11, 16; *Memorable Unitarians*, 166–67; McKendrick, 'Role,' 297–302; Brooke, 'Joseph Priestley,' 12.

10. King-Hele, *Letters*, 8–9, 43; Rowell, *Hell*, 33–38; Willey, *Eighteenth Century Background*, ch. 10; Brooke, 'Sower,' 439–48; Webb, 'Unitarian Background,' 10–13.

11. R. Porter, 'I Live too Chaste. 'Tis Not a Common Fault,' *Independent*(런던), 1990년 7월 28일자, p. 27; King-Hele, *Letters*, 91, 297 and *Doctor*, 121–22, 131, 134, 136, 138–40, 172; *Wedgwood*, 74; Woodall, 'Charles Darwin,' 9; *Pedigrees*, 35; *Autobiography*, 30.

12. King-Hele, *Doctor*, 123–24, 176–78과 *Letters*, 164–65; Woodall, 'Charles Darwin,' 11; *LLD*, 1:8–9.

13. H. Gruber, *Darwin*, 46–47; King-Hele, *Doctor*, 204, 211–13, 217, 230, 232–33과 *Letters*, 166, 204–205, 215–16, 225–26; McNeil, *Under the Banner*, 79–85; *Wedgwood*, 98, 101–104.

14. *Wedgwood*, 102–103, 108; Keith, *Darwin*, 4; *Autobiography*, 29–30; *LLD*, 1:9; King-Hele, *Doctor*, 258.

15. D, 'Death;' *LLD*, 1:9; *Companion*, 209; King-Hele, *Doctor*, 273–74, 284–85; *Pedigrees*, 10.

16. *Wedgwood*, 132–38; *ED*, 1:26.

17. Colp, 'Mrs. Susannah Darwin,' 4–6; Woodall, 'Charles Darwin,' 1; *Autobiography*, 28, 40; *Pedigrees*, 34; *Wedgwood*, 116–17.

18. Woodall, 'Charles Darwin,' 12; E. Thompson, *Making*, 529–42; King-Hele, *Doctor*, 264–65, 297.

19. Broadbent, *Story*, 5, 9, 12; Woodall, 'Charles Darwin,' 11–12; *Autobiography*, 22; W. 레이턴의 회상—DAR 112. 1798년에 교사를 찾을 때, 새뮤얼 테일러 콜리지가 후보자로 나섰지만, 콜리지가 문학에 전념할 수 있도록 수재녀의 아버지가 1년에 150파운드라는 고액의 연금을 제공하여, 교사 자리는 케이스에게 돌아갔다.

20. *Autobiography*, 22–24, 26–27; *CCD*, 1:537, 2:438; Woodall, 'Charles Darwin,' 14; *Wedgwood*, 117.

21. Mansergh, 'Charles Darwin;' Bowlby, *Charles Darwin*, 56; W. 레이턴의 회상—DAR 112; *Autobiography*, 23, 27; *CCD*, 2:439–40.

22. *CCD*, 2:439-40; *Autobiography*, 22, 24; Colp, 'Mrs. Susannah Darwin,' 7-11; Colp, 'Notes on Charles Darwin's *Autobiography*,' 364; *Wedgwood*, 181.

23. *Autobiography*, 30, 32, 39; *ED*, 1:60; *Charles Darwin*, 8-9.

24. *CCD*, 1:537; *Wedgwood*, 165; *ED*, 1:139-40; E. Richards, 'Darwin,' 82.

25. *CCD*, 2:440; Bowen, *Idea*, 213.

26. W. 레이턴의 회상—DAR 112; *Autobiography*, 27-28, 43.

27. E. 크래덕이 F. 다윈에게 1882년 7월 10일에 보낸 편지—DAR 112:16-17; *Autobiography*, 25, 42, 44; Colp, 'Notes on Charles Darwin's *Autobiography*,' 363-64.

28. *CCD*, 1:538; 2:440-41; *Autobiography*, 44-45; Bowlby, *Charles Darwin*, 64; W. 레이턴과 J. 프라이스의 회상—DAR 112.

29. *CCD*, 1:1-15; *Wedgwood*, 112; Chaldecott, 'Josiah Wedgwood.'

30. Green, *Address*, 36, 41-42.

31. *Autobiography*, 45-46; *CCD*, 1:1-15.

32. *Autobiography*, 44, 46; *Wedgwood*, 138, 195-96.

33. *ED*, 1:56, 61, 141-42, 160-61; *Wedgwood*, 195, 198; E. Wedgwood, *My First Reading Book*; Thackray, 'Natural Knowledge,' 679-80.

34. *Autobiography*, 28, 36, 39; *CCD*, 1:14-15.

2장 북쪽의 아테네

1. *Autobiography*, 47-48; *TBI*, 3-4.

2. *CCD*, 1:15-16; Shepperson, 'Intellectual Background,' 17-20; Audubon, *Audubon*, 1:210.

3. *Report from the Select Committee on Medical Education*……(Parliamentary Papers, 13 Aug. 1834), pt 1, 93; Chitnis, 'Medical Education;' Parry and Parry, *Rise*, 105-107.

4. *CCD*, 1:15, 18-19; Mudie, *Modern Athens*, 23.

5. Mudie, *Modern Athens*, 252-53; *CCD*, 1:19, 28.

6. *Pedigrees*, 10, 31; King-Hele, *Doctor*, 123.

7. *CCD*, 1:25, 28-29, 41; *Autobiography*, 52; Audubon, *Audubon*, 1:206.

8. Mudie, *Modern Athens*, 185; *CCD*, 1:38-40, 44.

9. McMenemey, 'Education,' 138-39; Desmond, *Politics*, 166; *CCD*, 1:34.

10. *CCD*, 1:16, 39, 45; Shepperson, 'Intellectual Background,' 27.

11. *CCD*, 1:25; *Medico-Chirurgical Review*, 20(1833-34), 315-19; Morrell, 'Science;'

1138

Mudie, *Modern Athens*, 220; A. Grant, *Story*, 2:389-90.

12. 1826-27년 사이, 녹스가 해부학을 가르친 학생의 수는 207명이었으며, (녹스 다음으로 인기가 있었던) 리자스는 104명, 먼로는 78명이었다—Struthers, *Historical Sketch*, 92. 로버트 녹스에 관하여는 E. Richards, 'Moral Anatomy.'

13. *CCD*, 1:25; *Autobiography*, 47; Audubon, *Audubon*, 1:146, 174. 녹스는 서전스 스퀘어 10번지에서 가르쳤고, 리자스는 1번지에서 가르쳤다—Cathcart, 'Some of the Older Schools,' 775-78.

14. *CCD*, 1:iv, 25, 36; A. Grant, *Story*, 2:424-5; *Evidence*, 1:220-22.

15. *Autobiography*, 39-40, 47-48; G. Darwin의 회상—DAR 112; Richardson, *Death*, 41.

16. Morrell, 'Science,' 54-55; Ashworth, 'Charles Darwin,' 98; *CCD*, 1:25, 29; *Autobiography*, 47.

17. *CCD*, 1:29; Freeman, 'Darwin's Negro Bird-Stuffer;' *Autobiography*, 51. 워터턴은 악명을 얻는 데 소질이 있는 사람이었다. 그는 당시 세상을 떠들썩하게 했던 '미기재종'을 날조해냈는데, 그것은 재무장관의 얼굴을 그로테스크하게 풍자하여 재창조한 붉은고함원숭이의 박제였다. Aldington, *Strange Life*, 112-14.

18. *CCD*, 1:22, 36-39, 41.

19. 1826년의 일기—DAR 129; *Autobiography*, 45. 다윈이 소유하고 있던 화이트의 『셀본의 자연사』(전2권, 1825년)는 CUL의 다윈 문고에 소장.

20. R. Porter, 'Erasmus Darwin,' 58; *Autobiography*, 49.

3장 이끼벌레와 선동적인 과학

1. *Autobiography*, 46; Peterson, 'Gentlemen,' 462.

2. *Evidence*, 1:146.

3. W. Browne, 'Observations.'

4. Plinian Minutes MSS, 1:ff. 34-36, EUL, Dc.2.53; G. Bell, *Letters*, 251; Kirsop, 'W. R. Greg,' 377-83; 그레그가 다녔던 브리스틀의 랜트 카펜터스 유니테리언 학교에서 가르쳤던 결정론적인 과학과 신학에 관하여는 Desmond, *Politics*, 210.

5. *Phrenological Journal*, 5(1829), 141; Kirsop, 'W. R. Greg,' 378-83; 골상학의 사회적 호소력에 관하여는 Shapin, 'Phrenological Knowledge'와 Cooter, *Cultural Meaning*.

6. Ainsworth, 'Mr. Darwin.' 윌리엄 F. 에인즈워스는 나중에 동양학자로 유명해졌는데, 플리니우스학회 회장으로서 이따금씩 다윈과 함께 해안가를 산책했다.

7. *Autobiography*, 48; Balfour, *Biography*.

8. Desmond, 'Making,' 163, 167; Corsi, *Age*, chs. 3-4.

9. Audubon, *Audubon*, 1:149, 223; R. Grant, 'Notice of a New Zoophyte.' 그랜트의 자세한 생애의 출전은 'Biographical Sketch of Robert Edmond Grant,' *Lancet*, 2(1850), 686-95; Poore, 'Robert Edmond Grant,' 190; Desmond, 'Robert E. Grant' 와 *Politics*. 그랜트의 동물학에 관하여는 Sloan, 'Darwin's Invertebrate Program,' 73-87.

10. Beddoe, *Memories*, 32; Godlee, 'Thomas Wharton Jones,' 102; Poore, 'Robert Edmond Grant,' 190; *Autobiography*, 49.

11. Wernerian Society Minutes, 1:f. 272, EUL, Dc.2.55; 'Edinburgh Zoology Notebook,' DAR 118과 *CP*, 2:283-91.

12. R. Grant, 'Notice regarding the Ova.' 다윈이 거머리의 알을 플리니우스학회에 선보인 것은 4월 3일의 회의였다―Ainsworth, 'Mr. Darwin.' 베르너학회에 관하여는 *Evidence*, 1:146; *Autobiography*, 51; Audubon, *Audubon*, 1:186. 그랜트는 다윈의 비호자였지만, 우선권을 빼앗아 연구를 스스로 발표하지 않도록 다윈에게 경고했던 것을 보면, 그랜트가 선임자라는 사실이 다른 무엇보다 우선했던 것 같다―Jesperson, 'Charles Darwin,' 164-65. 과학계에 직업적 규범이 도입되기 전 수많은 자연학자가 그랬듯이, 그랜트도 '표절자들'에게 시달림을 당했다―Desmond, *Politics*, 401-402.

13. 'Edinburgh Zoology Notebook,' DAR 118, f. 6과 *CP*, 2:288. 다윈이 베껴 쓴 라마르크의 사본은 DAR 5에서 찾아볼 수 있다. Egerton, 'Darwin's Early Reading,' 454-55; *CCD*, 1:22도 참조.

14. Plinian Minutes, 1:ff. 56-57, EUL, Dc.2.53; H. Gruber, *Darwin*, 479; Desmond, *Politics*, 67-69, 402. 그레그, 브라운, 그랜트, 에인즈워스의 토론은 막판에 혼전으로 치달았다.

15. McMenemey, 'Education,' 145; Desmond, *Politics*, 120, 264-67.

16. Wernerian Society Minutes, 1:ff. 241-43, EUL, Dc.2.55; 그랜트와 조프루아의 우정과, 그랜트의 철학적 해부학의 급진적 바탕에 관하여는 Desmond, *Politics*, ch. 2와 Desmond, 'Lamarckism.' 그랜트는 조프루아의 이론에 발을 푹 담그고 있었다. 그 당시, 파리에서 조프루아의 제자들이 곤충류, 갑각류, 연체동물, 척추동물 사이에 상동관계가 인정된다고 선언하여 흥분을 불러일으킨 일에 관하여는 Appel, *Cuvier-Geoffroy Debate*, ch. 5.

17. Jameson, 'Observations.' 저자가 제임슨이라는 사실을 Secord, 'Edinburgh Lamarckians'가 확인했다. 이하의 문헌들도 참조. R. Grant, 'Structure,' 283-84; Desmond,

'Robert E. Grant's Later Views,' 405-406 ; Desmond, *Politics*, 59-81, 398-403 ; *Autobiography*, 49 ; 이 시기의 프랑스의 과학에 관하여는 Corsi, *Age*, ch. 8.

18. R. Porter, 'Erasmus Darwin,' 39 ; R. Grant, *Dissertatio Physiologica*, 8 ; R. Grant, *Tabular View*, v ; Shepperson, 'Intellectual Background,' 27.

19. Sloan, 'Darwin's Invertebrate Program,' 78-84 ; Jameson, 'Observations,' 295.

20. Matthew, *On Naval Timber*, 364-69 ; Dempster, *Patrick Matthew*, 98-99. Wells, 'Historical Context'는 매슈의 자유방임주의적인 급진 사상과 그 진화론적 견해들을 논하고 있다.

21. Hugh Miller, in Hodge, 'England,' 11 ; Corsi, *Science*, 273 ; Balfour, *Biography*, 7-12, 39.

22. *Evidence*, 1:145 ; Secord, 'Discovery ;' 불후의 명성을 쌓은 사람으로서의 제임슨에 관하여는 Mudie, *Modern Athens*, 221.

23. *Evidence*, 1:141-42, App., 115-18 ; Secord, 'Discovery.'

24. Jameson's testimony, *Evidence*, 1:141-42. 이 강의에서는 "자연사의 표본을 채집하고, 보존하고, 수송하고, 배열하는 방법에 관한 안내와 실례"(App., 118)를 가르쳤다. 이 수업은 다윈이 비글호에 올라 항해할 때 커다란 도움이 된다. Sweet, 'Robert Jameson'도 참조.

25. Ainsworth, 'Present State,' 271, 276 ; 'Phrenology and Professor Jameson,' *Phrenological Journal*, 1(1824), 56 ; *Evidence*, 1:142, 144-45 ; Chitnis, 'University of Edinburgh's Natural History Museum,' 86-88, 90-93.

26. *Evidence*, 1:223 ; *Autobiography*, 52. 던컨은 식물학 교수 로버트 그레이엄의 경쟁 체계인 (케케묵은) 린네 체계에 반대했다. 캉돌의 식물학에 관하여는 J. Browne, *Secular Ark*, 52-57.

27. Kirsop, 'W. R. Greg,' 377-78 ; Coldstream, *Sketch*, 10-11 ; Balfour, *Biography*, 38 ; Desmond, *Politics*, 81 ; *ED*, 1:194.

4장 국교회

1. *CCD*, 1:58, 539 ; *ED*, 1:198.

2. Brent, *Charles Darwin*, 56 ; *ED*, 1:183, 200-202, 208.

3. *ED*, 1:139-40, 227 ; *CCD*, 1:22, 24, 28, 40-41, 44.

4. *ED*, 1:206-10, 227 ; *Autobiography*, 55 ; *Wedgwood*, 200.

5. 향사 오언도 몇 년 후, 다윈에게 자신의 셋째 아들의 가정교사를 맡아달라고 부탁했을 때 그러한 마지막 보루를 마음에 두고 있었다. 그 셋째 아들은 "매우 바르고 성격이 좋은

소년"이었지만, 미성숙하고 공부가 느려서, "다른 뾰족한 수가 없으면 성직자를 시킬 작정"이었다—*CCD*, 1:528-29; *Autobiography*, 56-57.

6. Trollope, *Clergymen*, ch. 5; Addison, *English Country Parson*; Hart, *Country Priest*와 *Curate's Lot*; Colloms, *Victorian Country Parsons*; Evans, 'Some Reasons,' 85-101; Halévy, *History*, 342-52; J. Moore, 'Darwin of Down,' 441-42.

7. *Companion*, 116, 296; *Wedgwood*, 198도 참조.

8. *Autobiography*, 56-57; 섬너의 *Evidences of Christianity*에 관한 다윈의 메모는 DAR 91:114-18. H. Gruber, *Darwin*, 125-26과 Dell, 'Social and Economic Theories'도 참조. 다윈의 메모는 날짜가 적혀 있지 않지만, 대부분의 종이는 1825년-1827년에 쓰인 것으로 추정되는(*Autobiography*, 44, 54) 'Early notes on guns and shooting'(DAR 91:1-3)에 사용된 종이와 같은 종류로 보인다. 더 나중에 쓰였을 가능성도 있다—J. Moore, 'Darwin of Down,' 478 n.3.

9. *Autobiography*, 58; *CCD*, 1:48, 51, 70-71.

10. *Cambridge Guide*; E. Evans, 'Some Reasons;' E. Thompson, *Making*, 246ff; Hobsbawm and Rudé, *Captain Swing*, ch. 4.

11. *Cambridge Guide*, 9-10; Brace of Cantabs, *Gradus*, 83-84; Winstanley, *Unreformed Cambridge*, 22-24; Parker, *Town and Gown*, ch. 15.

12. *Cambridge Guide*, 29-35; Brace of Cantabs, *Gradus*, 90; Winstanley, *Unreformed Cambridge*, 197-203.

13. *Cambridge Guide*, 18; Winstanley, *Unreformed Cambridge*, 16-33.

14. Parker, *Town and Gown*, 142-43; Stokes, *Cambridge Parish Workhouses*, 27; Winstanley, *Later Victorian Cambridge*, 92-93.

15. *LLD*, 1:163; *CCD*, 1:1-18.

16. Brace of Cantabs, *Gradus*, 14, 121-31; Winstanley, *Unreformed Cambridge*, 203ff도 참조.

17. Peacock, *Observations*, 76.

18. *CCD*, 1:3; *LLAS*, 1:317; Speakman, *Adam Sedgwick*, ch. 5; Secord, *Controversy*, ch. 2.

19. Spinning House committals, 1823-1836, CUL, University Archives, T.VIII.1, 특히 149-96. Marcus, *Other Victorians*, 특히 100-103도 참조.

20. *CCD*, 1:48-49, 53-55.

21. Reid, *Life, Letters*, 1:75; Pope-Hennessy, *Monckton Milnes*, 10ff; Preyer, 'Romantic Tide,' 43-46; P. Allen, *Cambridge Apostles*, ch. 1; *CCD*, 1:112.

22. Gascoigne, *Cambridge*, 252-62; Reid, *Life, Letters*, 1:51; W. Carus, *Memoirs*, 641, 648ff; Smyth, *Simeon*, 98ff, 202ff, 296-98; Barclay, *Whatever Happened*, ch. 1; O. Chadwick, *Victorian Church*, 1:110, 442, 449.

23. J. 캐머런이 F. 다윈에게 9월 15일〔1882년〕에 쓴 편지—DAR 112:14; *Autobiography*, 61-62; J. 허버트가 F. 다윈에게 1882년 5월 26일과 6월 12일에 쓴 편지—DAR 112:50-51, 58-59; *CCD*, 1:58.

24. *CCD*, 1:539; D. Allen, *NaturaList*, 101-103; Barber, *Heyday*, chs. 1-2.

25. *Pedigrees*, 15, 28; *LLD*, 1:322; *Autobiography*, 63; RFD, 110; *CCD*, 1:74, 82.

26. *CCD*, 1:57, 91; Blomefield, *Chapters*, 54; *Autobiography*, 62-63.

27. *CCD*, 1:58-59. *Autobiography*, 62도 참조; Samouelle, *Entomologist's Useful Compendium*, 160; K. Smith, 'Darwin's Insects,' 7ff.

28. CUL, University Archives, C.U.R. 39.16.6-7과 O.XIV.109; [Blomefield], *Memoir*, 29-30, 49-51; Todhunter, *William Whewell*, 1:36-37.

29. *CCD*, 1:7; *Autobiography*, 64, 66-67; *CP*, 2:72.

5장 천국과 지옥

 1. *CCD*, 1:56, 59, 61, 72, 325, 430; J. 헤비사이드가 F. 다윈에게 1882년 9월 15일에 쓴 편지—DAR 112:56-57.

 2. *CCD*, 1:59, 61; J. 허버트의 회상—DAR 112; *Autobiography*, 58.

 3. *CCD*, 1:62, 64-65.

 4. *CCD*, 1:62-67, 70.

 5. *CCD*, 1:51, 54, 66, 69, 71-72.

 6. *Cambridge Guide*, 145-49; *LLD*, 1:165; *Companion*, 55; *CCD*, 1:70.

 7. *Cambridge Guide*, 29; *CCD*, 1:68, 70-77, 98; *TBI*, 7-8.

 8. *CCD*, 1:73-76, 78, 80, 539; [Blomefield], *Memoir*, 8; J. Price의 회상—DAR 112; *Cambridge Guide*, 304. 런던 곤충학회에 관하여는 D. Allen, *NaturaList*, 103-106; Desmond, 'Making,' 157ff.

 9. J. 허버트의 회상—DAR 112; *LLD*, 1:171; *CCD*, 1:64, 67.

10. J. 프라이스의 회상—DAR 112; *CCD*, 1:76, 79.

11. *CCD*, 1:79, 81-82.

12. *CCD*, 1:79-82; *Autobiography*, 60.

13. Acta Curiae, 1822-1835, CUL, University Archives, V.C.Ct.I.19:146-51; Cooper, *Annals*, 561-62; *CCD*, 1:82-83.

14. CUL, University Archives, UP 7.234; Cooper, *Annals*, 560-63; *CCD*, 1:8. 캐슬힐에 관하여는 *Cambridge Guide*, 232, 235-36; Parker, *Town and Gown*, 143.

15. *CCD*, 1:79, 82, 84-85.

16. *Cambridge and Hertford Independent Press*, 1829년 5월 9일자, p. [2], col. 1과 1829년 5월 16일자, p. [2], col. 1; Joseph Romilly Diary, 1829, CUL, Add. 6810; Cooper, *Annals*, 563; Reid, *Life, Letters*, 1:65-67; *CCD*, 1:85.

17. Royle, *Victorian Infidels*, 34-39; J. Wiener, *Radicalism*, 특히 130ff, 463; Desmond, 'Artisan Resistance,' 82; Royle, 'Taylor, Robert;' W. Carus, *Memoirs*, 308; Hole, *Pulpits, Politics*, 190-93, ch. 14.

18. *Lion*, 3(1829년 4월 24일자), 519와 (1829년 5월 29일자) 673-74, 678, 682, 684. 다윈의 판화 구입에 관하여는 *CCD*, 1:70-71; *Autobiography*, 61; RFD, 95-96; W. 다윈과 J. 허버트의 회상—DAR 112.

19. *Lion*, 3(1829년 5월 29일자), 674-75; J. Moore, 'Freethought,' 290-93.

20. *Lion*, 3(1829년 5월 29일자), 673, 675, 678, 682, 686.

21. *Lion*, 3(1829년 5월 29일자), 682-83; 규칙과, 1854년 시점의 로즈 스퀘어의 하숙집들에 관하여는 CUL, University Archives, UP 7.244와 C.U.R. 124; Winstanley, *Early Victorian Cambridge*, 59-60.

22. *Lion*, 3(1829년 5월 29일자), 678, 685와 (1829년 6월 5일자) 705-707; Joseph Romilly diary, 1829, CUL, Add. 6810; CUL, University Archives, UP 7.245; R. Taylor, *Devil's Pulpit*(1881 ed.), 2:vi.

6장 헨슬로와 산책하는 사람

1. Briggs, *Age*, 227ff; Hole, *Pulpits, Politics*, ch. 16; Cooper, *Annals*, 559-60, 563-64; Gascoigne, *Cambridge*, 236; C. 워즈워스가 J. 브로그든에게 1829년 3월 28일에 쓴 편지—CUL, University Archives, UP.5; *LLAS*, 1:341-49; Brilioth, *Anglican Revival*, 93-96; *CCD*, 1:85-86.

2. *CCD*, 1:88-90.

3. *CCD*, 1:90-93; *Pedigrees*, 11.

4. *CCD*, 1:90, 93-94, 96; *Autobiography*, 63; K. Smith, 'Darwin's Insects,' 7-9.

5. *CCD*, 1:93-94; J. 프라이스의 회상—DAR 112.

6. *CCD*, 1:95-96; 'Names of Men who attended the Botanical Lectures……,' CUL, University Archives, O.XIV.261; Blomefield, *Chapters*, 10, 12, 23; Blomefield, *Naturalist's Calendar*; Leonard Jenyns, '[ta peri emauta]'—R. G. 제닌스(케임브리지셔

보티섬의 보티섬 홀)가 소유한 자필 일기, 소장한 책, 메모; *Autobiography*, 66-67.

7. *CCD*, 1:96-97.

8. *CCD*, 1:98; CUL, University Archives, C.U.R. 28.11(2 July 1829), 8; Examination Papers, 1830, CUL, L952.b.1.7.

9. Clarke, *Paley*, ch. 4; LeMahieu, *Mind*, ch. 1; Gascoigne, *Cambridge*, 241-44; Cole, 'Doctrine, Dissent.'

10. *Autobiography*, 59; Paley, *View*, 2:24-25, 395, 410. 페일리와 계시에 관하여는 Clarke, *Paley*, ch. 8; LeMahieu, *Mind*, ch. 4.

11. Paley, *View*, 2:395; *CCD*, 1:101; Previous Examination, 1824-1843, CUL, University Archives, Exam.L.67.

12. *CCD*, 1:99-102.

13. *CCD*, 1:102; J. 로드웰과 W. 레이턴의 회상—DAR 112.

14. [Blomefield], *Memoir*, 4-7, 13, 16-21, 30-39, 46-47; *Cambridge Guide*, 13; Walters, *Shaping*, 47-58.

15. *CP*, 2:72-73; Spinning House committals, 1823-1836, CUL, University Archives, T.VIII.1, 특히 209-97; *Autobiography*, 64-65; *CCD*, 1:104.

16. *CP*, 2:72-73; [Blomefield], *Memoir*, 41; J. 로드웰의 회상—DAR 112; *CCD*, 1:80; 'Plants gathered in five herborizing expeditions……,' CUL, University Archives, UP.5.

17. Sloan, 'Darwin, Vital Matter,' 373; 'Names of Men who attended the Botanical Lectures……,' CUL, University Archives, O.XIV.261; [Blomefield], *Memoir*, 39; J. 로드웰과 W. 레이턴의 회상—DAR 112.

18. 'Edinburgh Zoology Notebook,' DAR 118 f. 13; *Autobiography*, 66; Sloan, 'Darwin, Vital Matter,' 373-87, 395와 'Darwin's Invertebrate Program,' 86-87.

19. *CCD*, 1:95, 103-106, 272. 벰비디과科(Stephens, *Systematic Catalogue*, 1:36-41)는 현재 분류에서는 벰비디니과科로 분류된다.

20. *CCD*, 1:50, 100, 105-109, 115, 192-93, 208, 255, 634. 패니가 동봉한 것은 "내 스케치 북에…… 끼적거린 그림 몇 점." "다른 그림"을 그려주겠다는 패니의 제안은 찰스가 다음에 온다는 조건부의 말이다. 패니가 그린 초상화에 관하여는 *Calendar*, 8917, 8926.

7장 각자 자신을 위해 판단한다

1. R. Taylor, *Devil's Pulpit*(1881 ed.), 2:79; E. Thompson, *Making*, 843-44; J. Wiener, *Radicalism*, 164-70; Royle, *Victorian Infidels*, 39-40.

2. *CCD*, 1:109-11, 123, 180; *Autobiography*, 59, 64; [Blomefield], *Memoir*, 48, 57-58.

3. *CCD*, 1:110; Sedgwick, *Discourse*, 95-102; Todhunter, *William Whewell*, 2:174-78.

4. Gascoigne, *Cambridge*, 241-44; Paley, *Principles*, 1:217, 2:138-39, 302; Francis, 'Naturalism;' Clarke, *Paley*, chs. 5-6.

5. [Blomefield], *Memoir*, 60-61; *Autobiography*, 65.

6. E. Thompson, *Making*, ch. 7; E. Evans, 'Some Reasons;' Hobsbawm and Rudé, *Captain Swing*, 165-67; *Cambridge Chronicle and Journal*, 1830년 12월 3일자, p. [3], col. 4; 1830년 12월 10일자, pp. [1], col. 4와 [2], col. 5.

7. J. 허버트의 회상—DAR 112.

8. *CCD*, 1:111-12; Examination Papers, 1831, CUL, L952.b.1,8; *Autobiography*, 59.

9. J. 허버트의 회상—DAR 112; F. 왓킨스가 F. 다윈에게 7월 18일[1882년?]에 쓴 편지—DAR 112:111-14; *LLD*, 1:169-70; *CCD*, 2:125-26.

10. J. 헤비사이드가 F. 다윈에게 1882년 9월 15일에 쓴 편지, DAR 112:56-57; Monsarrat, *Thackeray*, 42; *CCD*, 1:113-19.

11. *CCD*, 1:112, 124; Blomefield, *Chapters*, 54; L. 제닌스가 J. 후커에게 1882년 5월 1일에 쓴 편지(사본)—DAR 112:67-68.

12. 'Names of Men who attended the Botanical Lectures……,' CUL, University Archives, O.XIV.261; *CCD*, 1:123.

13. Paley, *Natural Theology*, vii, 465, 490; Francis, 'Naturalism,' 212-16; Gillespie, 'Divine Design;' Clarke, *Paley*, ch. 7; LeMahieu, *Mind*, ch. 3.

14. Paley, *Natural Theology*, 465; Herschel, *Preliminary Discourse*, 350, 353—Darwin Library, CUL; *CCD*, 1:118; *Autobiography*, 68; Ruse, 'Darwin's Debt,' 160ff; Schweber, 'John Herschel.'

15. [Blomefield], *Memoir*, 11, 13-15; Cannon, *Science*, 86ff; *CCD*, 1:539. 헨슬로는 나중에 다윈에게 훔볼트의 책을 선물했다—*CCD*, 1:120.

16. *Autobiography*, 67-68; *CCD*, 1:120, 122-23, 125, 539.

17. J. Wiener, *Radicalism*, 174-79; Royle, 'Taylor, Robert,' 469; *The Times*, 1831년 5월 31일자, p. 4, cols. 1-2; *ED*, 1:234.

18. *CCD*, 1:121-22, 147; *Autobiography*, 68; Halévy, *Triumph*, 32-33.

19. Cooper, *Annals*, 570; *CCD*, 1:122-24; *LLAS*, 1:374-76; Todhunter, *William Whewell*, 2:118; Gascoigne, *Cambridge*, 236.

20. *LLAS*, 1:204, 376; [Blomefield], *Memoir*, 13-14; Secord, *Controversy*, 45-47; J. 로

1146

드웰의 회상—DAR 112; *CCD*, 1:25, 125.

21. *CCD*, 1:125-27.

22. Secord, *Controversy*, 47-53; *LLAS*, 1:378-80; *Autobiography*, 69; *CCD*, 1:540.

23. Secord, 'Discovery;' *LLAS*, 1:381; Barrett, 'Sedgwick-Darwin Geologic Tour,' 147-48, 157-58.

24. *Autobiography*, 69-71; *LLAS*, 1:381; G. 다윈의 회상—DAR 112; *CCD*, 1:127-31; Barrett, 'Sedgwick-Darwin Geologic Tour,' 149, 161-62.

8장 마지막 비상구

1. *CCD*, 1:127-30; *Diary*, 3.

2. *CCD*, 1:132-35, 151, 165, 382; *Diary*, 3; Graber and Miles, 'In Defence,' 99; *Autobiography*, 71-72도 참조.

3. *CCD*, 1:135-16, 139-41, 145; L. 제닌스가 J. 후커에게 1882년 5월 1일에 쓴 편지(사본)—DAR 112:67-68; *Diary*, 3.

4. *CCD*, 1:140-41, 144, 146; Mellersh, *FitzRoy*; Burstyn, 'If Darwin wasn't;' Stanbury, 'H.M.S. *Beagle*,' 82; S. Gould, 'Darwin.'

5. *CCD*, 1:140, 144, 148-50, 156; Barlow, 'Robert FitzRoy,' 496; F. Darwin, 'FitzRoy,' 547.

6. *CCD*, 1:144, 146, 149; *Autobiography*, 72; Hyman, 'Darwin Sidelight.'

7. *CCD*, 1:154; F. Darwin, 'FitzRoy,' 547; Basalla, 'Voyage;' Nicholas and Nicholas, *Darwin*, 3-5.

8. *CCD*, 1:154; *Narrative*, 27-33; Barlow, 'FitzRoy,' 501-502; Stanbury, 'H.M.S. *Beagle*,' 76-78.

9. *CCD*, 1:154-56, 177, 553-54; B. 설리번이 [F.] 다윈에게 1884년 12월 12일에 쓴 편지—DAR 112; K. Thomson, 'H.M.S. Beagle,' 665-66, 670-71; Stanbury, 'H.M.S. Beagle,' 86-92; R. Keynes, *Beagle Record*, 21, 39.

10. *CCD*, 1:155-57, 161, 167; *Autobiography*, 110. 1831년 9월 21일 날짜가 적힌 헨슬로의 선물은 Darwin Library, CUL 소장.

11. *CCD*, 1:163, 165, 168-69, 171, 192-93, 540; *Wedgwood*, 215.

12. J. Wiener, *Radicalism*, 176-80; 'Trial of the Rev. Robert Taylor,' *The Times*, 1831년 7월 5일자, p. 4, col. 3; 7월 9일자, p. 3, col. 1; 7월 21일자, p. 5, col. 3; 7월 23일자, p. 3, col. 5; Halévy, *Triumph*, 40; Briggs, *Age*, 251-53; *CCD*, 1:172, 174-76, 393; E. Thompson, *Making*, 888ff.

13. 표본 보존법에 관한 메모—DAR 29.3:78ff; *Reports of the Council and Auditors of the Accounts of the Zoological Society of London, read at the Anniversary Meeting, April 30th 1832*(London: Taylor, 1832), 9-10; Desmond, 'Making,' 232; *CCD*, 1:146-48, 171, 173; *Autobiography*, 103.

14. *CCD*, 1:143-44, 148-50, 172, 175.

15. *CCD*, 1:172, 176-77, 180, 182; J. Gruber, 'Who,' 271ff; *Diary*, 4-7. 해군 군의관의 대우는 울분이 쌓이고 쌓여 폭발할 정도로 비참했다. 실제로 런던 외과의사협회에서는 1831년에 군의관으로 인해 폭동이 일어났다—*London Medical Gazette*, 7(1830-31), 765.

16. *CCD*, 1:175, 177-80; *Diary*, 6-7, 133; *Narrative*, 35.

17. *CCD*, 1:163, 179-80, 183, 186; *Diary*, 8-9; *Autobiography*, 79-80; Colp, 'Pre-Beagle Misery.'

18. *CCD*, 1:127, 145, 168-69, 173-74, 181-84, 186; *Diary*, 9.

19. *CCD*, 1:177, 182; *Diary*, 7-8, 10-11.

20. *CCD*, 1:187; *Diary*, 11-12, 13-15.

21. *CCD*, 1:180, 190; *Diary*, 15-17; F. Darwin, 'FitzRoy,' 547.

9장 환희의 도가니

1. *Narrative*, 40-41; *Diary*, 17-18; *CCD*, 1:201.

2. *Diary*, 19-20; *CCD*, 1:201-202; *Narrative*, 44-45.

3. *Diary*, 21-25; *CCD*, 1:202; *Narrative*, 46.

4. Secord, 'Discovery;' *Diary*, 24-26, 30, 33; *Charles Darwin*, 156-57.

5. *Autobiography*, 81; *Diary*, 27, 34.

6. *Diary*, 36-37; *Narrative*, 49-52; *CCD*, 1:203, 240.

7. *Diary*, 37-41, 48; *CCD*, 1:206; *Charles Darwin*, 158.

8. *Diary*, 41-44; *CCD*, 1:205; Cannon, *Science*, 87; Paradis, 'Darwin,' 95ff.

9. *Diary*, 43-46; *Narrative*, 56; *Autobiography*, 73-74.

10. *CCD*, 1:192-93, 197-98, 219-20; *Diary*, 46-51.

11. *Diary*, 52-60, 74; *Journal*(1839), 21-28, 605; *CCD*, 1:247, 252; *Charles Darwin*, 164-65.

12. *Diary*, 61-78; *CCD*, 1:226.

13. *Diary*, 64-77; *CCD*, 1:227, 230, 232, 237-38, 241, 247; *CP*, 1:182-85; *Journal*(1839), 35, 38.

14. *Diary*, 71-72, 77-80; *CCD*, 1:225, 231-32; J. Gruber, 'Who,' 275-76; Burstyn, 'If Darwin wasn't,' 67-68.

15. *Diary*, 81-83; *CCD*, 1:247, 248, 251-52; *Autobiography*, 85; Schweber, 'John Herschel,' 52-55.

16. *CCD*, 1:222-23, 248-50, 261, 277; *Diary*, 78, 84, 87-91, *Narrative*, 74-78; Parodiz, *Darwin*, 76-78.

17. Sloan, 'Darwin, Vital Matter,' 388-91; *CP*, 1:181. 이들은 모악동물이다.

18. *Journal*(1839), 117-18; Sloan, 'Darwin's Invertebrate Program,' 87-91; Thomson and Rachootin, 'Turning Points,' 26-27.

19. *Diary*, 92-94, 99-101, 104-105, 121; *CCD*, 1:276; *Narrative*, 83; Parodiz, *Darwin*, 99-102.

20. *CCD*, 1:276, 280-81; *Narrative*, 82; *Diary*, 106-110; *Charles Darwin*, 166; *Journal*, 204; Gruber and Gruber, 'Eye,' 195; H. Gruber, 'Going,' 18. 푼타알타 화석들은 런던에 돌아온 이후 리처드 오언에 의해 동정되었다—Owen, *Fossil Mammalia*, 7-9, 29(거대한 설치류 톡소돈), 68-69(육상나무늘보 밀로돈), 107-108(크기가 소만 한 아르마딜로 혹은 글립토돈).

21. *Diary*, 111; Schweber, 'John Herschel,' 55-56; *Narrative*, 95-96; Bush, *Milton*, i:180-88도 참조.

22. *CCD*, 1:222-23, 235, 245, 255-59; *Diary*, 111-12, 117.

23. *Diary*, 113, 115; *CCD*, 1:222, 245, 257, 277-78, 281, 286.

24. R. 해먼드가 F. 다윈에게 1882년 9월 19일에 쓴 편지—DAR 112:54-55; *Charles Darwin*, 167-69; *Diary*, 114, 116-18.

25. C. Lyell, *Principles*, 2:2, 10; Bartholomew, 'Lyell;' Desmond, *Politics*, 327-30.

26. *Diary*, 117-18; *CCD*, 1:281-82, 308.

10장 다른 세계의 악령

1. *Diary*, 120-25; *CCD*, 1:306, 397.

2. *Diary*, 122, 124-29, 444; *CCD*, 1:303, 307, 316; *Narrative*, 102-103.

3. *Diary*, 130-32; *Narrative*, 105-106; *CCD*, 1:303; Stanbury, 'H.M.S. *Beagle*,' 84.

4. *Diary*, 133, 138-40; *Narrative*, 115, 124-25; *CCD*, 1:304.

5. *Diary*, 135, 139, 141, 143, 224; *CCD*, 1:303, 305; *Narrative*, 127-28.

6. *Diary*, 144-45; *CCD*, 1:304, 307; *Narrative*, 134-36; Parodiz, *Darwin*, 85, 106-108.

7. *Diary*, 145-47; *Narrative*, 139-40; *CCD*, 1:307; *Charles Darwin*, 178-79.

8. Sloan, 'Darwin, Vital Matter,' 391-92와 'Darwin's Invertebrate Program,' 98-100; *Diary*, 149; *CCD*, 1:307, 399-400.

9. *CCD*, 1:247-48; *Diary*, 148-54; *Narrative*, 158-59.

10. *Diary*, 154-60; *CCD*, 1:321; *Charles Darwin*, 182-83; *Journal*(1839), 55, 69-70, 105-107.

11. *Diary*, 160-61; DON, 214-24; *Journal*(1839), 54ff; *CCD*, 1:311-12, 315, 321.

12. *CCD*, 1:288, 290-91, 299, 309, 311, 313, 320; F. Darwin, 'FitzRoy,' 548; A. 멜러쉬가 F. 다윈에게 1882년 6월 10일에 쓴 편지—DAR 112:83; *Diary*, 167; *Wedgwood*, 219.

13. *CCD*, 1:266, 269, 271-72, 274-75, 291, 299, 309; *ED*, 1:61; *Wedgwood*, 155.

14. *CCD*, 1:311-12, 314, 316, 320-22, 398; *Diary*, 162.

15. DON, 273; *Journal*(1839), 108; *Charles Darwin*, 199; *Diary*, 99-100, 163-71; Parodiz, *Darwin*, 103ff; *CCD*, 1:330-31.

16. *CCD*, 1:330-31, 343; *Diary*, 172, 175, 178-81; *Charles Darwin*, 194-98; Gruber and Gruber, 'Eye,' 195-96. 코가 긴 이 머리뼈는 나중에 런던에 돌아왔을 때 리처드 오언에 의해 거대한 개미핥기와 비슷한 동물 스켈리도테리움*Scelidotherium*으로 기재되었다—Owen, *Fossil Mammalia*, 73-74.

17. *Diary*, 182-98; *Charles Darwin*, 199, 206-13; *CCD*, 1:336, 342-43, 352; Parodiz, *Darwin*, 108-10, 116-17.

18. *Diary*, 198-99; *Narrative*, 173; *CCD*, 1:230, 318, 323-25, 328-30, 344-45, 351-53.

19. *Diary*, 203-204; *CCD*, 1:344, 378-79; *Journal*(1839), 180-81; *LRO*, 1:119-20; Owen, *Fossil Mammalia*, 16ff. 나중에 런던에 돌아왔을 때 오언은 이 뼈를, 크기가 하마만 한 설치류 톡소돈으로 동정했다. 남아프리카에 현생하는 카피바라의 선조.

20. *Diary*, 205-209; *CCD*, 1:335, 354, 359. 천식을 앓던 얼은 1838년 12월에 런던에서 세상을 떠났다.

21. *Diary*, 208-12, 215; DON, 229, 271; *Journal*(1839), 108-109, 208-209; *CCD*, 1:369-70, 2:373; Owen, *Fossil Mammalia*, 35-36. 나중에 런던에 돌아왔을 때 오언은 이 크기가 낙타만 한 라마의 선조를 마크라우케니아*Macrauchenia*로 명명했다—Rachootin, 'Owen and Darwin.'

22. *Diary*, 213-22; *Narrative*, 177; *CCD*, 1:358, 370; *Journal*(1839), 109-10; DON, 272, 273.

23. *Diary*, 222-24; C. Lyell, *Principles*, 2:21.

24. *Diary*, 222-24; C. Lyell, *Principles*, 2:60-62; Herbert, 'Place of Man, Pt 1,' 227-29.

25. *Diary*, 226-27; *Narrative*, 182-83, 185; *CCD*, 1:378, 380.

11장 흔들리는 토대

1. *Diary*, 228; *Narrative*, 185-87; *CCD*, 1:378, 380.

2. *CCD*, 1:316, 327-28, 333-34, 359, 363; 세지윅이 회장이던 1833년에 케임브리지에서 열린 영국과학진흥협회 모임에 관하여는 Morrell and Thackray, *Gentlemen*, 165-75.

3. *CCD*, 1:368-71, 398; DON, 246; *Charles Darwin*, 218-19; *Diary*, 229-31; Herbert, 'Darwin,' 492-93; Sulloway, 'Darwin's Early Intellectual Development,' 132-44.

4. *Narrative*, 188; *CCD*, 1:370, 381; *Diary*, 232.

5. R. Keynes, *Beagle Record*, 199, 203; *Diary*, 231-33; *Narrative*, 193-96.

6. R. Keynes, *Beagle Record*, 202, 210; *Diary*, 232-37; *Charles Darwin*, 221-22; *Narrative*, 196ff, 369.

7. *Diary*, 236-40; *Narrative*, 198-200; *Charles Darwin*, 222.

8. *CCD*, 1:336-42, 345-47, 356-58, 392-93.

9. *LLL*, 2:33; *CCD*, 1:345-46, 392; Erskine, 'Darwin,' 261-63; H. Martineau, *Autobiography*, 1:218-19, 260-63, 327; *Diary*, 240-41; Wheatley, *Life*, 95-97.

10. Austin, *Memoir*, 2:383; Harrison, *Early Victorian Britain*, 23, 73, 107-12; H. Martineau, *Autobiography*, 1:211-12, 219; 종교적 맬서스주의에 관하여는 Hilton, *Age*, ch. 3.

11. *CCD*, 1:338, 389; *Diary*, 243; *Charles Darwin*, 223.

12. *Diary*, 244-49; *Narrative*, 205-207; *CCD*, 1:392, 3:38; DON, 250-53; Gruber and Gruber, 'Eye,' 193.

13. *Diary*, 249-50, 253-55; *CCD*, 1:393, 405-406, 419.

14. *Diary*, 257-63; *Charles Darwin*, 226; *CCD*, 1:396-97, 410; Parodiz, *Darwin*, 123-25.

15. *CCD*, 1:312, 397-402, 410-11, 418-20; *Narrative*, 210-11; *Diary*, 263.

16. *Diary*, 264-71, 274-76; *Charles Darwin*, 229; *Narrative*, 216-18.

17. *Diary*, 275-80; *Narrative*, 221-23; *Journal*(1839), 351; *CCD*, 4:258, 389, 436.

18. *Diary*, 247, 269, 280-86; *CCD*, 1:432, 434, 437; Parodiz, *Darwin*, 126-27.

19. Hodge, 'Darwin and the Laws,' 18-22; Kohn, 'Theories,' 70-71; H. Gruber, 'Going,' 16-18.

20. Sloan, 'Darwin, Vital Matter,' 393-95; Hodge, 'Darwin and the Laws,' 22-27; *Di-*

ary, 287; *Journal*(1839), 363-64.

21. *CCD*, 1:419, 434; *Diary*, 286-93. *Autobiography*, 75도 참조.

22. *Diary*, 293-302; *Narrative*, 229-30; *CCD*, 1:434, 436; Parodiz, *Darwin*, 127-28; Rudwick, 'Strategy,' 4, 16. 다윈 소유의 훔볼트 저서(Darwin Library, CUL 소장)도 참조—Humboldt, *Personal Narrative*, 2:207.

12장 식민지의 삶

1. *Narrative*, 235; *CCD*, 1:432-37.

2. *Diary*, 304-13; *CCD*, 1:440, 445-46.

3. *Diary*, 314-18; *Charles Darwin*, 236; *CCD*, 1:442; *Journal*(1839), 354-55. 빈추카는 인간에게 샤가스병을 일으키는 원충인 트리파노소마를 옮기는 매개곤충이다. 하지만 다윈은 샤가스병의 초기 증상인 발열에 관하여는 언급하지 않았고, 나중에 다윈이 만성적으로 시달린 병이 빈추카에 물린 것 때문이라는 가설은 현재 그 신빙성이 흔들리고 있다—*Diary*, 315; *TBI*, 126ff. 레너드 다윈도 아버지의 의견을 회상하면서, 아버지의 병을 항해에서 있었던 어떤 일과도 결부시키지 않았다—L. Darwin, 'Memories,' 121.

4. *CCD*, 1:440, 445; *Diary*, 321; *Charles Darwin*, 232-33.

5. *CCD*, 1:419, 435, 440, 443, 445-48; *Diary*, 318-19, 322-23; *Charles Darwin*, 237; Parodiz, *Darwin*, 119-21.

6. *Diary*, 324-43; *Charles Darwin*, 238-43; *CCD*, 1:449, 457-58.

7. *Diary*, 343-50; *CCD*, 1:458, 462, 466; *Charles Darwin*, 244.

8. Stoddart, 'Darwin, Lyell,' 200-204; C. Lyell, *Principles*, 2:290; R. Keynes, *Beagle Record*, 350-51; *Charles Darwin*, 243-44; *Autobiography*, 98-99; *CCD*, 1:460, 567-68.

9. *CCD*, 1:416, 460, 462, 465-66; *Diary*, 350.

10. 데이비스는 잉글랜드에 돌아온 후 그 코코티를 동물원에 기증했다. 런던 동물학회의 1836년 11월 4일자 '동물원의 일'에는 "울리치에 정박 중인 영국 해군 범선 비글호의 J. E. 데이비스 씨가 갈색 코코티 한 마리를 기증함"이라고 기록되어 있다. J. 데이비스의 이름은 목록에 선수루 수병으로 올라 있다—*CCD*, 1:549.

11. DON, 262; *Diary*, 354, 362-63; *Charles Darwin*, 247; *Narrative*, 270, 272; *CCD*, 1:489; 바다이구아나의 잘못된 라벨에 관하여는 Sulloway, 'Darwin's Conversion,' 339 n. 23.

12. *Narrative*, 286; *Diary*, 351-54; *Charles Darwin*, 247-48; *CCD*, 1:435.

13. Sulloway, 'Darwin's Conversion,' 338-44; *Journal*(1839), 465; DON, 262.

14. *Narrative*, 279; *Diary*, 357-59; Sulloway, 'Darwin,' 19.

15. *Diary*, 360-63.

16. *Diary*, 355-57; DON, 261-62 Sulloway, 'Darwin,' 6-19; CCD, 1:485.

17. *Diary*, 360; *Narrative*, 277, 283, 286. 훗날 다윈은 "물리적 환경이 같은, 겨우 몇 킬로미터 떨어진 섬들의 산물이 서로 다를 것이라고는 결코 생각하지 못했다. 그래서 나는 섬별로 따로 표본을 모으려는 시도를 하지 않았다"고 시인했다—*Journal*(1839), 474-75.

18. Sulloway, 'Darwin,' 12, 19; DON, 262.

19. *CCD*, 1:471; Pennington, 'Darwin,' 4; *Narrative*, 295-98, 302; *Diary*, 365-73.

20. *Diary*, 376-79; *CCD*, 1:569; Stoddart, 'Darwin, Lyell,' 205.

21. *Diary*, 380-87; Pennington, 'Darwin,' 5-8; *Narrative*, 322.

22. *CP*, 2:20-21, 34-37; *CCD*, 1:472, 485, 560; *Diary*, 384-85.

23. *Diary*, 389-93; *CCD*, 1:472. 이 헌금에 관한 정보와, 그것과 함께 피츠로이의 편지 사본을 제공해준 데이비드 스탠베리에게 감사한다.

24. *Diary*, 395-96; Nicholas and Nicholas, *Charles Darwin*, 20-21; *CCD*, 1-482, 484-85, 492.

25. *Diary*, 396-400; Marshall, *Darwin*, 11; Nicholas and Nicholas, *Charles Darwin*, 22-44.

26. *Diary*, 401-403; *CCD*, 1:481; Nicholas and Nicholas, *Charles Darwin*, 45-54; Desmond, *Politics*, 279-87.

27. *Diary*, 403-405, 408; Desmond, 'Making,' 247 n. 169; *CCD*, 1:483; Nicholas and Nicholas, *Charles Darwin*, 18, 63-64.

28. *Diary*, 406-10; *CCD*, 1:485, 490; King-Hele, *Letters*, 190; Nicholas and Nicholas, *Charles Darwin*, 83-104; Darwin, *Volcanic Islands*, 138, 158; *Journal*(1839), 583n.

29. *CCD*, 1:490-91; Nicholas and Nicholas, *Charles Darwin*, 86-87.

30. *Diary*, 410-13; *Narrative*, 339; Nicholas and Nicholas, *Charles Darwin*, 105-17; P. Armstrong, *Charles Darwin*, 17-19, ch. 4; Sloan, 'Darwin's Invertebrate Program,' 104-108.

13장 자연의 사원

1. Sloan, 'Darwin's Invertebrate Program,' 108-109; P. Armstrong, *Charles Darwin*, 31; *Diary*, 413-16.

2. *Diary*, 416–18; *CCD*, 1:495, 570; R. Keynes, *Beagle Record*, 350–51; *Narrative*, 344.

3. *CCD*, 1:492–93, 495–96; *Diary*, 419–22; F. Darwin, 'FitzRoy,' 548.

4. *Autobiography*, 107; *CCD*, 1:497–98, 500; Kohn, 'Darwin's Ambiguity,' 222; *Notebooks* RN32; Cannon, 'Impact,' 304–11.

5. *CP*, 1:3–16, 19, 24–25; *CCD*, 1:473–74, 487, 498–99; *Diary*, 422–27.

6. Kirby, 'Introductory Address,' 5; Desmond, 'Making,' 168. Sulloway, 'Darwin's Conversion,' 332–37은 다윈의 필적 패턴을 분석한 결과, 조류 목록(후에 DON으로 출판)을 작성한 것은 희망봉에서부터 어센션 섬으로 향하는 도중, 즉 1836년 6월 18일에서 7월 19일 사이의 일이라고 주장하고 있다.

7. DON, 262. 설로웨이와 달리, 호지는 다윈이 이미 이 무렵 종변형론을 긍정적으로 검토하고 있었다고 생각한다—Hodge, 'Darwin, Species,' 236.

8. *CCD*, 1:500, 502; *Diary*, 424–30.

9. 다윈은 피츠로이가 바이아로 배를 되돌릴 작정이라는 사실을, 적어도 모리셔스에 있을 때부터 알고 있었지만, 그렇다고 해서 그 충격이 누그러지지는 않았다—*CCD*, 1:488, 495, 503; *Diary*, 431–32.

10. *CCD*, 1:492, 501; *Diary*, 432–42.

11. *CCD*, 1:469; *Diary*, 441–42.

12. Sulloway, 'Darwin's Conversion,' 333 n. 17; D. Porter, '*Beagle* Collector,' 979–88; Gruber and Gruber, 'Eye,' 189; *Narrative*, 286.

13. *CCD*, 1:492, 495, 499–500.

14. *Notebooks* RN18, 72; H. Gruber, 'Going,' 25; *Diary*, 446.

15. *CCD*, 1:469, 474–75, 503; *LLL*, 1:460–61; *CP*, 1:18.

16. *CCD*, 1:488; *Diary*, 443–47.

14장 꼬리를 뽐내는 공작처럼

1. *CCD*, 1:504–507.

2. Austin, *Memoir*, 2:352; *CCD*, 1:506; Halévy, *Triumph*, 56; Holt, *Unitarian Contribution*, 23, 132, 217–41.

3. Edsall, *Anti-Poor Law Movement*, 21, 59; Harrison, *Early Victorian Britain*, 28; Berman, *Social Change*, 109–10; E. Thompson, *Making*, 904.

4. *CCD*, 1:507–509, 512.

5. Tristan, *London Journal*, 1–2; Harrison, *Early Victorian Britain*, 26. 다윈이 고국으

로 돌아올 때 진행 중이던 런던의 공사에 관한 생생한 그림—Jackson, *George Scharf's London*, 70-71, 100, 112-13, 131-36. 다윈은 비글호에 있을 때 국회의사당의 화재에 대해 들었다—*CCD*, 1:413.

6. *CCD*, 1:509, 514, 516; Bunbury, *Life*, 1:147.

7. *Reports of the Council and Auditors of the Zoological Society of London, Read at the Annual General Meeting, April 29, 1836*(London: Taylor, 1836), 20; (1837), 15; (1838), 10; *Zoological Society*, Minutes of Council, 4:396-7; Desmond, 'Making,' 233; *CCD*, 1:512. 동물학회는 브루턴가 33번지에 있는 버클리 경의 저택이었던 구박물관에서, 1836년 7월 11일에 헌터 박물관으로 이사했다. *CCD*, 1:514 n. 2도 참조.

8. *CCD*, 1:299, 513-14; Desmond, 'Making,' 224-25, 232-41; *Lancet*, 1(1840-41), 117.

9. *London Medical Gazette*, 13(1833-34), 293, 676; Desmond, 'Robert E. Grant,' 217; Desmond, *Politics*, 122, 149; *Report from the Select Committee on British Museum*(Parliamentary Papers, 1836년 7월 14일), 133; Gunther, *Founders*, ch. 8; *CCD*, 1:512.

10. *CCD*, 1:510, 534; Keith, *Darwin*, 221-22.

11. *LLL*, 2:33; *CCD*, 1:345-46, 2:518; Erskine, 'Darwin,' 261-63; H. Martineau, *Autobiography*, 1:218-19, 260-63, 327.

12. Erskine, 'Darwin,' 109에 인용됨; Martineau, *Autobiography*, 1:204-209; BMA에 관하여는 Desmond, *Politics*, 126-27.

13. *CCD*, 1:518-19; Erskine, 'Darwin,' 260-61.

14. *CCD*, 1:514, 532; *LLL*, 1:474-75.

15. Broderip, 'Zoological Gardens,' 321; *LRO*, 1:96, 102, 169; Desmond, 'Making,' 238, 240-41; *CCD*, 1:515; Bunbury, *Life*, 1:187.

16. R. Grant, *Study*, 17-19; Desmond, *Politics*, 126-33, 385, 402-403.

17. 급진파는 그랜트를 이렇게 치켜세웠다—*Lancet*, 2(1841-42), 246; *LRO*, 1:102.

18. Sloan, 'Darwin, Vital Matter,' 399ff.

19. *CCD*, 1:512, 520; D. Porter, '*Beagle* Collector,' 1006-1007. 그 폴립에 관한 언급은 *Journal*(1839), 552-53과 다윈의 *Coral Reefs*, 특히 ch. 1.

20. *CCD*, 1:14, 183; Herbert, 'Place of Man, Pt 1,' 241과 'Place of Man, Pt 2,' 174-75; Desmond, *Politics*, 122.

21. *CCD*, 1:511-12, 514-15; D. Porter, '*Beagle* Collector.'

22. *ED*, 1:272-74; *CCD*, 1:513, 519, 524, 526, 530, 533, 535; 2:2.

23. *CCD*, 1:515–16, 2:14, 23.

24. *CCD*, 1:518, 527–28, 531, 534. 다윈은 화석 뼈들 외에 50점 남짓 되는 포유류와 조류 표본을 오언에게 맡겼다.

25. David, *Intellectual Women*, 36–37에 인용됨; *CCD*, 1:524.

26. H. Martineau, *Autobiography*, 1:355; *CCD*, 1:524, 2:1, 5; *LLL*, 2:34.

27. Tristan, *London Journal*, 7; Dickens, *Bleak House*, 1; Raumer, *England*, 1:7; Jackson, *George Scharf's London*, 75; *CCD*, 1:511–13.

28. *CCD*, 1:395, 421, 525; 2:8; *Journal*(1839), 69.

29. *LLL*, 2:12; Stoddart, 'Darwin, Lyell,' 206–207; Herbert, 'Darwin,' 490–94; Rudwick, 'Charles Darwin,' 195ff; Babbage, *Ninth Bridgewater Treatise*, 209–20; Cannon, 'Impact;' *CCD*, 1:532, 2:1; *LLD*, 1:278–79, 2:12; *CP*, 1:41–43.

30. Gillispie, *Genesis*, 140; Dean, 'Through Science,' 121; Herbert, 'Darwin,' 485.

31. *CCD*, 2:4, 29; Sulloway, 'Darwin,' 6ff; Hodge, 'Darwin and the Laws,' 47.

32. DON, 261; Sulloway, 'Darwin,' 6, 8–9, 13–19와 'Darwin's Conversion,' 356–57; *CCD*, 2:2; Zoological Society, *Reports*(1837), 15.

33. *Proceedings of the Zoological Society*, 4(1836), 142; 5(1837), 7; 굴뚝새에 관하여는 vol. 4(1836) 88–89; J. Gould, *Birds of Europe and Birds of Australia*. 박물관에서의 굴드의 지위에 관하여는 Desmond, 'Making,' 231, 246 n. 164.

34. Zoological Society, Minutes of Scientific Meetings. Oct. 1835 – Aug. 1840, f. 120. 굴드의 최종 원고인 1월 10일 논문은 출판 마감일인 그해 10월 3일에 제출되지 않았다 (*Proceedings of the Zoological Society*, 107 〔1937〕, 79에 설명되어 있다). 그 기한까지 굴드는 14종을 찾아냈고, 출판된 논문에 이 수치가 나온다—J. Gould, 'Mr. Darwin's Collection,' 4. Sulloway, 'Darwin,' 21 n. 32와 'Darwin's Conversion,' 358–61은 굴드의 견해가 성숙해간 과정을 멋지게 해명하고 있다. 최종적으로 다윈의 '콩새'는 선인장핀치로, '굴뚝새'는 휘파람핀치로, '찌르레기흉내쟁이'는 왕부리핀치로 밝혀졌다.

35. Wilson, *Charles Lyell*, 437–38; C. Lyell, 'Address,' 510–11; Rachootin, 'Owen,' 156–59. 오언은 이 라마의 선조를 마크라우케니아라고 명명했다.

36. *CCD*, 2:4, 8; C. Lyell, 'Address,' 511; Sulloway, 'Darwin's Conversion,' 252–55.

37. Wilson, *Charles Lyell*, 441; R. Porter, 'Gentlemen,' 810, 821–24.

38. *CCD*, 1:259, 516, 2:11, 13; Rudwick, 'Charles Darwin.'

15장 자연의 개혁

1. *CCD*, 2:8, 11.

2. *LLL*, 1:466, 472; *Hansard*, 3rd ser., 32(1836), 162; 34(1836), 491; *CCD*, 2:175.
1837년 3월에 의회에서 국교회의 십일조를 둘러싸고 격렬한 논쟁이 벌어졌다(Bunbury, *Life*, 1:149). 다윈은 이러한 야회의 초대 손님들을 이미 알고 있었다. 그는 1836년 11월 5일 시점부터 배비지와 오언과 함께 지질학자 로더릭 머치슨의 사치스러운 만찬에 참석했다—*LRO*, 1:103.

3. *LLL*, 1:467; 'Geology and Mineralogy,' *Athenaeum*(1837); 79.

4. BabbAge, *Ninth Bridgewater Treatise*, 25, 45-47, 92; Desmond, *Archetypes*, 214-15.

5. C. 배비지가 빅토리아 여왕에게 1837년 5월 24일에 쓴 편지—BL, Add. MSS 37,190, f. 147; H. 홀랜드가 C. 배비지에게 1837년 5월 26일에 쓴 편지—f. 153; C. 라이엘이 C. 배비지에게 1837년 1월 6일, 2월 17일, 5월에 쓴 편지—ff. 8, 37, 185.

6. *CCD*, 2:106; Schweber, 'John Herschel,' 33; Cannon, 'Impact,' 305.

7. Cannon, 'Impact,' 305, 312; Wilson, *Charles Lyell*, 438-39. 그 편지에는 지질학적으로 논란이 될 만한 점들이 있었기 때문에, 결국 1837년 5월 17일에 지질학회에서 낭독되었다—*LLL*, 2:5, 11; Babbage, *Ninth Bridgewater Treatise*, 226-27. 왕립학회에 관하여는 MacLeod, 'Whigs,' 64-65; Desmond, *Politics*, 225-26. 허셜이 호소한 이러한 목표에 관하여는 Kohn, 'Darwin's Ambiguity,' 222-23.

8. *LLL*, 1:467, 2:5; Bartholomew, 'Lyell;' Cannon, 'Impact,' 308; *CCD*, 2:7, 8-9.

9. Erskine, 'Darwin,' 34; *CCD*, 2:13.

10. Wedgwood, 'Grimm,' 170, 175; 말소리의 평행 진화를 둘러싸고 찰스가 헨슬레이와 나눈 논의에 관하여는 *Notebooks*, N31, 39.

11. *CCD*, 2:155; H. Martineau, *Autobiography*, 1:355; *ED*, 1:277, 284; *Autobiography*, 112-13; Erskine, 'Darwin,' 106.

12. Southwood Smith, *Divine Government*, 109, 111. 1837년의 불황으로, 스미스조차도 필연적인 진보라는 장밋빛 견해를 버리고 있었다. 스미스는 구빈법 위원회에 런던 이스트엔드 지구의 전염병에 관하여 경고하고, 디킨스에게 그 비참함이 어떠한 것인지를 가르쳐주었다. 그 현실에 충격을 받은 디킨스는 『올리버 트위스트』, 『황량한 집』에 스미스의 보고를 토대로 한 일화들을 집어넣었다.

13. *LLL*, 2:8; *Notebooks* N36, B98; Brooke, 'Relations,' 46-47; Ospovat, *Development*, 30-33; Cornell, 'God's Magnificent Law,' 387-89.

14. Epps, *Church of England's Apostacy*, 3; *CCD*, 1:259; Austin, *Memoir*, 2:384; *Medico-Chirurgical Review*, 23(1835), 413; Jacyna, 'Immanence,' 325-26.

15. *British and Foreign Medical Review*, 5(1838), 86-100; Rehbock, *Philosophical*

Naturalists, 56; Epps, 'Elements,' 100; Desmond, *Politics*, 110–17, 199.

16. *Medico-Chirurgical Review*, 30(1839), 450. 걸리는 수많은 에든버러 대학 졸업생들처럼, (1828년에) 파리에 있는 공화주의자가 운영하는 시민병원(오텔디외)에서 공부했다. 1830년대 중반에는 이단적인 과학을 옹호하는 비국교도계의 『런던 의학 외과 저널*London Medical and Surgical Journal*』의 일을 도왔다(Mann, *Collections*, 5–6, 10)—Desmond, *Politics*, ch. 4. 특히 175.

17. Sulloway, 'Darwin,' 12, 21–22와 'Darwin's Conversion,' 359–62; Kottler, 'Charles Darwin's Biological Species Concept,' 281; Herbert, 'Place of Man, Pt 1,' 236–37; J. Gould, 'Three Species.'

18. 다윈이 데려온 거북이 어떻게 되었는지는 알려져 있지 않다. 1836년 혹은 1837년 초에 동물원에 기증된 생물을 적은 '동물원의 일'(런던 동물학회에 보관)에도 기록이 없다. 또한 Flower, *List*, 3:33에도 언급이 없다.

19. *LLL*, 2:36; C. Lyell, *Principles*, 2:20–21; Bartholomew, 'Lyell;' Desmond, *Politics*, 328–29; Schweber, 'Origin,' 265; H. Gruber, 'Going,' 10.

20. *LLL*, 2:10–11; *CP*, 1:44–45; *Notebooks* B94, 126, 133. 인도의 시왈리크 산맥에서 출토된 이 원숭이는 (현재의 지질학 용어로) 플라이오세에서 플라이스토세 전기 지층에서 발견되었다. 같은 지층에서, 맥처럼 생긴 아노플로테리움*Anoplotherium*과 거대한 시바테리움*Sivatherium*, 이들의 사슴뿔처럼 생긴 잎 모양의 뿔 네 점도 함께 발견되었다. 이 원숭이의 발견자들인 벵골 의료봉사단의 휴 팔코너와 벵골 포병대 대위 프로비 코틀리는 그 10주 전에 히말라야 조사 업적을 인정받아 지질학회로부터 울러스턴 메달을 받았다—D. Moore, 'Geological Collectors,' 404; Cautley and Falconer, 'On the Remains,' 569.

21. *Notebooks* B126; Cautley, 'Extract,' 544.

22. Knight, *London*, 3:200–203; Bunbury, *Life*, 1:186; Sloan, 'Darwin, Vital Matter,' 405ff; Desmond, *Politics*, 346ff. 오언의 견해는 뮐러의 저서 『인체 생리학 개론*Handbuch der Physiologie*』에서 빌려온 것이다.

23. Sloan, 'Darwin, Vital Matter,' 418–19, 425–30; *CCD*, 2:32; *LRO*, 1:108; Desmond, *Politics*, 291–93, 347.

24. Sloan, 'Darwin, Vital Matter,' 424, 434; *Notebooks* RN의 앞 면지; Jacyna, 'Immanence,' 314–327; Desmond, 'Artisan Resistance,' 95–104와 *Politics*, 265–66.

25. *Notebooks* RN 129–30, 133; Hodge, 'Darwin on the Laws,' 19–28; Kohn, 'Theories,' 75, 77–78; C. Lyell, *Principles*, 3:85도 참조; Sloan, 'Darwin, Vital Matter,' 433ff; *Journal*(1839), 212.

26. *Journal*(1839), 212; *CP*, 1:45; Sloan, 'Darwin, Vital Matter,' 434; *Notebooks* RN의 앞 면지.

27. *Notebooks* RN 127; *CCD*, 3:14; 제닌스의 어류에 관하여는 Blomefield, *Chapters*, 29; J. Gould, 'New Species;' *CCD*, 2:11.

28. *Notebooks* B161, RN 127, 130, 153; Herbert, *Red Notebook*, 6–12; E. Richards, 'Question,' 148; Kohn, 'Theories,' 73–76; Sulloway, 'Darwin's Conversion,' 371ff; Hodge, 'Darwin and the Laws,' 44–45, 48–49.

29. *CCD*, 2:11, 14; *Journal*(1839), 462, 475; Sulloway, 'Darwin,' 33.

30. *CCD*, 2:15–17, 20–21, 24, 38; 리처드슨이 북극에서 채집한 종들에 관하여는 Zoological Society, *Reports*(1832), 9–10.

31. *CCD*, 2:26, 31 n. 4, 37, 59; Desmond, *Politics*, 384.

32. *CCD*, 2:16–18, 27.

33. *CCD*, 1:14, 31, 2:29; *CP*, 1:40, 46–49; Sulloway, 'Darwin,' 23–29; *LLL*, 2:12.

16장 장벽을 허물다

1. *Notebooks* B2–3; Kohn, 'Theories,' 81–87; Ospovat, *Development*, 40ff. Hodge, 'Darwin and the Laws,' 38–39, 80은 이 초기의 페이지들을 '주노미아 스케치Zoonomical Sketch'로 구별하여 부르고 있다.

2. *Notebooks* B3–6, 15; Sloan, 'Darwin, Vital Matter,' 436–39; Kohn, 'Theories,' 88–92.

3. *Notebooks* B18, 169; 라마르크의 생명의 에스컬레이터에 관하여는 Hodge, 'Lamarck's Science,' 343–45. 인간의 조상이 동물이라는 생각이 다윈에게는 공포가 아니었다는 사실(하지만 1830년대 말의 런던에서 대부분의 유니테리언파와 비종교적인 급진파에게는 그렇지 않았다)에 관하여는 Herbert, 'Place of Man, Pt 2,' 196.

4. *Notebooks* B21, 23, 25–26; *CCD*, 2:32, 41, 48; Kohn, 'Theories,' 109–13; Hodge, 'Darwin and the Laws,' 78–79; H. Gruber, *Darwin*, ch. 7.

5. *Notebooks* B29, 35, 38, 39, 42; Sloan, 'Darwin, Vital Matter,' 442–43; Kohn, 'Darwin's Ambiguity,' 223–24.

6. Ospovat, *Development*, 33–37; Kohn, 'Darwin's Ambiguity,' 224; Kohn, 'Theories,' 86, 98–99, 104–105; *Notebooks* B46, 74.

7. *CCD*, 2:39; *Notebooks*, B82, 92, 125, 224, 248; Grinnell, 'Rise,' 264–71.

8. *CCD*, 2:39–40, 44–45, 49, 58.

9. *CCD*, 2:47–48, 52; *TBI*, 14–16.

10. *ED*, 1:216, 220, 255, 266, 273, 278-79; *Companion*, 293; E. Richards, 'Darwin,' 82-83, 87; *Pedigrees*, 11; *Wedgwood*, 221; *CP*, 1:49-52.

11. *CCD*, 2:55 n. 1, 70; *CP*, 1:49-53.

12. *CCD*, 2:61-63, 86; Jenyns, *Fish*, v-vi; 제닌스는 결국 『동물학』 시리즈에서 가장 두꺼운 책을 쓰게 되었다.

13. *LLL*, 2:37, 39; *LRO*, 1:121; Owen, *Fossil Mammalia*, 16, 55; Freeman, *Works*, 28; Rachootin, 'Owen,' 166; *CCD*, 2:66.

14. *CCD*, 2:10, 13, 50-52, 69-70; Whewell, 'Address,' 643; D. Porter, '*Beagle* Collector,' 994.

15. Sedgwick, 'Address,' 206, 305; Napier, *Selections*, 491.

16. *CCD*, 2:104-105, 6:344; *LLL*, 2:39-40, 43-44; *CP*, 1:53-86.

17. *Notebooks* B207, 215, 224, D49.

18. Epps, *Diary*, 61; H. Martineau, 'Right and Wrong,' 2, 58; *CCD*, 2:148; Halévy, *Triumph*, 239; *Notebooks* B231, C154.

19. Epps, 'Elements,' 118; Paley, *Natural Theology*, 490; Desmond, *Politics*, 184-85, 407-408.

20. *Notebooks* B232; Desmond, *Politics*, 184; *Notebooks* N62 n. 1; R. Richards, 'Instinct,' 213-16, 227과 *Darwin*, 130-42; H. Gruber, *Darwin*, 202.

17장 마음속의 폭동

1. *CCD*, 4:40; *Notebooks* C1-2; Ospovat, *Development*, 46-47.

2. *Notebooks* B90, C4, 52, 120.

3. *Notebooks* B142, C60, 233-234; *CCD*, 3:38, 53.

4. *Notebooks* C61; Kohn, 'Theories,' 124-25.

5. *Notebooks* C65-66, 119; Kohn, 'Theories,' 131-2; R. Richards, 'Instinct,' 196ff와 *Darwin*, 91ff. 그렇다 해도, 리처즈가 보여주듯, 다윈은 중상을 받고 있던 라마르크와 거리를 두고 있었다. 다윈은 라마르크가 습성의 변화를 의지력 탓으로 본다고 오해하면서, 자신은 무의식적인 본능이 새로운 구조의 원인이라고 보았다.

6. *Notebooks* C의 앞 면지; *CCD*, 2:70-71; H. Gruber, *Darwin*, 424-25; *Calendar*, 5583에서 윈 씨는 마운트 저택의 정원사로 확인되었다.

7. *CCD*, 2:72, 79; *Journal*(1839), 628; *Notebooks* C54; Sulloway, 'Darwin's Conversion,' 345.

8. *CCD*, 2:69, 75, 80, 85.

9. *Notebooks* C76.

10. Scherren, *Zoological Society*, 65, 85; Flower, *List*, 1:4; *CCD*, 2:80. 동물원은 그 이전 에도 오랑우탄을 구입한 적이 있었지만, 관람객에게 선보일 정도로 오래 산 오랑우탄은 없었다. 난방을 하는 신설된 기린 우리 덕분에, 제니는 겨울을 무사히 난 첫 오랑우탄이 되었다. 1842년에 차를 마시는 모습이 오언 부부의 눈에 목격되었으며 같은 해에 빅토리 아 여왕에게 기증된 '제니'라는 이름의 오랑우탄은 1839년 12월 13일에 구입한 다른 오 랑우탄이다. 다윈이 관찰한 '제니'는 1839년 5월 28일에 병으로 죽었다—'Occurrences at the Gardens, 1839,' MS, Zoological Society of London; *LRO*, 1:193-94, 206.

11. *CCD*, 2:80; *Notebooks* C79. M138도 참조.

12. *CCD*, 1:510, 2:80, 7:Supplement.

13. *CCD*, 2:105, 443.

14. *CCD*, 2:83; Brent, *Charles Darwin*, 17-18.

15. *CCD*, 2:86; *Notebooks* C100.

16. *Natural Selection*, 36; *Notebooks* C120, E13; Secord, 'Darwin,' 525; Ruse, *Darwinian Revolution*, 178.

17. Sebright—*Notebooks* C133; Ruse, 'Charles Darwin,' 344-49.

18. *Notebooks* C133, D107; Kohn, 'Theories,' 137-39; Herbert, 'Darwin, Malthus,' 212-13; Cornell, 'Analogy,' 316-18.

19. *CCD*, 2:92; *Notebooks* B216-217.

20. *CCD*, 2:84, 86, 431; H. Martineau, *Autobiography*, 2:115-18.

21. *Notebooks* C123, N19; H. Gruber, *Darwin*, 38.

22. Jacyna, 'Immanence;' Desmond, *Politics*와 'Artisan Resistance.'

23. R. Richards, 'Instinct,' 198-99와 *Darwin*, 94-98.

24. *Notebooks* C166; Kohn, 'Darwin's Ambiguity,' 224-25; Manier, *Young Darwin*, 56, 129-30; H. Gruber, *Darwin*, ch. 10; Ospovat, *Development*, 67도 참조.

25. De Morgan, *Memoir*, 325; Elliotson, 'Address,' 33; *London Medical Gazette*, 11(1832-33), 213-21; *Lancet*, 2(1832-33), 341; *Notebooks* C166, OUN 37.

26. *Notebooks* C244, M61, OUN 39-41; Manier, *Young Darwin*, 129-31, 220-23; Erskine, 'Darwin,' 216ff.

27. Robertson, 'Dr. Elliotson,' 205, 256-57; Elliotson, *Human Physiology*, 39; Elliotson, 'Reply,' 289-90. 다윈은 엘리엇슨의 『인체 생리학*Physiology*』을 읽었다—*Notebooks* OUN 10v.

28. RFD, 23; 윌리엄 다윈의 회상—DAR 112.2와 *LLD*, 2:114도 참조.

29. *Lancet*, 1(1838–39), 561–62. 엘리엇슨만 그랬던 것은 아니다. 마티노의 유니테리언파 동창들은 모두 비슷한 곤란에 처했다. W. B. 카펜터는, 창조의 시점에 물질에 심어진 "하나의 단순한 법칙"이 지구의 출현과 생명의 거주를 제어한다고 주장한 이후 "가르치는 사람으로서 사람들 앞에 설 자격이 없다"는 선고를 받았다. 사우스우드 스미스는 "생명은 활동하는 유기조직일 뿐이다"라고 말한 것 때문에 비난을 받았다. C. 벨이 T. 코우티스에게 1829년 9월 2일에 쓴 편지—UCL, SDUK Correspondence ; Carpenter, *Remarks*, 1–3.

30. *CCD*, 2:85, 431 ; *TBI*, 16–17.

31. H. Martineau, *Autobiography*, 1:401 ; *Notebooks* C220 ; E. Richards, 'Darwin,' 91. 이 래즈머스와 헨슬레이는 (마티노의 친구인 엘리자베스 리드가 1849년에 창립한) 베드포드 여자 대학의 학과장과 이사를 맡게 되었다—Erskine, 'Darwin,' 166. 사회주의 라마르크주의자들의 교육 방침에 관하여는 W. Thompson, 'Physical Argument,' 250–54.

32. *Notebooks* C196, 243.

33. *London Medical Gazette*, 17(1835–36), 783 ; Desmond, 'Artisan Resistance.'

34. 다윈 소유의 로렌스 저서 『인간학 강의*Lectures on Man*』(London : Benbow, 1822)는 Darwin Library, CUL 소장 ; *CCD* 2:142, 4:535 ; 벤보가 부업으로 행한 포르노 출판에 관하여는 McCalman, 'Unrespectable Radicalism' ; 로렌스 저서의 해적판 출판에 관하여는 Desmond, *Politics*, 120.

35. *Lancet*, 1(1828–29), 50–52 ; *Notebooks* E52 ; *CCD*, 2:94, 97.

36. *CCD*, 2:91 ; *ED*, 2:287 ; *Wedgwood*, 232.

37. *CCD*, 2:95–96, 432.

38. *CCD*, 2:96, 432 ; Rudwick, 'Darwin,' 114–17, 153–57, 161–65 ; *Notebooks* GR29ff.

18장 결혼과 맬서스주의자

1. *Autobiography*, 95.

2. *CCD*, 2:444–45 ; 상류계급이 행한 이런 종류의 계산에 관한 맬서스의 기술은 Macfarlane, *Marriage*, 8–9.

3. *CCD*, 2:114, 445 ; *ED*, 2:1 ; H. Martineau, *Autobiography*, 2:175–77.

4. *Notebooks* M7–8 ; R. Richards, *Darwin*, 96–97 ; *CCD*, 2:432.

5. *CCD*, 2:95 ; *ED*, 1:5 ; *Notebooks* M54, 57 ; Kohn, 'Darwin's Ambiguity,' 225는 이 메모들이 메이어에서 쓰였다는 사실을 밝히고 있다.

6. *Notebooks* D21 ; *ED*, 2:6.

7. *Notebooks* D26, M84 ; Herbert, 'Place of Man, Pt 2,' 208 ; Colp, "I was born", ' 20 ;

1162

CCD, 2:438-41.

8. Brewster, 'M. Comte's Course,' 274, 278, 280; *Notebooks* M69-70, 81, 89, 135-136, N12; *CCD*, 2:104; Manier, *Young Darwin*, 41; Schweber, 'Origin,' 245.

9. *Notebooks* D36-37; Ospovat, 'Darwin,' 215; Schweber, 'Origin,' 255; Martineau, in Burrow, *Evolution*, 106.

10. *Notebooks* D37. 비슷한 견해를 갖고 있었던 유니테리언파에 관하여는 Carpenter, 'On the Differences'와 *Remarks*, 3.

11. *Notebooks* M73-74, OUN 25 n. 1.

12. *Notebooks* M75-76, 142, 151; R. Richards, *Darwin*, 112; Manier, *Young Darwin*, 140; 급진파 집단 내의 이러한 도덕적 상대주의에 관하여는 Desmond, *Politics*, 182와 'Artisan Resistance,' 91ff.

13. *Notebooks* M76, 120-21, 132, 150, N3-4.

14. *CCD*, 2:92, 95, 98; *Notebooks* M107, 129, 138-40, 151, 153, N13.

15. *Notebooks* M122-23, 128.

16. *CCD*, 2:107, 432; Schweber, 'Origin,' 283ff.

17. *Notebooks* M143-44; Colp, 'Charles Darwin's Dream,' 287-88.

18. Erskine, 'Darwin,' 271; E. Yeo, 'Christianity,' 111.

19. *Notebooks* D134; C. Lyell, *Principles*, 2:131; J. Browne, *Secular Ark*, 52ff; Herbert, 'Darwin, Malthus,' 214-17; Bowler, 'Malthus,' 632-36.

20. *Notebooks* D135, E9; Hodge and Kohn, 'Immediate Origins,' 195.

21. 예컨대 중앙등록부의 활동가 윌리엄 파는, 구빈법을 떠받치는 맬서스주의적 기반을 공격하기 위해, 그리고 도시의 불결함과 빈민가의 병적 조건에 대해 정부를 추궁하기 위해, 1839년의 사망통계를 이용했다—Farr, 'Medical Reform;' Desmond, *Politics*, 130, 132; Kohn, 'Theories,' 144.

22. H. Martineau, *Autobiography*, 1:399; Malthus, *Essay*, 2:440-41; R. Young, *Darwin's Metaphor*, 26; Bowler, 'Malthus,' 637-38, 642; Erskine, 'Darwin,' 251-55.

23. H. Martineau, *Autobiography*, 1:210; Malthus, *Essay*, 1:94-95; Matthew, *Emigration Fields*, vii, 3, 6, 9; Wells, 'Historical Context,' 242ff. 새로운 증기선 항로를 통해 뉴질랜드와 아메리카 서해안으로 가면 여행 시간이 한 달로 줄어든다는 계획이 나왔다.

24. Prichard, 'On the Extinction,' 169; *Notebooks*, TAN81, D38, E64-65; *Journal* (1839), 520.

25. Herbert, 'Darwin, Malthus,' 214; Hodge and Kohn, 'Immediate Origins,' 195; *Notebooks* D135; Gallenga, 'Age,' 3, 4, 7; Gale, 'Darwin,' 327-31; Kohn, 'Darwin's

Ambiguity,' 229; Keegan and Gruber, 'Love, Death,' 17-20.

26. Harrison, 'Early English Radicals,' 206에 의거한 칼라일의 발언; *Notebooks* OUN30, 37.

27. *Notebooks* OUN32, 36. 유니테리언파의 전통에 관하여는 Willey, *Eighteenth Century*, ch. 10; Rowell, *Hell*, 33-57; O. Chadwick, *Victorian Church*, 1:396-98; Brooke, 'Sower,' 446ff. Murphy, 'Ethical Revolt'와 J. Moore, '1859'도 참조.

28. *Notebooks* E49, N2-3, 5; R. Richards, *Darwin*, 118-19.

29. *Notebooks* M136, OUN 25 n. 1; H. Gruber, *Darwin*, 409 n. 50.

30. *ED*, 2:5, 6, 9; *CCD*, 2:432; *Notebooks* N25-27.

31. *CCD*, 2:114-16, 123.

32. *CCD*, 2:123; Brooke, 'Relations,' 68.

33. John 14:2-3, 5-6; 15:5-6(AV); *CCD*, 2:126. 3주 뒤 헨슬로는 다윈에게 결혼식 전에 자상한 조언을 보내 "이 세상의 가장 귀한 축복들이란 눈 깜빡할 새에 날아가 버릴 수 있는 것임을 항상 명심하라"고 당부했다—*CCD*, 2:141.

34. *CCD*, 2:116-19; *ED*, 2:12; Davidoff and Hall, *Family Fortunes*, 209.

35. *CCD*, 2:120, 123, 125-26, 128-29; Jackson, *George Scharf's London*, 74-75.

36. *Notebooks* Mac58v, E57; Ospovat, 'Darwin,' 221; Kohn, 'Darwin's Ambiguity,' 229-32.

37. *Notebooks* Mac54v, E66-68, 89; Brooke, 'Relations,' 58.

38. *Notebooks* N41, 51-52.

39. *Notebooks* N42; Hodge and Kohn, 'Immediate Origins,' 197-200; R. Richards, *Darwin*, 102.

40. *Notebooks* D104 n. 5, E63, 71, 75, 136; *Foundations*, 6; Hodge and Kohn, 'Immediate Origins,' 199; Cornell, 'Analogy,' 320.

41. *CCD*, 2:131, 133, 144, 150, 432; *LRO*, 1:140-41; E. Richards, 'Darwin,' 80.

42. W. 버클런드가 헨리 브루엄 경에게 1838년 12월 14일에 쓴 편지—UCL, Brougham Papers 1957. 이 사건의 자세한 재구성은 Desmond, *Politics*, 308-18.

43. *Notebooks* B88, D62; *CCD*, 2:106.

44. *Notebooks* N47, E4, 95-96, TAN19. 1839년에 에두아르 라르테(프랑스산 화석 원숭이의 발견자)가 피레네산產의 현생종과 같은 화석 사향뒤쥐를 발굴했다. 포유류가 기나긴 시대에 걸쳐 변화하지 않았음을 말해주는 이 증거는 "[종에] 변화를 위한 생득적인 힘 따위는 없음을 보여주기 때문에 매우 귀중하다"고 다윈은 말하고 있다—*Notebooks* TAN41, Frag 4ʳ.

45. *Notebooks* N62; R. Richards, *Darwin*, 135–39; Kohn, 'Darwin's Ambiguity,' 228; Stewart, *Brougham*, 198.

46. Ospovat, *Development*, 220; Brooke, 'Relations,' 59–60; Schweber, 'Origin,' 266ff; Manier, *Young Darwin*, 121.

47. *ED*, 2:16, 18; *CCD*, 2:147–49; Freeman, *Darwin and Gower Street*, 5.

48. *ED*, 2:30, 33, 50; *CCD*, 2:148–49, 151, 155, 159–60.

49. *Notebooks* N59; *CCD*, 2:151, 155–57, 159, 161, 165.

50. *CCD*, 2:169, 171, 433; *ED*, 2:17, 26, 28; 결혼식 날에 적은, 번식에 관한 메모는 *Notebooks* E98.

19장 끔찍한 전쟁

1. *CCD*, 2:157, 169, 235; *ED*, 2:31.

2. *Notebooks* C244; *CCD*, 2:171-72; *ED*, 1:251, 2:29.

3. *ED*, 2:38. 내세에 대한 예수의 계시는 성서에 의해 증명되는 것이 아니라, 복음서가 개인의 마음을 변화시키는 힘을 통해 믿게 되는 것이라는 에마의 기독교는 당시 헤리엇 마티노의 오빠이며 유니테리언파 신학자였던 제임스 마티노에 의해 옹호되었다—J. Martineau, *Bible*, 8-9, 39-44.

4. *ED*, 2:39, 55; Freeman, *Darwin and Gower Street*, 5; *CCD*, 2:147, 194, 296. 코빙턴이 킹이 소유한 유력한 회사인 오스트레일리아 농업 회사에 사무원직을 얻은 것에 관하여는 Nicholas and Nicholas, *Charles Darwin*, 119.

5. Rudwick, 'Charles Darwin,' 197; *CCD*, 2:174, 178; *Notebooks* E111–12; Hodge and Kohn, 'Immediate Origins,' 200–201; Cornell, 'Analogy,' 323–25.

6. *CCD*, 2:179, 182, 187-89, 446-49; Vorzimmer, 'Darwin's *Questions*;' Freeman and Gautrey, 'Darwin's *Questions*.'

7. *Notebooks* E114, 144, TAN51, Mac28v; *CCD*, 2:237–38; Hodge and Kohn, 'Immediate Origins,' 201–202.

8. *Autobiography*, 55; *ED*, 2:42; *Notebooks* OUN42-55; R. Richards, *Darwin*, 114-18.

9. *ED*, 2:40–41, 45.

10. 'Narrative of the Surveying Voyages,' *Athenaeum*, no. 607(1839년 6월 15일자), 446-49; B. Hall, 'Voyages,' 485-86, 489; *CCD*, 2:178.

11. *CCD*, 2:197, 199, 236, 255; *Narrative*, 372-74.

12. *CCD*, 2:207, 214, 218-22, 230 n. 4, 372; *ED*, 2:67; Halévy, *Triumph*, 232. 1839년 7월에 다윈은, 이후 종변형에 관한 "갈가리 찢겨진 공책"으로 부르게 되는 공책을 쓰기 시

작했다.

13. Morrell and Thackray, *Gentlemen*, 252; Desmond, *Politics*, 331; Wells, 'Historical Context,' 241; *Hansard*, 3d ser., 48(1839), 33.

14. *CCD*, 2:233, 234, 236–38; H. Martineau, *Autobiography*, 2:145ff.

15. *CCD*, 2:236, 249.

16. 다윈은 잘못 알고 있었다. 그 화석을 실제로 발굴한 것은 증조부인 엘스턴 홀의 로버트 다윈(1682-1754)이었으며, 게다가 그는 그 골격을 "인류의 뼈"로 생각했다. 이 로버트 는 엘스턴 홀의 윌리엄 다윈(1655-1682)의 아들이었다—*CCD*, 2:235 n. 6, 250, 269– 70, 303; *Pedigrees*, 26–27; *ED*, 2:44; H. Gruber, *Darwin*, 465–74.

17. *ED*, 2:51; *CCD*, 2:253, 255, 260–61; *TBI*, 21.

18. *ED*, 2:52; *CCD*, 2:262; *Wedgwood*, 236; Carlyle, *Chartism*, 4, 12, 32. 다윈은 예방 접종을 엄격하게 실시함으로써 이 의학적 진보를 좇으려 노력했다. 다운하우스에 보존 되어 있는 가족용 성서의 면지에 적혀 있는 메모에 따르면, 윌리는 1840년에 두 차례 천 연두 예방접종을 했고, 1845년에는 수두 예방접종, 1855년에는 홍역 예방접종, 1853년 에서 55년까지 세 차례 성홍열 예방접종을 했다.

19. *CCD*, 2:268, 269, 434; *Notebooks* TAN55–57, 63, 79, 177, D60.

20. *CCD*, 2:279; Herbert, 'Place of Man, Pt 2,' 189; Rudwick, 'Charles Darwin,' 203. 실제로 선정적인 신문은 원숭이 화석을 이용해 성직자들을 비난했다—Desmond, 'Arti- san Resistance,' 100.

21. 헨슬레이가 대신 낭독한 표석漂石[빙하에 의해 운반되어 온 암석] 논문에 관하여는 *CCD*, 2:279, 289; *CP*, 1:145–63.

22. *ED*, 2:56; *CCD*, 2:294, 315–16, 319, 399; 5:540, 542.

23. *CCD*, 2:292–93, 306; *Notebooks* TAN91–135, 151. 6월 22일에 다윈은 마침내 종에 관 한 메모를 마치고, "갈가리 찢겨진 공책"을 닫았다.

24. *CCD*, 2:292–94, 296, 298, 300 nn. 2–3, 303.

25. Cobbett, *Rural Rides*, 170–225; *CCD*, 2:304–305, 4:459.

26. Owen, 'Report on British Fossil Reptiles,' 196–99, 201–202; *LRO*, 1:168, 184, 188– 89; Desmond, 'Making,' 230–41과 *Politics*, 325–26, 333, 351–58; *CCD*, 2:303, 305.

27. Owen, 'On the Osteology,' 343; Knight, *London*, 3:198; Bunbury, *Life*, 1:186; *CCD*, 2:307.

28. 라이엘 본인이 소유한 『지질학 원론』(제2판, Down House)에 1842년 1월 26일에 적어 넣은 주석—*CCD*, 2:299; *LLL*, 2:59.

29. *CCD*, 2:312–13, 318–19; *ED*, 2:70.

30. Herbert, 'Place of Man, Pt 2,' 191; *CCD*, 2:435; *Notebooks* Summer 1842; *Foundations*, 51–52; 3, 6–8, 17, 23–24, 27, 35–36, 38, 45–47도 참조.

31. 다윈의 발언에 귀를 기울일 공리주의자 독자에 관하여는 Desmond, *Politics*, 408–11. 공리주의자들이 런던의 과학을 어느 정도 지배하고 있었는지에 관해서는 Berman, *Social Change*, ch. 4. 귀 기울여 들었던 한 육종가는 수목 재배자인 패트릭 매슈였다. 매슈는 맬서스주의 진화론이 자본주의 사회에 도움이 된다고 공공연하게 주장했다.

32. *Notebooks* E6.

33. E. Yeo, 'Christianity,' 113. 급진적인 활동가들은 맬서스를 깊이 혐오했지만, 헨슬레이는 다윈 부부와 맬서스 부부를 저녁 식사에 초대하곤 했다—*CCD*, 2:312. 명백히, 다윈이 읽은 것은 애덤 스미스와 고전파 경제학자들의 저서이지, 윌리엄 톰슨이나 그 라이벌 사회주의자들의 저서는 아니었다. 따라서 다윈의 생각의 틀을 만든 것은 경쟁하는 개인이지, 협력하는 공동체가 아니었다—Schweber, 'Origin'과 'Darwin.'

34. Chilton, 'Regular Gradation,' *Oracle*, 1842년 2월 19일자와 1841년 11월 27일자, 그리고 *Oracle of Reason*, 1842년 2월 12일자; Desmond, 'Artisan Resistance,' 85ff.

35. Southwell, 'Is There a God'과 Chilton, 'Regular Gradation,' *Oracle*, 1843년 11월 11일자.

36. *Notebooks* C76; H. Gruber, *Darwin*, 202; S. Gould, 'Darwin's Delay;' J. Moore, 'Crisis,' 66.

37. Kohn *et al.*, 'New Light,' 424–26; *CCD*, 2:324, 326, 328, 332, 435; *ED*, 2:75.

38. Jenkins, *General Strike*, 19, 95–104, 165–71; *Illustrated London News*, 1842년 8월 20일자; Goodway, *London Chartism*, 106.

39. *The Times*, 1842년 6월 11일자, p. 9; 8월 17일자, p. 7; 1842년 8월 18일자, p. 7; Royle, *Victorian Infidels*, 80–81; Desmond, 'Artisan Resistance,' 85; Bunbury, *Life*, 1:220–21. 홀리오크의 동료 편집자인 찰스 사우스웰은 이미 브리스틀에서 2년형을 복역하고 있었다.

40. *LRO*, 1:167, 198, 321; Desmond, *Politics*, 332; *CCD*, 2:332.

20장 세상의 끝

1. Jenkins, *General Strike*, ch. 10; *CCD*, 2:324, 332; Tristan, *London Journal*, 74–75; Howarth and Howarth, *History*, 82; B. Darwin, 'Kent,' 83; Atkins, *Down*, 7–8, 22.

2. *CCD*, 2:324, 350, 395.

3. Howarth and Howarth, *History*, 10–11, 34; J. Moore, 'Darwin of Down,' 477; 다운 교구 교회의 1851년 종교 조사—PRO HO.129/49.

4. Howarth and Howarth, *History*, 48, ch. 7; *CCD*, 2:324.

5. Howarth and Howarth, *History*, ch. 8; Hutchinson, *Life*, 1:2-4, 15.

6. *CCD*, 2:324; *ED*, 2:75.

7. *CCD*, 2:326, 332, 335-36, 345; Atkins, *Down*, ch. 2; Howarth and Howarth, *History*, 76-77.

8. *CCD*, 2:332, 334-36, 338; 'Register of baptisms……,' KAO P123/1/10; 메리 엘리노어 다윈의 사망확인서, 런던 중앙등록부; '매장 기록……'—KAO P123/1/14; *ED*, 1:255, 2:78.

9. *CCD*, 2:315-16, 352.

10. *CCD*, 2:345; *ED*, 2:80-81; B. Darwin, *World*, 19, 21.

11. *Companion*, 126; Freeman, 'Darwin Family,' 15; *CCD*, 2:345, 348, 350, 355; Monsarrat, *Thackeray*, 113-19; *ED*, 2:85-86.

12. *CCD*, 2:324, 336, 345, 348, 352-53; *ED*, 2:76; J. Moore, 'Darwin of Down,' 460-61.

13. *CCD*, 2:326, 332, 352, 360-61, 414; 3:248; Atkins, *Down*, 25; Freeman, 'Darwin Family,' 13-15.

14. *CCD*, 2:352, 360, 409, 418; 3:134, 248; Atkins, *Down*, 34.

15. *CCD*, 2:360, 387; *Historical and Descriptive Catalogue*, 21; '자신을 지키기 위한 방벽'에 관하여는 Gay, *Bourgeois Experience*, 403-62.

16. *CCD*, 2:325; Glastonbury, 'Holding,' 31.

17. *CCD*, 2:285-86, 321-22, 338, 387, 435; *CP*, 1:163; Wilson, *Charles Lyell*, 496-502.

18. *CCD*, 2:105, 339, 341, 389-90; Darwin, *Volcanic Islands*, 36, 61-65.

19. *CP*, 1:175-82.

20. *CCD*, 3:67; 4:466; 다윈의 1826년 일기—DAR 129; J. Moore, 'Darwin of Down,' 460.

21. Atkins, *Down*, 24; Trollope, *Clergymen*, 54; *MLD*, 1:33-36.

22. *CCD*, 1:97, 2:330-31, 351, 354, 359-60, 371, 373, 387, 395; Stearn, *Natural History Museum*, 210.

23. *ED*, 2:82-83; *CCD*, 2:333-34, 345, 374, 435; Freeman, 'Darwin Family,' 13; E. 다윈이 H. 웨지우드에게 1837년 4월에 쓴 편지—Kohn, 'Darwin's Ambiguity,' 226.

24. *CCD*, 2:373, 375-77; 원에 관하여는 Waterhouse, 'Observations,' 399; 라마르크주의에 대한 완충제로서의 원 분류에 관하여는 Desmond, 'Making,' 161ff.

25. *CCD*, 2:378; Colp, 'Confessing,' 12-13.

26. *CCD*, 2:377-79, 381-82.

27. *CCD*, 2:387, 389, 397-99, 405, 415-16; Waterhouse, 'Observations,' 403, 406.

21장 살인

1. *CCD*, 1:34, 3:394; *LLJH*, 1:20.

2. *CCD*, 2:408, 3:10; *LLJH*, 1:161; D. Porter, 'Darwin's Plant *Collections*,' 520.

3. Hooker, 'Reminiscences,' 187; *LLJH*, 1:41-45; *LLD*, 2:19; D. Porter, 'Darwin's Plant Collections,' 519. 후커는 매코믹의 이름을 언급하지 않고 단지 "비글호에서 리오까지 다윈과 동행했던" 항해동료 가운데 한 명이라고만 말하고 있다. 매코믹은 1839년에 후커와 친구가 되었고, 후커가 에러버스호 항해를 떠나기 전까지 후커를 데리고 다녔다. 따라서 매코믹이 후커를 다윈에게 소개한 것이 거의 확실하다.

4. Hooker, 'Reminiscences,' 187; *LLJH*, 1:41; *LLD*, 2:19.

5. *CCD*, 2:408, 410-11, 419.

6. *CCD*, 3:2; Colp, 'Confessing.'

7. Desmond, 'Artisan Resistance,' 90 n. 47.

8. *CCD*, 3:2, 5, 7, 11.

9. *Foundations*, 85, 91; Ospovat, *Development*, 82-3; Kohn *et al.*, 'New Light,' 427. 오스포바트는, 다윈은 이러한 안정기에는 종들이 '완벽하게' 적응하고 있다고 믿었고, 따라서 아직은 오래된 신학의 틀에서 벗어나지 못하고 있었다고 주장한다. Kohn('Darwin's Ambiguity,' 230)은 여기에 동의하지 않는다. 콘은 다윈이 'E' 공책을 쓸 때부터 '상대적' 적응 개념을 구상했다고 주장한다. 최근에는 페일리의 자연신학에서도 자연의 고안물들의 '불완전성'이 들어 있었다는 점이 강조되고 있다—Francis, 'Naturalism,' 214.

10. *Foundations*, xix.

11. B. Taylor, *Eve*, 131; Martin, *First Conversation*, 5-6; *Movement*, 1844년 7월 6일자, p. 239와 8월 31일자, p. 315; Royle, *Victorian Infidels*, 88.

12. *CCD*, 3:43-44; *TBI*, 158.

13. Desmond, *Politics*, chs 6-8, p. 376; *CCD*, 3:43-44; Colp, 'Confessing,' 16-19.

14. Napier, *Selections*, 492; Forbes, *Literary Papers*, 120.

15. *CCD*, 3:28, 42, 47-49, 57, 79, 83, 310. 지질학회의 회원자격을 지닌 인물들은, 지질학회의 존 새크레이가 제공한 명부에 의거했다.

16. Darwin, *South America*, chs 1-4; D'Orbigny, 'General Considerations,' 367; *CCD*, 3:56, 59, 162, 193, 391.

17. *CCD*, 3:61, 70-72, 79; *Foundations*, 183-94.

18. *CCD*, 2:413-14, 3:56, 67; *ED*, 2:88; Raverat, *Period Piece*, 142.

19. *CCD*, 3:396; Colp, 'Confessing,' 19-20; Kohn, 'Darwin's Ambiguity,' 226; *Foundations*, xvii; *LLD*, 2:12, 296; Eng, 'Confrontation.'

20. Secord, 'Behind the Veil,' 166, 168; R. Yeo, 'Science,' 25-27; Desmond, *Politics*, 175-80.

21. Secord, 'Behind the Veil,' 166, 173. Hodge, 'Universal Gestation'는 다윈의 과학과 『흔적』 사이에 존재하는 어마어마한 개념적 차이들을 조사한다. 체임버스는 공통 조상을 부정하며, 생명은 서로 평행할 뿐 유연관계는 없는 일련의 계통들로서, 각각의 계통은 저마다 자연발생한 토대로부터 기원했다고 보았다.

22. 에든버러 대학 교수이며 완고한 감독교회의 일원이었던 제임스 D. 포브스의 말. 포브스는 빙하 운동의 전문가로서, 다윈은 포브스를 영리하고, 신사적이며, "그의 빙하만큼이나 냉랭한" 사람으로 생각했다—Shairp *et al.*, *Life*, 178; *CCD*, 3:103, 108, 166.

23. Gillispie, *Genesis*, 169-70; *CCD*, 3:184.

24. Chilton, 'Vestiges,' 9; Chilton, 'Regular Gradation,' *Movement*, Nov. 1844, 413; Desmond, 'Artisan Resistance,' 102.

25. Carpenter, 'Vestiges,' 155, 160, 180; Desmond, *Politics*, 195; *CCD*, 3:258.

26. Napier, *Selection*, 492; Epps, *Church of England's Apostacy*, 3; 더 깊은 배경에 관하여는 Desmond, *Politics*, 178-79.

27. *CCD*, 3:253, 258, 289; Egerton, 'Conjecture'; Napier, *Selections*, 494.

28. *CCD*, 3:181, 289, 4:19, 36, 152; A. 세지윅이 M. 네이피어에게 1845년 4월 17일에 쓴 편지—BL, Add. MSS 34,625, ff. 113-19; Napier, *Selections*, 491-93; Desmond, *Archetypes*, 210.

29. 체임버스에 관하여는 Secord, 'Behind the Veil,' 186. 다윈의 이름을 따서 명명된 종들에 관하여는 *CCD*, 3:46, 196, 232, 276; Darwin, *South America*, 92, 253; *Companion*, 82-86.

30. *CCD*, 3:65, 168.

31. *CCD*, 3:67-68, 332, 354; *LLD*, 3:27.

32. *CCD*, 3:85; Ospovat, 'Perfect Adaptation,' 39ff; Gillespie, *Charles Darwin*, ch. 5.

33. *CCD*, 3:164, 166, 177.

34. Hooker, 'Reminiscences,' 187-88; *CCD*, 3:88-90, 399-403.

35. Hooker, 'Reminiscences,' 188; *CCD*, 3:34-35, 62, 149, 167, 181-82, 288.

36. *CCD*, 3:140, 149, 167-68, 177, 207.

37. *CCD*, 3:139, 147, 166, 186; *LLJH*, 1:191, 194.

38. Hill, 'Squire,' 337, 342, 344-45; Ashwell and Wilberforce, *Life*, 1:130; *CCD*, 3:68, 86, 157, 181, 214, 216, 229, 256, 260; 비스비의 부동산 관계 서류—DAR 210.25.

39. *CCD*, 3:169, 176.

40. *Journal*(1845), 360-61, 363, 375, 376; Sulloway, 'Darwin'과 'Darwin's Conversion,' 345; Hooker, 'Reminiscences,' 187.

41. *CCD*, 3:55, 203, 213, 233, 242; *Journal*(1845), 469-70.

42. *CCD*, 3:208, 240, 339; *LLJH*, 1:204.

43. *CCD*, 3:211, 217, 264, 336-37; J. Browne, *Secular Ark*, 65-68, 77-80; Egerton, 'Hewett C. Watson,' 89, 92.

44. *CCD*, 3:274, 289.

45. Mills, 'View,' 372.

46. *CCD*, 3:71, 149, 163, 245, 250, 253, 291, 294-95, 300, 304-305; *Foundations*, 168-71; Sulloway, 'Geographic Isolation,' 30-49. 포브스의 과학에 관하여는 Rehbock, *Philosophical Naturalists*, 157-75, 186-87; J. Browne, *Secular Ark*, 114ff.

47. E. 포브스가 R. 오언에게 1846년 11월 2일에 쓴 편지, BM(NH), OCorr.; Desmond, *Politics*, 365; *CCD*, 3:274.

48. *CCD*, 3:282-83, 287; Mills, 'View,' 377; Rehbock, *Philosophical Naturalists*, 72-73.

49. *CCD*, 3:141, 285, 287, 339.

50. *CCD*, 2:346, 353, 306; Russell-Gebbett, *Henslow*, ch. 3; J. Moore, 'Darwin of Down,' 466-67.

51. *CCD*, 3:248; "교회의 장식을 위한 기부……"와 공책의 사본—KAO P123/6/1-3.

52. KAO P123/2/1, 5와 P123/5/26; Stecher, 'Darwin-Innes Letters,' 255; *CCD*, 2:406; J. Moore, 'Darwin of Down,' 477.

53. *CCD*, 2:406, 3:49, 192, 228, 256, 260, 321, 377; 4:256-57, 304; Barnett, 'Allotments.'

54. *CCD*, 3:260; Harrison, *Early Victorian Britain*, 27.

55. *CCD*, 3:248, 259-60, 347-48; *ED*, 2:309.

56. *CCD*, 3:228.

57. *CCD*, 3:325.

58. *CCD*, 4:290, 337; 5:94; Crouzet, *Victorian Economy*, 165. 사실 다윈은 필 경이 세입 감소를 메우기 위해 소득세를 도입한 1842년에 이미 최초의 자유무역 개혁을 위한 세금을 지불하기 시작했다. 다윈의 세금은 1842년에 30파운드였다.

59. *CCD*, 3:68, 84, 86, 95-96, 141-12, 166, 181, 215, 264, 311-12, 327; *ED*, 1:250.

60. *CCD*, 3:312, 326; *ED*, 2:98-99, 102-103.

61. *CCD*, 3:68, 141, 246, 277, 331, 345; Atkins, *Down*, 28과 RFD.

62. *CCD*, 3: 307, 332, 390.

63. *CCD*, 3:111-12, 164, 346, 4:127; Owen, 'Notices,' 66; Rehbock, *Philosophical Naturalists*, 176-84.

64. *CCD*, 3:124, 323, 345-46, 359. 장관들은 피츠로이의 독단적인 행동에 짜증을 느끼고 있었다. 피츠로이는 "모든 것에서 자유무역"을 채택하고, 관세를 폐지하고, 토지에 대한 주권을 포기하여 이주자들이 마오리족으로부터 직접 토지를 구입할 수 있도록 허용하고, 정부의 수수료를 1에이커당 10실링에서 1펜스로 깎아주었다. 식민성省은 못마땅했 겠지만, 설리번조차 피츠로이의 결단이 뉴질랜드를 구했음을 인정했다.

65. *CCD*, 3:331, 338, 345, 356.

22장 **특이한 작은 괴물**

1. *CCD*, 3:346, 350.

2. *CCD*, 3:356-58, 365-66.

3. *CCD*, 3:359, 363; D. Allen, *NaturaList*, 124-31; *LLL*, 2:129.

4. J. Thompson, *Zoological Researches*, 71-73, 79; Winsor, 'Barnacle Larvae,' 295-98; Huxley, 'Lectures,' 238; *CCD*, 4:100, 178; Ghiselin, *Triumph*, ch. 5. 필자[M. Richmond]의 신선한 통찰을 많이 포함한, 다윈의 따개비 연구에 관한 최고의 분석은 'Darwin's Study of Cirripedia,' *CCD*, 4:388-409.

5. *LLJH*, 1:190; *CCD*, 3:251, 253, 256, 4:327. 제라르의 일이 가치가 있느냐를 둘러싸고 후커와 다윈의 견해는 뚜렷한 대립을 보였다. 후커는, 종의 변이를 수백 가지씩 늘어놓는 제라르의 일을 한심한 것으로 보았다. 후커는 "병합파" 분류학자로서, "중간적인 종류는 모두 잘라"버리고 이들을 "평범한" 종에 뭉뚱그려 넣었다. 반면, 분류보다는 변화에 관심이 있었던 다윈은 제라르의 일에 공감했다. 그것이 그가 필요로 하는 정보, 즉 선택이 작용하는 변이에 관한 정보를 제공해주기 때문이었다.

6. *CCD*, 3:375, 4:38.

7. Dance, 'Hugh Cuming,' 477; Darwin, *Monograph on the Sub-Class*, 1:v-vi; *CCD*, 3:137, 231, 297, 4:98-100; *Journal*(1845), 372-73.

8. Jardine, *Memoirs*, clxxiv-v; Kirby, 'Introductory Address,' 5; Desmond, 'Making,' 168; Gillespie, 'Preparing,' 102; *CCD*, 4:187, 189, 192. 1842년에 다윈은 영국과학진흥협회의 동물 명명에 관한 위원회에서 스트릭랜드와 함께 일했다—*CCD*, 2:311.

9. *CCD*, 4:11.

10. J. 후커가 〔다윈의 아들에게〕 1905년 2월 19일에 쓴 편지—BL, Add. MSS 58,373(제본 되어 있지 않음).

11. Hooker, 'Reminiscences,' 188; *LLJH*, 1:213-14; *CCD*, 4:10-11, 25, 382.

12. *CCD*, 3:254, 4:21.

13. *Foundations*, 71-74, 80, 170-71; Colp, 'Confessing,' 30-31; *CCD*, 4:25.

14. Hooker, 'Reminiscences,' 187.

15. *CCD*, 4:11, 29-30; *LLJH*, 1:167.

16. *Autobiography*, 105; *CCD*, 4:37, 40, 44, 5:300; Secord, 'Geological Survey,' 233-34.

17. *CCD*, 4:71, 74; Rudwick, 'Darwin,' 131-45, 153-65; Barrett, 'Darwin's "Gigantic Blunder",' 25-27.

18. Desmond, *Politics*, 296-97; Secord, *Controversy*, 123; Morrell, 'London Institutions,' 137; *CCD*, 4:25. 아편과 비스무트에 관한 언급은 *CCD*, 3:247, 325.

19. *CCD*, 4:48; Secord, 'Geological Survey,' 253; *LLJH*, 1:210, 221.

20. *CCD*, 4:44-45, 47, 51, 53; *LLL*, 2:130.

21. Geikie, *Memoir*, 103.

22. 앤드루 램지의 1847년 일기, f. 59, Imperial College Archives, London, KGA Ramsay/1/8(이 문헌을 제공해준 짐 세코드에게 감사한다); Wilberforce, *Pride*, 15-20; *Illustrated London News*, 1847년 7월 3일자, p. 10. 램지는 그 설교를 찬성했고, 오언도 그것이 "매우 좋았다"고 생각했다—*LRO*, 1:299.

23. *CCD*, 4:152, 269; *LLL*, 2:154; 영국과학진흥협회의 사회적 성격에 관하여는 Morrell and Thackray, *Gentlemen*.

24. Hooker, 'Reminiscences,' 188; *CCD*, 4:49-50.

25. *CCD*, 4:55, 61; *LLJH*, 1:219.

26. *LLJH*, 1:216, 219.

27. *CCD*, 4:56, 61, 87.

28. *CCD*, 4:92-93.

23장 지옥에나 떨어져라

1. *CCD*, 4:107, 109.

2. *CP*, 1:227; *CCD*, 4:24, 383; Geikie, *Memoir*, 130.

3. *LLL*, 2:139, 141. 버클런드와 오언은 필 경이 총리로 있는 동안(1841-46) 필 경의 과학

조언자로 활동했고, 따라서 이 토리당 지도자와 가깝게 지냈다. 로버트 필 경은 1842년에 오언에게 거액의 연금civil list pension을 제공했으며, 버클런드를 웨스트민스터 대수도원의 참사회장으로 임명했다. 또한 퇴임하기 직전인 1845년에는 으언에게 기사작위를 내렸다—Gordon, *Life*, 220; Desmond, *Politics*, 354-58.

4. Desmond, *Politics*, 328, 331-32; *LRO*, 1:167; *LLL*, 1:291; *CCD*, 4:108-109.

5. *ED*, 2:115; Goodway, *London Chartism*, 68-96; Wilson and Geikie, *Memoir*, 432.

6. *CCD*, 4:151, 157; Geikie, *Memoir*, 129; Wilson and Geikie, *Memoir*, 433; *LRO*, 1:320; W. 브로더립이 R. 오언에게 1848년 3월 13일에 쓴 편지—BM(NH), OCorr.

7. *CCD*, 4:128, 476-78.

8. *CCD*, 4:128; *MLD*, 1:370-71; Darwin, *Monograph on the Sub-Class*, 1:186, 189, 198, 202. 자웅동체라는 점은 따개비를 더욱 기이한 갑각류로 보이게 만들었다. 게는 자웅이체다—J. Thompson, *Zoological Researches*, 80-81.

9. *CCD*, 4:252-53.

10. *CCD*, 4:249; Darwin, *Monograph on the Sub-Class*, 1:205-208, 231-32; *Notebooks* D157, 162.

11. *CCD*, 4:140, 159.

12. Darwin, *Monograph on the Sub-Class*, 1:232, 291; 2:23; *CCD*, 4:169, 180, 204(다윈은 최종적으로 자신의 연구서에서, "한 마리의 암컷에 14마리(!)의 수컷이 붙어 있는 경우까지" 보았다고 보고했다); Hooker, *Himalayan Journals*, 2:206; *LLJH*, 1:270, 312.

13. *CCD*, 4:139, 142, 144-46.

14. *CCD*, 4:102, 145, 147, 154; *TBI*, 38.

15. *CCD*, 4:169-70, 269; *LLL*, 2:146.

16. Norton, *Evidences*, 1:11; *CCD*, 4:476; Stevens, 'Darwin's Humane Reading.'

17. *CCD*, 3:141, 4:384, 477; Hare, *Essays*, 1:lxxxii, cvi, cl, ccxiv.

18. Coleridge, *Aids*, 1:89-90, 133, 144-45, 152, 157, 194-96, 245, 281, 333(Barth, *Coleridge*, 137, 191-93도 참조); *ED*, 2:284; *CCD*, 4:477.

19. *CCD*, 4:178, 181-82, 209.

20. *ED*, 2:119; *CCD*, 4:183; 5:9; *Autobiography*, 117; *Wedgwood*, 249-50; 로버트 와링 다윈의 유서—PRO 11/2084.

21. Hutchinson, *Life*, 1:22-25.

22. *CCD*, 3:96, 4:223, 225-27; Wheatley, *Life*, 264.

23. H. Martineau, *Eastern Life*, 1:67, 277, 2:9, 3:158, 162, 167.

24. *CCD*, 4:209, 219, 228, 478.

24장 나의 물치료 의사

1. *CCD*, 4:209, 234; Mann, *Collections*, 12–21; *TBI*, 39.

2. *CCD*, 4:219; *TBI*, 39–40.

3. Billing, *M. Billing's Directory*, 412; B. Smith, *History*, 194; RFD, 85; *CCD*, 4:209, 223.

4. *CCD*, 4:354; Mann, *Collections*, 5–6, 12ff; Desmond, *Politics*, 175 n. 81.

5. *CCD*, 4:224, 354.

6. 'Malvern Water,' *Household Words*, 11 Oct. 1851, pp. 67–71; E. 다윈의 애니에 대한 회상—DAR 210.13; G. 다윈의 회상—DAR 112; 그레이트 맬번 교구의 1849년 6월 5일 세례 기록—우스터에 있는 헤리퍼드우스터주州 공문서보관소; *CCD*, 4:234, 236, 239–40.

7. *CCD*, 4:227; *TBI*, 40.

8. *CCD*, 4:246, 5:78; *TBI*, 43; RFD, 84; 'A Visit to Darwin's Village: Reminiscences of Some of His Humble Friends,' *Evening News*(런던), 1909년 2월 12일자, p. 4.

9. *CCD*, 4:247, 256–57, 269, 311, 314; *CP*, 1:250–51; *TBI*, 49; 왕립학회의 개혁에 관하여는 Morus, 'Politics of Power.'(MacLeod, 'Whigs'도 참조)

10. Darwin, *Monograph on the Sub-Class*, 2:26.

11. *CCD*, 4:127, 219; Ospovat, *Development*, 146, 150과 Darwin Library, CUL에 소장된 Owen, *On the Nature of Limbs*; 유니테리언파의 유물론자들과 콜리지류의 관념론자들 사이의 적대적 감정에 관하여는 Desmond, *Archetypes*, 50과 *Politics*, ch. 6, 특히 216, 267–68; Di Gregorio, 'In Search,' 249.

12. *CCD*, 4:179와 156, 169도 참조; Darwin, *Monograph on the Sub-Class*, 1:2, 25–28(다윈이 제기한 따개비의 상동성 개념을 다시 손본 것에 관하여는 T. Huxley, 'Lectures,' 238, 241 참조); 1840년대의 런던에는 원형에 대한 개념이 널리 퍼져 있었다는 사실에 관하여는 Desmond, *Politics*, ch. 8.

13. *CCD*, 4:179, 314; Darwin, *Monograph of the Sub-Class*, 1:34–7.

14. *CCD*, 4:270, 273.

15. *CCD*, 4:269, 272, 303, 311.

16. *LLJH*, 1:312–20; Hooker, *Himalayan Journals*, 2:206–14, 233, 247; *CCD*, 4:294, 310, 478; *LLL*, 2:153.

17. *CCD*, 4:282–83, 289, 293, 300–303; Trenn, 'Charles Darwin.'

18. Darwin, *Monograph on the Fossil Lepadidae*, v, 1; Trenn, 'Charles Darwin,' 471, 479; *CCD*, 4:300, 305; *CP*, 1:251-2.

19. *CCD*, 4:304-305, 310-11; Trenn, 'Charles Darwin,' 481-82.

20. *CCD*, 4:319, 323, 349, 361; Darwin, *Monograph on the Fossil Lepadidae*, 3.

21. *CCD*, 4:312, 315, 319, 321, 335, 344; *TBI*, 44.

22. *CCD*, 4:114-15, 139, 268-69, 327-28.

23. *CCD*, 4:344; Darwin, *Monograph on the Sub-Class*, 2:155; Gillespie, 'Preparing,' 107-108.

24. *CCD*, 5:155-56.

25. *CCD*, 3:376; 다윈의 분류에 관하여는 T. Huxley, 'Lectures,' 240. Ghiselin and Jaffe, 'Phylogenetic Classification,' 137은 이후 기존에 알려진 다윈의 견해에 따라 따개비의 유연관계를 나타내는 계통수를 작성했다. 그러한 그림은 다윈의 시대에 일반적인 것이 었는데도(Ospovat, *Development*, 161), 다윈이 그것을 하나도 그리지 않았다는 사실 은 의미심장하다.

26. *CCD*, 4:344, 353, 369.

25장 비통하고 잔인한 상실

1. E. 다윈의 애니에 대한 회상—DAR 210.13; *CCD*, 4:369, 5:9.

2. *CCD*, 4:225, 5:540-41; *ED*, 2:184; *TBI*, 149.

3. E. 다윈의 애니에 대한 회상—DAR 210.13; *CCD*, 4:385-87.

4. *CCD*, 4:379-80, 386-87.

5. Corsi, *Science*, 262-65; Robbins, *Newman Brothers*, 107-16; *CCD*, 4:479; *ED* 2:125; Newman, *Soul*, 227, 230, 233, 258; Newman, *History*, iv, 210, 370; O. Chadwick, *Victorian Church*, 1:291-301.

6. *TBI*, 45; E. 다윈의 애니에 대한 회상—DAR 210.13; *CCD*, 4:479, 5:69.

7. Newman, *Phases*, 78, 81, 101, 141, 172, 188, 200, 233.

8. *CCD*, 4:479, 5:519; *LLD*, 2:158; E. 다윈의 애니에 대한 회상—DAR 210.13.

9. Billing, *M. Billing's Directory*, 415; *CCD*, 4:354; RFD, 85; Colp. *TBI*, 44-45. 프랜 시스 다윈과 조지 다윈의 기억에 따르면, 걸리가 두 사람의 아버지도 투시력으로 들여 다보기를 원했다고 한다. 하지만 그것이 사실이라 해도, 이 가족 전승담은 이야기의 단 편일 뿐이다. 1851년 3월의 시점에 찰스의 상태는 매우 양호했으니, 걸리는 찰스의 병을 진단하는 데에 이미 성공했다고 볼 수 있다. 그렇게 된 이상, 주된 관심의 대상은 애니였 을 것이다. 걸리의 딸도 투시력이 있는 여자의 도움을 받았기 때문에, 애니도 보여봐야

한다는 판단은 설득력 있게 들렸을 것이다. 천리안을 지닌 여성들의 투시 능력은 여성 환자에게는 특히 유효하다고 여겨졌다.

10. M. 라이엘이 F. 웨지우드에게 4월 28일〔1851년〕에 쓴 편지—W/M 310; *LLJH*, 1:332; Froude, *Carlyle*, 2:67-77; Fielding, 'Froude's Second Revenge;' *ED*, 2:128-29; *CCD*, 5:25. 찰스가 그 책을 읽었다는 기술은 1852년 8월까지는 보이지 않는다(*CCD*, 4:488). 하지만 이래즈머스와 패니는 마티노의 친한 친구였고, 그 "여사제"와 그녀의 멋진 저서를 분명하게 지지하는 입장이었다(Calder, 'Erasmus Darwin,' 38; Arbuckle, *Harriet Martineau's Letters*, 113). 따라서 이 책의 출판 이후(2월 초) 찰스가 이래즈머스나 패니와 처음으로 동석했을 때, 그들이 그 책에 대해 논함으로써 찰스가 그것을 읽어보고 싶도록 자극했음이 틀림없다.

11. *CCD*, 5:10, 13.

12. C. 톨리가 E. 다윈에게 〔1851년 4월 14일과 15일에〕 쓴 편지—DAR 210.13; *CCD*, 5:13, 16-17, 22; *ED*, 2:132-33.

13. *ED*, 2:132; *CCD*, 5:13, 16.

14. *CCD*, 5:13-15, 21.

15. *CCD*, 5:16-17; F. 웨지우드가 E. 다윈에게 〔1851년 4월 19일에〕 쓴 편지—DAR 210.13.

16. *CCD*, 5:18-23.

17. *CCD*, 5:23-24. F. 웨지우드가 H. 웨지우드에게 〔1851년 4월 23일에〕 쓴 편지—W/M 310.

18. F. 웨지우드가 H. 웨지우드에게 〔1851년 4월 23일에〕 쓴 편지와, K. E. 웨지우드에게 1851년 4월 25일에 쓴 편지—W/M 310; 'Thunderstorms,' *Barron's Worcester Journal*, 1851년 5월 1일자, p. 〔3〕; *ED*, 2:286; H. Montgomery, 'Emma Darwin;' Ricks, *Poems*, 910(lv:5-8).

19. F. 웨지우드가 H. 웨지우드에게 〔1851년 4월 23일에〕 쓴 편지—W/M 310; F. 웨지우드가 E. 다윈에게 〔1851년 4월 23일에〕 쓴 편지—DAR 210.13; Ricks, *Poems*, 911(lvi:1-4); 앤 엘리자베스 다윈의 사망증명서, 런던 중앙등록부.

20. *CCD*, 5:25; E. 다윈이 F. 웨지우드에게 〔1851년 4월 25일에〕 쓴 편지—W/M 310.

21. *CCD*, 5:24-26; F. 앨런이 F. 웨지우드에게 4월 23일〔1851년〕에 쓴 편지와, E. 다윈이 F. 웨지우드에게 〔1851년 4월 25일에〕 쓴 편지—W/M 310.

22. *CCD*, 5:28-29; F. 웨지우드가 K. E. 웨지우드에게 1851년 4월 25일에 쓴 편지—W/M 310; 그레이트 맬번 교구의 1851년 4월 25일 매장 기록—헤리퍼드우스터주(州) 공문서보관소.

23. *CCD*, 5:25, 542-43; S. E. 웨지우드가 F. 웨지우드에게 [1851년 4월 27일에] 쓴 편지—W/M310.

24. *CCD*, 5:26-27; *ED*, 2:137, 139; E. 다윈이 F. 웨지우드에게 [1851년 4월 24일에] 쓴 편지—W/M 310; 애니의 유품—DAR 210.13.

25. *CCD*, 5:32, 540-42; Colp, 'Charles Darwin's "insufferable grief";' J. Moore, 'Of Love.'

26. *CCD*, 5:33; *ED*, 2:140; 다윈이 J. 후커에게 6월 6일[1868년]에 쓴 편지—DAR 94:69-70.

26장 자본가 신사

1. Best, *Mid-Victorian Britain*, 252; Golby, *Culture*, 3에 나오는 T. 매콜리의 말.

2. McNeil, *Under the Banner*; Harvie *et al.*, *Industrialization*, 234-38에 나오는 앨버트 공의 말.

3. Jennings, *Pandaemonium*, 262에 나오는 샬럿 브론테의 말.

4. *CCD*, 4:354; Haight, *George Eliot*, 20ff, 60; Rosenberg, 'Financing,' 169-72; Van Arsdel, 'Westminster Review,' 544-49; Heyck, *Transformation*, 17; Corsi, *Science*, 204; Holyoake, *Sixty Years*, 1:239.

5. Rosenberg, 'Financing,' 175; J. Moore, *Religion*, 432.

6. Corsi, *Science*, 273-76; Desmond, *Archetypes*, 29-32.

7. Spencer, *Autobiography*, 1:348, 394ff; Rosenberg, 'Financing,' 174; Spencer, *Social Statics*, 80; J. Moore *et al.*, *Science*, 6ff.

8. Spencer, *Autobiography*, 1:377, 384; Golby, *Culture*, 1-2에 나오는 앨버트 공의 말.

9. R. Young, *Darwin's Metaphor*, 23-55.

10. Spencer, *Autobiography*, 1:372, 388; J. Moore, *Religion*, 406, 408; R. Young, *Darwin's Metaphor*, 51-52.

11. *CCD*, 5:49-52, 55, 538; *ED*, 2:142; *TBI*, 49.

12. *CCD*, 5:54, 57.

13. *CCD*, 5:55, 81, 83; RFD, 17, 38; *TBI*, 48.

14. *CCD*, 5:83; Davidoff and Hall, *Family Fortunes*, 205-207, 360-65.

15. Hobsbawm, *Industry*, 156; Keith, *Darwin*, 222, 225; *CCD*, 3:375-77, 4:xx, 52, 62-63, 154-55, 185, 375-77; 5:119, 183-84.

16. Austin, *Memoir*, 2:472; Jardine, *Memoirs*, cclix; Crouzet, *Victorian Economy*, 285-87; *LLL*, 2:129; *CCD*, 3:303-304; Burn, *Age*, 30; Schivelbusch, *Railway Journey*,

1178

chs 8-9.

17. *CCD*, 4:62-63, 375; 5:99, 101, 190-91; Atkins, *Down*, 97.

18. *CCD*, 4:377, 378; 5:40, 94, 143, 191.

19. *CCD*, 4:138, 264-65; 5:222-23; 'Down Coal Club: Honorary Subscriptions, 1841–1876 Inclusive,' Down House; J. 브로디 이네스의 회상, DAR 112; registration document, 'N° 3043 Down Friendly Society……' PRO FS1/232/643, pp. 12-13, 18, 32; J. Moore, 'Darwin of Down,' 466-69도 참조.

20. Briggs, *Age*, 388; *CCD*, 4:362, 369; 5:85-6, 163, 174.

21. *CCD*, 5:83-84; *ED*, 1:144; *LLL*, 2:172; H. Bell, *Lord Palmerston*, 2:58.

22. *CCD*, 5:83, 100, 104, 111.

23. *CCD*, 4:353-54, 362; 5:51, 52, 55, 63, 83, 147-48; *TBI*, 49; Hutchinson, *Life*, 22-24, 29-30.

24. *CCD*, 5:63, 97, 100, 112, 147-48, 536; Duman, 'Creation,' 120-23; F. Darwin, *Rustic Sounds*, 157.

25. *CCD*, 5:96; *ED*, 2:146-50.

26. L. Huxley, 'Home Life,' 6; G. 다윈의 회상—DAR 112; *ED*, 2:81.

27. *CCD*, 5:81; F. Darwin, *Springtime*, 60-62와 *Rustic Sounds*, 154.

28. *ED*, 2:105-106, 154.

29. *CCD*, 4:425; 5:81, 141-42, 536.

30. *ED*, 2:173; Foote, *Darwin*, 20; F. Darwin, *Springtime*, 51-53; 'Register of baptisms……,' KAO P123/1/10; Hutchinson, *Life*, 1:32.

31. Duncan, *Life*, 64, 541; E. Richards, 'Question;' Desmond, *Archetypes*, 30ff.

32. Duncan, *Life*, 62-63; Spencer, *Autobiography*, 1:402; *LLTH*, 1:81, 83, 90; Desmond, *Archetypes*, 25-29.

33. Duncan, *Life*, 65, 543; Spencer, *Autobiography*, 1:350; Schoenwald, 'G. Eliot's "Love" Letters;' *LLD*, 2:188; Desmond, *Archetypes*, 37ff, 99.

27장 추악한 사실들

1. 건강 일기—다운하우스; *TBI*, 43-53.

2. *TBI*, 45-46; Freeman, 'Darwin Family,' 17; 1852년 4월, 8월-11월의 건강 일기—다운하우스; *CCD*, 5:96, 98, 100, 194.

3. *LLTH*, 1:89, 102, 107; *CCD*, 5:49, 64, 75, 131. 헉슬리(T. Huxley, 'Lectures,' 238-39)는 다윈의 "매우 훌륭한" 연구서에 사용되어 있는 용어를 채택하고, 작은 수컷에 관

한 다윈의 견해는 받아들였지만, 접착제 샘에 관하여는 유보적인 입장을 취했으며, 다윈이 "진짜 난소"의 위치를 잘못 알았다고 생각했다.

4. *CCD*, 5:130.

5. *CCD*, 5:103, 105, 108, 110, 113-15, 117-18.

6. *CCD*, 5:82, 100, 123, 147, 212; *MLD*, 1:38.

7. *CCD*, 5:165-66, 225, 307; 6:406. 왕립학회 메달은 '왕립학회'에서 과학계의 기사작위에 비유된다—*Lancet*, 1(1846), 635. 개혁에 관하여는 MacLeod, 'Of Medals,' 92; Morus, 'Politics of Power.'

8. 건강 일기—다운하우스; *CCD*, 3:253, 5:157, 163, 172, 536, 539; 6:55; *Autobiography*, 117. 불워-리턴은 까다로운 '롱 교수'로 다윈을 희화화했다—Bulwer-Lytton, *What Will He Do With It?*, 1:284-96.

9. *CCD*, 5:113, 174-75, 177, 179-81.

10. *CCD*, 3:45, 5:113, 178, 196-97, 215.

11. *CCD*, 5:174, 195; Geikie, *Memoirs*, 165.

12. *CCD*, 5:186, 194, 331.

13. *CCD*, 5:224, 321; *LRO*, 2:5-6.

14. *CCD*, 5:351; *LLTH*, 1:133; MacLeod, 'Whigs,' 79-80; Morus, 'Politics of Power.'

15. *CCD*, 5:224-25, 278, 6:408; *IJT*, 45-48; *LLTH*, 1:101ff; Gage and Stearn, *Bicentenary History*, 53.

16. *CCD*, 5:424; *LLTH*, 1:85, 114-15, 119, 137-38; *IJT*, ch. 4.

17. *LLJH*, 1:477-78; Corsi, *Science*, ch. 17.

18. *CCD*, 5:345, 350; *LLJH*, 1:474.

19. 'Origin of Man: Science *versus* Theology,' *London Investigator*, 1(1854-55), 8ff; Desmond, 'Robert Grant's Later Views,' 402, 404; Beddoe, *Memories*, 32-33; E. 포브스가 T. 헉슬리에게 1852년 11월 16일에 쓴 편지—THP 16.170; *LLTH*, 1:94.

20. C. Lyell, 'Anniversary Address,' xxxiii, xxxix; Corsi, 'Importance,' 224, 241; Bartholomew, 'Lyell'과 'Singularity.'

21. *CCD*, 5:537; *LLL*, 2:199; Desmond, *Politics*, 327-30.

22. *CCD*, 5:416; *Natural Selection*, 89.

23. T. Huxley, 'Vestiges,' 425-27, 429; 『흔적』에 관한 헉슬리의 메모—THP 41.57-63; Bartholomew, 'Huxley's Defence,' 526-28; Desmond, *Archetypes*, 49; *LLD*, 2:188-89; *LLTH*, 1:224.

24. *CCD*, 5:213-14; Pearson, *Life*, 2:204.

25. *CCD*, 5:212-13, 215, 537.

26. *CCD*, 5:155, 294, 379.

27. *CCD*, 5:159, 186, 201; 건강 일기—다운하우스.

28. *CCD*, 5:322, 334, 348, 372; 6:196, 209; *LLJH*, 1:374.

28장 전함과 싸구려 술집

1. Hutchinson, *Life*, 30, 36; *CCD*, 5:105; *ED*, 2:154; *TBI*, 49-50; G. 다윈의 회상— DAR 112; 건강 일기—다운하우스.

2. *CCD*, 5:164, 182, 187, 265.

3. F. Darwin, *Rustic Sounds*, 154-55와 *Springtime*, 59-60; G. 다윈의 '집총훈련'과 일기 (1852-54년)—DAR 210.7; *CCD*, 4:427.

4. *LLTH*, 1:116; Geikie, *Memoir*, 224; *LLL*, 2:201; *CCD*, 5:241.

5. *LLL*, 2:202.

6. *CCD*, 5:196-97, 199, 201, 230, 247-49; Ospovat, *Development*, 177-78; Kohn, 'Darwin's Principle,' 251; J. Browne, *Secular Ark*, 205-16.

7. *Autobiography*, 120-21; *Natural Selection*, 249; *Notebooks*, B21; *CCD*, 4:139, 5:475; Ospovat, *Development*, 171; Kohn, 'Darwin's Principle,' 250.

8. McKendrick, 'Josiah Wedgwood,' 30-34.

9. 앨버트 공의 인용은 Golby, *Culture*, 1-2; Schweber, 'Wider British Context,' 64-65; Schweber, 'Darwin,' 258-59, 265; *Autobiography*, 55.

10. *Origin*, 56, 380; *Natural Selection*, 228ff; Schweber, 'Darwin,' 212; Ospovat, *Development*, 181-83; Kohn, 'Darwin's Principle,' 250; *CCD*, 5:197; J. Browne, *Secular Ark*, 210-16. 오늘날의 용어로 말하면 다윈은 동소적 종분화 이론을 세운 것이다. 이 이론에 따르면, 부모 종과 (거기서 분화한) 자손 종은 지리적으로 격리되어 있지 않고 같은 장소에서 서식한다.

11. 그렇기는 해도, 민느-에드바르트는 그 개념의 차용에 대해 경제학자들에게 공공연하게 감사를 표했다—Schweber, 'Darwin,' 197, 213, 255-56, 285; *Natural Selection*, 233; Conry, *Introduction*, 387도 참조.

12. Seed, 'Unitarianism', 1-3; Schweber, 'Darwin and the Political Economists,' 269-70; *CCD*, 4:473.

13. *CCD*, 5:253, 265; *ED*, 2:156.

14. *ED*, 2:155-56; *CCD*, 5:537-38; Ereira, *People's England*, 78-85.

15. *CCD*, 5:68; *LLJH*, 1:445; *CP*, 1:255; Sulloway, 'Geographic Isolation,' 41-47.

16. *CCD*, 5:237, 241, 263.

17. *CCD*, 5:299, 305, 308; *CP*, 1:256-57; J. Browne, *Secular Ark*, 198. 이러한 실험들
    은 초대륙설에 대한 반증으로서 행해진 것이었지만, 사실 15년 전부터 계획에 들어 있었
    다—*Journal*(1839), 541-42; *Notebooks*, Q10—이 공책에 다윈은 "모든 종류의 씨앗
    을 인공적인 바닷물에 1주일간 담그다"라고 써 놓았다.

18. *CCD*, 5:305, 308, 321, 328; *LLJH*, 1:352.

19. *CCD*, 2:282, 5:320, 331, 364; *CP*, 1:265; D. Porter, '*Beagle* Collector,' 1015.

20. *CCD*, 5:338-39, 364-67, 374-75; *CP*, 1:257.

21. *CCD*, 5:363, 370, 440-41, 477, 483, 500; 6:122; *LLJH*, 1:494; *CP*, 1:257-58, 261-62.

22. *CCD*, 5:265; F. Darwin, *Springtime*, 53.

23. Ospovat, *Development*, 153-57.

24. *CCD*, 5:84, 100, 147, 194; Ospovat, *Development*, 153ff. 이러한 발생학적 견해가 처
    음으로 등장하는 것은 1842년 여름의 공책(*Notebooks* Summer 1842, 7)에서다. 이 공
    책에 다윈은 다음과 같이 적고 있다. "소나 양의 뿔을 선택해도 새끼들에게는 차이가 발
    생하지 않는다. 그러면, 비둘기, 개, 소의 새끼는 어떨까. …… 특이한 성질이 수태의 순
    간에 생겨야 할 이유는 없다. 그것은 자손의 일생에 걸쳐 등장할지도 모른다. …… 그렇
    다면 수태의 순간에 생기는 것은 변화하는 경향이며, 특정 형태를 띠는 것은 성장기의
    후반인 것이 아닐까. 사실만이 진위를 판가름해줄 수 있을 것이다."

25. *Foundations*, 221; Ospovat, *Development*, 156.

26. *CCD*, 5:288.

27. *CCD*, 6:217, 또한 3:9, 4:18, 30, 63-64, 89-90, 231과 Colp, 'Darwin and Mrs. Whit-
    by;' Wells, 'Historical Context,' 228-29; Desmond, *Politics*, 310; Secord, 'Darwin.'

28. Secord, 'Darwin;' Desmond, 'Making,' 224-29.

29. Secord, 'Nature's Fancy,' 166; *CCD*, 5:250, 321, 337, 359; *Notebooks*, Q3, p. 493.

30. *CCD*, 5:326, 352, 386, 492, 497.

31. Darwin, *Expression*, 259; *CCD*, 5:508.

32. *CCD*, 5:415, 482.

33. *CCD*, 5:528, 6:24, 217; *LLL*, 2:213; Secord, 'Nature's Fancy,' 164, 170.

34. *CCD*, 6:236; Secord, 'Nature's Fancy,' 165, 175, 178과 'Darwin,' 537.

35. Secord, 'Nature's Fancy,' 173.

36. Secord, 'Nature's Fancy,' 177; *LLD*, 2:281-82.

37. *CCD*, 5:509; *ED*, 2:157.

29장 나 같은 지독한 철면피

1. *LIJH*, 1:368-69.

2. *CCD*, 5:282, 425, 6:114; *LIJH*, 1:375; *LLTH*, 1:138-39, 148.

3. J. 후커가 T. 헉슬리에게 1856년 4월 4일에 쓴 편지—THP 3.23; *LIJH*, 1:369-70, 412.

4. *LLTH*, 1:128-29, 144, 157; *CCD*, 5:442.

5. T. 헉슬리가 E. 포브스에게 1852년 11월 27일에 쓴 편지—THP 16.72; W. 카펜터가 T. 헉슬리에게 1855년 7월 16일과 1858년 10월 22일에 쓴 편지—THP 12.78, 94; *LLTH*, 1:95; Baynes, 'Darwin,' 505-506; Desmond, *Archetypes*, 22, 123. 매콜리가 영국박물관에 오언의 일자리를 주선했고, 800파운드의 임금이 지불되었다—*LRO*, 2:13-15.

6. J. 후커가 T. 헉슬리에게 1856년 4월 4일에 쓴 편지—THP 3.23.

7. Owen, 'Lyell,' 448-50; Ospovat, *Development*, 129-40; Desmond, *Archetypes*, 42-46; Bowler, *Fossils*, 101-106; E. Richards, 'Question,' 145-46.

8. *CCD*, 5:68, 133; Desmond, *Archetypes*, 42; Bartholomew, 'Huxley's Defence,' 527-29.

9. *CCD*, 5:133; T. Huxley, 'Contemporary Literature,' 243; Ospovat, 'Darwin on Huxley;' Winsor, *Starfish*, 90-97.

10. 다윈은, 그 원리를 언명한 W. B. 카펜터에 대한 헉슬리의 공격(T. Huxley, 'Comparative Literature,' 243-46)을 메모했다—다윈의 메모(DAR B.C.40f)는 Ospovat, 'Darwin on Huxley.'

11. Wollaston, *Variation*, 186, 189; *CCD*, 5:268-70, 6:100.

12. *CCD*, 5:403, 498-99; 6:66, 74, 361.

13. *LLD*, 2:26-27; *CCD*, 6:87, 89; *LLL*, 2:212. 라이엘과 마찬가지로 번버리도 레너드 호너의 딸 가운데 한 명인 프랜시스와 결혼했다. 다윈은 런던 시절부터 그녀를 잘 알았다.

14. 다윈이 T. 울러스턴에게 6월 6일[1856년]에 쓴 편지—EUL, Gen. 1999/1/30(*CCD*, 6:134도 참조); Matthew 7:13-14(AV); J. Moore, 'Of Love,' 220-23.

15. *CCD*, 5:270; 6:147; Wollaston, *Variation*, 186, 188; 울러스턴에 관한 다윈의 메모는 DAR 197.2.

16. *LLD*, 2:196(헉슬리는 1856년 4월의 모임을 말하고 있는 것이 분명하다. 하지만 그는 회상에서 날짜를 혼동했다); *CCD*, 5:351. 다윈에게 실망을 가져다준 것은 헉슬리가 1855년 4월에 왕립연구소에서 행한 강연이었다. 진보적 발달을 헐뜯은 그 강연의 요약을 헉슬리는 다윈에게 우편으로 보냈다—T. Huxley, 'On Certain Zoological Arguments.'

17. 다윈의 메모(DAR B.C.40e)는 Ospovat, 'Darwin on Huxley,' 11-16.

18. *CCD*, 3:83, 6:103, 106, 111-12; *LLTH*, 1:150.

19. *CCD*, 6:147, 175–76; *LLJH*, 1:427; T. 헉슬리가 F. 다이스터에게 1856년 12월에 쓴 편지—THP 15.80; *LRO*, 2:60.

20. *CCD*, 6:260, 484.

21. *CCD*, 5:519, 522; Wallace, 'On the Law;' Brooks, *Just Before*, ch. 5.

22. Wilson, *Sir Charles Lyell's Scientific Journals*, 6–7.

23. *LLL*, 2:213–14; *CCD*, 6:58, 90, 152, 236; Wilson, *Sir Charles Lyell's Scientific Journals*, 54–57, 60—라이엘은 4월 28일 철학 클럽의 모임에서 버스크, 카펜터, 후커, 헉슬리, 존 스튜어트 밀과 종에 관한 이야기를 나누었다.

24. *CCD*, 6:78; Bunbury, *Life*, 2:90, 99–100.

25. *CCD*, 6:100, 106.

26. *CCD*, 6:109, 130–31, 135, 142, 238.

27. Jensen, 'X Club,' 63; *CCD*, 6:122–23.

30장 저속하고 음란한 자연

1. *CCD*, 5:83, 6:87, 151–52, 191.

2. *CCD*, 6:140, 143–44, 147, 153, 155, 193; *Natural Selection*, 534–44.

3. *CCD*, 6:169, 179, 193.

4. Wilson, *Sir Charles Lyell's Scientific Journals*, 86–87, 102, 119–20, 153, 233, 259, 279; *LLL*, 2:215; *CCD*, 6:194; Bartholomew, 'Lyell.'

5. *CCD*, 6:184, 189, 236; Wilson, *Sir Charles Lyell's Scientific Journals*, 57–58, 94–95, 97–98; E. Richards, 'Moral Anatomy,' 391–96, 406–10; Lurie, *Louis Agassiz*, ch. 7; Lorimer, *Colour*, ch. 5; Bolt, *Victorian Attitudes*, ch. 1.

6. *CCD*, 6:100, 199, 201.

7. *CCD*, 6:198, 200–201, 239, 385, 408.

8. *CP*, 1:258, 262, 268; *CCD*, 5:329–30, 500, 6:244.

9. *CCD*, 5:326, 6:100, 174, 248, 305.

10. *CCD*, 6:152, 218, 234, 238, 247, 409.

11. *CCD*, 6:248, 250, 259, 266–67, 274, 282; *LLJH*, 1:449.

12. *ED*, 2:132; *CCD*, 6:238, 267.

13. *CCD*, 6:238, 264, 268–69, 303, 285, 301, 385; *ED*, 2:105, 161; Raverat, *Period Piece*, 122; *Wedgwood*, 260.

14. *CCD*, 6:305, 438; *ED*, 2:162.

15. *ED*, 2:105, 162; *CCD*, 6:268–69, 274–75, 286, 303; Roberts, *Paternalism*, 115–16,

1184

151-52.

16. *CCD*, 6:304; *Natural Selection*, 73, 89.

17. *CCD*, 5:84, 100; *Natural Selection*, 35-36, 89, 208.

18. *CCD*, 6:335, 237-38, 249; *TBI*, 57.

19. *Natural Selection*, 6; *CCD*, 5:112, 6:218, 301, 303-304; J. Moore, 'On the Education,' 53-54.

20. *CCD*, 6:335; *Origin*, 57; *Autobiography*, 137; *Natural Selection*, 92-94; J. Browne, *Secular Ark*, 204-205.

21. *Natural Selection*, 172-75, 569; 다윈이 J. 후커에게 7월 13일[1856년]에 쓴 편지—DAR 114.3:169(*CCD*, 6:178도 참조); Colp, 'Charles Darwin's Reprobation.'

22. *CCD*, 4:479; *LRO*, 2:12; *Natural Selection*, 172; Ricks, *Poems*, 912(lvi:15-16).

23. Desmond, 'Artisan Resistance;' Holyoake, *Sixty Years*, 1:166-70; McCabe, *Life*, 1:85-87, 95-96; Royle, *Victorian Infidels*, 80-81.

24. *Natural Selection*, 175-76.

25. *CCD*, 6:345-46.

31장 침팬지는 뭐라고 말할까?

1. *CCD*, 3:253; Owen, 'On the Anthropoid Apes'와 'Osteological Contributions,' 414-17; 1830년대의 논쟁에 관하여는 Desmond, *Politics*, 288-94. 토머스 새비지는 1847년 4월 24일에 오언에게 보낸 긴 편지에서 고릴라의 발견에 대해 논했다—BM(NH), OCorr. 23.103.

2. Flower, *List*, 1:2; Middlemiss, *Zoo*, 10-11, 23; Barnaby, *Log Book*, 36-37. 독일의 비교해부학자 카를 구스타프 카루스는 런던에서 처음으로 살아 있는 오랑우탄을 보았다—C. Carus, *King of Saxony's Journey*, 62.

3. Chilton, 'Geological Revelations;' 'Origin of Man: Science *versus* Theology,' *London Investigator*, 1(1854-55), 8-122 *passim*; Desmond, 'Artisan Resistance,' 100.

4. *LRO*, 1:377, 2:73, 385; Argyll, *George Douglas*, 1:408-11; Desmond, *Archetypes*, 62-64.

5. W. 휴얼이 R. 오언에게 1859년 4월 3일에 쓴 편지—BM(NH), OCorr. 26.285; Owen, 'Presidential Address,' xlix-li와 *Classification*, 62-63.

6. Owen, 'On the Characters,' 19-20; *CCD*, 6:367, 419; Desmond, *Archetypes*, 74-76. 오언은 1830년에 알코올에 보존된 유인원 뇌 표본의 본을 뜨는 일을 시작했기 때문에, 이 문제에 관하여는 경험이 매우 풍부했다—R. Owen, Notebook 1(Oct.-Dec. 1830),

BM(NH), OColl.

7. *Natural Selection*, 214, 223-24; *CCD*, 6:366.

8. *CCD*, 6:368-69, 372-73, 377, 385-86, 394; *ED* 2:159.

9. *CCD*, 6:377, 385, 395, 416; *TBI*, 59-60.

10. *CCD*, 6:384, 389.

11. *CCD*, 6:290, 387-88, 457.

12. *CCD*, 6:395-96, 407; *Natural Selection*, 307-12, 570-71.

13. *CCD*, 6:394-95, 404, 407; 'Register of baptisms……,' KAO P123/1/10.

14. *CCD*, 6:412, 416; *CP*, 1:274; *ED*, 2:163; *LLD*, 1:137; 그해 봄의 여행에 관하여는 *CCD*, 6:524와 에마 다윈의 1857년 4월 9일 일기 이하를 참조, DAR 토관 자료도 참조 (에마의 일기에 주목하게 해준 앤 세코드에게 감사한다).

15. *CCD*, 6:420-21, 424-28; *Natural Selection*, 275-79, 303-304; *ED*, 2:163.

16. *CCD*, 6:429, 443; *Natural Selection*, 94; *LLJH*, 1:496.

17. *CCD*, 6:325, 412, 432-33.

18. *CCD*, 6:437, 445-50, 492. 이 무렵 다윈은 8장, "자연선택설의 난점들"을 쓰고 있었다. 그레이에게 쓴 편지에는 언급되어 있지 않지만, 벌의 본능은 다윈에게 무엇보다 절실한 문제들 가운데 하나였다. 로버트 리처즈는 다윈이 1840년대와 1850년대에 걸쳐 전체 이론을 발표할 수 없었을 만큼 이것이 절실한 장애였다고 본다(R. Richards, 'Why'와 *Darwin*, 144-52; 또한 Prete, 'Conundrum'). 문제는 생식력이 없는 일벌의 존재였다. 번식을 하지 않기 때문에 이들에게는 선택이 되고 말고 할 자손 자체가 없다. 그렇다면 이들의 본능은 어떻게 진화했을까?

이 난문이 출판을 막았느냐 아니냐는 별개 문제다. 우선, 다윈이 그 문제를 알아차렸던 것은 커비와 스펜스의 공저인 『곤충학 입문』을 읽었던 1843년의 일이었다. 따라서 그것이 1842년에 쓴 '개요'에 장애가 되었다고 말할 수는 없다. 게다가 그는 이 문제를 발견하자마자 답을 생각해냈다. 그는, 조상 벌은 모두가 스스로 일하는 여왕벌이었지만 세대를 거듭함에 따라 다수의 개체가 본능은 그대로 유지한 채로 생식능력이 없는 일벌이 되었다고 추측했다. 1848년에 다윈은 말벌과 호박벌의 사례에 이 사실을 그대로 적용했으며, 그뿐 아니라 생식능력이 없는데다 형태와 행동이 여왕개미와 사뭇 다른 병정개미들의 사례에 대해 '가족' 선택(오늘날의 용어로는 혈연선택)이라는 새로운 개념도 생각해냈다. 그는 새로운 무기나 방어 본능이 병정개미들 사이에 우연히 나타나면 전체 집단이 선택된다고 생각했다.

다윈은 중성형 곤충의 존재가 "가장 **특수한** 난점"(R. Richards, *Darwin*, 146에 나오는 말)을 초래한다는 사실에는 의문을 품지 않았다. 하지만 그것은 1850년대에 『자연선택』을 보완해나가는 것을 막을 정도로 난문은 아니었다. 핵심은 이것이다. 다윈은 1856년에 새로운 해법을 찾아내지 않았음에도 '큰 책'을 쓰기 시작했다. 중성형 곤충의 존재가 집필을 방해하지 않았으며, 1840년대에도 마찬가지였다. 1856년에 다윈의 전략은 1848년과 마찬가지로, 그 문제를 제시하고 그럴듯한 메커니즘을 제시하는 것이었다. 그는 큰 책이 한참 진행된 1857년에서야 마침내 혈연선택을 그 메커니즘으로 강력하게 밀었다.

전략적 제시는 다윈의 주특기였다. 『종의 기원』(236)에서 다윈은 비평가들을 무장해제시키기 위해, 생식 능력이 없는 곤충들의 사례를 자신의 이론에 '치명적'일 수 있는 난문으로 꼽은 다음에, '가족' 선택 메커니즘을 제시했다. 하지만 그는 줄곧 그 난문을 설명하기 위한 이론을 준비해두고 있었으며, 언제라도 발표할 수 있었다. 곤충의 불임이 진정으로 치명적인 문제였다면, 1856년에 『자연선택』을 시작함으로써 자신을 위험에 처하게 하지는 않았을 것이다.

19. Portlock, 'Address,' 1858, clvii-iii; 1857, cxliv-v; *CCD*, 6:445-50. 포틀락은 이렇게 말한다. 창조가 "자연에 법칙을 부여하고, 물리적 환경이 지니고 있는 제어하고 변경시키는 힘의 지배를 받는 생물들을 존재하게 하는 행위라면, 이러한 환경의 변화가 창조된 생물에 변화를 만들어내지 못할 이유가 없지 않은가?"

20. *CCD*, 6:445-46.

21. *CCD*, 6:108, 454; *LLTH*, 1:139; Gage and Stearn, *Bicentenary History*, 53; T. Huxley, 'Lectures,' 238.

22. *CCD*, 6:456, 461-62.

23. *CCD*, 5:376, 6:459, 467, 489; *LLJH*, 1:452; 파리에서 조프루아 부자父子가 '괴물'을 만들어내려 했던 시도에 관하여는 Appel, *Cuvier-Geoffroy Debate*, 125-36.

24. Freeman, 'Charles Darwin;' *CCD*, 2:300-303도 참조.

25. *CCD*, 5:253, 537, 6:345-46, 394, 451, 475-76, 478.

26. ED(1904), 1:183-84; E. Wedgwood, *My First Reading Book*; 찰스 와링 다윈에 대한 다윈의 회고—DAR 210.13.

27. *ED*, 2:45-48, 164-65; *TBI*, 161-64; Healey, *Wives*, 148-68.

28. *CCD*, 4:103; Marsh, 'Charles Darwin;' Zangerl, 'Social Composition.'

29. *CCD*, 6:451-52, 460, 477; Atkins, *Down*, 28, 97; *Natural Selection*, 380; Ospovat, 'Perfect Adaptation;' Ospovat, *Development*, ch. 9; Kohn, 'Darwin's Ambiguity.'

30. *CCD*, 6:460-61; *TBI*, 120-21; *Darwin's Journal*, 14.

31. *CCD*, 6:461, 475, 487; *Natural Selection*, 339.

32. *CCD*, 6:515-16; *Natural Selection*, 387, 467-68, 477, 481; Wilson, *Sir Charles Ly-*

ell's Scientific Journals, 85; R. Richards, *Darwin*, ch. 3. 습성과 "개체의 사소한 특색
까지도 전해지는 경향이 있다"(Lewes, 'Hereditary Influence,' 162)는 사실은 잘 알려
져 있었다. 다윈의 새로운 점은 가장 잘 적응한 것이 선택되며, 그 결과 오랜 시간에 걸쳐
변화가 일어난다고 생각한 것이었다.

33. *CCD*, 6:514-15.

34. *LLD*, 2:110; G. Allen, *Miscellaneous and Posthumous Works*, 1:3ff; Buckle, *History*, 1:174-77; 3:481-82; Ruse, *Darwinian Revolution*, 146; Irvine, *Apes*, 166.

35. *Autobiography*, 110; *LLD*, 2:110; Bunbury, *Life*, 2:138-39.

36. Spencer, *Autobiography*, 2:4, 10, 15-16; *LJT*, 761; Duncan, *Life*, 85, 97, 550.

37. J. 후커가 T. 헉슬리에게 1858년 1월 26일에 쓴 편지—THP 3.28; *LLL*, 2:279-80.

38. *Natural Selection*, 10, 463. 『자연선택』의 현존하는 9개의 장은 1975년에 출판되었다.

39. T. Huxley, Royal Institution Lecture 10, 'On the Special Peculiarities of Man,' 16 Mar. 1858; Lecture 11, 'Modifiability of Vital Phenomena,' 22 Mar. 1858, THP 36.98-100, 114; Spencer, *Autobiography*, 1:462.

40. T. 헉슬리가 F. 다이스터에게 1859년 1월 30일에 쓴 편지—THP 15.106.

41. *LLD*, 2:103, 112-14; *TBI*, 61-63; *ED*, 2:166.

42. *MLD*, 1:109; *LLJH*, 1:458; *LLD*, 2:107.

43. *LLD*, 2:116. 이 편지의 도착 날짜에 관하여는 Brooks, *Just Before*, 251-57; Brackman, *Delicate Arrangement*, ch. 3; 특히 다윈의 대응에 관하여는 Kohn, 'On the Origin.'

32장 정체를 드러내다

1. 다윈이 J. 후커에게 23일〔1858년 6월〕에 쓴 편지—DAR 114:238; Colp, 'Charles Darwin, Dr. Edward Lane,' 205, 210; *LLD*, 2:116.

2. Wallace, *My Life*, 1:87, 224; Durant, 'Scientific Naturalism,' 35ff; Hughes, 'Wallace;' Brooks, *Just Before*, ch. 1; 과학의 전당에 관하여는 Desmond, 'Artisan Resistance.'

3. Durant, 'Scientific Naturalism,' 39; Brooks, *Just Before*, ch. 4.

4. R. Smith, 'Alfred Russel Wallace,' 178, 182, 184ff; Kottler, 'Charles Darwin,' 374. 콘(Kohn, 'Origin,' 1106)은 1858년 시점에 분기의 문제를 둘러싸고 다윈과 월리스가 보인 의견 차이를 논하고 있다.

5. Wallace, *Natural Selection*, 27-36, 42.

6. *LLD*, 2:115-20; *MLD*, 1:119; 찰스 와링 다윈에 대한 다윈의 회고—DAR 210.13; *Calendar*, 2295; Brooks, *Just Before*, 264.

7. *LLD*, 2:126; Gage and Steam, *Bicentenary History*, 53–57.

8. *LLJH*, 2:301; Moody, 'Reading;' Gage and Steam, *Bicentenary History*, 57; *LLD*, 2:294.

9. '매장 기록……,' KAO P123/1/14; 다윈이 W. 폭스에게 7월 2일[1858년], 21일[1858년 7월], 그리고 30일[1858년 7월]에 쓴 편지—Christ's College Library, Cambridge; *LLD*, 2:126, 132; *TBI*, 63ff; *Companion*, 116.

10. *LLD*, 2:128, 131–32, 137–39, 143; *TBI*, 64.

11. Wilson, *Sir Charles Lyell's Scientific Journals*, 195, 198–99, 202; *LLD*, 2:146, 326; *ARW*, 1:134–35; *Calendar*, 2337.

12. T. 헉슬리가 F. 다이스터에게 1859년 1월 30일에 쓴 편지—THP 15.106; Desmond, *Archetypes*, 81; Turner, 'Victorian Conflict,' 359ff.

13. T. 헉슬리가 J. 후커에게 1858년 6월 18일에 쓴 편지—THP 2.153; *LLTH*, 1:161; Duncan, *Life*, 87; Spencer, 'Owen,' 415; Spencer, *Autobiography*, 1:368, 462; 2:24; Desmond, *Archetypes*, 97–98. 채프먼 집단의 실증주의자이며 조지 엘리엇의 연인인 G. H. 루이스가 오언의 '원형'을 버린 것에 관하여는 S. Bell, 'Lewes,' 288–90.

14. J. 후커가 T. 헉슬리에게 [1859년 3월에] 쓴 편지—THP 3.47; *LLD*, 2:149–50; RFD, 75; *TBI*, 64ff.

15. Peckham, *Origin*, 13–16; *LLD*, 2:151–54, 160; Paston, *At John Murray's*, 169–70.

16. *LLJH*, 1:510; *LLD*, 2:159, 160, 163; 다윈이 T. 헉슬리에게 6월 2일[1859년]에 쓴 편지—THP 5.65; *MLD*, 1:137.

17. *Calendar*, 2488; *LLD*, 2:163–65, 171, 178.

18. *LLD*, 2:166–68, 262; Wilson, *Sir Charles Lyell's Scientific Journals*, 330–32, 335–36; Bunbury, *Life*, 2:185.

19. *Calendar* 2489; *TBI*, 66–67; Judd, *Coming*, 117; Peckham, *Origin*, 16; *ED*, 1:172; *LLD*, 2:170; RFD, 86; *Denton's Ilkley Directory*, 46; *Shuttleworth's Popular Guide*, 50–51.

20. 다윈이 J. 후커에게 [1859년 10월 27일 혹은 11월 3일에] 쓴 편지—DAR 115:25; *Calendar*, 2515, 2521; *LLD*, 2:166, 175, 215–20, 230; Peckham, *Origin*, 16–17.

21. Peckham, *Origin*, 17, 748; *LLD*, 2:287–88; *MLD*, 1:174.

22. *LLD*, 2:229, 266; *Calendar*, 2542; *Athenaeum*, 1859년 11월 19일자, pp. 659–60; Ellegard, *Darwin*, 41, 43, 294.

23. *LLTH*, 1:176; Carlyle, *On Heroes*, 96; *LLD*, 2:228–29, 232; *LLL*, 2:325; *LLJH*, 1:510; Himmelfarb, *Darwin*, ch. 12.

24. *MLD*, 1:149; *Calendar*, 2526, 2575; *LLD*, 2:240, 312; 인간은 '유인원의 자손'이지만 수태의 시점에 어떤 식으로든 창조가 이루어졌다는 생각에 관하여는 Owen, 'Presidential Address,' li; Wilson, *Sir Charles Lyell's Scientific Journals*, 227. 창조에 대한 오언의 철학에 관하여는 Desmond, *Archetypes*, 60-62; 영국과학진흥협회 회장 강연의 격에 관하여는 Ellegard, *Darwin*, 65.

25. *LLD*, 2:303-304, 312; Southwood Smith, *Divine Government*도 참조; Gillespie, *Charles Darwin*, chs 5-6.

26. *LLD*, 2:239, 262; Hull, *Darwin*, 93-94, 114; 유니테리언파의 반응에 관하여는 Ellegard, *Darwin*, 35-38, 362-67.

27. 다윈이 T. 헉슬리에게 1859년 12월 28일에 쓴 편지—THP 5.92; *LLD*, 2:235; *MLD*, 1:135; *LLTH*, 1:176.

28. D. 리빙스턴이 R. 오언에게 1860년 12월 29일에 쓴 편지—BM(NH), OCorr. 17.415; A. 세지윅이 R. 오언에게 1860년에 쓴 편지—vol. 23.268, 308; J. 와이먼이 R. 오언에게 1863년 6월에 쓴 편지—vol. 27.254; 아가일이 R. 오언에게 1859년 12월 2일과 1863년 2월 27일에 쓴 편지—vol. 1.230.

29. *LLD*, 2:242; Hull, *Darwin*, 81-84.

30. R. Grant, *Tabular View*, vi; Desmond, 'Robert E. Grant's Later Views;' *LLD*, 2:226.

33장 상은커녕 욕만 갑절로

1. Ellegard, *Darwin*, 56; *LLD*, 2:241, 262; Marx and Engels, *Selected Correspondence*, 9:125-26; Engels, *Dialectics*, 19; R. Young, *Darwin's Metaphor*, 52; Durant, 'Scientific Naturalism,' 45 n. 75.

2. H. 마티노가 E. A. 다윈에게 1860년 2월 2일에 쓴 편지—W/M 32974-57. 이 편지와 해리엇-패니 사이의 편지의 필사본을 우리에게 보여준 피오나 어스킨에게 감사한다; Erskine, 'Darwin,' 92, 108과 *LLD*, 2:234도 참조.

3. Poynter, 'John Chapman,' 7; *LLD*, 2:315; H. 마티노가 G. 홀리오크에게 금요일[1859년]에 쓴 편지—BL, Add. MSS 42,726, f.26.

4. H. 마티노가 G. 홀리오크에게 금요일(1859년)에 쓴 편지—BL, Add. MSS 42,726, f.26; *Origin*, 484, 488. 사실 다윈은 "대중의 의견에 영합"하여 "창조"라는 말을 꺼낸 일을 후회하며, "실제로는 완전한 미지의 과정에 의해 '출현했다'는 의미로" 사용한 말이라고 기술하고 있다—*LLD*, 3:18.

5. H. 마티노가 F. 웨지우드에게 1860년 3월 13일에 쓴 편지—W/M 32975-57.

6. A. 세지윅이 다윈에게 1859년 11월 24일에 쓴 편지—DAR 98.2:17-18; *LLD*, 2:250;

ED, 2:172, 196. 세지윅(Sedgwick, 'Objections,' 335)은『스펙테이터』의 1860년 3월 호에 『종의 기원』에 대한 자세한 비판적 서평을 실어, 그 책은 "인간의 동물 기원"이라 는 터무니없는 말이 실려 있는 "저주받은 자연에 관한 진부한 책"이라고 혹평했다.

7. J. 헨슬로가 L. 제닌스에게 1860년 1월 26일에 쓴 편지—Bath Reference Library, Letters from Naturalists, &c to Rev. L. Jenyns, 1826–1878, vol. 1, 1(9); Ellegard, *Darwin*, 45.

8. Bunting, *Charles Darwin*, 88-89—의회의 역사를 조사하는 과정에서 발견한 증거에 바탕을 두는 듯하다. 하지만 정보원이 명기되어 있지 않고, 저자도 이미 고인이 되었다.

9. 헉슬리가 F. 다이스터에게 1860년 2월 29일에 쓴 편지—THP 15.110.

10. 헉슬리가 F. 다이스터에게 1860년 2월 29일에 쓴 편지—THP 15.110; 왕립연구소 강연 을 위해 헉슬리가 쓴 원고 초고—THP 41.9-56; *LLD*, 2:251, 281; *MLD*, 1:130-31.

11. *LLD*, 2:282-4; *MLD*, 1:139-40; Desmond, *Archetypes*, 110.

12. *LLTH*, 1:222-23; *LLD*, 2:293, 331.

13. *LRO*, 2:39; *LLD*, 2:300.

14. Owen, *Palaeontology*, 403과 *Anatomy*, 3:796; Hull, *Darwin*, 176, 181, 191.

15. 아가일이 R. 오언에게 1863년 2월 27일에 쓴 편지—BM(NH), OCorr. 1.230; Argyll, *George Douglas*, 2:ch. 23.

16. Hull, *Darwin*, 177, 182, 201, 202; G. 롤스턴이 T. 헉슬리에게 1860년 4월 13일에 쓴 편지—THP 25.142; *LLD*, 2:300; *MLD*, 1:149.

17. T. Huxley, *Darwiniana*, 23, 78, 79; *LLD*, 2:300; Barton, 'Evolution.'

18. *MLD*, 1:171-72; *LLD*, 2:316-18; *Calendar*, 2809; Hull, *Darwin*, 134; R. Young, *Darwin's Metaphor*, ch. 4.

19. *Darwin's Journal*, 15; Dupree, *Asa Gray*, 271; Loewenberg, *Calendar*, 17-25; *LLD*, 2:269-70; J. Moore, *Post-Darwinian Controversies*, 270-71.

20. Morrell and Thackray, *Gentlemen*, 395-96.

21. Wilson, *Sir Charles Lyell's Scientific Journals*, 355; Geikie, *Memoir*, 276-77; *LLD*, 2:291, 293, 366-67; *Calendar*, 2711, 2787; Secord, 'Geological Survey,' 260.

22. *Daily Telegraph*, 1863년 4월 10일자, p. 4; *LLD*, 2:287; Desmond, *Archetypes*, ch. 2; E. Richards, 'Question,' 145-48.

23. *LLTH*, 1:187; *LLD*, 3:270.

24. 'Recent Acquisitions of the Manuscript Division,' *Quarterly Journal of the Library of Congress*, 31(1974), 257.

25. 이 확실치 않은 점에 관하여는 Jensen, 'Return,' 166-67과 *LLL*, 2:335. 런던의 주간지

『프레스』는 이 조롱의 말을 보도했다.

26. G. 스토니가 F. 다윈에게 1895년 5월 17일에 쓴 편지—DAR 106/7:36-39; *Athenaeum*, 1860년 7월 14일자, p. 65; Burton, 'Robert FitzRoy,' 151-61.

27. J. 후커가 다윈에게 1860년 7월 2일에 쓴 편지—DAR 100:141-42와 *LLJH*, 1:525-27. 루커스(Lucas, 'Wilberforce')는 현장에 있었던 사람들의 말과, 후세에 전해진 헉슬리의 대승리에 관한 전설의 차이를 강조하고 있다.

28. *LLD*, 2:323-24.

29. 헉슬리가 F. 다이스터에게 1860년 9월 9일에 쓴 편지—THP 15.115; Tuckwell, *Reminiscences*, 54-55; Poulton, *Charles Darwin*, 155; 헉슬리의 대답에 대한 평가는 Jensen, 'Return.' 헉슬리가 실제로 다윈에게 보낸 편지는 분실되었지만, 다이스터는 이 사실 자체가 그 내용을 확실히 말해주는 것이라고 본다.

30. Brown, *Metaphysical Society*, 139; Lucas, 'Wilberforce,' 327; Jensen, 'Return,' 166-67; Gilley, 'Huxley-Wilberforce,' 333 참조; J. Browne, 'Charles Darwin —Joseph Hooker Correspondence,' 361-62.

31. *LLJH*, 1:520.

32. *MLD*, 1:152, 158; *Calendar*, 2856.

33. 다윈이 T. 헉슬리에게 [1860년? 8월에] 쓴 편지—DAR 145와 *Calendar*, 2887.

34. Wilberforce, 'Darwin's Origin,' 239, 255, 259, Darwin Reprint Collection, R.34, CUL; *MLD*, 1:156; *ARW*, 1:144.

34장 유인원의 자궁에서

1. Ellis, *Seven*; Crowther, *Church Embattled*.

2. Church, *Life*, 188; Corsi, *Science*, 283-84; 파월의 말은 *Essays*, 139; Ellis, *Seven*, 62; *MLD*, 1:174-75; *LLJH*, 1:514.

3. RFD, 69; *LLJH*, 2:55; J. Moore, *Religion*, 425, 437; *MLD*, 2:266-67. 이 '휘그당-자유주의파' 연대의 정치적 의미에 관하여는 Parry, *Democracy*, ch. 1.

4. J. 후커가 다윈에게 1860년 7월 2일에 쓴 편지—DAR 100:141-42; *Athenaeum*, 1860년 7월 7일자, p. 26.

5. *MLD*, 1:177-78; T. 헉슬리가 S. 윌버포스에게 1861년 1월 3일에 쓴 편지—THP 227.101; *LLTH*, 1:210.

6. *LLD*, 2:353-54, 373, 378; Dupree, *Asa Gray*, 296-97; *MLD*, 1:191.

7. Dupree, *Asa Gray*, 298ff; Loewenberg, *Calendar*, 100, 103, 134; Peckham, *Origin*, 57; *LLD*, 2:351, 355-56, 361, 370-71, 373; *MLD*, 1:166, 169-70; *Darwin's Jour-*

nal, 15; J. Moore, *Post-Darwinian Controversies*, 270ff, 389 n. 48.

8. *LLTH*, 1:152, 190, 220, 225; *Calendar*, 3066, 3085; *ED*, 2:177.

9. 다윈이 T. 헉슬리에게 11월 1일〔1860년〕에 쓴 편지—THP 5.141; *MLD*, 1:460; Owen, 'Gorilla,' 395-96; Owen, 'Ape-Origin,' 262; T. Huxley, 'Man,' 498; Desmond, *Archetypes*, 75. 헉슬리 편에 선 기독교도들로는, 옥스퍼드의 해부학자 조지 롤스턴과 왕립외과의사협회의 윌리엄 헨리 플라워가 있었다.

10. 다윈이 T. 헉슬리에게 1861년 4월 1일에 쓴 편지—THP 5.162; *MLD*, 1:185; Huxley, 'Man,' 433.

11. G. 롤스턴이 불명의 수취인에게 1861년 10월 1일에 쓴 편지—Wellcome Institute, London, AL 325619. 해부학 논의에서 오언을 격렬하게 비난한 롤스턴은 헉슬리의 도움을 받아 옥스퍼드 대학에서 승진했지만, 후커에게는 속내를 털어놓지 않았다. 후커에게 롤스턴은 "'신, 인간, 원숭이 때문에' 두려움에 떨면서" 살고 있는 사람으로 보였다—*MLD*, 1:185.

12. 헉슬리가 F. 다이스터에게 1862년 10월 11일에 쓴 편지—THP 15.123; *LLTH*, 1:192; 'Professor Huxley on Man's Place in Nature,' *Edinburgh Review*, 117(1863), 563.

13. T. 헉슬리가 W. 샤피에게 1862년 11월 13일과 16일에 쓴 편지—UCL, Sharpey Correspondence MSS Add. 227(no. 122, 124); *MLD*, 2:30; *LLD*, 2:264, 266.

14. T. 헉슬리가 C. 라이엘에게 1861년 6월 26일에 쓴 편지—THP 30.35; *LLTH*, 1:239.

15. *LLD*, 2:364; *LLL*, 2:341, 344; *LLTH*, 1:197; C. 라이엘이 T. 헉슬리에게 1860년 11월 26일에 쓴 편지—THP 6.40; T. Huxley, *Man's Place*, 168, 178; Bynum, 'Charles Lyell's *Antiquity*,' 161ff; Grayson, *Establishment*, 212 etc.

16. 다윈이 J. 후커에게 23일〔1861년 4월〕에 쓴 편지—DAR 115:98; *LLJH*, 2:60; *Calendar*, 3101 이하를 참조; *CP*, 2:72-74; *TBI*, 71.

17. J. Moore, 'On the Education,' 57; *TBI*, 69; *LLD*, 1:136; *ED*, 2:176-77; *MLD*, 1:460.

18. E. 다윈이 C. 다윈에게 〔1861년 6월에〕 쓴 편지—DAR 210.10; *ED*, 2:174; *TBI*, 83; Healey, *Wives*, 173-74.

19. C. 라이엘이 T. 헉슬리에게 1860년〔원문에는 1861년〕 7월 5일에 쓴 편지—THP 6.36; *LLTH*, 1:190; T. Huxley, *Man's Place*, 81; 'Professor Huxley at the Royal Institution,' *Reasoner*, 25(1860), 125; Watts, 'Theological Theories,' 119, 134; *Calendar*, 3466, 4464, 4468.

20. R. 고드윈-오스틴이 T. 헉슬리에게 1863년 3월 30일에 쓴 편지—THP 10.183; T. Huxley, *Man's Place*, 81, 144, 146, 152-55; *LLTH*, 1:224.

21. Bynum, 'Charles Lyell's *Antiquity*,' 161, 170-71; *LLTH*, 1:174; Desmond, *Arche-*

types, 83-86.

22. *MLD*, 1:181, 2:270, 278; *Calendar*, 3070; Darwin, *Orchids*, 113; Allan, *Darwin*, 195ff; *LLD*, 3:262-63.

23. Basalla, 'Darwin's Orchid Book,' 972; *LLD*, 3:255; *MLD*, 2:280, 373; Darwin, *Orchids*, 178-79; *CP*, 2:63.

24. *Calendar*, 3662; *MLD*, 1:195, 202; Ghiselin, *Triumph*, 136; *LLD*, 2:267, 383; 3:254, 266; Darwin, *Orchids*, 233.

25. *LLTH*, 1:194-95; *Calendar*, 3386; *MLD*, 1:252; *CP*, 2:60-61; *LLD*, 2:384.

26. T. 헉슬리가 F. 다이스터에게 [1862년 1월에] 쓴 편지—THP 15.113; Ellegard, *Darwin*, 295; *LRO*, 2:115-23(뒤 셀뤼는 오언을 위해 살아 있는 표본을 포획하기 위해, 다시 서 아프리카로 출발했다. P. 뒤 셸뤼가 R. 오언에게 1864년 8월 19일에 쓴 편지—BM(NH), OCorr. 10.173); *LLJH*, 2:25; *LLTH*, 1:192-95; *Witness*, 1862년 1월 11일자와 14일자.

27. 다윈이 T. 헉슬리에게 1862년 1월 14일에 쓴 편지—THP 5.167; *LLD*, 2:384; *LLTH*, 1:194-95; 헉슬리가 J. 후커에게 1862년 1월 16일에 쓴 편지—THP 2.112.

28. *LLD*, 3:276; *ARW*, 1:143-44, 146; Brooks, *Just Before*, 69.

29. C. 라이엘이 T. 헉슬리에게 1862년 8월 9일에 쓴 편지—THP 6.66(답장은 *LLTH*, 1:200); 'Palaeontology,' *Athenaeum*, 1860년 4월 7일자, pp. 478-79.

30. G. 로리슨이 R. 오언에게 1860년 4월 25일에 쓴 편지—BM(NH), OCorr. 22.379; Rorison, 'Creative Week,' 322, 517; Hull, *Darwin*, 182-83; Desmond, *Archetypes*, 78; E. Richards, 'Question,' 147; *MLD*, 2:341.

31. 다윈이 T. 헉슬리에게 1862년 1월 14일과 12월 10일에 쓴 편지—THP 5.167, 183; Ellis, *Seven*, 121-22; Owen, *Monograph on the Aye-Aye*, 62.

32. *Calendar*, 3728, 3741, 3763, 3775, 3809, 3972; *TBI*, 72; *MLD*, 1:200, 223-26; *LLD*, 3:269; Atkins, *Down*, 29-30.

33. *MLD*, 1:228-29; *Calendar*, 3899, 3909; Owen, 'On the Archaeopteryx.'

34. Owen, 'On the Archaeopteryx,' 46; Wagner, 'On a New Fossil Reptile,' 266-67; *Calendar*, 3905, 3928.

35. Peckham, *Origin*, 509; *MLD*, 1:234, 472; *LLD*, 3:6; *LLJH*, 2:32; *Calendar*, 3926; J. Evans, 'On Portions,' 418, 421. 시조새(아르케옵테릭스)에 대한 초기 해석들에 관하여는 Desmond, *Archetypes*, 124-31.

36. T. Huxley, *On Our Knowledge*, 56; *MLD*, 1:216-17, 229-30; *LLTH*, 1:206.

37. *Calendar*, 3905, 3967; *MLD*, 1:472; *LLJH*, 2:32.

38. Bynum, 'Charles Lyell's *Antiquity*'; *MLD*, 1:472; *LLD*, 3:8-9; C. Lyell, *Geological*

Evidences, 405ff, 429.

39. *LLD*, 3:9, 12; *LLL*, 2:361-65, 376; *TBI*, 74.

40. 'Evidence as to Man's Place in Nature,' *Athenaeum*, 1863년 2월 28일자, p. 287;
LLTH, 1:201; *LLD*, 3:14; Argyll, *Reign of Law*, 265; T. Huxley, *Man's Place*, 76;
LLJH, 2:32; 다윈이 T. 헉슬리에게 1863년 2월 18일에 쓴 편지—THP 5.173.

41. T. Huxley, *Man's Place*, 147; *MLD*, 1:237; Owen, 'Summary,' 115; Desmond, *Ar-
chetypes*, 64; 헉슬리가 F. 다이스터에게 1863년 3월 12일에 쓴 편지—THP 15.125;
LLTH, 1:201.

42. 다윈이 J. 후커에게 3월 5일(1863년)에 쓴 편지—DAR 115:184; *Darwin's Journal*,
16; *TBI*, 74-75; *LLD*, 3:312-13; Allan, *Darwin*, ch. 12.

43. 다윈이 J. 브로디 이네스에게 9월 1일(1863년)에 쓴 편지—APS, Getz Collection B/
D25.m; 다윈이 W. 폭스에게 9월 4일(1863년)에 쓴 편지와, E. 다윈이 W. 폭스에게
(1863년 9월 29일에) 쓴 편지—Christ's College Libary, Cambridge; W. 폭스가 E. 다
윈에게 9월 7일(1863년)에 쓴 편지—DAR 164; *TBI*, 74-75.

44. *LLJH*, 2:62; 다윈이 J. 후커에게 쓴 편지(1863년 10월 4일과 11월 22-23일)—DAR
115:206, 211; J. 후커가 다윈에게 쓴 편지(1863년 9월 28일과 10월 1일)—DAR
101:159, 160-62.

35장 산 무덤

1. *Calendar*, 4334, 4338, 4347, 4367, 4368; *ED*, 2:180-81; *LLD*, 3:3; *MLD*, 1:247,
2:338; *TBI*, 76-77.

2. *CP*, 2:106; Allan, *Darwin*, 271-72.

3. *Calendar*, 4389, 4667, 5316, 5391; *CP*, 2:106; J. Browne, 'Erasmus Darwin,' 602.

4. Loewenberg, *Calendar*, 55; Colp, 'Charles Darwin: Slavery,' 487; E. Richards,
'Moral Anatomy,' 415-24와 'Huxley,' 261ff.

5. Greene, *Science*, 103.

6. Wallace, *Natural Selection*, 303-31; Schwartz, 'Darwin, Wallace,' 283-84; R. Smith,
'Alfred Russel Wallace,' 179-80; Durant, 'Scientific Naturalism,' 40-45; Kottler,
'Charles Darwin,' 388; Vorzimmer, *Charles Darwin*, 190; *ARW*, 1:150.

7. *MLD*, 2:31-37; *LLD*, 3:89-91; *Calendar*, 3158 이하를 참조; *ARW*, 1:152-59.

8. *Calendar*, 4458; *LLL*, 2:382-83; *ARW*, 1:152.

9. *The Times*, 1864년 5월 25일자, pp. 8-9; King, 'Reputed Fossil Man,' 92, 96; Elle-
gard, *Darwin*, 165; Bowler, *Theories*, 33-34.

10. Ellis, *Seven*, 109-11, ch. 4.

11. Allan, *Darwin*, ch. 12; *MLD*, 1:251; *Calendar*, 4527, 4582, 4607, 4619; *TBI*, 80.

12. J. Moore, 'On the Education,' 59-60과 'Darwin of Down,' 468-69; F. Darwin, *Springtime*, 63; Stecher, 'Darwin-Innes Letters,' 215-17.

13. Brock and MacLeod, 'Scientists' Declaration,' 41, 48.

14. Barton, 'Influential Set,' 61ff; Jensen, 'X Club,' 63; MacLeod, 'X Club.'

15. *Calendar*, 4671, 4686, 4689, 4690, 4696, 4700-712, 4719; *MLD*, 1:252-56, 258; *LLD*, 3:28, 29; *LLTH*, 1:255; *LLJH*, 2:75-76; *LLL*, 2:384; MacLeod, 'Of Medals,' 83; Bartholomew, 'Award.'

16. 헉슬리의 인용은 Barton, 'Evolution,' 263-64; Roos, 'Aims,' 164; *Calendar*, 4817; *LLL*, 3:28; X Club Notebook, Tyndall Papers, Royal Institution; T. 헉슬리가 J. 후커에게 1863년 7월 21일에 쓴 편지—THP 2.120.

17. *Calendar*, 4712; Ashwell and Wilberforce, *Life*, 3:154-55; Ellis, *Seven*, 136.

18. T. 헉슬리가 F. 다이스터에게 1865년 1월 26일에 쓴 편지—THP 15.129; J. 후커가 다윈에게 1865년 1월 1일에 쓴 편지—DAR 102:1-3; Barton, 'X Club,' 225; J. Moore, *Post-Darwinian Controversies*, 25; 『리더』가 불러일으킨 불화에 관하여는 헉슬리와 롤스턴 사이에 주고받은 편지—THP 25.171-74, 180-84.

19. Argyll, *George Douglas*, 2:167; *LLL*, 2:384-85; *LLD*, 3:32.

20. *LLL*, 2:385; *LLD*, 3:32; Desmond, *Archetypes*, 159; Paradis, *T. H. Huxley*, chs 2, 3.

21. *LLD*, 2:35; J. 후커가 다윈에게 2월 3일[1865년]에 쓴 편지—DAR 102:8-9; 다윈이 J. 후커에게 2월 9일[1865년]에 쓴 편지—DAR 115:260; W. Thomson, *Popular Lectures*, 1:349ff.

22. *LLJH*, 2:72; *Calendar*, 4820.

23. Hutchinson, *Life*, 1:74; *LLD*, 3:36-38, 40-41; *ED*, 2:183; *Calendar*, 4829, 4986.

24. J. 후커가 다윈에게 1865년 5월 2일에 쓴 편지—DAR 102:20-21; 다윈이 J. 후커에게 5월 4일[1865년]에 쓴 편지—DAR 115:268; B. 설리번이 다윈에게 1865년 5월 8일에 쓴 편지—DAR 177; *TBI*, 82; Burton, 'Robert FitzRoy,' 164ff; *Narrative*, 26.

25. *TBI*, 82-84; Poynter, 'John Chapman,' 15-17; *Calendar*, 4834, 4837, 4846; *ED*, 2:182.

26. Hodge, 'Darwin as a Lifelong Generation Theorist,' 227-36; Olby, 'Charles Darwin's Manuscript;' *MLD*, 1:281; *LLD*, 3:43-44; *Calendar*, 4837.

27. *LLTH*, 1:267-8; *Calendar*, 4841.

28. Bynum, 'Charles Lyell's *Antiquity*,' 178, 182; *LLD*, 3:39; *Calendar*, 4858, 4860,

4883, 4892.

29. Paradis, *T. H. Huxley*, 75; *English Leader*, 1866년 1월 13일자; T. Huxley, *Method*, 38. 예니 마르크스의 편지(Lefebvre, *Marx-Engels*)를 번역해준 사이먼 샤퍼에게 감사한다.

30. Owen, 'The Reign of Law,' R. 오언 경의 자필 원고—BM(NH), OColl. 59.1-2; C. 라이엘이 T. 헉슬리에게 1866년 1월 22일에 쓴 편지—THP 6.120; *English Leader*, 1866년 2월 3일자와 24일자.

31. *LLD*, 3:39; TBI 86; Irvine, *Apes*, 166; Bowler, *Theories*, 52; *Calendar*, 4963.

32. *Calendar*, 4529, 4942, 4971, 4973, 4985, 4990. 헤켈은 독일에서 그것을 배포했다.

33. *ED*, 2:184; E. C. 랭턴(구성舊姓 다윈)이 찰스와 에마 다윈에게 [1866년 1월에] 쓴 편지—W/M 444; 다윈이 J. 후커에게 [1866년 1월에] 쓴 편지—DAR 115:280; *Calendar*, 5009-10; *MLD*, 1:477.

34. *Calendar*, 5089; RFD, 70; *ED*, 2:184-853.

35. Paul, 'Selection,' 413-16; *Calendar*, 4794; Spencer, *Autobiography*, 2:102, 484; *LLD*, 3:46, 56; *Calendar*, 4645, 4650; *ARW*, 1:170, 188, 191; *MLD*, 1:267-69.

36장 에메랄드빛 아름다움

1. Grove, *Correlation*, 346; Morus, 'Politics of Power;' Ellegard, *Darwin*, 78-79.

2. *LLJH*, 2:98-99, 100-106; *Calendar*, 5165, 5167, 5201-202, 5229; *LLD*, 3:47-48; 'British Association for the Advancement of Science,' *Journal of Botany*, 5(1867), 29-30.

3. Hutchinson, *Life*, 1:92; Owen, 'The Reign of Law,' R. 오언 경의 자필 원고—BM(NH), OColl. 59.7, 18, 24; Ellegard, *Darwin*, 79.

4. Barrow, *Independent Spirits*, chs. 2, 6; Oppenheim, *Other World*, 276; Harrison, 'Early Victorian Radicals,' 198-99, 212 n. 3.

5. *LLTH*, 1:419-20; *IJT*, 115; *Calendar*, 4742-43; Kottler, 'Alfred Russel Wallace,' 170, 171-72; T. 헉슬리의 인용은 *Report*, 230.

6. Kottler, 'Alfred Russel Wallace,' 164-65, 167-72; Wallace, *My Life*, 2:277-81; *ARW*, 2:187-88.

7. *Calendar*, 4646, 4555, 4934, 6540, 6676; *LLTH*, 1:266; Weindling, 'Ernst Haeckel,' 314, 317; Groeben, *Charles Darwin – Anton Dohrn Correspondence*, 10, 22; *LLD*, 3:88.

8. *Calendar*, 4555, 4586, 4646, 4934, 4973, 5193; Bölsche, *Haeckel*, 133ff, 150; Corsi

and Weindling, 'Darwinism,' 694; Bayertz, 'Darwinism,' 297-98.

9. Bölsche, *Haeckel*, 242; RFD, 36; *RBL*, 159; *MLD*, 2:350; *Calendar*, 5252, 5257, 5262; T. Huxley, 'Natural History,' 13-14; Haeckel, *History*, 2:248.

10. *LLD*, 3:53, 73; *Calendar*, 5051, 5265-66, 5281; Spencer, *Autobiography*, 2:143; *LLTH*, 1:278; Lorimer, *Colour*, ch. 9; Bolt, *Victorian Attitudes*, ch. 3; Semmel, *Governor Eyre*, chs 4-5.

11. *LLTH*, 1:279-82; W. 다윈의 회상—DAR 112.2(*LLD*, 3:53도 참조).

12. *Darwin's Journal*, 17; 다윈이 J. 후커에게 1866년 9월 25일[과 1866년 10월 4일]에 쓴 편지—DAR 115:300, 302; *LLJH*, 2:77-79; *Calendar*, 5230, 5238, 5283-84, 5487.

13. *MLD*, 1:274; RFD, 37-39; Haeckel, *History*, 1:1-2; Haeckel, *Generelle Morphologie*, 2:451. 헤켈과 다윈에 관하여는 Altner, *Charles Darwin*; Schwarz, 'Darwinism;' Kelly, *Descent*; Roger, 'Darwin.'

14. Gasman, *Scientific Origins*, 17-18; Corsi and Weindling, 'Darwinism,' 689; Weindling 'Ernst Haeckel,' 311; Haeckel, *History*, 1:295; S. Gould, *Ontogeny*, 78.

15. *MLD*, 1:274, 277; *LLTH*, 1:288; Haeckel, *Generelle Morphologie*, 1:90, 173-74n; *LLTH*, 1:288.

16. Vogt, *Lectures*, 378; Gregory, *Scientific Materialism*, ch. 3; *Calendar*, 5256, 5269, 5489, 5495, 5499-500, 5503, 5506, 5533; W. Montgomery, 'Germany,' 82-83; *LLD*, 3:69.

17. *LLD*, 3:62; Darwin, *Variation*, 2:426-28; 초기의 체계화에 관하여는 Loewenberg, *Calendar*, 53과 De Beer, 'Some Unpublished Letters,' 40-41.

18. *MLD*, 1:277, 2:40; *LLD*, 3:59-60, 72, 98; *Calendar*, 5380, 5382, 5448, 5450.

19. *Calendar*, 5443, 5446, 5464; *LLD*, 2:279, 3:72-73; Vucinich, *Darwin*, 62ff; Vucinich, 'Russia,' 249; Freeman, *Works*, 123. 루아예에 관하여는 Miles, 'Clémence Royer;' Stebbins, 'France,' 125-27; Conry, *Introduction*, *passim*.

20. *ARW*, 1:179, 181; *MLD*, 2:57-58, 65.

21. 다윈이 킹즐리에게, 6월 10일[1867년]에 쓴 편지—APS, Getz Collection B/D25.165; *MLD*, 1:277, 282-83; *LLD*, 3:65; *Calendar*, 5466.

22. Argyll, *Reign*, 219, 259-60; Mozley, 'Argument of Design,' 162; *LLL*, 2:431-2; Gillespie, *Charles Darwin*, 93-104. 보울러는 이러한 비非다윈주의적인 견해가 우세했다는 사실을 강조하고 있다—Bowler, *Charles Darwin*, ch. 9와 *Non-Darwinian Revolution*, 90ff.

23. 다윈이 C. 킹즐리에게 6월 10일[1867년]에 쓴 편지—APS, Getz Collection B/D25.165;

Owen, 'The Reign of Law,' R. 오언 경의 자필 원고—BM(NH), OColl. 59.1-2, 26.

24. *LLJH*, 2:114; *LLD*, 3:62; *MLD*, 1:302.

25. Wallace, *Natural Selection*, 34-90, 280, 282-85; Durant, 'Ascent,' 298; *ARW*, 1:178-80, 183, 185, 189; *Calendar*, 5522; Kottler, 'Charles Darwin,' 417ff.

26. Russell, 'Conflict Metaphor;' Burchfield, *Lord Kelvin*, 27ff, 70ff; Jenkin, 'Origin,' 289, 291-94; *LLD*, 3:107-108; *MLD*, 2:379; Vorzimmer, *Charles Darwin*, 27-30, 44-45.

27. *LLD*, 3:71-72; *MLD*, 1:272; *LLL*, 2:415-16.

28. *MLD*, 1:300; *Darwin's Journal*, 17; Kingsley, *Charles Kingsley*, 2:248-49; *Calendar*, 3427, 3439; Watts and [Holyoake], 'Charles R. Darwin.'

29. *Darwin's Journal*, 17; *ED*, 2:187; *Calendar*, 5781; *LLD*, 3:74-75.

37장 섹스, 정치, X클럽

1. *LLD*, 3:75, 84; *MLD*, 1:287; *LLJH*, 2:113; *Calendar*, 6036.

2. *Calendar*, 5844, 5874, 5885, 5915, 5918, 5972; *LLD*, 3:76-77; *ARW*, 1:199. 『애시니엄』의 서평자는 베르톨트 제만임이 확실하다—*Calendar*, 5931, 5951.

3. *LLD*, 3:78, 80, 84; *Calendar*, 5914.

4. *Calendar*, 5773, 5843, 6047, 6127, 6219, 6289, 6294; *ED*, 2:187-88, 190-91; Loewenberg, *Calendar*, 42; J. Moore, 'On the Education,' 63-64.

5. *Calendar*, 5836, 5938, 5976, 5979; Vucinich, *Darwin*, 62ff.

6. *Calendar*, 5198, 5217, 5852, 5864, 5870-71, 6009, 6082, 6382; *LLD*, 3:77, 97, 99-100, 103, 111-12; *MLD*, 2:68, 90, 103, 159; *LLL*, 2:410; Agassiz and Agassiz, *Journey*, 15, 33, 399, 425; Lurie, *Louis Agassiz*, 353ff, 382.

7. *MLD*, 2:64-65; *LLD*, 3:92.

8. *MLD*, 2:63, 90; Wallace, *Natural Selection*, ch. 3; Ellegard, *Darwin*, 251.

9. *LLD*, 3:82; *ED*, 2:188-89; *MLD*, 2:69, 71, 99와 *Calendar*, 5885, 6042, 6052, 6062, 6067, 6070, 6127; *Descent*(1871), 1:43; X Club Notebook(1868년 3월 5일), Tyndall Papers, Royal Institution.

10. *Calendar*, 5919, 6107, 6114, 6629, 6635; *LLD*, 3:86; *MLD*, 1:312, 2:92; W. Montgomery, 'Germany,' 83-85.

11. Mivart, 'Some Reminiscences,' 988-89; J. Gruber, *Conscience*, chs 1-2.

12. G. 마이바트가 다윈에게 1868년 5월 20일, 1870년 4월 22일, 1872년 1월 10일에 쓴 편지—DAR 171; *Descent*(1871), 2:24-25; J. Gruber, *Conscience*, 31ff.

13. Dawkins, 'Darwin,' 436; Durant, 'Ascent,' 298-99; Ellegard, *Darwin*, 284-85; *LLJH*, 2:114; *LLD*, 3:98-99.

14. Forrest, *Francis Galton*, chs 1-2; Greene, *Science*, 102-106.

15. Greene, *Science*, 106-11; 그레그에 관하여는 *Descent*(1871), 1:174; Helmstadter, 'W. R. Greg;' Bagehot, *Physics*, 215.

16. *ARW*, 1:219; *MLD*, 1:297, 302, 305; *LLJH*, 2:114; Ellegard, *Darwin*, 65.

17. *TBI*, 87; *ED*, 2:190; *ARW*, 1:219; *Companion*, 276.

18. *ARW*, 2:221; *Calendar*, 6321; Mivart, 'Reminiscences,' 994; *LLJH*, 2:115-18; Hooker, 'Address.'

19. Ellegard, *Darwin*, 82-83; *LLJH*, 2:121; *LLD*, 3:100; *ARW*, 1:121.

20. 'The British Association,' *Guardian*, 23(1868년 9월 2일자), 977; *LLTH*, 1:231, 297; *MLD*, 1:297; *LLJH*, 2:119; Tyndall, 'Address,' 6.

21. *Calendar*, 6327, 6333, 6413; *LLD*, 3:100; Mivart, *Essays*, 228; Baynes, 'Darwin,' 505-506; Tyndall, *Fragments*, 92-93, 163-64, 130, 198, 441; Cockshut, *Unbelievers*, 91; Lightman, *Origins*, ch. 5; G. Young, *Portrait*, 116; Barton, 'John Tyndall;' T. Huxley, *Discourses*, 319-20; Mivart, 'Some Reminiscences,' 987.

22. Uschmann and Jahn, 'Briefwechsel,' 15, 17-19; *Calendar*, 6239; E. 헤켈이 T. 헉슬리에게 1869년 2월 28일에 쓴 편지—THP 17.198; *LLD*, 3:104; *MLD*, 1:277-78; *LLTH*, 1:305; 다윈이 T. 헉슬리에게 쓴 편지—THP 5.239.

23. T. 헉슬리에 관하여는 *Ibis*, 4(1868), 357-61; T. Huxley, 'Natural History,' 41; Foster and Lankester, *Scientific Memoirs*, 3:303-13, 365; E. 헤켈이 T. 헉슬리에게 1868년 1월 27일에 쓴 편지—THP 17.183; *LLTH*, 1:294-95, 303; *LLD*, 3:104-105; *Calendar*, 6450; Di Gregario, 'Dinosaur Connection,' 413-17; Desmond, *Archetypes*, 127-30, 156-58.

24. *LLTH*, 1:295-96; T. 헉슬리가 다윈에게 1868년 7월 20일에 쓴 편지—DAR 221; Weindling, 'Ernst Haeckel,' 317; Rehbock, 'Huxley;' Rupke, *Bathybius Haeckelii.*

25. *Calendar*, 6561, 6655; *ARW*, 1:232-33, 235; Wallace, *Malay Archipelago*, [v]; 제임스 오턴의 『안데스 산맥과 아마존*The Andes and the Amazon*』에 관하여는 *Calendar*, 6542; 알베르 고드리Albert Gaudry의 *Animaux fossiles et géologie de l'Attique*에 관하여는 *Calendar*, 6454와 *MLD*, 2:235. 여기에는 말, 코끼리, 돼지에 관하여 왕가의 계보와 같은 계통도가 실렸으며, 다윈은 이것을 "종의 기원과 유러에 관하여 이제까지 읽었던 것 가운데 가장 주목할 만한 책"이라고 칭찬했다; Desmond, *Archetypes*, 165.

26. *ED*, 2:191, 221; *Calendar*, 6424; Dupree, *Asa Gray*, 337-41; Loewenberg, *Calendar*, 94; *MLD*, 1:309.

27. Stecher, 'Darwin-Innes Letters,' 219-20, 223, 226; 다윈이 J. 브로디 이네스에게 6월 15일[1868년]에 쓴 편지—APS, Getz Collection B/D25.m. 국교회가 당시 안고 있었던 목사보 문제에 관하여는 Halcombe, 'Curate Question.'

28. 다윈이 J. 브로디 이네스에게 1868년 12월 16일에 쓴 편지—APS, Getz Collection B/D25.m; Stecher, 'Darwin-Innes Letters,' 227-29; J. Moore, 'Darwin of Down,' 470, 477.

29. 인도에 관하여는 *Calendar*, 5872, 6080, 6160, 6184, 6285, 6295, 6420, 6514, 6815, 7030; 니카라과에 관하여는 6546; 지브롤터에 관하여는 6547, 6553; 포르투갈에 관하여는 6577; 라플란드에 관하여는 6430, 6438, 6517; 뉴질랜드에 관하여는 6520; 오스트레일리아에 관하여는 5899, 5916, 6314, 6374, 6419, 6635; Nicholas and Nicholas, *Charles Darwin*, 136; 그 이외는 Darwin, *Expression* 19-20.

38장 파괴적인 추론들

1. Jenkin, 'Origin,' 301; W. Thomson, *Popular Lectures*, 2:64; Sharlin, *Lord Kelvin*, chs 9-10; Burchfield, *Lord Kelvin*, 32ff; *Origin*, 285-87.

2. *Calendar*, 5974, 6496; *MLD*, 1:312, 2:163-64, 379; *LLD*, 3:107, 109; Vorzimmer, *Charles Darwin*.

3. Tait, 'Geological Time,' 407, 438; *Calendar*, 6688; *LLD*, 3:113; T. Huxley, *Discourses*, 306, 329; *MLD*, 1:314-16, 2:6-7.

4. *ED*, 2:195; *Calendar*, 6705, 6716, 6718; Loewenberg, *Calendar*, 63; *Annotated Calendar*, 369.

5. T. Huxley, *Method*, 155; Paradis, *T. H. Huxley*, 100ff; Block, 'T. H. Huxley's Rhetoric,' 379-81; Bibby, *T. H. Huxley*, ch. 8.

6. Hutchinson, *Life*, 1:101; A. Brown, *Metaphysical Society*, 50-56; T. Huxley, *Method*, 162; T. Huxley, 'On Descartes' "Discourse",' 79-80; Lightman, *Origins*, 10ff; R. Young, *Darwin's Metaphor*, ch. 5.

7. G. 마이바트가 다윈에게 1870년 4월 25일에 쓴 편지—DAR 171; T. Huxley, *Science*, 120.

8. 월리스의 '원리'(Wallace, 'Principles')에 관한 주석은 DAR 133; *MLD*, 2:39-40; *LLD*, 3:114, 117; *ARW*, 1:232-33.

9. R. Smith, 'Alfred Russel Wallace,' 181-84, 193-94; Wallace, *Natural Selection*, 335-

43, 351-60; Wallace, *My Life*, 1:342; Kottler, 'Alfred Russel Wallace,' 150-56; Durant, 'Scientific Naturalism,' 46-47; *ARW*, 1:227, 243-44.

10. Mivart, 'Difficulties'—Darwin Reprint Collection, R.145, CUL; *ARW*, 1:246-47; Mivart, *On the Genesis*, 67-73; Mivart, 'Reminiscences,' 988-93; Root, 'Catholicism,' 162-70.

11. Ellegard, *Darwin*, 308; Argyll, *Primeval Man*, 4-5, 33, 66-68, 124ff; Argyll, *George Douglas*, 2:246-47, 272-73.

12. Gillespie, 'Duke of Argyll,' 48; *Descent*(1871), 1:65-69; Argyll, *Primeval Man*, 70, 133; *Calendar*, 6433, 7024.

13. *LLD*, 1:11, 3:106; *ED*, 2:195; RFD, 82; F. Darwin, *Rustic Sounds*, 162; *MLD*, 1:313; Cobbe, *Life*, 488-89; *Calendar*, 7145, 7149.

14. *MLD*, 1:317, 2:41; *LLJH*, 2:146-47.

15. *MLD*, 1:316; *Calendar*, 6897, 6900, 6947, 6954, 6956, 6960, 6995, 7022, 7030, 7036; *LLD*, 3:119; *Annotated Calendar*, 375; Cobbe, *Life*, 490.

16. *Calendar*, 7107; 다윈이 H. 다윈에게 쓴 편지[1870년 3월-6월]—BL. Add. MSS 58373; *Descent*(1871), 1:34, 67-68, 106; *ED*, 2:196.

17. *LLD*, 3:125; F. Darwin, *Springtime*, 67; *Calendar*, 7200; *MLD*, 2:236; *LLAS*, 2:402, 464.

18. *Calendar*, 7222, 7225, 7246; *LLD*, 3:126; *LLTH*, 1:330.

19. *Calendar*, 5873, 5889, 7195; *LLD*, 3:126-28; 'Speech of His Grace the Archbishop of Canterbury……,' DAR 139.12.

20. *Calendar*, 7057, 7117, 7182-83, 7257; *LLD*, 3:129.

21. *Calendar*, 7277 이하를 참조; *Hansard Parliamentary Debates*, 3d ser.(1870년 7월 22일), 817; (1870년 7월 26일), 1006-10.

22. *ED*, 2:198-99; *MLD*, 2:92; Ensor, *England*, 6-7.

23. *ED*, 2:186; T. Huxley, *Discourses*, 257; *MLD*, 1:323; Ellegard, *Darwin*, 85.

24. *MLD*, 1:324, 2:92; *Calendar*, 7332-33, 7340, 7342, 7381, 7389, 7442, 7485.

25. T. Huxley, *Discourses*, 271; *Calendar*, 7374, 7376, 7400; *ARW*, 1:254.

26. *Darwin's Journal*, 18; Stecher, 'Darwin-Innes Letters,' 233; Mivart, *On the Genesis*, 211; G. 마이바트가 다윈에게 1871년 1월 22일과 24일에 쓴 편지—DAR 171; *ARW*, 1:258; Owen, 'Fate.'

27. Stecher, 'Darwin-Innes Letters,' 232-34; *ED*, 2:202; *Calendar*, 7485, 7488, 7510, 7583, 7735; Vucinich, *Darwin*, 66. 『인간의 유래』의 러시아어판 전3권은 상트페테르

부르크에서 1871-72년에 출판되었다—Freeman, *Works*, 140.

28. Freeman, *Works*, 129; *ED*, 2:202; *LLD*, 3:138-39; Ellegard, *Darwin*, 296; Dawkins, 'Darwin,' 195.

29. *Descent*(1871), 1:67, 101, 104, 167-80, 238; G. Jones, 'Social History;' Durant, 'Ascent,' 293ff; J. Moore, 'Socializing,' 46-51.

30. *Descent*(1871), 1:169, 2:326-27, 403-4; E. Richards, 'Darwin;' Bowler, *Theories*, 7ff.

31. 'Mr. Darwin on the Descent of Man,' *The Times*, 1871년 4월 8일자, p. 5, cols. 4-5.

32. *LLD*, 3:139; *Calendar*, 7705; *ED*, 2:203; Stecher, 'Darwin-Innes Letters,' 235, 237; Ellegard, *Darwin*, 101; Fiske, *Life*, 267.

33. Cobbe, *Life*, 489; *MLD*, 1:329; *ARW*, 1:260; *ED*, 2:202-203.

34. *LLD*, 3:142; *ARW*, 1:262; G. 마이바트가 다윈에게 1871년 4월 23일에 쓴 편지—DAR 171; *Darwin's Journal*, 18; *Calendar*, 7730, 7755, 7798; Peckham, *Origin*, 22.

35. *Calendar*, 7761, 7796; *ARW*, 1:264; *Darwin's Journal*, 18; Fiske, *Life*, 266, 276; MacLeod, 'Evolutionism,' 65-69.

36. *Calendar*, 7829; P. Wiener, *Evolution*, ch. 3과 App. A; *ARW*, 1:264-65, 268.

37. *ARW*, 1:268-69; *Calendar*, 7878; Mivart, 'Descent,' 47, 52, 81-90.

38. *ARW*, 1:269; *MLD*, 1:333; *Calendar*, 7963; Wright, *Darwinism*, 9, 13, 15, 37, 43.

39. *LLD*, 3:149; *ARW*, 1:265, 270; *ED*, 2:204; *MLD*, 1:329-32; H. 리치필드가 F. 다윈에게 1887년 3월 18일에 쓴 편지—DAR 112:79-82; 다윈이 C. 라이트에게 7월 13-14일, 17일[1871년]에 쓴 편지(사본)—DAR 171; *Calendar*, 7907, 7916.

40. *Wedgwood*, 299; *RBL*, 121, 124-25; *ED*, 2:210.

41. C. 라이트가 다윈에게 1871년 8월 1일에 쓴 편지—DAR 181; *LLTH*, 1:363; T. 헉슬리가 다윈에게 1871년 9월 20일에 쓴 편지—DAR 99:39-42; T. 헉슬리가 J. 후커에게 1871년 9월 11일에 쓴 편지—THP 2.181.

42. *Darwin's Journal*, 19; *LLD*, 3:152; 다윈이 T. 헉슬리에게 9월 21일[1871년]에 쓴 편지—THP 5.279-82; T. 헉슬리가 다윈에게 1871년 9월 28일에 쓴 편지—DAR 99:43-46; T. Huxley, *Darwiniana*, 145, 147, 149.

43. 다윈이 T. 헉슬리에게 9월 30일[1871년]에 쓴 편지—THP 5.283-87; *LLJH*, 2:130; *MLD*, 1:333; Desmond, *Archetypes*, 141.

44. *LLD*, 3:148; 다윈이 T. 헉슬리에게 1871년 10월 9일에 쓴 편지—THP 5.289-90; R. 쿡이 다윈에게 11월 1일[1871년]에 쓴 편지—DAR 171; Bartholomew, 'Huxley's De-

fence,ʹ 533-34.

39장 기다리고, 기다리고, 또 기다려라

1. *Autobiography*, 163; *ED*, 2:204-205.

2. H. 리치필드가 F. 다윈에게 1887년 3월 18일에 쓴 편지—DAR 112:79-82; *TBI*, 87; *Darwin's Journal*, 19; *Calendar*, 7964, 8013, 8199; *LLD*, 3:133.

3. Peckham, *Origin*, 21-23; Freeman, *Works*, 79-80; *MLD*, 1:332.

4. Peckham, *Origin*, 242-67; Vorzimmer, *Charles Darwin*, 246-49; *Origin*(6th ed.), ch. 7. 같은 방식으로, 다윈은 마이바트 설명으로는 수렴 현상을 해명할 수 없다고 마이바트를 논박했다. 유연관계가 없는 어류의 발전기관에서부터 태반류와 유대류의 쥐에 이르기까지 다윈은 여러 예를 인용하여, 비슷한 조건 아래 비슷한 구조를 낳는 원인은 수렴을 초래하는 내적인 힘이 아니라 선택임을 보여주었다.

5. *Calendar*, 7924, 8070, 8099, 8110, 8145, 9105; 다윈이 F. 애벗에게 9월 6일[1871년]에 쓴 편지(사본)—DAR 139.12; RFD, 23; Abbot, *Truths*, 7-8; *CP*, 2:167; J. Moore, ʹFreethought,ʹ 303-304; W. 다윈이 F. 애벗에게 1875년 12월 20일에 쓴 편지—University Archives, Harvard University Library.

6. *Descent*(1871), 1:4; *MLD*, 1:335-36.

7. Peckham, *Origin*, 22-24; Freeman, *Works*, 79-80; *MLD*, 1:332; *Calendar*, 8209.

8. G. 마이바트가 다윈에게 1872년 1월 6일에 쓴 편지—DAR 171; 다윈이 G. 마이바트에게 쓴 편지[1872년 1월 6-10일]—DAR 96:141; *MLD*, 1:335; *Calendar*, 8186.

9. *Darwin's Journal*, 19; *Calendar*, 8168 etc., 8209, 8212; *MLD*, 1:335; *Descent*(1871), 1:5; Peckham, *Origin*, 22-24.

10. Darwin, *Expression*, 15-19; *CCD*, 4:410-30; Freeman and Gautrey, ʹCharles Darwin's *Queries*;ʹ *Calendar*, 7698; J. Browne, ʹDarwin;ʹ Ritvo, *Animal Estate*, 39-40.

11. Darwin, *Expression*, 80, 155, 179, 195-96, 217, 305.

12. *Calendar*, 8302, 8383, 8404, 8427, 8435, 8567, 8473-75; *LLD*, 3:171; *Darwin's Journal*, 19.

13. Wallace, *My Life*, 2:90ff; *ARW*, 1:273-78; *LLTH*, 1:333; Bastian, *Beginnings of Life*, 2:165-66, 584; R. 그랜트가 H. 배스티언에게 1872년 6월 26일에 쓴 편지—Wellcome Institute, London.

14. *Calendar*, 8533, 8585; *ED*, 2:210; *Darwin's Journal*, 19; *LLD*, 3:171.

15. *Calendar*, 8406, 8449, 8525, 8533, 8577; *LLJH*, 2:131, 159-77; MacLeod, ʹAyrton Incident.ʹ

16. *Calendar*, 8542, 8586; J. 후커가 다윈에게 1872년 10월 19일에 쓴 편지—DAR 103:124-25; 다윈이 J. 후커에게 10월 22일[1872년]에 쓴 편지—DAR 94:231-32.

17. Darwin, *Insectivorous Plants*, 76-84, 92ff, 134-35, 199-209, 232-33, 272; *MLD*, 2:267; Allan, *Darwin*, 235ff; Ghiselin, *Triumph*, 198-200.

18. *Calendar*, 8616, 8620, 8675; *Annotated Calendar*, 425; *Darwin's Journal*, 19; 'The Expression of the Emotions,' *Athenaeum*, 1872년 11월 9일자, p. 591.

19. *Calendar*, 8606, 8682; *LLTH*, 1:367-89; E. Richards, 'Huxley,' 277ff. 여기서 우리 는, 다윈이 런던을 떠나기 전에 두 사람이 만났을 것으로 가정했다.

20. *MLD*, 2:43; *Darwin's Journal*, 19; *Calendar*, 8747, 8761, 8763, 8799, 8839, 8843 이하를 참조, 8870; *ED*, 2:212; *LLJH*, 2:183-84; *LLTH*, 1:366-67.

21. *LLL*, 2:450-51; E. A. 다윈이 E. 다윈에게 4월 24일[1873년]에 쓴 편지—DAR 105.2:88-89; *LLJH*, 2:188; 다윈이 C. 라이엘에게 쓴 편지[1873년 4월 27일 이후]—DAR 96:167.

22. 혼인 신고(1854-74년)—Little Portland Street Unitarian Chapel, Dr Williams's Library, London; *Wedgwood*, 303; *Calendar*, 8855, 8956; *Companion*, 170; *RBL*, 139; RFD, 103.

23. L. Huxley, 'Home Life,' 3-4.

24. J. Moore, 'Darwin of Down,' 470, 478; 'Downe Parsonage House Building Fund,' KAO 123/3/5; 'Downe Vicarage Endowment Fund,' KAO 123/3/6.

25. 'Contributions Received,' KAO P123/3/7; *Calendar*, 8842, 9000; S. 웨지우드가 G. 핀든에게 1873년 3월 14일에 쓴 편지—KAO P123/3/4; Stecher, 'Darwin-Innes Letters,' 238; 학교의 규칙과 연례 보고서—KAO P123/25/5; parish of Down, PRO Ed. 2/234, no. 4431; *CCD*, 5:161-62; 지불 내역과 편지들—KAO P123/5/7.

26. Ashwell, *Life*, 3:424-27; T. 헉슬리가 J. 틴들에게 1873년 7월 30일에 쓴 편지—THP 9.73과 Blinderman, 'Oxford Debate,' 127에 실림; *LLD*, 2:325, 3:340; *ED*, 2:214; *ARW*, 1:243; *Darwin's Journal*, 19.

27. *LLJH*, 2:152-53; *LLD*, 3:339-40; *Calendar*, 8839, 9040, 9052; H. 리치필드가 F. 다윈 에게 1887년 3월 18일에 쓴 편지—DAR 112:79-82; *TBI*, 88-89.

28. *Calendar*, 9061, 9148; *CP*, 2:177-82; Colp, 'Contacts,' 393; 『자본론』의 증정 본—Down House.

29. *LLD*, 3:180; *Calendar*, 9060, 9069; F. Darwin, *Springtime*, 67-68.

30. F. Darwin, *Rustic Sounds*, 162-63; *Calendar*, 8997, 9088; 다윈이 G. 다윈에게 1873 년 10월 21일에 쓴 편지—DAR 210.1.1.

31. 다윈이 G. 다윈에게 1873년 10월 24일에 쓴 편지—DAR 210.1.1; 다윈이 N. 두더스에

게 1873년 4월 2일에 쓴 편지(사본)—DAR 139.12와 *LLD*, 1:306.

32. Fiske, *Personal Letters*, 121-22, 147-48.

33. *Calendar*, 9149; *ARW*, 1:281-84, 2:261; Wallace, *Studies*, 2:138-44.

34. *ED*, 2:216; E. 다윈이 G. 핀튼에게 쓴 편지[1873년 11-12월]과, 다윈이 다운의 학교 운영위원회에 쓴 편지[1873년 11-12월]—KAO P123/25/3.

35. G. 핀튼이 추밀원에 12월 1일[1873년]에 쓴 편지; 다윈이 다운의 학교 운영위원회에 1873년 12월 19일[과 1873년 11-12월]에 쓴 편지 ; G. 핀튼이 E. 다윈에게 1873년 12월 24일에 쓴 편지; G. 핀튼이 J. 러벅에게 1875년 2월 8일에 쓴 편지—KAO P123/25/3; Hart, *Parson*.

40장 지독한 고집쟁이

1. *Calendar*, 8173, 8256, 8258, 8263, 8293, 9229, 9236; Oppenheim, *Other World*, ch. 1, 293-94; Barrow, *Independent Spirits*, 125; Crookes, *Researches*.

2. Oppenheim, *Other World*, 291-92; *Wedgwood*, 298, 305; *Calendar*, 8831, 8832; *LLTH*, 1:419; *ED*, 2:216-17; *LLD*, 3:186-88.

3. *LLTH*, 1:419-23; *LLD*, 3:187; *ED*, 2:217; J. [스노] 웨지우드가 E. 구니에게 1874년 7월 9일에 쓴 편지—*Wedgwood*, 305. 스노는, 20년 전 삼촌 다윈과 대화를 나눌 때 삼촌이 창조론의 대안으로서의 진화론에 대한 자신의 신념을 설명했던 일을 회상했다. 그때 스노는 "그 생각에 대한 극도의 혐오감"과, 전통적인 교의를 "포기하는 것에 대한 실망감"을 다윈에게 표명했다. 거기에 대해 다윈은 이렇게 대답했다. "삼촌은, 사물은 이랬으면 좋겠다는 둥, 저랬으면 좋겠다는 둥, 하는 소망을 도통 이해할 수 없단다." 그때의 다윈의 태도와 목소리에서 스노는, "아, 저분은 **사실**이라는 증거에 불순물을 섞는 세력에 맞서 싸우고 있구나" 하는 인상을 강하게 받았다. J. 웨지우드가 F. 다윈에게 1884년 10월 3일에 쓴 편지—DAR 139.12.

4. RFD, 64-65; Atkins, *Down*, 28; *Calendar*, 9310, 9318, 9325, 9327, 9333, 9373, 9386; *TBI*, 89; H. 리치필드가 F. 다윈에게 1887년 3월 18일에 쓴 편지—DAR 112:79-82.

5. *Descent*(1874), v-vi, 143.

6. *Calendar*, 9333, 9376, 9409(9510도 참조); *LLJH*, 2:114; J. 후커가 다윈에게 3월 3일[1874년]에 쓴 편지—DAR 103:189-92; 다윈이 J. 후커에게 3월 4일[1874년]에 쓴 편지—DAR 93:313-16; *LLTH*, 1:419; R. 오언이 J. 틴들에게 1871년 6월 14일에 쓴 편지—BM(NH), OCorr. 21.28; *Descent*(1874), v, 199-206; Desmond, *Archetypes*, 143.

7. *Calendar*, 9388, 9402, 9446, 9454, 9474, 9496 etc.; *CP*, 2:183-87.

8. *Calendar*, 9234, 9227, 9417 이하를 참조, 9440, 9475, 9529, 9550; *ED*, 2:217; *Pedigrees*, 12; Stecher, 'Darwin-Innes Letters,' 239; *MLD*, 1:352-54; *LLR*, 1-18.

9. *Calendar*, 9568, 9579, 9596, 9598; J. Gruber, *Conscience*, 99-100.

10. *Calendar*, 9580 이하를 참조, 9597-98; Tyndall, *Address*, 44, 61; Barton, 'John Tyndall;' *LJT*, 187; Baynes, 'Darwin,' 502-505.

11. J. Gruber, *Conscience*, 100-101; *ARW*, 1:292; *Calendar*, 9685, 9687, 9720; *LLL*, 2:455; Cobbe, *Life*, 449-50; 다윈이 C. 라이엘에게 9월 3일[1874년]에 쓴 편지—APS 448와 *MLD*, 2:237.

12. *Calendar*, 9717; *LLJH*, 2:139-40, 189-90; Turrill, *Joseph Dalton Hooker*, 191; 다윈이 J. 후커에게 11월 22일[1874년]에 쓴 편지—DAR 95:342; J. 후커가 다윈에게 1874년 11월 25일에 쓴 편지—DAR 103:228-29; 다윈이 J. 후커에게 11월 26일[1874년]에 쓴 편지—DAR 95:345-46.

13. *LLD*, 2:186; *LLJH*, 2:191; *Darwin's Journal*, 19; J. Gruber, *Conscience*, 102-10; *LLTH*, 1:426; *Calendar*, 9757 이하를 참조, 9785, 9807, 9809, 9812-13; *ARW*, 1:291-92.

14. *LLD*, 3:195, 197, 328; *Calendar*, 9851, 9869, 9911.

15. Grant Duff, *Life-Work*, 15; G. 핀든이 J. 러벅에게 1875년 1월 30일, 2월 8일, 3월 29일, 4월 3일, 6월 23일에 쓴 편지(초안)와, J. 러벅이 G. 핀든에게 1875년 2월 4일, 2월 9일, 3월 31일, 4월 12일에 쓴 편지—KAO P123/25/3; 다윈이 J. 러벅에게 4월 8일[1875년]에 쓴 편지(초안)—DAR 97.3:15-17; J. Moore, 'Darwin of Down,' 471-72; J. 웨지우드가 F. 다윈에게 1884년 10월 3일에 쓴 편지—DAR 139.12.

16. Lansbury, 'Gynaecology,' 426; *RBL*, 143-45; Ritvo, *Animal Estate*, 164; Rupke, *Vivisection*.

17. *LLTH*, 1:437; *Calendar*, 9923, 9933-34, 10251; *LLD*, 3:204; *RBL*, 143, 145; French, *Antivivisection*, 62-75.

18. G. 핀든이 J. 러벅에게 1875년 6월 23일에 쓴 편지(초안)—KAO P123/25/3; *Calendar*, 9916; *Annotated Calendar*, 465; LLR, 22; French, *Antivivisection*, 69, 73, 79; *LLTH*, 1:438-39.

19. *Calendar*, 10024, 10044, 10071; *TBI*, 89; *Darwin's Journal*, 19.

20. *Calendar*, 7620, 10096-97, 10106, 10114, 10119, 10124; Darwin, *Variation*, 1:106, 312, 459; 체임버스의 육지증 농담에 관하여는 R. 체임버스가 R. 오언에게 1849년 3월 6일에 쓴 편지—BM(NH), OCorr. 17.19.

21. *MLD*, 1:359-62, 2:71; *LLR*, 32, 39-42; *LLD*, 3:195; Gallon, *Memories*, 294-98.

22. *MLD*, 1:360; *Calendar*, 10241, 10243; Darwin, *Variation*, 1:xiv, 2:389, 398.

23. *Calendar*, 10011, 10080, 10091, 10098, 10168, 10190, 10193, 10200, 10268, 10279-80; *LLR*, 34; Shepherd, 'Lawson Tait.'

24. *Darwin's Journal*, 20; Darwin, *Movements*, v; *Autobiography*, 137; *Calendar*, 10231-32, 10234; Pancaldi, *Darwin*, ch. 3.

25. *LLTH*, 1:439-40; *Calendar*, 10231-32, 10234, 10242; *ED*, 2:221; *Darwin's Journal*, 20.

26. RFD, 71; Atkins, *Down*, 97-99.

27. Atkins, *Down*, 99; L. Huxley, 'Home Life,' 4; *ED*, 2:221.

28. *Notebooks* B96; *Origin*, 92.

29. Darwin, *Effects*, 10ff, 448-49, 465-66; RFD, 7, 125; F. Darwin, 'Botanical Work,' xv; Allan, *Darwin*, 250-62; G. Darwin, 'Marriages.'

30. *Darwin's Journal*, 20; *LLR*, 50, 61; *Calendar*, 10452, 10462, 10501, 10506, 10522, 10530, 10546; *Annotated Calendar*, 488; French, *Antivivisection*, 114; F. Darwin, *Rustic Sounds*, 164; *ED*, 2:221; *Wedgwood*, 308.

41장 절대로 무신론자는 아니다

1. *Darwin's Journal*, 20; *Autobiography*, 21, 57, 78, 85-87, 145; Colp, 'Notes on Charles Darwin's *Autobiography*.'

2. *Autobiography*, 91-93, 96-98, 133; J. Moore, 'Of Love,' 196-97, 206-208.

3. 다윈이 G. 핀든에게 1876년 9월 5일에 쓴 편지(초안)—DAR 202; 'Downe Vicarage Endowment Fund,' KAO P123/3/6.

4. 다윈이 J. 후커에게 9월 11일[1876년]과 9월 17일[1876년]에 쓴 편지—DAR 95:417-20; *ED*, 2:255; E. 다윈이 W. 다윈에게 쓴 편지[1876년 9월 13일]—DAR 210.6; 다윈이 E. 헤켈에게 1876년 9월 16일에 쓴 편지—Ernst-Haeckel Haus, Friedrich-Schiller-Universität, Jena; 다윈이 W. 다윈에게 9월 11일[1876년]에 쓴 편지와, L. 다윈에게 9월 11일[1876년]에 쓴 편지—DAR 210.6; 다윈이 W. 시슬턴-다이어에게 1876년 9월 16일에 쓴 편지—Royal Botanic Gardens, Kew.

5. E. 다윈이 W. 다윈에게 쓴 편지[1876년 9월 13일]—DAR 210.6; *Calendar*, 10611; Atkins, *Down*, 29; *Annotated Calendar*, 499-501.

6. *Darwin's Journal*, 20; *ED*, 2:223; Milner, 'Darwin, Pt 1,' 29; Oppenheim, *Other World*, 23.

7. Stecher, 'Darwin-Innes Letters,' 242, 248; *Darwin's Journal*, 20; Freeman, *Works*, 157; Crouzet, *Victorian Economy*, 166ff; *Calendar*, 10853, 11057-58, 11064-65, 11079.

8. Vorzimmer, 'Darwin Reading Notebooks,' 153; *Calendar*, 10720; *LLD*, 3:178; W. 다윈의 회상—DAR 112.2; 스마일스에 관하여는 Beer, *Darwin's Plots*, 23 참조.

9. Colp, 'Notes on William Gladstone;' Royle, *Radicals*, 209-10; J. Morley, *Life*, 3:562; *Wedgwood*, 307.

10. *LLJH*, 2:147, 150.

11. Royle, *Radicals*, 12-24, 254ff; Bonner, *Charles Bradlaugh*, 2:23.

12. 다윈이 C. 브래들로에게 6월 6일[1877년]에 쓴 편지(초안)—DAR 202(피터 고트리의 도움으로 필사); *Descent*(1874), 618; J. Moore, 'Freethought,' 305-307; *ED*, 2:225-27; Ghiselin, *Triumph*, 201.

13. *LLD*, 3:295-96, 306; *Autobiography*, 128, 134; Darwin, *Different Forms*, 276; F. Darwin, 'Botanical Work,' xvi; Allan, *Darwin*, 263-76.

14. *LLD*, 3:309; *Calendar*, 11134, 11148, 11163; De Beer, 'Further Unpublished Letters,' 88-89; H. Gruber, *Darwin*, 53; Colp, 'Notes on William Gladstone,' 183; *ED*, 2:234-35.

15. *Darwin's Journal*, 20; *Calendar*, 11169; Wallace, *My Life*, 2:98; *ARW*, 1:298-300.

16. *Calendar*, 10822, 10958, 10974, 10991, 11211; *ED*, 2:230-31; 'Speech delivered by the Public Orator……,' DAR 140.1; Ruse, *Darwinian Revolution*, 262.

17. *ED*, 2:231; *Calendar*, 11234, 11238; *LLTH*, 1:480; *MLD*, 1:371-72; J. 스튜어트가 자신의 어머니에게 1877년 11월 18일에 쓴 편지—CUL Add. 8118, box 1, letterbook (필사에 관하여 사이먼 섀퍼에게 감사한다).

18. *ED*, 2:226, 230; RFD, 56; *Calendar*, 10919, 11266, 11358; *RBL*, 151-52.

19. RFD, 105; Jordan, *Days*, 1:273; Campbell, 'Nature;' Stevens, 'Darwin's Humane Reading.'

20. Allan, *Darwin*, 279-89; F. Darwin, 'Botanical Work,' xvii-xviii; RFD, 130; *LLD*, 3:330; F. Darwin, 'Darwin's Work.'

21. RFD, 131; *TBI*, 90; *Calendar*, 11373 이하를 참조, 11459, 11481(11501, 12258도 참조); *MLD*, 1:372-74.

22. *LLJH*, 2:230-31; Duncan, *Life*, 181; *Annotated Calendar*, 495, 503-504, 509, 513-14; RFD, 65-66; *LLR*, 46, 67-68.

23. *LLR*, 69-71; Oppenheim, *Other World*, 281; *Annotated Calendar*, 533.

24. G. Romanes, *Thoughts*, 98-99, 108, 182-83; 다윈이 G. 다윈에게 1873년 10월 24일
   에 쓴 편지—DAR 210.1.1; G. Romanes, *Candid Examination*, vii; *LLR*, 71ff(128도
   참조); *Natural Selection*, 463-66; R. Richards, *Darwin*, 335-42; Turner, *Between*,
   ch. 6.

25. *The Times*, 1878년 8월 22일자, p. 8; *LLR*, 74-76, 78; *Annotated Calendar*, 548-49.

26. *LLR*, 87-88; G. Romanes, *Candid Examination*, 113-14; 다윈이 G. 로머니스에게
   12월 5일[1878년]에 쓴 편지—APS 553; 다윈이 W. 그레그에게 1878년 12월 31일에
   쓴 편지—APS 557; 『유신론의 공정한 검토』의 저자 증정본 112쪽에 다윈이 써 넣은 주
   석—Darwin Library, CUL.

27. *Calendar*, 11982; J. Moore, 'Darwin's Genesis,' 577; 다윈이 F. 맥더멋에게 1880년
   11월 24일에 쓴 편지—CUL(사본).

28. 다윈이 N. 폰 멩덴에게 1879년 6월 5일에 쓴 편지(사본)—DAR 139.12; 다윈이 [H.
   리들리에게] 1878년 11월 28일에 쓴 편지—DAR 202와 *LLD*, 3:235-36(Pusey, *Un-
   Science*, 43-58도 참조); W. 브라운이 다윈에게 1880년 12월 16일에 쓴 편지와, 다윈이
   [W. 브라운에게] 쓴 편지[1880년 12월 16-21일]—DAR 202; Stecher, 'Darwin-Innes
   Letters,' 244-45.

29. De Beer, 'Further Unpublished Letters,' 88; *Calendar*, 11918, 11920, 12052; *Auto-
   biography*, 176; Colp, 'Relationship,' 11-15; Butler, *Evolution*, 346.

30. *Autobiography*, 29, 32, 40-42, 94-95; *Calendar*, 12040-41과 De Beer, 'Further Un-
   published Letters,' 88(과도 비교); J. Moore, 'Of Love,' 204-206.

31. *Calendar*, 12149, 12152-54, 12156, 12163, 12217; *LLD*, 3:220.

42장 지렁이와 함께 땅으로

1. *Calendar*, 12119; *LLD*, 3:356; *Darwin's Journal*, 21.

2. *ED*, 2:238; *LLR*, 98; *RBL*, 153-55; *RFD*, 81, 97; *Calendar*, 12220; 다윈이 V. 마셜에
   게 1879년 8월 25일과 9월 14일에 쓴 편지—APS, Getz Collection B/D25.m.

3. *RBL*, 59; *Calendar*, 12207, 12235-36, 12241-42, 12268, 12279, 12282, 12289,
   12297, 12326, 12372.

4. L. 포스터가 F. 다윈에게 1885년 11월 15일에 쓴 편지—DAR 112:46-47; *Calendar*,
   12125, 12253, 12256, 12280, 12294 이하를 참조, 12378; Raverat, *Period Piece*, 203-
   206; *Pedigrees*, 12, 55; *Wedgwood*, 314.

5. *ED*, 2:239-40; G. 핀든이 F. 다윈에게 1880년 3월 30일에 쓴 편지(초안)와, G. 핀든이
   다윈에게 1880년 3월 19일에 쓴 편지(초안)—KAO P123/25/2; J. Moore, 'Darwin of

Down,' 472.

6. G. 마이바트가 R. 오언에게 1879년 6월 8일에 쓴 편지—BM(NH), OCorr. 29.261.

7. J. Moore, 'Darwin of Down,' 473; H. Jones, *Samuel Butler*, 1:99–100, 125, 157, 165, 186, 258, 385; Darwin, *Expression*, 26, 54–55; Butler, *Evolution*, 58, 60, 196.

8. H. Jones, *Samuel Butler*, 1:323–27; *Autobiography*, 177–82. 코플런드(Copland, 'Side Light')는, 크라우제 자신이 『이래즈머스 다윈』의 135쪽에서 자신이 이전에 쓴 글을 언급한 사실을 지적하고 있다. 버틀러는 그것을 알고 있었고, 영국박물관에 보관된 그 책(Butler, *Unconscious Memory*, xxxvii도 비교)의 그 문단 옆에, "분명하게 『코스모스』에 그 글이 게재된 후에 쓰인 것"이라고 연필로 써 놓았다. 하지만 이후 버틀러는 그 주석을 지웠다(하지만 잘 보면 여전히 알아볼 수 있다). 이것은 크라우제가 기사를 고쳐 쓴 사실을 다윈이 의도적으로 숨긴 것이 아님을 인정하는 것과 같은 행위다.

9. *Autobiography*, 182–88, 202–11; Butler, *Evolution*, 393; Willey, *Darwin*; Pauly, 'Samuel Butler.' 헉슬리는 '개'라는 말을 사용하는 대신, 그 부분에 점잖게 개 그림을 그렸다.

10. *Calendar*, 12593; *Annotated Calendar*, 573; Milner, 'Darwin, Pt 2,' 45–46; *Wedgwood*, 314; 다윈이 C. 폭스에게 1880년 3월 29일과 3월〔원문에는 4월〕 10일에 쓴 편지—University of British Columbia Library.

11. *Darwin's Journal*, 21; *LLD*, 3:216–17; T. Huxley, *Darwiniana*, 227–43; *LLD*, 2:373, 3:240–41; *LLTH*, 2:12–13; *Calendar*, 12597; *MLD*, 1:387; Bowler, *Eclipse*, 26–28.

12. Shannon, *Crisis*, 140; Wingfield-Stratford, *Victorian Sunset*, 169; W. 다윈의 회상—DAR 112.2; *ED*, 2:240; 다윈이 F. 애벗에게 1880년 4월 15일에 쓴 편지(사본)—DAR 139.12.

13. Royle, *Radicals*, 23–25, 171, 268–71; Bonner, *Charles Bradlaugh*, 2:203ff; J. Morley, *Life*, 3:11ff; E. 에이블링이 다윈에게 1878년 9월 23일에 쓴 편지와, 다윈이 E. 에이블링에게 쓴 편지〔1878년 9월 23일 이후〕—DAR 202.

14. *Darwin's Journal*, 21; *Calendar*, 12618; W. 다윈이 F. 애벗에게 6월 13일〔1880년〕에 쓴 편지—University Archives, Harvard University Library(*LLD*, 1:304–306과 RFD, 24도 참조); J. Moore, 'Freethought, 307–309.

15. *Calendar*, 12638 이하를 참조, 12662, 12677 이하를 참조, 12749, 12755; *Wedgwood*, 316; H. 리치필드가 F. 다윈에게 1887년 3월 18일에 쓴 편지—DAR 112:79–82.

16. *Darwin's Journal*, 21; *ED*, 2:240–41; De Beer, 'Darwin Letters,' 73; *Calendar*, 12697; Stecher, 'Darwin-Innes Letters,' 246; *LLD*, 1:119, 3:217.

17. E. 에이블링이 다윈에게 1880년 10월 12일에 쓴 편지—DAR 159; 다윈이 [E. 에이블링 에게] 1880년 10월 13일에 쓴 편지—Feuer, 'Is the "Darwin-Marx Correspondence" Authentic?,' 2-3에 재수록; J. Moore, 'Freethought,' 309-11. 다윈이 에이블링에게 보 낸 편지는 오랫동안 마르크스에게 보낸 편지로 여겨졌다—Colp, 'Case of the "Darwin-Marx" Letter'와 'Myth.'

18. *Darwin's Journal*, 21; *ED*, 2:235, 242-43; *Wedgwood*, 315-16; *CP*, 2:223; *LLTH*, 2:14; *LLD*, 3:242-43.

19. Wallace, *My Life*, 2:98, 102, 376-78; *ARW*, 1:303, 306; Colp, '"I will gladly do my best",' 1-7.

20. Colp, '"I will gladly do my best",' 7-12; *Calendar*, 11891, 12170, 12540; *LLR*, 97; Wallace, *My Life*, 2:311-15; *ARW*, 1:304, 307; *LLJH*, 2:244; De Beer, 'Further Un- published Letters,' 89.

21. Colp, '"I will gladly do my best",' 12-24; *ED*, 2:243; J. Morley, *Life*, 3:33, 567; *ARW*, 1:314-15; *Calendar*, 12972, 13019; Atkins, *Down*, 97.

22. Butler, *Unconscious Memory*, ch. 4; *Autobiography*, 212-16; *Calendar*, 12939, 12998 이하를 참조, 13032; *LLR*, 104-105; Pauly, 'Samuel Butler,' 172-73.

23. *Annotated Calendar*, 518; *Calendar*, 13060.

24. *Darwin's Journal*, 21; *Calendar*, 12908; *ED*, 2:245; J. Morley, *Life*, 3:32-38, 51ff, 566; Argyll, 'What,' 243-44와 *LLD*, 1:316(*Autobiography*, 92-93도 참조). 이후에 헉 슬리는 이 대화를 회상하며, 공작을 '어쩔 수 없는 잡놈'이라고 불렀다—T. 헉슬리가 F. 다윈에게 1888년 4월 20일에 쓴 편지—DAR 107.

25. Darwin, *Worms*, 19-35, 67ff, 97-100; Ghiselin, *Triumph*, 202; *Calendar*, 13077과 G. Romanes, *Animal Intelligence*, 24도 참조.

26. *Calendar*, 13096; *LLD*, 3:205-209; Darwin, *Worms*, 31, 37, 112, 313-14; Colp, 'Evolution,' 201.

27. *MLD*, 2:433; De Beer, 'Darwin Letters,' 74; *Autobiography*, 95n.

28. 다윈은 1853-1881년의 편지(미출판 편지) 가운데서, 적어도 13차례 애니의 이름 또 는 애니의 죽음을 언급했다—*Calendar*, 1527, 1547, 1967, 4292, 4318, 4345, 4547, 4901, 7194, 7718, 8569, 10593, 13304. 이 가운데 두 통만이 가족이 아닌 상대에게 쓴 편지이며, 둘 다 애니의 이름이 언급되어 있지 않다.

29. E. 다윈이 다윈에게 쓴 편지[대략 1839년 2월]—DAR 210.10과 *CCD*, 2:171-72. 아마 도 다윈은 부친이 쓴 몇 통의 짧은 편지를 "별개의 봉투에 넣어"놓았듯이, 주석을 붙인 이 편지를 자서전 원고와 함께 두었을 것이다. 그 편지는 에마가 1896년 죽은 후, 에마

가 보관하고 있던 서류와 함께 발견되었다. 에마는 자신의 눈이 닿는 곳에 두기 위해 주석을 붙인 이 편지를 따로 보관해두었을 것이다. 1904년에 이 편지가 최초로 출판되었을 때 주석은 생략되었다—*Autobiography*, 35, 235; *ED*(1904), 2:187-89.

43장 마지막 실험

1. *Darwin's Journal*, 21; De Beer, 'Further Unpublished Letters,' 90; *LLD*, 1:124, 3:223; *Companion*, 242; *ED*, 2:246-47; *Calendar*, 13169 etc., 13184, 13194; *MLD*, 2:433; *TBI*, 92-93.

2. 다윈이 G. 로머니스에게 6월 27일[1881년]에 쓴 편지—APS, Getz collection B/D25.m; 다윈이 G. 로머니스에게 7월 4일[1881년]에 쓴 편지—APS 494; *LLR*, 119; *LLD*, 1:316; *MLD*, 2:395; 다윈이 가장 발끈했을 대목에 관하여는 Graham, *Creed*, 343-50과 윌리엄 다윈의 편지를 참조—DAR 210.28.

3. *ARW*, 1:317-19; George, *Progress*, 233, 239; Wallace, *My Life*, 2:27, ch. 34; Durant, 'Scientific Naturalism.'

4. *MLD*, 2:26-28; *LLJH*, 2:223-26, 245, 258.

5. *MLD*, 2:394; *ARW*, 1:319; *ED*, 2:247; Symonds, *Recollections*, 215; *LLR*, 129; *Calendar*, 13255 이하를 참조.

6. *Darwin's Journal*, 21; *LLR*, 118-20; *LLD*, 3:223; *LLTH*, 2:33; Bonner, *Charles Bradlaugh*, 2:286; Tribe, *President Charles Bradlaugh*, 209-11; *Wedgwood*, 317; E. 에이블링이 다윈에게 1881년 8월 9일에 쓴 편지와, 다윈이 E. 에이블링에게 8월 11일 [1881년]에 쓴 편지—DAR 202.

7. *LLD*, 1:22, 3:228; *MLD*, 1:395; *LLJH*, 2:258; 다윈이 J. 후커에게 1881년 8월 30일에 쓴 편지—DAR 95:530-31; *Wedgwood*, 318; E. 다윈이 G. 다윈에게 1881년 8월 23일에 쓴 편지—DAR 210.3; H. 리치필드가 H. 웨지우드에게 쓴 편지[1881년 9월 2일]—W/M 575; RFD, 79.

8. *MLD*, 1:395; *Wedgwood*, 318; Keith, *Darwin*, 230-31; Atkins, *Down*, 100; W. 다윈의 회상—DAR 112.2; 'Last Will and Testament of …… Charles Darwin,' Somerset House, London; 다윈이 C. 다윈에게 9월 20일[1881년]에 쓴 편지(사본)—DAR 153. 다윈은 이후에 유서를 다시 수정했다—*Calendar*, 13330, 13335, 13353, 13356.

9. E. 에이블링이 다윈에게 쓴 편지[1881년 9월 27일](전보)—DAR 159; E. 다윈이 G. 다윈에게 1881년 9월 28일에 쓴 편지—DAR 210.3; Gregory, *Scientific Materialism*, 204ff.

10. Aveling, *Religious Views*, 3; *LLD*, 1:139-40; Feuer, 'Marxian Tragedians,' 26;

Stecher, 'Darwin-Innes Letters,' 256; 브로디 이네스의 계획에 없던 방문에 관하여는 pp. 249-51, 253, 256과 *Calendar*, 12343, 12349 참조. 브로디 이네스에 따르면 "내가 최후의…… 만찬에 참석했을 때"가 다윈이 그 말을 한 때였다고 한다. 만찬은 대개 점심 식사였고, 성직자 손님은 드물었다—M. Keynes, *Leonard Darwin*, 2.

11. RFD, 9-14; Aveling, *Religious Views*, 4-6; *LLD*, 1:317n도 참조—그 장소에 있었던 프랜시스는, 에이블링이 "내 아버지의 견해에 대해 상당히 공정한 감상을" 제시했다고 확언한다. 뷰흐너의 무미건조한 회상에 관하여는 Büchner, *Last Words*, 147.

12. *Darwin's Journal*, 21; *ED*, 2:248-50; *Annotated Calendar*, 603; *Calendar*, 13476; *LLR*, 127; RFD, 8, 116; *CP*, 2:254-56; *LLD*, 3:244.

13. *Darwin's Journal*, 21; *Calendar*, 11633, 13458, 13560; *Annotated Calendar*, 603-604, 606; *LLD*, 3:357; H. 리치필드가 F. 다윈에게 1887년 3월 18일에 쓴 편지—DAR 112:79-82; Judd, *Coming*, 158.

14. *CP*, 2:236-76; *Calendar*, 13570, 13579, 13607, 13650, 13652, 13662; *MLD*, 1:397, 2:171, 447-48; *LLJH*, 2:237-39; *LLD*, 3:351-54; W. 그레이엄이 E. 다윈에게 1882년 4월 26일에 쓴 편지—DAR 215; RFD, 8, 14.

15. *MLD*, 2:28-29, 446-47; *Calendar*, 13692, 13696; E. 다윈이 G. 다윈에게 1882년 2월 20일, 2월 28일, 3월 11일에 쓴 편지—DAR 210.3; H. 리치필드의 원고—Down House, 1-2.

16. *TBI*, 93-94; *Calendar*, 13722, 13734, 13741; *CP*, 2:276-78; *ED*, 2: 251, 253(1904 ed., 329); E. 다윈이 G. 다윈에게 1882년 3월 14일에 쓴 편지—DAR 210.3; H. 리치필드의 원고—Down House, 3-5; L. 포스터가 F. 다윈에게 1885년 11월 15일에 쓴 편지—DAR 112:38-47.

17. L. 포스터가 F. 다윈에게 1885년 11월 15일에 쓴 편지—DAR 112:38-40; H. 리치필드의 원고—Down House, 5; *TBI*, 94-95; E. 다윈이 G. 다윈에게 1882년 4월 6일에 쓴 편지—DAR 210.3; *ED*, 2:253.

18. H. 리치필드의 원고—Down House, 6-7; *TBI*, 95; *LLD*, 3:358; *ED*, 2:251, 253.

19. H. 리치필드의 원고—Down House, 7-11; E. 다윈이 F. 웨지우드와 H. 웨지우드에게 쓴 편지[1882년 4월 22일](타자기로 친 사본)—APS, Loewenberg Collection B/L 828; F. 다윈이 T. 헉슬리에게 1882년 4월 20일에 쓴 편지—THP 13.10-11; Miller, 'Death;' H. 리치필드가 F. 웨지우드에게 쓴 편지[1882년 4월 19일]—W/M 579; 연대표—DAR 210.19; *ED*, 2:251-53; *TBI*, 95-96.

20. B. Darwin, *World*, 27.

44장 대수도원에 묻힌 불가지론자

1. 'Charles Darwin,' *Standard*, 1882년 4월 21일자—DAR 140.5; 'The Late Mr. Darwin,' *Pall Mall Gazette*, 1882년 4월 21일자—DAR 216; Nash, 'Some Memories,' 404; *MLD*, 2:433; *LLD*, 3:360-61; J. 브로디 이네스가 F. 다윈에게 1882년 4월 22일에 쓴 편지—DAR 215; E. 다윈이 F. 웨지우드와 H. 웨지우드에게 쓴 편지〔1882년 4월 22일〕(타자기로 친 사본)—APS, Loewenberg Collection B/L 828.

2. F. 다윈이 T. 헉슬리에게 1882년 4월 20일에 쓴 편지—THP 13.10-11; Pearson, *Life*, 2:197; T. 헉슬리가 J. 후커에게 1882년 4월 21일에 쓴 편지—THP 2.240-41; *LLTH*, 2:38; Galton, *English Men*, 260과 *Inquiries*, 220; F. 골턴이 G. 다윈에게 1882년 4월 20일에 쓴 편지—DAR 215; F. 골턴이 M. 콘웨이에게 1882년 4월 24일에 쓴 편지(사본)—APS, Misc. MSS 1975 578.f ms.

3. Pearson, *Life*, 2:198; F. 드 쇼몽이 W. 다윈에게 1882년 4월 22일에 쓴 편지와, C. 프리처드가 G. 다윈에게 1882년 4월 21일에 쓴 편지—DAR 215; 〔논설기사〕, *Standard*, 1882년 4월 22일자, p. 5; J. 후커가 T. 헉슬리에게 1882년 4월 23일에 쓴 편지—THP 3.261-62.

4. J. 후커가 T. 헉슬리에게 1882년 4월 23일에 쓴 편지—THP 3.261-62; *LLD*, 3:197; F. Farrar, *Men*, 140-48; R. Farrar, *Life*, 106-109; *LLTH*, 2:18-19; G. 브래들리가 T. 헉슬리에게 1881년 3월 24일에 쓴 편지—THP 121.19; Ward, *History*, p. 94의 면지; *Rules*; Cowell, *Athenaeum*, 52.

5. W. 스포티스우드가 W. 다윈에게 1882년 4월 21일에 쓴 편지—DAR 215; T. 헉슬리가 J. 후커에게 1882년 4월 21일에 쓴 편지—THP 2.240-41.

6. RFD, 64-65; Atkins, *Down*, 28; J. 러벅이 W. 다윈에게 1882년 4월 25일에 쓴 편지와, F. 다윈에게 1882년 4월 20일에 쓴 편지—DAR 215; T. Huxley, 'Introductory Notice,' x; *Gardeners' Chronicle*, 1882년 4월 22일자—DAR 215.

7. Hammond, *Gladstone*, chs 14-15; *Hansard Parliamentary Debates*, 268(1882년 4월 21일자), 1202-203; G. 브래들리에게 보낸 1882년 4월 21일자 청원서—DAR 215 (이 사본에는 20개의 서명이 되어 있다)와 Hutchinson, *Life*, 1:184에 수록(필사가 부정확하지만, 그 밖에 여덟 명의 이름이 쓰여 있다).

8. J. 러벅이 F. 다윈에게 1882년 4월 22일에 쓴 편지와, W. 다윈에게 1882년 4월 23일에 쓴 편지—DAR 215.

9. 〔논설기사〕, *Standard*, 1882년 4월 22일자, p. 5.

10. A. Hall, *Abbey Scientists*; Bradley, 'Introductory Chapter;' 'Mr. Charles Darwin,' *St. James's Gazette*, 1882년 4월 21일자와 'The Death of Mr. Darwin,' *Pall Mall Ga-*

zette, 1882년 4월 21일자—DAR 215.

11. 〔논설기사〕, *Standard*, 1882년 4월 22일자—DAR 140.5; 〔논설기사〕, *Daily Telegraph*, 1882년 4월 22일자—DAR 215; 〔논설기사〕, *The Times*, 1882년 4월 26일자—DAR 140.1.

12. *LLD*, 3:360-61; E. 다윈이 F. 웨지우드와 H. 웨지우드에게 쓴 편지〔1882년 4월 22일〕(타자기로 친 사본)—APS, Loewenberg Collection B/L 828.

13. J. Morley, *Death*, 30, 85; *LLD*, 3:361; *Daily News*, 1882년 4월 27일자; 아가일이 G. 다윈에게 1882년 4월 24일에 쓴 편지; 데번셔가 W. 다윈에게 1882년 4월 25일에 쓴 편지; T. 헉슬리가 G. 다윈에게 1882년 4월 22일에 쓴 편지; H. 스펜서가 G. 다윈에게 1882년 4월 24일에 쓴 편지(두 통)와 5월 4일에 쓴 편지; 장례 관계 가족용 스크랩북—DAR 215; F. 골턴이 M. 콘웨이에게 1882년 4월 24일에 쓴 편지(사본)—APS, Misc. MSS 1975 578.f ms.

14. E. 다윈이 F. 웨지우드와 H. 웨지우드에게 쓴 편지〔1882년 4월 22일〕(타자기로 친 사본)—APS, Loewenberg Collection B/L 828; 조객 명단—DAR 140.5.

15. *Companion*, 228; 조객 명단—DAR 140.5; Jordan, *Days*, 1:273; Colp, 'Charles Darwin's Coffin;' 'A Visit to Darwin's Village: Reminiscences of Some of His Humble Friends,' *Evening News*(런던), 1909년 2월 12일자, p. 4.

16. 〔논설기사〕, *Standard*, 1882년 4월 22일자; 〔논설기사〕, *The Times*, 1882년 4월 21일자; 〔논설기사〕, *Daily News*, 1882년 4월 21일자—DAR 140.5.

17. Prothero, *Arthur Penrhyn Stanley*, 10-11과 *Armour*, 168 etc.; Barry, *Sermons*, 39-40, 54, 61-62; 'The Late Mr. Darwin,' *The Times*, 1882년 4월 24일자—DAR 140.1.

18. Liddon, *Recovery*, 26-28; Johnston, *Life*, 275; 'Charles Darwin,' *Guardian*, 1882년 4월 26일자—DAR 216.

19. 〔논설기사〕, *Standard*, 1882년 4월 24일자—DAR 140.1; 〔논설기사〕, *Daily News*, 1882년 4월 25일자—DAR 215; 'Darwin's Home,' *Daily News*, 1882년 4월 24일자와 *Morning Advertiser*, 1882년 4월 24일자—DAR 216.

20. 'The Late Charles Darwin,' *Standard*, 1882년 4월 26일자; 'The Funeral of Mr. Darwin,' *The Times*, 1882년 4월 26/27일자—DAR 140.1; 'Funeral of the Late Charles Darwin,' *Standard*, 1882년 4월 27일자—DAR 140.5; 'Funeral of the Late Mr. Darwin,' *Daily News*, 1882년 4월 27일자—DAR 215.

21. 'The Judges and Mr. Darwin's Funeral,' *Pall Mall Gazette*, 1882년 4월 25일자—DAR 215; Carpenter, 'Science,' 43; "다윈 씨의 장례식…… 장례 행렬의 순서", 선두의 수칙, 입장권—APS; "고故 다윈 씨의 장례식, 조객 명단……", 가족의 장례 행

렬, 가족용 내진(內陣) 명단, 입장권—DAR 140.5, 215; H. 스펜서가 G. 다윈에게 1882년 5월 4일에 쓴 편지—DAR 215.

22. 신문보도(앞의 주20); Bridge, *Westminster Pilgrim*, 67, 124; "J. 프레데릭 브리지가 작곡한 성가의 가사"—DAR 140.5; Raverat, *Period Piece*, 176.

23. 'Funeral of the Late Mr. Darwin,' *Daily News*, 1882년 4월 27일자—DAR 215; 'The Funeral of Mr. Darwin,' *The Times*, 1882년 4월 27일자—DAR 140.5; Conway, *Autobiography*, 2:328; G. Romanes, 'Work,' 82.

24. F[rancis] G[alton], 'The Late Mr. Darwin: A Suggestion,' *Pall Mall Gazette*, 1882년 4월 27일자—DAR 215; Pearson, *Life*, 2:199; F. 파라가 T. 헉슬리에게 1882년 4월 29일에 쓴 편지—THP 16.21.

25. Rawnsley, *Harvey Goodwin*, 222-23; Atkins, *Down*, 49-50; Goodwin, 'Funeral Sermon,' 301-302; 'The Late Mr. Darwin,' *The Times*, 1882년 5월 1일자; 'The Late Mr. Charles Darwin,' *Morning Post*, 1882년 5월 1일자; 'Mr. Darwin's Funeral,' *Guardian*, 1882년 5월 3일자—DAR 140.5; Pearson, *Life*, 2:199; Galton, *Inquiries*, 220.

26. T. 헉슬리가 W. 다윈과 G. 다윈에게 1882년 5월 1일에 쓴 편지—DAR 215; Pearson, *Life*, 2:200; *Darwin Memorial Fund: Report of the Committee*(n.p., n.d.)—British Library, Department of Printed Books.

27. *Darwin Memorial Fund*; Johnston, *Life*, 275-76; 'The Darwin Memorial Statue,' *The Times*, 1885년 6월 10일자—DAR 215; Stearn, *Natural History Museum*, 47, 73; *ED*, 2:270-71.

28. Woodall, 'Charles Darwin,' 47; 'Mr. Darwin,' *Church Times*, 1882년 4월 28일자—DAR 140.5; 'Charles Darwin,' *Liverpool Diocesan Gazette*, 1882년 5월호—DAR 215; 'The Late Mr. Darwin,' *Record*(부록), n.s., 1(1882년 4월 28일자), 152; 'South American Missionary Society,' *Record*, n.s., 1(1882년 4월 28일자), 335; 'Charles Darwin,' *Nonconformist and Independent*, 1882년 4월 27일자; [Stopford A. Brooke], 'Charles Darwin,' *Inquirer*, 1882년 5월 20일자; W. 카펜터가 E. 다윈에게 1882년 4월 30일에 쓴 편지—DAR 215; R. Armstrong, 'Charles Darwin,' 33; J. Chadwick, 'Evolution,' 43.

29. 'Mr. Darwin,' *Saturday Review*, 1882년 4월 22일자—DAR 140.5; Miall, *Life*, 58, 62; 'Charles Darwin,' *British Medical Journal*, 1882년 4월 29일자—DAR 216; [논설기사], *The Times*, 1882년 4월 26일자—DAR 140.1.

30. 'The Death of Mr. Darwin,' *Pall Mall Gazette*, 1882년 4월 21일자—DAR 140.5; J.

Morley, in Hammond, *Gladstone*, 546; J. Morley, *Life*, 2:562; 'Mr. Darwin's Influence on Modern Thought,' *Pall Mall Gazette*, 1882년 4월 26일자—DAR 140.5.

31. T. Huxley, *Method*, 51.

참고문헌

익명의 서평과 논설기사, 그 밖의 보도기사들은 모두 미주에서 밝혔다. 출판 장소는 따로 명시하지 않으면 런던이다.

AMNH	*Annals and Magazine of Natural History*
AS	*Annals of Science*
BAAS	*Report of the British Association for the Advancement of Science*
BBMNH	*Bulletin of the British Museum (Natural History), Historical Series*
BJHS	*British Journal for the History of Science*
BJLS	*Biological Journal of the Linnean Society*
ENPJ	*Edinburgh New Philosophical Journal*
ER	*Edinburgh Review*
HS	*History of Science*
JHB	*Journal of the History of Biology*
JHBS	*Journal of the History of the Behavioural Sciences*
JHM	*Journal of the History of Medicine and Allied Sciences*
JSBNH	*Journal of the Society for the Bibliography of Natural History*
NQ	*Notes and Queries*
NR	*Notes and Records of the Royal Society of London*
PAPS	*Proceedings of the American Philosophical Society*
PGSL	*Proceedings of the Geological Society of London*
PZSL	*Proceedings of the Zoological Society of London*
QJGS	*Quarterly Journal of the Geological Society of London*
QR	*Quarterly Review*
SHB	*Studies in History of Biology*
SHPS	*Studies in History and Philosophy of Science*
U.P.	University Press
VS	*Victorian Studies*

Abbot, F. E. *Truths for the Times*. Ramsgate, Kent: Thomas Scott, [1872].

Addison, W. *The English Country Parson*. Dent, 1947.

Agassiz, L. 'A Period in the History of our Planet.' *ENPJ*, 35 (1843), 1-29.

__________ and Agassiz, [E]. *A Journey in Brazil*. Boston: Ticknor & Fields, 1868.

Ainsworth, W. F. 'On the Present State of Science in Great Britain. No. 1, Edinburgh College Museum.' *Edinburgh Journal of Natural and Geographical Science*, 1 (1830), 269-77.

__________. 'Mr. Darwin.' *Athenaeum*, 13 May 1882, p. 604.

Aldington, R. *The Strange Life of Charles Waterton, 1782-1865*. Evans, 1949.

Allan, M. *Darwin and His Flowers: The Key to Natural Selection*. Faber & Faber, 1977.

Allen, D. E. *The Naturalist in Britain: A Social History*. Harmondsworth, Middx: Penguin Books, 1978.

Allen, G., ed. *The Miscellaneous and Posthumous Works of Henry Thomas Buckle*. New abridged ed. 2 vols. Longmans *et al.*, 1885.

Allen, P. *The Cambridge Apostles: The Early Years*. Cambridge: Cambridge U.P., 1978.

Altner, G. *Charles Darwin und Ernst Haeckel: Ein Vergleich nach theologischen Aspekten*. Zurich: EVZ-Verlag, 1966.

Appel, T. A. *The Cuvier-Geoffroy Debate: French Biology in the Decades before Darwin*. New York: Oxford U.P., 1987.

Arbuckle, E. S., ed. *Harriet Martineau's Letters to Fanny Wedgwood*. Stanford, CA: Stanford U.P., 1983.

Argyll, The Dowager Duchess of. *George Douglas, Eighth Duke of Argyll, K.G., K.T. (1823-1900): Autobiography and Memoirs*. 2 vols. Murray, 1906.

Argyll, The Duke of. *The Reign of Law*. 5th ed. Strahan, 1868.

__________. *Primeval Man*. Strahan, 1869.

__________. 'What is Science?' *Good Words*, 26 (1885), 236-45.

Armstrong, P. *Charles Darwin in Western Australia: A Young Scientist's Perception of an Environment*. Nedlands, W. A.: University of Western Australia Press, 1985.

Armstrong, R. A. 'Charles Darwin: A Lecture delivered at Nottingham, on 10th December, 1882.' *Modern Sermons*, 23-35. Manchester: Johnson *et al.*, [1883].

Ashwell, A. R. and Wilberforce, R. G. *Life of the Right Reverend Samuel Wilberforce, D.D., Lord Bishop of Oxford and afterwards of Winchester, with Selections from His Diaries and Correspondence.* 3 vols. Murray, 1880.

Ashworth, J. H. 'Charles Darwin as a Student in Edinburgh, 1825-1827.' *Proceedings of the Royal Society of Edinburgh*, 55 (1935), 97-113.

Atkins, H. *Down, the Home of the Darwins: The Story of a House and the People who lived there.* Rev. ed. Phillimore, for the Royal College of Surgeons of England, 1976.

Audubon, M. R., ed. *Audubon and His Journals.* 2 vols. Nimmo, 1898.

Austin, Mrs, ed. *A Memoir of the Reverend Sydney Smith.* 2nd ed. 2 vols. Longmans, 1855.

Aveling, E. *The Religious Views of Charles Darwin.* Freethought Publishing Co., 1883.

Babbage, C. *The Ninth Bridgewater Treatise: A Fragment.* 2nd ed. Murray, 1838.

Bagehot, W. *Physics and Politics, or Thoughts on the Application of the Principles of 'Natural Selection' and 'Inheritance' to Political Society.* 6th ed. Kegan Paul, 1881.

Balfour, J. H. *Biography of the Late John Coldstream, M.D., F.R.C.P.E., Secretary of the Medical Missionary Society of Edinburgh.* Nisbet, 1865.

Barber, L. *The Heyday of Natural History, 1820-1870.* Cape, 1980.

Barclay, O. R. *Whatever Happened to the Jesus Lane Lot?* Leicester: Inter-Varsity Press, 1977.

Barlow, N. 'Robert FitzRoy and Charles Darwin.' *Cornhill Magazine*, 72 (1932), 493-510.

————, ed. *Charles Darwin and the Voyage of the 'Beagle'.* Pilot Press, 1945.

————, ed. *The Autobiography of Charles Darwin 1809-1882, with Original Omissions Restored.* Collins, 1958.

————, ed. 'Darwin's Ornithological Notes.' *BBMNH*, 2 (1963), 201-78.

Barnaby, D., ed. *The Log Book of Wombwell's Royal No. 1 Menagerie, 1848-1871.* Sale, Cheshire: ZSGM Publications, 1989.

Barnett, D. C. 'Allotments and the Problem of Rural Poverty, 1780-1840.' In E. L. Jones and G. E. Mingay, eds., *Land, Labour and Population in the Industrial Revolution: Essays presented to J. D. Chambers*, 162-83. Arnold, 1967.

Barrett, P. H. 'Darwin's "Gigantic Blunder".' *Journal of Geological Education*, 21 (1973), 19-28.

————, 'The Sedgwick-Darwin Geologic Tour of North Wales.' *PAPS*, 118 (1974),

146-64.

________, ed. *The Collected Papers of Charles Darwin*. 2 vols. Chicago: University of Chicago Press, 1977.

________, Gautrey, P. J., Herbert, S., Kohn, D., and Smith, S., eds. *Charles Darwin's Notebooks, 1836-1844*. Cambridge: British Museum (Natural History)/Cambridge U.P., 1987.

Barrow, L. *Independent Spirits: Spiritualism and English Plebeians, 1850-1910*. Routledge & Kegan Paul, 1986.

Barry, A. *Sermons Preached in Westminster Abbey*. Cassell, 1884.

Barth, J. R. *Coleridge and Christian Doctrine*. Cambridge, MA: Harvard U.P., 1969.

Bartholomew, M. J. 'Lyell and Evolution: An Account of Lyell's Response to the Prospect of an Evolutionary Ancestry for Man.' *BJHS*, 6 (1973), 261-303.

________. 'Huxley's Defence of Darwin.' *AS*, 32 (1975), 525-35.

________. 'The Award of the Copley Medal to Charles Darwin.' *NR*, 30 (1976), 209-18.

________. 'The Singularity of Lyell.' *HS*, 17 (1979), 276-93.

Barton, R. 'The X Club: Science, Religion, and Social Change in Victorian England.' Ph.D. diss., University of Pennsylvania, 1976.

________. 'Evolution: The Whitworth Gun in Huxley's War for the Liberation of Science from Theology.' In Oldroyd and Langham, *Wider Domain*, 261-86.

________. 'John Tyndall, Pantheist: A Rereading of the Belfast Address.' *Osiris*, 2nd ser., 3 (1987), 111-34.

________. '"An Influential Set of Chaps": The X-Club and Royal Society Politics, 1864-85.' *BJHS*, 23 (1990), 53-81.

Basalla, G. 'Darwin's Orchid Book.' *Actes du Xe Congrès International d'Histoire des Sciences Naturelles et de la Biologie* (1962), 2:971-74.

________. 'The Voyage of the *Beagle* without Darwin.' *Mariner's Mirror*, 59 (1963). 42-48.

Bastian, H. C. *The Beginnings of Life: Being Some Account of the Nature, Modes of Origin and Transformations of Lower Organisms*. 2 vols. Macmillan, 1872.

Bayertz, K. 'Darwinism and Scientific Freedom: Political Aspects of the Reception of Darwinism in Germany, 1863-1878.' *Scientia*, 118 (1983), 297-307.

[Baynes, T. S.] 'Darwin on Expression.' *ER*, 137 (1873), 492-508.

Beddoe, J. *Memories of Eighty Years*. Bristol: Arrowsmith, 1910.

Beer, G. *Darwin's Plots: Evolutionary Narrative in Darwin, George Eliot, and Nineteenth-Century Fiction*. Routledge & Kegan Paul, 1983.

Bell, G. J., ed. *Letters of Sir Charles Bell*. Murray, 1870.

Bell, H. C. F. *Lord Palmerston*. 2 vols. Longmans, 1936.

Bell, S. 'George Lewes: A Man of His Time.' *JHB*, 14 (1981), 277-98.

Berman, M. *Social Change and Scientific Organization: The Royal Institution, 1799-1844*. Heinemann, 1978.

Best, G. *Mid-Victorian Britain, 1851-75*. Fontana, 1979.

Bibby, C. *T. H. Huxley: Scientist, Humanist, Educator*. Watts, 1959.

[Billing, M.] *M. Billing's Directory and Gazetteer of the County of Worcester*. Birmingham: M. Billing, 1855.

Blinderman, C. S. 'The Oxford Debate and After.' *NQ*, 202 (1957), 126-28.

Block, E., Jr. 'T. H. Huxley's Rhetoric and the Popularization of Victorian Scientific Ideas.' *VS*, 29 (1985-86), 363-86.

[Blomefield, L.] Jenyns, L. *Fish*. Pt 4, *The Zoology of the Voyage of H.M.S. 'Beagle'*, ed. C. Darwin. Smith, Elder, 1840-42.

[______]. Jenyns, L. *Memoir of the Rev. John Stevens Henslow*. Van Voorst, 1862.

______. *Chapters in My Life, with Appendix containing Special Notices of Particular Incidents and Persons; also Thoughts on Certain Subjects*. New ed. Bath: privately printed, 1889.

______. *A Naturalist's Calendar kept at Swaffham Bulbeck, Cambridgeshire*. Ed. F. Darwin. Cambridge: printed at the U.P., 1903.

Bölsche, W. *Haeckel: His Life and Work*. Trans. J. McCabe. Unwin, 1906.

Bolt, C. *Victorian Attitudes to Race*. Routledge & Kegan Paul, 1971.

Bonner, H. B. *Charles Bradlaugh: A Record of His Life and Work*. 2 vols. Unwin, 1895.

Bowen, D. *The Idea of the Victorian Church: A Study of the Church of England, 1833-1889*. Montreal: McGill U.P., 1968.

Bowlby, J. *Charles Darwin: A Biography*. Hutchinson, 1990.

Bowler, P. J. *Fossils and Progress: Paleontology and the Idea of Progressive Evolution in the Nineteenth Century*. New York: Science History Publications, 1976.

______. 'Malthus, Darwin, and the Concept of Struggle.' *Journal of the History of Ideas*, 37 (1976), 631-50.

________. *The Eclipse of Darwinism: Anti-Darwinian Evolution Theories in the Decades around 1900*. Baltimore, MD: Johns Hopkins U.P., 1983.

________. *Theories of Human Evolution: A Century of Debate, 1844-1944*. Oxford: Blackwell, 1987.

________. *The Non-Darwinian Revolution: Reinterpreting a Historical Myth*. Baltimore, MD: Johns Hopkins U.P., 1988.

________. *Charles Darwin: The Man and His Influence*. Oxford: Blackwell, 1990.

A Brace of Cantabs. *Gradus ad Cantabrigiam; or, New University Guide to the Academical Customs, and Colloquial or Cant Terms Peculiar to The University of Cambridge; observing wherein it differs from Oxford... to which is affixed, A Tail-Piece; or, the Reading and Varmint Method of Proceeding to the Degree of A.B.* Printed for John Hearne, 1824.

Brackman, A. C. *A Delicate Arrangement: The Strange Case of Charles Darwin and Alfred Russel Wallace*. Times Books, 1980.

[Bradley, G. G.] 'Introductory Chapter.' *The Popular Guide to Westminster Abbey*. 'Pall Mall Gazette' Office, 1885.

Brent, P. *Charles Darwin: 'A Man of Enlarged Curiosity'*. Heinemann, 1981.

[Brewster, D.] 'M. Comte's Course of Positive Philosophy.' *ER*, 67 (1838), 271-308.

Bridge, F. *A Westminster Pilgrim: Being a Record of Service in Church, Cathedral, and Abbey; College, University, and Concert Room; with a Few Notes on Sport*. Novello, [1919].

Briggs, A. *The Age of Improvement, 1783-1867*. Longmans, 1959.

Broadbent, A. *The Story of Unitarianism in Shrewsbury*. Shrewsbury: Livesey Printers, 1962.

Brock, W. H. and MacLeod, R. M. 'The Scientists' Declaration: Reflexions on Science and Belief in the Wake of *Essays and Reviews*, 1864-5.' *BJHS*, 9 (1976), 39-66.

[Broderip, W.] 'The Zoological Gardens – Regent's Park.' *QR*, 56 (1836), 309-32. *The Bromley Directory*. Bromley: Strong, 1880.

Brooke, J. H. '"A Sower Went Forth": Joseph Priestley and the Ministry of Reform.' In *Oxygen and the Conversion of Future Feedstocks: Proceedings of the Third BOC Priestley ConfMinnce*, 432-60. Royal Society of Chemistry, 1984.

________. 'The Relations Between Darwin's Science and his Religion.' In Durant, *Darwinism*, 40-75.

1224

________. 'Joseph Priestley (1733-1804) and William Whewell (1794-1866), Apologists and Historians of Science: A Tale of Two Stereotypes.' In R. Anderson and C. Lawrence, eds., *Science, Medicine and Dissent: Joseph Priestley (1733-1804)*, 11-27. Wellcome Trust/Science Museum, 1987.

Brooks, J. L. *Just Before the Origin: Alfred Russel Wallace's Theory of Evolution.* Columbia U.P., 1984.

Brown, A. W. *The Metaphysical Society: Victorian Minds in Crisis, 1869-1880.* Columbia U.P., 1947.

Browne, J. 'The Charles Darwin – Joseph Hooker Correspondence: An Analysis of Manuscript Resources and Their Use in Biography.' *JSBNH*, (1978), 351-66.

________. *The Secular Ark: Studies in the History of Biogeography.* New Haven, CT: Yale U.P., 1983.

________. 'Darwin and the Expression of the Emotions.' In Kohn, *Darwinian Heritage*, 307-26.

________. 'Botany for Gentlemen: Erasmus Darwin and *The Loves of the Plants.*' *Isis*, 80 (1989), 593-621.

Browne, W. A. F. 'Observations on Religious Fanaticism.' *Phrenological Journal*, 9 (1836), 288-302, 532-45, 577-603.

Buckle, H. T. *History of Civilization in England.* New ed. 3 vols. Longmans *et al.*, 1867.

Büchner, L. *Last Words on Materialism and Kindred Subjects.* Trans. J. McCabe. Watts, 1901.

Bunbury, F. J., ed. *Life, Letters and Journals of Sir Charles J. F. Bunbury, Bart.* 3 vols. Privately printed, 1894.

Bunting, James. *Charles Darwin: A Biography.* Folkestone, Kent: Bailey Brothers & Swinfen, 1974.

Burchfield, J. D. *Lord Kelvin and the Age of the Earth.* Macmillan, 1974.

Burkhardt, F. and Smith, S., eds. *A Calendar of the Correspondence of Charles Darwin, 1821-1882.* New York: Garland, 1985.

________, eds. *The Correspondence of Charles Darwin.* 7 vols. Cambridge: Cambridge U.P., 1985-91.

Burn, W. L. *The Age of Equipoise: A Study of the Mid-Victorian Generation.* New York: Norton, 1965.

Burrow, J. W. *Evolution and Society: A Study in Victorian Social Theory.* Cambridge: Cambridge U.P., 1966.

Burstyn, H. L. 'If Darwin wasn't the *Beagle's* Naturalist, Why was he on Board?' *BJHS,* 8 (1975), 62-69.

Burton, J. 'Robert FitzRoy and the Early History of the Meteorological Office.' *BJHS,* 19 (1986), 147-76.

Bush, D., ed. *Milton: Poetical Works.* Oxford: Oxford U.P., 1966.

Butler, S. *Evolution Old and New; or, the Theories of Buffon, Dr. Erasmus Darwin, and Lamarck, as compared with that of Charles Darwin,* 1879. New ed. Fifield, 1911.

________. *Unconscious Memory,* 1880. New ed. Fifield, 1910.

Bynum, W. F. 'Charles Lyell's *Antiquity of Man* and Its Critics.' *JHB,* 17 (1984), 153-87.

Calder, G. J. 'Erasmus A. Darwin, Friend of Thomas and Jane Carlyle.' *Modern Language Quarterly,* 20 (1959), 36-48.

The Cambridge Guide; or, a Description of the University and Town of Cambridge. Rev. ed. Cambridge: printed for Deighton *et al.,* 1830.

Campbell, J. A. 'Nature, Religion and Emotional Response: A Reconsideration of Darwin's Affective Decline.' *VS,* 18 (1974), 159-74.

Cannon, W. F. 'The Impact of Uniformitarianism: Two Letters from John Herschel to Charles Lyell, 1836-1837.' *PAPS,* 105 (1961), 301-14.

[________]. Cannon, S. F. *Science in Culture: The Early Victorian Period.* New York: Science History Publications, 1978.

Carlyle, T. *Chartism. Past and Present.* Chapman & Hall, 1858.

________. *On Heroes, Hero-Worship, and the Heroic in History.* 4th ed. Chapman & Hall, 1852.

Carpenter, W. B. 'On the Differences of the Laws Regulating Vital and Physical Phenomena.' *ENPJ,* 24 (1838), 327-53.

________. *Remarks on Some Passages in the Review of 'Principles of General and Comparative Physiology', in the 'Edinburgh Medical & Surgical Journal'.* Bristol: Philip & Evans, 1840.

________. 'Vestiges of the Natural History of Creation.' *British and Foreign Medical Review,* 19 (1845), 155-81.

________. *Nature and Man: Essays Scientific and Philosophical.* Routledge & Kegan

Paul, 1888.

________. 'Science and Religion.' In J. M. Lloyd Thomas *et al.*, *Dogma or Doctrine? and Other Essays*, 17-44. British & Foreign Unitarian Association, 1906.

Carroll, P. T. *An Annotated Calendar of the Letters of Charles Darwin in the Library of the American Philosophical Society.* Wilmington, DE: Scholarly Resources, 1976.

Carus, C. G. *The King of Saxony's Journey through England in the Year 1844.* Chapman & Hall, 1846.

Carus, W., ed. *Memoirs of the Life of the Rev. Charles Simeon... with a Selection from His Writings and Correspondence.* 2nd ed. Hatchard, 1847.

Cathcart, C. W. 'Some of the Older Schools of Anatomy connected with the Royal College of Surgeons, Edinburgh.' *Edinburgh Medical Journal*, 27 (1882), 769-81.

Cautley, P. 'An Extract of a Letter.' *PGSL*, 2 (1837), 544-45.

________ and Falconer, H. 'On the Remains of a Fossil Monkey.' *PGSL*, 2 (1837), 568-69.

Chadwick, J. W. 'Evolution as related to Religious Thought.' *Evolution: Popular Lectures and Discussions before the Brooklyn Ethical Association*, 317-40. Boston: West, 1889.

Chadwick, O. *The Victorian Church.* 2 vols. New York: Oxford U.P., 1966-70.

Chaldecott, J. A. 'Josiah Wedgwood (1730-95) – Scientist.' *BJHS*, 8 (1975), 1-16.

Chapman, R. and Duval, C. T., eds. *Charles Darwin, 1809-1882: A Centennial Commemorative.* Wellington, NZ: Nova Pacifica, 1982.

Chilton, W. 'Theory of Regular Gradation.' *Oracle of Reason*, 27 Nov. 1841, 19 Feb. 1842, 11 Nov. 1843.

________. 'Geological Revelations.' *Oracle of Reason*, 29 July 1843.

________. 'Theory of Regular Gradation.' *Movement*, 6 Nov. 1844, pp. 413-14.

________. 'Vestiges of the Natural History of Creation.' *Movement*, 8 Jan. 1845, pp. 9-12.

Chitnis, A. C. 'The University of Edinburgh's Natural History Museum and the Huttonian-Wernerian Debate.' *AS*, 26 (1970), 85-94.

________. 'Medical Education in Edinburgh, 1790-1826, and Some Victorian Social Consequences.' *Medical History*, 17 (1973), 173-85.

Church, M. C. *Life and Letters of Dean Church.* Macmillan, 1894.

Churchill, F. B. 'Darwin and the Historian.' *BJLS*, 17 (1982), 45-68.

Clark, J. W. and Hughes, T. M. *The Life and Letters of the Reverend Adam Sedgwick.* 2 vols. Cambridge: Cambridge U.P., 1890.

Clarke, M. L. *Paley: Evidences for the Man.* SPCK, 1974.

Cobbe, F. P. *Life of Frances Power Cobbe as told by Herself, with Additions by the Author.* Sonnenschein, 1904.

Cobbett, W. *Rural Rides*, 1830. Harmondsworth, Middx: Penguin, 1987.

Cockshut, A. O. J. *The Unbelievers.* Collins, 1964.

Coldstream, J. P. *Sketch of the Life of John Coldstream, M.D., F.R.C.P.E., The Founder of the Edinburgh Medical Missionary Society.* Edinburgh: Maclaren & Macniven, 1877.

Cole, G. A. 'Doctrine, Dissent and the Decline of Paley's Reputation, 1805-1825.' *Enlightenment and Dissent*, no. 6 (1987), 19-30.

Coleridge, S. T. *Aids to Reflection.* 5th ed. 2 vols. Pickering, 1848.

Colloms, B. *Victorian Country Parsons.* Constable, 1977.

Colp, R., Jr. 'Charles Darwin and Mrs. Whitby.' *Bulletin of the New York Academy of Medicine*, 48 (1972), 870-76.

______. 'The Evolution of Charles Darwin's Thoughts about Death.' *Journal of Thanatology*, 3 (1975), 191-206.

______. 'The Contacts of Charles Darwin with Edward Aveling and Karl Marx.' *AS*, 33 (1976), 387-94.

______. 'Charles Darwin and the Galapagos.' *New York State Journal of Medicine*, 77 (1977), 262-67.

______. *To Be an Invalid: The Illness of Charles Darwin.* Chicago: University of Chicago Press, 1977.

______. 'Charles Darwin: Slavery and the American Civil War.' *Harvard Library Bulletin*, 26 (1978), 478-89.

______. 'Charles Darwin's Coffin, and Its Maker.' *JHM*, 35 (1980), 59-63

______. '"I was born a naturalist": Charles Darwin's 1838 Notes about Himself.' *JHM*, 35 (1980), 8-39.

______. 'The Case of the "Darwin-Marx" Letter, Lewis Feuer, and *Encounter.' Monthly Review*, 32 (1981), 58-61.

______. 'Charles Darwin, Dr. Edward Lane, and the "Singular Trial" of *Robinson and*

Lane.' *JHM*, 36 (1981), 205-13.

______. 'Charles Darwin's Reprobation of Nature: "Clumsy, Wasteful, Blundering Low & Horribly Cruel".' *New York State Journal of Medicine*, 81 (1981),' 1116-19.

______. 'The Myth of the Darwin-Marx Letter.' *History of Political Economy*, 14 (1982), 461-82.

______. 'Notes on William Gladstone, Karl Marx, Charles Darwin, Kliment Timiriazev, and the "Eastern Question" of 1876-78.' *JHM*, 38 (1983), 178-85.

______. 'The Pre-*Beagle* Misery of Charles Darwin.' *Psychohistory Review*, 13 (1984), 4-15.

______. 'Notes on Charles Darwin's *Autobiography*.' *JHB*, 18 (1985), 357-401.

______. 'Charles Darwin's Dream of His Double Execution.' *Journal of Psychohistory*, 13 (1986), 277-92.

______. '"Confessing a Murder": Darwin's First Revelations about Transmutation.' *Isis*, 77 (1986), 9-32.

______. 'The Relationship of Charles Darwin to the Ideas of His Grandfather, Dr. Erasmus Darwin.' *Biography*, 9 (1986), 1-24.

______. 'Charles Darwin's "insufferable grief".' *Free Associations*, no. 9 (1987), 7-44.

______. 'Charles Darwin's Past and Future Biographies.' *HS*, 27 (1989), 167-97.

______. '"I will gladly do my best": Charles Darwin's Memorial for Alfred Russel Wallace.' Unpublished typescript.

______. 'Mrs. Susannah Darwin: Mother of Charles Darwin.' Unpublished typescript.

Conry, Y. *L'introduction du Darwinisme en France au XIXe siècle*. Paris: Vrin, 1974.

Conway, M. D. *Autobiography, Memoirs, Experiences*. 2 vols. Cassell, 1904.

Cooper, C. H. *Annals of Cambridge*, vol. 4. Cambridge: printed by Metcalfe & Palmer, 1852.

Cooter, R. *The Cultural Meaning of Popular Science: Phrenology and the Organization of Consent in Nineteenth-Century Britain*. Cambridge: Cambridge U.P., 1984.

Copland, R. A. 'A Side Light on the Butler-Darwin Quarrel.' *NQ*, 24 (1977), 23-24.

Cornell, J. F. 'Analogy and Technology in Darwin's Vision of Nature.' *JHB*, 17 (1984), 303-44.

______. 'God's Magnificent Law: The Bad Influence of Theistic Metaphysics on Darwin's Estimation of Natural Selection.' *JHB*, 20 (1987), 381-412.

Corsi, P. 'The Importance of French Transformist Ideas for the Second Volume of Lyell's Principles of Geology.' *BJHS*, 11 (1978), 221-44.

______. *The Age of Lamarck: Evolutionary Theories in France, 1790-1834*. Berkeley: University of California Press, 1988.

______. *Science and Religion: Baden Powell and the Anglican Debate, 1800-1860*. Cambridge: Cambridge U.P., 1988.

______ and Weindling, P. J. 'Darwinism in Germany, France, and Italy.' In Kohn, *Darwinian Heritage*, 683-729.

Cowell, F. R. *The Athenaeum: Club and Social Life in London, 1824-1974*. Heinemann, 1975.

Crookes, W. *Researches in the Phenomena of Spiritualism*. Burns, n.d.

Crouzet, F. *The Victorian Economy*. Trans. A. Forster. Methuen, 1982.

Crowther, M. A. *Church Embattled: Religious Controversy in Mid-Victorian England*. Newton Abbot, Devon: David & Charles, 1970.

D. 'Death of Dr. Darwin.' *NQ*, 3rd ser., 10 (1866), 343-44.

Dance, S. P. 'Hugh Cuming (1791-1865), Prince of Collectors.' *JSBNH*, 9 (1980), 477-501.

Darwin, B. 'Kent.' *Men Only*, 15 (1940), 81-86.

______. *The World That Fred Made: An Autobiography*. Chatto & Windus, 1955.

Darwin, C. *Journal of Researches into the Geology and Natural History of the Various Countries visited by H.M.S. 'Beagle'*. Henry Colburn, 1839; rev ed. (1845/60). Ward, Lock & Bowden, 1894.

______. *The Structure and Distribution of Coral Reefs*. Smith, Elder, 1842.

______. *Geological Observations on the Volcanic Islands visited during the Voyage of H.M.S. 'Beagle'*. Smith, Elder, 1844.

______. *Geological Observations on South America*. Smith, Elder, 1846.

______. *A Monograph on the Sub-Class Cirripedia*. 2 vols. Ray Society, 1851-54.

______. *A Monograph on the Fossil Lepadidae, or, Pedunculated Cirripedes of Great Britain*. Palaeontographical Society, 1851.

______. *A Monograph on the Fossil Balanidae and Verrucidae of Great Britain*. Palaeontographical Society, 1854.

______. *On the Origin of Species by Means of Natural Selection, or the Preservation of Favoured Races in the Struggle for Life*. Murray, 1859.

———. *The Descent of Man, and Selection in relation to Sex*. 2 vols. Murray, 1871; 2nd ed. rev., 1874.

———. *The Expression of the Emotions in Man and Animals*. Murray, 1872.

———. *The Movements and Habits of Climbing Plants*. Murray, 1875.

———. *The Variation of Animals and Plants under Domestication*. 2nd ed. rev. 2 vols. Murray, 1875.

———. *The Effects of Cross and Self Fertilisation in the Vegetable Kingdom*. Murray, 1876.

———. *The Various Contrivances by which Orchids are Fertilised by Insects*. 2nd ed. Murray, 1877.

———. *The Different Forms of Flowers on Plants of the Same Species*. Murray, 1877.

———. *The Formation of Vegetable Mould, through the Action of Worms, with Observations on Their Habits*. Murray, 1881.

Darwin, F., ed. *The Life and Letters of Charles Darwin, including an Autobiographical Chapter*. 3 vols. Murray, 1887.

———. 'The Botanical Work of Darwin.' *Annals of Botany*, 13 (1899), ix-xix.

———. 'Darwin's Work on the Movements of Plants.' In Seward, *Darwin and Modern Science*, 385-400.

———, ed. *The Foundations of the 'Origin of Species': Two Essays written in 1842 and 1844*. Cambridge: at the U.P., 1909.

———. 'FitzRoy and Darwin, 1831-36.' *Nature*, 88 (1912), 547-48.

———. *Rustic Sounds and Other Studies in Literature and Natural History*. Murray, 1917.

———. *Springtime and Other Essays*. Murray, 1920.

——— and Seward, A. C, eds. *More Letters of Charles Darwin: A Record of His Work in a Series of Hitherto Unpublished Letters*. 2 vols. Murray, 1903.

Darwin, G. 'Marriages between First Cousins in England and Their Effects.' *Fortnightly Review*, new ser., 18 (1875), 22-41.

Darwin, L. 'Memories of Down House.' *Nineteenth Century*, 106 (1929), 118-23.

David, D. *Intellectual Women and Victorian Patriarchy: Harriet Martineau, Elizabeth Barrett Browning, George Eliot*. Macmillan, 1987.

Davidoff, L. and Hall, C. *Family Fortunes: Men and Women of the English Middle Class, 1780-1850*. Hutchinson, 1987.

[Dawkins, W. B.] 'Darwin on Variation of Animals and Plants.' *ER*, 128 (1868), 414-450.

[______]. 'Darwin on the Descent of Man.' *ER*, 134 (1871), 195-235.

De Beer, G. 'Further Unpublished Letters of Charles Darwin.' *AS*, 14 (1958), 83-115.

______. 'Darwin's Journal.' *BBMNH*, 2 (1959), 1-21.

______. 'Some Unpublished Letters of Charles Darwin.' *NR*, 14 (1959), 12-66.

______. *Charles Darwin: Evolution by Natural Selection*. New York: Doubleday, 1964.

______. 'The Darwin Letters at Shrewsbury School.' *NR*, 23 (1968), 68-85.

De Morgan, S. E., ed. *Memoir of Augustus de Morgan*. Longmans *et al.*, 1882.

Dean, D. R. '"Through Science to Despair": Geology and the Victorians.' In Paradis and Postlewait, *Victorian Science*, 111-36.

Dell, R. S. 'Social and Economic Theories and Pastoral Concerns of a Victorian Archbishop.' *Journal of Ecclesiastical History*, 16 (1965), 196-208.

Dempster, W. J. *Patrick Matthew and Natural Selection*. Edinburgh: Harris, 1983.

Denton's Ilkley Directory, Guide Book, and Almanac. Ilkley, Yorks.: Denton, 1871.

D'Orbigny, A. 'General Considerations regarding the Palaeontology of South America compared with that of Europe.' *ENPJ*, 35 (1843), 362-72.

Desmond, A. *Archetypes and Ancestors: Palaeontology in Victorian London, 1850-1875*. Blond & Briggs, 1982; Chicago: University of Chicago Press, 1984.

______. 'Robert E. Grant: The Social Predicament of a Pre-Darwinian Transmutationist.' *JHB*, 17 (1984), 189-223.

______. 'Robert E. Grant's Later Views on Organic Development: The Swiney Lectures on "Palaeozoology", 1853-1857.' *Archives of Natural History*, 11 (1984), 395-413.

______. 'Darwin among the Gentry.' *London Review of Books*, 23 May 1985, pp. 9-10.

______. 'The Making of Institutional Zoology in London, 1822-1836.' *HS*, 23 (1985), 153-85, 223-50.

______. 'Artisan Resistance and Evolution in Britain, 1819-1848.' *Osiris*, 3 (1987), 77-110.

______. 'The Kentish Hog.' *London Review of Books*, 15 Oct. 1987, pp. 13-14.

______. 'Lamarckism and Democracy: Corporations, Corruption and Comparative Anatomy in the 1830s.' In J. Moore, *History*, 99-130.

______. *The Politics of Evolution: Morphology, Medicine, and Reform in Radical Lon-

don. Chicago: University of Chicago Press, 1989.

Di Gregario, M. A. 'The Dinosaur Connection: A Reinterpretation of T. H. Huxley's Evolutionary View.' *JHB*, 15 (1982), 397-418.

Dickens, C. *Bleak House.* Bradbury & Evans, 1860.

Duman, D. 'The Creation and Diffusion of a Professional Ideology in Nineteenth Century England.' *Sociological Review*, new ser., 27 (1979), 113-38.

Duncan, D. *The Life and Letters of Herbert Spencer.* Williams & Norgate, 1911.

Dupree, A. H. *Asa Gray, 1810-1888.* New York: Athenaeum, 1968.

Durant, J. 'Scientific Naturalism and Social Reform in the Thought of Alfred Russel Wallace.' *BJHS*, 12 (1979), 31-58.

______. 'The Ascent of Nature in Darwin's *Descent of Man.*' In Kohn, *Darwinian Heritage*, 283-306.

______, ed. *Darwinism and Divinity: Essays on Evolution and Religious Belief.* Oxford: Blackwell, 1985.

Edsall, N. C. *The Anti-Poor Law Movement, 1834-44.* Manchester: Manchester U.P., 1971.

Egerton, F. N. 'Refutation and Conjecture: Darwin's Response to Sedgwick's Attack on Chambers.' *SHPS*, 1 (1970), 176-83.

______. 'Darwin's Early Reading of Lamarck.' *Isis*, 67 (1976), 452-56.

______. 'Hewett C. Watson, Great Britain's First Phytogeographer.' *Huntia*, 3 (1979), 87-102.

Ellegard, A. *Darwin and the General Reader: The Reception of Darwin's Theory of Evolution in the British Periodical Press, 1859-1872.* Chicago: University of Chicago Press, 1990.

Elliotson, J. 'Reply to the Attacks on Phrenology.' *Lancet* 1 (1831-32), 287-94.

______. 'Address Introductory to the Winter Medical Session.' *Lancet*, 1 (1832-33), 33-41.

______. *Human Physiology.* Longman *et al.*, 1835.

Ellis, I. *Seven against Christ: A Study of 'Essays and Reviews'.* Leiden: E. J. Brill, 1980.

Eng, E. 'The Confrontation between Reason and Imagination: The Example of Darwin.' *Diogenes*, 95 (1976), 58-67.

Engels, F. *Dialectics of Nature.* New York: International Publishers, 1963.

Ensor, R. C. K. *England, 1870-1914.* Oxford: Clarendon Press, 1936.

[Epps, J.] 'Elements of Physiology.' *Medico-Chirurgical Review*, 9 (1828), 97-120.

______. *The Church of England's Apostacy*. Dinnis, 1834.

______. *Diary of the Late John Epps*. Kent, 1875.

Ereira, A. *The People's England*. Routledge & Kegan Paul, 1981.

Erskine, F. 'Darwin in Context: The London Years, 1837-1842.' Ph.D. thesis, Open University, 1987.

Essays and Reviews. 4th ed. Longmans *et al.*, 1861.

Evans, E. J. 'Some Reasons for the Growth of English Rural Anti-clericalism, *c.* 1750 – *c.* 1830.' *Past and Present*, no. 66 (1975), 84-109.

Evans, J. 'On Portions of a Cranium and of a Jaw, in the Slab Containing the Fossil Remains of the Archaeopteryx.' *Natural History Review*, 5 (1865), 415-21.

Eve, A. S. and Creasey, C. H. *Life and Work of John Tyndall*. Macmillan, 1945.

Evidence, Oral and Documentary, taken and received by the Commissioners appointed by His Majesty George IV. July 23d, 1826... visiting the Universities of Scotland. 4 vols. Parliamentary Papers, 1837.

Farr, W. 'Medical Reform.' *Lancet*, 1 (1839-40), 105-11.

Farrar, F. W. *Men 1 Have Known*. New York: Crowell, 1897.

Farrar, R. *The Life of Frederic William Farrar*. New York: Crowell, 1904.

Feuer, L. 'Marxian Tragedians: A Death in the Family.' *Encounter*, 19 (1962), 23-32.

______. 'Is the "Darwin-Marx Correspondence" Authentic?' *AS*, 32 (1975), 1-12.

Fielding, K. J. 'Froude's Second Revenge: The Carlyles and the Wedgwoods.' *Prose Studies*, 4 (1981), 301-16.

Fiske, J. *Life and Letters of Edward Livingston Youmans: Comprising Correspondence with Spencer, Huxley, Tyndall, and Others*. Chapman & Hall, 1894.

______. *The Personal Letters of John Fiske*. Cedar Rapids, IA: Torch Press, 1939.

Flower, S. S. *List of the Vertebrated Animals exhibited in the Gardens of the Zoological Society of London, 1828-1927*. 3 vols. Zoological Society, 1929.

Foote, G. W. *Darwin on God*. Progressive Publishing Co., 1889.

[Forbes, E.] 'Vestiges of the Natural History of Creation.' *Lancet*, 2 (1844), 265-66.

______. *Literary Papers of the Late Professor Edward Forbes*. Reeve, 1855.

Forrest, D. W. *Francis Galton: The Life and Work of a Victorian Genius*. Elek, 1974.

Foster, M. and Lankester, E. R., eds. *The Scientific Memoirs of Thomas Henry Huxley*. 4 vols. Macmillan, 1898.

Francis, M. 'Naturalism and William Paley.' *History of European Ideas*, 10 (1989), 203-20.

Freeman, R. B. 'Charles Darwin on the Routes of Male Humble Bees.' *BBMNH*, 3 (1968), 177-89.

______. *The Works of Charles Darwin: An Annotated Bibliographical Handlist*. 2nd ed. rev. Folkestone, Kent: Dawson, 1977.

______. *Charles Darwin: A Companion*. Folkestone, Kent: Dawson, 1978.

______. 'Darwin's Negro Bird-Stuffer.' *NR*, 33 (1978), 83-85.

______. *Darwin and Gower Street*. Printed at University College London, 1982.

______. 'The Darwin Family.' *BJLS*, 17 (1982), 9-21.

______. *Darwin Pedigrees*. Privately printed, 1984.

______ and Gautrey, P. J. 'Darwin's *Questions about the Breeding of Animals*, with a Note on *Queries about Expression.' JSBNH*, 5 (1969), 220-25.

______ and Gautrey, P. J. 'Charles Darwin's *Queries about Expression.' BBMNH*, 4 (1972), 205-19.

French, R. D. *Antivivisection and Medical Science in Victorian Society*. Princeton, NJ: Princeton UP., 1975.

Froude, J. A. *Thomas Carlyle: A History of His Life in London, 1834-1881*. 2 vols. Longmans *et al.*, 1884.

Gage, A. T. and Steam, W. T. *A Bicentenary History of the Linnean Society of London*. Academic Press, 1988.

Gale, B. G. 'Darwin and the Concept of a Struggle for Existence: A Study in the Extra-scientific Origins of Scientific Ideas.' *Isis*, 63 (1972), 321-44.

[Gallenga, A.] 'The Age We Live In.' *Fraser's Magazine*, 24 (1841), 1-15.

Galton, F. *English Men of Science: Their Nature and Nurture*. Macmillan, 1874.

______. *Inquiries into Human Faculty and Its Development*, 1883. Everyman's ed. Dent, n.d.

______. *Memories of My Life*, Methuen, 1908.

Gascoigne, J. *Cambridge in the Age of the Enlightenment: Science, Religion and Politics from the Restoration to the French Revolution*. Cambridge: Cambridge U.P., 1989.

Gasman, D. *The Scientific Origins of National Socialism: Social Darwinism in Ernst Haeckel and the German Monist League*. Macdonald, 1971.

Gay, P. *The Bourgeois Experience: Victoria to Freud*, vol. 1, *The Education of the Senses*. New York: Oxford U.P., 1984.

Geikie, A. *Memoir of Sir Andrew Crombie Ramsay*. Macmillan, 1895.

Geison, G. L. 'The Protoplasmic Theory of Life and the Vitalist-Mechanist Debate.' *Isis*, 60 (1969), 273-92.

George, H. *Progress and Poverty: An Inquiry into the Cause of Industrial Depressions, and of Increase of Want with Increase of Wealth. – The Remedy*. Kegan Paul *et al.*, 1885.

Ghiselin, M. T. *The Triumph of the Darwinian Method*. Berkeley: University of California Press, 1969.

_______ and Jaffe, L. 'Phylogenetic Classification in Darwin's *Monograph of the Sub-Class Cirripedia*.' *Systematic Zoology*, 22 (1973), 132-40.

Gillespie, N. C. 'The Duke of Argyll, Evolutionary Anthropology, and the Art of Scientific Controversy.' *Isis*, 68 (1977), 40-54.

_______. *Charles Darwin and the Problem of Creation*. Chicago: University of Chicago Press, 1979.

_______. 'Preparing for Darwin: Conchology and Natural Theology in Anglo-American Natural History.' *SHB*, 7 (1984), 93-145.

_______. 'Divine Design and the Industrial Revolution: William Paley's Abortive Reform of Natural Theology.' *Isis*, 81 (1990), 214-29.

Gilley, S. 'The Huxley-Wilberforce Debate: A Reconsideration.' In K. Robbins, ed., *Religion and Humanism*, 325-40. Oxford: Blackwell, for the Ecclesiastical History Society, 1981.

Gillispie, C. C. *Genesis and Geology: A Study in the Relations of Scientific Thought, Natural Theology, and Social Opinion in Great Britain, 1790-1850*. Cambridge, MA: Harvard U.P., 1951.

Glastonbury, M. 'Holding the Pens.' In *Inspiration and Drudgery: Notes on Literature and Domestic Labour in the Nineteenth Century*, 27-48. Women's Research and Resources Centre Publications, 1978.

Glick, T. F., ed. *The Comparative Reception of Darwinism*. Austin: University of Texas Press, 1974.

Godlee, R. J. 'Thomas Wharton Jones.' *British Journal of Ophthalmology*, 93 (1921), 97-117, 145-56.

Golby, J., ed. *Culture and Society in Britain, 1850-1890*. Oxford: Oxford U.P., 1986.

Goodway, D. *London Chartism, 1838-1848*. Cambridge: Cambridge U.P., 1982.

Goodwin, H. 'Funeral Sermon for Charles Darwin.' *Walks in the Region of Science and Faith*, 297-310. Murray, 1883.

Gordon, E. O. *The Life and Correspondence of William Buckland*. Murray, 1894.

Gould, J. *The Birds of Europe*. Printed for the Author, 1837.

______. 'Mr. Darwin's collection of *Birds*, a series of *Ground Finches*.' *PZSL*, 5 (1837), 4-7.

______. 'Three species of the genus *Orpheus*.' *PZSL*, 5 (1837), 26-27.

______. 'A new species of *Rhea*.' *PZSL*, 5 (1837), 35-36.

______. *The Birds of Australia and the Adjacent Islands*. Printed for the Author, 1837-38.

Gould, S. J. 'Darwin and the Captain.' *Natural History*, Jan. 1976, pp. 32-34.

______. 'Darwin's Delay.' *Ever Since Darwin*, 21-27. New York: Norton, 1977.

______. *Ontogeny and Phytogeny*. Cambridge, MA: Harvard U.P., 1977.

Graber, R. B. and Miles, L. P. 'In Defence of Darwin's Father.' *HS*, 26 (1988), 97-102.

Graham, W. *The Creed of Science: Religious, Moral, and Social*. Kegan Paul, 1881.

Grant, A. *The Story of the University of Edinburgh during its first Three Hundred Years*. 2 vols. Longmans *et al.*, 1884.

Grant, R. E. *Dissertatio Physiologica Inauguralis, de Circuito Sanguinis in Foetu*. Edinburgh: Ballantyne, 1814.

______. 'Notice of a New Zoophyte (Cliona celata, Gr.) from the Firth of Forth.' *ENPJ*, 1 (1826), 78-81.

______. 'On the Structure and Nature of the Spongilla friabilis.' *Edinburgh Philosophical Journal*, 14 (1826), 270-84.

______. 'Notice regarding the Ova of the Pontobdella muricata, Lam.' *Edinburgh Journal of Science*, 7 (1827), 121-25.

?[______]. 'Of the Changes which Life has Experienced on the Globe.' *ENPJ*, 3 (1827), 298-301.

______. *On the Study of Medicine*. Taylor, 1833.

______. *Tabular View of the Primary Divisions of the Animal Kingdom*. Walton & Maberly, 1861.

Grant Duff, [U.] *The Life-Work of Lord Avebury (Sir John Lubbock), 1834-1913*. Watts,

1924.

Gray, A. *Natural Selection Not Inconsistent with Natural Theology: A Free Examination of Darwin's Treatise on the Origin of Species and of Its American Reviewers*. Trübner, 1861.

Grayson, D. K. *The Establishment of Human Antiquity*. New York: Academic Press, 1983.

Green, J. H. *An Address delivered in King's College, London, at the Commencement of the Medical Session, October 1, 1832*. Fellowes, 1832.

Greene, J. C. 'Reflections on the Progress of Darwin Studies.' *JHB*, 8 (1975), 243-73.

______. *Science, Ideology, and World View: Essays in the History of Evolutionary Ideas*. Berkeley: University of California Press, 1981.

Gregory, F. *Scientific Materialism in Nineteenth Century Germany*. Dordrecht, Holland: Reidel, 1977.

Grinnell, G. 'The Rise and Fall of Darwin's First Theory of Transmutation.' *JHB*, 7 (1974), 259-73.

Groeben, C, ed. *Charles Darwin – Anton Dohrn Correspondence*. Naples: Macchiaroli, 1982.

Grove, W. R. *The Correlation of Physical Forces... followed by a Discourse on Continuity*. 5th ed. Longmans *et al.*, 1867.

Gruber, H. E. *Darwin on Man: A Psychological Study of Scientific Creativity, together with Darwin's Early and Unpublished Notebooks, transcribed and annotated by Paul H. Barrett*. New York: Dutton, 1974.

______. 'Going the Limit: Toward the Construction of Darwin's Theory (1832-1839).' In Kohn, *Darwinian Heritage*, 9-34.

______ and Gruber, V. 'The Eye of Reason: Darwin's Development during the *Beagle* Voyage.' *Isis*, 53 (1962), 186-200.

Gruber, J. W. *A Conscience in Conflict: The Life of St. George Jackson Mivart*. New York: Temple University Publications/Columbia U.P., 1960.

______. 'Who was the *Beagle*'s Naturalist?' *BJHS*, 4 (1969), 266-82.

Gunther, A. E. *The Founders of Science at the British Museum, 1753-1900*. Halesworth, Suffolk: Halesworth, 1980.

Haeckel, E. *Generelle Morphologie der Organismen: Allgemeine Grundzüge der organischen Formen-wissenschaft, mechanisch begründet durch die von Charles*

1238

Darwin reformirte Descendenz-Theorie. 2 vols. Berlin: Reimer, 1866.

______. *The History of Creation; or, the Development of the Earth and Its Inhabitants by the Action of Natural Causes*. 2 vols. New York: Appleton, 1876.

Haight, G. S. *George Eliot and John Chapman, with Chapman's Diaries*. 2nd ed. Hamden, CT: Archon, 1969.

Halcombe, J. J. 'The Curate Question.' In J. J. Halcombe, ed., *The Church and Her Curates: A Series of Essays on the Need for More Clergy and the Best Means of Supporting Them*, 17-36. Gardner, 1874.

Halévy, E. *The Triumph of Reform, 1830-1841*. Benn, 1950.

______. *A History of the English People in 1815*. Ark, 1987.

Hall, A. R. *The Abbey Scientists*. Nicholson, 1966.

[Hall, B.] 'Voyages of Captains King and Fitzroy.' *ER*, 69 (1839), 467-93.

Hammond, J. L. *Gladstone and the Irish Nation*. Reprint ed. Cass, 1964.

Hare, J. C, ed. *Essays and Tales by John Sterling*. 2 vols. Parker, 1848.

Harrison, J. F. C. *Early Victorian Britain, 1832-51*. Fontana, 1979.

______. 'Early English Radicals and the Medical Fringe.' In W. F. Bynum and R. Porter, eds., *Medical Fringe and Medical Orthodoxy, 1750-1850*, 198-215. Croom Helm, 1987.

Hart, A. T. *The Country Priest in English History*. Phoenix House, 1959.

______. *The Curate's Lot: The Story of the Unbeneficed English Clergy*. Newton Abbot, Devon: Country Book Club, 1971.

______. *The Parson and the Publican*. New York: Vantage Press, 1983.

Harvie, C, Martin, G., and Scharf, A., eds. *Industrialisation and Culture, 1830-1914*. Macmillan, 1970.

Healey, E. *Wives of Fame: Mary Livingstone, Jenny Marx, Emma Darwin*. Sidgwick & Jackson, 1986.

Helmstadter, R. J. 'W. R. Greg: A Manchester Creed.' In Helmstadter and Lightman, *Victorian Faith*, 187-222.

______ and Lightman, B., eds. *Victorian Faith in Crisis: Essays on Continuity and Change in Nineteenth-Century Religious Belief*. Macmillan, 1990.

Herbert, S. 'Darwin, Malthus, and Selection.' *JHB*, 4 (1971), 209-17.

______. 'The Place of Man in the Development of Darwin's Theory of Transmutation. Part 1. To July 1837.' *JHB*, 7 (1974), 217-58.

________. 'The Place of Man in the Development of Darwin's Theory of Transmutation. Part 2.' *JHB*, 10 (1977), 155-227.

________, ed. *The Red Notebook of Charles Darwin*. Ithaca, NY: Cornell U.P., 1980.

________. 'Darwin the Young Geologist.' In Kohn, *Darwinian Heritage*, 483-510.

Herschel, J. F. W. *A Preliminary Discourse on the Study of Natural Philosophy*. New ed. Longman *et al.*, 1830.

Heyck, T. W. *The Transformation of Intellectual Life in Victorian England*. Croom Helm, 1982.

Hill, F. 'Squire and Parson in Early Victorian Lincolnshire.' *History*, 58 (1973), 337-49.

Hilton, B. *The Age of Atonement: The Influence of Evangelicalism on Social and Economic Thought, 1785-1865*. Oxford: Clarendon Press, 1988.

Himmelfarb, G. *Darwin and the Darwinian Revolution*. Chatto & Windus, 1959.

Historical and Descriptive Catalogue of the Darwin Memorial at Downe House, Downe, Kent. Edinburgh: Livingstone, 1969.

Hobsbawm, E. J. and Rudé, G. *Captain Swing*. Lawrence & Wishart, 1969.

Hodge, M. J. S. 'Lamarck's Science of Living Bodies.' *BJHS*, 5 (1971), 323-52.

________. 'The Universal Gestation of Nature: Chambers' *Vestiges* and *Explanations*.' *JHB*, 5 (1972), 127-51.

________. 'England.' In Glick, *Comparative Reception*, 1-31.

________. 'Darwin and the Laws of the Animate Part of the Terrestrial System (1835-37): On the Lyellian Origins of his Zoonomical Explanatory Program.' *SHB*, 6 (1983), 1-106.

________. 'Darwin, Species and the Theory of Natural Selection.' In S. Atran *et al.*, *Histoire du concept d'espèce dans les sciences de la vie*, 227-52. Paris: Fondation Singer-Polignac, 1985.

________. 'Darwin as a Lifelong Generation Theorist.' In Kohn, *Darwinian Heritage*, 207-43.

________ and Kohn, D. 'The Immediate Origins of Natural Selection.' In Kohn, *Darwinian Heritage*, 185-206.

Hole, R. *Pulpits, Politics and Public Order in England, 1760-1832*. Cambridge: Cambridge U.P., 1989.

Holt, R. V. *The Unitarian Contribution to Social Progress in England*. 2nd rev. ed. Lindsey Press, 1952.

Holyoake, G. J. *Sixty Years of an Agitator's Life.* 3rd ed. 2 vols. Unwin, 1906.

Hooker, J. D. *Himalayan Journals: Notes of a Naturalist in Bengal, the Sikkim and Nepal Himalayas, the Khasia Mountains, &c.* 2nd ed. 2 vols. Murray, 1855.

———. 'Address of Joseph D. Hooker...' *BAAS* (Norwich 1868), 1869, pp. lviii-lxxv.

———. 'Reminiscences of Darwin.' *Nature,* 60 (1899), 187-88.

Howarth, O. J. R. and Howarth, E. K. *A History of Darwin's Parish, Downe, Kent.* Southampton: Russell, [1933].

Hughes, R. E. 'Alfred Russel Wallace: Some Notes on the Welsh Connection.' *BJHS,* 22 (1989), 401-418.

Hull, D. L. *Darwin and His Critics: The Reception of Darwin's Theory of Evolution by the Scientific Community.* Chicago: University of Chicago Press, 1983.

Hutchinson, H. G. *Life of Sir John Lubbock, Lord Avebury.* 2 vols. Macmillan, 1914.

Huxley, L. *Life and Letters of Sir Joseph Dalton Hooker, O.M., G.C.S.I., based on materials collected and arranged by Lady Hooker.* 2 vols. Murray, 1918.

———. 'The Home Life of Charles Darwin.' *The R.P.A. Annual for 1921,* 3-9. Watts, 1921.

[Huxley, T. H.] 'The Vestiges of Creation.' *British and Foreign Medico-Chirurgical Review,* 13 (1854), 425-39.

———. 'Comparative Literature: Science.' *Westminster Review,* new ser., 7 (1855), 241-47.

———. 'On Certain Zoological Arguments Commonly adduced in favour of the Hypothesis of the Progressive Development of Animal Life in Time.' In Foster and Lankester, *Scientific Memoirs,* 1:300-304.

———. 'Lectures on General Natural History. Lecture XII. The *Cirripedia.'* *Medical Times and Gazette,* 15 (1857), 238-41.

———. 'Man and the Apes.' *Athenaeum,* 30 Mar. and 13 April 1861, pp. 433, 498.

———. *On Our Knowledge of the Causes of the Phenomena of Organic Nature.* Hardwicke, 1862.

———. 'Criticisms on "The Origin of Species".' *Natural History Review,* 4 (1864), 566-80.

———. 'The Natural History of Creation.' *Academy,* 1 (1869), 13-14, 40-43.

———. 'On Descartes' "Discourse Touching the Method of Using One's Reason Rightly, and of Seeking Scientific Truth".' *Macmillan's Magazine,* 22 (1870), 69-80.

______. 'Introductory Notice.' In T. H. Huxley *et al.*, *Charles Darwin: Memorial Notices reprinted from 'Nature'*, [ix]-xiii. Macmillan, 1882.

______. *Darwiniana*. Macmillan, 1893.

______. *Method and Results*. Macmillan, 1893.

______. *Science and Education*. Macmillan, 1893.

______. *Discourse Biological and Geological*. Macmillan, 1894.

______. *Man's Place in Nature and Other Anthropological Essays*. Macmillan, 1894.

Hyman, S. E. 'A Darwin Sidelight: The Shape of the Young Man's Nose.' *Atlantic Monthly*, 220 (1967), 96-104.

Irvine, W. *Apes, Angels, and Victorians: Darwin, Huxley, and Evolution*. New York: McGraw-Hill, 1955.

Jackson, P. *George Scharf's London: Sketches and Watercolours of a Changing City, 1820-50*. Murray, 1987.

Jacyna, L. S. 'Immanence or Transcendance: Theories of Life and Organization in Britain, 1790-1835.' *Isis*, 74 (1983), 311-29.

[Jameson, R.] 'Observations on the Nature and Importance of Geology.' *ENPJ*, 1 (1826), 293-302.

Jardine, W. *Memoirs of Hugh Edwin Strickland*. Van Voorst, 1858.

[Jenkin, H. C. Fleeming], 'The Origin of Species.' *North British Review*, 46 (1867), 277-318.

Jenkins, M. *The General Strike of 1842*. Lawrence & Wishart, 1980.

Jennings, H. *Pandaemonium, 1660-1886: The Coming of the Machine as seen by Contemporary Observers*. Ed. M. Jennings and C. Madge. Deutsch, 1985.

Jensen, J. V. 'The X Club: Fraternity of Victorian Scientists.' *BJHS*, 5 (1970), 63-72.

______. 'Return to the Wilberforce-Huxley Debate.' *BJHS*, 21 (1988), 161-79.

Jenyns, Leonard. *See* Blomefield, Leonard.

Jesperson, P. H. 'Charles Darwin and Dr. Grant.' *Lychnos* (1948-49), 159-67.

Johnston, J. O. *Life and Letters of Henry Parry Liddon*. Longmans *et al.*, 1904.

Jones, G. 'The Social History of Darwin's *Descent of Man*.' *Economy and Society*, 7 (1978), 1-23.

Jones, H. F. *Samuel Butler, Author of Erewhon (1835-1902): A Memoir*. 2 vols. Macmillan, 1920.

Jordan, D. S. *The Days of a Man: Being Memories of a Naturalist, Teacher, and Minor*

Prophet of Democracy. 2 vols. Yonkers-on-Hudson, NY: World Book, 1922.

Judd, J. W. *The Coming of Evolution: The Story of a Great Revolution in Science.* Cambridge: Cambridge U.P., 1910.

Keegan, R. T. and Gruber, H. E. 'Love, Death, and Continuity in Darwin's Thinking.' *JHBS*, 19 (1983), 15-30.

Keith, A. 'Neglected Darwin.' *The R.P.A. Annual for 1923*, 3-9. Watts, 1923.

———. *Darwin Revalued.* Watts, 1955.

Kelly, A. *The Descent of Darwin: The Popularization of Darwinism in Germany, 1860-1914.* Chapel Hill: University of North Carolina Press, 1981.

Keynes, M. *Leonard Darwin, 1850-1943.* Cambridge: printed at the U.P., 1943.

Keynes, R. D., ed. *The Beagle Record: Selections from the Original Pictorial Records and Written Accounts of the Voyage of H. M. S. 'Beagle'.* Cambridge: Cambridge U.P., 1979.

———, ed. *Charles Darwin's 'Beagle' Diary.* Cambridge: Cambridge U.P., 1988.

King, W. 'The Reputed Fossil Man of the Neanderthal.' *Quarterly Journal of Science*, 1 (1864), 88-97.

King-Hele, D. *Doctor of Revolution: The Life and Genius of Erasmus Darwin.* Faber & Faber, 1977.

———, ed. *The Letters of Erasmus Darwin.* Cambridge: Cambridge U.P., 1981.

[Kingsley, F.] *Charles Kingsley: His Letters and Memories of His Life.* 2 vols. King, 1877.

Kirby, W. 'Introductory Address.' *Zoological Journal*, 2 (1825), 1-8.

Kirsop, W. 'W. R. Greg and Charles Darwin in Edinburgh and After – An Antipodean Gloss.' *Transactions of the Cambridge Bibliographical Society*, 7 (1979), 376-90.

Knight, C. *London.* 6 vols. Knight, 1841-44.

Kohn, D. 'Theories to Work By: Rejected Theories, Reproduction, and Darwin's Path to Natural Selection.' *SHB*, 4 (1980), 67-170.

———. 'On the Origin of the Principle of Diversity.' *Science*, 213 (1981), 1105-108.

———, ed. *The Darwinian Heritage.* Princeton, NJ: Princeton U.P., 1985.

———. 'Darwin's Principle of Divergence as Internal Dialogue.' In Kohn, *Darwinian Heritage*, 245-57.

———. 'Darwin's Ambiguity: The Secularization of Biological Meaning.' *BJHS*, 22 (1989), 215-39.

______, Smith, S., and Stauffer, R. C. 'New Light on *The Foundations of the Origin of Species*: A Reconstruction of the Archival Record.' *JHB*, 15 (1982), 419-42.

Kottler, M. J. 'Alfred Russel Wallace, the Origin of Man, and Spiritualism.' *Isis*, 65 (1974), 145-92.

______. 'Charles Darwin's Biological Species Concept and Theory of Geographic Speciation: The Transmutation Notebooks.' *AS*, 35 (1978), 275-97.

______. 'Charles Darwin and Alfred Russel Wallace: Two Decades of Debate over Natural Selection.' In Kohn, *Darwinian Heritage*, 367-432.

Krause, E. *Erasmus Darwin... with a Preliminary Notice by Charles Darwin*. Trans. W. S. Dallas. Murray, 1879.

La Vergata, A. 'Images of Darwin: A Historiographic Overview.' In Kohn, *Darwinian Heritage*, 901-72.

Lansbury, C. 'Gynaecology, Pornography, and the Antivivisection Movement.' *VS*, 28 (1985), 413-37.

Lefebvre, J. P., ed. *Marx-Engels: Lettres sur les sciences de la nature*. Paris: Editions Sociales, 1973.

LeMahieu, D. L. *The Mind of William Paley: A Philosopher and His Age*. Lincoln: University of Nebraska Press, 1976.

Lenoir, T. 'The Darwin Industry.' *JHB*, 20 (1987), 115-30.

Lewes, G. H. 'Hereditary Influence, Animal and Human.' *Westminster Review*, 66 (1856), 135-62.

Liddon, H. P. *The Recovery of St. Thomas: A Sermon preached in St. Paul's Cathedral on the Second Sunday after Easter, April 23, 1882, with a Prefatory Note on the Late Mr. Darwin*. Rivingtons, 1882.

Lightman, B. *The Origins of Agnosticism: Victorian Unbelief and the Limits of Knowledge*. Baltimore, MD: Johns Hopkins U.P., 1987.

Litchfield, H. (*née* Darwin). *Richard Buckley Litchfield: A Memoir written for His Friends*. Cambridge: printed at the U.P. 1910.

______. *Emma Darwin: A Century of Family Letters, 1792-1896*. 2 vols. Murray, 1915; private ed. Cambridge: printed at the U.P., 1904.

Loewenberg, B. J., ed. *Calendar of the Letters of Charles Robert Darwin to Asa Gray*. Wilmington, DE: Scholarly Resources, 1973.

Lorimer, D. A. *Colour, Class and the Victorians: English Attitudes to the Negro in the*

1244

Mid-Nineteenth Century. Leicester: Leicester U.P., 1978.

Lucas, J. R. 'Wilberforce and Huxley: A Legendary Encounter.' *Historical Journal,* 22 (1979), 313-30.

Lurie, E. *Louis Agassiz: A Life in Science.* Chicago: University of Chicago Press, 1960.

Lyell, Charles. *Principles of Geology.* 3 vols. Murray, 1830-33.

______. 'Address to the Geological Society.' *PGSL,* 2 (1837), 479-523.

______. 'Anniversary Address.' *QJGS,* 7 (1851), xxxii-lxxvi.

______. *The Geological Evidences of the Antiquity of Man, with Remarks on the Theories of the Origin of Species by Variation.* 2nd ed. rev. Murray, 1863.

Lyell, [K. M.] *Life, Letters, and Journals of Sir Charles Lyell, Bart.* 2 vols. Murray, 1881.

[Lytton, B.] *What Will He Do With It?* 4 vols. Edinburgh: Blackwood, 1859.

McCabe, J. *Life and Letters of George Jacob Holyoake.* 2 vols. Watts, 1908.

McCalman, I. 'Unrespectable Radicalism: Infidels and Pornography in Early Nineteenth Century London.' *Past and Present,* 104 (1984), 74-110.

McClachlan, H. *The Unitarian Movement in the Religious Life of England: I. Its Contribution to Thought and Learning, 1700-1900.* Allen & Unwin, 1934.

Macfarlane, A. *Marriage and Love in England: Modes of Reproduction, 1300-1840.* Oxford: Blackwell, 1986.

McKendrick, N. 'Josiah Wedgwood and Factory Discipline.' *Historical Journal,* 4 (1961), 30-55.

______. 'The Role of Science in the Industrial Revolution: A Study of Josiah Wedgwood as a Scientist and Industrial Chemist.' In M. Teich and R. Young, eds., *Changing Perspectives in the History of Science: Essays in Honour of Joseph Needham,* 274-319. Heinemann, 1973.

MacLeod, R. M. 'The X Club: A Social Network of Science in Late-Victorian England.' *NR,* 24 (1970), 305-22.

______. 'Of Medals and Men: A Reward System in Victorian Science, 1826-1914.' *NR,* 26 (1971), 81-105.

______. 'The Ayrton Incident: A Commentary on the Relations of Science and Government in England, 1870-1873.' In A. Thackray and E. Mendelsohn, eds., *Science and Values: Patterns of Tradition and Change,* 45-78. New York: Humanities Press, 1974.

______. 'Evolutionism, Internationalism and Commercial Enterprise in Science: The

International Scientific Series, 1871-1910.' In A. J. Meadows, ed., *Development of Science Publishing in Europe*, 63-93. Amsterdam: Elsevier, 1980.

________. 'Whigs and Savants: Reflections on the Reform Movement in the Royal Society, 1830-48.' In I. Inkster and J. Morrell, *Metropolis and Province: Science in British Culture, 1780-1850*. Hutchinson, 1983.

McMenemey, W. H. 'Education and the Medical Reform Movement.' In F. N. L. Poynter, ed., *The Evolution of Medical Education in Britain*, 135-54. Pitman, 1966.

McNeil, M. *Under the Banner of Science: Erasmus Darwin and His Age*. Manchester: Manchester U.P., 1987.

Malthus, T. R. *An Essay on the Principle of Population; or, a View of Its Past and Present Effects on Human Happiness, with an Inquiry into Our Prospects respecting the Future Removal or Mitigation of the Evils which it occasions*. 6th ed. 2 vols. Murray, 1826.

Manier, E. *The Young Darwin and His Cultural Circle: A Study of the Influences which helped shape the Language and Logic of the First Drafts of the Theory of Natural Selection*. Dordrecht, Holland: Reidel, 1978.

Mann, P. G. *Collections for a Life and Background of James Manby Gully, M.D.* [Malvern]: privately printed at Bosbury Press, 1983.

Mansergh, J. F. 'Charles Darwin.' *NQ*, 7th ser., 5 (1883), 46.

Marchant, J. *Alfred Russel Wallace: Letters and Reminiscences*. 2 vols. Cassell, 1916.

Marcus, S. *The Other Victorians: A Study of Sexuality and Pornography in Mid-Nineteenth-Century England*. New York: Basic Books, 1966.

Marsh, J. 'Charles Darwin – Justice of the Peace in Bromley, Kent.' *Justice of the Peace*, 147 (1983), 636-37.

Marshall, A. J. *Darwin and Huxley in Australia*. Sydney: Hodder & Stoughton, 1970.

Martin, E. *First Conversation on the Being of God*. Printed by Emma Martin, 1844.

Martineau, H. 'Right and Wrong in Boston.' *London and Westminster Review*, 32 (1838-39), 1-59.

________. *Eastern Life, Present and Past*. 3 vols. Moxon, 1848.

________. *Harriet Martineau's Autobiography*, 1877. 2 vols. Virago, 1983.

Martineau, J. *The Bible: What It Is, and What It Is Not; A Lecture delivered at Paradise Street Chapel, Liverpool, on Tuesday, February 19, 1839*. Liverpool: Willmer & Smith, 1839.

Marx, K. and Engels, F. *Selected Correspondence, 1846-1895*. Lawrence & Wishart, 1943.

Matthew, P. *On Naval Timber and Arboriculture*. Longman, 1831.

______. *Emigration Fields: North America, The Cape, Australia, and New Zealand, describing these Countries, and giving a Comparative View of the Advantages they present to British Settlers*. Edinburgh: Black, 1839.

Mellersh, H. E. L. *FitzRoy of the Beagle*. Hart-Davis, 1968.

Memorable Unitarians: Being a Series of Brief Biographical Sketches. British & Foreign Unitarian Association, 1906.

Miall, L. C. *The Life and Work of Charles Darwin: A Lecture delivered to the Leeds Philosophical and Literary Society, on February 6th, 1883*. Leeds: Jackson, 1883.

Middlemiss, J. L. *A Zoo on Wheels: Bostock and Wombwell's Menagerie*. Burton-on-Trent, Staffs.: Dalebrook, 1987.

Miles, S. J. 'Clémence Royer et *De l'origine des espèces*: traductrice ou traîtresse?' *Revue de synthèse*, 4th ser. (1989), 61-83.

Miller, G. 'The Death of Charles Darwin.' *JHM*, 14 (1959), 529-30.

Mills, E. I. 'A View of Edward Forbes, Naturalist.' *Archives of Natural History*, 11 (1984), 365-93.

Milner, R. 'Darwin for the Prosecution, Wallace for the Defense: Part I, How Two Great Naturalists Put the Supernatural on Trial.' *North Country Naturalist*, 2 (1990), 19-35.

______. 'Darwin for the Prosecution, Wallace for the Defense: Part II, Spirit of a Dead Controversy.' *North Country Naturalist*, 2 (1990), 37-49.

[Mivart, St G.] 'Difficulties of the Theory of Natural Selection,' *Month*, 11 (1869), 35-53, 134-53, 274-89.

[______]. 'The Descent of Man.' *QR*, 131 (1871), 47-90.

______. *On the Genesis of Species*. 2nd ed. Macmillan, 1871.

______. *Essays and Criticisms*. 2 vols. Osgood, 1892.

______. 'Some Reminiscences of Thomas Henry Huxley.' *Nineteenth Century*, 42 (1897), 985-98.

Monsarrat, A. *Thackeray: An Uneasy Victorian*. Cassell, 1980.

Montgomery, H. E. L. 'Emma Darwin.' *The Month*, 29 (1963), 288-94.

Montgomery, W. M. 'Germany.' In Glick, *Comparative Reception*, 81-116.

Moody, J. W. T. 'The Reading of the Darwin and Wallace Papers: An Historical "Non-Event".' *JSBNH*, 5 (1971), 474-76.

Moore, D. T. 'Geological Collectors and Collections of the India Museum, London, 1801-79.' *Archives of Natural History*, 10 (1982), 399-427.

Moore, J. R. 'Could Darwinism be introduced in France?' *BJHS*, 10 (1977), 246-51.

______. 'On the Education of Darwin's Sons: The Correspondence between Charles Darwin and the Reverend G. V. Reed, 1857-1864.' *NR*, 32 (1977), 41-70.

______. *The Post-Darwinian Controversies: A Study of the Protestant Struggle to come to terms with Darwin in Great Britain and America, 1870-1900.* Cambridge: Cambridge U.P., 1979.

______. 'Creation and the Problem of Charles Darwin.' *BJHS*, 14 (1981), 189-200.

______. 'Charles Darwin Lies in Westminster Abbey.' *BJLS*, 17 (1982), 97-113.

______. '1859 and All That: Remaking the Story of Evolution-and-Religion.' In Chapman and Duval, *Charles Darwin*, 167-94.

______. 'On Revolutionizing the Darwin Industry: A Centennial Retrospect.' *Radical Philosophy*, no. 37 (1984), 13-22.

______. 'Darwin of Down: The Evolutionist as Squarson-Naturalist.' In Kohn, *Darwinian Heritage*, 435-81.

______. 'Darwin's Genesis and Revelations.' *Isis*, 76 (1985), 570-80.

______. 'Evangelicals and Evolution: Henry Drummond, Herbert Spencer, and the Naturalization of the Spiritual World.' *Scottish Journal of Theology*, 38 (1985), 383-417.

______. 'Herbert Spencer's Henchmen: The Evolution of Protestant Liberals in Late Nineteenth-Century America.' In Durant, *Darwinism*, 76-100.

______. 'Crisis without Revolution: The Ideological Watershed in Victorian England.' *Revue de synthèse*, 4th ser. (1986), 53-78.

______. 'Socializing Darwinism: Historiography and the Fortunes of a Phrase.' In L. Levidow, ed., *Science as Politics*, 38-80. Free Association, 1986.

______. 'Born-Again Social Darwinism.' *AS*, 44 (1987), 409-17.

______, ed. *Religion in Victorian Britain*, vol. 3, *Sources*. Manchester: Manchester U.P., 1988.

______. 'Freethought, Secularism, Agnosticism: The Case of Charles Darwin.' In G. Parsons, ed., *Religion in Victorian Britain*, vol. 1, *Traditions*, 274-319. Manchester: Manchester U.P., 1988.

______. 'Darwinizing History: Sociobiology versus Sociology.' *BJHS*, 22 (1989), 429-32.

______, ed. *History, Humanity and Evolution: Essays for John C. Greene*. New York: Cambridge U.P., 1989.

______. 'Of Love and Death: Why Darwin "gave up Christianity".' In J. Moore, *History*, 195-229.

______. 'Theodicy and Society: The Crisis of the Intelligentsia.' In Helmstadter and Lightman, *Victorian Faith*, 153-86.

______. 'Deconstructing Darwinism: The Politics of Evolution in the 1860s.' *JHB*, 24 (1991), 353-408.

______ et al. *Science and Metaphysics in Victorian Britain*. Milton Keynes, Bucks.: Open U.P., 1981.

Morley, J. *The Life of William Ewart Gladstone*. 3 vols. Macmillan, 1903.

Morley, J. *Death, Heaven, and the Victorians*. Pittsburgh, PA: University of Pittsburgh Press, 1971.

Morrell, J. B. 'Science and Scottish University Reform: Edinburgh in 1826.' *BJHS*, 6 (1972), 39-56.

______. 'London Institutions and Lyell's Career, 1820-41.' *BJHS*, 9 (1976), 132-46.

______ and Thackray, A. *Gentlemen of Science: Early Years of the British Association for the Advancement of Science*. Oxford: Clarendon Press, 1981.

Morus, I. R. 'The Politics of Power: Reform and Regulation in the Work of William Robert Grove.' Ph.D. thesis, University of Cambridge, 1989.

Mozley, J. B. 'The Argument of Design.' *QR*, 127 (1869), 134-76.

Mudie, R. *The Modern Athens: A Dissection and Demonstration of Men and Things in the Scotch Capital*. Knight & Lacey, 1825.

Müller, J. *Handbuch der Physiologie des Menschen für Vorlesungen*. Koblenz: Hölscher, 1833-34.

Murphy, H. R. 'The Ethical Revolt against Christian Orthodoxy in Early Victorian England.' *American Historical Review*, 60 (1955), 800-817.

Napier, M. *Selection from the Correspondence of the Late Macvey Napier*. Macmillan, 1879.

Nash, L. A. 'Some Memories of Charles Darwin.' *Overland Monthly*, 2nd ser., 16 (1890), 404-408.

[Newman, F. W.] *A History of the Hebrew Monarchy from the Administration of Samuel to the Babylonish Captivity.* Chapman, 1847.

______. *The Soul, Her Sorrows and Her Aspirations: An Essay towards the Natural History of the Soul, as the True Basis of Theology.* 2nd ed. Chapman, 1849.

______. *Phases of Faith; or, Passages from the History of My Creed.* Chapman, 1850.

Nicholas, F. W. and Nicholas, J. M. *Charles Darwin in Australia, with Illustrations and Additional Commentary from Other Members of the 'Beagle's' Company, including Conrad Martens, Augustus Earle, Captain FitzRoy, Philip Gidley King, and Syms Covington.* Cambridge: Cambridge U.P., 1989.

Norton, A. *The Evidences of the Genuineness of the Gospels.* 2nd ed. 2 vols. Chapman, 1847.

Olby, R. C. 'Charles Darwin's Manuscript of *Pangenesis.*' *BJHS*, 1 (1963), 251-63.

Oldroyd, D. R. 'How did Darwin arrive at His Theory? The Secondary Literature to 1982.' *HS*, 22 (1984), 325-74.

______ and Langham, I., eds. *The Wider Domain of Evolutionary Thought.* Dordrecht, Holland: Reidel, 1983.

Oppenheim, J. *The Other World: Spiritualism and Psychical Research in England, 1850-1914.* Cambridge: Cambridge U.P., 1985.

Ospovat, D. 'Perfect Adaptation and Teleological Explanation: Approaches to the Problem of the History of Life in the Mid-nineteenth Century.' *SHB*, 2 (1978), 33-56.

______. 'Darwin after Malthus.' *JHB*, 12 (1979), 211-30.

______. *The Development of Darwin's Theory: Natural History, Natural Theology, and Natural Selection, 1838-1859.* Cambridge: Cambridge U.P., 1981.

______. 'Darwin on Huxley and Divergence: Some Darwin Notes on His Meeting with Huxley, Hooker, and Wollaston in April, 1856.' Unpublished typescript.

Owen, R. 'On the Osteology of the Chimpanzee and Orang Utan.' *Transactions of the Zoological Society* (London), 1 (1835), 343-79.

______. *Fossil Mammalia.* Pt 1, *The Zoology of the Voyage of H.M.S. 'Beagle',* ed. C. Darwin. Smith, Elder, 1838-40.

______. 'Report on British Fossil Reptiles. Part 2.' In *BAAS* (Plymouth 1841), 1842, pp. 60-204.

______. 'Notices of Some Fossil Mammalia of South America.' In 'Notices and Abstracts.' *BAAS* (Southampton 1846), 1847, pp. 65-66.

————. 'Osteological Contributions to the Natural History of the Chimpanzee (Troglodytes, Geoffroy), including the description of the Skull of a large species (Troglodytes Gorilla, Savage) discovered by Thomas S. Savage, M.D., in the Gaboon county, West Africa.' *Transactions of the Zoological Society* (London), 3 (1849), 381-422.

[————]. 'Lyell – on Life and its Successive Development.' *QR*, 89 (1851), 412-51.

————. 'On the Anthropoid Apes.' In *BAAS* (Liverpool 1854), 1855, pt. 2, pp. 111-13.

————. 'On the Characters, Principles of Division, and Primary Groups of the Class Mammalia.' *Journal of the Proceedings of the Linnean Society* (Zoology), 2 (1858), 1-37.

————. *On the Classification and Distribution of the Mammalia.* Parker, 1859.

————. 'Presidential Address.' In *BAAS* (Leeds 1858), 1859, xlix-cx.

————. 'Summary of the Succession in Time and Geographical Distribution of Recent and Fossil Mammalia.' *Proceedings of the Royal Institution*, 3 (1859), 109-16.

————. *Palaeontology; or, A Systematic Summary of Extinct Animals and Their Geological Relations.* Edinburgh: Black, 1860.

————. 'The Gorilla and the Negro.' *Athenaeum*, 23 Mar. 1861, pp. 395-96.

————. 'Ape-Origin of Man as Tested by the Brain.' *Athenaeum*, 21 Feb. 1863, pp. 262-63.

————. *Monograph on the Aye-Aye.* Taylor & Francis, 1863.

————. 'On the Archaeopteryx of Von Meyer, with a Description of the Fossil Remains of a Long-Tailed Species, from the Lithographic Slate of Solenhofen.' *Philosophical Transactions of the Royal Society*, 153 (1863), 33-47.

————. *On the Anatomy of Vertebrates.* 3 vols. Longmans *et al.*, 1866-68.

[————]. Zoologus. 'The Fate of the "Jardin d'Acclimatation" during the Late Sieges of Paris.' *Fraser's Magazine*, new ser., 5 (1872), 17-22.

Owen, R. S., ed. *The Life of Richard Owen.* 2 vols. Murray, 1894.

Paley, W. *The Principles of Moral and Political Philosophy*, 1785. 17th ed. 2 vols. Printed for J. Faulder, 1810.

————. *A View of the Evidences of Christianity.* 3rd ed. 2 vols. Printed for R. Faulder, 1795.

————. *Natural Theology; or, Evidences of the Existence and Attributes of the Deity, collected from the Appearances of Nature*, 1802. 5th ed. Printed for R. Faulder, 1803.

Pancaldi, G. *Darwin in Italia: Impresa scientifica e frontiere culturali*. Bologna: Il Mulino, 1983.

Paradis, J. G. *T. H. Huxley: Man's Place in Nature*. Lincoln: University of Nebraska Press, 1978.

______. 'Darwin and Landscape.' In Paradis and Postlewait, *Victorian Science*, 85-110.

______ and Postlewait, T., eds. *Victorian Science and Victorian Values: Literary Perspectives*. New Brunswick, NJ: Rutgers U.P., 1985.

Parker, R. *Town and Gown: The 700 Years' War in Cambridge*. Cambridge: Stephens, 1983.

Parodiz, J. J. *Darwin in the New World*. Leiden: Brill, 1981.

Parry, J. P. *Democracy and Religion: Gladstone and the Liberal Party, 1867-1875*. Cambridge: Cambridge U.P., 1986.

Parry, N. and Parry, J. *The Rise of the Medical Profession: A Story of Collective Social Mobility*. Croom Helm, 1976.

Paston, G. *At John Murray's: Records of a Literary Circle, 1843-1892*. Murray, 1932.

Paul, D. B. 'The Selection of the "Survival of the Fittest".' *JHB*, 21 (1983), 411-24.

Pauly, P. J. 'Samuel Butler and His Darwinian Critics.' *VS*, 25 (1982), 161-80.

Peacock, G. *Observations on the Statutes of the University of Cambridge*. Parker, 1841.

Pearson, K. *The Life, Letters, and Labours of Francis Galton*. 3 vols, in 4. Cambridge: Cambridge U.P., 1914-30.

Peckham, M., ed. *The Origin of Species by Charles Darwin: A Variorum Text*. Philadelphia: University of Pennsylvania Press, 1959.

Pennington, E. L. 'Charles Darwin and Foreign Missions.' *Georgia Review*, 1 (1947), 1-9.

Peterson, M. J. "Gentlemen and Medical Men: The Problem of Professional Recruitment.' *Bulletin of the History of Medicine*, 58 (1984), 457-73.

Poore, G. V. 'Robert Edmond Grant.' *University College Gazette*, 2/34 (May 1901), 190-91.

Pope-Hennessy, J. *Monckton Milnes: The Years of Promise, 1809-1851*. Constable, 1949.

Porter, D. M. 'Charles Darwin's Plant Collections from the Voyage of the *Beagle*.' *JSB-*

1252

NH, 9 (1980), 515-25.

______. 'The *Beagle* Collector and His Collections.' In Kohn, *Darwinian Heritage*, 973-1019.

Porter, R. 'Gentlemen and Geology: The Emergence of a Scientific Career, 1660-1920.' *Historical Journal*, 21 (1978), 809-36.

______. 'Erasmus Darwin: Doctor of Evolution?' In J. Moore, *History*, 39-69.

Portlock, J. E. 'Anniversary Address of the President.' *QJGS*, 13 (1857), xxvi-cxlv.

______. 'Anniversary Address of the President.' *QJGS*, 14 (1858), xxiv-clxiii.

Poulton, E. B. *Charles Darwin and the Theory of Natural Selection*. Cassell, 1896.

Poynter, F. N. L. 'John Chapman (1821-1894): Publisher, Physician, and Medical Reformer.' *JHM*, 5 (1950), 1-22.

Prete, F. R. 'The Conundrum of the Honey Bees: One Impediment to the Publication of Darwin's Theory.' *JHB*, 23 (1990), 271-90.

Preyer, R. O. 'The Romantic Tide Reaches Trinity: Notes on the Transmission and Diffusion of New Approaches to Traditional Studies at Cambridge, 1820-1840.' In Paradis and Postlewait, *Victorian Science*, 39-68.

Prichard, J. C. 'On the Extinction of Human Races.' *ENPJ*, 28 (1840), 166-70.

Prothero, G. *The Armour of Light, and Other Sermons preached before the Queen*. Rev. and ed. Rowland E. Prothero. Rivingtons, 1888.

______. *Arthur Penrhyn Stanley: A Sermon*. Macmillan, 1881.

Pusey, E. B. *Un-science, Not Science, Adverse to Faith: A Sermon preached before the University of Oxford*. Oxford: Parker, 1878.

Rachootin, S. P. 'Owen and Darwin Reading a Fossil: *Macrauchenia* in a Boney Light.' In Kohn, *Darwinian Heritage*, 155-83.

Raumer, F. von. *England in 1835*. 3 vols. Murray, 1836.

Raverat, G. *Period Piece: A Cambridge Childhood*. Faber & Faber, 1952.

Rawnsley, H. D. *Harvey Goodwin, Bishop of Carlisle: A Biographical Memoir*. Murray, 1896.

Rehbock, P. F. 'Huxley, Haeckel, and the Oceanographers: The Case of *Bathybius Haeckelii*.' *Isis*, 66 (1975), 504-33.

______. *The Philosophical Naturalists: Themes in Early Nineteenth-Century British Biology*. Madison: University of Wisconsin Press, 1983.

Reid, T. W. *The Life, Letters, and Friendships of Richard Monckton Milnes, First Lord*

Houghton. 2nd ed. 2 vols. Cassell, 1890.

Report on Spiritualism of the Committee of the London Dialectical Society, together with the Evidence, Oral and Written, and a Selection from the Correspondence. Longmans *et al.*, 1871.

Richards, E. 'Darwin and the Descent of Woman.' In Oldroyd and Langham, *Wider Domain*, 57-111.

______. 'A Question of Property Rights: Richard Owen's Evolutionism Reassessed.' *BJHS*, 20 (1987), 129-71.

______. 'Huxley and Woman's Place in Science: The 'Woman Question' and the Control of Victorian Anthropology.' In J. Moore, *History*, 253-84.

______. 'The "Moral Anatomy" of Robert Knox: The Interplay between Biological and Social Thought in Victorian Scientific Naturalism.' *JHB*, 22 (1989), 373-436.

Richards, R. J. 'Instinct and Intelligence in British Natural Theology: Some Contributions to Darwin's Theory of the Evolution of Behavior.' *JHB*, 14 (1981), 193-230.

______. 'Darwin and the Biologizing of Moral Behavior.' In W. R. Woodward and M. G. Ash, *The Problematic Science: Psychology in Nineteenth-Century Thought*, 43-64. New York: Praeger, 1982.

______. 'Why Darwin Delayed, or Interesting Problems and Models in the History of Science.' *JHBS*, 19 (1983), 45-53.

______. *Darwin and the Emergence of Evolutionary Theories of Mind and Behavior*. Chicago: University of Chicago Press, 1987.

Richardson, R. *Death, Dissection and the Destitute*. Harmondsworth, Middx: Penguin, 1988.

Ricks, C., ed. *The Poems of Tennyson*. Longmans, 1969.

Ritvo, H. *The Animal Estate: The English and Other Creatures in the Victorian Age*. Harmondsworth, Middx: Penguin Books, 1990.

Robbins, W. *The Newman Brothers: An Essay in Comparative Intellectual Biography*. Cambridge, MA: Harvard U.P., 1966.

Roberts, D. *Paternalism in Early Victorian England*. New Brunswick, NJ: Rutgers U.P., 1979.

Robertson, J. 'Dr. Elliotson on Life and Mind.' *London Medical Gazette*, 17 (1835-36), 203-10, 251-57.

1254

Roger, J. 'Darwin, Haeckel et les Français.' In Y. Conry, ed., *De Darwin au darwinisme: science et idéologie*, 149-65. Paris: J. Vrin, 1983.

[Romanes, E.] *The Life and Letters of George John Romanes*. Longmans *et al.*, 1896.

[Romanes, G. J.] Physicus. *A Candid Examination of Theism*. Trübner, 1878.

———. 'Work in Psychology.' In T. H. Huxley *et al.*, *Charles Darwin: Memorial Notices reprinted from 'Nature'*, 65-82. Macmillan, 1882.

———. *Animal Intelligence*. 6th ed. Kegan Paul *et al.*, 1895.

———. *Thoughts on Religion*. Ed. C. Gore. Longmans *et al.*, 1895.

Roos, D. A. 'The "Aims and Intentions" of *Nature.*' In Paradis and Postlewait, *Victorian Science*, 159-80.

Root, J. D. 'Catholicism and Science in Victorian England.' *Clergy Review*, 66 (1981), 138-47, 162-70.

Rorison, G. 'The Creative Week.' In S. Wilberforce, ed., *Replies to 'Essays and Reviews'*, 277-345. 2nd ed. Oxford: Henry & Parker, 1862.

Rosenberg, S. 'The Financing of Radical Opinion: John Chapman and the *Westminster Review.*' In J. Shattock and M. Wolff, eds., *The Victorian Periodical Press: Samplings and Soundings*, 167-92. Leicester: Leicester U.P., 1982.

Rowell, G. *Hell and the Victorians: A Study of Nineteenth-Century Theological Controversies concerning Eternal Punishment and the Future Life*. Oxford: Clarendon Press, 1974.

Royle, E. 'Taylor, Robert (1784-1844).' In J. O. Baylen and N. J. Gossman, eds., *Biographical Dictionary of Modern British Radicals*, 1 (1770-1830):467-70. Brighton, Sussex: Harvester Press, 1979.

———. *Victorian Infidels: The Origins of the British Secularist Movement, 1791-1866*. Manchester: Manchester U.P., 1974.

———. *Radicals, Secularists and Republicans: Popular Freethought in Britain, 1866-1915*. Manchester: Manchester U.P., 1980.

Rudwick, M. J. S. 'The Strategy of Lyell's *Principles of Geology.*' *Isis*, 61 (1970), 4-33.

———. 'Darwin and Glen Roy: A "Great Failure" in Scientific Method?' *SHPS*, 5 (1974), 97-185.

———. 'Charles Darwin in London: The Integration of Public and Private Science.' *Isis*, 73 (1982), 186-206.

Rules and Regulations and List of Members. Privately printed for the Athenaeum,

1884.

Rupke, N. '*Bathybius Haeckelii* and the Psychology of Scientific Discovery: Theory instead of Observed Data controlled the Late 19th Century "Discovery" of a Primitive Form of Life.' *SHPS*, 7 (1976), 53-62.

______, ed. *Vivisection in Historical Perspective*. Croom Helm, 1987.

Ruse, M. 'The Darwin Industry: A Critical Evaluation.' *HS*, 12 (1974), 43-58.

______. 'Charles Darwin and Artificial Selection.' *Journal of the History of Ideas*, 36 (1975), 339-50.

______. 'Darwin's Debt to Philosophy: An Examination of the Influence of the Philosophical Ideas of John F. W. Herschel and William Whewell on the Development of Charles Darwin's Theory of Evolution.' *SHPS*, 6 (1975), 159-81.

______. *The Darwinian Revolution*. Chicago: University of Chicago Press, 1979.

Russell, C. A. 'The Conflict Metaphor and Its Social Origins.' *Science and Christian Belief*, 1 (1989), 3-26.

Russell-Gebbett, J. *Henslow of Hitcham: Botanist, Educationalist and Clergyman*. Lavenham, Suffolk: Dalton, 1977.

Samouelle, G. *The Entomologist's Useful Compendium*. Longman *et al.*, 1824.

Scherren, H. *The Zoological Society of London*. Cassell, 1905.

Schivelbusch, W. *The Railway Journey: The Industrialization of Time and Space in the 19th Century*. Leamington Spa, Warwicks.: Berg, 1986.

Schoenwald, R. L. 'G. Eliot's "Love" Letters: Unpublished Letters from George Eliot to Herbert Spencer.' *Bulletin of the New York Public Library*, 79 (1976), 362-71.

Schwartz, J. S. 'Darwin, Wallace, and the *Descent of Man*.' *JHB*, 17 (1984), 271-89.

Schwarz, H. 'Darwinism between Kant and Haeckel.' *Journal of the American Academy of Religion*, 48 (1980), 581-602.

Schweber, S. S. 'The Origin of the *Origin* Revisited.' *JHB*, 10 (1977), 229-316.

______. 'Darwin and the Political Economists: Divergence of Character.' *JHB*, 13 (1980), 195-289.

______. 'The Wider British Context in Darwin's Theorizing.' In Kohn, *Darwinian Heritage*, 35-69.

______. 'The Correspondence of the Young Darwin.' *JHB*, 21 (1988), 501-19.

______. 'John Herschel and Charles Darwin: A Study in Parallel Lives.' *JHB*, 22 (1989), 1-71.

1256

Secord, J. 'Nature's Fancy: Charles Darwin and the Breeding of Pigeons.' *Isis*, 72 (1981), 163-86.

______. 'Darwin and the Breeders: A Social History.' In Kohn, *Darwinian Heritage*, 519-42.

______. *Controversy in Victorian Geology: The Cambrian-Silurian Dispute*. Princeton, NJ: Princeton U.P., 1986.

______. 'The Geological Survey of Great Britain as a Research School, 1839-1855.' *HS*, 24 (1986), 223-75.

______. 'Behind the Veil: Robert Chambers and *Vestiges*.' In J. Moore, *History*, 165-94.

______. 'The Discovery of a Vocation: Darwin's Early Geology.' *BJHS*, 24 (1991), 133-57.

______. 'Edinburgh Lamarckians: Robert Jameson and Robert E. Grant.' *JHB*, 24 (1991), 1-18.

Sedgwick, A. *A Discourse on the Studies of the University*. Cambridge: Deightons & Stevenson, 1833.

______. 'Address by the President.' *PGSL*, 1 (1834), 187-212, 281-316.

[______]. 'Objections to Mr. Darwin's Theory of the Origin of Species.' *Spectator*, 24 Mar. 1860, pp. 285-86; 7 April 1860, pp. 334-35.

Seed, J. 'Theologies of Power: Unitarianism and the Social Relations of Religious Discourse, 1800-1850.' In R. J. Morris, ed., *Class, Power, and Social Structure in British Nineteenth-Century Towns*, 108-56. Leicester: Leicester U.P., 1986.

Semmel, B. *The Governor Eyre Controversy*. Macgibbon & Kee, 1962.

Seward, A. C, ed. *Darwin and Modern Science: Essays in Commemoration of the Centenary of the Birth of Charles Darwin and of the Fiftieth Anniversary of the Publication of 'The Origin of Species'*. Cambridge: Cambridge U.P., 1909.

Shairp, J. C, Tait, P. G., and Adams-Reilly, A., eds. *Life and Letters of James David Forbes, F.R.S.* Macmillan, 1873.

Shannon, R. *The Crisis of Imperialism, 1865-1915*. Paladin, 1976.

Shapin, S. 'Phrenological Knowledge and the Social Structure of Early Nineteenth-Century Edinburgh.' *AS*, 32 (1975), 219-43.

Sharlin, H. I. *Lord Kelvin: The Dynamic Victorian*. University Park: Pennsylvania State U.P., 1979.

Shepherd, J. A. 'Lawson Tait - Disciple of Charles Darwin.' *British Medical Journal*,

284 (1982), 1386-87.

Shepperson, G. 'The Intellectual Background of Charles Darwin's Student Years at Edinburgh.' In M. Banton, ed., *Darwinism and the Study of Society*, 17-35. Tavistock, 1961.

Shuttleworth's Popular Guide to Ilkley and Vicinity. 8th ed. Ilkley, Yorks.: Shuttleworth, n.d.

Sloan, P. R. 'Darwin's Invertebrate Program, 1826-1836: Preconditions for Transformism.' In Kohn, *Darwinian Heritage*, 71-120.

______. 'Darwin, Vital Matter, and the Transformism of Species.' *JHB*, 19 (1986), 367-95.

Smith, B. S. *A History of Malvern*. Malvern, Worcs.: Alan Sutton & The Malvern Bookshop, 1978.

Smith, K. G. V., ed. 'Darwin's Insects: Charles Darwin's Entomological Notes.' *BBMNH*, 14 (1987), 1-143.

Smith, R. 'Alfred Russel Wallace: Philosophy of Nature and Man.' *BJHS*. 6 (1972), 177-99.

Smith, T. Southwood. *The Divine Government*. 4th ed. Baldwin *et al.*, 1826.

Smyth, C. *Simeon and Church Order: A Study of the Origins of the Evangelical Revival in Cambridge in the Eighteenth Century*. Cambridge: Cambridge U.P., 1940.

Southwell, C. 'Is There a God?' *Oracle of Reason*, 7 May 1842.

Speakman, C. *Adam Sedgwick, Geologist and Dalesman, 1785-1873: A Biography in Twelve Themes*. Heathfield, E. Sussex: Broad Oak Press *et al.*, 1982.

Spencer, H. *Social Statics; or, the Conditions Essential to Human Happiness Specified, and the First of Them Developed*, 1851. New ed. Williams & Norgate, 1868.

[______]. 'Owen on the Homologies of the Vertebrate Skeleton.' *British and Foreign Medico-Chirurgical Review*, 44 (1858), 400-16.

______. *An Autobiography*. 2 vols. Williams & Norgate, 1904.

Stanbury, D., ed. *A Narrative of the Voyage of H.M.S. 'Beagle': Being Passages from the 'Narrative' written by Captain FitzRoy, R.N., together with Extracts from His Logs, Reports and Letters; Additional Material from the Diaries and Letters of Charles Darwin, Notes from Midshipman Philip King and Letters from Second Lieutenant Bartholomew Sulivan*. Folio Society, 1977.

______. 'H. M. S. *Beagle* and the Peculiar Service.' In Chapman and Duval, *Charles*

Darwin, 61-82.

Stauffer, R. C, ed. *Charles Darwin's Natural Selection: Being the Second Part of His Big Species Book written from 1856 to 1858*. Cambridge: Cambridge U.P., 1975.

Stearn, W. T. *The Natural History Museum at South Kensington*. Heinemann, 1981.

Stebbins, R. E. 'France.' In Glick, *Comparative Reception*, 117-67.

Stecher, R. M. 'The Darwin-Innes Letters: The Correspondence of an Evolutionist with His Vicar, 1848-1884.' *AS*, 17 (1961), 201-58.

Stephens, J. F. *A Systematic Catalogue of British Insects*. 2 pts. Printed for the author, 1829.

Stevens, L. R. 'Darwin's Humane Reading: The Anaesthetic Man Reconsidered.' *VS*, 26 (1982), 51-63.

Stewart, R. *Henry Brougham, 1778-1868: His Public Career*. Bodley Head, 1986.

Stoddart, D. R. 'Darwin, Lyell, and the Geological Significance of Coral Reefs.' *BJHS*, 9 (1976), 199-218.

Stokes, H. P. *Cambridge Parish Workhouses*. [Cambridge: printed for the Cambridge Antiquarian Society], 1911.

Struthers, J. *Historical Sketch of the Edinburgh Anatomical School*. Edinburgh: MacLachlan & Stewart, 1867.

Sulloway, F. J. 'Geographic Isolation in Darwin's Thinking: The Vicissitudes of a Crucial Idea.' *SHB*, 3 (1979), 23-65.

———. 'Darwin and His Finches: The Evolution of a Legend.' *JHB*, 15 (1982), 1-53.

———. 'Darwin's Conversion: The *Beagle* Voyage and Its Aftermath.' *JHB*, 15 (1982), 325-96.

———. 'Darwin's Early Intellectual Development: An Overview of the *Beagle* Voyage.' In Kohn, *Darwinian Heritage*, 121-54.

Sweet, J. M. 'Robert Jameson and the Explorers: The Search for the North-West Passage.' *AS*, 31 (1974), 21-47.

Symonds, Mrs. J. A., ed. *Recollections of a Happy Life: Being the Autobiography of Marianne North*. 2nd ed. 2 vols. Macmillan, 1892.

[Tait, P. G.] 'Geological Time.' *North British Review*, 11 (1869), 406-39.

Taylor, B. *Eve and the New Jerusalem: Socialism and Feminism in the Nineteenth Century*. Virago, 1984.

Taylor, R. *The Devil's Pulpit, containing Twenty-three Astronomico-Theological Dis-

courses. 2 vols. Reprint eds. Dugdale, 1842; Freethought Publishing Co., 1881.

Thackray, A. 'Natural Knowledge in Cultural Context: The Manchester Model.' *American Historical Review*, 79 (1974), 672-709.

Thompson, E. P. *The Making of the English Working Class*. 3rd ed. Gollancz, 1980.

Thompson, J. V. *Zoological Researches, and Illustrations; or, Natural History of Nondescript or Imperfectly Known Animals... Memoir IV, On the Cirripedes or Barnacles*. Cork: King & Ridings, 1830.

Thompson, W. 'Physical Argument for the Equal Cultivation of all the Useful Faculties or Capabilities, of Men and Women.' *Co-Operative Magazine*, 1 (1826), 250-58.

Thomson, K. S. 'H. M. S. *Beagle*, 1820-1870.' *American Scientist*, 63 (1975), 664-72.

______ and Rachootin, S. P. 'Turning Points in Darwin's Life.' *BJLS*, 17 (1982), 23-37.

Thomson, W. *Popular Lectures and Addresses*. 3 vols. Macmillan, 1889-94.

Todhunter, I. *William Whewell... An Account of His Writings, with Selections from His Literary and Scientific Correspondence*. 2 vols. Macmillan, 1876.

Trenn, T. J. 'Charles Darwin, Fossil Cirripedes, and Robert Fitch: Presenting Sixteen Hitherto unpublished Darwin Letters of 1849 to 1851.' *PAPS*, 118 (1974), 471-91.

Tribe, D. *President Charles Bradlaugh, M.P.* Elek, 1971.

Tristan, F. *Flora Tristan's London Journal: A Survey of London Life in the 1830s*. Trans. D. Palmer and G. Pincetl. Prior, 1980.

Trollope, A. *Clergymen of the Church of England*, 1866. Reprint ed. Leicester: Leicester U.P., 1974.

Tuckwell, W. *Reminiscences of Oxford*. 2nd ed. Smith, Elder, 1907.

Turner, F. M. *Between Science and Religion: The Reaction to Scientific Naturalism in Late Victorian England*. New Haven, CT: Yale U.P., 1974.

______. 'The Victorian Conflict between Science and Religion: A Professional Dimension.' *Isis*, 69 (1978), 356-76.

Turrill, W. B. *Joseph Dalton Hooker: Botanist, Explorer, and Administrator*. Nelson. 1963.

Tyndall, J. 'Address.' *BAAS* (Norwich 1868), 1869, pp. 1-6.

______. *Fragments of Science*. 2nd ed. Longmans *et al.*, 1871.

________. *Address delivered before the British Association assembled at Belfast.* Longmans *et al.*, 1874.

Uschmann, G. and Jahn, I. 'Der Briefwechsel zwischen Thomas Henry Huxley und Ernst Haeckel: Ein Beitrag zum Darwin Jahr.' *Wissenschaftliche Zeitschrift der Friedrich-Schiller-Universität Jena*, Mathematisch-Naturwissenschaftliche Reihe, Heft 1/2, 9 (1959-60), 7-33.

Van Arsdel, R. 'The Westminster Review, 1824-1900.' In W. Houghton, ed., *The Wellesley Index to Victorian Periodicals, 1824-1900*, 3:528-58. Toronto: University of Toronto Press, 1979.

Vidler, A. R. *The Church in an Age of Revolution.* Harmondsworth, Middx: Penguin Books, 1961.

Vogt, C. *Lectures on Man: His Place in Creation, and in the History of the Earth.* Longmans *et al.*, 1864.

Vorzimmer, P. J. 'Darwin's *Questions about the Breeding of Animals.' JHB*, 2 (1969), 269-81.

________. *Charles Darwin, The Years of Controversy: The 'Origin of Species' and Its Critics, 1859-82.* University of London Press, 1972.

________. 'The Darwin Reading Notebooks (1838-1860).' *JHB*, 10 (1977), 107-153.

Vucinich, A. 'Russia: Biological Sciences.' In Glick, *Comparative Reception*, 227-55.

________. *Darwin in Russian Thought.* Berkeley: University of California Press, 1988.

Wagner, A. 'On a New Fossil Reptile supposed to be Furnished with Feathers.' *AMNH*, 9 (1862), 261-67.

Wallace, A. R. 'On the Law which has regulated the Introduction of New Species.' *AMNH*, 16 (1855), 184-96.

[________]. 'Principles of Geology.' *QR*, 126 (1869), 359-94.

________. *Natural Selection.* Macmillan, 1875.

________. *Studies Scientific and Social.* 2 vols. Macmillan, 1900.

________. *My Life: A Record of Events and Opinions.* 2 vols. Chapman & Hall, 1905.

Ward, H. *History of the Athenaeum, 1824-1925.* Printed for the Club, 1926.

Waterhouse, G. 'Observations on the Classification of the Mammalia.' *AMNH*, 12 (1843), 399-412.

Watts, J. 'Theological Theories of the Origin of Man.' *Reasoner*, 26 (1861), 102-104, 119-21, 132-34.

______ and [Holyoake, G. J.] Iconoclast, eds. 'Charles R. Darwin.' *Half-Hours with Freethinkers*. Austin, 1865.

Webb, R. K. 'The Unitarian Background.' In B. Smith, ed., *Truth, Liberty, Religion: Essays celebrating Two Hundred Years of Manchester College*, 1-27. Oxford: Manchester College, 1986.

______. 'The Faith of Nineteenth-Century Unitarians: A Curious Incident.' In Helmstadter and Lightman, *Victorian Faith*, 126-49.

Wedgwood, B. and Wedgwood, H. *The Wedgwood Circle: Four Generations of a Family and Their Friends*. Westfield, NJ: Eastview, 1980.

Wedgwood, E. (later Darwin). *My First Reading Book*. Newcastle, Staffs.: [printed by J. Smith?], [c. 1823]; reprint ed. Cambridge: privately printed, 1985.

[Wedgwood, H.] 'Grimm on the Indo-European Languages.' *QR*, 50 (1833), 169-89.

Weindling, P. 'Ernst Haeckel, Darwinismus, and the Secularization of Nature.' In J. Moore, *History*, 311-27.

Wells, K. D. 'The Historical Context of Natural Selection: The Case of Patrick Matthew.' *JHB*, 6 (1973), 225-58.

Wheatley, V. *The Life and Work of Harriet Martineau*. Seeker & Warburg, 1957.

Whewell, W. 'Address to the Geological Society.' *PGSL*, 2 (1833-38) [1838], 624-49.

Wiener, J. H. *Radicalism and Freethought in Nineteenth-Century Britain: The Life of Richard Carlile*. Westport, CT: Greenwood, 1983.

Wiener, P. P. *Evolution and the Founders of Pragmatism*. Philadelphia: University of Pennsylvania Press, 1972.

Wilberforce, S. *Pride a Hindrance to True Knowledge: A Sermon preached in the Church of St. Mary the Virgin, Oxford, before the University, on Sunday, June 27, 1847*. Rivington, 1847.

[______]. 'Darwin's Origin of Species.' *QR*, 102 (1860), 225-64.

Willey, B. *The Eighteenth Century Background: Studies on the Idea of Nature in the Thought of the Period*. Chatto & Windus, 1940.

______. *Darwin and Butler: Two Versions of Evolution*. Chatto & Windus, 1960.

Wilson, G. and Geikie, A. *Memoir of Edward Forbes*. Cambridge: Macmillan, 1861.

Wilson, L. G., ed. *Sir Charles Lyell's Scientific Journals on the Species Question*. New Haven, CT: Yale U.P., 1970.

______. *Charles Lyell, The Years to 1841: The Revolution in Geology*. New Haven, CT:

Yale U.P., 1972.

Wingfield-Stratford, E. *The Victorian Sunset*. Routledge, 1932.

Winsor, M. P. 'Barnacle Larvae in the Nineteenth Century.' *JHM*, 24 (1969), 294-309.

———. *Starfish, Jellyfish, and the Order of Life: Issues of Nineteenth-Century Science*. New Haven, CT: Yale U.P., 1976.

Winstanley, D. A. *Unreformed Cambridge: A Study of Certain Aspects of the University in the Eighteenth Century*. Cambridge: Cambridge U.P., 1935.

———. *Early Victorian Cambridge*. Cambridge: Cambridge U.P., 1940.

———. *Later Victorian Cambridge*. Cambridge: Cambridge U.P., 1947.

Wollaston, T, V. *On the Variation of Species with especial reference to the Insecta; followed by an Inquiry into the Nature of Genera*. Van Voorst, 1856.

Woodall, E. 'Charles Darwin.' *Transactions of the Shropshire Archaeological and Natural History Society*, 8 (1884), 1-64.

Wright, C. *Darwinism: Being an Examination of Mr. St. George Mivart's 'Genesis of Species'*. Murray, 1871.

Yeo, E. 'Christianity in Chartist Struggle, 1838-1842.' *Past and Present*, 91 (1981), 109-39.

Yeo, R. 'Science and Intellectual Authority in Mid-Nineteenth-Century Britain: Robert Chambers and *Vestiges of the Natural History of Creation*.' *VS*, 28 (1984), 5-31.

Young, G. M. *Portrait of an Age: Victorian England*. 2nd ed. Oxford U.P., 1953.

Young, R. M. 'Darwinism *is* Social.' In Kohn, *Darwinian Heritage*, 609-38.

———. *Darwin's Metaphor: Nature's Place in Victorian Culture*. Cambridge: Cambridge U.P., 1985.

———. 'Charles Darwin: Man and Metaphor.' *Science as Culture*, 5 (1989), 71-86.

Zangerl, C. H. E. 'The Social Composition of the County Magistracy in England and Wales, 1831-1887.' *Journal of British Studies*, 11 (1971-72), 113-125.x

찾아보기

6, 810-1, 820, 898, 905, 910-1, 1055

【 ㅌ 】

타가수정 1028

『타가수정과 자가수정 Cross and Self Fertilisation』(다윈) 1027, 1029, 1034, 1036

『타임스』 188, 445, 500, 645, 776, 778, 800, 807, 831, 862, 880, 928, 956, 965, 1029, 1035, 1050, 1077, 1110, 1117, 1119

타른 산 Mount Tarn 250

타일러 Tylor, E. B. 886, 922
　『인류의 초기 역사 Early History of Mankind』 886

타히티 Tahiti 294-6, 298-9, 315, 323, 344

태반류 포유류 Placental mammals 302, 947, 967

태즈메이니아 Tasmania 305-6, 448, 461, 527, 546, 585, 681, 702, 791

터너 Turner, J. M. W. 885, 1058
　〈비, 증기, 속도 RaaaaaSteam, and Speed〉 885

테네리페 섬 Tenerife 162, 165, 167-8, 199, 200

테니슨 Tennyson, A. 106-7, 608, 748, 926
　「인 메모리엄 In Memoriam」 641

테러호 Terror, HMS 547, 574

테르나테 섬 Ternate 780, 1082

테르세이라 섬 Terceira 319

테이트 Tait, P. G 942

테이트, 로버트 로슨 Tait, R. L. 1024, 1029

테일러 목사, 로버트 Taylor, R., Revd 128-32, 134, 151, 163, 18/8, 423, 498, 531
　『디에게시스 Diegesis』 129-30
　『악마의 설교사 The Devil's Pulpit』 151

텔퍼드 Telford, T. 1106

토끼 65, 713, 765, 845-6, 910, 924, 1023

토론토 대학 University of Toronto 676

토리당 56-7, 59, 72, 150-1, 163-6, 180, 182, 188, 216, 238, 263, 331 337, 339, 341, 358, 398, 422, 425, 561-2, 590, 826, 828, 831, 875-9, 928-9, 1037-8, 1064

토미(말) 926, 942, 997

토지국유화협회 Land Nationalization Society 1082

토크빌 De Tocqueville, A. 590, 593
　『미국의 민주주의 Democracy in America』 593

톡소돈 346, 395, 565

톨리 Thorley, C. 610, 627-8, 634-6, 638, 641, 643-4, 747

톰슨, 와이빌 Thomson, Wyville 1070-1

톰슨, 윌리엄 Thomson, William 878, 909, 939-42, 959, 970

톰슨, 존 Thompson, J. 571

통계
　사망률 mortality 544, 963
　인구 - population 443

투르크 Turkey 694, 1037, 1043, 1082

투시력 633

투풍가토 산, 안데스 산맥 Mount Tupungato, Andes 279

트란스발 Transvaal 1064, 1075

트레벌리언, Trevelyan, G. O. 1105

트레비식 Trevithick, R. 1106

티미랴제프, 클리멘트 Timiriazev, K. 1042

티베트 Tibet 586, 619

티에라델푸에고 Tierra del Fuego 183-4, 221, 226-7, 231, 233, 240, 249-0, 265-6, 268, 304, 315, 382, 440 519, 527, 546, 559, 585

티에르, 아돌프 Thiers, A. 590, 593
　『프랑스 혁명사 History of the French Revolution』 593

티치아노 Titian 1058

틴덜, 존 Tyndall, J. 683-5, 717, 719, 764, 773, 786, 873, 885, 892-3, 898, 926,

다윈 평전
고뇌하는 진화론자의 초상

2009년 11월 23일 초판 1쇄 펴냄
2015년 9월 15일 초판 3쇄 펴냄

지은이 | 에이드리언 데스먼드 · 제임스 무어
옮긴이 | 김명주

펴낸이 | 정종주
편집주간 | 박윤선
편 집 | 여임동 · 장미연
마케팅 | 김창덕
디자인 | 강찬규 · 한현식

펴낸곳 | 도서출판 뿌리와이파리
등록번호 | 제10-2201호(2001년 8월 21일)
주소 | 서울시 마포구 월드컵로 128-4(월드빌딩, 2층)
전화 | 02)324-2142~3
전송 | 02)324-2150
전자우편 | puripari@hanmail.net

필름 | 경운프린테크
종이 | 화인페이퍼
인쇄 | 영신사
제본 | 우진제책
라미네이팅 | 금성산업

값 50,000원
ISBN 978-89-90024-98-5 (03400)

「이 도서의 국립중앙도서관 출판시도서목록(CIP)은 e-CIP 홈페이지(http://www.nl.go.kr/ecip)에서
이용하실 수 있습니다.(CIP제어번호: CIP2009003475)」

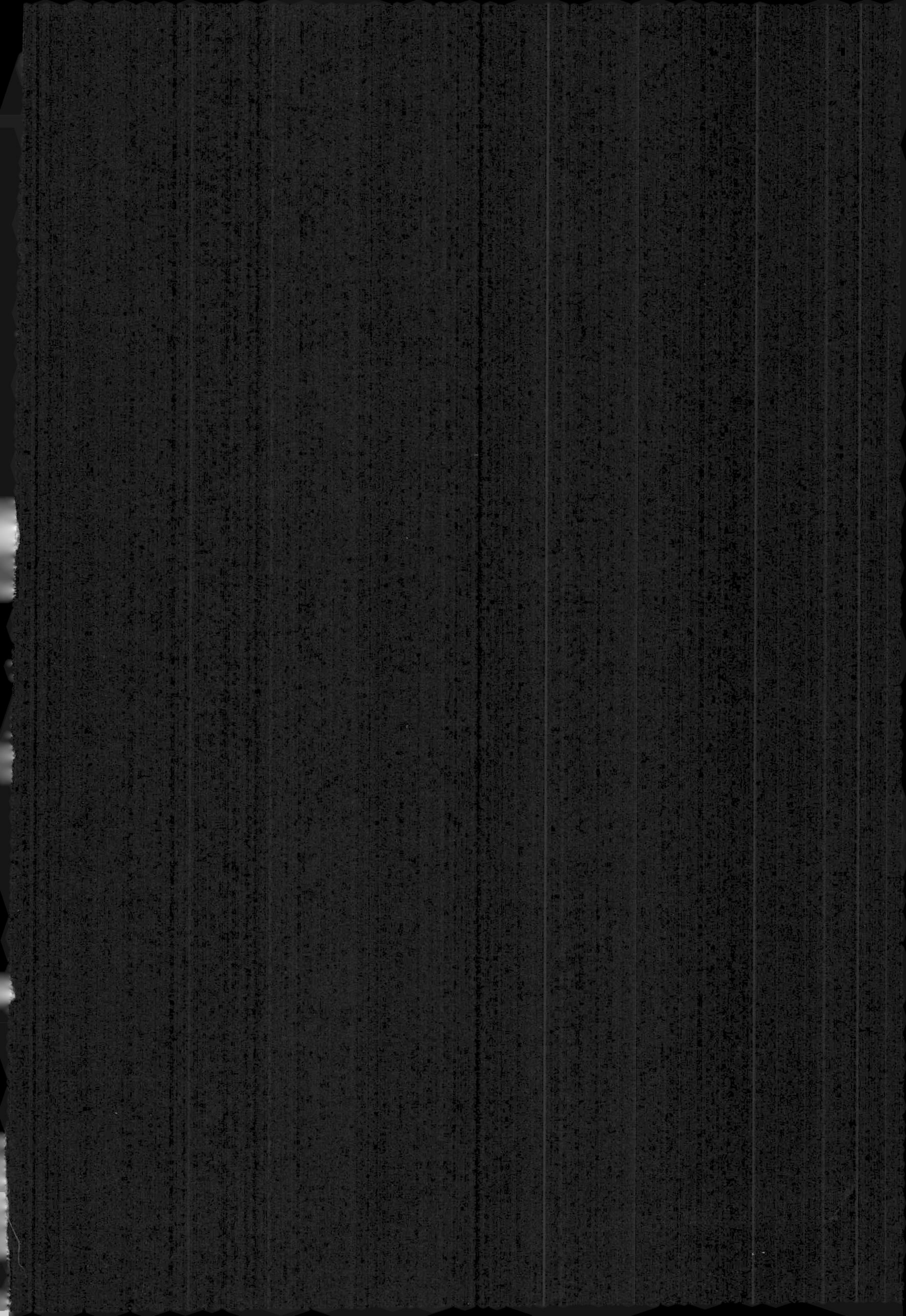